JN422123

Second Edition

무선통신개론

Wireless Communications & Networks

William Stallings 저

정진욱, 정선이 공역

PEARSON

홍릉과학출판사

WIRELESS COMMUNICATIONS AND NETWORKS

(Second Edition)

William Stallings 원저

정진욱 · 정선이 공역

Authorized Translation from the English language edition, entitled WIRELESS COMMUNICATIONS & NETWORKS, 2nd Edition by STALLINGS, WILLIAM, published by Pearson Education, Inc, publishing as Prentice Hall, Copyright © 2005

All rights reserved. No part of this book may be reproduced or transmitted in any form or by any means, electronic or mechanical, including photocopying, recording or by any information storage retrieval system, without permission from Pearson Education, Inc.

KOREAN language edition published by PEARSON EDUCATION KOREA LTD and HONGREUNG SCIENCE PUBLISHING CO, Copyright © 2011

Prentice Hall is an imprint of

PEARSON

www.pearsonhighered.com

이 도서는 홍릉과학출판사가 피어슨에듀케이션코리아와 정식 계약에 의하여 번역한 책으로서 이 도서는 어느 부분도 인쇄, 복제 등 판권 소유에 위배되는 제반 행위를 할 수 없습니다.

저자 서문

이 책의 목적

무선기술은 정보통신에서 가장 각광 받는 분야가 되었다. 이동 전화사용의 폭발적 증가, 다양한 위성통신 서비스, 그리고 최근에는 무선 인터넷이 정보통신 분야에 엄청난 변화를 가져오고 있다. 이 책은 다음 영역에 있어서 핵심 기술을 다루고 있다.

- **기술과 구조:** 무선 통신과 통신망의 특징을 결정하는 주파수대역, 신호 부호화 및 에러 정정 기술과 통신망 구조에 대하여 다룬다.
- **네트워크 유형:** 위성통신, 셀룰러, 고정 무선접속 및 무선 LAN 등을 포함하는 무선통신망의 주요 유형들을 다룬다.
- **설계 접근방식:** 여러 가지 다른 설계방법과 이들 기법에 대한 비교를 다룬다.
- **응용:** 무선통신을 기반으로 한 특히 mobile IP 그리고 무선 웹 접속을 포함하는 몇 가지 중요한 기술과 응용분야에 대하여 다룬다.

이 책에는 방대한 주요 용어와 자주 사용되는 약어 및 참고문헌이 포함되어 있다. 각 장마다 연습문제를 비롯하여 심화 학습을 위한 참고서적, 그리고 관련된 웹사이트를 수록하고 있으며, 또한 복습을 위해서 주요 용어 목록과 복습 문제를 다루었다.

또한 전체적으로 기술과 표준에 대해서 강조하고 있다. 이 책은 ITU와 IEEE 802에서 공표한 무선통신 표준뿐만 아니라 다른 단체에서 개발된 표준들을 이해하는데 필요한 포괄적인 안내서 가 될 것이다. 기술과 표준을 강조한 이유는 사용가능한 상품과 이 분야에서 미래의 연구방향을 정의하는 데 있어 그러한 표준들이 중요한 역할을 하기 때문이다.

이 책의 독자는

이 책은 무선통신 및 통신망과 그와 관련된 기술을 이해하고자 하는 다양한 계층의 독자를 위해서 쓰여졌다. 독자층은 데이터 처리 및 데이터 통신을 공부하는 학생과 전문가들, 설계와 구현을 하는 사람들, 데이터 통신 및 통신망의 고객과 관리자를 포함한다.

또한 교재로서 본 내용은 학부 상위 레벨 또는 대학원 교재로 적합하다. 내용은 CS 332 무선/모바일 컴퓨팅의 고급과정 및 ACM/IEEE Computing 교육과정에 해당한다. 각 장은 충분히 독립적으로 구성화 및 모듈화하여 강의에 편리성을 도모하였다.

이 책의 구성(Plan)

이 책을 이해하기 위해서 반드시 다른 책을 미리 읽어야 할 필요는 없다. 그러나 데이터 통신에 배경지식이 없는 사람들을 위해 1부와 부록에 기본적인 지식을 다루었으니 참고가 될 것이다.

이 책은 다음의 4부분으로 되어 있다:

- 기술적 배경
- 무선통신 기술
- 무선 네트워크 망
- 무선 LAN

추가로 이 책은 다양한 용어해설, 참고문헌, 자주 사용하는 약어들을 수록하였다. 또한 각각의 장에는 연습문제, 추가 자료의 제안, 관련 웹사이트를 명시하였다.

교수와 학생을 위한 인터넷 서비스

학생과 교수를 위한 웹사이트가 개설되어 있다. 이 웹 사이트에는 관련된 사이트들에 대한 링크,책에 있는 PDF 형태의 삽화와 표의 슬라이드, 그리고 이 책의 인터넷 메일링 리스트에 등록하는 방법에 대한 설명이 있다. 이 웹페이지는 WilliamStallings.com/Wireless1e.html 이며, 이 책의 1.8절에 더 자세한 정보가 있다. 이 책을 사용하는 교수들이 정보, 제안, 질문들을 저자와 교환할 수 있는 인터넷 메일링 리스트도 있다. 오타나 책에 잘못된 내용을 수정하는 정오표도 WilliamStallings.com에서 찾을 수 있다.

또한 WilliamStallings.com/StudentSupport.html의 전산과학 학생 리소스 사이트 역시 제공되고 있다.

2판의 새로운 내용

1판이 출판된지 3년이 지나서 이 분야에 다양한 개선과 혁신이 지속되었고 이에 저자는 주요 내용의 관점을 유지한 상태에서 이러한 변화를 반영하였다. 2판을 준비하면서 저자는 이 분야를 가르치는 교수들과 함께 1판을 철저히 재검토하였다. 그 결과 여러 부분에서 그림과 내용 등의 개선을 이루어냈고 많은 새로운 분야의 문제들이 추가되었다.

이러한 독자의 이해를 돕기위한 재구성 노력 이외에도 여러 분야의 새로운 업데이트된 기술적 사항도 각 장에 추가되었다.

주요 하이라이트는 다음과 같다.

- **최소 시프트 키:** MSK는 모듈화된 모바일 통신 시스템 형태로 새로이 반영되었다.
- **CDMA 2000:** 최소의 3G(3세대) 무선 시스템이 CDMA 2000 1xEV-DO라는 이름으로 상용화되었고 이에 대한 중요성이 언급되었다.
- **WiMAX와 IEEE 802.16a:** 무선 로컬 영역의 역할이 포함되었고 802.16의 상호작용 능력의 스펙을 제공하는 WiMAX 내용이 소개되었다. 제11장에는 최신 802.16a 스펙을 포함한 802.16의 새로운 내용이 포함되어 있다.
- **직교성 주파수 분할 다중화:** OFDM에 대한 선호도가 증대되고 다양한 유/무선 로컬 표준형이 사용되고 있는 현실에 부합하여 OFDM 관련 자료가 개정/증강되었다.
- **Wi-Fi와 IEEE 802.11:** 802.11a와 802.11b 관련 내용이 대폭 증대되고 802.11g가 추가되었다.
- **자료 스크램블:** 스크램블은 신호의 질을 높이기 위해 간혹 사용되며 제14장에서 이를 거론하였다.
- **Wi-Fi 보안접속:** WPA는 현재 무선 LAN에서 보안기능을 제공하는 기능으로서 WEP(무선 균등 프라이버시)를 대체했으며 14장에서 이를 거론하였다.
- **IEEE 802.15와 PAN:** 제1판에 언급했듯이 초기 802.15.1 표준은 블루투스의 공식제원이며 본 2판에서는 그것의 새로운 개정모델인 802.15.3 고속 무선 PAN 표준과 802.15.4 저속 무선 PAN 표준을 소개한다.
- **트렐리스 코드 모듈:** TCM 기술에 의한 효율적인 주파수 제한 채널들의 사용이 제15장에 언급되었다.

이 밖에도 교재 전반에 거의 모든 주제가 제1판 이후에 이루어진 기술과 표준의 발전 및 개선을 반영하는 내용으로 표현되었다.

역자 서문

1986년 국산 전전자 교환기(TDX)의 개발성공과 상용설치 이후 10여년 만인 1998년 유선 전화 가입자 2000만명 시대로 접어들었고, 1996년에는 세계 최초로 CDMA 방식의 이동전화 상용화에 성공한 이후 6년 만인 2002년에는 이동전화 가입자 3000만 명과 초고속 인터넷 가입자 1000만 명을 동시에 돌파함으로써, 우리나라는 문자 그대로 세계 정보통신 선진국으로 자리잡게 되었다. 특히 이동전화는 CDMA 상용화의 종주국으로서 CDMA 세계 시장의 50%를 상회하는 점유율을 유지하고 있어 자랑스럽기 그지없는 일이다.

이렇게 국내 정보통신기술을 세계 수준에 올려놓는 데 중요한 역할을 한 무선통신기술은 이동전화 뿐만 아니라 무선 LAN, 이동 인터넷 위성통신과 방송 등 유비쿼터스 컴퓨팅시대를 맞아 안쓰이는 곳이 없을 정도로 우리 생활에 깊숙이 침투해 있으며 앞으로의 우리 생활을 풍요롭고 편하게 하는 데 광통신 기술과 더불어 중요한 두 축을 이룰 것으로 생각된다.

따라서 학교에서는 물론이고 일반인들도 무선통신과 네트워킹에 관심을 갖고 기술을 이해하고 응용하는 것은 당연한 일이겠으나, 그동안 아쉽게도 공부하기에 적합한 교재를 찾는 것은 쉬운 일이 아니었다. 그러던 중 William Stalling의 "Wireless Communications and Networks"를 발견한 것은 역자들에게는 큰 기쁨이었다. 원저자는 잘 아시다시피 국내에 소개된 컴퓨터 통신 분야의 유명한 저서만도 10여 권이 넘고 모두 40여 권이 넘는 저서를 보유한 이 분야 최고의 전문가로 널리 알려져 있고 그의 모든 저서는 복잡하고 어려운 통신기술이라도 알기 쉽고 친절하게 설명한 것으로 명성이 높다.

따라서 역자들은 두 말 없이 이 책을 번역 출판하기로 결정하고, 홍릉과학출판사를 통해 원저자의 동의를 얻어 독자 여러분에게 번역판을 내놓게 되었다. 독자 여러분은 이 책을 통해 틀림없이 원하는 목적을 달성할 수 있을 것으로 믿는다. 원저자도 서문에서 밝혔듯이 이 책은 전송기술의 기초에서부터 네트워크, TCP/IP 프로토콜, 신호 부호화 및 에러제어, 위성통신, 이동전화, 이동 IP, 무선 LAN, 블루투스 등 모든 분야를 다루고 있어 이 책 한 권으로 무선통신/네트워크의 한 학기 교재로서도 손색이 없을 것으로 판단된다. 번역과 정리를 도와준 성균관대학교 정보통신연구실 연구원들과 이 책이 세상에 나오게 해주신 홍릉과학 출판사에 다시 한 번 감사의 말씀을 드리며 독자 여러분들의 건승을 기원하는 바이다.

개정판을 내면서

제1판의 번역판을 출간한 것이 2004년이니 벌써 6년의 세월이 흘렀다. 그동안 새로운 기술들이 쏟아져 나왔으나 이를 반영하지 못한 것이 늘 마음에 부담이 되었는데 제2판을 번역 보완하여 무선통신개론 개정판을 낼 수 있게 되어 다행으로 생각한다. 개정판에서는 제1판 이후에 개발되어 나온 기술들과 이미 소개된 기술이나 그 중요성이 높아진 기술에 대한 수정 확장이 이루어졌다. 그러나 이 책의 장점은 무선통신의 고전적인 기술들을 알기 쉽고 명쾌하게 설명한 것이다. 인문학에서도 고전이 중요하듯이 정보통신 기술에도 고전이 있고 학습하는 사람들에게는 이 고전이 매우 중요하다. 기본적인 기술을 이해하고 있으면 새로운 기술이 나오더라도 쉽게 이해할 수 있기 때문이다. 아무쪼록 본서가 계속해서 무선통신개론을 공부하는 모든 사람들에게 좋은 길잡이가 되기를 기대한다.

역자 씀

CONTENTS

CHAPTER 1 서론

communications networks

이 책은 무선통신과 무선통신망에 대하여 조사한다. 또한 무선통신 시장을 전례 없는 성장으로 이끈 디지털기술과 많은 요소들도 소개한다.

제 1장에서는 이들 새로운 전기통신 혁명을 이끈 핵심요소들을 알아보자. 이 책에 수록된 웹사이트에서는 많은 중요한 내용들을 다루고 있으며, 또한 뒷부분에서는 이 책의 전체 개요를 설명하고 있다.

1.1 무선시대의 도래

1896[1]년 무선전신을 발명한 마르코니는 그 후 1901년에 영국의 Cornwall로 부터 대서양을 횡단하여, 1,800 마일 떨어진 캐나다 Newfoundland의 St. John's까지 전신신호를 보내는 데 성공하였다. 이 발명은 영숫자(alphanumeric)를 아날로그신호로 부호화하여 전송함으로써, 통신당사자 서로 간에 의사전달을 가능하게 하였다. 이를 시점으로, 지난 세기동안 무선기술은 라디오, TV, 이동통신 및 위성통신에 이르기까지 발전을 거듭하여, 오늘날 어떠한 형태의 정보든지 전세계 구석구석까지 보낼 수 있게 되었다. 최근에는 전세계의 이목이 위성통신, 무선통신망, 이동통신기술에 집중되고 있다.

1960년대 최초로 발사되었던 통신위성은 240개의 음성회선만을 다룰 수 있었으나, 오늘날의 통신위성은 음성트래픽이 전체의 약 1/3 정도에 불과하고, 나머지는 나라간의 많은 TV 신호를 다루고 있다[EVAN98]. 또한 현대 통신위성은 약 0.25초의 지연에 의해 신호를 전송하고 있으나, 보다 최근에 개발된 저궤도 통신위성들은 전송지연이 거의 없어 머지않아 인터넷접속과 같은 데이터서비스를 제공하게 될 것이다.

무선통신망은 케이블 설치 없이 WAN, MAN, LAN 등의 통신사업을 가능하게 하고 있다. 이미 IEEE는 무선 LAN에 대한 표준안 802.11을 개발한 바 있으며, 또한 Bluetooth industry Consortium에서도 무선통신망기술에 대하여 연구하고 있다.

셀룰러 이동통신은 양방향 통신으로 통화를 제공한다는 점에서 마르코니의 무선전신기술의 현대판 기술이라 할 수 있다. 제1세대 무선전화는 아날로그기술을 사용하여, 통화품질이 깨끗하지 못했고 장비는 무거웠다. 그러나 이동통신이 여러 가지 관점에서 편리하다는 점만은 성공적으로 증명하였다. 오늘날의 무선장비는 아날로그 대신에 디지털기술을 사용하고 있다. 디지털통신망은 더 많은 트래픽을 전송할 수 있으며 아날로그통신망보다 더 좋은 통화품질과 비밀보장을 제공한다. 또한 디지털기술은 전화를 건 사람의 신원을 확인할 수 있는 등의 여러 가지 부가서비스를 제공하기도 한다. 향후 차세대 무선통신장비 역시 디지털기술

1. 무선통신의 실제 발명은 1893년 공개 발표를 하였던 Nikola Tesla라 할 수 있을 것이다. 1943년 Tesla 덕분에 Marconi의 특허들이 제안되었다[ENGE00].

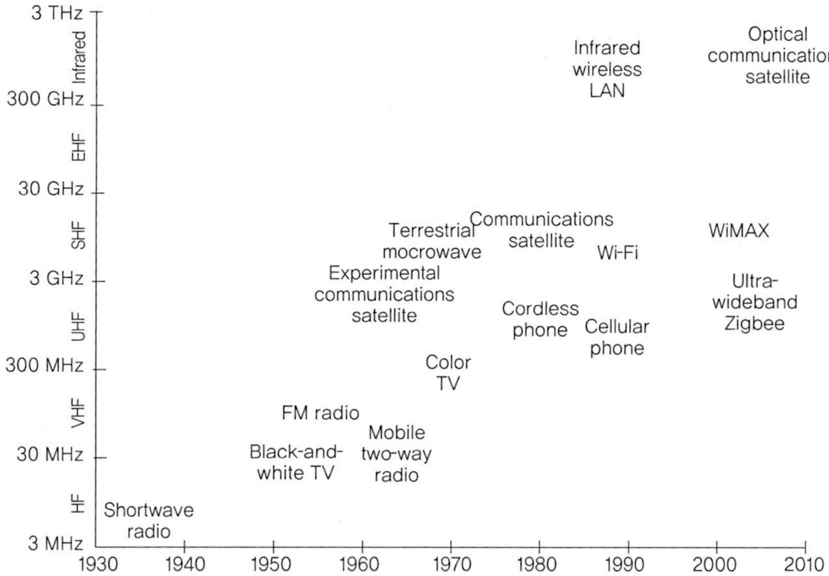

그림 1.1 무선통신분야에 있어서의 주요 분수령적인 업적

이 더욱 발전된 양상을 띠게 될 것이며, 새로운 주파수영역을 사용하여 보다 더 빠른 속도로 인터넷접속을 가능하게 할 것이다.

무선통신의 영향은 상당히 오래 계속 될 것이다. 이만큼 세상에 깊은 영향을 미친 발명품도 드물 것이다. 다양한 무선통신기술들이 표준화되고 있으며, 이로 인해 머지않아 다양한 서비스를 제공하는 글로벌 무선통신망을 구축할 수 있게 될 것이다. 그림 1.1은 무선통신의 주요 분수령적인 업적들을 나열하고 있다.[2] 무선기술은 점진적으로 더 높은 주파수를 사용하는 추세임을 알 수 있으며 앞으로의 설명들에서 알 수 있듯이 고주파수일수록 대용량데이터의 처리를 더 용이하다는 것이 판명되어지고 있다.

1.2 셀룰러 혁명

셀룰러의 혁명은 이동전화시장의 성장만으로도 확실히 증명되고 있다. 1990년에 대략 천백만 명 정도이던 가입자수는 2004년에는 약 10억에 이르렀다[ECON99]. 차세대 장비는 인터넷에 접속할 것이다. 2005년에는 무선 인터넷장비가 유선 인터넷장비보다 더 많을 것이다[ECON99].

전화는 현재 무선통신이 성공한 확실한 증거이다. 1996년 이후로 새로운 이동전화 신청자수가 새로운 유선전화 신청자보다 더 많다[ECON99]. 그 이유는 이동전화가 사람과 같이 움직이는 편리함 때문이다. 뿐만 아니라 본질적으로 이동전화는 고정위치에 설치된 각 지역의 기지국과 통신하기 때문에 위치를 알 수 있다.

또한 기술혁신은 이동전화의 성공에 많은 기여를 하였다. 송수화기 또한 더 작고 가벼워졌으며 배터리 수명 역시 더 길어졌다. 디지털기술은 수신상태를 개선하고 더 넓은 주파수 범위를 제공하고 있다. 여러 형태의 디지털장비의 개발로 이동전화의 비용은 감소하였다. 1996년 이후 경쟁은 더욱더 활성화되었고 디지털장비의 가격은 떨어졌다.

여러 지역에서 이동통신은 상업적으로 사람들에게 전화서비스를 제공하였다. 또한 통신사업자들도 거친 황무지에서 노다지를 캐듯이 빠르고 값싸게 기지국을 세웠다.

이동전화는 셀룰러 혁명의 한 부산물이 아니라 점차적으로 새로운 형태의 무선장비를 도입하게 만들었다. 개인 PC와 전화를 포함한 이러한 장비는 인터넷에 접속하여야 한다. 그러나 지금은 웹에 접속하여 인터넷상에서 메시지, E-Mail 및 다른 서비스를 할 수 있어야 한다. 자동차안에서 무선장비는 사용자가 지도를 다운로드받아 요구하는 방향을 곧 알려주며 또한 사고가 발생했을 때 도움을 청하고, 가장 값싼 연료가 있는 인접한 지역을 사용자에게 알려준다. 또 다른 편리한 점을 예를 든다면, 냉장고가 단순히 식료품을 보관하는 것 뿐만 아니라 인터넷상에서 식료품을 주문할 수도 있다.

무선으로 처음 시도한 것은 음성이지만, 지금 우리 관심을 끄는 것은 데이터전송이다. 5년 이내에 무선데이터서비스는 수십 억 달러시장이 형성될 것으로 예상된다[SGRA99]. 이 시장에서 큰 부분은 무선인터넷이다. 무선통신 사용자는 위치가 고정된 유선통신 사용자와 다르게 인터넷을 사용한다. 무선장비는 PC와 같은 고정된 장비 형태에 비하여 입출력 능력에 한계가 있다. 트랜잭션과 메시징은 긴 접속시간 대신에 특정규정을 사용하게 될 것이다. 무선장비가 사용자의 위치를 알고 있기 때문에, 사용자가 정보를 검색하는 대신에 정보가 사용자를 찾을 수 있게 될 것이다.

1.3 글로벌 셀룰러 네트워크

오늘날은 단일 셀룰러 네트워크가 아니다. 통상 장비들은 무수히 많은 기술 중에서 한두 가지 기술을 제공하며, 단일 통신사업자 통신망 내에서만 작동한다. 따라서 이러한 한계를 극복하기 위해서는 더 많은 표준안에 대한 작업과 구현이 진행되어야 한다.

ITU(International Telecommunication Unit)는 차세대 무선장비에 대한 표준을 개발하고 있다. 새로운 표준은 성능이 향상된 높은 주파수대역을 사용한다.

북미에서 1세대 디지털 무선 네트워크는 AMPS(Advanced Mobile Phone System)이다. 이 네트워크는 19.2 kbps 데이터 전송속도를 제공하는 CDPD(Cellular Digital Packet Data)

를 사용하여 데이터서비스를 한다.

차세대 무선통신시스템의 핵심은 GSM(Global System for Mobile communications), PCS(Personal Communications Service) IS-136, PCS IS-95이다. PCS 표준인 IS-136은 TDMA(Time Division Multiple Access)를 사용하고, IS-95는 CDMA(Code Division Multiple Access)를 사용한다. GSM과 PCS IS-136은 9.6 kbps로 데이터서비스를 제공하는 채널을 사용한다.

ITU는 IMT-2000(International Mobile Telecommunications-2000)을 개발하였다. 이 표준들은 향후 글로벌 네트워크를 제공할 것이다. 그 표준들은 2 GHz 주파수대에서 개발되어졌다. 새 표준과 주파수대는 2 Mbps로 데이터 전송속도를 향상시킬 것이다.

표준안에서는 주파수사용법, 부호화기술, 전송뿐만 아니라, 인터넷에서 이동장비들이 어떻게 상호연동할 것인지에 대한 정의 또한 필요하게 될 것이다. 몇몇 표준작업단체와 산업협회에서 표준작업을 마무리하고 있다. WAP(The Wireless Application Protocol) 포럼에서는 인터넷에 접속하여 입출력을 할 수 있는 장비에 사용할 상용프로토콜을 개발하고 있다. IETF (The Internet Engineering Task Force)는 이동환경에서 동시에 여러 군데서 작업할 수 있는 IP 프로토콜에 적합한 이동 IP 표준을 개발하고 있다.

1.4 광대역

인터넷에서 멀티미디어의 사용은 점점 더 증가하고 있다. 그림, 비디오, 오디오파일은 WWW의 페이지에 많이 있다. 상업통신은 아래의 경향으로 흐르고 있다. 예를 들어, E-Mail에 많은 멀티미디어파일을 첨부하여 사용하고 있다. 고정된 유선통신 사용자처럼 높은 데이터 전송속도가 요구되는 무선 네트워크에서 데이터속도는 광대역 무선기술을 통해 얻을 수 있다.

광대역 무선서비스는 편리함과 비용감소와 같은 무선서비스의 장점을 가질 수 있다. 이동통신사업자가 배선비용 없이 유선통신서비스 보다 더 빠른 서비스를 제공할 수 있다. 서비스는 이동할 때 뿐만 아니라 거의 모든 지역 어디서나 제공받을 수 있다.

많은 어플리케이션을 위한 광대역 무선 표준이 많이 개발되어져 있다. 표준은 무선LAN에서부터 작은 홈 네트워크까지 모든 것을 다루고 있다. 데이터 전송률은 2 Mbps부터 100 Mbps까지 다양하다. 이러한 기술의 대부분은 지금도 이용하고 있고 앞으로 몇 년간은 더 많이 이용되어 질 것이다.

WLAN(무선LAN)은 산업기간시설의 설치가 어렵거나 비용이 너무 비쌀 때 제공된다. 첫 번째 WLAN 표준은 IEEE802.11이며 54 Mbps의 최대 전송률을 제공한다.

IEEE802.11의 문제점은 Bluetooth와의 호환성이다. Bluetooth는 Laptop, PDA, 이동전화 같은 장치사이에 무선통신을 정의한 무선 네트워킹 기술이다. Bluetooth와 IEEE802.11는 같은 주파수대역을 사용한다. 그 기술들은 아마도 십중팔구는 같은 서비스를 제공하는 각각을 인터페이스하는 것이다.

1.5 미래 동향

많은 국가에서는 면허(사용허가)가 필요 없는 주파수 대역을 활용하기 위한 무선기술 개발에 노력을 기울이고 있다. 미국에서는 2.4GHz 근처의 산업, 과학, 의학(ISM 대역)과 새로 할당된 면허가 필요 없는 국가정보기반구조 대역(UNII대역; Unlicensed National Information Infrastructure Band)의 두 주파수 대역을 활용하기 위한 노력이 이루어지고 있다. UNII는 FCC가 고속 무선 네트워크를 위해 새로 할당한 주파수 대역이다. 요구 조건을 만족시키기 위해 5GHz로 정해 졌으며 2.4GHz 장비와는 호환되지 않는다. 면허가 필요 없는 대역은 무료로서 제조업체들이 수십억 달러의 면허 비용을 부담하지 않아도 된다.

수년 동안 이 무선 대역 주파수는 관심 밖에 있었으며 가정용 무선 전화기, 마이크로웨이브 오븐 정도에 쓰였을 뿐이다. 그러나 최근에 소비자들의 요구와 활발한 표준기구들에 의해 상당한 연구와 개발이 진행되어 왔다. 이러한 노력 중에서 눈에 띄는 결실이 **Wi-Fi**(Wireless Fidelity)로서 IEEE 802.11 표준에 근거한 무선 LAN 기술이다. Wi-Fi는 인증절차를 담당하기 위해 만들어진 기구인 Wi-Fi 연합회에 의해 인증된 802.11 호환 제품임을 의미한다. Wi-Fi는 사무실과 가정의 LAN 뿐만 아니라 사람들이 노트북 PC 등으로 공공장소에서 무선으로 인터넷에 접속할 수 있게 해주는 hot spot에서도 이용된다. Wi-Fi는 14장에서 자세하게 설명한다.

Wi-Fi는 이 대역을 활용한 첫 번째 주요한 예이며 현재 네 개의 혁신적인 기술이 연구 개발 표준화를 위해 진행중이다. 이들 네 개의 기술은 WiMAX, Mobile-Fi, Zigbee, UWB (UltraWideBand) 등이며 이 장에서는 개론적인 내용만 간단히 살펴보도록 한다.

WiMAX는 Wi-Fi와 유사하다. 두개의 기술 모두 hot spot을 갖게 된다. 그러나 Wi-Fi는 수백 미터 범위 내에서 사용 가능하고 WiMAX는 40~50 킬로미터 범위까지 사용 가능하다. WiMAX는 최종 전화국과 가정 혹은 사무실을 연결하는 광대역 기술인 DSL,T1/E1의 대체 역할을 할수 있다. 그리고 802.11 hot spot을 인터넷에 연결하는 보완 기술의 역할도 할수 있다. WiMAX의 초기 보급은 고정지역이 될 것이나 이어서 모바일 판이 등장하게 된다. WiMAX는 IEEE 802.16과 호환되며 11장에서 자세히 다루어진다.

Mobile-Fi는 WiMAX의 모바일 판과 유사하다. Mobile-Fi의 목적은 현재 가정에서 사용 중인 광대역 회선보다 더 높은 속도로 인터넷에 접속하도록 하는 것이다. 이 경우의 모바일은 자동차나 기차 여행중에도 광대역 인터넷 접속이 가능하다는 것을 의미한다. Mobile-Fi는 IEEE 802.20을 기본으로 한다.

ZigBee는 Wi-Fi에 비해 저속이며, 통신 거리도 짧다. 매우 적은 비용으로 저속 저전력 단거리 제품을 개발하는 것이 목적이다. ZigBee는 온도, 화학물질, 수분, 움직임 등을 감지하기 위해 사무실, 농장, 공장 등에 흩어진 수천개의 작은 센서들 간의 상호 통신을 위해 사용된다. 이때의 센서들은 5~10년 동안 배터리 교환 없이 사용 가능해야 하기 때문에 전력 소모를 최소화해야 한다. ZigBee 장비들은 무선으로 데이터를 이웃 장비에게 연속적으로 이어서 전달함으로써 매우 효율적인 통신이 가능하다. 연속적으로 이어서 전달된 데이터는 결국 컴퓨터까지 도달되어 분석 활용된다. 컴퓨터에 도달하기 마지막 단계에서는 앞에서 설명된 Wi-Fi나 WiMAX 기술이 이용되기도 한다.

UWB는 앞에 얘기한 세 가지 기술과는 다른 목적으로 사용된다. UWB는 짧은 거리에서 대량의 데이터를 고속으로 전달한다. 예를 들어 UWB는 가정에서 PC와 TV 사이에서 수 시간 동안 비디오 파일을 전송하는 데 사용될 수 있다. 다시 말해서 UWB는 가정용 기기 사이의 복잡한 선의 연결을 대신할 수 있다. 또한 노트북이나 PC가 근처의 다른 장비로부터 대량의 데이터를 받는 데도 효과적으로 쓰일 수 있다.

1.6 무선의 문제점

무선은 유선보다 편리하고 비용이 적게 든다. 그러나 무선이 완전한 것은 아니다. 정책과 기술의 어려움이 이론적으로 도달할 수 있는 가능성을 막고 있다. 두 가지 이슈는 상호호환성을 갖지 않는 표준과 장비의 제한이다.

앞에서 언급하였듯이 북미에는 디지털 셀룰러서비스에 대한 두 가지 표준이 있다. PCS IS-136을 사용하는 장비는 PCS IS-95의 기술을 제공하는 곳에서는 사용할 수 없다. 역시 앞에서 언급한 Bluetooth와 IEEE802.11b는 같은 장비에서는 사용할 수 없다. 이것은 산업간의 표준이 없을 때 일어나는 문제이다. 산업간 표준의 부족은 어디에서나 데이터에 접속할 수 있는 무선통신을 실현 불가능하게 만들어 기술후퇴를 가져온다.

장비의 제한도 데이터의 자유로운 구현을 제한한다. 이동전화의 작은 LCD는 많은 텍스트를 출력하는 데 부적절하다. 뿐만 아니라 가장 좋은 이동무선장비라도 인터넷상의 WWW사이트를 접속할 수 없는 것이다. 브라우저는 사실상의 표준인 HTML 대신에 특별한 언어인 WML(Wireless Markup Language)을 사용한다.

필요한 모든 것을 접속할 수 있는 무선장비가 하나도 없다. 그러나 다양한 필요성을 다양한 장비로 통합할 수 있기 때문에 무선통신은 성공할 것이다.

1.7 책의 개요

책의 목적은 무선통신 기초, 무선통신망, 무선통신 응용기술 등 포괄적인 기술을 조사하고 제공한다. 이 책은 네 부분으로 구성되어 있다. 데이터통신과 네트워크기술을 이미 알고 있는 독자라면 제1부는 건너 뛰기 바란다. 제2부는 제3부 무선통신망과 제4부 무선 LAN의 기초가 되는 원리를 살펴본다. 제3부와 제4부는 서로 독립적인 부분으로서, 제3부에서는 광역 무선통신망에 대하여, 제4부에서는 무선 LAN에 대한 내용을 기술한다. 또한 제3부에 포함되는 4개의 장에서는 각 장마다 다소간 독립적이므로 독자의 관심사에 따라 필요한 부분만을 취할 수 있다. 제4부의 14장과 15장은 근본적으로 같은 이론을 배경으로 한다.

제1부 : 기술적 배경

제1부에서는 TCP/IP를 비롯한 데이터통신의 기본적인 주제를 망라하여 이 책의 전체를 파악하기 위한 내용들을 다룬다. 제1부는 이 책 끝부분의 부록과 더불어 가능한 독자가 이 책의 내용을 이해하기 쉽도록 수록되었다.

제2장 : 전송기초

제2장은 전송원리의 기본적인 개요를 제공한다. 이 장에서는 시그널링기술, 아날로그와 디지털 데이터전송을 포함하는 주요 데이터통신의 개념을 다루고 있다. 또한 채널용량과 전송매체, 다중화의 개념도 포함한다.

제3장 : 통신망

제3장은 회선교환, 패킷교환, ATM 등의 기본적인 통신망기술을 상호비교하였다.

제4장 : 프로토콜과 TCP/IP

데이터 통신망과 분산 어플리케이션은 통신 소프트웨어의 기반하에 동작한다. 이 통신 소프트웨어는 프로토콜구조로 구성되어 있고 TCP/IP 프로토콜은 가장 중요한 구조중 하나이다. 4장은 프로토콜구조의 개념을 소개하고 TCP/IP 개요를 준비한다. 또 다른 구조인 OSI 참조모델을 간단히 기술하였다. 마지막으로 인터네트워킹의 개념과 TCP/IP를 사용하는 인터네트워킹을 다룬다.

제2부 : 무선통신기술

이 Part는 무선통신의 기초가 되는 기술과 무선통신에서 아날로그와 디지털 데이터를 부호화하는 기술을 다룬다.

제5장 : 안테나와 전파

라디오파와 마이크로파의 기본 원리를 조사한다. 이 장은 안테나 성능에 관련된 견해를 토론하고 그 다음에 무선 전송모드를 살펴보고, 마지막으로 페이딩의 핵심 이슈를 다룬다.

제6장 : 신호변환기술

데이터는 아날로그와 디지털 형태로 구성된다. 입력 데이터는 전송매체의 특성에 따라 전기신호로서 부호화되어져야 한다. 아날로그와 디지털 데이터 모두 아날로그신호거나 디지털 신호로 표현된다. 무선전송에 관련된 것은 6장에서 토론한다.

제7장 : 대역확산

대중적인 형태로 증가하는 무선통신으로 대역확산을 들 수 있다. 두 가지 일반적인 접근을 사용하고 있다. 즉, 주파수 홉핑과 순차적인 대역확산이 그것이다. 이 장에서도 역시 다중접근을 허용하는 대역확산의 어플리케이션을 사용하는 CDMA를 살펴본다.

제8장 : 부호이론과 에러제어

무선통신시스템은 대단히 높은 에러가 발생되기 쉽다. 사실상 모든 무선전송은 비트에러를 수신자가 수정할 수 있도록 전송 데이터에 용장도를 첨가하는 FEC에 대한 기술을 포함하고 있다. 8장에서는 FEC에 대해서 자세하게 설명한다. 또한 8장에서 많은 무선 통신에서 이용되는 에러검출을 위한 용장도의 사용을 보여준다. 마지막으로 수신자가 에러를 검출한 후 송신자에게 데이터 블록을 재전송할 수 있도록 하는 ARQ 기술에 대해서도 다룬다.

제3부 : 무선통신망

이 Part는 무선통신망의 대부분의 형태를 설명한다. 이것들은 위성통신망, 셀룰러통신망, 무선전화기시스템, 고정된 무선접속망, 이동 IP의 사용으로 인터넷과 웹에 접속이 가능한 WAP을 포함한다.

제9장 : 위성통신

이 장은 위성통신의 기본 원리를 다룬다. 정지위성궤도(GEOS: GEOstationary Satellites), 저위성궤도(LEOS: Low-Earth Orbiting Satellites), 중간위성궤도(MEOS: Medium-Earth Orbiting Satellites)를 살펴본다. 채널할당을 위한 주요 설계요소에 대해서도 살펴본다.

제10장 : 셀룰러 무선 통신망

셀룰러 통신망에 관련된 것 중에 크게 이슈화된 것을 살펴본다. 먼저 1세대 아날로그로 알려진 이동전화서비스를 살펴본 다음에 2세대인 디지털 셀룰러 통신망 설명한다. 시분할 다원접속(TDMA)과 코드분할 다원접속(CDMA)이라는 두 가지 원리에 대해서 살펴본다. 마지막으로 3세대 통신망의 개요를 보여준다.

제11장 : 무선전화시스템과 WLL

집과 사무실에서 무선으로 접속하는 두 가지 기술을 보여준다. 즉, 무선전화시스템과 WLL(Wireless local loop)이다. 무선전화시스템은 집안에서 무선전화기로 단일사용자에게 간단히 제공되던 것이 넓은 지역에 걸쳐 다중사용자에게 제공되는 것으로 발전하였다. 때때로 RITL(Radio In The Loop)과 FWA(Fixed Wireless Access)라 불리는 WLL은 전화가입자와 전화 교환기 사이의 연결 일부 또는 전부를 구리전송선 대신에 라디오파를 사용하는 PSTN(Public Switched Telephone Network)에 전화가입자가 연결되어 있는 시스템이다. 11장은 WLL에 관련된 이슈를 다루고 IEEE802.16 표준안을 살펴본다.

제12장 : 이동 IP와 무선접속 프로토콜

인터넷에 무선접속을 제공하는 IP의 이동성을 조사한다. 이 장에서는 WAP(Wireless Application Protocol)를 조사한다. WAP는 인터넷과 웹을 포함한 모든 전화통신과 정보서비스에 접속할 수 있는 무선전화와 페이저, PDA(Personal Digital Assistant)와 같은 무선 전송기를 이동전화사용자에게 제공한다.

제4부 : 무선 LAN

최근에는 와선, 전용선, 광케이블을 사용하는 유선 LAN과 무선 LAN으로 양자 택일을 강요당하고 있다. 무선 LAN의 장점은 배선비용이 없다. 그런데 가끔은 이동 워크스테이션의 공급으로 가장 비용이 많이 드는 LAN 구성이 된다. 이 Part에서 기초가 되는 무선 LAN 기술을 조사하고, 무선 LAN을 위한 두 표준화를 살펴본다.

제13장 : 무선 LAN 기술

무선 LAN은 세 가지 전송기술(대역확산, 협대역 마이크로파, 적외선) 중의 하나를 사용한다. 13장은 LAN 개요, 무선 LAN 기술과 응용을 제공한다.

제14장 : IEEE802.11 무선 LAN 표준

무선 LAN의 표준안은 IEEE802.11에 정의되어 있다. 14장은 이 표준안을 자세히 살펴본다.

제15장 : Bluetooth

Bluetooth는 무선통신과 PC, 이동전화, 그 밖의 다른 무선장비로 구성된 네트워킹에 대한 공개된 설계 명세서이다. Bluetooth는 가장 빠르게 성장하고 있는 기술 표준의 하나이다. 이것은 근거리 안에 있는 사용자에 대해서 사용하려고 한다. 15장은 이 기술을 자세히 설명한다.

1.8 인터넷과 웹 자원

이 책에서 제공하는 인터넷과 웹에는 이 분야의 발전을 계속하여 도와줄 수많은 자원들이 있다.

이 책을 위한 웹사이트들

WilliamStallings.com/Wireless2e.html은 이 책을 위해서 만든 특별한 웹페이지로 아래의 내용을 포함하고 있는 사이트이다.

- **유용한 웹사이트들:** 이 책과 부록에 수록된 사이트를 포함하여 무선통신에 관련된 다른 웹사이트를 연결하였다.
- **정오표:** 이 책에 대한 오자 목록과 저자의 다른 책에 대한 정오표는 WilliamStalling.com에 있고 지속적인 유지보수를 할 것이다. 또 다른 에러나 오자를 저자의 E-mail로 보내주기 바란다.
- **그림:** 이 책의 모든 그림은 PDF(Adobe Acrobat)형식이다.
- **테이블:** 이 책의 모든 테이블은 PDF형식이다.
- **슬라이드:** 파워포인트 슬라이드는 장 단위로 구성되어 있다.
- **인터넷 메일링 리스트:** 이 사이트는 이 책의 인터넷 메일링 리스트에 대한 정보를 포함하고 있다.
- **무선강의:** 이 책에 대한 강의는 홈페이지에 연결되어 있다. 이 홈페이지는 다른 강사들이 그들의 강의를 구성하는 데 많은 도움을 줄 것이다.

저자는 WilliamStalling.com/StudentsSupport.html에 컴퓨터과학도를 위한 자료를 가지고 있다. 이 사이트의 목적은 컴퓨터과학도와 교수들을 위하여 서류를 만들고, 정보를 수집하고, 링크시켜 준다. 이 링크는 네 개의 큰 분류로 구성되어 있다.

- **수학:** 기초수학, 큐잉분석, 수체계 등 많은 수학 사이트를 연결한다.
- **How-to:** 과제물의 해답, 기술적인 보고서작성, 기술적인 프리젠테이션 준비에 대한 조언과 안내이다.
- **연구자료:** 논문, 기술보고서, 도서목록의 수집에 중요한 연결이다.

- **기타:** 유용한 서류와 링크를 위한 여러 가지가 있다.

다른 웹사이트

이 책의 주제와 관련된 정보가 마련되어 있는 수많은 웹사이트들이 있다. 각 장의 뒤에 독특한 웹사이트인 "추천 도서와 웹사이트" 부분에서 힌트를 얻을 수 있다. 웹사이트의 주소가 빈번히 바뀌는 경향이 있기 때문에 저자는 이 책에서 포함시키지 않았다. 이 책에 수록된 모든 웹사이트들은 이 책의 웹사이트에서 연결할 수 있다.

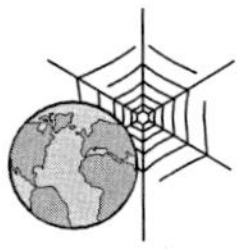

다음은 무선통신에 관련된 흥미 있는 웹사이트들이다.

- **전기통신기술 자료페이지:** 많은 Topic을 다루는 우수한 자료에 링크되어 있다.
- **산업체:** 전화주소록 안에 많은 컴퓨터와 네트워크 회사의 목록뿐만 아니라 WWW 사이트에 많은 하드웨어와 소프트웨어 회사들이 링크되어 있다.
- **이동 및 무선컴퓨팅:** 무선기술, 제품, 컨퍼런스, 출판물에 관한 정보가 있다.
- **무선개발자 네트워크:** 무선 Topic에 관한 뉴스, 튜토리얼, 회의.
- **무선기술:** 무선통신, 기술, 표준 등 모든 분야에 링크된 깜짝 놀랄만한 목록들이 있다.

USENET 뉴스그룹

수많은 USENET 뉴스그룹들은 데이터통신 또는 통신망의 여러 부분에 대해서 기여하고 있다. 모든 USENET 그룹들은 실질적으로 각자의 니즈를 만족시키기 위해 살펴볼 만한 가치가 있다.

다음은 무선통신에 가장 많은 관련이 있는 뉴스그룹들이다.

- **comp.std.wireless:** WAN과 LAN에 대한 무선통신표준을 위한 토론그룹이다.
- **comp.dcom.*:** "comp.dcom." 으로 시작하는 데이터통신과 관련된 많은 뉴스그룹들이 있다.

PART ONE
기술적 배경

CHAPTER 2
전송기초

communications networks

제2장의 목적은 데이터통신에 관한 지식이 부족한 독자들의 이해를 돕기 위한 것이다. 정보통신에 대해 관심이 많은 독자를 위해 본 장 말미에 향후 연구해야 할 참고사항을 언급하였다.

2.1 정보전달신호

여기에서는 정보전달 수단으로 사용된 전자파를 중점으로 살펴본다. 전자파는 시간함수뿐만 아니라, 주파수함수로도 표현할 수 있다. 즉, 신호는 서로 다른 주파수들을 갖는 여러 구성요소로 이루어진다. 데이터전송을 이해하는 데 있어서 신호의 주파수영역 관점이 시간영역 관점보다 더 중요한 것으로 판명되었다. 전자파를 시간영역과 주파수영역의 관점에서 살펴본다.

시간영역 개념

시간함수 관점에서 보면, 전자파는 아날로그이거나 디지털 중의 하나일 수 있다. **아날로그 신호**는 시간의 흐름에 따라 신호의 크기(강도)가 부드러운 형태로 연속하여 변화한다. 다시 말해서 신호의 단절이나 불연속성이 없다. 반면, **디지털신호**는 일정 시간동안 어느 한 수준을 유지하다가 다른 시간간격에서는 또 다른 수준[1]으로 변화하는 신호의 크기를 유지한다.

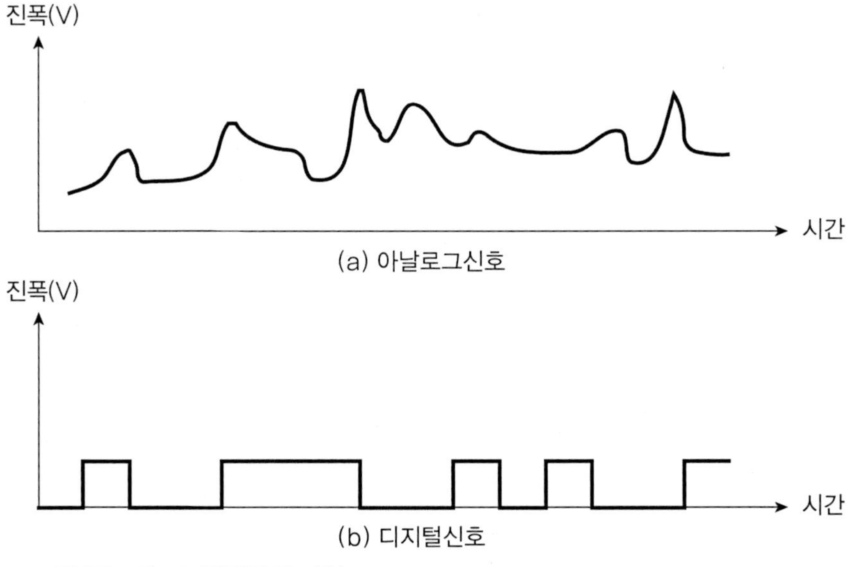

그림 2.1 아날로그와 디지털신호의 파형

1. 이것은 이상적 정의이다. 실제 한 전압에서 다른 전압레벨로의 전이는 순간적 변화가 아니라 미세한 전이 간격을 갖게 된다. 그럼에도 불구하고 실제 디지털신호는 전이 시간간격이 0에 근사하는 이상적 모델로 표현된다.

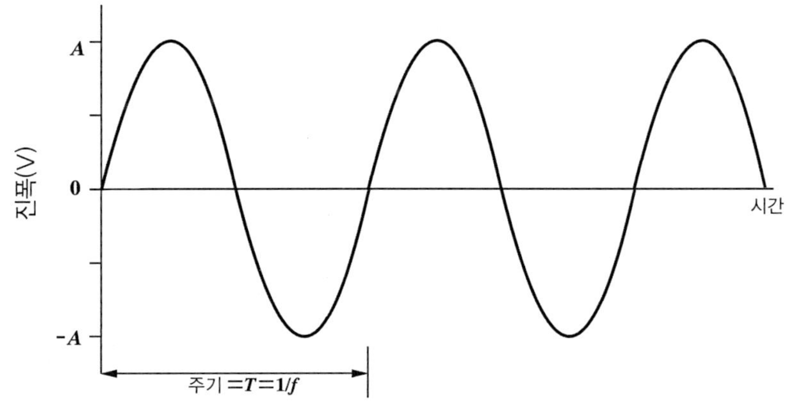

(a) Sine파

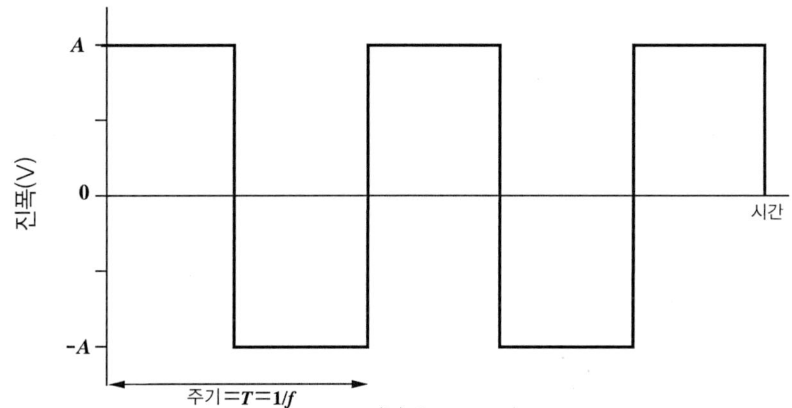

(b) Square파

그림 2.2 주기신호의 예

즉, 신호의 흐름이 불연속적이며 이산적이다. 그림 2.1은 이들 두 신호의 예를 나타낸 것이다. 대표적인 아날로그신호로는 음성신호를 들 수 있으며, 디지털신호로는 이진수의 1과 0에 대응되는 전압의 크기를 나타내는 신호를 들 수 있다.

가장 단순한 종류의 신호는 **주기신호**이다. 이는 시간의 흐름에 따라 똑같은 신호형태가 일정 시간을 주기로 반복한다. 그림 2.2는 일정 주기를 갖는 아날로그신호(sine파)와 디지털신호(square파)의 예를 나타낸 것이다. 수학적으로는 신호 $s(t)$가 다음과 같은 조건을 만족하면 **주기신호**라 정의하며, 그렇지 않은 경우는 **비주기신호**라 한다.

$$s(t+T)=s(t) \quad -\infty < t < +\infty$$

여기서 상수 T는 위 방정식을 만족하는 최소값으로서, 신호의 주기이다.

Sine파는 기본적인 아날로그신호이다. 일반적으로 sine파는 최대 진폭(A)과 주파수(f), 위상(ϕ)의 3가지 파라미터로 표현될 수 있다. **최대 진폭**이란 신호를 시간의 관점에서 볼 때 신호가 갖는 최대값 또는 최대 신호의 세기를 의미하며, 일반적으로 이 값은 volt 단위로 측정된다. **주파수**란 1초당 신호가 반복되는 비율(속도)을 의미하며 초당 신호의 빈도수 즉, Hertz(Hz)로 나타낸다. 주파수와 동일 개념의 파라미터로서 신호**주기** T를 들 수 있으며, 이는 신호가 한 번 반복하는 데 걸린 시간으로서, $T = 1/f$, $f = 1/T$의 관계가 성립한다. **위상**이란 단일주기 내에서 해당 신호가 갖는 상대적인 위치를 측정한 값을 의미한다.

일반적인 sine파는 다음과 같이 표현된다.

$$s(t) = A\sin(2\pi ft + \phi) \tag{2.1}$$

식 (2.1)은 사인곡선(sinusoidal)로 알려진 형태의 함수이다.

그림 2.3은 위 3가지 파라미터의 값 변화에 따른 신호의 형태를 나타낸 것이다. 그림 2.3 (a)는 주파수가 1 Hz이기 때문에 주기 $T = 1$ 초이다. (b)는 그림 (a)와 동일한 주파수와 위상을 갖지만 최대 진폭이 0.5인 신호이다. (c)는 그림 (a)와 진폭과 위상은 동일하나 주파수가 $f = 2$이므로 $T = 1/2$인 신호이다. 마지막으로 (d)는 그림 (a)와 진폭과 주파수는 동일하나 위상이 $\pi/4$ 라디안, 즉 45°만큼 위상이 이동한 신호를 나타낸 것이다(2π 라디안 = 360° = 1 주기).

그림 2.3에서 수평축은 시간을 나타낸 것으로, 각 그래프가 나타내는 수직축은 각 신호가 갖는 신호의 세기를 시간함수를 이용하여 그린 것이다. 한편 이 그래프들은 수평축을 공간 내에서의 거리의 비율로도 나타낼 수 있다. 이 경우, 신호의 세기는 거리의 함수로써 표현된다. 예를 들어, 무선안테나로부터 일정 거리만큼 떨어진 지점에서의 전자파 세기나 스피커로부터 일정거리만큼 떨어진 지점에서의 소리크기 등과 같은 신호의 크기는 근원지로부터의 거리함수로서 유사한 sine 곡선의 형태로 나타낼 수 있다.

이상에서 언급된 두 sine파 간에는 시간과 공간에 따른 관계를 갖는다. 여기서 신호의 **파장**(λ)을 정의한다. 파장이란 신호의 한 주기가 차지하는 거리로 정의하거나, 또는 두개의 연속된 주기의 동일 위상 지점간의 거리를 의미한다. 신호가 v의 속도로 이동한다고 가정할 때, 한 주기의 신호가 갖는 신호의 길이인 파장은 $\lambda = vT$와 같이 신호의 주기에 의해 구할 수 있다. 이 식은 다시 주파수를 사용하여 다시 표현하면 $\lambda f = v$가 된다. 이 식에 대한 특별한 경우로서 빛의 속도를 들 수 있다. 빛의 속도는 $v = c$인 상수로서, 통상 공간상에서의 빛의 속도는 약 3×10^8 m/s 이다.

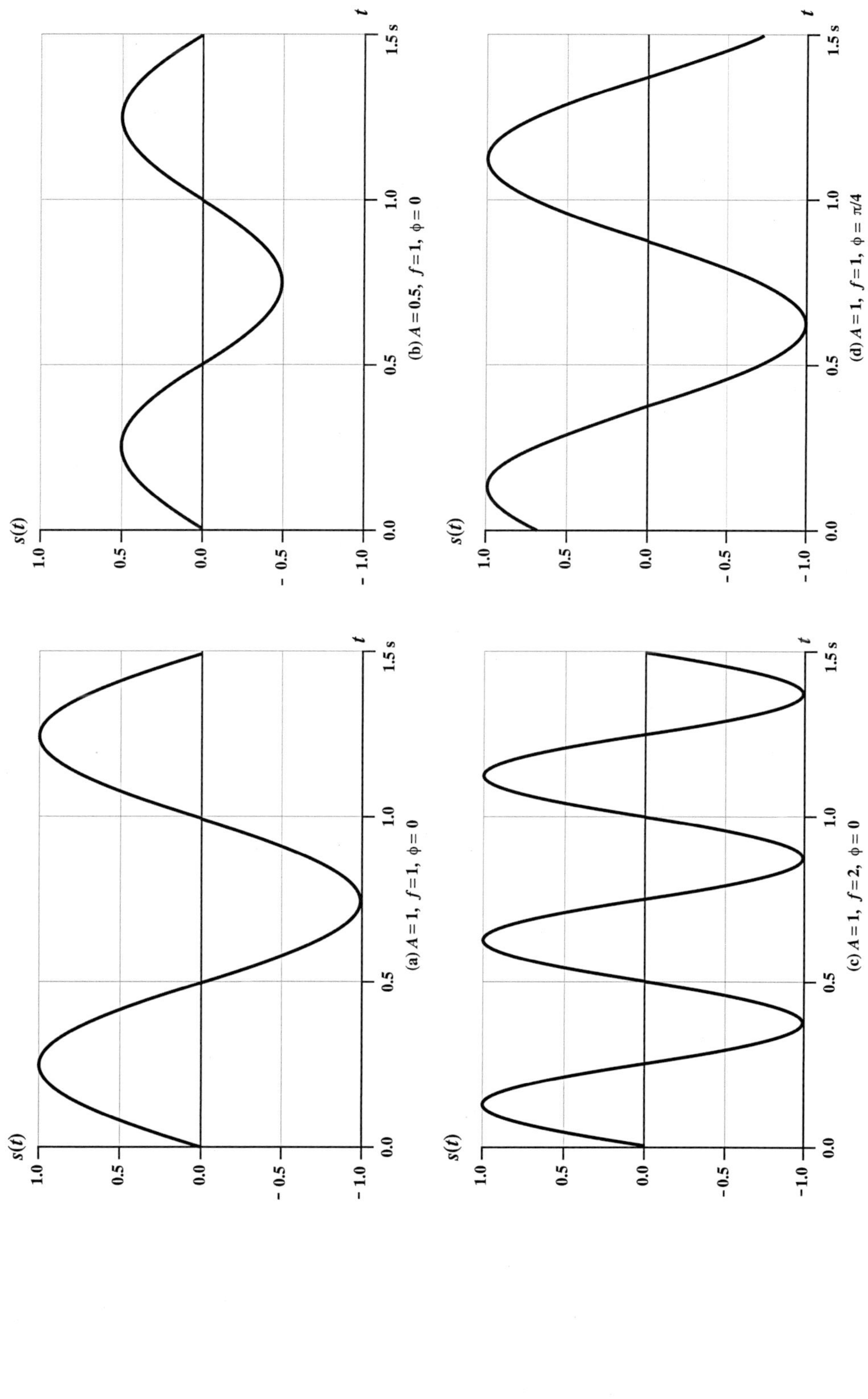

그림 2.3 $s(t)=A\sin(2\pi ft+\phi)$

주파수영역 개념

일반적으로 우리가 실생활에서 이용하는 대부분의 전자파는 수많은 주파수들로 구성된 합성 신호이다. 예를 들어, 그림 2.4(c)는

$$s(t) = (4/\pi) \times (\sin(2\pi ft) + (1/3)\sin(2\pi(3f)t))$$

와 같이 2개의 주파수로 구성된 신호이다. 이 신호는 주파수가 f와 $3f$인 두 개의 주파수를 갖는 sine곡선으로써, 그림 2.4의 (a)와 (b)는 이들 각 단일주파수를 갖는 신호파형을 나타낸 것이다. 이 그림에서 나타내는 두 가지 흥미로운 점은:

- 두번째 주파수는 첫번째 주파수의 정수배이다. 즉, 어떤 임의 신호의 모든 주파수 구성요소들은 어느 한 주파수의 정수배로서 나타내지며, 이 때 기준이 되는 최저주파수를 **기본주파수**라 한다.
- 전체 합성신호의 주기는 기본주파수의 주기와 같다. 그림 2.4(c)와 같이 이 신호의 한 구성성분인 $\sin(2\pi ft)$의 주기 $T = 1/f$ 이며, 전체 신호 $s(t)$의 주기 또한 T가 된다.

Fourier 해석에 따르면, 모든 신호는 다양한 주파수요소들로 구성된 합성신호이며, 각 요소들은 sine곡선임을 알 수 있다. 이들 sine곡선신호들과 적절한 진폭과 주파수 그리고 위상을 더함으로써 어떠한 전자파신호도 만들어 낼 수 있다. 다시 말해서 모든 전자파신호는 서로 다른 진폭과 주파수 그리고 위상을 갖는 일정 주기의 아날로그신호(sine파)들의 집합으로 나타낼 수 있다. 하나의 신호를 시간의 관점(시간영역) 보다는 주파수 관점(주파수영역)에서 관찰하는 것이 신호를 해석하는 데 많은 도움을 가져다 준다. 관심 있는 독자를 위해 Fourier 해석에 대한 내용을 부록 B에 소개하였다.

신호의 **스펙트럼**(spectrum)이란 신호가 갖는 주파수 범위를 의미하는 것으로, 주파수대역이라 한다. 그림 2.4(c)에서 신호의 주파수대역, 즉 스펙트럼은 $f \sim 3f$이다. 한편 신호의 **절대대역폭**(bandwidth)이란 스펙트럼의 폭을 의미하는 것으로, 그림 2.4(c)의 경우, 대역폭은 $3f - f = 2f$가 된다. 대개의 신호들은 무한 대역폭을 갖고 있으나, 그 신호가 갖는 대부분의 에너지는 넓은 스펙트럼 중에서도 일부 한정된 주파수대역 내에 집중되어 있다. 이 대역을 **유효**(effective) **대역폭**, 또는 **대역폭**이라 한다.

데이터 전송속도와 대역폭과의 관계

한 신호의 정보전달 능력과 대역폭 간에는 직접적인 관련이 있다. 대역폭이 크면 클수록 정보전달 능력은 높다. 아주 간단한 예로 그림 2.2(b)의 구형파를 생각해보자. 양의 펄스를 이진수 0으로, 음의 펄스를 이진수 1로 간주한다고 가정하자. 그러면 파형은 이진 스트림

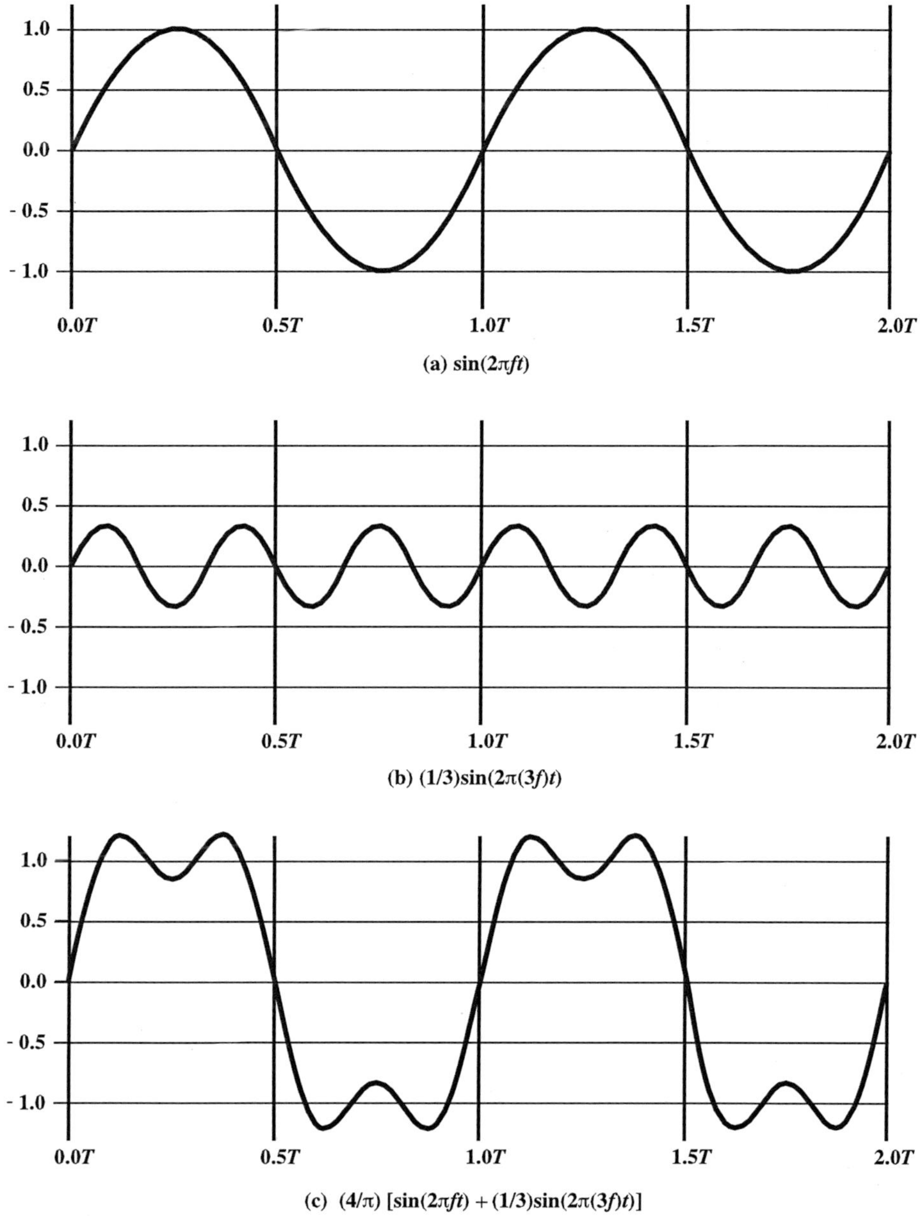

그림 2.4 합성신호의 주파수 구성요소 ($T = 1/f$)

0101...로 표현된다. 각 펄스주기는 $1/(2f)$이므로 데이터 전송속도는 $2f$ bps(bits per second) 가 된다. 이 신호의 주파수 구성요소는 무엇일까? 이 질문에 대한 답변을 위해서 그림 2.4를 다시 한번 생각해보자. 주파수가 f와 $3f$인 각 신호파형을 합치면 square파형과 유사한 파형 (c)를 얻는다. 이와 같은 절차에 따라 이 합성신호에 다시 그림 2.5(a)와 같이 주파수

가 $5f$인 sine파를 더해보고, 그림 2.5(b)와 같이 주파수 $7f$인 sine파를 더해나가 보자. 이렇듯 f의 홀수배에 해당되는 신호를 계속 추가하게 되면, 전체 합성신호는 결과적으로 그림 2.2(b)의 구형파에 근접하게 된다.

따라서 구형파의 주파수 구성요소는 다음과 같이 표현된다.

$$s(t) = A \times \frac{4}{\pi} \times \sum_{k\ \mathrm{odd},\ k\,=\,1}^{\infty} \frac{\sin(2\pi kft)}{k}$$

이 파형은 무한 개의 주파수 구성요소를 갖고 있기 때문에 무한 대역폭을 갖는다. 하지만 k 번째 주파수 구성요소(kf)의 최대진폭은 최초신호의 $1/k$로서 주파수성분이 클수록 그 진폭은 작아지게 된다. 즉, 신호가 갖는 대부분의 에너지는 처음 몇 개의 주파수 구성요소가 갖는다. 만일 대역폭을 처음 3개의 주파수 구성요소로만 제한한다면 어떠한 일이 벌어질까? 그 답은 이미 그림 2.5(a)에서 보았다. 그림에서 알 수 있듯이 무한주파수대역을 갖는 구형파를 앞의 3개의 주파수 구성요소로만 대역폭 제한을 하게 되면, 결과적인 파형의 모습은 원래의 구형파보다는 매끄럽지는 않지만 그래도 상당히 구형파에 근접해있다.

그림 2.4와 그림 2.5를 이용하여 데이터 전송속도와 대역폭 간의 관계를 나타낼 수 있다. 대역폭 4 MHz로 신호를 전송할 수 있는 디지털 전송시스템을 사용하고 있다고 가정해보자. 그림 2.5(c)와 같은 구형파를 통해 일련의 연속된 0과 1이 교대로 이어지는 정보를 전송해보자. 어느 정도의 데이터 전송속도를 갖게 될까? 세 가지 경우를 살펴보자.

사례 I) 그림 2.5(a)와 같은 구형파를 가정해보자. 이 파형은 약간 왜곡된 신호이지만, 수신측에서 이진수 0과 이진수 1을 구분할 수 있을 만큼 원래의 구형파에 상당히 접근되어 있다. 여기서 $f = 10^6$ cycles/초 = 1 MHz라 하면, 이 신호의 대역폭은 $(5 \times 10^6) - 10^6 = 4$ MHz가 된다.

$$s(t) = \frac{4}{\pi} \times \left[\sin\left(\left(2\pi \times 10^6\right)t\right) + \frac{1}{3}\sin\left(\left(2\pi \times 3 \times 10^6\right)t\right) + \frac{1}{5}\sin\left(\left(2\pi \times 5 \times 10^6\right)t\right)\right]$$

따라서 대역폭이 4 MHz인 전송시스템의 기본주파수 f는 1 MHz, 주기 T는 $1/10^6 = 10^{-6} = 1$ μs가 된다. 이 파형을 1과 0의 비트열로 간주하면, 데이터 전송속도는 $2 \times 10^6 = 2$ Mbps로서 매 0.5 μs 마다 한 비트씩 전송된다. 따라서 4 MHz의 대역폭에서는 2 Mbps의 데이터 전송속도를 갖는다.

사례 II) 앞의 사례 I에서 대역폭이 8 MHz인 경우를 살펴보자. 즉, 그림 2.5(a)에서 $f = 2$ MHz인 경우이다. 앞의 사례와 같은 과정에 의해, 신호의 대역폭은 $(5 \times 2 \times 10^6) - (2 \times 10^6) = 8$ MHz이다. 하지만 이 경우 주기는 주파수가 2 MHz이므로 $T = 1/f = 0.5$ μs

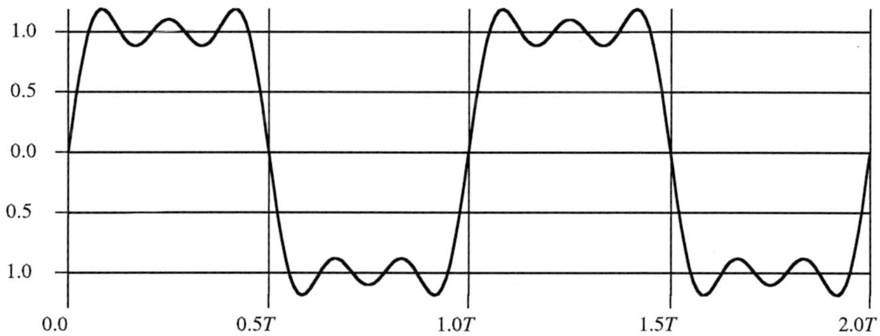

(a) $(4/\pi)\ [\sin(2\pi ft) + (1/3)\sin(2\pi(3f)t) + (1/5)\sin(2\pi(5f)t)]$

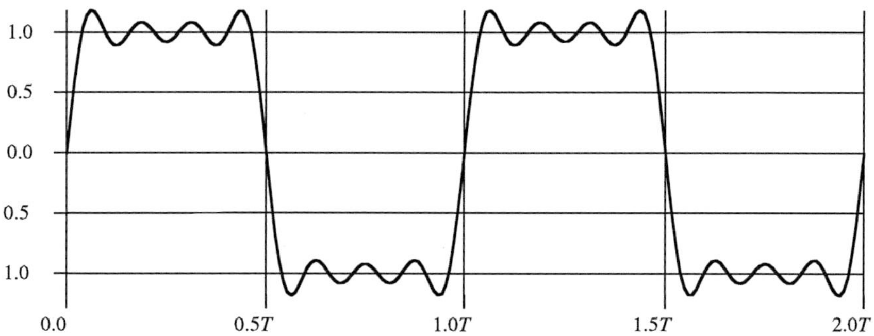

(b) $(4/\pi)\ [\sin(2\pi ft) + (1/3)\sin(2\pi(3f)t) + (1/5)\sin(2\pi(5f)t) + (1/7)\sin(2\pi(7f)t)]$

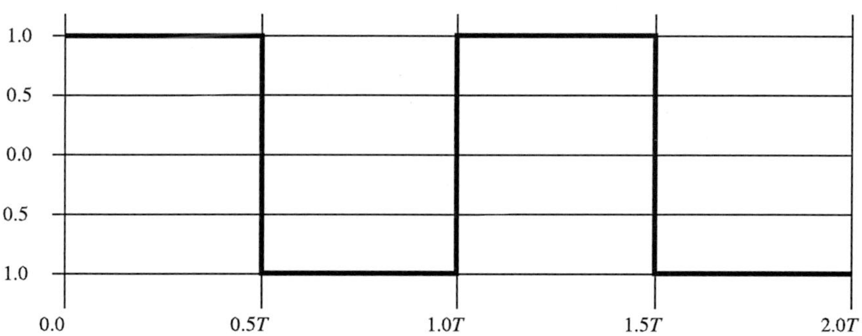

(c) $(4/\pi) \sum (1/k)\sin(2\pi(kf)t)$, for k odd

그림 2.5 구형파($T = 1/f$)의 주파수 구성요소

이다. 결과적으로 데이터전송은 매 0.25 μs 마다 한 비트씩 발생하게 되어, 전송속도가 4 Mbps가 된다. 따라서 모든 사항은 같고 대역폭만 두 배로 하는 경우 잠재적 데이터 전송 속도를 두 배로 할 수 있다.

사례 III) 그림 2.4(c)를 구형파에 접근시키는 데 적당하다고 가정한다. 즉, 그림 2.4(c)는 양의 펄스와 음의 펄스 간의 차이점이 분명하기 때문에 이 파형으로 일련의 1과 0을 표현하기에 충분하다는 것이다. 이 신호의 대역폭은 $3f - f = 2f$ 로서, 전송시스템의 주어진 대역폭이 4 MHz라면 이 신호의 주파수는 사례 II와 마찬가지로 $f = 2$ MHz이고 $T = 1/f = 0.5$ μs가 된다. 따라서 0.25 μs 마다 한 비트씩 신호가 전송되므로, 데이터 전송속도는 4 Mbps가 된다. 그림 2.4c의 파동형태 방정식을 이용하여 $(3 \times 2 \times 10^6) - (2 \times 10^6) = 4$MHz 주파수대역의 신호로 나타내어진다. 이상 3가지 사례에서 살펴본 바와 같이 잡음과 기타 간섭이 있는 상황에서 0과 1을 구분하는 수신측의 능력에 따라 주어진 대역폭은 다양한 데이터 전송속도를 지원한다. 하지만 어느 경우에 있어서나 데이터 전송용량은 주어진 대역폭에 비례함을 알 수 있다.

위 내용을 요약하면 다음과 같다.

- **사례 I**: 대역폭 = 4 MHz; 데이터율 = 2 Mbps
- **사례 II**: 대역폭 = 8 MHz; 데이터율 = 4 Mbps
- **사례 III**: 대역폭 = 4 MHz; 데이터율 = 4 Mbps

이상 언급된 바에 의해 다음과 같은 결론을 내릴 수 있다. 일반적으로 디지털신호는 무한대역폭을 갖는다. 이 신호를 임의 전송매체상에서 전송하는 경우 일반적으로 전송시스템은 전송할 수 있는 대역폭이 제한된다. 대역폭 제한이 엄격할수록 신호에 대한 왜곡현상은 더욱 커지게 되어 장애발생 가능성이 더욱 커지게 된다. 반면에 전송 대역폭이 크면 신호의 왜곡현상은 줄어들게 되지만 비용이 더 높아지게 된다.

2.2 아날로그와 디지털 데이터전송

*아날로그*와 *디지털*이라는 용어는 *연속적*이냐 또는 *불연속적*(*이산적*)이냐로 구분된다. 이 두 용어는 데이터통신분야에서 데이터와 신호, 그리고 전송과 같은 문맥과 함께 자주 사용되었다.

간단히 말해서, **데이터**라 함은 의미나 정보를 전달하는 개체(entity)라 정의한다. **신호**란 데이터를 이들 데이터에 대한 전기적 또는 전자적 표현을 의미한다. **전송**이란 신호를 전파하거나 처리과정을 거쳐 데이터를 교환하는 것이다. 이제부터 *아날로그*와 *디지털*이라는 용어를 데이터, 신호, 그리고 전송이라는 관점에서 살펴봄으로써 이와 같은 추상적인 개념들을 명백하게 하자.

아날로그와 디지털 데이터

아날로그와 디지털 데이터의 개념은 아주 단순하다. 아날로그 데이터는 일정 구간에서 연속적인 값을 갖는다. 예를 들어, 음성과 영상은 연속적으로 그 강도가 변화하는 패턴을 갖는다.

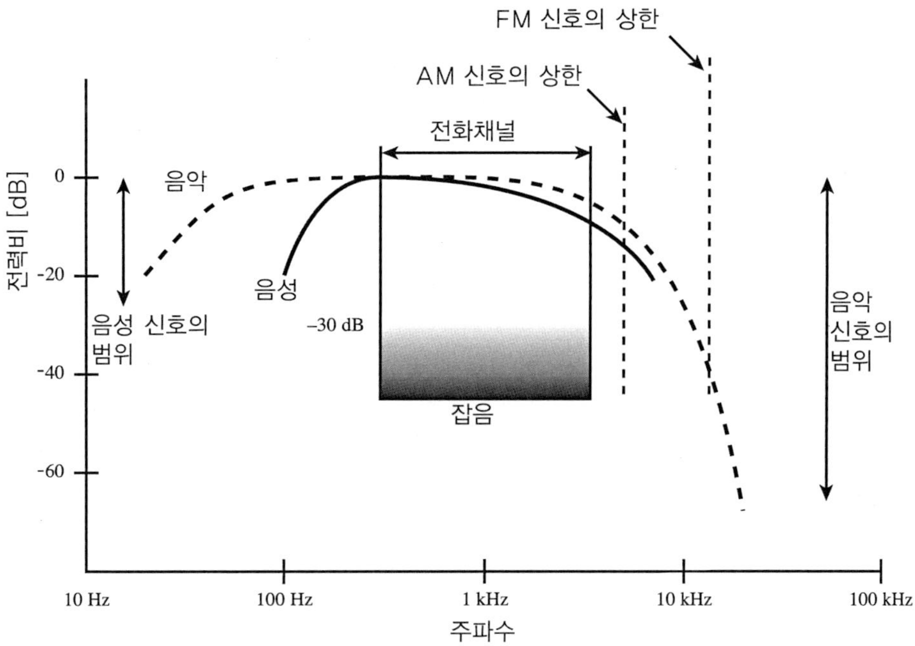

그림 2.6 음성과 음악의 음향 스펙트럼

온도계나 압력계와 같이 센서에 의해 수집된 대부분의 데이터들 역시 연속된 값을 갖는다. 따라서 이들 데이터를 아날로그 데이터라 한다. 한편 디지털 데이터는 불연속적인 값을 가지며, 그 예로서 텍스트나 정수 등을 들 수 있다.

아날로그 데이터의 가장 대표적 예는 **오디오**로서, 음향파의 형태를 취하고 있으며 인간에 의해 직접 인지될 수 있다. 그림 2.6은 사람의 음성과 음악이 갖는 주파수 스펙트럼을 나타낸 것이다. 통상적으로 사람들이 나누는 대화의 주파수 구성요소들을 살펴보면 대략 100 Hz에서 7 kHz 사이에 분포되어 있다. 비록 대부분의 에너지는 낮은 주파수 대역폭에 집중되어 있음에도 불구하고, 실험결과에 따르면 600에서 700 Hz 사이의 주파수가 인간의 귀에 음성의 명료도를 전달한다고 한다. 일반 대화는 약 25dB[2]의 동적영역을 갖는다. 즉, 가장 큰 목소리로 외쳤을 때 만들어진 음성의 세기는 가장 작은 소리로 속삭일 때의 세기에 비해 약 300배 정도의 크기를 갖는다. 그림 2.6은 음향 스펙트럼과 음악의 동적영역을 나타낸 것이다.

아날로그와 디지털신호

통신시스템에서 데이터는 전기적 신호의 방법으로 한 지점에서 다른 곳으로 전파된다. **아날**

2. 데시벨의 개념은 부록 2A 참조.

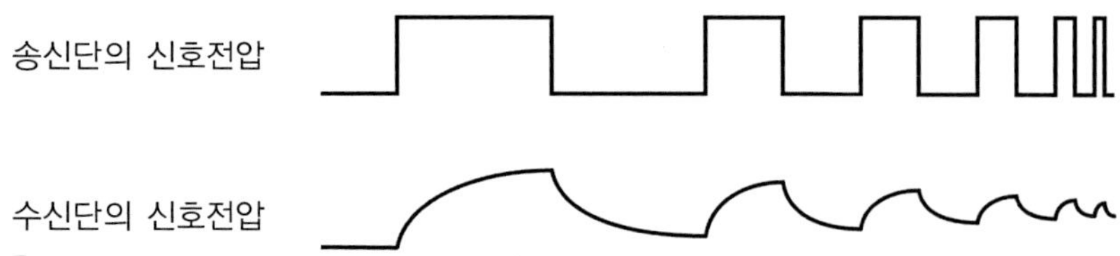

그림 2.7 디지털신호의 감쇠

로그신호란 연속적으로 변화하는 전자파로서, 다양한 전송매체를 통해 주파수에 따라 전파된다. 전송매체의 예로는 와선쌍(twisted pair)이나 동축케이블과 같은 구리선, 광섬유케이블 등의 유선매체와, 대기나 공간전파와 같은 무선매체가 있다. **디지털신호**란 일련의 전압펄스로서 구리선 매체를 통해 전송된다. 예를 들면, 일정한 양의 전압은 이진수 0을, 일정한 음의 전압은 이진수 1을 나타낸다.

디지털신호방식의 주요장점은 일반적으로 아날로그신호방식보다는 가격이 저렴하며, 잡음간섭에 덜 예민하다는 점을 들 수 있다. 반대로 단점으로는 디지털신호방식이 아날로그신호방식보다 신호감쇠가 심하다는 것이다. 그림 2.7은 두 레벨을 갖는 디지털전압펄스를 나타낸 것으로, 송신측에서 생성된 전압신호가 전송매체를 통해 일정거리 떨어진 곳에서는 신호의 주파수에 따라 원래 신호의 세기보다 줄어든 채로 수신됨을 알 수 있다. 즉, 주파수가 높을수록 원래의 신호는 감쇠 또는 감소되는 것이다. 결국 이러한 감쇠현상은 전파신호에 포함된 정보의 손실을 가져오게 된다.

아날로그와 디지털 데이터는 아날로그신호나 디지털신호 어느 것으로나 변환되어 전파될 수 있다. 그 일례를 그림 2.8에 나타내었다. 일반적으로 아날로그 데이터는 시간함수로서, 제한된 주파수 스펙트럼을 갖는다. 이러한 데이터는 같은 스펙트럼을 갖는 전자파로 직접 변환될 수 있다. 가장 좋은 예가 음성데이터이다. 음향파로서의 음성데이터는 주파수 성분이 20 Hz에서 20 kHz의 분포를 갖는다. 그러나 대부분의 음성에너지는 이보다 훨씬 좁은 주파수영역에 집중되어 있다. 음성신호의 표준 스펙트럼은 300에서 3400 Hz로서, 이는 사람의 음성을 명확하고 인지할 수 있는 정도로 전파시키는 데 적합하다. 전화기가 바로 이의 원리를 그대로 수행하는 대표적 예이다. 전화의 송화기에 의해 주파수영역이 300에서 3400 Hz 내에서 입력된 모든 소리 데이터는 같은 주파수–진폭패턴을 갖는 전자파로 변환되어 전달된다. 반대로 수화기에 의해 전자기 에너지를 다시 소리로 바꾸는 과정이 진행된다.

디지털 데이터는 또한 **모뎀(MODEM: Modulator-Demodulator)**을 이용하여 아날로그 신호로도 변환될 수 있다. 모뎀은 일련의 이진 전압펄스를 반송주파수로 변조함으로써 아날로그신호로 변환할 수 있다. 변환된 아날로그신호는 반송주파수를 중심으로 주파수 스펙트럼을 형성하며 해당 반송파전송에 적합한 전송매체를 통해 전파된다. 우리가 현재 통신에서

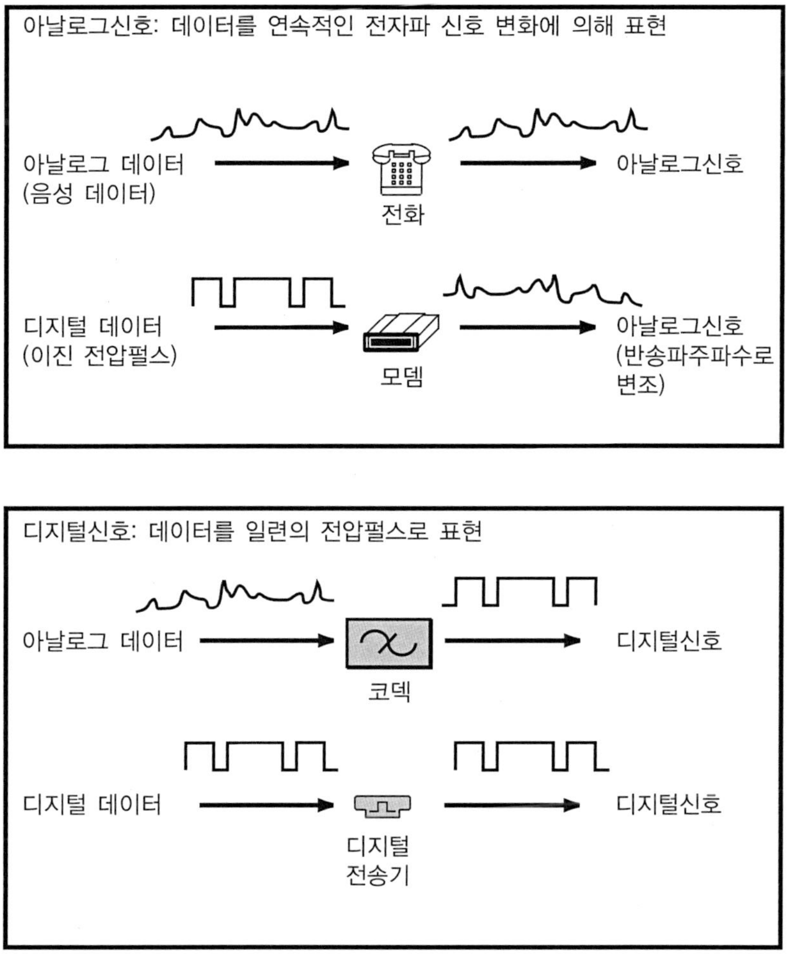

그림 2.8 아날로그와 디지털 데이터의 아닐로그와 디지털신호

사용하는 대부분의 모뎀들은 디지털 데이터를 음성주파수대역으로 변환하여 일반 음성급전화선을 이용하여 전달된다. 이 통신회선의 다른 한쪽 종단에서 모뎀은 전달된 아날로그신호를 다시 원래의 디지털 데이터로 복조하게 된다. 모뎀이 수행하는 기능과 매우 유사한 방법으로, 아날로그 데이터를 디지털신호로 변환할 수 있다. 음성데이터에 대해 이러한 기능을 수행하는 장치를 **코덱(CODEC: Coder-Decoder)**이라 한다. 기본적으로 코덱은 송신단에서 음성데이터를 표현한 아날로그신호를 비트열로 근사시키게 되며, 반대로 수신단에서는 이 비트열을 다시 원래의 아날로그 데이터로 재구성하게 된다.

끝으로 디지털 데이터는 2개의 전압레벨에 의해 이진수의 형태로 직접 표현될 수 있다. 그러나 전파특성을 개선하기 위해 이진 데이터는 간혹 더 복잡한 형태의 디지털신호로 표현되

표 2.1 아날로그와 디지털전송

(a) 데이터와 신호

	아날로그신호	디지털신호
아날로그 데이터	(1) 신호가 아날로그 데이터와 같은 스펙트럼을 갖도록 변조된다. (2) 아날로그 데이터는 다른 스펙트럼으로 변조된다.	아날로그 데이터는 코덱에 의해 디지털 비트열로 부호화된다.
디지털 데이터	디지털 데이터는 모뎀에 의해 아날로그신호로 변조된다.	(1) 신호는 2개의 이진값을 표현하기 위해 2개의 전압레벨로 구성된다. (2) 디지털 데이터는 또 다른 속성을 갖는 디지털신호로 부호화된다.

(b) 신호전송

	아날로그 전송	디지털전송
아날로그신호	신호가 아날로그 또는 디지털 데이터를 내포하는지에 관계없이, 증폭기를 통해 전달된다.	아날로그신호가 디지털 데이터를 내포한다고 가정하고, 리피터를 통해 전달된다. 리티퍼에서는 입력신호로부터 디지털 데이터를 복원한 후, 다시 이 데이터를 새로운 아날로그신호로 변조하여 출력한다.
디지털신호	미사용	디지털신호는 1과 0의 비트열을 표현한다. 이 값들은 디지털 데이터이거나 또는 부호화된 아날로그 데이터일 수 있다. 신호는 리피터를 통해 전달되며, 각 리피터는 입력신호로 부터 1과 0의 비트열을 복원한 후, 다시 이를 새로운 디지털신호로 재생하여 출력한다.

기도 한다.

이상에서 언급한 4가지 형태의 데이터와 신호간의 변환에 대해 표 2.1(a)에 기술하였다. 우리가 통신을 수행할 때 어떠한 형태의 신호변환을 수행할 것인가에 대해서는 각 통신환경이나 조건에 따라 다양한 변환방법이 선택된다. 아래에 대표적인 특징에 대해 열거하였다.

- **디지털 데이터, 디지털신호:** 일반적으로 디지털 데이터를 디지털신호로 부호화하는 장비는 디지털을 아날로그로 변환하는 장비에 비해 덜 복잡하고 더 저렴하다.
- **아날로그 데이터, 디지털신호:** 아날로그 데이터를 디지털신호로 변환함으로써, 오늘날 널리 이용되고 있는 디지털전송장비와 교환장비를 통해 신호를 전송할 수 있다.
- **디지털 데이터, 아날로그신호:** 광섬유나 위성 등과 같은 일부 매체는 아날로그신호만을 전파시킨다.
- **아날로그 데이터, 아날로그신호:** 아날로그 데이터는 아날로그신호로 쉽게 변환된다.

아날로그와 디지털전송

아날로그와 디지털신호는 적절한 전송매체를 통해 전달될 수 있다. 이들 신호를 처리하는 방식이 전송시스템의 기능이다. 표 2.1(b)는 데이터 전송방식을 요약한 것이다. **아날로그전송방식**이란 그 안에 포함된 내용과 상관없이 아날로그신호를 전송하는 수단으로서, 신호는 아날로그 데이터(음성) 또는 디지털 데이터(모뎀을 거친 데이터)를 포함할 수 있다. 어느 데이터를 전달하는 경우에 있어서나 아날로그신호는 전송링크의 길이를 제한하는 신호감쇠를 겪게 된다. 따라서 장거리 전송을 위해 아날로그전송시스템은 신호의 에너지를 크게 하기 위해 전송 도중 일정 간격마다 증폭기를 설치한다. 그러나 불행히도 증폭기는 신호성분뿐만 아니라 전송 도중 포함되는 잡음성분 역시 증폭시키게 된다. 따라서 장거리 전송을 위해 증폭기를 종속으로 여러 단 연결하여 이용하는 경우, 신호는 더욱더 왜곡된다. 음성과 같은 아날로그 데이터는 수신단에서 사람의 귀에 의해 인지되므로 이러한 왜곡현상에 대해 어느 정도 견딜 수 있어, 원래의 데이터를 보존할 수 있다. 하지만 아날로그신호로 전송된 디지털 데이터인 경우는 종속 접속된 증폭기로 인해 에러가 발생하게 될 것이다.

반대로 **디지털전송방식**은 신호에 포함된 데이터의 내용에 관심을 갖는다. 앞에서 디지털신호는 감쇠 증상이 데이터 원형보존에 위협적이지 않는 제한된 거리 내에서만 전파가 가능하다고 한 바 있다. 따라서 디지털전송방식에서는 보다 장거리전송을 가능하게 하기 위해서 재생기(repeater)를 사용한다. 재생기는 전송매체를 통해 전달된 디지털신호를 수신하여 이를 1과 0의 형태로 복호화한 다음, 이 디지털 데이터에 대해 다시 새로운 디지털신호를 재생하여 전송한다. 따라서 전송도중 포함된 잡음이 제거되어 감쇠현상을 극복한다.

신호가 디지털 데이터를 전송하는 경우, 같은 기술이 아날로그신호에도 사용될 수 있다. 공간 내의 적당한 지점에서 전송시스템은 증폭기보다는 재전송장비를 갖춤으로써, 이 장비에 의해 아날로그신호로부터 디지털 데이터를 복원하여, 잡음이 제거된 새로운 신호를 재생한다. 따라서 잡음이 누적되지 않는다.

2.3 채널용량

여러 가지 **손상(impairment)**에 인해 신호는 왜곡되거나 깨지게 된다. 대표적인 손상으로 잡음을 들 수 있다. 잡음이란 신호를 전송하거나 수신할 때 함께 섞여 신호를 왜곡시키는 원치 않는 신호이다. 잡음과 기타 손상 요인에 대해서는 5장에서 다룬다. 본 장에서는 잡음이란 신호의 품질을 저하시키는 요인이라는 점만 인식하도록 한다. 디지털 데이터의 경우 생각할 수 있는 의문은 이와 같은 장애가 어느 정도까지 데이터 전송속도를 제한하느냐 하는 점이다. 데이터가 주어진 조건에서 통신경로나 채널을 통해 전송될 수 있는 최대속도를 채널용량이라 정의한다. **채널용량**을 결정하기 위해 상호연관이 있는 네 가지 개념에 대해 먼저 알아보면 다음과 같다.

- **데이터 전송속도:** 데이터가 전달될 수 있는 초당 비트수(bps)
- **대역폭:** 전송매체의 속성이나 전송장비의 특성에 의존적인 전송신호의 주파수 대역폭으로, 초당 신호수 또는 Hertz로 표현
- **잡음:** 통신로 상에서 발생하는 잡음의 평균 레벨
- **에러율:** 에러가 발생하는 비율로서, 0을 전송할 때 1이 수신되거나, 1을 송신했는데 0이 수신되는 경우이다.

여기서 언급하고자 하는 점은 통신설비가 비싸다는 것이다. 일반적으로 설비의 대역폭이 클수록 비용은 고가이다. 더구나 현재 사용 가능한 대부분의 전송채널들은 제한된 주파수 대역폭을 갖는다. 이와 같은 제한은 전송매체의 물리적인 속성에 기인하거나, 또는 다른 신호로부터의 간섭을 방지하기 위해 전송장치의 대역폭을 의도적으로 제한함으로써 발생하기도 한다. 따라서 주어진 대역폭을 가능한 효과적으로 사용할 수 있도록 하여야 한다. 디지털 데이터의 경우, 주어진 대역폭 내에서 에러발생률을 특정 값 이하로 제한시킴으로써 가능한 높은 데이터 전송속도를 유지시켜야 한다. 이와 같은 효율성을 달성하는 데 있어서 주요 장애물이 바로 잡음이다.

Nyquist 대역폭

먼저 잡음이 전혀 없는 채널을 생각해보자. 이와 같은 환경에서 데이터 전송속도에 제한을 주는 것은 단순히 신호의 대역폭뿐이다. Nyquist의 공식에 따르면, 전송채널의 신호 전송속도가 $2B$인 경우 B보다 작은 주파수를 갖는 모든 신호는 이 채널을 통해 충분히 전송 가능하다는 것을 보여준다. 마찬가지로 주어진 대역폭이 B인 전송채널을 통해 전달될 수 있는 최대 데이터 전송속도는 $2B$가 됨을 알 수 있다. 이러한 제한은 지연왜곡 때문에 발생하는 심볼간

간섭효과 때문이다.[3] 이 결과는 디지털-아날로그 부호화기법을 개발하는 데 유용하게 적용된다.

앞에서 신호 전송속도에 대해 언급한 바 있다. 만일 전송신호가 두 가지 상태, 즉 두 전압레벨로 전송된다면, B Hz로 전달 가능한 데이터 전송속도는 $2B$ bps이다. 예를 들어, 모뎀을 통해 디지털신호를 전송하는 음성채널을 생각해보자. 대역폭이 3100 Hz라고 가정하면, 채널의 용량 C는 $2B = 6200$ bps이다. 하지만 6장에서 보듯이, 신호는 2개 이상의 전압레벨을 사용할 수 있기 때문에 각 신호는 한 bit 이상을 표현할 수 있다. 예를 들어, 4가지 전압레벨을 신호로 사용한다면, 각 신호요소는 두 bit를 표현할 수 있다. 이렇듯 다단계 신호체계인 경우 Nyquist 공식은 다음과 같으며,

$$C = 2B \log_2 M$$

여기서 M은 불연속 신호나 전압레벨의 수를 의미한다. 따라서 임의의 모뎀에서 $M = 8$이고 대역폭 $B = 3100$ Hz인 경우, 채널의 용량 $C = 2 \times 3100 \times \log_2 8 = 18,600$ bps 가 된다.

결론적으로 말하면, 주어진 대역폭에 대해, 서로 다른 신호요소 수를 늘리면 데이터 전송속도를 증가시킬 수 있다. 하지만 이 경우에 있어서 수신측의 부담이 가중된다. 하나의 신호주기 동안에 두 가지 신호상태 중에서 하나를 구분하는 것이 아니라, M개의 신호상태 중 하나를 구분해야 하기 때문이다. 일반적으로 잡음과 전송회선 상의 장애가 실질적인 M값을 제한하게 된다.

Shannon의 채널용량 공식

Nyquist 공식은 모든 조건이 같은 경우 대역폭을 늘리면 데이터 전송속도도 이에 비례한다는 것을 보여준다. 다음으로, 데이터 전송속도, 잡음, 그리고 에러발생률 간의 관계에 대해 고려해보자. 잡음의 존재는 하나 이상의 비트에 미치게 된다. 그런데 데이터 전송속도가 증가하면 비트간 신호간격은 더욱 짧아지게 되어 보다 더 많은 비트들이 잡음의 영향을 받게 된다. 따라서 주어진 잡음수준에서 데이터 전송속도가 빨라질수록 에러발생률은 높아진다.

그림 2.9는 디지털신호에 있어서 잡음을 영향을 나타낸 것이다. 그림에서의 잡음은 통상 작은 레벨의 잡음과 간헐적으로 큰 레벨의 잡음이 혼재되어 있음을 보여준다. 정해진 비트 시간간격마다 한번씩 수신된 파형을 샘플링하여 디지털신호로부터 디지털 데이터를 복원할 수 있다. 그런데 그림에서 나타난 바와 같이 원래 디지털신호에 유입된 잡음의 영향에 의해 복원된 데이터에는 1에서 0으로 또는 0에서 1로 잘못된 비트에러가 발생하게 된다.

---

3. 신호의 지연왜곡은 전송매체를 통한 전파지연이 신호의 주파수 범위에 걸쳐서 일정하지 않을 때 발생한다.

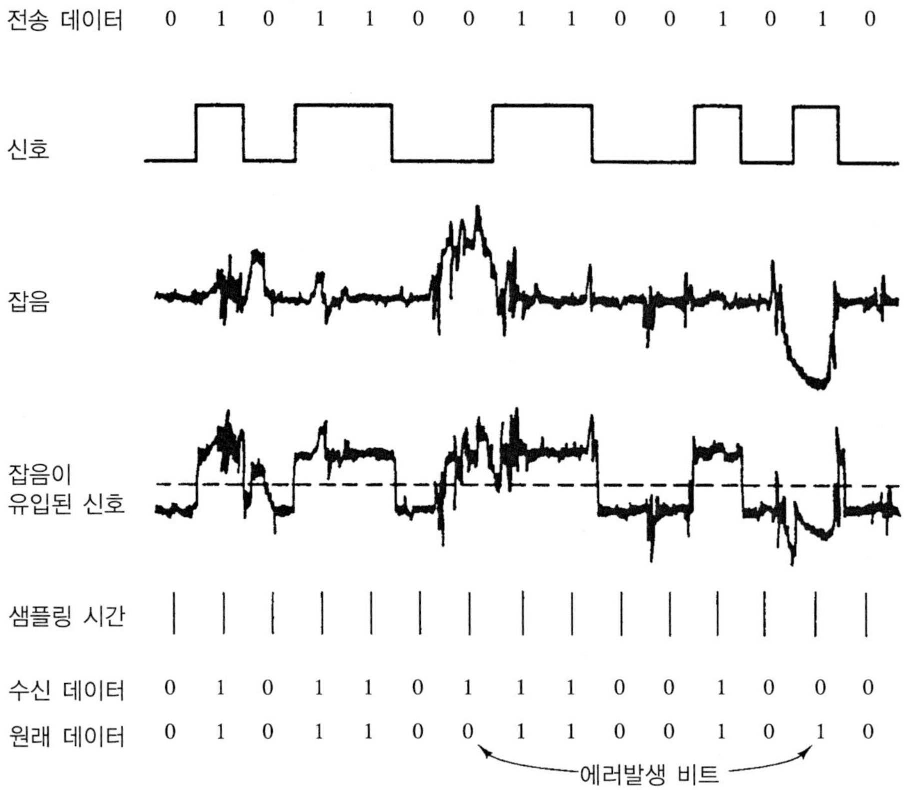

그림 2.9 디지털신호에 있어서 잡음의 영향

이와 같은 모든 개념은 수학자인 Claude Shannon이 개발한 공식으로 간단히 정리될 수 있다. 앞에서 예를 든바와 같이 데이터 전송속도가 높아질수록 원치 않는 잡음은 더 많은 손상을 발생시키게 된다. 주어진 잡음수준이 동일한 경우에서는 신호의 세기가 클수록 데이터를 보다 정확히 수신할 수 있을 것으로 기대된다. 이와 같은 추론의 핵심적인 파라미터는 신호 대 잡음비(SNR 또는 S/N)[4]로서, 신호가 갖고 있는 세기와 전송 시 특정위치에 존재하는 잡음이 갖고 있는 세기의 비율이다. 일반적으로 이 비율은 수신측에서 측정된다. 그 이유는 신호를 처리하고 원치 않는 잡음을 제거하는 시도가 수신측에서 이루어지기 때문이다. 신호대 잡음비는 통상 데시벨(decibel) 단위로 표현된다.

$$\mathrm{SNR}_{\mathrm{dB}} = 10 \log_{10} \frac{\text{신호전력}}{\text{잡음전력}}$$

4. 통상 SNR, S/N 둘다 자주 사용된다. 간혹 차원 없는 양을 나타낼 때는 SNR, S/N이라 표기하며, 반면에 데시벨 단위로 양을 나타낼 때는 SNR_{db}, $(S/N)_{db}$로 표기하기도 한다. 또 다른 경우에는 SNR, S/N이 dB 단위를 의미하는 것으로 사용하기도 한다. 본 교재에서는 SN과 SNR_{db}를 사용한다.

이 공식은 일정 잡음을 초과하는 신호의 양을 데시벨 단위로 표현한 것이다. SNR이 높을수록 신호의 품질을 높아지며, 중간에 설치될 리피터의 수도 더 적게 요구된다.

신호대 잡음비는 만족할 만한 데이터 전송속도를 설정하기 위한 상한선을 결정하기 때문에 디지털 데이터전송에 있어서 중요하다. Shannon의 결과에 의하면, 최대 채널용량은 bps 단위로 다음과 같이 표현된다.

$$C = B\log_2(1 + \mathrm{SNR})$$

여기에서 C는 bps 단위의 채널용량이며, B는 Hertz 단위의 채널 대역폭이다. Shannon 공식은 실현 가능한 이론적 최대치를 나타낸다. 그러나 실제로 훨씬 낮은 값만을 얻을 수 있을 뿐이다. 이와 같은 이유 중에 하나가 이 공식이 백색잡음(열잡음)만을 가정했다는 점이다. 임펄스잡음이나 감쇠 및 지연에 의한 왜곡이 제외되었기 때문이다.

앞의 공식에서의 용량은 장애가 없는 경우의 채널용량을 다룬 것이다. Shannon은 채널 상에서의 실제 정보의 전송용량이 무장애 시의 채널용량보다 작다면 채널 상에서 장애 없는 전송이 가능한 적당한 부호계를 사용하는 것이 이론적으로 가능하다는 것을 증명하였다. Shannon의 법칙은 불행하게도 그와 같은 부호계를 찾기 위한 수단은 제공하지 못했지만, 실제 통신기법의 성능을 측정할 수 있는 척도는 제공한다.

Example 2.1

Nyquist와 Shannon 공식에 관련된 예를 생각해 보자. 채널의 스펙트럼은 3 MHz와 4 MHz 사이이고, $\mathrm{SNR_{dB}} = 24$ dB라 가정한다. 그러면

$$B = 4\ \mathrm{MHz} - 3\ \mathrm{MHz} = 1\ \mathrm{MHz}$$
$$\mathrm{SNR_{dB}} = 24\ \mathrm{dB} = 10\log_{10}(\mathrm{SNR})$$
$$\mathrm{SNR} = 251$$

Shannon 공식을 이용하면,

$$C = 10^6 \times \log_2(1 + 251) \approx 10^6 \times 8 = 8\ \mathrm{Mbps}$$

이것은 이론적인 최대용량으로서, 앞서 언급했듯이 달성될 수 없는 결과이다. 그러나 이 용량까지 데이터를 전송할 수 있다고 가정한다. 그러면, Nyquist 공식에 따르면, 신호의 레벨수는 얼마나 요구될까?

$$C = 2B\log_2 M$$
$$8 \times 10^6 = 2 \times \left(10^6\right) \times \log_2 M$$
$$4 = \log_2 M$$
$$M = 16$$

앞의 공식과 관련된 몇 가지 관찰들이 흥미롭다. 잡음수준이 동일한 환경 하에서 데이터 전송속도는 신호의 세기나 채널 대역폭을 증가시킴으로써 증가된다. 하지만 신호의 세기가 증가하면 시스템에 비선형 특성이 발생되어 그 결과로 상호변조잡음이 증가하게 된다. 또한 백색잡음만이 있는 것으로 간주했기 때문에 대역폭이 넓어질수록 시스템에는 더 많은 잡음이 존재하게 된다. 따라서 B가 증가할수록 SNR은 감소한다.

2.4 전송매체

데이터전송시스템에서 **전송매체**(transmission media)는 송신측과 수신측간의 물리적인 경로이다. 전송매체는 **도파매체**(guided media)와 **비도파매체**(unguided media)로 분류된다. 두 경우 모두 신호는 전자파의 형태로 통신한다. 도파매체인 경우, 신호는 와선쌍(twisted pair)이나 동축케이블, 또는 광섬유 등과 같은 고체형의 매체를 따라 도파된다. 대기나 우주 공간은 비도파매체의 예로서, 이들은 전자파를 전송하는 수단은 제공하지만 신호를 닫혀진 관을 따라 도파하지는 않는다. 이와 같은 형식의 전송을 통상 **무선전송**이라 한다.

데이터 전송의 특성과 품질은 매체의 특성과 신호의 특성에 따라 결정된다. 도파매체의 경우에는 전송의 품질을 결정하는 데 있어서 매체 자체가 매우 중요한 역할을 한다. 비도파매체인 경우에는 송신안테나에 의해 송출된 신호의 대역폭이 전송특성을 결정하는 데 있어서 전송매체보다 더 중요하다. 안테나로부터 송신된 신호의 중요한 특성 중 하나는 방향성이다. 일반적으로 낮은 주파수를 갖는 신호는 무지향성(전방향성)을 가지며, 신호가 안테나로부터 모든 방향으로 퍼져나간다. 반면 높은 주파수인 경우에는 지향성을 갖고 있어, 빔의 형태로 신호를 한 방향으로 집중시키는 것이 가능하다.

그림 2.10은 전자파의 스펙트럼을 나타낸 것이다. 그림에서 다양한 형태의 도파매체와 비도파매체에 있어서 동작 가능한 주파수대역을 보여주고 있다. 본 절의 나머지는 비도파매체인 무선매체에 대해 간단히 언급한다.

무선매체인 경우, 송신과 수신은 안테나를 통해 이루어진다. 송신 시에 안테나는 전자파에너지를 공기매체 속으로 송출하며, 수신 시에는 대기로부터 전자파를 받게 된다. 기본적으로 무선전송을 위한 구성에는 지향성과 무지향성 두 가지 유형이 있다. 지향성 구성인 경우, 송신안테나는 한 방향을 향해 초점이 맞춰진 전자파 빔을 내보내기 때문에 송수신 안테나는 지향성을 고려하여 잘 조정되어야 한다. 반면, 무지향성인 경우, 송신신호는 모든 방향으로 송출되므로 많은 안테나에 의해 수신될 수 있다. 일반적으로 신호의 주파수가 높을수록 한 방향으로 빔을 모을 수 있는 가능성이 높다.

일반적으로 무선통신을 다루는 데 있어서 세 가지 주파수영역이 관심의 대상이 되고있다.

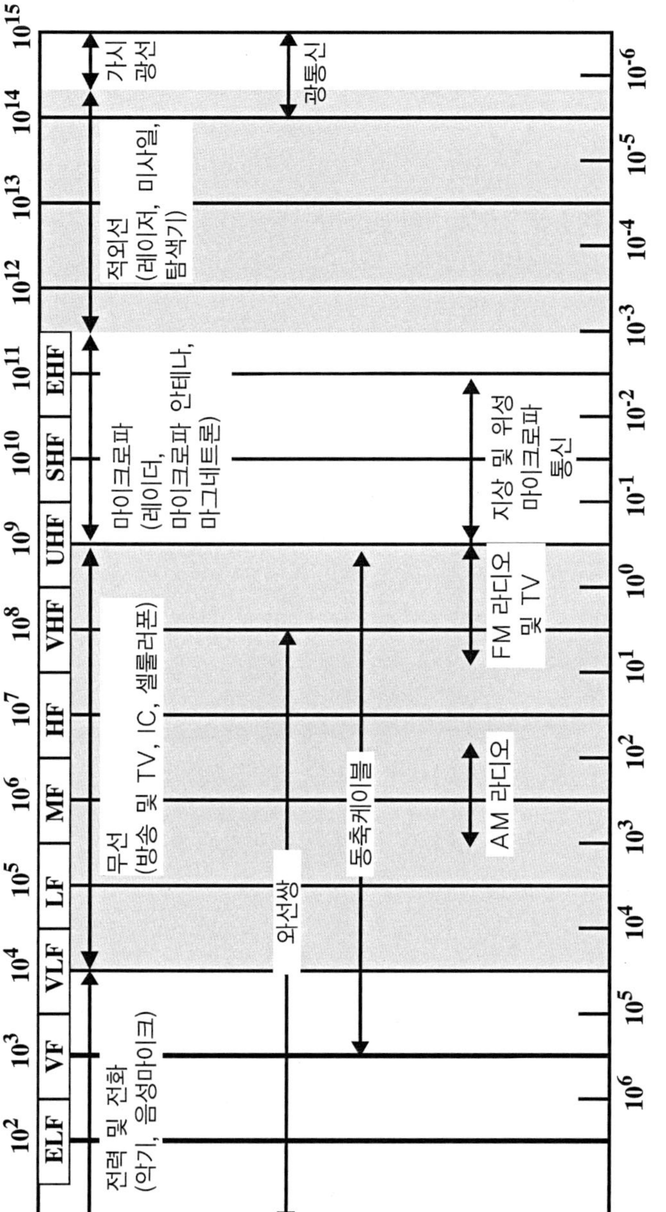

ELF = Extremely low frequency
VF = Voice frequency
VLF = Very low frequency
LF = Low frequency
MF = Medium frequency
HF = High frequency
VHF = Very high frequency
UHF = Ultrahigh frequency
SHF = Superhigh frequency
EHF = Extremely high frequency

그림 2.10 전기통신을 위한 전자파 스펙트럼

그중 하나는 약 1 GHz(gigahertz = 10^9 Hz)에서 40 GHz 범위의 주파수대역을 갖는 **마이크로파대역**이다. 이 주파수영역은 높은 지향성 빔이 가능하며, 점대 점(point-to-point)전송에 아주 적합하다. 마이크로파는 또한 위성통신에 주로 사용된다. 또 다른 주파수대역으로는 30 MHz에서 1 GHz 범위의 주파수를 갖는 무선(방송)주파수영역으로, 이는 무지향성 응용에 적합하다.

나머지 하나의 주파수대역은 짧은 거리의 근거리 응용에 적합한 적외선 주파수대역으로, 대략 3×10^{11}에서 2×10^{14} Hz의 주파수를 갖는다. 적외선은 근거리의 점대 점(point-to-point)전송이나 한 사무실과 같은 제한된 지역내의 다중접속(multipoint) 응용에 유용하다.

지상 마이크로파

물리적 특성

가장 일반적인 마이크로파 안테나는 포물선형태의 접시안테나이다. 통상 이 안테나의 크기는 지름이 약 3 m이다. 송신안테나는 수신안테나까지의 가시거리통신을 수행하기 위해, 지상에 단단히 고정되어 일정 방향으로 빔을 집중시킨다. 마이크로파 안테나는 보통 지상으로부터 상당히 높이에 위치하여 안테나간의 거리를 확장하고, 장애물을 극복하여 전송할 수 있도록 한다. 장거리전송을 위해서는 일련의 마이크로파 중계탑이 사용되기도 하고, 점대 점 마이크로파 링크를 원하는 거리까지 확장하기도 한다.

응용

지상 마이크로파 시스템은 주로 장거리 통신서비스에 이용되며, 동축케이블이나 광섬유를 대체하고 있다. 마이크로파 장치는 동일 거리일 경우 동축케이블보다 증폭기나 리피터의 설치대수가 적게 필요하지만, 지향성을 갖는 신호이기 때문에 송수신안테나 간의 조정이 필요하다. 마이크로파는 일반적으로 음성이나 텔레비전 전송에 자주 사용된다.

이 이외의 응용분야로는 점차 그 수요가 증가하고 있는 빌딩간의 단거리 점대 점 링크이다. 이것은 폐쇄회로 TV나 LAN 간의 데이터링크로 사용된다. 또한 단거리 마이크로파는 우회통신회선으로 응용될 수 있다. 일례로 같은 도시내에서 그 지역내 전화회사를 경유하지 않고, 직접 장거리 통신설비에 연결하는 우회링크로서 지상 마이크로파 시스템이 사용되기도 한다. 마이크로파의 대표적인 예인 셀룰러시스템과 고정 무선접속시스템에 대해서 3장에서 자세히 살펴보기로 한다.

전송특성

마이크로파의 주파수 스펙트럼은 매우 넓다. 일반적으로 2에서 40 GHz 범위의 주파수가 전송에 주로 이용된다. 주파수가 높아질수록 대역폭이 높아지게 되어 그만큼 데이터 전송속도도 빨라진다. 표 2.2는 각 주파수 대역별 대역폭에 따른 데이터 전송속도를 나타내었다.

표 2.2 일반적인 디지털 마이크로파 성능

대역 (GHz)	대역폭 (MHz)	데이터 전송속도 (Mbps)
2	7	12
6	30	90
11	40	135
18	220	274

다른 전송시스템과 마찬가지로 주요손실의 원인은 감쇠이다. 마이크로파와 무선주파수인 경우, 손실은 다음과 같이 표현된다.

$$L = 10\log\left(\frac{4\pi d}{\lambda}\right)^2 \text{dB} \tag{2.2}$$

여기서 d는 거리이고 λ는 파장으로, 동일 단위를 갖는다. 따라서 손실은 거리의 제곱에 비례하여 변화한다. 반대로 와선쌍이나 동축케이블은 거리에 따라 대수학적으로 비례하여 변화한다. 그래서 리피터와 증폭기의 설치간격을 훨씬 더 멀리 떨어뜨릴 수 있어, 통상 10에서 100 km정도 거리에 설치한다. 감쇠현상은 비가 올 때 증가하는데, 특히 비의 영향은 10 GHz 이상에서 특히 크게 증가한다. 또 다른 장애의 원인은 간섭현상이다. 마이크로파의 수요가 높아지면서 전송구역이 중첩되고 간섭의 가능성이 늘어나고 있다. 따라서 주파수대역의 할당이 엄격히 통제되고 있다.

가장 널리 사용되는 장거리 통신대역은 4 GHz에서 6 GHz이다. 이 대역폭에서 혼잡이 증가하여 11 GHz 대역이 사용되기 시작했다. 12 GHz 대역은 케이블 TV 시스템의 요소로 사용된다. 마이크로파 링크는 지역 CATV 장치에 TV 신호를 제공하기 위해 사용되는데, 이 신호는 동축케이블을 통해 각 가입자에게 분배된다. 보다 높은 주파수를 갖는 마이크로파는 빌딩간에 단거리 점대 점 링크를 위해 사용되는데, 통상 22 GHz 대역이 사용된다. 마이크로파의 주파수가 높아질수록 감쇠의 증가로 인해 장거리 전송에는 비효율적이지만, 단거리에서는 매우 유용하게 이용된다. 또한 주파수가 높을수록 안테나는 작아지고 가격도 싸다.

위성 마이크로파

물리적 특성

통신위성은 마이크로파 중계국이라 할 수 있다. 통신위성은 지구국 또는 지상국이라 일컫는 두 개 이상의 지상 마이크로파 송수신기를 연결하는 데 이용된다. 위성은 하나의 주파수대역(uplink)으로 신호를 수신하여 이를 증폭하거나 재생한 후, 다른 주파수대역(downlink)으로 전송한다. 단일궤도를 선회하는 위성은 여러 주파수대역에서 동작하며, 이를 *트랜스폰더채널* 또는 간단히 *트랜스폰더*라 한다.

응용

통신위성은 광섬유만큼 매우 중요한 기술혁명이라 할 수 있다. 통신위성의 응용분야는 매우 넓으며, 가장 중요한 응용분야는 다음과 같다.

- TV 분배
- 장거리 전화
- 사설 업무망

방송특성 때문에 위성은 TV 분배에 매우 적합하여 미국 전역은 물론 전세계적으로도 널리 이용되고 있다. 통신위성을 이용한 전통적인 사용법으로 네트워크는 중앙으로부터의 프로그램을 제공한다. 프로그램들은 위성으로 전송되고, 위성은 이 신호를 지상의 여러 지구국으로 송신하면, 지구국은 이 신호를 각 개인 시청자들에게 분배한다. Public Broadcasting Service(PBS)라는 네트워크는 위성채널을 이용하여 거의 독점적으로 TV 프로그램을 공급한다. 다른 상용 네크워크 또한 위성의 사용이 점차 확대되고 있으며, 케이블 TV 시스템도 점차 증가하는 그들의 상당수 프로그램을 위성을 통해 받고 있다. TV 분배에 있어서 가장 최근에 적용된 응용분야로는 Direct Broadcast Satellite(DBS)로서, 화상신호가 위성을 통해 직접 가정의 사용자에게 전송된다. 수신안테나의 소형화와 저가격화가 DBS의 상용화를 가능하게 했으며, 많은 채널이 이미 서비스되고 있거나 계획단계에 있다.

위성전송은 공중전화망에서 전화교환기 간의 점대 점 중계선(트렁크)으로 사용될 수 있다. 위성은 이용한 장거리 전화서비스는 국제 통신회선에 있어서 최적의 매체로 급부상하였으며, 많은 장거리 국제링크에 사용되는 지상시스템과 비교우위 경쟁력을 갖추고 있다.

마지막으로 통신위성의 응용분야로서 업무용 데이터전송을 들 수 있다. 위성사업자는 위성의 전체 용량을 여러 개의 부채널로 나누어 이 채널들을 개인 사업자들에게 임대해준다. 이를 임대한 조직들은 자신의 사설망을 구축하기 위해 해당 위성채널을 사용할 수 있다. 하지만 통상 위성채널의 임대는 매우 비용이 엄청나서 대단위 규모의 데이터전송 요구를 갖는 대규모 조직에서나 이용 가능한 단점을 갖는다.

전송특성

위성전송을 위한 최적의 주파수 범위는 1에서 10 GHz이다. 1 GHz 이하에서 위성신호는 은하계나 태양 그리고 대기잡음, 그리고 인간이 만든 다양한 전자장치로부터 발생되는 간섭 등과 같은 자연적인 근원지로부터의 심각한 잡음을 받게 된다. 또한 10 GHz 이상에서는 대기흡수나 비, 눈 등과 같은 자연현상으로부터 신호가 심하게 약화된다.

오늘날 점대 점 서비스를 제공하는 대부분의 위성들이 사용하는 주파수 대역폭은 지구로부터 위성까지의 전송시(uplink) 5.925에서 6.425 GHz, 위성으로부터 지구로 전송시(downlink) 3.7에서 4.2 GHz의 주파수를 이용하고 있다. 이를 4/6 GHz 대역이라 한다. 위성통신에서는 상향링크와 하향링크의 주파수가 다르다는 점에 유의하자. 간섭 없이 연속적으로 동작하기 위해서 위성은 같은 주파수로 송신과 수신을 할 수 없다. 따라서 지상국으로부터 수신된 신호들은 반드시 다른 주파수로 다시 전송되어야 한다.

4/6 GHz 대역은 1에서 10 GHz의 주파수 중 최적의 영역이지만 현재 포화상태에 있다. 이외의 주파수들은 지상의 마이크로파와 같은 주파수 대에서 동작하기 때문에 사용할 수 없는 실정이다. 이에 따라 12/14 GHz 대역(uplink: 14에서 14.5 GHz, downlink: 11.7에서 14.2 GHz)이 개발되었다. 그러나 이 주파수대역에서 신호의 감쇠문제는 반드시 극복되어야 함에도 불구하고, 위성수신기의 가격과 크기가 보다 경제적일 수 있다는 장점을 갖고 있다. 이 대역 또한 조만간에 포화상태에 이르게 될 것으로 예상되어, 19/29 GHz 대역(uplink: 27.5에서 31.0 GHz, downlink: 17.7에서 21.2 GHz)의 사용이 계획되었다. 이 대역은 보다 더 큰 감쇠문제를 갖고 있지만, 보다 큰 대역폭(2500 MHz 대 500 MHz)의 이용이 가능하며, 더 작고 저렴한 위성수신기의 이용이 가능하다.

위성통신의 특성에 대해 살펴보자. 첫번째, 지구와 위성간의 거리로 인해 송신 지구국에서 수신 지구국까지 약 1/4초의 전파지연이 존재한다. 통상위성을 통한 국제전화통신시 인지되는 지연현상이 바로 그것이다. 이것은 장애제어와 흐름제어라는 문제를 야기하는데, 이것에 대해서는 5장에서 다룬다. 두번째로 위성 마이크로파는 방송파라는 점이다. 많은 기지국들은 위성으로 전송할 수 있고, 한 위성으로부터 전송된 것은 또한 여러 기지국에서 수신 가능하다는 것이다. 따라서 위성통신은 방송특성에 기인한 여러 가지 장단점을 갖게 된다.

방송무선

물리적 특성

방송 무선(broadcast radio)과 마이크로파의 근본적인 차이점은 전자는 무지향성이며, 마이크로파는 지향성이라는 것이다. 따라서 방송 무선은 접시 안테나가 필요하지 않으며 안테나도 정밀 조정될 필요가 없다.

응용

*무선*신호란 3 kHz에서 300 GHz 범위에 있는 주파수들을 포함하는 일반적인 용어이다. 하지만 이 책에서 언급하고 있는 *방송무선*이란 VHF와 UHF의 일부(30 MHz에서 1 GHz) 대역을 다루기 위해 정의된 비공식적인 용어이다. 이 주파수 영역은 FM 라디오방송, UHF와 VHF TV에서 사용되고 있으며, 또한 많은 데이터 통신의 응용분야에도 이용된다.

전송 특성

30 MHz에서 1 GHz 영역은 방송통신에 효과적이다. 전리층은 이 주파수보다 더 낮은 전자파와는 달리 30 MHz 이상 주파수의 신호에 대해서는 반사하지 않는다. 따라서 신호의 전송은 가시거리(line of sight)로 제한되며, 각 전송장치는 대기 반사로 인한 상호간섭을 받지 않게 된다. 또한 방송무선은 마이크로파 대역의 높은 주파수와는 달리 비나 눈 등으로부터의 감쇠현상에는 덜 민감하다.

마이크로파와 마찬가지로 거리에 의한 신호감쇠는 앞에서 언급된 식 (2.2), 즉 $10\log\left(\frac{4\pi d}{\lambda}\right)^2$ dB와 같이 구할 수 있다. 이 식에서 알 수 있는 바와 같이 무선파는 마이크로파에 비해 파장이 더 길기 때문에 상대적으로 감쇠가 적다.

방송 무선에 있어서 가장 중요한 장애 요인은 다중 경로에 의한 간섭이다. 지형이나 물, 그리고 자연적으로나 인공적인 구조물로부터의 반사는 송수신 안테나간에 다중 경로를 통해 신호를 전파시키게 된다. 따라서 이러한 다중 경로를 통해 전송 수신신호는 상호간에 간섭현상으로 일으키게 된다. 비행기가 지나갈 때 TV 수신기에 여러 개의 영상이 나타나는 것은 이의 좋은 예이다.

적외선

적외선통신은 무간섭 적외선 빛을 변조하는 트랜시버(송수신장치)를 이용하여 수행된다. 트랜시버는 서로간에 직접적인 가시거리 내에 있거나, 사무실의 천장과 같이 밝은 표면으로부터 반사되는 가시거리 내에 있어야 한다.

적외선과 마이크로파 전송간의 중요한 차이점 중 하나는 적외선이 벽을 관통할 수 없다는 점이다. 따라서 마이크로파 시스템이 갖고 있는 보안이나 간섭과 같은 문제는 존재하지 않는다. 뿐만 아니라 적외선의 경우, 주파수 허가가 필요치 않기 때문에, 오늘날 중요한 문제로 대두되고 있는 주파수 할당문제도 존재하지 않는다.

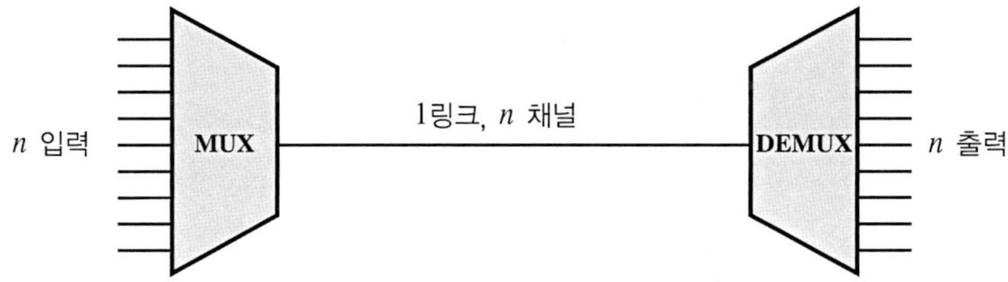

그림 2.11 다중화

2.5 다중화

근거리나 광역통신에 있어서, 전송매체의 용량은 통상 단일신호를 전송하는 데 필요한 용량보다는 더 많은 전송능력을 갖고 있다. 따라서 전송매체의 이용효율을 보다 향상시키기 위한 방법으로, 하나의 전송매체에 여러 신호를 전송하기도 한다. 이를 *다중화*(multiplexing)라 한다.

그림 2.11은 가장 단순한 형태의 다중화기능을 나타낸 것이다. n개의 신호가 하나의 다중화기(multiplexer)에 입력되어 하나의 데이터링크를 통해 수신측 복다중화기(demultiplexer)에 전송된다. 이 링크는 서로 다른 n개의 데이터채널을 갖게 된다. 다중화기란 n개의 입력회선으로부터 수신된 데이터를 결합하여 큰 용량을 갖는 하나의 데이터링크를 통해 전송하는 장치이다. 또한 복다중화기란 데이터링크로부터 다중화된 데이터스트림을 받아, 이를 각 채널에 따라 데이터를 분리하여 해당 출력회선으로 분배하는 장치이다.

데이터통신에 있어서 다중화가 널리 이용되고 있는 이유는 다음과 같다.

1. 데이터 전송속도가 높을수록 전송장비의 가격은 더 저렴하다. 즉, 동일한 조건의 응용과 거리의 경우에 있어서 kbps당 가격은 전송장비의 전송속도가 높을수록 더 저렴하다. 마찬가지로 송수신장비의 비용 역시 데이터 전송속도가 높아짐에 따라 더 낮아진다.
2. 대부분의 데이터통신장비는 상대적으로 충분한 데이터 전송속도를 갖고 있다. 예를 들어 대부분의 클라이언트/서버 응용인 경우, 일반적으로 64 kbps까지의 데이터 전송속도이면 충분하다.

이상 언급된 내용은 데이터통신장비에 관한 것이나, 음성통신에 대해서도 이와 유사한 결론을 얻을 수 있다. 즉, 음성채널에 있어서도 전송장비의 용량이 커질수록 각 음성채널 당 비용은 작아진다.

통신망에서 가장 널리 이용되는 다중화기법은 **주파수분할 다중화**(FDM: Frequency

Division Multiplexing)와 **시분할 다중화**(TDM: Time Division Multiplexing)의 두 가지를 들 수 있다.

FDM은 전송매체의 이용 가능한 주파수 대역폭이 주어진 신호가 필요로 하는 주파수 대역폭보다 통상 크다는 사실을 이용한다. 각각의 신호가 주어진 전송매체에서 수용 가능한 주파수대역 내에서 서로 다른 반송주파수로 변조된다면, 하나의 전송매체를 통해 여러 신호를 동시에 전송할 수 있게 된다. 이때 각 반송주파수는 상호간에 간섭을 일으키지 않도록 그 이용대역이 중첩되지 않도록 분리되어야 한다. 그림 2.12(a)에 FDM의 한 예를 나타내었다. 여섯 개의 신호가 다중화기로 들어가 서로 다른 반송주파수(f_1, ..., f_6)로 변조된다. 각 신호는 반송주파수를 중심으로 일정 대역폭을 필요로 하는데, 이를 **채널**이라 한다. 또한 이들 각 채널들은 채널간의 상호간섭을 막기 위해 보호대역(guard band)에 의해 서로 분리되는데, 이 **보호대역**은 실제 데이터의 전송에는 사용되지 않게 된다.

대표적인 예로서, 음성신호의 다중화를 들 수 있다. 음성신호의 주파수대역은 300에서 3400 Hz이다. 따라서 음성신호와 보호대역을 포함하여 4 kHz의 대역폭이 하나의 음성신호를 전송하기 위한 음성채널의 주파수대역으로 제공되고 있다. 북미 지역(벨 시스템 표준)과 국제적(ITU-T 표준)으로 권고하고 있는 표준 음성 다중화 체계는 60에서 108 kHz까지의 주파수대역인 4 kHz를 이용하여 12개의 음성채널을 갖고 있다. 또한 전세계적 표준안인 벨과 ITU-T 표준에서는 보다 더 큰 용량의 데이터전송을 위해 이보다 더 큰 채널그룹을 정의하고 있다.

TDM은 전송 가능한 매체의 전송속도가 통상 전달해야 될 하나의 디지털신호가 요구하는 데이터 전송속도보다 크다는 사실을 이용한 것이다. 여러 디지털신호들은 여러 토막으로 쪼개어져 각 신호 사이사이에 끼워 넣어(interleaving) 단일 전송경로를 통해 운반된다. 이러한 신호간 인터리빙은 각 신호의 토막 크기가 비트 단위 또는 수 바이트의 블록 단위, 이보다 더 큰 양의 단위로 수행될 수 있다. 예를 들어, 그림 2.12(b)의 다중화기는 각 9.6 kbps의 속도를 갖는 6개의 입력신호를 57.6 kbps의 용량을 갖고 있는 단일회선으로 전송하기 위해 시분할방식에 의해 다중화한 것이다. 여기서 각 신호의 분할된 부분을 전달하기 위한 시간간격을 타임슬롯(time slot)이라 하며, FDM과 마찬가지로 하나의 입력신호를 전달하기 위한 타임슬롯들을 채널이라 한다. 이들 채널은 일정 시간간격을 반복되는데, 이처럼 채널이 반복되는 시간간격, 즉 한 주기를 프레임(frame)이라 한다.

그림 2.12(b)에 나타낸 TDM 기법은 동기식 TDM으로서, 각 입력신호원마다 전송할 데이터가 존재하는지의 여부와 관계없이 타임슬롯이 고정 할당된다. 이와는 반대로 비동기식 TDM은 실제 전송할 데이터가 존재하는 입력신호원에만 타임슬롯을 능동적으로 할당하는 기법이다. 통상 특별한 언급이 없는 한, *TDM*은 동기식 TDM을 의미한다.

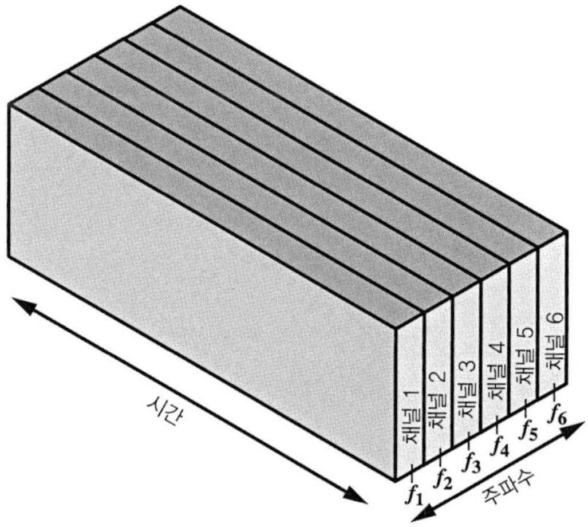

(a) 주파수분할 다중화(FDM)

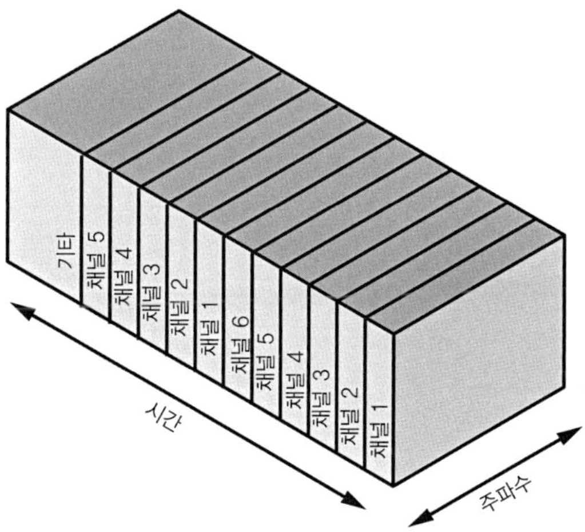

(b) 시분할 다중화(TDM)

그림 2.12 FDM과 TDM

일반적인 동기식 TDM 시스템을 그림 2.13에 나타내었다. 많은 신호 $[m_i(t),\ i = 1,\ n]$ 들이 같은 전송매체로 다중화된다. 여기서 각 신호는 통상 디지털 데이터를 운반하는 디지털신호이다. 각 근원지로부터 입력된 데이터는 버퍼에 저장되며, 각 버퍼는 한 비트나 한 문자 길이를 갖는다. 버퍼들은 차례대로 스캔되어 하나로 다중화된 데이터스트림 $m_c(t)$를 구성한다. 이러한 버퍼스캐닝 작업은 다음 데이터가 도착하기 전에 버퍼가 비워지도록 빠르게 이루어진다. 따라서 $m_c(t)$ 의 데이터 전송속도는 적어도 각 데이터 전송속도 $m_i(t)$ 의 합과 같아야 한다. 이 다중화된 디지털 $m_c(t)$ 신호는 직접 전송매체상에 그대로 전송되거나, 또는 모뎀을

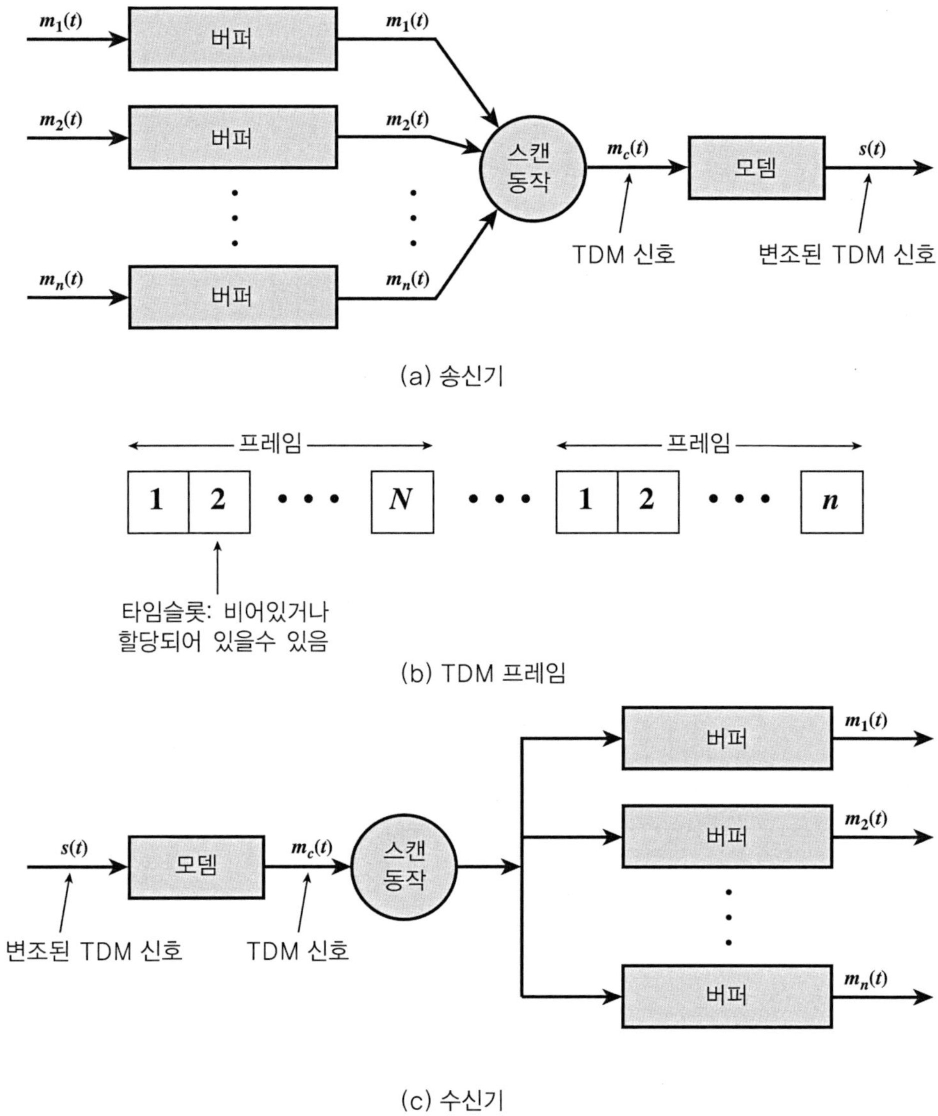

그림 2.13 동기식 TDM 시스템

경유하여 아날로그신호로 변환되어 전송되기도 한다. 두 경우 모두 동기식 전송이다.

송신 데이터는 그림 2.13(b)와 같은 형식을 갖는다. 데이터는 프레임 단위로 구성되어 있으며, 각 프레임은 한 사이클의 타임슬롯을 포함한다. 앞서 언급된 바와 마찬가지로 각 프레임내의 하나 이상의 타임슬롯이 각 데이터 근원지에 할당된다. 동일 근원지에 할당된 일련의 타임슬롯들을 채널이라 한다. 통상 타임슬롯의 길이는 전송장치의 버퍼 길이와 같은 한 비트 또는 한 바이트 단위의 크기를 갖는다.

바이트 인터리빙 기법은 주로 비동기식에서 사용된다. 각 타임슬롯은 한 문자의 데이터를 전송하는데, 각 문자의 start 비트와 stop 비트는 전송직전에 제거되고 수신장치에서 다시 삽입하기 때문에 효율이 높아진다. 반면 비트 단위의 순환기법은 동기식에서 주로 사용되며 비동기식에서도 사용될 수 있다. 이때 각 타임슬롯은 한 비트 크기만을 전송한다.

수신장치에서 인터리빙 데이터들은 복다중화되어, 해당 목적지 버퍼로 분배된다. 각 입력원 $m_i(t)$ 에 대해 입력 데이터가 생성될 때와 같은 속도로 수신하는 출력원이 존재한다.

동기식 TDM은 동기식 전송방식이라는 의미가 아니라 타임슬롯이 각 근원지에 미리 고정할당되어 있기 때문이다. 따라서 각 근원지의 타임슬롯은 근원지가 전송할 데이터 보유여부와 상관없이 전송된다. 이와 같은 방식은 FDM에서도 마찬가지이다. TDM이나 FDM에 있어서 동기식은 모두 시스템 구현이 비교적 단순하지만 전송할 데이터가 존재하지 않는 경우 채널이 낭비된다. 하지만 고정 할당방식의 동기식 TDM 장비에서도 서로 다른 데이터 전송속도를 갖는 여러 근원지로부터의 데이터를 하나의 프레임내에 다중화할 수 있다. 예를 들어 속도가 빠른 근원지로부터의 신호는 한 사이클, 프레임당 여러 개의 타임슬롯을 할당하는 반면, 속도가 느린 근원지로부터의 신호는 하나의 타임슬롯만을 배정하도록 함으로써, 고정할당에 따른 채널의 낭비를 줄일 수 있다.

TDM의 대표적 예가 T1 반송시스템으로서, AT&T의 PCM 음성데이터를 전송하는 데 이용되는 표준방식이다. 각 근원지로부터 입력되는 데이터는 한번에 하나의 샘플(7비트)씩 취하여 신호방식 및 제어기능을 위해 8번째 비트를 추가한다. 일례로 T1시스템은 24개의 근원지로부터의 데이터가 다중화되므로, 한 프레임당 $8 \times 24 = 192$ 비트의 데이터와 제어신호를 갖는다. 또한 각 프레임에는 프레임 동기설정 및 유지를 위해 동기비트가 1 비트 추가된다. 따라서 한 프레임은 총 193비트로 구성되며, 각 입력 근원지당 7-비트 샘플 하나를 포함한다. 각 근원지는 초당 8000번 샘플링되어야만 하기 때문에 24채널의 음성신호를 전송하기 위해 필요한 데이터 전송속도는 $8000 \times 193 = 1{,}544$ Mbps가 된다. 음성 FDM 방식의 경우, 더 높은 데이터 전송속도를 위하여 더 큰 그룹이 정의되어 있다.

TDM은 디지털신호뿐만 아니라 아날로그신호도 전송할 수 있다. 또한 아날로그신호를 수용하는 경우, TDM과 FDM을 조합하는 것이 가능하다. 하나의 전송시스템은 여러 개의 분할된 채널로 주파수를 분리할 수 있으며, 분할된 각 채널은 다시 TDM을 통해 더 작은 채널로 분할할 수 있다.

2.6 참고문헌

[STAL04]은 본 장에서 언급한 모든 주제를 자세히 다루고 있다. [FREE99] 또한 본 장의 주제들에 대해 수학적으로 근거 있는 내용을 담고 있다. [COUC01]은 아날로그와 디지털통신에 관한 내용을 두루 담고 있다.

COUC01 Couch, L. *Digital and Analog Communication Systems*, Upper Saddle River, NJ: Prentice Hall, 2001.

FREE99 Freeman, R. *Fundamentals of Telecommunications*, New York: Wiley, 1999.

STAL04 Stalling, W. *Data and Computer Communications, Seventh Edition*. Upper Saddle River: NJ:Prentice Hall, 2004.

2.7 주요용어, 복습, 연습문제

주요용어

기본주파수 (fundamental frequency)	방송무선 (broadcast radio)	적외선 (infrared)
다중화 (multiplexing)	비도파매체 (unguided media)	주기 (period)
도파매체 (guided media)	비주기적 (aperiodic)	주파수대역 (spectrum)
동기식 TDM (synchronous TDM)	시간영역 (time domain)	주파수 대역폭 (bandwidth)
데시벨 (decibel(dB))	시분할 다중화 (TDM)	주파수 (frequency)
디지털 데이터 (digital data)	아날로그 데이터 (analog data)	주파수분할 다중화 (FDM)
디지털신호 (digital signal)	아날로그신호 (analog signal)	주파수영역 (frequency domain)
디지털 전송 (digital transmission)	아날로그 전송 (analog transmission)	지상 마이크로파 (terrestrial microwave)
마이크로파 (microwave)	위상 (phase)	채널용량 (channel capacity)
무선 (radio)	위성 마이크로파 (satellite microwave)	최대 진폭 (peak amplitude)
무선 (wireless)	잡음 (noise)	파장 (wavelength)
	전송매체 (transmission media)	

복습문제

2.1 아날로그와 디지털 전자파신호를 구별하시오.

2.2 주기신호의 세 가지 중요한 특징은?

2.3 360도의 원은 몇 라디안인가?

2.4 Sine파의 파장과 주파수간의 관계는?

2.5 신호의 스펙트럼과 대역폭간의 관계는?

2.6 감쇠(attenuation)란 무엇인가?

2.7 채널용량을 정의하시오.

2.8 채널용량에 영향을 주는 주요요소는 무엇인가?

2.9 도파매체와 비도파매체를 구분하시오.

2.10 마이크로파 전송의 주요 장점과 단점은 무엇인가?

2.11 Direct Broadcast Satellite(DBS)란 무엇인가?

2.12 위성이 서로 다른 uplink와 downlink 주파수를 갖는 이유는?

2.13 방송무선과 마이크로파의 주요 차이점을 언급하시오.

2.14 다중화가 비용효과가 있는 이유는?

2.15 FDM을 이용하여 상호간섭을 피할 수 있는 방법은?

2.16 동기식 TDM의 동작원리를 설명하시오.

연습문제

2.1 임의 신호가 1000 Hz의 기본 주파수를 갖는다. 그 주기는 얼마인가?

2.2 다음 식을 가능한 가장 간단한 형식으로 표현하시오.

a. $\sin(2\pi ft - \pi) + \sin(2\pi ft + \pi)$

b. $\sin 2\pi ft + \sin(2\pi ft - \pi)$

2.3 소리는 sine파 함수로 표현할 수 있다. 연주음악의 파장과 상대주파수를 비교하시오. 소리의 속도는 330 m/s이며, 각 음계는 다음 주파수를 사용한다.

음계	C	D	E	F	G	A	B	C
주파수	264	297	330	352	396	440	495	528

2.4 그림 2.14의 실선 곡선이 $\sin(2\pi t)$를 나타낸다면, 점선 곡선이 나타내는 것은 무엇인가? 즉, 점선 곡선은 $A \sin(2\pi ft + \phi)$로 표기될 수 있는데, A와 f, 그리고 ϕ는 얼마인가?

2.5 신호 $(1 + 0.1 \cos 5t) \cos 100t$를 sine 함수의 선형조합으로 분해하고, 각 구성요소의 진폭과 주파수, 그리고 위상을 구하시오. *Hint*: $\cos a \cos b$ 항등식을 이용하시오.

2.6 다음 함수의 주기를 구하시오. $f(t) = (10 \cos t)^2$

2.7 주기 T_1과 T_2를 각각 갖고 있는 $f_1(t)$와 $f_2(t)$를 $f(t) = f(t) + f_1(t)$ 는 주기성인가? 맞는다

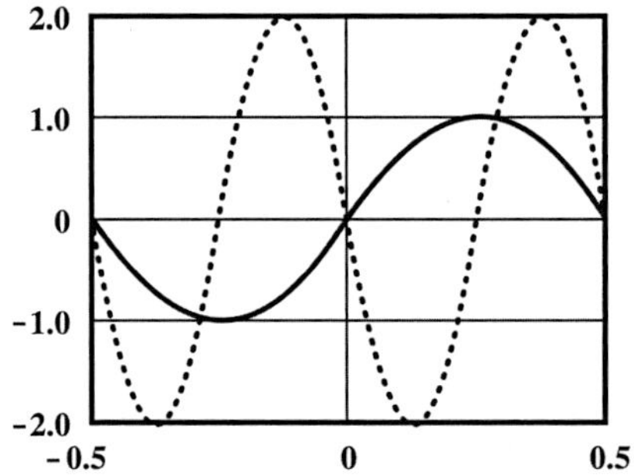

그림 2.14 문제 2.4의 그림

면 그 예를 보이고 틀리다면 어떨 때 이러한 조건이 성립하는지 설명하시오.

2.8 그림 2.5는 구형파의 높은 고조파 요소를 제거하고, 낮은 고조파 요소만을 유지했을 때의 영향을 나타낸 것이다. 반대의 경우, 즉 높은 고조파를 유지하고 낮은 고조파를 제거하면 신호의 모양은 어떻게 될 것인가?

2.9 대역폭이 300 Hz이고 신호대 잡음비가 3 dB인 텔레프린터를 위한 채널용량은 얼마인가?

2.10 어떤 디지털신호시스템은 9600 bps에서 작동되어야 한다.

a. 한 신호가 4비트 워드로 부호화된다면 채널의 최소 대역폭은 얼마인가?

b. 8비트 워드인 경우는 그 대역폭이 얼마인가?

2.11 채널용량에 관한 Shannon과 Nyquist의 연구 결과를 살펴보자. 서로 다른 접근으로 채널의 최대 전송속도를 제한하고 있다. 두 결과의 상호 관련성은 무엇인가?

2.12 전화기의 음성송신 주파수대역이 SNR 56 dB(400,000), 비틀림 레벨 0.2% 이하로 설정되어 있다.

a. 이론적인 최대 채널 용량은 몇 kbps인가?

b. 실제 최대 채널 용량은?

2.13 용량이 20 Mbps인 채널의 대역폭은 3 MHz이다. 이 용량을 달성하기 위해 필요한 신호 대 잡음비는 얼마인가?

2.14 전송주파수를 두 배로 하거나, 송신안테나와 수신안테나의 거리를 두 배로 하면 수신된 신호전력이 6 dB 감쇠됨을 보이시오.

2.15 다음 표는 각 dB별 개략적인 전력비를 나타낸 것이다. 공란을 채우시오.

데시벨	1	2	3	4	5	6	7	8	9	10
손실			0.5							0.1
이득			2							10

표 2.3 데시벨 값

전력비	dB	전력비	dB
10^1	10	10^{-1}	−10
10^2	20	10^{-2}	−20
10^3	30	10^{-3}	−30
10^4	40	10^{-4}	−40
10^5	50	10^{-5}	−50
10^6	60	10^{-6}	−60

2.16 어떤 증폭기가 30 dB 전압 이득을 갖는다면, 그 이득을 전압비로 나타내면 얼마인가?

2.17 어떤 증폭기가 20 W의 출력을 갖는다. 그 출력을 dBW 단위로 나타내면 얼마인가?

<<< 부록 2A 데시벨과 신호의 세기

전송시스템에서 중요한 파라미터는 신호의 세기이다. 신호가 전송매체를 따라 전파될 때, 신호세기의 *감소*나 손실이 발생한다. 이를 보상하기 위해 증폭기를 여러 지역에 설치하여 신호세기를 증가시킨다.

이때 신호의 이득이나 손실, 그리고 상대적인 비교를 데시벨로 표현하는 것이 일반적인데, 그 이유는 다음과 같다.

- 신호의 세기는 대수학적으로 감소하기 때문에 신호의 손실은 대수 단위인 데시벨로 쉽게 표현된다.
- 종속으로 접속된 전송경로의 순수이득 또는 손실은 단순한 덧셈과 뺄셈으로 계산이 가능하다.

데시벨은 두 신호간의 상대적인 비교척도이다. 데시벨 이득은 다음 공식으로 구해진다.

$$G_{dB} = 10 \log_{10} \frac{P_{out}}{P_{in}}$$

여기서,

G_{dB} = 데시벨 이득

P_{in} = 입력전력

P_{out} = 출력전력

$\log_{10}$ = 밑수가 10인 대수 (통상 log는 $\log_{10}$을 의미함)

표 2.3은 데시벨값과 10의 배수 간의 관계를 보여준다.

*이득*과 *손실*이라는 용어사용은 학문적으로 일치하지 않는다. 만일 G_{dB}의 값이 양수이면,

이는 실질적으로 전력이 증가했음을 나타낸다. 예를 들어, 3 dB 증가는 전력이 두 배가 되었음을 의미한다. 만일 G_{dB}의 값이 음수이면, 이는 실질적으로 전력이 손실되었음을 나타낸다. 예를 들어 −3 dB 증가는 전력이 절반으로 된 것이고, 이는 전력의 손실을 의미하며, 통상적으로 3 dB의 손실이 있다고 표현한다. 하지만 학문적으로는 −3 dB 손실이 있다고 한다. 음수의 이득은 양수의 손실과 같다는 표현이 더 적합하다. 따라서 데시벨 손실을 다음과 같이 정의한다.

$$L_{dB} = -10 \log_{10} \frac{P_{out}}{P_{in}} = 10 \log_{10} \frac{P_{in}}{P_{out}} \tag{2.3}$$

Example 2.2

10 mW 전력을 갖는 신호가 전송회선을 통해 전달될 때, 임의 거리에서 측정된 전력이 5 mW라고 하면, 손실은 다음과 같이 표현된다.

$$L_{dB} = 10 \log_{10}(10/5) = 10(0.3) = 3 \text{ dB}.$$

데시벨은 절대값이 아닌 상대적인 차이의 척도이다. 신호가 1000 mW에서 500 mW로 낮아졌을 때의 손실 또한 3 dB의 손실이다.

데시벨은 또한 다음과 같이 전력이 전압의 제곱에 비례한다는 점을 이용하여, 전압신호간 상대적인 비교 척도로도 사용한다.

$$P = \frac{V^2}{R}$$

P = 저항 R에서의 소비전력

V = 저항 R에 걸리는 전압

따라서,

$$L_{dB} = 10 \log \frac{P_{in}}{P_{out}} = 10 \log \frac{V_{in}^2 / R}{V_{out}^2 / R} = 20 \log \frac{V_{in}}{V_{out}}$$

Example 2.3

데시벨은 각 전송장비나 시설에서의 이득과 손실을 결정하는 데 유용하게 사용된다. 전력이 4 mW인 입력신호를 생각해보자. 첫번째 요소는 12 dB 손실(−12 dB 증가)인 전송회선이고, 두번째 요소는 35 dB 증가인 증폭기, 그리고 세번째는 10 dB 손실인 전송회선이라면 전체의 순수이득은 (−12+35−10) = 13 dB이다. 출력전력 P_{out}의 계산결과는 다음과 같다.

$$G_{dB} = 13 = 10 \log(P_{out} / 4 \text{ mW})$$

$$P_{out} = 4 \times 10^{1.3} \text{ mW} = 79.8 \text{ mW}$$

데시벨은 절대적이 아닌, 상대적인 크기나 크기의 변화와 관련이 있다. 전력이나 전압의 절대비교를 데시벨 단위로 관련시킬 수 있으면 초기 신호값을 참조하여 이득이나 손실을 쉽게 계산할 수 있기 때문에 편리하다. **데시벨-와트(dBW)**는 마이크로파 응용에 널리 사용된다. 이 단위에서는 1 W의 값이 참조하는 기준값 선택되어, 이때의 데시벨-와트값을 0 dBW로 정의한다. 전력의 절대 데시벨 dBW는 다음과 같이 정의된다.

$$\text{전력}_{\text{dBW}} = 10 \log \frac{\text{전력}_{\text{W}}}{1\text{ W}}$$

Example 2.4

1000 W의 전력은 30 dBW이고, 1 mW의 전력은 −30 dBW이다.

또 다른 단위는 **데시벨-밀리와트(dBm)**로, 1 mW를 참조 기준값으로 이용한다. 따라서 0 dBm = 1 mW이고, 공식은 다음과 같다.

$$\text{전력}_{\text{dBm}} = 10 \log \frac{\text{전력}_{\text{mW}}}{1\text{ mW}}$$

다음의 관계를 주목하자.

$$+30\text{ dBm} = 0\text{ dBW}$$
$$0\text{ dBm} = -30\text{ dBW}$$

CHAPTER 3

통신망

communications networks

제3장에서는 다양한 통신망의 종류에 대해 살펴본다. 이 장에서는 먼저 서비스영역에 따른 통신망의 종류를 살펴보고, 다음으로 교환방식에 따른 분류인 회선교환과 패킷교환을 비롯하여 ATM 통신망에 대해서 알아본다.

3.1 LAN, MAN, WAN

통상 서비스의 범위에 따라 통신망은 한 빌딩, 학교, 사무실 등의 근거리 지역을 서비스하는 LAN(Local Area Network)과 한 도시 단위를 서비스하는 MAN(Metropolitan Area Network), 그리고 국가 단위의 영역을 서비스하는 WAN(Wide Area Network)으로 분류할 수 있다. 그림 3.1은 서비스범위에 따른 통신망의 분류를 나타낸 것이다. 이 그림에서는 각 통신망의 전송속도를 멀티프로세서 컴퓨터의 처리속도와 상대적으로 비교하고 있다.

광역통신망

WAN(Wide Area Network)은 지역적으로 광대역의 영역을 서비스하는 것으로, 일반적으로 여러 행정구역 또는 한 국가, 또는 국가간의 경계를 넘어서 구성될 수 있다. 일반적으로 WAN은 공중망 사업자에 의해 제공되는 회선을 이용하며, 많은 교환노드를 상호연결하여 구

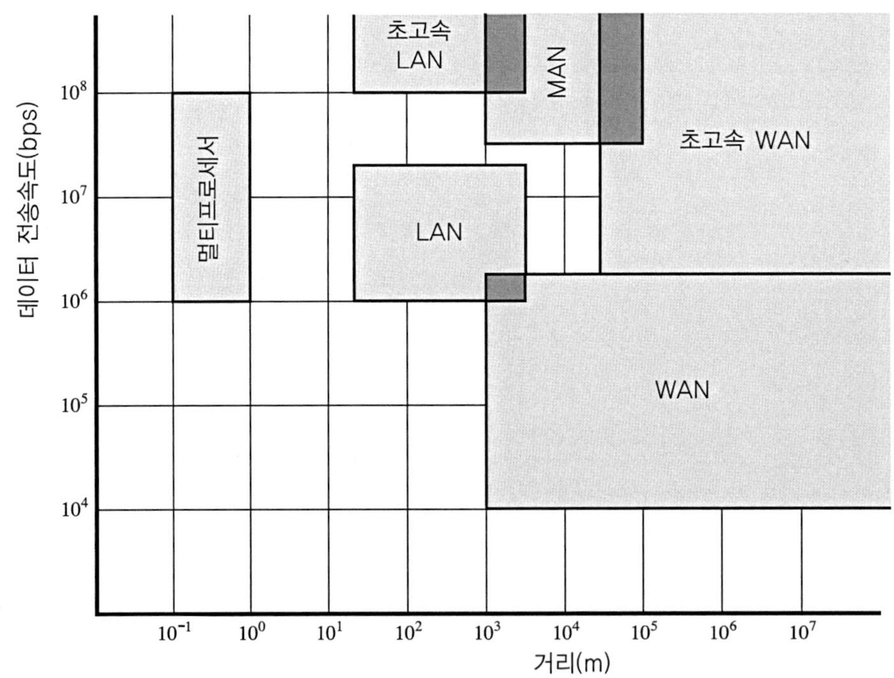

그림 3.1 LAN, MAN, WAN과 멀티프로세서 시스템과의 비교

성된다. 임의의 한 장치로부터의 전송은 이와 같은 내부 교환노드를 거쳐 특정 목적지까지의 경로가 설정된다.

전통적으로 WAN은 가입자에게 제공되는 전송속도가 비교적 느린 편이다. 데이터전송시 데이터통신망을 이용하든지 아니면 모뎀을 거쳐 전화통신망을 사용하든지간에 전송속도는 64,000 bps 또는 그 이하의 속도가 대부분이다. 기업통신 가입자는 1.544 Mbps의 속도로 전송 가능한 T1급 회선을 사용하여 고속으로 데이터를 전송할 수 있다.

오늘날 광섬유를 이용한 통신기술의 지속적인 개발은 보다 고속의 WAN 표준화를 가능하게 하였으며, 이들 서비스는 보다 더 광범위하게 이용되고 있다. 이들 고속 WAN은 ATM(Asynchronous Transfer Mode)이라는 전송기술을 이용하여 수십에서 수백 Mbps의 전송속도를 가능케 하고 있다.

근거리통신망

WAN과 마찬가지로 LAN(Local Area Network)은 다양한 통신장치를 상호연결하는 통신망으로서, 이들 장치들 간의 정보를 교환하는 수단을 제공한다. 다음은 LAN과 WAN 간의 명백한 몇 가지 차이점을 기술한 것이다.

1. LAN의 서비스범위는 통상 하나의 단일 빌딩이나 빌딩군으로서 매우 좁은 영역을 서비스한다. 이러한 지역적 서비스범위의 차이는 서로 다른 기술적 해결책을 우리에게 가져다준다.
2. 통상 LAN의 경우는 그 연결장치를 소유하는 조직과 동일 조직에 의해 소유된다. 이러한 특성은 WAN의 경우 망의 어느 일부도 망의 소유자가 소유할 수 없는 것과는 대조적이다. 이는 다음과 같은 두 가지 사실을 의미한다. 첫째, LAN의 경우는 장비구입이나 유지보수에 있어서 전화망으로 통한 접속이나 전용회선을 이용하는 WAN에 비교하여 지속적인 투자가 이루어져야 하므로 신중하게 LAN을 선택하여야 한다. 둘째, LAN의 통신망 관리는 전적으로 LAN 사용자가 책임을 지게 된다.
3. 일반적으로 LAN의 전송속도는 WAN의 속도보다 훨씬 높다.

LAN의 특성을 잘 반영하고 있는 간단한 예를 그림 3.2에 나타내었다. LAN에서는 모든 장치가 하나의 공유된 전송매체에 연결되어 있다. 이러한 특성은 임의의 한 장치로부터 전송된 데이터를 이 LAN에 연결된 모든 장치에서 수신 가능하게 한다.

지금까지 주로 사용되어 온 대부분의 LAN은 1 ~ 20 Mbps 범위의 데이터 전송속도를 제공한다. 비록 이 속도는 WAN에 비해 매우 높지만, LAN에 접속되는 단말기 수와 다양한 멀티미디어 응용프로그램의 사용이 급격히 증가하고 있고, 클라이언트-서버(client-server) 구조

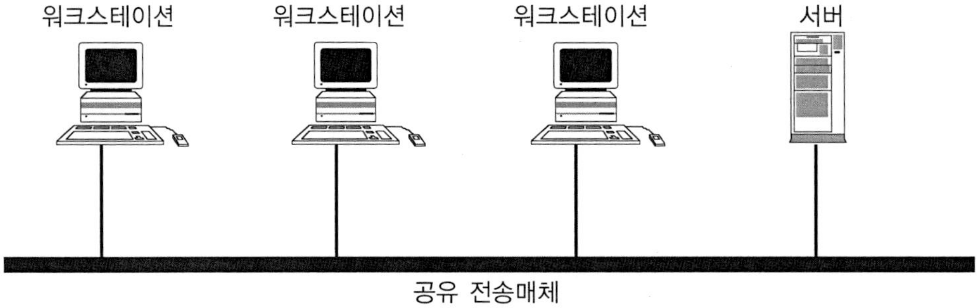

그림 3.2 LAN의 구성 예

의 급격한 증가 추세에 따라 보다 더 빠른 전송속도가 요구되게 되었다. 이에 따라 최근에는 100 Mbps ~ 10 Gbps의 전송속도를 갖는 고속 LAN이 개발되었다.

지역통신망

그 이름에서 알 수 있듯이, MAN(Metropolitan Area Network)은 지역적으로 LAN과 WAN의 중간 범위를 서비스하는 통신망이다. MAN에 대한 관심이 높아지게 된 것은 WAN에서 주로 사용되어 온 기존의 지점간(point-to-point) 통신기술이나 교환망기술로서는 점차 높아지는 고속통신에 대한 요구를 수용할 수 없기 때문이다. ATM 기술이 다양한 범위의 고속전송요구를 충족시킬 수 있는 적절한 대안으로 제시되었으나, 보다 적은 비용으로 넓은 지역에 대해 고속전송이 가능한 사설망 및 공중망에 대한 필요성이 대두된 것이다. 공유매체를 통해 고속으로 데이터전송이 가능한 고속 LAN 표준은 대도시 규모의 범위를 서비스할 수 있는 MAN의 구축을 가능케 하였다. 그림 3.1에 나타낸 바와 같이 MAN은 LAN 보다 더 빠른 속도로 더 넓은 지역을 서비스할 수 있다.

MAN의 주요 시장은 대도시 지역내에서 대용량 전송이 필요한 고객이다. MAN은 지역 전화망 사업자로부터 서비스를 받는 것보다 더 저렴한 비용으로 더 높은 효율성을 달성할 수 있는 고속 통신망이다.

3.2 교환기술

근거리 이외의 원거리 데이터전송에 있어서 일반적으로 근원지로부터 목적지로의 데이터 전송은 교환노드(switching node)를 갖는 통신망을 통해 이루어진다. 이러한 교환망 설계는 때때로 LAN과 MAN을 구현할 때도 이용되고 있다. 교환노드는 데이터의 내용에는 관계하지 않으며, 오히려 이들의 목적은 데이터가 목적지에 도착할 때까지 교환노드간을 이동할 수 있도록 교환장비를 제공하는 것이다. 통신하고자 하는 최종단에 위치한 장치는 일반적으로 스테이션(station)이라 하며, 주로 컴퓨터, 터미널, 전화, 또는 통신장치가 여기에 속한다. 또한 *노드*라 함은 통상통신을 제공하는 목적으로 사용되는 교환장치를 일컫는다. 노드는 특정 통신망 구조내에서 전송링크에 의해 연결되며, 각 스테이션들은 노드에 연결된다. 노드의 집합을 *통신망*이라 한다.

그림 3.3은 간단한 통신망을 나타낸 것이다. 특정 스테이션에 의해 통신망으로 유입된 신호는 노드와 노드를 통해 교환되어 목적지까지 전달된다. 예를 들어, 스테이션 A가 스테이션 F에게 전송하고자 하는 정보는 일단 노드 4에게 전달된다. 이 정보는 다시 노드 5와 노드 6을 거치거나 또는 노드 7과 노드 6을 거쳐 목적지인 스테이션 F까지 전달될 수 있다. 이 예로부터 다음과 같은 사실을 유추할 수 있다.

1. 어떤 노드들은 그림 3.3의 노드 5나 노드 7처럼 통신망내의 다른 교환노드로만 연결되기도 한다. 이들의 기능은 정보의 순수 교환기능만을 담당한다. 그러나 그외의 다른 노드들은 최종단의 하나 이상의 스테이션과 연결되기도 한다. 이 경우, 노드들은 교환기능 이외에 연결된 스테이션으로부터 발생된 정보를 통신망내의 다른 노드나 스테이션으로 전달하거나, 통신망을 통해 전달되어 온 정보를 해당 스테이션으로 전달하기도 한다.

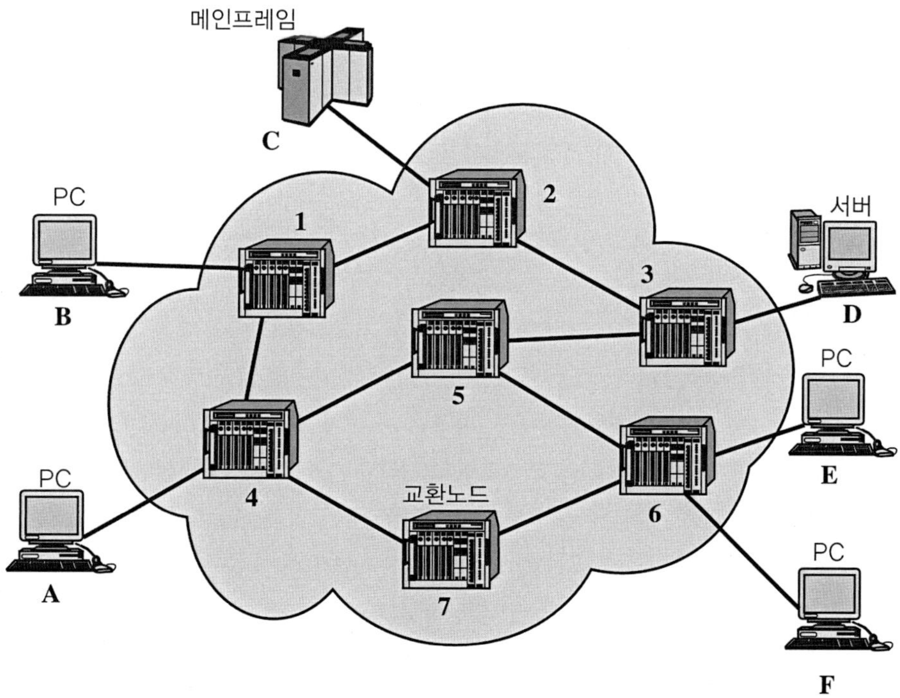

그림 3.3 간단한 교환망 구조 예

2. 일반적으로 노드와 스테이션간의 링크는 점대 점(point-to-point) 링크이며 노드와 노드간은 주파수분할 다중화(FDM) 또는 시분할 다중화(TDM)방식에 의한 다중화링크가 사용된다.
3. 통상 통신망은 각 노드나 스테이션들이 완전 연결되지는 않는다. 즉, 각 노드간이 항상 직접 연결된 경로를 갖지는 않는다는 것이다. 그러나 통신망을 통한 각 스테이션으로의 경로는 가능한 하나 이상 존재하는 것이 통신망의 신뢰도를 향상시킬 수 있다는 점에서 바람직하다.

WAN에서는 회선교환과 패킷교환이라는 서로 다른 교환기술이 사용된다. 이들 기술은 근원지로부터 목적지까지의 노드를 통한 정보교환방식이 서로 다른 방식이다. 지금부터 회선교환과 패킷교환기술에 대해 살펴보고, 패킷교환방식의 하나인 셀릴레이방식으로 알려진 ATM에 대해 살펴본다.

3.3 회선교환

회선교환(circuit switching)방식은 지금까지 그랬듯이 앞으로 당분간은 음성 및 데이터통신을 위해 가장 널리 사용되는 기술로 존재하게 될 것이다. 회선교환방식에서는 두 통신 당사자인 최종단간 스테이션만이 배타적으로 사용할 수 있는 통신경로가 미리 설정된다. 이 통신경로는 통신망내의 각 노드간 링크를 연속적으로 연결하여 구성되며, 이때 각 물리적 링크 상에 연결을 위한 채널이 설정된다. 이러한 회선교환을 이용하는 가장 대표적인 예가 전화망이다.

회선교환방식을 통한 데이터전송은 다음 3단계에 걸쳐서 이루어지며, 이를 단계별로 그림 3.3을 참조하여 설명한다.

1. **회선설정:** 신호가 전송되기 전에 최종단간에 회선이 미리 설정되어야 한다. 예를 들어, 스테이션 A가 스테이션 E로 연결하기 위한 회선설정 요청을 노드 4에게 전송한다고 하자. 일반적으로 스테이션 A부터 노드 4까지는 전용회선에 의해 항상 접속되어 있으므로, 노드 4에서는 스테이션 E가 접속되어 있는 노드 6으로 가기 위해 필요한 다음 링크를 찾아야 한다. 이때, 경로설정정보, 링크의 사용 가능성, 그리고 링크 사용에 따른 경비 등을 고려하여 노드 4는 노드 5까지의 링크를 선택하고, 이 링크상의 채널 가운데 FDM 또는 TDM과 같은 다중화방식을 통해 사용 가능한 채널을 할당받은 후, 스테이션 E로의 연결요청 메시지를 전송한다. 현재까지 설정된 연결경로는 스테이션 A에서 노드 4까지, 또 노드 4에서 노드 5까지이다. 실제로 노드 4에는 A뿐만이 아니라 여러 스테이션들이 연결될 수 있으므로 이러한 여러 스테이션들을 다른 여러 노드로 연결하기 위한 내부 경로를 설정할 수 있어야 한다. 이와 같은 경로설정이 어떻게 이루어지는가

에 대해서는 본 절의 뒷부분에서 설명하기로 한다. 노드 5로부터 다음 경로의 설정과정도 앞에서와 동일한 절차가 적용된다. 즉, 노드 5에서 노드 6까지의 링크상에 한 채널을 지정한 후 앞에서 설정된 노드 4에서부터 노드 5까지의 경로와 내부적으로 연결하여 경로를 확장한다. 다시 노드 6은 스테이션 E를 접속함으로써 스테이션 A와 스테이션 B간의 최종단간 연결설정을 완료하게 된다. 연결설정을 완료하기 위해서는 스테이션 E가 통화중이거나 또는 연결요청을 수락하기 위한 준비가 되어있는지를 확인하기 위한 테스트가 이루어져야 한다.

2. **정보전송:** 다음 단계는 설정된 회선을 통한 정보전송 단계로서, 스테이션 A에서 스테이션 E로의 정보전송이 진행된다. 전송되는 정보의 형태로는 통신망의 특성에 따라 아날로그 음성 또는 디지털화된 음성 및 이진 디지털 데이터 등이 있다. 특히, 최근 통신망이 디지털로 진화됨에 따라 음성과 데이터를 통합하여 전송할 수 있는 디지털전송방식이 주류를 이루고 있다. 데이터가 전송되는 경로는 스테이션 A에서 노드 4까지의 링크, 노드 4에서의 내부 교환, 노드 4에서 노드 5까지의 링크, 노드 5에서의 내부교환, 노드 5에서 6까지의 링크, 그리고 노드 6에서의 내부교환, 마지막으로 노드 6에서 스테이션 E까지의 링크이다. 접속된 경로에서는 일반적으로 전이중(full duplex)방식으로, 양방향으로 동시에 신호를 전송할 수 있다.

3. **회선해제:** 정보 전송 단계가 끝난 후, 두 스테이션중 어느 한쪽의 요청에 따라 연결이 종료된다. 이때, 할당된 채널을 해제하기 위한 신호는 노드 4, 5, 6으로 전달된다.

이상에서 살펴본 바와 같이 데이터전송이 진행되기 전에 연결경로는 반드시 먼저 설정되어야 한다. 이를 위해 연결경로 상에 있는 각 노드 간에 채널용량을 예약해야 하며, 각 노드는 연결요청을 처리하기 위해 필요한 내부 교환용량을 확보할 수 있어야 한다. 통신망 내부에 존재하는 각 노드, 즉 교환기는 이러한 채널자원의 할당과 통신망을 통한 경로를 설정할 수 있는 지능을 가지고 있어야 한다.

회선교환방식은 경우에 따라 비효율적일 수 있다. 실제 데이터가 전송되고 있지 않을 때에도 연결이 지속하기 위한 채널용량을 고정적으로 할당하고 있기 때문이다. 음성정보의 전송인 경우에는 지속적으로 정보를 발생하기 때문에 그 효율성이 비교적 높은 편이기는 하지만 100%의 효율성을 갖는 것은 아니다. 또한 단말기를 컴퓨터에 연결하는 경우에는 종단간 회선이 연결되어 있는 동안에 상당히 많은 시간 동안 실질적으로 채널을 사용하지 않고 허비하게 되므로 채널사용의 효율성이 상대적으로 매우 낮다. 성능관점에서는 연결설정을 위한 신호의 전달로 인한 지연이 발생하기는 하지만, 일단 한번 회선이 설정되면 통신망은 두 종단간에 투명한 정보전달기능이 제공된다. 즉, 회선설정 이후의 정보전송 단계에서는 전송링크상에서의 전파지연시간을 제외한 다른 지연이 없이 고정된 데이터 전송속도로 정보가 전송될 수 있다. 실제 각 전송링크 상에서의 전파지연은 무시할 수 있을 정도로 아주 작다.

회선교환방식은 원래 음성 트래픽을 지원하기 위해 개발된 것이나, 현재 데이터 트래픽을 위해 사용되기도 한다. 회선교환방식의 가장 널리 알려진 대표적인 예는 그림 3.4에 나타낸 바와 같은 공중전화망(public telephone network)이다. 이와 같은 각 국가의 전화망들을 상호연결하여 국제전화서비스를 제공할 수 있는 통신망을 구성할 수 있게 된다. 이와 같은 전화망들은 원래 아날로그 음성전화서비스를 제공하기 위해 설계 및 구현되었으나 모뎀을 사용하여 데이터 트래픽을 처리할 수도 있으며, 현재 통신망 자체를 디지털화하는 방향으로 진행되고 있다. 회선교환방식을 이용하는 또 다른 대표적인 예는 사설교환기(PBX: private branch exchange)로서, 빌딩이나 사무실 내에서의 전화들을 상호연결하기 위해 사용된다. 또한 회선교환방식은 기업이나 매우 규모가 큰 조직에서 여러 개 지역으로 분산된 사무실의 전화들을 상호접속하기 위해 사용되기도 한다. 이 경우, 각 지역 사무실에 PBX를 설치하고, 전화회사로부터 임대한 전용회선을 이용하여 이 PBX들을 상호연결하여 구성하게 된다. 회선교환방식의 또 다른 사례로서 데이터 스위치를 들 수 있다. 데이터 스위치는 PBX와 매우 유사하나 단말기와 컴퓨터 등과 같이 디지털 데이터 처리장치들을 상호접속하기 위해 설계된 것이다.

공중전기통신망(public telecommunication network)은 다음과 같은 네 가지의 구성요소로서 설명될 수 있다.

- **가입자(subscibers)**: 통신망에 연결되는 장치로서, 가장 널리 사용되는 가입장치로는 전화를 들 수 있으나 해마다 데이터 트래픽에 대한 비율도 증가하고 있는 추세이다.
- **가입자 회선(subscibers line)**: 가입자와 통신망을 상호연결하는 링크로서, 로컬루프(local loop) 또는 가입자루프(subsciber loop)라고도 한다. 거의 대부분의 경우 가입자 선로는 와선쌍(twisted pair)을 사용하며, 그 길이는 보통 수 km에서 수십 km에 이른다.
- **교환기(exchanges)**: 통신망 내의 교환기로서, 직접 가입자를 지원하는 단국(end

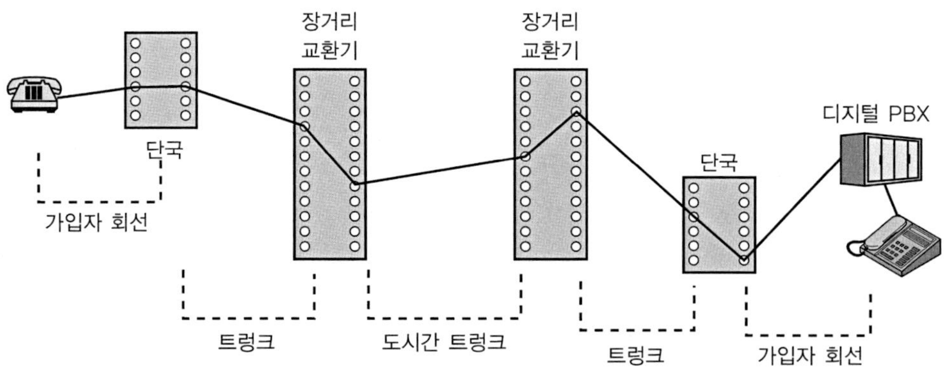

그림 3.4 공중전화망에서의 회선설정 예

office)장치이다. 일반적으로 하나의 단국은 한 지역내 수천 명의 가입자를 지원한다. 미국의 경우에는 전국에 19,000개 이상의 단국이 존재하는데, 이들 각 단국들이 직접 서로 상호접속되어야 한다면 매우 비현실적일 것이다. 이 단국들에 직접 접속해야 한다면 2×10^8개나 되는 많은 링크가 요구된다. 따라서 이러한 문제점을 해결하기 위해 통신망 내부의 교환노드가 사용된다.

- **트렁크**(trunk): 교환국간의 연결경로(branch)로서, 이는 주파수 분할 다중화(FDM) 또는 동기식 시분할 다중화(synchronous TDM) 등을 이용하여 여러 음성급 회선을 구성하게 된다. 이를 반송시스템(carrier system)이라고도 한다.

공중망에서 가입자들은 단국에 직접 접속되고, 각 단국은 가입자 간의 트래픽 또는 가입자와 다른 교환기 간의 트래픽을 교환하는 기능을 수행한다. 또한 교환기는 단국간의 트래픽에 대한 경로설정과 교환기능을 수행한다. 그림 3.5에 각 장치의 기능에 대해 나타내었다. 동일한 단국에 접속된 두 가입자간을 상호접속하기 위해서는 앞서 설명했듯이 단국에 의해 이 두 가입자간의 회선이 설정된다. 만일 가입자들이 서로 다른 단국에 접속된 경우에는 하나 또는 둘 이상의 중간 교환기를 연결하는 일련의 회선들이 연결되어 구성된다. 그림 3.5에서 동일한 단국에 연결되어 있는 a 가입자와 b 가입자 간의 회선설정은 한 단국에 의해 간단히 구성되는 반면, 가입자 c와 가입자 d간의 회선접속은 더욱 복잡하다. 이 경우에는 c 가입자가 접속된 단국에서 중간 교환국까지 TDM 트렁크 상의 한 채널을 통해 연결이 설정되고, 다시 중간 교환기는 TDM 트렁크 상의 또다른 채널을 통해 가입자 d가 접속된 단국으로 연결하며, 이 단국에서는 가입자 d까지의 회선을 연결한다.

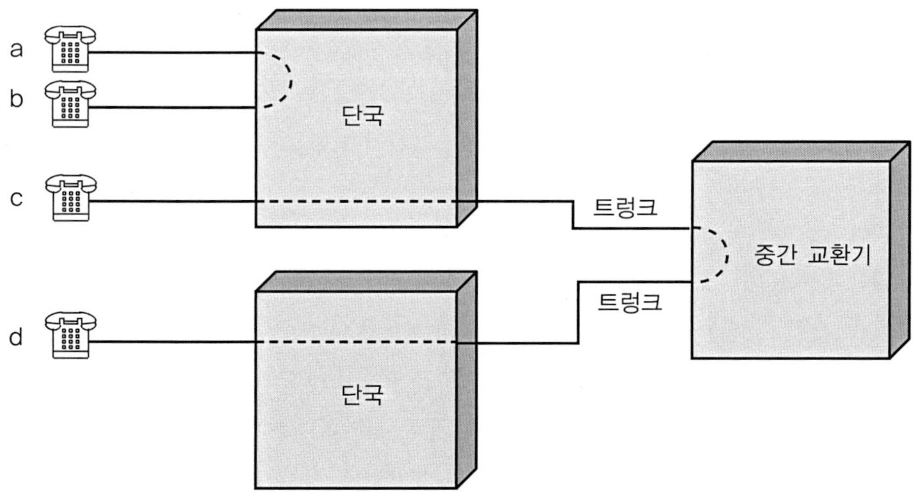

그림 3.5 회선설정

회선교환기술은 음성 트래픽을 제공하기 위하여 출발한 것이다. 음성 트래픽을 전달하기 위한 핵심 요구사항 중 하나가 바로 전송에 따른 지연시간이 거의 없어야 한다는 점과 지연시간에 있어서 변화폭 역시 없어야 한다는 점이다. 즉, 송신과 수신이 동시에 이루어져야 하므로 일정한 신호전달속도를 유지해야 한다. 이들 요구사항은 사람간에 정상적인 대화를 위해 필수적이다. 뿐만 아니라 수신신호의 품질 또한 최소한 사람의 귀로 인식할 수 있는 정도의 품질은 유지해야 한다.

회선교환방식이 오늘날까지 널리 사용되어 온 이유는 음성신호의 아날로그전송에 적합하기 때문이었다. 간혹 현재와 같은 디지털세계에서는 회선교환방식의 비효율성이 대두되고 있기는 하지만, 이와 같은 비효율성에도 불구하고 회선교환방식은 당분간 근거리 통신망이나 광역 통신망에 있어서 매력적인 교환방식으로 남게 될 것이다. 회선교환방식의 가장 매력적인 장점중 하나는 근원지와 목적지간, 즉 종단간 연결의 투명성을 제공한다는 것이다. 즉, 일단 회선이 설정되고 나면 두 종단 스테이션간에 직접적인 연결이 존재하는 것처럼 동작하므로, 네트워킹을 위한 특별한 기능이 필요하지 않게 된다.

3.4 패킷교환

장거리 회선교환망은 원래 음성 트래픽을 지원하기 위해 설계되었기 때문에 이들 망에서는 여전히 음성서비스를 중심으로 지원되고 있다. 회선 교환망의 가장 큰 특성은 특정 호에 대해 통화가 지속되는 동안 망 자원이 고정 할당되어 사용된다는 점이다. 음성연결의 경우, 통화가 진행되는 대부분의 시간 동안 쌍방 중에 적어도 한 사람은 지속적으로 얘기를 하게 되므로, 할당된 회선에 대한 이용율이 매우 높은 편이다. 그러나 회선 교환망이 데이터 통신을 위해 사용되는 경우가 지속적으로 늘어남에 따라 다음과 같은 두 가지 문제점이 대두되었다.

- 일반적으로 단말기를 호스트에 연결하는 데이터통신에서는 상당한 시간 동안 할당된 회선이 사용되지 않는 상태에 있게 된다. 따라서 이러한 경우, 회선교환방식은 비효율적이다.
- 회선 교환망에서는 트래픽의 전송과정 동안 회선이 고정 할당되므로 일정한 데이터 전송속도를 제공한다. 따라서 상호연결된 두 장치간에는 동일한 전송속도로 송수신하게 된다. 그러나 이러한 특성은 호스트컴퓨터와 단말기간의 데이터 전송속도가 다양한 형태를 갖는 데이터통신에 있어서, 오히려 통신망의 이용효율을 제한하는 요인이 된다.

이러한 문제를 해결하기 위한 기술이 바로 패킷교환방식이다. 패킷교환방식이 이들 문제를 어떻게 해결하는지를 이해하기 위해, 패킷교환의 동작에 대해 간단히 설명한다. 패킷교환방식에서는 데이터가 패킷(packet)이라 불리는 짧은 길이의 데이터 블록 단위로 전송된다. 일반적으로, 패킷의 길이는 1,000 바이트 정도로 제한된다. 만일 전송하고자 하는 데이터의

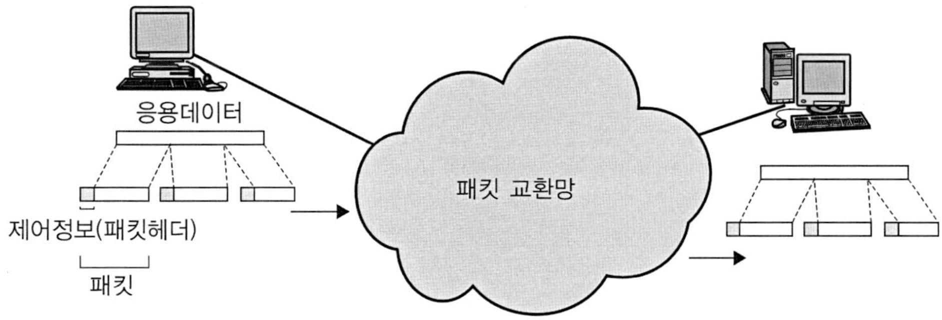

그림 3.6 패킷의 사용

길이가 매우 길 경우에는, 그림 3.6에 나타낸 바와 같이 전체 메시지가 하나 이상의 여러 패킷으로 분할한다. 각 패킷은 원래의 메시지를 분할한 사용자 데이터 부분과 패킷의 제어정보를 나타내는 헤더 부분으로 구성된다. 이때 패킷의 제어정보에는 패킷이 목적지까지 도달할 수 있도록 망 내에서의 패킷의 경로를 설정하는 데 필요한 정보를 최소한 포함해야 하다. 전송 경로상에 위치한 각 노드에서는 패킷이 수신되면 일단 저장한 후, 다시 다음 노드로 전송한다.

그림 3.7에 패킷교환방식의 기본적인 동작 예를 나타내었다. 근원지 측에서는 일련의 패킷으로 메시지를 전송하게 된다(그림 3.7(a)). 각 패킷은 목적지 스테이션을 나타내는 제어정보를 포함하고 있다. 각 패킷은 먼저 근원지 스테이션이 접속되어 있는 노드로 전달된다. 패킷이 이 노드에 도착하면, 노드에서는 이 패킷을 잠시 저장한 다음, 패킷을 전달할 다음 경로를 결정하여 그 경로상으로 전달하기 위한 큐에 대기시킨다. 배정된 경로가 이용 가능할 때, 각 패킷은 다음 노드로 전달된다(그림 3.7(b)). 모든 패킷들은 이러한 방법에 의해 네트워크를 통해 목적지까지 전달된다.

패킷교환방식은 회선교환방식과 비교할 때 다음과 같은 장점이 있다.

- 노드와 노드 간의 각 링크가 여러 패킷에 의해 동적으로 공유되기 때문에 회선 효율성이 높다. 패킷교환방식에서는 각 패킷이 링크 상에서 대기한 후 링크가 사용 가능할 때 바로 전송되도록 한다. 반면, 회선교환방식에서는 동기식 시분할 다중화방식에 의해 노드 간의 링크가 미리 할당되므로, 데이터가 발생하지 않더라도 설정된 링크를 점유하게 되므로 채널의 비효율성이 발생하게 된다.
- 패킷교환망은 데이터 전송속도를 변환할 수 있다. 각 스테이션은 특정 전송속도로 노드에 연결되기 때문에 서로 다른 전송속도를 갖는 스테이션들이 패킷을 교환할 수 있게 된다.
- 회선교환망에서는 트래픽 부하가 높아지게 되면 호의 일부가 차단되게 된다. 즉, 통신망은 부하가 낮아질 때까지 호 접속요청에 대한 수락을 거부하게 된다. 그러나 패킷교

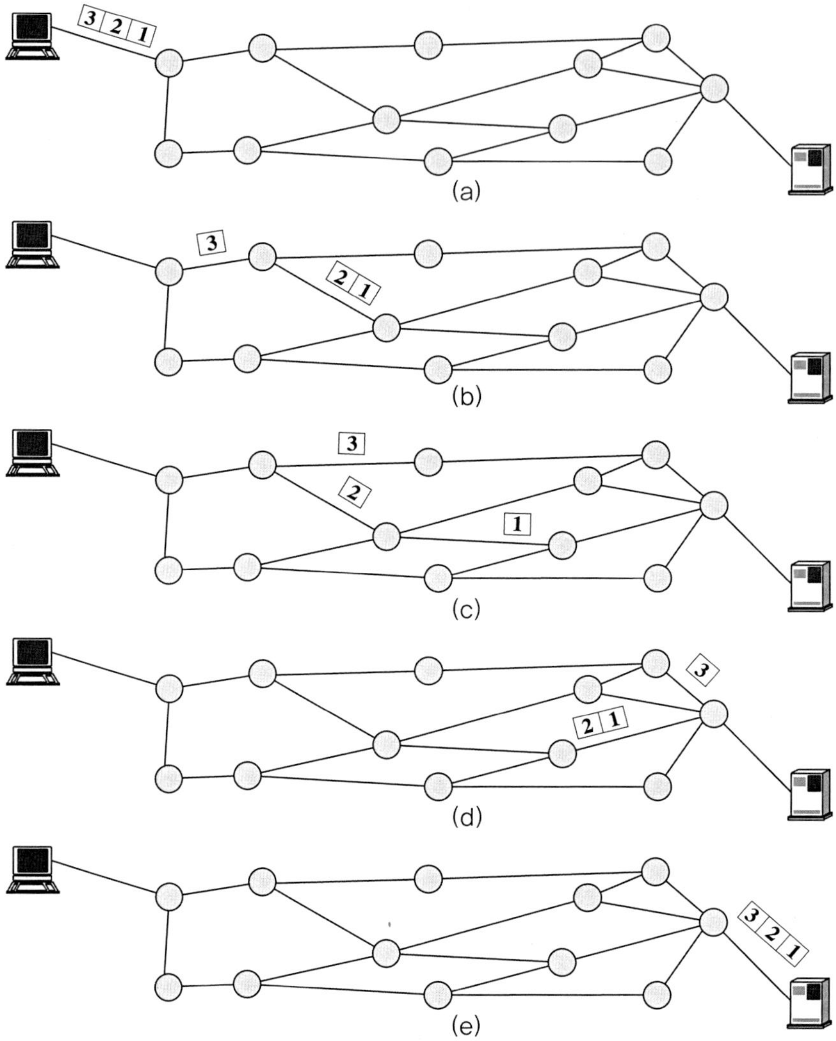

그림 3.7 패킷교환의 데이터그램방식

환망에서는 트래픽 부하가 높아지더라도 통신망은 패킷을 계속 받아들인다. 그러나 각 노드에서의 대기시간이 커지므로 종단간 전달에 필요한 지연시간이 증가하게 된다.

- 패킷전송에 따른 우선순위를 수행할 수 있다. 여러 패킷이 한 노드에서 대기하고 있을 때 우선순위가 높은 패킷을 먼저 전송할 수 있도록 제어할 수 있다. 따라서 우선순위가 높은 패킷은 우선순위가 낮은 패킷에 비해 지연시간이 짧으므로, 패킷교환방식은 지연시간이 민감한 트래픽에 대한 품질을 보장할 수 있다.

패킷교환방식은 회선교환방식과 비교할 때 다음과 같은 단점을 갖는다.

- 매번 패킷이 교환노드를 통과할 때마다 회선교환방식과는 달리 지연이 발생한다. 큐내에서의 대기시간이 0이라 할지라도 패킷의 길이를 링크의 전송속도로 나눈 것과 같은 시간 만큼의 전송지연은 최소한 발생한다. 즉 이 지연시간은 패킷을 내부 버퍼로 유입시키기 위해 소요되는 시간이기 때문이다. 이외에 각 노드에서 패킷을 처리하기 위해 소요되는 처리 지연시간과 링크 사용이 가능할 때까지 배정된 링크상의 큐에서 대기하는 데 소요되는 대기지연시간 등의 가변적인 지연시간이 있을 수 있다.
- 주어진 근원지와 목적지 간에 전송될 패킷의 길이는 다를 수 있고, 다른 경로를 취할 수 있으며, 또한 사용하는 경로상의 각 교환노드에서 생기는 지연이 다를 수도 있기 때문에 종단간의 패킷전송 지연시간은 패킷마다 다를 수 있다. 지터(jitter)라고 불리는 이러한 현상은 음성전화 및 실시간 비디오서비스 등과 같은 실시간 응용 등에서는 바람직하지 않은 현상이다.
- 경로를 따라 목적지까지 패킷을 전달하기 위해서는 원래의 사용자 데이터 이외에 목적지주소 등과 같은 제어정보의 부가에 따른 오버헤드가 존재한다. 이러한 오버헤드는 통신용량을 낭비하게 되어 통신망의 비효율성을 가져오게 된다. 회선교환에서는 일단 회선이 설정된 다음에는 이러한 오버헤더가 불필요하다.
- 패킷교환방식은 회선교환방식에 비해 각 교환노드에서 요구되는 정보처리 절차가 보다 복잡하다. 회선교환방식의 경우에는 일단 회선이 설정되면 각 교환노드에서 요구되는 처리과정은 거의 없다.

기본 동작

스테이션이 전송하고자 하는 메시지의 길이가 최대 허용 가능한 패킷의 길이보다 긴 경우에는 메시지를 분할하여 여러 패킷으로 만들어 이 패킷들을 한번에 하나씩 통신망으로 내보내게 된다. 이 패킷들이 통신망을 통해 목적지까지 어떻게 경로 배정되고 전달되는지를 살펴보자. 패킷교환방식은 이와 같은 경로설정에 따른 패킷처리에 따라 크게 데이터그램(datagram)방식과 가상회선(virtual circuit)방식으로 구분된다.

데이터그램방식에서는 앞서 처리된 패킷과는 무관하게 각 패킷을 독립적으로 취급한다. 데이터그램방식에 의한 패킷교환의 예를 그림 3.7에 나타내었다. 각 노드는 인접노드로부터 통보된 트래픽의 양, 링크의 오동작 등과 같은 정보를 이용하여 패킷을 전달하기 위한 다음 노드를 결정하게 된다. 따라서 그림 3.7(c)에서 나타낸 바와 같이 동일한 목적지주소를 갖는 패킷일지라도 동일한 경로를 따라 전달되지 않을 수 있으며, 이러한 이유 때문에 실제 송신된 순서와 다르게 패킷이 목적지 스테이션이 연결된 노드에 도착할 수 있다. 따라서 마지막 노드에서는 패킷의 순서를 원래대로 정정한 후 목적지 스테이션으로 전달하게 된다. 데이터그램방식을 사용하는 어떤 망에서는 이와 같은 패킷순서의 정정을 목적지의 마지막 노드에서 수행하지 않고 최종 목적지 스테이션에서 수행하는 경우도 있다. 또한 패킷이 통신망 내부에서 폐기되는 경우도 있다. 예를 들어, 패킷교환노드가 순간적으로 고장을 일으켜 그 노드에서 대기중이던 모든 패킷이 손실되는 경우이다. 이러한 패킷의 손실을 검출하여 어떻게 복구할 것인지를 결정하는 것은 마지막 노드 또는 목적지 스테이션에 맡겨진다. 이 방식에서 각각 독립적으로 처리되는 패킷을 특별히 데이터그램이라고 지칭한다.

가상회선방식에서는 패킷을 전송하기 전에 미리 사용할 경로를 설정하고 경로가 결정되면 모든 패킷들이 이 동일한 경로를 통해 전송된다. 이 방식은 그림 3.8에 나타내었다. 논리적

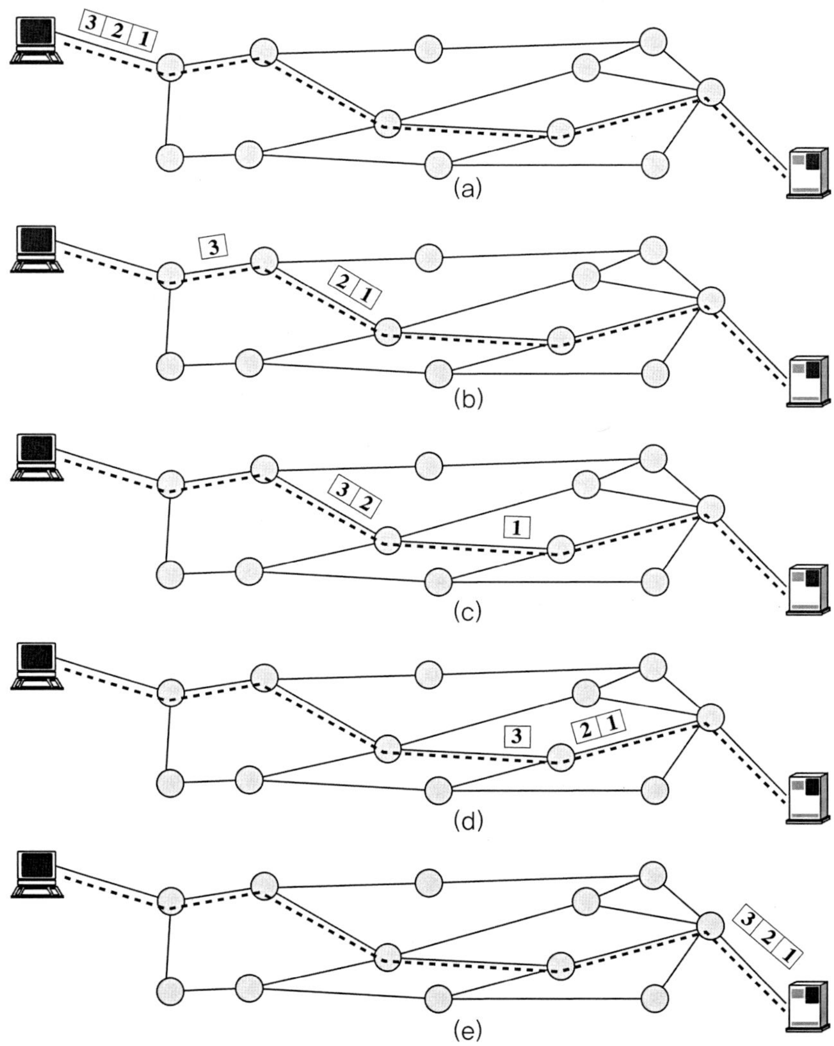

그림 3.8 패킷교환의 가상회선방식

연결이 설정되어 있는 시간동안 경로가 두 종단간에 고정되어 있다는 점에서 회선교환망에서의 회선과 유사한 개념으로 볼 수 있으며, 이 경로를 **가상회선**(virtual circuit)이라 한다. 이 경우 각 패킷은 데이터뿐만 아니라 가상회선식별자(identifier)를 포함하게 된다. 미리 설정된 경로상의 각 노드는 패킷을 어느 노드를 통해 전송해야 할지를 알고 있으므로 경로 설정과 관련된 처리를 수행할 필요가 없다. 각 스테이션은 언제든지 다른 스테이션으로 하나 이상의 가상회선을 설정할 수 있으며, 하나 이상의 스테이션을 접속하기 위해 가상회선을 설정할 수도 있다.

가상회선방식의 가장 큰 특성은 데이터전송에 앞서 스테이션간에 경로가 미리 설정된다는 점이다. 그러나 이때 설정된 경로는 회선교환방식에서처럼 두 스테이션이 독점적으로 사용하는 물리적 회선과는 다르다. 가상회선방식에서 각 패킷은 각 교환노드의 버퍼에 저장된 후 출력링크 쪽의 대기행렬에서 기다리게 된다. 한편, 데이터그램방식과 다른 점은 가상회선방식에서는 매 노드에서 각 패킷이 전송될 다음 노드를 결정하는 경로배정 절차가 불필요하다는 점이다. 일단 한번만 가상경로가 설정되면 모든 패킷에 대한 경로가 정해지기 때문이다.

두 스테이션이 정해진 시간 동안 데이터를 교환하고자 할 때, 가상경로방식을 이용할 경우 몇 가지 장점이 있다. 첫째, 패킷의 순서화 및 에러제어를 포함한 가상회선과 관련된 서비스를 통신망에서 제공할 수 있다. 여기서 패킷의 순서화란 모든 패킷들이 동일한 경로를 따라 전송되기 때문에 패킷들이 전송된 순서대로 수신되는 것을 의미한다. 한편, 에러제어는 패킷이 정해진 순서대로 수신되는 것뿐만 아니라 에러가 발생하지 않고 정확하게 도착할 수 있도록 보장하는 서비스이다. 예를 들어, 앞의 그림 3.3에서 노드 5에서 노드 6으로 전송될 패킷이 노드 6에 도착하지 않거나 또는 제대로 도착했지만 에러가 발생한 경우에 노드 6은 노드 5에게 동일한 패킷을 재전송하도록 요청할 수 있다. 가상회선방식을 사용하여 얻을 수 있는 또 다른 장점은 패킷을 보다 신속하게 전송할 수 있다는 것이다. 이는 각 노드에서 각 패킷별로 별도의 경로설정을 수행하지 않아도 되기 때문이다.

데이터그램방식의 장점은 데이터전송에 앞서 회선설정절차가 필요하지 않다는 점이다. 따라서, 한두 개의 패킷만을 전송하고자 할 때는 이와 같은 데이터그램방식이 보다 효율적이다. 데이터그램서비스의 또 다른 장점으로서 통신망 운용에 있어 보다 높은 유연성을 갖는다는 점이다. 예를 들어, 통신망의 어느 한 부분에서 혼잡상태(congestion)가 발생할 때 이를 피하여 다른 경로를 통해 데이터그램을 전송할 수 있다. 가상회선방식의 경우에는 미리 정해진 경로를 따라 패킷이 전송되므로 이와 같은 혼잡상태가 발생하더라도 이에 대응하는 것이 매우 어렵다. 데이터그램방식의 또 다른 장점은 노드의 장애발생시 높은 신뢰성을 갖는다는 점이다. 특정 노드에 장애가 발생할 경우, 가상회선의 경우는 그 노드를 통과하는 모든 패킷을 잃게 된다. 그러나 데이터그램방식의 경우에는 장애노드를 우회하는 다른 대체 경로를 선택하여 사용하는 것이 가능하다.

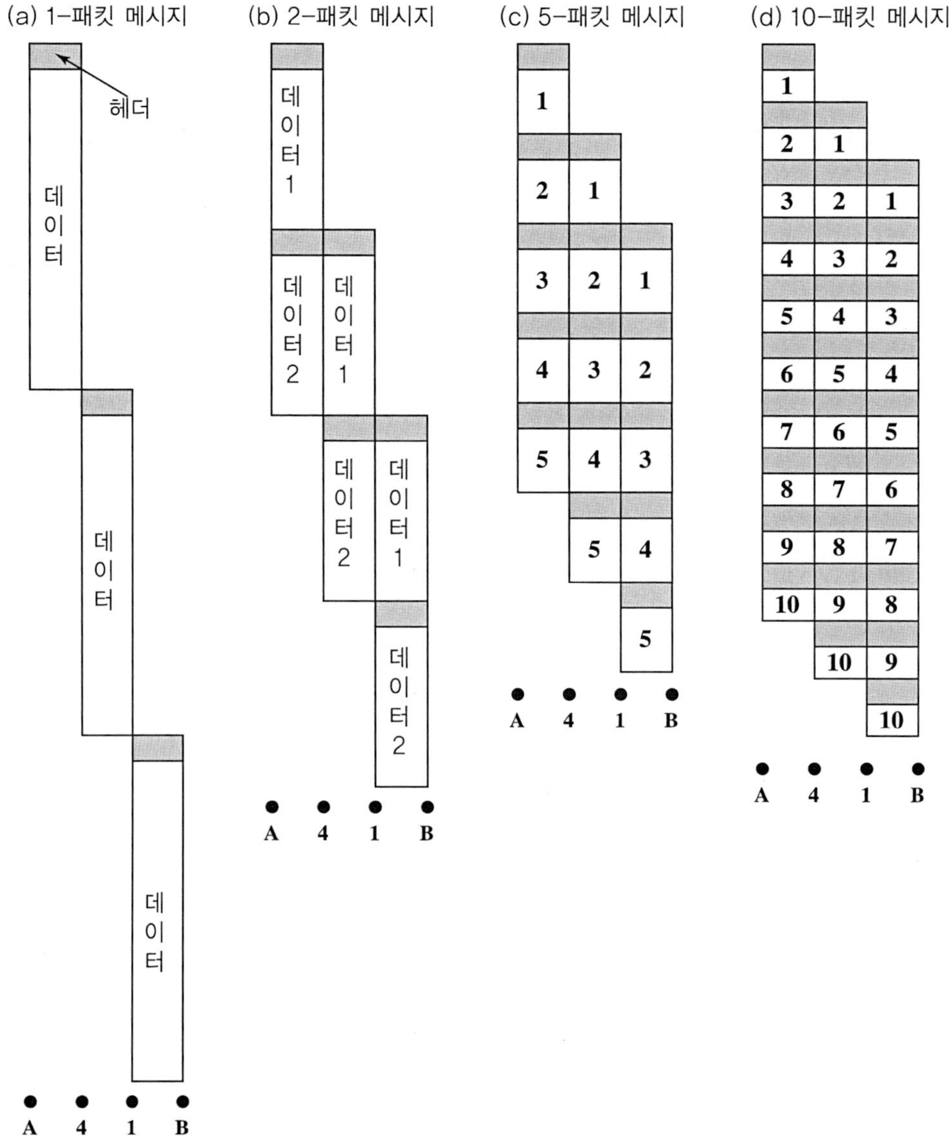

그림 3.9 패킷크기와 전송시간과의 관계

패킷크기

그림 3.9에 나타낸 바와 같이 패킷의 크기(packet size)와 전송시간은 매우 중요한 관계를 갖는다. 이 예에서는 그림 3.3의 스테이션 A에서 노드 4와 노드 1을 거쳐 스테이션 B로의 가상회선이 설정되어 있다고 가정한다. 스테이션 A에서 전송될 메시지는 총 40 바이트(byte 또

는 octet)이며, 각 패킷은 제어정보를 전달하기 위한 3 바이트 크기의 헤더를 포함한다. 따라서 총 전송될 메시지는 43 바이트 크기를 갖는 하나의 패킷으로 구성된다. 먼저 스테이션 A로부터 노드 4에게 패킷이 전달되며(그림 3.9(a)), 노드 4가 전체 패킷을 수신한 다음, 이를 다시 노드 1에게 전송할 수 있으며, 노드 1은 또다시 전체 패킷을 수신한 다음 스테이션 B에게 전달하게 된다. 따라서 각 노드에서의 교환시간을 무시하더라도 스테이션 A에서 스테이션 B로의 총 전송시간은 129 바이트의 전송시간이 걸리게 된다(43 바이트×3 패킷전송 구간).

그림 3.9의 (b)와 같이 이번에는 전체 메시지를 2개의 패킷으로 분할한다고 가정해보자. 즉, 전체 메시지를 20 바이트씩 2개로 분할하고 각 패킷은 3 바이트의 헤더를 가지므로, 한 패킷의 크기는 23 바이트가 된다. 이 경우, 노드 4는 스테이션 A로부터 첫번째 패킷의 수신을 완료하자마자 두번째 패킷을 기다리지 않고 바로 첫번째 패킷을 노드 1에게 전송할 수 있게 된다. 이러한 두 패킷간의 송수신 중첩이 가능하기 때문에 메시지 전체를 스테이션 A에서 스테이션 B로 전송하는 데 걸리는 시간은 그림 3.9(b)에서와 같이 92 바이트 전송시간이 된다(23 × 4 패킷전송 구간). 만일 그림 3.9(c)와 같이 전체 메시지 40 바이트를 5개로 분할하게 되면 전송시간은 더 단축되어 총 77 바이트 전송시간(11 × 7 패킷전송 구간)이 걸리게 된다. 그러나 그림 3.9(d)에서와 같이 패킷의 크기를 너무 작게 하게 되면 오히려 전송시간이 더 걸리게 되기도 한다. 이것은 고정길이의 패킷헤더가 각 패킷마다 전송되므로, 각 패킷마다 전송될 메시지의 크기보다 패킷헤더가 차지하는 오버헤드가 크기 때문이다. 뿐만 아니라 이 예에서는 각 노드에서의 교환에 걸리는 처리시간이나 대기지연에 대해서는 무시하였지만, 동일 메시지에 대해 더 많은 패킷이 처리되어야 하는 경우, 이러한 지연시간 역시 더 많이 소요된다. 다음 절에서는 아주 작은 패킷크기(53 바이트)를 갖고 있음에도 불구하고 효율적인 통신망을 구현할 수 있음을 살펴본다.

3.5 ATM

셀릴레이라 알려진 ATM(Asynchronous Transfer Mode)은 몇 가지 점에서 패킷교환과 유사하다. 패킷교환과 마찬가지로 ATM은 전체 메시지를 쪼갠 데이터 조각들을 전송한다. 또한 패킷교환에서처럼 ATM은 하나의 물리적 인터페이스내에 여러 논리적 연결이 다중화된다. 각 논리적 연결상의 정보의 흐름이 셀(cell)이라는 고정길이의 패킷으로 구성된다.

ATM은 최소한의 에러제어와 흐름제어기능 만을 갖는 스트림형태의 프로토콜이다. 이 때문에 ATM 셀 처리의 오버헤드를 감소할 뿐만 아니라 각 셀에 부가되는 오버헤드 비트들을 줄일 수 있어 고속 데이터전송이 가능하다. 더우기 고정길이의 셀은 각 ATM 노드에서의 셀 처리를 단순화할 수 있으며, ATM을 보다 고속으로 이용할 수 있게 한다.

ATM 논리적 연결

ATM의 논리적 연결을 가상채널연결(Virtual Channel Connection: 이하 VCC)이라 한다. VCC는 패킷교환망에서의 가상회선과 유사한 개념으로, ATM 통신망에 있어서 교환의 기본 단위이다. VCC는 통신망으로 통해 두 최종 사용자간에 설정된다. 이 연결을 통해 고정길이의 셀이 가변적인 전송속도와 전이중방식에 의해 전송된다. VCC는 또한 사용자와 통신망간의 제어신호의 교환이나, 통신망간의 망관리 및 경로배정 등의 정보교환을 위해서도 사용된다.

ATM에서는 그림 3.10에 나타낸 바와 같이 가상경로(virtual path)의 개념을 다루기 위해 처리의 제2 부계층을 도입한다. 가상경로연결(Virtual Path Connection: 이하 VPC)은 동일 종점(end point)을 갖는 VCC의 묶음으로서, 하나의 VPC내 각 VCC를 통해 전달되는 모든 셀들은 서로 교환된다.

가상경로는 고속통신망에서의 제어비용이 전체 통신망비용에서 차지하는 비율에 비해 크게 증가하는 경향에 따라 개발된 것이다. 가상경로기술은 통신망상에서 공통경로를 공유하는 VCC를 하나의 단위로 그룹화함으로써 제어비용을 절감하고자 하는 것이다. 이때의 망관리기능은 전체 VCC를 대상으로 하지 않고 소그룹화된 VCC를 대상으로 적용될 수 있다.

ATM 셀

ATM에서는 5 바이트의 헤더와 48 바이트의 정보필드로 구성된 고정 길이의 셀(cell)을 전송의 기본 단위로 하고 있다. 이와 같이 짧고 고정된 길이로 된 셀을 전송 단위로 사용함으로써 얻을 수 있는 장점은 다음과 같다. 첫째, 우선순위가 낮은 셀이 현재 전송되고 있는 동안에 우선순위가 높은 셀이 도착하였을 때 셀의 길이를 짧게 함으로써 우선순위가 높은 셀이 버퍼내에서 대기하는 지연 시간을 줄일 수 있는 이득이 있다. 둘째, 셀의 길이를 고정함으로써 교환을 훨씬 효율적으로 수행할 수 있으며, 이를 통해 ATM에서 추구하는 초고속 전송을 실현하는 것이 가능하다. 또한 고정 길이의 셀은 교환 메커니즘의 하드웨어적 구현을 보다 쉽게 할 수 있다.

그림 3.10 ATM의 연결관계

헤더형식

그림 3.11(a)는 사용자와 통신망간 인터페이스에서 사용되는 셀의 헤더형식을 나타낸 것이며, 그림 3.11(b)는 통신망 내부에서 사용되는 셀의 헤더형식을 나타낸 것이다. 통신망 내에서 사용되는 셀에서는 통신망 종단간에서 이용되는 범용흐름제어 필드(generic flow control field)를 없애고, 그 자리에 가상경로식별자 필드(virtual path identifier field)를 8비트에서 12비트로 확장하여 대치하였다. 이와 같이 가상경로식별자 필드를 확장함으로써 통신망 내에서 가입자를 지원하고 망 관리에 필요한 보다 많은 수의 VPC를 확보할 수 있다.

범용흐름제어(GFC) 필드는 로컬 사용자와 통신망간 인터페이스에서 셀의 흐름을 제어하기 위해 사용된다. 그 응용에 대한 연구는 아직 진행중이다. 이 필드는 또한 서비스품질이 다른 트래픽 흐름의 제어를 위해서 사용될 수 있다. 이 필드 응용의 한 예로서 서비스의 종류에 따라 정보의 흐름을 제어하기 위해 필요한 다단계 우선순위의 설정을 들 수 있다.

가상경로식별자(VPI: Virtual Path Identifier) 필드는 통신망에서의 경로설정을 위한 정보를 제공한다. 이 필드는 사용자와 통신망간 인터페이스에서는 8비트 크기이나, 통신망간 인터페이스에서는 통신망내부에 보다 많은 가상경로를 지원하기 위해 12비트의 크기를 갖는

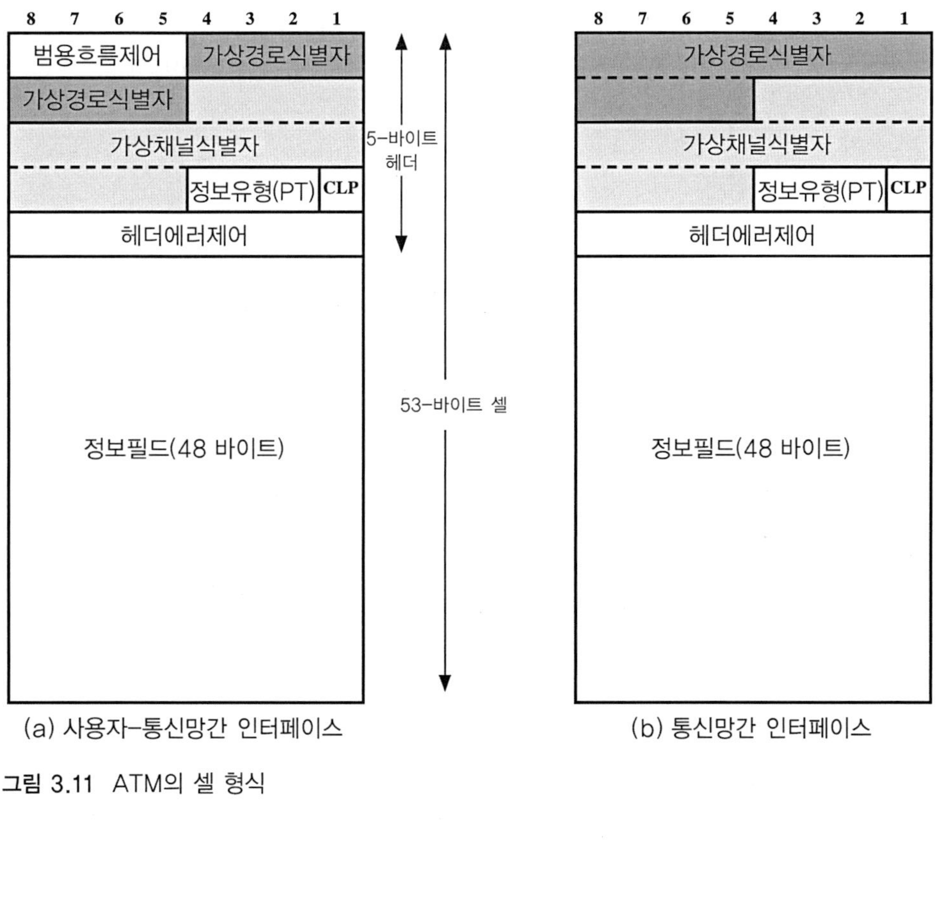

그림 3.11 ATM의 셀 형식

다. **가상채널식별자**(VCI: Virtual Channel Identifier) 필드는 최종단 사용자간의 경로배정을 위해 사용된다. 따라서 이것은 서비스 접속점(SAP: Service Access Point)으로 동작한다.

Payload Type(PT) 필드는 정보필드에 실리는 정보의 유형을 나타내는 부분으로서, 표 3.1에 PT의 각 부호값에 따른 의미를 나타내었다. 필드의 첫번째 비트가 0이면 바로 위의 상위계층에서 전달된 사용자 정보임을 의미한다. 이 경우에 두번째 비트는 해당 셀이 혼잡을 겪었는지 여부를 표시하며, 세번째 비트는 서비스 데이터 유닛(SDU: Service Data Unit)[1] 유형 비트라 불리는 것으로, ATM의 두 가지 SDU 유형을 구별하는 데 사용된다. 여기서 SDU는 48 바이트의 payload를 의미한다. PT 필드의 첫번째 비트가 1인 셀은 망 관리 및 유지보수정보를 전달하는 셀로서, 이를 이용하여 사용자의 가상채널에 망 관리 관련 셀들을 삽입하는 것이 가능하다. 따라서 PT 필드는 내부의 제어신호를 제공하는 것이 가능하다.

셀 손실 우선순위(CLP: cell loss priority) 필드는 혼잡이 발생했을 때 망에서 이에 대응하여 셀을 어떻게 처리할 것인가에 대한 기준을 제공해주는 역할을 한다. 즉, 그 필드의 값이 0인 경우에는 셀의 우선순위가 상대적으로 높음을 나타내므로, 다른 특별한 대책이 없는 경우에는 혼잡시 이 값을 가진 셀을 폐기하지 않도록 한다. 한편, 그 필드의 값이 1인 경우에는 망의 혼잡시 망 내에서 해당 셀을 폐기할 수도 있다. 따라서, 사용자는 이 필드의 값을 1로 설정함으로써 혼잡시에는 폐기를 해도 무방한, 꼭 전달될 필요가 없는 추가정보를 전송하기 위한 셀로서 사용할 수 있다. 또한, 사용자와 망간에 미리 협상된 트래픽 전송특성을 위반하는 셀이 있으면 망에 의해 이 필드를 1로 설정할 수도 있다. 어떤 셀을 처리하고 있는 교환기

표 3.1 PT 필드의 의미

PT 필드의 값	의 미	
000	사용자 데이터 셀, 중간에 혼잡 겪지 않았음.	SDU-type=0
001	사용자 데이터 셀, 중간에 혼잡 겪지 않았음.	SDU-type=1
010	사용자 데이터 셀, 중간에 혼잡 겪었음.	SDU-type=0
011	사용자 데이터 셀, 중간에 혼잡 겪었음.	SDU-type=1
100	OAM의 세그먼트에 관련된 셀	
101	OAM의 종단간에 관련된 셀	
110	자원 관리 셀	
111	(향후 다른 기능을 위해 사용하지 않고 예약)	

SDU = Service Data Unit
OAM = Operations, Administration, and Maintenance

1. 이것은 ATM 포럼문서에서 사용되는 용어이다. ITU-T 문서에서 이 비트는 ATM 사용자와 ATM 사용자(AAU) 식별비트이다. 의미는 동일하다.

가 그 셀이 협상했던 트래픽 파라미터 값들을 초과했다는 것을 알게 되었지만 현재 교환기가 이를 처리할 여유가 있을 경우에는 단순히 이 필드를 1로 표시해 놓으면, 망의 중간에서 혼잡 상태를 만나게 될 때 표시된 셀들은 트래픽 파라미터 값을 위반하지 않은 다른 셀들에 비해 우선적으로 폐기시키게 된다.

헤더에러제어(HEC: header error control) 필드는 헤더 내에서 발생하는 1비트의 에러를 정정하거나 두 비트의 에러를 검출할 수 있는 8비트 크기의 에러 제어부호이다. 기존의 프로토콜에서는 에러로부터 보호받기 위한 데이터 필드의 길이가 에러제어부호의 길이보다도 매우 길기 때문에 에러정정기능을 제공하기 어렵고 단지 에러검출기능만을 제공하게 된다. 그러나 ATM에서는 실제 32비트 데이터의 길이는 8비트의 에러제어부호의 길이에 비해 매우 짧은 편이므로 에러검출기능을 제공할 뿐만 아니라 에러정정기능까지도 제공할 수 있다. 이는 상대적으로 긴 에러제어부호의 사용에 따라 특정형태의 에러발생시 그를 정정해 낼 수 있는 충분한 부가정보를 부여할 수 있기 때문에 가능하다.

에러제어기능은 헤더에서 발생한 한 비트의 에러를 복구할 수 있을 뿐만 아니라, 동시다발적(bursty) 에러발생상황에서 헤더에 에러가 발생한 셀을 정정하거나 또는 에러의 발생을 검출하지 못하고 전송할 확률을 최소화하는 역할을 수행한다. 광전송망에서는 한 비트 에러발생상황과 비교적 많은 연속적인 비트의 에러발생상황이 혼합되어 발생되는 에러특성을 갖는다.

ATM 서비스영역

ATM 통신망은 음성, 비디오와 같은 실시간 데이터를 비롯하여 대량의 TCP 데이터를 포함하여 다양한 형태의 트래픽을 동시에 전달할 수 있도록 설계되었다. 이들 트래픽 모두 53 바이트 크기의 셀 단위로 분할되어 처리될지라도, 통신망 내부에서 이들 데이터가 처리되는 방법은 해당 트래픽의 특성이나 응용서비스의 요구에 따라 결정된다. 일례로 실시간 비디오 트래픽은 최소한의 지연을 보장하는 범위내에서 전달되어야 한다.

이 절에서는 ATM 서비스영역에 대해 간략히 정리한다. 다음에 분류된 서비스영역은 ATM 포럼에 의해 정의된 것이다.

- **실시간서비스**
  - Constant bit rate(CBR)
  - Real-time variable bit rate(rt-VBR)
- **비실시간서비스**
  - Non-real-time variable bit rate(nrt-VBR)
  - Available bit rate(ABR)
  - Unspecified bit rate(VBR)

– Guaranteed frame rate(GFR)

실시간 서비스

응용서비스가 실시간을 만족하기 위해 가장 중요한 고려사항은 지터(jitter)라 불리는 지연의 양과 변이성이다. 실시간 응용서비스는 일반적으로 정보원으로 부터의 흐름을 그대로 수신하고자 하는 사용자에 의해 요구된다. 예를 들어, 사용자는 음성이나 영상정보의 표현 그대로를 연속적으로 자연스러운 형태로 전송되기를 기대한다. 연속성이 떨어지거나 과도한 정보의 손실은 음성이나 영상의 품질을 크게 저하시키게 된다. 전화서비스처럼 사람들간의 상호 인터랙티브한 응용에서는 지연의 제약조건이 매우 까다롭다. 일반적으로 수백 ms 이상의 지연은 사람이 느낄 정도의 심각한 부자연스러움을 야기시키게 된다. 따라서 ATM 통신망에 있어서 실시간 데이터의 교환이나 전달을 위한 요구사항은 매우 높은 편이다.

CBR 서비스는 앞에서 정의된 서비스 중 가장 간단한 서비스이다. 이는 접속되어 있는 동안에는 연속적으로 이용가능한 고정 데이터속도를 요구하는 응용서비스이다. CBR은 통상 압축되지 않은 음성과 영상정보를 위해 사용된다. CBR 응용서비스의 예는 다음과 같다.

- 원격회의(Videoconferencing)
- 대화형 음성(Interactive audio) (예, 음성전화)
- 음성/영상분배(예, TV, 원격강의, pay-per-view)
- 음성/영상검색(예, VOD, 음성 라이브러리)

rt-VBR(real-time variable bit rate)은 시간에 매우 민감한 응용서비스이다. 즉, 이 서비스는 엄격한 지연조건을 요구한다. CBR 응용서비스와 rt-VBR 응용서비스의 근본적인 차이점은 CBR과는 달리 rt-VBR 서비스가 시간에 따라 변하는 전송속도로 정보를 전송한다는 점이다. rt-VBR 정보는 버스트 데이터의 특성을 갖는 것으로 규정할 수 있다. 예를 들어, 표준 영상압축기법은 동일 영상이 아닌 한, 각 영상프레임마다 매번 서로 다른 크기로 압축을 수행하기 때문에, 이들 프레임의 실제 전송속도는 가변적일 수 밖에 없다.

rt-VBR 서비스는 CBR보다 통신망을 보다 융통성 있게 사용할 수 있도록 한다. 통신망은 동일 용량을 이용하여 여러 접속을 통계적으로 다중화할 수 있으며, 각 접속을 통해 요구된 서비스를 제공할 수 있다.

비실시간서비스

비실시간서비스는 다발성 트래픽의 특성을 갖는 응용서비스로서, 엄격한 지연특성을 요구하지 않는다. 따라서 통신망은 트래픽 흐름과 같은 처리에 있어서 보다 더 유연성을 되며, 통신망 효율을 높이기 위해 통계적 다중화방식을 더 잘 이용할 수 있도록 한다.

어떤 비실시간 응용분야에서는 통신망이 손실과 지연의 관점에서 지속적으로 개선된 QOS를 제공할 수 있도록 요구하는 트래픽 흐름을 규정할 수도 있다. 이러한 응용분야는 **nrt-VBR(non-real-time variable bit rate)** 서비스를 이용할 수 있다. 이 서비스의 경우, 종단시스템에서 최대 셀전송속도, 유지해야 할 전송속도나 평균 속도 및 셀들이 어느 정도나 다발성이며 응집되어 있는지 등에 대해 규정한다. 이러한 정보를 기반으로 통신망은 상대적으로 낮은 지연과 최소 셀손실을 제공하도록 자원을 할당할 수 있다.

nrt-VBR서비스는 엄격한 응답시간이 요구되는 데이터 전송을 위해 사용될 수 있다. 그 예로서 비행좌석의 예약, 은행거래작업 및 공정감시 등과 같은 것을 들 수 잇다.

ATM 통신망은 일정 용량이 CBR과 두가지 유형의 VBR 트래픽을 전달하기 위해 할당된다. 그 이외의 용량은 다음과 같은 이유에 의해 다른 트래픽을 위해 이용된다. (1) 모든 트래픽이 CBR이나 VBR 트래픽만은 아니다. (2) 버스트한 VBR 트래픽이 항상 할당된 용량을 다 사용하는 것은 아니다. 이러한 사용되지 않은 용량이 **UBR(unspecified bit rate)** 서비스를 위해 이용 가능할 수 있다. UBR 서비스는 일반적으로 TCP 기반의 신뢰성 있는 트래픽과 같이 가변적 지연이나 셀손실에도 견고한 응용에 적합하다. UBR의 경우, 다른 서비스가 사용하고 남은 여분의 용량을 이용하여 FIFO(First-In First-Out) 방식을 기반으로 전송된다. UBR 서비스는 초기에 용량할당에 관한 협상이 이루어지지 않으며, 혼잡제어에 관련한 정보 전송도 제공되지 않는다. 이를 **best-effort 서비스**라 한다. UBR 응용 예로는 다음을 들 수 있다.

- 텍스트/데이터/이미지의 전송, 메시징, 분배, 검색
- 원격 단말기(예, 재택근무)

TCP와 같이 신뢰성 있는 종단간(end-to-end) 프로토콜을 사용하는 버스트 데이터전송에 있어서는 왕복지연시간의 증가나 패킷손실 등에 의해 통신망내에서의 혼잡상태를 인지할 수 있다. 그러나 TCP는 통신망내의 자원들이 많은 TCP 접속을 공평하게 공유하도록 하는 메커니즘은 제공하지 않는다. 더욱이 통신망내 혼잡상태의 노드들로부터 명시적인 정보를 사용하여 제어하는 효율적인 혼잡제어기능도 제공하지 않는다.

한편, UBR을 사용하게 될 버스트 데이터를 위한 서비스를 개선하기 위한 서비스로 **ABR (available bit rate)** 서비스가 정의되어 있다. ABR 응용서비스는 사용할 최대 셀전송속도(PCR: Peak Cell Rate)와 요구되는 최소 셀전송속도(MCR: Minimum Cell Rate)를 규정한다. 통신망은 모든 ABR 응용이 최소한 MCR 용량으로 수신할 수 있도록 자원을 할당한다. 통신망의 사용되지 않은 용량은 모든 ABR 트래픽에 의해 공평하게 제어된 형태로 공유된다. ABR 메커니즘은 용량이 공평하게 할당되었음을 각 근원지에 명시적으로 공지한다. ABR 트래픽에 의해 사용되고 남은 여분의 용량이 UBR 트래픽을 위해 사용될 수 있다.

ABR 응용 예로서는 LAN과의 상호접속을 들 수 있다. 이 경우, ATM 통신망에 접속된 종단시스템은 라우터이다.

가장 최근의 ATM 서비스 범주에 포함된 기능은 특별히 IP backbone sub-network를 지원하도록 개발된 **Guaranteed Frame Rate (GFR)**로서 GFR은 IP 및 Ethernet과 같은 프레임기반 트래픽지원에 있어서 UBR보다 더 나은 성능을 보여준다. 실제로 GFR의 주요기능은 LAN에서 ATM의 backbone 네트워크를 통과하는 프레임 기반 트래픽을 최적화하는 데 있고, 이러한 기능은 IP 서비스기능을 더욱더 공고히 결합시키고 확장하는 데 큰 기여를 한다. 그러나 ABR이 ATM 서버들에게 폭넓은 packet 성능향상을 제공하는 것이 사실이지만, ABR 역시 ATM의 주요 router들 사이에서 구현되는 데 다소 어려움이 있다. IP 기반 트래픽-특히 이더넷 또는 LAN으로 이루어진-을 지원하는 데 있어서 ATM의 중요성이 급증함에 따라 GFR이 가장 매력적인 ATM 서비스의 대안지원체제로 부각되고 있다.

3.6 참고문헌

회선교환과 관련한 자료는 개발역사만큼이나 방대하다. 그 가운데 [BELL00], [FREE04]를 추천할 만하다. 패킷교환 또한 그 양이 엄청나나, [SPOH02], [BERT92]에 잘 정리되어 있다. ATM과 관련한 내용은 [MCDY99], [BLAC99]을 참고하기 바란다.

[STAL04]는 이 장에서 다루는 모든 주제에 대하여 보다 자세히 기술하고 있다.

BELL00 Bellamy, J. *Digital Telephony*. New York: Willey, 2000.

BERT92 Bertsekas, D., and Gallager, R. *Data Networks*. Englewood Cliffs, NJ: Prentice Hall, 1992.

BLAC99 Black, U. *ATM Volume I: Foundation for Broadband Networks*. Upper Saddle River, NJ: Prentice Hall, 1992.

FREE04 Freeman, R. *Telecommunications System Engineering*. New York:Wiley 2004.

MCDY99 McDysan, D., and Spohn, D. *ATM: Theory and Application*. New York: McGraw-Hill, 1999

SPOH02 Sophn, D. *Data Netwrok Design*. New York:McGraw-Hill, 2002.

STAL04 Stalling, W. *Data and Computer Communications, Seventh Edition*. Upper Saddle River:NJ:Prentice Hall, 2004.

웹사이트

- **ATM Forum 웹사이트 :** 기술규격, 백서, Forum 출판물의 온라인 복사 제공
- **ATM Hot Links:** 주요연구논문 및 링크 포함
- **셀릴레이 포털사이트 :** 셀릴레이 메일링리스트, ATM 관련 자료에 대한 링크, ATM 관련 웹사이트 링크 제공

3.7 주요용어, 복습, 연습문제

주요용어

가상경로 (virtual path)	데이터그램 (datagram)	패킷 (packet)
가상채널 (virtual channel)	로컬루프 (local loop)	패킷교환 (packet switching)
가상회선 (virtual circuit)	비동기 전송모드 (ATM: asynchronous transfer)	헤더 (header)
가입자회선 (subscriber loop)	셀 (cell)	회선교환 (circuit switching)
광역통신망 (WAN: wide area network)	셀릴레이 (cell relay)	
근거리통신망 (LAN: local area network)	지역통신망 (MAN: metropolitan area network)	

복습문제

3.1 WAN과 LAN의 차이점을 설명하시오.

3.2 통신망에 있어서 각 스테이션간의 경로가 하나 이상 존재하는 것이 왜 유용한지 설명하시오.

3.3 회선교환망의 설계를 가져온 응용서비스는 무엇인가?

3.4 회선교환망에 있어서 정적 경로배정과 동적 경로배정의 차이점을 설명하시오.

3.5 반영구적 접속이란 무엇인가?

3.6 ISDN의 주채널을 위한 데이터 전송속도는 얼마인가?

3.7 데이터그램과 가상회선방식의 차이점을 설명하시오.

3.8 회선교환망을 이용한 데이터전송에 있어서 제한사항은 무엇인가?

3.9 가상채널과 가상경로의 차이점은 무엇인가?

연습문제

3.1 교환망에 있어서 다음 파라미터를 정의하시오.

N = 주어진 두 종단시스템간의 hop수

L = 비트 단위의 메시지길이

B = 모든 링크에 있어서 bps 단위의 데이터 전송속도

P = 비트 단위의 고정 패킷길이

H = 패킷당 오버헤드 비트수(헤더길이)

S = 회선교환이나 가상회선에 있어서 초 단위의 호설정시간

D = 초단위의 hop 당 전파지연시간

a. $N = 4$, $L = 3200$, $B = 9600$, $P = 1024$, $H = 16$, $S = 0.2$, $D = 0.001$일 때, 회선교환, 가상회선방식의 패킷교환, 데이터그램방식의 패킷교환에 있어서 종단간 지연시간을 구하라. 수신확인(ACK) 신호를 없다고 가정하고, 각 노드에서의 처리에 의한 지연시간은 무시하라.

b. 지연시간이 같다는 조건하에서, 위 (a)의 3가지 방식, 각각에 대한 일반적인 표현식을 다른 두 방식의 시간을 이용하여 구하라.

3.2 데이터그램 통신망상에서 최소 종단간 지연을 갖기 위한 P의 값을 N, L, H의 함수로서 구하라. L은 P보다 훨씬 크며, D는 0라고 가정하라.

3.3 두 개의 종단장치와 한 개의 중간 교환장치를 갖는 간단한 전화망을 고려해보자. 이들 장치간에는 1 MHz의 전이중 트렁크를 갖는다. 평균 이 전화망은 8시간의 근무시간동안 4개의 호를 이용하며, 각 호당 평균시간은 6분이라고 가정한다. 또한 이들 호 중 10%는 장거리일 때, 각 종단장치가 서비스 가능한 최대 전화의 수는 얼마인가?

3.4 다음 가설에서 결점을 찾아 설명하시오. 패킷교환방식은 각 패킷에 부가될 제어 및 주소정보를 요구한다. 이것은 패킷교환에 있어서 심각한 오버헤드를 가져온다. 회선교환방식은 송수신측간에 투명한 회선이 설정되므로, 부가적인 오버헤드 비트가 불필요하다.

a. 그러므로 회선교환방식에 있어서 오버헤드는 없다.

b. 회선교환방식은 오버헤드가 없기 때문에, 회선 이용률이 패킷교환보다 더 효율적이다.

3.5 통신망상의 어떠한 노드나 스테이션에서의 오동작은 없다고 가정한다면, 패킷이 잘못된 목적지에 전달될 가능성은 없는가?

3.6 다음과 같은 구조로 연결된 N개의 노드를 갖는 패킷교환망을 고려해 보자.

a. 성형구조: 하나의 중앙 노드에 모든 다른 노드가 연결된 구조

b. 루프구조: 각 노드가 원형을 이루면서 다른 두 노드와 연결된 구조

c. 완전연결구조: 각 노드가 다른 모든 노드와 직접 연결된 구조

각 경우에 있어서, 스테이션간의 평균 hop 수를 구하라.

3.7 ATM 통신망 설계의 중요한 결정사항 중 하나는 고정길이의 셀로 할 것인지 가변길이로 할 것인지이다. 이것을 효율성의 관점에서 다루어 보자. 먼저 전송효율은 다음과 같이 정의될 수 있다.

$$N = \frac{\text{정보 바이트의 수}}{\text{정보 바이트의 수} + \text{오버헤드 바이트의 수}}$$

a. 고정길이의 패킷을 사용할 경우에 대해 고려해보자. 이 경우, 오버헤드는 헤더정보를 포함한다. 각 파라미터를 다음과 같이 정의하고, N을 구하라.

L = 셀의 데이터영역 길이 (bytes)

H = 셀의 헤더영역 길이 (bytes)

X = 단일 메시지로서 전달될 정보 바이트의 수

힌트. 이 값을 구하는 데 있어서 연산자 $\lceil \cdot \rceil$를 사용할 필요가 있을 것이다. 여기서 $\lceil Y \rceil$ 연산자는 Y와 같거나 큰 수 가운데 가장 작은 정수, 즉 Y에 가장 가까운 정수를 의미한다.

b. 셀이 가변길이일 때, 오버헤드는 헤더와 셀을 구분하기 위한 플래그, 헤더내의 가변길이영역 등에 의해 결정된다. 여기서 H_v는 가변길이 셀을 사용하기 위한 부가적인 오버헤더라 정의한다. 이 때, X, H, H_v를 이용하여 N을 구하라.

c. $L = 48$, $H = 5$, $H_v = 2$라 할 때, N과 고정 또는 가변길이 셀을 위한 메시지 크기와의 관계를 그려라. 그리고 그 결과에 대해 설명하라.

3.8 ATM 설계 시 또 다른 주요 고려사항은 고정길이 셀을 위한 데이터영역의 크기이다. 이를 효율과 지연의 관점에서 검토해보자.

a. 모든 셀이 완전히 찰 정도의 확장전송이 발생한다고 가정한다. 이때, 효율 N을 H와 L의 함수로 구하라.

b. 패킷화 지연이란 패킷전송에 앞서 각 비트열을 버퍼상에서 하나의 완전한 패킷으로 구성하기 위해 발생되는 지연을 일컫는다. 이 지연을 L과 데이터 전송속도 R의 함수로 구하라.

c. 음성부호화에 있어서 통상 데이터 전송속도는 32 kbps 또는 64 kbps이다. 각 속도에 대한 패킷화 지연시간을 L의 함수로 그려라. 왼쪽 y축의 최대값은 2 ms로 하라. 같은 그래프상에 전송효율을 L의 함수로 그려라. 오른쪽 y축 최대값은 100%로 하라. 이 그래프상에 그려진 결과에 대해 설명하라.

3.9 ATM 통신망에서 압축 영상정보의 전송을 살펴보자. 평균적으로 ATM 셀이 5개의 교환

기를 거쳐 전송된다고 가정하며, 데이터 전송속도는 43 Mbps이다.

a. 한 셀이 하나의 교환기를 거쳐 전송되는 시간을 얼마인가?

b. 각 교환기는 우선순위가 낮은 다른 트래픽으로부터 셀을 전송할 수 있다. 교환기가 현재 셀을 전송중이라면, 우리 셀은 그 셀의 전송이 완료될 때까지 기다린 다음에, 전송을 시작할 수 있다. 한 영상정보의 셀이 첫번째 교환기에 도착한 때부터 5번째 마지막 교환기에 의해 전송을 마칠 때까지의 최대 시간은 얼마인가? 여기서 전파지연시간, 교환시간을 비롯하여 교환기가 비게 될 때까지 기다리는 데 소요되는 시간은 무시한다고 가정한다.

c. 교환기가 다른 낮은 우선순위를 갖는 트래픽을 처리하는 데 60%를 이용한다고 가정하자. 이는 교환기가 확률 0.6으로 busy상태임을 의미한다. 셀이 교환기에 의해 전송된다면 전송이 완료될 때까지 셀의 평균지연시간은 1/2 셀 전송시간이 걸린다고 가정한다. 첫번째 교환기의 입력시부터 마지막 5번째 교환기를 거칠 때까지의 평균시간은 얼마인가?

d. 그러나 가장 흥미로운 파라미터는 지연 자체가 아니라 지연의 변이에 의해 발생하는 지터이다. 위 (b)와 (c)를 이용하여 지연에 따른 최대 및 평균 변이(variability)를 각각 계산하라.

위의 모든 경우에 있어서 각 트래픽은 서로 독립적이라고 가정하라. 즉, 다발성 트래픽은 무시한다.

CHAPTER 4

프로토콜과 TCP/IP

communications networks

본 장에서는 먼저 계층화된 프로토콜구조의 개념을 소개하고자 한다. 또한 이러한 프로토콜구조 가운데 가장 중요한 인터넷을 위한 프로토콜구조인 TCP/IP 프로토콜 군(群)의 구조도 살펴볼 것이다. TCP/IP는 인터넷에 기반을 둔 개념으로, 컴퓨터 통신 표준을 포괄적으로 만족하기 위하여 개발된 구조(framework)이다. 오늘날 세계의 거의 모든 컴퓨터 제조업자들은 TCP/IP 구조를 만족하는 제품을 제공하고 있다. 이외에 잘 알려진 또 다른 표준은 OSI(Open System Interconnection) 참조 모델이다. OSI는 국제 표준 통신망구조로 통신의 개념을 설명할 때 종종 사용되지만 현실적으로는 거의 구현되지 않고 있다.

또한 본 장에서는 프로토콜구조에 이어, 인터네트워킹의 개념에 대하여 고찰한다. 인터네트워킹은 하나 이상의 네트워크 간 통신을 운영하기 위하여 반드시 요구되는 개념이다. 이들 네트워크를 상호연결하는 몇 가지 방법에 대해 언급하며, 인터네트워킹을 프로토콜구조와 관련하여 설명한다.

4.1 프로토콜구조의 필요성

컴퓨터, 단말기 또는 기타 데이터 처리장치 간에 데이터를 주고받을 경우, 여러 가지 복잡한 절차들이 필요하다. 예를 들어, 두 대의 컴퓨터가 서로 파일을 주고받는 경우를 고려해보자. 일단 두 컴퓨터간의 데이터 통로는 직접연결하거나 통신망을 통하여 연결하는 방법 중 하나를 고려해 볼 수 있다. 하지만 이외에도 다른 요소들이 추가로 필요하며, 다음과 같은 대표적인 작업들이 수행된다.

1. 근원지는 데이터 통신로를 직접 활성화시키거나, 통신망측에 최종 목적지 주소 등과 같은 정보를 알려주어야 한다.
2. 근원지는 목적지가 데이터를 받을 준비가 되어 있는지 확인하여야 한다.
3. 파일 전송을 위한 응용서비스를 위해서는 목적지측에서는 특정 사용자로부터 파일을 수신하고 저장할 수 있는 파일 관리 프로그램이 준비되어 있는지 확인하여야 한다.
4. 만일 통신 상대간의 파일형식이 서로 다를 경우, 둘 중 하나는 이들 형식의 변환기능을 수행할 수 있어야 한다.

이상에서 살펴보듯이 두 컴퓨터 시스템간에는 긴밀한 상호작용이 발생한다는 것을 알 수 있다. 이러한 작업들은 하나의 단일 모듈에 의해 논리회로를 구현하는 대신에, 보다 작은 규모의 여러 작업으로 분해되어, 이들 각각이 독립적으로 구현된다. 프로토콜구조에서 이들 각 구현모듈은 수직구조의 스택에 정렬된다. 스택 내의 각 계층(layer)은 다른 시스템과 통신하기 위해 필요한 관련 기능을 수행한다. 이들 각 계층은 보다 많은 기능을 수행하기 위해 연접된 하위계층에 의존하게 되며, 자신의 상위 계층에게는 해당 서비스를 제공한다. 개념적으로 계층들은 각각 독립적으로 정의되므로 한 계층 내에서의 변화는 다른 계층들에 영향을 미치지 않는다.

물론, 송수신측 간의 통신을 수행하기 위하여 동일 계층의 동일 기능 집합이 각각의 시스템에 동일하게 존재해야 한다. 통신은 대응하는 계층 즉, 두 시스템간 대등계층(peer)에 의해 수행된다. 대등계층(peer)간의 통신은 형식화된 데이터 블록으로 수행되며, 프로토콜이라고 알려진 일련의 규약 또는 기준을 따르게 된다. 프로토콜의 주요특징은 다음과 같다:

- **Syntax:** 데이터 블록의 형식에 관여한다.
- **Semantics:** 상호작용이나 에러처리를 위한 제어정보를 포함한다.
- **Timing:** 전송속도의 동기나 순서 등을 포함한다.

4.2 TCP/IP 프로토콜구조

TCP/IP 프로토콜구조는 미국 국방부의 DARPA(Defence Advanced Research Project Agency)가 구축한 실험목적의 패킷 교환망인 ARPANET에서 수행된 연구개발의 결과로 탄생되었으며, 일반적으로 TCP/IP 프로토콜 군(群, suite)으로 불리게 되었다. TCP/IP 프로토콜 군은 IAB(Internet Architecture Board)에서 인터넷 표준으로 권고하고 있는 많은 프로토콜의 집합체이다.

TCP/IP 계층

일반적으로 통신은 어플리케이션, 컴퓨터 및 네트워크의 세 가지 요소로 구성된다고 할 수 있다. 어플리케이션의 예로는 파일전송이나 전자메일 등을 들 수 있다. 여기서 언급하는 어플리케이션이란 두 컴퓨터 시스템에서 발생되는 데이터교환을 포함하는 광범위한 의미로 정의한다. 이러한 어플리케이션 등은 동시다발적으로 여러 컴퓨터 상에서 실행되기도 한다. 컴퓨터는 네트워크에 접속되며, 전송 데이터들은 네트워크를 통하여 한 컴퓨터에서 다른 컴퓨터로 전달된다. 따라서 하나의 어플리케이션에서 다른 어플리케이션으로 데이터를 전달한다는 것은 각 컴퓨터 내에 존재하는 어플리케이션 간 데이터의 교환이라고 볼 수 있다.

이러한 개념을 숙지하면, 다음 다섯 가지의 독립적인 계층이 통신을 제공하기 위하여 어떻게 구성되어 있는지 명확해진다.

- 물리계층(Physical layer)
- 네트워크 접속계층(Network access layer)
- 인터넷계층(Internet layer)
- 수송계층(Host-to-host or transport layer)

- 응용계층(Application layer)

물리계층은 데이터 전송장치(워크스테이션, 컴퓨터 등), 전송매체 또는 네트워크간 물리적인 인터페이스를 포함한다. 이 계층은 전송매체의 특성, 신호의 특성, 데이터속도 등과 관련된 특성을 규정한다.

네트워크 접속계층은 종단시스템(서버, 워크스테이션 등)과 연결 네트워크간 데이터 교환에 관련된 사항을 정의한다. 송신측 컴퓨터는 네트워크가 적절한 목적지로의 경로 배정을 할 수 있도록 네트워크에게 수신측 컴퓨터의 주소를 제공해야 한다. 송신측 컴퓨터에서 우선순위 등과 같은 관련 서비스를 제공하고자 할 때는 네트워크 측에서 제공받아야 한다. 이 계층에서 사용되는 프로토콜은 사용될 네트워크의 유형에 따라 결정된다. 회선교환, 패킷교환(예, X.25), LAN(예, Ethernet) 및 기타 네트워크 등 다양한 표준안들이 개발되어 있다. 즉, 네트워크 접속과 관련된 기능들은 독립된 계층으로 분리되어야 한다는 것을 알 수 있다. 이렇게 함으로써, 네트워크 접속계층의 상위계층 소프트웨어는 네트워크의 종류와 상관없게 독립된다. 그러므로 상위계층 소프트웨어는 컴퓨터가 접속될 특정 네트워크에 영향을 받지 않아야 한다.

네트워크 접속계층은 동일한 네트워크에 접속된 두 대의 종단시스템간에 전달되는 데이터의 경로배정이나 접속에 관련된다. 그러나 두 대의 종단장치가 서로 다른 네트워크에 접속되는 경우, 데이터가 여러 네트워크를 통과하기 위한 절차가 필요하다. 이러한 기능을 제공하는 것이 바로 **인터넷계층**이다. IP(Internet Protocol)는 인터넷계층에서 여러 다양한 네트워크를 통과하기 위한 경로배정기능을 제공하기 위해 사용된다. 이 프로토콜은 각 종단시스템뿐만 아니라 라우터에도 설치된다. 라우터는 두 네트워크를 연결하는 프로세서의 역할을 수행하며 주요기능으로는 하나의 네트워크에서 다른 네트워크로 데이터를 중계하거나, 송신측에서 수신측 종단시스템까지의 경로를 배정하는 일을 담당한다.

데이터를 교환하는 어플리케이션의 특성과 관계없이, 데이터는 항상 신뢰성 있게 교환되어질 것이 요구된다. 즉, 목적지에 도착하는 모든 데이터는 원래 보내진 것과 같은 순서대로 도착되어질 것이 보장되어야 한다. 다음에 살펴보겠지만, 신뢰성을 제공하는 메커니즘은 어플리케이션의 특성과는 독립적이다. 즉, 모든 어플리케이션이 공유하는 공통된 계층에서 이러한 메커니즘들을 위치해야 함을 알 수 있다. 이것을 **Host-to-host 계층** 또는 **수송계층**이라 한다. 전송 제어 프로토콜인 TCP(Transmission Control Protocol)는 이러한 기능을 제공하기 위하여 가장 널리 사용하는 프로토콜이다.

끝으로 **응용계층**은 다양한 사용자 어플리케이션을 지원하기 위하여 필요한 기능을 포함한다. 파일전송 등과 같이 각각 다른 어플리케이션 형태를 지원하기 위하여 특정 어플리케이션을 지원하는 독립된 모듈이 필요하게 된다.

TCP와 IP의 동작

그림 4.1은 이러한 프로토콜이 통신을 위하여 어떻게 구성되는지 나타내고 있다. 여러 네트워크로 구성된 전체 통신설비를 명확하게 하기 위하여, 이를 구성하는 각 네트워크를 일반적으로 *서브네트워크*라 한다. Ethernet과 같은 몇몇 종류의 네트워크 접속 프로토콜은 컴퓨터를 서브네트워크에 접속하기 위하여 사용된다. 이 프로토콜은 단일 서브네트워크 내부에서 한 호스트로부터 다른 호스트로 데이터를 보낼 수 있게 하거나, 상대편 호스트가 다른 서브네트워크에 접속되어 있는 경우에는 자신의 네트워크와 외부와의 연결장비인 라우터까지 데이터를 전송할 수 있도록 한다. 한편, IP는 모든 종단시스템과 라우터에 구현되며, 근원지 호스트에서 하나 또는 그 이상의 라우터를 통하여 다른 목적지 호스트로 데이터 블록의 이동을 중계하는 역할을 수행한다. TCP는 종단시스템에만 설치되며 일련의 데이터 블록이 해당 목적지 어플리케이션까지 신뢰성 있게 전달할 수 있게 보장한다.

인터넷을 통한 성공적인 데이터 통신을 위하여 모든 네트워크 구성요소들은 고유의 주소를 갖고 있다. 실제 두 종류의 주소체계가 사용된다. 서브네트워크에서 각 호스트는 고유한 국제 인터넷주소를 가져야 한다. 이 주소는 해당 호스트까지 데이터를 정확하게 전달할 수 있도록 한다. 또한 같은 호스트에서 발생되는 각각의 프로세스도 호스트 내에서 각 프로세스

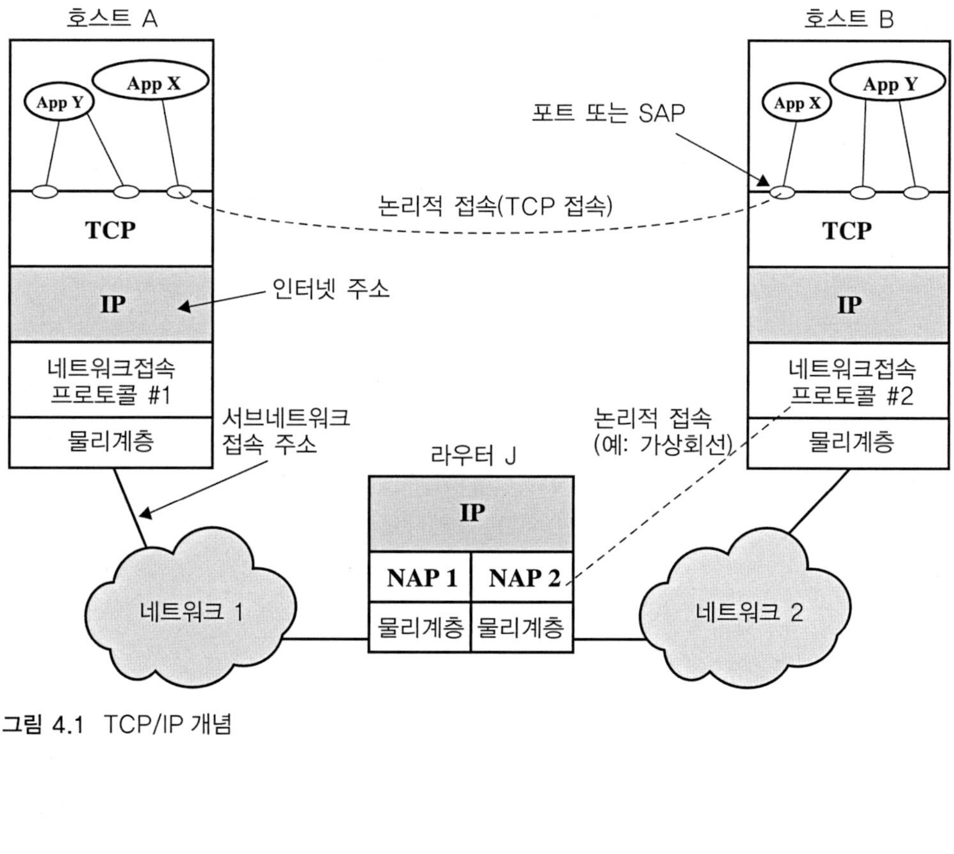

그림 4.1 TCP/IP 개념

를 고유하게 식별하기 위한 주소를 가져야 한다. 이 주소는 TCP가 특정 프로세스까지 데이터를 전송할 수 있도록 보장한다. 이러한 주소를 **포트**(port)라고 한다. 즉, 인터넷주소와 포트 주소는 각 호스트 컴퓨터 내의 응용프로세스를 유일하게 식별하기 위해 필요한 주소이다.

간단한 동작 절차를 살펴보자. 호스트 A의 1번 포트가 할당된 한 프로세스에서 호스트 B의 3번 포트를 사용중인 다른 프로세스로 데이터를 보내는 경우를 가정해보자. 호스트 A의 프로세스는 호스트 B의 3번 포트로 송신한다는 명령을 포함한 메시지를 TCP에게 보낸다. 다음으로 TCP는 이 메시지를 IP에게 전달한다. 이때, IP는 수신측 포트의 일치 여부를 확인할 필요가 없으며 오직 호스트 B로 데이터를 보낸다는 사실만 알고 있으면 된다. 다음으로 IP는 라우터 J에게 이 메시지를 송신한다는 명령을 포함한 메시지를 네트워크 접속계층(즉, 이더넷 등)에게 전달한다. 이것이 호스트 B로 이동하는 1차 Hop이 된다.

이러한 동작을 제어하기 위하여 그림 4.2에 나타낸 바와 같이 사용자 데이터뿐만 아니라 각 계층마다 해당 프로토콜의 기능을 수행하기 위한 제어정보가 제공되어야 한다. 먼저 송신 프로세스에서 데이터 블록을 생성하여 이를 TCP에게 전달하게 되면, TCP는 이 데이터 블록을 더 작은 블록으로 분해하여 관리하기 쉬운 형태의 단위로 만든다. TCP는 이러한 작은 단위에 TCP 헤더라는 TCP 제어정보를 추가하여 TCP 세그먼트를 형성한다. 부가된 제어정보는 호스트 B의 동일 계층(peer)내 TCP 프로토콜 개체(entity)에 의해 사용된다. 다음은 TCP 헤더에 포함되는 대표적인 제어정보의 예이다:

- **목적지 포트(Destination port):** 호스트 B의 TCP 개체가 세그먼트를 수신하였을 때 어디로 데이터를 전달해야 하는지 알 수 있도록 한다.
- **송신순서번호(Sequence number):** 특정 목적지 포트로 전송되는 각 TCP 세그먼트에 차례로 부여되는 번호이다. 목적지에 순서대로 도착하게 되면 호스트 B의 TCP 개체는 이를 송신순서번호에 의하여 재배열하게 된다.
- **검사합(Checksum):** 송신중인 세그먼트에 에러가 포함되는지의 여부를 판단하기 위해 특정 알고리즘에 의해 계산되어 부가되는 값. 수신측 TCP는 송신측과 동일한 알고리즘에 의해 이 값을 계산한 후, 이를 수신된 검사합 값과 비교하여 일치하지 않을 경우 송신중에 에러가 발생되었음을 알 수 있다.

다음으로, TCP는 호스트 B로 송신하라는 명령을 갖는 각 세그먼트를 IP로 전달하게 된다. 이 세그먼트들은 하나 이상의 서브네트워크를 경유하여 하나 이상의 라우터를 통하여 목적지 호스트까지 중계될 것이다. 이러한 동작 역시 제어정보가 필요하다. IP에서는 TCP로부터 전달된 각 세그먼트에 제어정보인 IP 헤더를 부가하여 *IP 데이터그램*을 형성한다. IP 헤더에 부가된 제어정보 중 하나가 목적지 호스트 B의 주소정보이다.

끝으로, 각 IP 데이터그램들은 목적지로 데이터를 전송하기 위한 첫번째 서브네트워크를 경유하기 위하여 네트워크 접속계층에 전달된다. 네트워크 접속계층은 이 데이터그램에 자체 헤더를 부가하여 패킷 또는 프레임을 생성한다. 이 패킷은 서브네트워크를 거쳐 라우터 J로 송신된다. 패킷헤더에는 서브네트워크를 거쳐 데이터를 전송하기 위해 필요한 정보를 포함하고 있다. 다음은 네트워크 접속계층의 헤더에 포함되는 제어정보 중 일부이다:

- **목적지 서브네트워크주소(Destination subnetwork address):** 서브네트워크에서 패킷이 전달될 장비가 어떤 것인지 알 수 있도록 지정하는 역할을 한다. 통상 하드웨어 주소라 하기도 한다.
- **기타 제어정보:** 네트워크 접속 프로토콜은 우선순위와 같이 서브네트워크의 특정 기능을 이용할 수 있다. 이때 부가되는 제어정보이다.

라우터 J에서 패킷헤더는 제거되고 IP 헤더가 검토된다. IP 헤더 내의 목적지 주소정보를 기반으로 라우터 내의 IP 모듈은 이 데이터그램의 경로를 서브네트워크 2를 거쳐 호스트 B로 배정한다. 이를 위해 데이터그램은 서브네트워크 2로의 전달을 위해 이 네트워크의 네트워크 접속 계층에 전달된다. 앞서와 마찬가지로 네트워크 접속헤더가 부가되어 호스트 B에게 전달된다.

호스트 B에 데이터가 도착되면 지금까지의 절차와는 반대의 과정이 진행된다. 각 계층에서는 송신측과 동일한 대등 프로토콜에 의해 해당 헤더가 제거된 블록만을 자신의 상위계층으로 전달한다. 이러한 과정은 최종 사용자 데이터가 목적지 프로세스에 도달할 때까지 진행된다.

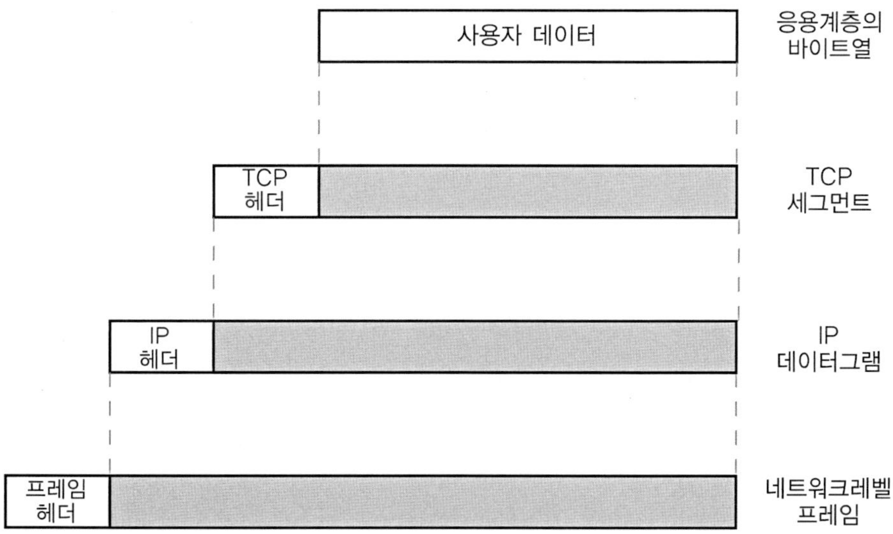

그림 4.2 TCP/IP 구조에서의 PDU(Protocol Data Unit)

송수신측 동일계층의 대등 프로토콜간에 교환되는 데이터블록을 **PDU(Protocol Data Unit)**라 하며, 이들 PDU의 교환을 대등 실체간 통신, 즉 peer-to-peer 통신이라 한다. 따라서 TCP 세그먼트를 TCP PDU라 한다.

TCP/IP 응용

다양한 응용서비스들이 TCP 기반 위에서 운영하기 위하여 개발되고 표준화되었다. 여기서는 가장 널리 사용되는 세가지 응용서비스에 대해 소개하고자 한다.

- **SMTP(Simple Mail Transfer Protocol)**는 기본적인 전자메일기능을 제공한다. 이 프로토콜은 여러 분산된 호스트들간에 메시지를 전송하기 위한 메커니즘을 제공한다. SMTP는 메일링 리스트, 회신 및 전달의 기능들을 포함한다. SMTP는 메시지가 생성되는 방법을 규정하지는 않지만 로컬편집기능이나 고유의 전자메일기능이 요구된다. 메시지가 발생하면 SMTP는 메시지를 받아들이고 TCP를 활용하여 다른 호스트의 SMTP 모듈로 전송한다. 목적지의 SMTP 모듈은 사용자의 편지함에 수신메시지를 저장하기 위하여 로컬 전자메일 패키지를 이용할 것이다.
- **FTP(File Transfer Protocol)**는 사용자의 명령에 따라 한 시스템에서 다른 시스템으로 파일을 전송하기 위하여 사용한다. 텍스트와 바이너리 파일, 모두 전송 가능하며, 사용자 접근제어(access control)기능이 제공된다. 사용자가 파일을 전송하고자 할 때 FTP는 먼저 제어메시지의 교환을 위해 목적지시스템까지 첫번째 TCP 접속을 설정한다. 이를 통해 사용자 ID와 패스워드가 전송되며 파일의 종류나 원하는 파일작업에 대한 제어정보를 교환하게 된다. 이러한 과정에 의해 두 시스템간의 파일전송이 승인되고 나면, 두번째 TCP 접속이 설정되어 데이터전송이 수행된다. 파일은 어플리케이션계층에서의 헤더나 제어정보로 인한 오버헤드 없이 데이터 접속모드로 전송된다. 데이터전송이 종료되면, 제어접속설정에 의해 파일전송 종료를 위한 제어정보의 전송이나 새로운 파일 전송모드를 수용할 수 있게 된다.
- **TELNET**은 터미널이나 퍼스널컴퓨터를 이용하여 사용자가 원격에서 로그온을 수행할 수 있도록 한다. 이 프로토콜은 원래 단순 입출력기능만을 갖는 더미터미널을 위하여 설계되었다. 실제 텔넷은 두 개의 모듈로 구현된다. 하나는 사용자 TELNET으로, 사용자가 텔넷을 사용하여 서버를 로컬터미널처럼 통신하기 위한 터미널 I/O 모듈이다. 이는 터미널이 갖는 실제 터미널특성을 네트워크 표준으로 변환하거나 그 역변환을 수행함으로써 원격터미널이 로컬터미널인 것처럼 사용 가능하도록 한다. 두번째 모듈은 서버 TELNET로서, 어플리케이션에 적용하기 위한 것으로 가상터미널 처리기로서 동작한다. 원격터미널을 마치 로컬터미널처럼 서버측의 어플리케이션에 접근하기 위해 동작한다. 사용자 TELNET과 서버 TELNET간의 터미널 트래픽은 TCP 접속을 통하여 이루어진다.

4.3 OSI 모델

OSI(Open System Interconnection) 참조 모델은 컴퓨터 프로토콜구조를 위한 모델 및 프로토콜 표준 개발을 위한 프레임워크로서 국제 표준화 기구(ISO, International Organization for Standardization)[1]에서 개발되었다. OSI 모델은 7개의 계층으로 구성되어 있다.

- 응용계층(Application Layer)
- 표현계층(Presentation Layer)
- 세션계층(Session Layer)
- 수송계층(Transport Layer)
- 네트워크계층(Network Layer)
- 데이터링크계층(Data link Layer)
- 물리계층(Physical Layer)

그림 4.3은 OSI 모델을 나타낸 것으로, 각 계층에서 수행되는 기능을 간략히 정의하고 있다. OSI 모델의 취지는 각 계층에서 수행할 프로토콜의 개발에 있다.

처음에 OSI 개발자들은 OSI 모델과 프로토콜이 컴퓨터 통신을 평정하여 TCP/IP와 같은 멀티벤더 모델들을 압도할 것이라고 공언하였다. 하지만 많은 프로토콜들이 OSI 환경 하에서 개발되었음에도 불구하고, OSI 7계층 모델은 빛을 보지 못하였으며, 그 자리를 인터넷의 프로토콜구조인 TCP/IP 구조가 차지하였다. 이러한 결과를 초래한 데에는 몇 가지 원인이 있다. 아마도 가장 중요한 이유는 OSI 프로토콜이 개발단계에 있을 당시, TCP/IP 프로토콜은 충분한 시험과정을 거쳐 이미 성숙단계에 있었으며, 시장성에 있어서도 네트워크간 상호 운영에 관한 요구사항에 오직 TCP/IP 만이 대응할 준비가 되어 있었던 것이다. 또 다른 원인으로 7계층 구성은 불필요하게 복잡하며 TCP/IP는 훨씬 간단하게 구성될 수 있다는 점을 들 수 있다.

그림 4.4는 TCP/IP와 OSI 구조의 각 계층을 그 기능에 따라 비교하여 나타낸 것이다.

4.4 인터네트워킹

대부분의 경우 LAN이든 WAN이든 독립된 개체는 아니다. 각 조직들은 자신들의 네트워크를 구성하는 데 있어서 하나 이상의 LAN 종류를 사용할 수도 있으며, 성능이나 보안요구를 충족시키기 위해 동일 종류의 여러 LAN을 이용하여 구성할 수도 있다. 또한 네트워크를 구성하려

1. ISO는 머리문자로 이루어진 약어가 아니라(그렇다면 IOS가 되어야 함) 하나의 단어로서, 그리스어의 *isos*에서 나온 것으로 *대등*(equal)을 의미한다.

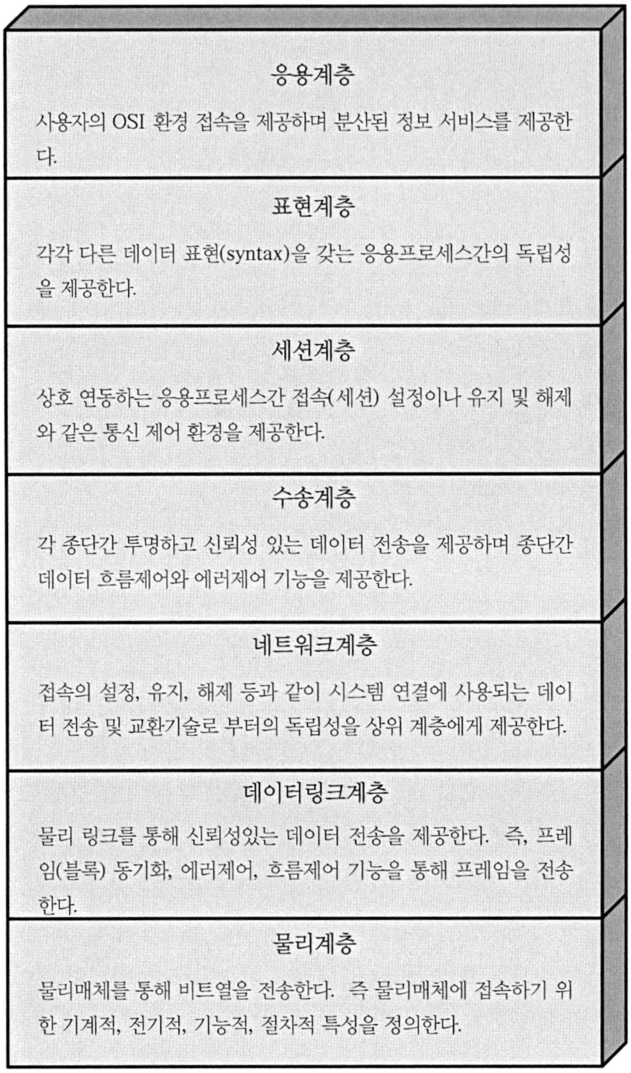

그림 4.3 OSI 7 계층

는 조직이 원거리에 분산되어 있을 경우, WAN을 통해 이들을 연결하기도 한다. 즉, 네트워크를 구성할 때 하나 이상의 LAN이나 WAN을 상호연결하는 경우가 일반적이다.

표 4.1은 네트워크간의 상호연결이나 인터네트워킹에 관련된 일반적인 용어들을 수록하고 있다. 사용자의 관점에서 보면, 이렇듯 상호연결된 네트워크는 단지 하나의 대규모 네트워크로 간주될 수 있다. 그러나 각 네트워크가 고유한 특성을 가지고 있고 네트워크간 통신을 위하여 특별한 메커니즘이 요구된다면 이러한 전체구성을 **인터넷**(internet)이라고 한다. 인터넷의 가장 대표적인 예로, 오늘날 널리 이용되고 있는 고유명사로서의 '**인터넷**(Internet)'을

그림 4.4 OSI 모델과 TCP/IP 프로토콜구조의 비교

들 수 있다. 후자의 인터넷은 연구 기반의 패킷교환망에서 출발하여 오늘날까지 발전하였으며 인터네트워킹기술의 근간으로서, 또 조직내 사설인터넷을 위한 모델로서 이용되고 있다. 통상 한 조직내의 사설인터넷을 **인트라넷**(intranet)이라 한다.

인터넷을 구성하는 각 서브네트워크는 그 네트워크에 연결된 장치들간의 통신을 지원하며 이러한 장치들을 **종단시스템**(ES: End System)이라 한다. 또한, 서브네트워크는 ISO 표준에서 **중계시스템**(IS: Intermediate System)이라 규정된 장치들로 연결된다. IS는 통신경로를 제공하며, 서로 다른 서브네트워크에 접속된 각 장치간에 데이터를 교환할 수 있도록 필요한 중계 및 경로배정기능을 수행한다.

IS의 대표적인 예로 브리지와 라우터를 들 수 있다. 이들 IS의 차이점은 서브네트워크간을 연결하는 데 있어 사용되는 프로토콜의 유형에 따라 구분한다. **브리지**는 OSI의 7계층 구조 중 제 2계층인 데이터 링크계층에서 동작하며, 서브네트워크 사이의 프레임을 중계하는 역할을 담당한다. **라우터**는 OSI의 7계층 구조 중 제 3계층인 네트워크계층에서 동작하며 서로 다른 서브네트워크간 패킷을 중계하는 역할을 담당한다.

라우터의 역할과 기능은 본 절의 IP 부분에서 기술된 바 있으나, 라우터의 중요성을 다시 한번 언급하고자 한다.

라우터

서로 다른 서브네트워크를 연결하는 경우 라우터를 사용한다. 라우터의 주요기능은 다음과

표 4.1 인터네트워킹 용어

통신망 (Communication Network)

네트워크에 접속된 장치들간 데이터를 전송하는 서비스를 제공하는 총체적인 기능

인터넷 (Internet)

브리지 또는 라우터에 의해 상호 연결된 통신망, 즉 네트워크의 집합체

인트라넷 (Intranet)

WWW(World Wide Web)와 같은 주요 인터넷 응용서비스를 제공하기 위해 특정 조직에서 사용되는 인터넷. 인트라넷은 조직의 내부 목적을 위해 동작한다. 외부와는 차단 분리된 자체 인터넷으로 동작할 수도 있으며, 외부의 인터넷(Internet)과 연결될 수도 있다.

종단 시스템 (End System, ES)

조직내 인터넷의 한 서브 네트워크에 접속되는 장치로서, 종단 사용자의 어플리케이션이나 서비스를 지원하기 위한 목적으로 사용된다.

중계 시스템 (Intermediate System, IS)

두 네트워크간 연결을 위해 사용되는 장치로서, 서로 다른 네트워크에 접속된 종단 시스템(End System)간 통신을 지원한다.

브리지 (Bridge)

유사한 프로토콜을 사용하는 두 LAN을 상호 연결할 때 사용하는 IS. 브리지는 주소 필터로 동작한다. 특정 LAN으로부터 입력된 패킷 중 다른 LAN에 연결된 목적지로 전달될 패킷을 필터링하여 그 패킷에게 경로를 제공한다. 하지만 브리지는 패킷의 내용 수정이나 첨가를 하지는 못한다. 브리지는 OSI 모델의 제 2계층인 데이터 링크 계층에서 동작된다.

라우터 (Router)

두 개의 서로 다른 네트워크를 연결할 경우에 사용하는 IS. 라우터는 각 라우터나 종단 시스템에 존재하는 인터넷 프로토콜을 사용하며 OSI 모델의 제 3계층인 네트워크 계층에서 동작된다.

같다.

1. 네트워크간 연결을 제공한다.
2. 서로 다른 네트워크에 접속된 종단시스템의 응용 프로세스간에 발생된 데이터의 경로 배정 및 전달기능을 수행한다.
3. 접속되어 있는 서브네트워크의 네트워크구조에 대한 특별한 변경이나 수정 없이 위의 기능들을 제공한다.

특히, 위의 세번째 항목에서 언급한 내용은 라우터가 서브네트워크의 다양한 차이점을 수용해야 한다는 것을 나타내고 있으며 세부적인 사항은 아래와 같다.

- **주소지정방식:** 네트워크는 각 장치마다 서로 다른 주소지정방식을 사용할 수 있다. 예를 들면, IEEE 802 LAN은 48비트의 2진 주소를 사용하고, ATM 네트워크는 통상 15자리의 10진 주소를 사용한다(각 10진 자릿수당 4비트로서 총 60비트 크기의 주소).
- **최대 패킷크기:** 한 네트워크에서 다른 네트워크로 패킷이 전송될 때는 발생된 패킷보다 작은 크기로 나뉘어져 전송되며 이러한 과정을 **세그먼테이션**(segmentation)이라 한다. 예를 들면, 이더넷의 경우 최대 패킷크기는 1,500 바이트를 넘지 못하도록 하고 있으며, X.25 네트워크에서는 1,000 바이트를 최대 패킷크기로 정해놓고 있다. 그러므로 이더넷에서 X.25 네트워크로 데이터를 보내는 경우 라우터는 최대 패킷크기를 1,000 바이트씩 쪼개어 전송한다.
- **인터페이스:** 다양한 네트워크간 인터페이스는 소프트웨어 및 하드웨어에서 차이가 발생한다. 라우터의 기본 개념은 이러한 차이로부터 독립적이어야 한다는 것이다.
- **신뢰성:** 다양한 네트워크서비스 형태는 종단간 신뢰성 있는 가상회선에서부터 비신뢰성 서비스에 이르기까지 여러 가지 신뢰성 등급을 가지고 제공된다. 라우터는 네트워크의 신뢰도와는 무관하게 운영되어야 한다.

이상과 같이 언급된 요구사항들은 모든 종단시스템과 라우터에 탑재된 IP와 같은 인터네트워킹 프로토콜에 의해 수용되어야 한다.

인터네트워킹의 예

그림 4.5는 네트워크간 연결을 위한 프로토콜의 상호작용을 설명하기 위한 네트워크구성 예를 나타낸 것이다. 그림에 나타낸 바와 같이 ATM WAN에 접속된 서버가 라우터를 거쳐 IEEE LAN에 접속된 워크스테이션에 연결되어 있다.[2] 라우터는 서버와 워크스테이션간의 링크를 제공하므로, 이들 종단 시스템들은 중간에 어떤 네트워크를 경유하는지 무시할 수 있다.

그림 4.6부터 그림 4.8까지는 파일 또는 웹페이지와 같은 데이터의 블록을 서버로부터 라우터를 거쳐 워크스테이션까지 전달하는 과정을 단계적으로 나타낸 것이다. 이 예에서는 메시지가 하나의 라우터만을 경유한다. 데이터를 전송하기 전에 서버측의 응용계층과 수송계층은 워크스테이션의 대등계층들과의 통신세션을 설정한다.

2. 제14장의 14.1절에서 IEEE 802 프로토콜구조에 대하여 상세하게 설명한다. 여기에서는 LAN의 데이터링크계층이 다음 두 개의 부계층에 의해 구성된다는 사실만을 기억하기 바란다: MAC(Medium Access Control) 부계층은 주소지정과 에러제어기능을 수행하며, LLC(Logical Link Control) 부계층은 논리링크의 설정과 LLC 사용자의 식별과 관련한 기능을 담당한다.

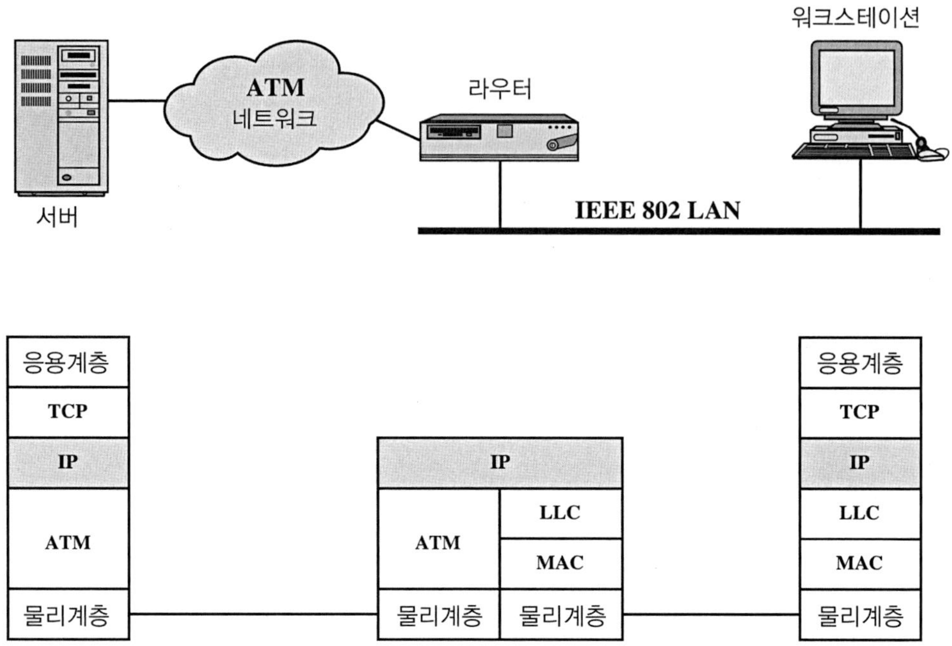

그림 4.5 TCP/IP 구성의 예

1. **데이터의 준비**: 응용프로토콜은 전송할 데이터의 블록을 준비한다. 예를 들면 전자우편메시지(SMTP), 파일(FTP), 또는 사용자 입력블록(TELNET) 등을 들 수 있다.
2. **동일 구문(syntax)의 사용**: 필요한 경우 데이터는 목적지에서 요구하는 형태로 변환될 수 있다. 즉, 문자표현 부호체계, 암호화방식 및 압축방식 등을 들 수 있다.
3. **데이터의 분할**: TCP는 응용계층의 데이터블록을 여러 개의 작은 세그먼트로 나누어 순차적으로 나열된다. 각 TCP 세그먼트에는 에러의 검출을 위하여 송신 및 수신확인을 위한 순서 번호, 에러검출을 위한 검사합 등의 헤더를 포함한다.
4. **세그먼트의 복제**: TCP는 전송시 발생할 세그먼트의 손실 및 에러발생에 대비하여 재전송을 위한 세그먼트 복제를 수행한다. 수신측의 TCP 개체로부터 수신확인(ACK)신호를 수신하면 복제되었던 세그먼트를 삭제한다.
5. **세그먼트의 단편화(fragmenting)**: IP는 경유하는 네트워크의 데이터크기에 관한 요구사항을 충족시키기 위하여 TCP 세그먼트를 여러 데이터그램 단위로 분할할 수 있다. 각 데이터그램은 목적지 주소, 검사합 및 기타 제어 정보들을 포함하는 헤더를 갖는다.
6. **프레임화(framing)**: ATM 셀의 형태로 만들기 위하여 각 IP 데이터그램에는 ATM 헤더가 부가된다. 이 ATM 헤더에는 접속식별자와 헤더의 에러제어영역이 포함된다.

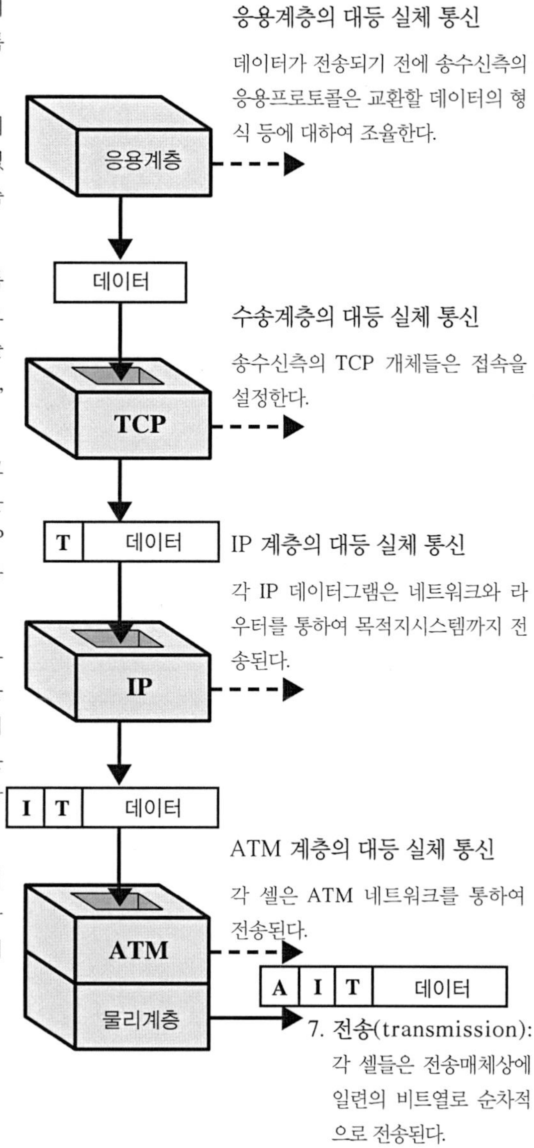

그림 4.6 송신측 서버에서의 TCP/IP 동작

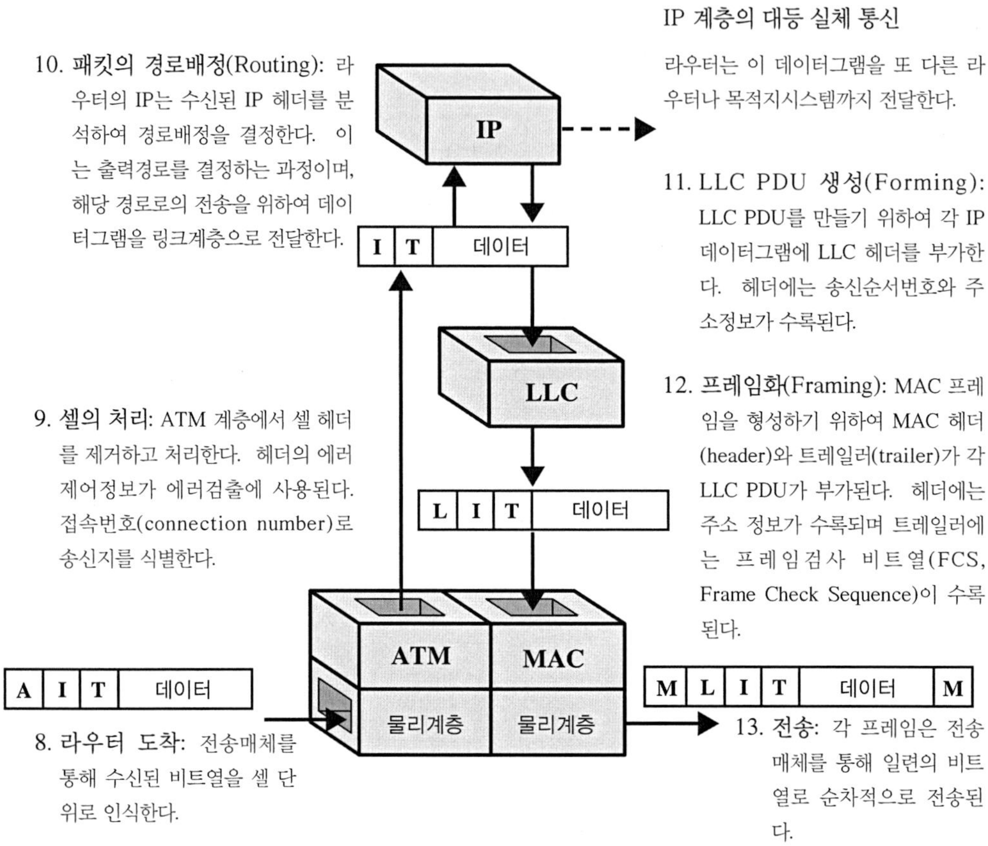

그림 4.7 라우터에서의 TCP/IP 동작

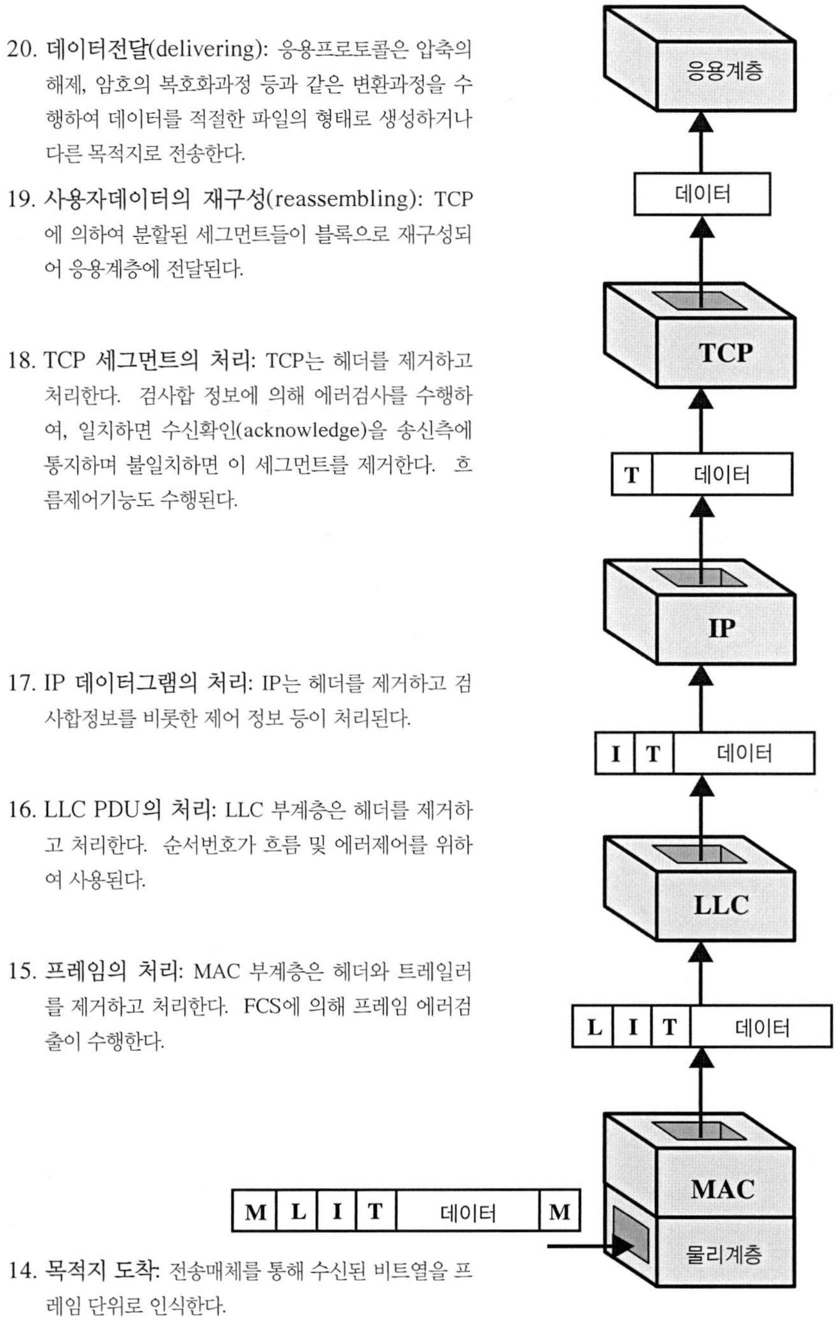

그림 4.8 수신측 워크스테이션에서의 TCP/IP 동작

4.5 참고문헌

[STAL04]은 본 장에서 언급된 내용에 대하여 보다 상세하고 깊은 내용을 수록하고 있다. TCP/IP에 관련된 유용한 참고문헌은 [RODR02]이며 이 책에는 TCP/IP와 관련된 프로토콜을 기술적으로 상세하게 정리하고 있다.

RODR02 Rodriguez. A., et al. *TCP/IP : Tutorial and Technical Overview.* Upper Saddle River; NJ: Prentice Hall, 2002.

STAL04 Stalling, W. *Data and Computer Communications, Seventh Edition.* Upper Saddle River:NJ:Prentice Hall, 2004.

웹사이트

- **Networking Links:** TCP/IP 관련 최고의 자료수록
- **IPv6:** IPv6 관련 자료 수록

4.6 주요용어, 복습, 연습문제

주요용어

검사합(checksum)	인터넷 프로토콜 (IP: Internet Protocol)	프레임검사 비트열(FCS: frame check sequence)
네트워크계층(network layer)	인트라넷(intranet)	프로토콜(protocol)
물리계층(physical layer)	인터네트워킹(internetworking)	프로토콜구조 (protocol architecture)
사용자 데이터그램 프로토콜 (UDP: user datagram protocol)	응용계층(application layer)	프로토콜 데이터단위 (PDU: protocl data unit)
서비스접속점(SAP: service access point)	전송제어 프로토콜 (TCP: transmission control protocol)	헤더(header)
수송계층(transport layer)	포트(port)	IPv6
인터넷(internet)		

복습문제

4.1 네트워크 접속계층의 주요기능은 무엇인가?

4.2 수송계층에서는 어떠한 일들이 처리되는가?

4.3 프로토콜이란 무엇인가?

4.4 PDU(Protocol Data Unit)란 무엇인가?

4.5 프로토콜구조란 무엇인가?

4.6 TCP/IP란 무엇인가?

4.7 TCP/IP 구조와 같은 계층구조는 어떠한 장점이 있는가?

4.8 라우터란 무엇인가?

연습문제

4.1 그림 4.9의 계층모델을 사용하여 피자를 주문하고 배달되는 과정을 기술하시오.

4.2 a. 프랑스 수상과 중국 주석이 전화 상으로 협정체결을 시도하려 하나 상대방 나라의 언어를 모를 뿐 아니라 해당 국가의 언어를 알고 있는 통역관도 없다. 하지만, 영어를 할 줄 아는 통역관을 각각 보유하고 있다. 그림 4.9와 유사한 다이어그램을 그리고 상호 의사통신이 어떻게 가능한지 각 계층간 상호작용으로 설명하라.

b. 중국 주석은 일본어로 통역이 가능한 통역관을 보유하고 있고, 프랑스 수상은 독일어 통역관을 보유하고 있다. 독일어와 일본어 통역이 가능한 통역관은 독일에 있다고 가정하자. 이 경우에 합당한 다이어그램을 새롭게 작성하고 어떻게 통화가 이루어지는지 그 과정을 설명하라.

4.3 프로토콜에 있어서 계층적인 접근방법이 가져오는 단점을 나열하라.

4.4 북군 병력 2개 사단이 계곡을 사이에 두고 계곡에 주둔한 남군 1개 사단과 대치하며 공격을 준비하고 있다. 남군은 북군 1개 사단과 전투를 할 경우 승리할 수 있으나 2개 사단을 동시에 대적한다면 승리하기 어려운 상황이다. 북군은 계곡을 사이에 두고 있어 서로 의

그림 4.9 문제 4.1을 위한 구조

사소통을 위하여 연락병에 의존할 수밖에 없으나 지극히 못미더운 통신 수단이다. 북군의 사단장은 정오에 공격을 개시하는 것이 좋다고 판단하였다. 하지만, 다른 북군 진지와 공격시간을 일치시키기 위한 메시지를 전달하고자 하여도 제대로 전달될지 확신할 수 없는 상황이다. 계곡에 주둔한 남군을 통과할 수 없는 상황에서 메시지가 제대로 전달되었다는 확인을 받아야 한다. 이러한 경우 북군 사이에 연락이 가능한 프로토콜은 어떤 것이 있는가?

4.5 방송망이란 공유매체를 통하여 하나의 국(station)에서 송신된 데이터가 매체상에 연결된 다른 모든 국에서 수신할 수 있는 통신망이다. 일례로 이더넷과 같은 bus형 LAN이나 무선 통신망을 가정하자. 방송망에서 네트워크계층, 즉 OSI 제 3계층의 적용을 위해 필요 또는 불필요 사항들을 토의하라.

4.6 OSI 계층을 정의하기 위해 ISO에서 사용한 원칙 중에 다음과 같은 내용이 있다.

- 정의된 계층들은 설계 및 구축의 비현실성을 피하기 위하여 충분히 작아져야 하지만 상이한 프로세스와 기술들이 요구하는 기능을 만족하기 위하여 각 계층들은 충분히 커야 한다.
- 각 계층들의 경계는 경계간 발생하는 상호작용의 크기와 수를 최소화하는 쪽으로 선택해야 한다.

이상의 원칙들을 기반으로 8계층을 갖는 프로토콜구조를 설계하고 그 예를 들어라. 또한 6계층을 갖는 구조를 설계하고 그 예를 들어라.

4.7 그림 4.2에서 나타낸 바와 같이 *N*계층 내의 하나의 PDU(Protocol Data Unit)는 *N*−1계층의 하나의 PDU로 캡슐화된다. 또한 *N*계층의 PDU는 *N*−1계층의 여러 개의 PDU로 분할되거나(segmentation) 또는 여러 개의 *N*계층 PDU들은 *N*−1계층의 하나의 PDU로 모여질 수 있다(blocking).

a. Segmentation의 경우, 각 *N*−1계층 세그먼트는 *N*계층의 헤더를 복제(copy)해 둘 필요성이 있는가?

b. Blocking의 경우, 각 *N*계층 PDU가 자신의 헤더를 유지하고 있어야 할 필요성이 있는가? 또한, 데이터는 하나의 헤더를 갖는 하나의 *N*−1계층 PDU로 결합될 수 있는가?

4.8 1500 bit의 데이터와 160 bit의 헤더로 구성된 TCP 세그멘트가 160 bit의 헤더로 구성된 IP를 통해 보내진다. 이들은 각각 24-bit 헤더로 이루어진 두 네트워크로 송출되어진다. 목적지 네트워크의 최대 패킷 사이즈는 800 bit일 때 얼마나 많은 bit(헤더포함)의 데이터가 목적지 네트워크 프로토콜에 전달되어지는가?

4.9 UDP는 왜 필요한가? 또한 사용자 프로그램이 직접 IP를 액세스할 수 없는 이유는 무엇인가?

4.10 IP, TCP, UDP 모두가 checksum 오차를 갖는 모든 패킷을 버리고 그 소스도 확인하지 않는 이유는 무엇인가?

4.11 TCP 헤더가 UDP 헤더는 갖고 있지 않는 헤더길이 필드를 갖고 있는 이유는 무엇인가?

부록 4A 인터넷 프로토콜

TCP/IP 프로토콜 군(群)에서 아마도 가장 중요한 프로토콜은 IP라고 불리는 Internet Protocol

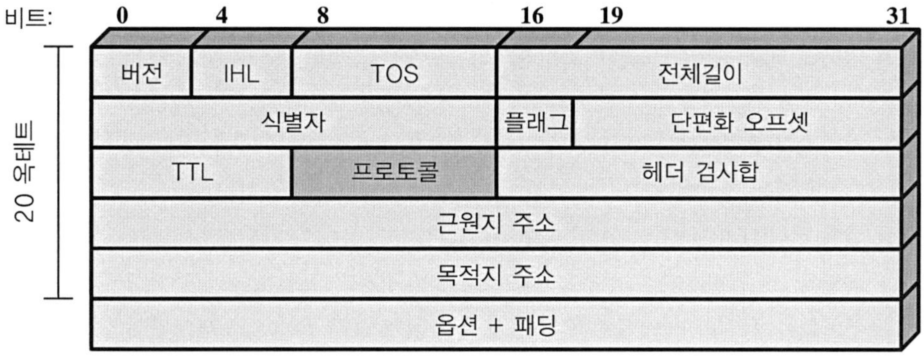

(a) IPv4 헤더

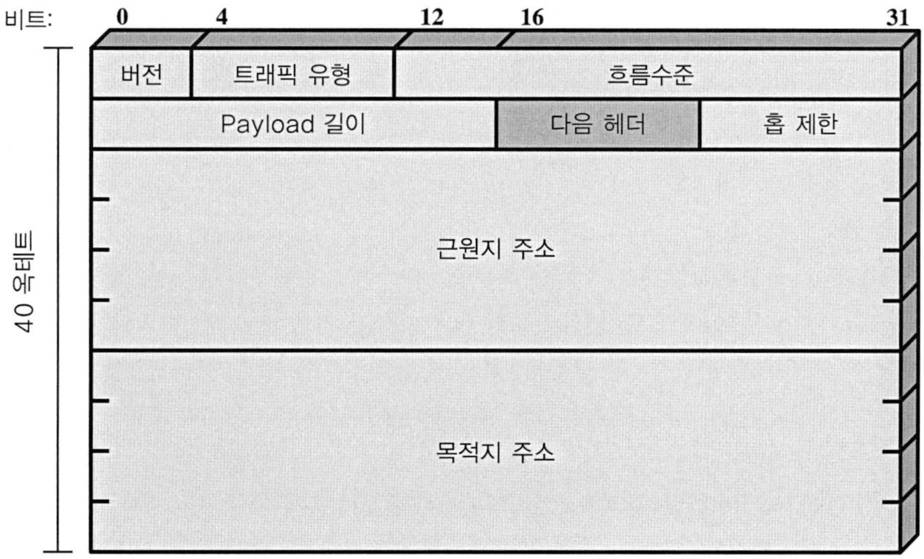

(b) IPv6 헤더

그림 4.10 IP 헤더 구조

일 것이다. 지금까지 사용되어온 IP 버전은 IPv4이었으나, 최근 IPv6이 아직 널리 확산되지는 못하였지만 개발, 표준화되었다.

IPv4

그림 4.10(a)는 최소 160비트 즉, 20 옥테트(octet)를 갖는 IP 헤더의 형식을 나타내고 있다. 각 영역의 의미는 다음과 같다.

- **버전(4비트):** 프로토콜의 버전을 나타낸다. 현재 값은 4이다.
- **인터넷 헤더 길이(IHL)(4비트):** 헤더의 길이를 32-bit 길이의 워드 단위로 나타낸 것이다. 만일 헤더의 총 길이가 20 옥테트라면 이 값은 5가 된다.
- **서비스의 유형(TOS)(8비트):** 종단시스템의 IP 모듈까지 또는 라우터까지 패킷의 상대적 우선순위에 의하여 패킷의 경로를 따라 중계가 가능하도록 한다.
- **전체 길이(16비트):** IP 데이터그램 전체의 길이를 옥테트 단위로 나타낸다.
- **식별자:** 이 값은 근원지주소, 목적지주소 및 사용자 프로토콜과 함께, 각 데이터그램에 부여되는 유일한 식별번호이다. 즉, 식별자(Identifier)는 데이터그램이 인터넷 공간에 존재하는 동안 근원지주소, 목적지주소 및 사용자 프로토콜에 대하여 유일성을 보장해야 한다.
- **플래그(3비트):** 현재는 More비트와 Don't Fragment비트의 두 비트만 정의되어 있다. 패킷이 분할되면 More비트는 이 데이터그램이 원래의 데이터 중 마지막 데이터그램인지 아닌지를 나타낸다. Don't Fragment비트 값이 설정되면 분할은 허용되지 않는다. 이 비트는 목적지에서 분할된 패킷을 재구성할 능력이 없다면 유용할 것이다. 하지만, 이 비트가 설정되어 있다면, 서브네트워크의 최대 크기를 초과하는 패킷은 무시될 것이다. 그러므로 만일 이 비트가 '1'로 설정되어 있다면 근원지측에서 이를 수용할 수 있는 적절한 최대크기를 갖는 서브네트워크로 경로를 배정하는 source routing이 바람직할 것이다.
- **Fragment 오프셋(13비트):** 현재의 데이터그램이 원래의 데이터 중 어느 위치부터 시작되는지를 64비트(8옥테트) 단위로 나타낸다. 이것은 각 분할된 데이터그램의 데이터영역이 64비트 단위의 길이를 갖음을 나타낸다. 일례로 이 값이 185라면 이 데이터그램의 데이터영역에는 원래의 데이터 중 1480(185 × 8)번째 바이트부터 포함되어 있다는 것을 가리킨다.
- **TTL(Time to Live) (8비트):** 인터넷상에서 패킷이 존재할 수 있는 시간을 초단위로 규정한다. 패킷을 처리하는 모든 라우터는 TTL을 최소한 하나씩 감소시켜야 한다. TTL은 홉(hop) 카운트와 유사하다.
- **프로토콜(8비트):** 목적지에서 데이터영역을 수신하기 위한 상위계층의 프로토콜을 나타

낸다. 즉, 이 영역은 IP 헤더 다음의 데이터에 포함된 다음 상위계층 헤더의 종류를 식별한다.

- **헤더 검사합(Checksum) (16비트):** 에러검출 코드는 헤더에만 적용된다. 헤더영역들은 전송되는 도중 에러가 발생될 수 있기 때문에 각 라우터에서 헤더에 대한 에러검출을 위해 재검증과 재계산을 수행한다. 검사합영역은 모든 헤더데이터를 16비트 단위의 워드로 분할하여 이들 모두에 대한 16비트 보수 합을 취한 것이다. 검사합 영역은 초기에 '0'[3] 값으로 초기화된다.
- **근원지주소(32비트):** 근원지의 IP 주소로서, 네트워크에 접속된 종단시스템과 네트워크를 식별하기 위하여 사용하는 비트의 가변적 배치를 나타내는 값(7과 24비트, 14와 16비트, 21과 8비트 등)이다. 즉, 32비트 IP 주소에는 네트워크주소와 호스트주소가 포함된다.
- **목적지주소(32비트):** 근원지주소와 동일한 특성을 갖는다.
- **옵션(가변):** 송신자의 요청에 의해 옵션헤더를 가질 수 있다. 여기에는 보안수준, 송신측 경로배정 정보, 송신시각 기록(timestamping) 등을 포함된다.
- **패딩(Padding) (가변):** 데이터그램 헤더의 길이가 32비트 단위의 배수가 되도록 하기 위하여 사용한다.

그림 4.11 IP 주소 클래스

3. 검사합에 관한 내용은 본교재의 웹사이트의 보충자료에 포함되어 있음.

IP 헤더의 근원지와 목적지주소영역은 각각 국제 인터넷 규격에 따른 32비트 주소공간을 갖는다. 이 주소는 일반적으로 네트워크 식별자(주소)와 호스트 식별자(주소)로 구성되어 있다. 이 주소는 그림 4.11에 명시된 바와 같이 네트워크와 호스트를 구분하기 위한 비트의 가변적인 조합을 허용하는 구조로 되어있다. 이 구조는 인터넷상에서 여러 규모의 네트워크 크기를 허용하고 호스트들에게 주소를 할당할 수 있는 유연성을 제공한다. 5개 클래스 가운데 다음 세 클래스는 아래 조건에서 최적의 환경을 제공한다.

- **클래스** A: 많은 호스트를 갖는 대규모 네트워크
- **클래스** B: 중규모 호스트를 갖는 중규모 네트워크
- **클래스** C: 소수의 호스트를 갖는 소규모 네트워크

특정한 환경에서, 위에 열거한 클래스 중 하나를 활용하여 주소를 할당할 수 있다. 각 부서마다 자체의 LAN을 사용하는 기업의 네트워크 환경을 예로 들면, 클래스 C의 주소할당방법이 적용될 수 있을 것이다. 하지만, 주소구성방법은 동일한 사내 네트워크 구성의 경우 위에서 언급한 세 가지 클래스의 주소할당방법의 혼용이 가능할 것이다. 클래스의 혼용은 여러 규모의 네트워크로 하나의 네트워크를 구성하는 경우에 적절하게 사용될 수 있을 것이다.

IP 주소는 일반적으로 *점10진 표기법*(dotted decimal notation)으로 표기되며 32비트 주소의 각 octet를 나타내는 10진수로 표시한다. 예를 들어, IP 주소가 11000000 11100100 00010001 00111001인 경우는 192.228.17.57로 표기할 수 있다.

클래스 A의 네트워크 주소는 2진수 '0'으로 시작한다. 첫번째 옥테트 중 나머지 7비트의 값이 0(2진수 00000000)과 127(2진수 01111111)인 네트워크주소는 사용할 수 없으므로 클래스 A에서는 총 126개 네트워크만이 가능하다. 마찬가지로 2진수 '10'으로 시작하는 클래스 B는 네트워크의 주소로 앞에서부터 두 개의 옥테트를 네트워크주소로 사용한다. 따라서 총 14비트를 네트워크주소로 사용할 수 있다. 첫번째 옥테트는 128부터 191(2진수 10000000부터 10111111)까지의 사용이 가능하다. 따라서 클래스 B는 총 16,384개의 네트워크 주소를 부여할 수 있다. 클래스 C는 2진수 '110'로 시작되며 총 21비트를 네트워크 주소로 사용할 수 있다. 이중 첫번째 옥테트에는 10진수 192에서 223(1100000에서 11011111)까지 사용할 수 있다. 이로써 클래스 C의 전체 네트워크주소의 사용 가능 개수는 2의 21제곱, 즉 2,097,152개의 주소가 가능하다.

IPv6

1995년 인터넷 프로토콜 표준을 개발하는 IETF(Internet Engineering Task Force)는 IPng(RFC 1752)로 알려진 차세대 IP를 위한 기술 규격을 발표하였다. 이 기술규격은

IPv6(RFC 2460) 표준안 개발로 이어졌다. IPv6는 기존의 IP(IPv4)에 비하여 상당히 개선된 기능을 제공하고 있다. 이 표준안은 네트워크의 고속화와 그래픽과 비디오 등의 혼합된 멀티미디어의 전송요구에 부합하도록 설계되었다. IPv4는 32비트의 IP 주소를 사용하나, 인터넷에 접속되는 사설 네트워크 또는 인터넷 사용자의 폭발적인 증가로 이 주소의 길이는 고갈현상에 처하게 되었다. 그러나 그림 4.10(b)에 나타낸 바와 같이, IPv6는 128비트의 IP 주소 크기를 가지고 있어 주소공간에 대한 부족을 해결할 수 있게 되었다. 따라서 향후 IPv4에서 IPv6로의 이전이 기대되고 있으나, 이의 본격적인 실현에는 적어도 수년 이상의 시간이 필요할 것이다.

부록 4B TCP

TCP/IP 프로토콜 군(群)을 사용하기 위한 대부분의 응용서비스는 데이터의 신뢰성 있는 전송을 위하여 TCP를 사용한다. TCP는 주소지정 및 경로배정 등을 수행하기 위해 하위계층으로서 IP를 반드시 사용하는 상호의존적 관계이다.

먼저 TCP의 핵심 기능 중 하나인 흐름제어를 살펴본다. TCP의 기능은 TCP 헤더 내의 요소들을 검토함으로써 요약될 수 있을 것이다.

TCP 흐름제어

흐름제어(Flow control)를 제공하는 대부분의 프로토콜과 마찬가지로, TCP는 슬라이딩 윈도우기법(sliding-window mechanism)을 사용한다. 이것이 LLC, HDLC, X.25와 같은 다른 프로토콜들에서 사용하는 흐름제어기법과 다른 부분은 송신측에서 데이터 블록을 연속하여 보낼 수 있는 권한부여를 수신된 데이터블록에 대한 수신확인 통지와 분리한 점이다.

TCP의 흐름제어 기법은 크레디트 할당기법(credit allocation scheme)이다. 이 기법에서는 송신데이터의 각 옥테트마다 송신순서번호를 부여한다. TCP의 각 세그먼트 헤더내에는 흐름제어와 관련하여 세 개의 영역을 갖는다. 즉, 송신순서번호(Sequence Number, *SN*), 수신확인번호(Acknowledgement Number, *AN*) 및 윈도우(*W*)가 그것이다. 수송계층의 개체가 세그먼트를 전송할 때 세그먼트의 데이터영역 내 첫번째 옥테트에 부여된 송신순서번호가 *SN* 영역에 할당된다. 한편 세그먼트내의 *AN*과 *W*의 영역값($AN = i$, $W = j$)은 다음과 같은 의미를 갖는다.

- $AN = i$: 자신이 상대 수송계층 개체로부터 ($i-1$)번째 옥테트를 포함한 세그먼트까지 정상적으로 수신하였음을 확인하며, 이후 자신이 수신할 것으로 기대되는 옥테트는 송신순서 번호가 i임을 의미한다.

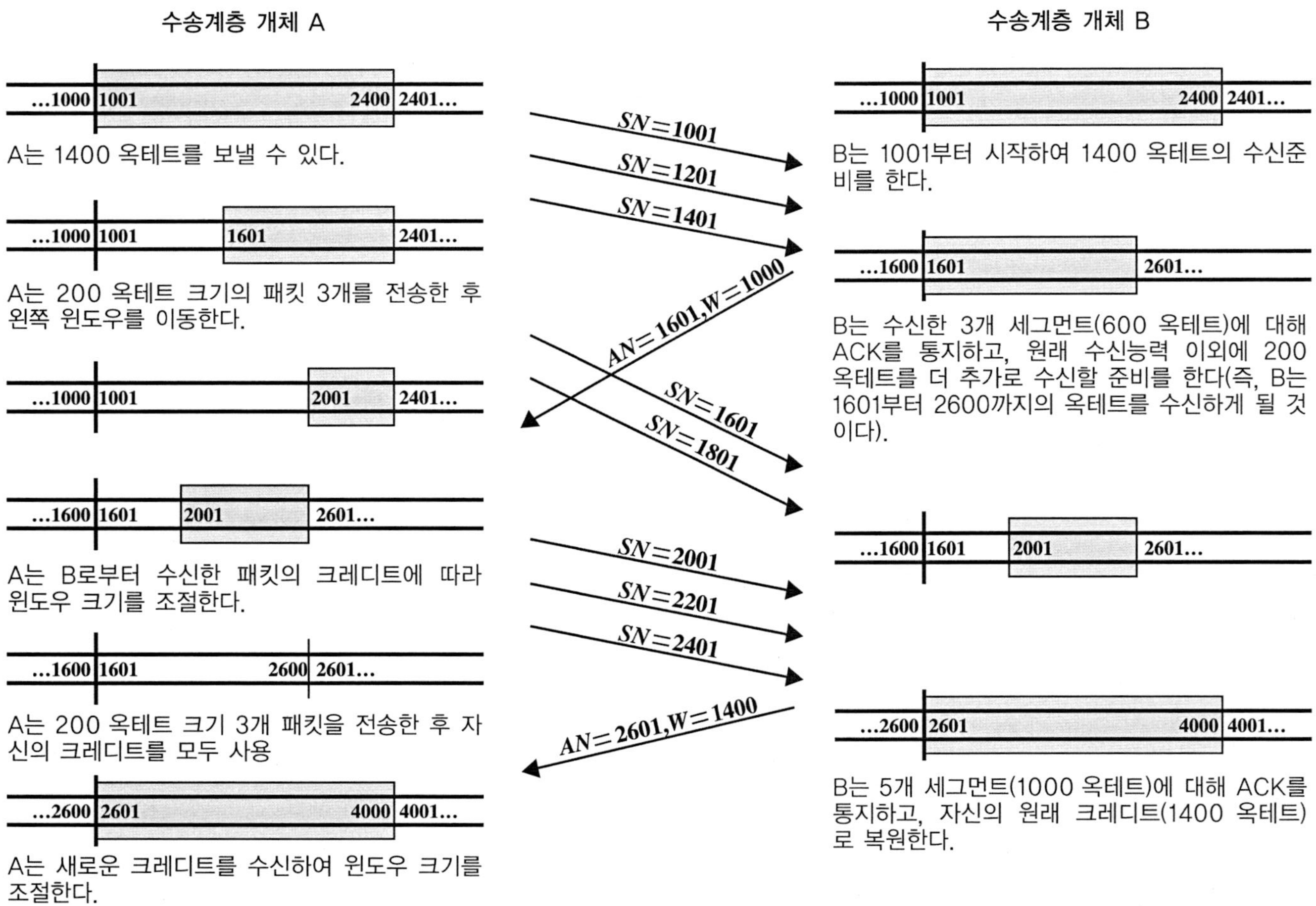

그림 4.12 TCP 크레디트 할당기법의 예

- $W = j$: 자신이 상대로부터 연속적으로 수신가능한 윈도우 크기가 j 옥테트임을 의미한다. 즉 $AN = i$, $W = j$이면, 수신 가능 옥테트 번호는 $i + j - 1$까지이다.

그림 4.12는 이 흐름제어기법의 한 예를 나타낸 것이다. 이 예에서는 각 세그먼트당 200 옥테트 크기의 데이터가 송신되며, 데이터의 흐름이 한 방향으로만 발생한다고 가정한다. 연결설정단계를 통해 송신순서번호는 동기화되며, A는 1001 옥테트부터 시작하고 윈도우의 초기 크기가 1400 옥테트로 할당된다. 처음 세 개의 세그먼트로 600 옥테트를 송신한 후, A는 윈도우 크기가 800 옥테트(옥테트 번호 1601부터 2400까지)로 줄어들게 된다. 한편 B는 이들 세 개의 세그먼트를 수신한 이후, 자신의 수신확인 통지를 위해 AN 영역값을 1601로 할당함으로써 A로 부터의 모든 세그먼트 수신을 확인한다. 또한 자신이 현재 수신 가능한 크레디트가 총 1000 옥테트만임을 A에게 알려주기 위해 W 영역의 값으로 1000을 할당한다. 이는 A가 1601부터 2600까지의 옥테트(5개의 세그먼트)를 송신할 수 있음을 의미한다. 하지만, B의 메시지가 A에 수신될 때 A는 이미 1601부터 2000 옥테트까지 두 개의 세그먼트(초기 윈도우 크기 중 허용이 가능한 범위내에서 전송)를 보내고 난 다음이다. 즉, 이 시점에서 A가 갖고 있는 크레디트는 400 옥테트(2개의 세그먼트)에 불과하다. 이러한 교환과정에 있어서 A는 세그먼트를 전송하는 각 시점에 있어서 자신이 전송한 옥테트만큼 윈도우의 왼쪽 경계(trailing edge)를 증가시키며, 상대로 부터의 크레디트값이 수신될 경우에만 오른쪽 경계(leading edge)를 증가시킨다.

이 기법은 상당한 유연성을 갖고 있다. 예를 들어 B에 의하여 발생된 마지막 메시지가 ($AN = i$, $W = j$)이며 B가 수신한 마지막 옥테트 데이터는 $i - 1$이라고 가정하자. 이때,

- 추가적인 데이터의 수신이 없을 경우 크레디트를 $k(k > j)$ 만큼 증가시키기 위하여 B는 ($AN = i$, $W = k$)를 발생시키게 된다.
- 추가적인 크레디트의 부여 없이 $m(m < j)$ 옥테트 크기의 데이터를 포함하는 수신 세그먼트의 수신 확인을 통지하기 위하여 B는 ($AN = i + m$, $W = j - m$)을 발생시키게 된다.

TCP 세그먼트형식

TCP는 TCP 세그먼트라는 단일 형태의 PDU 만을 사용한다. TCP 헤더는 그림 4.13(a)에 나타낸 바와 같다. 세그먼트 헤더의 길이는 최소 20 옥테트 크기이며, 각 영역의 의미는 다음과 같다.

- **근원지포트(16비트):** 근원지의 TCP 사용자를 식별하기 위한 포트번호
- **목적지포트(16비트):** 목적지의 TCP 사용자를 식별하기 위한 포트번호
- **송신순서번호(32비트):** SYN 플래그가 '1' 로 설정된 세그먼트(SYN 패킷)를 제외하고,

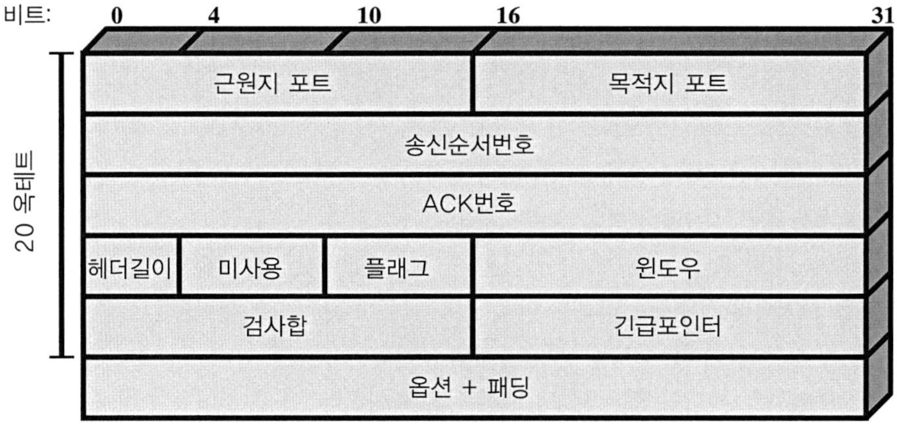

(a) TCP 헤더

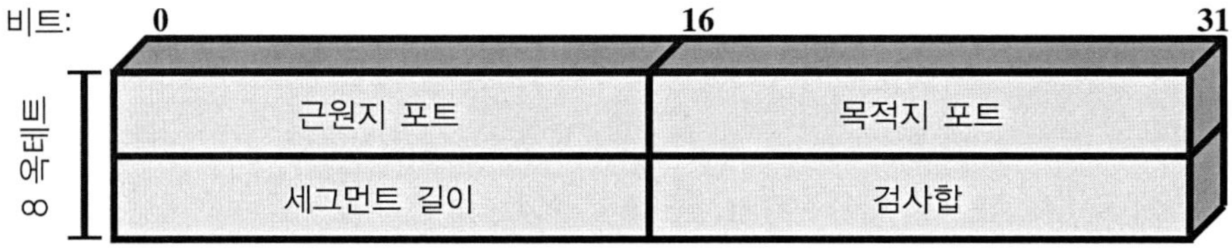

(b) UDP 헤더

그림 4.13 TCP 및 UDP 헤더구조

세그먼트내 데이터 영역의 첫번째 옥테트에 부여된 순서번호. SYN 패킷의 경우, 초기 송신순서번호(ISN)와 첫번째 옥테트는 ISN + 1이다.

- **수신확인번호(32비트):** 피기백 수신확인응답(piggybacked acknowldegement)으로, TCP 개체가 수신을 예상하는 다음 옥테트의 순서번호이다.
- **데이터 오프셋(4비트):** TCP 헤더의 길이로서, 32비트 단위의 워드의 수를 나타낸다.
- **예약(6비트):** 향후의 사용을 위해 비워둠.
- **플래그(6비트):**

  CWR: 혼잡윈도우가 줄어듬

  ECE: ECN-Echo : CWR과 ECE 비트는 RFC 3168을 정의하고, 명백한 혼잡통지기능을 위해 사용된다.

  URG: 긴급 포인터영역이 유효함을 통지

  ACK: 수신확인번호영역이 유효함을 통지

PSH: 수신측은 데이터를 응용계층으로 빨리 보내야 함을 통지

RST: 연결 재설정

SYN: 송신순서번호의 동기화, 즉 연결설정요구를 통지

FIN: 전송종료(연결해제 요구)를 통지

- **윈도우(16비트)**: 흐름제어를 위한 크레디트를 옥테트 단위로 할당
- **검사합(16비트)**: 헤더내 데이터의 16비트 단위의 보수 합에 의사헤더(pseudoheader)가 추가된 에러검출영역
- **긴급 포인터(16비트)**: 긴급 데이터에서 마지막 옥테트를 가르키는 포인터. 이것은 수신측이 얼마나 많은 긴급 데이터가 수신되는지 알 수 있도록 한다.
- **옵션(가변)**: 옵션의 사용 예로 허용 가능한 최대 세그먼트 크기의 규정 등을 들 수 있다.

*송신순서번호*와 *수신확인번호*는 세그먼트가 아닌 옥테트에 관련된 사항이다. 예를 들어, 만일 어떤 세그먼트가 1001의 송신 순서 번호와 600 옥테트의 데이터를 갖고 있다면 다음 세그먼트의 송신순서번호는 1601이 될 것이다. 즉, TCP는 논리적으로는 일련의 데이터 스트림 전송에 기반한다. 이 스트림이 세그먼트로 그룹화된 것이다.

검사합(checksum) 영역은 송신과 수신측에서 연산수행 시 헤더의 앞에 수식되는 의사헤더에 16비트 단위의 전체 세그먼트를 더한 값으로 적용된다. 의사헤더(pseudoheader)는 IP 헤더로부터 다음 영역을 포함한다. 즉, 근원지와 목적지의 인터넷주소 및 프로토콜, 세그먼트 길이영역. 의사헤더에 의해서 TCP는 IP에 의하여 잘못 배달되는 것으로부터 보호된다. 만일, IP가 원치 않는 호스트로 세그먼트를 배달할 경우, 비록 세그먼트가 에러비트를 포함하지 않았다 하더라도 TCP 개체는 전송에러를 수신하게 될 것이다.

부록 4C UDP

TCP와 더불어 TCP/IP 프로토콜 군(群) 가운데 또 다른 수송 계층 프로토콜로서 RFC 768인 UDP(User Datagram Protocol)를 들 수 있다. UDP는 응용계층의 서비스에게 비연결성(connectionless)서비스를 제공한다. 즉, UDP는 기본적으로 신뢰도가 낮은 서비스이며 전달 및 복제 방지가 보장되지 못한다. 하지만, 이 프로토콜은 네트워크내 과부하를 감소시키며 여러 경우에서 적절하게 사용될 것이다.

연결지향서비스가 갖는 장점은 두말할 필요 없이 명백하게 설명될 수 있으며, 이 서비스는 흐름제어, 에러제어 및 순서적 전송과 같은 특징들을 갖는다. 하지만, 비연결성서비스는 몇 가지 경우에 있어서는 적절한 수단이 되고 있다. 인터넷계층이나 네트워크계층과 같은 하위 계층에서 비연결성서비스는 더욱 더 효과를 발휘하고 있다. 이러한 효과의 예로서 앞의 제 3

장에서 논의되었던 패킷교환방식에서 데이터그램의 접근방법을 들 수 있을 것이다. 각 패킷이 독립적으로 처리되어 경로배정되는 경우, 네트워크에서 충돌하거나 손실로 발생하는 영향은 모든 패킷 경로에 대하여 사전에 정의된 경로나 연결을 적용하는 경우에 비하여 훨씬 적다.

뿐만 아니라 비연결성 서비스는 상위계층들에서 기대되는 서비스의 최소 공약수를 나타낸다. 즉, 최소한의 오버헤드로 서비스의 제공이 가능하다. 더욱이 수송계층이나 그 이상의 계층에서도 비연결성서비스의 장점을 찾아볼 수 있다. 접속설정에 따른 과부하와 유지보수의 비효율성을 해소할 수 있다는 점이 그것이다. 다음은 비연결성서비스의 응용 예이다.

- **데이터의 수집(collection):** 센서와 같이 주기적으로 발생하는 능동 또는 수동소스데이터의 샘플링과정 및 보안장비나 네트워크 요소들에서 발생하는 자동 자가진단 데이터들의 전송에 유용하다. 실시간 모니터링 환경에서의 데이터 손실은 극히 짧은 시간 이내에 다음 데이터가 유입되므로 심각한 영향을 초래하지는 않는다.
- **데이터 배포(dissemination):** 네트워크 사용자로의 메시지 방송, 새로운 노드의 접속, 또는 서비스주소의 변경과 같은 사항에 대한 공지는 실시간으로 배포된다.
- **요구-응답:** 수송계층서비스 사용자간의 트랜잭션 응용서비스에서의 요구-응답, 또는 단일 요구-응답. 서비스의 사용은 응용계층에서 시작되며, 하위계층의 접속은 종종 불필요하거나 방해가 된다.
- **실시간 응용:** 음성 또는 원격검침데이터 등은 실시간 전송이 요구된다. 이러한 응용서비스의 경우 재전송 요구와 같은 연결지향기능이 제공되어서는 안된다.

즉, 수송계층에는 연결지향서비스와 비연결성서비스 모두가 존재한다.

UDP는 IP의 상위계층에 존재하며 비연결성서비스이므로 수행될 내용이 극히 적다. 기본적으로, 상위계층에 대한 포트주소를 부여한다. 이것은 그림 4.13(b)의 UDP 헤더구조에 나타내었다. 헤더에는 근원지 포트와 목적지 포트를 포함한다. 세그먼트 길이영역은 헤더와 데이터를 포함하여 전체 UDP 세그먼트의 길이를 나타낸다. 검사합은 TCP나 IP에 적용된 알고리즘과 동일하다. UDP에 대한 검사합은 UDP 세그먼트 전체에 적용되며 이 값을 계산할 때, UDP 헤더에 TCP에서 적용한 것과 동일한 의사헤더를 포함한다. 만일 에러가 검출되면 세그먼트는 폐기되며 더 이상의 동작이 진행되지 않는다.

UDP에서 검사합 영역은 옵션사항이다. 만일 사용되지 않으면 '0'으로 설정된다. 하지만, IP 검사합은 IP 헤더에만 적용되며 UDP 헤더와 사용자 데이터로 구성된 IP 데이터영역에는 적용되지 않는다는 점에 주의해야 한다. 즉, UDP에서 검사합 계산이 수행되지 않으면 UDP의 사용자 데이터에 관하여는 어떠한 에러검사도 진행되지 않게 된다.

PART TWO
무선통신기술

CHAPTER 5 안테나와 전파

communications networks

이 장에서는 무선통신에 대한 기본적인 배경을 기술한다. 그리고 안테나의 개요와 신호전파를 살펴보기로 한다.

5.1 안테나

안테나는 전자파에너지를 공간으로 전파하거나 공간으로부터 전자파에너지를 수신하는 데 사용되는 전도체 또는 시스템으로 정의될 수 있다. 신호를 전송하기 위해 전도체로부터 무선주파수의 전기에너지가 안테나에서 전자파에너지로 변환되어 주변환경으로 전파된다(대기, 공간, 물). 신호를 수신할 때, 안테나에 부딪친 전자파에너지는 무선주파수의 전기에너지로 변환되어 수신기로 들어간다.

송수신 양방향 통신에서, 동일 안테나가 송신이나 수신 양단에 모두 사용될 수 있다. 이것은 동일 주파수대역이 양방향에 사용된다는 것을 가정하여 안테나가 출력 송신단으로부터 주위환경으로 에너지를 이전하는 것과 같은 효율로 주위환경으로부터의 전자파에너지를 내부 수신단으로 이전하기 때문에 가능하다. 안테나가 전자파에너지를 송신하든 수신하든지 간에 안테나 특성은 본질적으로 같다.

방사패턴

안테나는 모든 방향으로 신호전력을 방사한다. 하지만 일반적으로 각 방향으로 완전히 동일한 세기의 신호를 방사하지는 않는다. 안테나의 성능을 특징짓는 일반적인 방법 중 하나가 방사패턴이다. 방사패턴이란 동일 공간의 함수로서 안테나의 각 방향에 대한 방사특성을 그래프로 표현한 것이다. 가장 단순한 방사패턴은 **isotropic 안테나**로 알려진 이상적인 안테나에 의해 만들어지는 방사패턴이다. Isotropic 안테나는 모든 방향으로 동등하게 신호전력을 방사하는 이상적인 안테나이다. Isotropic 안테나의 실제적인 방사패턴은 중앙에 안테나가 위치한 원형패턴을 갖는다. 방사패턴은 3차원 패턴의 2차원 단면도로 나타내며, isotropic 안테나의 방사패턴을 그림 5.1(a)에 나타내었다. 안테나로부터 방사패턴 내에 있는 각 점까지의 거리는 모든 방향에 있어서 안테나로부터 방사된 신호전력에 비례한다. 그림 5.1(b)는 또 다른 이상적인 안테나의 방사패턴을 나타낸 것으로, 이것은 방사방향이 한 축을 따르는 지향성 안테나이다.

실제 방사패턴의 크기는 서로 다르므로, 중요한 것은 각 방향에서 안테나 위치로부터의 상대적인 거리이다. 상대적인 거리는 상대적인 신호세기를 결정한다. 주어진 방향에서 상대적인 신호크기를 결정짓기 위해, 안테나로부터 적정한 각도로 선을 긋는다. 그리고 방사패턴과의 교차점이 결정된다. 그림 5.1은 서로 다른 두 개의 방사패턴상에 그린 A와 B의 두 개의 전송각도를 비교한 것이다. 그림에서 나타낸 바와 같이 isotropic 안테나는 모든 방향으로

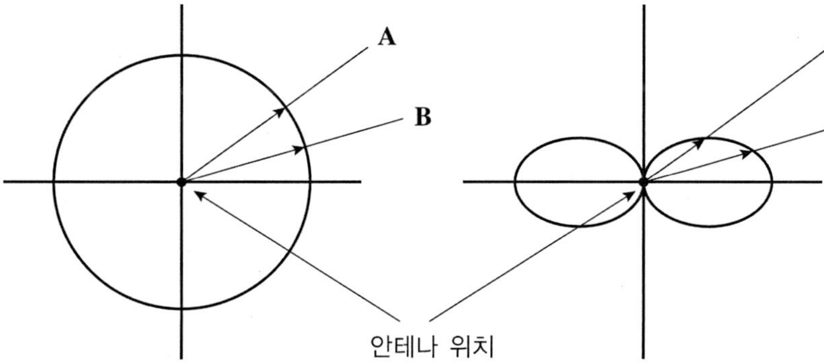

(a) 전방향성 방사패턴　　(b) 지향성 방사패턴

그림 5.1 이상적인 방사패턴

동일한 세기의 전방향성 방사패턴을 생성하므로, A와 B 벡터는 동일한 길이를 갖는다. 그러나 지향성을 갖는 Hertz 안테나의 경우, B 벡터가 A 벡터보다 길다. 이것은 A 방향보다 B 방향으로 더 많은 신호가 방사된다는 것을 나타낸다. 두 벡터의 상대적인 길이는 두 방향으로 방사되는 신호의 세기에 비례한다.

방사패턴은 안테나의 **빔 폭**을 결정하는 편리한 수단을 제공한다. 이것은 안테나의 지향성을 측정하는 일반적인 방법이다. 또한 반전력(half-power) 빔 폭이란 안테나로부터 방사된 전력이 최적 방향에서 1/2이 되는 지점의 각도이다.

안테나가 수신에 사용될 때, 방사패턴은 **수신패턴**이 된다. 패턴중 가장 긴 부분이 최상의 수신 방향을 가리킨다.

안테나종류

다이폴 안테나

가장 간단하고 기본적인 안테나로는 반파장 다이폴 즉, 헤르쯔(Hertz) 안테나(그림 5.2(a))와 1/4 파장 수직 안테나 즉, 마르코니 안테나(그림 5.2(b))를 들 수 있다. 반파장 다이폴 안테나는 그림에서 나타낸 바와 같이 두 개의 같은 길이의 동일 직선상의 전도체(conductor)로 구성되며, 이들 도체는 좁은 간격의 feeding gap에 의해 분리된다. 이 안테나의 전체 길이는 가장 효율적으로 신호가 전송될 수 있는 1/2 파장 길이이다. 1/4 파장 수직 안테나는 자동차 라디오나 포터블 라디오에서 일반적으로 사용되는 유형의 안테나이다.

반파장 다이폴 안테나는 그림 5.3(a)에 나타낸 바와 같이 *xz* 평면의 일차원 내에서는 균일한 즉, 전방향 방사패턴을 가지며, *xy*와 *zy* 평면의 두 개 차원에서는 8자 모양의 방사패턴을 갖는다. 좀더 복잡한 안테나구성에 의해 지향성 빔을 만들 수 있다. 전형적인 지향성 방사패

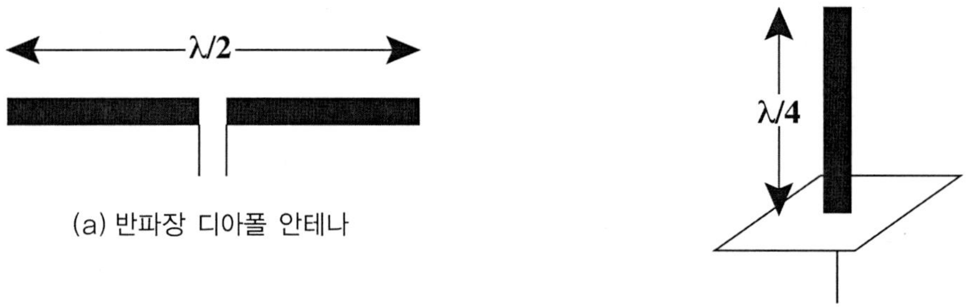

(a) 반파장 디아폴 안테나

(b) 1/4 파장 수직 안테나

그림 5.2 기본 안테나 유형

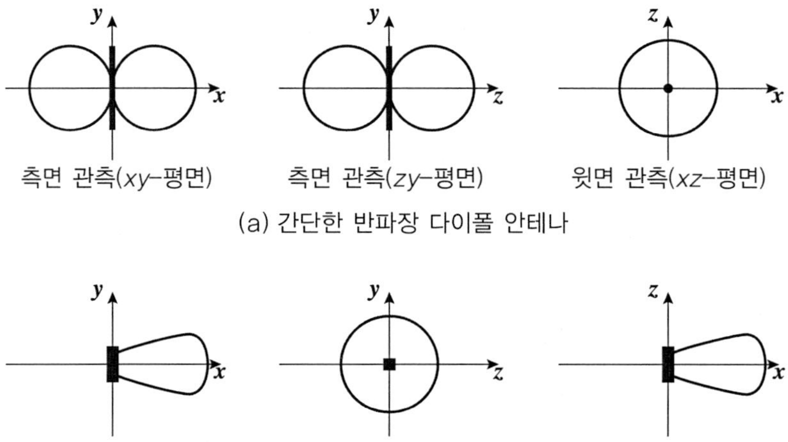

(a) 간단한 반파장 다이폴 안테나

(b) 지향성 안테나

그림 5.3 3차원에서의 방사패턴 [SCHI00]

턴 의 한 예로서 그림 5.3(b)에 나타낸 바와 같이 안테나의 주된 신호 방향을 *x* 방향으로 유지하도록 구현할 수 있다.

파라볼릭 반사 안테나

또 다른 중요한 안테나 중 하나가 **파라볼릭 반사 안테나**이다. 이것은 지상 마이크로파와 통신위성 응용에 사용된다. 파라볼라란 그림 5.4(a)에 나타낸 바와 같이 고정된 점과 고정된 선으로부터 등거리에 위치한 모든 점의 자취인 기하학이라 할 수 있다. 이때, 고정된 점을 *초점*(focus)이라 하고, 고정된 선을 *주선*(directrix)이라 한다. 파라볼라가 축에서 회전하여 생성된 표면을 *파라볼로이드*(paraboloid)라 하며, 파라볼로이드를 축과 평행하게 절개하면 파라볼라를 형성하며, 축과 직각인 절개면은 원을 구성한다. 이러한 파라볼라 표면은 헤드라이

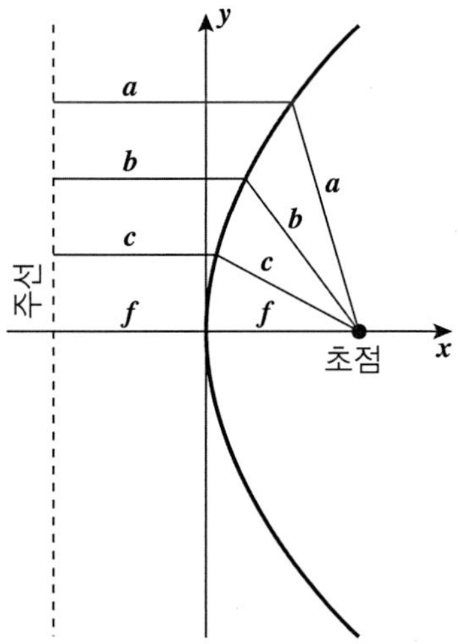

(a) 파라볼라

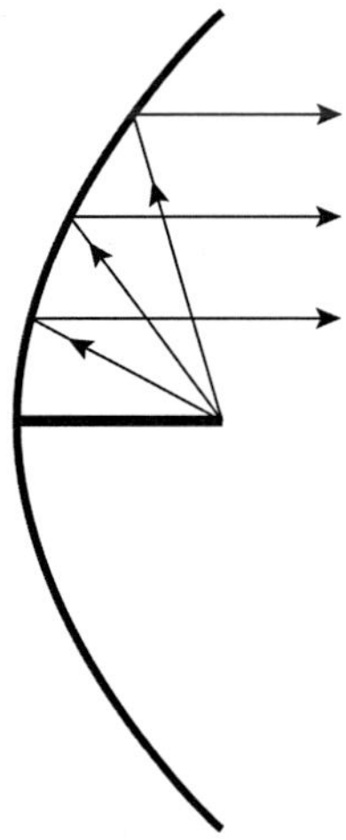

(b) 송신시 반사특성을 나타내는 파라볼릭 안테나의 표면

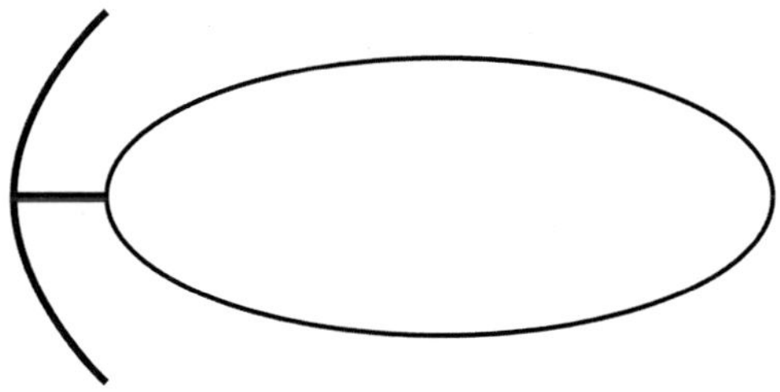

(c) 파라볼릭 안테나의 방사패턴

그림 5.4 파라볼릭 반사 안테나

트, 광학렌즈와 망원경, 또한 마이크로파 안테나에 사용된다. 그 이유는 다음과 같은 성질을 가지고 있기 때문이다. 만약에 전자파에너지(또는 사운드)의 근원이 파라볼로이드의 초점에 위치하고, 파라볼로이드가 반사면이면, 그때 반사파는 파라볼로이드의 축과 평행되는 라인의 뒤로 바운스하게 될 것이다. 그림 5.4(b)는 절개면에서의 이러한 효과를 보여준다. 이론적으로 이러한 효과는 산란 없이 병렬 빔을 생성한다. 그러나 실제적으로 산란이 약간 있게 되는데, 통상 에너지의 근원은 한 점이라기 보다는 좀 더 넓은 영역을 점유하기 때문이다. 수신도 마찬가지이다. 만약에 입력되는 파가 파라볼로이드를 반사하는 축과 병렬이라면, 그 수신신호는 초점에 수렴하게 되어 내부시스템으로 전달될 것이다.

그림 5.4(c)는 파라볼릭 반사 안테나의 전형적인 방사패턴을 나타낸 것이다. 표 5.1은 12

표 5.1 파라볼릭 안테나의 직경에 따른 안테나 빔폭의 관계 (f = 12 GHz) [FREE97]

안테나 직경(m)	빔폭 (°)
0.5	3.5
0.75	2.33
1.0	1.75
1.5	1.166
2.0	0.875
2.5	0.7
5.0	0.35

GHz 주파수대에서 다양한 크기의 안테나에 대한 빔 폭을 기술한 것이다. 안테나의 직경이 클수록 더 큰 지향성을 갖는다는 것을 주의하라.

안테나이득

안테나이득이란 안테나의 지향성에 대한 척도이다. 안테나이득은 특정 방향에서의 출력을 이상적인 isotropic 안테나의 임의 방향에서의 출력과 비교한 것이다. 예를 들어, 특정 안테나의 이득이 3 dB이라면 그 안테나는 isotropic 안테나에 비해 그 방향에서 3 dB 즉, 2배 만큼 개선됨을 의미한다. 그러나 임의 방향에서 신호가 개선된다는 것은 다른 방향에서의 신호 전력은 그만큼 감소함을 의미한다. 즉, 다시 말해 특정 방향으로의 신호개선이란 그 방향으로의 지향성을 더 얻기 위한 것으로, 상대적으로 그 이외의 방향에 대해서는 신호의 감소를 가져오게 된다. 안테나의 이득은 입력신호대비 출력신호가 아닌, 신호의 지향성을 취하기 위한 것이란 점을 주의하기 바란다.

안테나이득과 관련된 개념으로 안테나의 **유효영역**을 들 수 있다. 안테나의 유효영역은 안테나의 물리적인 크기와 외형과 관계가 있다. 안테나 이득과 유효영역간의 관계는 다음과 같다.

$$G = \frac{4\pi A_e}{\lambda^2} = \frac{4\pi f^2 A_e}{c^2} \tag{5.1}$$

여기서

G = 안테나이득
A_e = 유효영역
f = 반송주파수
c = 광속($\approx 3 \times 10^8$ m/s)
λ = 반송파의 파장

표 5.2는 각 안테나 유형에 따른 안테나 이득과 유효영역을 나타낸 것이다.

표 5.2 안테나이득과 유효영역 [COUC01]

안테나 유형	유효영역 $A_e(\mathrm{m}^2)$	전력이득 (이상적 안테나와 비교한 값)
Isotropic	$\lambda^2/4\pi$	1
미소다이폴 또는 루프	$1.5\lambda^2/4\pi$	1.5
반파장 다이폴	$1.64\lambda^2/4\pi$	1.64
혼(Horn), 개구면 A	$0.81\,A$	$10\,A/\lambda^2$
파라볼릭, 표면 A	$0.56\,A$	$7\,A/\lambda^2$
수직교차 다이폴(Turnstile)	$1.15\lambda^2/4\pi$	1.15

Example 5.1

12 GHz에서 동작하는 직경 2 m의 파라볼릭 반사 안테나의 경우, 유효영역과 안테나이득은 얼마인가?

영역 $A = \pi r^2 = \pi$ 이므로

유효영역 $A_e = 0.56\pi$,

파장 $\lambda = c/f = (3\times 10^8)/(12\times 10^9) = 0.025$ m이므로

안테나이득은

$$G = (7A)/\lambda^2 = (7\times\pi)/(0.025)^2 = 35,186$$

$$G_{dB} = 45.46\,\mathrm{dB}$$

5.2 전파모드

안테나에서 방사된 신호는 지상파, 공중파, 가시거리(LOS: line of sight) 중 한 개 경로를 통해 나아간다. 표 5.3은 대표적인 주파수대역을 나타낸 것이다. 이 책에서는 가시거리통신에 주로 관련되어 기술하지만, 각각의 모드에 대한 간단한 개요를 이 절에서 기술한다.

지상파 전파

지상파 전파(Ground Wave Propagation)(그림 5.5(a))는 대체로 지표면을 따라 전파되며 가시거리 이상의 먼 거리까지 전파할 수 있다. 이러한 효과는 약 2 MHz 주파수대역까지 나타난다. 이 주파수대역에서 전자기파가 지표면을 따라 전파되는 이유에는 몇 가지 요인이 있

표 5.3 주파수대역

주파수대역	주파수범위	파장범위	전파 특성	응용
ELF(Extremely Low Frequency	30～300 Hz	10,000～1,000 km	GW	전력선주파수(가정용 제어시스템에 사용)
VF(Voice Frequency)	300～3000 Hz	1,000～100 km	GW	아날로그 가입자선로를 위한 전화시스템에 사용
VLF(Very Low Frequency)	3～30 kHz	100～10 km	GW; 저감쇠, 높은 대기잡음	장거리 항해; 잠수함 통신
LF(Low Frequency)	30～300 kHz	10～1 km	GW; VLF보다 낮은 신뢰성, 낮시간대 대기흡수	장거리 항해; 잠수함 통신, 무선표지
MF(Medium Frequency)	300～3000 kHz	1,000～100 m	GW와 밤SW; 주고야저 감쇠, 대기잡음	근해 해상통신; 방향탐지; AM 방송
HF(High Frequency)	3～30 MHz	100～10 m	SW; 시간 및 계절, 주파수에 따라 변화	아마추어무선; 국제방송, 군사통신; 장거리 항공 및 선박통신
VHF(Very High Frequency)	30～300 MHz	10～1 m	LOS; 온도차에 의한 산란, 우주잡음	VHF TV; FM 방송 및 양방향 무선, AM 항공통신; 항공운항보조
UHF(Ultra High Frequency)	300～3000 MHz	100～10 cm	LOS; 우주잡음	UHF TV, 셀룰러전화; 레이더; 마이크로파 통신; PCS
SHF(Super High Frequency)	3～30 GHz	10～1 cm	LOS; 10 GHz 이상에서 강우 감쇠, 산소 및 수증기에 의한 대기감쇠	위성통신; 레이더; 지상 마이크로파 통신; 무선로컬루프
EHF(Extremely High Frequency)	30～300 GHz	10～1 mm	LOS; 산소 및 수증기에 의한 대기감쇠	실험용; 무선로컬루프
적외선	300 GHz～400 THz	1 mm～770 nm	LOS	적외선 LAN; 가전분야
가시광선	400 THz～900 THz	770 nm～330 nm	LOS	광통신

다. 그중 하나는 전자기파가 지표면에 전류를 유도해서 그 결과로 지표면 가까이에서 전자기파가 느려지게 되어 점차 아래로 기울어져 지표면의 굴곡을 따라 흐르게 된다. 또 다른 요소는 회절로서, 회절이란 장애물에 전자기파가 부딪쳐서 일어나는 현상이다.

이 주파수대역의 전자기파는 상층대기를 관통할 수 없으므로 대기에 의해 산란된다.

가장 잘 알려진 지상파 통신의 예는 AM 라디오이다.

공중파 전파

공중파 전파는 아마추어무선, CB 무선 그리고 BBC와 VOA(Voice Of America)와 같은 국제방송에 주로 사용된다. 공중파 전파에서, 지구상에 위치한 안테나로부터의 신호는 상층권의 전리층에 의해 반사되어 다시 지구로 전파된다. 전리층이 마치 딱딱한 반사면을 갖는 것처럼 전리층으로부터 파가 반사될지라도 그 효과는 사실 굴절에 기인한 것이다.

공중파 신호는 그림 5.5(b)에 나타낸 바와 같이 전리층과 지표면 사이에서 계속 왕복반사되면서 많은 홉을 거칠 수 있다. 이 전파모드에서는 송신기로부터 수천 km 떨어진 곳에서도 신호를 수신할 수 있다.

가시거리(LOS) 전파

지상파나 공중파 전파모드가 작동되지 않는 약 30 MHz 이상의 주파수대역에서 통신은 가시거리에 의해 수행되어져야 한다(그림 5.5(c)). 위성통신에 있어서 30 MHz 이상의 신호는 전리층에서 반사되지 않으므로, 신호는 지상국과 통신위성사이에서 지상파보다 크지 않은 오버헤드를 가지고 전송될 수 있다. 지상통신에 있어서 송수신 안테나는 서로 유효 가시거리내에 있어야 한다. 여기서 *유효*라는 용어가 사용되는 이유는 마이크로파가 대기에 의해 구부려지고 굴절되기 때문이다. 회절의 양이나 굴곡의 방향이 조건에 따라 다르기는 하지만, 일반적으로 마이크로파는 지표면을 따라 진행되므로 광학적인 가시거리보다 더 멀리 전파된다.

굴절

이 절에서는 굴절에 관해 간략히 살펴보자. 굴절은 전자기파의 속도가 전자기파가 통과하는 전송매체의 밀도 함수이기 때문에 발생한다. 진공상태에서 전자기파(빛이나 라디오파)는 대략 3×10^8 m/s의 속도로 나아간다. 이것은 통상 상수 c로 나타내며 빛의 속도를 나타낸다. 그러나 엄밀히 말해 이 속도는 진공상태에서의 빛의 속도를 의미한다. 공기나 물, 유리를 비롯하여 일반 매체내에서 전자기파는 c 보다는 더 느린 속도로 전달된다.

전자기파가 밀도가 다른 두 개의 매체 사이를 건너 이동할 때 전자기파의 속도는 변한다. 이것은 두 매체 사이의 경계면에서 파의 방향이 한번 굴절되기 때문이다. 그림 5.6에 굴절현

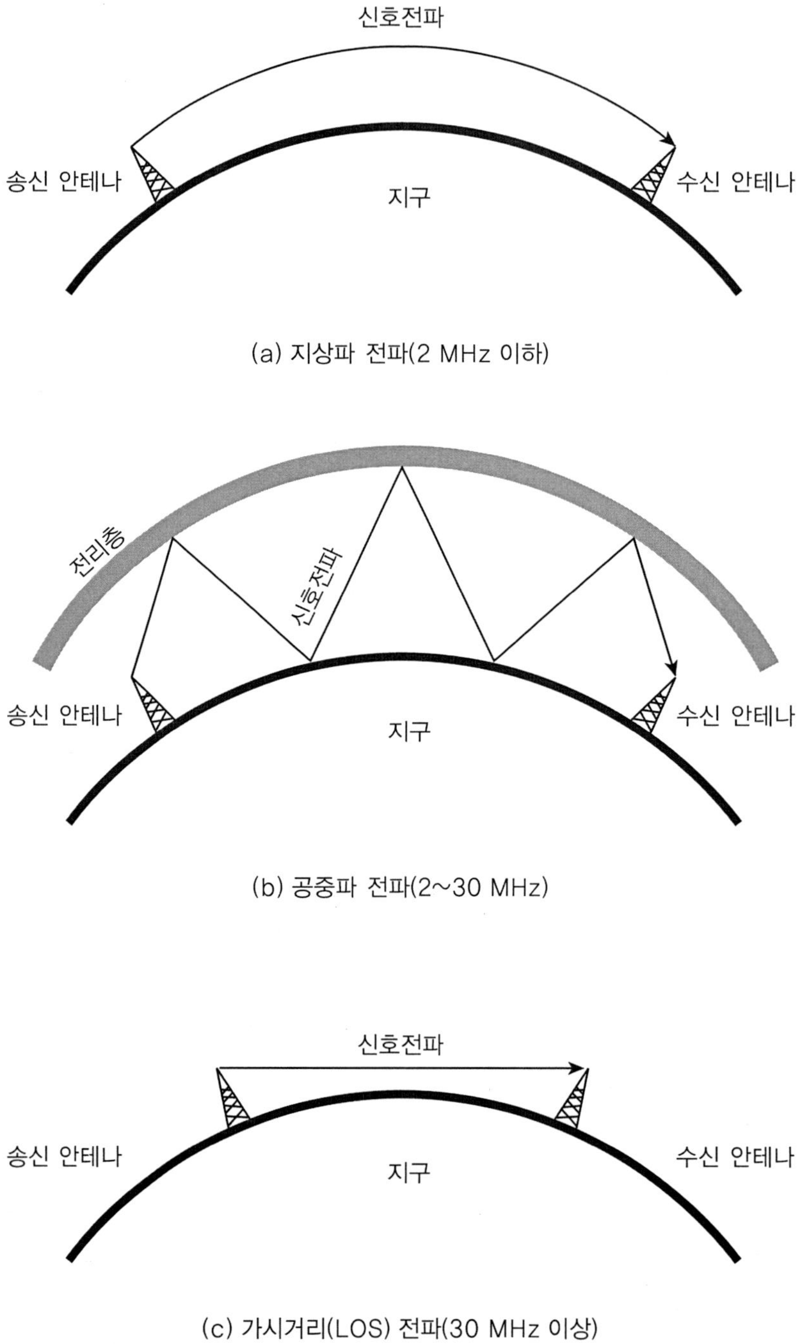
신호전파
송신 안테나
지구
수신 안테나
(a) 지상파 전파(2 MHz 이하)
전리층
신호전파
송신 안테나
지구
수신 안테나
(b) 공중파 전파(2~30 MHz)
신호전파
송신 안테나
지구
수신 안테나
(c) 가시거리(LOS) 전파(30 MHz 이상)

그림 5.5 무선전파모드

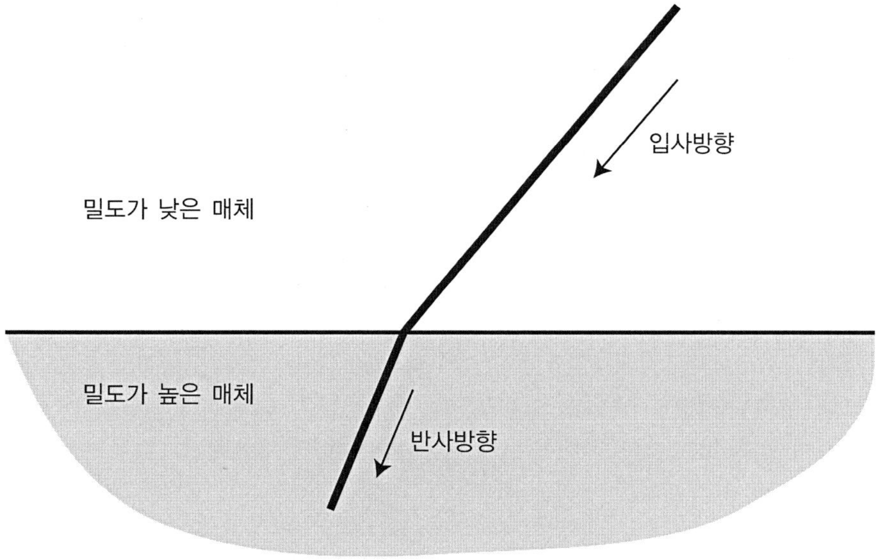

그림 5.6 전자기파의 굴절 [POOL98]

상을 나타내었다. 밀도가 낮은 매체에서 밀도가 높은 매체로 이동시 전자기파는 밀도가 높은 매체쪽으로 굴절된다. 이러한 현상은 물속에 막대기를 일부분 넣었을 때 쉽게 관찰된다. 그림 5.6에서 보듯이 물속에 들어간 막대기는 더 짧고 구부러진 것처럼 보일 것이다.

두 매체간의 상대 굴절률은 사인 입사각을 사인 굴절각(반사각)으로 나눈 값이다. 이 굴절률은 또한 두 매체의 상대적인 속도비와 동일하다. 매체의 절대 굴절률은 진공상태를 대상으로 비교된 값이다. 굴절률은 파장에 따라 변하므로 굴절효과는 서로 다른 파장을 갖는 신호의 경우 서로 다르게 나타난다.

그림 5.6은 한 매체에서 다른 매체로 신호가 이동할 때 한 번의 방향변화만을 나타내고 있지만, 만일 신호가 굴절률이 점진적으로 변화하는 값을 갖는 매체를 통해 이동한다면, 신호는 굴절률 변화에 따라 연속적으로 구부러지게 될 것이다. 정상적인 전파환경 하에서, 대기의 굴절률은 높이에 따라 감소되므로, 라디오파는 고도가 높을 때보다는 지상부분에서 더 저속으로 전파된다. 이에 따라 라디오파는 지표면을 향해 구부러지는 현상을 나타낸다.

광학적 가시거리와 라디오 가시거리

중간에 방해물이 없다면 광학적 가시거리는 다음 식으로 나타낼 수 있다.

$$d = 3.57\sqrt{h}$$

여기서 d는 안테나와 지평선 사이의 거리를 km 단위로 나타낸 것이며, h는 안테나의 높이를

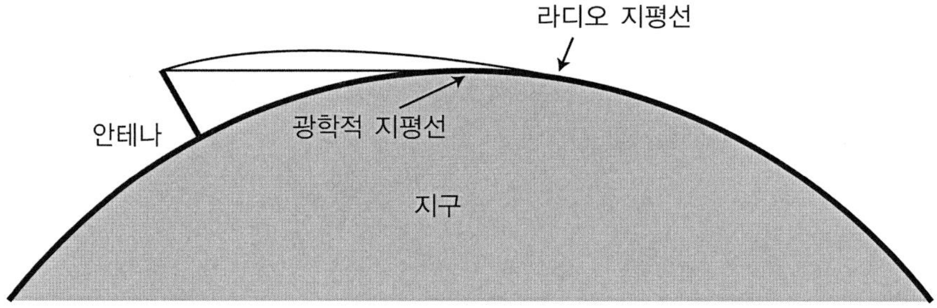

그림 5.7 광학적 지평선 및 라디오 지평선

m으로 나타낸 것이다. 그림 5.7에서 안테나로부터 지평선까지의 유효 즉, 라디오 가시거리는 다음 식과 같다.

$$d = 3.57\sqrt{\mathrm{K}h}$$

여기서 K는 굴절을 반영하기 위한 계수로서, 최적값이 K = 4/3이다. 따라서 가시거리 전파에서 두 안테나 사이의 최대 거리는 $3.57\sqrt{\mathrm{K}h_1} + \sqrt{\mathrm{K}h_2}$이다. 여기서 h_1과 h_2는 두 안테나의 높이이다.

Example 5.2

가시거리 통신에서 한 안테나가 100 m 높이이고, 다른 안테나는 지표면 높이라면, 두 안테나 사이의 최대 거리는 다음과 같다.

$$d = 3.57\sqrt{\mathrm{K}h} = 3.57\sqrt{133} = 41 \text{ km}$$

수신 안테나의 높이가 10 m라고 가정할 때, 위와 동일한 거리까지 신호가 도달하려면, 송신 안테나의 높이는 얼마이어야 할까?

$$41 = 3.57\left(\sqrt{\mathrm{K}h_1} + \sqrt{13.3}\right)$$

$$\sqrt{\mathrm{K}h_1} = \frac{41}{3.57} - \sqrt{13.3} = 7.84$$

$$h_1 = 7.84^2/1.33 = 46.2 \text{ m}$$

이 경우 송신 안테나의 높이를 약 50 m 이상 낮출 수 있게 된다. 이 예제는 수신 안테나의 길이가 길수록 송신 안테나의 높이를 훨씬 더 감소시키는 장점을 보여준다.

5.3 가시거리 전송

모든 통신시스템에 있어서 수신 신호는 여러 가지 다양한 전송 손상에 의하여 실제 전송된 신호와는 서로 다르다. 아날로그 신호에 있어서 이러한 손상은 신호품질을 떨어뜨리는 다양한 불규칙적인 변형으로 나타나게 되며, 디지털 데이터의 경우는 비트 1이 0으로 전송되거나 그 역으로 전송되는 비트 에러를 발생시키게 된다. 이 절에서는 먼저 다양한 손상 유형을 살펴보고, 통신 링크상에서 이들이 정보 전송용량에 미치는 영향을 검토한다. 이 책에서의 주된 관심은 가시거리 무선 통신으로서, 이 경우에 있어서 중요한 손상요인은 다음과 같다.

- 감쇠와 감쇠왜곡
- 자유공간 손실
- 잡음
- 대기흡수
- 다중경로
- 굴절

감쇠

임의 매체를 통과하는 신호의 세기는 거리에 따라 약해진다. 유선매체에서 신호강도의 감소, 또는 감쇠는 일반적으로 대수적으로서, 통상 단위 거리당 데시벨상수로 나타낸다. 그러나 무선매체에서의 감쇠는 좀더 복잡한 거리와 대기상태의 함수로 표현된다. 신호감쇠는 다음과 같은 세 가지 요소를 제공한다.

1. 수신된 신호는 충분한 세기를 가져야만 수신기의 전자회로에 의해 신호를 감지하고 해석할 수 있다.
2. 신호는 에러 없이 수신될 수 있도록 잡음보다는 충분히 큰 강도를 가져야 한다.
3. 감쇠는 주파수가 높을수록 훨씬 더 크다.

첫번째와 두번째 요소는 신호세기와 증폭기나 리피터의 사용에 의해 해결할 수 있다. 점대점 링크에 있어서 송신기의 신호세기는 충분히 수신될 수 있는 정도로 커야 하지만, 송수신회로에서 과부하상태가 되어 왜곡을 일으킬 정도로 커서는 안된다. 특정거리 이상이 되면 왜곡이 너무 커지게 되어 신호를 수신할 수 없게 되므로 일정 간격마다 증폭기나 리피터를 설치하여 신호를 끌어올리는 데 사용한다. 이러한 문제들은 송신기에서 수신기 사이의 거리가 다양한 곳에서, 즉 수신기가 여러 개일 때 좀더 복잡해진다.

세번째 요소는 감쇠왜곡으로 알려져 있다. 감쇠는 주파수함수로 변하므로, 수신된 신호는 왜곡되어 그 정확성이 떨어진다. 특히, 수신된 신호의 주파수성분이 송신된 신호의 주파수성분과 상대적인 세기가 다른 경우에 더욱 그러하다. 이 문제를 해결하기 위한 방법으로 전 주파수대에 걸쳐 감쇠를 등화시키는 기술이 있다. 또 다른 접근방법으로 낮은 저주파대역보다는 더 높은 고주파대역을 증폭하는 증폭기를 사용하는 것이다.

자유공간손실

모든 형태의 무선통신에서 신호는 거리에 따라 분산된다. 따라서 고정 안테나는 송신 안테나로부터 멀어질수록 더 낮은 신호전력이 수신된다. 위성통신에서 이것은 신호손실의 주된 요인이다. 다른 감쇠요인이나 손상요인이 없다고 할지라도, 전송된 신호는 넓은 지역으로 분산되기 때문에 거리에 비례하여 감쇠된다. 이러한 형태의 감쇠를 **자유공간손실**이라 하며, 이것은 안테나로부터 방사된 신호전력 P_t와 수신안테나의 수신된 신호전력 P_r의 비율로 나타낸다. 이 값은 데시벨로 나타내면 $10\log(P_t/P_r)$가 된다. 이상적인 전방향 안테나에서 자유공간손실은

$$\frac{P_t}{P_r} = \frac{(4\pi d)^2}{\lambda^2} = \frac{(4\pi f d)^2}{c^2}$$

여기서,

P_t = 송신 안테나로부터의 송출 신호전력

P_r = 수신 안테나에서의 수신 신호전력

λ = 반송파신호의 파장

d = 안테나 사이의 전파거리

c = 빛의 속도(3×10^8m/s)

여기서 d와 λ는 같은 단위이다(즉, m).

이 식은 다시 다음과 같이 계산될 수 있다.

$$\begin{aligned} L_{\text{dB}} &= 10\log\frac{P_t}{P_r} = 20\log\left(\frac{(4\pi d)}{\lambda}\right) = -20\log(\lambda) + 20\log(d) + 21.98\ \text{dB} \\ &= 20\log\left(\frac{4\pi f d}{c}\right) = 20\log(f) + 20\log(d) - 147.56\ \text{dB} \end{aligned} \tag{5.2}$$

그림 5.8은 자유공간손실 방정식의 예를 나타낸 것이다.[1]

안테나 이득의 계산은 다음과 같이 자유공간손실 방정식으로부터 유도된다.

1. 부록 2A에서 언급한대로, 이득과 손실항목의 사용에 있어서 문헌상에 약간의 불일치성이 있다. 식 (5.2)는 식 (2.2)의 규약을 따른다.

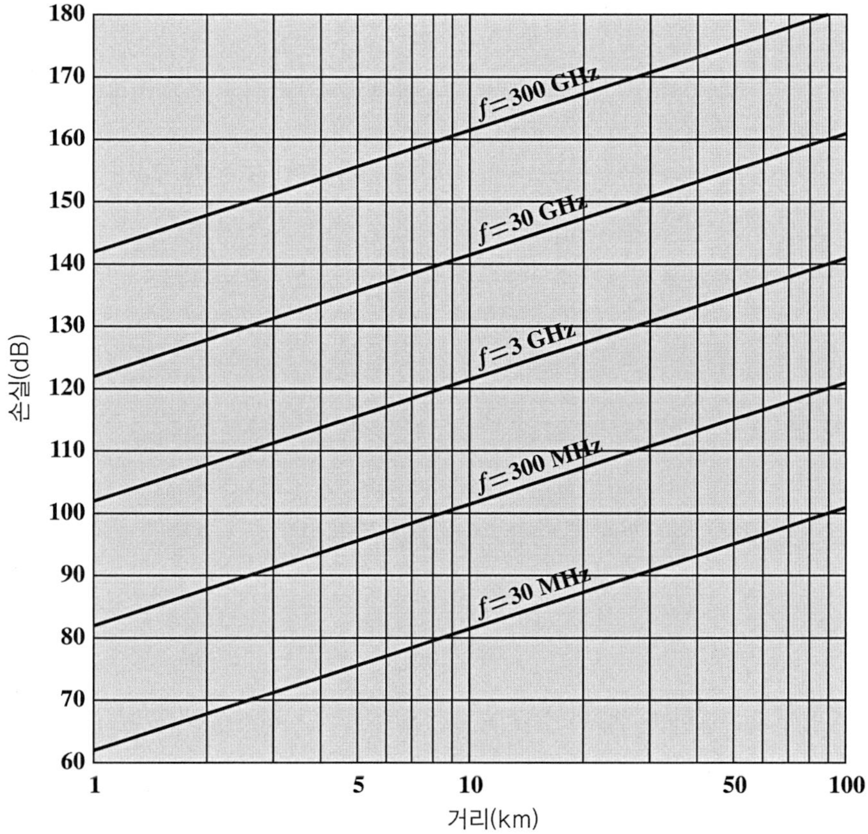

그림 5.8 자유공간 손실

$$\frac{P_t}{P_r} = \frac{(4\pi)^2(d)^2}{G_r G_t \lambda^2} = \frac{(\lambda d)^2}{A_r A_t} = \frac{(cd)^2}{f^2 A_r A_t}$$

여기서

G_t = 송신 안테나의 이득

G_r = 수신 안테나의 이득

A_t = 송신 안테나의 유효영역

A_r = 수신 안테나의 유효영역

앞의 식에서 세번째 부분은 식 (5.1)에서 정의된 안테나 이득과 유효영역간의 관계를 사용해서 두번째 요소로부터 유도된다. 따라서 식 (5.2)는 다음과 같이 계산할 수 있다.

$$\begin{aligned} L_{dB} &= 20\log(\lambda) + 20\log(d) - 10\log(A_t A_r) \\ &= -20\log(f) + 20\log(d) - 10\log(A_t A_r) + 169.54 \text{ dB} \end{aligned} \tag{5.3}$$

이 결과에 따르면 동일 안테나에 대해서, 반송파 파장이 길면 길수록(반송파 주파수 f보다 낮은 주파수일수록), 자유공간 경로손실은 높아진다. 식 (5.2)와 (5.3)을 비교하는 것은 흥미롭다. 식 (5.2)는 주파수가 높아질 때, 자유공간손실 또한 증가한다는 것을 의미한다. 즉, 고주파수에서 손실도 좀더 많아진다는 것을 시사한다. 하지만, 식 (5.3)은 증가된 손실에 대해 안테나이득으로 쉽게 보상할 수 있다는 것을 보여준다. 실제로 고주파수대역에서 다른 요소들은 상수로 남아있는 반면 주파수에 비례한 순수이득만이 남게 되기 때문이다. 식 (5.2)는 고정된 거리에서 주파수의 증가는 20 log(f)로 측정되는 증가된 손실결과를 가져온다. 하지만, 안테나이득을 계산한다면, 그리고 고정 안테나영역이라면 그때 손실의 변화는 −20 log(f)로 측정된다. 즉 실제적으로 고주파대역에서 손실이 감소되는 것이다.

Example 5.3

지구에서 정지위성까지의 가장 짧은 경로(35,863 km)에 대해 4 GHz에서 Isotropic 자유공간손실을 측정하라. 4 GHz에서, 파장은 $(3 \times 10^8)/(4 \times 10^9) = 0.075\,\text{m}$이다.

그때,

$$L_{\text{dB}} = -20\log(0.075) + 20\log\left(35.853 \times 10^6\right) + 21.98 = 195.6\ \text{dB}$$

통신위성과 지구국 안테나의 안테나이득을 고려해보자. 일반적으로 각각 44 dB와 48 dB의 값을 갖는다. 자유공간손실은

$$L_{\text{dB}} = 195.6 - 44 - 48 = 103.6\ \text{dB}$$

지구국에서의 송신전력이 250 W라고 가정해보자. 위성 안테나에서 수신된 전력은 얼마인가? 250 W의 파워는 24 dBW로 전환되어 수신 안테나에서의 전력은 24 − 103.6 = −79.6 dBW가 된다.

잡음

데이터전송에서, 수신신호는 송신신호를 기반으로 구성되며, 통상 송신신호는 전송시스템내에서 다양한 왜곡과 전송과정에서 유입된 원치 않은 신호가 부가되어 변형된다. 이러한 전송과정에서 발생된 비정상적 신호들을 잡음이라 한다. 잡음은 통신시스템 성능에 있어서 주된 제약요소이다.

잡음은 다음 4가지 범주로 분류된다.

- 열잡음(Thermal noise)

- 상호변조잡음(Intermodulation noise)
- 누화(Crosstalk)
- 임펄스잡음(Impulse noise)

열잡음은 전자의 열운동에 의해 나타나는 것으로, 모든 전자기기와 전송매체에 있어서 열잡음이 나타나며, 온도함수이다. 열잡음은 모든 주파수대역에 균일하게 분포되어 있으므로 **백색잡음**이라 하기도 한다. 열잡음은 제거되어질 수 없으므로 통신시스템 성능의 상위 경계를 결정한다. 위성 지구국에서 수신되는 신호의 미약함 때문에 열잡음은 특히 위성통신에 있어서 매우 중요하다.

각종 장치나 전도체에서 1 Hz 대역폭내에서 발견되는 열잡음의 양은

$$N_0 = kT \text{ (W/Hz)}$$

여기서[2]

N_0 = 1Hz 대역폭당 watt 단위의 잡음 전력밀도

k = 볼츠만상수 = 1.3803×10^{-23} J/K

T = 켈빈온도(절대온도)

Example 5.4

실내온도는 일상적으로 $T = 17°C$ 또는 290 K이다. 이 온도에서, 열잡음 전력밀도는

$$N_0 = \left(1.3803 \times 10^{-23}\right) \times 290 = 4 \times 10^{-21} \text{ W/Hz} = -204 \text{ dBW/Hz}$$

여기서 dBW는 데시벨-와트이며, 부록 2A에 정의되어 있다.

잡음은 주파수와 무관한 것으로 간주된다. 따라서 B Hz 대역폭에서 열잡음을 W(watts) 단위로 나타내면 다음과 같다.

$$N = kTB$$

또는, dBW로는 다음과 같다.

$$\begin{aligned} N &= 10 \log k + 10 \log T + 10 \log B \\ &= -228.6 \text{ dBW} + 10 \log T + 10 \log B \end{aligned}$$

2. 주울(J)은 전기, 기계, 그리고 열에너지의 SI(International System) 단위이다. 와트는 초당 1 주울과 동등한, 전력의 SI 단위이다. 켈빈(K)은 열역학 온도의 SI 단위이다. 켈빈온도 T에 대응되는 섭씨온도는 T − 273.15와 같다.

Example 5.5

294 K 온도에서 10 MHz 대역폭을 갖는 수신기에 있어서, 수신기 출력단측 열잡음은

$$\begin{aligned} N &= -228.6\ \text{dBW} + 10\log(294) + 10\log 10^7 \\ &= -228.6 + 24.7 + 70 \\ &= -133.9\ \text{dBW} \end{aligned}$$

서로 다른 주파수를 갖는 신호가 같은 전송 매체를 공유할 때, 그 결과로 나타나는 것이 상호변조잡음이다. **상호변조잡음**에 의해 서로 다른 두 주파수의 합이나 차 또는 이들 주파수의 곱으로 나타나는 주파수를 갖는 신호가 생성된다. 예를 들어, 주파수 f_1과 f_2를 갖는 신호의 혼합은 주파수 f_1+f_2에서 새로운 에너지를 만들어내게 되며, 이 유도된 신호에 의해 f_1+f_2 주파수 영역에서 원래의 신호에 간섭을 일으킬 수 있다.

상호변조잡음은 송신기나 수신기 또는 전송시스템 내에 비선형성이 존재할 때 나타난다. 일반적으로 이들 기기들은 선형시스템으로 간주된다. 즉, 출력이 입력에 비례한다. 하지만 비선형시스템에서의 출력은 좀더 복잡한 입력함수로 나타난다. 이러한 비선형성은 기기의 오동작, 과도한 신호세기 또는 사용된 증폭기의 특성에 의해 나타난다. 이러한 환경 하에서 주파수 합이나 차와 같은 신호현상이 나타나는 것이다.

누화란 전화기를 사용하는 동안에 다른 사람의 대화를 들어본 사람들은 누구나 경험을 해 본 것이다. 이것은 신호의 경로상에서 원하지 않는 결합이 발생된 것이다. 이 현상은 주로 와선쌍(twisted pair)이나 간혹 여러 신호를 전송하는 동축케이블에 있어서 전기적인 결합에 의해 발생될 수 있다. 누화는 원하지 않는 신호가 마이크로파 안테나에 의해 유입될 때도 발생될 수 있다. 고지향성의 안테나가 사용된다 하여도, 마이크로파 에너지는 전파를 통해 분산되기 때문이다. 일반적으로 누화는 열잡음보다 작거나 또는 비슷한 크기이지만, ISM 주파수대역에 있어서 누화는 간혹 지배적인 잡음이 된다.

지금까지 언급한 모든 잡음은 합리적으로 예상 가능하고 상대적으로 상수값을 갖는다. 따라서 엔지니어가 전송시스템에 의해 이들 잡음을 극복하는 것이 가능하다. 하지만 **임펄스잡음**은 비연속적이고, 비정규적인 펄스나 순간적인 잡음 스파이크 그리고 상대적으로 높은 진폭으로 구성되어 있다. 이것은 다양한 원인에 의해 생성되는데, lightning과 같은 외부의 전자기적 장애물이나 통신시스템의 장애나 결점 등이 그것이다.

임펄스잡음은 일반적으로 아날로그 데이터에 있어서는 사소한 문제이다. 예를 들어, 전화와 같은 음성전송에 있어서 짧은 클릭이나 크래클 등은 음성을 수신하는 데 큰 지장을 초래하지 않는다. 그러나 임펄스잡음은 디지털 데이터전송에서는 주된 에러원인이 된다. 예를 들어, 0.01초 동안에 발생된 강력한 에너지 스파이크는 음성 데이터를 손상시키지는 않지만,

56 kbps로 전송중인 데이터에서는 560 비트 정도의 데이터를 훼손시키게 된다.

E_b/N_o

2장에서 신호대 잡음비(SNR)를 소개한 바 있다. 이외에 디지털 데이터의 전송속도와 에러율을 측정하는 데 좀더 편리한 디지털통신시스템 성능의 표준 측정수단인 SNR과 관련된 또 다른 파라미터가 있다. 비트당 신호에너지와 Hz당 잡음전력밀도의 비율로 나타내는 E_b/N_0가 그것이다. 비트 전송속도 R로 전송되는 이진 디지털 데이터를 갖는 디지털이나 아날로그 신호를 고려해보자. 1 watt = 1 J/s이고, 신호에서 비트당 에너지는 $E_b = ST_b$로 주어진다. 여기서 S는 신호전력이고, T_b는 한 비트를 전송하는 데 요구되는 시간이다. 데이터 전송속도 R은 $R = 1/T_b$이다. 따라서

$$\frac{E_b}{N_0} = \frac{S/R}{N_0} = \frac{S}{kTR} \tag{5.4}$$

또는, 데시벨 표기법으로 기술하면,

$$\begin{aligned}\left(\frac{E_b}{N_0}\right)_{\mathrm{dB}} &= S_{\mathrm{dBW}} - 10\ \log\ R - 10\ \log\ \mathrm{k} - 10\ \log\ T \\ &= S_{\mathrm{dBW}} - 10\ \log\ R + 228.6\ \mathrm{dBW} - 10\ \log\ T\end{aligned}$$

E_b/N_0 값은 디지털 데이터의 **비트에러율**(BER)이 이 값의 감소함수로 주어지기 때문에 중요하다.

그림 5.9는 BER 대비 E_b/N_0의 전형적인 패턴을 보여주는 것으로 이러한 곡선은 다른 문헌과 본 교재의 여러 부분에서 보게 될 것이다. 직관적으로 알 수 있듯이 잡음 증가에 따른 신호강도는 BER 성능에 따라 감소함을 알 수 있다. 그러나 BER의 E_b/N_0 의존성을 완벽하게 나타낼 수 있는 커브는 존재하지 않는다. 그 대신 송신/수신 시스템의 성능을 BEr 대 E_b/N_0으로 나타낼 수 있으며 이는 또한 어떠한 방법으로 데이터가 코딩되었느냐에 따라서도 달라질 수 있다. 따라서 그림 5.9에 나타내진 2개의 커브들 중 하나는 다른 하나보다 더 나은 성능을 보여준다. 즉 다른 커브보다 밑에 있고 좌측에 존재하는 커브가 그렇지 않은 커브보다 더 우수한 특성을 나타내는 것이다. 6장에서 이러한 신호코딩의 성능관계에 대해서 설명이 이루어질 것이다. 더 자세한 E_b/N_0 내용은 [SKLA01]에서 볼 수 있다.

주어진 E_b/N_0에서 원하는 수준의 오차범위를 얻기 위해서는 식 (5.4)에서 구한 파라미터를 선택할 수 있다. bit 율 R이 증가할수록 신호의 송출력과 관련 잡음은 원하는 수준의 E_b/N_0 유지하기 위해 증대되어져야 한다.

그림 2.9를 다시 상기함으로써 이 결과를 검토해보자. 여기서 신호는 디지털이지만, 추정해보면 아날로그신호와 같을 것이다. 몇 가지 예에서 살펴보았듯이 잡음은 임의 비트의 값을

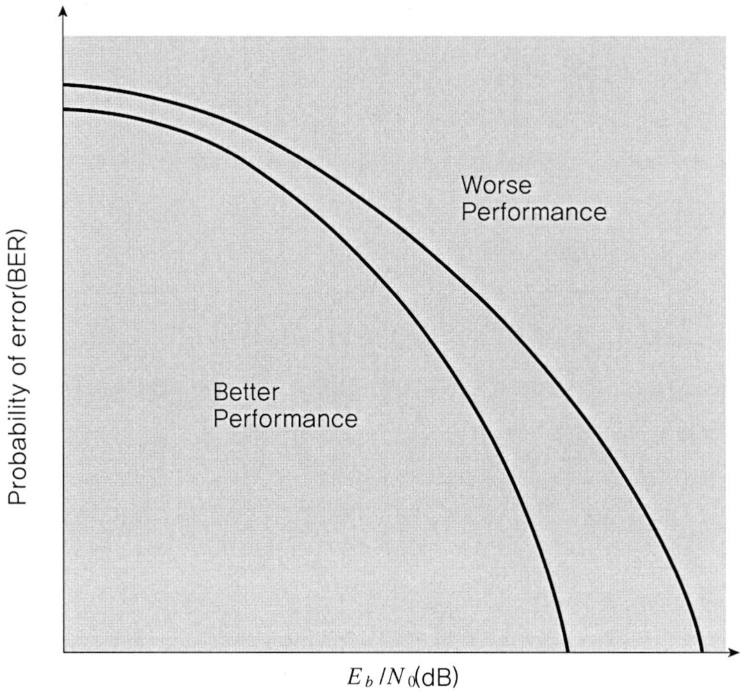

그림 5.9 BER 대비 E_b/N_0 곡선의 일반 추세

변경시키는 데 충분하다. 만약 데이터속도가 두 배가 되면, 동일 시간내에 비트의 수도 배가 되어, 동일 잡음에 의해서도 두 배의 비트가 파괴될 것이다. 결과적으로 동일 신호와 잡음세기에 있어서, 데이터속도가 증가하면 에러발생률도 증가된다.

SNR에 비해 E_b/N_0의 장점은 대역폭에 의존한다는 것이다.

E_b/N_0와 SNR의 관계를 나타내면 다음과 같다.

$$\frac{E_b}{N_0} = \frac{S}{N_0 R}$$

Example 5.6

비트 에러율이 10^{-4}(10,000개 비트당 한 개의 비트에러)이고 E_b/N_0= 8.4 dB가 요구되는 인코딩 신호기법을 생각해보자. 유효잡음온도가 290° K이고(실내온도), 데이터 전송속도가 2400 bps 일 때, 열잡음을 극복하기 위해서 요구되는 수신신호는 얼마인가?

$$8.4 = S_{\mathrm{dBW}} - 10 \log 2400 + 228.6\,\mathrm{dBW} - 10 \log 290$$
$$= S_{\mathrm{dBW}} - (10)(3.38) + 228.6 - (10)(2.46)$$
$$S = -161.8\,\mathrm{dBW}$$

파라미터 N_0는 watts/hertz로 나타내는 잡음전력 밀도이다. 그러므로, 대역폭 B_T인 신호의 잡음은 $N = N_0 B_T$이다. 위 식에 이 값을 대입하면 다음과 같다.

$$\frac{E_b}{N_0} = \frac{S}{N}\frac{B_T}{R} \tag{5.5}$$

E_b/N_0와 관계되는 또 다른 흥미 있는 공식 스펙트럼 효율을 살펴보자. 2장의 샤논의 결과를 상기해보면, 채널의 최대 용량은 bps 단위로 다음과 같이 구해진다.

$$C = B\ \log_2(1 + S/N)$$

여기서 C는 bps 단위의 채널용량이며 B는 Hertz 단위의 채널대역폭이다. 위 식은 다음과 같이 나타낼 수 있다.

$$\frac{S}{N} = 2^{C/B} - 1$$

식 (5.5)에서, B_T는 B와, R은 C와 같으므로, 위 식은 다음과 같이 표현된다.

$$\frac{E_b}{N_0} = \frac{B}{C}\left(2^{C/B} - 1\right)$$

이것은 달성 가능한 스펙트럼효율 C/B 대 E_b/N_0와 관련된 유용한 공식이다.

Example 5.7

6 bps/Hz의 스펙트럼효율을 달성하는 데 요구되는 최소 E_b/N_0값을 구해보자. 이때,
$E_b/N_0 = (1/6)(2^6 - 1) = 10.5 = 10.21$ dB가 된다.

대기흡수

송신 안테나와 수신 안테나 사이에 발생하는 손실 중 하나로 대기흡수가 있다. 대기중의 수증기와 산소는 감쇠를 증가시킨다. 최대 감쇠는 수증기에 의해 22 GHz 부근에서 발생하며, 15 GHz 이하의 주파수에서 감쇠는 적게 발생한다. 대기중 산소의 존재는 60 GHz 근처에서 최대 흡수되는 결과를 나타내지만 30 GHz 이하의 주파수에서는 감소된다. 비와 안개는 라디오파를 산란시켜 감쇠를 가져온다. 이것은 신호손실의 주된 원인이 될 수 있다. 따라서 강수량이 많은 지역에서는 경로길이가 짧아야 하고 낮은 주파수대가 사용되어야 한다.

다중경로

설치될 안테나를 비교적 자유로이 선택할 수 있는 무선시설은 송신기와 수신기 근처에 간섭하는 방해물이 없는 직접적인 가시거리 경로상에 위치시킬 수 있다. 이것은 일반적으로 주로

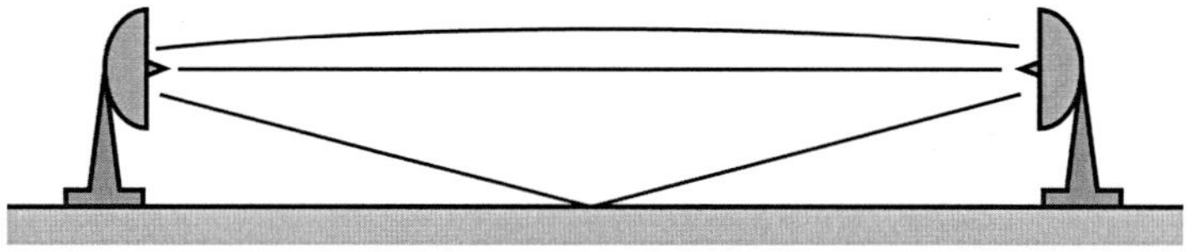

(a) 지상 마이크로파 통신

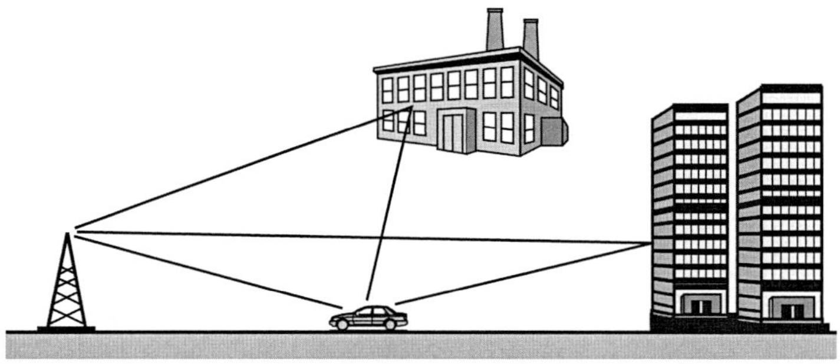

(b) 이동 전화 통신

그림 5.10 다중경로 간섭의 예

통신위성시설이나 지점간 마이크로파 통신에 적용된다. 그러나 이동전화와 같은 경우에는 지상에 건물이나 산 등과 같은 많은 장애물이 존재한다. 신호는 이들 장애물에 의해 반사되어, 다양한 지연을 갖는 여러 신호가 다중경로를 통해 수신될 수 있다. 사실, 극단적인 경우에는 직접 경로로 도달되는 신호가 없을지도 모른다. 직접파와 반사파의 경로길이의 차이에 따라 수신된 복합신호는 직접파보다 크거나 작을 수 있다. 따라서 다중경로를 통해 전달된 신호를 강화시키거나 제거시킴으로써, 마이크로파 통신의 고정 안테나 사이에 또는 통신위성의 안테나와 지상국 안테나 사이에서 통신을 제어할 수 있다. 한 가지 예외상황은 경로가 물을 가로질러 전파되어갈 때 바람이 물의 반사표면을 이동시킴에 따라 발생한다. 따라서 이동전화의 경우처럼 안테나간 경로가 일정치 않은 통신에 있어서는 다중경로가 주요 고려사항이 될 수 있다.

그림 5.10은 지상의 고정 마이크로파 통신과 이동통신에서의 전형적인 다중경로 간섭의 일반적인 형태를 나타낸 것이다. 고정 마이크로파 통신에 있어서 직접적인 가시거리 통신 이외에는 굴절현상에 의해 신호가 대기로부터 반사되거나 지표면으로부터 반사되어 굴곡된 경로를 통해 전달되기도 한다. 반면 이동통신의 경우는 다양한 건축물이나 지형특성에 의해 여러 경로를 통해 반사된 신호가 전달된다.

굴절

라디오파는 대기를 통해 전파될 때 굴절된다. 굴절은 고도에 따라 신호속도가 변화되거나, 또는 대기조건이 다른 공간적인 변화에 의해 발생한다. 통상 신호속도는 고도에 따라 증가하는데, 이는 라디오파가 아래로 구부러지기 때문이다. 그러나 날씨조건에 따라 이러한 전형적인 속도변화와는 다른 속도변화가 나타날 수도 있다. 이러한 현상은 가시거리신호가 수신 안테나에 도달하지 못하는 결과를 가져올 수 있다.

5.4 이동환경에서의 페이딩

아마도 통신시스템 엔지니어가 가장 많이 당면하는 기술적인 문제는 이동환경에서의 페이딩일 것이다. 페이딩이란 용어는 전송매체나 경로에서의 변화에 기인하는 수신 신호전력의 시간변화라 할 수 있다. 고정통신환경에서, 페이딩은 강우와 같은 기후조건의 변화에 영향을 받는다. 그러나 이동통신환경에서는 두 개의 송수신 안테나 중 하나가 다른 기지국 안테나와 달리 이동함으로써, 상대적으로 다양한 방해물의 위치가 시간대별로 변화하게 되어 복잡한 영향을 미치게 된다.

다중경로 전파

그림 5.11에 세 가지 전파 메커니즘의 역할을 나타내었다. **반사**(R)는 전자파신호가 신호의 파장보다 상대적으로 큰 표면을 만났을 때 발생한다. 예를 들어, 이동물체에 근접한 지표면 반사파가 수신되었다고 해보자. 왜냐하면 지표면 반사파는 반사후에 180도 위상이동되므로, 지표파와 가시거리파는 제거될 경향이 높아, 높은 신호손실을 가져올 수 있다.[3] 더욱이 이동체 안테나는 대부분의 인공건조물보다 낮으므로, 다중경로 간섭이 발생한다. 이러한 반사파는 수신기에 건설적으로나 파괴적으로 간섭을 일으키게 될 것이다.

회절(D)은 라디오파의 파장과 비교하여 뚫을 수 없는 대형물체의 모서리에서 발생한다. 라디오파가 그러한 모서리 부분을 만났을 때, 경계선 부분에서 원래 방향과는 다른 방향으로 전파한다. 이러한 회절현상 때문에 실제 송신기로부터 가시거리내에 존재하지 않을지라도 신호를 수신할 수 있다.

장애물의 크기가 신호파장의 크기와 비슷하거나 작다면, **산란**(S)이 발생한다. 이러한 장애물을 만났을 때, 입력되는 신호는 산란되어 여러 개의 약한 출력을 갖는 신호로 분산된다. 일반적인 셀룰러 마이크로파 주파수대에서 가로등이나 신호등과 같은 수많은 물체가 존재하므

3. 다시 말해, 반사파는 직접파에 비해 더 긴 경로를 갖게 되며, 지연에 기인하는 위상전이를 발생한다. 이 지연은 파장의 1/2과 같으므로, 이 두 신호는 서로 반대 위상을 갖게 된다.

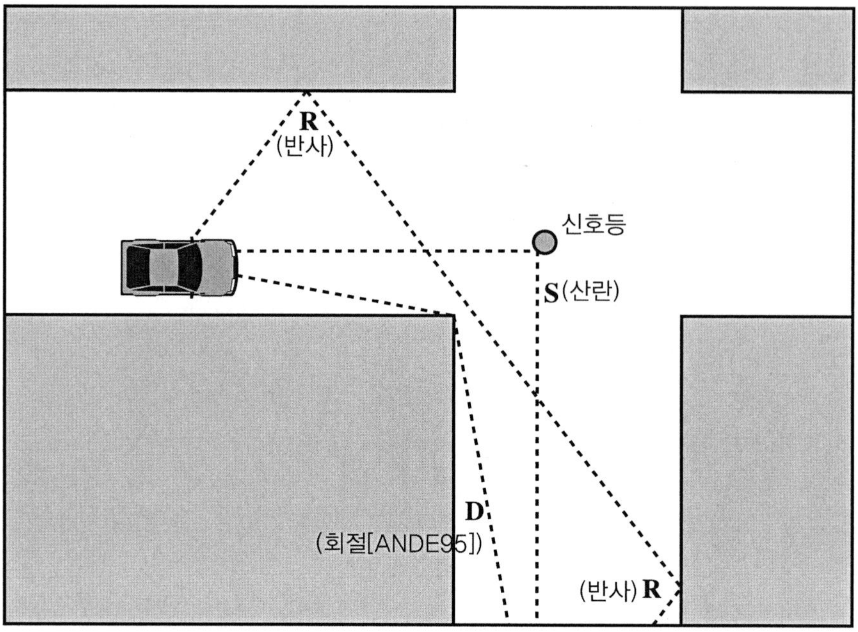

그림 5.11 세 가지 주요전파 메커니즘의 역할: 반사(R), 산란(S), 회절(D) [ANDE95]

로 산란을 발생시킬 가능성이 매우 높아 산란의 영향을 예측하기가 어렵다.

이러한 세 가지 전파메커니즘은 지역의 조건에 따라, 그리고 이동물체가 한 셀내에서 이동함에 따라 여러 가지 형태로 시스템의 성능에 영향을 미치게 된다. 만일 이동물체가 송신기와의 사이에 명백한 가시거리를 유지한다면, 반사는 비교적 중요한 영향을 미칠지라도 회절과 산란의 영향은 일반적으로 크지 않다. 반대로 도심지역처럼 명백한 가시거리내에 존재하지 않는다면 회절과 산란은 매우 중요한 신호 수신원이 된다.

다중 경로 전파의 영향

앞서 기술한 바와 같이, 다중경로 전파에 있어서 한 가지 원하지 않은 영향은 여러 신호가 다양한 위상으로 도달한다는 점이다. 이러한 위상이 파괴적으로 부가된다면, 잡음대비 신호의 세기가 감소되어 수신기에서의 신호검출을 어렵게 만든다.

두번째 현상은 디지털전송에서 매우 중요한 것으로 심볼간 간섭(ISI)이다. 고정 안테나와 이동물체사이의 링크에서 주어진 주파수로 좁은 펄스를 전송한다고 가정하자. 그림 5.12는 채널을 통해 서로 다른 시간대에 송수신기로 펄스신호를 전송하는 예를 나타낸 것이다. 첫번째 그림은 전송시간을 달리하여 송신되는 두 개의 펄스를 나타낸 것이다. 두번째 그림은 이들 신호가 다중경로를 통해 수신기에 도착한 결과 펄스들을 나타낸 것이다. 이 그림에서 전

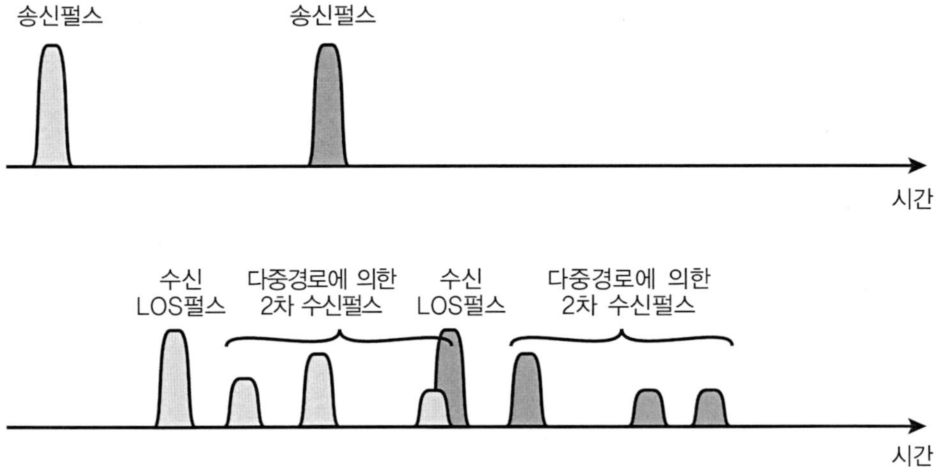

그림 5.12 다중경로 상에서 두 개의 펄스간 ISI 영향

송된 각 펄스마다 수신된 신호 가운데, 첫번째 수신된 펄스는 가시거리로 도달된 1차 신호이다. 통상 대기감쇠의 변화 때문에 수신펄스의 크기는 변화될 수 있다. 특히 이동물체가 고정 안테나로부터 더 멀리 떨어질수록 가시거리 도달 신호의 감쇠크기는 증가한다. 한편 이러한 주된 수신펄스 이외에 그림에서 보듯이 반사나 회절, 산란에 의한 여러 2차 펄스가 수신될 수 있을 것이다. 이러한 펄스가 만일 한 개 이상의 비트데이터로 부호화된다고 가정하자. 이 경우, 만일 이들 2차 수신신호가 다음의 연속된 송신비트의 1차 펄스와 동일 시간에 도착한다면, 앞서 전송된 비트의 2차 신호가 다음 전송비트의 1차 펄스에 대해 잡음형태로 동작하게 되어, 비트정보의 복원을 어렵게 한다.

이동 안테나가 움직임에 따라 여러 방해물의 위치도 바뀌므로 2차 펄스의 수나 크기, 수신 시간 등도 변하게 된다. 이 때문에 다중경로의 영향을 보상하여 원래의 신호를 제대로 복원하는 신호처리기술의 설계가 더욱 어렵다.

페이딩유형

이동환경에서 페이딩영향은 fast와 slow로 구별할 수 있다. 그림 5.11에서 언급된 것처럼 이동물체가 도시의 도로를 따라 내려올 때, 빠른 신호세기의 변화가 약 반파장 거리내에서 발생하게 된다. 일반적으로 이동 셀룰러방식의 900 MHz 주파수에서 파장은 0.33 m이다. 그림 5.13의 급격한 파형변화는 도심의 900 MHz에서 수신된 신호진폭의 공간적인 변화를 가져오는 예를 나타낸 것이다. 진폭의 변화는 짧은 거리에서 20에서 30 dB까지 나타날 수 있다. **fast 페이딩**이라 불리는 이러한 급격히 변화하는 페이딩현상은 자동차에서의 이동전화에만 영향을 주는 것이 아니라 도심거리를 걸어다니는 이동전화 사용자에게도 영향을 준다.

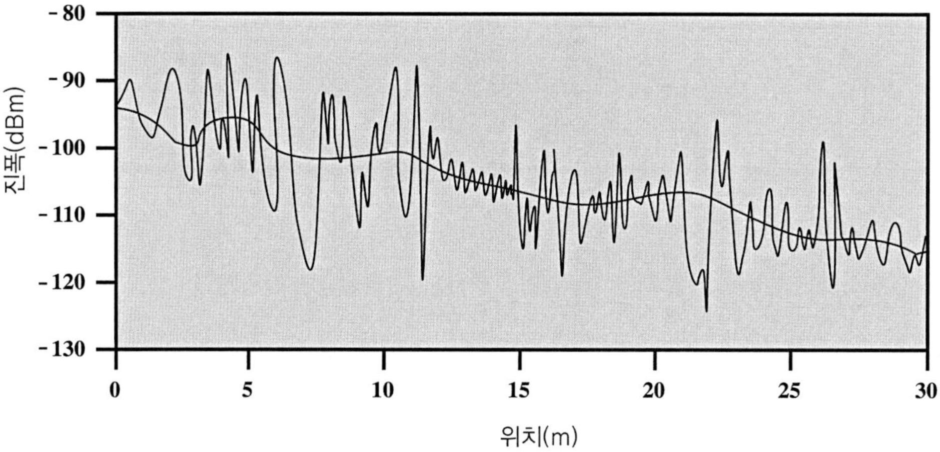

그림 5.13 도시 이동환경에서의 전형적인 slow 및 fast 페이딩

이동 사용자가 파장길이를 초과하는 거리를 움직일 때, 사용자가 다양한 높이의 빌딩, 공터, 교차로 등등을 걸어 다니므로 전파환경이 변화한다. 이렇듯 긴 거리에서 급속한 파동이 발생될 때, 평균 수신전력이 변화하게 된다. 이를 **slow 페이딩**이라 하며 그림 5.13에서 파형이 천천히 변화하는 부분이 그것이다.

한편, 페이딩은 flat 또는 선택적 페이딩으로 분류할 수 있다. **flat 페이딩** 또는 비선택적 페이딩이란 수신된 신호의 모든 주파수성분이 동시에 같은 비율로 파동되는 페이딩형태를 말한다. 이와는 달리 **선택적 페이딩**은 무선신호의 각 주파수 성분마다 서로 다르게 영향을 미치는 현상을 말한다. *선택적 페이딩*은 전체 통신채널의 대역폭에 관계되므로 중요하다. 신호 대역폭내 어느 한 부분에서만 감쇠가 발생한다면, 선택적 페이딩으로 간주해야 할 것이다. 비선택적 페이딩은 신호대역폭이 페이딩에 의해 영향받는 스펙트럼보다 좁거나 또는 완전히 포함됨을 의미한다.

페이딩 채널

통신시스템을 설계함에 있어, 통신 엔지니어는 다중경로 페이딩의 영향과 이동채널의 잡음을 추정할 필요가 있다. 분석의 관점에서 가장 간단한 채널모델은 부가적인 **백색 가우시안 잡음(AWGN)** 채널이다. 이 채널에서 원래의 신호는 물리 채널 자체와 송수신기, 또는 중간의 증폭기와 리피터와 같은 전송시스템의 전자운동에 의해 발생되는 열잡음에 의해 감소된다. 이 모델은 위성통신과 같은 공간통신이나 동축케이블과 같은 유선통신과 같은 경우에는 아주 정확하다. 그러나 지상 무선전송에서, 특히 이동환경 하에서 AWGN은 적절하지 않다.

Rayleigh 페이딩은 송신기와 수신기사이에 간접적인 다중경로만이 존재하고 LOS 경로와 같은 직접 경로가 없을 때에 발생한다. 이것은 최악의 시나리오를 가정한 것이다. 다행히도 Rayleigh 페이딩은 도시환경과 같은 어려운 환경에서 사용될 수 있는 성능특성을 관찰함으로써 분석적으로 처리될 수 있다.

Recian 페이딩은 수많은 간접적인 다중경로 신호와 더불어 직접적인 LOS 경로가 있는 상황을 잘 특성화시킨 것이다. Rayleigh 모델이 외부환경에 적합한 반면, Recian 모델은 내부환경에 더 적합하다. Recian 모델은 또한 좀더 작은 셀이나 좀더 개방된 외부환경으로도 그 영역을 넓혀가고 있다. 채널들은 다음과 같이 정의된 파라미터 K에 의해 특성화될 수 있다.

$$K = \frac{\text{직접 경로에서의 전력}}{\text{산란 경로에서의 전력}}$$

여기서 K = 0일 때 Rayleigh 채널이고(즉, 분자가 0이다), K = 무한대가 될 때 채널은 AWGN이 된다(즉, 분모가 0이다). [FREE98a]와 [SKLA01]을 근거하여 그림 5.14는 잡음이 있는 곳에서의 시스템성능을 나타낸 것이다. 여기에서 비트 에러율은 E_b/N_0의 함수로 그려진다. 물론, E_b/N_0의 값이 증가할 때 비트에러율은 이와는 반대로 감소한다. 그림은 잡음에 비해 상당히 강한 신호에서, 마이크로셀이나 열린 시골환경에서 큰 K값을 갖는 Recian 채널보다, AWGN이 상당히 좋은 성능을 제공함을 나타내고 있다. 성능에 따르면 디지털화된 음성응용에 대해서는 적당하지만, 디지털 데이터전송에서는 보상을 필요로 한다. Rayleigh 채널은 상대적으로 나쁜 성능을 제공한다. 이것은 flat 페이딩이나 slow 페이딩에 모두 다 적용이 된다. 이 경우에 에러보상 메커니즘이 좀더 필요하게 된다. 마지막으로, 어떤 환경은 최악의 경우인 Rayleigh보다도 나쁜 페이딩 영향을 미치기도 한다. 그 예로서는 도시환경에서의 fast 페이딩이나 선택적 페이딩 채널의 영향을 받고 있는 대역내에 페이딩과 같은 경우이다. 이러한 경우에, E_b/N_0는 원하는 성능에 도달하는 데 도움을 줄 수 없다. 따라서 보상 메커니즘이 의무적으로 적용되어야 한다. 다음 절부터 그러한 메커니즘에 대한 논의를 하고자 한다.

에러보상 메커니즘

다중경로 페이딩에 의해 나타나는 에러나 일그러짐에 대한 보상 노력은 세 가지 일반적인 범주로 나눠진다. 전진 에러수정, 적응적 등화, 그리고 다이버시티 기법이 그것이다. 일반적으로 이동 무선환경에서, 위의 세 가지 기법은 발생된 에러율을 보상하기 위해서 결합된다.

전진 에러수정

전진 에러수정기법은 전송신호가 디지털 데이터나 또는 디지털화된 음성이나 영상 데이터를 전달하는 디지털 전송응용에 적합하다. 전진, 즉 forward라는 용어는 수신기가 수신 정보만을 이용하여 데이터내에 존재하는 에러비트를 정정하는 절차를 의미한다. 이것은 수신기

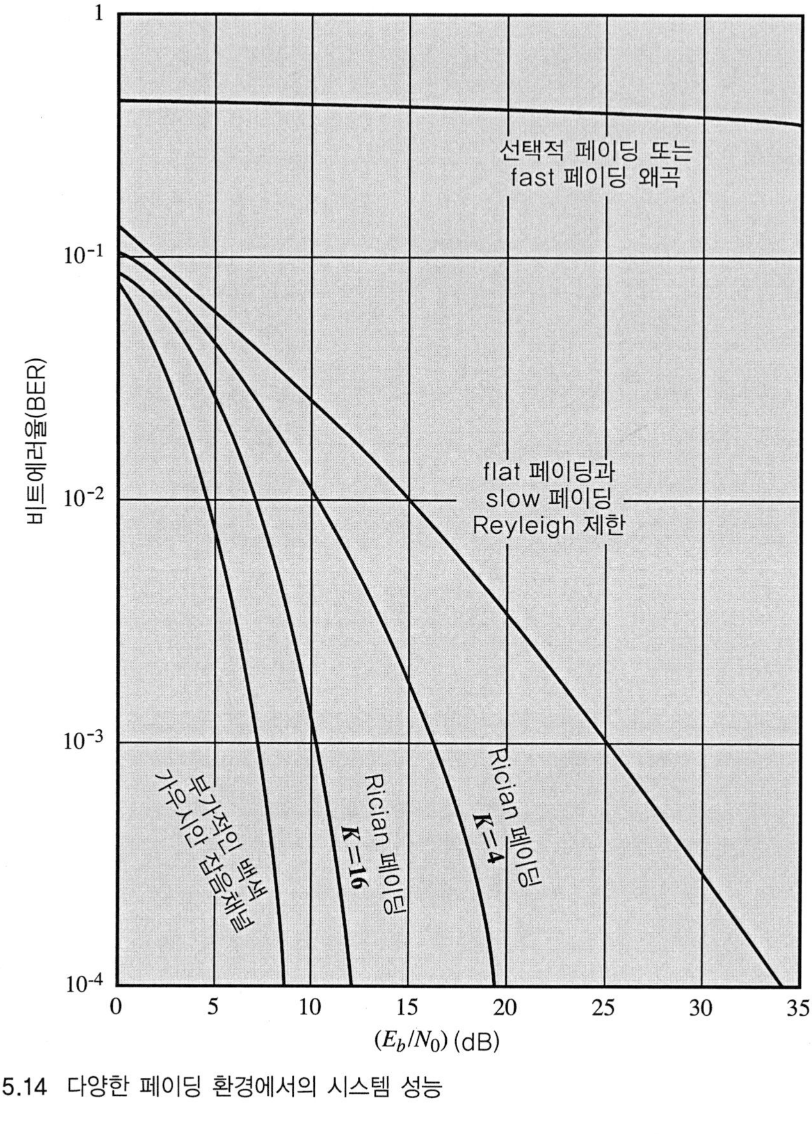

그림 5.14 다양한 페이딩 환경에서의 시스템 성능

가 단지 에러의 유무만을 검출해내어 에러가 발생한 데이터를 재전송해 달라고 송신기에게 요청하는 자동 재전송 요구(ARQ)기법과 대비된다. ARQ 기법은 많은 무선응용에서는 실제적이지 못하다. 예를 들어, 위성통신의 경우 지연시간이 커서 재전송을 무의미하게 할 수도 있으며, 이동통신의 경우는 에러율이 아주 높아 재전송된 블록비트에도 역시 에러가 존재할 확률이 높다. 이러한 응용에서는 전진 에러수정기법이 요구된다. 전진 에러수정기법은 다음과 같이 수행된다.

1. 송신기는 수신기에서 에러를 수정할 수 있도록 부가적인 redundant 비트를 데이터의 각

전송블록마다 부가한다. 이러한 비트를 **ECC(Error-Correcting Code)**라 하며, 주어진 정보비트의 함수로서 계산된다.

2. 각 수신된 블록비트(정보 데이터와 ECC를 포함한 블록) 중 정보비트를 대상으로 수신기는 새로운 ECC를 계산한다. 만약 계산된 값이 수신한 블록내의 ECC와 일치한다면 수신기는 이 블록에 에러가 발생하지 않았다고 가정한다.

3. 만약에 수신된 값과 계산된 코드값이 일치하지 않는다면, 그때는 한 개 이상의 비트에 에러가 발생한 것이다. 에러가 발생한 비트의 수가 부호의 길이와 알고리즘에서 제공하는 한계값 이하라면, 수신기는 에러가 발생한 비트위치를 결정하고 이들 에러를 정정하는 것이 가능해진다.

일반적으로 이동무선응용에서, 실제 전달코자 하는 정보비트의 수와 ECC를 부가한 전체 비트의 비율은 약 2대 3 정도이다. 이것은 엄청난 오버헤드로 작용하여 시스템의 성능이 약 2분의 1이나 3분의 1 정도 떨어지지만, 이동무선환경은 아주 어려워 그러한 정도의 redundancy는 반드시 필요하다.

8장에서 전진 에러수정기법을 자세히 살펴본다.

적응적 등화

적응적 등화는 아날로그정보(아날로그음성이나 영상)나 디지털정보(디지털 데이터, 디지털화된 음성이나 영상)를 전송하는 데 적용될 수 있으며, 심볼간 간섭(ISI)을 해결하는 데 사용된다. 등화과정은 원래의 주어진 시간간격내에 분산된 심볼에너지를 함께 모으는 방법에 의해 수행된다. 등화는 광범위한 주제이다. 아날로그회로의 사용은 물론 복잡한 디지털 신호처리 알고리즘을 포함하는 기술이다. 본 절에서는 디지털 신호처리의 접근방법에 의해 등화를 살펴본다.

그림 5.15는 선형적인 등화회로를 사용하는 일반적인 접근방법을 설명한 것이다. 이 예에서는 각 출력 심볼을 위해 입력신호를 τ 만큼씩 지연시켜 다섯 개의 균일한 간격으로 샘플링된다. 이들 샘플들은 각각 계수 C_i에 의해 곱해져서 다시 하나의 출력심볼을 생성하기 위해 더해진다. 이 회로에서 각 입력샘플에 대한 계수 C_i의 값이 동적으로 조정되기 때문에 적응적 등화방식이라 한다. 일반적으로 계수들은 일련의 알려진 비트열인 *training sequence*를 사용하여 설정된다. 물론 이 training sequence는 송신기에 의해 수신측으로 전송된다. 수신기는 예상된 training sequence와 수신된 training sequence를 비교하고, 이를 기반으로 계수값을 계산한다.

전송환경의 변화에 따라 주기적으로 새로운 training sequence가 전송된다. Rayleigh 채널이나 더 나쁜 환경 하에서는 매 데이터블록마다 새로운 training sequence를 사용해야 할 필

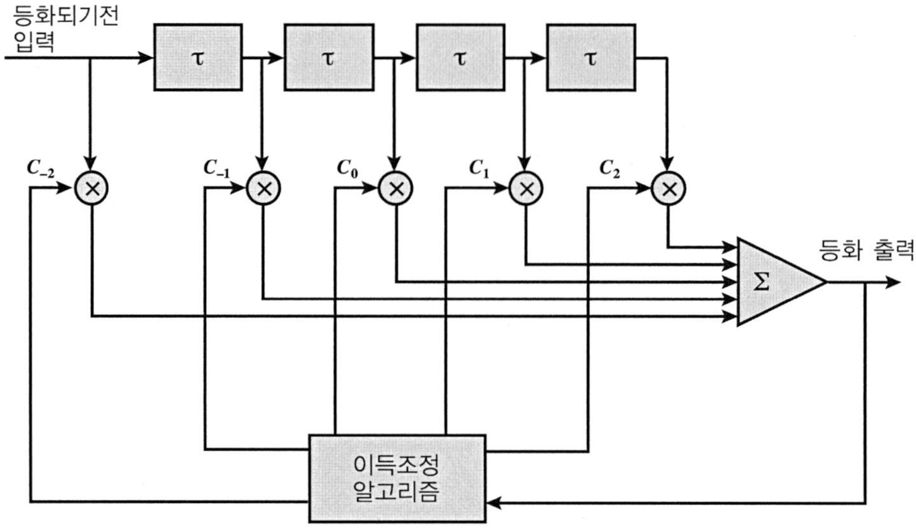

그림 5.15 선형등화회로 [PROA94]

요성도 있다. 결론적으로 이것은 심각한 오버헤드를 초래함을 의미하나 이동 무선환경에서의 에러율에 따라 결정된다.

다이버시티 기법

다이버시티는 각각의 채널들이 서로 별개의 페이딩 현상을 갖는다는 사실에 기초한다. 이러한 사실에 근거하여, 송수신기 사이에 논리적인 다중 채널을 제공하고 각 채널 상에 신호의 각 부분들을 쪼개어 전송함으로써, 에러의 영향을 보상할 수 있도록 한 것이다. 이 기법에 의해 에러를 제거할 수는 없지만, 발생 가능한 높은 에러율을 회피하도록 전송을 분산하기 때문에 감소시킬 수 있다. 등화나 전진 에러수정 등 다른 기법과 함께 사용함으로써 더 효율적인 에러보상이 가능하다.

물리적인 전송경로를 포함하는 *다이버시티* 기법을 **공간 다이버시티**라 한다. 예를 들어, 전송된 신호와 가장 유사하게 재구성할 수 있는 형태로 결합된 메시지를 수신하기 위해 서로 인접한 여러 안테나를 사용할 수 있다. 또 다른 예로는 여러 다른 수신 각도를 갖는 안테나들을 사용하는 것이다. 이들 안테나에 의해 수신된 신호는 다시 원래의 송신신호를 재구성하기 위해서 다시 결합된다.

일반적으로 *다이버시티* 기법은 **주파수 다이버시티**와 시간 다이버시티 기법으로 분류된다. 주파수 다이버시티의 경우, 신호는 보다 넓은 주파수대역폭으로 분산되거나 여러 주파수 반송파에 의해 전송된다. 이러한 접근방법의 가장 중요한 예가 대역확산방식(spread spectrum)으로 7장에서 설명된다.

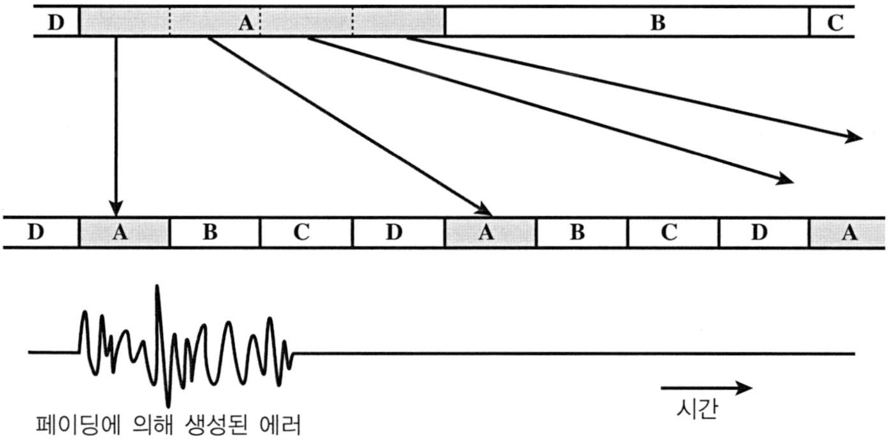

(a) TDM 방식에 의한 인터리빙

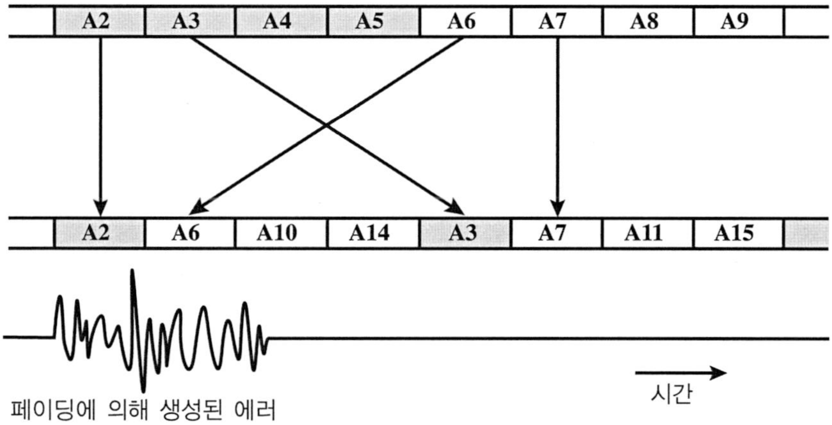

(b) TDM을 이용하지 않는 인터리빙

그림 5.16 에러의 집중화현상을 분산하기 위한 데이터블록의 인터리빙

시간 다이버시티 기법은 잡음의 집중화가 더 적은 비트에 영향을 미치도록 시간에 따라 데이터를 분산하는 방식이다. 시간 다이버시티는 slow 페이딩영역에 있어서 아주 커다란 효과를 미칠 수 있다. 만일 이동물체가 천천히 이동한다면, 상대적으로 긴 시간 간격동안 상당히 큰 크기를 갖는 페이딩 영향을 받을 수 있게 된다. 그 결과, 평균신호의 크기가 간섭보다 아주 높다고 하여도 대규모의 에러블록을 감당할 수는 없을 것이다. 디지털 데이터를 여러 사용자가 하나의 물리 채널을 일정 시간간격을 두고 공유하는 TDM 구조(그림 2.13(b) 참조)를 통해 전송된다면, 그때 블록 인터리빙에 의해 시간 다이버시티 기법을 제공할 수 있다.

[JONE93]에 근거한 그림 5.16(a)는 그 개념을 설명한 것이다. 잡음에 의해 영향을 받는 전체 비트의 수는 그대로 이지만, 블록 인터리빙에 의해 이들 에러의 영향이 여러 다른 논리적인 채널로 분산됨을 알 수 있다. 이러한 에러 분산효과에 의해 각 논리채널상에 존재하게 될 에러비트의 수가 적어지게 되어, 각 논리 채널이 전진 에러수정기법 등에 의해 수행된다면 보다 효율적인 에러정정코드에 의해 에러를 보상할 수 있게 될 것이다. TDM이 사용되지 않을지라도 그림 5.16(b)에서와 같이 원래의 비트열을 블록으로 간주하여 이를 인터리빙함으로써 시간 다이버시티를 적용할 수 있다. 그림 5.16(b)의 경우는 네 그룹으로 블록 인터리빙을 수행한 예이다. 어느 경우에 있어서나 버스트한 에러비트를 분산시킴으로써 에러정정기법의 효율성을 높인다는 점에서는 동일하다.

시간 다이버시티는 지연시간과 상반관계를 갖는다. 사용된 인터리빙과 뒤섞음이 크면 클수록 에러분산효과는 더 커지지만, 수신단에서 원래의 비트 순서를 재구성하는 데 걸리는 지연도 더 커지게 된다.

5.5 참고문헌

[FREE97]은 이 장에서 언급하는 모든 주제에 대해 다루고 있다. 안테나의 엄격한 취급과 전파는 [BERT00]에서 얻을 수 있다. [THUR00]은 안테나에 관한 아주 명확한 논의를 제공한다.

BERT00 Bertoni, H. *Radio propagation for Modern Wireless Systems.* Upper Saddle River, NJ: Prentice Hall, 2000.

FREE97 Freeman, R. *Radio System Design for Telecommunications.* New York: Wiley, 1997.

THUR00 Thurwatchter, C. *Data and Telecommunications: Systems and Applications.* Upper Saddle River, NJ: Prentice Hall, 2000.

웹사이트

- **About Antennas:** 추천할만한 정보 및 링크 소스.

5.6 주요용어, 복습, 연습문제

주요용어

가시거리 (LOS)	공중파 전파	굴절
감쇠	광학적 LOS	누화

다이버시티	선택적 페이딩	지상파 전파
다이폴	수신패턴	파라볼릭 반사 안테나
다중경로	안테나	페이딩
대기흡수	안테나이득	회절
무선 LOS	열잡음	fast 페이딩
반사	임펄스잡음	flat 페이딩
방사패턴	잡음	Hertz 안테나
빔 대역폭	자유공간손실	isotropic 안테나
산란	적응적 등화	slow 페이딩
상호변조 잡음	전진에러수정(FEC)	

복습문제

5.1 안테나가 수행하는 두 가지 기능을 설명하시오.

5.2 Isotropic 안테나를 설명하시오.

5.3 방사패턴에서 이용 가능한 정보를 설명하시오.

5.4 파라볼릭 반사 안테나의 장점을 설명하시오.

5.5 안테나이득을 결정하는 요소를 설명하시오.

5.6 위성통신에서 주된 신호손실의 원인을 설명하시오.

5.7 네 가지 유형의 잡음에 대해 간략히 정의하시오.

5.8 반사에 대해 설명하시오.

5.9 페이딩에 대해 설명하시오.

5.10 회절과 산란의 차이점을 설명하시오.

5.11 fast 페이딩과 slow 페이딩의 차이점을 설명하시오.

5.12 flat 페이딩과 선택적 페이딩의 차이점을 설명하시오.

5.13 3가지 다이버시티 기술에 대해 간략히 정의하시오.

연습문제

5.1 자유공간의 무선전송에서 신호원은 근원지로부터 거리의 제곱 비율로 감소된다. 반면에 유선통신에서 감쇠는 킬로미터당 일정한 dB로 감쇠된다. 다음 표는 자유공간의 무선전송과 유선전송 각각에 대해 거리에 따른 dB 감쇠를 나타낸 것이다. 표를 완성하여라.

거리 (km)	무선 (dB)	유선 (dB)
1	−6	−3
2		
4		
8		
16		

5.2 10 m 길이의 반파장 다이폴에 대한 최적 파장과 주파수를 구하시오.

5.3 공중 전자파 신호가 검출될 수 있는 바닷속 깊이는 파장에 따라 증가되는 것으로 판명되었다. 그래서 군은 잠수함과 통신을 하기 위해 약 30 Hz에 상당하는 매우 긴 파장을 사용하고자 하였다. 반파장 길이의 안테나를 갖기를 원한다면 안테나 길이는 얼마나 되어야 하는가?

5.4 인간 음성의 오디오 전력은 약 300 Hz에 수렴되어 있다. 이 주파수에 적당한 안테나의 길이는 비현실적으로 길다. 그래서, 음성을 무선으로 보내기 위해 음성신호는 안테나 크기를 줄일 수 있도록 반송파에 의해 고주파수로 변조되어야 한다.

a. 300 Hz를 안테나로 전송하기 위한 반파장 안테나의 길이는 얼마인가?

b. 6장에서 기술하듯이 음성신호를 반송파 주파수로 변조하기 위해서는 반송파를 중심으로 하는 좁은 대역폭의 신호대역을 사용하는 변조기법을 사용한다. 1 m 길이를 갖는 반파장 안테나를 사용한다고 가정하면, 반송파 주파수는 얼마인가?

5.5 사람의 치아로 무선신호를 느껴 수신하는 사람들의 이야기가 있다. 무선 안테나로 작동하는 2.5 mm(0.0025 m) 길이를 갖는 수신체를 가졌다고 상상해보자. 그것이 반파장 길이와 동일하다면 독자가 수신하는 주파수는 얼마인가?

5.6 5.1절에서 기술하였듯이 만약에 전자파 에너지원이 파라볼라의 초점에 놓여져 있다면 그리고 파라볼라가 반사면을 가진다면, 그때 파는 파라볼라 축과 선형적으로 평행하게 놓여질 것이다. 이것을 나타내기 위해서, 그림 5.17에 나타낸 파라볼라 $y^2 = 2px$를 고려해보자. P(x_1, y_1)는 파라볼라 위의 한 점이고 그리고 PF는 P와 초점간의 선분이다. x 축과 평행하게 P점을 지나는 선 L과 파라볼라상의 P점을 지나는 접선을 그려라. L과 M이 이루는 각도는 β이고 PF와 M 사이의 각은 α이다. α는 P점에서 파라볼라와 만나는 F의 방사선이다. 입사각은 반사각과 같으므로, P점에서 반사된 방사선은 M과 α 각도를 이루어야 한다. 따라서 $\alpha = \beta$ 임을 입증할 수 있다면, F점에서 시작되어 파라볼라로부터 반사된 방사각은 x축과 평행하게 될 것이다.

a. 먼저 $\tan \beta = (p/y_1)$ 임을 증명하라. *힌트:* 임의 선분의 기울기는 그 선분과 양의 x 축

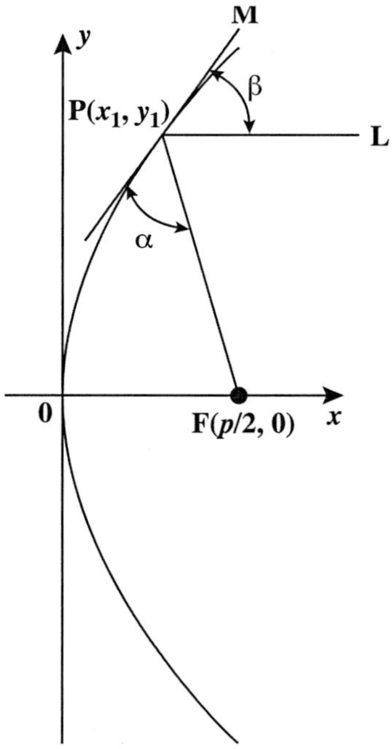

그림 5.17 파라볼릭 반사

이 이루는 각도의 탄젠트와 같다는 삼각법을 상기하라. 또한 주어진 점에서 임의 곡선에 대한 탄젠트 선분의 기울기는 그 점에서 곡선에 대한 미분계수와 같다는 점을 기억하라.

b. $\tan \alpha = (p/y_1)$임을 증명하라. 결과적으로 $\alpha = \beta$임을 증명하라. *힌트*: 두 개의 각 α_1과 α_2의 차이각에 대한 탄젠트공식은 삼각법에 의해

$\tan(\alpha_2 - \alpha_1) = (\tan \alpha_2 - \tan \alpha_1) / (1 + \tan \alpha_2 \times x \tan \alpha_1)$ 임을 상기하라.

5.7 표 5.2에 기술된 각 안테나 종류에 있어서, 30 cm의 파장에서 유효영역과 이득은 얼마인가? 3 mm의 파장에 대해서도 계산하라. 혼과 파라볼라 안테나에 대한 실제 면적은 π로 가정하라.

5.8 거리를 m보다는 km로, 주파수를 Hz보다는 MHz로 표시하는 것이 좀더 편리하다. 이러한 부호를 사용해서 식 (5.2)를 다시 작성해보라.

5.9 3 dB의 지향성 이득을 갖는 두 개의 반파장 다이폴 안테나가 있다. 송신 전력이 1 W이고 두 안테나가 10 km 떨어져 있다면, 수신전력은 얼마인가? 안테나는 지향성이득을 얻을 수 있도록 잘 정렬되어 있고 사용된 주파수는 100 MHz이다.

5.10 송신기가 50 W의 전력을 가진다고 가정하자.

a. dBm과 dBW 단위로 전송전력을 표현하라.

b. 송신기의 전력이 900 MHz 반송파주파수에서 균일한 안테나이득을 가진다면, 100 m 자유공간거리에서 수신된 전력은 몇 dBm인가?

c. 10 km 자유공간거리에서 (b)를 계산해보라.

d. 수신기 안테나이득이 2라고 가정하고 (b)를 계산해보라.

5.11 마이크로파 송신기는 2 GHz에서 0.1 W의 출력을 갖는다. 이 송신기는 송신기와 수신기 안테나 직경이 각 1.2 m인 파라볼라 안테나가 사용되는 마이크로파 통신시스템에서 사용된다고 가정한다.

a. 각 안테나의 이득은 데시벨로 얼마인가?

b. 안테나이득을 고려해 볼 때, 송신신호에서 효과적으로 방사된 전력은 얼마인가?

c. 수신 안테나가 송신 안테나로부터 자유공간경로를 따라 24 km 떨어져 있다면, 수신 안테나에서 유용한 신호전력은 dBm 단위로 얼마인가?

5.12 송출 주파수가 두배로 늘어날 경우 또는 두 개의 송출 안테나 간격이 두배로 늘어날 경우 수신 안테나는 6 dB의 파워를 감소한다는 것을 보여라.

5.13 5.2절에서 방해물이 없는 상태에서, 광학적 가시거리를 $d = 3.57\sqrt{h}$로 나타내었다. 여기서 d는 안테나와의 수평거리를 km 단위로 나타낸 것이다. 그리고 h는 안테나의 높이로서 m 단위이다. 지구 반지름의 값을 6370 km로 하여, 이 방정식을 유도하라. *힌트:* 안테나는 지구표면에 직각이고 안테나 꼭지점과 수평선이 이루는 선분은 수평선에서 지구표면과 탄젠트를 이룬다. 문제를 가시화할 수 있도록 안테나, 가시거리, 지구의 반지름이 나타나도록 그림을 그려라.

5.14 TV 방송국에서 주변 80 km까지 방송이 도달될 수 있도록 하려면 안테나의 높이는 얼마가 되어야 하는지 계산하라.

5.15 50° C에서 1000 watt의 전력을 전달하는 10 kHz의 대역폭을 갖는 채널의 열잡음은 얼마인가? 전력대 잡음을 비교하라.

5.16 주기 $T = 1$ ms를 갖는 그림 2.5(c)의 구형파가 감쇠 없이 8 kHz 주파수까지 통과시키는 저역필터(low-pass filter)를 통과한다면

a. 출력신호의 전력을 계산하라.

b. 필터입력에서 $N_0 = 0.1\ \mu$W/Hz인 열잡음 전압이 존재한다고 가정할 때, 출력 신호대 잡음비율을 dB로 계산하라.

5.17 특정 디지털시스템에서 수신된 신호가 −151 dBW이고, 수신시스템의 효과적인 잡음 온도가 1500° K라면, 2400 bps를 전송하는 링크에서의 E_b/N_0는 얼마인가?

5.18 가시광선이 대기에서 수면으로 30도의 각도로 통과한다고 하자. 수면에서의 광선의 각도는 얼마인가? 주: 지구표면의 표준 대기상태에서 굴절률값은 1.0003이다. 물속에서의 굴절률은 4/3이다.

CHAPTER 6

신호변환기술

communications networks

2장에서는 아날로그/디지털 데이터와 아날로그/디지털신호의 차이점을 살펴보았다. 그림 2.8은 두 가지 형태의 데이터가 두 가지 형태의 신호로 부호화(encoding)될 수 있음을 나타내고 있다.

그림 6.1은 이들 과정을 반복하여 나타낸 것이다. 그림 6.1(a)에 나타낸 바와 같이 **디지털신호**로 부호화하는 경우, 데이터원 $g(t)$는 디지털 또는 아날로그 데이터일 수 있으며 이들은 모두 디지털신호 $x(t)$로 부호화된다. $x(t)$의 실제형태는 부호화기법에 따라 달라지며, 부호화기법은 전송매체의 사용을 최적화하기 위해 선택된다. 예를 들어, 대역폭을 유지하거나 에러를 최소화하기 위해 부호화가 선택될 수 있다.

아날로그신호의 기본은 반송파신호로 알려져 있는, 연속적이며 일정한 주파수신호이다. 반송파신호의 주파수는 사용되는 전송매체와의 호환성을 고려하여 선택된다. 데이터는 변조과정을 통해 반송파신호를 사용해 전송될 수 있다. 변조(modulation)란 정보원 데이터를 주파수 f_c를 가진 반송파신호로 변환하는 과정을 말한다. 모든 변조기법들은 진폭(amplitude), 주파수(frequency), 위상(phase)으로 구성되는 주파수영역상의 세 가지 기본 인자들 중 하나 이상과 관련이 있다.

그림 6.1(b)에 나타낸 바와 같이 입력신호 $m(t)$는 디지털 또는 아날로그 데이터로서 이를 변조신호 또는 기저대역(baseband)신호라고 한다. 변조된 신호인 $s(t)$는 입력신호를 반송파신호로 변조한 결과이다. $s(t)$는 대역제한(bandpass)신호이다. 스펙트럼 상에서 대역폭의 위치는 반송주파수 f_c와 관련이 있으며, f_c가 대역폭의 중앙에 위치하게 된다. 다시 한 번 언급하지만, 부호화 및 변조의 실제형태는 전송매체의 특성을 최적화하기 위해 선택된다.

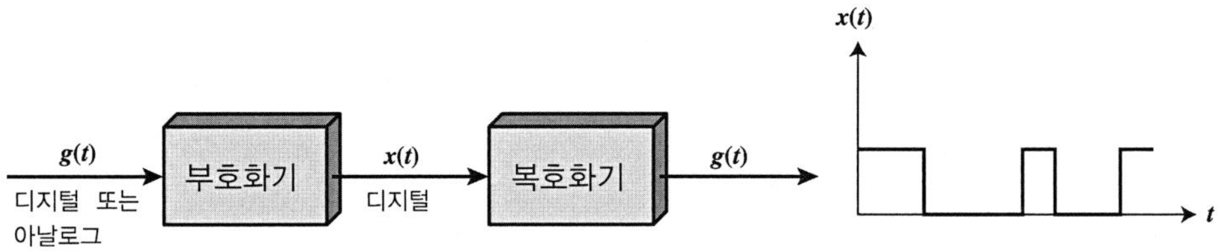

(a) 디지털신호로의 부호화

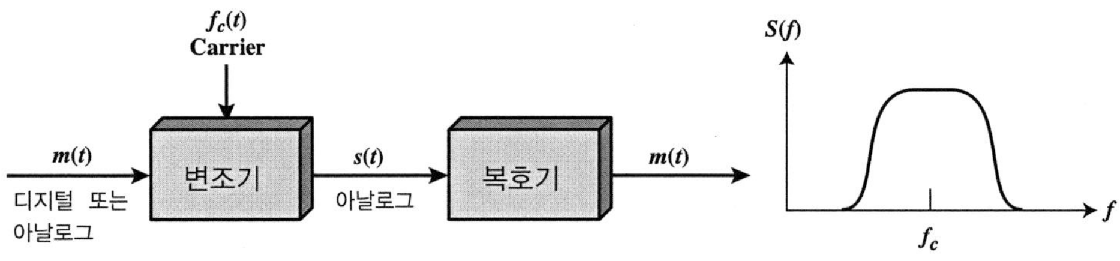

(b) 아날로그신호로의 변조

그림 6.1 부호화와 변조 기법

그림 6.1은 디지털 및 아날로그 간의 네 가지 서로 다른 신호변환방식을 나타낸 것이다. 즉, 2장에서 언급한 것과 같이 신호변환방식은 디지털-디지털, 디지털-아날로그, 아날로그-아날로그, 아날로그-디지털의 네 가지 방식으로 구분되는데, 뒤의 세 가지 방식은 모두 무선 통신과 관련이 있으며 널리 사용되고 있다.

- **디지털-아날로그**: 디지털 데이터와 디지털신호는 무선전송을 위해서 아날로그신호로 변환되어야 한다.
- **아날로그-아날로그**: 일반적으로 음성이나 영상과 같은 기저대역 아날로그신호는 전송을 위해서 보다 높은 고주파 반송파로 변조되어야 한다.
- **아날로그-디지털**: 유선매체나 무선매체 어느 경우에 있어서나 음성신호의 전송을 위해서는 품질을 향상시키기 위해 전송에 앞서 TDM 기법을 이용하여 음성신호를 디지털화하는 것이 일반적이다. 무선전송의 경우, 일단 디지털화된 데이터는 다시 아날로그 반송파로 변조되어야 한다.

제6장에서는 위의 세 가지 기법에 대해 자세히 살펴본다. 먼저 각 영역에서 다양한 접근방식을 평가하는 데 사용될 수 있는 몇 가지 이론을 살펴보도록 한다. 또한 7장에서는 이들 기법들을 혼합한 대역확산 스펙트럼방식에 대해 설명한다.

6.1 신호변환

시작하기에 앞서 몇 가지 용어를 정의한다. 디지털신호는 개별적이며, 불연속적인 전압펄스열(sequence)로서, 각 펄스가 디지털신호요소가 된다. 이진 데이터들은 각 데이터비트를 이러한 신호요소로 부호화하여 전송된다. 가장 단순한 형태를 보면, 비트와 신호요소가 일대일로 대응된다. 그림 2.9는 그 예를 나타낸 것으로, 여기에서 비트 0은 저전압펄스에 의해 표현되며 비트 1은 고전압펄스에 의해 표현된다. 이와 마찬가지로 디지털비트열은 각 해당 펄스에 대해 일정한 진폭, 주파수, 위상을 갖는 일련의 신호요소 열인 아날로그신호로 변환될 수 있다. 디지털 데이터(비트)와 아날로그 신호요소는 일대일로 대응될 수 있다. 그러나 뒤에서 살펴보겠지만, 아날로그신호와 디지털신호 모두에 있어서 데이터와 신호 사이에는 일대일뿐만 아니라 일대다 또는 다대일 대응도 가능하다.

데이터 신호속도(data signaling rate) 또는 신호의 **데이터속도**(data rate)란 데이터가 전송되는 속도로서 초당 비트수로서 표현된다. 비트의 시간(duration) 또는 길이(length)란 송신기가 하나의 비트를 방출하는 데 소요된 시간을 말한다. 데이터속도를 R이라고 하면 비트시간은 $1/R$이 된다. 이와는 대조적으로 **변조속도**(modulation rate)란 신호레벨이 변경되는 속도를 말한다. 이는 어떤 신호변환방식을 선택하는가에 따라 달라지게 된다. 변조속도는 통상

보(baud)로 표현되는데, 초당 변환되는 신호요소의 수를 의미한다. 표 6.1에 주요용어들을 요약하여 정리하였으며, 이들 각 항목에 대해서는 사례를 통해 명확한 개념을 설명하도록 한다.

수신기에서 디지털신호를 복원할 때 수행되는 작업은 그림 2.9를 다시 한번 살펴봄으로써 요약될 수 있다. 수신기는 먼저 각 비트의 타이밍을 알아야만 한다. 다시 말해, 특정 비트가 언제 시작되고 언제 끝나는지 또한, 어느 정도의 정확도를 가지고 있는지를 수신기가 알고 있어야만 한다. 그 다음으로 수신기는 각 비트가 차지하는 시간 간격동안의 신호레벨이 높은지 (1) 또는 낮은지(0)를 결정해야만 한다. 그림 2.9에서 살펴보면, 이러한 작업은 각 비트 시간 간격의 중간에서 신호레벨의 표본화(sampling)와 임계값을 비교함으로써 이루어지게 된다. 그림에서 알 수 있듯이 잡음이나 기타 손상 등에 의해 오류가 발생할 수도 있다.

표 6.1 데이터전송과 관련된 주요용어

용 어	단 위	정 의
데이터요소(data element)	비트수	2진수 1 또는 0
데이터속도(data rate)	초당 비트수(bps)	데이터요소가 전송되는 속도
신호요소(signal element)	디지털: 일정한 진폭의 전압펄스 아날로그: 일정한 주파수, 위상, 진폭을 갖는 연속신호	한 부호가 차지하는 간격동안의 신호표현
신호속도(signaling rate) 또는 변조속도(modulation rate)	초당 신호요소의 수(baud)	신호요소가 전송되는 속도

입력되는 신호를 수신기가 성공적으로 해독할 수 있는지를 결정하는 인자에는 어떤 것들이 있을까? 여러분은 2장에서 살펴보았던 중요한 세 가지 인자인 신호대 잡음비 (또는 E_b/N_0), 데이터속도, 대역폭을 기억할 것이다. 이들 인자간에는 다른 하나의 인자가 일정하다고 가정한 경우, 다음과 같은 관계가 성립된다.

- 데이터속도가 증가하면 비트에러율(bit error rate, BER[1])이 증가한다.
- SNR이 증가하면 비트에러율은 감소한다.
- 대역폭이 증가하면 데이터속도가 증가한다.

성능을 향상시키는 데 사용될 수 있는 또 하나의 인자로서 부호화기법을 들 수 있다. 부호화기법이란 단순히 데이터비트를 신호요소로 변환하는 것이다. 여기에는 다양한 기법들이 사용될 수 있다. 이러한 기법들을 설명하기 전에, 여러 가지 기법들을 평가하거나 비교하는

1. BER은 데이터 회로상의 에러성능에 대해 가장 일반적으로 사용하는 측정도구로서, 수신된 비트가 에러를 가질 확률로서 정의할 수 있다. *비트에러율*(bit error ratio)이라고도 한다. 영문표현으로 하면 ratio가 더 정확한 표현으로 *rate*라는 용어는 일반적으로 시간에 따라 변동되는 양을 말한다. 하지만, 대부분의 책이나 표준문서에는 BER의 R을 *rate*로 언급하고 있다.

방법들을 아래에서 먼저 살펴보도록 한다.

- **신호스펙트럼(signal spectrum)**: 신호스펙트럼은 여러 가지 면에서 중요하다. 고주파 요소가 적다는 것은 전송하는 데 보다 낮은 대역폭을 필요로 하다는 것을 의미한다. 또한 직류(dc) 성분이 없을수록 역시 바람직한데, 신호가 직류성분을 가지고 있으면 전송신호를 변환없이 베이스밴드신호 그대로 직접 물리매체 상에 전송하여야 한다. 직류요소가 없으면 신호변환기를 통해 교류(ac)결합이 가능해지는데, 이는 아주 우수한 전기적 차단을 제공하여 간섭을 줄여주게 된다. 결국 신호의 왜곡현상이나 간섭에 의한 영향의 정도는 전송된 신호의 스펙트럼속성에 따라 달라지게 된다. 실제로 보면 신호대역의 종단 부분에서 채널의 전송기능이 악화되는 일이 자주 발생한다. 따라서, 제대로 된 신호설계를 위해서는 전송전력을 전송대역폭의 중간부분에 집중할 수 있어야 한다. 이와 같은 경우, 수신된 신호에서 왜곡현상의 발생이 줄어들게 된다. 이런 목적을 달성하기 위해, 전송된 신호의 스펙트럼을 형상화(shaping)하기 위한 목적으로 부호를 설계할 수 있다.
- **클럭킹(clocking)**: 수신기는 각 비트 간격의 시작과 끝을 결정해야만 하는데, 이것은 쉬운 일이 아니다. 비용이 많이 드는 방법 중의 하나로 송신기와 수신기를 동기화하기 위해 분리된 클럭채널을 제공하는 것이다. 또 다른 대안은 전송된 신호를 기준으로 하는 동기화 메커니즘을 제공하는 것이다. 이는 적절한 부호화를 통해 이루어질 수 있다.
- **신호간섭(signal interference)과 내잡음성(noise immunity)**: 특정부호들은 잡음이 있는 상태에서도 우수한 성능을 보인다. 이것은 통상 BER에 의해 표현된다.
- **비용과 복잡도(cost and complexity)**: 디지털 논리회로는 지속적인 가격하락을 유도하고 있지만, 그래도 비용은 무시될 수 없는 인자이다. 실제로, 주어진 데이터속도를 달성하기 위해 신호속도가 높아지면 그에 따라 비용 또한 상승하게 된다. 일부 부호화기법은 실제 데이터속도보다 더 큰 신호속도를 필요로 하기도 한다.

지금부터 앞에서 언급했던 여러 가지 부호화기법들을 살펴보도록 한다.

6.2 디지털 데이터, 아날로그신호

먼저 아날로그신호를 통해 전송되는 디지털 데이터의 경우를 살펴보도록 하자. 이러한 전송형태를 가지는 가장 일반적인 경우가 공중 전화망을 통해 디지털 데이터를 전송하는 것이다. 원래 전화망은 대략 300에서 3400 Hz의 음성 주파수영역에서 아날로그신호를 수신하고, 변환하고, 전달하도록 설계되었다. 따라서 가입자로부터 발생하는 디지털신호를 처리하기에는 적합하지 않다. 따라서 디지털 데이터를 생성하는 디지털기기를 통신망에 연결하기 위해서는 모뎀(modulator–demodulator, MODEM)과 같은 장비가 필요하며, 이러한 장비를 통해 디지털 데이터를 아날로그신호로, 아날로그신호를 디지털 데이터로 변환하게 된다.

전화망의 경우, 모뎀은 음성 주파수영역의 신호를 생성하는 데 사용된다. 동일한 기본 기술을 이용하여 모뎀은 마이크로파와 같은 고주파영역의 신호를 생성할 수도 있다. 이 절에서는 이러한 기법들을 소개하고, 각 기법들의 성능특성들에 대해 간단히 살펴보도록 한다.

변조는 반송파신호의 세 가지 특성인 진폭(amplitude), 주파수(frequency), 위상(phase) 중의 하나 또는 그 이상에 대한 작업을 통해 이루어짐을 언급한 바 있다. 따라서 디지털 데이터를 아날로그신호로 변환하기 위해서는 세 가지의 기본적인 부호화 또는 변조기법들이 사용됨을 알 수 있다. 이 기법들은 그림 6.2에 나타내었듯이, 진폭편이 변조방식(ASK: amplitude shift keying)과 주파수편이 변조방식(FSK: Frequency Shift Keying), 그리고 위상편이 변조방식(PSK: phase shift keying)이 있다. 세 가지 경우 모두, 변환된 신호는 반송파 주파수를 중심 주파수로 하는 대역폭을 차지하게 된다.

진폭편이 변조방식

ASK(Amplitude Shift Keying)의 경우, 두 개의 이진값이 반송파 주파수의 서로 다른 진폭에 의해 표현된다. 일반적으로 진폭 중 하나는 0이다. 즉, 이진값 중의 하나는 일정한 진폭을 가진 반송파가 존재함을 표현하며, 다른 하나는 존재하지 않음을 나타낸다(그림 6.2(a)).

1비트 시간 동안에 전송된 신호는

$$\text{ASK} \qquad s(t) = \begin{cases} A\cos(2\pi f_c t) & \text{비트 } 1 \\ 0 & \text{비트 } 0 \end{cases} \tag{6.1}$$

여기에서 반송파신호는 $A\cos(2\pi f_c t)$이다. ASK는 외부로부터의 갑작스러운 이득변화가 발생될 수 있으므로 다소 비효율적인 변조기법이다. 음성급 회선의 경우, 일반적으로 1200 bps까지만 사용된다.

ASK 기법은 광섬유를 통해 디지털 데이터를 전송하는 경우에 사용된다. LED(Light Emitting Diode) 송신기의 경우, 식 (6.1)은 적합하다. 즉, 신호요소 중 하나는 광펄스에 의해 표현되며, 다른 신호요소는 광의 부재에 의해 표현된다. 레이저 송신기는 보통 고정된 바이어스 전류를 가지고 있기 때문에 장비는 항상 낮은 광신호를 방출하게 된다. 따라서 이러한 광신호가 신호요소 중 하나를 나타내며, 높은 진폭을 가진 광신호는 다른 신호요소를 나타낸다.

주파수편이 변조방식

FSK(Frequency Shift Keying)의 가장 일반적인 형태는 이진 FSK(BFSK)로서, 두 개의 이진값은 반송파 주파수와 가까운 서로 다른 두 주파수에 의해 표현된다(그림 6.2(b)). 1비트 시간

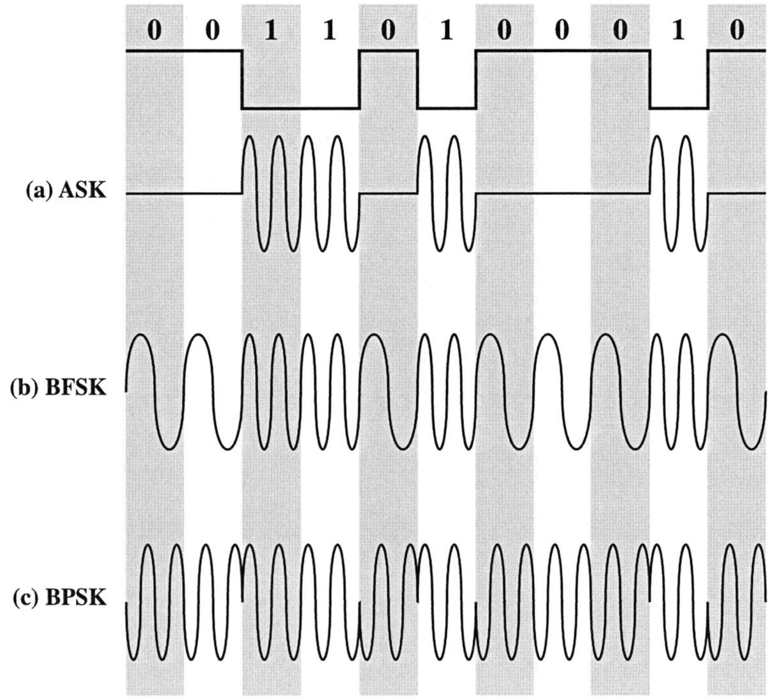

그림 6.2 디지털 데이터의 아날로그신호 변조

동안에 전송된 신호는

$$\text{BFSK} \qquad s(t)=\begin{cases} A\cos(2\pi f_1 t) & \text{비트 1} \\ A\cos(2\pi f_2 t) & \text{비트 0} \end{cases} \qquad (6.2)$$

여기에서 f_1과 f_2는 반송파 주파수 f_c를 중심으로 좌우에 존재하는 주파수로서, 크기는 같지만 방향이 반대가 된다.

그림 6.3은 음성급 회선상에서 전이중방식으로 동작하는 경우에 FSK가 사용되는 사례를 보여주고 있다. 이 그림은 벨시스템 108 시리즈 모뎀의 규격이다. 음성급 회선은 대략 300에서 3400 Hz 영역에서 주파수를 전달하게 된다. **전이중방식**의 전송을 하기 위해 대역폭이 분할된다. 한 방향 (송신 또는 수신)에서 1과 0을 나타내기 위해 사용되는 주파수는 1170 Hz를 중심주파수로 하여 좌우측 양쪽으로 100 Hz씩 편이된 1070과 1270 Hz이다. 이들 두 주파수에 의한 신호의 결과가 그림 6.3의 왼쪽부분에 음영영역으로 나타낸 스펙트럼을 갖는다. 마찬가지로 다른 방향(송신 또는 수신)에서 모뎀은 2125 Hz를 중심 주파수로 하여 양쪽으로 100 Hz 이동한 주파수를 사용하여 0과 1을 표현하게 된다. 이 신호는 그림 6.3의 오른쪽 음영영역으로 나타낸 것이다. 주목할 점은 중첩이 거의 없기 때문에 간섭도 그만큼 줄어들게 된다.

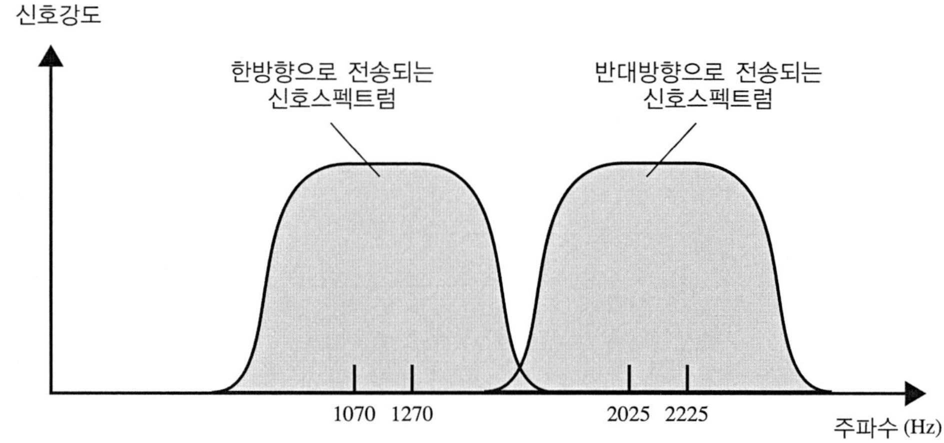

그림 6.3 음성급 회선상의 전이중 FSK 전송

BFSK는 ASK에 비해 에러가 발생할 가능성이 적다. 음성급 회선에서 일반적으로 1200 bps까지 사용된다. 또한 3에서 30 MHz의 고주파 라디오전송에도 많이 사용되며, 동축케이블을 사용하는 근거리 통신망의 경우, 더 높은 주파수에서도 사용될 수 있다.

신호의 대역폭이 넓어질수록 효율은 커지지만 반면 에러에 대해서도 더 민감하다. 이와 같은 신호가 다중 FSK(MFSK)로서 두 개 이상의 주파수가 사용된다. 이 경우, 각 신호요소는 하나 이상의 비트를 나타내게 된다. 하나의 신호요소 시간동안에 전송되는 MFSK 신호는 다음과 같이 정의될 수 있다.

$$\text{MFSK} \qquad s_i(t) = A\cos 2\pi f_i t, \qquad 1 \le i \le M \tag{6.3}$$

여기에서,

$f_i = f_c + (2i - 1 - M)f_d$
f_c = 반송파 주파수
f_d = 차주파수(difference frequency)
M = 다른 신호요소의 수 = 2^L
L = 신호요소당 비트의 수

입력비트열의 데이터속도에 맞추기 위해서는 각 출력 신호요소는 $T_S = LT$초 동안 유지된다. 여기서 T는 한 비트시간(데이터속도 = $1/T$)이다. 따라서 특정주파수를 갖는 신호요소 중 하나는 L개의 비트를 부호화한다. 필요한 전체 대역폭은 $2Mf_d$가 되며, 필요로 하는 최소 주파수분리는 $2f_d = 1/T_S$임을 알 수 있다. 따라서, 변조기가 필요로 하는 대역폭은 $W_d = 2Mf_d = M/T_S$가 된다.

Example 6.1

f_c = 250 kHz, f_d = 25 kHz, M = 8 (L = 3 bit)인 경우, 3 bit 데이터 조합 각각에 대한 각 신호요소의 주파수 할당은 다음과 같다.

f_1 = 75 kHz 000 f_2 = 125 kHz 001 f_3 = 175 kHz 010 f_4 = 225 kHz 011

f_5 = 275 kHz 100 f_6 = 325 kHz 101 f_7 = 375 kHz 110 f_8 = 425 kHz 111

이러한 방식은 $1/T = 2Lf_d$ = 150 kbps의 데이터속도를 지원할 수 있다.

그림 6.4는 M = 4인 MFSK의 예를 보여주고 있다. 입력비트열은 한 번에 2비트씩 부호화되며, 서로 다른 주파수로 전송되는 신호요소는 4개이다.

Example 6.2

그림 6.4는 M = 4일 때의 MFSK의 유형을 나타낸다. 20 비트의 비트스트림 입력이 시간당 2 비트로 인코드되고 각각 4개의 서로 다른 주파수의 2-비트 조합으로 이루어져 있다. 그림에서 y-축은 송출 주파수이고 x-축은 시간의 함수이다. 그리고 각각의 열은 단위시간 T_s를 표현하며 이들은 단일 2-비트 신호요소로서 송출된다. 각각의 열에서 음영으로 처리된 직사각형 영역들은 단위시간당 송출 주파수를 나타낸다.

위상편이 변조방식

PSK(Phase Shift Keying)의 경우, 반송파신호의 위상은 각 2진 데이터를 표현하기 위해 편이된다.

2레벨 PSK

2진 디지털 데이터를 표현하기 위한 가장 간단한 형태로, 그림 6.2(c)에 나타낸 바와 같이 두 개의 위상을 사용하는 2레벨 PSK를 들 수 있다. 1비트 시간동안에 전송되는 신호는 다음

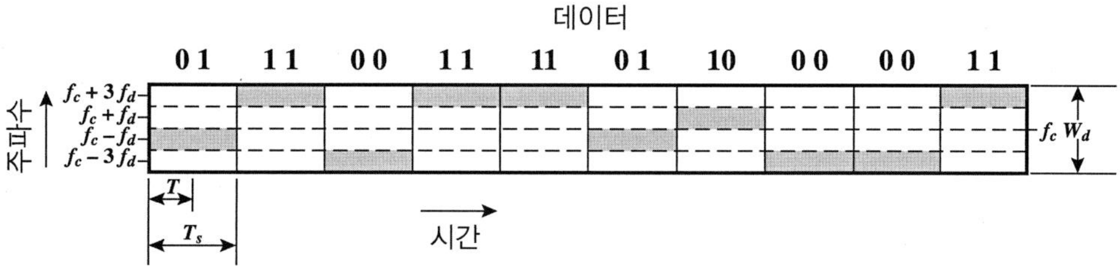

그림 6.4 MFSK 기법에서의 주파수 사용 (M = 4)

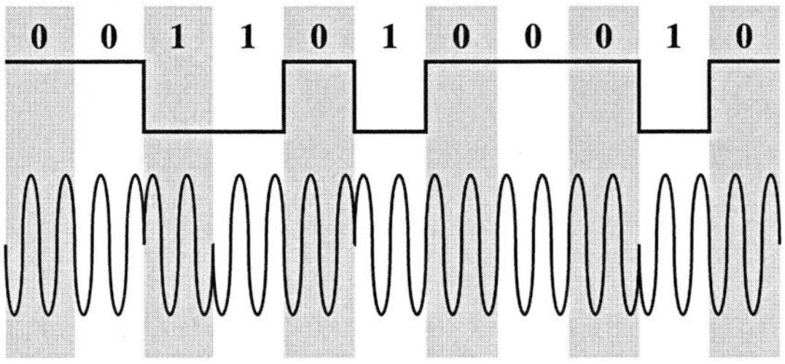

그림 6.5 DPSK 방식

과 같다.

$$\text{BPSK} \qquad s(t)=\begin{cases}A\cos(2\pi f_c t)\\ A\cos(2\pi f_c t+\pi)\end{cases}=\begin{cases}A\cos(2\pi f_c t) & \text{비트 } 1\\ -A\cos(2\pi f_c t) & \text{비트 } 0\end{cases} \tag{6.4}$$

180° (π)의 위상이동은 사인파를 한 바퀴 돌리거나 −1을 곱한 것과 같으므로 식 (6.4)의 오른쪽 표현이 사용될 수 있다. 이로부터 편리한 공식을 유도할 수 있다. 비트열에서 대응하는 비트가 1인 경우 1비트 시간동안 +1의 값을, 비트가 0인 경우 −1의 값을 갖는 함수 $d(t)$를 정의하면, 위의 식 (6.4)는 다음과 같이 정의할 수 있다.

$$\text{BPSK} \qquad s_d(t)=A\,d(t)\cos(2\pi f_c t) \tag{6.5}$$

2레벨 PSK의 또 다른 형태가 차동 PSK, 즉 DPSK(Differential PSK)이다. 그림 6.5에 DPSK의 예를 나타내었다. 이 방식에서는 비트 0은 앞서 보내진 이전 신호와 동일한 위상을 갖는 신호로 표현되며, 비트 1은 이전 신호와 반대의 위상을 갖는 신호로 표현된다. 여기서 *차동*(differential)이라는 용어는 위상의 이동이 일정한 값을 갖는 기준 신호를 참조하기 보다는 앞서 전송된 비트를 참조한다는 사실을 의미하고 있다. 차동부호화의 경우, 전송되는 정보는 신호요소 자신보다는 연속적인 데이터 부호 사이의 변화에 의해 표현된다. 따라서 DPSK는 다른 PSK 방식과는 달리 수신기내에 송신기와 맞추기 위한 정밀한 위상발진기(oscillator)가 필요 없다. 앞 신호의 위상이 정확하게 수신되는 한, 다음 신호의 위상참조는 정확하게 이루어지기 때문이다.

4레벨 PSK

신호요소가 하나 이상의 비트를 표현할 수 있다면 대역폭을 보다 효율적으로 사용할 수 있게 된다. 예를 들어, PSK에서 사용되는 180°의 위상 이동보다는, 보다 일반적인 부호화기법인 직교 위상편이 변조(QPSK: quadrature phase shift keying)가 사용되는데, 이 기법은 $\pi/2$ (90°)의 배수에 해당하는 위상이동을 사용한다.

$$\text{QPSK} \qquad s(t)=\begin{cases} A\cos\left(2\pi f_c t+\frac{\pi}{4}\right) & 11 \\ A\cos\left(2\pi f_c t+\frac{3\pi}{4}\right) & 01 \\ A\cos\left(2\pi f_c t-\frac{3\pi}{4}\right) & 00 \\ A\cos\left(2\pi f_c t-\frac{\pi}{4}\right) & 10 \end{cases} \qquad (6.6)$$

따라서, 각 신호요소는 하나가 아닌 두 개의 비트를 표현하게 된다.

그림 6.6은 일반적인 형태의 QPSK 변조기방식을 나타낸 것이다. 입력은 데이터속도 $R=1/T_B$를 갖는 비트열로서, 여기에서 T_B는 각 비트의 폭이다. 그림에 나타낸 바와 같이 입력비트열은 각각 $R/2$ bps를 갖는 두 개의 비트열로 분리되는데, 분리된 각 데이터열을 I열, Q열이라 한다. 그림에서 보면, I열은 비트열과 반송파를 곱함으로써 주파수 f_c인 반송파로 변조된다. 변조기의 구조를 이해하기 쉽도록 비트 1을 $\sqrt{1/2}$, 0은 $-\sqrt{1/2}$로 매핑한다. 따라서, 비트 1은 반송파와 같은 부호로, 비트 0은 반송파의 음수로 표현되며, 두 개 모두 일정한 진폭을 가지고 있다. 이와 똑같은 반송파가 90°이동되어 그림의 아래쪽 Q 비트열을 위해 사용된다. 두 개의 변조된 신호는 서로 결합되어 전송된다. 최종적으로 전송되는 신호는 다음과 같이 표현될 수 있다.

$$\text{QPSK} \qquad s(t)=\frac{1}{\sqrt{2}}I(t)\cos 2\pi f_c t-\frac{1}{\sqrt{2}}Q(t)\sin 2\pi f_c t$$

그림 6.7에 QPSK 부호화의 예를 나타내었다. 두 개의 변조된 신호열은 원래 입력비트열의 데이터속도의 반인 BPSK 신호가 된다. 따라서, 최종적으로 결합된 신호는 입력되는 비트 속도의 반에 해당하는 부호화속도(symbol rate)를 갖게 된다. 주목할 것은 하나의 부호화 심볼

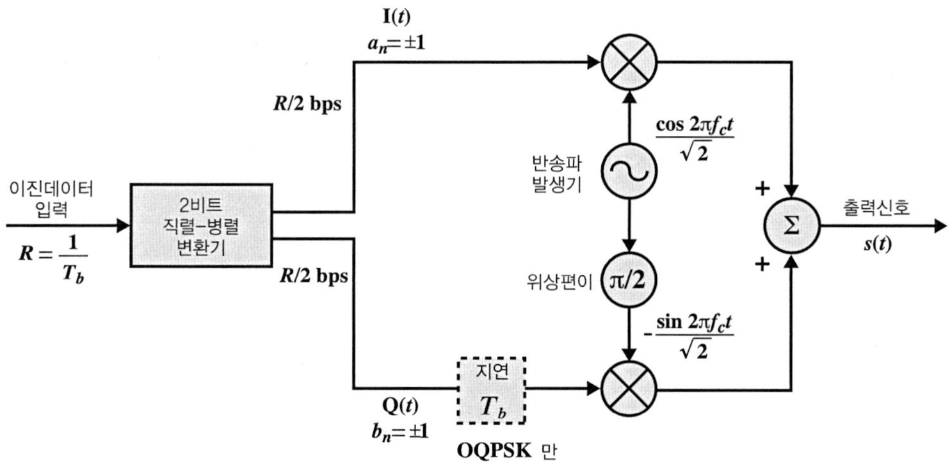

그림 6.6 QPSK와 OQPSK 변조기

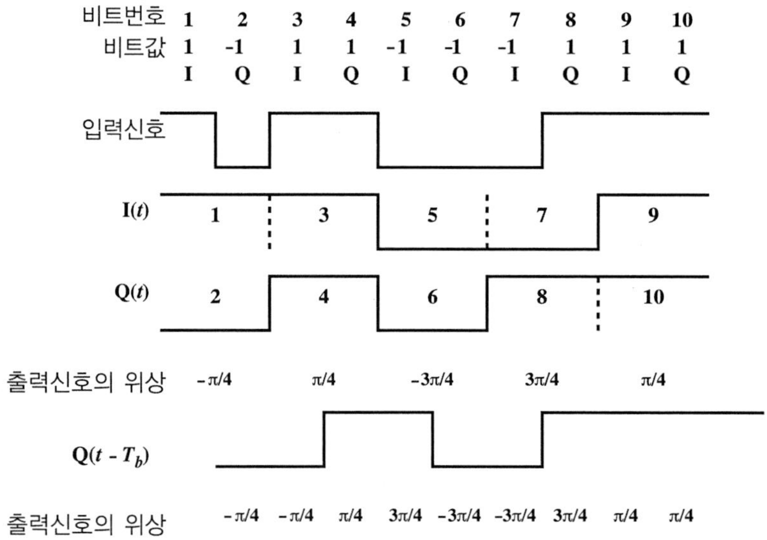

그림 6.7 QPSK와 OQPSK 파형의 예

시간에서 다음 부호화시간까지 180° (π)만큼의 위상변화가 가능하다는 것이다.

그림 6.6은 QPSK의 또 다른 형태인 offset QPSK, 직교(orthogonal) QPSK인 OQPSK를 나타내고 있다. QPSK와의 차이점은 Q 비트열에 한 개의 비트시간 만큼의 지연(delay)을 도입했다는 점이고, 결과로 나타나는 신호는 다음과 같다.

$$\text{OOPSK} \qquad s(t) = \frac{1}{\sqrt{2}} I(t) \cos 2\pi f_c t - \frac{1}{\sqrt{2}} Q(t - T_b) \sin 2\pi f_c t$$

OQPSK는 QPSK와 Q 비트열 지연만큼만 다르기 때문에, 스펙트럼 특성과 비트에러 성능은 QPSK와 동일하다. 그림 6.7에 나타낸 바와 같이 두 비트 중의 하나만이 언제나 +, −의 부호를 바꿀 수 있어, 결합된 신호에서의 위상 변화는 결코 90° ($\pi/2$)를 넘을 수 없다는 사실을 알 수 있다. 일반적으로 위상변조기가 가지고 있는 물리적인 한계로 인해 높은 전이속도(transition rate)로는 큰 위상 이동이 어렵기 때문에, 이 방식은 장점을 갖는다. OQPSK는 또한 전송채널(송신기와 수신기를 포함)이 무시할 수 없는 비선형 요소를 가지고 있는 경우에 우수한 성능을 제공한다. 비선형성으로 인해 신호대역폭의 확산이 발생하며, 이로 인해 인접한 채널에 간섭을 초래할 수 있다. 위상변화가 작을수록 이러한 확산을 조절하기가 쉬워지는데, 이러한 점이 OQPSK가 QPSK보다 나은 장점이다.

다중레벨 PSK(MPSK: multiple PSK)

다중레벨을 사용하여 한 번에 두 개 이상의 비트를 취하여 부호화할 수 있다. 8개의 서로 다른 위상각을 사용하여 한 번에 세 개를 취하여 전송하는 것도 가능하다. 뿐만 아니라 각 위상각은 하나 이상의 진폭을 가질 수 있다. 예를 들어, 표준 9600 bps 모뎀은 12개의 위상각을 사용하며, 그중 4개의 위상각은 2개의 진폭값을 사용하므로, 모두 16개의 서로 다른 신호요소를 갖는다.

위의 예는 데이터속도 R(bps)과 변조속도(baud)와의 차이점을 아주 잘 지적하고 있다. 이 방식을 일정한 전압펄스에 의해 비트 1과 0을 표현하는 디지털입력에 대해 적용한다고 가정하자. 데이터속도는 $R = 1/T_B$이다. 그러나 부호화된 신호는 각각의 신호요소에 $M = 16$인 서로 다른 진폭과 위상의 조합을 사용하여 $L = 4$비트를 포함하게 된다. 따라서 변조속도는 $R/4$로 나타낼 수 있는데, 이는 각 신호요소의 변화가 4비트를 전달하기 때문이다. 다시 말해서 회선의 신호속도는 2400 baud이지만, 데이터속도는 9600 bps가 된다. 이것이 보다 복잡한 변조방식을 사용하여 음성급 회선에서 높은 비트 속도를 달성할 수 있는 이유이다.

일반적으로 데이터속도와 변조속도와의 관계는 다음과 같이 나타낼 수 있다.

$$D = \frac{R}{L} = \frac{R}{\log_2 M} \tag{6.7}$$

여기에서,

D = 변조속도, baud

R = 데이터속도, bps

M = 서로 다른 신호요소의 수 = 2^L

L = 신호요소당 비트의 수

성능

여러 가지 디지털-아날로그 변조방식을 성능관점에서 살펴보면 가장 관심의 대상이 되는 파라미터는 변조된 신호의 대역폭이다. 이는 여러 가지 인자에 의해 영향을 받게 되는데, 대역통과신호를 생성하기 위해 사용되는 대역폭의 정의와 필터링기법 등에 따라 달라진다. [COUC01]로부터의 결과를 직접 사용한다.

ASK의 경우, 전송 대역폭 B_T는 다음과 같다.

$$\textbf{ASK} \qquad B_T = (1 + r)R \tag{6.8}$$

여기에서 R은 데이터속도이고, r은 전송되는 대역폭을 구성하기 위해 신호를 필터링하는 데 사용되는 기법과 관련이 있다. 일반적으로 $0 < r < 1$이다. 따라서 대역폭은 데이터속도와 직접적인 관련이 있다. 이 공식은 PSK에 대해서도 적용되며 특정한 가정 하의 FSK에도 적용가능하다.

MPSK를 통해 대역폭의 현저한 향상을 기대할 수 있다. 일반적으로, MPSK의 대역폭은 다음과 같이 표현된다.

$$\text{MPSK} \qquad B_T = \left(\frac{1+r}{L}\right)R = \left(\frac{1+r}{\log_2 M}\right)R \qquad (6.9)$$

여기에서 L은 신호요소당 부호화된 비트의 수이고, M은 서로 다른 신호요소의 수이다.

다중레벨 FSK, 즉 MFSK의 경우의 대역폭은 다음과 같다.

$$\text{MFSK} \qquad B_T = \left(\frac{(1+r)M}{\log_2 M}\right)R \qquad (6.10)$$

표 6.2는 디지털-아날로그신호변환의 각 방식에 있어서 전송대역폭과 데이터속도 R의 비율을 나타낸 것이다. 이 비율을 대역폭효율이라고도 한다. 이름에서 알 수 있듯이, 이 파라미터는 데이터를 전송하는 데 사용될 수 있는 대역폭이 갖는 효율을 측정한다. 이 표로 부터 알 수 있듯이 다중레벨 신호변환방식의 장점은 이제 명확해졌다.

물론, 앞에서 입력신호의 스펙트럼을 살펴보았으나, 잡음의 존재와 성능과의 관계를 다루지는 않았다. 그림 6.8은 전송시스템과 관련한 합당한 가정에 기초한 일부 결과를 요약하여 나타낸 것이다[COUC01]. 여기에서 BER은 5장에서 정의된 E_b/N_0 비율의 함수로서 표현하였다. 물론 이 비율이 증가하면 BER은 떨어지게 된다. DPSK와 BPSK는 ASK와 BFSK에 비해 대략 3 dB 가량 높다.

그림 6.9는 MFSK와 MPSK의 경우, M의 여러 가지 레벨에 대한 BER을 나타낸 것이다. 여기에는 중요한 차이점이 존재한다. MFSK의 경우, M이 증가하면 주어진 E_b/N_0 값에 대하여 에러확률은 감소한다. 반면에 MPSK의 경우에는 반대가 된다. 다시 말하면 식 (6.9)와 (6.10)을 비교해보면 알 수 있듯이 M이 증가하면 MFSK의 대역폭효율은 감소하는 반면에

표 6.2 다양한 디지털-아날로그신호변환방식에 대한 데이터속도와 전송대역폭의 비율

	$r = 0$	$r = 0.5$	$r = 1$
ASK	1.0	0.67	0.5
FSK	0.5	0.75	1.00
Multilevel FSK			
$M = 4, L = 2$	0.5	0.75	1.00
$M = 8, L = 3$	0.375	0.56	0.75
$M = 16, L = 4$	0.25	0.375	0.5
$M = 32, L = 5$	0.156	0.234	0.312
PSK	1.0	0.67	0.5
다중레벨 PSK			
$M = 4, L = 2$	2.00	1.33	1.00
$M = 8, L = 3$	3.00	2.00	1.50
$M = 16, L = 4$	4.00	2.67	2.00
$M = 32, L = 5$	5.00	3.33	2.50

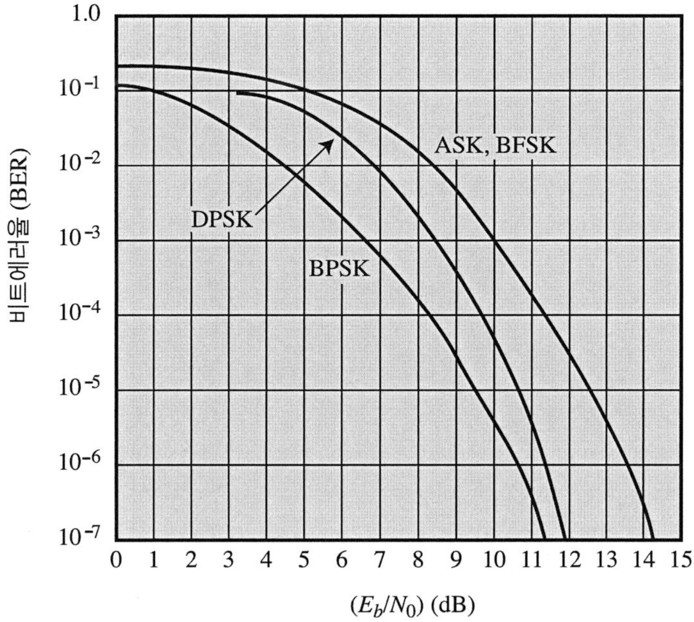

그림 6.8 각 신호변환 방식에 대한 이론적 BER

Example 6.3

SNR이 12 dB인 채널에서 BER이 10^{-7}인 경우에 FSK, ASK, PSK, QPSK에 대한 대역폭 효율은 얼마인가?

식 (5.4)를 사용하면,

$$\left(\frac{E_b}{N_0}\right)_{\text{dB}} = 12\text{ dB} - \left(\frac{R}{B_T}\right)_{\text{dB}}$$

FSK와 ASK의 경우, 그림 6.8로부터,

$$\left(\frac{E_b}{N_0}\right)_{\text{dB}} = 14.2\text{ dB}$$

$$\left(\frac{R}{B_T}\right)_{\text{dB}} = -2.2\text{ dB}$$

$$\frac{R}{B_T} = 0.6$$

PSK에 대하여 그림 6.8로부터,

$$\left(\frac{E_b}{N_0}\right)_{\text{dB}} = 11.2\text{ dB}$$

$$\left(\frac{R}{B_T}\right)_{\text{dB}} = 0.8\text{ dB}$$

$$\frac{R}{B_T} = 1.2$$

QPSK에 대한 결과는 변조속도 $D = R/2$를 고려해야 한다. 따라서,

$$\frac{R}{B_T} = 2.4$$

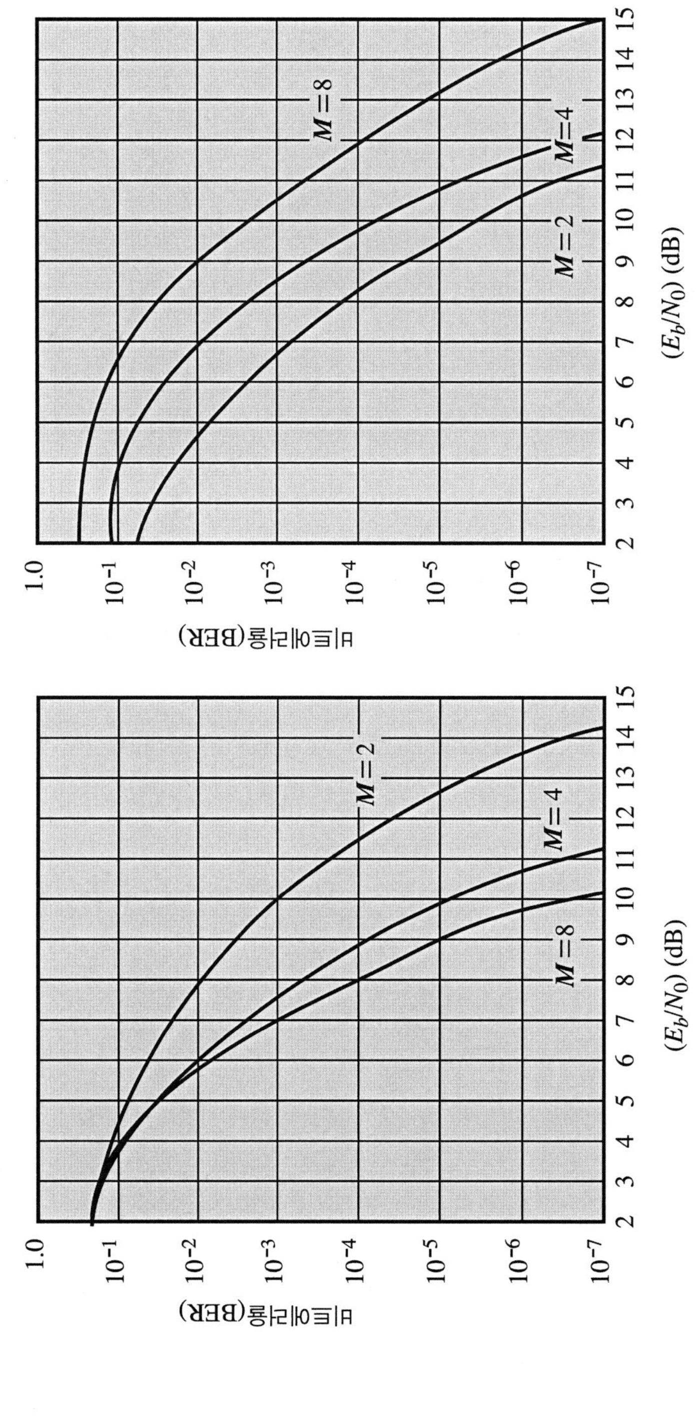

(a) 다중레벨 FSK(MFSK)

(b) 다중레벨 PSK(MPSK)

그림 6.9 다중레벨 FSK와 PSK에 대한 이론적 BER

MPSK의 경우는 반대가 된다. 따라서 두가지 경우 모두 진폭효율과 오차 성능 상호간의 상호교환이 존재하는 것이 사실이다. 다시 말해서 진폭이 증대되면 에러가 발생할 확률이 늘어나는 것이며 이러한 사실은 MFSK의 M 레벨의 숫자에 대하여 상반되는 결과를 낳게 된다. 이러한 원인에 대한 규명은 이 책의 범위를 넘는 것으로서 더 관심이 있는 독자는 [SKLA01]을 참고하기 바란다. 아울러 MPSK는 주어진 공식에 의해서 구해질 수 있다.

앞에서 살펴본 예제에서 알 수 있듯이, ASK와 FSK는 동일한 대역폭효율을 보여주고 있고, PSK가 보다 우수하며, 다중레벨 신호변환방식을 통해 더 큰 향상을 달성할 수 있다.

최소 Shift Keying

최소 Shift Keying(MSK)은 모듈화의 한 형태로서 이동통신 시스템에서 때때로 쓰여지는 형태이다. MSK는 약간의 에러 퍼포먼스 증대를 만들어내는게 사실이지만 그대신 우수한 진폭효율을 BFSK에 제공한다. **MFSK**는 실제로 BFSK의 한 형태로 여겨지는 것도 사실이다. MFSK의 시간당 비트당 송출신호는 다음과 같다.

$$\textbf{MSK} \qquad s(t)=\begin{cases}\sqrt{\dfrac{2E_b}{T_b}}\cos(\ 2\pi f_1 t+\theta(0)) & binary\,1\\ \sqrt{\dfrac{2E_b}{T_b}}\cos(\ 2\pi f_2 t+\theta(0)) & binary\,2\end{cases}$$

여기서 E_b는 단위 비트당 송출신호 에너지이고 T_b는 비트지속 시간이다. $\theta(0)$는 시간 $t=0$일 때의 위상이다. MSK의 중요특성 중 하나는 MSK가 연속 위상차 FSK(CPFSK)의 한 형태라는 것이며 즉 그것은 MSK가 비트당 시간당 계속 위상이 연속적으로 천이됨을 의미한다. 그림 6.2(b)는 BFSK 신호가 CPFSK의 한 형태임을 보여준다. 그림에서 볼 수 있듯이 비트 시간당 신호는 스무드함을 알수있다. 반면 그림 6.2(c)에서는 때대로 급격한 위상변화를 보인다. MSK에 있어서 두 개의 주파수는 다음 방정식을 만족한다.

$$f_1=f_c+\frac{1}{4T_b} \qquad f_2=f_c-\frac{1}{4T_b}$$

이 두 개의 주파수차이는 최소치로 보여지는 현상이며 이는 수신장치에서 성공적인 신호의 감지를 가능하게 하며 실제로 그렇게 이용되고 있다. 그리고 이것이야 말로 MSK의 minimum(최소)이 의미하는 뜻인 것이다.

또한 MSK는 OQPSK의 특별한 형태로도 여겨지는데 그 이유는 운반자가 $I(t)$ 또는 $Q(t)$, 둘 중의 하나의 곱으로 나타내어질 수 있으며 이들 두가지는 모두 직각펄스 함수(rectangular pulse)이며 대게 1 또는 −1의 값을 갖기 때문이다. MSK에 있어서 운반자는 주기함수의 곱으로 나타내어지며 그 방정식은 다음과 같다.

$$\text{MSK} \qquad s(t) = I(t)\cos\left(\frac{\pi t}{2T_b}\right)\cos 2\pi f_c t + Q(t - T_b)\sin\left(\frac{\pi t}{2T_b}\right)\sin 2\pi f_c t$$

MSK의 해석은 본 교재의 범위를 벗어나는 것으로서 더 자세한 내용은 [PASU79]과 [XION94]를 참고하기바란다.

직교 진폭변조

직교 진폭변조(QAM: Quadrature Amplitude Modulation)는 잘 알려진 아날로그신호변환 기법으로 일부 무선 표준에서 사용되고 있다. 이 변조기법은 ASK와 PSK의 조합이지만, QPSK의 논리적 확장으로 생각할 수도 있다. QAM은 두 개의 다른 신호를 동시에 동일한 반송파 주파수를 통해 전송하는 것이 가능하다는 사실을 이용한다. 이는 반송파 주파수 중 하나를 다른 하나에 대해 90° 이동시킨 2개의 반송파신호를 사용한다. QAM의 경우, 각 반송파는 ASK 변조된다. 두 개의 독립적인 신호는 동시에 동일한 매체를 통해 전송된다. 따라서 수신기에서는 두 개의 신호가 복조되고, 그 결과를 결합하여 원래의 이진 입력데이터를 만들어낸다.

그림 6.10은 일반적인 QAM 변조방식을 나타낸 것이다. 입력은 R bps로 도착하는 이진수의 비트열이다. 이 비트열은 하나의 비트씩 차례로 취하여 각각 $R/2$ bps의 전송속도로 분리된 2개의 비트열로 변환된다. 그림에서 위쪽 비트열은 반송파 주파수 f_c인 반송파에 비트열을 곱하여 ASK 변조한다. 따라서, 비트 0은 반송파가 존재하지 않는 것으로 표현되며 비트 1은 일정한 진폭을 갖는 반송파로 표현된다. 한편 그림의 아래쪽 비트열은 위쪽과 동일한 반송파를 90° 이동시킨 다음 이 신호에 의해 ASK 변조된다. 이렇게 각각 ASK 변조된 두 개의

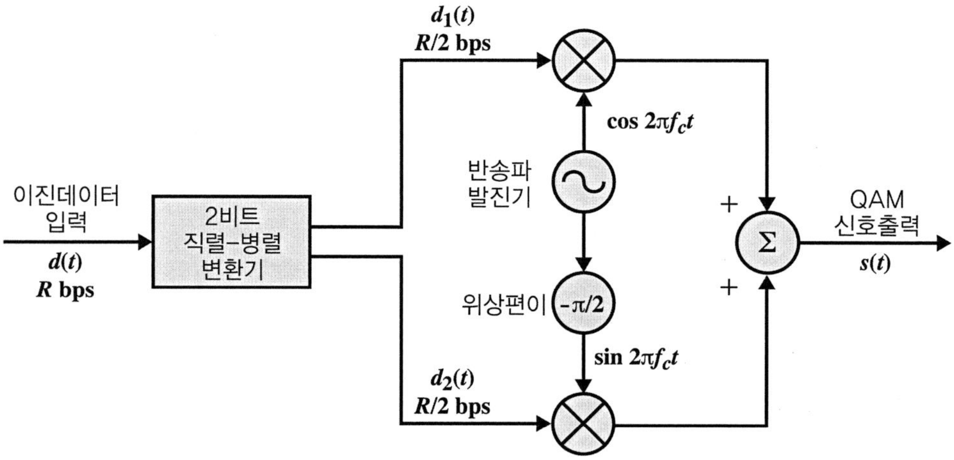

그림 6.10 QAM 변조기

신호는 서로 합쳐져서 전송된다. 전송되는 신호는 다음과 같이 표현될 수 있다.

QAM $$s(t) = d_1(t)\cos 2\pi f_c t + d_2(t)\sin 2\pi f_c t$$

2레벨 ASK가 사용된다면 두 개의 비트열 각각은 두 개의 상태 중 하나가 될 수 있으며, 결합된 스트림은 $4 = 2 \times 2$ 상태 중의 하나가 될 수 있다. 이것이 본질적인 QPSK이다. 4레벨 ASK가 사용되면(즉, 4개의 다른 진폭레벨), 결합된 스트림은 $16 = 4 \times 4$ 상태 중 하나가 될 수 있다. 64 또는 256 상태를 사용하는 시스템도 있다. 상태의 수가 클수록 주어진 대역폭 내에서 가능한 데이터속도가 커지게 된다. 물론 앞서 살펴본 것처럼 상태의 수가 클수록 잡음과 감쇠로 인해 잠재적인 에러발생률도 높아지게 된다.

6.3 아날로그 데이터, 아날로그신호

변조란 입력신호 $m(t)$와 주파수 f_c를 갖는 반송파를 결합하는 과정이라고 정의하였다. 이를 통해 f_c를 중심주파수로 하는 대역폭을 갖는 신호 $s(t)$를 생성하게 된다. 디지털 데이터의 경우, 변조의 이유는 명백하다. 단지 아날로그 전송설비만이 이용 가능하다면 변조는 디지털 데이터를 아날로그형태로 변환하기 위해 반드시 필요하다. 데이터가 이미 아날로그라면 그럴 이유가 줄어들게 된다. 그 다음, 음성신호는 원래의 스펙트럼(기저대역전송이라 한다)으로 전화선을 통해 전송된다. 아날로그신호의 아날로그변조에는 두 가지 중요한 이유가 있다.

- 효과적인 전송을 위해서는 보다 높은 주파수가 요구된다. 무선매체를 통한 전송의 경우, 기저대역(baseband)신호를 전송하는 것은 사실상 불가능하다. 왜냐하면 필요한 안테나의 지름이 수 킬로미터가 되어야 하기 때문이다.
- 변조는 주파수분할 다중화(FDM)를 허용한다. 주파수분할 다중화는 중요한 기법으로 2장에서 설명한 바 있다.

이 절에서는 아날로그 데이터를 사용한 주요 변조기법들인 진폭변조(AM: amplitude modulation), 주파수변조(FM: frequency modulation), 위상변조(PM: phase modulation)를 살펴보도록 한다. 앞에서 설명된 바와 같이, 신호의 세 가지 기본 특성들이 변조를 위해 사용된다.

진폭변조

진폭변조(AM: Amplitude Modulation)는 가장 단순한 형태의 변조로서, 그림 6.11에 나타내었다. 수학적으로, 이 과정은 다음과 같이 표현될 수 있다.

AM $$s(t) = [1 + n_a x(t)]\cos 2\pi f_c t \tag{6.11}$$

여기에서 $\cos 2\pi f_c t$는 반송파이고 $x(t)$는 데이터를 전달하는 입력신호이며, 모두 진폭값 1로 정규화되어 있다. 파라미터 n_a는 변조지수로서 입력신호의 진폭과 반송파의 비율을 의미한다. 앞에서 언급한 대로 입력신호는 $m(t) = n_a x(t)$이다. 식 (6.11)에서 "1"은 정보의 손실을 방지하기 위한 dc성분이다. 이 방식은 양측파대 반송파(DSBTC: double sideband transmitted carrier)방식으로 알려져 있다.

Example 6.4

$x(t)$가 진폭변조신호 $\cos 2\pi f_m t$인 경우, $s(t)$를 유도하시오.

$$s(t) = [1 + n_a \cos 2\pi f_m t] \cos 2\pi f_c t$$

삼각법에 의해, 위의 식은 다음과 같이 확장될 수 있다.

$$s(t) = \cos 2\pi f_c t + \frac{n_a}{2} \cos 2\pi (f_c - f_m) t + \frac{n_a}{2} \cos 2\pi (f_c - f_m) t$$

그 결과, 신호는 원래의 반송파 주파수성분과 반송파로부터 각각 f_m Hz만큼 이동된 한 쌍의 성분을 갖게 된다.

식 (6.11)과 그림 6.11을 통해, AM이 입력신호와 반송파의 곱과 관련이 있음을 알 수 있다. 따라서 변조된 신호의 포락선은 $[1 + n_a x(t)]$가 된다. 이 경우, $n_a < 1$이라면 포락선은 원래

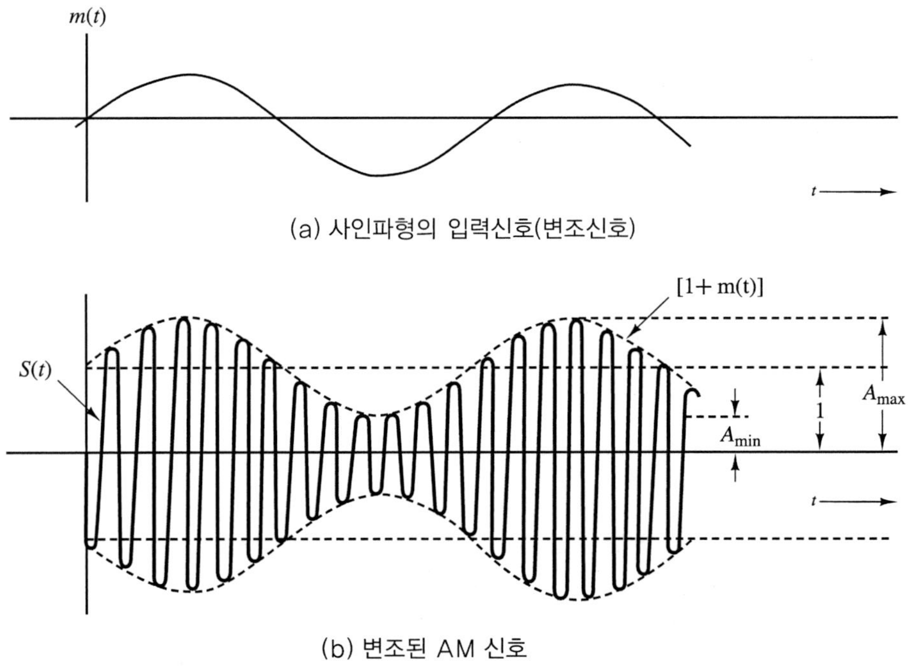

(a) 사인파형의 입력신호(변조신호)

(b) 변조된 AM 신호

그림 6.11 진폭 변조

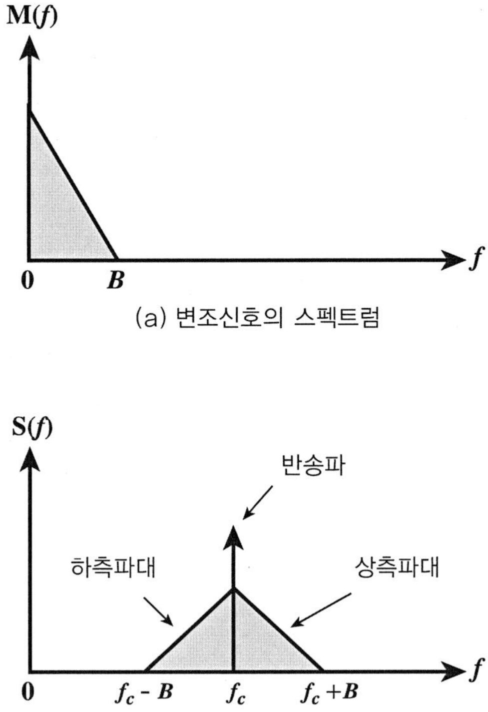

(a) 변조신호의 스펙트럼

(b) 반송주파수 f_c인 AM 신호의 스펙트럼

그림 6.12 AM 신호의 스펙트럼

신호를 정확히 재생할 수 있으며, $n_a > 1$이라면 포락선은 시간 축을 가로지르게 되고 정보는 손실된다.

AM 신호의 스펙트럼을 살펴보자. 그림 6.12는 그 예를 나타내었다. 스펙트럼은 원래의 반송파와 f_c로 변환된 입력신호의 스펙트럼 합으로 구성된다. $|f| > |f_c|$의 경우, 스펙트럼의 위치는 *상측파대*(upper sideband)이고, $|f| < |f_c|$의 경우, 스펙트럼의 위치는 *하측파대*(lower sideband)이다. 위쪽과 아래쪽 측파대 모두 원래의 스펙트럼 $M(f)$와 동일한 복사본으로, 단지 하측파대는 주파수만 역전된 형태이다. 예를 들어, 300에서 3000 Hz까지의 대역폭을 갖는 음성신호를 60 kHz 반송파로 변조하는 경우를 생각해보자. 변조된 신호는 60.3에서 63 kHz의 상측파대와 57에서 59.7 kHz의 하측파대, 60 kHz 반송파를 갖게 된다. 중요한 관계식은 다음과 같다.

$$P_t = P_c\left(1 + \frac{n_a^2}{2}\right)$$

여기에서 P_t는 $s(t)$의 총 송신전력이고 P_c는 반송파의 송신전력이다. 가능한 n_a가 크면 클수록 신호전력의 대부분을 정보를 전달하는 데 사용할 수 있기 때문에 더 좋으나 n_a는 1보다 적어야 한다.

이러한 AM 신호의 경우는 $s(t)$가 불필요한 성분을 포함하고 있다. 왜냐하면 각 측파대가 완전한 스펙트럼 $m(t)$를 가지고 있기 때문에 두 개의 중복된 정보신호의 스펙트럼을 포함한다. 따라서 이를 개선하기 위해 널리 알려진 AM의 변형이 단측파대(SSB: single sideband) 방식으로서, 양측파대 중의 하나만을 전송하고 다른 쪽 측파대와 반송파는 제거하는 것이다. 이 방식은 DSBTC 방식과 비교하여 다음과 같은 장점을 갖는다.

- 단지 대역폭의 절반만이 요구된다. 즉, $B_T = B$가 된다. 여기에서, B는 원래 신호의 대역폭이다. DSBTC의 경우에는 $B_T = 2B$가 된다.
- 보다 낮은 전력이 요구된다. 반송파나 나머지 측파대를 전송하는 데 사용되는 전력이 필요 없게 된다. 또 다른 변형 중 하나가 양측파대 억압 반송파(DSBSC: double sideband suppressed carrier)방식으로서, 이 방식은 반송파 주파수를 정류하고 나서 양쪽 측파대 모두를 전송한다. 이 방식에서는 DSBTC와 같은 대역폭을 사용하면서도 전력의 일부를 절약할 수 있게 된다.

그러나 DSBSC 처럼 반송파를 보내지 않는 경우의 문제점은 수신측에서 반송파가 동기화 목적으로 사용될 수 있다는 점이다. 예를 들어, 원래의 아날로그신호가 디지털 데이터를 부호화한 ASK 파형이라고 해보자. 수신기는 데이터를 제대로 해석하기 위해 각 비트 시간의 시작점을 알아야 할 필요가 있다. 일정한 반송파는 비트의 도착을 알리기 위한 클럭킹 메커니즘을 제공한다. 따라서 이를 보완한 접근방법이 잔류측파대(VSB: vestigial sideband)방식으로서, 측파대 하나와 저감전압(reduced-power) 반송파를 전송하는 것이다.

각도변조

주파수변조(FM)와 위상변조(PM)는 각도변조(angle modulation)의 특별한 경우이다. 변조된 신호는 다음과 같이 표현된다.

각도변조 $$s(t) = A_c \cos[2\pi f_c t + \phi(t)] \tag{6.12}$$

위상변조의 경우, 위상은 변조신호와 비례한다.

PM $$\phi(t) = n_p m(t) \tag{6.13}$$

여기에서 n_p는 위상 변조지수이다.

주파수 변조의 경우, 위상의 미분계수는 변조신호에 비례한다.

FM $$\phi'(t) = n_f m(t) \tag{6.14}$$

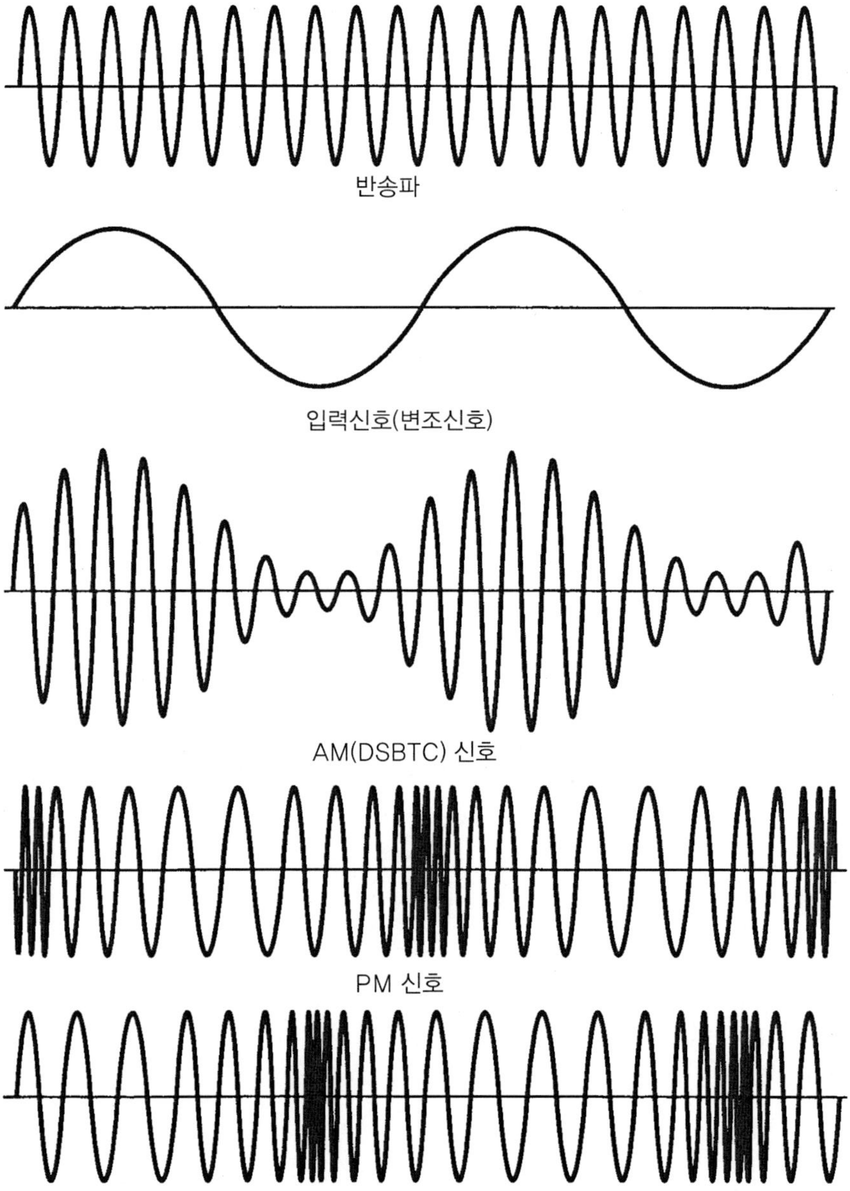

그림 6.13 Sine파 신호에 대한 Sine 반송파의 진폭, 위상, 주파수변조

여기에서 n_f는 주파수 변조지수이다.

위에서 설명한 내용보다 상세한 수학적 설명을 원하는 사람들은 다음을 참고하도록 한다. 임의 시간에서의 $s(t)$의 위상은 $2\pi f_c t + \phi(t)$가 된다. 반송파신호로부터의 순간 위상편차는

$\phi(t)$이다. PM에서 순간 위상편차는 $m(t)$에 비례한다. 주파수는 신호의 위상 변화속도라고 정의될 수 있으므로, $s(t)$의 순간주파수는

$$2\pi f_i(t) = \frac{d}{dt}[2\pi f_c t + \phi(t)]$$

$$f_i(t) = f_c + \frac{1}{2\pi}\phi'(t)$$

가 되며, 반송파주파수로부터의 순간 주파수편차는 $\phi'(t)$가 되며, FM의 경우 $m(t)$에 비례한다.

그림 6.13은 사인파에 대한 진폭, 위상, 주파수변조를 나타낸 것이다. FM과 PM 신호의 형태가 매우 유사하다. 변조함수에 대한 지식이 없이는 양자를 구분하는 것은 거의 불가능하다.

FM 과정에 대한 일부 관찰이 이루어졌는데, 최대 편차 ΔF는 다음과 같이 볼 수 있다.

$$\Delta F = \frac{1}{2\pi} n_f A_m \text{ Hz}$$

여기에서 A_m은 $m(t)$의 최대값이다. 따라서 $m(t)$의 크기가 증가하면 ΔF가 증가하게 될 것이고, 직관적으로 이로 인해 전송대역폭은 B_T는 증가되어야 한다. 그러나, 그림 6.13에서 알 수 있듯이, FM 신호의 평균 전력레벨은 $A_c^2/2$로서 이로 인해 증가하지는 않을 것이다. 이것은 AM 신호의 변조레벨이 전력에 영향을 주지만 대역폭에는 영향을 주지 않는 것과는 전혀 다르다.

AM과 마찬가지로 FM이나 PM 모두 대역폭이 f_c를 중심으로 하는 신호를 갖게 된다. 그러나 대역폭의 크기는 매우 다르다는 점을 알 수 있다. 진폭변조는 선형과정으로서, 반송파신호와 변조신호 성분간의 합 또는 차의 주파수를 만들어낸다. 따라서, AM의 경우, 대역폭은 다음과 같다.

$$B_T = 2B$$

하지만 각도변조는 $\cos(\phi(t))$ 형태의 항을 포함하며, 비선형과정으로, 넓은 영역의 주파수를 산출한다. 기본적으로 주파수 f_m인 사인파형의 변조신호의 경우, $s(t)$는 $f_c + f_m, f_c + 2f_m$ 을 비롯하여 많은 주파수성분을 포함하게 될 것이다. 가장 일반적인 경우, FM 또는 PM 신호를 전송하려면 무한대역폭이 필요하다. 이러한 상황에 가장 적합한 공식은 카슨의 법칙(Carson's rule) [COUC01]이다.

$$B_T = 2(\beta + 1)B$$

여기에서

$$\beta = \begin{cases} n_p A_m & \text{for PM} \\ \dfrac{\Delta F}{B} = \dfrac{n_f A_m}{2\pi B} & \text{for FM} \end{cases}$$

Example 6.5

$\phi(t)$가 위상변조신호로 $n_p \cos 2\pi f_m t$라면 $s(t)$에 대한 표현식을 유도하시오. 단, $A_c = 1$이라고 가정한다. 이는 직접적으로 다음과 같이 쓸 수 있다.

$$s(t) = \cos[2\pi f_c t + n_p \cos 2\pi f_m t]$$

반송파신호로부터의 순간 위상편차는 $n_p \cos 2\pi f_m t$이다. 단순한 사인파형의 관점에서 보면, 신호의 위상각은 변조되지 않은 값에서 벗어나고 최대 위상편차는 n_p와 같다.

위의 표현은 Bessel의 삼각법을 사용하여 다음과 같이 확장될 수 있다.

$$s(t) = \sum_{n=-\infty}^{\infty} J_n(n_p) \cos\left(2\pi f_c t + 2\pi n f_m t + \frac{n\pi}{2}\right)$$

여기에서 $J_n(n_p)$는 n차 Bessel 함수이다. 다음을 이용하면,

$$J_{-n}(x) = (-1)^n J_n(x)$$

위의 식은 다음과 같이 다시 쓰여질 수 있다.

$$s(t) = J_0(n_p) \cos 2\pi f_c t +$$
$$\sum_{n=-\infty}^{\infty} J_n(n_p) \left[\cos\left(2\pi(f_c + nf_m)t + \frac{n\pi}{2}\right) + \cos\left(2\pi(f_c + nf_m)t + \frac{(n+2)\pi}{2}\right)\right]$$

변조된 신호는 원래의 반송파 주파수성분과 f_m의 모든 가능한 배수에 의해 f_c로부터 옮겨진 고조파 성분을 갖게 된다. $n_p << 1$에 대해서 고차항은 더 급속히 크기가 줄어들게 될 것이다.

Example 6.6

$\phi'(t)$가 주파수 변조신호로 $-n_f \sin 2\pi f_m t$라면 $s(t)$에 대한 표현식을 유도하시오.

$$\phi(t) = -\int n_f \sin 2\pi f_m t\, dt = \frac{n_f}{2\pi f_m} \cos 2\pi f_m t$$

따라서,

$$s(t) = \cos\left[2\pi f_c t + \frac{n_f}{2\pi f_m} \cos 2\pi f_m t\right]$$
$$= \cos\left[2\pi f_c t + \frac{\Delta F}{f_m} \cos 2\pi f_m t\right]$$

반송파신호로부터의 순간 주파수편차는 $-n_f \sin 2\pi f_m t$이다. 단순한 사인파형의 관점에서 보면, 신호의 주파수는 변조되지 않은 값에서 벗어나고 최대 주파수편차는 n_f radians/초와 같다.

FM 신호에 대한 식은 $\Delta F / f_m$이 n_p로 대체된다면 PM 신호에 대한 식과 동일한 형태를 갖는다. 따라서 Bessel의 확장은 동일하다.

FM에 대한 대역폭 공식을 다시 쓰면 다음과 같다.

$$B_T = 2\Delta F + 2B \tag{6.15}$$

따라서 FM과 PM은 AM보다 더 큰 대역폭을 필요로 하게 된다.

6.4 아날로그 데이터, 디지털신호

이 절에서는 아날로그 데이터를 디지털신호로 변환하는 과정을 살펴보도록 한다. 엄밀히 말해 이 과정은 아날로그 데이터를 디지털 데이터로 변환하는 과정이라고 말하는 것이 더 옳은 표현이 될 것이다. 이러한 과정을 디지털화(digitization)라고 한다. 일단 아날로그 데이터를 디지털 데이터로 변환한 다음에는 여러 가지 작업이 진행될 수 있다. 가장 일반적인 작업은 다음과 같다.

1. 디지털 데이터는 NRZ-L[2]에 의해 부호화되어 전달될 수 있다. 이러한 경우, 아날로그 데이터로부터 디지털신호로 직접 전송할 수 있게 된다.
2. 디지털 데이터는 NRZ-L 이외의 다른 부호화기법을 사용해 디지털신호로 부호화될 수 있다. 이 경우, 부가적인 과정이 더 요구된다.
3. 디지털 데이터는 6.2절에서 다루어진 변조기법 중의 하나를 사용해 아날로그신호로 변환될 수 있다.

위의 세번째 경우는 언뜻 보기에 결국 아날로그를 디지털화하였다가 다시 아날로그신호로 변환하므로 이상하지만, 이는 2장에서 정의된 디지털전송을 가능하게 한다. 그 절차를 그림 6.14에 나타내었다. 그림에서는 음성 데이터가 디지털화되어 아날로그 ASK 신호로 변환되

그림 6.14 아날로그 데이터의 디지털화

2. NRZ-L(nonreturn to zero, level)는 디지털신호를 전송하기 위한 방법 중 가장 일반적이며 가장 먼저 소개된 방법이다. NRZ-L은 두 개의 이진수에 대해 두 개의 다른 전압레벨을 사용한다. 즉, 음전압은 진수 1을 나타내며, 양전압은 진수 0을 나타낸다. NRZ-L은 일반적으로 터미널과 다른 장비에 의해, 디지털 데이터를 생성하거나 해석하기 위해 사용되는 부호이다. 다른 부호가 전송에 사용된다면, 그것은 일반적으로 전송시스템에 의해 NRZ-L 신호로부터 생성된 것이다.

는 과정을 보여주고 있다. 일단 음성 데이터는 디지털화되었기 때문에 디지털 데이터로 취급될 수 있다.

전송을 위해 아날로그 데이터를 디지털형태로 변환하고, 디지털로부터 원래의 아날로그 데이터로 복구하기 위해 사용되는 장비가 코덱(coder-decoder, codec)이다. 이 절에서는 코덱에서 사용되는 두 가지 주요기법인 펄스부호변조(PCM: pulse code modulation)와 델타 변조(DM: delta modulation)에 대해 살펴보도록 한다. 그리고 마지막으로 각 방식의 성능비교에 대해 다루도록 한다.

펄스부호변조

PCM(Pulse Code Modulation) 방식은 표본화 정리에 기초를 두고 있다.

> "신호 $f(t)$가 일정한 시간간격으로 원래의 정보신호가 포함하는 주파수 중 가장 높은 주파수의 두 배 이상인 속도로 표본화된다면, 이 표본들은 원래 신호의 모든 정보를 포함하게 된다. 함수 $f(t)$는 이들 표본으로부터 저역통과필터(low-pass filter)를 사용해 복원될 수 있다."

관심 있는 독자들을 위해 이 책의 웹 사이트에 표본화 정리에 대한 증명을 기술하였다. 만일 음성 데이터가 4000 Hz 이하의 주파수로 제한되어 있다면, 초당 8000 표본 정도가 음성신호를 손실 없이 완벽하게 복원할 수 있을 것이다. 하지만 여기서 주의할 점은 이들 표본은 아날로그 표본들로서 **펄스진폭변조(PAM: pulse amplitude modulation)** 표본이라고도 한다. 이 PAM 표본을 디지털로 변환하기 위해서는 각 표본에 대해 이진 부호를 할당해야 한다.

그림 6.15는 진폭 B의 한계를 가정한 원래 신호의 예를 보여준다. PAM 샘플은 2B 단위로 이루어지거나 매시 $T_s = 1/2B$ 사이클로 이루어진다. 각 표본들이 16개의 서로 다른 레벨 중의 하나로 양자화함으로써, 근사시키는 예를 나타낸 것이다. 이 경우, 각 표본은 4개의 비트로 표현될 수 있다. 하지만 양자화된 값들은 단지 근사치이므로, 원래의 신호로 정확하게 복구한다는 것은 불가능하다. 256 레벨 양자화에 의해 각 표본당 8비트로 표현한다면, 복원된 음성신호의 품질은 아날로그전송으로 달성된 품질과 비교될 수 있다. 이 정도 품질의 음성신호의 전송을 위해서는 8000 표본/초 × 표본당 8비트 = 64 kbps의 데이터속도가 요구된다.

PCM은 아날로그신호로부터 디지털신호를 생성하는 부호화기법이다. 생성된 디지털신호는 n 비트의 블록들로 구성되는데, 각각의 n 비트에 해당되는 값은 PCM 펄스의 진폭이 된다. 수신시에는 이러한 과정이 디지털신호로부터 원래의 아날로그신호를 재생하기 위해 반대로 이루어지게 된다. 하지만 이 과정이 표본화 정리를 위배한다는 사실에 대해 살펴보자. PAM 펄스를 양자화함으로써 원래의 신호는 근사화된다는 사실은 앞에서 설명한 바 있다. 따라서

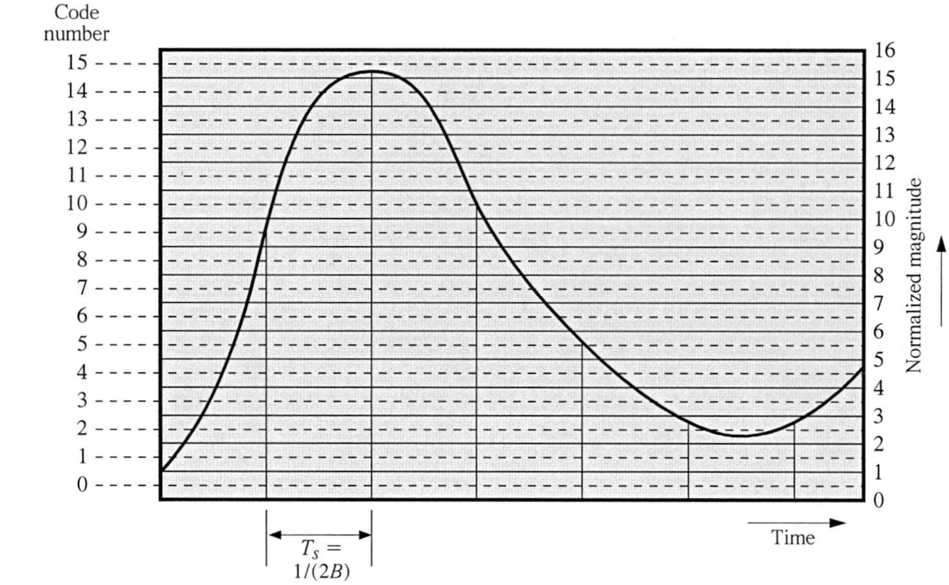

PAM value	1.1	9.2	15.2	10.8	5.6	2.8	2.7
Quantized code number	1	9	15	10	5	2	2
PCM value	0001	1001	1111	1010	010	0010	0010

그림 6.15 펄스코드의 모듈화 예

근사화과정에 의한 손실 때문에 수신측에서는 원래의 양자화 전의 값을 정확하게 복원할 수 없게 된다. 이러한 손실을 양자화잡음이라고 한다. 양자화잡음에 대한 신호대 잡음비는 [GIBS93]에 의해 다음과 같이 표현될 수 있다.

$$\text{SNR}_{\text{dB}} = 20 \log 2^n + 1.76\,\text{dB} = 6.02n + 1.76\,\text{dB}$$

따라서 양자화시 1비트씩 늘림에 따라 대략 6 dB 정도의 SNR이 향상된다.

일반적으로, PCM 방식은 비선형 부호화기법을 사용하는데, 양자화레벨이 일정한 간격을 동일하게 유지하지는 않는다는 것을 의미한다. 양자화레벨의 각 간격을 동일하게 유지함에 따르는 문제점은 각각의 표본에 대한 평균에러(MAE: mean absolute error)가 신호레벨에 상관없이 동일하다는 점이다. 결과적으로 낮은 진폭값은 상대적으로 일그러짐이 더욱 커지게 된다. 낮은 진폭을 갖는 신호의 경우에는 양자화레벨의 간격을 더 좁게 하고, 큰 진폭을 갖는 신호의 경우에는 양자화레벨의 간격을 더 넓게 한다면, 전체적인 신호왜곡현상이 크게 줄어들게 된다(그림 6.16 참조).

PCM 방식을 수행하기에 앞서 아날로그 입력신호를 압신(압축 및 신장)함으로써 선형 양자화를 사용하면서도 비선형 양자화와 동일한 효과를 거둘 수 있다. 압신은 입력신호의 강한

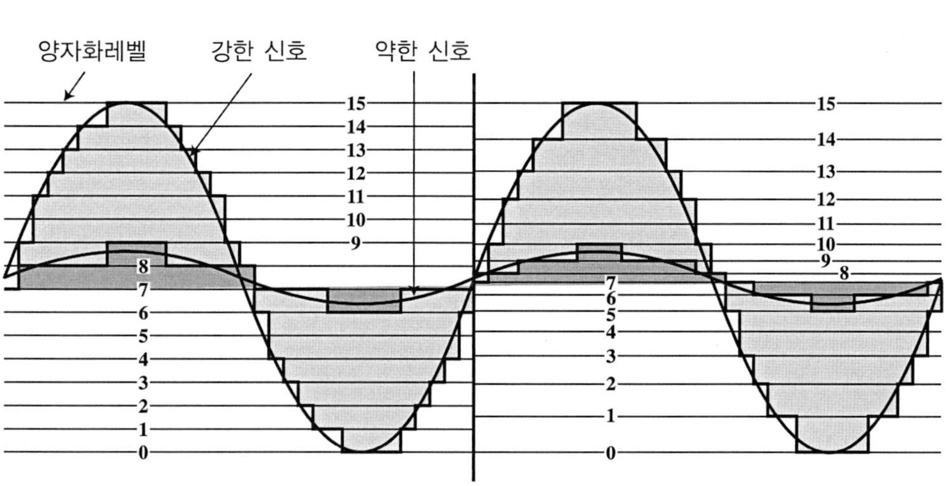

그림 6.16 비선형 양자화의 효과

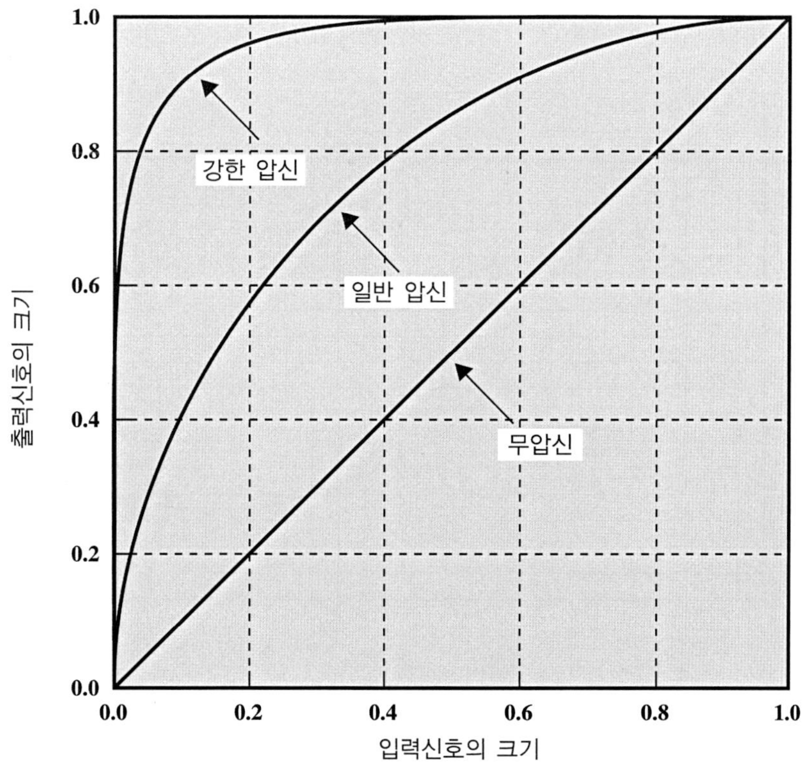

그림 6.17 전형적인 압신함수

신호보다는 약한 신호에 더 많은 이득을 분배하여 신호레벨의 영역을 압축하는 과정이다. 수신측에서는 반대과정이 이루어진다. 그림 6.17은 전형적인 압신함수를 보여주고 있다. 송신측에서는 표본이 압축됨으로써 동일 선형 양자화레벨을 사용할지라도 레벨간 간격이 더 좁기 때문에 양자화잡음이 크게 개선될 수 있다. 또한 수신측에서는 압신기가 표본을 확장시키기 때문에 송신시 압축되었던 값들이 원래의 값으로 복원된다.

비선형 부호화는 PCM의 SNR 비를 현저하게 향상시킬 수 있다. 음성신호의 경우 24에서 30 dB의 향상이 이루어진다.

델타변조

PCM 성능을 향상시키거나 PCM의 복잡도를 낮추기 위해 다양한 기법들이 사용되었다. 가장 널리 사용되는 PCM의 대안 중 하나가 델타변조(DM: Delta Modulation)이다.

델타변조의 경우, 아날로그입력은 각 표본화 주기(T_s)마다 하나의 양자화레벨(δ)씩 위 아래로 움직이는 계단함수(staircase function)에 의해 근사화된다. 그림 6.18은 그 예를 나타낸 것으로, 여기에서 계단함수는 원래의 아날로그파형을 따라 놓여진다. 계단함수의 중요한 특징은 동작이 이진형태라는 점이다. 즉, 각 표본화시점에서, 함수는 일정한 크기의 δ를 위

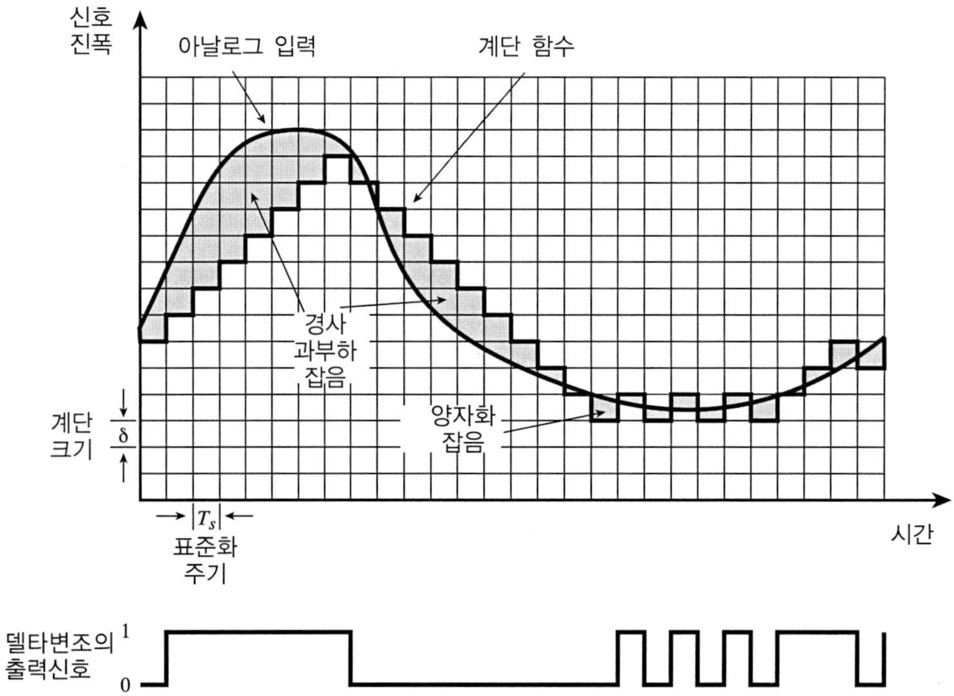

그림 6.18 델타변조 예

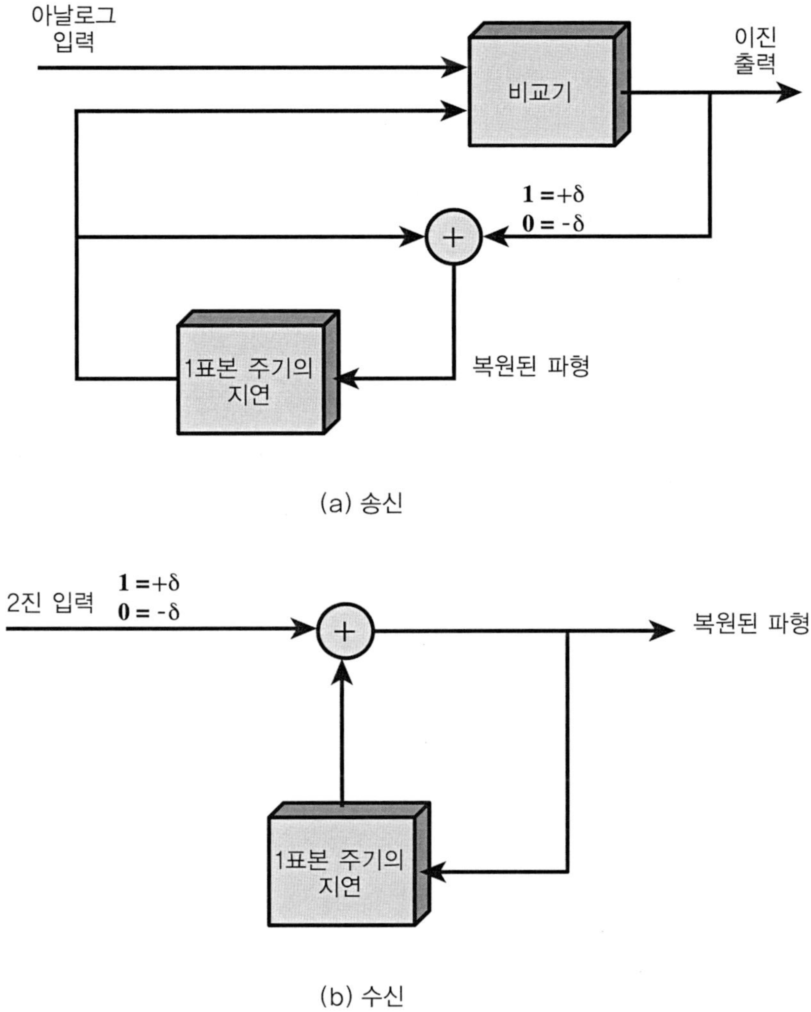

그림 6.19 델타변조

로 올리거나 아래로 내리게 된다. 따라서 델타변조과정의 결과는 각 표본에 대해 단일 이진수로 표현될 수 있게 된다. 본질적으로 비트열은 아날로그신호의 진폭보다는 아날로그신호의 미분계수를 근사화함으로써 만들어진다. 즉, 계단함수가 다음 주기까지 위로 향할 때 1이 생성되고, 반대의 경우 0이 생성된다.

각 표본화시점에서 발생하는 변이(위로 또는 아래로)는 계단함수가 가능한 한 원래의 아날로그파형에 근접하도록 선택된다. 그림 6.19는 델타변조기법의 송수신과정에 대한 논리회로를 나타낸 것으로, 이는 근본적으로 피드백 메커니즘을 채용하고 있다. 전송의 경우, 다음과 같은 과정이 발생된다. 각 표본화시점에서 아날로그입력은 계단함수의 가장 최근의 값과 비교된다. 표본화된 파형의 값이 계단함수의 값을 초과하면 1이 생성되고 그렇지 않으면 0이 생성된다. 따라서, 계단은 입력신호의 방향을 따라 계속 변하게 된다. 델타변조과정의 결과는 이진비트열로서, 수신기에서 계단함수를 재구성하는 데 사용될 수 있다. 그 다음, 아날로그 입력신호의 아날로그 근사치를 만들기 위해 적분과정의 형태나 저역통과필터(LPF: Low Pass Filter)를 통과시켜 계단함수를 편평하게 만들 수 있다.

델타변조방식에는 두 가지 중요한 파라미터가 존재한다. 각 이진수로 할당되는 계단의 크기(δ)와 표본화 속도(sampling rate)이다. 그림 6.18에서 나타낸 것처럼, δ는 두 종류의 에러나 잡음 사이의 균형을 맞추기 위해 선택되어야 한다. 아날로그파형이 매우 천천히 바뀐다면 양자화잡음이 존재하게 된다. 이 잡음은 δ가 증가하면 같이 증가한다. 반면에, 아날로그파형이 계단이 따라오는 것보다 더 빨리 바뀐다면 경사 과부하잡음(slope overload noise)이 생기게 된다. 이 잡음은 δ가 감소하면 증가한다.

이 방식의 성능은 표본화속도를 증가함으로써 향상시킬 수 있지만, 이렇게 함으로써 델타변조의 출력신호를 전송하기 위해 요구되는 데이터속도도 더 높아지게 된다.

PCM과 비교해 DM의 장점은 구현이 단순하다는 점이다. 일반적으로, PCM은 같은 데이터속도에서 보다 나은 SNR을 보여주고 있다.

성 능

PCM을 통해 좋은 음질을 재생하려면 128 양자화레벨이나 7비트 부호화($2^7 = 128$)를 사용하면 된다. 음성신호는 4 kHz의 대역폭을 차지하므로, 표본화정리에 따르면 표본은 초당 8000 표본의 속도로 얻어져야 한다. 이는 PCM 부호화된 디지털 데이터를 전송하고자 하는 경우, 요구되는 데이터속도는 $8000 \times 7 = 56$ kbps이어야 함을 의미한다.

대역폭 요구의 관점에서 이것이 의미하는 바를 살펴보자. 아날로그 음성신호는 4 kHz를 차지한다. PCM 방식을 이용하여 4 kHz의 아날로그 음성신호는 56 kbps의 디지털신호로 변환될 수 있다. 하지만 2장에서 살펴본 나이키스트의 이론(Nyquist criterion)을 사용하면, 이와 같은 디지털신호는 28 kHz의 대역폭 조건을 요구한다. 대역폭 주파수신호가 더 클수록 더욱 큰 차이를 볼 수 있다. 예를 들어, 10비트 부호를 사용하는 컬러 TV의 경우, 일반적인 PCM 방식은 4.6 MHz 대역폭신호에 대하여 92 Mbps를 요구한다. 이렇듯 해당 성능분석 수치들이 높음에도 불구하고, 디지털기법들은 아날로그 데이터전송을 위해 계속해서 발전하고 있다. 이러한 주요원인은 다음과 같다.

- 증폭기 대신에 리피터가 사용되므로 부가적인 잡음이 없다.
- 아날로그신호에 대해서는 주파수분할 다중화(FDM)방식이 사용되지만, 디지털신호의

경우에는 시분할 다중화(TDM: time division multiplexing)방식을 사용한다. TDM의 경우, 상호변조잡음이 없지만 반면에 FDM의 경우 이 문제를 가지고 있다.

- 디지털신호로의 변환에 의해 더욱 효율적인 디지털교환기법을 사용할 수 있다.

더욱이 보다 효율적인 부호화기법들을 제공하기 위해 기술은 계속 발전해왔다. 음성신호의 디지털전송의 경우는 타당성 있는 목표치가 4 kbps 가까이에 근접해있는 것으로 보인다. 화상의 경우, 프레임에서 다음 프레임까지 대부분의 화면요소들이 변하지 않으며, 단지 몇 부분만이 변화한다는 사실을 이용함으로써 프레임간의 부호화기법은 화상에 필요한 요구조건을 대략 15 Mbps 가량까지 감소시킬 수 있게 되었다. 또한 화상회의에서 처럼 배경이 천천히 변하는 경우 64 kbps 또는 그 이하까지 줄일 수 있는 기술이 속속 등장하고 있다.

결과적으로 보면, 오늘날 많은 전화통신망시스템의 응용분야가 디지털-아날로그와 아날로그-디지털과정으로 수행된다고 볼 수 있다. 전화통신망의 가입자측 거의 대부분이 아날로그이고, 통신망 자체는 아날로그와 디지털기법을 혼합하여 사용하게 된다. 따라서 디지털 데이터는 모뎀에 의해 사용자의 단말기에서 아날로그로 변환되고, 그 다음 코덱에 의해 디지털화된다. 아마도 목적지에 도달하기 전까지 반복적인 변환이 수행되게 될 것이다.

따라서 전화통신망시설들은 음성과 디지털 데이터를 표현하고 있는 아날로그신호를 처리하게 된다. 두 파형의 특성들은 전혀 다르다. 음성신호가 대역폭의 낮은 주파수쪽으로 기울어지는 경향이 있으나(그림 2.6), 디지털 데이터의 아날로그화는 대역폭 전체에 걸쳐 훨씬 균일한 스펙트럼을 갖고 있으므로 그로 인해 보다 많은 고주파성분들을 포함하게 된다. 이러한 높은 주파수가 존재하기 때문에 디지털 데이터를 표현하고 있는 아날로그신호를 디지털화하기 위해, PCM 관련 기법이 DM 관련 기법보다 더 많이 선호되고 있다.

6.5 참고문헌

디지털 데이터의 아날로그변조방식들에 대한 좋은 참고자료들은 많이 있다. 참고할 만한 것으로는 [COUC01], [XION00], [PROA02] 등이 있다. 이 자료들은 또한 아날로그 데이터의 디지털부호화와 아날로그변조에 대해 종합적으로 다루고 있다.

특히 디지털-아날로그, 아날로그-디지털, 아날로그-아날로그기법을 다루고 있는 자료로는 [PEAR92]가 있다. 또한 이 장에서 다룬 주제들은 [SKLA01]에서도 살펴볼 수 있다.

[FREE98]는 비트속도, 보(baud), 대역폭 등에 관한 개념을 다루고 있으며, [SKLA93]에서는 대역폭효율과 인코딩방식과 관련된, 이 장에서 언급된 개념을 확장시킬 수 있는 추천할 만한 자습서이다.

COUC01 Couch, L. *Digital and Analog Communication Systems.* Upper Saddle River, NJ: Prentice Hall, 2001.

FREE98 Freeman, R. "Bits, Symbols, Baud, and Bandwidth." *IEEE Communications Magazine,* April 1998.

PEAR92 Pearson, J. *Basic Communication Theory.* Englewood Cliffs, NJ: Prentice Hall, 1992.

PROA02 Proakis, J. *Communication Systems Engineering*. Upper Saddle River, NJ:Prentice Hall,2002.

SKLA93 Sklar, B. "Defining, Designing, and Evaluating Digital Communication Systems." *IEEE Communications Magazine,* November 1993.

SKLA01 Sklar, B. *Digital Communications: Fundamentals and Applications.* Upper Saddle River, NJ: Prentice Hall, 2001.

XION00 Xiong, F. *Digital Modulation Techniques.* Boston: Artech House, 2000.

6.6 주요용어, 복습, 연습문제

주요용어

각도변조(angle modulation)	위상변조(PM)	직교 위상편이 변조(QPSK)
델타변조(DM)	위상편이 변조(PSK)	진폭변조(AM)
반송파 주파수	주파수변조(FM)	진폭편이 변조(ASK)
변조	주파수편이 변조(FSK)	차동 위상편이 변조(DPSK)
비트에러율(BER)	직교 진폭변조(QAM)	펄스부호 변조(PCM)

복습문제

6.1 차동 부호화란 무엇인가?

6.2 모뎀의 기능을 설명하시오.

6.3 아날로그전송과 비교한 디지털전송의 세 가지 주요장점을 설명하시오.

6.4 어떻게 이진수가 진폭변조 keying을 나타내는가? 또한 이 방법의 한계는 무엇인가?

6.5 NRZ-L이 무엇인지 설명하시오. 이 방법에 의한 데이터 코딩의 약점은 무엇인가?

6.6 QPSK와 오프셋 QPSK의 차이점을 설명하시오.

6.7 QAM은 무엇인가?

6.8 샘플링 이론에 의하면 샘플링 비율과 아날로그 신호 사이의 관계가 어떻다고 설명하는가?

6.9 Angle 모듈화와 PM, 그리고 FM의 각각의 차이점을 설명하시오.

연습문제

6.1 그림 6.20은 그림 6.10의 QAM 변조기에 대응하는 QAM 복조기를 나타낸 것이다. 원래의 입력을 복구하기 위해 결합될 수 있는 두 개의 신호 $d_1(t)$와 $d_2(t)$를 이 장치가 복구함을 설명하시오.

6.2 사인파가 두 개의 다른 신호체계 (a) PSK와 (b) QPSK에 사용된다. 신호요소의 간격은 10^{-5}초이며, 수신된 신호는 다음과 같은 형태를 갖는다. 수신기에서 측정된 잡음전력이 2.5×10^{-8}이라고 할 때, 각각의 경우에 대해 E_b/N_0(dB)를 결정하시오.

$$s(t) = 0.005 \sin\left(2\pi 10^6 t + \theta\right) \text{ volts}$$

6.3 표 6.2에 나온 디지털 인코딩 기법을 이용하여 QPSK의 보드속도 D를 비트단위 R로 표현하시오.

6.4 ASK, FSK, PSK, QPSK의 경우에 대하여 대역폭 효율 1.0을 만족시키기 위해 요구되는 SNR 비는 얼마인가? 요구되는 BER(bit error rate)은 10^{-6}이라고 가정한다.

6.5 NRL–L 신호가 $r = 0.5$인 필터를 통과하여, 반송파로 변조된다. 데이터속도는 2400 bps일 때, ASK와 FSK에 대한 대역폭 값을 구하시오. FSK에 대해서는 50 kHz와 55 kHz의 주파수를 사용한다고 가정한다.

6.6 전화채널이 600에서 3000 Hz의 주파수영역에 걸쳐 대역통과 데이터전송을 허용하기 위해 등화(equalization)되었다고 가정한다. 이용 가능한 대역폭은 2400 Hz이다. $r = 1$

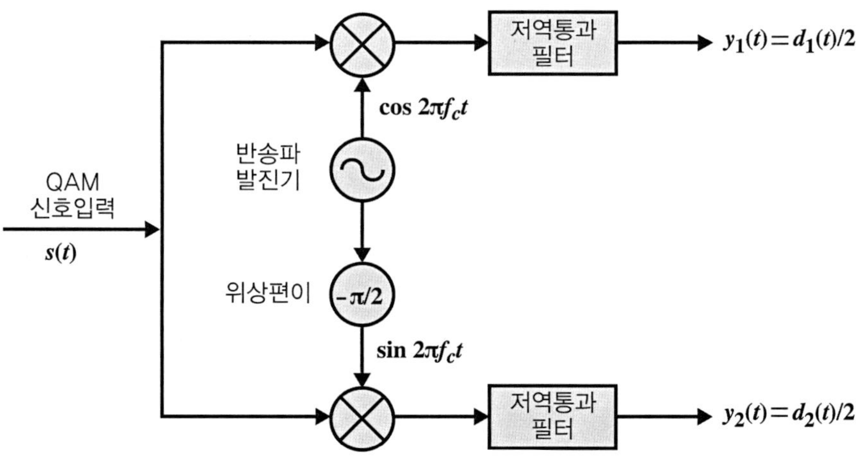

그림 6.20 QAM 복조기

인 경우에 2400 bps QPSK와 4800 bps, 8 Level 신호를 위해 요구되는 대역폭을 계산하시오. 그리고 그 대역폭은 적절한지 설명하시오.

6.7 디지털 데이터를 아날로그신호로 다시 변환되기 위해서는 PCM이 DM보다 선호되는 이유를 설명하시오.

6.8 모뎀과 코덱함수는 반대인가? (예를 들어, 모뎀기능을 역으로 하면 코덱역할을 할 수 있는가? 또한 그 반대도 가능한가?)

6.9 신호가 10비트 PCM을 통해 양자화되었다. 신호대 양자화 잡음비율을 계산하시오.

6.10 300에서 3000 Hz 영역의 스펙트럼 성분을 갖는 음성신호를 생각해보자. 7000 표본/초의 표본화 속도로 PCM 신호를 생성한다고 가정한다.

a. SNR = 30 dB인 경우, 요구되는 균일 양자화레벨의 수는 얼마인가?

b. 요구되는 데이터속도는 얼마인가?

6.11 신호의 가장 높은 주파수성분의 주파수함수로서 경사 과부하잡음(slope overload noise)을 방지하는 데 필요한 계단 크기 δ를 결정하시오. 모든 주파수성분은 진폭 A를 갖는다고 가정한다.

6.12 PCM 부호화기는 최대 전압 10 V인 신호를 입력받아, 균일 양자화를 통해 8비트 부호를 생성한다. 최대 정규화된 양자화전압은 $1-2^{-8}$이다. (a) 정규화된 계단크기 (b) 실제 계단크기(volt) (c) 실제 최대 양자화레벨(volt) (d) normalized resolution (e) actual resolution (f) percentage resolution을 결정하시오.

6.13 그림 6.21에 나타낸 아날로그파형은 델타변조된 것이다. 표본화 주기와 계단크기는 그림의 격자로 나타나고 있다. 첫번째 DM 결과와 계단함수도 그림에 나타내었다. 나머지 계단함수를 그리고 DM 결과를 나타내시오. 또한 경사 과부하잡음이 존재하는 영역을 표시하시오.

6.14 각도변조된 신호가 다음과 같은 경우, 최대 위상편차와 최대 주파수편차를 구하시오.

$$s(t)=10\cos\left[\left(10^{8}\right)\pi t+5\sin 2\pi\left(10^{3}\right)t\right]$$

6.15 각도변조된 신호가 다음과 같은 경우,

$$s(t)=10\cos\left[2\pi\left(10^{6}\right)t+0.1\sin\left(10^{3}\right)\pi t\right]$$

a. $n_p=10$인 PM 신호로서 $s(t)$를 표현하시오.

b. $n_f=10\pi$인 FM 신호로서 $s(t)$를 표현하시오.

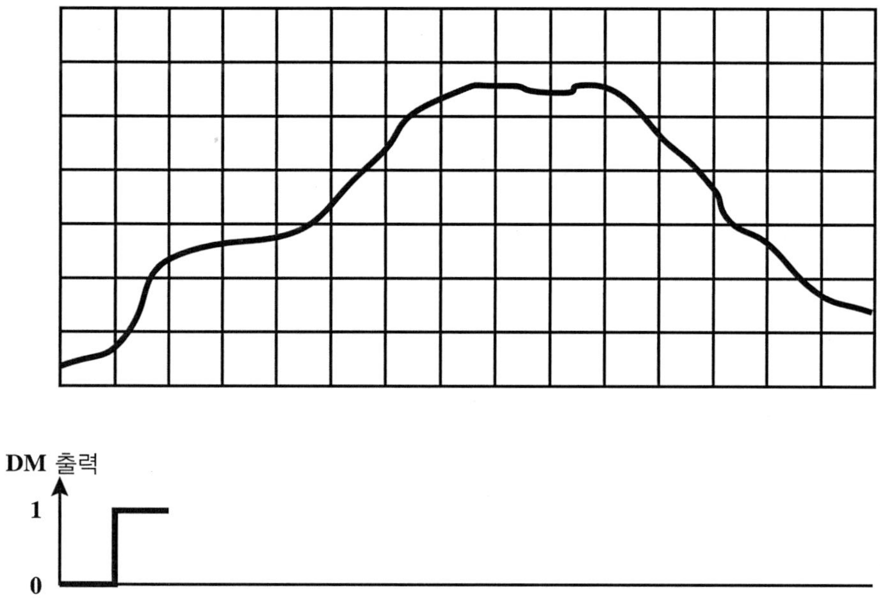

그림 6.21 델타변조의 예

6.16 $m_1(t)$와 $m_2(t)$를 메시지신호라 하고 $s_1(t)$와 $s_2(t)$는 이에 대응되는 반송파 주파수 f_c에 의해 변조된 신호라 하자.

a. 단순 AM 변조가 사용되었을 경우, $m_1(t)+m_2(t)$의 입력 메시지신호에 대해 $s_1(t)+s_2(t)$의 선형 결합과 같은 변조된 신호가 생성됨을 증명하시오. 이 때문에 AM을 선형변조라고도 한다.

b. 단순 PM 변조가 사용되었을 경우, $m_1(t)+m_2(t)$의 입력 메시지신호에 대해 $s_1(t)+s_2(t)$의 선형결합이 아닌 변조된 신호가 생성됨을 증명하시오. 이 때문에 각도변조를 비선형 변조라 한다.

CHAPTER 7

대역확산 (Spread Spectrum)

communications networks

통신에 있어서 점차 그 중요성이 증가되고 있는 것으로 대역확산(SS: Spread Spectrum) 기술이 있다. 이 기법은 6장에서 정의한 범위에는 포함되지 않지만 아날로그신호를 사용하여 아날로그나 디지털 데이터를 전송하기 위해 사용될 수 있다.

대역확산기술은 원래 군 및 정보기관의 요구에 의해 개발되었다. 기본적인 원리는 전파방해(jamming)와 정보도용(interception)을 더욱 어렵게 하기 위해 보다 넓은 대역폭을 사용하여 정보를 확산시키는 것이다. 초기에 개발되어진 대역확산기법은 FH-SS (Frequency Hopping SS)[1]이나 최근에는 DS-SS(Direct Sequence SS)기법을 사용한다. 이들 기법은 다양한 무선통신 표준 및 제품에 사용되고 있다.

먼저 대역확산의 개념을 간단히 살펴본 다음, 각 대역확산기법을 자세히 설명한다. 또한, 대역확산을 이용한 다원접속기법을 조사한다.

7.1 대역확산의 개념

그림 7.1은 대역확산시스템의 주요특징을 설명한 것이다. 먼저 입력신호는 채널부호기를 거쳐 임의 주파수를 중심으로 한 비교적 좁은 대역폭을 갖는 아날로그신호로 만들어진다. 이 신호는 다시 변조기에 의해 확산부호 또는 확산 열이라 알려진 비트열을 사용하여 변조된다. 항상 그렇지는 않지만 일반적으로, 확산부호는 의사잡음(pseudonoise), 의사난수(pseudo-random number) 생성기(generator)에 의해 만들어진다. 이 변조에 의해 전송되는 신호의 대역폭이 크게 넓혀지는 효과를 가져온다. 수신자측에서도 이와 동일한 비트열이 대역확산신호를 복조하기 위해 사용된다. 마지막으로, 복조된 신호는 채널복호기를 거쳐 원래의 데이터로 복원된다.

이러한 대역폭의 확산을 통해 몇 가지 사실을 알 수 있다.

- 다양한 종류의 잡음(noise)과 다중경로왜곡(distortion)으로부터 정보를 보호할 수 있다. 대역확산을 최초로 사용한 곳은 군대로서, 통신방해로부터 정보의 보호를 위해 사용되어졌다.
- 신호의 은폐와 암호화를 위해 사용할 수 있다. 확산부호를 알고 있는 수신자만이 부호화된 정보를 복원할 수 있다.
- 사용자들은 거의 간섭이 없는 상태하에서 더 높은 주파수대역의 동일 대역폭을 서로 독립적으로 사용할 수 있다. 이 속성은 코드분할 다중화(CDM: Code Division Multiplexing)나 코드분할 다원접속(CDMA: Code Division Multiple Access)과 같은 기법을 사용하는 셀룰러방식의 이동전화에서 자주 응용되고 있다.

1. FHSS는 1940년 헐리우드의 화면담당자였던 당시 26세의 Hedy Lamarr에 의해 개발되었다. 그녀와 나중에 이 작업에 동참했던 그녀의 파트너는 1942년에 특허를 획득하였다(U.S. Patent 2,292,387: 11 August 1942).

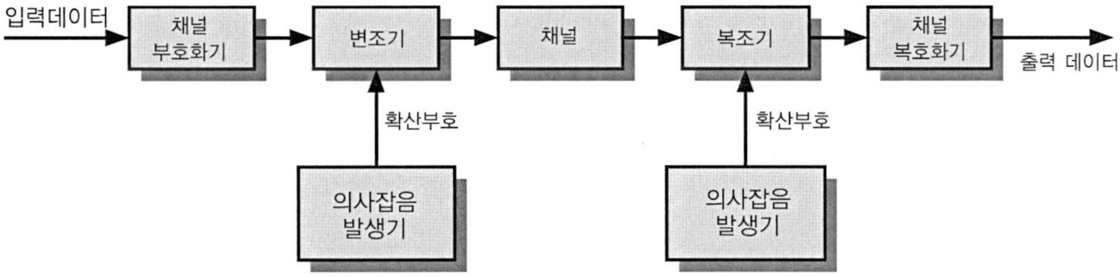

그림 7.1 대역확산 디지털 통신시스템의 일반적인 모델

7.2 FHSS

FHSS(Freequency Hopping spread Spectrum)에 있어서, 신호는 일정 간격을 갖는 주파수와 주파수 사이를 랜덤하게 건너 다니는 일련의 주파수열을 통해 방송된다. 수신측에서는 송신측과 동기화가 이루어진 주파수 열을 통해 원래의 데이터를 복원하게 된다. 따라서 랜덤한 주파수열을 알지 못하는 도청자는 이해할 수 없는 소리만을 듣게 된다. 이렇듯 신호가 전파되는 주파수가 일정 주파수대역이 아닌 여러 주파수대역을 사용하므로 특정 주파수상에서 신호를 방해하기 위한 시도는 단지 해당 주파수상의 몇 개 비트만을 파괴할 뿐이다.

기본적인 접근

그림 7.2는 FH 신호의 예를 나타낸 것이다. 여러 채널이 FH 신호를 위해 할당되어진다. 일반적으로, 2^k개 채널을 생성하기 위해서는 2^k의 반송주파수가 존재한다. 반송주파수간의 간격, 즉 각 채널의 대역폭은 입력신호의 대역폭을 수용할 수 있어야 한다. 송신기는 매 순간마

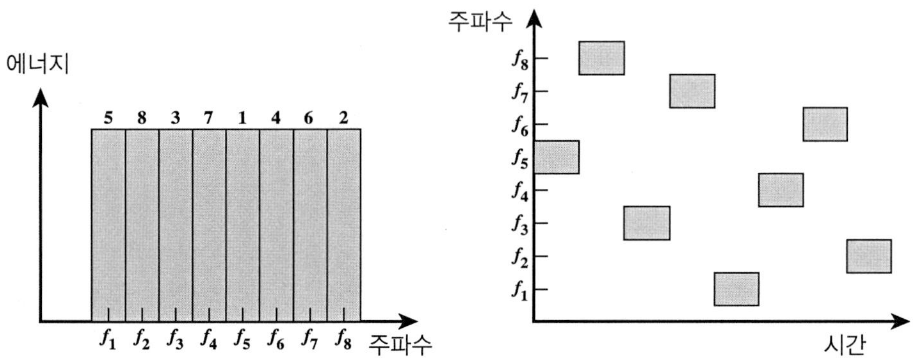

그림 7.2 FH(Frequency Hopping)의 예

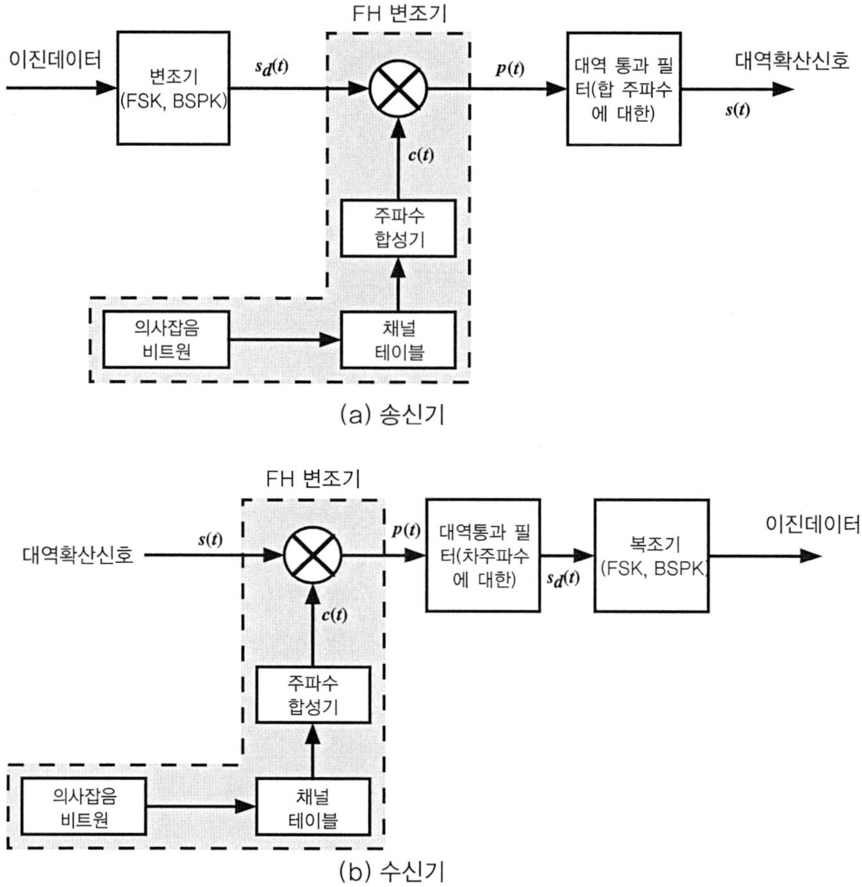

그림 7.3 FHSS 시스템

다 일정 간격동안 하나의 채널상에서 동작한다. 예를 들어, IEEE 802.11 표준에서는 300 ms 간격을 사용한다. 그 간격동안에 여러 비트가 동일한 부호화기법을 사용하여 전송되어진다. 사용되어지는 채널의 순서는 확산부호에 의해 정해진다. 송신기와 수신기는 동기화시 채널의 순서를 맞추기 위해 같은 부호를 사용한다.

그림 7.3은 FHSS 시스템의 일반 블록 다이어그램이다. 전송을 하기 위해 이진데이터는 먼저 FSK나 BPSK와 같이 디지털을 아날로그로 변조하는 변조기로 입력된다. 변조된 신호는 임의의 반송주파수를 중심으로 하는 신호이다. 한편 의사잡음이나 의사난수 발생기에 의해 생성된 값은 주파수 표에 대한 지수로 사용된다. 즉, 이것이 확산부호이다. PN 값의 각 k비트는 2^k개의 반송주파수 중 하나를 갖게 된다. 각 연속적인 간격(각 k PN 비트)마다 새로운 반송주파수 하나가 선택된다. 다음으로, 처음 변조기에 의해 변조된 신호는 새로이 선택된 반송주파수에 의해 일정 시간간격만큼씩 FH 변조기에 의해 변조되어 채널상에 전송된다.

이러한 과정은 매 간격마다 새로운 주파수가 선택될 때마다 반복된다. 즉, 최초 변조된 신호는 확산부호열에 의해 분할 변조되는 것이다. 수신측에서, 대역확산신호는 송신시에 사용된 것과 동일하게 이용하여 FH 복조기를 통해 복조되며, 이 신호는 다시 FSK, BPSK와 같은 복조기를 사용하여 원래의 데이터로 복원하게 된다.

데이터 변조기법으로 이진 위상편이 변조(BPSK)기법을 사용하는 경우, 지금까지의 작업이 어떻게 진행되는지를 살펴보자. 다음 식 (7.1)은 식 (6.2)를 기반으로 산출된 FHSS 시스템으로의 입력인 FSK 신호를 나타낸 것이다.

$$s_d(t) = A\cos(2\pi(f_0 + 0.5(b_i + 1)\Delta f)t) \qquad \text{for } iT < t < (i+1)T \qquad (7.1)$$

여기서,

A = 신호의 진폭
f_0 = 기본 주파수
b_i = 데이터의 i번째 비트 값(1은 +1, 0은 −1)
Δf = 주파수 간격
T = 비트기간; 데이터 전송속도 = $1/T$

따라서, i번째 비트 간격 동안에 데이터신호의 주파수는 데이터비트가 −1이면 f_0이고 데이터비트가 +1이면 $f_0 + \Delta f$이다.

주파수 합성기는 앞서 설명한 바와 같이 PN 부호열에 의해 2^k개 주파수의 집합 중 선택된 주파수의 톤을 일정 간격동안 발생한다. 수식을 간략히 하기 위해, 선택된 한 주파수가 지속되는 시간을 1비트 지속시간과 동일하다고 가정하자. 또한 데이터신호 $S_d(t)$와 chipping 신호라고도 하는 확산신호 $c(t)$와의 위상차는 무시하자. 따라서 i번째 기간(i번째 비트) 동안에 생성된 신호는 다음과 같다.

$$p(t) = s_d(t)c(t) = A\cos(2\pi(f_0 + 0.5(b_i + 1)\Delta f)t)\cos(2\pi f_i t)$$

여기서, f_i는 i번째 간격동안에 주파수합성기에 의해 생성된 신호의 주파수이다. 삼각항등식[2] $\cos(x)\cos(y) = (1/2)(\cos(x+y) + \cos(x-y))$를 사용하여 다음과 같은 식을 얻을 수 있다.

$$p(t) = 0.5A\left[\cos\left(2\pi\left(f_0 + 0.5(b_i + 1)\Delta f + f_i\right)t\right) + \cos\left(2\pi\left(f_0 + 0.5(b_i + 1)\Delta f - f_i\right)t\right)\right]$$

그림 7.3의 (a)에 나타낸 대역통과 필터는 차주파수는 차단하고 합주파수만을 통과시켜 다음과 같은 FHSS를 얻게 된다.

$$s(t) = 0.5A\cos(2\pi(f_0 + 0.5(b_i + 1)\Delta f + f_i)t) \qquad (7.2)$$

2. 삼각항등식에 대한 자료는 WilliamStallings.com/StudentSupport.html 사이트의 math refresher 자료를 참고하기 바란다.

따라서, i번째 비트 기간동안에 데이터신호의 주파수는 데이터비트가 -1이면 f_0+f_1이고 데이터비트가 $+1$이면 $f_0+f_1+\Delta f$이다.

그림 7.3(b)의 수신측에서는 위에서 정의된 $s(t)$ 형태로 신호를 받게 될 것이다. 이 신호는 다음과 같은 신호를 만들기 위해 송신측에서 사용된 것과 동일한 대역확산신호를 사용하여 FH 복조기에 의해 복조된다.

$$p(t)=s(t)c(t)=0.5A\cos(2\pi(f_0+0.5(b_i+1)\Delta f+f_i)t)\cos(2\pi f_i t)$$

또한, 삼각항등식을 사용하여

$$\begin{aligned}p(t)&=s(t)c(t)\\&=0.25A[\cos(2\pi(f_0+0.5(b_i+1)\Delta f+f_i+f_i)t)+\cos(2\pi(f_0+0.5(b_i+1)\Delta f)t)]\end{aligned}$$

을 얻게 된다.

그림 7.3(b)의 대역통과필터는 합주파수를 차단하고 차주파수만을 통과시켜, 위 식 (7.1)에 정의된 $s_d(t)$의 신호를 구할 수 있게 된다.

$$0.25A\cos(2\pi(f_0+0.5(b_i+1)\Delta f)t)$$

MFSK를 이용한 FHSS

FHSS와 함께 이용 가능한 일반적인 변조기법은 다중 FSK(MFSK) 기법이다. 6장에서 설명한 바와 같이 MFSK는 한 번에 L비트씩의 데이터를 변조시키기 위해 $M=2^L$ 개의 서로 다른 주파수를 사용한다. 식 (6.3)으로부터 전송신호의 형태는 다음과 같다.

$$s_i(t)=A\cos 2\pi f_i t, \qquad 1\le i\le M$$

여기서,

$f_i = f_c+(2i-1-M)f_d$

f_c = 반송주파수

f_d = 차주파수

$M = 2^L$개의 서로 다른 신호요소의 수

L = 각 신호요소당 비트수

FHSS에서, MFSK 신호는 T_c초마다 FHSS 반송파에 의해 변조됨으로써 새로운 주파수로 변형된다. 이 과정은 MFSK 신호를 적합한 FHSS 채널로 전환시켜주는 효과를 가져온다. 데이터 전송속도가 R인 경우에 있어서 비트의 지속 시간(주기)은 $T=1/R$초이고 신호요소의 주기는 $T_s = LT$초이다. 만약, T_c가 T_s보다 크거나 같으면 확산변조는 **slow FHSS**라 하며, 이와 반대는 **fast FHSS**[3]라 한다. 요약하면 다음과 같다.

slow FHSS	$T_c \geq T_s$
fast FHSS	$T_c < T_s$

그림 6.4로부터 MFSK 예가 이용된다면, 그림 7.4는 느린 FHSS의 예를 보여준다. 그것은 $M = 4$이고, 같은 입력 비트의 순서는 두 예에서 이용된다. 그림의 디스플레이는 시간의 기능(x-axis)으로서 전송된 주파수(y-axis)를 보여 준다. 각 칼럼은 시간 단위 Ts를 나타내고 그 시간 단위 안에서 단일 2비트 신호 요소가 전송된다. 칼럼의 어두운 직사각형은 그 시간 단위 동안에 전송된 주파수를 가르킨다. 주파수대의 선택에 일치하는 각각의 칼럼은 2비트 PN 순서에 기반을 둔다. 따라서, 첫 번째 쌍의 칼럼은 PN 순서 00에 의해 통제되고, 가장 낮은 주파수 대역이 이용된다. 두 번째 쌍의 칼럼은 순서 11에 의해 통은 주파수 대역이 이용된다.

여기서, $M = 4$이고 이것은 한 번에 2비트씩 변조하기 위해 4개의 다른 주파수가 사용되어짐을 의미한다. 각 신호요소는 하나의 주파수 톤으로 표현되며 전체 MFSK 대역폭은 $W_d = Mf_d$이다. 여기서, $k = 2$인 FHSS 기법을 사용한다. 즉, 각 W_d의 대역폭에 대해 $4 = 2k$개의 서로 다른 채널이 존재한다. 전체 FHSS 대역폭 $W_s = 2^k W_d$이다. PN 부호열의 각 2비트는 4개의 채널 중 하나를 선택하기 위해 사용된다. 그 채널은 두 신호요소 또는 4비트($T_c = 2T_s = 4T$)의 주기동안 지속된다.

그림 7.5는 앞에서와 동일한 MFSK를 이용한 fast FHSS의 예이다. 여기에서도 $M = 4$, $k = 2$이다. 그러나, 이 경우에 각 신호요소는 두 개의 주파수 톤에 의해 표현된다. 또한 $W_d = Mf_d$이고 $W_s = 2^k W_d$이며, $T_s = 2T_c = 2T$이다. 일반적으로, fast FHSS는 잡음이나 전파 방해가 있는 상황에서 slow FHSS에 비해 보다 나은 성능을 나타낸다. 예를 들면 만약 세 개 또는 그 이상의 주파수(chips)가 각각의 신호요소에 쓰였다면 수신기는 어떤 신호요소가 주신호로 수정되어져서 보내졌는지 결정할 수 있다.

FHSS 성능을 위한 고려사항

일반적으로, W_s가 W_d보다 더 크게 하기 위해 많은 주파수가 FHSS에서 사용된다. 이것의 장점 중 하나는 k 값이 클수록 전파 방해에 대해 더 견고하다는 것이다. 예를 들어, 대역폭 W_d인 MFSK 송신기와, 같은 대역폭과 반송주파수상에 고정 전력 S_j를 갖는 잡음방해기가 있다고 가정하자. 그때 비트당 신호에너지대 Hz 당 잡음전력 밀도의 비는 다음과 같다.

3. 간혹 다른 서적에서는 fast FH를 비트당 다중홉(hop), slow FH를 홉당 다중비트, fast나 slow FH 어느 것도 아닌 경우는 비트당 1홉으로써 정의하기도 한다. 하지만 일반적으로 사용되는 정의는 여기서 언급하듯이, 비트가 아닌 신호요소에 대한 홉수이다.

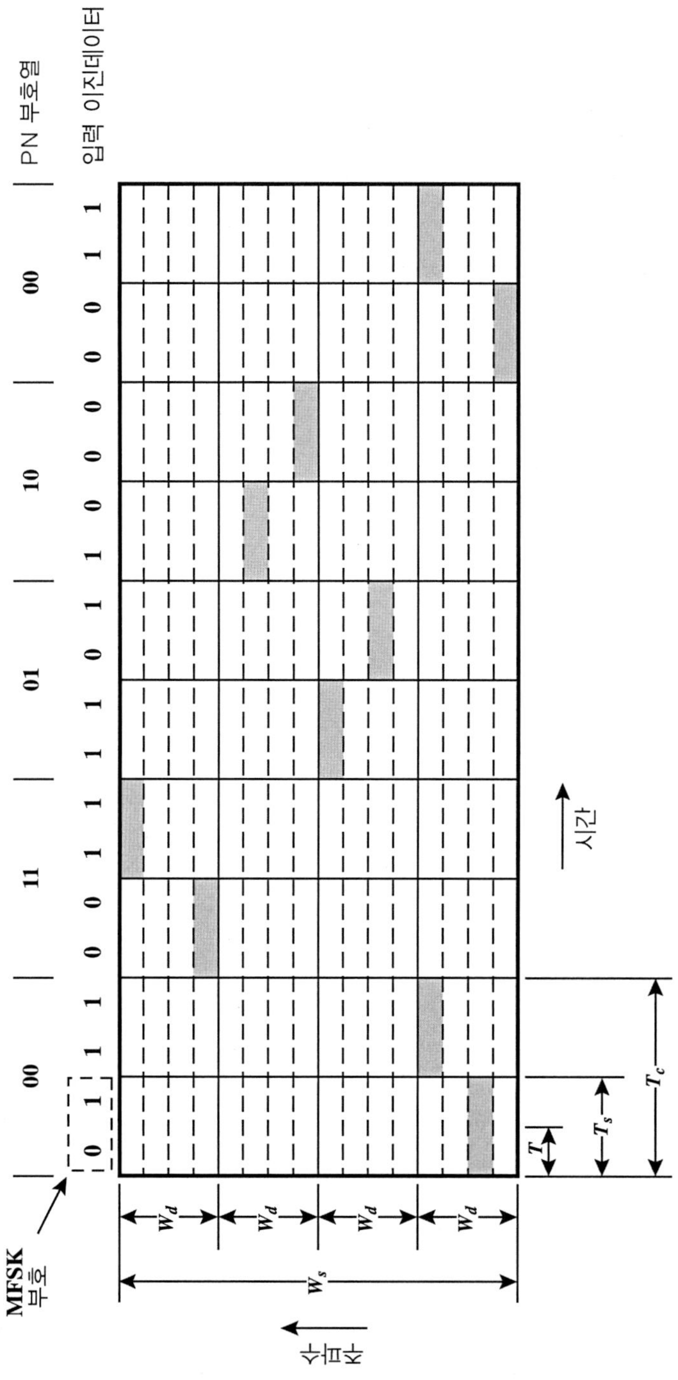

그림 7.4 MFSK를 사용한 slow FHSS (M = 4, k = 2)

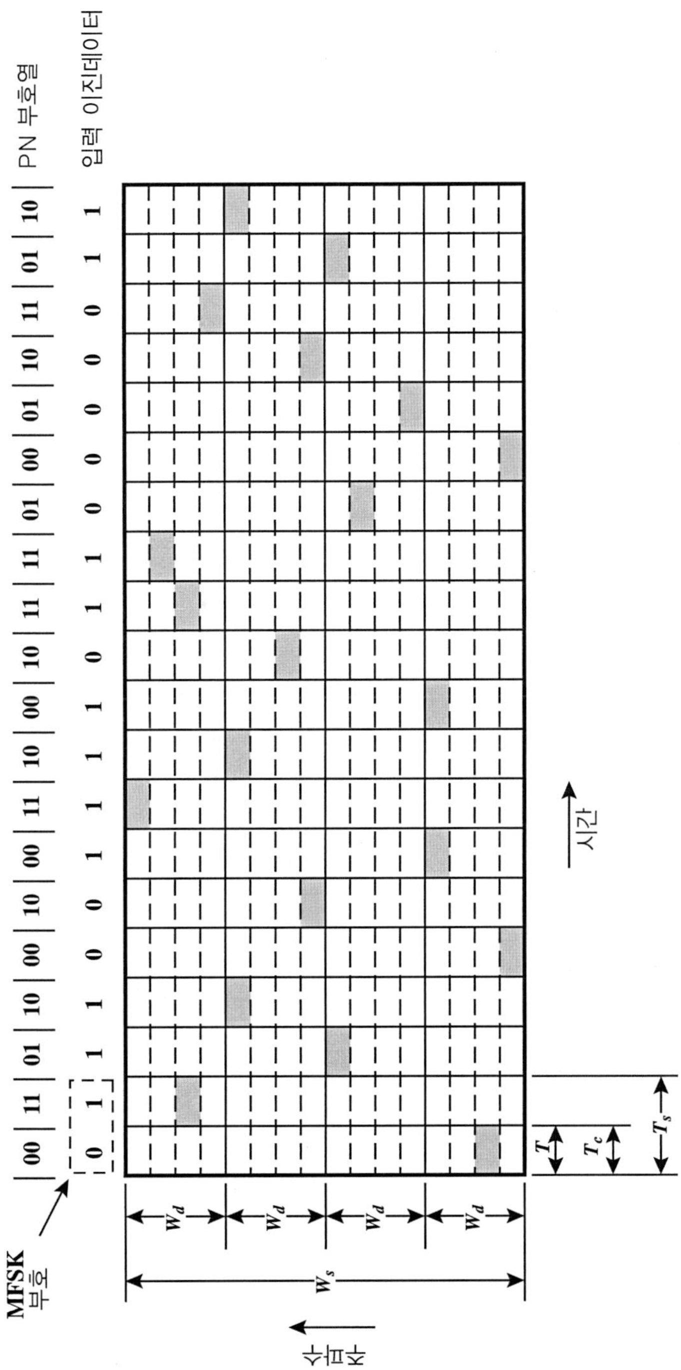

그림 7.5 MFSK를 사용한 fast FHSS (M = 4, k = 2)

$$\frac{E_b}{N_j} = \frac{E_b W_d}{S_j}$$

만약, FH이 사용되어지면 잡음방해기는 모든 2^k의 주파수에 대해 방해해야만 한다. 고정 전력을 갖기 때문에 이것은 임의의 한 주파수에 대해 잡음전력은 $S_j/2^k$로 감소시킬 수 있다. 신호대 잡음비의 이득 또는 처리 이득은 다음과 같다.

$$G_p = 2^k = \frac{W_S}{W_d} \tag{7.3}$$

7.3 DSSS

DSSS(Direct Sequence Spread Spectrum)에 있어서 원래 데이터의 각 비트는 확산부호에 의해 여러 비트로 변환되어 전송된다. 확산부호는 사용되는 비트수에 비례하여 신호를 더 넓은 주파수대역으로 직접 확산시킨다. 그러므로, 10비트의 확산부호는 1비트 확산부호보다 10배가 큰 주파수대역으로 신호를 확산시킨다.

DSSS 기술 중 하나는 XOR를 사용하여 디지털 정보열을 확산부호 비트열과 결합하는 것이다. XOR는 다음 규칙을 따른다.

$0 \oplus 0 = 0 \quad 0 \oplus 1 = 1 \quad 1 \oplus 0 = 1 \quad 1 \oplus 1 = 0$

그림 7.6은 DSSS의 예를 나타낸 것이다. 그림에서 보듯이 정보비트의 값이 1인 경우는 확산부호 비트값이 반전되어 출력되며, 반면에 정보비트의 값이 0인 경우는 확산부호 비트열이 그대로 전송된다. 이렇게 출력된 비트열의 전송속도는 원래 확산부호 비트열의 속도와 같게

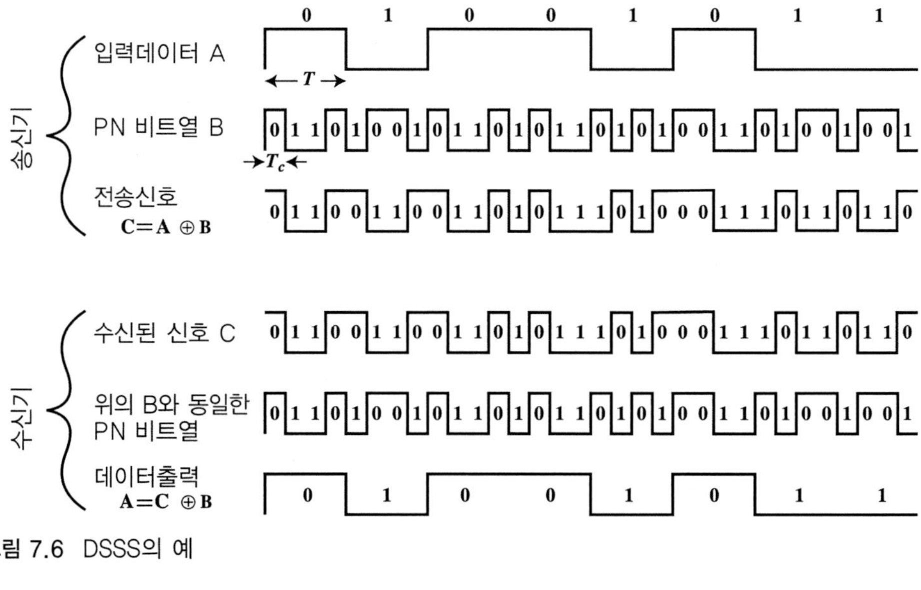

그림 7.6 DSSS의 예

된다. 따라서 정보비트열보다 더 넓은 대역폭을 갖게 된다. 이 예에서 확산부호 비트열은 정보비트의 4배의 전송속도를 갖는다.

BPSK를 이용한 DSSS

이 기법의 동작을 살피기 위해 이진 위상편이 변조(BPSK)기법이 사용된다고 가정하자. 1과 0을 가진 이진 데이터라기보다는 두 개의 이진 디지털을 나타내기 위해 +1과 −1을 사용하는 것이 더 편리하다. 이 경우 BPSK 신호는 식 (6.5)에서 보였듯이 다음과 같이 나타낼 수 있다.

$$s_d(t) = A\,d(t)\cos(2\pi f_c t) \tag{7.4}$$

여기서,

A = 신호의 진폭

f_c = 반송주파수

$d(t)$ = 비트열의 비트가 1이면 +1값, 0이면 −1 값을 선택하는 이산함수

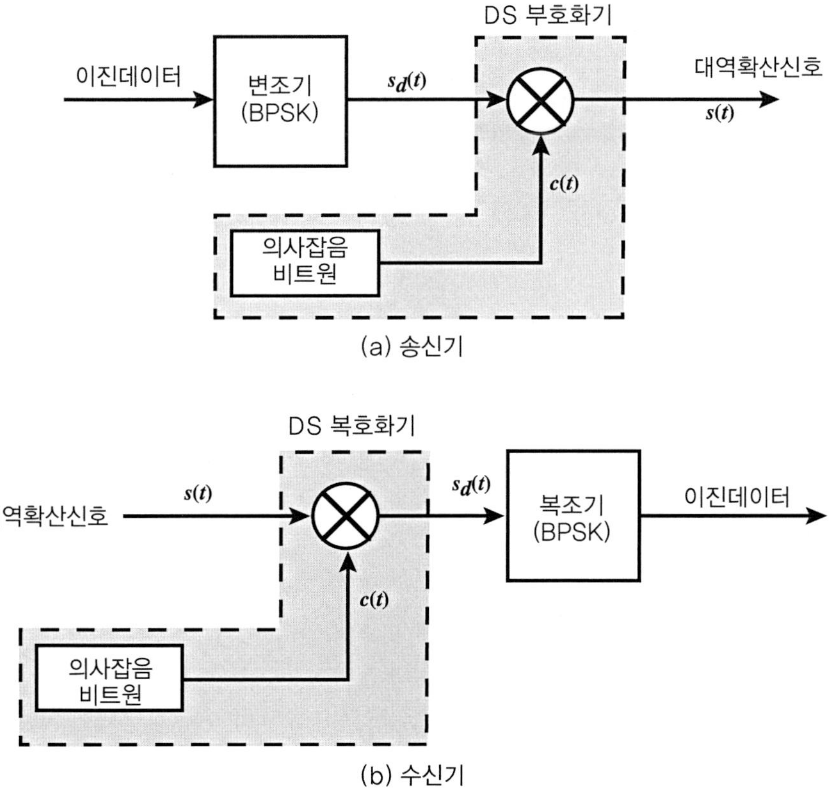

그림 7.7 DSSS 시스템

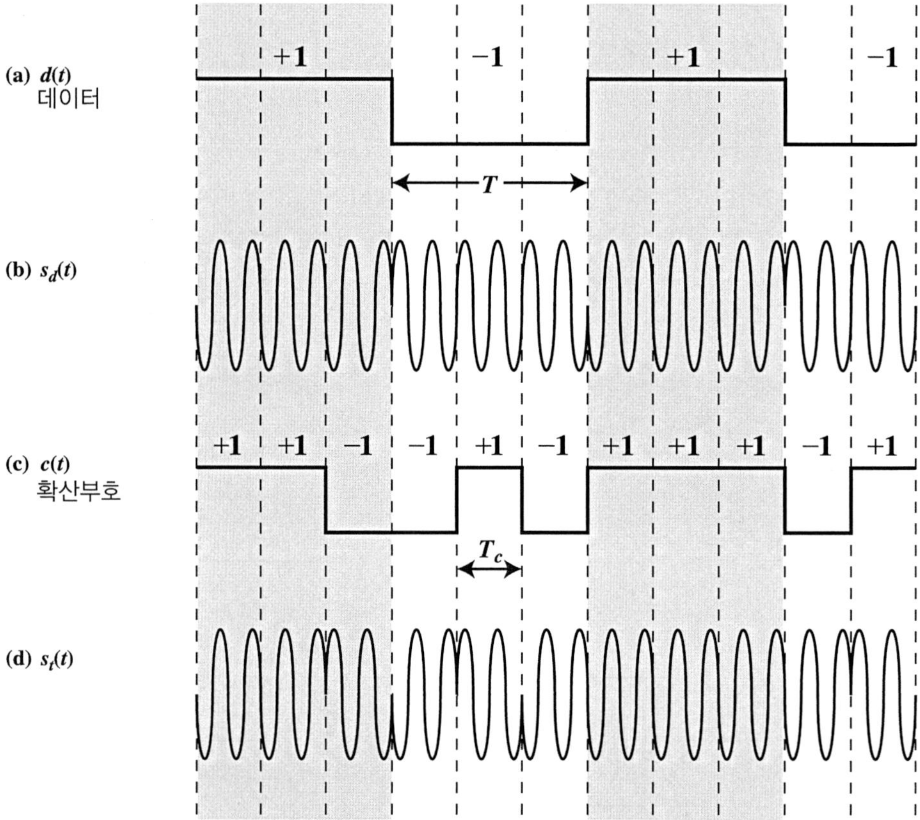

그림 7.8 BPSK를 이용한 DSSS의 예

DSSS 신호를 만들기 위해 위 BPSK 신호를 $c(t)$와 곱하여 다음 신호를 구하게 된다. 여기서 $c(t)$는 PN 부호열로서 +1과 −1의 값을 갖는다.

$$s(t) = A\,d(t)\,c(t)\cos(2\pi f_c t) \tag{7.5}$$

수신측에서는 수신된 신호에 다시 $c(t)$를 곱한다. XOR의 특성에 의해 $c(t) \times c(t) = 1$이므로 원래의 BPSK 신호가 복원된다.

$$s(t)\,c(t) = A\,d(t)\,c(t)\,c(t)\cos(2\pi f_c t) = s_d(t)$$

식 (7.5)는 구현방법에 따라 두 가지 방법으로 해석될 수 있다. 첫번째는 앞의 그림 7.6에 나타낸 바와 같이 먼저 $d(t)$와 $c(t)$를 곱한 다음, BPSK 변조를 수행하는 것이다. 다른 방법은 반대로 그림 7.7에 나타낸 바와 같이 데이터 열 $d(t)$에 BPSK 변조를 수행한 다음, 이 신호에 $c(t)$를 곱하여 대역확산신호 $s_d(t)$를 생성하는 것이다.

그림 7.8에 BPSK를 이용한 DSSS의 예를 나타내었다.

DSSS 성능을 위한 고려사항

그림 7.9에 나타낸 바와 같이, DS 기법에 의해 확산되는 주파수대역은 쉽게 구해질 수 있다. 이 예에서처럼 정보신호의 1비트 주기를 T라 하면 이의 데이터 전송속도는 $1/T$이 된다. 이 경우 신호의 주파수대역, 즉 스펙트럼은 부호화기술에 따르지만 대략 $2/T$가 된다. 마찬가지로 PN 신호의 스펙트럼 역시 $2/T_c$가 된다. 그림 7.9(c)는 최종확산된 대역을 나타낸 것이다. 이렇듯 확산되는 대역의 크기는 PN 열의 데이터 전송속도에 의해 결정된다.

FHSS와 마찬가지로, 전파 방해에 대한 효율성을 살펴봄으로써 DSSS 성능을 고려할 수 있다. DSSS 시스템의 중심 주파수에서 전파방해가 일어났다고 가정한다. 전파방해신호는 다음과 같다.

$$s_j(t) = \sqrt{2S_j}\cos(2\pi f_c t)$$

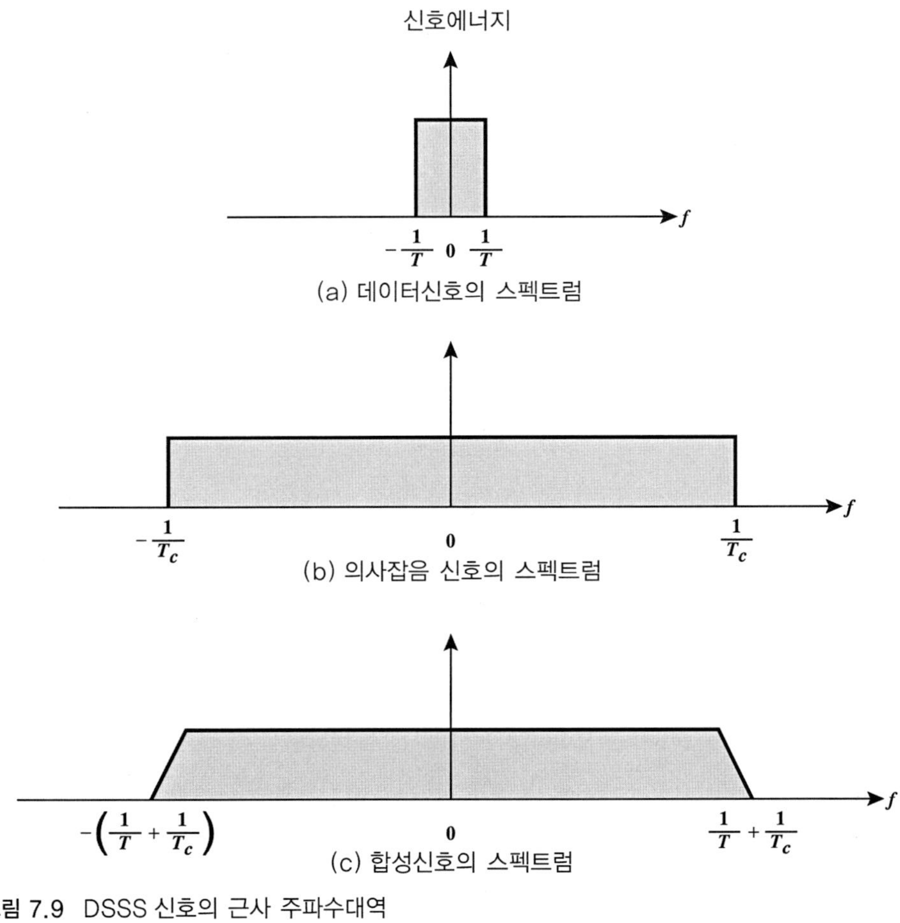

그림 7.9 DSSS 신호의 근사 주파수대역

이에 따라, 수신된 신호는 다음과 같다.

$$s_r(t) = s(t) + s_j(t) + n(t)$$

여기서,

$s(t)$ = 송신측에서의 전송신호
$s_j(t)$ = 전파방해 신호
$n(t)$ = 백색잡음
S_j = 방해전파의 신호전력

수신측에 있어서 DS복호화기는 $s_r(t)$와 $c(t)$를 곱하므로, 전파방해 신호에 의한 신호요소는

$$y_j(t) = \sqrt{2S_j}\, c(t) \cos(2\pi f_c t)$$

가 된다. 이것은 반송파에 의한 BPSK 변조의 단순한 형태이다. 따라서, 반송파 전력 S_j는 약 $2/T_c$의 대역폭에 걸쳐 확산된다. 그러나 그림 7.7에서 DSSS 복호화기 다음에 연결된 BPSK 복조기는 $2/T$ 대역폭을 갖는 대역통과필터를 포함한다. 따라서 전파방해 신호전력의 대부분이 이 필터에 의해 차단된다. 비록 많은 요소들이 여전히 존재할지라도 필터를 통과한 전파방해 전력은 다음과 같다.

$$S_{jf} = S_j(2/T)/(2/T_c) = S_j(T_c/T)$$

전파방해 전력은 대역확산을 사용하므로 (T_c/T) 만큼 감소된다. 이 값의 역은 신호대 잡음비의 이득이다.

$$G_p = \frac{T}{T_c} = \frac{R_c}{R} \approx \frac{W_s}{W_d} \tag{7.6}$$

여기서, R_c는 확산비트의 속도이고 R은 데이터 전송속도, W_d는 신호 대역폭이며 W_s는 확산 신호 대역폭이다. 이 결과는 FHSS (식 (7.3))의 결과와 비슷하다.

7.4 코드분할 다원접속

기본원리

CDMA(CDMA: Code Division Multiple Access)는 대역확산을 사용하는 다중화기법이다. 이 방식은 다음과 같이 수행된다. 먼저, 비트속도 D인 데이터신호가 있다. 이것을 사용자 부호라고 하는 각 사용자마다 규정된 고정형식에 따라 k개의 *chip*으로 각 비트를 확산한다. 따라서 새로운 채널은 매초당 kD chip의 chip 데이터속도를 갖는다. $k = 6$인 간단한 예[4]를 들

4. 이 예는 Polytechnic University of Brooklyn의 Richard Van Slyke 교수에 의해 제공된 것이다.

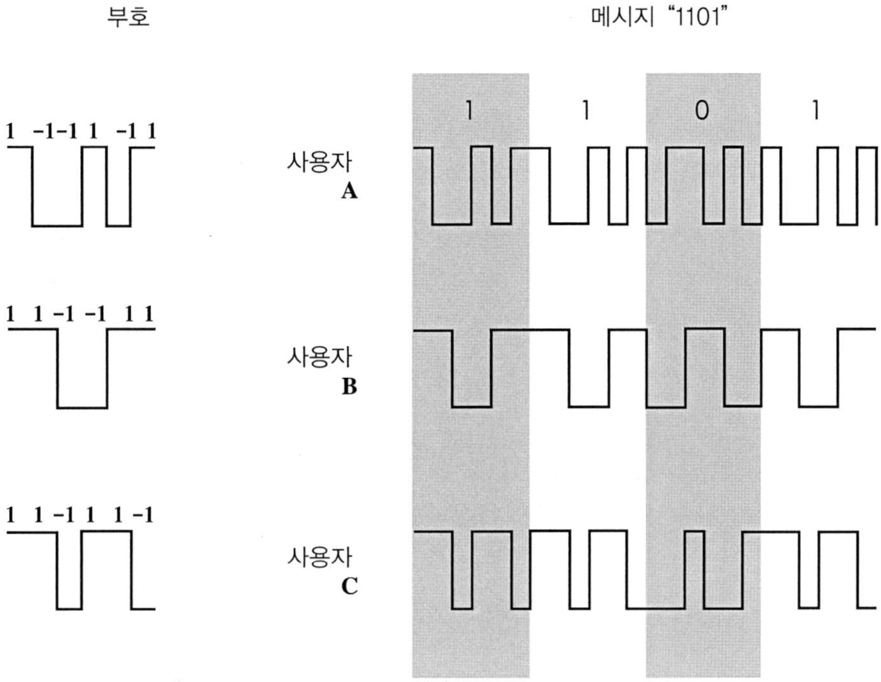

그림 7.10 CDMA 예

어보자. 부호를 1과 −1의 열로 만듦으로써 가장 단순화시킬 수 있다. 그림 7.10은 같은 기지국의 수신기 R을 거쳐 통신하는 3명의 사용자 A, B, 그리고 C의 부호를 나타낸 것이다. 사용자 A의 부호 c_A = <1, −1, −1, 1, −1, 1>이며, 사용자 B는 c_B = <1, 1, −1, −1, 1, 1>, 또한 사용자 C는 c_C = <1, 1, −1, 1, 1, −1>의 부호를 갖는다.

이제 기지국과 통신하는 사용자 A의 경우를 살펴보자. 기지국은 A의 부호를 알고 있다고 가정한다. 단순화하기 위해 기지국이 부호를 언제 찾아야 하는지를 알 수 있도록 이미 동기화되어 있다고 가정한다. 사용자 A가 비트 1을 전송하려면 <1, −1, −1, 1, −1, 1>의 chip 형식으로 부호를 전송하며, 비트 0를 전송하려면 이와는 반대로 <−1, 1, 1, −1, 1, −1>의 chip 부호를 전송한다. 기지국에서 수신기는 칩형식을 복호화한다. 만약, 수신기 R이 칩형식 d = <$d1$, $d2$, $d3$, $d4$, $d5$, $d6$>를 수신하고 수신기가 사용자 u의 부호 <$c1$, $c2$, $c3$, $c4$, $c5$, $c6$>를 갖고서 사용자 u와의 통신을 시도하고 있는 중이면, 수신기는 다음 복호화공식을 수행한다.

$$S_u(d) = (d1 \times c1) + (d2 \times c2) + (d3 \times c3) + (d4 \times c4) + (d5 \times c5) + (d6 \times c6)$$

S의 아래첨자 u는 수신측이 통신하고자 하는 사용자 u를 의미하며, d는 수신기가 실제 수신한 칩데이터를 의미한다. 사용자 u가 실제적으로 사용자 A이고 수신된 데이터도 사용자 A로부터 전송되어 졌다면 어떠한 일이 발생하는지 살펴보자. 만약, 사용자 A가 비트 1을 보내

면 d는 <1, −1, −1, 1, −1, 1>이고 S_A는 위의 식을 사용하면 다음과 같이 된다.

$$S_A(1,-1,-1,1,-1,1)=[1\times 1]+[(-1)\times(-1)]+[(-1)\times(-1)]+[(-1)\times(-1)]+[1\times 1]=6$$

만약, 사용자 A가 0을 보내면 d = <−1, 1, 1, −1, 1, −1>이 되어 S_A는 다음과 같다.

$$S_A(-1,1,1,-1,1,-1)=[(-1)\times 1]+[1\times(-1)]+[1\times(-1)]+[(-1)\times 1]+[1\times(-1)]+[1\times(-1)]+[(-1)\times 1]=-6$$

d가 −1과 1의 열인 것과 관계없이 항상 $-6 \le S_A \le 6$이며, 또 결과치가 6과 −6을 가질 때만이 A로부터 전송된 부호임을 주의하자. 만약, S_A가 +6이 되었다면 사용자 A로부터 비트 1을, −6이면 사용자 A로부터 비트 0을 수신했음을 알 수 있다. 반면에, 누군가 다른 사용자가 정보를 보냈거나 전송도중 에러가 발생했을 경우를 생각해보자. 만약, 사용자 B가 비트 1를 보내면 d = <1, 1, −1, −1, 1, 1>이 되고 S_A는 다음과 같다.

$$S_A(1,1,-1,-1,1,1)=[1\times 1]+[1\times(-1)]+[(-1)\times(-1)]+[(-1)\times 1]+[1\times(-1)]+[1\times 1]=0$$

따라서, 기지국의 수신기는 사용자 A의 데이터를 수신하고자 사용자 A의 PN 부호를 사용하는 한, 자신이 원하지 않는 신호(사용자 B로부터의 신호)는 결국 수신할 수 없게 된다. 사용자 B가 비트 0를 보낸 경우에도 앞에서와 같은 같은 방법에 의해 수신측에서 생성된 S_A는 0이 됨을 쉽게 확인할 수 있다. 이러한 사실을 만약, 복호기가 선형이고 사용자 A와 사용자 B가 동시에 신호 s_A와 s_B를 전송하는 경우에도, $S_A(s_A+s_B)=S_A(s_A)+S_A(s_B)=S_A(s_A)$가 되는데, 이것은 수신측의 복호기가 사용자 A의 코드를 사용할 때 사용자 B로부터의 신호를 무시하기 때문이다. 이와 같이 $S_A(c_B)+S_B(c_A)=0$의 특징을 가지고 있는 사용자 A와 사용자 B 부호를 *직교*(orthogonal)한다고 한다. 이러한 부호가 매우 좋기는 하지만 모든 부호가 다 그렇지는 않다. 일반적인 경우 $X \neq Y$일 때 $S_X(c_y)$는 그 절대값이 작다. 따라서, $X = Y$일 때와 $X \neq Y$일 때의 두 경우가 쉽게 구분된다. 앞의 예에서는 $S_A(c_C)+S_C(c_A)=0$이나 $S_B(c_C)+S_C(c_B)=2$이다. 후자의 경우 사용자 B와 사용자 C간에는 0이 아니지만, 그 값이 작기 때문에 각자 원하는 사용자로부터의 신호의 복원에는 지장을 주지 않게 된다. 즉 원하는 사용자 U로부터의 신호 복원 시에는 이에 해당되는 복호기 S_u를 사용하므로 수신기는 동일한 셀내에서 여러 사용자로부터 방송되어지는 신호가 있을 때조차도 u로부터의 데이터를 취할 수 있게 된다.

표 7.1은 지금까지 설명한 내용을 정리한 것이다.

실제로 CDMA 수신기는 원하지 않는 사용자로부터의 데이터나 크기가 작은 잡음 정도는 걸러낼 수 있다. 그러나 하나의 셀 내에 많은 사용자들이 채널을 사용하기 위해 경쟁하는 경

표 7.1 CDMA 예

(a) 각 사용자의 PN 부호

사용자 A	1	−1	−1	1	−1	1
사용자 B	1	1	−1	−1	1	1
사용자 C	1	1	−1	1	1	−1

(b) A로부터의 데이터전송

송신(데이터비트 = 1)	1	−1	−1	1	−1	1	
수신부호	1	−1	−1	1	−1	1	
곱셈값	1	1	1	1	1	1	= 6

송신(데이터비트 = 0)	−1	1	1	−1	1	−1	
수신부호	1	−1	−1	1	−1	1	
곱셈값	−1	−1	−1	−1	−1	−1	= −6

(c) B로부터 전송되어 온 데이터를 A의 PN 부호를 사용하여 복원하고자 하는 경우

송신(데이터비트 = 1)	1	1	−1	−1	1	1	
수신부호	1	−1	−1	1	−1	1	
곱셈값	1	−1	1	−1	−1	1	= 0

(d) C로부터 전송되어 온 데이터를 B의 PN 부호를 사용하여 복원하고자 하는 경우

송신(데이터비트 = 1)	1	1	−1	1	1	−1	
수신부호	1	1	−1	−1	1	1	
곱셈값	1	1	1	−1	1	−1	= 2

(e) B와 C로부터 전송되어 온 데이터를 B의 PN 부호를 사용하여 복원하고자 하는 경우

B(데이터비트 = 1)	1	1	−1	−1	1	1	
C(데이터비트 = 1)	1	1	−1	1	1	−1	
합성신호	2	2	−2	0	2	0	
수신부호	1	1	−1	−1	1	1	
곱셈값	2	2	2	0	2	0	= 8

우나, 수신된 신호 중 원하지 않는 하나 이상의 신호가 너무 큰 경우(아주 가까이 위치한 사용자로부터의 신호)에는 데이터 복원시 에러가 발생하게 된다.

DSSS 방식의 CDMA

BPSK를 사용한 DSSS 시스템의 관점으로부터 CDMA를 살펴보자. 그림 7.11은 n명의 사용자가 서로 다른 orthogonal PN 부호를 사용하여 전송하는 구성도를 나타낸 것이다. 각 사용자로부터 전송되는 데이터 스트림 $d_i(t)$는 BPSK 변조기에 의해 W_S 대역폭을 갖는 신호로 변조된 다음, 자신의 PN 부호 $c_i(t)$를 곱하여 전송된다. 안테나에 의해 전송된 이 신호는 전송 도중 유입된 잡음과 함께 수신측 안테나에 수신된다. 수신기가 사용자 1의 데이터를 복원하는 경우를 생각해보자. 수신된 신호는 송신측과 반대로 사용자 1의 PN 확산부호를 곱한 다음, BPSK 복조기에 의해 복원된다. 이것은 수신된 신호의 대역폭을 원래의 확산되기 전 신호의 대역폭으로 좁히는 결과를 가져온다. 사용자 1로부터의 신호를 제외한 다른 사용자로부터의 모든 신호는 사용자 1의 확산부호와 orthogonal하기 때문에 무시되므로 나머지 신호는 W_S 대역폭을 갖게 되는 것이다. 이렇게 함으로써, 원하지 않는 신호는 넓은 대역폭 상으로 확산되어지며, 원하는 신호는 좁은 대역폭 내로 집중되어진다. 그러므로, 수신측의 BPSK 복조기의 대역통과필터의 특성에 의해 원하는 신호만을 얻을 수 있게 된다.

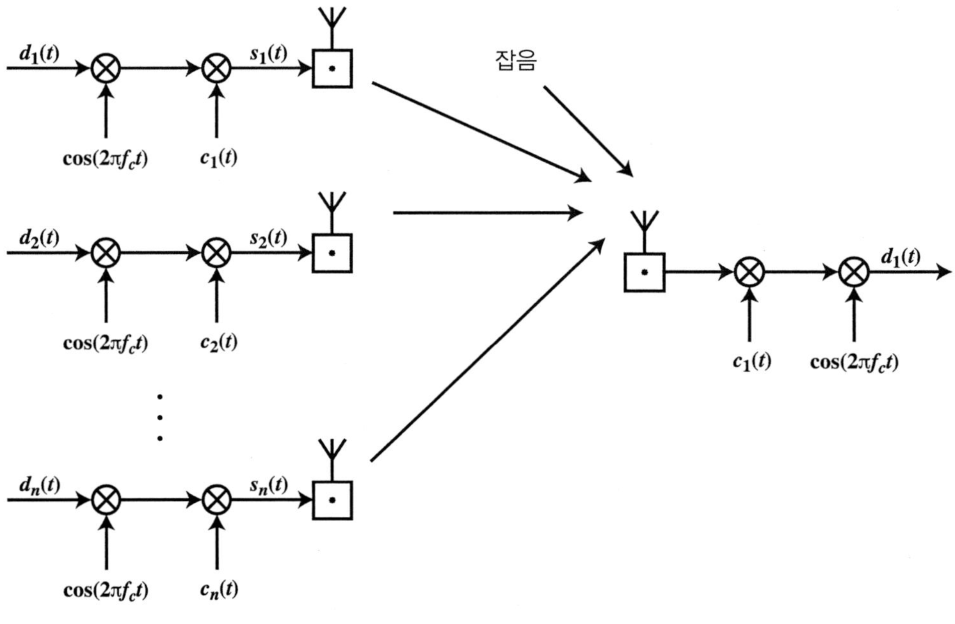

그림 7.11 DSSS 환경에서의 CDMA

7.5 확산열의 생성

앞 절에서 언급하였듯이 확산열(spreading sequence) $c(t)$는 송신측과 수신측에서 공유하는 이진 비트열이다. 확산이란 통상 입력데이터보다 전송속도가 더 빠른 확산열을 입력데이터와 곱, 즉 XOR하는 것이다. 신호의 복원시에는 XOR의 특성을 이용, 다시 한번 확산열을 수신된 신호에 곱함으로써 얻어지게 된다.

결과적으로 실제 전송되는 데이터의 전송속도는 확산열의 속도로서, 이것은 보다 더 빠른 전송속도가 요구될 뿐만 아니라 더 큰 대역폭 또한 요구된다. 또한, 시스템의 잉여도(redundancy)도 증가시키게 된다. 확산부호는 결과신호가 마치 잡음처럼 나타나도록 선택된다. 그러므로 확산부호는 1과 0의 개수가 거의 동일해야 하며, 또한 동일 형태가 반복되어지는 경우가 거의 없어야 한다. 확산부호가 CDMA 응용에 사용되어질 때 각 부호간의 상관관계는 더욱 희박해야 한다. 각각 다른 확산부호에 의해 확산된 확산열이 섞여진 여러 신호를 수신할 때 각 수신기는 자신의 확산부호를 사용하여 자신에게 수신된 신호를 얻을 수 있어야 한다. 해당 수신기의 확산신호 이외의 다른 확산신호들은 마치 에러처럼 보여지거나 해당 신호의 복원을 방해하지 않도록 하기 위해 서로 상관관계를 갖지 않아야 한다. 왜냐하면, 확산과정시 만들어지는 높은 잉여도 때문에 복호과정시 동일 대역폭내의 다른 신호에 간섭을 일으킬 수 있다.

확산열은 일반적으로 PN 열과 직교부호의 두 가지로 분류될 수 있다. PN 열은 FHSS 시스템과 DSSS 시스템에서 가장 일반적으로 사용되어지고 CDMA에서는 사용하지 않는다. DSSS CDMA 시스템에서는 PN 열과 직교부호 모두 사용되어진다. 이들 각각에 대해 살펴본다.

PN 열

이상적인 확산열은 1과 0의 랜덤열이다. 그러나 이것은 송신측과 수신측이 동일한 랜덤 열에 대한 복사본을 갖고 있어야 되기 때문에, 현실적인 방법은 송수신측이 동일한 비트열을 생성하여 이 비트열이 가능한 랜덤 특성을 유지하도록 하는 것이다. 이러한 요구사항은 PN 생성기에서 수행된다. PN 생성기는 실제로는 반복성을 가지나 랜덤한 것처럼 보이는 주기적인 비트열을 생성한다.

PN 열은 **seed**라는 초기값을 사용하는 알고리즘에 의해 생성된다. 이 알고리즘은 결정적(deterministic)이므로, 통계적으로 랜덤하지 않는 숫자열을 생성한다. 그러나 만약 알고리즘이 우수하다면 생성된 숫자열은 랜덤특성의 시험을 대부분 통과할 것이다. 이러한 수들을 **의사난수**(pseudorandom number) 또는 **의사잡음**(pseudonoise)열이라 한다. 만일 알고리즘과 seed를 알고 있지 않다면 순열을 예측하기란 상당히 어렵다. 따라서 송신측과 함께 이러한 정보를 공유하는 수신기만이 성공적으로 신호를 복호화할 수 있을 것이다.

PN 열은 컴퓨터와 통신에서 널리 사용되고 있으며, 그 원리나 이론에 대해서는 잘 정리되어 있다. 본 절에서는 바람직한 PN 열의 일반적인 특성을 알아보고 대역확산 응용분야에서 사용되는 대표적인 생성방법을 살펴본다.

PN 특성

PN의 두 가지 중요한 특징은 랜덤성(randomness)과 예측 불가능성(unpredictability)이다.

전형적으로 랜덤 숫자열의 생성에 있어서 중요한 것은 통계적 의미로서 숫자열이 랜덤하여야 한다는 점이다. 일반적으로 다음 두 가지 기준이 숫자열의 랜덤성을 입증하는 데 이용된다.

- **균등분포(uniform distribution):** 순열 내에서의 각 수의 분포는 균등해야 한다. 즉, 각 수의 발생빈도는 근사적으로 같아야 한다. 이진 디지털인 경우에는 단지 2개의 수(0과 1) 만을 사용하기 때문에 이 개념을 확장시킬 필요가 있다. 일반적으로, 다음 두 가지 속성이 요구된다.
  - **평형(balance) 속성:** 긴 순열 내에서 이진수 1의 비율은 1/2이어야 한다.
  - **Run 속성:** Run이란 모두 1이거나 0인 순열로서 정의된다. 다른 이진값이 나타나면 새로운 run의 시작을 의미한다. 각 run중 1/2은 길이가 1이고, 1/4은 길이 2, 그리고 1/8은 길이가 3이어야 한다.
- **독립성(independence):** 순열 내에서 각 값들은 다른 값에 의해 영향을 받아서는 안된다.

비록 수열이 균등분포와 같이 특별한 분포를 가짐을 결정하기 위한 테스트가 잘 정의되어 있다고 할지라도, 독립성을 증명할 테스트방법은 없다. 오히려 특정수열이 독립성을 갖지 않는다는 사실을 나타내기 위한 테스트방법들이 더 많이 적용되고 있다. 일반적인 방법은 독립성의 존재가 충분히 강하다고 확신을 할 때까지 실험을 반복 적용하는 것이다.

대역확산과 같은 응용에서는 위와 같은 특성 이외에 다음과 같은 속성이 요구된다.

- **상관관계(correlation) 속성:** 만약 순열의 주기를 그 자체의 사이클시프트와 비교한다면, 같다라는 사실은 다르다는 것과 거의 1만큼 다르다.

LFSR(선형피드백 시프트레지스터: Linear Feedback Shift Register)의 구현

대역확산을 위한 PN 생성기는 일반적으로 XOR 게이트와 LFSR이라 불리는 시프트레지스터로 구현된다. LFSR은 일련의 1비트 저장장치이다. 각 장치는 현재 저장된 값을 나타내는 출력 선과 입력 선을 갖고 있다. 클럭시간(clock time)이라 알려진 이산시간에 저장장치내의 값은 입력 선에 의해 표시된 값으로 대체된다. 전체 LFSR은 동시에 클럭되어지고 전체 레지스터를 따라 1비트씩 시프트가 발생된다.

회로는 다음과 같이 구현된다.

1. LFSR은 n 비트를 갖는다.
2. 1~$(n-1)$개의 XOR 게이트가 있다.
3. 특정 게이트가 존재하는지의 여부는 X^n항을 포함하는 생성다항식 $P(X)$의 존재여부에 대응된다. 즉 생성다항식내에 해당 항이 존재하면 그에 대응되는 게이트가 구현되며, 그렇지 않으면 그에 대응되는 게이트는 구현되지 않는다.

PN LFSR을 구현하기 위해 두 가지 방법이 사용되어진다. 먼저 생성기를 XOR의 합으로 구현하는 경우를 생각해보자.

$$B_n = A_0 B_0 \oplus A_1 B_1 \oplus A_2 B_2 \oplus \ldots \oplus A_{n-1} B_{n-1} \tag{7.7}$$

그림 7.12는 위 방정식을 나타낸 것이다. 실제 구현에서는 곱셈회로를 사용하지 않는다. 예를 들어, $A_i = 0$이면 이에 대응되는 XOR 회로는 제거된다. 그림 7.13(a)는 위 (7.7)의 방정식을 구현한 4비트 LFSR의 예이다.

$$B_3 = B_0 \oplus B_1 \tag{7.8}$$

시프트 레지스터 기술은 몇 가지 중요한 장점을 갖는다. LFSR에 의해 생성되어지는 수열은 긴 주기의 관점에서 볼 때 거의 랜덤하다고 볼 수 있으며, 이러한 특성은 확산신호를 마치 잡음처럼 보이도록 한다. 뿐만 아니라 LFSR은 하드웨어적 구현이 쉬우며 빠른 속도로 수행될 수 있다. 이것은 확산 비트속도가 데이터속도보다 높기 때문에 매우 중요한 구현 기술이다.

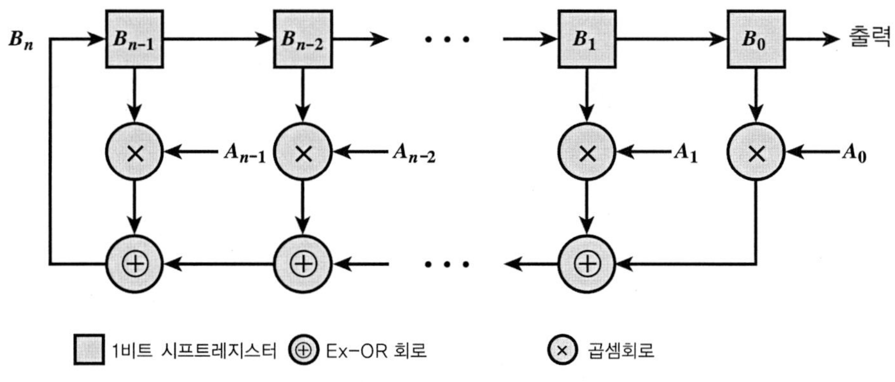

그림 7.12 이진 LFSR 수열생성기

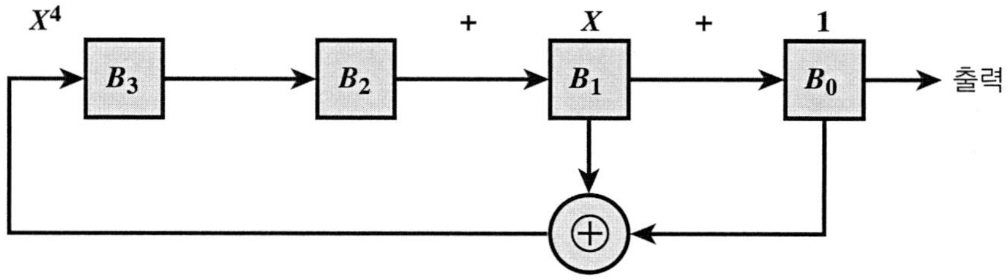

(a) 시프트레지스터 구현

상태	B_3	B_2	B_1	B_0	$B_0 \oplus B_1$	출력
초기 = 0	1	0	0	0	0	0
1	0	1	0	0	0	0
2	0	0	1	0	1	0
3	1	0	0	1	1	1
4	1	1	0	0	0	0
5	0	1	1	0	1	0
6	1	0	1	1	0	1
7	0	1	0	1	1	1
8	1	0	1	0	1	0
9	1	1	0	1	1	1
10	1	1	1	0	1	0
11	1	1	1	1	0	1
12	0	1	1	1	0	1
13	0	0	1	1	0	1
14	0	0	0	1	1	1
15 = 0	1	0	0	0	0	0

(b) 초기상태 1000인 경우 PN열 생성 예

그림 7.13 PN열 생성을 위해 시프트레지스터로 구현된 회로

이것은 LFSR의 출력이 최대 $N = 2^n - 1$의 주기를 갖는 주기신호임을 보여준다. LFSR의 초기 상태가 모두 0이거나 식 (7.7)에서의 모든 계수가 0(피드백이 없는 경우)일 때만 출력열이 모두 0인 결과가 발생한다. 피드백은 N의 주기를 가질 때만 발생한다. 결과순열을 **최대 길이열**(maximal-length sequences) 또는 **m-열**(m-sequences)이라 한다. m-열은 수신기의 동기화나 CDMA와 같은 다원접속기술에 있어서 중요하다.

그림 7.13(b)는 그림 7.13(a)의 LFSR에 대한 m-열의 생성을 나타낸 것이다. LFSR은 초기상태 1000 ($B_3=1$, $B_2=0$, $B_1=0$, $B_0=0$)의 값으로 식 (7.8)을 구현한 것이다. 그림 7.13(b)는 LFSR이 한 번에 1비트씩 클럭되는 단계적인 동작을 나타낸 표이다. 표에서 처음 4개의 각 행은 4개의 시프트레지스터에 저장되어 있는 현재 값을 보여준다. 또한 다음 행은 XOR 회로의 출력값들을 나타낸 것이며, 마지막 행은 출력비트의 값으로서 이 값이 바로 B_0

의 값이다. 출력은 15비트 주기로 반복되어짐을 주의하라. 즉 이 수열의 주기 또는 m−열의 길이는 $15 = 2^4 - 1$이다. 표 7.2에 나타낸 바와 같이 동일 주기의 m−열이 LFSR의 초기상태와 무관하게(초기상태 0000인 경우는 제외) 생성된다. 서로 다른 초기상태에 의해 사이클내의 다른 시점에서 m−열이 시작하지만, 이들은 같은 수열을 갖는다.

주어진 크기의 LFSR에 대해서, 식 (7.7)의 A_i 값을 다르게 함으로써 많은 다른 유일한 m−열들을 생성할 수 있다. 표 7.3은 서로 다른 크기의 LFSR에 의해 생성될 수 있는 m−열의 길이와 개수를 나타낸 것이다.

LFSR 구성과 동일한 정의가 생성다항식이다. 식 (7.7)에 대응되는 생성다항식 $P(X)$는 다음과 같다.

$$P(X) = A_0 + A_1 X + A_2 X^2 + \ldots + A_{n-1} X^{n-1} + X^m \tag{7.9}$$

생성다항식의 유용한 특징 중 하나는 다항식의 역수를 취함으로써 이에 대응되는 LFSR에 의해 생성된 수열을 만들 수 있다는 점이다. 예를 들어, $P(X) = 1 + X + X^3$인 경우, 3비트 LFSR을 구하기 위해 $1/(1 + X + X^3)$ 나눗셈을 수행하였다. 그림 7.14에 그 나눗셈 과정을 나타내었다. 그 결과는 다음과 같으며 이 패턴은 계속 반복함을 알 수 있다.

$$1 + X + X^2 + \left(0 \times X^3\right) + X^4 + \left(0 \times X^5\right) + \left(0 \times X^6\right)$$

이것은 시프트레지스터 출력이 다음과 같음을 의미한다.

1110100

표 7.2 그림 7.13(a)로부터 얻어진 15개의 PN열

초기상태	초기상태
1000	000100110101111
0100	001001101011110
0010	010011010111100
1001	100110101111000
1100	001101011110001
0110	011010111100010
1011	110101111000100
0101	101011110001001
1010	010111100010011
1101	101111000100110
1110	011110001001101
1111	111100010011010
0111	111000100110101
0011	110001001101011
0001	100010011010111

표 7.3 m-열의 LFSR을 위한 생성다항식

시프트 레지스터의 수 N	m-열의 길이 $L=2^N-1$	m-열의 수	생성다항식	생성다항식에 대한 그림 7.12에서의 B_n
2	3	1	X^2+X+1	$B_1\oplus B_0$
3	7	2	X^3+X+1	$B_1\oplus B_0$
4	15	2	X^4+X+1	$B_1\oplus B_0$
5	31	6	X^5+X^2+1	$B_2\oplus B_0$
6	63	6	X^6+X+1	$B_1\oplus B_0$
7	127	18	X^7+X+1	$B_1\oplus B_0$
8	255	16	$X^8+X^6+X^5+X+1$	$B_6\oplus B_5\oplus B_1\oplus B_0$
9	511	48	X^9+X^4+1	$B_4\oplus B_0$
10	1023	60	$X^{10}+X^3+1$	$B_3\oplus B_0$
11	2047	176	$X^{11}+X^2+1$	$B_2\oplus B_0$
12	4095	144	$X^{12}+X^7+X^4+X^3+1$	$B_7\oplus B_4\oplus B_3\oplus B_0$
13	8191	630	$X^{13}+X^4+X^3+X+1$	$B_4\oplus B_3\oplus B_1\oplus B_0$
14	16,383	756	$X^{14}+X^{12}+X^{11}+X+1$	$B_{12}\oplus B_{11}\oplus B_1\oplus B_0$
15	32,767	1800	$X^{15}+X+1$	$B_1\oplus B_0$
20	1,048,575	2400	$X^{20}+X^3+1$	$B_3\oplus B_0$

$$
\begin{array}{l}
\qquad\qquad 1+X+X^2+\quad X^4+\quad X^7+X^8+\dots \\
1+X+X^3\,\overline{)\,1\qquad\qquad\qquad\qquad\qquad\qquad} \\
\qquad\qquad \underline{1+X+\quad X^3} \\
\qquad\qquad X\qquad X^3 \\
\qquad\qquad \underline{X+X^2+\quad X^4} \\
\qquad\qquad\quad X^2+X^3+X^4 \\
\qquad\qquad\quad \underline{X^2+X^3+\quad X^5} \\
\qquad\qquad\qquad\quad X^4+X^5 \\
\qquad\qquad\qquad\quad \underline{X^4+X^5+\quad X^7} \\
\qquad\qquad\qquad\qquad\quad X^7 \\
\qquad\qquad\qquad\qquad\quad \underline{X^7+X^8+\quad X^{10}} \\
\qquad\qquad\qquad\qquad\qquad X^8+\quad X^{10} \\
\qquad\qquad\qquad\qquad\qquad \underline{X^8+X^9+\quad X^{11}}
\end{array}
$$

그림 7.14 $1/(1+X+X^3)$

이 수열의 주기가 $7 = (2^3 - 1)$이기 때문에 이것은 m-열이다. 여기서 일반적인 방법과는 다른 나눗셈을 수행함을 주의하라. 이것은 뺄셈이 mod 2거나 XOR 함수를 사용하였기 때문에 시스템에서 뺄셈은 덧셈과 같은 결과를 만든다.

표 7.3은 다양한 크기의 LSFR을 위한 m-열을 만드는 생성 다항식을 나타내었다.

M-열의 속성

m-열은 대역확산 응용을 위한 몇 가지 특별한 속성을 갖고 있다.

속성 1. m-열은 2^{n-1}개의 1과 $2^{n-1} - 1$개의 0을 갖는다.

속성 2. $N = 2^{n-1}$개의 N 시프트를 한 출력순열 중 길이 n의 윈도우 슬라이드가 있다면 모두 0인 순열을 제외한 n-tuple은 정확하게 한번 나타난다.

속성 3. 길이 n의 1들이 한번 수행되고 길이 $n-1$의 0들이 한번 수행된다. 길이 $n-2$의 0과 1들의 혼합이 한번 수행된다. 길이 $n-3$의 1이 두번 수행되고 0이 한번 수행된다. 그리고, 일반적으로 길이 1의 1이 2^{n-3}번 수행되고 0이 2^{n-3}번 수행된다.

많은 통신응용을 위해 0, 1 순열은 이진 1은 1이고 이진 0은 -1[5]로 표현하므로 ±1로 바꾸어진다. 여기서는 결과순열의 주기적 상호상관관계(autocorrelation)를 다음과 같이 정의한다.

$$R(\tau) = \frac{1}{N}\sum_{k=1}^{N} B_k B_{k-\tau} \tag{7.10}$$

속성 4. ±1 순열의 주기적 상호상관관계는

$$R(\tau) = \begin{cases} 1 & \tau = 0, N, 2N, \ldots \\ -\frac{1}{N} & \tau \neq 0, N, 2N, \ldots \end{cases}$$

이다.

그림 7.15는 m-열의 일반적인 상호상관관계와 4비트 LSFR에 의해 생성되어지는 m-열을 위한 상호상관관계 함수를 보여준다.

필수적으로, 상관관계는 데이터에서 1의 집합이 다른 것들과 얼마나 많이 유사성을 갖게 되는가를 결정하는 개념이다. **상관관계**는 다음의 의미에 따라 −1과 1간의 범위를 정의한다.

상관관계 값	설 명
1	두번째 순열이 정확하게 첫번째와 일치한다.
0	두 순열간에 전혀 관련성이 없다.
−1	두 순열은 상호간에 이미지를 반영한다.

5. 어떤 서적에서는 이와 반대의 값이 사용되기도 한다. 즉 이진수 0은 1로, 이진수 1은 −1로 표현된다. 이러한 표현의 차이는 결과 수식과는 관계없다.

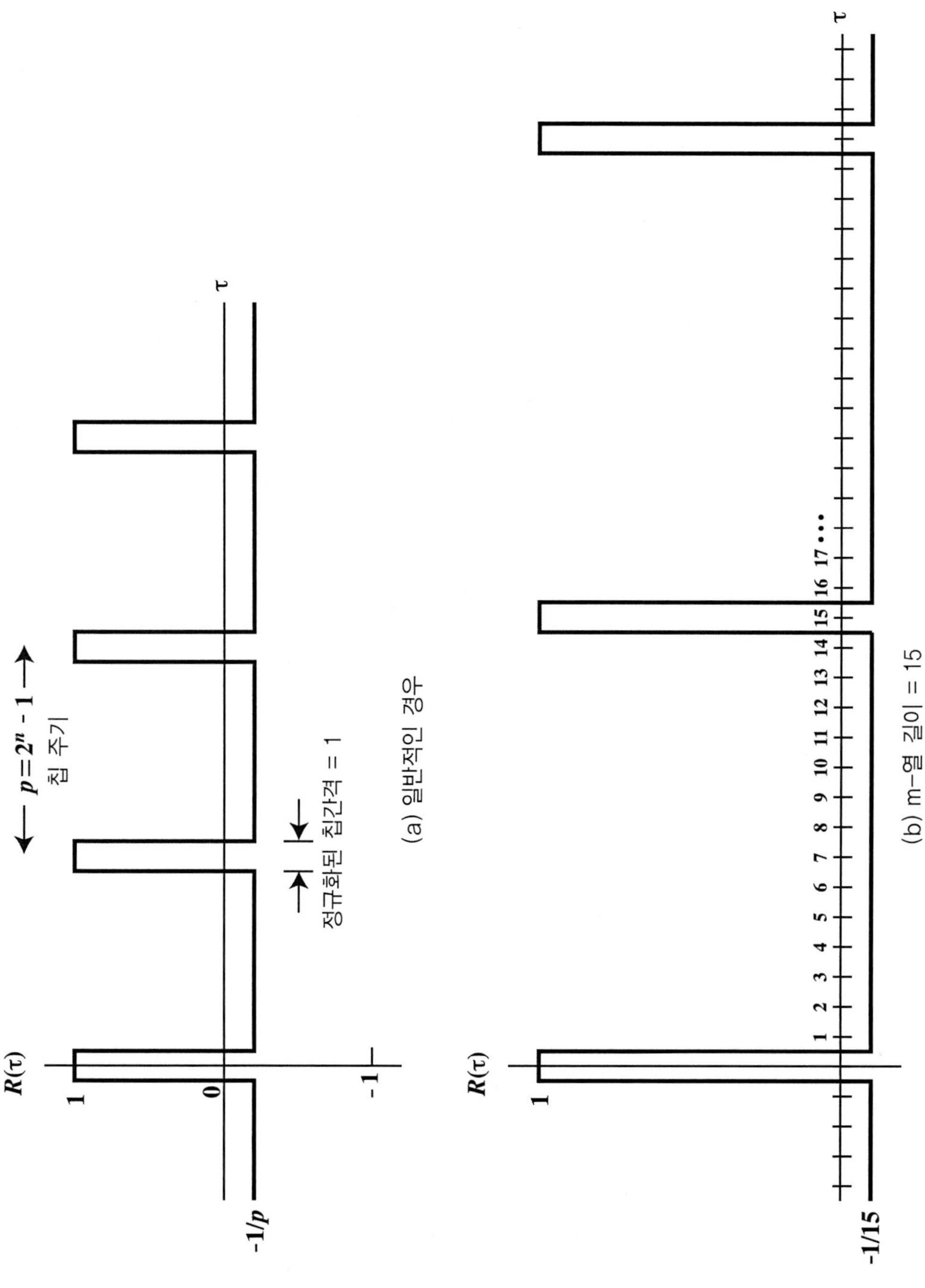

그림 7.15 PN 상호 상관관계 함수

다른 값들은 상관관계의 부분적인 정도를 나타낸다. 식 (7.10)에서 정의된 상호 상관관계는 그 자체의 모든 위상 시프트를 가진 순열에 대한 상관관계이다(Auto correlation). 랜덤 데이터는 0이상 위상 시프트를 가진 모든 상호 상관관계에 있어서 0에 근접한 상관관계 값을 가진다. m-열은 이러한 속성을 가진다. 한 개의 최고점을 가진 m-열의 상호 상관관계 함수가 수신기를 동기화하는 데 많은 도움을 준다는 것을 보여준다.

또한, 대역확산 내용에서 중요한 관련 함수는 **교차 상관관계**(cross correlation) 함수이다. 이와 같은 경우 비교는 그 순열 자체의 시프트된 복사본보다 다른 소스로부터의 두 순열 사이에 이루어진다. 두 소스 A와 B간에 교차 상관관계는 다음과 같이 정의된다.

$$R_{A,B}(\tau) = \frac{1}{N}\sum_{k=1}^{N} A_k B_{k-\tau} \tag{7.11}$$

일반적으로 랜덤 순열을 가진 순열을 일치시키므로 생성되어지는 교차 상관관계 값은 낮으며, 다음 장점을 가진다.

1. m-열과 에러간에 교차 상관관계는 낮고, 이 속성은 에러를 걸러내려는 수신기에 유용하게 적용된다.
2. 두 가지 m-열간에 교차 상관관계는 낮고, 이 속성은 다른 m-열에 의해 생성되어지는 대역확산신호의 구별을 수신기가 할 수 있기 때문에 CDMA 응용에 유용하다.

Gold 열

m-열은 생성이 쉽고 CDMA를 사용하지 않는 FHSS와 DSSS 시스템에서 유용하다. 그러나 CDMA DSSS에 있어서 m-열은 최적이 아니다. CDMA에서 각 사용자를 위해 확산순열군을 만들 필요가 있으며 부호들은 잘 알려진 교차 상관관계 속성을 가져야 한다. 일반적으로, m-열은 이 기준을 만족하지 않는다. 이러한 기준을 만족하는 순열 중 가장 일반적인 집합이 Gold 열이다. Gold 열은 단순한 회로에 의해 많은 수의 유일한 부호를 생성하기 때문에 매우 매력적이다.

Gold 열은 같은 클럭을 가진 두 개의 m-열의 XOR에 의해 만들어진다. 그림 7.16(a)는 그 예를 보여준다. 예제에서 두 개의 시프트 레지스터가 두 개의 m-열을 생성하고 그 후 비트간 XOR한다. 일반적으로 결과순열의 길이는 최대가 아니다. 게다가, 바람직한 Gold 열은 단지 m-열의 **선택쌍(preferred pairs)**에 의해 생성할 수 있다. 이러한 선택쌍들은 표에서 선택되거나 알고리즘에 의해 생성할 수 있다. [DIXO94]는 선택쌍의 집합과 알고리즘에 대해 서술되어 있다. 여기서, Gold 부호를 만드는 수학적 조건을 요약해본다.

여기서, m-열을 길이 N의 이진벡터 $\mathbf{a}$로 표현하고 $\mathbf{a}$의 모든 q번째 기호를 표본추출하여 새로운 순열 $\mathbf{a}'$를 생성한다. 길이 N의 $\mathbf{a}'$의 순열을 생성하기 위해 충분한 표본이 추출될 때까지 $\mathbf{a}$의 여러 복사본을 사용할 수 있다. $\mathbf{a}'$ 순열은 $\mathbf{a}$ 순열의 **decimation**이라고 하며 $\mathbf{a}' = \mathbf{a}[q]$로

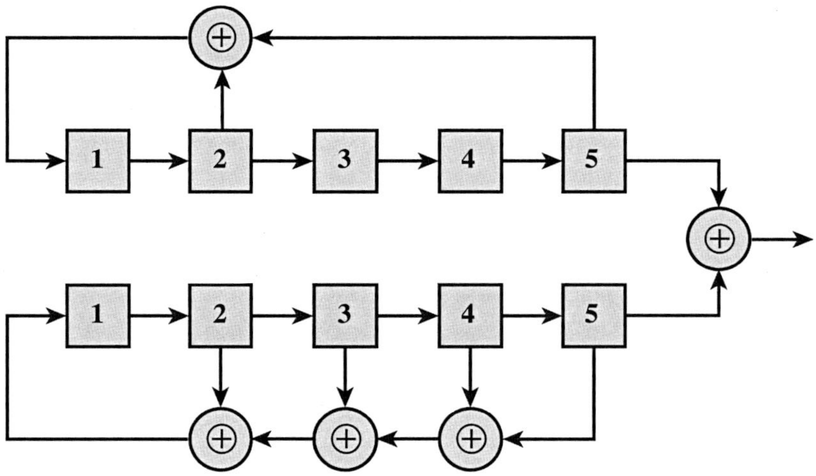

(a) 시프트레지스터 구현

Sequence 1: 1111100011011101010000100101100
Sequence 2: 1111100100110000101101010001110
0 shift XOR: 0000000111101101111101110100010
1 shift XOR: 0000101010111100001010000110001
•
•
30 shift XOR: 1000010001000101000110001101011

(b) 산출된 Gold 열

그림 7.16 Gold 순열 집합의 생성 예

나타낸다. 순열 **a**′는 주기 N을 가질 필요가 없고 m-열이 필요하지 않다. 그것은 **a**′가 gcd(n, q) = 1, gcd는 최대 공약수이면 주기 N을 가진 m-열일 것이다. 다시 말해, n과 q는 1을 제외한 공통인자를 가지지 않는다. Gold 열에 대해서, 두 개의 m-열이며 다음 조건을 만족하는 선택쌍 **a**와 **a**′를 가지고 알아보자.

1. $n/4 \neq 0$; 즉, 모든 n은 0, 4, 8, 12, ...
2. q는 홀수이고 일부의 k에 대해 $q = \left(2^k + 1\right)$ 또는 $q = \left(2^{2k} - 2^k + 1\right)$
3. $\gcd(n,k) = \begin{cases} 1 & n\text{: 홀수} \\ 2 & n = 2 \bmod 4 \end{cases}$

길이 n의 시프트 레지스터를 위해 선택쌍에 의해 생성되어진 Gold 열의 교차 상관관계는 n이 홀수이면 $|R| \leq 2^{(n+1)/2} + 1$이고 짝수이면 $|R| \leq 2^{(n+2)/2} + 1$이다.

선택쌍을 가진 Gold 부호의 집합은 $\{\mathbf{a}, \mathbf{a}', \mathbf{a} \oplus \mathbf{a}', \mathbf{a} \oplus \mathrm{D}\mathbf{a}', \mathbf{a} \oplus \mathrm{D}^2\mathbf{a}', \cdots\cdots, \mathbf{a} \oplus \mathrm{D}^{N-1}\mathbf{a}'\}$

이고 여기서, D는 지연요소 즉, **a**에 비례해 **a**′의 1비트 시프트로 표현한다. 시프트 레지스터로부터 Gold 부호를 생성하기 위해 초기의 조건으로 두 레지스터에 모든 1값을 가진 벡터를 생각해보자. 생성순열은 하나의 Gold 열을 생성하기 위해 XOR한다. 이것은 집합에 처음 3개의 순열을 가져온다. 나머지 순열을 생성하기 위해 처음 두 순열의 두번째를 1비트 시프트하고 다시 XOR한다. 이 과정은 집합에 새로운 순열을 택하므로 추가적으로 1비트 시프트하므로 모든 가능한 시프트를 계속한다. 5비트 시프트 레지스터의 선택쌍을 위해 0에서 30의 초기 조건에 어떠한 시프트로 할 수 있다. Gold 열은 두 개의 조기 m−열과 33순열의 전체 생성순열을 더한다. 이 과정을 그림 7.16(b)에 나타내었다.

일반적으로, $2n$비트 시프트 레지스터로 생성한 Gold 집합내 임의 부호의 주기는 $N = 2^{n-1}$이며 이것은 m−열의 주기와 동일하다. Gold 부호의 집합내에는 전체 N+2개의 부호가 있다. $n = 13\,(N = 2^{13} - 1 = 8191)$의 Gold 부호의 효율성 예로써, 거기에는 630개의 m−열이 있고 상관관계의 값이 $R = 703$인 순열의 쌍이 존재한다. 한편, Gold 열은 $R \le (2^{(n+1)/2} + 1) = 129$이기 위해 쌍의 선택이 보장된다.

Kasami 열

PN 열의 다른 중요한 집합은 3세대 무선기법에서 사용된 것으로 알려진 Kasami 열이다. Kasami 열은 Gold 부호와 유사한 생성과정을 가진다. 여기에는 두 종류의 순열이 있다. 소(small)집합과 대(large)집합이 그것이다.

n개의 짝수는 주기 $N = 2^n - 1$을 가진 서로 다른 순열 $M = 2^{n/2}$개를 가진 Kasami 열의 **소집합**을 생성할 수 있다. 집합은 주기 N의 m−열 **a**이고 $q = 2^{n/2} + 1$에 의해 순열이 제거된다. 생성순열 **a**′는 주기 $2^{n/2} - 1$을 가진다. 여기서, 우리는 **a**′의 단일주기가 $(2^{n/2} - 1)(2^{n/2} + 1) = N$ 길이의 순열을 생성하기 위해 q번 반복되어진다. 예를 들어, $n = 10$, **a**의 주기가 $2^{10} - 1 = 1023$이고 **a**′의 주기 $2^5 - 1 = 31$인 경우를 보자. 만약, **a**′의 순열이 1023비트라면 31비트 순열의 33번 반복이 발생한다. 결론적으로, **a**의 N비트와 **a**′의 N비트를 선택하므로 Kasami 열을 생성하고 **a**′로부터 비트의 $2^{n/2} - 1$번의 시프트와 마찬가지로 **a**와 **a**′의 비트를 XOR하므로 순열의 새로운 집합을 생성한다.

집합에서 최대 교차 상관관계 값은 $2^{n/2} - 1$이다. 이것은 Gold 열보다 작고 최적이다.

또한, Kasami 열의 **대집합**은 n이 짝수이고 주기 $N = 2^n - 1$을 가지는 순열로 구성되어 있고 두 개의 Gold 열을 유지하고 부집합으로 Kasami 열의 소집합을 가진다. 집합은 주기 N을 가진 m−열 **a**를 가지고 **a**′로부터 $q = 2^{n/2} + 1$에 의해 순열이 제거되며 **a**″로부터 $q = 2^{(n+2)/2} + 1$에 의해 순열이 제거된다. 집합은 **a**와 **a**″의 다른 시프트를 가지고 **a** 와 **a**′ 그리고 **a**″의 XOR를 통해 형성된다. 그것은 대집합의 최대 교차 상관관계 값이 $2^{(n+2)/2}$라는 것을 보여준다.

직교부호

PN 열과 달리, 직교(Orthogonal) 부호는 모든 교차 상관관계가 0인 순열의 집합이다. 순열의 직교집합은 다음 식에 의해 설명된다.

$$\sum_{k=0}^{M-1} \phi_i(k\tau)\phi_j(k\tau) = 0, \qquad i \neq j$$

여기서, M은 집합내의 각 순열의 길이로서, ϕ_i와 ϕ_j는 i번째와 j번째 멤버이며 t는 비트기간(bit duration)이다.

고정 및 가변길이 직교부호 모두 CDMA 시스템에서 사용된다. CDMA 응용의 경우, 각 이동 사용자는 모든 사용자간에 0 교차 상관관계를 제공하는 확산부호로서 집합내에 있는 순열 중 하나를 사용한다.

Walsh 부호

Walsh 부호는 CDMA 응용에서 사용하는 가장 일반적인 직교부호이다. 길이 n인 Walsh 부호의 집합은 $n \times n$ Walsh 행렬의 n 행을 구성한다. 행렬은 다음과 같이 반복적으로 정의된다.

$$W_1 = (0) \qquad W_{2n} = \begin{pmatrix} W_n & W_n \\ W_n & \overline{W_n} \end{pmatrix}$$

$W_1 = (0)$

(a) 1 × 1

$$W_2 = \begin{pmatrix} 0 & 0 \\ 0 & 1 \end{pmatrix}$$

(b) 2 × 2

$$W_4 = \begin{pmatrix} 0 & 0 & 0 & 0 \\ 0 & 1 & 0 & 1 \\ 0 & 0 & 1 & 1 \\ 0 & 1 & 1 & 0 \end{pmatrix}$$

(c) 4 × 4

$$W_8 = \begin{pmatrix} 0 & 0 & 0 & 0 & 0 & 0 & 0 & 0 \\ 0 & 1 & 0 & 1 & 0 & 1 & 0 & 1 \\ 0 & 0 & 1 & 1 & 0 & 0 & 1 & 1 \\ 0 & 1 & 1 & 0 & 0 & 1 & 1 & 0 \\ 0 & 0 & 0 & 0 & 1 & 1 & 1 & 1 \\ 0 & 1 & 0 & 1 & 1 & 0 & 1 & 0 \\ 0 & 0 & 1 & 1 & 1 & 1 & 0 & 0 \\ 0 & 1 & 1 & 0 & 1 & 0 & 0 & 1 \end{pmatrix}$$

(d) 8 × 8

그림 7.17 Walsh 행렬

여기서 n은 행렬의 차원이고 행렬내 위 선은 논리적 NOT을 나타낸다. Walsh 행렬은 모든 행이 다른 행과 직교이고 다른 모든 행과 논리적 NOT이라는 속성을 갖는다.

그림 7.17은 2, 4, 8차원의 Walsh 행렬을 나타낸 것이다. 교차 상관관계의 연산을 위해 1은 +1로, 0은 −1로 대체하였음을 상기하라.

Walsh 열과 같은 직교 확산부호는 같은 CDMA 채널내의 모든 사용자가 정확하게 동기화되어 있을 경우에만 사용될 수 있다. 정확한 동기화가 되어지지 않는다면 Walsh 열의 다른 시프트 사이에 교차 상관관계가 0이 아니기 때문에 PN 열이 요구된다.

가변 길이 직교 부호

3세대 무선 CDMA 시스템은 서로 다른 데이터속도를 갖는 사용자를 위해 설계되었다. 따라서 직교성을 유지하면서 서로 다른 비트속도를 갖는 확산부호를 사용함으로써 보다 효율적인 지원을 제공할 수 있다. 제공되어지는 최소 비트속도가 R_{min}이고 다른 비트속도는 2의 승수라고 가정해보자. 만약, 길이 N의 확산열이 데이터의 각 비트가 확산순열의 $N = 2^n$ 비트로 확산시키기 위해 R_{min} 데이터속도를 사용한다면 전송되어지는 데이터속도는 NR_{min}이다. 데이터속도가 $2R_{min}$ 인 경우는 $N/2 = 2^{n-1}$ 길이의 확산순열은 $N \times R_{min}$의 같은 출력속도로 생성될 것이다. 일반적으로, 2^{n-k}의 부호길이는 $2^k R_{min}$의 비트속도가 필요하다.

가변길이 직교순열의 집합은 다른 차원의 Walsh 행렬로부터 쉽게 생성되어진다. 참고문헌[DINA98]에 그 예가 나와있다.

다중확산

충분한 대역폭을 사용 가능할 때, 다중확산기술은 보다 높은 효율성을 가져올 수 있다. 일반적인 접근은 같은 셀내에 있는 모든 사용자간에 상호직교성(orthogonality)을 제공하기 위해 직교부호에 의해 데이터속도를 확산시키며, 다음으로 다른 셀에 있는 사용자 간에 상호 랜덤성(randomness)을 제공하기 위해 PN 열에 의해 그 결과를 확산시키는 것이다. 이러한 2 단계 확산에 있어서 직교부호는 **channelization 부호**라 하며, PN 부호는 **scrambling 부호**라 한다. 이러한 기법의 예를 IS-95 표준과 함께 10장에서 설명한다.

7.6 참고문헌

[PETE95]와 [DIXO94]에서는 대역확산을 이해하기 쉽게 다루고 있으며, [TANT98]은 [PICK82]를 비롯하여 이 분야에 대한 중요한 논문을 많이 싣고 있어, 대역확산에 대한 훌륭한 입문서라고 여겨진다.

또한 [MACW76]은 대역확산을 위한 PN 부호에 대한, 또 [PRAS98]은 CDMA에 대한 훌륭한 논문이다.

DIXO94 Dixon, R. *Spread Spectrum System with Commercial Applications,* New York: Wiley, 1994.

MACW76 Macwilliams, F., and Sloane, N. "Pseudo-Random Sequences and Arrays." *Proceedings of the IEEE,* December 1976. Reprinted in [TANT98].

PETE95 Peterson, R.; Ziemer, R.; and Borth, D. *Introduction to Spread Spectrum Communications.* Englewood Cliffs, NJ: Prentice Hall, 1995.

PICK82 Pickholtz, R.; Schilling, D.; and Milstein, L. "Theory of Spread Spectrum Communications-A Tutorial." *IEEE Transactions on Communications,* May 1982. Reprinted in [TANT98].

PRAS98 Prasad R., and Ojanpera, T. "An Overview of CDMA Evolution: Toward Wideband CDMA." *IEEE Communications Surveys,* Fourth Quarter 1998. Available at www.comsoc.org.

TANT98 Tantaratana, S, and Ahmed, K., eds. *Wireless Applications of Spread Spectrum Systems: Selected Readings.* Piscataway, NJ: IEEE Press, 1998.

웹사이트

- **Spread Spectrum Scene**: 정보 및 링크관련 우수자료제공

7.7 주요용어, 복습, 연습문제

주요용어

대역확산	직교(orthogonal)	fast FHSS
상관관계(correlation)	칩(chip)	FHSS
상호 상관관계 (cross correlation)	코드분할 다원접속(CDMA)	LFSR(Linear feedback shift register)
의사잡음(PN)	확산부호	m-sequence
자동 상관관계(autocorrelation)	확산열	slow FHSS
	DSSS	

복습문제

7.1 대역확산을 이용하여 부호화되기 전후의 대역폭간의 관계를 설명하시오.

7.2 대역확산의 3가지 이점을 나열하시오.

7.3 FHSS를 설명하시오.

7.4 slow FHSS와 fast FHSS의 차이점을 설명하시오.

7.5 DSSS를 설명하시오.

7.6 DSSS를 이용하여 부호화되기 전후의 신호의 전송속도간의 관계를 설명하시오.

7.7 CDMA를 설명하시오.

7.8 자동 상관관계와 상호 상관관계의 차이점을 설명하시오.

연습문제

7.1 대역확산을 이용하여 56 kbps 데이터열을 전송하고자 한다.

a. SNR = 01, 0.01, 0.001일 때 요구되는 채널 대역폭(bandwidth)을 구하시오.

b. 대역확산이 아닌 일반 시스템에서, 대역폭효율에 대한 적당한 목표는 1 bps/Hz이다. 즉, 56 kbps의 데이터열을 전송하기 위해서는 56 kHz의 대역폭이 사용된다. 이 경우에, 에러 없이 전송이 허용될 수 있는 최대 SNR은 얼마인가? 대역확산의 경우와 비교하시오.

힌트: 2.3절에서 논의된 채널용량을 검토하시오.

7.2 W_S = 400 MHz의 총 대역폭과 각 100 Hz의 채널대역폭을 사용하는 FHSS 시스템이 있다. 각 FH를 위해 필요한 최소 PN 비트의 수를 구하시오.

7.3 M = 4인 MFSK를 사용하고 있는 FHSS 시스템이 1000개의 서로 다른 주파수를 사용하고 있다. 처리이득(processing gain)을 구하시오.

7.4 다음 표는 PN 비트열의 한 주기에 대한 FHSS 시스템의 동작을 나타낸 것이다.

시간	0	1	2	3	4	5	6	7	8	9	10	11
입력 데이터	0	1	1	1	1	1	1	0	0	0	1	0
주파수	f_1		f_3		f_{23}		f_{22}		f_8		f_{10}	
PN 비트열	001				110				011			

시간	12	13	14	15	16	17	18	19
입력 데이터	0	1	1	1	1	0	1	0
주파수	f_1		f_3		f_2		f_2	
PN 비트열	001				001			

a. PN 비트열의 주기를 구하시오.

b. 시스템은 FSK의 형태를 사용한다. FSK 형태를 구하시오.

c. 심볼당 비트수를 구하시오.

d. FSK 주파수의 개수를 구하시오.

e. hop 당 PN 비트열의 길이를 구하시오.

f. 위 시스템이 slow FHSS 인지 fast FHSS인지 밝히시오.

g. 가능한 전체 hop 수를 구하시오.

7.5 다음 표는 위의 문제 4번과 동일한 PN 비트열을 사용하는 FHSS 시스템의 동작을 나타낸 것이다.

시간	0	1	2	3	4	5	6	7	8	9	10	11
입력 데이터	0	1	1	1	1	1	1	0	0	0	1	0
주파수	f_1	f_{21}	f_{11}	f_3	f_3	f_3	f_{22}	f_{10}	f_0	f_0	f_2	f_{22}
PN 비트열	001	110	011	001	001	001	110	011	001	001	001	110

시간	12	13	14	15	16	17	18	19
입력 데이터	0	1	1	1	1	0	1	0
주파수	f_9	f_1	f_3	f_3	f_{22}	f_{10}	f_2	f_2
PN 비트열	011	001	001	001	110	011	001	001

a. PN 비트열의 주기를 구하시오.

b. 시스템은 FSK의 형태를 사용한다. FSK 형태를 구하시오.

c. 심볼당 비트수를 구하시오.

d. FSK 주파수의 갯수를 구하시오.

e. hop 당 PN 비트열의 길이를 구하시오.

f. 위 시스템이 slow FHSS 인지 fast FHSS인지 밝히시오.

g. 가능한 전체 hop 수를 구하시오.

7.6 $f_c = 250$ kHz이고 $f_d = 25$ kHz, $M = 8(L = 3$ bits)인 MFSK 기법에 대해 살펴보자.

a. 각 신호단위에 할당되는 주파수를 구하시오.

b. $k = 2$인 MFSK 기법을 FHSS에 적용하고자 한다. 즉, 시스템은 4개의 서로 다른 반송주파수 사이를 hopping하게 될 것이다. 위 (a)의 결과를 확장하여 $4 \times 8 = 32$개의 주파수가 할당됨을 보이시오.

7.7 [BELL00]을 기반으로 하는 그림 7.18은 CDMA 부호화와 복호화의 간단한 방식을 나타낸 것이다. 7비트 확산부호에 의해 DSSS를 이용하는 일곱 개의 논리채널이 존재하며, 모든 송수신측은 동기화되어 있다고 가정하자. 각 채널을 통해 사용자들이 자신의 PN

비트열을 이용하여 데이터를 전송하게 되면, 이들 신호는 그림에 나타낸 바와 같이 수신측에서 복호화를 위해 서로 합성된다. 이 신호는 수신측이 수신하고자 하는 해당 사용자의 PN 비트열과 곱해져 마지막 그림의 신호형태를 얻게 된다. 이때 이 신호의 크기가 정수이면 비트 1이, 음수이면 비트 0이 할당된다.

a. 7개의 각 채널에 대한 확산부호를 구하시오.

b. 채널 1을 통해 전송된 데이터를 복원하고자 할 때, 수신측의 결과 파형과 할당된 값을 구하시오.

c. 채널 2에 대해서 위 과정 b를 반복하시오.

7.8 위 문제 7번의 확산부호에 대해, 채널 0과 다른 여섯 개의 채널 각각의 PN 비트열이 상호 상관관계를 갖는지 구하시오.

7.9 의사난수를 생성하기 위해 가장 널리 사용되는 방법은 선형 합동기법(linear congruential method)이다. 이 알고리즘은 다음 4가지 파라미터를 갖는다.

m	계수(modulus)	$m > 0$
a	승수(multiplier)	$0 \le a < m$
c	증분(increment)	$0 \le c < m$
X_0	초기값(seed)	$0 \le X_0 < m$

의사난수 $\{X_n\}$의 열은 다음 공식에 의해 얻어진다.

$$X_{n+1} = (aX_n + c) \bmod m$$

m, a, c, X_0가 정수이면, 이 알고리즘은 $0 \le X_n < m$ 범위 안에 있는 정수열을 생성하게 될 것이다. 의사난수생성기의 기본 특성은 생성된 숫자열이 무작위로 나타난다는 것이다. 비록 난수열이 완전한 무작위는 아닐지라도 다양한 통계적 실험에 의해 충분한 무작위성을 갖는 것으로 입증되어 있다. 또 다른 특성으로는 완전주기를 생성하는 함수라는 점이다. 즉, 이 함수는 0과 m 사이의 모든 수가 한 번씩은 생성되는 일련의 숫자열이 주기적으로 반복된다.

선형합동기법에 있어서 완전 주기를 지원하는 매개변수의 선택이 반드시 좋은 무작위성을 제공하지는 않는다. 예를 들어, 다음 두 의사난수생성기를 살펴보자.

$$X_{n+1} = (6X_n) \bmod 13$$
$$X_{n+1} = (7X_n) \bmod 13$$

위 두 가지 의사난수 생성기에 의해 발생되는 숫자열이 모두 완전 주기를 가짐을 입증하시오. 둘 중 어느 쪽이 더 좋은 무작위성을 갖는지 확인하시오.

7.10 일련의 긴 숫자열의 난수를 생성하기 위해서는 m 값이 큰 수이어야 한다. 따라서 통상

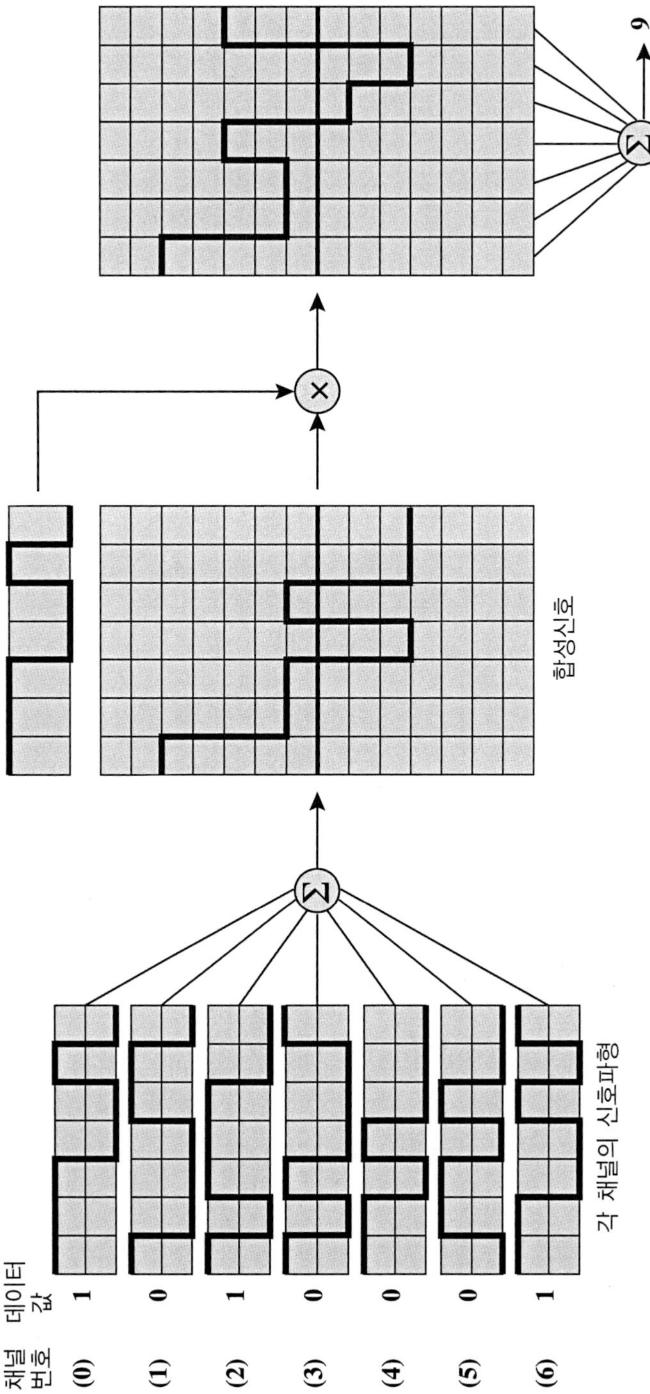

그림 7.18 7개의 채널을 갖는 CDMA 부호화와 복호화 예

m은 해당 컴퓨터에서 사용 가능한 최대 양의 정수와 거의 갖도록 설정되므로, 그 값은 2^{31}이거나 이와 비슷한 값이 선택된다. 그러나 일반적으로 2^{31}보다는 $2^{31}-1$ 값을 사용하는 것이 추가 비트 없이 표현될 수 있으며 mod 연산이 더 쉽게 수행되기 때문에 더 선호된다. 일반적으로 2^k-1의 mod 연산이 2^k 보다 더 선호되는 이유를 설명하시오.

7.11 암호, 모의실험 또는 통계적 설계와 같이 의사난수를 사용하는 경우에 있어서 각 컴퓨터에 의해 이용 가능한 난수발생기를 맹목적으로 신뢰하는 것은 위험하다. [PARK88]은 많은 참고도서와 프로그래밍 패키지가 잘못된 의사난수를 발생하는 알고리즘을 이용하고 있음을 보여주고 있다. 이 문제는 당신의 시스템을 테스트하도록 할 것이다. 이 테스트는 임의로 선택된 두 수의 최대공약수가 1일 확률이 $6/\pi^2$와 같음을 나타내는 Ernesto Cesaro(증명은 [KNUT98] 참조) 정리를 기반으로 한다. 이 π 값을 통계적으로 결정하기 위한 프로그램에서 이 정리를 이용하라. 주 프로그램은 다음의 세 가지 서브프로그램을 호출한다: 시스템 라이브러리로부터 난수를 생성하기 위한 난수생성기(random number generator), Euclid 알고리즘을 사용하여 두 정수의 최대공약수를 계산하기 위한 서브프로그램, 제곱근(square root)을 계산하는 서브프로그램이 그것이다. 만일 서브프로그램이 이용 가능하지 않다면 직접 프로그램을 작성해야 할 것이다. 주프로그램은 앞서 설명한 확률의 추정치(estimate)를 구하기 위해 많은 난수에 의해 반복될 것이다. 이로부터 간단히 π의 추정치를 풀 수 있다. 만약 결과가 3.14에 근접하다면, 성공이다. 그렇지 않다면, 결과는 아마도 3.14보다 작은 2.7과 근접한 값을 갖게 될 것이다. 왜 이와 같은 결과를 얻게 될까?

7.12 이 문제는 다른 LFSR들이 m-sequence를 생성하기 위해 사용될 수 있음을 보여준다.

a. 그림 7.19(a)의 LFSR에서 초기 상태가 10000이라고 가정하자. 그림 7.13(b)와 같은 방법으로 m-sequence 생성을 보여라.

b. 그림 7.19(b)의 구성에 있어서 위와 동일한 초기상태에서 a를 반복하라. 이 구성 또한 m-sequence를 생성하나 앞의 LFSR에 의해 생성된 것과 다른 순열을 갖음을 보여라.

7.13 8×8 Walsh matrix에서 두 임의 코드의 곱이 0가 됨을 보임으로써, 이 matrix내의 부호들이 서로 직교(orthogonal)임을 증명하라.

7.14 사용자 A와 B가 각각 Walsh 코드 (−1 1 −1 1 −1 1 −1 1)과 (−1 −1 1 1 −1 −1 1 1)을 갖는 CDMA 시스템을 고려해보자.

a. A가 데이터비트 1을 전송하고 B는 전송하지 않을 때, 수신측의 결과를 구하라.

b. A가 데이터비트 0을 전송하고 B는 전송하지 않을 때, 수신측의 결과를 구하라.

c. A가 데이터비트 1을 전송하고 B가 데이터비트 1을 전송할 때, 수신측 결과를 구

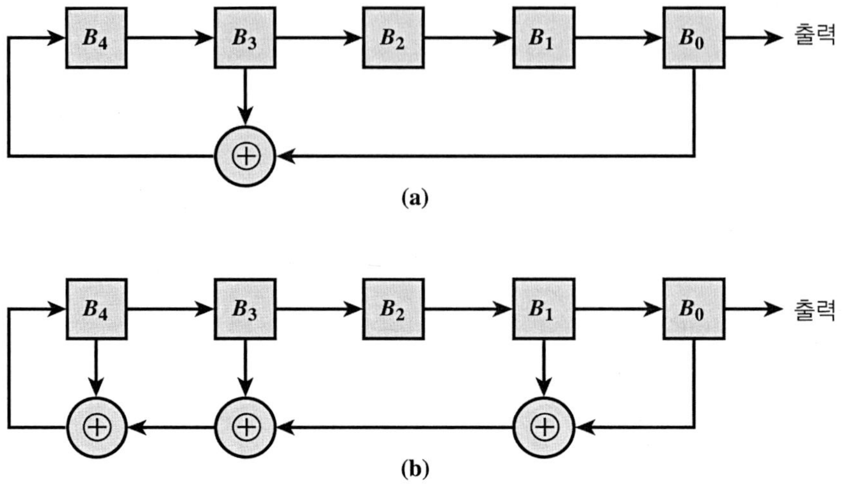

그림 7.19 길이 5를 갖는 LFSR의 두 가지 다른 구성

하라. A와 B로부터 수신된 전력은 동일하다고 가정한다.

d. A가 데이터비트 0을 전송하고 B가 데이터비트 1을 전송할 때, 수신측 결과를 구하라. A와 B로부터 수신된 전력은 동일하다고 가정한다.

e. A가 데이터비트 1을 전송하고 B가 데이터비트 1을 전송할 때, 수신측 결과를 구하라. A와 B로부터 수신된 전력은 동일하다고 가정한다.

f. A가 데이터비트 0을 전송하고 B가 데이터비트 0을 전송할 때, 수신측 결과를 구하라. A와 B로부터 수신된 전력은 동일하다고 가정한다.

g. A가 데이터비트 1을 전송하고 B가 데이터비트 1을 전송할 때, 수신측 결과를 구하라. B로부터 수신된 전력은 A로부터 수신된 전력의 2배라고 가정한다. 이것은 A로부터 수신된 신호요소가 크기(magnitude) 1(+1, −1)인 요소들로, B로부터 수신된 신호 요소는 크기 2(+2, −2)인 요소들로 나타냄으로써 표현될 수 있다.

h. A가 데이터비트 0을 전송하고 B가 데이터비트 1을 전송할 때, 수신측 결과를 구하라. B로부터 수신된 전력은 A로부터 수신된 전력의 2배라고 가정한다.

CHAPTER 8

부호이론과 에러제어

communications networks

우리는 앞에서 전송손상과 비트에러율에 대한 데이터 전송속도와 신호대 잡음비의 영향에 대하여 살펴보았다. 전송시스템의 설계와는 무관하게 전송되는 프레임 내의 하나 이상의 비트가 변화함으로써 에러가 발생할 것이다.

이러한 데이터전송 에러를 해결하기 위해 가장 일반적으로 사용되는 접근방법으로, 다음 3 가지를 들 수 있다.

- 에러검출부호
- 에러수정부호, 또는 전진에러수정(FEC: Forward Error Correction)부호라고도 한다.
- 자동 재전송 요구(ARQ: Automatic Repeat Request) 프로토콜

에러검출부호는 단순히 에러의 존재여부만 탐색한다. 일반적으로, 이러한 부호는 ARQ기법을 사용하는 데이터링크나 트랜스포트계층(그림 4.4 참조)의 프로토콜과 함께 사용된다. ARQ 기법의 경우, 수신자는 에러가 검출된 데이터의 블록을 버리고 송신자에게 재전송해 줄 것을 요구한다. FEC 부호는 재전송을 피하기 위해서 에러에 대한 검출만이 아니고 수정까지 수행하도록 설계되었다. FEC는 주로 재전송에 의한 시간지연이 매우 비효과적이며 에러발생률이 높은 무선전송환경에서 사용된다.

8장에서는 위의 3가지 방법을 차례로 살펴본다.

8.1 에러검출

지금부터 데이터의 전송은 프레임이라고 하는 하나 이상의 연속적인 비트들의 전송으로 간주한다. 전송된 프레임내에서의 에러를 나타내기 위한 확률변수들을 다음과 같이 정의한다.

P_b : 한 비트의 에러발생확률 , 비트에러율(BER: Bit Error Rate)

P_1 : 수신한 프레임에 에러비트가 없을 확률

P_2 : 에러검출 알고리즘을 사용하지만 수신한 프레임에 검출되지 않은 에러가 하나 이상일 확률

P_3 : 에러검출 알고리즘을 사용하지만 수신한 프레임에 검출되지 않은 에러는 없고 검출된 에러가 하나 이상일 확률

먼저 에러를 검출하기 위한 방법이 없을 때를 생각해보자. 검출된 에러의 확률(P_3)은 0이다. 나머지 확률을 표현하기 위해서, 어떤 비트가 에러일 확률(P_b)은 상수이고, 이것은 각 비트에 대하여 독립적이라고 가정한다. 이때, P_1, P_2는 다음과 같다.

$$P_1 = (1 - P_b)^F$$
$$P_2 = 1 - P_1$$

여기서 F는 각 프레임당 비트수이다. 프레임이 에러 없이 도착할 확률(P_1)은 한 비트의 에러

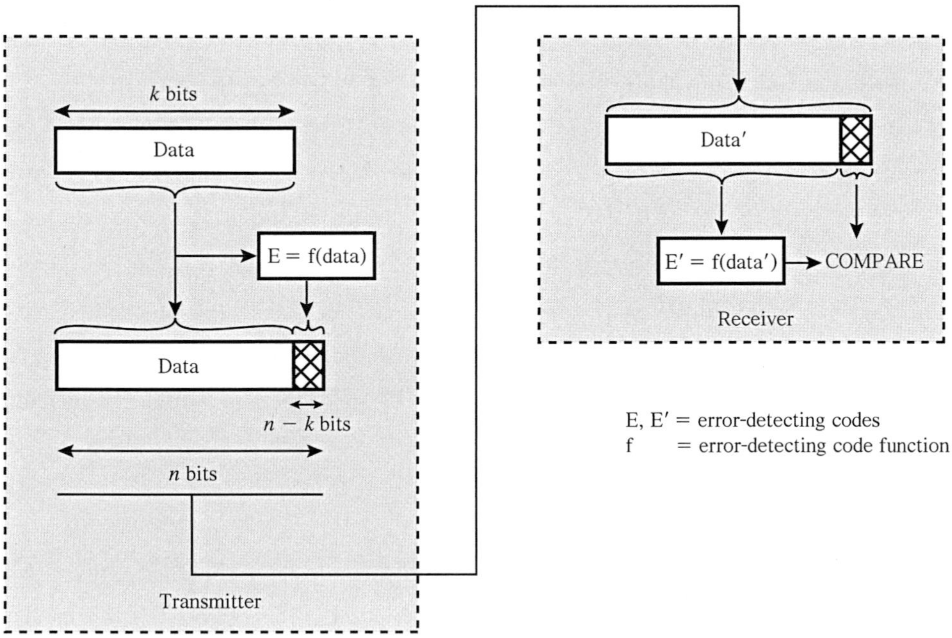

그림 8.1 오차측정 과정

발생확률(P_b)이 증가할 때 감소한다. 또한 프레임이 에러 없이 도착할 확률(P_1)은 프레임의 길이가 증가할수록 감소한다. 프레임이 길어지면 길어질수록 비트수는 많아지고, 그것들 중에 에러가 발생될 확률도 더욱 높아지기 때문이다.

Example 8.1

이러한 관계를 설명하기 위해서 간단한 예를 들어보자. ISDN(Integrated Services Digital Network) 연결에 대하여 정의된 목표는 64 kbps의 채널에 대한 BER이 1분 단위로 관찰된 데이터 중 최소한 90%에 대하여 10^{-6} 이하이어야 한다. 연속적으로 사용되는 64 kbps의 채널에 대하여 검출되지 않은 에러비트가 하나인 프레임이 평균 하루에 하나 정도 발생하는 정도로 수용할 수 있는 사용자 요구사항이 있다고 가정하고, 이때 프레임의 길이는 1000이라 하자. 하루에 전송될 수 있는 프레임의 수가 5.529×10^6이라면, 바람직한 최대 프레임 에러율은 $P_2 = 1/(5.529 \times 10^6) = 0.18 \times 10^{-6}$이 된다. 그러나 P_b의 값을 10^{-6}이라 가정한다면, $P_1 = (0.999999)^{1000} = 0.999$가 되므로 $P_2 = 10^{-3}$이 된다. 이 값은 앞서 가정된 요구사항을 만족시키기에는 10^3 이상의 큰 차이가 난다.

바로 이러한 결과가 에러검출기술을 사용하는 동기이다. 이러한 모든 기술은 다음과 같은 원리로 동작한다(그림 8.1). 원래의 정보데이터를 포함하는 프레임에 송신측에서 에러검출을 위한 부가비트가 추가된다. 이 에러검출부호는 다른 전송되는 정보비트들의 함수로 계산된다. 주로, k 비트의 데이터블록에 대하여 에러검출 알고리즘은 $(n-k) < k$인 $(n-k)$ 비트의 에러검출부호를 생성한다. **검사비트**라 불리는 에러검출부호는 k 비트의 데이터블록에 추가되어 총 n 비트의 프레임을 구성하여 전송된다. 수신측에서는 수신된 프레임을 k 비트의 데이터블록과 $(n-k)$ 비트의 에러검출부호로 구분한다. 수신측에서는 수신된 데이터블록에 대하여 동일한 에러검출 계산을 수행하고, 그 결과를 수신된 에러검출부호와 비교한다. 이 두 값이 일치하지 않으면 에러가 발생된 것이다. 그러므로, P_3은 프레임이 에러를 포함하고 있으며 에러검출 알고리즘에 의해 에러를 검출할 확률이다. P_2는 잔여에러율이라고도 하며, 이는 에러검출 알고리즘을 사용하였음에도 불구하고 검출되지 않은 에러가 있을 확률이다.

패리티검사

가장 간단한 에러검출 알고리즘은 데이터블록의 끝에 패리티비트를 부가하는 것이다. 대표적인 예로는 각 7비트의 문자에 하나의 패리티비트를 추가하는 문자전송이다. 이 패리티비트의 값은 각 문자내의 1인 비트의 수가 짝수(짝수 패리티) 혹은 홀수(홀수 패리티)가 되도록 선택한다.

Example 8.2

예로, 전송자가 '1110001'을 홀수 패리티를 사용하여 전송한다면, 데이터내에 1인 비트의 수가 4개로서 짝수이므로 홀수를 만들기 위해 패리티비트에는 '1'이 추가되어 '11110001'을 전송한다. 수신측에서는 수신된 문자내의 1인 비트값을 갖는 개수를 조사하여 '1'의 전체 개수가 홀수라면 에러가 발생하지 않았다고 생각한다. 만약 한 비트 또는 홀수 개의 비트가 전송도중 잘못되었다면(예로, 11100001), 수신측에서는 에러를 검출할 수 있게 된다.

그러나, 두 비트 또는 짝수 개의 비트가 잘못 전송되었다면 검출할 수 없는 에러가 발생한다. 일반적으로 짝수 패리티는 동기전송에 사용되고, 홀수 패리티는 비동기전송에 사용된다.

패리티비트의 사용은 하나 이상의 비트를 손상시킬 만큼 잡음신호가 자주 발생하거나 특히 고속전송에는 좋은 방법이 아니다.

순환 잉여도검사

가장 일반적이고 강력한 에러검출부호는 다음에서 설명하고 있는 순환 잉여검사(CRC: Cyclic Redundancy Check)이다. k 비트의 비트블록이나 메시지가 주어지면, 전송자는 $(n-k)$ 비트의 프레임검사 비트열(FCS)이라고 하는 순열을 생성하고, 이렇게 n 비트로 구성된 결과프레임은 주어진 값에 의해 정확히 나누어질 수 있다. 수신자는 수신된 프레임을 그런 수

에 의해서 나누어서 나머지가 없으면 에러가 없다고 간주한다.[1]

이것을 명확히 하기 위해서, modulo 2 연산(modulo 2 arithmetic), 다항식(polynomial), 디지털논리(digital logic) 등 3가지 방법으로 그 절차를 설명한다.

modulo 2 연산

modulo 2 연산(Modulo 2 arithmetic)은 exclusive-OR(XOR) 연산과 같은 올림이 없는 2진수 덧셈을 사용한다. 올림이 없는 2진수 뺄셈도 XOR로 설명될 수 있다. 예로 다음과 같다.

$$
\begin{array}{r}
1111 \\
+1010 \\
\hline
0101
\end{array}
\qquad
\begin{array}{r}
1111 \\
-0101 \\
\hline
1010
\end{array}
\qquad
\begin{array}{r}
11001 \\
\times \quad 11 \\
\hline
11001 \\
11001 \\
\hline
101011
\end{array}
$$

다음과 같이 기호를 정의한다.

T = 전송하기 위한 n 비트 프레임

D = k 비트 데이터블록이나 메시지, T의 처음 k 비트

F = $(n-k)$ 비트 FCS, T의 마지막 $(n-k)$ 비트

P = $n-k+1$ 비트의 값, 미리 정의된 제수(divisor)

T/P는 나머지가 없도록 한다. 그것은 다음과 같이 증명된다.

$$T = 2^{n-k} D + F$$

이것은 D에게 2^{n-k}를 곱함으로써 $n-k$ 비트만큼 왼쪽으로 시프트(shift)한 효과를 가지며, 시프트한만큼을 '0'으로 채운다. F를 추가함으로써 D와 F의 연결인 T를 생성한다. T가 P에 의해서 정확히 나누어질 수 있어야 한다. $2^{n-k}D$가 P에 의해서 나누어진다고 가정해보자.

$$\frac{2^{n-k} D}{P} = Q + \frac{R}{P} \tag{8.1}$$

몫과 나머지가 남는다. 나눗셈은 modulo 2이기 때문에, 나머지는 언제나 제수(divisor)보다 최소한 1비트 이상 작다. 이렇게 만들어진 나머지를 FCS로 사용한다. 그런 다음

$$T = 2^{n-k} D + R \tag{8.2}$$

위의 R이 T/P는 나머지가 없다는 조건을 만족시키는가? 이것을 알아보기 위해서 다음을 생각해보자.

---

1. 이런 절차는 그림 8.1과는 조금 다르다. 보여준 것과 같이 CRC 과정은 다음과 같이 구현될 수 있다. 수신자는 수신된 k 비트 데이터비트에 대하여 나누기를 수행한 후, 그 결과를 수신된 $(n-k)$ 비트의 검사비트와 비교한다.

$$\frac{T}{P} = \frac{2^{n-k}D + R}{P} = \frac{2^{n-k}D}{P} + \frac{R}{P}$$

수식 (8.1)을 대입함으로써,

$$\frac{T}{P} = Q + \frac{R}{P} + \frac{R}{P}$$

그러나, 임의 2진수 자체를 modulo 2 연산에 의해 더하면 0이 된다. 따라서,

$$\frac{T}{P} = Q + \frac{R+R}{P} = Q$$

나머지가 없게 된다. 그러므로 T는 P로 정확히 나누어진다. 이와 같이, FCS는 쉽게 생성된다: $2^{n-k}D$를 P로 나누고 $(n-k)$ 비트의 나머지를 FCS로 사용한다. 만약 수신측에서 에러가 없다면 수신자가 T를 P로 나누었을 때 나머지는 없을 것이다.

Example 8.3

1. 조건

메시지 D = 1010001101 (10 비트)

패턴 P = 110101 (6 비트)

FCS R = 계산 (5 비트)

그러므로, $n = 15$, $k = 10$, 그리고 $(n-k) = 5$.

2. 메시지에 2^5가 곱해져서, 101000110100000이 생성된다.

3. 이것을 P로 나눈다:

```
                    1101010110 ← Q
P → 110101 )101000110100000  ← 2^(n-k)D
            110101
             111011
             110101
               111010
               110101
                 111110
                 110101
                   101100
                   110101
                    110010
                    110101
                     01110 ← R
```

4. 나머지는 2^5D에 부가되어 T = 101000110101110이 되어 전송된다.

5. 만약 에러가 없다면, 수신자는 T를 수신하게 되고, 수신된 프레임은 P로 나누어진다:

```
                1101010110  ← Q
P → 110101 ) 101000110101110  ← T
             110101
              111011
              110101
               111010
               110101
                111110
                110101
                 101111
                 110101
                  110101
                  110101
                       0  ← R
```

나머지가 0이기 때문에, 에러가 없는 것으로 간주된다.

패턴 P는 원하는 FCS의 길이보다 1비트 긴 것을 선택하고, 정확한 비트패턴은 기대되는 에러의 형태에 의존적으로 선택된다. 최소한 최상위 및 최하위 비트는 '1' 이어야만 한다.

하나 이상의 에러발생을 명시하기 위한 간단한 방법이 있다. 에러는 그 비트의 역의 결과이다. 이것은 그 비트와 '1'을 XOR(그 비트에 1을 더하는 modulo 2 연산)하는 것과 같다: 0 + 1 = 1; 1 + 1 =0. 그러므로, n 비트 프레임의 에러들은 n 비트 필드내의 에러위치에 1을 갖는 값으로 나타낼 수 있다. 따라서 결과프레임 T_r 은 다음과 같다.

$$T_r = T \oplus E$$

T = 전송프레임

E = 에러가 발생한 위치에 1을 갖는 에러패턴

T_r = 수신프레임

만약 에러가 있더라도($E \neq 0$), 수신자는 T_r이 P로 나누어지게 되면 에러를 찾을 수 없을 것이다. 즉, E가 P로 나누어 떨어짐을 의미한다. 그러나 이런 상황은 자주 발생되지 않을 것이다.

다항식

CRC 과정을 살펴보는 두번째 방법은 모든 값을 2진수 계수(binary coefficient)인 기호변수 X로 하는 다항식(polynomial)으로 표현하는 것이다. 계수는 2진수 비트값과 일치한다. 수치연산은 modulo 2 연산이다. CRC 과정은 다음과 같이 설명할 수 있다.

$$\frac{X^{n-k}D(X)}{P(X)} = Q(X) + \frac{R(X)}{P(X)}$$
$$T(X) = X^{n-k}D(X) + R(X)$$

이 식을 식 (8.1)과 (8.2)와 비교하라.

Example 8.4

앞의 예에서 사용한 $D = 1010001101$에 대하여 $D(X) = X^9 + X^7 + X^3 + X^2 + 1$, $P = 110101$에 대하여 $P(X) = X^5 + X^4 + X^2 + 1$이다. 끝으로 $R = 01110$은 $R(X) = X^3 + X^2 + X$이다. 그림 8.2는 앞의 예에서의 2진수 나눗셈과 동일한 다항식 나눗셈을 보여준다.

에러 $E(X)$는 이것이 $P(X)$로 나누어지면 검출될 수가 없다. 다음의 모든 에러들은 바르게 선택된 $P(X)$에 의해서 나누어질 수 없으므로 검출될 수 있다는 것을 [PETE 61, RAMA88]에서 참고할 수 있다.

- $P(X)$가 하나 이상의 영이 아닌 항(term)을 가지고 있다면, 모든 한 비트에러
- $P(X)$가 세 항의 인수(factor)를 가지고 있는 한 모든 두 비트에러
- $P(X)$가 인수 $(X+1)$을 가지고 있는 한, 모든 홀수의 에러
- $n-k$보다 작거나 같은 (FCS의 길이보다 작거나 같은) 다발성 에러[2]
- $n-k+1$ 길이의 다발성 에러. 이 확률은 $1-2^{-(n-k-1)}$과 같다.
- $n-k+1$ 길이보다 큰 다발성 에러. 이 확률은 $1-2^{-(n-k)}$과 같다.

또한, r이 FCS의 길이일 때, 모든 에러패턴이 같다면, $r+1$ 길이의 다발성 에러에 대하여 검출할 수 없는 에러[$E(X)$가 $P(X)$로 나누어지는 경우]의 확률은 $1/2^{r-1}$이고, 더 긴 것에 대한 확률은 $1/2^r$이다.

일반적으로 $P(X)$로 널리 사용되는 것은 다음과 같이 4가지가 있다.

$$\begin{aligned}
\text{CRC-12} &= X^{12} + X^{11} + X^3 + X^2 + X + 1 \\
\text{CRC-16} &= X^{16} + X^{15} + X^2 + 1 \\
\text{CRC-CCITT} &= X^{16} + X^{12} + X^5 + 1 \\
\text{CRC-32} &= X^{32} + X^{26} + X^{23} + X^{22} + X^{16} + X^{12} + X^{11} \\
&\quad + X^{10} + X^8 + X^7 + X^5 + X^4 + X^2 + X + 1
\end{aligned}$$

CRC-12 시스템은 6비트 문자의 전송을 위해서 사용되고 12비트 FCS를 생성한다. CRC-16

2. 길이 B의 다발성 에러는 처음 및 끝과 함께 중간 비트에 어떤 수만큼 에러상태로 수신된 B 비트 크기의 연속적인 순열이다.

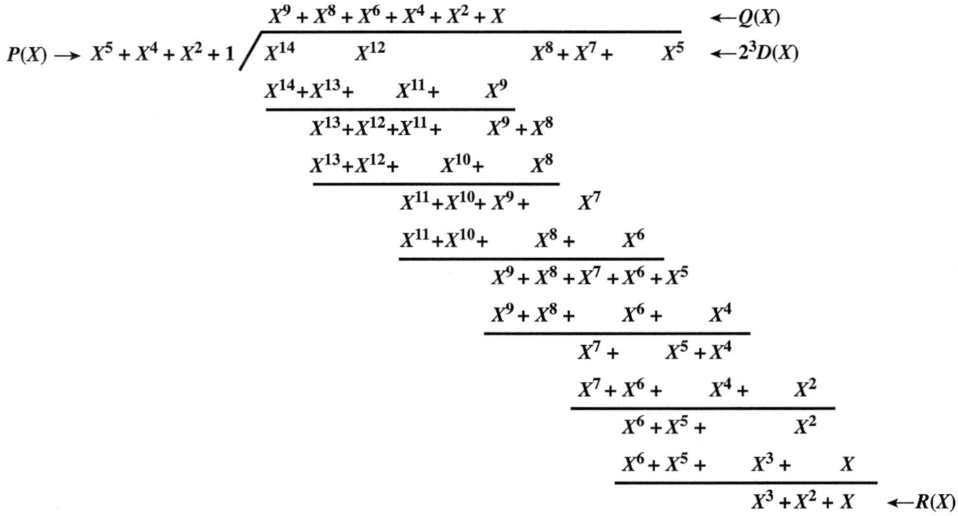

그림 8.2 다항식 나눗셈의 예(예제 8.4)

과 CRC-CCITT는 미국과 유럽의 8비트 문자전송에 적절하고 각각 16비트 FCS가 생성된다. CRC-32는 점대 점 동기전송 표준에 대한 옵션으로 명시되었음에도 불구하고 모든 응용에 대하여 적절한 것으로 보인다.

디지털 논리(digital logic)

CRC 과정은 실제 구현된다면 XOR 게이트와 시프트 레지스터로 구성된 나눗셈회로로 설명될 수 있다. 시프트 레지스터는 일련의 1비트 저장장치이다. 각 장치는 현재 저장된 값을 나타내는 출력선과 입력선을 각각 1개씩 가지고 있다. 클럭시간(clock time)이라고 하는 각 단위시간에 저장장치의 값이 입력선으로 입력된 값으로 교체된다. 전체 레지스터는 동기화되어 있기 때문에 전체 레지스터가 1비트씩 시프트된다.

이 회로는 다음과 같이 구현된다:

1. 레지스터는 FCS의 길이와 같은 $n-k$ 비트를 가지고 있다.
2. 최대 $n-k$ 개의 XOR 게이트가 있다.
3. 제수 다항식 $P(X)$에서 '1' 과 X^{n-k} 항을 제외한 항의 존재여부는 게이트의 존재여부와 일치한다.

Example 8.5

이 회로의 구조는 우선 그림 8.3에 나타난 예제를 생각해보는 것이 최선의 설명이다. 이 예제에서 우리는 앞에서 설명했던 다음 값들을 사용한다.

데이터 $D = 1010001101;$ $D(X) = X^9 + X^7 + X^3 + X^2 + 1$
제수 $P = 110101;$ $P(X) = X^5 + X^4 + X^2 + 1$

그림 8.3(a)는 시프트 레지스터의 구현을 보여준다. 시프트 레지스터의 처리과정은 초기화를 수행하면서 시작된다. 메시지 또는 피제수(dividend)가 최상위 비트에서부터 한 번에 하나씩 입력된다. 그림 8.3(b)는 입력이 한 번에 한 비트씩 제공되는 각 단계별 동작 과정을 보여주는 표이다. 표의 각 열은 5개의 시프트 레지스터 소자에 현재 저장되어 있는 값을 보여준다. 뿐만 아니라, 그 열은 3개의 XOR 회로의 출력에 나타나는 값을 보여준다. 마지막으로, 그 열은 다음 단계의 동작을 위해 사용할 수 있는 다음 입력비트의 값을 보여준다.

다음 시프트에 C_4, C_2 와 C_0에 영향을 주는 XOR 동작을 살펴보자. 이것은 앞에서 설명한 2진수 나눗셈과 동일하다. 처리과정은 메시지의 전체 비트에 대하여 수행된다. 올바른 출력값을 얻기 위해서, 2개의 스위치가 사용된다. 입력데이터비트는 A 위치에서 2개의 스위치를 통해 채워진다. 이렇게 해서 처음 10단계 동안 입력비트가 시프트 레지스터로 입력되고 또한 출력비트로도 사용된다. 마지막 입력데이터비트가 처리된 다음에 시프트 레지스터는 나머지(FCS)를 포함한다. 마지막 데이터비트가 시프트 레지스터에 제공됨과 동시에 2개의 스위치는 B 위치로 설정된다. 이것은 2가지의 효과가 있다: (1) 모든 XOR 게이트는 비트를 변화시키지 않고 통과시키며 (2) 시프트 처리과정이 계속되는 동안 5개의 CRC 비트가 출력된다.

수신자도 같은 방법을 사용한다. M의 각 비트가 수신되면 각각 시프트 레지스터에 삽입한다. 에러가 없다면 시프트 레지스터는 M의 마지막에 R에 대한 비트패턴을 가지고 있을 것이다. R의 전송된 비트가 도착하기 시작하고 수신의 마지막에 레지스터 전체가 '0' 으로 채워진다.

그림 8.4는 $A_0 = A_{n-k} = 1$이고 모든 A_i는 0이나 1인 다항식 $P(X) = \sum_{i=0}^{n-k} A_i X^i$ 에 대한 CRC의 시프트 레지스터 구현의 일반적인 구조를 설명하고 있다.[3]

3. 2진수 나눗셈과는 반대로 CRC 레지스터를 오른쪽으로 시프트하는 것이 일반적이다. 2진수는 최상위 비트가 왼쪽에 있는 것이 일반적이기 때문에 왼쪽 시프트 레지스터가 더욱 적절하다.

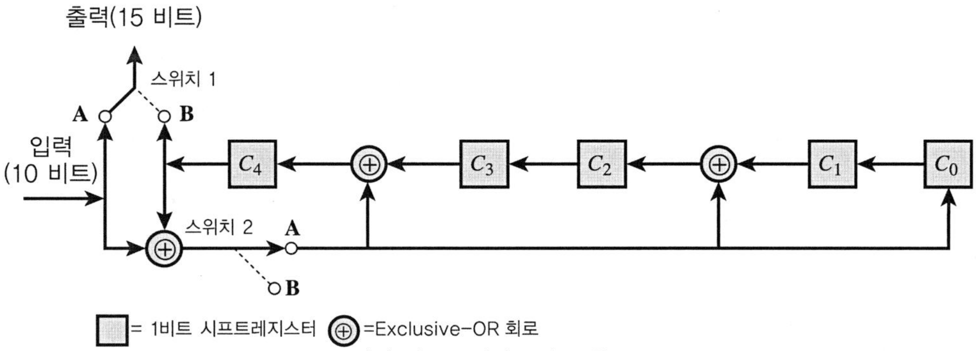

(a) 시프트레지스터 구현

	C_4	C_3	C_2	C_1	C_0	$C_4 \oplus C_3 \oplus I$	$C_4 \oplus C_1 \oplus I$	$C_4 \oplus I$	I = input
초기값	0	0	0	0	0	1	1	1	1
단계 1	1	0	1	0	1	1	1	1	0
단계 2	1	1	1	1	1	1	1	0	1
단계 3	1	1	1	1	0	0	0	1	0
단계 4	0	1	0	0	1	1	0	0	0
단계 5	1	0	0	1	0	1	0	1	0
단계 6	1	0	0	0	1	0	0	0	1
단계 7	0	0	0	1	0	1	0	1	1
단계 8	1	0	0	0	1	1	1	1	0
단계 9	1	0	1	1	1	0	1	0	1
단계 10	0	1	1	1	0				

전송될 메시지 (I = input 열, 초기값~단계 9)

(b) 1010001101의 입력열에 대한 예

그림 8.3 다항식 $X^5 + X^4 + X^2 + 1$로 나눗셈을 하기 위해 시프트레지스터로 구성한 회로

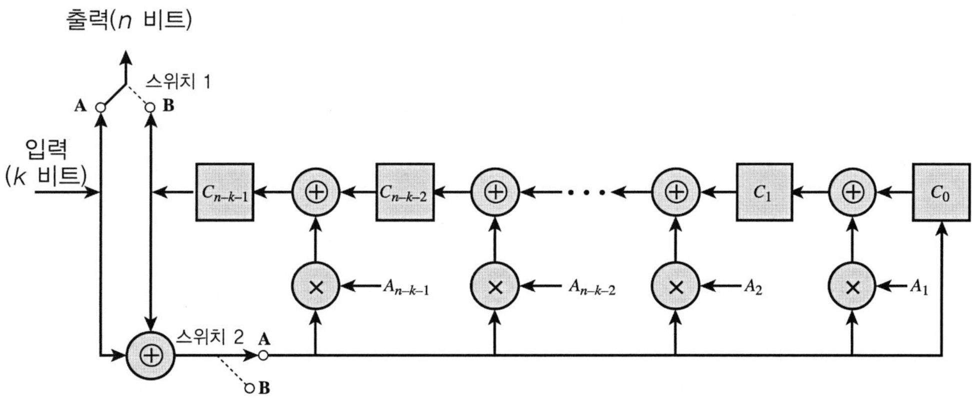

그림 8.4 제수 $1 + A_1X + A_2X^2 + \ldots + A_{n-1}X^{n-k-1} + X^{n-k}$를 구현하기 위한 일반 CRC 구조

8.2 블록 에러수정부호

HDLC와 같은 데이터링크 프로토콜이나 TCP와 같은 전송 프로토콜에서 에러검출은 유용한 기술이다. 그러나 8.4절에서 설명될 ARQ 방법은 에러검출부호를 이용한 에러수정으로 재전송할 데이터블록을 요구한다. 무선에서는 이러한 방법이 다음의 2가지 이유로 부적절하다.

1. 무선연결에서의 비트에러율은 상당히 높을 수 있기 때문에 재전송이 많이 일어날 것이다.
2. 특히 인공위성과 같은 경우에 한 프레임을 전송할 때 실제 전송시간보다 전파지연(propagation delay) 시간이 상당히 길기 때문에 매우 비효과적인 시스템이다. 8.4절에서 설명하고 있듯이 재전송에 대한 일반적인 방법은 에러가 발생한 프레임과 그 이후의 모든 프레임을 재전송하는 것이다. 상당히 긴 데이터링크에서는 에러는 하나의 프레임에서 발생했지만 연속된 많은 프레임을 재전송해야만 한다.

하지만, 수신자가 수신하는 데이터에 대하여 비트단위의 에러수정을 할 수 있다는 것은 바람직한 것이다. 그림 8.5는 일반적인 에러수정과정을 보여주고 있다. 전송종단의 각 k 비트의 데이터블록과 FEC(Forward Error Correction)를 사용하는 **부호어**(codeword)라고 하는 n 비트블록($n > k$)은 서로 1:1 대응된다. 부호어가 전송된다: 무선전송의 경우에 변조기(modulator)가 전송을 위한 아날로그신호로 만들어준다. 전송되는 중에 많은 에러비트를 만들어내는 잡음의 영향을 받게 된다. 수신자는 에러가 포함되어 있을 수 있는 원래의 부호어와 비슷한 비트열을 만들어내기 위해 역변조를 수행한다. 이 블록은 FEC 복호화기의 처리과정을 거쳐 다음의 4가지 중 하나의 결과를 얻는다.

1. 에러비트가 없다면, FEC 복호화기의 입력값은 원래 부호어와 동일하고, 복호화기는 출력으로 원래 데이터블록을 만들어낸다.
2. 복호화기가 검색하고 수정할 수 있는 에러를 포함하고 있으면, 수신 데이터블록과 전송된 부호어와 서로 상이해도 FEC 복호화기가 원래 데이터블록을 만들어 낼 수 있다.
3. 복호화기가 검색할 수는 있지만 수정할 수 없는 에러를 포함하고 있는 경우에 복호화기는 수정불가 에러메시지를 보고한다.
4. 복호화기가 에러가 발생했다는 것을 검색하지 못한 드문 경우에는 입력 n 비트 데이터블록이 원래 k 비트 데이터블록과는 다른 k 비트 데이터블록을 만들어낸다.

어떻게 복호화기가 비트에러를 수정하는 것이 가능한가? 본질적으로 에러수정은 전송메시지에 부가정보를 부가함으로써 가능하다. 부가정보는 수신자가 어떤 에러율의 단계에서도 원래 메시지가 어떤 것인가를 추론할 수 있게 해준다. 본 절에서는 널리 사용되고 있는 블록에러수정부호라고 하는 에러수정부호의 형태를 살펴본다. 우선 일반적인 이론을 살펴보고

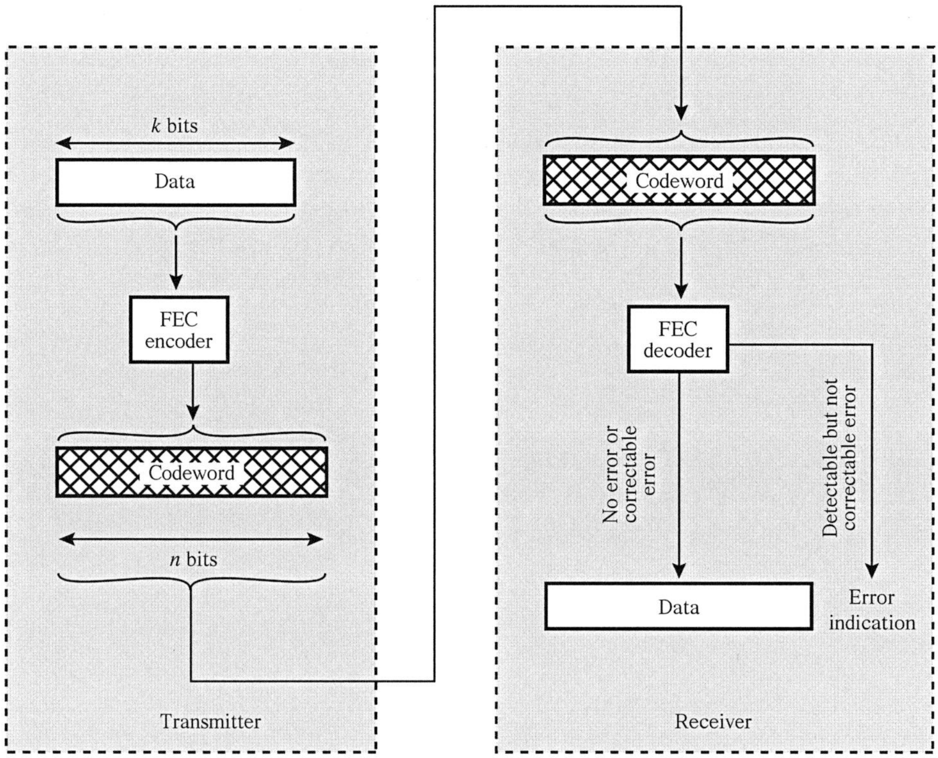

그림 8.5 전진 에러수정 처리과정

특정 부호를 조사해본다.

많은 경우에 에러수정부호는 그림 8.1에서 에러검출부호를 위해서 보여준 것과 같은 과정을 따른다. FEC 알고리즘은 k 비트의 블록을 입력으로 받고 n 비트의 블록을 만들기 위해서 $(n-k)$ 비트의 검사비트를 추가한다. 원래의 k 비트블록의 모든 비트는 n 비트블록에 있다. 8.3절에서 설명할 길쌈부호(convolutional code)와 같은 어떤 FEC 알고리즘에서는 k 비트의 입력을 n 비트의 부호어로 만들었는데, 원래 k 비트가 부호어에는 없는 방법을 쓰기도 한다.

블록부호원리

시작하기 전에 여기서 사용할 용어를 정의하자. 2개의 n 비트 2진 순열 $\mathbf{v}_1$과 $\mathbf{v}_2$ 사이의 **해밍 거리**(Hamming Distance) $d(\mathbf{v}_1, \mathbf{v}_2)$는 $\mathbf{v}_1$과 $\mathbf{v}_2$의 서로 다른 비트의 수이다. 예를 살펴보면 다음과 같다.

$$\mathbf{v}_1 = 011011, \qquad \mathbf{v}_2 = 110001$$

일 때,

$$d(\mathbf{v}_1, \mathbf{v}_2) = 3$$

에러수정을 위한 블록부호기술을 살펴보자. k 비트 길이의 데이터블록을 전송하기를 원한다고 생각해보자. 각각의 k 비트블록을 전송하는 대신, 각각의 k 비트순열을 하나의 n 비트 부호어로 구성한다.

Example 8.6

k=2, n=5에 대하여 다음과 같이 정의한다:

데이터블록	부호어
00	00000
01	00111
10	11001
11	11110

부호어가 '00100' 으로 수신되었다고 하자. 이것은 올바른 부호어가 아니기 때문에 수신자는 에러를 검색했다. 에러가 수정될 수 있을까? 전송된 비트의 1, 2, 3, 4 또는 5 모두가 잡음에 의해 손상될 수 있기 때문에 전송된 데이터블록을 확신할 수 없다. 그러나, 오직 한 비트의 변화가 올바른 부호어 '00000' 을 '00100' 으로 변형시켰다는 것에 주의해라. 물론, '00111' 에서 '00100' 으로 2개의 비트, '11110' 에서 '00100' 으로 3개의 비트, '11001' 에서 '00100' 으로 변형시킬 수도 있다. 이와 같이, 전송한 부호어와 가장 근접한 부호어는 '00000' 이라고 추론할 수 있고, 그러므로 원하는 데이터블록은 '00' 이다. 이것이 에러수정이다. 해밍거리는 다음과 같이 얻을 수 있다.

d(00000, 00100) = 1; d(00111, 00100) = 2; d(11001, 00100) = 4; d(11110, 00100) = 3

우리가 부과하고자 하는 규칙은 잘못된 부호어가 수신되었다면 그것과 가장 가까운(최소 해밍거리) 올바른 부호어가 선택되는 것이다. 이것은 각 잘못된 부호어로부터 최소 해밍거리에 유일한 올바른 부호어가 존재할 때만의 일이다.

예로, 모든 잘못된 부호어의 최소 해밍거리에 오직 하나만의 올바른 부호어가 존재한다는 것은 잘못된 것이다. 가능한 부호어는 $2^5 = 32$가 있고 이것들 중 올바른 것은 4개가 있

고 잘못된 것은 28개가 있다. 잘못된 부호어는 다음과 같다:

잘못된 부호어	**최소거리**	**올바른 부호어**	**잘못된 부호어**	**최소거리**	**올바른 부호어**
00001	1	00000	10000	1	00000
00010	1	00000	10001	1	11001
00011	1	00111	10010	2	00000 or 11110
00100	1	00000	10011	2	00111 or 11001
00101	1	00111	10100	2	00000 or 11110
00110	1	00111	10101	2	00111 or 11001
01000	1	00000	10110	1	11110
01001	1	11001	10111	1	00111
01010	2	00000 or 11110	11000	1	11001
01011	2	00111 or 11001	11010	1	11110
01100	2	00000 or 11110	11011	1	11001
01101	2	00111 or 11001	11100	1	11110
01110	1	11110	11101	1	11001
01111	1	00111	11111	1	11110

올바른 부호어 2개로부터 해밍거리 2에 위치한 잘못된 부호어는 8개가 있다. 그러므로, 이런 잘못된 부호어를 수신하면, 2비트에러의 원인이 될 수도 있고, 수신자는 둘 중에 하나를 선택할 수 있는 방법이 없다. 에러는 검색했지만 수정할 수가 없는 것이다. 그러나, 한 비트의 에러가 발생한 모든 경우에 해밍거리 '1' 에는 오직 하나의 올바른 부호어만이 존재하기 때문에 결정을 내릴 수가 있다. 이 부호는 모든 한 비트에러를 수정할 수 있지만 두 비트에러는 수정할 수 없다. 이것을 확인할 수 있는 또 다른 방법은 올바른 부호어간의 해밍거리를 살펴보면 된다:

$$d(00000, 00111) = 3;\ d(00000, 11001) = 3;\ d(00000, 11110) = 4;$$
$$d(00111, 11001) = 4;\ d(00111, 11110) = 3;\ d(11001, 11110) = 3;$$

올바른 부호어간의 최소 해밍거리는 3이다. 그러므로, 한 비트의 에러가 발생하면 원래의 올바른 부호어로부터는 해밍거리가 1이 되지만 다른 올바른 부호어로부터는 최소한 2이상의 해밍거리가 된다. 결과적으로 이 부호는 한 비트의 에러는 언제나 수정할 수 있고, 두 비트의 에러를 검색할 수 있다.

앞의 예에서 블록 에러수정부호의 근본적인 특징들을 설명하였다. (n, k) 블록부호는 k 데이터비트를 n 비트 부호어로 부호화한다. 전형적으로, 각 올바른 부호어는 k 데이터비트를 재생산하고 n 비트 부호어를 형성하기 위해서 $(n-k)$ 검사비트를 부가한다. 블록부호 $\mathbf{v}_d$는 k 데이터비트 벡터이고 $\mathbf{v}_c$ 는 n 부호어 비트 벡터일 때, 함수 $\mathbf{v}_c = f(\mathbf{v}_d)$와 동일하다.

(n, k) 블록부호는 전체 2^n의 가능한 부호어 중 2^k의 올바른 부호어가 있다. 데이터비트에 대한 여분 비트의 비율 $(n-k)/k$를 부호의 잉여도(redundancy)라 하고, 전체 비트에 대한 데이터비트의 비율 k/n를 부호율(code rate)이라고 한다. 부호율은 부호 없이 같은 데이터율로 데이터를 전송할 때 요구되는 추가적인 대역폭의 양을 측정하는 방법이다. 예로, 1/2의 부호율은 같은 데이터율을 유지하기 위해서는 비부호화 시스템의 대역폭의 2배를 요구한다. 우리의 예는 2/5의 부호율을 가지므로, 비부호화 시스템에 비해 2.5배의 대역폭을 요구한다. 예로, 부호화기에 대한 입력 데이터율이 1 Mbps라면, 이것과 같이 맞추기 위해서 부호화기의 출력속도는 2.5 Mbps이어야 한다.

$s = 2^k$일 때, $\mathbf{w}_1, \mathbf{w}_2, \ldots, \mathbf{w}_s$로 구성된 부호어에 대하여 부호의 최소 해밍거리 $d_{\min}$은 다음과 같이 정의된다.

$$d_{\min} = \min_{i \neq j} [d(\mathbf{w}_i, \mathbf{w}_j)]$$

다음의 조건을 확인해 볼 수 있다. 양수 t에 대해서, 부호가 $d_{\min} \geq 2t + 1$을 만족시키면, t 비트 이하의 모든 에러를 수정할 수 있다. 만약 $d_{\min} \geq 2t$라면, $t-1$ 비트 이하의 모든 에러는 수정될 수 있고, 일반적으로 t 비트의 에러는 검색될 수 있지만 수정할 수는 없다. 반대로, t 비트 이하의 에러를 갖고 있는 부호는 $d_{\min} \geq 2t + 1$을 만족시켜야만 수정할 수 있고, $t-1$ 비트 이하의 모든 에러를 수정하고 t 비트 이하의 모든 에러를 검색하기 위한 부호는 $d_{\min} \geq 2t$를 만족시켜야만 한다.

$d_{\min}$과 t간의 관계를 표현하는 또 다른 방법은 부호어별 보증된 수정 가능한 에러의 최소수는 $\lfloor x \rfloor$가 x를 초과하지 않는 최대 정수일 때(예, $\lfloor 6.3 \rfloor = 6$), 다음을 만족시킨다.

$$t = \left\lfloor \frac{d_{\min} - 1}{2} \right\rfloor$$

더욱이 에러의 수정이 아니라 에러의 검색에만 관심을 갖는다면, 검색될 수 있는 t개의 에러는 다음을 만족시킬 수 있다.

$$t = d_{\min} - 1$$

$d_{\min}$개의 에러가 발생했다면, 하나의 올바른 부호어를 다른 것으로 바꾸게 될 것이다. $d_{\min}$보다 작은 에러의 수는 올바른 부호어를 얻을 수 있다.

블록부호설계의 고려사항은 다음과 같다.

1. n, k에 대하여, $d_{\min}$의 값을 가능한 최대로 해야 한다.
2. 최소의 메모리와 처리시간을 위하여 부호는 비교적 쉽게 부호화 및 복호화할 수 있어야 한다.
3. 대역폭을 줄이기 위해서 추가 비트수($n - k$)를 작게 해야 한다.
4. 에러율을 줄이기 위해서 추가 비트수($n - k$)를 크게 해야 한다.

마지막 두 개의 조건은 서로 상충됨으로 절충이 필요하다.

특정부호를 살펴보기 전에, [LEBO98]에 기초한 그림 8.6을 살펴보는 것이 유용할 것이다. 에러수정부호에 관한 논문은 다양한 부호화기법의 유용성을 증명하기 위해서 이런 종류의 그래프를 자주 보여준다. 6장에서 부호화는 주어진 비트에러율을 성취하기 위해서 요구된 E_b/N_0 값을 감소시키는 데 사용될 수 있었던 것을 생각해보자.[4] 6장에서 설명된 부호화는

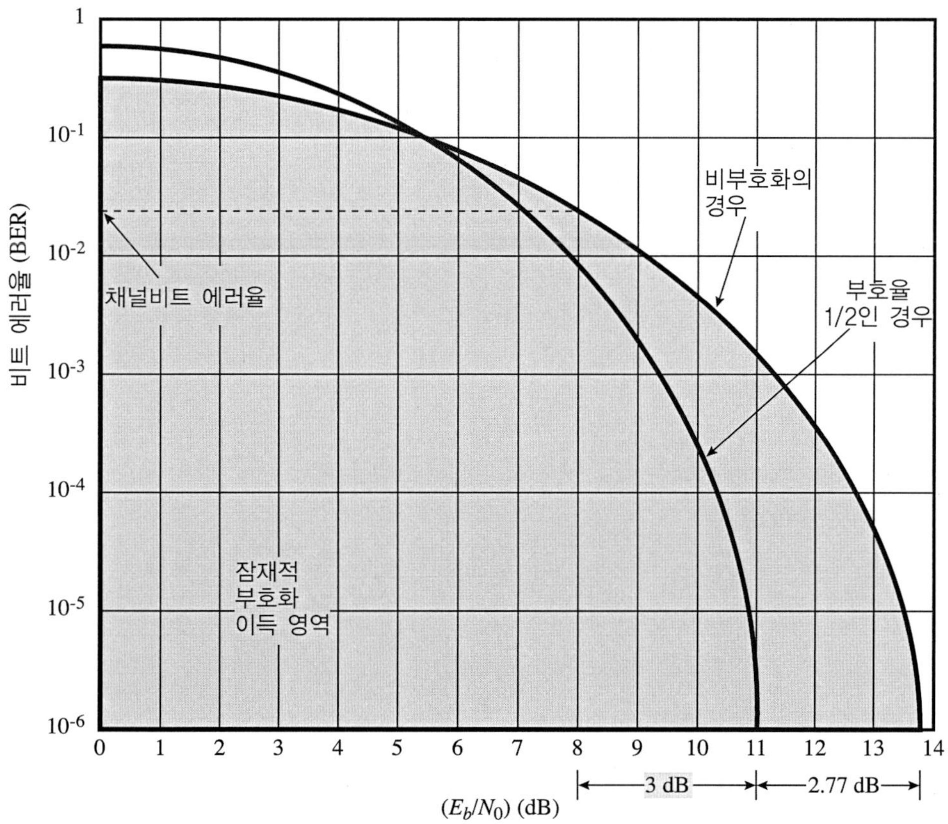

그림 8.6 부호화의 시스템 성능 개선방법

4. E_b/N_0 헤르츠(Hertz) 당 잡음의 밀도에 대한 비트별 신호에너지의 비율이다; 5장에서 정의, 설명되었다.

비트들을 표현하기 위한 신호요소의 정의가 있어야만 했다. 이 장에서 설명하는 부호화도 역시 E_b/N_0에 영향을 미친다. 그림 8.6에서 오른쪽 곡선은 부호화하지 않는 변조시스템에 대한 것이다; 음영처리되어 있는 부분은 개선될 수 있는 영역이다. 이 영역에서 주어진 E_b/N_0에 대하여 더 작은 BER이 얻어지고 반대로 주어진 BER에 대하여 더 작은 E_b/N_0이 요구된다. 다른 곡선은 같은 수의 데이터와 검사비트에 대하여 1/2의 부호율에 대한 결과이다. 10^{-5}의 에러율에서 부호화의 사용은 E_b/N_0에 대하여 2.77 dB를 감소시킨다. 이러한 감소를 **부호화 이득**(coding gain)이라고 하며, 이것은 같은 변조를 사용하는 비부호화 시스템에 대한 에러수정부호 시스템의 특정 BER을 얻기 위한 E_b/N_0에 대한 감소로 정의된다.

두번째의 1/2 부호율 곡선이 에러를 수정하지 않는 부호율이라는 것과 E_b 값이 데이터비트별 에너지를 나타내고 있다는 것을 이해하는 것이 중요하다. 부호율이 1/2이기 때문에 각 데이터비트에 대한 채널에 2비트가 있고, 부호화된 비트별 에너지는 데이터비트 에너지의 1/2이거나 또는 3 dB 감소한다. 이 시스템의 부호화된 비트별 에너지를 조사해본다면 채널의 비트에러율이 약 2.4×10^{-2} 즉, 0.024임을 알 수 있다.

마지막으로 E_b/N_0의 임계값의 하위에서는 부호화기법의 성능을 저하시킨다. 그림 8.6의 예에서 임계값은 5.4 dB에서 형성되었다. 임계값의 이하에서는 에러를 증가시키는 원인이 되는 데이터비트별 에너지를 감소하기 위해 시스템에 부담이 될 수 있는 검사비트가 추가되어야 한다. 임계값의 상위에서는 부호의 에러수정 능력이 부호화이득의 결과로 감소된 E_b에 대한 보정보다 크다.

특정 블록 에러수정부호에 대하여 살펴보자.

해밍부호

해밍부호(Hamming Code)는 $m \geq 3$일 때, 다음의 매개변수를 가지고 있는 (n, k) 블록 에러수정부호의 한 종류이다:

블록길이: $n = 2^m - 1$
데이터비트의 수: $k = 2^m - m - 1$
검사비트의 수: $n - k = m$
최소거리: $d_{\min} = 3$

해밍부호는 단순하고 분석하기 쉽지만 잘 사용되지 않지만 블록부호의 기본원리들을 설명하고 있어서 이것으로 특정 블록 에러수정부호의 설명을 시작하고자 한다.

해밍부호는 하나의 비트에러를 수정하도록 설계되었다. 시작하기 위해서, 우선 부호의 길이를 결정하자. 해밍부호 처리과정은 그림 8.1에서 보여준 에러검출구조와 똑같은 구조를 가지고 있다. 즉, 부호화 처리과정은 k 데이터비트는 그대로 두고 $(n - k)$ 검사비트를 추가한다.

복호화에서는 수신된 부호어와 수신 데이터비트로부터 계산된 두 개의 $(n-k)$ 비트 값을 비교하는 구조이다. 두 개의 입력을 XOR 게이트를 통해 한 비트씩 비교한다. 이 결과를 **증후단어**(syndrome word)라고 한다. 그러므로 각각의 증후비트는 두 입력의 같은 자리의 값이 서로 같은지 다른지에 따라 '0' 또는 '1' 이다.

따라서, 증후단어는 $(n-k)$ 비트이고, 0부터 $2^{(n-k)}-1$의 범위에 속한다. '0' 값은 에러가 발견되지 않았다는 것이고, 만약 에러가 있다면 $2^{(n-k)}-1$의 범위 안에 속할 것이다. 에러는 k 데이터비트나 $(n-k)$ 검사비트에서 발생하기 때문에 다음과 같다.

$$2^{(n-k)}-1 \geq k+(n-k)=n$$

이 방정식은 k 비트의 데이터비트에 있는 하나의 에러비트를 수정하기 위해서 필요한 비트의 수를 나타내고 있다. 표 8.1은 다양한 데이터길이에 대하여 요구되는 검사비트의 수를 열거한 것이다.

편의상 다음과 같은 특징을 가진 증후(syndrome)를 생성한다.

- 모든 증후가 '0' 이면, 발견된 에러가 없다.
- 증후 중 한 비트만 '1' 이라면, 검사비트 중 하나에서 에러가 발생한 것으로 수정이 필요 없다.
- 증후 중 하나 이상의 비트가 '1' 이라면, 증후의 수치는 에러가 발생한 데이터비트의 위치를 나타내며, 이를 수정하기 위해서 그 데이터비트의 값을 역을 취하면 된다.

이러한 특징들을 얻기 위해서, 데이터와 검사비트가 다음과 같이 n 비트블록으로 정렬되어야 한다. 해밍 검사비트는 최하위 비트(가장 오른쪽)부터 세어서 2의 승에 해당하는 자리(예

표 8.1 해밍부호 요구사항

	단일에러정정		단일에러정정/이중에러검출	
데이터비트	검사비트	% 증가율	검사비트	% 증가율
8	4	50	5	62.5
16	5	31.25	6	37.5
32	6	18.75	7	21.875
64	7	10.94	8	12.5
128	8	6.25	9	7.03
256	9	3.52	10	3.91

를 들어, 자리 1, 2, 4, ..., $2^{(n-k)}$)에 삽입되어야 한다. 나머지 비트는 데이터비트이다. 검사비트를 계산하기 위해서, '1' 값을 갖는 각 데이터 자리는 그 자릿수와 같은 2진수값으로 표현되고 있다. 즉, 9번째가 '1'이라면, 값은 '1001'이다. 모든 위치값은 해밍부호를 생성하기 위해서 서로 XOR 게이트로 연산된 값이다. 수신자에서 값이 '1'인 모든 비트 자릿수 값은 XOR 연산이 수행된 것이다. 이러한 경우에, XOR는 데이터비트와 검사비트를 모두 포함한다. 검사비트가 2의 승에 해당하는 비트 자릿수에서 나타나기 때문에 값이 '1'인 모든 데이터비트의 위치와 검사비트로 만들어진 해밍부호를 간단히 XOR할 수 있다. XOR의 결과가 '0'이라면 발견된 에러가 없는 것이다. 결과가 '0'이 아니면 그 결과는 증후이고 그 값과 일치하는 비트 자리가 에러이다.

Example 8.7

표 8.2는 (8,4) 해밍부호에 대한 것을 보여주고 있다. 8비트의 데이터블록은 '00111001'이다. 4개의 데이터비트가 '1'의 값을 가지고 있고, 그것들의 비트 위치값이 XOR된 4개의 검사비트인 해밍부호는 '0111'이다. 전송된 전체 블록은 '001101001111'이다. 비트 위치 6의 데이터비트 3의 값이 에러가 발생하여 '0'에서 '1'로 변화되었다고 가정해보자. 수신블록은 '001101101111'이다. 수신된 해밍부호는 '0111'이다. 수신자는 해밍부호와 '0'이 아닌 데이터비트의 모든 비트 위치값을 XOR하면 결과는 '0110'이다. 이 결과는 비트위치 6의 비트가 에러라는 것을 검색한 것이다.

지금까지 설명한 부호는 *단일 에러수정*(SEC: single-error-correction)부호이다. 단일 에러수정의 변형이 복수 에러검출(SEC-DED: double-error-detection)이다. 표 8.1에서 보여준 것처럼, 이런 부호는 SEC 부호와 비교하여 한 비트의 추가비트를 요구한다. 이 추가비트는 전체 부호블록에 대한 패리티비트이다.

순환부호

사용되는 대부분의 에러수정 블록부호는 순환부호(Cyclic Codes)라고 하는 범주에 속한다. 이런 부호들은 n 비트 순열 $\mathbf{c} = (c_0, c_1, \ldots, c_{n-1})$가 올바른 부호어라면 $\mathbf{c}$를 오른쪽으로 하나씩 순환적으로 시프트한 $(c_{n-1}, c_0, c_1, \ldots, c_{n-2})$ 비트열 또한 올바른 부호어라는 것이다. 부호의 이러한 종류들은 선형피드백 시프트 레지스터(LFSR)를 사용하여 쉽게 부호화되고 복호화될 수 있다. 순환부호의 예로는 BCH(Bose-Chaudhuri-Hocquenhen)와 Reed-Solomon 부호이다.

순환 에러수정 부호화기의 LFSR 구현은 그림 8.4에서 설명된 CRC 에러검출부호와 동일하다. 주요한 차이점은 CRC 부호는 임의의 길이의 입력을 받아서 정해진 길이의 CRC 검사부호를 생성한다는 것이다. 반면, 순환 에러수정부호는 정해진 길이(k 비트)의 입력을 받고

표 8.2 데이터비트와 검사비트의 구조

비트위치	12	11	10	9	8	7	6	5	4	3	2	1
위치표현	1100	1011	1010	1001	1000	0111	0110	0101	0100	0011	0010	0001
데이터비트	D8	D7	D6	D5		D4	D3	D2		D1		
검사비트					C8				C4		C2	C1
전송블록	0	0	1	1	0	1	0	0	1	1	1	1
부호			1010	1001		0111				0011		

(a) 전송블록

비트위치	부호
10	1010
9	1001
7	0111
3	0011
XOR = C8 C4 C2 C1	0111

(b) 전송 전의 검사비트 계산

비트위치	12	11	10	9	8	7	6	5	4	3	2	1
위치표현	1100	1011	1010	1001	1000	0111	0110	0101	0100	0011	0010	0001
데이터비트	D8	D7	D6	D5		D4	D3	D2		D1		
검사비트					C8				C4		C2	C1
전송블록	0	0	1	1	0	1	1	0	1	1	1	1
부호			1010	1001		0111	0110			0011		

(c) 수신블록

비트위치	부호
Hamming	0111
10	1010
9	1001
7	0111
6	0110
3	0011
XOR = syndrome	0110

(d) 수신 후의 검사비트 계산

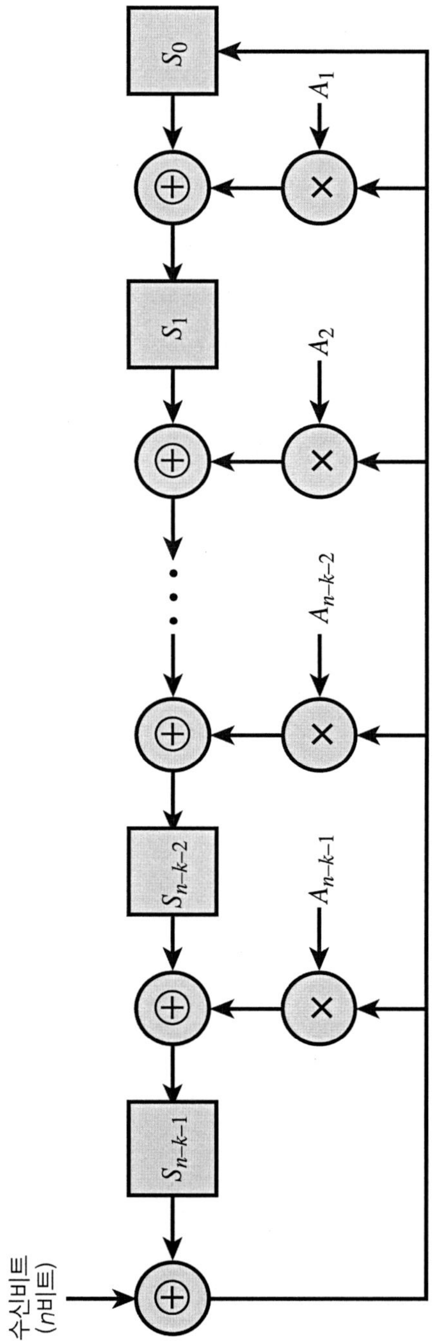

그림 8.7 제수 $1 + A_1 X + A_2 X^2 + ... + A_{n-1} X^{n-k-1} + X^{n-k}$에 대한 블록 증후 생성자

정해진 길이($n-k$ 비트)의 검사부호를 생성하는 것이다.

그림 8.7은 순환 블록부호에 대한 복호화기의 LFSR 구현을 보여준다. 이것을 그림 8.4의 부호화기와 비교해보자. 부호화기에서는 k 비트의 데이터비트가 시프트 레지스터에서 $(n-k)$의 검사비트부호를 생성하기 위한 입력으로 처리되었다. 복호화기에서는 k 비트의 데이터비트와 $(n-k)$ 비트의 검사비트를 포함한 n 비트의 수신비트가 입력이다. 에러가 없다면 처음 k번째 단계 후에 시프트 레지스터는 전송된 검사비트의 패턴을 가지고 있을 것이다. 나머지 $(n-k)$ 단계 후에는 시프트 레지스터는 증후부호를 가지고 있을 것이다.

순환부호의 복호화에서 다음과 같은 절차가 사용된다.

1. 부호화기에서 검사부호를 생성하기 위해서 데이터비트를 처리한 방법과 똑같은 방법으로 증후부호(syndrome code)를 생성하기 위해서 수신된 비트를 처리한다.
2. 증후부호가 모두 '0'이라면 발견된 에러는 없다.
3. 증후부호가 모두 '0'이 아니라면 에러는 수정하기 위해서 증후부호에 추가적인 처리과정을 수행해야 한다.

증후부호의 중요성을 이해하기 위해서, 다항식을 이용하여 블록을 살펴보자. CRC의 경우에 특정 순환부호가 생성자라고 하는 제수(divisor)를 다항식으로 표현할 수 있다. (n, k) 부호에 대하여, 제수의 각 비트위치에 따라 각 계수 A_i는 '0' 이거나 '1' 이라면 생성자는 다음과 같다.

$$P(X) = 1 + \sum_{i=1}^{n-k-1} A_i X^i + X^{n-k}$$

예로 P = '11001' 에 대하여, $P(X) = X^4 + X^3 + 1$이다. 데이터비트들은 다항식 $D(X)$로 표현하고, 검사부호는 다항식 $C(X)$로 표현한다. CRC에서와 같이 검사부호는 다음과 같은 방법으로 결정된다:

$$\frac{X^{n-k} D(X)}{P(X)} = Q(X) + \frac{C(X)}{P(X)}$$

즉, 데이터블록 $D(X)$는 $(n-k)$ 비트만큼 왼쪽으로 시프트되고 $P(X)$에 의해서 나누어진다. 이 과정은 $(n-k)$ 비트 길이의 몫 $Q(X)$와 나머지 $C(X)$를 생성한다. 전송된 블록 $T(X)$는 $D(X)$와 $C(X)$의 연속이다:

$$T(X) = X^{n-k} D(X) + C(X) \tag{8.3}$$

수신측에서 에러가 없다면, $T(X)$는 $P(X)$에 의해서 나머지 없이 완전하게 나누어질 것이다.

이것은 쉽게 증명된다:

$$\begin{aligned}\frac{T(X)}{P(X)} &= \frac{X^{n-k}D(X)}{P(X)} + \frac{C(X)}{P(X)} \\ &= \left(Q(X) + \frac{C(X)}{P(X)}\right) + \frac{C(X)}{P(X)} = Q(X)\end{aligned} \tag{8.4}$$

modulo−2 연산($a + a = 0$이면, $a = 1$ 또는 $a = 0$)의 규칙에 의해서 마지막 수식은 올바른 것이다. 그러므로, 에러가 없다면 $T(X)$를 $P(X)$로 나누었을 때 나머지가 없다.

하나 이상의 에러가 발생했다면 수신블록 $Z(X)$에 대하여 $Z(X)$에 에러가 있는 각 비트위치의 값이 '1' 인 n 비트의 에러 다항식 $E(X)$는 다음과 같다.

$$Z(X) = T(X) + E(X)$$

$Z(X)$를 그림 8.7의 LFSR을 통과시키면, $(n-k)$ 비트 증후 $S(X)$를 생성하는 $Z(X)/P(X)$ 나눗셈이 수행된다:

$$\frac{Z(X)}{P(X)} = B(X) + \frac{S(X)}{P(X)} \tag{8.5}$$

그러므로, $S(X)$는 $Z(X)$의 함수이다. 그러나, 이러한 것들이 에러수정을 수행하는 방법은 무엇인가? 다음은 방정식 (8.5)의 확장형이다.

$$\begin{aligned}\frac{Z(X)}{P(X)} &= B(X) + \frac{S(X)}{P(X)} \\ \frac{T(X)+E(X)}{P(X)} &= B(X) + \frac{S(X)}{P(X)} \\ Q(X) + \frac{E(X)}{P(X)} &= B(X) + \frac{S(X)}{P(X)} \\ \frac{E(X)}{P(X)} &= [Q(X) + B(X)] + \frac{S(X)}{P(X)}\end{aligned} \tag{8.6}$$

위에서 $E(X)/P(X)$는 $Z(X)/P(X)$와 같은 나머지를 생성한다는 것을 보았다. 그러므로, 비트의 최초 패턴($T(X)$의 전송된 값)과 관계없이 증후값 $S(X)$는 오직 에러비트에만 의존적이다. $S(X)$로부터 에러비트 $E(X)$를 회복할 수만 있다면, 간단한 추가로 $Z(X)$에서의 에러를 수정할 수 있다:

$$Z(X) + E(X) = T(X) + E(X) + E(X) = T(X)$$

$S(X)$는 오직 $E(X)$에만 의존적이기 때문에, 순환 블록부호의 승수를 쉽게 결정할 수 있다. 증후패턴이 $n-k$ 비트로 구성되어 있으므로 2^{n-k} 가 가능한 값이다. 모든 '0' 의 값은 에러

가 없다는 것을 나타낸다. 에러패턴과 다른 $2^{n-k}-1$ 전체는 수정될 수 있다. (n, k) 부호의 모든 단일 비트에러의 수정이 가능하게 하기 위해서는 $n \le (2^{n-k}-1)$이어야만 한다. 모든 단일 또는 두 개의 비트에러를 수정할 수 있기 위해서는 다음 관계를 만족시켜야 한다.

$$\left(n + \frac{n(n-1)}{2}\right) \le \left(2^{n-k} - 1\right)$$

$E(X)$가 $S(X)$로부터 복구될 수 있는 방법은 포함된 특정한 부호에 의한 것이다. 가장 단순한 접근방법은 각 $S(X)$의 값에 대응되는 모든 가능한 $E(X)$ 값의 표를 만드는 것이다.

Example 8.8[5]

생성자 다항식 $P(X) = X^3 + X^2 + 1$을 갖는 (7, 4) 부호를 생각해보자. 우리는 $7 = 2^3 - 1$을 가지고 있고, 이 부호는 모든 단일 비트에러를 수정할 수 있다. 표 8.3(a)는 모든 정확한 부호어를 나열한 것이다: $d_{\min}$는 3이고 단일 에러수정을 할 수 있다. 예로 데이터블록 1010에 대하여 $D(X) = X^3 + X$이고 $X^{n-k}D(X) = X^6 + X^4$이다. 방정식 (8.4)에서와 같이 나누기를 한다.

$$\begin{array}{rll}
 & X^3 + X^2 + 1 & \leftarrow Q(X) \\
P(x) \rightarrow X^3 + X^2 + 1 \,\big) & X^6 \qquad X^4 & \leftarrow 2^3 D(X) \\
 & \underline{X^6 + X^5 + \qquad X^3} & \\
 & X^5 + X^4 + X^3 & \\
 & \underline{X^5 + X^4 + \qquad X^2} & \\
 & X^3 + X^2 & \\
 & \underline{X^3 + X^2 + \quad 1} & \\
 & 1 & \leftarrow C(X)
\end{array}$$

그러면 부호어 '1010001'에 대한 $T(X) = X^6 + X^4 + 1$을 가지고 방정식 (8.3)을 사용하자.

에러수정을 위해서 표 8.3(b)의 증후표를 만들 필요가 있다. 예로, 에러패턴 '1000000'에 대하여 $E(X) = X^6$이다. 방정식 (8.6)의 마지막 줄에 있는 것을 사용하여 다음과 같이 계산할 수 있다.

$$\begin{array}{rll}
 & X^3 + X^2 + X & \leftarrow Q(X) + B(X) \\
P(x) \rightarrow X^3 + X^2 + 1 \,\big) & X^6 & \leftarrow Z(X) \\
 & \underline{X^6 + X^5 + \qquad X^3} & \\
 & X^5 + \qquad X^3 & \\
 & \underline{X^5 + X^4 + X^2} & \\
 & X^4 + X^3 + X^2 & \\
 & \underline{X^4 + X^3 + \qquad X} & \\
 & X^2 + X & \leftarrow S(X)
\end{array}$$

5. 이 예는 [LATH98]에서 참고한 것이다.

그러므로, S = 110이다. 표 8.3(b)에서 나머지의 계산은 단순하다. 수신된 블록이 '1101101' 또는 $Z(X) = X^6 + X^5 + X^3 + X^2 + 1$이라고 가정하자. 식 (8.5)를 사용하면

$$
\begin{array}{rl l}
 & \quad X^3 & \leftarrow B(X) \\
P(X) \rightarrow X^3 + X^2 + 1 & \overline{)\,X^6 + X^5 + \qquad X^3 + X^2 + 1} & \leftarrow Z(X) \\
 & \quad \underline{X^6 + X^5 + \qquad X^3 \qquad\qquad} & \\
 & \qquad\qquad\qquad\qquad X^2 + 1 & \leftarrow S(X)
\end{array}
$$

그러므로, S = 101이다. 표 8.3(b)를 사용하면 E = 0001000을 만들어낼 수 있다. 그러면

$$T = 1101101 \oplus 0001000 = 1100101$$

그러면, 표 8.3(a)로부터 전송된 데이터블록은 '1100' 이다.

표 8.3 (7, 4) 순환부호의 단일 에러수정

(a) 올바른 부호어 표

데이터블록	부호어
0000	0000000
0001	0001101
0010	0010111
0011	0011010
0100	0100011
0101	0101110
0110	0110100
0111	0111001
1000	1000110
1001	1001011
1010	1010001
1011	1011100
1100	1100101
1101	1101000
1110	1110010
1111	1111111

(b) 단일 비트에러에 대한 증후표

에러패턴 E	신드롬 S
0000001	001
0000010	010
0000100	100
0001000	101
0010000	111
0100000	011
1000000	110

표 8.4 BCH 부호 매개변수

n	k	t	n	k	t	n	k	t	n	k	t	n	k	t
7	4	1	63	30	6	127	64	10	255	207	6	255	99	23
15	11	1		24	7		57	11		199	7		91	25
	7	2		18	10		50	13		191	8		87	26
	5	3		16	11		43	14		187	9		79	27
31	26	1		10	13		36	15		179	10		71	29
	21	2		7	15		29	21		171	11		63	30
	16	3	127	120	1		22	23		163	12		55	31
	11	5		113	2		15	27		155	13		47	42
	6	7		106	3		8	31		147	14		45	43
63	57	1		99	4	255	247	1		139	15		37	45
	51	2		92	5		239	2		131	18		29	47
	45	3		85	6		231	3		123	19		21	55
	39	4		78	7		223	4		115	21		13	59
	36	5		71	9		215	5		107	22		9	63

BCH 부호

BCH 부호는 가장 강력한 순환 블록부호 중 하나로서 무선응용에 널리 사용된다. 임의의 양수 m과 t에 대하여, 다음과 같은 매개변수를 갖는 2진 (n, k) BCH 부호가 있다:

블록길이: $n = 2^m - 1$
검사비트의 수: $n - k \leq mt$
최소거리: $d_{min} \geq 2t + 1$

이 부호는 t 이하의 모든 에러조합을 수정할 수 있다. 이 부호에 대한 생성자 다항식은 $(X^{2m-1} + 1)$의 인수들로부터 생성될 수 있다. BCH 부호는 매개변수(블록길이, 부호율)의 선택에 유연성을 제공한다. 표 8.4는 $2^8 - 1$까지의 부호길이에 대한 BCH 매개변수에 대하여 나열하였다. 표 8.5는 BCH 생성자 다항식을 나열하였다.

간단한 표의 검색방식보다 더 작은 메모리를 요구하는 BCH 복호화를 위해 많은 기술들이 설계되었다. 가장 간단한 것들 중 하나가 Berlekamp[BERL80]에 의해서 제안되었다. 중요 요지는 에러위치 다항식을 계산하고 그것의 근을 찾는 것이다. 이 알고리즘의 복잡도는 수정해야 할 에러수의 제곱으로 증가한다는 것이다.

Reed-Solomon 부호

Reed-Solomon(RS) 부호는 비 2진 BCH 부호의 한 부분으로 널리 사용된다. RS 부호는 데이터를 기호(symbols)라고 하는 m 비트의 덩어리로 처리한다. (n, k) RS 부호는 다음과 같은 매개변수를 사용한다:

기호길이: 기호당 m비트
블록길이: $n = 2^m - 1$심볼기호$= m(2^m - 1)$비트
데이터길이: k 기호

표 8.5 BCH 다항식 생성자

n	k	t	$P(X)$
7	4	1	$X^3 + X + 1$
15	11	1	$X^4 + X + 1$
15	7	2	$X^8 + X^7 + X^6 + X^4 + 1$
15	5	3	$X^{10} + X^8 + X^5 + X^4 + X^2 + X + 1$
31	26	1	$X^5 + X^2 + 1$
31	21	2	$X^{10} + X^9 + X^8 + X^6 + X^5 + X^3 + 1$

검사부호의 크기: $n-k=2t$ 기호 $=m(2t)$비트
최소거리: $d_{\min}=2t+1$ 기호

그러므로, 부호화 알고리즘은 k 기호의 블록을 $n-k$의 잉여도검사기호를 추가함으로써 n 기호로 확장한다. m은 일반적으로 2의 멱승 값이다; 적절한 m의 값은 8이다.

Example 8.9

$t=1$, $m=2$라고 하자. 기호 0, 1, 2, 3을 2진수로 0 = 00, 1 = 01, 2 = 10, 3 = 11로 나타내자. 부호는 다음의 매개변수를 갖는다.

$$n=2^2-1=3 \text{ 기호 } =6 \text{ 비트}$$
$$(n-k)=2 \text{ 기호 } =4 \text{ 비트}$$

이 부호는 2비트 기호의 다발성 에러도 수정할 수 있다.

RS 부호는 다발성 에러수정에 적합하다. 잉여도의 효율적인 사용이 가능하며, 블록의 길이와 기호의 크기를 메시지크기에 맞추어 쉽게 조절할 수 있다. 뿐만 아니라, RS 부호를 위해서 효과적인 부호화기술을 사용할 수 있다.

블록삽입

블록삽입(block interleaving)은 무선시스템에서 블록부호와 함께 사용되는 일반적인 기술이다; 이것의 예는 그림 5.16에서 보았다. 삽입의 장점은 비트의 순열에 영향을 미치는 다량의 에러가 수신측에서 수많은 각각의 블록에 퍼져 있어도 에러수정이 가능한 것이다. 삽입은 데이터를 메모리로부터 다른 순서로 읽기와 쓰기를 함으로써 얻어진다. 그림 8.8은 간단하고 일반적인 삽입기술을 보여주고 있다. 이런 경우에 전송되어질 데이터는 각 열이 블록크기와 같은 n 비트로 구성된 직사각형의 배열에 저장된다. 데이터는 한 번에 한 행씩 읽어낸다. 그 결과는 n 비트의 한 블록을 구성하는 k 비트의 데이터비트와 $(n-k)$ 비트의 검사비트가 분산되어 다른 블록들로부터의 비트들과 섞이게 된다. 수신자는 데이터를 원래의 순서로 복구하기 위해서 복원작업을 수행한다. 만약 전송되는 동안에 다량의 잡음이 비트의 연속적인 순열에 영향을 주었더라도, 그 비트들은 다른 블록에 분산될 것이고, 에러가 발생한 비트의 일부만 해당 검사비트에 의해서 수정하면 된다. 특히, $l=mb$ 길이의 데이터는 길이 b의 m개의 데이터로 분리된다. 다음을 살펴보자. $t=\lfloor (n-k)/2 \rfloor$일 때, t 이하의 모든 조합된 에러를 수정할 수 있는 (n, k) 부호가 있다고 하자. m 단계의 삽입을 사용했다면, mt 비트까지의 에러를 수정할 수 있는 (mn, mk) 부호가 그 결과이다.

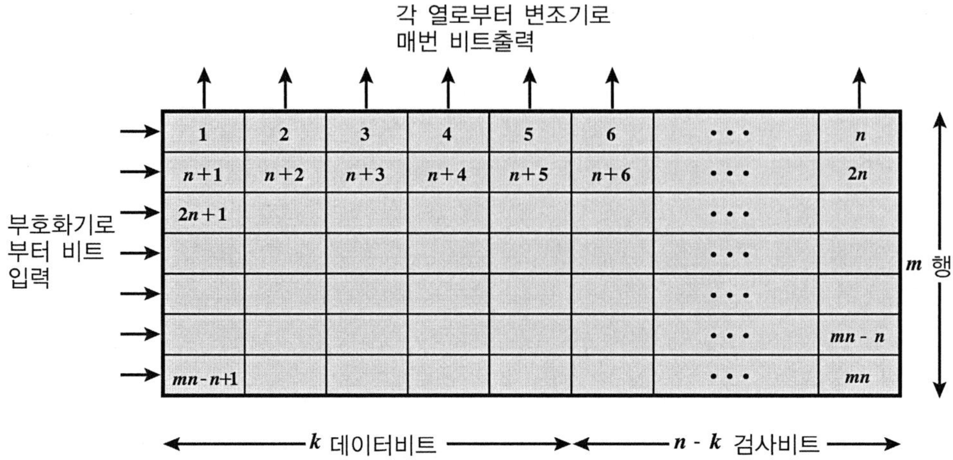

주의 : 행렬에서의 숫자는 비트가 읽어져 나오는 순서이다.
출력순열 : 1, n+1, 2n-1, ...

그림 8.8 블록삽입

8.3 길쌈부호

블록부호는 무선전송에서 에러수정을 위해 널리 쓰이는 두 개의 범주 중 하나이며, 다른 하나가 길쌈부호(Convolutional Codes)이다. (n, k) 블록부호는 한 번에 k 비트의 블록을 데이터로 처리하고, 각 k 비트블록의 입력에 대한 결과로 n 비트 $(n > k)$의 블록을 생성한다. 데이터가 일정하지 않게 송신되고 수신된다면, 충분히 큰 값의 n 블록 부호는 지속적으로 에러검출과 수정을 수행하기 위한 연속적인 잉여도 부호생성이 쉽지 않을 것이다. 이것이 길쌈부호의 기본적 배경이론이다.

길쌈부호는 n, k 및 K의 3가지 매개변수로 정의된다. (n, k, K) 부호는 한 번에 k 비트 입력 데이터를 처리하고, 각 k 비트 입력에 대하여 n 비트의 출력을 생성한다. 여기까지는 블록부호와 동일하다. 길쌈부호의 경우에는 일반적으로 n과 k가 아주 작은 수이다. 길쌈부호는 *제약인자*(constraint factor) K에 의해 정의되는 메모리를 가지고 있다는 것이 차이점이다. 근본적으로, (n, k, K) 부호에서 현재의 n 비트 출력은 현재의 k 비트 입력의 결과값이 아니라 k 비트입력에 대한 이전의 $K - 1$ 블록의 결과값이다. 그러므로, n 비트의 현재 출력은 마지막 $K \times k$ 비트입력의 함수이다.

길쌈부호는 예를 통해서 살펴보는 것이 가장 좋다. 그림 8.9가 예이다. 그림에서 보여주는 부호의 두 가지 표현이 있다. 그림 8.9(a)는 부호화 처리과정을 설명하거나 구현하기 가장 편한 시프트 레지스터이다. 그림 8.9(b)는 복호화 처리과정을 설명하는 데 유용한 동일한 재표

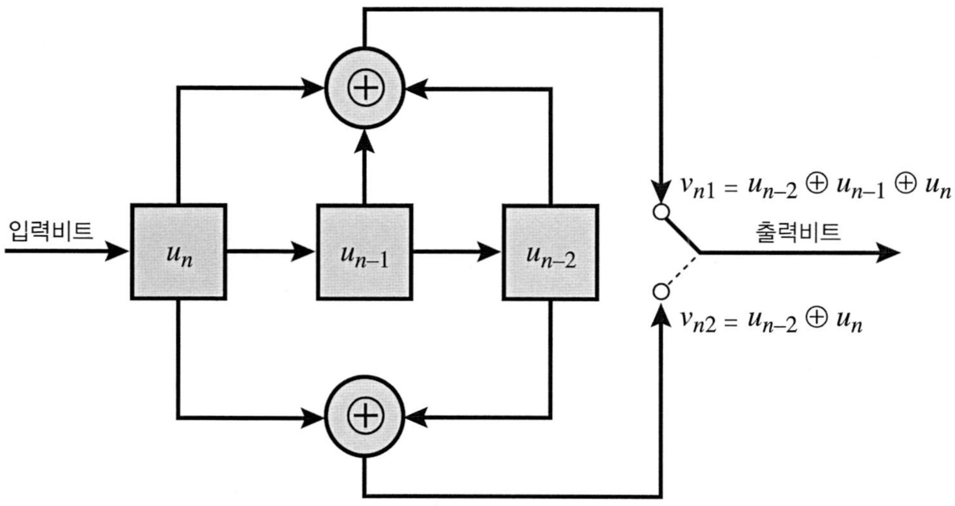

(a) 부호화기 시프트 레지스터

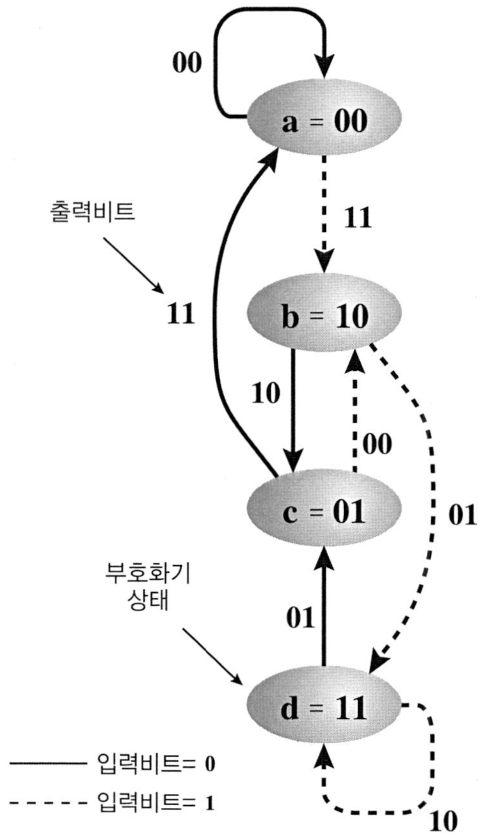

(b) 부호화기 상태천이도

그림 8.9 $(n, k, K) = (2, 1, 3)$ 길쌈 부호화기

현이다.

(n, k, K)에 대하여 시프트 레지스터는 가장 최근의 $K \times k$ 입력비트를 가지고 있고 레지스터는 모든 '0'으로 초기화된다.[6] 부호화기는 레지스터에서 가장 오래된 k 비트가 삭제되고 새로운 k 비트가 시프트된 후에 n 비트의 출력이 생성된다. 그러므로, $K \times k$ 비트가 입력에 의한 n 비트의 출력임에도 불구하고 부호율은 k 비트입력당 n 비트출력이다. 블록부호에서와 같이 부호율은 k/n이다. 가장 일반적으로 사용되는 2진 부호화기는 $k = 1$이고 K의 시프트 레지스터 길이를 갖는다. 그림 8.9(a)는 (2, 1, 3) 부호이다. 이 예에서 부호화기는 u_n 비트의 입력으로 가장 최근의 3비트를 사용하여 v_{n1}과 v_{n2} 비트의 출력을 만든다. 생성된 첫 출력 비트는 위쪽의 논리회로($v_{n1} = u_n \oplus u_{n-1} \oplus u_{n-2}$)에서 생성된 것이고, 두번째 비트는 아래쪽의 논리회로($v_{n2} = u_n \oplus u_{n-2}$)에서 생성된 것이다.

주어진 k 비트입력에 대하여 k 비트입력을 n 비트출력으로 만들어주는 $2^{k(K-1)}$ 개의 서로 다른 함수가 있다. 이런 함수는 각 k 비트의 마지막 $(K-1)$ 입력블록의 내력에 따라 사용된다. 그러므로, 길쌈부호는 finite-state machine을 사용하여 표현한다. 이것은 $2^{k(K-1)}$개의 상태를 가지고 있고, 한 상태에서 다른 상태로의 변이는 가장 최근의 k 비트의 입력과 n 비트의 출력으로 결정된다. 초기상태는 모두 '0' 상태와 동일하다. 그림 8.9(b)의 예에는 4가지의 상태가 있고, 각각의 상태는 마지막 2비트의 가능한 모든 쌍이다. 다음 입력비트는 변이와 2비트의 출력을 만들어낸다. 예로, 만약 마지막 2비트가 10 ($u_{n-1} = 1, u_{n-2} = 0$)이고 다음 비트가 1 ($u_n = 1$)이라면, 현재상태는 상태 b(10)이고 다음 상태는 d(11)이다. 출력은 다음과 같다.

$$v_{n1} = u_{n-2} \oplus u_{n-1} \oplus u_n = 0 \oplus 1 \oplus 1 = 0$$
$$v_{n2} = 0 \oplus 1 = 1$$

복호화

복호화(Decoding) 처리과정을 이해하기 위해 부호화기의 시간 순서도를 나타낸 상태천이도를 확장할 필요가 있다. 그림 8.9(b)에서와 같이 상태천이도가 수직적으로 작성되었다면, 격자(trellis)라고 하는 확장된 상태천이도는 상태를 수평적으로 재배치하고 시간이나 데이터의 입력에 따라 왼쪽에서 오른쪽으로 상태변이가 진행되도록 구성된다(그림 8.10). 제약인자 K의 길이가 크다면 격자 상태천이도는 다루기가 힘들어진다. 이런 경우에 2^{K-2}의 단순화된 격자조각이 상태변이를 설명하기 위해서 사용될 수 있다. 그림 8.11은 (2, 1, 7)에 대하여 이러한 사실을 증명한 것이다. 부분 정의에 따라 부호화기 각각의 상태를 보여주고 있다.

6. 어떤 논문에서는 시프트 레지스터의 저장 셀(storage cell)이 하나 부족하고 입력뿐만 아니라 저장 셀도 XOR 하여 채운다고 설명되어 있다. 동일한 의미이다.

올바른 출력은 격자를 통한 경로에 의해서 정의된다. 예에서, 경로 a–b–c–b–d–c–a–a는 입력값 '1011000' 에 의해서 생성된 것이고, 출력값 '11 10 00 01 01 11 00' 을 생산한다. a–c와 같은 부적절한 경로가 생긴다면 복호화기는 에러수정을 시도한다. 근본적으로, 복호화기는 어떤 데이터입력이 잘못된 출력을 생산했는지를 결정해야만 한다.

수많은 에러수정 알고리즘이 길쌈부호에 의해 개발되었다. 아마 가장 중요한 것은 Viterbi 부호일 것이다. Viterbi 기법은 수신된 순열을 모든 가능한 전송된 순열과 비교한다. 이 알고리즘은 수신된 순열과의 차이점이 최소인 경로를 격자를 통하여 선택한다. 정확한 경로로 올바른 경로가 선택되면, 복호화기는 출력부호비트를 가지고 입력데이터비트를 회복할 수 있다. 수신된 순열과 올바른 순열간의 차이점을 조사하기 위해서 사용되는 척도에 따라 Viterbi 알고리즘의 변형이 여러 가지 있다. 우리는 알고리즘의 동작에 대한 개념을 전달하기 위해서 가장 일반적인 척도인 해밍거리를 사용한다. 수신된 부호순열을 단어 $\mathbf{w} = w_0 w_1 w_2, \ldots$로 재표현하고, 격자를 통해 올바른 경로인지를 확인한다. 각각의 시간 i와 상태에 대하여 격자를 통해 그 상태까지의 *능동적인 경로*(active path)를 나열한다. 시간 i까지 수신된 단어로부터 격자를 통한 해밍거리가 최소인 능동적인 경로가 올바른 경로이다. 시간이 i일 때, 수신단어로부터 그것의 능동적인 경로의 거리를 각 상태에 표시한다. 다음의 관계가 사용된다.

$$\text{경로의 거리} = \text{마지막 지선(edge)의 거리} + \text{마지막 상태의 거리} \tag{8.7}$$

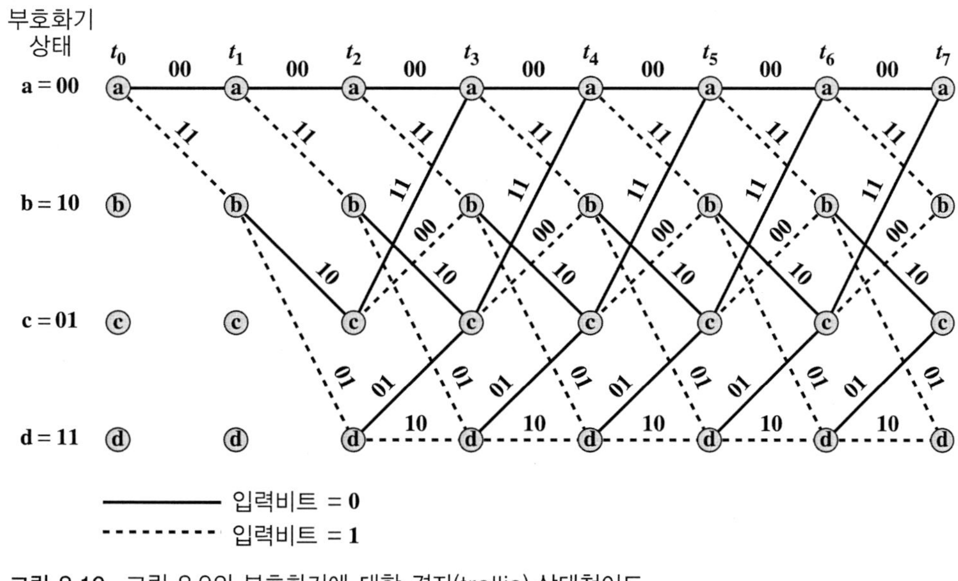

그림 8.10 그림 8.9의 부호화기에 대한 격자(trellis) 상태천이도

b가 미리 정해진 윈도우 크기일 때, 이 알고리즘은 $b + 1$ 단계까지 진행된다. (n, k, K) 부호에 대하여, n 비트는 첫번째 출력블록인 $w_0 w_1 w_2 \ldots w_{n-1}$이 다음 단계로 복호화된다.

단계 0: 시간 0의 격자의 초기상태로서 차(discrepancy)가 없기 때문에 0으로 표시한다.

단계 $i + 1$: 시간 $i + 1$에 각 상태 S에 대하여, S로 가는 모든 능동적인 경로를 찾는다(방정식 (8.7)을 이용하여). 그 경로의 거리를 S에 표시한다.

단계 b: 시간 b에서 알고리즘은 종료된다. 그 때의 모든 능동적인 경로는 같은 첫 지선을 가지고 있고 그 지선의 표시가 $x_0 x_1 x_2 \ldots x_{n-1}$이면, 첫 부호블록 $w_0 w_1 w_2 \ldots w_{n-1}$은 $x_0 x_1 x_2 \ldots x_{n-1}$로 수정된다. 만약, 두 개의 첫 능동적인 지선이 있다면 에러는 수정할 수 없다.

만약 필요하다면, 첫 부호블록을 수락하고 수정한 후에 복호화 윈도우는 오른쪽으로 n 비트 이동하고 다음 블록의 복호화가 수행된다.

길쌈부호는 많은 비트에러가 발생하는, 잡음이 심한 채널에서 좋은 성능을 보여준다. 그러므로, 무선응용에서의 사용이 증가하는 것을 발견할 수 있다.

Example 8.10[7]

그림 8.9와 8.10에 정의된 부호화기를 사용하여 그림 8.12에서는 복호화 윈도우 길이 b = 7인 순열 10010100101100에 대한 Viterbi 알고리즘의 응용을 보여준다. 그림에서의 선은 격자를 통한 올바른 경로를 나타내고 있다. 두꺼운 선은 현재의 능동적인 경로를 나타낸다. 단계 1에서 $w_0 w_1 = 10$의 순열을 수신한다. 두 개의 올바른 순열은 00과 11이다. 두 순열 모두 수신된 순열로부터의 거리는 1이다. 상태 표시가 1인 두 개의 능동적인 경로가 정의되었다. 다음 단계에서 $w_2 w_3 = 01$이다. 방정식 (8.7)을 이용하여 4개의 가능한 올바른 상태에 대한 차를 2, 2, 3, 1로서 계산한다. 지금까지 모든 가능한 경로는 능동적인 경로로 포함되었다. 단계 3에서 올바른 경로 중에 능동적인 경로로 살아남지 못하는 경로를 보게 된다. 이런 경로들은 더 작은 거리의 올바른 경로가 있는 상태로 끝나기 때문이다. 예로, 상태순열 a–b–c–a가 4의 차를 가지고 있는 반면 상태순열 a–a–a–a는 3의 차를 가지고 있다. 단계 7의 결과에서 모든 능동적인 경로는 첫 지선 a–b를 통과하고 11을 출력한다. 알고리즘은 $w_0 w_1$를 11로 수정하고 다음 블록 $w_2 w_3$을 계속한다. 만약 윈도우 크기 b가 5이면 에러는 수정할 수 없다.

7. 이 예는 [ADAM91]에 기초한 것이다.

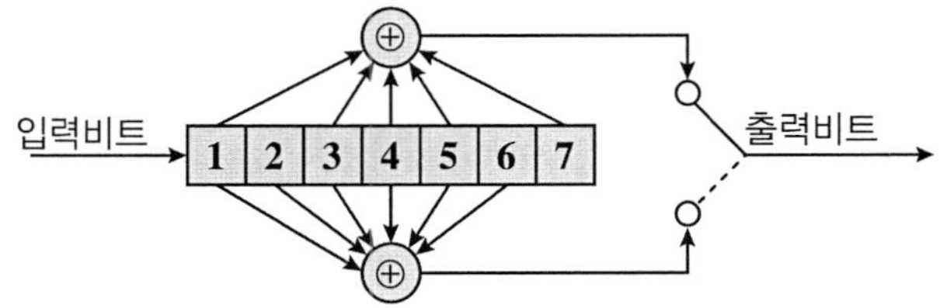

(a) 시프트 레지스터

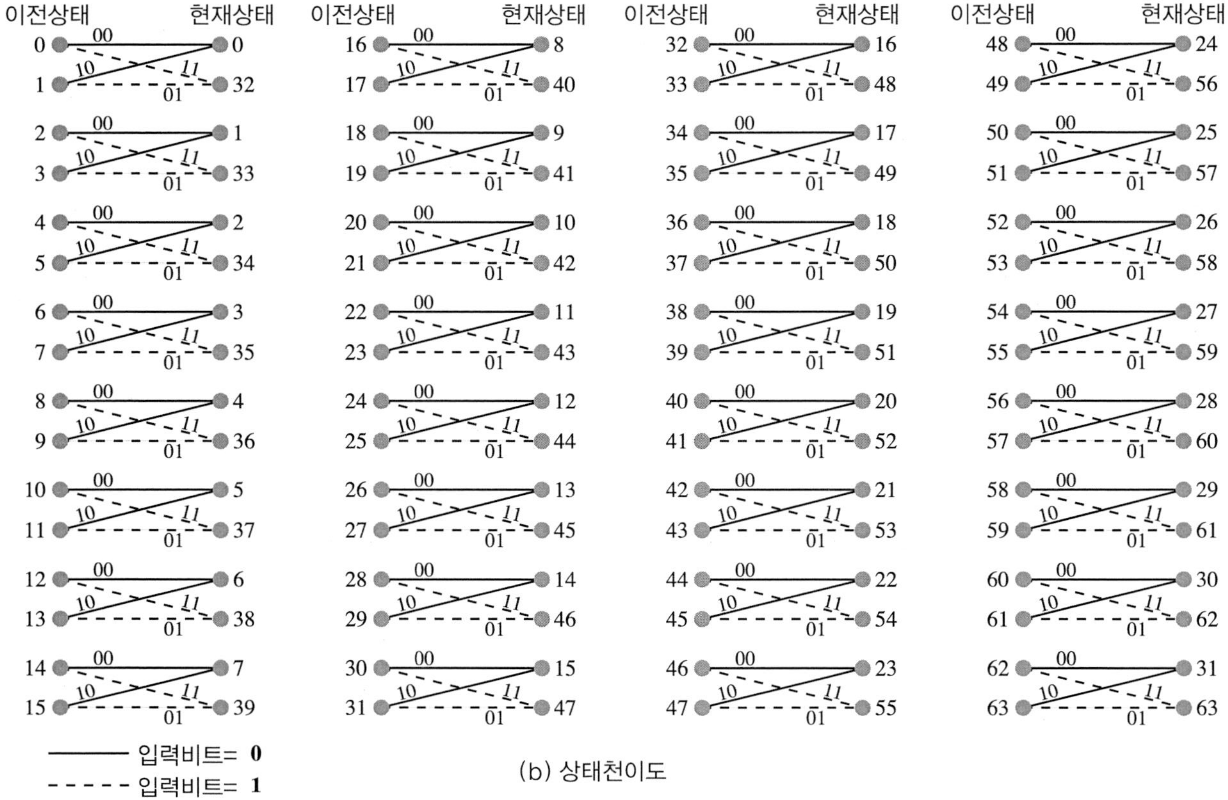

(b) 상태천이도

그림 8.11 $(n, k, K) = (2, 1, 7)$의 부호화기에 대한 격자 상태천이도[JAIN90]

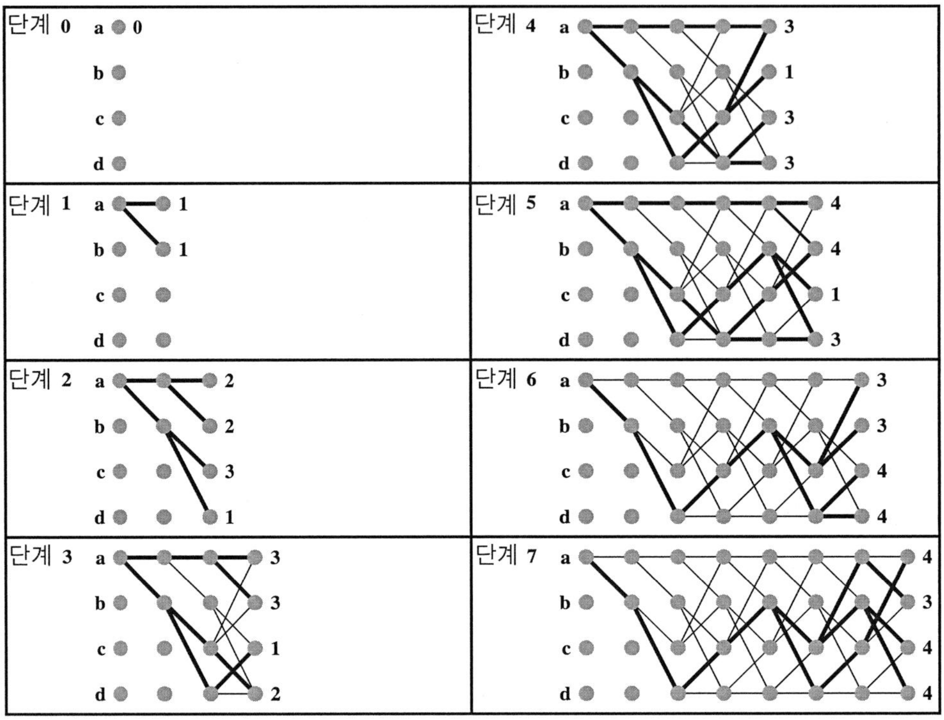

그림 8.12 복호화 윈도우 $b = 7$인 $w = 10010100101100\cdots$에 대한 Viterbi 알고리즘

터보부호

무선응용이 고속화되어감에 따라 에러수정은 계속적으로 발전하고 있다. 현재, 터보부호(Turbo Coding)라고 하는 새로운 종류의 부호는 3세대 무선응용을 위한 적절한 선택으로 대두된다. 터보부호는 비트에러확률에 대하여 샤논의 한계(Shannon limit)에 가까운 성능을 보여주었고, 고속으로 사용할 수 있도록 효과적으로 구현된다. 많은 터보부호화기와 복호화기가 소개되었지만 대부분 길쌈부호에 기본을 두고 있다. 이 절에서는 일반 개요만 살펴보자.

그림 8.13(a)는 터보부호화기를 설명하고 있다. 이 기법에서 부호화기는 복제된다. 복제된 부호화기 하나가 입력비트열을 수신하고 각 입력비트에 대하여 하나의 출력 검사비트 C_1을 만들어낸다. 다른 부호화기에 대한 입력은 C_2 검사비트열을 생성하는 입력비트열의 삽입 버전이다. 초기 입력비트와 두 개의 검사비트들이 다중화되어서 $I_1C_{11}C_{21}I_2C_{12}C_{22}$, ...이 생성된다. 즉, 입력의 첫 비트 다음에 부호화기 1의 첫 비트 그리고 그 다음에 부호화기 2의 첫 비트가 따라오는 것이다. 결과순열은 1/3의 부호율을 갖는다. 1/2의 부호율은 검사비트의 반만 사용하고 출력은 두 개의 복호화기 중 하나의 것만 선택함으로써 얻을 수 있다. 이러한 처리과정을 puncturing이라고 한다. 1/3과 1/2의 부호율은 3세대 시스템에서 볼 수 있다.

각 부호화기는 각 입력비트에 대하여 하나의 검사비트를 생산하고 입력비트는 보존된다. 지금까지 설명한 길쌈부호화기(그림 8.9(a))에서는 입력비트는 보존되지 않고 다수의 출력비트가 있다(k 입력비트에 대하여 n 출력검사비트). 터보부호에서는 순환구조 길쌈부호(RSC: Recursive Systematic Convolutional Code)로 알려진 길쌈부호의 변종이 사용된다. 전형적인 (2, 1, K) RSC 부호화기에서 두 개의 검사비트 중 하나가 시프트 레지스터로 피드백(feed back)되고 다른 검사비트의 계산이 출력비트를 생산한다(그림 8.14). 부호화기의 출력은 입력비트와 검사비트의 반복으로 구성되어 있다. RSC 부호화기는 전통적인 길쌈부호화기에 같은 격자구조를 가지고 있고, 통계적인 특징들도 비슷하다.

그림 8.15는 두 개의 RSC 부호화기를 사용하여 부호에 펑크를 내기 위해 사용하는 스위치의 위치, 1/2 부호율의 생산 등 터보부호화기를 구현할 수 있는 방법을 보여주고 있다. 스위치가 없으면 부호율은 1/3이다.

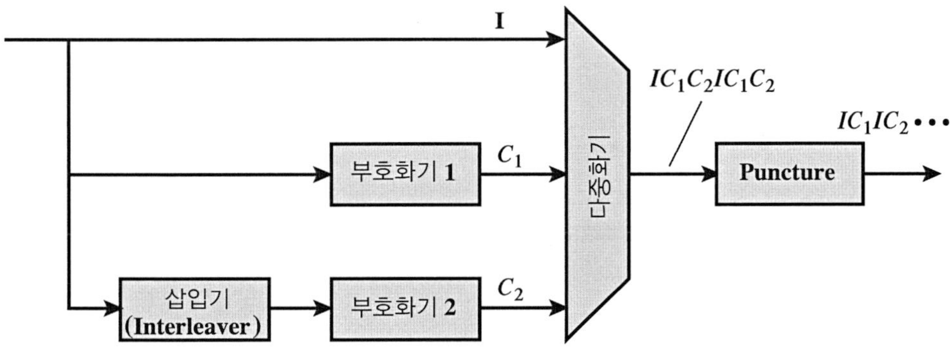

(a) 부호화기

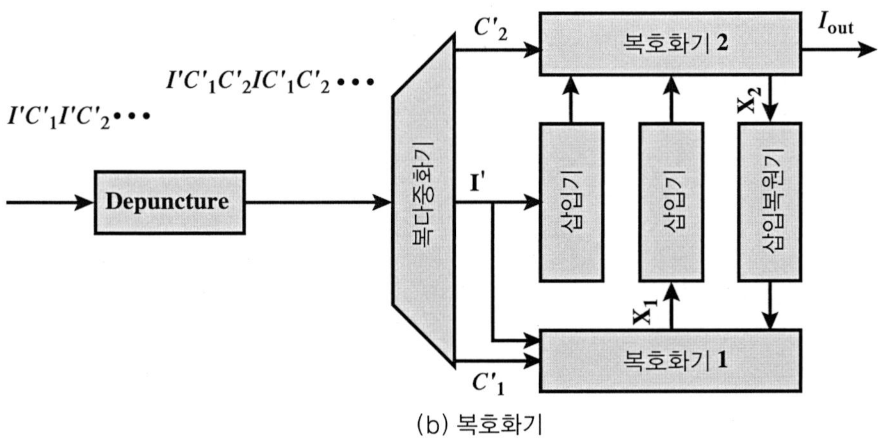

(b) 복호화기

그림 8.13 터보부호화 및 복호화 [COTT00]

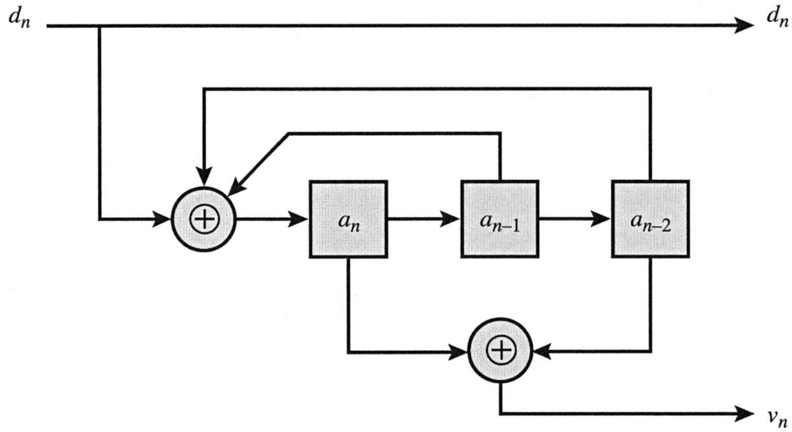

그림 8.14 순환구조 길쌈부호화기(Recursive Systematic Convolutional Encoder)

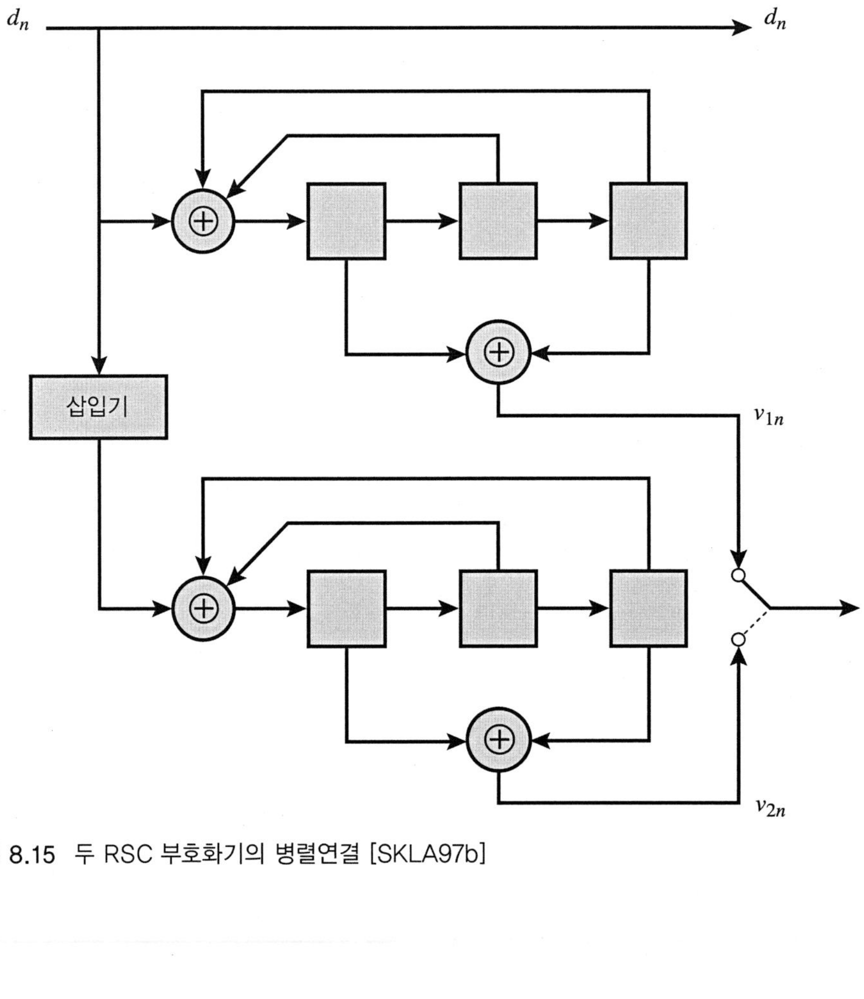

그림 8.15 두 RSC 부호화기의 병렬연결 [SKLA97b]

그림 8.13(b)는 터보복호화기의 일반적인 그림이다. 수신된 데이터는 필요에 따라 잃어버린 검사비트를 추정하거나 '0'으로 설정하여 펑크를 채운다. 복호화기 1은 우선 수정(X_1) 비트를 생성하기 위해서 I'와 C'_1 값을 사용한다. I'와 X_1 비트가 C'_2의 값과 함께 복호화기 2로 입력된다. 복호화기 2는 수정값 X_2를 생성하기 위해서 이런 모든 것을 이용한다. 이것들은 복호화 알고리즘의 2번째 반복을 위해서 복호화기 1로 피드백된다. 충분히 반복된 후에 I'와 X_2로부터 출력비트가 생성된다.

8.4 자동 재전송 요구

자동 재전송요구(ARQ)는 데이터링크제어와 전송 프로토콜에서 사용되며, 8.1절에서 설명된 순환잉여검사(CRC)와 같은 에러검출부호가 포함되어 있다. ARQ 에러제어 메커니즘은 이런 프로토콜들의 하나인 흐름제어 메커니즘과도 깊은 관계가 있다. 우선 흐름제어를 살펴보고 ARQ를 살펴보자. 이하에서 데이터블록은 하나의 프로토콜 실체가 다른 프로토콜 실체에게 전달하는 프로토콜 데이터 단위(PDU)를 가리킨다. 이 용어는 4장에서 소개되었다.

흐름제어

흐름제어(Flow Control)는 송신측에서 수신측의 수신능력에 맞게 전송데이터의 양을 조절하는 기술이다. 수신측에서는 전송되는 데이터를 위해서 최대 크기의 데이터버퍼를 할당한다. 데이터가 수신되었을 때, 수신자는 상위의 소프트웨어에 데이터를 전달하기 전에 일정한 처리를 해야한다(즉, 자신에게 전달된 PDU 헤더를 확인하고 제거하는 작업 등). 흐름제어가 없다면 수신자의 버퍼는 앞서서 수신한 데이터를 처리하는 동안 새로 수신된 데이터들로 넘칠 것이다.

먼저, 에러가 없는 흐름제어를 살펴보자. 우리가 사용할 모델은 수직의 시간 순서도로 표현된 그림 8.16(a)와 같다. 이것은 시간에 대한 의존성과 정확한 송수신 관계를 보여줄 수 있는 장점이 있다. 각 화살표는 두 스테이션간의 데이터링크를 통한 하나의 PDU 전단을 나타낸다. 데이터는 전체 데이터의 일정 부분과 약간의 제어정보를 가진 PDU의 순열로 전송된다. 모든 PDU가 전송되었고 손실되거나 에러가 발생된 PDU가 없이 모두 성공적으로 수신되었다고, PDU가 전송하였을 때와 똑같은 순서로 도착하였다고 가정하자. 그러나, 전송된 각각의 PDU는 수신되기 전에 다양한 지연이 생기게 된다.

일반적으로 송신지에서 전송할 데이터블록이나 열이 있을 때, 송신지에서는 데이터를 작은 블록으로 나누어서 많은 PDU로 전송한다. 이렇게 하는 것에 대한 이유는 다음과 같다:

- 수신측 버퍼의 크기가 제한적일 수 있다.

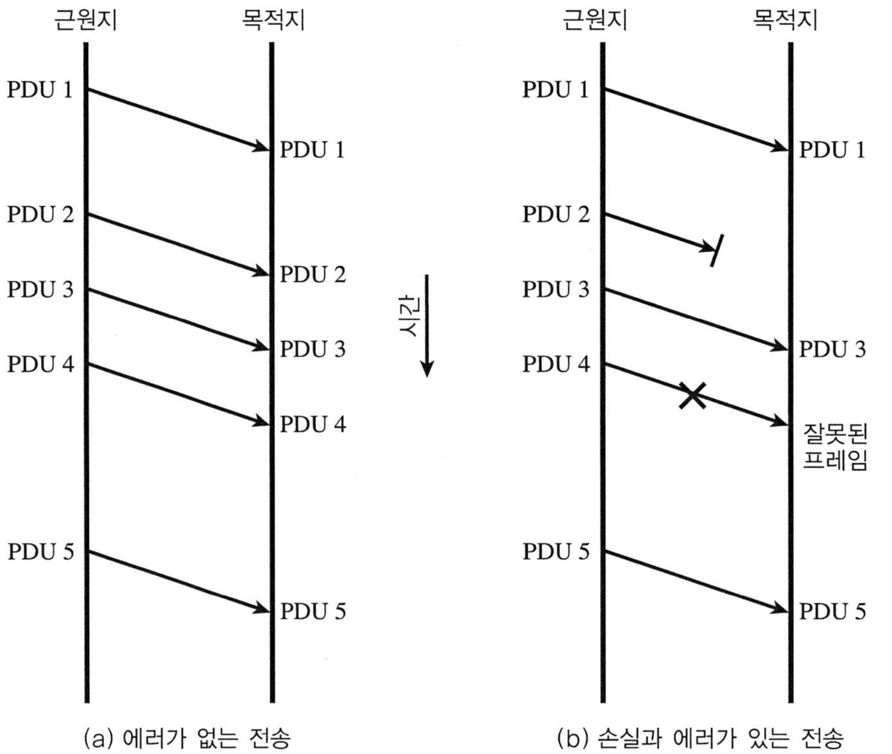

그림 8.16 PDU 전송 모델

- 전송이 길어지면 더 많은 에러가 발생할 수 있고, 전체 PDU를 재전송해야 한다. 작은 PDU의 경우에는 에러도 더 빨리 검색되고, 재전송해야 하는 데이터의 양도 더 작다.
- 일반적으로 LAN과 같이 공유 전송매체에서는 전송을 원하는 다른 스테이션이 장시간 동안 대기하지 않도록 하기 위해서 특정 스테이션이 전송매체를 장시간 독점하는 것을 허락하지 않는 것이 바람직하다.

흐름제어 메커니즘을 가지고 있는 프로토콜에서는 동시에 여러 PDU를 전송할 수 있도록 하고 있다. 이러한 과정이 전이중링크로 연결된 스테이션 A, B간에 어떻게 이루어지는지 알아보자. 스테이션 B는 *W* PDU만큼 버퍼를 할당한다. B는 *W* PDU만큼을 수신할 수 있기 때문에 A는 수신확인통지(acknowledgement)없이 바로 *W* PDU를 전송할 수 있다. PDU들이 수신되었음을 나타내기 위해, 각 PDU에 순서번호를 표시한다. 스테이션 B는 다음에 기대되는 PDU의 순서번호를 포함하는 ACK를 전송함으로써 PDU를 승인한다. 이 승인은 스테이션 B가 명시된 번호로 시작하는 다음 *W* PDU를 수신할 준비가 되었다는 것을 알려주는 것이다. 이러한 구조는 다수의 PDU를 승인하는 데 사용될 수도 있다. 예로, 스테이션 B는 PDU 2, 3, 4를 받을 수 있지만 PDU 4가 도착할 때까지 승인을 보류한다. 스테이션 B는 순서번호

5와 함께 승인을 보냄으로써 PDU 2, 3, 4를 한 번에 승인한다. 스테이션 A는 전송이 허락된 순서번호들을 관리하고 스테이션 B는 수신이 준비된 순서번호를 관리한다. 이것들은 PDU의 *윈도우*라고 간주되며, 이렇게 동작하는 것을 **슬라이딩 윈도우 흐름 제어**라 한다.

사용될 순서번호를 위해 PDU에 정확한 크기의 필드가 필요하다. 예를 들어, 3비트의 필드라면 순서번호의 범위는 0에서 7까지이다. 따라서 PDU는 modulo-8의 번호가 매겨진다. 즉, 순서번호 7 다음은 0이다. 일반적으로 k 비트필드에 대하여 순서번호의 범위는 0에서부터 $2^k + 1$이고, PDU는 modulo 2^k으로 번호가 매겨진다.

그림 8.17은 슬라이딩 윈도우 처리과정을 설명하는 유용한 방법이다. 3비트의 순서번호를 사용한다고 가정하면, PDU는 0부터 7까지 순차적으로 번호가 매겨지고, 같은 수가 다음 순서의 PDU에도 재사용된다. 음영된 직사각형은 전송될 수 있는 PDU를 나타내는데, 그림에서는 0부터 시작하는 5개의 PDU를 전송할 수 있다. PDU가 전송될 때마다 음영된 윈도우는 줄어들고, 승인이 도착할 때마다 음영된 윈도우는 커진다. 수직선과 음영된 윈도우간의 PDU는 전송되었지만 아직 승인 받지 못한 것이다. 그림에서 보는 것처럼 전송자는 재전송이 필요한 경우를 위해서 버퍼에 전송된 PDU를 보관하고 있다.

윈도우 크기는 주어진 순서번호 길이에 대한 최소크기일 필요는 없다. 예로, 3비트의 순서번호를 이용하여 윈도우크기 4를 슬라이딩 윈도우 흐름제어를 이용하는 스테이션에 구성할 수 있다.

Example 8.11

그림 8.18을 보자. 3비트의 순서번호필드와 최대 윈도우크기는 7 PDU라고 가정하자. 초기에 A와 B는 A가 PDU 0(P0)로 시작하는 7 PDU를 전송할 수 있다는 것을 나타내는 윈도우를 가지고 있다. 승인 없이 3개의 PDU(P0, P1, P2)를 전송한 후에 A는 자신의 윈도우크기를 4 PDU로 줄였고, 3개의 전송한 PDU의 복사본을 관리하고 있다. B는 2번 PDU까지 받았고 3번 PDU를 받을 준비가 되었다; 실제로는 3번으로 시작하는 7 PDU를 받을 수 있다는 RR(Receive Ready) 3을 전송한다. 이 승인으로 A는 3번으로 시작하는 7개의 PDU를 전송을 시작하고 버퍼에 관리되고 있는 PDU 중 승인된 PDU는 삭제한다. A는 PDU 3, 4, 5, 6을 전송한다. B는 P3을 승인하는 RR4를 보내고, P4에서 다음의 P2(P4, P5, P6, P7, P0, P1, P2)까지의 전송을 허락한다. 이 RR이 A에 도착할 때에는 P4, P5, P6은 이미 전송된 후이다. 그러므로, A는 P7이 시작되기 전에 4개의 PDU 전송을 허락하기 위해서 윈도우를 열어 놓았다.

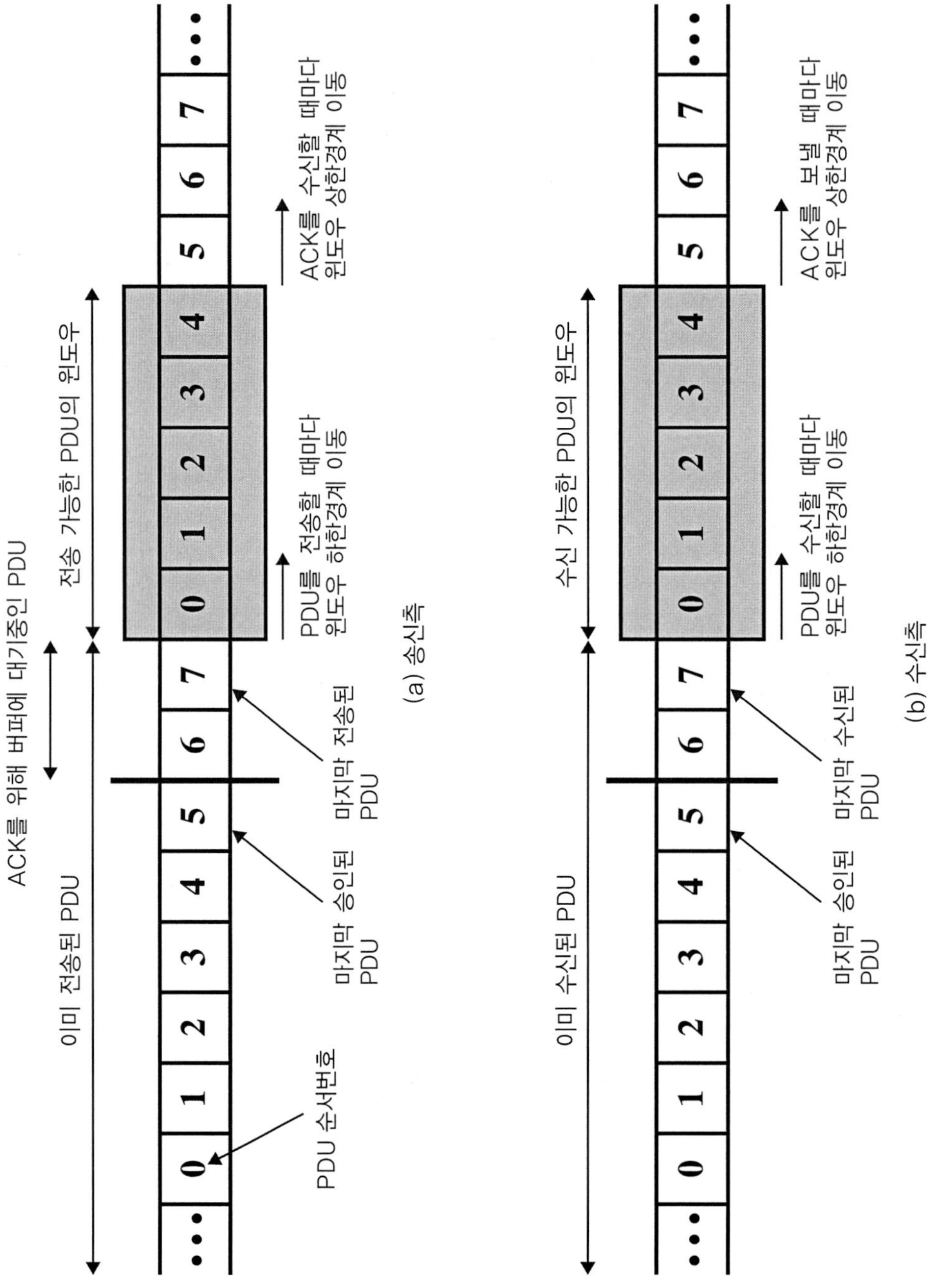

그림 8.17 슬라이딩 윈도우

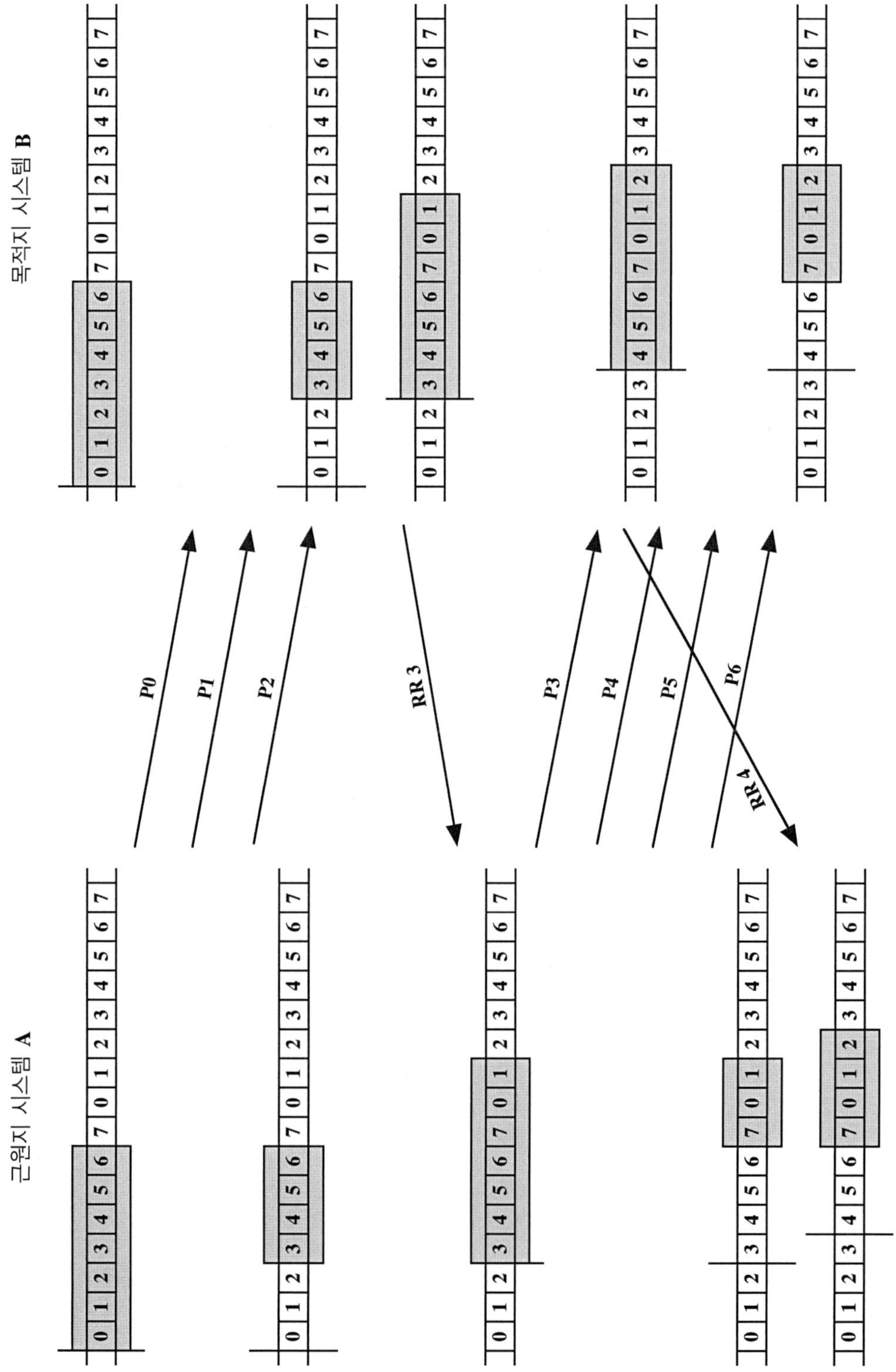

그림 8.18 슬라이딩 윈도우 프로토콜의 예

지금까지 설명한 메커니즘은 흐름제어를 제공한다. 수신자는 마지막에 승인된 하나의 범위를 넘어선 7 PDU를 수용할 수 있어야만 한다. 대부분의 프로토콜은 상대편에게 전의 PDU는 승인하고 더 이상의 PDU를 전송하지 못하게 하는 RNR(Receive Not Ready) 메시지를 전송함으로써 PDU의 흐름을 차단할 수 있도록 해주었다. 그러므로 RNR 5는 4번까지의 모든 PDU는 잘 받았지만 더 이상 받을 수 없다는 것을 의미한다. 수신측에서 버퍼에 있던 수신 PDU를 처리한 후에 정상적인 승인을 보내서 윈도우를 다시 열게 해야 한다.

지금까지는 한 방향으로의 전송에 대하여 설명하였다. 두 스테이션이 데이터를 교환하고 있다면, 각자 전송과 수신을 위해 두 개의 윈도우가 필요하고 서로 상대편에게 데이터를 전송하고 승인하는 것이 필요하다. 이러한 요구사항을 효과적으로 충족시키기 위해서 *피기백*(piggybacking)으로 알려진 방식이 제공된다. 각각의 *데이터 PDU*는 PDU의 순서번호를 갖고 있는 필드와 승인을 위해서 사용된 순서번호를 갖고 있는 필드를 함께 포함하고 있다. 스테이션이 전송할 데이터와 승인이 있다면 통신능력을 절약하기 위해서 이 두 개를 하나의 PDU에 함께 보낸다. 물론, 스테이션이 전송할 데이터는 없고 승인만 있다면, *승인 PDU*만 따로 전송한다. 스테이션이 전송할 새로운 승인은 없고 데이터만 가지고 있다면, 전송된 마지막 승인을 반복해서 데이터와 함께 보내야만 한다. 이것은 데이터 PDU가 승인번호를 위한 필드를 포함하고 있기 때문에 이 필드를 채우고 있어야만 한다. 스테이션이 중복된 승인을 받으면, 단순히 무시한다.

에러제어

에러제어(Error Control)는 PDU 전송에서 발생한 에러를 검색하고 수정하는 메커니즘을 나타낸다. 우리가 사용할 모델은 그림 8.16(b)에서 설명되어졌다. 앞에서와 같이 데이터는 일련의 PDU로 전송된다; 전송된 PDU가 전송될 때와 같은 순서로 수신되고 수신되기 전에 변덕스럽고 다양한 지연이 발생한다. 다음 두 가지 형태의 에러의 가능성이 존재한다.

- **분실 PDU:** PDU가 상대편에 도착하지 못한 것이다. 예로, 다발성 잡음은 수신자가 전송된 PDU를 알아 볼 수 없을 정도로 손상시킬 수도 있다.
- **손상 PDU:** 알아 볼 수 있는 PDU가 도착했지만 데이터 내에 에러가 있다(전송되는 동안 유입된다).

에러제어를 위한 가장 일반적인 기술은 다음과 같은 구성요소의 전체나 일부에 기초를 두고 있다.

- **에러검출:** 수신자가 에러를 검색하고 에러가 있는 PDU를 삭제한다.
- **긍정 수신확인통지(Positive Acknowledgement):** 목적지에서 에러 없는 PDU를 성공

적으로 수신했다고 긍정 수신확인통지를 보낸다.

- **타임아웃 후 재전송(Retransmission After Timeout):** 근원지에서 미리 정해진 일정 시간동안 승인이 없으면 PDU를 재전송한다.
- **부정 수신확인통지와 재전송(Negative Acknowledgement and Retransmission):** 목적지에서 에러가 검색된 PDU에 대하여 부정 수신확인통지를 보내고, 근원지에서는 그 PDU를 재전송한다.

종합적으로 이러한 메커니즘을 **자동 재전송요구**(ARQ: Automatic Repeat Request)라고 한다; ARQ의 결과는 신뢰할 수 없는 데이터링크를 신뢰할 수 있게 만들어준다. 가장 많이 사용되는 ARQ의 종류는 Go-back-N ARQ이다. Go-back-N ARQ는 슬라이딩 윈도우 흐름제어 메커니즘에 기초한다.

Go-back-N ARQ의 경우, 스테이션은 주어진 최대 수까지의 modulo 연산을 통한 순서번호를 이용하여 PDU 열을 연속적으로 보낼 수 있다. 아직 승인을 받지 못한 PDU의 수는 슬라이딩 윈도우 흐름제어 기술을 이용한 윈도우크기로 결정된다. 에러가 발생하지 않는다면, 목적지에서는 수신된 PDU에 대하여 일반적으로 승인(RR 또는 피기백 승인)할 것이다. 목적지 스테이션이 PDU에서 에러를 검색하면, 그 PDU에 대하여 부정승인(REJ = reject)을 보낸다. 목적지 스테이션은 에러가 있는 PDU가 정확히 도착할 때까지 그 PDU와 그 다음의 모든 PDU를 제거한다. REJ를 수신한 근원지 스테이션은 에러가 발생한 PDU와 그 다음에 전송된 모든 PDU를 재전송해야만 한다.

스테이션 A가 스테이션 B로 PDU를 전송한다고 가정하자. 각 전송 후에 A는 이제 막 전송한 PDU에 대하여 승인 타이머를 설정한다. B가 전에 PDU($i-1$)를 성공적으로 수신했고 A가 PDU i를 전송했다고 하자. Go-back-N은 다음과 같은 뜻하지 않은 일이 발생하기도 한다:

1. **손상 PDU.** 잘못된 PDU(B가 에러를 검색한)가 수신되었다면, B는 PDU를 삭제하고 그 PDU에 대한 더 이상의 행동을 하지 않는다. 다음 두 가지 경우가 있다.
   a. 주어진 시간 내에, A가 다음 순서의 PDU($i+1$)를 전송한다. B가 잘못된 PDU($i+1$)을 수신하면 REJ i를 보낸다. A는 PDU i와 함께 그 다음의 모든 PDU를 재전송해야 한다.
   b. A가 즉시 추가적인 PDU를 전송하지 않는다. B는 수신한 것이 없고 RR이나 REJ도 송신하지 않는다. A의 타이머가 종료되면, A는 P 비트를 1로 설정하여 RR PDU를 보낸다. B는 P 비트가 1로 설정된 RR PDU를 다음에 기대되는 PDU가 PDU i라고 가리키는 RR을 보냄으로써 승인되어야만 한다는 명령어로 해석한다. A가 RR을 수신했을 때, PDU i를 재전송한다.

2. **손상 RR.** 다음의 두 가지 경우가 있다.

   a. B는 PDU i를 수신하고 RR(i + 1)을 전송하는데 전송중에 에러가 생겼다. 승인은 중복적(RR 6은 PDU 5까지를 승인한다)이기 때문에 A는 그 다음의 PDU에 대한 RR을 수신할 것이고, 이 RR은 PDU i와 관련된 타이머가 종료되기 전에 도착할 것이다.

   b. A의 타이머가 종료되었다면, 1의 b의 경우와 같이 RR 명령을 전송한다. P 비트 타

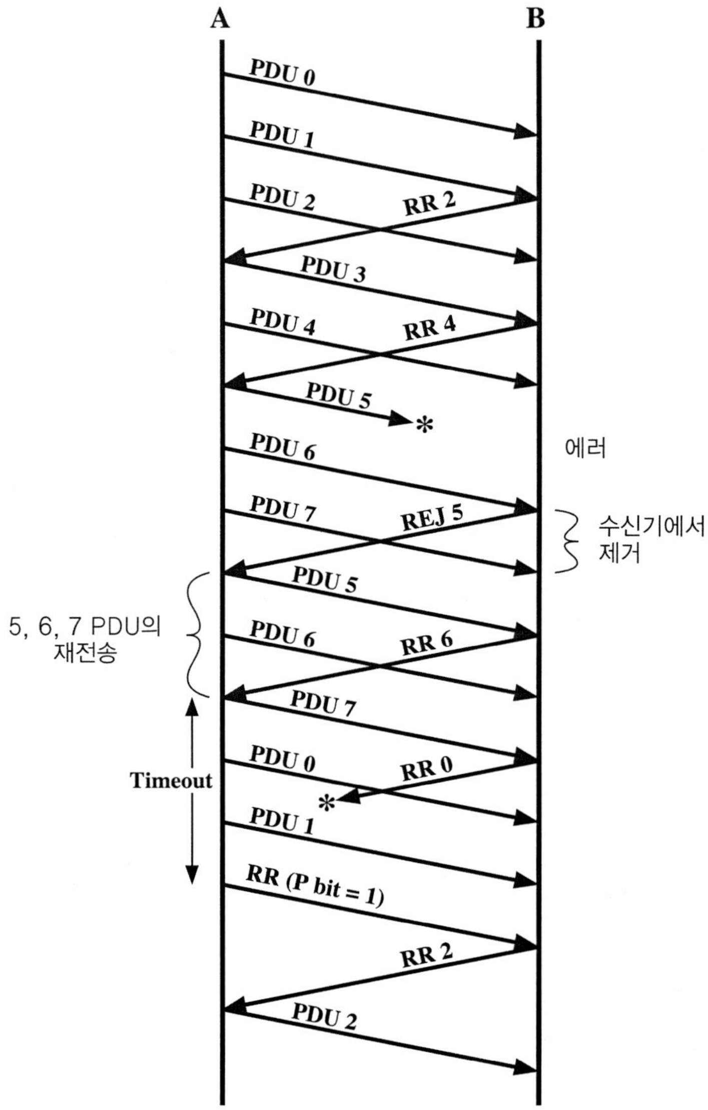

그림 8.19 Go-back-N ARQ

이머라고 하는 다른 타이머를 설정한다. B가 RR 명령에 응답을 못하거나 이것의 응답의 전송도중에 에러가 발생하면, A의 P 비트 타이머는 종료될 것이다. 이 시점에 A는 새로운 RR 명령어를 만들어냄으로써 다시 시도하고 P 비트 타이머도 다시 설정된다. 이런 과정은 몇 번의 반복을 거친다. A가 최대 시도 횟수 후에도 승인을 얻지 못하면, 그 과정을 초기화한다.

3. **손상 REJ.** REJ를 분실하면 1의 b와 같이 처리한다.

그림 8.19는 Go-back-N ARQ에 대한 PDU 흐름의 예이다. 회선에서의 전파지연 때문에 송신 스테이션에 승인(긍정적이든 부정적이든)이 도착할 때까지 승인되어지고 있는 그 다음 두 개의 후속 PDU가 이미 전송되었다. 그러므로, REJ는 PDU 5에 대하여 수신되었고, PDU 5 뿐만 아니라 PDU 6과 7도 재전송되어야만 한다. 그러므로, 전송자는 아직 승인되지 않은 모든 PDU의 복사본을 가지고 있어야만 한다.

8.5 참고문헌

에러검출부호와 CRC에 대한 고전적인 설명은 [PETE61]이다. [RAMA88]은 CRC에 대한 완벽한 설명이다.

[ADAM91]에서는 에러수정부호를 포괄적으로 다루고 있다. [SKLA01]은 에러수정부호에 대하여 명확하고 잘 쓰여진 절을 가지고 있다. 두 개의 유용한 연구자료는 [BERL87]과 [BHAR83]이다. 에러수정부호에 대해 읽어 볼 만한 이론적이고 수학적인 설명은 [ASH90]이다.

터보 부호에 대한 두 개의 설명은 [SKLA97]과 [BERR96]이다. 더욱 자세한 분석은 [VUCE00]이다.

ADAM91 Adamek, J. *Foundations of Coding*, New York: Wiley, 1991.

ASH90 Ash, R. *Information Theory*, New York: Dover, 1990.

BERL87 Berlkamp, E.; Peile, R.; and Pope, S. "The Application of Error Control to Communications." *IEEE Communications Magazine*, April 1987.

BERR96 Berrou, C., and Glavieux, A. "Near Optimum Error Correcting Codes and Decoding: Turbo Codes." *IEEE Transactions on Communications*, October 1996.

BHAR83 Bhargava, V. "Forward Error Correction Schemes for Digital Communications" *IEEE Communications Magazine*, January 1983.

PETE61 Peterson, W., and Brown, D. "Cyclic Codes for Error Detection." *Proceedings of the IEEE*, January 1961.

RAMA88 Ramabadran, T., and Gaitonde, S. "A Tutorial on CRC Computations." *IEEE Micro*, August 1988.

SKLA97 Sklar, B. "A Primer on Turbo Code Concepts." *IEEE Communications Magazine*, December 1997.

SKLA01 Sklar, B. *Digital Communications: Fundamentals and Applications*. Upper Saddle River, NJ: Prentice Hall, 2001.

VUCE00 Vucetic, B., and Yuan, J. *Turbo Codes: Principles and Applications*. Boston: Kluwer Academic Publishers, 2000.

8.6 주요용어, 복습, 연습문제

주요용어

격자(trellis)	에러검출	패리티비트
길쌈부호	에러검출부호	프레임 검사비트열(FCS)
부호어	에러정정	터보부호
블록 ECC	에러정정부호(ECC)	해밍거리
블록삽입 검사비트	에러제어	해밍부호
순환부호	자동재전송 요구(ARQ)	흐름제어
순환잉여도검사(CRC)	전진에러수정(FEC)	go-back-N ARQ
슬라이딩 윈도우 흐름제어	패리티검사	PDU(Protocol Data Unit)

복습문제

8.1 패리티비트란 무엇인가?

8.2 CRC란 무엇인가?

8.3 왜 CRC가 패리티비트보다 더 많은 에러를 검출할 수 있다고 기대하는가?

8.4 CRC 알고리즘이 설명될 수 있는 다른 3가지 방법을 드시오.

8.5 모든 두 비트의 에러를 검출할 수 있는 것은 아니지만 두 비트의 에러를 검출할 수 있는 ECC를 설계할 수 있는가? 가능하면 가능한 이유를 불가능하면 불가능한 이유는 무엇인가?

8.6 (n, k) 블록 ECC에서 n과 k는 무엇을 나타내는가?

8.7 (n, k, K) 길쌈부호에서 n, k 및 K는 무엇을 나타내는가?

8.8 길쌈부호에서 격자(trellis)는 무엇인가?

8.9 에러제어를 의미하는 두 가지 중요 요소는 무엇인가?

8.10 Go-back-N ARQ는 어떻게 동작하는가?

연습문제

8.1 FCS를 계산할 때 2진 연산보다 modulo-2 연산을 사용하는 목적이 무엇인가?

8.2 각 4비트로 구성된 2개의 문자를 생각해보자. 비트에러의 확률이 10^{-3}이고 각각의 비트에 독립적이라고 가정하자.

- **a.** 수신된 프레임에 최소한 하나 이상의 에러를 포함하고 있을 확률은 얼마인가?
- **b.** 각 문자에 패리티 비트를 추가하자. 확률은 얼마인가?

8.3 CRC-CCITT 다항식을 사용하여 메시지 '1000000000000000'에 대한 16비트 CRC 부호를 만들어라.

- **a.** 나눗셈(long division)을 이용
- **b.** 그림 8.4에서 보여준 시프트 레지스터 메커니즘을 이용

8.4 에러가 없으면, 시프트 레지스터로 구현된 CRC의 결과가 수신측에서 모두 '0'이 되는 이유를 설명하시오. 예로 증명하시오.

8.5 $P = 110011$, $M = 11100011$일 때, CRC를 찾아라.

8.6 CRC는 11비트 메시지에 대하여 4비트의 FCS를 생성하도록 만들어졌다. 생성자는 $X^4 + X^3 + 1$이다.

- **a.** 이 작업을 수행할 시프트 레지스터 회로를 그려라(그림 8.4 참고).
- **b.** 생성자 다항식을 이용하여 데이터비트 순열 10011011100을 부호화하고 부호어를 구하라.
- **c.** 부호어의 7번째 비트가 에러가 났다면 검출 알고리즘이 에러를 검출하는 것을 보여라.

8.7 변형된 CRC 과정은 HDLC와 같은 통신 표준에서 일반적으로 사용된다. 다음과 같이 정의되어 있다. 여기서 $L(X) = X^{15} + X^{14} + X^{13} + \cdots + X + 1$이고, k는 검사될 비트의 수(주소, 제어 및 정보필드) 일 때,

$$\frac{X^{16}M(X) + X^k L(X)}{P(X)} = Q + \frac{R(X)}{P(X)}$$

$$\text{FCS} = L(X) + R(X)$$

- **a.** 이 과정의 결과를 간단히 설명하라.
- **b.** 잠정적 이익을 설명하라.
- **c.** $P(X) = X^{16} + X^{12} + X^5 + 1$에 대한 시프트 레지스터 구현을 보여라.

8.8 그림 8.20은 그림 8.4 회로의 결과 방정식을 생성하는 다항식 나눗셈 회로이다.

a. 이 선택구조를 사용해서 그림 8.3(a)의 것과 같은 $X^5+X^4+X^2+1$에 의한 나눗셈에 대한 LFSR을 그려라.

b. 그림 8.3의 방법을 가지고 결과 CRC를 생성하는 순차적 과정을 보여라. 이 동작의 끝에서 시프트 레지스터는 같은 패턴(01110)으로 끝날 것이다. (*힌트* : (n, k) 비트의 입력비트에 대한 출력에서 지연이 있을 것이고, 마지막 결과생성을 위해서 (n, k)의 추가적인 시프트를 수행할 필요가 있다.)

c. 그림 8.4와 비교하여 그림 8.20 구조의 장점은 나눗셈과정의 결과와 일치함을 더 명확하게 보이는 것이다. 설명하시오.

d. 그림 8.20의 단점은 무엇인가?

8.9 다음 부호어들 간의 각 쌍의 해밍거리를 계산하시오.

a. 00000, 10101, 01010

b. 000000, 010101, 101010, 110110

8.10 8.2절에서는 최소 거리를 기준으로 하여 결정하는 블록 에러수정부호를 설명하였다. 주어진 s로 구성된 길이 n의 부호어는 각 수신 순열 **v**에 대하여 수신자는 d(**w**, **v**)가 최소인 부호어 **w**를 선택한다. 이 구조는 수신자가 주어진 **v**에 대하여 항상 **w**의 확률((p(**w** | **v**))이 최소인 부호어를 선택한다는 생각이 이상적이라는 것을 증명하고 싶다. 모든 부호어가 거의 비슷하다고 가정되기 때문에 p(**w** | **v**)를 최대화하는 부호어는 p(**w** | **v**)를 최소화하는 것과 같다.

a. **w**가 **v**로 수신되기 위해서, 전송도중에 d(**w**, **v**) 에러가 있어야 하고, **w**와 **v**의 다른 비트에 에러가 발생해야만 한다. β는 주어진 비트가 잘못 전송될 확률이고, n은 부호어의 길이이다. p(**w** | **v**)에 대하여 β와 d(**w**, **v**) 및 n의 함수로 표현하시오. (*힌트*: 에러비트의 수는 d(**w**, **v**)이고 에러가 아닌 비트의 수는 n − d(**w**, **v**)이다.)

b. p(**v** | $\mathbf{w}_1$)/ p(**v** | $\mathbf{w}_2$)를 계산함으로써 서로 다른 부호어 $\mathbf{w}_1$과 $\mathbf{w}_2$에 대한 p(**v** | $\mathbf{w}_1$)와 p(**v** | $\mathbf{w}_2$)를 비교하시오.

c. $0 < \beta < 0.5$라고 가정하고 d(**v** | $\mathbf{w}_1$)< d(**v** | $\mathbf{w}_2$)이면 p(**v** | $\mathbf{w}_1$)> p(**v** | $\mathbf{w}_2$)임을 보여라. 이것은 p(**v** | **w**)의 최대값을 주는 부호어 **w**는 **v**로부터의 거리가 최소인 부호어임을 증명한다.

8.11 8.2절은 주어진 양의 정수 t에 대하여 부호가 $d_{\min} \geq 2t+1$을 만족시키면 그 부호는 t 비트 이하의 모든 비트에러를 수정할 수 있다. 이 가정을 증명하시오.(*힌트*: 부호어 **w**가 다른 부호어 **w**′로 복호화되는 것을 관찰하는 것부터 시작하자. 수신순서는 **w**가 **w**′에 최소한 근사해야 한다.)

8.12 표 8.2에서 보여준 해밍부호에 대하여 데이터비트의 함수로 검사비트를 계산하는 데 사용된 공식을 보여라.

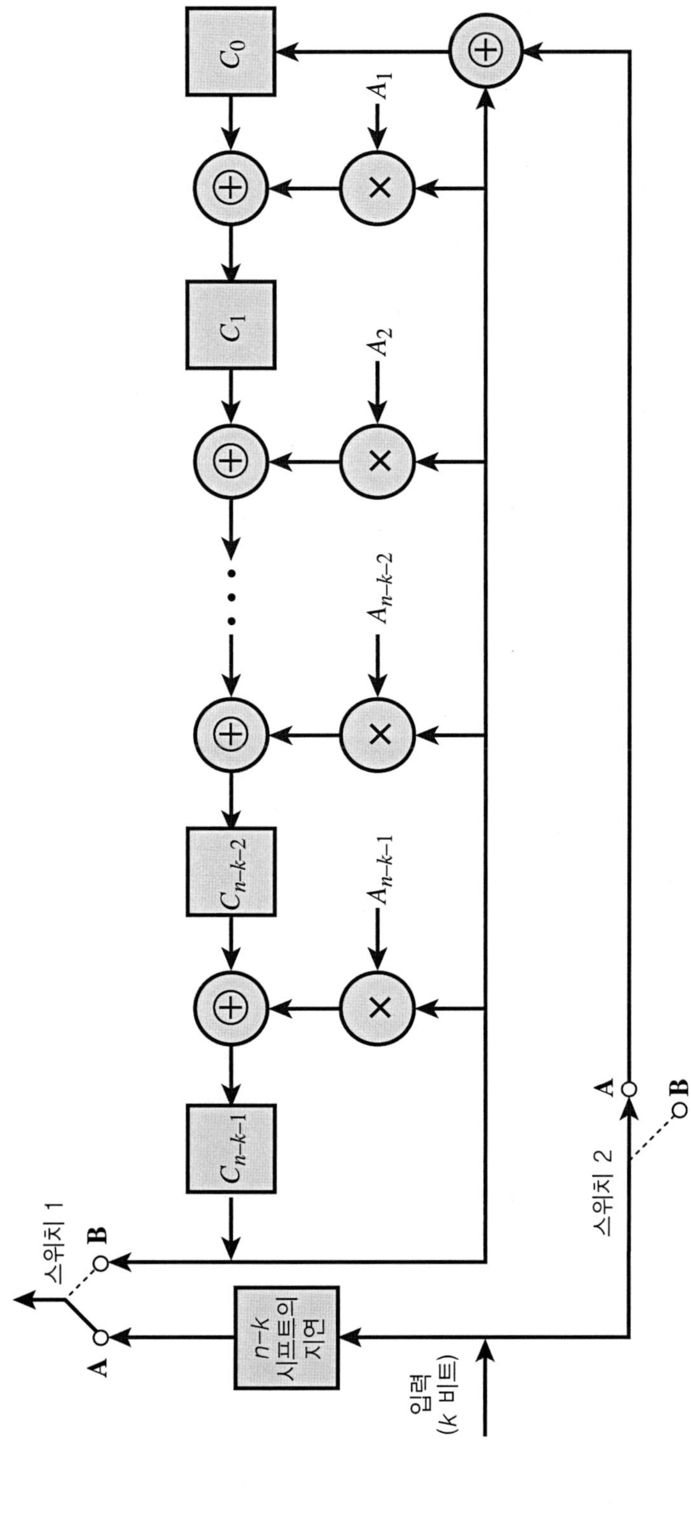

그림 8.20 $1 + A_1X + A_2X^2 + \ldots + A_{n-1}X^{n-k-1} + X^{n-k}$를 구현하기 위한 다른 CRC 구조

8.13 표 8.2에서 보여준 해밍부호에 대하여 데이터비트 보다 검사비트에서 에러가 수신되었다면 무슨 일이 일어날 것인가 보여라.

8.14 메모리에 저장된 8비트가 '11000010' 이라고 하자. 해밍 알고리즘을 이용하여 데이터와 함께 메모리에 저장된 검사비트가 무엇인가 결정하라. 답을 얻은 방법을 보여라.

8.15 8비트 부호어 '00111001' 에 대하여 이것과 함께 저장된 검사비트는 '0111' 이다. 부호어가 메모리로부터 읽혀질 때 검사비트가 '1101' 로 계산되었다고 하자. 메모리로부터 읽혀진 데이터는 어떤 것일까?

8.16 해밍 에러수정부호가 1024비트 데이터에 있는 한 비트의 에러를 검색하기 위해서 사용된다면 얼마나 많은 검사비트가 필요한가?

8.17 $f(X) = X^6 + 1$을 $g(X) = X^4 + X^3 + X + 1$로 나누어라. $f(X)$를 복구하기 위해서 $g(X)$에 의한 몫을 곱셈하는 결과를 증명하시오.

8.18 표 8.3과 관련된 예에 대하여

a. LFSR을 그려라.

b. 그림 8.3(b)와 비슷한 구조를 사용하여 데이터블록 1010에 대한 검사비트가 001이라는 것을 보여라.

8.19 $n = 4$, $m = 6$의 삽입구조(그림 8.8)를 사용하여 다음의 블록 삽입특징들 각각에 대하여 증명하시오.

a. m의 연속 채널 비트에러의 파열은 최소한 n 비트로 서로 나누어져 있는 추출 출력에 고립된 에러를 만든다.

b. 에러의 $bm\ (b > 1)$ 파열은 에러 $\lceil b \rceil$보다 작은 추출로부터의 출력 파열이다. 각 출력 파열은 $\lfloor b \rfloor$ 비트 정도로 다른 파열과 분리되어 있다. 표기 $\lceil b \rceil$의 의미는 b보다 작지 않은 가장 작은 정수를 의미하고 $\lfloor b \rfloor$는 b보다 크지 않은 가장 큰 정수를 의미한다.

c. m 비트 정도 떨어져 있는 한 비트에러의 주기적 순서는 추출 출력에 길이 n의 에러의 한 파열을 가져온다.

d. 채널의 전파지연을 포함하지 않고 삽입자 양 종단간의 지연은 $2(n(m - 1) + 1)$이다. $(n(m - 1) + 1)$의 셀(cell)은 전송을 시작할 수 있기 전에 채워져야 하고, 추출이 시작되기 전에 동일한 수가 채워져야 한다.

8.20 길쌈 부호화기가 $(v_{n1} = u_n \oplus u_{n-2})$과 $(v_{n2} = u_{n-1} \oplus u_{n-2})$로 정의된다고 하자.

a. 그림 8.9(b)와 비슷하게 이 부호화기에 대한 시프트 레지스터 구현을 그려라.

b. 그림 8.9(b)와 비슷하게 이 부호화기에 대한 상태천이도를 그려라.

c. 그림 8.10과 비슷하게 이 부호화기에 대한 격자 그림을 그려라.

8.21 문제 8.20번의 부호화기에 대하여 시프트 레지스터가 모두 '0' 으로 초기화되어 있고, 마지막 정보비트의 전송 후에 2개의 '0' 비트가 전송되었다고 가정하자.

a. 왜 2개의 추가 비트가 필요한가?

b. 가장 왼쪽의 비트가 부호화기에는 첫 비트로 주어지는 정보 순열 '1101011' 에 일치하는 부호화된 순열은 무엇인가?

8.22 **stop-and-wait 흐름제어**라고 하는 가장 간단한 흐름제어는 다음과 같이 동작한다. 근원지 실체가 프레임을 전송한다. 목적지 실체가 프레임을 수신한 후에 지금 수신한 프레임에 대한 승인을 보내줌으로써 다른 프레임을 받기를 원한다는 것을 알려준다. 근원지는 다음 프레임을 전송하기 전에 먼저 보낸 프레임에 대한 승인이 도착할 때까지 기다린다. 목적지는 승인을 지연함으로써 간단하게 데이터의 흐름을 막을 수 있다. 일련의 메시지를 전송하는데 각 메시지를 여러 프레임으로 나누고 stop-and-wait 구조를 사용하는 반이중 점대 점 링크를 고려하자. 에러와 프레임의 오버헤드는 무시한다.

a. 더 작은 수의 메시지가 요구되도록 메시지의 크기를 증가시키면 회선의 이용에 대한 결과는 무엇인가? 다른 요소들은 상수이다.

b. 일정한 메시지의 크기에 프레임의 수를 증가시키면 회선의 이용에 대한 결과는 무엇인가?

c. 프레임의 크기를 증가시키면 회선의 이용에 대한 결과는 무엇인가?

8.23 그림 8.21에서 프레임은 노드 A에서 생성되고 노드 B를 통해 노드 C로 전송한다. 다음에 기초하여 노드 B의 버퍼가 넘치지 않도록 하기 위해서 노드 B와 C간에 요구되는 최소한의 데이터율을 결정해라.

- A와 B간의 데이터율은 100 kbps이다.
- 전파지연은 두 회선 모두 5 μs/km이다.
- 노드간에는 전이중회선이다.
- 모든 데이터 프레임은 1000 비트이다. ACK 프레임은 무시해도 좋다.
- A와 B간에 윈도우 크기가 3인 슬라이딩 윈도우 프로토콜을 사용한다.
- B와 C간에 stop-and-wait가 사용된다.
- 에러가 없다.

(*힌트* : B의 버퍼가 넘치지 않도록 하기 위해서 B로 들어오고 나가는 평균 프레임의 수는 장시간을 통해서 같아야 한다.)

8.24 어떤 채널이 데이터율은 R bps이고, km당 t초의 전파지연을 가지고 있다. 송수신 노드

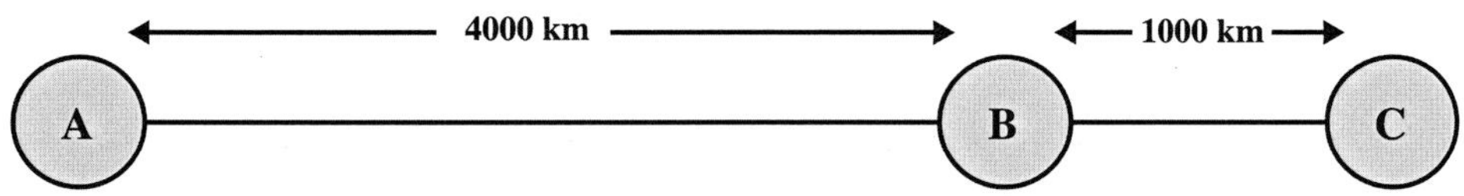

그림 8.21 문제 8.23의 구성

간의 거리는 *L* km이다. 노드는 B 비트의 정해진 크기의 프레임을 교환한다. *R*, *t*, *B*, *L*의 함수로 프레임의 순서 필드크기(최소 이용을 고려)를 결정하는 식을 구해라. ACK 프레임의 크기는 무시하고 노드에서의 처리는 즉시 이루어진다.

8.25 두 개의 이웃한 노드(A와 B)가 3비트의 순서번호의 슬라이딩 윈도우를 이용한다. ARQ 메커니즘에서 Go-back-N이 윈도우크기 4로 사용된다. A가 전송하고 B가 수신한다고 가정하면, 다음 이벤트의 성공에 대한 윈도우의 위치를 보여라.

a. A가 프레임을 전송하기 전

b. A가 프레임 0, 1, 2를 전송하고 B로부터 0과 1에 대한 승인을 받은 후

c. A가 프레임 3, 4, 5를 전송하고 B가 4를 승인하고 A에 ACK가 수신된 후

8.26 두 스테이션인 270 ms의 전파지연을 갖는 1 Mbps의 위성링크를 통하여 통신을 하고 있다. 인공위성은 단순히 한쪽에서 받은 데이터를 다른 쪽으로 재전송하는 역할을 수행한다. 교환지연은 무시한다. 3비트의 순서번호와 1024비트의 프레임을 사용하여 최대 데이터 처리량이 얼마인가? 즉, 프레임에 전송되는 데이터의 처리량이 얼마인가?

PART THREE
무선 통신망

CHAPTER 9 위성통신

communications networks

위성통신은 전기통신과 데이터통신의 혁명에 있어서 광섬유의 중요성과 비교된다. 이 장의 첫번째 절에서는 무선통신에 있어서 위성 안테나의 사용과 관련된 주요사항과 파라미터를 제공한다. 이외에 채널할당에 대해서도 살펴본다.

9.1 위성파라미터와 구성

위성통신시스템의 핵심요소는 지구상의 정지궤도를 대상으로 하는 위성안테나이다. 위성통신시스템에 있어서 지구상에 존재하는 두 개 이상의 국들은 우주내에서 중계국으로 동작하는 하나 이상의 위성을 거쳐 통신한다. 지구나 그 근처의 안테나시스템을 지구국이라 하며 지구국에서 위성까지의 전송을 **상향링크(uplink)**, 반면 위성에서 지구국까지의 전송을 **하향링크(down link)**라 한다. 위성내에 상향링크의 신호는 지구국으로 중계되기 위해 하향링크 신호로 변환되는데 이를 수행하는 장치를 **트랜스폰더(transponder)**라 한다.

통신위성은 다음과 같이 다양한 방법에 의해 분류할 수 있다.

- **적용범위:** 광역, 지역 또는 국가. 적용범위가 커질수록 더 많은 위성들이 단일 네트워크 내에 포함되어져야 한다.
- **서비스유형:** 고정서비스 위성(FSS), 방송서비스 위성(BSS), 이동서비스 위성(MSS). 이 장에서는 FSS와 BSS 유형에 대해서만 다룬다.
- **일반용도:** 상업용, 군사용, 아마추어용, 실험용

위성과 육상 무선통신시스템간 설계에 영향을 주는 차이점은 다음과 같다.

- 위성시스템의 적용범위는 육상시스템보다 훨씬 넓다. 정지궤도상의 위성인 경우, 하나의 위성에 의해 서비스할 수 있는 범위는 지구표면의 약 1/4이다.
- 위성을 지탱하는 동력과 위성의 할당주파수는 지구국과 위성설계 파라미터에 있어서 상반관계(trade-ff)에 존재한다.
- 통신위성간의 조건은 위성과 지구국 또는 두 육상 무선안테나간의 조건보다 훨씬 까다롭다. 그래서 위성과 위성간의 통신링크는 보다 정밀하게 설계되어야 한다.
- 전송비용은 위성이 서비스하는 적용범위와는 무관하다.
- 방송통신(broadcast), 그룹통신(multicast), 일대일 통신(unicast)에 대한 응용서비스가 가능하다.
- 사용자에게 매우 높은 대역폭이나 데이터 전송속도를 제공한다.
- 비록 위성링크가 단기간의 노화와 쇠퇴현상에 노출되어 있지만, 전송품질은 일반적으로 매우 높다.
- 정지위성에 있어서 약 0.25초 정도의 지구-위성-지구간 전파지연이 존재한다.
- 데이터를 전송중인 지구국은 자신이 보낸 데이터를 수신할 수 있다.

위성궤도

위성궤도는 여러 가지 관점에 따라 분류될 수 있다.

1. 위성의 궤도는 지구중심을 원의 중심으로 하는 원형이거나 타원형의 두 초점 중 하나를 지구중심으로 하는 타원형일 수 있다.
2. 위성은 서로 다른 평면에서 지구주위를 일주한다. **적도궤도**는 정확히 지구의 적도상공 주위를 일주하며, **극궤도**는 지구의 남극과 북극을 통과한다. 그 이외의 다른 궤도를 **경사궤도**라 한다.
3. 통신위성의 고도에 따라 정지궤도(GEO: geostationary orbit), 중궤도(MEO: medium earth orbit), 저궤도(LEO: low earth orbit)라 분류된다.

거리

그림 9.1은 위성의 적용범위를 기하학적으로 설명하고 있다. 이 그림에서 핵심요소는 지구국의 **앙각** θ이다. 앙각이란 지구표면의 수평선과 안테나 빔의 중앙에서 위성까지의 선이 이루는 각이다. 최대 위성전파범위를 서비스하기 위한 앙각의 크기는 $0°$ 이다. 앙각이 $0°$ 이면 위성으로부터의 전파가 지구표면과 모든 방향에서 광학적 수평을 이루기 때문에 신호가 미치는 범위는 넓어지게 된다. 그러나 실제 지구국의 **최소앙각**은 $0°$ 보다 크기 때문에 다음 세 가지 특성을 갖게 된다[INGL97].

1. 빌딩, 나무, 기타 지형적 장애에 의해 위성으로부터의 신호를 차단한다. 이에 따라 흡수에 의한 신호감쇠나 다중경로로 인한 왜곡현상이 발생한다.
2. 앙각이 작을수록 우주에서의 대기감쇠는 더 커지게 된다. 앙각이 작을수록 위성으로부터의 신호는 더 먼 거리를 통과하여 지구까지 도달되기 때문이다.
3. 지표면의 열에 의해 발생되는 전기적 잡음은 수신신호에 영향을 준다.

하향링크를 위해서 현재 권장되는 설계는 주파수에 따라 $5°$ 에서 $20°$ 까지의 최소앙각을 사용하는 것이다. 상향링크를 위해서 FCC는 $5°$ 의 최소앙각을 요구하고 있다.

중앙각(coverage angle) β는 위성의 서비스범위를 측정하는 요소이다. 이 각은 위성-지구중심-최소앙각을 갖는 지구국이 이루는 각도로서, 이 각이 이루는 호의 길이가 바로 위성의 서비스범위를 결정한다. 그림 9.1의 그림에 의해 앙각과 중앙각의 관계는 다음 식[1]과 같이 정의된다.

1 식에서 첫번째 방정식은 임의의 삼각형에서 한 변의 길이는 그 맞은편 각의 사인값에 비례한다는 사인공식을 사용한 것이다. 두번째 방정식은 삼각형의 모든 내각의 합은 π라는 사실에 의해 유도된 것이며, 세번째 방정식은 삼각함수의 항등식 $\sin(x) = \cos(x - \pi/2)$를 이용한 것이다.

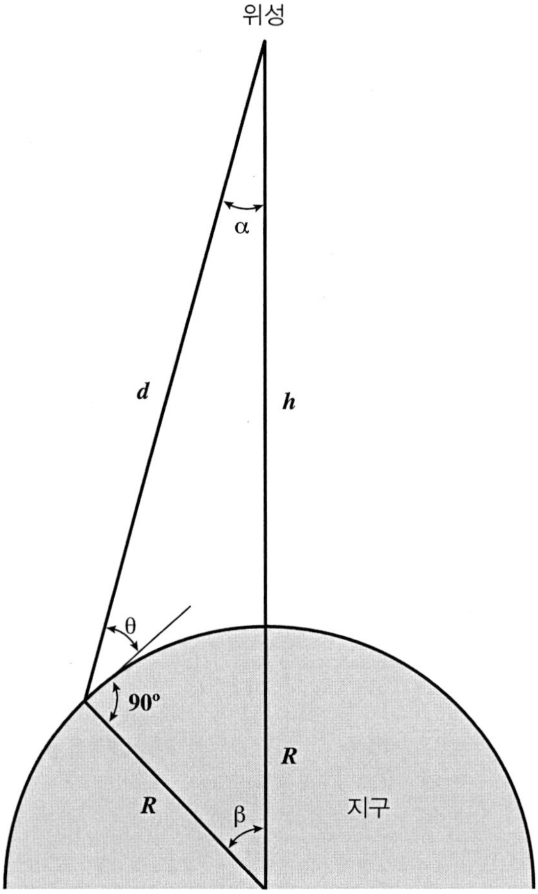

그림 9.1 위성과 지구국간의 기하도

$$\frac{R}{R+h}=\frac{\sin(\alpha)}{\sin\left(\theta+\frac{\pi}{2}\right)}=\frac{\sin\left(\frac{\pi}{2}-\beta-\theta\right)}{\sin\left(\theta+\frac{\pi}{2}\right)}=\frac{\cos(\beta+\theta)}{\cos(\theta)}$$

여기서

R = 지구반지름, 6370 km

h = 위성고도

β = 중앙각

θ = 최소앙각

위성에서부터 가장 먼 지구국까지의 거리 d는 다음과 같이 계산된다.

$$\frac{d}{R+h} = \frac{\sin(\beta)}{\sin\left(\theta + \frac{\pi}{2}\right)} = \frac{\sin\beta}{\cos(\theta)}$$

$$d = \frac{(R+h)\sin\beta}{\cos\theta} = \frac{R\sin\beta}{\sin\alpha} \tag{9.1}$$

위 식에 의해 왕복지연시간은 다음 범위 내에 존재한다.

$$\frac{2h}{\mathrm{c}} \le t \le \frac{2(R+h)\sin\beta}{\mathrm{c}(\cos\theta)}$$

여기서 c는 빛의 속도로서 약 3×10^8 m/s이다.

위성의 서비스범위는 앞서도 언급한 바와 같이 중앙각 β에 의해 결정되며 통상 $2\beta R$의 값을 갖는다. 여기서 β는 라디안으로 표현된다.

그림 9.2는 위성의 고도의 따른 회전주기, 서비스범위, 최대 왕복지연시간과의 관계를 나타낸 것이다.

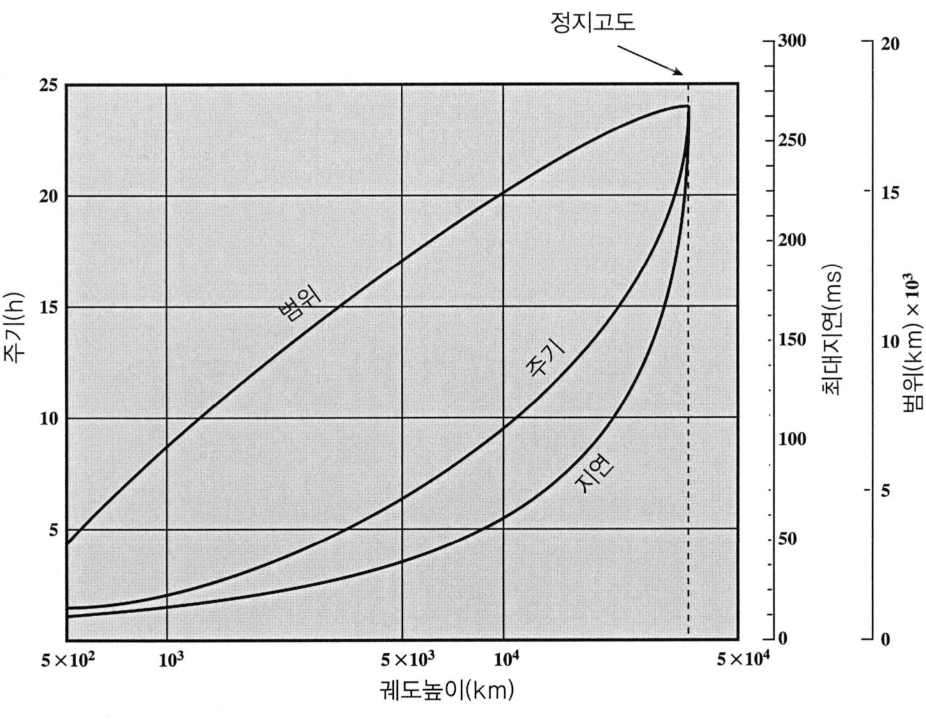

그림 9.2 위성고도에 따른 각 위성파라미터

표 9.1 통신위성 이용시 궤도비교

Orbits	LEO	MEO	GEO
궤도주기	1.5 ~ 2 시간	5 ~ 10 시간	24 시간
고도	500 ~ 1500 km	8000~18000 km	35863 km
가시가능기간	15~20 min/pass	2~8 hr/pass	영구적
상승	고저각도 모두 급속변화	고각도에서 저속변화	변화없음/고고도에서 저각도변화
왕복운동에 따른 파급지연	5~6 milliseconds	10 millisecons 이상	약 250 ms
즉각적인 지상커버범위	약 6000 km	약 12000 ~ 15000 km	16000 km
사용예	Iridium Globalstar Teledesic Skybridge Orbcomm	Odyssey Inmarsat	Intelsat Interspoutnik Inmarsat

정지위성

오늘날 가장 일반적인 통신위성의 형태는 1945년 *Wireless World*라는 잡지의 기사에서 공상과학 소설가 Arthur C, Clarke에 의해 처음으로 발표된 정지위성이다. 위성이 지구상공 35,863 km에 원궤도에서 지구의 적도표면을 회전한다면, 정확히 지구와 똑같은 각속도로 회전하게 되어 지구의 한 지점에서 바라보면 마치 이 위성이 정지되어 있는 것처럼 보인다.[2] 그림 9.3은 GEO 궤도를 나타낸 것으로서, 그림에서 알 수 있듯이 GEO 궤도내에 많은 위성이 존재하며 이들 중 몇몇은 서로 상당히 근접해있다.

GEO 궤도는 다음과 같은 몇 가지 장점을 갖는다.

- 위성이 지구에 대해 상대적으로 정지되어 있으므로 위성과 지구안테나의 동작에 따른 주파수변화, 즉 도플러현상이 없다.
- 지구국에 의한 위성의 추적이 단순하다.
- 지구 상공 35,863 km에서 지구전체의 약 3분의 1에서 4분의 1정도와 통신할 수 있는데 120도씩 분리된 3개의 정지위성에 의해 북극과 남극지역을 제외하고 지구전체를 서비스할 수 있다.

2 *동기*(geosynchronous)는 *정지*(geostationary)와 혼용되어 사용되기도 한다. 엄밀히 말하면 동기궤도란 고도 35,863 km 상공의 임의 원궤도를 의미하며, 정지궤도란 경사각이 0°인 동기궤도를 의미한다. 따라서 정지궤도상의 위성은 마치 지구의 적도상공의 한 지점에 고정되어 있는 것처럼 보인다.

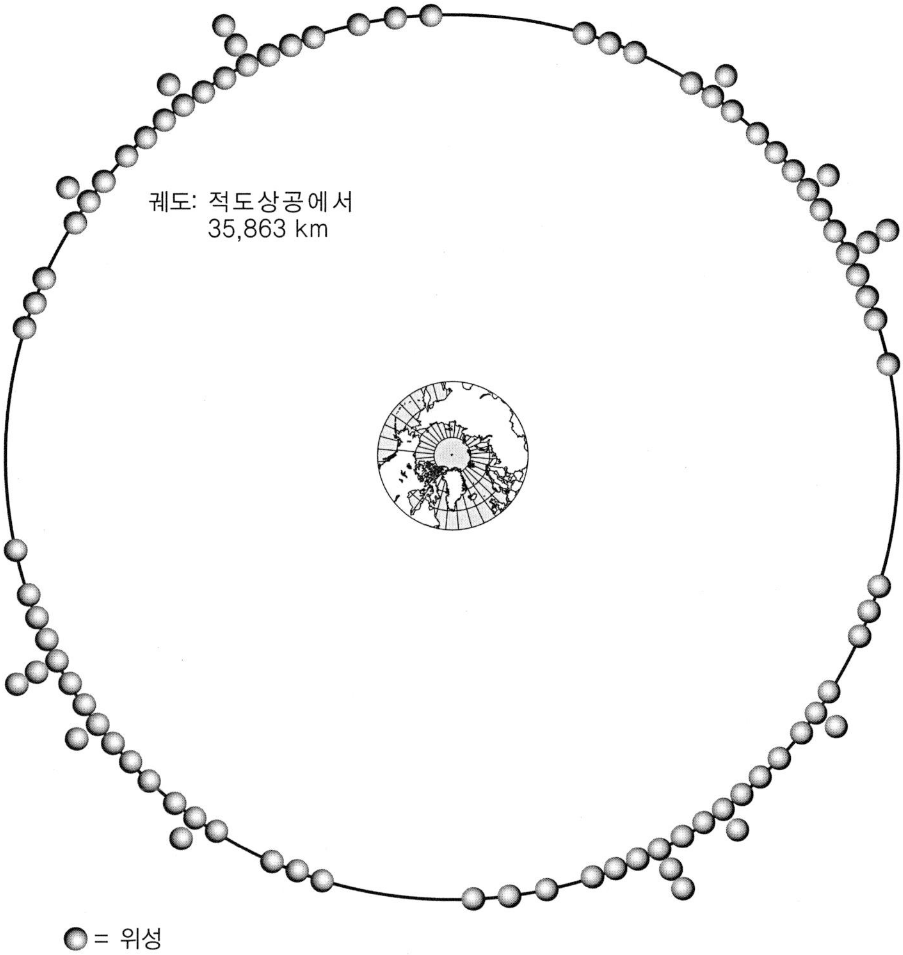

그림 9.3 정지궤도(GEO: Geostationary Earth Orbit)

반면에 정지궤도는 다음과 같은 문제도 있다.

- 신호는 35,000 km 이상을 전파될 경우 매우 약화된다.
- 남극과 북극을 비롯하여 최 극단지역은 정지위성의 서비스가 거의 미치지 못한다.
- 약 300,000 km/s의 빛 속도로 정지위성에서 최단거리인 적도까지 왕복하는 경우에 조차도 상당한 왕복지연시간을 갖는다.

통신위성 바로 아래의 지구상 두 지점 간의 통신 지연은 실제 $2 \times 35,863/300,000 \approx 0.24$초이다. 만일 위성 바로 아래에 존재하지 않는 경우에는 지연시간이 더 길어진다. 만약 위성을 통하여 전화통화를 하는 경우, 한 사람이 말한 후 그 응답을 듣기까지의 지연시간은

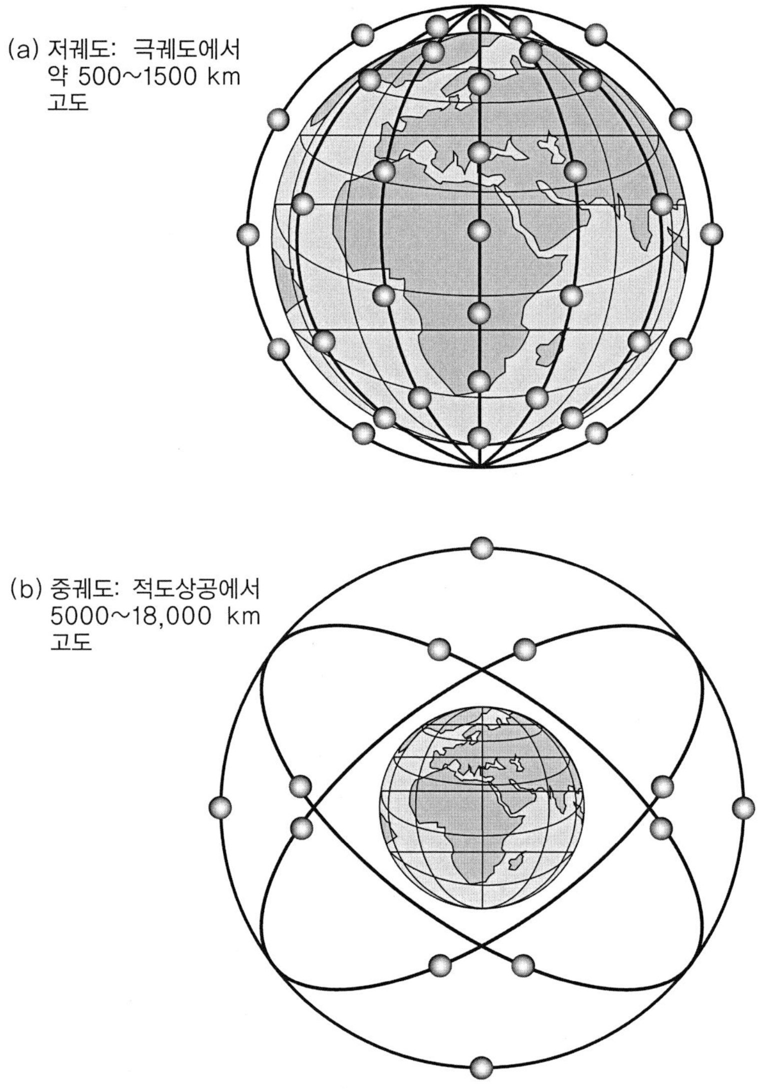

그림 9.4 LEO, MEO 궤도

약 0.5초로 2배 증가될 것이다. 또 다른 특징으로 정지위성은 할당주파수를 매우 넓은 지역에 걸쳐 사용한다는 점을 들 수 있다. 이 점은 TV 방송과 같이 멀티포인트 통신의 경우 매우 바람직하나 일대일 통신의 경우 스펙트럼의 낭비가 심하다. 위성신호의 서비스영역을 제한하기 위해 특수 스팟이나 강철 빔 안테나가 사용되기도 한다. 이러한 문제를 해결하기 위해 정지궤도가 아닌 *저궤도위성*(LEOS)이나 *중궤도위성*(MEOS)이 사용되며, 이들은 제3세대 개인통신에 있어서 매우 중요한 통신시스템으로 자리잡고 있다.

LEO 위성

표 9.1은 LEO 위성의 특성을 나타낸다. LEO 위성의 운동궤적은 상대적으로 지표면에서 높은 위치에 존재하기 때문에 신호의 주파수변환을 위하여 높은 도플러 변환이 필요하다. LEO 위성에 작용하는 공기저항 때문에 위성궤도와 고도의 손상은 심각한 수준이다. 그림 9.4(a)에 나타낸 저궤도(LEO)는 다음과 같은 특성을 갖고 있다.

- 2000 km 이하의 원 또는 타원궤도. 현재 주로 LEO 시스템은 500 km에서 1,500 km의 궤도상에 위치하고 있다.
- 궤도주기는 1.5에서 2시간이다.
- 서비스범위의 직경은 8,000 km이다.
- 왕복지연시간은 20 ms 이하이다.
- 지구상의 한 지점에서 볼 수 있는 위성의 최대시간은 20분까지이다.
- 지구상의 한 지점에서 관찰되는 위성의 이동은 정지위성에 비교하여 상대적으로 크기 때문에 시스템은 도플러현상을 해결할 수 있어야 한다.
- LEO 위성은 기압의 영향을 받기 때문에 그 결과궤도가 점차적으로 쇠퇴한다.

LEO 시스템은 그림 9.4(a)에 나타낸 바와 같이 한 궤도 내에 여러 위성을 갖는 다중궤도 평면이 사용된다. 멀리 떨어진 두 지구국 간의 통신은 현재 위성에서 다른 위성으로 신호를 핸드오프(hand-off란 한 셀에서 다른 셀로 이동할 때 현재의 통화채널을 자동적으로 전환하는 것)할 수도 있다.

이 시스템의 실질적 이용은 궤도에 있는 각각 위성들에 이용되어질 다중궤도평면을 필요로 한다. 전형적으로 두 지구국 간의 통신은 한 위성으로부터 다른 위성으로 신호를 핸드 오프하는 것을 포함할 것이다.

LEO 위성은 GEO 위성에 비해 많은 장점을 갖는다. 앞에서 언급한 전파지연의 감소 이외에도, 동일한 송신출력에 대한 수신감도가 GEO 신호보다 더 강력하다. LEO는 지구로부터의 거리가 짧아 보다 강력한 신호로 좁은 지역에 서비스할 수 있게 된다. 이에 따라 이 기술은 현재 이동 단말기를 비롯하여 좀더 강력한 신호기능을 요구하는 개인용 휴대 단말기 등의 통신에 널리 적용되고 있다. 한편, 24시간 내내 방대한 범위를 서비스하기 위해 많은 저궤도 위성이 요구된다.

상업목적을 위한 통신서비스를 제공하기 위해 여러 LEO들을 모아 사용하고 있다. 이러한 클러스터링은 크게 두 가지 범주로 나누어진다.

- **소형 LEO:** 대역폭 5 MHz 이하, 데이터 전송속도 10 kbps까지 지원하는 1 GHz 이하의 통신주파수에서 동작한다. 이 시스템은 페이징, 관측, 저속메시지를 목표로 한다.

Orbcomm은 이러한 위성시스템의 한 예이다. 최초의 소형 LEO는 1995년 3월 쏘아 올린 두 개의 위성으로 구성되며, 페이징과 데이터통신을 위해 설계되었고 6 바이트에서 250 바이트 길의의 소용량 burst 데이터를 최적화한다. 이것은 트레일러, 철도차량, 중기, 그리고 원격 이동장비에 사용되어진다. 이것은 원격 계량장치와 석유 가스 저장탱크, 유정(油井), 송수관 등을 관찰하는 데도 사용되어진다. 이것은 세계 어느 곳이든 멀리 떨어져 일하고 있는 사람들과 접촉할 수 있게 한다. 하향링크주파수는 137.00에서 138.00 MHz, 상향링크는 148.00에서 150.05 MHz를 사용한다. 오늘날 저궤도에는 수많은 위성이 올려져 있고 가입자에게 2.4 kbps에서 4.8 kbps까지의 데이터 전송속도를 서비스해준다.

- **대형 LEO:** 1 GHz 이상의 주파수에서 작동하며 1초에 수 메가비트에 이르는 데이터를 전송한다. 이 시스템은 소형 LEO들과 똑같은 서비스를 제공하는데 음성과 위치서비스가 추가된다. Globalstar는 대형 LEO 시스템의 한 예이다. 이 시스템은 소형 LEO와는 달리 위성간의 통신을 위한 처리기나 통신장치가 없다. 대부분의 처리는 지구국에서 이루어지며, CDMA 셀룰러 표준을 사용한다. 이동사용자를 위해 하향링크에 약 2 GHz 주파수대역의 S 밴드를 이용한다. Globalstar는 기존의 음성서비스와 밀접한 관계를 갖고 있으며, 모든 통화는 지구국을 통해 처리되어야 한다. 이 시스템은 작동중인 48개의 위성과 8개의 여분 위성으로 구성되며, 1,413 km 고도상에 궤도를 유지한다.

MEO 위성

그림 9.4(b)에 나타낸 MEO들은 다음과 같은 특성을 갖는다. (표 9.1)

MEO 위성은 LEO 위성보다 훨씬 적은 핸드오프를 필요로 하는 반면, 위성에서 지구까지의 전파지연과 요구전력은 LEO보다 더 크다. 하지만 GEO 위성 보다는 더 작다. 새로운 ICO는 1995년 1월에 계획된 MEO 시스템이며 2000년에 발사되었다. 이것은 12개의 위성과 2개의 비상 위성을 포함하며 10,400 km 고도의 궤도에 올려졌다. 위성들은 적도와 45도 경사각을 갖는 두 개의 평면상에 똑같이 나누어진다. 주로 디지털음성, 데이터, 팩시밀리, 메시징서비스 등에 이용된다.

주파수대역

표 9.2는 위성통신에서 이용 가능한 주파수대역 목록이다. 주파수대역이 높아질수록 이용 가능한 주파수대역폭 역시 더 커짐을 알 수 있다. 그러나 일반적으로 주파수가 높아질수록 전송손실은 더 커진다. 이동위성서비스(MSS)에는 L 밴드와 S 밴드 주파수가 할당된다. 이 주파수대역은 좀더 높은 주파수대역과 비교할 때 비금속 구조물이나 숲 등의 물리적인 장애

표 9.2 위성통신을 위한 주파수대역

대역	주파수범위	전체 대역폭	응용분야
L	1∼2 GHz	1 GHz	이동위성서비스(MSS)
S	2∼4 GHz	2 GHz	MSS, NASA, 우주탐사
C	4∼8 GHz	4 GHz	고정위성서비스(FSS)
X	8∼12.5 GHz	4.5 GHz	FSS 군사용, 지구탐사, 기상위성
Ku	12.5∼18 GHz	5.5 GHz	FSS, 방송위성서비스(BSS)
K	18∼26.5 GHz	8.5 GHz	BSS, FSS
Ka	26.5∼40 GHz	13.5 GHz	FSS

물에 대해 투과력이 더 크며 높은 굴절력을 갖는다. 이러한 특성은 이동서비스에 바람직하다. 또한 이 주파수대역은 지상 응용통신에도 널리 사용되고 있어, 다양한 마이크로파 서비스와 경쟁하고 있다.

각 응용서비스마다 상향링크 및 하향링크의 주파수가 할당되며, 이 가운데 상향링크에 더 높은 주파수가 할당된다. 주파수가 높을수록 낮은 주파수에 비해 더 확산손실이 크거나 자유공간손실 역시 더 크게 나타난다. 따라서 지구국은 높은 주파수에서의 성능보상을 위해 더 강력한 전력을 사용한다.

전송손상

위성링크의 성능은 다음 3가지 요인에 의해 좌우된다.

- 지구국안테나와 위성안테나 간의 거리
- 하향링크의 경우, 지구국안테나와 위성의 목표점간의 지상거리
- 대기감쇠

이들 각 요인에 대해 차례로 살펴본다.

거리

앞의 5장 식 (5.2)에서 자유공간손실은 다음과 같이 표현될 수 있다.

$$L_{\mathrm{dB}} = 10\log\frac{P_t}{P_r} = 20\log\left(\frac{4\pi d}{\lambda}\right) = -20\log(\lambda) + 20\log(d) + 21.98\,\mathrm{dB} \tag{9.2}$$

여기서

$P_t =$ 송신안테나에서의 신호전력

P_r = 수신안테나에서의 신호전력

λ= 반송파파장

d = 안테나 사이의 전파거리

여기서 d와 λ는 둘다 미터 단위를 사용한다.

주파수가 높을수록 즉, 파장이 짧을수록 손실은 더 커진다. GEO 위성의 경우, 적도상에서의 자유공간손실은

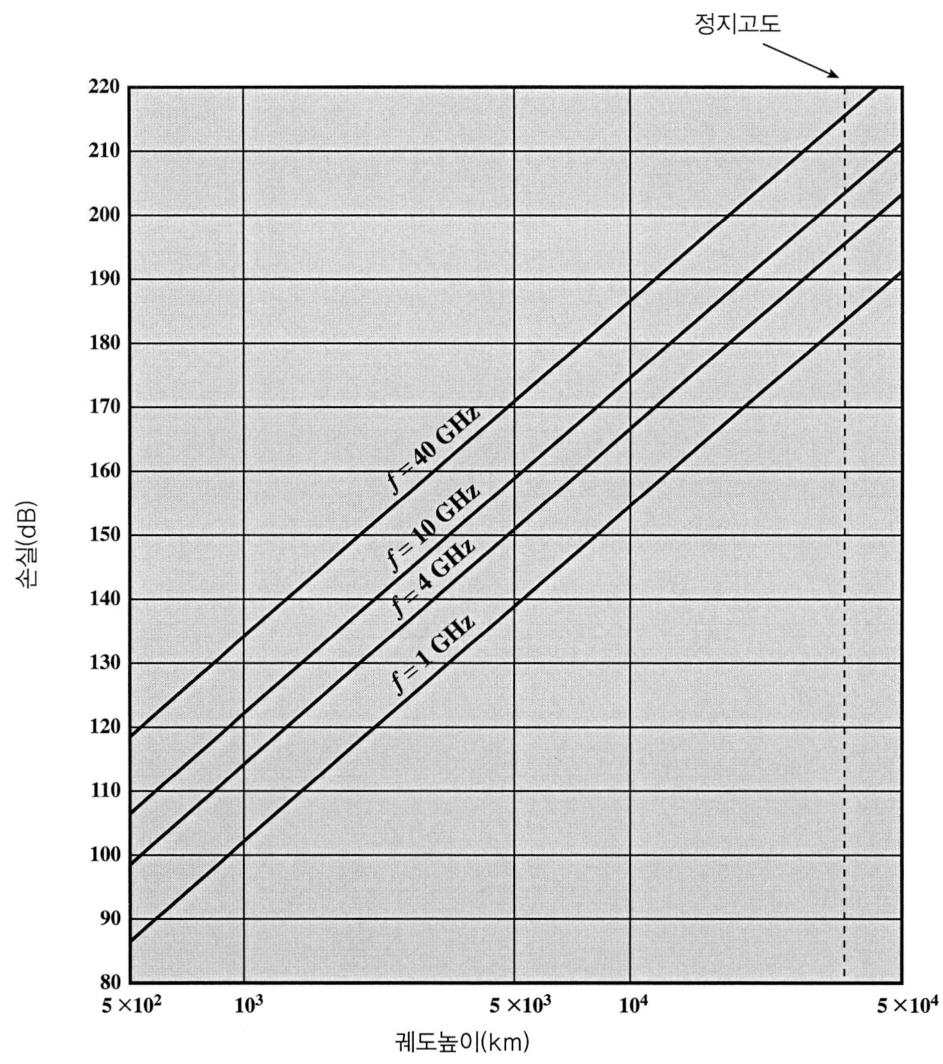

그림 9.5 궤도고도함수로 나타낸 최소 자유공간손실

$$L_{db} = -20\log(\lambda) + 20\log(35.863 \times 10^{6}) + 21.98\,\text{dB} = -20\log(\lambda) + 173.07$$

위성의 서비스 범위내에서 적도로부터 떨어진 지구표면상의 한 지점에서의 손실은 이 보다 더 클 것이다. GEO 위성으로부터 최대 멀리 떨어진 거리인 42,711 km에서의 자유공간 손실은 다음과 같다.

$$L_{db} = -20\log(\lambda) + 174.59$$

그림 9.5는 전송손실을 주파수와 궤도고도의 함수로서 나타낸 것이다.

위성궤적

위성통신에서 사용되는 마이크로파 주파수에서는 고지향성안테나가 사용된다. 따라서 위성으로부터 신호는 균등하게 방송되지 않고 지구상의 특정지점을 목표로 송출된다. 이 지역의 중심점은 가장 높은 전력을 수신할 것이며, 중심점에서 벗어날수록 그 전력은 감소한다. 위성궤적이라 불리는 이러한 현상을 그림 9.6에 나타내었다. 위성궤적이란 안테나의 방향성과 안테나로의 유입전력을 고려하여 측정된 각 지점의 실효방사전력을 나타낸 것이다. 그림 9.6의 예에서 나타내었듯이 Arkansas에서의 전력은 +36 dBW이며, Massachusetts에서는 +32 dBW이다. 위성궤적상의 임의 지점에서 수신된 전력은 원래의 실효전력에서 자유공간 손실을 뺀 값이 된다.

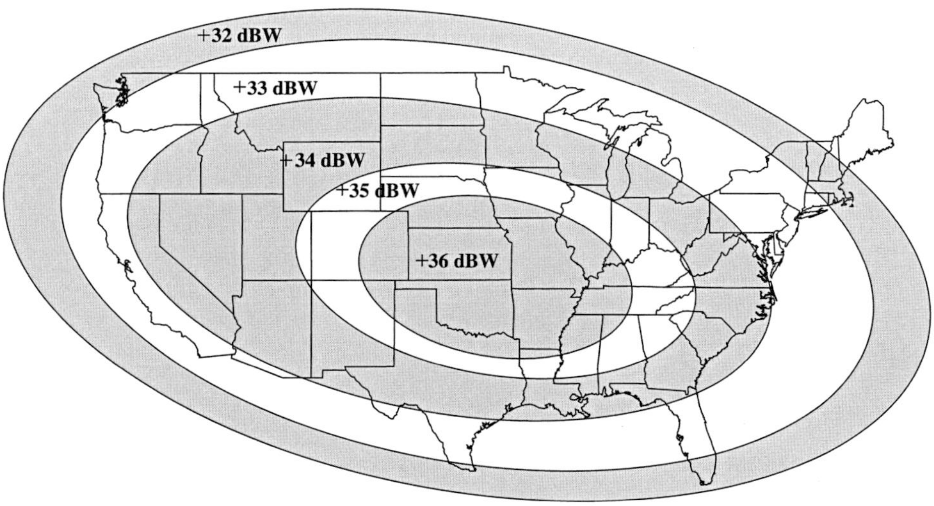

그림 9.6 위성궤적의 예

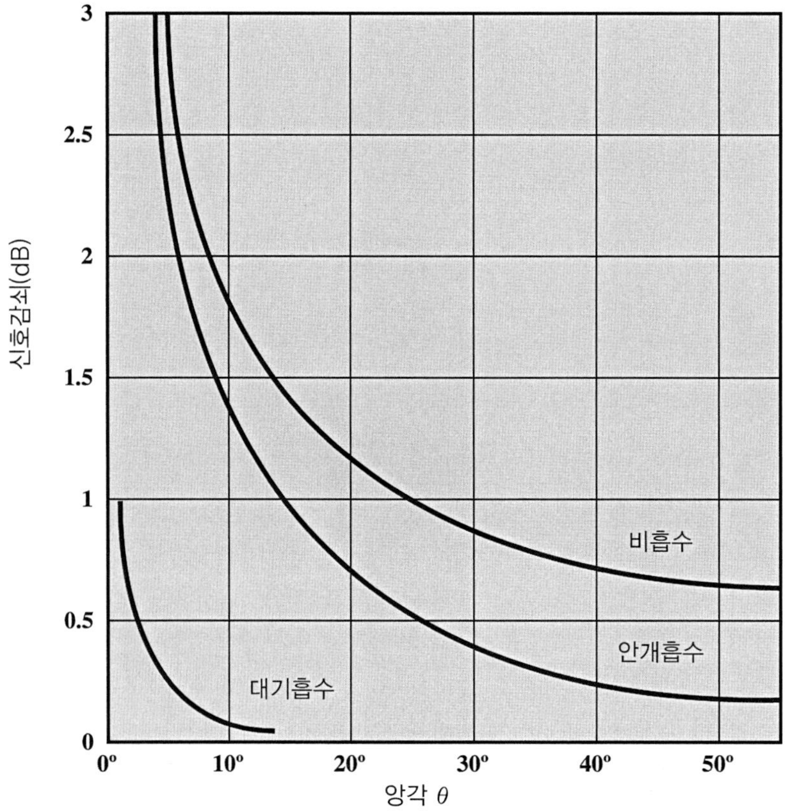

그림 9.7 대기흡수에 의한 신호감쇠(C 밴드)

대기감쇠

대기감쇠의 주된 원인은 산소와 물이다. 이러한 감쇠현상은 습기 찬 공기, 안개, 비 등의 경우에 쉽게 찾아볼 수 있다. 다른 요인으로는 그림 9.1에서 설명한 바와 같이 지구국과 위성이 이루는 앙각 θ를 들 수 있다. 앙각이 작을수록 신호가 통과하는 대기는 더 많아진다. 대기감쇠의 또 다른 요인은 주파수이다. 일반적으로 주파수가 높을수록 그 영향을 크게 받게 된다. 그림 9.7은 C 밴드 주파수에 있어서 앙각과 신호감쇠의 관계를 나타낸 것이다.

위성통신망 구성

그림 9.8은 일반적인 위성통신망의 구성을 나타내고 있다. 그림 9.8(a)는 떨어진 두 지구국 안테나간에 point-to-point 통신을 나타낸 것이며, 그림 9.8(b)는 지구상의 한 지점으로부터 송신된 신호가 위성에 의해 여러 지구국상에 수신되는 방송통신을 나타낸 것이다.

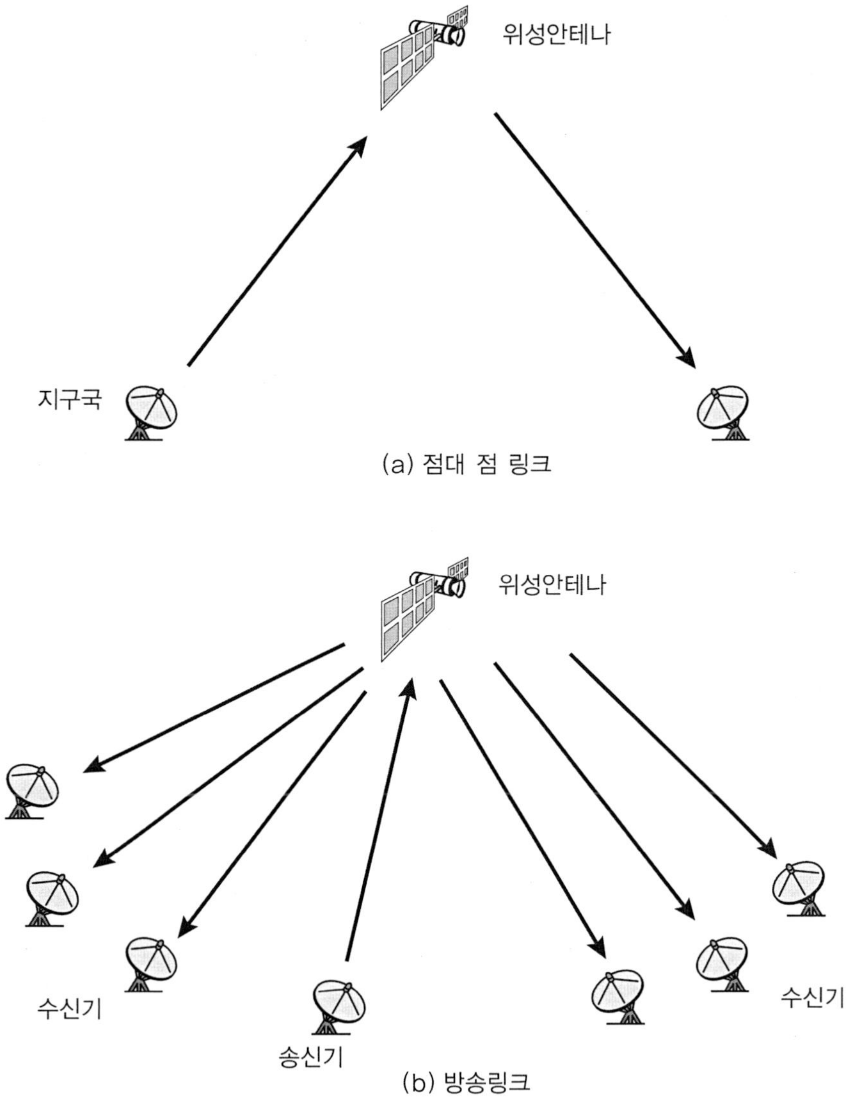

(a) 점대 점 링크

(b) 방송링크

그림 9.8 위성통신망의 구성

그림 9.8(b)의 또 다른 변형이 그림 9.9에 나타낸 바와 같이 하나의 허브장치와 여러 원격 스테이션으로 구성된 지구국간의 양방향 통신이다. 이러한 통신은 VSAT(Very Small Aperture Terminal) 시스템을 사용하여 이루어진다. 여러 가입자 장치들은 저렴한 VSAT 안테나를 사용하여 허브까지의 전송을 위하여 위성전송용량을 공유하며, 허브는 가입자간의 메시지를 교환하거나 중계할 수 있다.

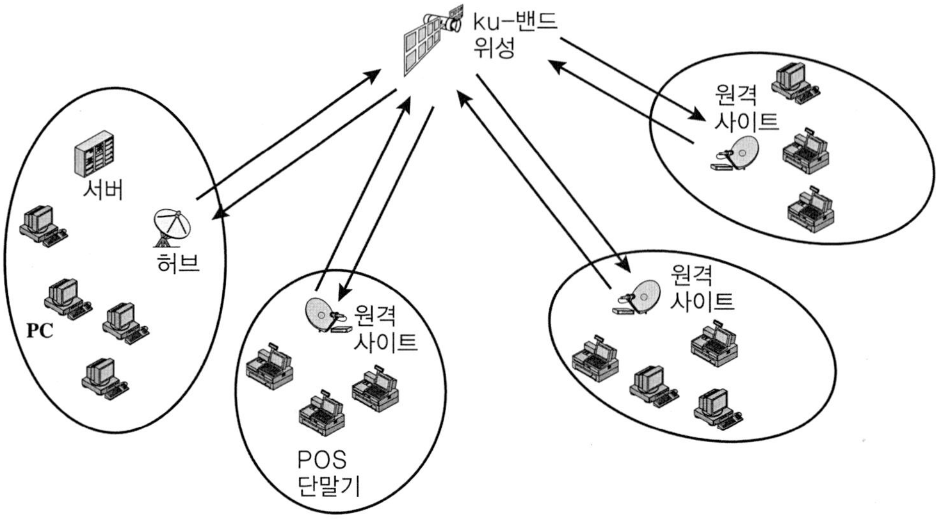

그림 9.9 전형적 VSAT 구성

9.2 주파수분할에 의한 채널할당

일반적으로 하나의 GEO 위성은 500 MHz의 큰 대역폭을 갖고 있어, 이를 40 MHz의 여러 부채널로 분할하여 사용한다. 분할된 각 부채널을 이용하여 응용서비스마다 용량을 할당하게 된다. TV 방송이나 50 Mbps의 디지털 데이터 스트림과 같은 응용예에서는 전체 채널을 한 사용자나 응용서비스에서 모두 차지하기도 한다. 그러나 대개의 경우 보다 효율적인 채널의 사용을 위해 분할된 각 부채널은 여러 사용자에 의해 공유된다. 이 작업은 기본적으로 2장에서 소개한 개념 중의 하나인 다중화 작업이다. 이러한 채널할당기능은 위성에 의해 중앙집중제어로 수행되거나 또는 지구국에 의한 분산기능으로 수행되어진다. 본 절에서는 이들에 대해 살펴본다.

각 부채널에 대한 여러 사용자의 할당 제어기법은 다음 3가지로 분류된다.

- 주파수분할 다원접속 (FDMA)
- 시간분할 다원접속 (TDMA)
- 코드분할 다원접속 (CDMA)

이 절과 다음 절에서는 FDMA 및 TDMA를 설명한다. CDMA에 대해서는 7장에서 기술되었다.

3. PanAmSat는 세계에서 가장 큰 위성사업자이다. 세계적으로 위성통신을 위한 채널을 제공하는 회사이다.

주파수분할 다중화

앞에서 언급하였듯이 위성통신의 전체용량은 주파수의 관점에서 여러 부채널로 분할될 수 있다. 그림 9.10은 대표적인 GEO 위성에서 사용되는 주파수분할 다중화(FDM) 기법의 예로서, 세계 최대규모의 위성사업자인 PanAmSat[3]사의 Galaxy 위성에서 사용되고 있다. 이 위성은 C 밴드 주파수를 사용하여 총 500 MHz 대역폭을 제공하며, 40 MHz씩 24개의 부채널로 분할되어 있다. 그림에서 보듯이 이 위성은 주파수 재사용에 의해 500 MHz 대역폭을 총 24개 채널까지 분할할 수 있다. 이 주파수분할기법에서는 하나의 주파수로 두 개의 서로 다른 신호를 상호혼신을 주지 않고 송수신할 수 있는 주파수 편파성질을 이용한다. 서로 직교하는 수직편파와 수평편파의 반송파가 사용되며, 4 MHz의 가드대역을 갖는 40 MHz의 부채널들로 구성된다. 따라서 각 부채널이 갖는 유효대역폭은 36 MHz이다. point-to-point 구성(그림 9.8(a))의 경우, 각 부채널은 다음의 여러 응용서비스 중 하나를 위해 사용될 수 있다.

- 1200개의 음성주파수(VF) 음성채널
- 50-Mbps 데이터 스트림 1개
- 각 1.544 Mbp의 16개 채널
- 각 64 kbps 400개 채널
- 각 40 kbps 600개 채널
- 아날로그 비디오신호 1개
- 디지털 비디오신호 6~9개

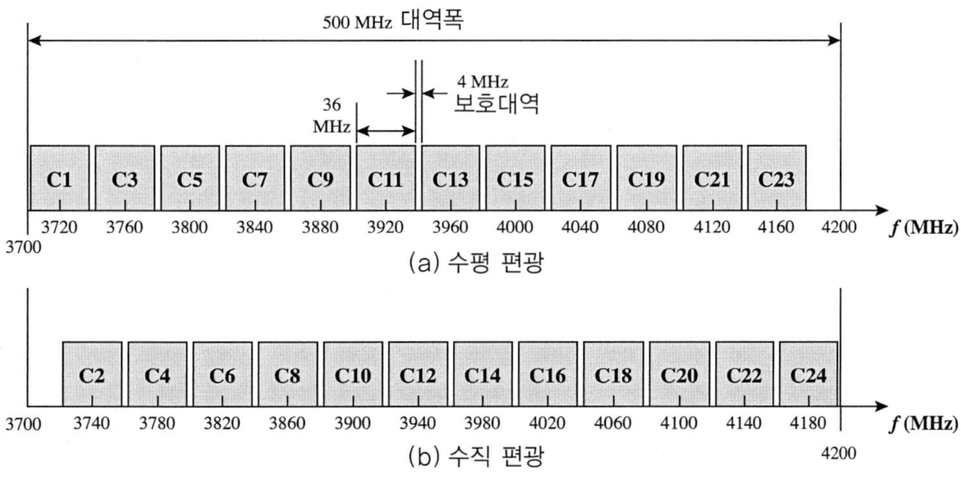

그림 9.10 다운링크 채널에 대한 통신위성의 대표적인 트랜스폰더 주파수 계획(업링크의 경우는 위 각 값에 2225 MHz를 더하면 됨)

위성으로 아날로그 비디오신호를 전송하기 위한 주파수대역폭은 매우 넓은 것으로 알려져 있다. 여기에서는 이 값을 구하기 위해 6장에서 언급한 식 (6.15)의 Carson 법칙을 사용한다. 오디오신호를 포함하는 비디오신호의 주파수대역폭은 대략 6.8 MHz이며 이는 주파수변조(FM: Frequency Modulation) 방식을 사용하여 6 GHz 반송파로 변조된다. 이 과정에서의 신호의 최대편차는 ΔF = 12.5 MHz로 판명되어 있다. 따라서 아날로그 비디오신호를 전송하기 위한 주파수대역은 다음과 같이 구해지며, 통상 36 MHz의 트랜스폰더에 의해 수용된다.

$$B_T = 2\Delta F + 2B = 2(12.5 + 6.8) = 38.6 \text{ MHz}$$

압축된 디지털 비디오신호는 비디오의 움직임 정도에 따라 3에서 5 Mbps의 범위의 데이터 전송속도를 요구한다.

주파수분할 다원접속

앞에서 위성이 지구국간의 point-to-point 연결을 제공하는 단순한 중계장치로서 사용된다고 설명한 바 있으나, 위성은 매우 넓은 지역을 서비스하기 때문에 반드시 그렇지만은 않다. 예를 들어 INTELSAT[4] 시리즈 위성들은 앞의 FDM에 의해 분할된 36 MHz 대역폭의 부채널을 다시 더 작은 부채널들로 분할하고 있으며, 이들 각각은 FM을 사용한다. 이렇게 분할된 부채널에는 FDM을 사용하여 많은 음성주파수(VF: Voice Frequency)를 전송한다. 각 부채널은 많은 지구국들로부터의 신호를 수용하게 되는데, 이 경우 동일 부채널로의 채널할당을 위한 접근기법을 주파수분할 다원접속(FDMA: Frequency Division Multiple Access)이라 한다.

FDMA에 의해 위성채널 내에 제공되는 부채널의 수는 다음 세 가지 요인에 의해 제한된다.

- 열잡음
- 상호변조잡음
- 누화

이들 용어에 대한 개념은 5장에서 정의한 바 있다. 열잡음과 상호변조잡음은 서로 반대로 작동한다. 신호세기가 너무 작은 경우 전송되는 신호는 배경잡음, 즉 열잡음에 의해 방해받는다. 반면 신호크기가 너무 큰 경우에는 위성의 증폭기내의 비선형 효과에 의해 상호변조잡음을 일으키게 된다. 누화는 주파수 재사용에 의해 용량을 늘이고자 하는 개선에 의해 불가분 발생하는 것으로, 실제 이를 없애기는 곤란하다. 직교 평면에서 동일 주파수의 두 신호를

4. INTELSAT(International Telecommunications Satellite Organization)은 각 나라별 위성사업을 위해 결성된 국제 컨소시엄이다. INTELSAT은 전화와 TV 서비스를 위한 범세계적 요구를 기반으로 위성을 구매하여, 자신의 지구국을 소유한 사용자에게 공간할당서비스를 수행함으로써, 마치 위성채널 도매업자처럼 운영한다. 미국 측 멤버는 COMSAT이다. INTESAT은 현재 민영화가 진행중이다.

발사할 수 있는 안테나가 사용된다면, 임의의 주파수대역은 재사용되어질 수 있다. 그러나 이 경우, 신호의 세기가 너무 높으면 이 두 신호간의 상호간섭이 심각하게 된다.

FDMA의 두 가지 형태는 다음과 같다.

- **고정할당 다원접근(FAMA):** 전체 위성채널에 대한 용량할당이 각 지구국간에 고정 분배된다. 이 방식은 각 지구국의 채널요구가 불규칙할 경우 용량의 낭비가 초래된다.
- **요구할당 다원접근(DAMA):** 용량의 할당이 각 지구국에서의 동적요구에 대해서만 이루어진다.

FAMA-FDMA

그림 9.11에 FAMA-FDMA의 예를 나타내었다. 그림에서 나타내었듯이 7개의 지구국이 36 MHz의 상향링크용량을 공유한다. 하향링크에 대해서도 이와 유사한 다이어그램이 그려질 수 있다. A는 6237.5 MHz에서 6242.5 MHz까지 5 MHz가 할당되어 지는데 이것은 FDM-FM을 사용한 60 VF 채널을 전송할 수 있다. 다시 말해서 FDM은 60개의 채널을 전송하는 데 사용되어지며 FM은 6240 MHz 캐리어주파수로 채널을 변조하는 데 사용되어진다. 그림에서 스테이션 A는 24채널 B, D와 12채널 E와 같은 다른 스테이션에 대해 트래픽을 가지는데, 36 MHz 채널의 나머지 스펙트럼은 스테이션들의 트래픽요구에 따라 다른 지구 스테이션 사이에 분할되어 진다. 이 예는 다음과 같은 몇 가지 유익한 점을 보여준다.

- FAMA와 FDMA를 나타내 주는데, *FAMA*는 스테이션들간에 논리적 연결이 이미 할당되어 있다는 사실을 언급하며, 그림 9.11은 스테이션 A가 B, D, E 세 방향 점대 점 연결을 가지고 있다. *FDMA*는 다수의 스테이션이 다른 주파수영역을 사용하여 위성연결을 접근한다는 사실을 언급한다.
- 비록 지구 스테이션이 위성까지 하나의 캐리어를 전송할지라도(예를 들자면, 스테이션 A가 6.24 GHz에서 5 MHz의 대역폭으로 전송한다.) 통신하고자 하는 각 원거리 위치를 위해 그것은 적어도 하나의 캐리어를 받는 것이 가능해야 한다. (예를 들자면, A는 B, D, E 전송부분인 세 가지 캐리어를 수신하여야 한다.)
- 위성은 교환기능이 없다. 비록 다양한 소스들로부터 36 MHz의 영역을 받는다 해도 그것은 단순히 스펙트럼을 통과하는 신호를 받아들이고, 4 GHz 영역으로 변환하여 그것을 재전송한다.
- 상당한 대역폭이 사용되어지는데, 예를 들자면 스테이션 A는 전송을 위해 60 VF 채널을 가지며, 단지 240 kHz(한 VF 채널 = 4 kHz)를 차지한다. 그러나 위성대역폭할당은 5 MHz이다. FM의 사용으로 인하여 먼거리의 위성연결을 유지하며 위성전력요구사항을 최소화한다.

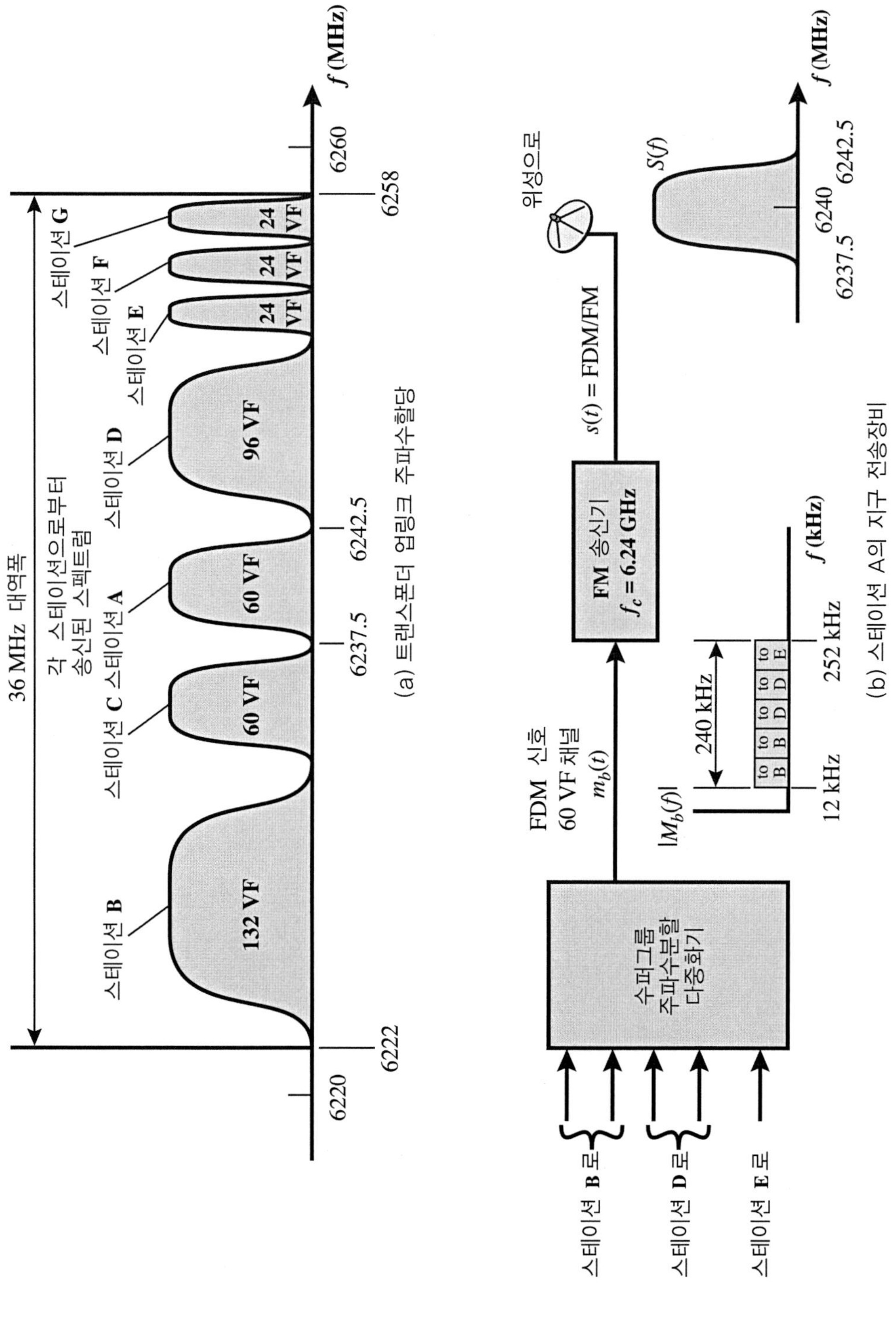

그림 9.11 위성통신을 위한 고정할당 FDMA 형식

DAMA-FDMA

FAMA-FDMA는 효율적이지 못하다. 전형적으로 C영역에서는 각 채널은 36 MHz의 사용가능한 주파수영역을 가졌다. 한 INTELSAT FDMA는 7 5-MHz 블록으로 분할되며, 총 420 채널에 대해서 각각 60 VF 채널그룹으로 전송된다. 그림 9.11에서 420 채널들로 전송한다. 대역폭이 14 2.5-MHz 부채널들로 분할되고 48 VF 채널은 총 336 채널들에 대해 각 채널내에서 운반되어질 수 있다. 그것은 서로 그룹화하는 것을 피하고, 단순히 36 MHz 대역폭을 개인적 VF 채널로 분할하는 것이 좀 더 효과적이라는 것이 증명되어진다. 이러한 기법은 **SCPC(Single Channel Per Carrier)**로 알려져 있다.

SCPC는 현재 C영역에서 제공되며 한 개의 36 MHz 채널은 800 45-MHz 아날로그 채널로 분할되며 각기 FM을 사용하여 단순한 VF 연결로 이루어졌다. 음성을 디지털화하기에 충분한 똑같은 45-kHz 대역폭내에서도 64 kbps 서비스를 제공하는 QPSK를 사용하는 디지털 SCPC가 있다. FAMA로서 채널의 쌍(전부 양방향)이 지구 스테이션의 쌍으로 할당되어진다. 전형적으로 각 지구 스테이션은 다중화되어지며, 소수의 사용자 스테이션을 지원한다. 각 지구 스테이션에 대한 다수의 사용자 스테이션과 함께 FAMA로의 높은 수준의 연결이 가능하다. FAMA의 약속에 따라 위성은 전체 36-MHz 채널을 통과하는 주파수를 접수하고 그들을 4 GHz 영역으로 번역하여 모든 스테이션들에게 그 채널을 방송한다.

SCPC는 근처 각 사이트에 사용자 스테이션이 거의 없는 원거리영역에 매우 좋다. 반면 FDMA는 장기 수송 통신시스템에서 트렁크장비로써 사용되어진다. SCPC는 최종 사용자 서비스를 제공한다. 비록 SCPC가 FDMA에 비해 효율적인 대역폭을 가졌다 할지라도 고정할당의 비효율성으로 손해보게 된다. 이것은 각 지구 스테이션이 하나 또는 소수의 사용자 스테이션을 서비스하는 원거리지역에 적합하다. 큰 효율성을 달성하기 위해 DAMA가 사용되어지는데, DAMA는 하나의 채널내의 부채널을 활용할 수 있는 링크들의 풀로서 사용한다. 두 지구 스테이션 간에 전 양방향 연결을 세우기 위해 부채널의 한쌍은 요구시 동적으로 할당된다.

첫번째 상업적으로 활용 가능한 첫번째 DAMA SCPC 시스템은 SPADE(**s**ingle channel per carrier, **p**ulse code modulation, multiple-**a**ccess, **d**emand-assignment **e**quipment)이며 이것은 1970년대 초반에 도입이 되었으며 현재 INTERSAT 위성상에서 사용 가능하다. 각 부채널은 64-kbps QPSK 신호를 전달하며 38 kHz와 더불어 7 kHz 보호영역을 차지한다. 전형적으로 신호는 PCM 음성트래픽을 전달하는 데 사용된다. 뒤에 설명되지만 제어오버헤드와 함께 총 794 부채널이 필요하다. 그림 9.12(a)에서는 총 794의 부채널이 18.045 MHz는 별도로 항상 쌍을 이루어(예를 들어 3과 404, 4와 405, 399와 800) 전이중회로를 형성하는 데 사용한다. 더불어 128-kbps PSK 신호를 전달하는 160-kHz 공동신호채널이 있다.

요구할당은 CSC에 의해 분산된 형태로 형성되어지며, CSC는 그림 9.12(c)에서처럼 반복

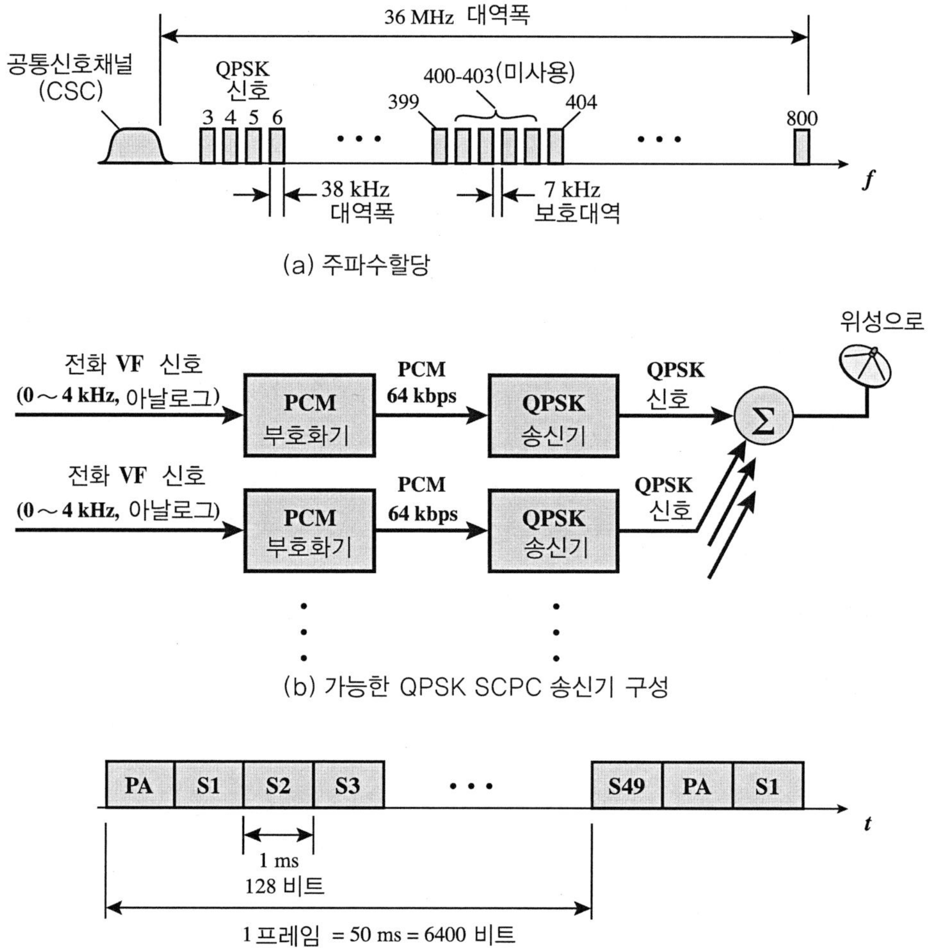

(a) 주파수할당

(b) 가능한 QPSK SCPC 송신기 구성

(c) TDMA CSC 프레임형식

그림 9.12 SCPC 교환서비스를 위한 SPADE 위성통신시스템

적 TDM 프레임을 전송한다. 프레임은 50개의 슬롯으로 구성되며 첫번째는 동기화를 위해 나머지들은 49 스테이션들에 대해 영구적으로 할당된다. 이 스테이션들은 요구시 전이중회로를 형성하는 우선권이 있다. S_i가 S_j와 쌍을 이루어 하나의 회로를 구성하고자 할 때 S_i는 사용 가능한 쉬고있는 채널들을 찾아 S_j 슬롯에 있는 S_i에서 S_j의 주소를 덧붙여 부채널 셀을 전송한다. S_j는 0.25초 후에 다운링크상에 요청하는 것을 듣게 될 것이다. 부채널과 S_j가 항상 사용 가능하다고 가정하면 S_j는 자신의 시간 슬롯내에서 acknowledgement를 전송하며, 0.25초 후에 S_i에 의해 듣게 된다. 호출이 완성되면 disconnect 정보를 부채널이 다시 쉬고 있음을 다른 스테이션에게 알리기 위해 스테이션 중 하나의 타임슬롯에 전송한다.

단지 49개 스테이션들만이 참여할 수 있으므로 대부분의 부채널들은 요구할당에 대해 요청되어지지 않는다. 이들은 일반 FAMA SCPC에 대해서만 사용되어진다.

9.3 시분할에 의한 채널할당

비록 FDM 기술이 통신전송 내에서 꽤 일반적이지만 TDM 기술은 광범위한 사용이 증가하고 있다. 그 이유는 다음과 같다.

- 지속되는 디지털 부속품들의 가격 폭락
- 에러정정을 포함한 디지털기술의 이점
- 중간 변조소음의 결함으로 인한 TDM의 효율성 증가

FDM과 함께 언급된 FAMA-TDMA, DATA-TDMA 등은 모두 다중 액세스가 가능한 기술들이다. 실제로 **FAMA-TDMA**는 2.5절에서 거론된 동기화된 TDM 기술이다. 송신이란 의미는 실제로 각각 시간별 슬롯으로 분리된 반복적인 프레임의 송출을 의미한다. 그리고 프레임 과정을 가로지르는 각각의 슬롯위치는 각각 특정된 송신기에 할당되어진다. 프레임의 주기는 100마이크로세크부터 2ms에 이르며 슬롯의 숫자는 3개에서 100개 정도이다. 또한 데이터 전송률은 10 Mbps에서부터 최대 100 Mbps 이상이다.

그림 9.13은 전형적인 프레임의 형식을 나타낸다. (그림 2.13(b)와 비교해보라). 일반적으로 하나의 프레임은 두 개의 기준 버스트로 시작하며 이것이 프레임의 시작으로 정의된다. 두 개의 서로 다른 지상 중계소에서 제공된 두 개의 버스트가 사용되기 때문에 두 개의 중계소 중 하나가 문제가 생겨도 계속 문제 없이 통신이 가능하다. 기준(reference) 버스트는 운반자에 실려서 모든 중계소에서 동기화가 가능하도록 각각 특유의 비트 타이밍 회복 패턴으로 처리되어 내보내진다. 따라서 N 개의 중계소에는 하나 또는 그 이상의 프레임슬롯이 할당되어질 수 있다. 그리고 각각의 중계소는 프리앰블(preamble)과 사용자 정보를 포함된 슬롯을 사용하여 자료를 송출한다.

그림 9.14는 FAMA-TDMA를 나타내며 개별적 지구국들은 업링크채널을 사용하여 할당된 시간 슬롯 내에 데이터버스트를 집어 넣는다. 위성은 전송의 도착을 반복하여 모든 스테이션에 방송한다. 따라서 모든 스테이션은 전송에 사용되는 시간 슬롯뿐 아니라 수신을 위한 시간슬롯을 알아야 한다. 위성은 참조버스트를 반복하며 모든 스테이션들은 버스트의 수신을 통해 동기화한다.

반복적 시간슬롯은 하나의 채널이며 다른 채널과 독립적이다. 그래서 전송중인 스테이션에 의해 요구됨으로써 사용되어질 수 있다. 예를 들자면 교환형태는 각 시간슬롯내에 주소필드를 포함함으로써 달성될 수 있다. 이 경우 비록 전송슬롯이 지정되어지더라도 많은 스테이

션들은 자신으로 주소지정된 데이터를 다운링크 슬롯 내에서 읽을 수 있다. 또 다른 기술은 많은 부채널들이 TDMA 채널 하나로 보내어 질 수 있도록 시간슬롯을 부슬롯으로 분할하는 것이다.

일반적으로 TDMA는 FDMA보다 좀 더 효율적인데 그 이유는 보호시간과 TDMA의 제어

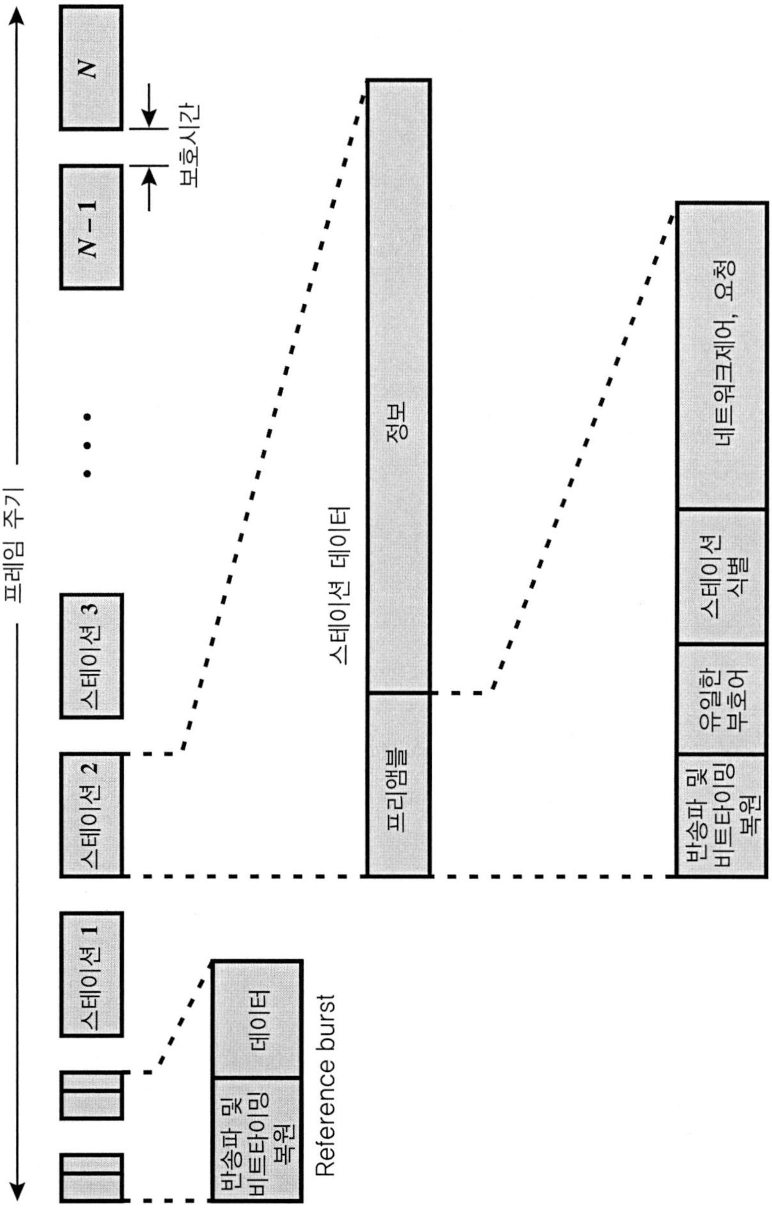

그림 9.13 TDMA 프레임형식의 예

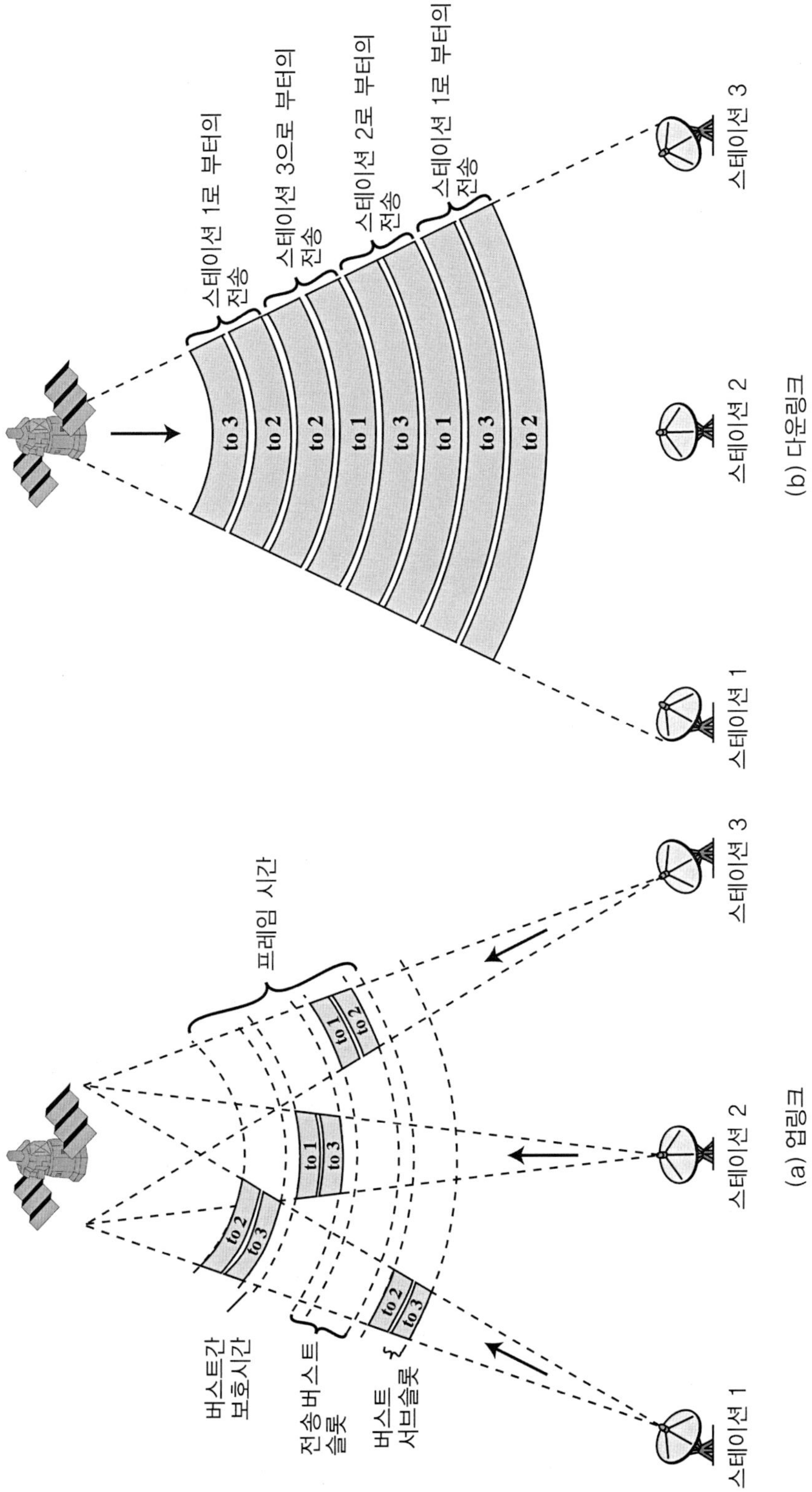

그림 9.14 FAMA-TDMA 동작

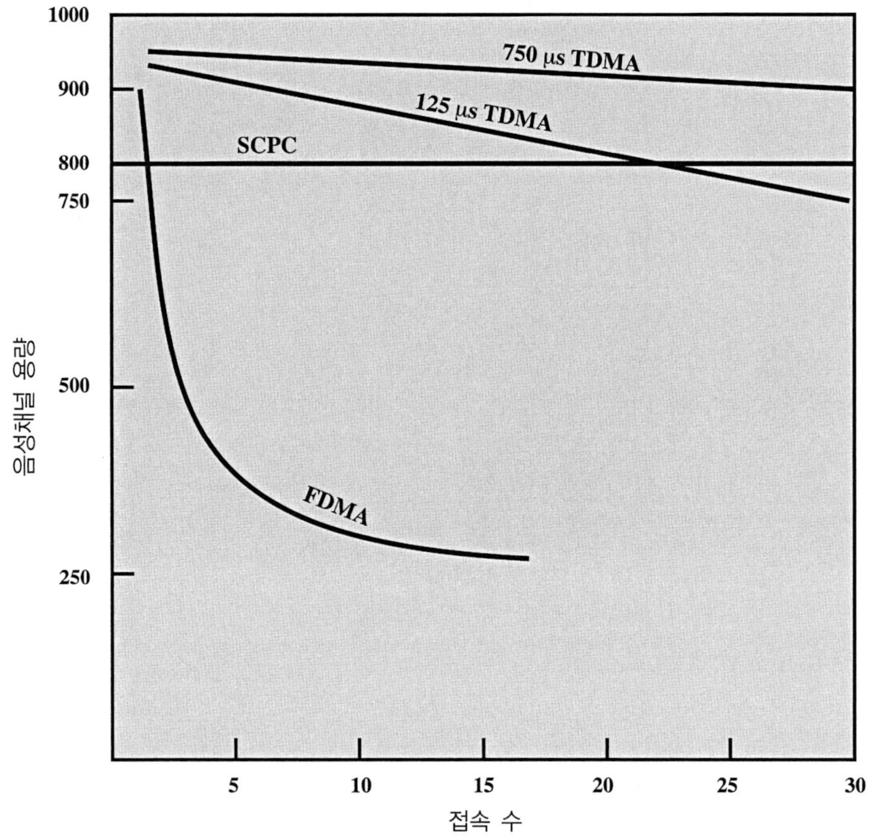

그림 9.15 다양한 위성채널할당 기법의 효율성 비교 [EDEL82]

비트가 FDMA 보호대역보다 적은 용량을 사용하기 때문이다. 그림 9.15에 이를 설명하였다. 채널의 수가 증가함에 따라 FDMA의 용량은 상당히 떨어짐을 볼 수 있다. 반대로 TDMA는 시간슬롯이 증가하더라도 보다 천천히 떨어진다. 또한 프레임 시간이 길면 효율성이 증가한다. SCPC 시스템은 대역폭이 여러 지구국으로 나누어지더라도 800개의 고정채널을 제공한다.

좀 더 큰 효율성은 좀더 높은 주파수영역 상에서 이루어 질 수 있다. 이들 주파수에서는 위성전송 빔(beam)들이 매우 좁은 초점을 가질수 있고 같은 주파수상의 다수 빔들은 다른 영역으로 전송되는 것을 허용한다. 그래서 위성은 지구국의 수를 다수 포함하는 많은 영역의 서비스를 할 수 있다. 단일 영역내의 지구국 사이의 통신은 일반적 FAMA-TDMA로 이루어진다. 게다가 각기 다른 영역의 스테이션간 통신은 만약 위성이 한 빔에서 다른 빔으로 교환하기 위한 능력을 가진다면 성취되어질 수 있다. 이것을 위성교환 TDMA(SS/TDMA)라 한다.

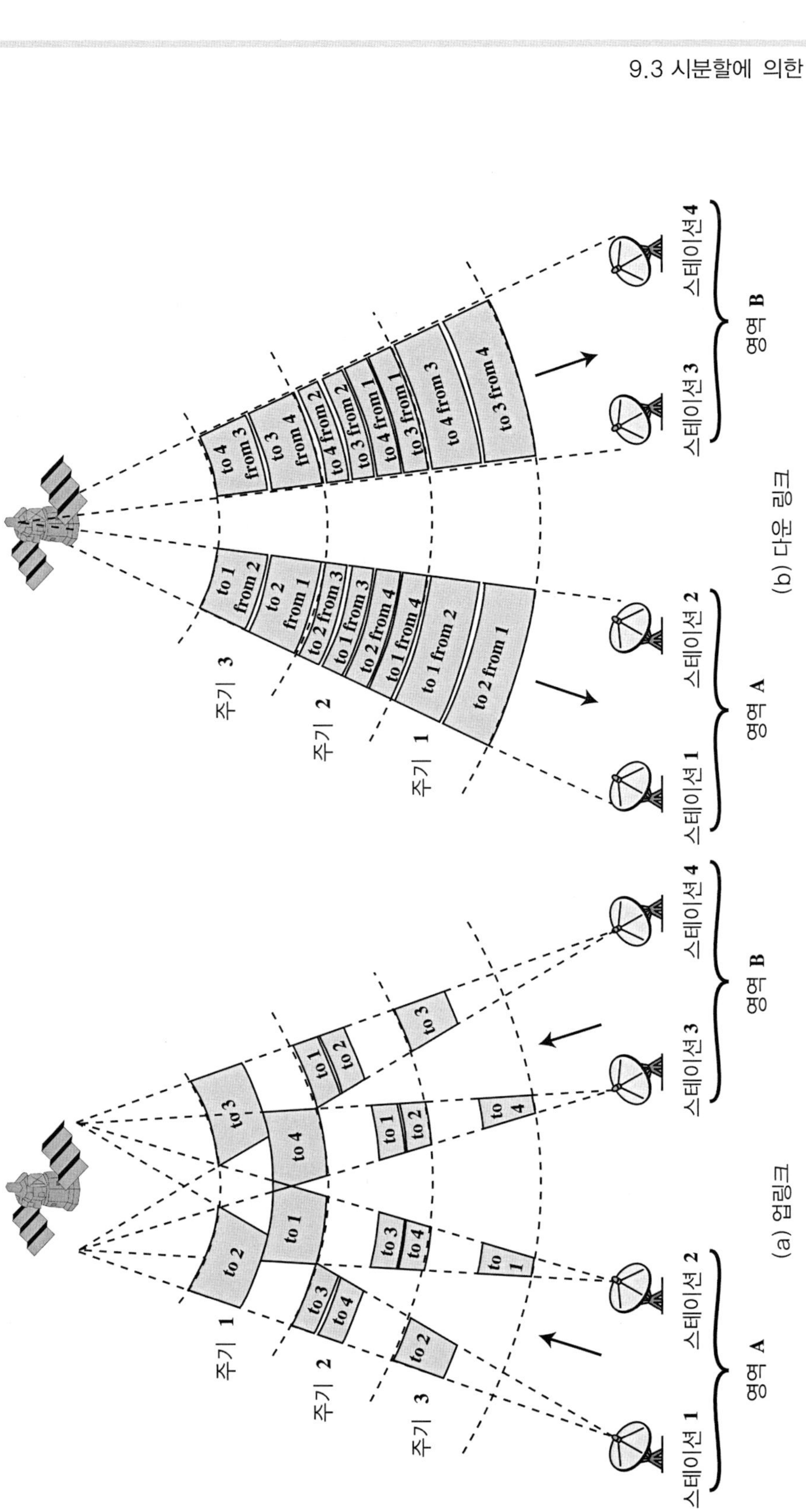

그림 9.16 SS/TDMA 동작

표 9.3 SS-TDMA 모드(3가지 빔)

	출력					
입력	모드 1	모드 2	모드 3	모드 4	모드 5	모드 6
A	A	A	B	C	B	C
B	B	C	C	A	C	B
C	C	B	A	B	A	A

그림 9.16은 각각 간단한 SS/TDMA 시스템을 보여주는데, 각 영역은 2개의 스테이션을 서비스하고 있다. 영역 A내에서는 스테이션 1 또는 2가 주어진 시간슬롯내에서 전송될 것이다. 유사하게 영역 B에서의 스테이션 3 또는 4도 그럴 것이다. 두 영역으로부터의 스테이션은 양극화된 신호나 다른 주파수들을 간섭하지 않는다. 위성에서는 수신된 데이터는 주파수 다운링크 상에서 즉각적으로 재전송될 것이다. 두 가지 분리된 다운링크 빔이 사용되어지고 위성은 입력 빔과 출력 빔을 교차하는 하나의 스위치를 포함한다. 그림에서 다운링크 빔 A는 1과 3 기간동안 빔 업링크를 반복한다. 따라서 어떤 영역의 어떤 스테이션이든 다른 영역의 다른 스테이션으로 전송할 수 있다.

N 영역을 서비스하는 한 위성에 대해 어떤 주어진 시간에 따른 *N* TDM 입력열이 존재한다. 각 구성은 *모드*와 전부 연결될 경우의 *N!*의 각각 다른 모드들이 언급되어진다. 표 9.3은 3가지 영역시스템에 대한 모드들을 보여주고 있다. 예를 들어 A 영역의 스테이션들은 1과 2영역 동안 서로 통신할 수 있고, 3과 5 모드 동안 영역 B의 스테이션과 통신할 수 있다. 위성은 주기적으로 모드를 변경할 수 있는데 적어도 하나의 모드는 한 슬롯당 한번 발생할 수 있다. 모드형태와 지속성은 일반적으로 트래픽 요구사항을 변경하기를 원하는 지표상의 요구 조건에 의해 조정된다.

끝으로 DAMA는 TDMA 위성에 의해 채택되며 SS/TDMA 시스템은 모드 형태가 지표상의 요구조건에 의해 변경될 수 있도록 DAMA를 확장한 것이다. TDM 내에서의 일반적인 DAMA는 한 개 채널을 공유하기 위한 다중접근기술이다. 그러한 기술에 의해 지구국은 채널을 사용한다.

9.4 참고문헌

읽기 쉽고 상대적으로 전문적인 내용이 많지 않은 문헌으로 [INGL97]을 추천하며 좀 더 전문적인 내용을 원한다면 [PRAT03], [ELBE99]를 추천한다. 아울러 최고의 우수한 전문적 기술문헌을 원한다면 [FREE97]을 추천한다.

ELBE99 Elbert, B. *Introduction to Satellite Communication*.Boston:Artech House,1999

FREE97 Freeman,R.*Raido System design for Telecommunications*.New York:Wiley, 1977.

INGL97 Inglis,A.,and Luther,A.*Satellite Technology:An Introduction*. Boston:Focal Press,1977.

PRAT03 Pratt, T.;Bostain, C.; and Allnutt, J. "Satellite Communications." New York: Wiley, 2003.

웹사이트

- **Lloyd Wood의 위성 웹페이지:** 위성통신의 개요에 관련한 사이트
- **SIA(Satellite Industry Association):** 상업 위성통신분야에서 미국을 대표하는 우주 및 통신회사들의 조직

9.5 주요용어, 복습, 연습문제

주요용어

고정위성서비스(FSS)	정지궤도(GEO)	FDMA(Frequency Division Multiple Access)
다운링크	주파수 재사용	SCPC(Single Channel Per Carrier)
방송위성서비스(BSS)	중궤도(MEO)	SS/TDMA(Satellite Switched TDMA)
양극(polarization)	지구국	TDMA(Time Division Multiple Access)
업링크	통신위성	
이동위성서비스	트랜스폰더	
위성	DAMA(Demand Assignment Multiple Access)	
위성궤도	FAMA(Fixed Assignment Multiple Access)	
위성궤적		
저궤도(LEO)		

복습문제

9.1 위성통신의 세 가지 특징을 기술하라.

9.2 위성 중심과 육상무선통신 사이의 주된 차이점은?

9.3 위성궤도를 분류하는 세 가지 다른 방법을 기술하라.

9.4 GEO, LEO, MEO 위성을 설명하라.

9.5 당신은 GEO, LEO, MEO 어떤 환경을 사용하는가?

9.6 위성통신성능과 관련된 세 가지 주 요소는?

9.7 위성통신의 대기감쇠의 주된 원인은?

9.8 FDMA에 대한 위성채널 내에서 제공되어질 수 있는 부채널의 수를 제한하는 세 가지 요인은 무엇인가?

연습문제

9.1 행성운동에 관한 케플러의 법칙을 이용하여 다음과 같은 원형궤도 운동식을 얻었다.

$$T^2 = \frac{4\pi^2 a^3}{\mu}$$

T = 궤도주기

a = 궤도반경 in km

μ = Kepler 상수 = $3.986004418 \times 10^5\ km^3/s^2$

지구자전 주기가 23시간 56분 4.09초일 때

a. GEO 위성의 궤도반경을 구하라.

b. 지구반경이 6370 km 일 때 GEO 위성의 궤도 고도를 구하라. (그림 9.1참조)
주의: 어떤 그래프를 참고했느냐에 따라 약간의 오차가 있음에 유의할 것.

9.2 우주왕복선도 LEO 위성법칙을 따르는 시스템이며 그 궤도고도는 250 km이다.

a. 지구 반경이 6370 km이라 가정할 때 왕복선 궤도주기를 구하시오.

b. 우주왕복선의 속도를 구하시오.

9.3 당신이 지금 free space law에 따라 지금 위성통신을 하고 있고 그 신호가 너무 약하다고 하자. 위성통신 제공사에서 당신에게 두 가지 선택을 제시했다고 하자. 하나는 현재 사용주파수의 두 배의 주파수사용이고 다른 하나는 사용안테나의 유효면적을 두 배로 하는 것이다. 어느 선택이 수신능력을 더 증가시키는 방법인가? 또, 얼마나 수신능력이 늘어나는가? 아니면 둘 다 똑같은 효과가 있는가?

9.4 위성이 40000 km 상공에 17dB의 gain으로 11 GHz, 10 W 출력으로 지상 관찰자에게 신호를 보내고 있다. 수신 안테나의 gain이 52.3 dB일 때 수신 power를 계산하시오.

9.5 그림 9.10의 트랜스폰더기법에서 보호대역에 사용되어 지는 대역폭은 몇 퍼센트인가?

9.6 그림 9.13의 TDMA에서 다음과 같은 파라미터들을 가정하자. 프레임 길이는 2 ms이다. 데이터는 60.136 Mbaud의 신호요소비율로 QPSK를 사용하여 부호화되어진다. 모든 트래픽버스트는 16,512비트이다. 참조 버스트는 576비트이며 서문은 560비트이고

보호 간격은 24비트이다. 두 참조 스테이션들이 참여하고 있으며 따라서 두 참조버스트가 필요하다고 가정하자.

a. 시스템이 서비스할 수 있는 최대 지구국의 수를 결정하라.

b. 프레임 효율성(오버헤드비트 보다 사용자 데이터를 전달하는 프레임 비율)은?

9.7 TDMA 네트워크의 5개 지상 기지국이 하나의 트랜스폰더를 동등하게 공유하고 있다. 프레임 지연이 2 ms, 프리앰블 타임이 20 μs, 버스트 사이의 가드 밴드가 5 μs이고 송신 버스트가 30 Mbaud에 QPSK일 때,

a. 각각의 TDMA가 송신할 수 있는 64-kbps 의 음성채널의 숫자를 계산하시오.

b. 만약 지상 지기가 음성신호대신 일반 데이터를 보낸다면 이 때의 송신율은 얼마인가?

c. 효율이 (전송 메시지 bit)/(최대 전송가능 메시지 bit)으로 정의될 때 TDMA 효율을 구하시오.

9.8 3개의 지상기지국이 36-MHz의 주파수대역의 TDMA 트랜스폰더를 사용하고 있고, 프레임 길이 1 ms, 프리앰블 10 μs, 가드 타임은 2 μs이다. TDMA의 기준 버스트가 없다고 하고 신호는 QPSK이용해서 이루어진다. 각각의 기지의 신호의 bit율은 다음과 같다.

스테이션 A: R = 15 Mbps
스테이션 B: R = 10 Mbps
스테이션 C: R = 5 Mbps

각 기지의 버스트 지연과 심볼 rate를 구하시오.

CHAPTER 10

셀룰러 무선 통신망

communications networks

데이터 통신과 전기 통신에서의 비약적인 발전 중에서, 가장 혁신적인 것은 아마도 셀룰러 통신망의 개발일 것이다. 셀룰러기술은 이동 무선 통신의 기초이고 유선 통신망으로 쉽게 서비스를 제공하지 못하는 지역에 있는 사용자를 지원한다. 셀룰러기술은 이동 전화, 개인 통신 시스템, 무선 인터넷 및 무선 웹 응용 그리고 그 외의 많은 응용의 기초가 되는 기술이다.

모든 셀룰러 통신망에서 사용되는 기초적인 원리를 살펴보는 것으로 이 장을 시작한다. 그 다음에 세 개의 세대로 구분되는 특정 셀룰러기술 및 표준에 대해서 살펴본다. 1세대는 아날로그 기반이고 아직까지 널리 사용되고 있지만 점점 사용이 줄어들고 있다. 오늘날 가장 유력한 기술은 디지털 2세대 시스템이다. 마지막으로 3세대 고속 디지털 시스템이 등장하기 시작하였다.

10.1 셀룰러 통신망의 원리

셀룰러 무선(cellular radio)은 이동 무선 전화 서비스에서 이용 가능한 용량을 증가시키기 위하여 개발된 기술이다. 셀룰러 무선이 도입되기 전에는 이동 무선 전화 서비스는 단지 고전력 송신기/수신기에 의해서만 제공되었다. 전형적인 시스템은 약 80 km의 유효반경에서 약 25 채널을 지원한다. 시스템의 용량을 증대시키는 방법은 보다 짧은 반경을 가지는 저전력 시스템을 사용하고 많은 송신기/수신기를 사용하는 것이다. 이 절에서는 먼저 셀룰러 시스템의 구성에 대해서 살펴보고 그 다음에 이들의 몇 가지 구현 세부사항에 대해서 살펴본다.

셀룰러 통신망 구성

셀룰러 통신망에서 핵심요소는 다수의 100 W 혹은 그 이하의 저전력 송신기를 사용한다는 것이다. 이러한 송신기의 범주는 작기 때문에, 영역을 여러 개의 셀로 나눌 수 있고 각각의 셀은 자신의 안테나를 통해 지원된다. 각 셀은 하나의 주파수 대역이 할당되고 송신기, 수신기 그리고 제어장치로 구성된 **기지국**(base station)에 의해서 지원된다. 인접한 셀은 상호 간섭(interference) 혹은 누화(crosstalk)를 피하기 위해서 서로 다른 주파수를 할당한다. 하지만 서로 충분히 멀리 떨어져 있는 셀은 같은 주파수 대역을 사용할 수 있다.

설계과정에서 가장 먼저 결정해야 하는 사항은 하나의 영역을 지원하는 셀의 모양이다. 정사각형 셀의 매트릭스(matrix)는 가장 단순한 형태의 배치이다(그림 10.1(a)). 그러나 이 구조는 이상적이지 않다. 만약 정사각형 셀의 폭이 d라면, 4개의 인접한 셀은 거리 d만큼 떨어져 있고 4개의 인접한 셀은 거리 $\sqrt{2}\,d$ 만큼 떨어져 있게 된다. 셀 내에 있는 이동 사용자가 셀의 경계 쪽으로 이동할 때, 모든 인접한 안테나가 동일한 거리만큼 떨어져 있는 것이 가장 좋다. 이것은 사용자를 인접한 안테나로 교환할 시기와 어떤 안테나를 선택할 것인지를 결정

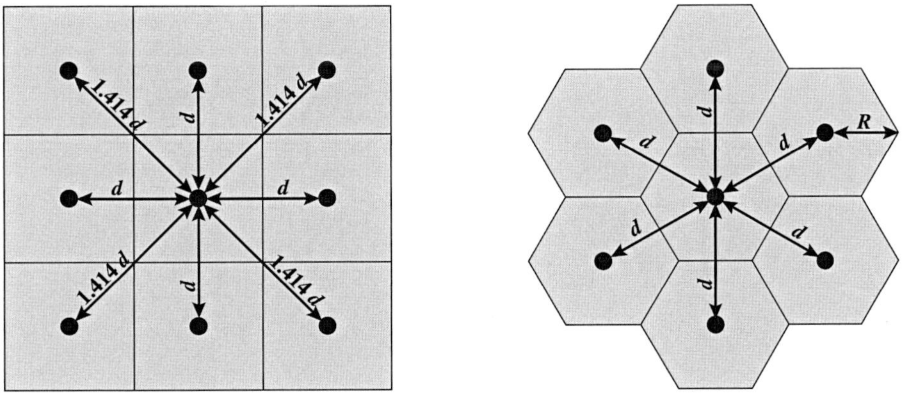

(a) 정사각형 셀 패턴 (b) 육각형 셀 패턴

그림 10.1 셀 패턴

하는 작업을 단순화시킨다. 육각형 패턴은 같은 거리의 안테나를 제공한다(그림 10.1(b)). 육각형의 반경은 셀을 둘러싸고 있는 원의 반경과 같다(중심에서 각 꼭지점까지의 거리와 같고 육각형의 한 변의 길이와 같다). 셀 반경 R에 대해서, 셀 중심에서 각 인접 셀 중심 사이의 거리는 $d = \sqrt{3}\,R$ 이다.

실제로는 정확한 육각형 패턴이 사용되지 않는다. 지형적인 제한, 지역 신호전파 조건 그리고 실제 안테나를 설치할 때의 제한으로 인하여 이상적인 육각형과는 차이가 있다.

무선 셀룰러 시스템을 사용할 때, 지형적으로 분리되어 있더라도 제어되지 않은 신호가 서로 상호 간섭을 일으킬 수 있기 때문에 서로 다른 통신을 위하여 같은 주파수를 사용할 수 있는 빈도수에 제한이 있다. 많은 수의 통신을 동시에 지원하는 시스템은 스펙트럼을 보존하기 위한 메커니즘을 필요로 한다.

주파수 재사용

셀룰러 시스템에서, 각 셀은 기지국 트랜시버(base transceiver)를 가지고 있다. 전송전력은 주어진 주파수에서의 전력이 자신의 셀을 벗어나서 인접 셀로 전파되는 것을 제한하면서 그 주파수를 사용하는 셀 내에서의 통신을 가능하게 하도록 (아주 가변적인 이동 통신환경에서 가능한 정도로) 주의 깊게 제어된다. 주파수 재사용의 목적은 다른 근처에 있는 셀에서 같은 주파수를 사용하도록 하여 다수의 동시 대화를 위하여 그 주파수를 사용할 수 있도록 하는 것이다. 일반적으로 예상되는 트래픽에 따라 10개에서 50개 정도의 주파수가 각 셀에 할당된다.

물론 핵심 쟁점은 두 셀이 서로 상호 간섭을 일으키지 않도록 하기 위하여 같은 주파수를

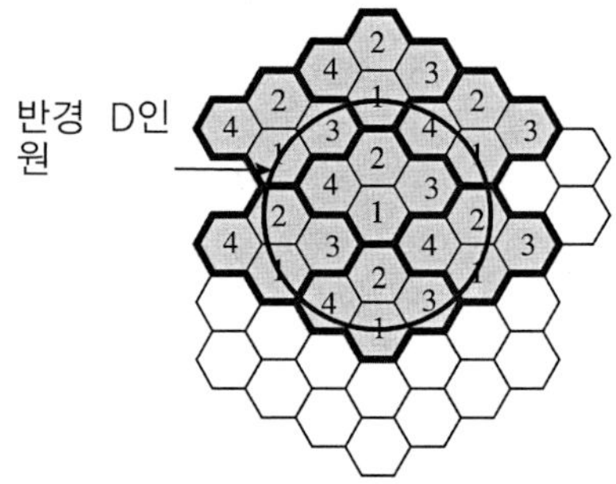

(a) N=4일 경우, 주파수 재사용 패턴

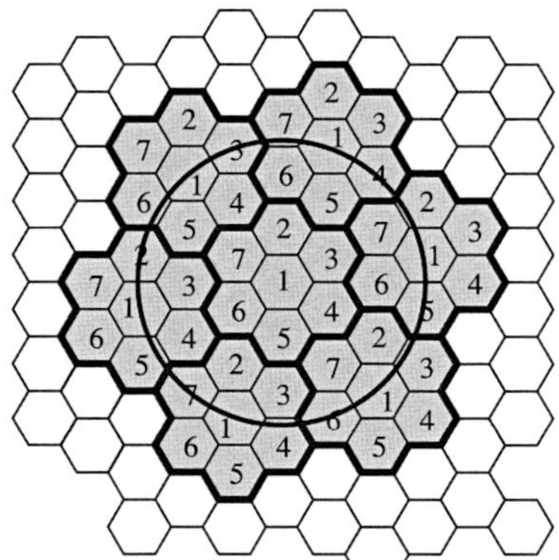

(b) N=7일 경우, 주파수 재사용 패턴

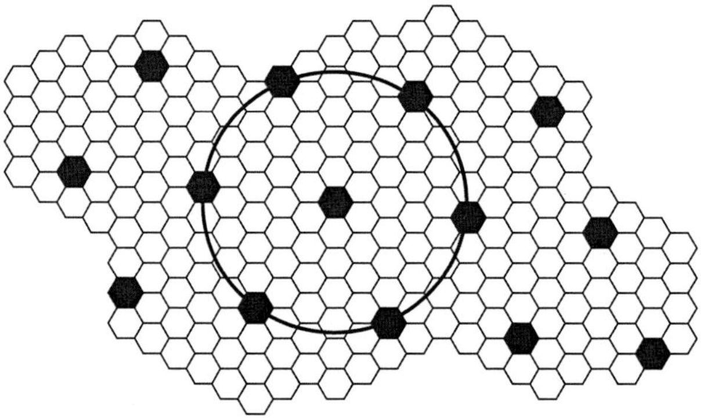

(c) N=19일 경우, 주파수 재사용 패턴(검은 셀)

그림 10.2 주파수 재사용 패턴

사용하는 두 셀 사이에 얼마나 많은 셀이 필요한가를 결정하는 것이다. 다양한 주파수 재사용 패턴이 가능하다. 그림 10.2는 몇 가지 예를 보여준다. 만약 패턴이 N개의 셀로 구성되어 있고 각 셀에 같은 수의 주파수가 할당된다면, 각 셀은 K/N개의 주파수를 가질 수 있는데, 여기에서, K는 시스템에 할당된 주파수의 전체 수이다. AMPS의 경우, K = 395 그리고 N = 7이 같은 주파수를 사용하는 두 셀 사이에서 충분한 격리를 가능하게 하는 최소 패턴이다. 이것은 평균적으로 셀당 최대 57개의 주파수가 있을 수 있다는 것을 의미한다.

주파수 재사용 특성을 나타내기 위해서는 다음과 같은 파라미터가 공통적으로 사용된다:

D = 같은 주파수 대역을 사용하는 셀(동등채널(cochannel)이라 불림)의 중심 사이의 최소 거리

R = 셀의 반경

d = 인접 셀의 중심 사이의 거리 ($d = \sqrt{3}R$)

N = **재사용 인자**(reuse factor)라 불리는 반복 패턴 내의 셀의 수(패턴 내에서의 각 셀은 유일한 주파수 대역을 사용한다)

육각형 셀 패턴에서, 단지 다음과 같은 N 값만이 가능하다:

$$N = I^2 + J^2 + (I \times J), \quad I, J = 0, 1, 2, 3, \ldots$$

따라서, 가능한 N 값은 1, 3, 4, 7, 9, 12, 13, 16, 19, 21 등이다. 다음과 같은 관계가 성립한다:

$$\frac{D}{R} = \sqrt{3N}$$

이것은 또한 $D/d = \sqrt{N}$으로 표현될 수도 있다.

용량 증대

조만간 더 많은 고객이 시스템을 사용하게 되면 이들의 호를 처리하기 위하여 셀에 할당할 충분한 주파수가 없을 정도로 트래픽이 발생할 수 있다. 다음을 포함하는 많은 방법들이 이러한 상황을 처리하기 위하여 사용되어 왔다:

- **신규 채널추가:** 전형적으로 시스템이 지역 내에서 설정될 때, 모든 채널이 사용되는 것이 아니고 신규 채널을 추가함으로써 규칙적인 방식으로 성장과 확장이 관리될 수 있다.
- **주파수 임대:** 가장 단순한 예로서, 혼잡한 셀이 인접한 셀로부터 주파수를 획득한다. 이 주파수는 또한 동적으로 셀에 할당될 수 있다.
- **셀 분리:** 실제로는 트래픽의 분배와 지형적인 특성이 균일하지 않기 때문에 이것은 용량 증대의 기회를 제공한다. 사용률이 높은 지역 내의 셀은 더 작은 셀들로 분리(splitting)될 수 있다. 일반적으로, 원래의 셀은 대략 6.5～13 km 정도의 크기를 갖는다. 더 작은 셀도 분리될 수 있다. 하지만 실제로는 1.5 km 크기를 갖는 셀이 일반적인 해결책으로서는 최소한의 크기라고 할 수 있다(마이크로셀에 대해서는 이후의 논의를 참조하기 바란다). 더 작은 셀을 사용하기 위하여, 사용되는 전력수준은 신호가 그 셀의 범주 내로 제한되도록 낮아져야 한다. 또한 이동국이 움직일 때, 이들은 한 셀에서 다른 셀로 이동할 수 있고, 따라서 하나의 기지국 트랜시버에서 다른 기지국 트랜시버로 호를 전달할 필요가 있다. 이 절차는 *핸드오프*(handoff)라 불린다. 셀이 점점 더 작아질수록, 이러한 핸드오프는 보다 빈번하게 발생하게 된다. 그림 10.3은 셀이 보다 큰 용량을 제공하기 위하여 분할되는 방법을 개략적으로 보여준다. F만큼 반경을 줄이는 것은 서비스영역을 줄이며, F^2 인자는 요구되는 기지국 수를 증가시킨다.

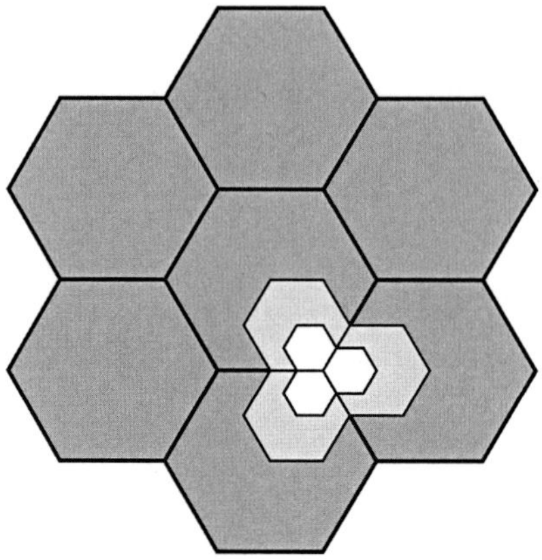

그림 10.3 셀 분리

- **셀 섹터화(sectoring):** 셀 섹터화를 사용하여 셀은 많은 쐐기모양(wedge-shaped) 섹터로 나누어지고 각 섹터는 자신의 채널집합을 가진다. 그리고 일반적으로 셀당 3 혹은 6개의 섹터가 존재한다.
- **마이크로셀:** 셀이 점점 더 작아질수록 안테나는 높은 빌딩 혹은 언덕 꼭대기에서 작은 빌딩 옥상이나 큰 빌딩의 측면 그리고 마침내는 마이크로셀이 형성되는 가로등 기둥으로 옮겨진다. 셀 크기가 줄어들면 기지국과 이동국에서 방출되는 전력수준도 줄어야 한다. 마이크로셀은 혼잡한 도시 지역 거리, 고속도로 그리고 큰 공공 빌딩 내에서 유용하다.

표 10.1은 매크로셀이라 불리는 전통적인 셀과 현재의 기술을 사용한 마이크로셀을 위한 전형적인 파라미터를 보여준다. 평균 지연분포는 다중경로 지연분포를 나타낸다(즉, 같은 신호가 서로 다른 경로로 전송되고 수신측에 가장 빨리 도착한 신호와 가장 늦게 도착한 신호 사이에 시간지연이 존재한다). 보여진 바와 같이, 보다 작은 셀을 사용하는 것은 보다 낮은 전력의 사용을 가능하게 하고 보다 우수한 전파(propagation)조건을 제공한다.

표 10.1 매크로셀과 마이크로셀을 위한 일반적인 파라미터 [ANDE95]

	매크로셀	마이크로셀
셀반경	1 ~ 20 km	0.1 ~ 1 km
송신전력	1 ~ 10 W	0.1 ~ 1 W
평균지연분포	0.1 ~ 10 μs	10 ~ 100 ns
최대 비트율	0.3 Mbps	1 Mbps

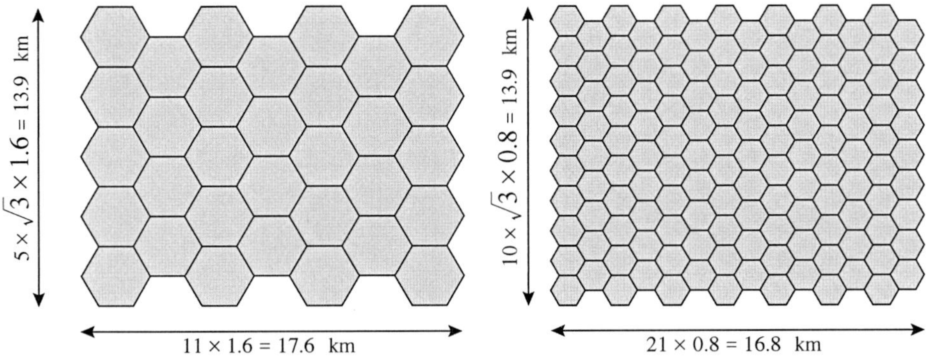

(a) 셀반경 = 1.6km (b) 셀반경 = 0.8km

그림 10.4 주파수 재사용 예

Example 10.1

[HAAS00]. 1.6 km의 셀 반경을 가지는 32개의 셀로 구성되어 있고 전체 주파수 대역은 336개의 트래픽채널을 지원하고 재사용 인자 N = 7인 시스템을 가정하자. 만약 32개의 전체 셀이 있다면, 어느 정도의 지형적인 서비스 영역을 가지고, 셀당 얼마나 많은 채널을 가지는가 그리고 처리될 수 있는 동시 호의 전체 수는 얼마인가? 셀 반경이 0.8 km이고 128개의 셀로 구성된 시스템에 대해서도 같은 질문에 답해보도록 하자.

그림 10.4(a)는 대략적인 사각형 패턴을 보여준다. 반경이 R인 육각형의 면적은 $1.5R^2\sqrt{3}$이다. 반경이 1.6 km인 육각형은 6.65 km^2의 면적을 갖는다. 그리고 전체 서비스 면적은 6.65 × 32 = 213 km^2이다. N = 7인 경우에 셀당 채널의 수는 336/7 = 48개이다. 전체 채널용량은 48 × 32 = 1536 채널이다. 그림 10.4(b)의 설계에 대해서 셀당 채널의 수는 336/7 = 48이고 전체 채널용량은 48 × 128 = 6144 채널이다.

셀룰러 시스템의 운영

그림 10.5는 셀룰러 시스템의 주요요소를 보여준다. 기지국(BS: Base Station)은 각 셀의 중심 근처에 있다. BS는 안테나, 제어기 그리고 그 셀에 할당된 채널을 통한 통신을 위한 많은 트랜시버를 포함하고 있다. 제어기는 이동국과 통신망의 나머지 부분간의 호 절차를 처리하기 위하여 사용된다. 항상 많은 사용자 이동국이 활동중이고 BS와 통신하면서 한 셀 내에서 움직인다. 각 BS는 이동 전화 교환국(MTSO: Mobile Telecommunication Switching Office)에 연결되어 있는데, 하나의 MTSO가 다수의 BS를 지원한다. 일반적으로 MTSO와 BS 사이의 링크는 무선 링크가 가능하더라도 유선을 사용한다. MTSO는 이동국 사이의 호를 연결한

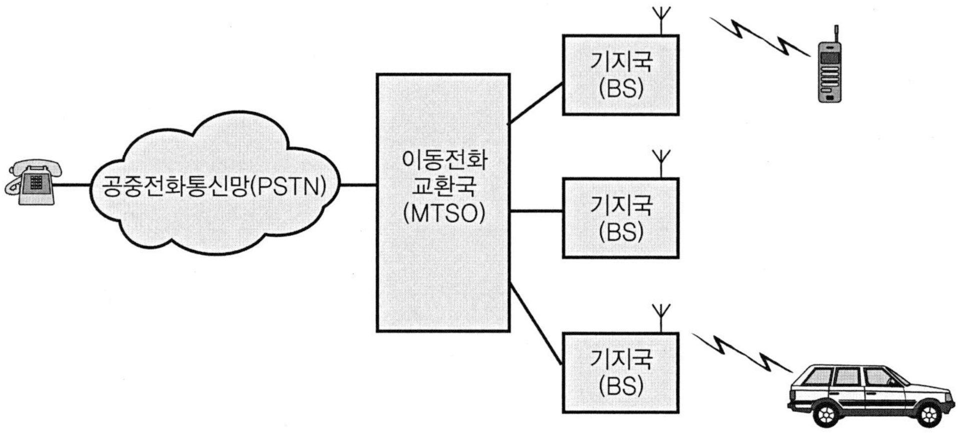

그림 10.5 셀룰러 시스템 개요

다. MTSO는 또한 공중 전화 혹은 전기 통신망에 연결되어 있고 공중 통신망의 고정 가입자와 셀룰러 통신망의 이동 가입자 사이를 연결할 수 있다. MTSO는 각 호에 음성채널을 할당하고, 핸드오프(이후에 기술함)를 수행하고 과금정보를 얻기 위하여 호를 감시한다.

셀룰러 시스템의 사용은 완전히 자동화되어 있고 호를 설정하거나 응답하는 것을 제외하고는 사용자 부분에 대한 어떠한 조치도 요구하지 않는다. 이동국과 기지국(BS) 간에는 두 가지 유형의 채널이 가용하다: 제어채널과 트래픽채널. **제어채널**은 호를 설정하고 유지하고 이동국과 가장 가까이에 있는 기지국 사이의 관계를 설정하기 위하여 필요한 정보를 교환하기 위하여 사용된다. **트래픽채널**은 사용자 사이에서 음성 혹은 데이터 연결을 전송한다. 그림 10.6은 하나의 MTSO에 의해서 제어되는 영역 내에 있는 두 이동 사용자 사이의 일반적인 호 절차를 보여준다:

- **이동국 초기화:** 이동국의 전원이 켜질 때, 이동국은 이 시스템을 위하여 사용되는 제어채널을 조사(scan)하여 가장 강한 설정 제어채널을 선택한다(그림 10.6(a)). 서로 다른 주파수 대역을 가지고 있는 셀은 서로 다른 설정채널 상으로 반복해서 방송한다. 수신기는 가장 강한 설정채널을 선택하고 그 채널을 감시한다. 이 절차를 수행한 결과, 이동국은 자동적으로 자신이 동작하고 있는 셀의 BS 안테나를 선택한다.[1] 그 다음에 이 셀 내에 있는 BS를 통하여 이동국과 이 셀을 제어하는 MTSO 사이에서 핸드쉐이크(handshake)가 일어난다. 핸드쉐이크는 사용자 신원을 확인하고 사용자의 위치를 등록하기 위하여 사용된다. 이동국의 전원이 켜져 있는 동안, 이러한 스캐닝(scanning) 절차

1. 항상은 아니지만 보통 안테나와 선택된 기지국은 이동국에서 가장 가까운 것이다. 하지만 전파이상현상(propagation anomalies)으로 인하여 항상 그렇지는 않다.

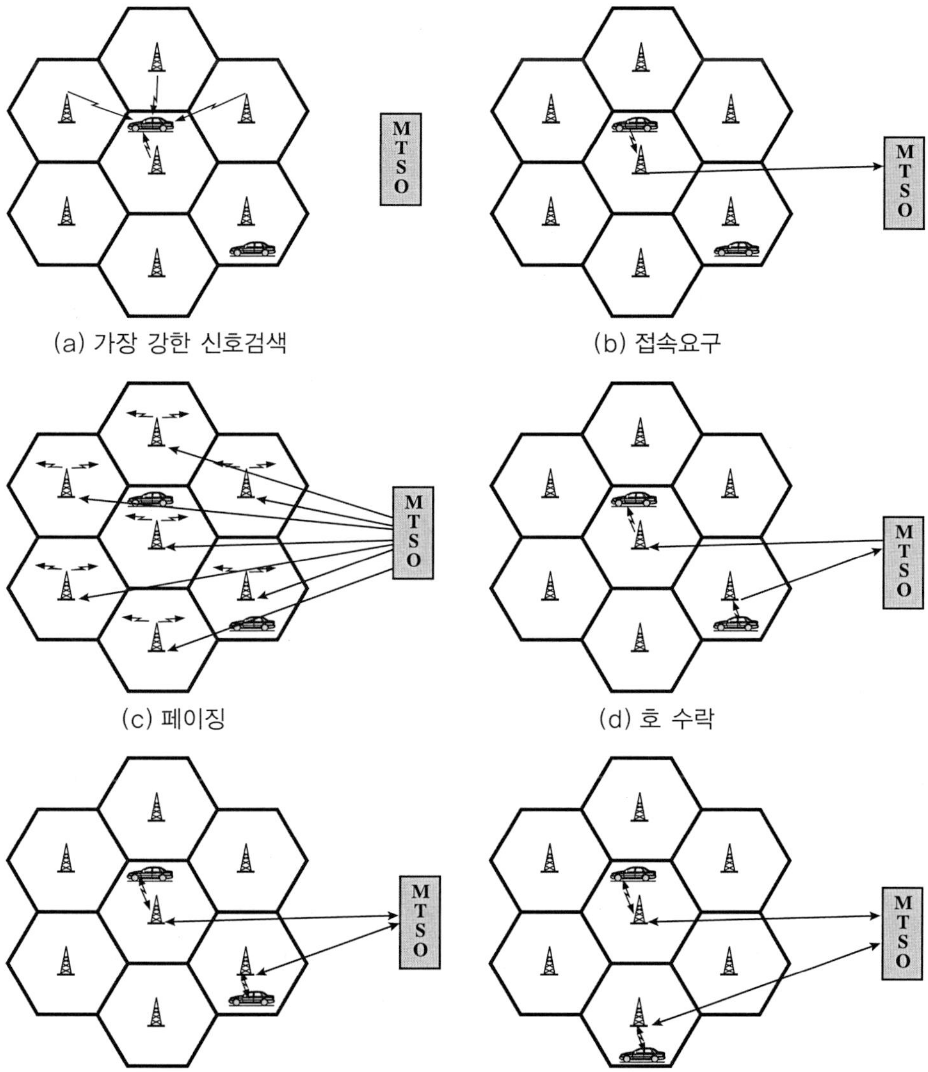

(a) 가장 강한 신호검색 (b) 접속요구 (c) 페이징 (d) 호 수락 (e) 진행중인 호 (f) 핸드오프

그림 10.6 이동 셀룰러 호 예

는 이 장치의 움직임을 찾기 위하여 주기적으로 반복된다. 또한 이동국은 이후에 설명될 페이지를 위하여 감시된다.

- **이동국 발신호:** 이동국은 미리 선택된 설정채널 상으로 피호출장치의 번호를 전송함으로써 호를 시작한다(그림 10.6(b)). 이동국의 수신기는 먼저 (BS로부터의) 순방향채널에 있는 정보를 조사함으로써 설정채널이 유휴상태인지를 검사한다. 유휴상태임이 탐지되면, 이동국은 상응하는 (BS로의) 역방향채널로 전송할 수 있다. BS는 MTSO로 요

구를 전송한다.

- **페이징:** MTSO는 그 다음에 호출된 장치로의 연결을 완료하기 위하여 시도한다. MTSO는 호출된 이동국의 번호에 따라 특정 BS로 페이징 메시지를 전송한다(그림 10.6(c)). 각 BS는 자신에게 할당된 설정채널로 페이징 신호를 전송한다.
- **호 수락:** 호출된 이동국은 감시하고 있는 설정채널을 통하여 자신의 번호를 인지하고 그 BS에 응답한다. BS는 다시 MTSO에게 응답을 전송한다. MTSO는 호출 이동국과 피호출 이동국 사이의 호를 설정한다. 동시에 MTSO는 각 BS의 셀 내에 있는 가용한 트래픽채널을 선택하고 각 BS에 통보한다. 그러면 각 BS는 차례로 자신의 이동국에 통보한다(그림 10.6(d)). 두 이동국은 각자 자신에게 할당된 채널로 조정한다.
- **진행중인 호:** 연결이 유지되고 있는 동안, 두 이동국은 자신들 각자의 BS와 MTSO를 통하여 음성 혹은 데이터 신호를 교환한다(그림 10.6(e)).
- **핸드오프:** 만약 연결이 진행되는 동안 이동국이 하나의 셀 범주 밖으로 이동하여 다른 셀 범주로 들어갔다면, 트래픽채널은 새로운 셀 내에 있는 BS에게 할당된 채널로 바뀌어야 한다(그림 10.6(f)). 시스템은 호를 중단하거나 사용자에게 알리지 않고 이러한 변경을 수행한다.

그림 10.6에는 나타나 있지 않지만 시스템에 의해서 수행되는 다른 기능은 다음과 같다:

- **호 블로킹:** 이동국이 시작한 호 단계 동안, 만약 가장 가까이에 있는 BS에 할당된 모든 트래픽채널이 통화중이라면, 이동국은 미리 구성된 수만큼 반복 시도를 수행한다. 특정 수의 시도 실패 후에 통화중 톤이 사용자에게 반환된다.
- **호 종료:** 두 사용자 중 한 명이 수화기를 놓으면, MTSO에게 통보되고 두 BS에 있는 트래픽채널이 해제된다.
- **호 드롭(drop):** 연결이 설정된 동안, 상호간섭 혹은 특정 지역에서의 약한 신호로 인하여 BS가 특정 시간 동안 요구된 최소 신호세기를 유지할 수 없다면, 사용자에게 할당된 트래픽채널은 드롭되고 MTSO에게 통보된다.
- **고정 및 원격 이동 가입자로의/로부터의 호:** MTSO는 공중 전화 통신망으로 연결한다. 따라서 MTSO는 자신의 영역 내에 있는 이동 사용자와 고정 가입자 사이를 전화망을 통하여 연결을 설정할 수 있다. 더 나아가서 MTSO는 전화망 혹은 전용 회선을 통하여 원격 MTSO와 연결할 수 있고 자신의 영역 내에 있는 이동 사용자와 원격 이동 사용자 사이의 연결을 설정할 수 있다.

이동 무선 전파효과

무선 이동 통신은 유선 통신과 무선 고정 통신에서 발견되지 않는 복잡성을 가지고 있다. 일반적으로 고려해야 하는 두 가지는 신호세기와 신호전파효과이다.

- **신호세기:** 기지국과 이동국 사이의 신호세기는 수신기에서 신호품질을 유지할 정도로 충분히 강해야 하지만 너무 강해서 같은 주파수 대역을 사용하는 다른 셀에 있는 채널과 동등채널(cochannel) 상호 간섭을 발생시키지 않아야 한다. 여러 복잡한 인자가 존재한다. 인간이 만든 잡음은 상당히 다양한데, 이는 가변적인 신호수준을 야기한다. 예를 들어, 셀룰러 주파수 범위에 있는 오토바이가 시동을 걸때의 잡음은 교외 지역에서보다 시내에서 더 크다. 장소에 따라 다양한 다른 신호원이 존재한다. 신호세기는 BS로부터 그 BS의 셀 내에 있는 한 지점에 이르는 거리의 함수에 따라 변한다. 또한 신호세기는 이동국이 이동함에 따라 동적으로 변한다.
- **페이딩:** 신호세기가 유효 범위 내에 있더라도, 신호전파효과는 신호를 훼손시켜서 오류를 야기할 수 있다. 5.4절에서 페이딩과 다양한 대응책에 대해서 설명하였다.

셀룰러 통신망을 설계함에 있어서, 통신 엔지니어는 이러한 다양한 전파효과, 기지국과 이동국에서 요구되는 최대 전송전력수준, 이동국 안테나의 높이 그리고 BS 안테나의 가용한 높이를 고려해야 한다. 이러한 인자들이 개별적인 셀의 크기를 결정할 것이다. 불행스럽게도 이미 기술한 바와 같이 전파효과는 동적이고 예측하기가 어렵다. 취할 수 있는 최선의 대책은 경험적인 데이터에 기반을 둔 모델을 제안하여 이 모델을 셀 크기를 위한 지침을 개발하기 위하여 주어진 환경에 적용하는 것이다. 가장 널리 사용되는 모델 중 하나는 오쿠무라 등[OKUM68]에 의해서 개발되었고 그 이후에 하타[HATA80]에 의해 개량되었다. 원문에서는 도쿄 지역을 세밀하게 분석하여 도시환경을 위한 경로손실정보를 제시하였다. 하타의 모델은 다양한 환경과 조건을 고려하여 전파효과를 경험적으로 공식화하였다. 도시환경에 대해서, 예측된 경로손실은 다음과 같다:

$$L_{\mathrm{dB}} = 69.55 + 26.16 \log f_c - 13.82 \log h_t - A(h_r) + (44.9 - 6.55 \log h_t) \log d \qquad (10.1)$$

여기에서,

f_c = 150～1500 MHz의 범위를 갖는 MHz 단위의 반송 주파수

h_t = 30～300 m의 범위를 갖는 m 단위의 (기지국) 송신 안테나 높이

h_r = 1～10 m의 범위를 갖는 m 단위의 (이동국) 수신 안테나 높이

d = 1～20 km의 범위를 갖는 km 단위의 안테나간 전파거리

$A(h_r)$ = 이동 안테나 높이에 대한 교정인자(correction factor)

소도시 혹은 중소도시에 대해 교정인자는 다음과 같이 주어진다:

$$A(h_r) = (1.1 \log f_c - 0.7) h_r - (1.56 \log f_c - 0.8) \text{ dB}$$

그리고 대도시에 대해서는 다음과 같이 주어진다:

$$A(h_r)=8.29[\log(1.54h_r)]^2-1.1 \text{ dB}, \ f_c \leq 300 \text{ MHz일 경우}$$
$$A(h_r)=3.2[\log(11.75h_r)]^2-4.97 \text{ dB}, \ f_c \geq 300 \text{ MHz일 경우}$$

교외지역에서 경로손실을 추정하기 위해서는 식 (10.1)에 있는 도시지역 경로손실을 추정하기 위한 공식을 다음과 같이 수정하면 된다:

$$L_{dB}(\text{suburban})=L_{dB}(\text{urban})-2[\log(f_c/28)]^2-5.4$$

탁 트인 영역에서의 경로손실을 추정하기 위해서는 그 공식을 다음과 같이 수정하면 된다:

$$L_{dB}(\text{open})=L_{dB}(\text{urban})-4.78(\log f_c)^2-18.733(\log f_c)-40.98$$

오쿠무라/하타 모델은 경로손실 예측에서 정확도 측면에서 가장 우수한 것 중 하나로 평가되고 있으며 광범위한 상황에서의 경로손실을 추정하기 위한 실질적인 수단을 제공한다 [FREE97, RAPP02].

Example 10.2

[FREE 97]. $f_c = 900$ MHz, $h_t = 40$ m, $h_r = 5$ m 그리고 $d = 10$ km라고 하자. 중소도시를 위한 경로손실을 추정하라.

$$A(h_r)=(1.1\log 900-0.7)5-(1.56\log 900-0.8)\text{dB}$$
$$=12.75-3.8=8.95\text{dB}$$

$$L_{db}=69.55+26.16\log 900-13.82\log 40-8.95+(44.9-6.55\log 40)\log 10$$
$$=69.55+77.28-22.14-8.95+34.4=150.14\text{dB}$$

핸드오프

핸드오프[2]는 이동국이 하나의 셀에서 다른 셀로 이동할 때 하나의 BS로부터 다른 BS로 이동국의 할당을 변경하는 절차이다. 핸드오프는 서로 다른 시스템에서 서로 다른 방식으로 처리되고 많은 인자를 필요로 한다. 여기에서는 핸드오프에 대한 간략한 개요에 대해서 설명한다.

핸드오프는 통신망 주도일 수 있는데, 통신망 주도의 핸드오프에서는 이동국으로부터 수신된 신호에 대한 통신망의 측정에 의해서만 핸드오프 결정이 이루어진다. 또 다른 방식인

2. *핸드오프*라는 용어는 북미 셀룰러표준문서에서 사용되었다. ITU 문서는 *핸드오버*라는 용어를 사용하고 두 용어 모두 기술문헌에서 사용된다. 의미는 같다.

이동국 지원 핸드오프방식은 이동국이 이동국에서 수신된 신호에 관해서 통신망으로 피드백 정보를 제공함으로써 핸드오프 결정에 참여할 수 있도록 한다. 두 방식에서, 핸드오프를 결정하기 위하여 많은 서로 다른 성능인자가 사용될 수 있다. [HAAS00]에서는 다음과 같은 성능인자를 열거하고 있다:

- **셀 블로킹 확률:** BS 트래픽용량에 비해 과도한 부하로 인하여 새로운 호가 차단될 확률이다. 이 경우에 이동국은 신호품질이 아니라 트래픽용량에 기반하여 이웃하는 셀로 핸드오프된다.
- **호 드롭 확률:** 핸드오프로 인하여 호가 종료될 확률
- **호 완료 확률:** 수락된 호가 종료되기 전까지는 드롭되지 않을 확률
- **성공하지 못한 핸드오프 확률:** 수신 조건이 적합하지 않는 동안 핸드오프가 수행될 확률
- **핸드오프 블로킹 확률:** 핸드오프가 성공적으로 완료될 수 없는 확률
- **핸드오프 확률:** 호 종료 전에 핸드오프가 발생할 확률
- **핸드오프율:** 단위 시간당 핸드오프의 수
- **중단 기간:** 핸드오프가 진행되는 동안 이동국이 두 개의 기지국 중 어디에도 연결되어 있지 않은 시간
- **핸드오프 지연:** 핸드오프가 발생해야 하는 지점에서 핸드오프가 실제 이루어진 지점까지 이동국이 이동한 거리

핸드오프를 결정하기 위하여 사용되는 주요 파라미터는 BS에서 측정된 이동국으로부터의 신호세기이다. 일반적으로 BS는 다중경로효과로 인한 급격한 변동을 제거하기 위하여 이동하는 시간 윈도우 상에서 신호를 평준화시킨다. [POLL96]에 있는 그림에 기반을 둔 그림 10.7(a)는 이동국이 L_A의 전력세기로 BS A에서 L_B의 전력세기로 BS B로 이동함에 따라 인접한 두 개의 기지국에서 수신된 평균 전력수준을 보여준다. 이 그림은 핸드오프 순간을 결정하기 위하여 사용되어 온 다양한 핸드오프 전략을 설명하는 데에 있어서 유용하다:

- **상대적인 전력세기:** B에서의 신호세기가 A에서의 신호세기를 처음으로 넘어서는 시점에서 이동국은 BS A로부터 BS B로 핸드오프된다. 만약 이후에 B에서의 신호세기가 A의 신호세기 아래로 떨어지면 이동국은 다시 A로 핸드오프된다. 그림 10.7(a)에서 핸드오프는 L_1에서 이루어진다. 이 지점에서, BS A로의 신호세기는 여전히 충분하지만 감소하고 있다. 신호세기는 다중경로효과로 인하여 유동적이기 때문에, 전력 평준화를 사용하여도 이 방법은 이동국이 두 BS 사이에서 핸드오프를 반복하는 핑퐁효과를 야기할 수 있다.
- **임계치를 가지는 상대적인 신호세기:** 핸드오프는 (1) 현재 BS에서의 신호가 충분히 약하고(미리 정해진 임계치보다 작고) (2) 다른 신호가 두 신호 중 더 큰 신호인 경우에만

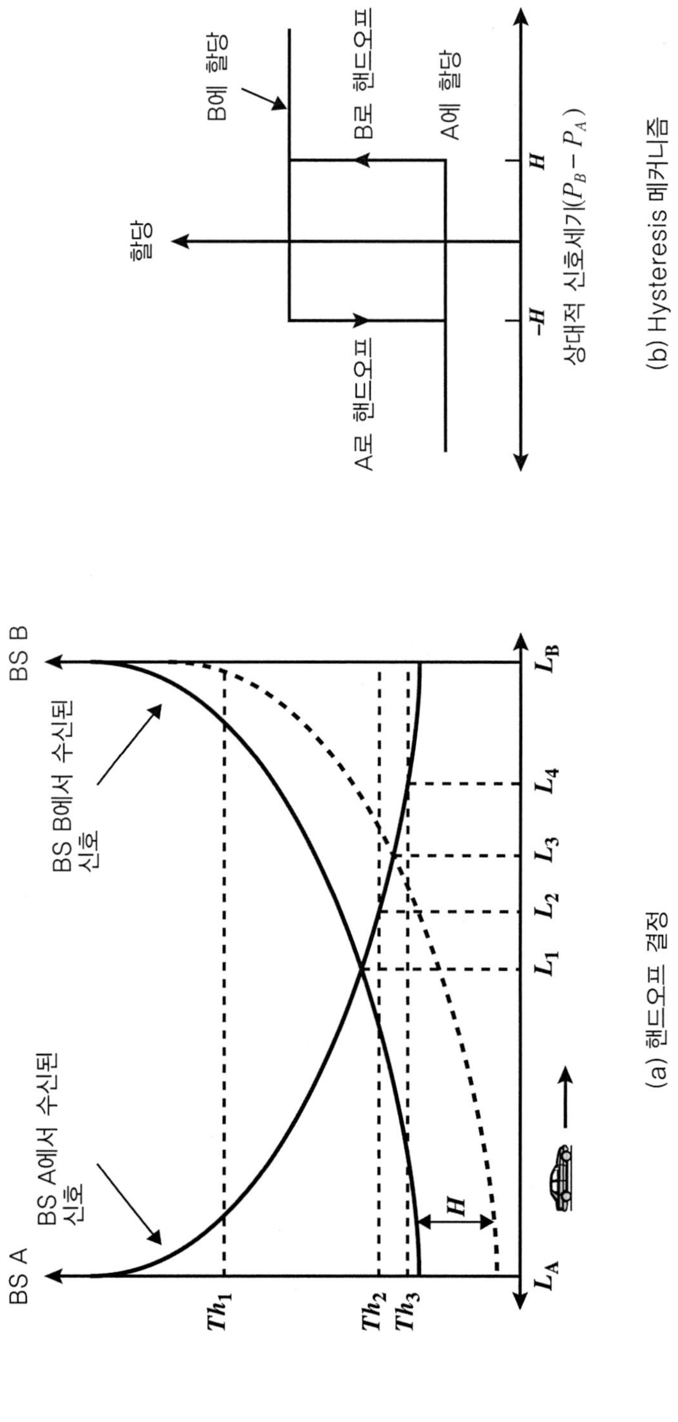

그림 10.7 두 셀 간의 핸드오프

발생한다. 이것의 의도는 현재의 BS에서의 신호가 충분히 큰 동안은 핸드오프가 이루어지지 않도록 하는 것이다. 만약 Th_1과 같이 높은 임계치가 사용되면, 이 방식은 상대적인 신호세기방식과 같이 동작한다. Th_2의 임계치를 가질 경우 핸드오프는 L_2에서 이루어진다. 만약 임계치가 Th_3와 같이 교차신호세기(L_1에서의 신호세기)에 비해서 훨씬 낮게 설정된다면, 이동국은 핸드오프가 되지 않은 채로 새로운 셀 내부로 멀리(L_4) 이동할 수 있다. 이것은 통신 링크의 품질을 저하시키고 호 드롭을 야기할 수 있다.

- **이력(履歷)현상(hysteresis)을 가진 상대적인 신호세기:** 핸드오프는 단지 새로운 기지국이 (그림 10.7(a)에서 보이는 차이 H 만큼) 현재 기지국보다 충분히 더 센 경우에만 이루어진다. 이 경우에, 핸드오프는 L_3에서 이루어진다. 이 방식은 일단 핸드오프가 발생하면 차이 H의 효과가 전환되기 때문에 핑퐁효과를 방지한다. 이력현상이라는 용어는 중계이력현상으로 알려진 현상이고 그림 10.7(b)를 통하여 식별될 수 있다. 핸드오프 메커니즘은 두 개의 상태를 가진 것으로 생각할 수 있다. 이동국이 BS A에 할당된 동안 이 메커니즘은 상대적인 신호세기에 도달하거나 H를 초과할 때 핸드오프를 발생할 것이다. 일단 이동국이 B에 할당되면, 상대적인 신호세기가 $-H$ 이하로 떨어지기 전에는 그 상태를 유지할 것이고 $-H$ 이하로 떨어지면 A로 다시 핸드오프된다. 이 방식이 가지고 있는 유일한 단점은 만약 BS A가 충분한 신호세기를 가지고 있다면 첫번째 핸드오프가 여전히 필요 없다는 것이다.
- **이력현상과 임계치를 가진 상대적인 신호세기:** 핸드오프는 단지 (1) 현재 신호수준이 임계치 이하로 떨어지고 (2) 목표 기지국이 현재 기지국보다 이력 차이 H만큼 클 경우에 발생한다. 예에서, 만약 임계치가 Th_1 혹은 Th_2 중 하나라면 L_3에서 핸드오프가 일어나고 임계치가 Th_3라면 L_4에서 핸드오프가 발생한다.
- **예측기술:** 핸드오프 결정은 수신된 신호세기의 예측된 미래값에 기반을 두고 있다.

핸드오프 결정은 BS가 이동국에 의해서 송신된 전력을 동적으로 조절할 수 있도록 해주는 전력제어기술의 사용으로 복잡해진다. 이 주제에 대해서는 다음 절에서 기술한다.

전력제어

많은 설계 쟁점들을 고려할 때, 셀룰러 시스템 내에서 동적인 전력제어기능을 포함시키는 것이 바람직하다:

1. 수신된 전력은 효과적인 통신을 위하여 배경 잡음보다 충분히 커야 하는데, 이는 요구 전송전력을 규정한다. 이동국이 송신기로부터 멀리 이동함에 따라, 수신전력은 정규감쇠로 인하여 약해진다. 또한 반사, 회절 및 분산효과는 짧은 거리에 대해 수신전력 수준에서의 급격한 변화를 야기시킬 수 있다. 이것은 전력수준이 많은 서로 다른 경로로부

터 수신되는 신호의 합이고 이 경로의 위상이 무작위적이어서 가끔은 더해지고 가끔은 빼지기 때문이다. 이동국이 이동함에 따라, 다양한 경로에 따른 기여 정도가 변화한다.

2. 또한 동등채널 상호 간섭(원격지 셀에 있는 같은 주파수 상의 채널과의 상호 간섭)을 줄이고, 통신망 상태에 대한 걱정을 줄이고, 배터리전력을 아끼기 위하여 이동국으로부터의 전송 신호전력을 최소화하는 것이 바람직하다.
3. 코드분할 다원 접속(CDMA: Code Division Multiple Access)을 사용하는 대역확산(SS: Spread Spectrum) 시스템에서는 BS에서 모든 이동국으로부터 수신된 전력수준을 균등하게 하는 것이 바람직하다. 이것은 모든 사용자가 같은 주파수할당을 가지고 있기 때문에 시스템 성능에 있어서 중요하다.

셀룰러 시스템은 두 종류의 전력제어를 사용한다. **개방형 루프 전력제어**는 단지 이동국에만 의존하고 BS로부터 어떠한 피드백도 없다. 그리고 몇몇 SS 시스템에서 사용된다. SS 시스템에서 BS는 파일롯(pilot)으로 알려진 변조되지 않은 신호를 연속적으로 전송한다. 파일롯은 이동국이 (BS에서 이동국으로의) 순방향 CDMA 채널의 타이밍을 획득할 수 있게 하고 복조를 위한 위상참조를 제공한다. 이것은 또한 전력제어를 위해서도 사용될 수 있다. 이동국은 파일럿의 수신전력수준을 감시하고 (이동국에서 BS로의) 역방향채널에 수신전력수준에 반비례하는 송신전력을 설정한다. 이 방법은 순방향과 역방향 링크 신호세기가 밀접하게 상호연관되어 있다고 가정하는데 일반적으로 그렇다. 개방형 루프방식은 폐쇄 루프방식만큼 정확하지는 않다. 하지만 개방형 루프방식은 이동국이 큰 빌딩 뒤로부터 갑자기 나타나는 경우와 같이 신호세기의 급격한 변화에 보다 신속하게 대응할 수 있다. 이러한 신속한 동작은 BS에서의 수신신호세기의 갑작스러운 증가가 모든 다른 신호를 억제할 수 있는 CDMA 시스템의 역방향 링크에서 요구된다.

폐쇄 루프 전력제어는 수신 신호전력수준, 수신신호 대 잡음 비 혹은 수신비트 에러율과 같은 역방향채널에서의 몇몇 성능인자에 기반하여 (이동국에서 BS로의) 역방향채널에서의 신호세기를 조절한다. BS는 전력조절을 결정하고 제어채널을 통하여 이동국으로 전력조절 명령어를 교환한다. 폐쇄루프 전력제어는 또한 순방향채널에서의 전력을 조절하기 위하여 사용된다. 이 경우에, 이동국은 수신 신호품질에 대한 정보를 BS에 제공하고 BS는 그 다음에 송신전력을 조절한다.

표 10.2는 TDMA 표준이고 10.3절에서 논의될 GSM 표준에서 사용되는 전력클래스를 보여준다. GSM은 출력전력에 따라 8개의 기지국 채널클래스와 5개의 이동국 채널클래스를 정의한다. 양방향에서의 조절은 폐쇄루프 전력제어를 사용하여 이루어진다.

표 10.2 GSM 송신기 클래스

전력 클래스	기지국 전력(watts)	이동국 전력(watts)
1	320	20
2	160	8
3	80	5
4	40	2
5	20	0.8
6	10	
7	5	
8	2.5	

트래픽 엔지니어링

FDMA 시스템에 대해서, 셀의 용량은 셀에 할당된 주파수채널의 수와 같다. 이상적으로는, 셀 내에서 가용한 채널의 수는 동시에 활동할 수 있는 가입자의 전체 수와 같다. 실제로는 항상 모든 가능한 부하를 처리할 수 있는 용량을 가지는 것이 가능하지 않다. 다행스럽게도, 모든 가입자가 동시에 호를 설정하지 않기 때문에 예상되는 수준의 부하를 처리할 수 있도록 통신망 크기를 조절하는 것이 합리적이다. 이것이 트래픽 엔지니어링이라는 학문의 분야이다.

트래픽 엔지니어링이라는 개념은 전화 교환기와 회선교환 전화망의 설계과정에서 개발되었지만 그 개념이 셀룰러 통신망에도 똑같이 적용된다. L명의 잠재 사용자(L개의 이동국)를 가지고 있고 N명의 동시 사용자(N개의 채널용량)를 처리할 수 있는 셀을 고려해보자. 만약 $L < N$이라면, 시스템은 *비블로킹*(non-blocking)이라 불린다; 모든 호가 항상 처리될 수 있다. 만약 $L > N$이라면, 시스템은 *블로킹*이라 불린다; 가입자가 호를 시도하고 채널용량이 완전히 사용중이고 따라서 호가 차단될 수 있다. 블로킹 시스템에 대해서 기본적인 성능에 대한 질문은 다음과 같다:

1. 블로킹 수준은 어느 정도인가; 즉, 호 요구가 차단될 확률은 얼마인가? 블로킹 확률에서의 특정 상한치를 달성하기 위하여 어느 정도의 용량(N)이 요구되는가?
2. 만약 차단된 호가 서비스를 위하여 큐에 저장된다면, 평균 지연은 어느 정도인가? 특정 평균 지연값을 달성하기 위해서는 어느 정도의 용량이 요구되는가?

이 절에서는 연관된 트래픽 엔지니어링 개념에 대해서 간략히 기술하고 이들의 사용 예를 보여준다. 부록 B에서 이 주제에 대해서 보다 상세하게 분석한다.

다음 두 개의 파라미터가 시스템에 제공되는 부하의 양을 결정한다:

λ = 단위시간당 시도되는 평균 호(연결 요구)율

h = 성공한 호당 평균 유지시간

트래픽에 대한 기본적인 측정 단위는 어랑(erlang)이라는 크기가 없는 단위인 **트래픽 강도**(intensity)이다:

$$A = \lambda h$$

A는 여러 가지 방식으로 해석될 수 있다. 이것은 λ의 표준화된 버전이다: A는 평균 유지시간 동안 도착하는 호의 평균 수와 같다. 또한 셀을 서버의 수가 채널용량 N과 같은 다중 서버 큐잉 시스템으로 볼 수도 있다. 서버에서의 평균 서비스시간은 h이다. 다중 서버큐에서의 기본적인 관계는 $\lambda h = \rho N$이고, 여기에서 ρ는 서버 이용률이고 혹은 서버가 사용중인 시간 단위이다. 따라서 $A = \rho N$이고 요구되는 평균 채널 수의 측정치이다.

Example 10.3

만약 호출속도가 분당 평균 20개의 호이고 평균 유지시간이 3분이라면, $A = 60$이다. 120개의 채널용량을 가지고 있는 셀이라면 임의의 주어진 시간에 대략 1/2정도 이용된다고 예측할 수 있다. 50개의 용량을 가지고 있는 스위치는 적절하지 않다. 60개의 용량을 가지고 있는 스위치는 평균 요구를 만족시키기는 하지만 평균속도 A를 중심으로 변동이 심하기 때문에 이 용량도 종종 적절하지 않을 것이다.

Example 10.4

이 개념을 명확히 하기 위하여, 1시간에 걸쳐 10채널의 용량을 가지고 있는 셀에서의 활동 패턴을 보여주는 그림 10.8을 살펴보자. 분당 호율은 97/60이다. 분 단위의 호당 평균 호 유지시간은 294/97이다. 따라서 A = (97/60) × (294/97) = 4.9 어랑이다. 파라미터 A는 진행중인 호의 평균수라고 판단하는 방법도 가능하다. 따라서 평균적으로 4.9개의 채널이 사용되고 있다. 하지만 후자의 해석은 단지 비블로킹의 경우에만 유효하다. 파라미터 λ는 트래픽을 전송한 호가 아니라 시도된 호율로 정의된다.

일반적으로, 비블로킹 시스템은 트래픽 강도의 상한치를 처리할 수 있도록 크기가 조절된다. 예상되는 트래픽의 최고치를 처리하기 위하여 시스템의 크기를 조절하는 것은 일반적으로 비합리적이라고 간주되고 있으며, 실제로 사용되는 일반적인 방법은 바쁜 시간 동안에 발생하는 평균 호율을 만족시킬 수 있도록 시스템의 크기를 조절하는 것이다. 바쁜 시간(busy hour)은 결국 하루 중 트래픽이 가장 많은 60분 동안이다. ITU-T 권고안에 의하면, 1년 중 가장 바쁜 30일에 대해서 바쁜 시간 트래픽의 평균을 "평균 바쁜 시간 트래픽"이라고 부르며

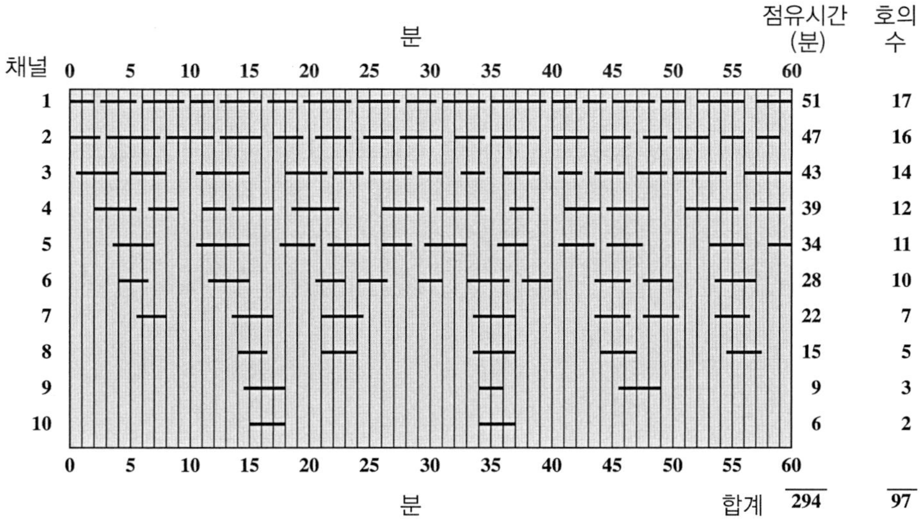

주: 각 수평선은 호가 점유한 시간을 나타냄.

그림 10.8 용량 10을 가지고 있는 셀에서의 트래픽 분포 예

시스템의 크기를 조절하기 위하여 이 양을 사용한다. 북미에서는 실제로 가장 바쁜 10일에 걸친 평균을 취한다. 이들은 일반적으로 제공된 트래픽이 아니라 전송된 트래픽의 측정값이고 실제 부하를 추정하기 위해서만 사용될 수 있다.

바쁜 시간 트래픽의 측정값인 파라미터 A는 트래픽모델의 입력값으로 제공된다. 이 모델은 그 다음에 이 절의 시작에서 제시했던 것과 같은 질문에 응답하기 위하여 사용된다. 모델의 특성을 결정하는 두 개의 주요 인자가 있다:

- 차단된 호가 처리되는 방식
- 트래픽 발생지의 수

차단된 호는 두 가지 방식 중 한 가지로 처리할 수 있다. 첫째, 차단된 호는 유휴채널을 대기하는 큐에 저장될 수 있다: 이것은 **손실 호 지연**(LCD: Lost Calls Delayed)이라 일컬어지고 사실 호가 분실되지 않고 단지 지연된 것일 뿐이다. 두번째 방법에서 차단된 호가 거절되거나 드롭될 수 있다. 이것은 다시 사용자의 동작에 대한 두 가지 가정에 따라 나누어 생각할 수 있다. 만약 사용자가 수화기를 놓은 후 다음 호 시도에 앞서 임의의 시간동안 기다린다면, 이것은 **손실 호 제거**(LCC: Lost Calls Cleared)로 알려져 있다. 만약 사용자가 반복적으로 호 시도를 한다면, 이것은 **손실 호 유지**(LCH: Lost Calls Held)로 알려져 있다. 이러한 블로킹 옵션 각각에 대해, 시스템의 성능을 특징짓는 공식이 개발되어 왔다. 셀룰러 시스템에 대해서는 LCC 모델이 일반적으로 사용되고 가장 정확하다.

트래픽 모델의 두번째 핵심 요소는 사용자의 수를 유한하다고 가정하는가 혹은 무한하다고 가정하는가 하는 것이다. 사용자 수가 무한한 경우에는, 도착률이 고정되어 있다고 가정한다. 사용자 수가 유한한 경우에는, 도착률이 이미 참여하고 있는 사용자의 수에 따라 달라질 것이다. 특히, 만약 전체 사용자 수가 L이고 각 사용자가 λ/L의 평균속도로 호를 생성한다면, 셀이 전체적으로 유휴상태일 때 도착률은 λ이다. 하지만 만약 K명의 사용자가 시간 t에 사용하고 있다면, 그 시간에서의 순간 도착 율은 $\lambda(L - K)/L$이다. 사용자가 무한한 모델은 처리하기가 보다 용이하다. 사용자가 무한하다라고 가정하는 것은 사용자의 수가 최소한 시스템 용량의 5~10배 정도 될 때에 합당하다.

무한 사용자, 손실 호 제거

무한 사용자 LCC 모델에서 관심을 가져야 하는 주요 파라미터는 손실확률 혹은 **서비스 등급**이다. 따라서 0.01의 서비스 등급은 바쁜 시간동안 시도된 호가 차단된 확률이 0.01이라는 것을 의미한다. 0.01에서 0.001 범위의 값은 일반적으로 아주 좋다고 간주한다.

어랑 B로 알려진 무한 사용자 LCC의 등식은 다음과 같은 형태를 갖는다:

$$P = \frac{\dfrac{A^N}{N!}}{\displaystyle\sum_{x=0}^{N} \frac{A^x}{x!}}$$

여기에서

A = 제공된 트래픽, 어랑

N = 서버의 수

P = 블로킹 확률 (서비스 등급)

이 등식은 쉽게 프로그램할 수 있고 값의 표도 쉽게 얻을 수 있다. 표 10.3은 이러한 표로부터 추출한 것이다. 제공된 부하와 서버의 수가 주어졌을 때, 서비스 등급은 계산을 수행하거나 혹은 표로부터 결정할 수 있다. 이와 반대의 경우, 즉 주어진 서비스 등급을 제공하기 위하여 용량이 주어졌을 때 처리될 수 있는 트래픽의 양을 결정하는 문제가 보다 자주 관심의 대상이 된다. 또 다른 문제는 서비스 등급이 주어진 경우 정해진 트래픽 양을 처리하기 위하여 요구되는 용량을 결정하는 것이다. 이들 두 문제에 대해서 표 혹은 적당한 시행-착오가 필요하다.

표 10.3으로부터 두 가지 중요한 사실을 유추할 수 있다.

1. 보다 큰 용량을 가지고 있는 시스템은 주어진 서비스 등급에 대해 보다 작은 용량을 가지고 있는 시스템보다 더 효율적이다.
2. 보다 큰 용량을 가지고 있는 시스템은 서비스 등급의 감소에 더 민감하다.

표 10.3 어랑 B

서비스 등급별 용량(어랑)					
서버 수(N)	$P = 0.02$ (1/50)	$P = 0.01$ (1/100)	$P = 0.005$ (1/200)	$P = 0.002$ (1/500)	$P = 0.001$ (1/1000)
1	0.02	0.01	0.005	0.002	0.001
4	1.09	0.87	0.7	0.53	0.43
5	1.66	1.36	1.13	0.9	0.76
10	5.08	4.46	3.96	3.43	3.09
20	13.19	12.03	11.10	10.07	9.41
24	16.64	15.27	14.21	13.01	12.24
40	31.0	29.0	27.3	25.7	24.5
70	59.13	56.1	53.7	51.0	49.2
100	87.97	84.1	80.9	77.4	75.2

Example 10.5

첫번째 사실을 설명하기 위해서, 각각이 10 채널용량을 가지고 있는 두 개의 셀을 고려해보자. 이들의 용량 합은 20 채널이고 서비스 등급이 0.002일 때 함께 제공되는 6.86의 트래픽 강도를 처리할 수 있다. 하지만 채널용량이 20인 단일 셀은 0.002의 서비스 등급에 대해서 10.07 어랑을 처리할 수 있을 것이다. 두번째 사실을 설명하기 위해서, 3.43 어랑의 부하에 대해서 0.002의 서비스 등급을 제공하는 10 채널을 가지고 있는 하나의 셀을 고려해보자. 트래픽이 30% 증가하면, 서비스 등급이 0.01 정도 떨어진다. 하지만 70 채널용량을 가지고 있는 단일 셀에 대해서는 트래픽이 10%만 증가해도 서비스 등급이 0.002에서 0.01까지 떨어진다.

앞에서 논의한 모든 내용은 제공된 트래픽을 다루고 있다. 만약 크기 조절이 시스템 측정치에 기반을 두고 행해진다면, 전송된 트래픽에 관심을 두어야 한다. 전송된 트래픽을 입력으로 받아서 제공된 트래픽에 대해 역으로 동작하는 탐색 알고리즘을 수행하는 프로그램은 쉽게 개발할 수 있다. 전송된 트래픽 C와 제공된 트래픽 A의 관계는 다음과 같다:

$$C = A(1 - P)$$

P의 값이 작은 경우에 A는 C에 아주 근사한 값을 갖는다.

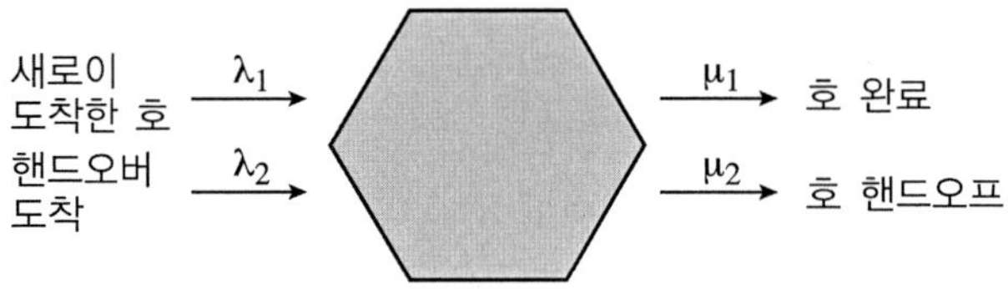

그림 10.9 셀트래픽 모델

핸드오프의 효과

다른 트래픽 모델에서는 발견되지 않지만 셀룰러 트래픽모델에서 발견되는 한 가지 복잡한 부분은 핸드오프의 효과이다. 그림 10.9가 이에 대해서 보여준다. 한 셀에서 호의 도착률은 두 가지 구성요소를 가지고 있다: 셀 내에 있는 이동국에서 발생시키는 새로운 호(λ_1)와 연결이 되어 있는 동안 그 셀로 진입한 이동국에 대해 그 셀로 핸드오프되는 호(λ_2). 전체 도착률은 $\lambda = \lambda_1 + \lambda_2$이다. 이와 유사하게, 완료율은 종료되고 있는 호와 핸드오프되는 호로 구성된다. 전반적인 도착률과 유지시간을 얻기 위해서는 이 모델을 적절하게 바꾸어야 한다.

10.2 1세대 아날로그

원래의 셀룰러 전화망은 아날로그 트래픽채널을 제공하였다; 이들은 이제 1세대 시스템으로 일컬어진다. 1980년대 초반 이후로 북미에서 가장 일반적으로 사용되어온 1세대 시스템은 AT&T에서 개발된 **AMPS(Advanced Mobile Phone Service)**이다. 이 방식은 또한 남미, 호주 그리고 중국에서도 널리 사용되고 있다. 점차적으로 2세대 시스템으로 교체되고 있지만, AMPS는 여전히 널리 사용되고 있다. 이 절에서는 AMPS에 대한 개괄적인 내용을 다룬다.

주파수할당

북미에서는 두 개의 25 MHz 대역이 AMPS에 할당되어 있는데, 하나(869~894 MHz)는 기지국에서 이동국으로의 전송을 위한 것이고, 다른 하나(824~849 MHz)는 이동국에서 기지국으로의 전송을 위한 것이다(표 10.4). 이들 각각의 대역은 경쟁을 조장하기 위하여 두 개로 나누어진다(즉, 각 시장에서 두 명의 운영자가 수용될 수 있다). 한 운영자에게는 자신의 시스템을 위해 한 방향에 대해서 단지 12.5 MHz만이 할당된다. 채널간의 간격은 30 kHz이고, 따라서 운영자당 전체 416 채널이 허용된다. 그 중에서 21개의 채널이 제어를 위하여 할당되고 395개의 채널은 호를 전송한다. 제어채널은 10 kbps의 속도로 동작하는 데이터채널이다. 대화채널은 주파수변조를 사용하여 아날로그형태로 대화를 전송한다. 제어정보도 데이터형태로 버스트하게 대화채널로 전송된다. 이 채널의 수는 대부분의 주요시장에서 적합하

표 10.4 AMPS 파라미터

기지국 송신주파수대역	869~894 MHz
이동국 송신주파수대역	824~849 MHz
순방향 및 역방향 채널간의 유휴대역	45 MHz
채널대역폭	30 kHz
전이중 음성채널의 수	790
전이중 제어채널의 수	42
이동국 최대전력	3 watts
셀반경	2~20 km
변조, 음성채널	FM, 12-kHz 최대분산
변조, 제어채널	FSK, 8-kHz 최대분산
데이터 송신속도	10 kbps
에러제어부호	BCH(48, 36, 5)와 (40, 28, 5)

지 않으므로, 대화당 적은 대역을 사용하거나 주파수를 재사용하는 방법이 발견되어야 한다. 두 가지 방법 모두 다양한 접근방법을 통하여 이동 전화에 이용되어 왔다. AMPS에서는 주파수 재사용방법이 이용되고 있다.

동작

각 AMPS 셀룰러 전화는 ROM(Read-Only Memory) 내에 NAM(*Numeric Assignment Module*)을 가지고 있다. NAM은 서비스 제공자가 할당한 이동 전화의 전화번호 그리고 제조업체에서 할당한 전화의 일련번호를 가지고 있다. 전화의 전원이 켜질 때, 전화는 자신의 일련번호와 전화번호를 MTSO에게 전송한다(그림 10.5); MTSO는 분실되었다고 보고된 이동국에 대한 정보를 데이터베이스에 유지하고 있으며 분실된 이동 전화를 사용하지 못하게 하기 위하여 이 일련번호를 사용한다. MTSO는 과금을 위해서 전화번호를 사용한다. 만약 전화가 원격지에 있는 도시에서 사용되고 있더라도, 서비스에 대한 요금은 여전히 사용자의 지역 서비스 제공자가 부과한다.

호가 설정될 때, 다음과 같은 일련의 사건들이 발생한다[COUC01]:

1. 가입자가 피호출부의 전화번호를 입력하고 전송 키를 눌러서 호를 개시한다.
2. MTSO는 전화번호가 유효여부와 사용자가 호를 설정하도록 인가되어 있는가를 검사한다; 몇몇 서비스 제공자는 도난에 대응하기 위하여 사용자가 피호출부의 전화번호와 함께 PIN(Personal Identification Number)을 입력하도록 요구한다.

3. MTSO는 사용자의 셀룰러 전화로 송신과 수신을 위하여 사용할 트래픽채널을 알리는 메시지를 발송한다.
4. MTSO는 피호출부에 전화벨 신호를 전송한다. (2에서 4단계까지의) 이러한 모든 동작은 호를 초기화한 후 10초 이내에 발생한다.
5. 피호출부가 응답하면, MTSO는 두 가입자 사이의 호를 설정하고 과금정보를 초기화한다.
6. 한 쪽 가입자가 전화를 끊으면, MTSO는 호를 해제하고 무선채널을 해제하고 과금정보를 완료한다.

AMPS 제어채널

각 AMPS 서비스는 가입자로부터 기지국까지의 21개의 역방향 제어채널(RCC: Reverse Control Channel)과 기지국으로부터 가입자까지의 21개의 순방향 제어채널로 구성된 30 kHz 대역을 사용하는 21개의 전이중 제어채널을 가지고 있다. 이 채널들은 FSK를 사용하여 디지털 데이터를 전송한다. 양쪽 채널에서 데이터는 프레임 단위로 전송된다.

그림 10.10(a)는 RCC 프레임구조를 보여준다. 프레임은 0과 1이 교대로 반복되는 30비트의 bit sync 필드, 11비트의 word sync 필드(11100010010) 그리고 7비트의 디지털 컬러 코드(DCC: Digital Color Code)로 구성되는 48비트의 precursor로 시작한다. DCC는 동등채널 셀 내에서 전송을 구별하기 위하여 사용된다; 이것은 기지국의 유일한 식별자이고 RCC 프레임을 위한 목적지주소로 사용된다. Precursor에 이어 프레임은 1~6개까지의 단어를 포함하고 있는 데이터를 가진다. 각 단어는 36개의 데이터비트를 포함하고 $(n, k, t) = (63, 51, 5)$의 값을 갖는 축소된 버전의 BCH 블록코드를 사용하여 코드화된다(표 8.4 참조). 이 축소된 버전에서는, 12개의 검사비트가 36개의 데이터비트에 추가되어 48비트의 단어를 만든다. 또한 신뢰성을 높이기 위하여 각 단어는 같은 프레임 내에서 5번 전송되고 대부분의 로직(logic)은 기지국에서 단어를 복원하기 위하여 사용된다. 모든 오버헤드를 고려하면, 데이터율은 대략 초당 수백 비트정도이다. RCC 메시지의 예로는 개시(origination), 페이지 응답 그리고 명령확인(order confirmation)이 있다.

FCC 프레임구조는 10비트의 bit sync와 11비트의 word sync로 시작한다(그림 10.10(b)). 각 프레임은 2개의 단어 데이터를 포함한다. 각 단어는 BCH를 사용하여 코드화되고 28개의 데이터비트와 12개의 검사비트를 가지고 있다. 다시 말해서, 신뢰성을 위해서 각 단어가 5번 반복된다. 또한 각 FCC 프레임은 프레임 내의 매 10번째 비트에 삽입된 busy/idle 비트를 통하여 상응하는 RCC 프레임의 상태(idle 혹은 busy)에 대한 정보를 제공한다. 이것은 전체 프레임 크기가 463비트가 되도록 한다. 10 kbps 신호율에서, (오버헤드를 제외한) 데이터율은 약 1.2 kbps이다. FCC 메시지는 페이징 메시지와 주파수할당 메시지를 포함하고 있다.

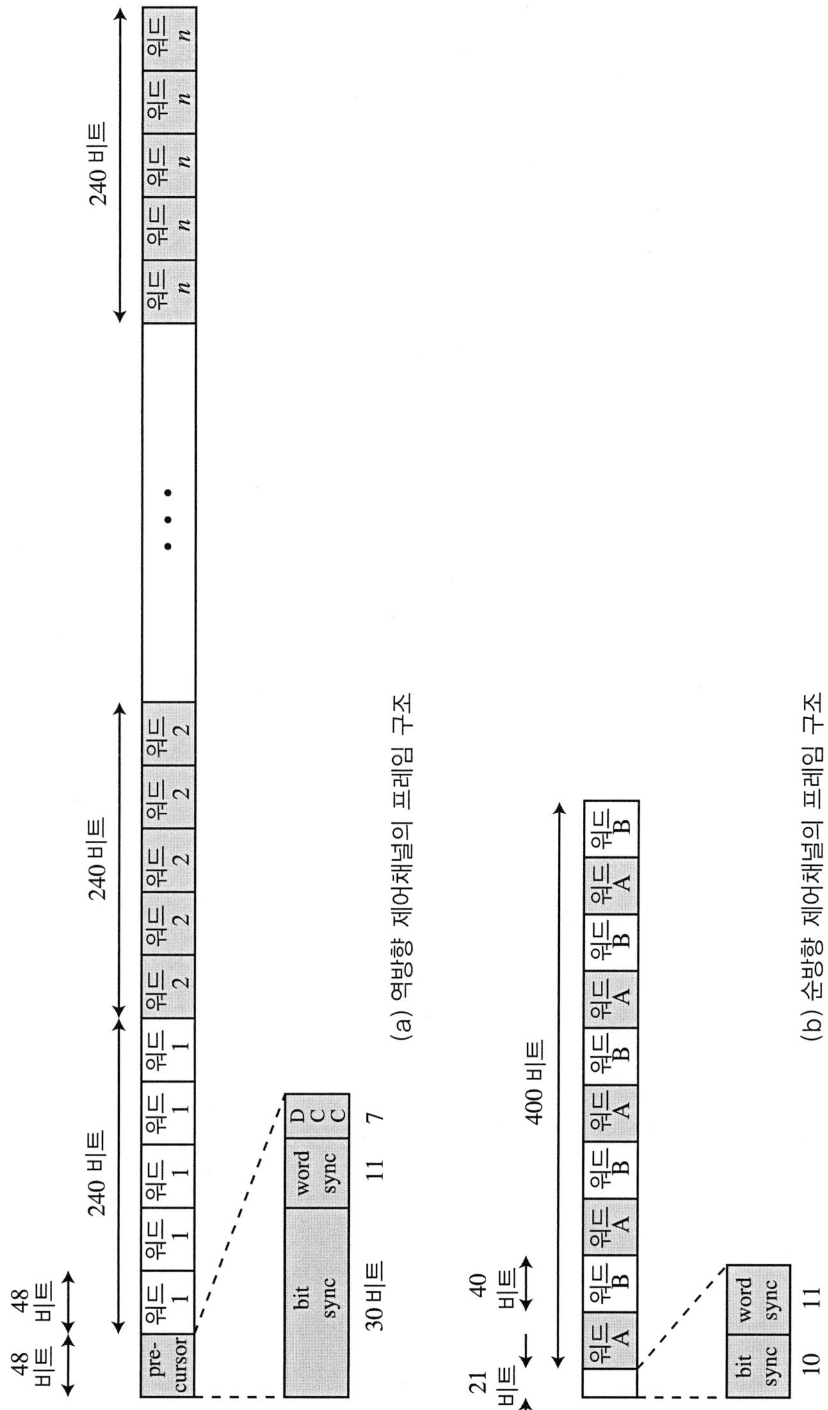

(a) 역방향 제어채널의 프레임 구조

(b) 순방향 제어채널의 프레임 구조

그림 10.10 AMPS 제어채널 프레임포맷

마지막으로, 제어정보는 대화가 진행되는 동안 음성채널을 통하여 전송될 수 있다. 이동국 혹은 기지국은 약 100 ms 동안 음성 FM 전송의 전원을 끄고 이를 FSK로 부호화된 메시지로 대체함으로써 버스트한 데이터를 삽입할 수 있다. 이 메시지는 전력 수준 변경 및 핸드오프와 같은 긴급 메시지를 교환하기 위하여 사용된다.

10.3 2세대 TDMA

이 절에서는 먼저 2세대 셀룰러 시스템에 대해서 살펴본다. 먼저 개략적인 내용을 살펴보고 그 다음에 2세대 셀룰러 시스템의 한 가지 유형에 대해서 상세하게 살펴보도록 한다.

1세대와 2세대 셀룰러 시스템

AMPS와 같은 1세대 셀룰러 통신망은 빠른 속도로 대중화되어서 가용한 용량을 고갈시키는 상황에 다다르게 되었다. 2세대 시스템은 고품질의 신호, 디지털 서비스를 지원하기 위한 보다 빠른 데이터속도 그리고 보다 큰 용량을 제공하기 위하여 개발되어 왔다. [BLAC99]에서는 두 세대 사이의 주요 차이점을 다음과 같이 나열하였다:

- **디지털 트래픽채널:** 두 세대 사이의 가장 두드러진 차이점은 1세대 시스템인 거의 순수한 아날로그인 반면 2세대 시스템은 디지털이다. 특히, 1세대 시스템은 FM을 사용하여 음성채널을 지원하도록 설계되었다; 디지털 트래픽은 디지털 데이터를 아날로그형태로 변환시키는 모뎀을 사용해서만 지원된다. 2세대 시스템은 디지털 트래픽채널을 제공한다. 이들은 이미 디지털 데이터를 지원한다; 음성 트래픽은 전송되기 전에 먼저 디지털 형태로 부호화된다. 물론 2세대 시스템의 경우에 사용자 트래픽(데이터 혹은 디지털화된 음성)은 이동국과 기지국 사이에서의 전송을 위해서 아날로그 신호로 변환되어야 한다(예. 그림 6.14 참조).
- **암호화:** 제어 트래픽뿐만 아니라 모든 사용자 트래픽은 2세대 시스템에서 디지털화되기 때문에, 도청을 방지하기 위하여 모든 트래픽을 암호화하는 것은 상대적으로 단순한 일이다. 모든 2세대 시스템이 이러한 기능을 제공하는 반면, 1세대 시스템은 어떠한 보호기능을 제공하지 않고 사용자 트래픽을 전송한다.
- **오류검출과 수정:** 2세대 시스템의 디지털 트래픽스트림은 또한 8장에서 논의된 것과 같은 오류검출 및 수정기술을 사용한다. 그 결과 아주 명확한 음성을 수신할 수 있다.
- **채널 접속:** 1세대 시스템에서는 각 셀이 많은 채널을 지원한다. 항상 채널은 단지 한 명의 사용자에게만 할당된다. 2세대 시스템 역시 셀당 다수의 채널을 제공하지만, 각 채널은 TDMA 혹은 CDMA를 사용하여 많은 사용자에 의해서 동적으로 공유된다. 이 절

표 10.5 2세대 셀룰러 전화 시스템

	GSM	IS-136	IS-95
발표년도	1990	1991	1993
접속방법	TDMA	TDMA	CDMA
기지국 송신주파수대역	935 ~ 960 MHz	869 ~ 894 MHz	869 ~ 894 MHz
이동국 송신주파수대역	890 ~ 915 MHz	824 ~ 849 MHz	824 ~ 849 MHz
순방향과 역방향 채널간 유휴대역	45 MHz	45 MHz	45 MHz
채널대역폭	200 kHz	30 kHz	1250 kHz
전이중 채널의 수	125	832	20
이동국 최대전력	20 W	3 W	0.2 W
채널당 사용자 수	8	3	35
변조	GMSK	$\pi/4$ DQPSK	QPSK
반송파 비트율	270.8 kbps	48.6 kbps	9.6 kbps
음성코더	RPE-LTP	VSELP	QCELP
음성코딩 비트율	13 kbps	8 kbps	8,4,2,1 kbps
프레임 크기	4.6 ms	40 ms	20 ms
에러제어부호	convolutional 1/2 rate	convolutional 1/2 rate	convolutional 1/2 rate forward; 1/3 rate reverse

에서는 TDMA 기반 시스템에 대해서 살펴보고 10.4절에서 CDMA 기반 시스템에 대해서 살펴보도록 한다.

대략 1990년대 초부터 많은 서로 다른 2세대 시스템이 개발되어 왔다. 표 10.5는 이들 시스템들 중 가장 중요한 3가지 시스템의 주요특징 몇 가지를 나열하였다.

시분할 다원 접속

1세대 셀룰러 시스템은 FDMA를 사용하여 다수의 사용자를 지원한다. FDMA는 위성 통신을 설명하면서 소개하였고 그 이론은 여기에서도 똑같다. 셀룰러 시스템을 위한 FDMA는 다음과 같이 기술될 수 있다. 각 셀에는 각각 δ Hz 대역폭을 갖는 $2M$개의 채널이 할당된다. 채널의 반(역방향채널)은 이동국에서 기지국으로의 전송을 위하여 사용된다: f_c, $f_c + \delta$, $f_c + 2\delta, \ldots, f_c + (M-1)\delta$, 여기에서 f_c는 최저 주파수채널의 중심 주파수이다. 채널의 다른쪽 반(순방향채널)은 기지국에서 이동국으로의 전송을 위하여 사용된다: $f_c + \Delta$, $f_c + \delta + \Delta$, $f_c + 2\delta + \Delta, \ldots, f_c + (M-1)\delta + \Delta$, 여기에서 Δ는 순방향과 역방향채널 사이의 간격이다. 이동 사용자를 위한 연결이 설정될 때, 사용자에게는 전이중 통신을 위하여 f와 $f + \Delta$ 주파수를 갖는 두 개의 채널이 할당된다. 이러한 배치는 많은 시간동안 채널 양쪽 혹은 한쪽이 유휴상태로 있기 때문에 아주 비경제적이다.

TDMA 역시 위성 통신을 설명하면서 소개하였다(예. 그림 9.14 참조). 셀룰러 시스템을 위한 TDMA는 다음과 같이 기술될 수 있다. FDMA에서와 같이, 각 셀에는 많은 채널이 할당된다. 이 중 반은 순방향채널을 위해 그리고 나머지 반은 역방향채널을 위해 할당된다. 다시 말해서, 전이중 통신을 위하여 이동국에는 짝을 이루는 순방향 및 역방향채널에 대한 용량이 할당된다. 또한, 각각의 물리적인 채널은 다시 많은 논리적인 채널로 나누어진다. 전송은 프레임의 반복적인 순서열의 형태로 이루어지고, 각각의 프레임은 많은 타임슬롯으로 나누어진다. 프레임 순서열에서 각 슬롯의 위치는 개별적인 논리채널을 형성한다. 이에 대한 예는 그림 9.13에서 이미 보았다.

이동 무선 TDMA 설계 고려사항

GSM의 예로 들어가기에 앞서, [JONE93]에 있는 내용을 바탕으로 한 간단한 분석을 살펴봄으로써 몇 가지 일반적인 설계 지침에 대해 고려하는 것이 유용할 것이다. 이 분석은 GSM을 설계하면서 이루어진 몇 가지 결정에 동기를 부여하였다. 전반적인 목적은 무선 주파수를 효과적으로 사용하면서 효과적인 음성 및 데이터 전송을 제공할 수 있도록 트래픽채널 타임슬롯의 길이와 구성을 결정하는 것이다. 다음과 같은 요구사항에 대하여 고려해보도록 하자:

- **논리채널의 수(TDMA 프레임 내의 타임슬롯 수):** 8; 이것은 다중화에 따른 추가적인 비용을 정당화하기 위하여 최소화된 것으로 보인다.
- **최대 셀 반경(R):** 35 km; 시골환경에서 충분히 높은 트래픽 수준을 제공하기 위함이다.
- **주파수:** 약 900 MHz 영역; 이 주파수 대역은 이동무선 응용에 일반적으로 할당된다.
- **차량의 최대속도(V_m):** 250 km/hr 혹은 69.4 m/s; 고속철도에 있는 이동국을 수용하기 위함이다.
- **최대 코딩지연:** 대략 20 ms; 위성 링크를 포함한 고정 통신망 내에서의 지연에 과도하게 추가되는 것을 방지하기 위함이다.
- **최대 지연분포(Δ_m):** (산악지역에서) 10s; 이것은 같은 안테나에 도달하는 서로 다른다중경로 신호 사이의 전파지연의 차이이다.
- **대역폭:** 채널당 25 kHz에 상응하는 200 kHz를 초과하지 말아야 한다(유럽에서의 아날로그 FM 셀룰러 시스템에서 현재 사용하는 간격).

그림 10.11은 TDMA 타임슬롯을 설계함에 있어서 고려되어야 하는 단계를 보여준다. 이

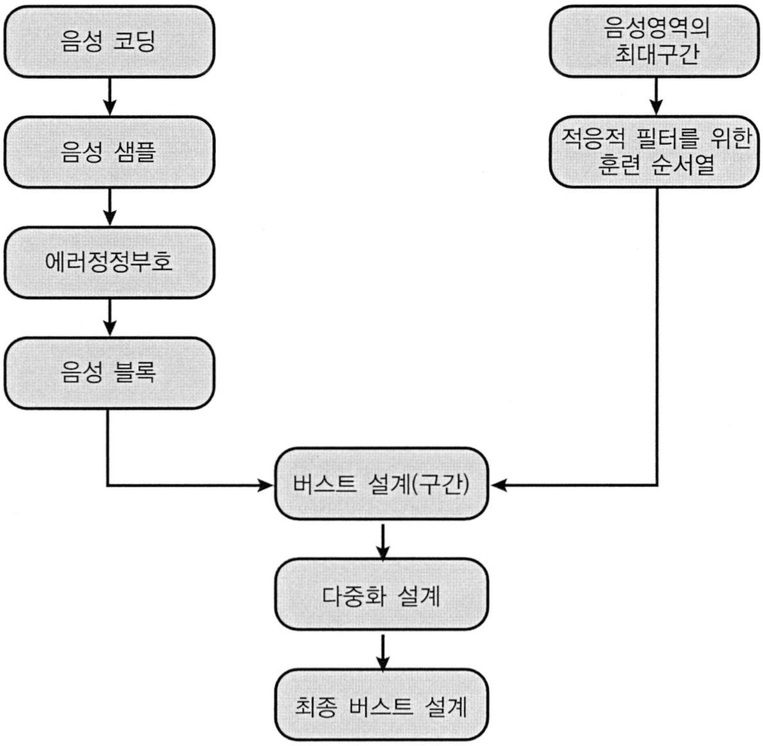

그림 10.11 TDMA 타임슬롯의 설계단계

단계는 이후에 계속되는 논의에서 지침으로 사용된다.

음성코더(coder)는 최소 데이터율에서 만족스러운 음성품질을 제공해야 한다. 디지털 비트스트림을 생성하기 위한 음성코딩의 전통적인 형태는 PCM(Pulse Code Modulation)이고, 6.4절에서 살펴본 바와 같이 64 kbps의 데이터속도로 제공된다. 이 속도는 셀룰러 무선에서 사용하기에는 고속이어서 바람직하지 않다. 현재의 기술을 사용하면, 12 kbps의 데이터속도가 고 품질의 음성재생을 가능하도록 하기 위하여 합리적이다.

만약 코딩지연이 20 ms로 제한된다면, 20 ms의 시간 혹은 240비트의 음성샘플을 가지는 블록으로 코드화된 음성을 만드는 것이 만족스러울 것이다. 12 kbps 속도의 데이터 역시 240비트 단위로 블록을 만들 수 있다. 그 다음에 에러수정이 240비트 블록에 적용될 수 있다.

2세대 디지털 시스템에 대해서, 콘볼루션(convolutional) 에러수정코드는 1/2의 코드율로 주로 사용된다. 이 오버헤드는 블록 내의 비트수를 480비트로 증가시킨다. 또한 5라는 제한인자(constraint factor)가 존재하는데, 이것은 시프트 레지스터의 길이를 고려하여 데이터블록에 4비트가 추가되어야 한다는 것을 의미한다(8.3절 참조). 이것은 음성블록의 길이를 488비트로 증가시킨다.

지금까지 선택된 파라미터를 사용할 때, 8 채널 시스템을 위한 최소 비트율은 다음과 같다:

$$\frac{8 \text{ channels} \times 488 \text{ bits/channel}}{20 \times 10^{-3} \text{s}} = 195.2 \text{ kbps}$$

사실, 비트율은 이후에 논의되는 다른 설계 고려사항을 참작하여 어느 정도 더 높을 것이다. 이는 사용 가능한 200 kHz 대역폭 내에서 200 kbps 데이터율보다 더 빠른 속도로 전송할 필요가 있다는 것을 의미한다. 실제로, 이러한 데이터속도는 적응적 등화(adaptive equalization)를 사용하지 않고는 이루어질 수 없다. 5.4절에서 살펴본 바와 같이, 이동환경에서의 적응적 등화는 이동국이 전송경로특성을 변화시킬 정도로 충분히 멀리 이동할 때마다 새로운 훈련 순서열(training sequence)을 포함시킬 것을 요구한다. 훈련 순서열이 각 타임슬롯 내에 포함되어 있다고 가정하자. [JONE93]에서 제안한 개략적인 기준은 반송 신호의 위상각의 변화가 훈련 순서열 이후 파장(π/10의 각을 가짐)의 1/20로 제한되어야 한다는 것이다. 900 MHz에서 파장은 0.333m이다. 따라서 최대 전송 기간은 다음과 같이 계산할 수 있다:

$$\text{최대 전송기간} = \frac{\lambda/20}{V_m} = \frac{0.333/20}{69.4} = 0.24 \text{ ms}$$

훈련 순서열 전후 양쪽에 0.24 ms의 기간을 갖는 음성 혹은 데이터를 전송하고 0.48 ms의 기간을 갖는 혼합된 데이터에 대해서 훈련 순서열을 사용함으로써 훈련 순서열의 이점을 보다 잘 이용할 수 있다.

다음으로, 훈련 순서열의 길이를 결정할 필요가 있다. 비트율(200 kHz, 200 kbps)과 동등한 대역폭을 갖는 다중경로를 위한 등화기(equalizer)를 설계함에 있어서 등화기 상의 탭(tap)의 수는 최대 분산시간(Δ_m = 0.01 ms)동안 전송되는 비트수의 6배와 같아야 하는 것이 일반적인 법칙이다. 따라서 훈련 순서열에 할당되는 타임슬롯의 시간 양은 0.06 ms이다.

이제, 서로 다른 이동국과 기지국 사이에 서로 다른 지연을 고려하여 각 타임슬롯의 끝에 보호(guard) 간격이 필요한 경우를 생각해보자. 8개의 이동국이 같은 TDMA를 공유하고 있기 때문에, 하나의 이동국으로부터의 전송이 인접한 타임슬롯에 간섭을 일으키지 않도록 이동국의 전송타이밍을 조절할 필요가 있다. TDMA 프레임의 타임슬롯구조에 상대적인 지연을 조절할 수 있도록 각 이동국에 동기정보를 제공하는 것은 기지국의 책임이다. 하지만, 이동국은 기지국에 대해 그리고 다른 이동국에 대해 이동하고 있을 수 있으므로, 이러한 불일치를 고려하여 각 타임슬롯 내에 보호시간이 삽입된다. 이동국이 처음에 기지국을 통하여 연결을 설정할 때, 기지국은 이동국에 이동국과 기지국사이의 현재의 전파지연에 기초한 타이밍 정보를 제공한다. 기지국에서는 이 동기정보를 자주 변경할 필요가 없을 정도로 충분한 보호시간을 추가하고자 하고, 이 보호시간은 다음과 같이 계산할 수 있다. 평균 전화 호는 대략

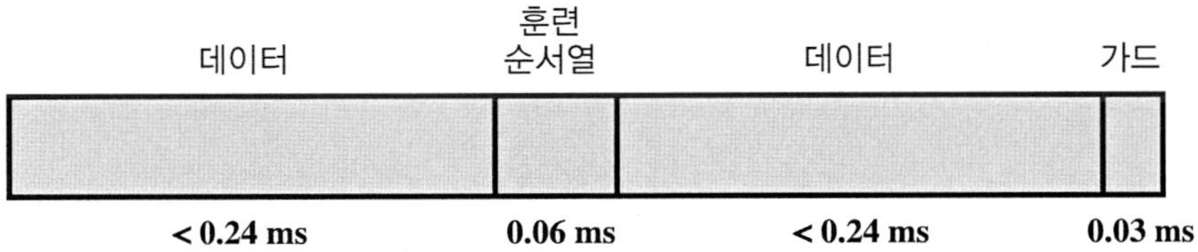

(a) 각 영역별 구간

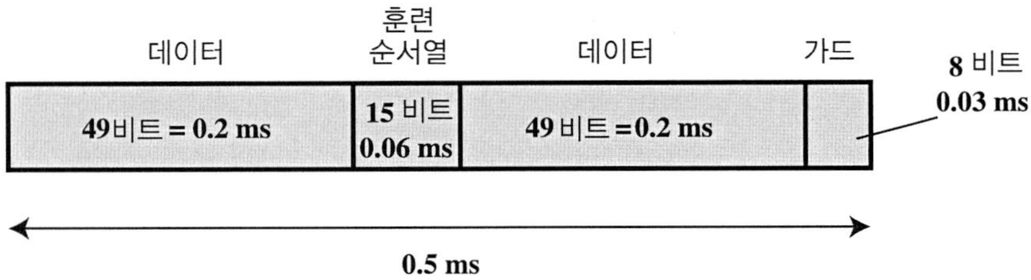

(b) 영역별 크기

그림 10.12 TDMA 타임슬롯

130 초 정도이고[JONE93], 따라서 이동국이 서비스를 제공할 수 있는 기지국으로부터의 반경은 (130 s) × (69.4 m/s) = 9022 m이다. 이 거리의 이동으로 발생하는 전파지연의 변화는 $9022/(3 \times 10^8 \text{ m/s}) = 0.03$ ms이다.

그림 10.12(a)는 타임슬롯을 시험적으로 설계한 것을 보여준다. 다음 단계는 부호화된 데이터블록을 훈련 순서열과 가드비트와 함께 적당한 수의 타임슬롯에 배치하는 것이다. 타임슬롯의 최대 유지시간은 대략 0.57 ms이다. 프레임당 8개의 타임슬롯을 가지고 있다면, 프레임시간은 약 4.6 ms이다. 20 ms의 코딩지연을 가지고 데이터를 전송한다고 하고, 따라서 만약 프레임시간이 4 ms(타임슬롯 = 0.5 ms) 미만으로 떨어진다면, 같은 채널 상에 5개의 연속적인 타임슬롯으로 구성된 하나의 음성블록을 전송할 수 있다. 음성블록은 488비트로 구성되어 있고, 따라서 각 타임슬롯은 488/5 혹은 약 98 데이터비트를 가지도록 요구한다. 따라서 비트율은 98/0.4 = 245 kbps가 된다. 이 데이터율에서 필요한 최소 훈련비트수는 (0.06 ms) × (245 kbps) = 14.7비트이고, 반올림하여 15비트이다. 이와 유사하게, 최소 가드비트수는 (0.03 ms) × (245 kbps) = 7.35비트이고, 반올림하여 8비트가 된다.

따라서 결과적인 프레임구조는 그림 10.12(b)와 같은 형태를 갖는다. 242 kbps의 채널비트율에 대해서 0.5 ms 동안 121비트가 전송된다.

이동 통신을 위한 유럽형 시스템

이동 통신을 위한 유럽형 시스템(GSM: Global System for Mobile Communications)이 개발되기 전에, 유럽 각 국은 호환되지 않는 많은 1세대 셀룰러 전화기술을 사용하였다.

GSM은 유럽에서 공통적으로 사용할 수 있는 2세대 기술을 제공하기 위하여 개발되었고, 따라서 같은 가입자장치를 대륙 전체에서 사용할 수 있다. 이 기술은 아주 성공적이었고 아마 새로운 구현을 위하여 전세계적으로 가장 널리 사용되는 표준일 것이다. GSM은 처음에 1990년에 유럽에서 출현하였다. 이제는 유사한 시스템이 북미와 남미, 아시아, 북 아프리카, 중동 그리고 호주에서 구현되어 왔다. GSM 연합에서는 2000년 말에 전세계적으로 거의 7억 5천만 명의 가입자를 가질 것으로 주장하였는데, 대부분의 가입자는 유럽과 환태평양지역에서 발생할 것이지만 북미에서도 천만 이상의 가입자를 가질 것으로 주장하였다.

GSM 통신망구조

그림 10.13은 GSM 시스템의 주요기능요소를 보여준다. 경계에 있는 Um, Abis 및 A는 GSM 문서에 표준화되어 있는 기능요소 간의 인터페이스를 나타낸다. 따라서 다른 업체로부터 장비를 구입하여도 이들이 성공적으로 상호운용된다고 예상할 수 있다. 추가적인 인터페이스도 GSM 문서에 정의되어 있지만, 여기에서는 고려할 필요가 없다.

이동국

이동국은 전파 송신 **매체**(air) **인터페이스**로도 알려져 있는 Um 인터페이스를 통하여 이동국이 위치하고 있는 같은 셀 내에 있는 기지국 트랜시버와 통신한다. **이동장비(ME: Mobile Equipment)**는 전화 혹은 PCS(Personal Communications Service)장치와 같은 물리적인 단말을 지칭하고, 무선 트랜시버, 디지털 신호 프로세서(DSP: Digital Signal Processor) 그리고 **가입자 신원확인모듈(SIM: Subscriber Identity Module)**을 가지고 있다. SIM은 스마트 카드 혹은 플러그인 모듈형태로 된 휴대용장치로서, 가입자의 신원확인번호, 가입자가 사용하도록 인가된 통신망, 암호화 키 그리고 가입자와 연관된 다른 정보를 저장하고 있다. GSM 가입자장치는 SIM이 삽입되기 전까지 전체적으로 동일한 특징을 갖는다. 따라서, 가입자는 많은 나라에 있는 다양한 가입자장치를 사용하기 위하여 자신의 SIM을 가지고 다니기만 하면 되고, 이 SIM을 가입자장치에 삽입하여 그 장치를 사용할 수 있다. 사실, 특정한 긴급통화를 제외하고는, 가입자장치는 SIM을 입력하지 않으면 동작하지 않는다. 따라서 SIM이 반드시 가입자장치를 로밍할 필요가 없다.

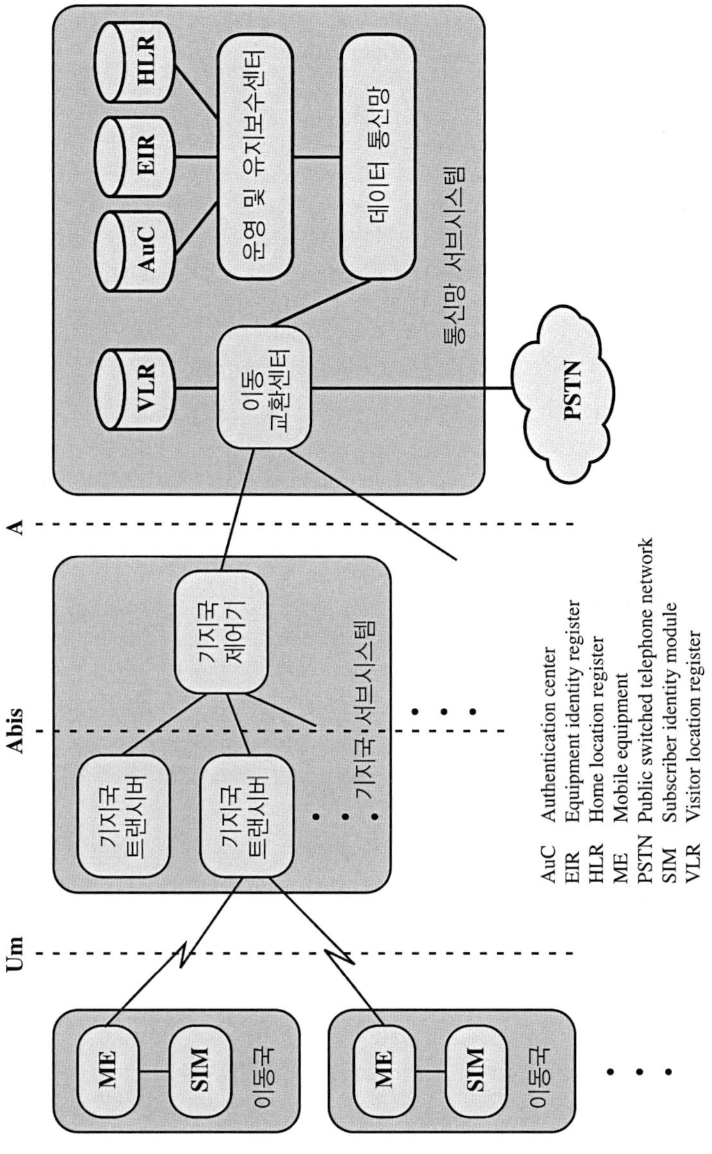

그림 10.13 GSM 전체 구조

기지국 서브시스템

기지국 서브시스템(BSS: Base Station Subsystem)은 하나의 기지국 제어기와 하나 이상의 **기지국 트랜시버(BTS: Base Transceiver Station)**로 구성되어 있다. BTS는 하나의 셀을 정의한다; 이것은 무선 안테나, 무선 트랜시버 그리고 기지국 제어기로의 링크를 포함하고 있다. GSM 셀은 환경에 따라 100 m와 35 km 사이의 반경을 가질 수 있다.

기지국 제어기(BSC: Base Station Controller)는 BTS와 같은 장소에 위치할 수 있고 혹

은 다수의 BTS 장치, 즉 다수의 셀을 제어할 수 있다. BSC는 무선 주파수를 예약하고, 이동국이 하나의 셀에서 그 BSS 내에 있는 다른 셀로 이동할 때 핸드오프를 관리하고, 페이징을 제어한다.

통신망 서브시스템

통신망 서브시스템(NS: Network Subsystem)은 셀룰러 통신망과 공중전화 통신망 사이의 링크를 제공한다. NS는 서로 다른 BSS 내에 있는 셀들 사이의 핸드오프를 제어하고, 사용자를 인증하고 이들의 계정을 확인하고, 이동 사용자의 전세계적인 로밍을 가능하게 하기 위한 기능을 가지고 있다. NS의 핵심요소는 **이동교환센터(MSC: Mobile Switching Center)**이다. MSC는 자신이 제어하는 4개의 데이터베이스에 의해서 지원된다:

- **홈 위치 등록부(HLR: Home Location Register) 데이터베이스:** HLR은 자신에게 속한 가입자(즉, 가입자의 전화번호가 그 교환센터와 연관된 가입자)와 연관된 각각에 대한 영구적이고 임시적인 정보를 저장하고 있다.
- **방문자 위치 등록부(VLR: Visitor Location Register) 데이터베이스:** 중요하고 임시적인 정보 중에 한 가지는 가입자의 위치에 관한 정보이다. 위치는 가입자가 입력된 VLR에 의해서 결정된다. VLR은 현재 물리적으로 그 교환센터에 의해서 서비스되는 지역에 있는 가입자에 대한 정보를 유지하고 있다. 이것은 가입자의 활동여부와 그 가입자와 연관된 다른 정보를 기록하고 있다. 가입자로 들어오는 호에 대해서 그 시스템은 가입자의 홈교환센터를 식별하기 위하여 그 가입자와 연관된 전화번호를 사용한다. 이 교환센터는 자신의 HLR에서 가입자가 현재 물리적으로 위치한 교환센터를 찾을 수 있다. 가입자로부터 전송되어 온 호에 대해서는 호를 개시하기 위하여 VLR이 사용된다. 가입자가 자신의 홈교환센터에 의해서 서비스가 제공되는 지역에 있다고 하더라도, 일관성을 유지하기 위하여 그 가입자는 그 교환센터의 VLR에서도 표현된다.
- **인증센터(AuC: Authentication Center) 데이터베이스:** 이 데이터베이스는 시스템의 인증동작을 위해 사용된다; 예를 들어, 이 데이터베이스는 HLR과 VLR 양쪽에 있는 모든 가입자를 위한 인증과 암호화 키를 가지고 있다. 이 센터는 가입자가 통신망에 들어올 때 인증을 위해서 사용될 뿐만 아니라 사용자 데이터로의 접근을 제어한다. GSM 전송은 암호화되고 따라서 기밀성이 유지된다. 스트림 암호인 A5가 가입자로부터 기지국 트랜시버로의 전송을 암호화하기 위하여 사용된다. 하지만 대화는 지상 통신선에서 평문으로 전송된다. 또 다른 암호인 A3는 인증을 위하여 사용된다.
- **장비 식별 등록자(EIR: Equipment Identity Register) 데이터베이스:** EIR은 이동국에 있는 장비의 유형을 추적한다. 이것은 또한 보호역할(예를 들어, 도난당한 이동국으로부터의 호 차단과 인가되지 않은 이동국에 의한 통신망 사용방지)도 수행한다.

무선링크

GSM에 할당된 주파수 대역은 기지국을 위한 25 MHz(935∼960 MHz)와 이동국을 위한 25 MHz(890∼915 MHz)이다. 유럽 이외의 지역을 위해 다른 GSM 대역도 정의되어있다. 사용자는 FDMA와 TDMA(이들에 대해서는 다음 절에서 설명한다)를 같이 사용하여 통신망에 접속한다. 200 kHz마다 무선 반송 주파수가 존재하는데, 이것은 125개의 전이중 채널을 제공한다. 이 채널들은 270.833 kbps의 데이터율로 변조된다. AMPS에서와 같이, 트래픽과 제어라는 두 가지 유형의 채널이 존재한다.

TDMA 포맷 GSM

GSM은 논리적인 채널을 정의하기 위하여 복잡한 계층을 갖는 TDMA 프레임을 사용한다(그림 10.14). 기본적으로, 각각의 200 kHz 주파수 대역은 반복적인 타임슬롯에 의해 정의되는 8개의 논리적인 채널로 나누어진다.

가장 하위수준은 버스트 주기로도 일컬어지는 15/26 ms 혹은 약 0.577 ms의 유지시간을 갖는 타임슬롯이다. 270.833 kbps의 비트율을 사용하면, 각 타임슬롯은 156.25비트의 길이를 갖는다. 타임슬롯은 다음과 같은 필드를 가지고 있다:

- **트레일(trail)비트:** 기지국으로부터 서로 다른 거리에 있는 이동국으로부터의 전송동기화를 가능하게 한다. 이것에 대해서는 이후에 설명한다.
- **암호비트:** 데이터는 관용암호방식을 이용하여 블록 내에 있는 114개의 평문비트를 114개의 암호문 비트로 암호화된다; 암호화된 비트는 그 다음에 타임슬롯 내에서 두 개의 57비트 필드에 배치된다.
- **도난(stealing)비트:** 이 블록이 데이터를 포함하고 있는지 혹은 긴급제어 시그널링을 위해 도난당했는지를 알리기 위해 사용된다.
- **훈련 순서열:** 현재 경로전파특성에 맞게 수신자의 파라미터를 조절하고 다중경로전파의 경우에 가장 강한 신호를 선택하기 위하여 사용된다. 훈련 순서열은 서로 다른 인접 셀에 대해서 구분되는 잘 알려진 비트패턴이다. 이것은 이동국과 기지국이 수신된 신호가 정확한 송신기로부터 전송된 것인지 강한 상호간섭을 일으킨 송신기로부터 전송된 것인지를 판단할 수 있도록 해준다. 또한 훈련 순서열은 다중경로 등화를 위해서 사용되는데, 다중경로 등화는 원하지 않는 반사 신호로부터 원하는 신호를 추출하기 위하여 사용된다. 알려진 훈련 순서열이 다중경로 페이딩에 의해서 얼마나 영향을 받는지를 파악함으로써 나머지 신호가 이 효과를 보상할 수 있도록 처리된다.
- **가드(guard) 비트:** 서로 다른 경로지연으로 인해 다른 버스트와 겹치게 되는 것을 방지하기 위하여 사용된다.

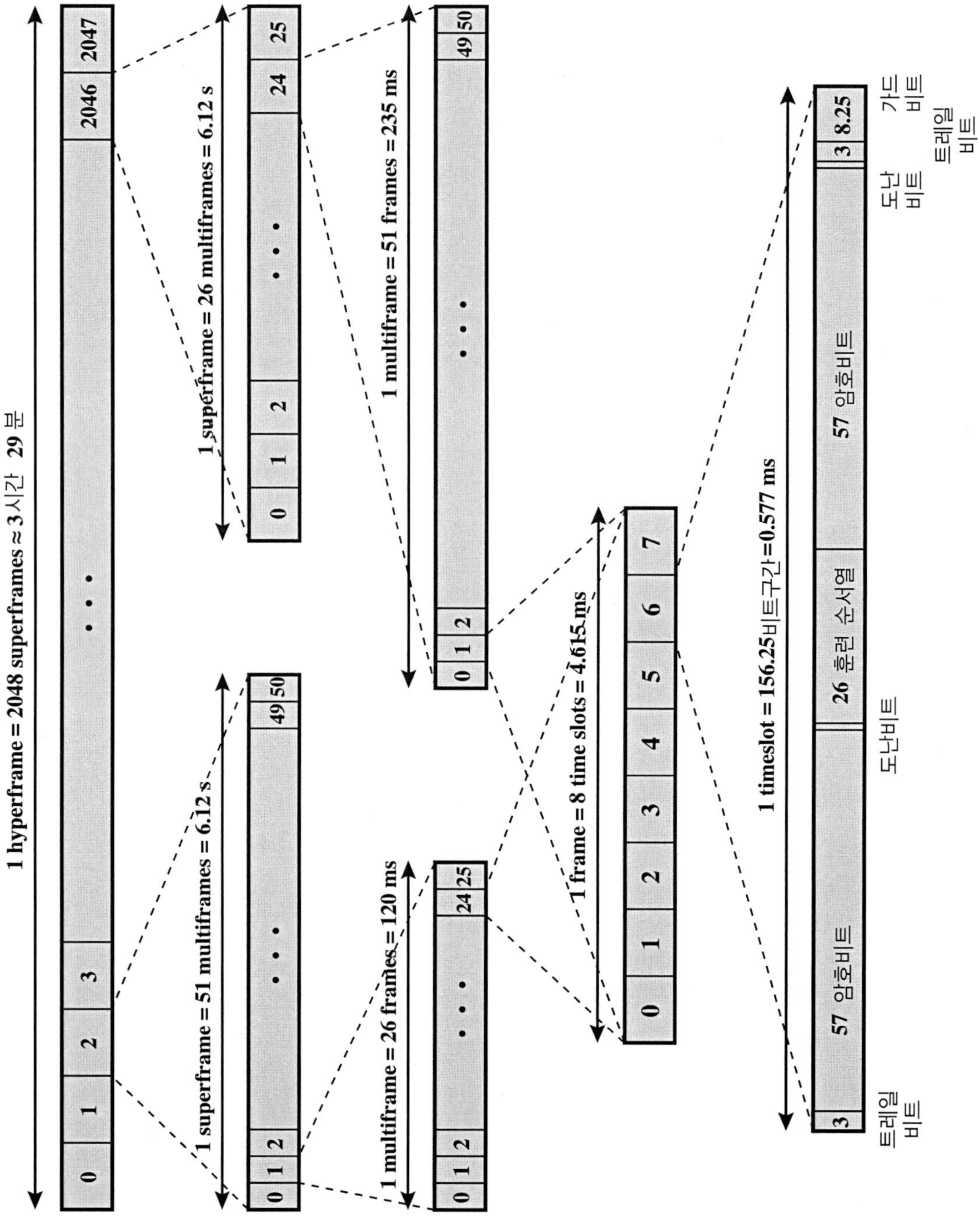

그림 10.14 GSM 프레임포맷

그림 10.14에서 보여지는 타임슬롯포맷은 정규 버스트로 불리고 사용자 데이터 트래픽을 전송한다(그림 10.12(b)와 비교). 다른 버스트포맷은 제어 시그널링을 위하여 사용된다.

프레임포맷 계층의 위로 올라가면, 8개의 타임슬롯을 가진 TDMA 프레임이 일반적으로 26개 프레임을 가진 멀티프레임으로 구성된다. 멀티프레임 내에 있는 프레임들 중 하나는 제어 시그널링을 위하여 사용되고 또 다른 하나는 현재 사용되지 않고 있다. 그리고 데이터 트래픽을 위해서 24개의 프레임이 남겨져 있다. 따라서 각각의 트래픽채널은 프레임당 하나의 타임슬롯을 수신하고 120 ms의 멀티프레임당 24개의 프레임을 수신한다. 결과적인 데이터율은 다음과 같다:

$$\frac{114\ \text{비트/슬롯} \times 24\ \text{슬롯/멀티프레임}}{120\,\text{ms/ 멀티프레임}} = 22.8\ \text{kbps}$$

GSM 사양은 또한 1/2의 속도를 갖는 트래픽채널을 허용하는데, 두 개의 트래픽채널 각각은 26개 프레임 중 12개 프레임 내에 하나의 타임슬롯을 차지한다. 1/2의 속도를 가지는 음성코더를 사용하면, 시스템의 용량을 효과적으로 두 배로 늘인다. 또한 트래픽채널을 위하여 사용되는 51개의 프레임으로 구성된 멀티프레임이 있다.

음성코딩

그림 10.15는 논리적인 트래픽채널 상의 전송을 위해 음성 신호를 처리하는 개괄적인 내용을 보여준다. 각각의 단계에 대해서 살펴보도록 하자.

음성 신호는 RPE-LPC(Regular Pulse Excited - Linear Predictive Coder)로 알려진 알고리즘을 사용하여 압축된다[KROO86]. 본질적으로, 이전 샘플로부터의 데이터가 현재 샘플을 예측하기 위하여 사용된다. 각 샘플은 그 다음에 이전 샘플의 선형조합계수(coefficient)를 나타내는 비트와 예측된 샘플과 실제 샘플 사이의 차이를 부호화한 형태로 구성되도록 부호화된다. 이 코드를 사용하면 13 kbps의 원래 속도에 대해 매 20 ms당 260비트를 생성한다 이 부호화를 통하여 생성된 음성의 품질 관점에서 260비트 블록 내에 있는 비트들은 세 가지 클래스로 나누어질 수 있다:

- **클래스 Ia:** 50비트, 비트 에러에 가장 민감하다.
- **클래스 Ib:** 132비트, 비트 에러에 적당히 민감하다.
- **클래스 II:** 78비트, 비트 에러에 둔감하다.

처음 50비트는 3비트의 CRC(Cyclic Redundancy Check) 에러검출코드에 의해서 보호된다. 만약 에러가 검출되면, 전체 샘플이 폐기되고 선행하는 블록의 변형된 버전으로 교체된다. 이들 53비트에 클래스 1b 비트를 더하고 4비트 테일(tail) 순서열을 더한 비트열은 콘볼루

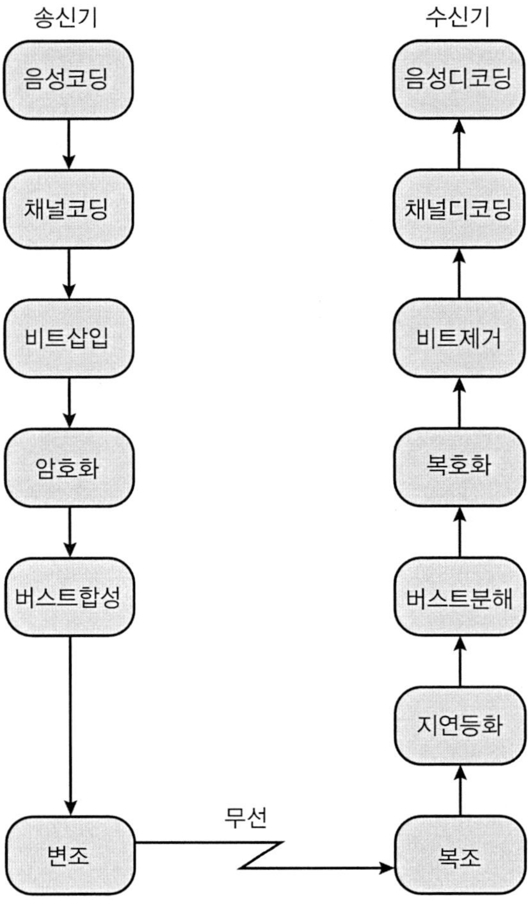

그림 10.15 GSM 음성 신호처리

션(1, 2, 5) 에러수정코드에 의해서 보호되고, 전체 비트는 189 × 2 = 378비트가 된다. 나머지 78비트는 보호되지 않고 보호되는 비트에 추가되어 456비트 블록을 생성하여 결과적인 데이터율은 456/20 ms = 22.8 kbps가 되는데, 이것이 GSM 트래픽채널의 데이터율이다.

버스트 에러에 대한 보호를 추가하기 위하여, 각각의 456비트 블록은 8개의 57비트 블록으로 나누어지는데, 이들은 8개의 연속적인 타임슬롯을 통하여 전송된다. 각각의 타임슬롯이 두 개의 57비트 블록을 전송할 수 있기 때문에, 각 버스트는 두 개의 서로 다른 음성샘플로부터의 데이터를 전송한다.

이 단계를 수행한 다음, 음성 데이터는 한 번에 114비트의 암호화된 데이터를 생성하고 타임 슬롯으로 조립(버스트 조립)되어 마지막으로 전송을 위해 변조된다. 변조방식은 FSK (Frequency Shift Keying)의 한 형태인 GMSK(Gaussian Minimum Shift Keying)이다.

데이터 부호화

디지털 데이터는 음성 신호에 적용된 것과 유사한 방식으로 처리된다. 데이터는 매 20 ms 당 240비트 블록 단위로 처리되고, 따라서 데이터율은 12 kbps이다. 논리적인 채널이 정의된 방식에 따라, 실제 지원되는 데이터율은 9.6, 4.8, 2.4 kbps이다. 각 블록은 4개의 트레일 비트를 사용하여 확장된다. (1, 2, 5) 콘볼루션 코드가 244 × 2 = 488비트를 생성하기 위하여 사용된다. 그 다음에 이 블록 중 32비트가 드롭되어 456비트 블록이 남게 된다. 그 다음에 다시 버스트 잡음의 효과를 줄이기 위하여 데이터를 다수의 버스트에 분산시키기 위한 비트 인터리빙방식이 사용된다. 488비트는 다음과 같은 방식으로 22개의 버스트에 분산된다:

- 첫번째와 22 번째 버스트는 각각 6비트를 전송한다.
- 두번째와 21 번째 버스트는 각각 12비트를 전송한다.
- 세번째와 20 번째 버스트는 각각 18비트를 전송한다.
- 네번째부터 19 번째 버스트까지는 각각 24비트를 전송한다.

그 결과, 각 버스트는 5 혹은 6개의 연속적인 데이터 블록으로부터의 정보를 전송한다.

저속 주파수 호핑

주어진 트래픽채널에 송신과 수신을 위한 주파수채널이 할당되었다고 하자. 이것은 엄밀히 정확하지 않다. GSM과 많은 다른 셀룰러방식은 신호품질을 개선하기 위하여 저속 주파수 호핑으로 알려진 기술을 사용한다. 주어진 채널 내에서 각각의 연속적인 TDMA 프레임은 서로 다른 반송 주파수로 전송된다. 따라서 송신 주파수는 4.615 ms마다 한 번씩 바뀐다. 다중경로 페이딩은 반송 주파수에 의존하기 때문에, 저속 주파수 호핑이 이를 보상하는 데 유용하다. 저속 주파수 호핑은 또한 동등 채널 상호 간섭효과를 줄인다. 주파수 호핑이 확산 주파수 통신의 한 형태라는 사실에 유의하기 바란다.

지연 등화

이동국들은 한 셀 내에서 기지국으로부터 서로 다른 거리에 있기 때문에, 이들의 송신은 지연시간의 차이를 유발시킨다. 최대 8개까지의 이동국이 같은 TDMA 프레임을 공유하기때문에, 이러한 현상은 설계 쟁점이 된다. 따라서 프레임슬롯의 타이밍은 중요하다. 기지국은 다양한 이동국의 타이밍을 동기화시키기 위하여 제어 신호를 제공한다. 슬롯포맷 내에서, 테일 비트와 보호 비트는 하나의 타임슬롯에 있는 데이터 비트와 다른 타임슬롯에 있는 데이터 비트가 겹치지 않도록 여유 공간을 제공한다. 기지국은 이동국이 자신의 타이밍을 늘이거나 줄이도록 지시하는 신호를 제어함으로써 활동중인 모든 이동국의 타이밍을 조절할 수 있다.

GSM 시그널링 프로토콜구조

그림 10.13에서 이동성, 무선자원 그리고 연결관리를 처리하는 주요 개체 사이에서는 많은 제어 메시지가 교환된다. 다양한 메시지포맷과 문맥을 상세히 설명하고자 하면 한 권의 책으로 구성할 수도 있을 것이다. 따라서 여기에서는 2세대 시스템 설계의 복잡도를 보여주는 시그널링 프로토콜 구조의 개요만을 살펴본다.

그림 10.16은 통신망구조의 주요요소 사이에서 사용되는 프로토콜을 요약하여 보여준다. 구조의 가장 하위 계층은 개체 사이의 물리적인 링크이다. 이동국과 기지국 트랜시버간에는 이전 절들에서 기술한 무선 링크가 TDMA 포맷 내에 보다 상위수준 데이터를 전송한다. 다른 개체 사이에서는 표준 64 kbps 디지털채널이 사용된다.

링크 계층에서는 LAPDm으로 알려진 데이터 링크제어 프로토콜(그림 4.3 참조)이 사용된다. 이것은 ISDN(Integrated Services Digital Network)을 위해 정의된 프로토콜의 변형된 버전이다. 나머지 링크는 정상적인 LAPD 프로토콜을 사용한다. 본질적으로, LAPD는 신뢰성이 없는 물리적인 링크를 신뢰성이 있는 데이터 링크로 변환시키기 위하여 설계되었다. LAPD는 에러검출을 수행하는 CRC(8.1절 참조)와 손상된 프레임을 재전송하기 위한 ARQ(Automatic Repeat Request)(8.4절 참조)를 사용하여 신뢰성 있는 데이터 링크를 제공한다.[3]

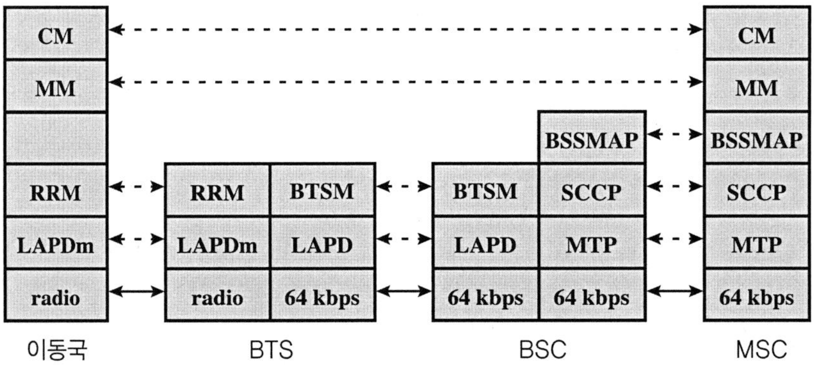

BSSMAP = BSS mobile application part
BTSM = BTS management
CM = connection management
LAPD = link access protocol, D channel
MM = mobility management
MTP = message transfer part
RRM = radio resources management
SCCP = signal connection control part

그림 10.16 GSM 시그널링 프로토콜 구조

3. 데이터 링크 제어 프로토콜에 대한 설명을 보기 위해서는 부록 C를 참조하기 바란다.

링크 계층 상위에는 특정기능을 제공하는 많은 프로토콜이 존재한다. 이들은 다음과 같다:

- **무선자원관리:** 핸드오프를 포함한 무선채널의 설정, 유지 및 종결을 제어한다.
- **이동성관리:** 보안 및 인증뿐만 아니라 위치 갱신 및 등록 절차를 관리한다.
- **연결관리:** 종단 사용자간의 연결인 호 설정, 유지 및 종결을 처리한다.
- **이동 응용부(MAP: Mobile Application Part):** HLR과 VLR사이와 같은 통신망의 고정 영역에 있는 서로 다른 개체 사이의 대부분의 시그널링을 처리한다.
- **BTS 관리:** 기지국 제어기의 통제 하에 기지국 트랜시버 하부 시스템에서 다양한 관리 및 운영기능을 수행한다.

MAP는 링크 계층 바로 위에서 직접적으로 동작하지 않고 두 개의 중간 프로토콜인 SCCP와 MTP 상에서 동작한다. 이들 후자의 프로토콜들은 디지털 공중 전기 통신망과 같은 디지털 회선교환 통신망 내에서 제어시그널링을 제공하기 위하여 설계된 프로토콜 집합인 SSN.7(Signaling System Number 7)의 일부이다. 이들 프로토콜은 MAP를 포함한 다양한 응용에 의해서 사용되는 일반적인 기능을 제공한다.

10.4 2세대 CDMA

코드분할 다원 접속(CDMA)은 2세대 셀룰러 통신망을 위한 TDMA에 대한 대안을 제공하는 7.4절에서 소개된 다중화를 위한 확산대역 기반기술이다. 이 절에서는 먼저 CDMA의 장점에 대해서 간략히 설명하고, 그 다음에 가장 널리 사용되는 방식인 IS-95에 대해서 살펴본다.

코드분할 다원 접속

셀룰러 시스템을 위한 CDMA는 다음과 같이 기술될 수 있다. FDMA에서와 같이, 각 셀에는 주파수 대역이 할당되는데, 이 주파수 대역은 둘로 나누어져서 반은 (이동국에서 기지국으로의) 역방향채널에 그리고 나머지 반은 (기지국에서 이동국으로의) 순방향채널에 할당된다. 전이중 통신을 위하여, 이동국은 순방향과 역방향채널 모두를 사용한다. 전송은 DS-SS(Direct Sequence Spread Spectrum) 형태로 이루어지며, DS-SS는 전송 데이터율을 증가시키기 위하여 치핑(chipping) 코드를 사용하는데 이는 결과적으로 신호 대역폭을 증가시킨다. 다원 접속은 다중 사용자에게 직교 치핑 코드를 할당함으로써 제공되고, 따라서 수신자는 다중 전송으로부터 개별적인 장치의 전송을 복원할 수 있다.

CDMA는 셀룰러 통신망을 위해서 많은 이점을 가지고 있다:

- **주파수 다변화:** 전송이 보다 큰 대역폭에 걸쳐서 분산되기 때문에, 버스트 잡음 및 선택

적 페이딩과 같은 주파수에 의존적인 전송 상의 손상이 신호에 영향을 보다 작게 미친다.

- **다중경로에 대한 저항력:** 주파수 다변화에 의한 다중경로 페이딩을 극복하는 DS-SS의 능력뿐만 아니라, CDMA를 위해 사용된 치핑코드는 낮은 교차 상관관계와 낮은 autocorrelation을 보여준다. 따라서 하나 이상의 칩 간격에 의해 지연된 신호의 버전이 다른 다중경로 환경만큼 주요 신호에 상호 간섭을 일으키지 않는다.
- **기밀성:** 확산 주파수 대역은 잡음과 같은 신호를 사용하여 얻어지고 각 사용자는 유일한 코드를 가지고 있기 때문에 기밀성이 보장된다.
- **성능 저하속도 감소:** FDMA 혹은 TDMA를 사용하면, 고정된 수의 사용자가 동시에 시스템에 접근할 수 있다. 하지만 CDMA를 사용하면 보다 많은 수의 사용자가 시스템에 동시에 접근하기 때문에, 잡음수준, 즉 에러율이 증가한다; 하지만 수용할 수 없는 에러율이 발생하는 지점까지 시스템의 성능저하가 서서히 진행된다.

CDMA 셀룰러는 또한 많은 결점을 가지고 있다:

- **셀프 재밍(self-jamming):** 만약 모든 이동 사용자가 완벽하게 동기화되어 있지 않다면, 다수의 사용자로부터 도달하는 전송은 완벽하게 칩 경계에 정렬되지 않을 것이다. 따라서 서로 다른 사용자의 확산 순서열이 직교되지 않고 약간의 교차 상관관계가 발생한다. 이것이 TDMA 혹은 FDMA와 구별되는 점이다. TDMA와 FDMA는 각각 적당한 시간 혹은 주파수 보호 대역에 대해서 수신된 신호가 거의 직교한다.
- **near-far 문제:** 수신자에게 보다 근접한 신호는 보다 멀리 떨어져 있는 신호보다 더 감쇠되어 수신된다. 완벽한 직교성이 부족하다면, 보다 많은 원격 이동국으로부터 전송을 수신할수록 복원하기가 더 어려워진다. 따라서, 전력제어기술이 CDMA 시스템에서는 아주 중요하다.
- **소프트 핸드오프:** 이후에 논의될 것처럼, 하나의 셀에서 다음 셀로의 원활한 핸드오프는 이동국이 이전 셀과의 호를 해제하기 전에 새로운 셀과의 호를 획득할 것을 요구한다. 이것은 소프트 핸드오프라 일컬어지고 FDMA와 TDMA 방식에서 사용되는 하드 핸드오프보다 훨씬 복잡하다.

이동 무선 CDMA 설계 고려사항

GSM이라는 특정 예에 대해서 설명하기에 앞서, CDMA 셀룰러 시스템의 몇 가지 일반적인 설계요소에 대해서 고려해보는 것이 유용할 것이다.

RAKE 수신기

셀룰러 시스템에서 일반적인 다중경로환경에서, 만약 다수의 신호 버전이 서로 하나 이상의 칩 간격만큼 떨어져서 도달한다면, 수신기는 가장 우세한 수신 신호와 칩 순서열을 서로 연관지어서 신호를 복원할 수 있다. 나머지 신호들은 잡음으로 처리된다. 하지만 만약 수신기가 다수의 경로로부터의 신호를 복원하고자 시도한 후 그들을 적당한 지연을 이용하여 혼합한다면 훨씬 좋은 성능을 얻을 수 있다. 이 원리가 RAKE 수신기에서 사용된다.

그림 10.17은 RAKE 수신기의 원리를 보여준다. 송신될 원래의 이진 신호는 송신기의 치핑코드와 XOR(Exclusive-OR) 연산을 하여 확산된다. 확산된 순서열은 그 다음에 무선채널로 전송하기 위하여 변조된다. 다중경로효과 때문에, 채널은 다수의 신호사본을 생성하는데, 각각의 신호사본은 서로 다른 지연시간(τ_1, τ_2 등)과 감쇠인자(a_1, a_2 등)를 가진다. 수신기에서 혼합된 신호가 복조된다. 복조된 칩 스트림은 그 다음에 다수의 correlator로 입력되고, 각각이 서로 다른 지연시간을 가진다. 이 신호들은 그 다음에 채널로부터 추정된가중치 인자를 사용하여 혼합된다.

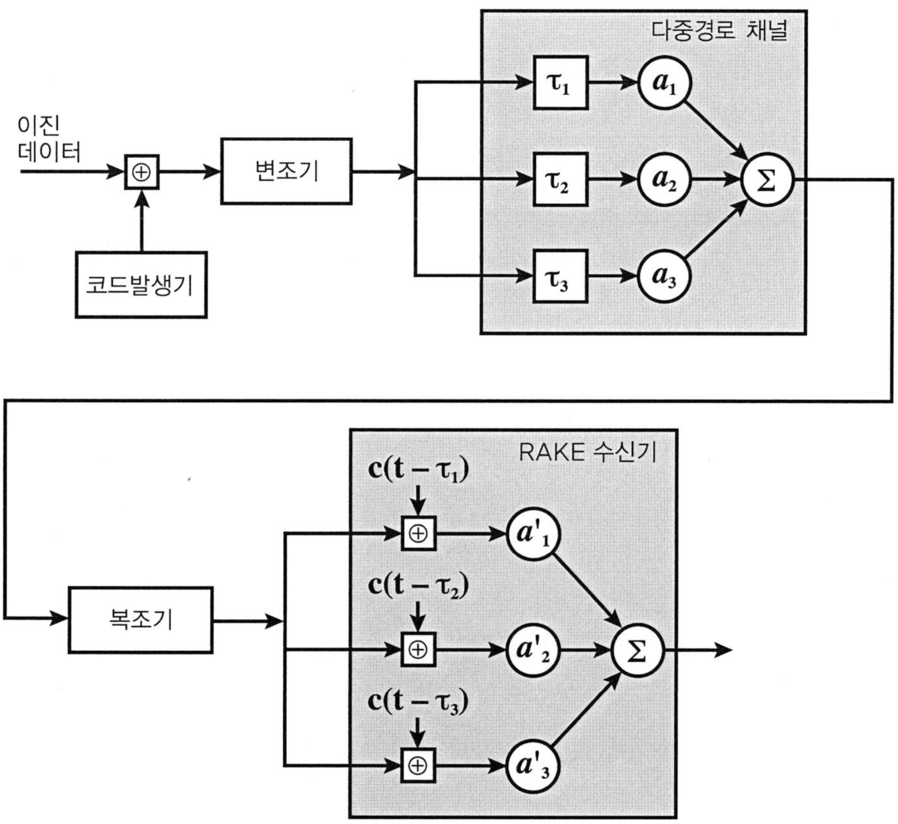

그림 10.17 RAKE 수신기의 원리 [PRAS98]

소프트 핸드오프

FDMA와 TDMA 시스템에서, 이웃한 셀들은 가용한 주파수 대역 중 서로 다른 부분을 사용한다(즉, 주파수 재사용 인자 N은 1보다 크고 일반적으로 7이다). 이웃하는 셀의 신호세기가 현재 셀의 신호세기에 임계치를 더한 값을 초과할 때, 이동국은 새로운 셀에 할당된 범위 내에 있는 새로운 주파수 대역으로 전환하도록 명령받는다. 이것은 **하드 핸드오프**로 알려져 있다. 일반적인 CDMA 셀룰러 시스템에서, 대체적으로 인접한 셀들로부터의 상호 간섭이 DS-SS 신호의 정확한 수신을 방해하지 않기 때문에 주파수의 공간적인 분리는 사용되지 않는다.

소프트 핸드오프에서, 이동국은 일시적으로 동시에 하나 이상의 기지국과 연결된다. 이동국은 처음에 하나의 셀에 할당되어 시작한다. 만약 이동국이 두 기지국으로부터의 전송이 비슷한, 즉 서로의 임계치 내에 있는 영역에 들어가면, 이동국은 두 개의 기지국과 연결되는 소프트 핸드오프상태로 들어간다. 이동국은 하나의 기지국이 명백히 우세할 때까지 이 상태에 머물다가, 한 기지국의 전송이 우세하면 그 셀로 할당된다.

소프트 핸드오프상태에 있는 동안, 두 개의 기지국에 도달하는 이동국으로부터의 전송은 둘 다 이동교환센터로 전송되고, 이동교환센터는 두 신호의 품질을 측정하여 하나를 선택한다. 교환기는 데이터 혹은 디지털화된 음성 신호를 2개의 기지국 모두로 전송하고 기지국은 이 신호를 이동국으로 전송한다. 이동국은 정보를 복원하기 위하여 2개의 수신된 신호를 혼합한다.

IS-95

가장 널리 사용되고 있는 2세대 CDMA 방식은 IS-95이고, 북미에서 주로 사용되고 있다. 표 10.5는 IS-95 시스템의 몇 가지 주요 파라미터를 나열하고 있다. 순방향과 역방향 링크 상의 전송구조가 다르기 때문에 개별적으로 설명한다.

IS-95 순방향 링크

표 10.6은 순방향 링크채널 파라미터를 나열하고 있다. 순방향 링크는 각각의 채널이 똑같이 1228 kHz 대역폭을 차지하고 있는 최대 64개의 논리적인 CDMA 채널로 구성되어 있다(그림 10.18(a)). 순방향 링크는 4가지 유형의 채널을 지원한다:

- **파일럿(채널 0):** 단일 채널 상의 연속적인 신호이다. 이 채널은 이동국이 타이밍정보를 얻을 수 있도록 해주고, 복조절차를 위한 위상참조를 제공하고, 핸드오프 결정을 위한 목적으로 신호세기 비교를 위한 수단을 제공한다. 파일럿채널은 모두 0으로 이루어져 있다.
- **동기화(채널 32):** 셀룰러 시스템에 대한 식별정보(시스템시간, 긴 코드상태, 프로토콜 개정 등)를 획득하기 위하여 이동국이 사용하는 1200 bps의 채널이다.

표 10.6 IS-95 순방향 링크채널 파라미터

채널	동기화	페이징		트래픽속도 집합 1				트래픽속도 집합 2			
데이터 속도(bps)	1200	4800	9600	1200	2400	4800	9600	1800	3600	7200	14400
코드 반복	2	2	1	8	4	2	1	8	4	2	1
변조심볼속도	4800	19,200	19,200	19,200	19,200	19,200	19,200	19,200	19,200	19,200	19,200
PN chips/변조심볼	256	64	64	64	64	64	64	64	64	64	64
PN chips/bit	1024	256	128	1024	512	256	128	682.67	341.33	170.67	85.33

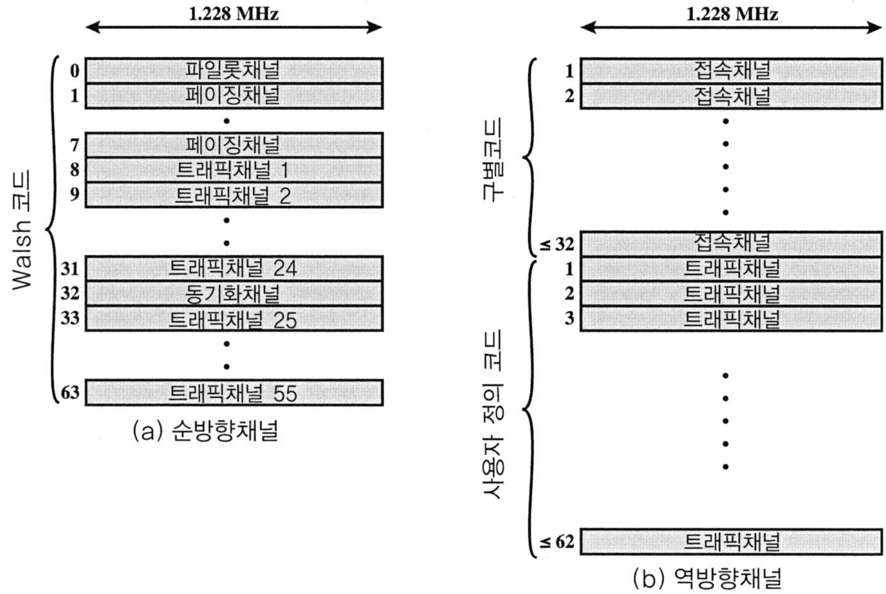

그림 10.18 IS-95 채널구조

- **페이징(채널 1-7):** 하나 이상의 이동국을 위한 메시지를 포함하고 있다.
- **트래픽(채널 8-31과 33-63):** 순방향채널은 55개의 트래픽채널을 지원한다. 원래의 사양은 최대 9600 bps까지의 데이터율을 지원했다. 이후에 개정된 사양은 최대 14,400 bps까지의 속도를 가지는 두번째 집합을 추가하였다.

이 모든 채널이 같은 대역폭을 사용한다는 사실에 유의하기 바란다. 치핑코드는 서로 다른 채널들을 구별하기 위하여 사용된다. 순방향채널에 대해서, 치핑코드는 64×64 Walsh 매트릭스로부터 유도된 64개의 직교된 64비트 코드이다(7.5절에서 논의되었음; 그림 7.17 참조).

그림 10.19는 속도 집합 1을 사용하여 순방향 트래픽채널 상에서 전송할 때의 처리단계를 보여준다. 음성 트래픽의 경우, 음성은 8550 bps의 데이터율로 코드화된다. 에러검출을 위한 추가적인 비트가 추가된 후 속도는 9600 bps가 된다. 사용자가 말하고 있지 않을 때에는 전체 채널용량이 사용되지 않는다. 묵음 기간동안 데이터율은 1200 bps까지 낮아진다. 배경잡음에서의 과도전류(transient)를 전송하기 위하여 2400 bps 데이터율이 사용되고, 디지털화된 음성과 시그널링 데이터를 혼합하기 위하여 4800 bps의 데이터율이 사용된다.

데이터 혹은 디지털화된 음성은 1/2의 속도를 가진 콘볼루션 인코더에 의해서 제공되는 순방향 에러수정과 함께 20 ms 블록의 형태로 전송되고, 따라서 유효 데이터율이 최대 19.2 kbps까지 두 배로 증가한다. 보다 낮은 데이터율에 대해서, (코드 심볼이라 불리는) 인코더

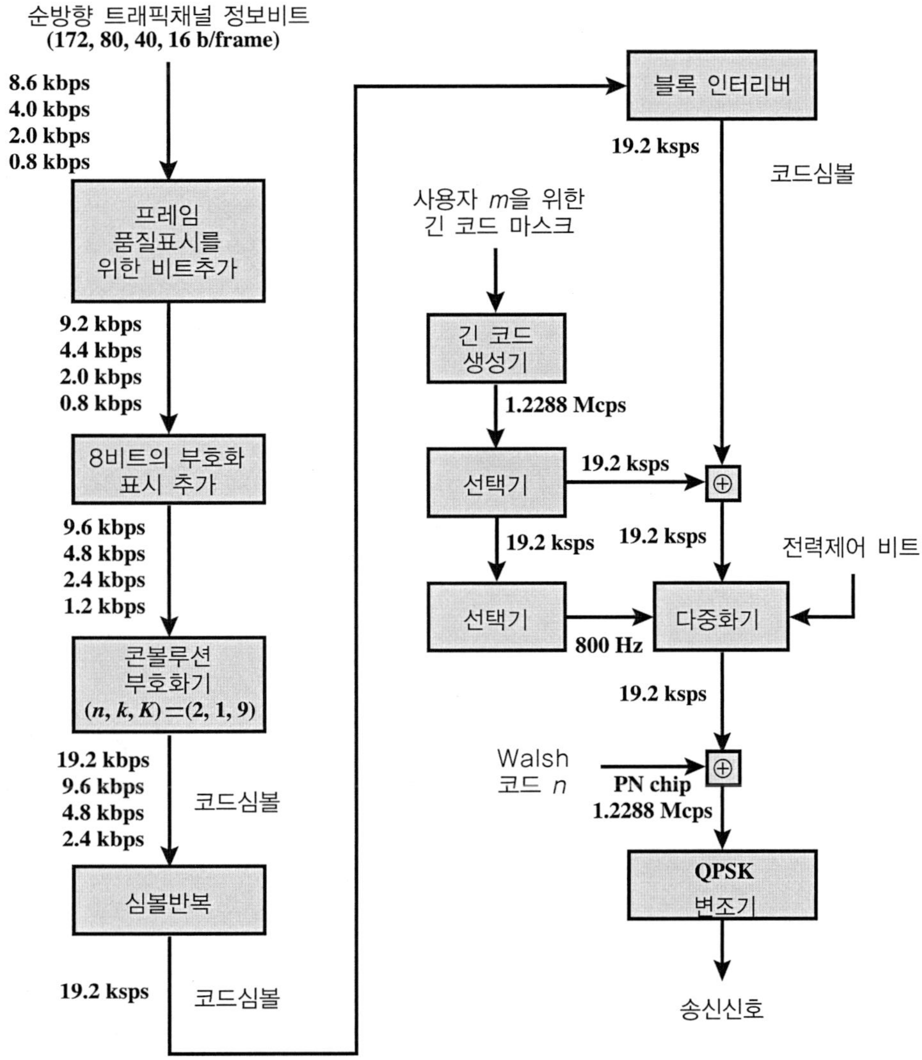

그림 10.19 IS-95 순방향 링크 전송

출력비트가 복사되어 19.2 kbps의 데이터율이 된다. 그 다음에 데이터는 확산을 통하여 에러의 효과를 줄이기 위하여 여러 개의 블록으로 삽입된다.

인터리버(interleaver)를 거친 다음에, 데이터비트는 뒤섞인다. 스크램블링의 목적은 기밀성 마스크(mask)를 제공하고 반복적인 패턴을 전송하는 것을 방지하여 같은 시간에 최대 전력으로 전송하는 사용자의 확률을 줄이고자 하는 것이다. 스크램블링(scrambling)은 42비트의 긴 시프트 레지스터로부터 생성된 의사랜덤 수로 구성된 긴 코드에 의해서 수행된다. 긴 코드 생성기의 출력은 1.2288 Mbps의 속도를 가지고, 이 속도는 19.2 kbps의 64배이다. 따라서 64개 비트 중 단지 1개의 비트만이 (decimator 기능에 의해서) 선택된다. 결과적인 스트림은 블록 인터리버의 출력과 XOR된다.

다음 단계의 처리는 전력제어정보를 트래픽채널에 삽입하는 것이다. 기지국의 전력제어 기능은 800 bps 속도로 트래픽채널에서 비트들을 추출한다. 이들은 스틸링(stealing) 코드비트에 의해서 삽입된다. 800 bps 채널은 이동국에게 현재의 출력수준을 증가시키거나 감소시키거나 혹은 현재 수준을 유지하도록 명령하는 정보를 전송한다. 이 전력제어스트림은 이 코드비트를 부호화하는 긴 코드 생성기를 사용하여 몇몇 코드비트를 교체함으로써 19.2 kbps로 다중화된다.

다음 단계의 처리는 64×64 Walsh 매트릭스 중 한 행을 사용하여 19.2 kbps를 1.2288 Mbps의 속도로 확산시키는 DS-SS 기능이다. 만약 0비트가 XOR 기능에 제공되면, 행의 비트단위(bitwise) XOR 값이 전송된다. 따라서 최종 비트율은 1.2288 Mbps가 된다. 이 디지털 비트스트림은 그 다음에 QPSK 변조방식을 사용하여 반송파 상에서 변조된다. 6장에서 QPSK가 개별적으로 변조되는 두 개의 비트스트림을 생성하는 것과 연관되어 있다고 한 것을 기억하기 바란다(그림 6.6 참조). IS-95 방식에서, 데이터는 I와 Q(in-phase와 quadrature) 채널로 나누어지고 각 채널 내에 있는 데이터는 유일한 짧은 코드와 XOR된다. 짧은 코드는 15비트 길이의 시프트 레지스터로부터 생성된 의사랜덤 수이다.

IS-95 역방향 링크

표 10.7은 역방향 링크채널 파라미터를 나열하고 있다. 역방향 링크는 각각이 똑같은 1228kHz 대역폭을 차지하는 최대 94개의 논리적인 CDMA 채널로 구성된다(그림 10.18(b)). 역방향 링크는 최대 32개의 접속채널과 최대 62개의 트래픽채널을 지원한다.

역방향 링크에서 트래픽채널은 이동국에 유일하다. 각 이동국은 자신의 전기적 일련번호에 기초한 유일하고 긴 코드마스크를 가지고 있다. 긴 코드마스크는 42비트 수이고 따라서 $2^{42}-1$개의 서로 다른 마스크가 존재한다. 접속채널은 호를 개시하고 기지국으로부터의 페이징채널 메시지에 응답하고 위치갱신을 위하여 이동국에 의하여 사용된다.

그림 10.20은 속도 집합 1을 사용하여 역방향 트래픽채널 상에서 전송하기 위한 처리단계를 보여준다. 처음 몇 단계는 순방향채널에서와 같다. 역방향채널에 대해서, 콘볼루션 인코더는 1/3의 속도를 가지고 있고, 따라서 유효 데이터율은 3배로 증가하여 최대 28.8 kbps가 된다. 그 다음에 데이터가 블록에 삽입된다.

다음 단계는 Walsh 매트릭스를 사용하여 데이터를 확산시키는 것이다. 매트릭스가 사용되는 방식과 목적은 순방향채널의 경우와 다르다. 역방향채널에서는 블록 인터리버로부터

표 10.7 IS-95 역방향 링크채널 파라미터

채널	접속	트래픽속도 집합 1				트래픽속도 집합 2			
데이터속도(bps)	4800	1200	2400	4800	9600	1800	3600	7200	14400
코드속도	1/3	1/3	1/3	1/3	1/3	1/2	1/2	1/2	1/2
반복전 심볼속도(sps)	14,400	3600	7200	14,400	28,800	3600	7200	14,400	28,800
심볼반복	2	8	4	2	1	8	4	2	1
반복후 심볼속도(sps)	28,800	28,800	28,800	28,800	28,800	28,800	28,800	28,800	28,800
송신듀티사이클	1	1/8	1/4	1/2	1	1/8	1/4	1/2	1
변조심볼당 코드 심볼수	6	6	6	6	6	6	6	6	6
PN chips/변조심볼	256	256	256	256	256	256	256	256	256
PN chips/bit	256	128	128	128	128	256/3	256/3	256/3	256/3

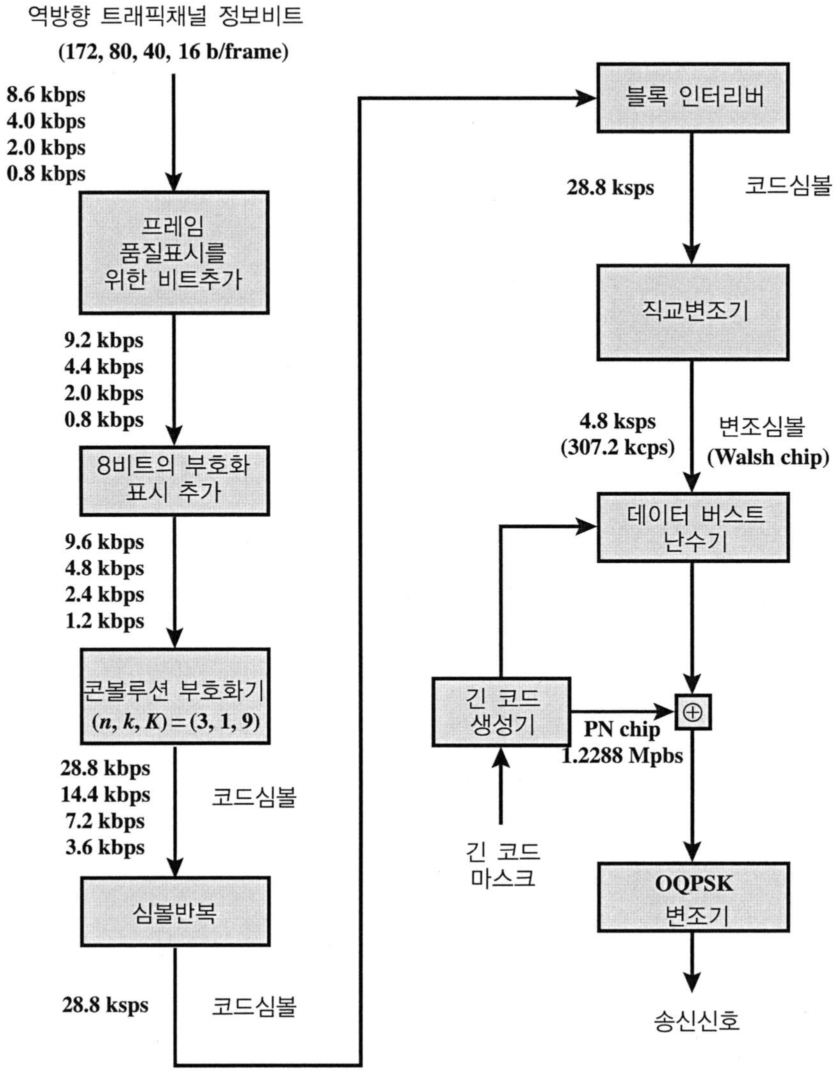

그림 10.20 IS-95 역방향 링크 전송

출력된 데이터가 6비트 단위로 그룹화된다. 각각의 6비트 단위는 64×64 Walsh 매트릭스 (2^6 = 64)의 행을 선택하기 위한 색인(index)으로 사용되고 그 행은 입력을 위해 치환된다. 따라서 데이터율은 64/6의 비율로 307.2 kbps까지 확장된다. 이 인코딩의 목적은 기지국에서의 수신을 개선하는 것이다. 64개의 가능한 코딩이 직교하기 때문에, 블록코딩은 수신기에서의 의사결정 알고리즘을 강화하고 또한 계산에 있어 효과적이다(상세한 내용은 [PETE95] 참조). 이 Walsh 변조는 $(n, k) = (64, 6)$과 $d_{min} = 32$를 사용한 블록 에러수정코드의 형태로 볼 수 있다. 사실, 모든 거리는 32이다.

데이터 버스트 난수기(randomizer)는 다른 이동국으로부터의 상호 간섭을 줄이는 것을 도와주기 위하여 구현된다(상세한 내용은 [BLAC99] 참조). 이 동작은 각각 20 ms 프레임에 대해 데이터를 평탄하게 하기 위하여 긴 코드 마스크를 사용한다.

이 절차의 다음 단계는 DS-SS 기능이다. 역방향채널의 경우에, 이동국에 대해 유일한 긴 코드가 1.2288 Mbps의 최종 데이터스트림을 만들기 위하여 난수기의 출력과 XOR된다. 이 디지털 비트스트림은 그 다음에 직교하는 QPSK 변조방식을 사용하여 반송파 상에서 변조된다. 이것은 직교성을 만들기 위하여 변조기(그림 6.6) 내에 있는 지연요소를 사용한다는 점에서 순방향채널과 다르다. 변조기가 다른 이유는 순방향채널에서는 확산코드가 직교하고 모든 코드가 Walsh 매트릭스에서 나오는 반면, 역방향채널에서는 확산코드의 직교성이 보장되지 않기 때문이다.

10.5 3세대 시스템

3세대(3G) 무선 통신의 목적은 음성 이외에 멀티미디어, 데이터 및 비디오를 지원하기 위하여 보다 고속의 무선 통신을 제공하는 것이다. ITU의 IMT-2000(International Mobile Telecommunications for the year 2000)에서는 3세대 시스템의 능력에 대한 ITU의 견해를 다음과 같이 정의하였다:

- 공중 전화 교환망과 동등한 음성품질
- 방대한 지역을 달리는 고속 자동차에 있는 사용자에 대해 144 kbps 데이터속도 지원
- 소규모 지역에서 천천히 움직거나 혹은 서있는 보행자에 대해 384 kbps 데이터속도 지원
- 사무실 용도의 2.048 Mbps 데이터속도 지원
- 동기 및 비동기 데이터 전송률
- 패킷교환과 회선교환 데이터 서비스 모두를 지원
- 입출력되는 트래픽 사이의 일반적인 비대칭성을 효율적으로 반영하는 인터넷으로의 적응적 인터페이스 지원
- 일반적으로 가용한 주파수 대역의 보다 효율적인 사용
- 다양한 이동장치 지원
- 새로운 서비스 및 기술의 도입을 용이하게 하기 위한 유연성 제공

보다 일반적으로 말해서, 현대 통신기술을 이끌어 가는 요소 중의 하나는 범세계적 개인통신과 범세계적 통신 접속을 제공하고자 하는 추세이다. 첫번째 개념은 사용자가 쉽게 자신의 신원을 확인할 수 있고, 국내 전 지역, 대륙 전체 혹은 범 세계적으로도 하나의 계정을 이용하여 모든 통신 시스템을 편리하게 이용할 수 있는 능력을 말한다. 두번째 개념은 정보 서비스

에 연결하기 위하여 다양한 환경에서 자신의 단말을 사용할 수 있는 능력(즉, 사무실에서, 거리에서 그리고 비행기 내에서 똑같이 잘 동작하는 휴대용 단말을 가지는 능력)을 말한다. 개인 컴퓨팅에서의 이러한 혁명적인 발전은 기본적으로는 명백히 무선 통신과 연관되어 있다. 예를 들어, 자신의 가입자 신원확인모듈을 가지고 있는 GSM 셀룰러 전화는 이러한 목적에 크게 다가선 기술이다.

개인 통신 서비스(PCS: Personal Communications Services)와 개인 통신망(PCN: Personal Communications Networks)은 범세계적 무선 통신의 이러한 개념에 부합되는 이름이고 이들은 또한 3세대 무선 시스템을 위한 목적을 형성한다.

일반적으로, 계획되고 있는 기술은 주파수 대역 및 고 용량을 효율적으로 사용하기 위하여 TDMA 혹은 CDMA를 이용하는 디지털기술이다.

PCS 핸드셋은 저 전력을 사용하고 비교적 작고 가볍도록 설계된다. 같은 단말이 전세계적으로 사용될 수 있도록 하는 노력들이 국제적으로 이루어지고 있다.

대체 인터페이스

그림 10.21은 IMT-2000의 일부로 채택되어 온 대체 방식을 보여준다. 이 사양은 서로 다른 무선환경에서 성능을 최적화하기 위한 무선 인터페이스 집합을 다루고 있다. 5가지의 대안을 포함한 이유는 기존 1세대 및 2세대 시스템으로부터의 순조로운 진화를 가능하게 하기 위해서이다.

제2세대로부터 발전하는 과장에서 다섯 가지 대안이 도출되었다. 그중 2가지 스펙기술은 European Telecommunication Standard Institute(ETSI)에서 유럽의 3G 무선규격 설정을 위한 UMTS(universal mobile telecommunications system) 개발 과정에서 도출되었다. 그 과정에서 UMTS는 두 가지의 스펙기술을 개발하였는데, 그중 하나는 **Wideband-CDMA** 또는 **W-CDMA**라고 알려진 주파수대역을 효율적으로 활용하여 고용량 데이터 전송을 가능하게 하는 완전개발체 형태의 CDMA 기술이다. 표 10.8은 W-CDMA의 주요 파라미터를 보여준다. 다른 또 하나의 스펙기술은 **IMT-TC** 또는 **TD-CDMA**라고 불리는 기법이며 이는 W-CDMA 와 TDMA기술의 혼합 형태인 기술로서 TDMA 기반 GSM 시스템에 업그레이드된 경로를 제공하는 역할을 수행한다.

CDMA2000으로 알려진 또 다른 CDMA 기반 시스템은 북미에서 개발되었다. 이 방식은 W -CDMA와 유사하지만 두 표준이 서로 다른 칩속도를 사용하기 때문에 부분적으로 호환되지 않는다. 또한 CDMA2000은 다중 반송파로 알려진 W-CDMA에서는 사용되지 않는 기술을 사용한다.

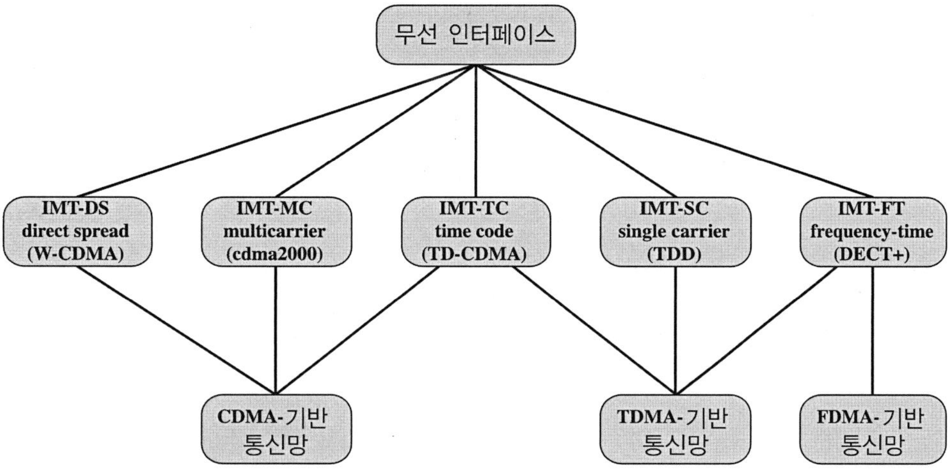

그림 10.21 IMT-2000 지상 무선 인터페이스

표 10.8 W-CDMA 파라미터

채널대역폭	5 MHz
순방향 RF 채널구조	Direct spread
칩속도	3.84 Mcps
프레임 길이	10 ms
프레임당 슬롯수	15
확산변조	Balanced QPSK (순방향) Dual channel QPSK (역방향) Complex spreading circuit
데이터변조	QPSK (순방향) BPSK (역방향)
Coherent detection	Pilot 심볼
역방향 채널 다중화	제어 및 파일롯 채널 시분할 다중화 데이터 및 제어채널 : I 및 Q 다중화
다중속도	다양한 확산 및 다중코드
확산인자	4 ~ 256
전력제어	개방형 및 고속 폐쇄루프 (1.6 kHz)
확산(순방향)	채널분리를 위한 가변길이 직교열. 셀 및 사용자 분리를 위한 Gold열 2^{18}
확산(역방향)	순방향과 동일, I 및 Q 채널내 서로 다른 시간천이
핸드오버	소프트 핸드오버

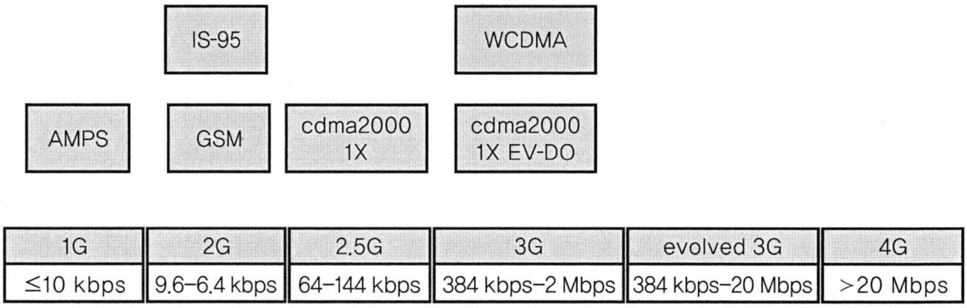

그림 10.22 무선 셀룰러 기술의 발달과정

우리는 현재까지 **터보코드**(8.3절), **Gold 코드** 및 **길이변환 확장코드**(7.5절) 등 3G 시스템과 관련된 여러 기술들을 언급하였다.

두 개의 다른 인터페이스 사양은 그림 10.21에서 보여진다. IMT-SC는 주로 TDMA 기반 통신망을 위해서만 설계되었다. IMT-FC는 몇몇 3G 서비스를 제공하기 위하여 TDMA와 FDMA 반송파 둘 다에 의해 사용될 수 있다; 이것은 11장에서 설명되는 DECT(Digital European Cordless Telecommunications) 표준을 발전시킨 것이다.

그림 10.22는 무선 셀룰러 기술의 발달과정을 보여준다. 그림에서 볼 수 있듯이 3G 기술은 비록 상업화 기술관점에서는 초기단계이지만 실제 개발과정은 제4세대에 도달했음을 알 수 있다. 아울러 4G 시스템의 목적은 더 큰 데이터 용량과 더욱더 융통성 있는 QoS의 보유에 있다. 본 절의 나머지 부분에서는 3G 시스템과 관련된 일반적인 CDMA관련기술과 특별한 기능을 가진 3G시스템에 대해서 간략히 소개하고자 한다.

CDMA 설계 고려사항

3G 시스템을 위한 가장 유력한 기술은 CDMA이다. 세 가지 다른 CDMA 방식이 채택되어 왔지만, 이들은 몇몇 공통적인 설계 쟁점을 공유하고 있다. [OJAN98]은 다음과 같은 설계 쟁점을 기술하고 있다:

- **대역폭:** 모든 3G 시스템을 위한 가장 중요한 설계목표는 채널 사용량을 5 MHz로 제한하는 것이다. 이 목적에는 여러 가지 이유가 있다. 한편으로는, 5 MHz 혹은 그 이상의 대역폭이 더 좁은 대역폭과 비교할 때 수신자가 다중경로를 해결하는 능력을 개선시킨다. 다른 한편으로는, 가용한 주파수 대역이 경쟁적인 요구로 인하여 제한되고 5 MHz가 3G에 할당될 수 있는 적당한 상한치이다. 마지막으로, 3G 서비스를 위한 주요목표인 144와 384 kHz의 데이터속도를 지원하기 위해서는 5 MHz가 적합하다.

- **칩속도:** 대역폭이 주어졌을 때, 칩속도는 데이터율, 에러제어에 대한 요구 그리고 대역폭 제한에 따라 달라진다. 3 Mcps 혹은 그 이상의 칩속도는 주어진 이러한 설계 파라미터에 대해 적당한 속도이다.
- **다중속도:** *다중속도*(multirate)라는 용어는 주어진 사용자에게 다수의 고정된 데이터율을 가지는 논리적인 채널을 제공하는 것을 의미하고, 여기에서 서로 다른 데이터율은 서로 다른 논리적인 채널 상에서 제공된다. 더 나아가서, 각각의 논리적인 채널 상의 트래픽은 서로 다른 목적지로 무선 및 고정 통신망을 통하여 독립적으로 교환될 수 있다. 다중속도의 이점은 시스템이 유연하게 주어진 사용자로부터의 다수의 동시 응용을 지원할 수 있고 단지 각 서비스를 위해 요구되는 용량만을 제공함으로써 가용한 용량을 효율적으로 사용할 수 있다는 것이다. 다중속도는 하나의 CDMA 채널 내에서 TDMA 방식을 사용하여 얻을 수 있는데, 서로 다른 데이터율을 얻기 위하여 프레임당 다른 수의 타임슬롯이 할당된다. 주어진 데이터율에서 모든 서브채널은 에러수정 및 인터리빙 기술을 사용하여 보호된다(그림 10.23(a)). 대안은 분리된 코딩과 인터리빙을 이용한 다수의 CDMA 코드를 사용하고 이들을 개별적인 CDMA 채널에 매핑시키는 것이다(그림 10.23(b)).

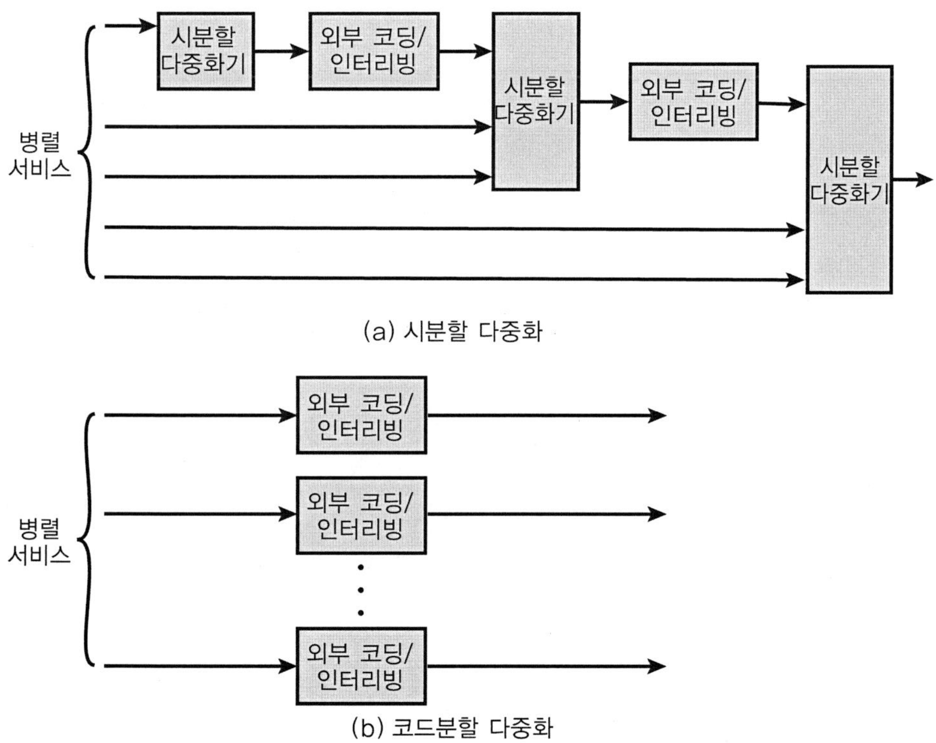

그림 10.23 시간 및 코드 다중화원리 [OJAN98]

CDMA2000 1x EV-DO

첫 번째 상업적으로 보급된 3G 무선 시스템은 CDMA2000 1x EV-DO인데 CDMA/HDR (CDMA high data rate)라고 부르기도 하며 표준으로는 IS-856에 해당된다. 이 시스템의 목적은 인터넷에 광대역과 비슷한 속도의 무선 접속을 제공하는 것이다. 1x(1배)라는 접미사를 사용 한것은 IS-95 CDMA 표준 채널의 1.2288Mcps 확산율을 사용한다는 의미이다. EV는 IS-95 표준에 혁신적인 기술(EVolutionary technoy)이 적용되었다는 것을 뜻하며 다른 3G 기술과의 차이점은 인터넷 접속을 위해 IP 패킷을 사용해 데이터를 전송하도록 설계되었다는 것이다. 그러나 CDMA2000 1x EVDO는 음성 트래픽을 위해서는 VOIP를 이용한다.

최적의 1x EVDO 네트워크는 트래픽이 많지 않을 때 600kbps에서 1.2Mbps의 평균 다운로드 속도를 보이며 피크시에는 150kbps에서 300kbps의 속도를 보인다.[EYUB02]. 순간적인 데이터 속도는 2.4Mbps까지 이른다. 이러한 데이터 속도는 WCDMA를 위해 요구되는 대역폭의 4분의 1인 1.25Mhz를 이용해 이루어진다.

1x EVDO는 IP 기준의 네트워크와의 융합을 위해 설계의 초점이 맞추어졌다. 결과적으로 어떤 사업자들은 1x EVDO 네트워크를 전적으로 IP기술에 맞추어 구축하였다. 그림 10.24

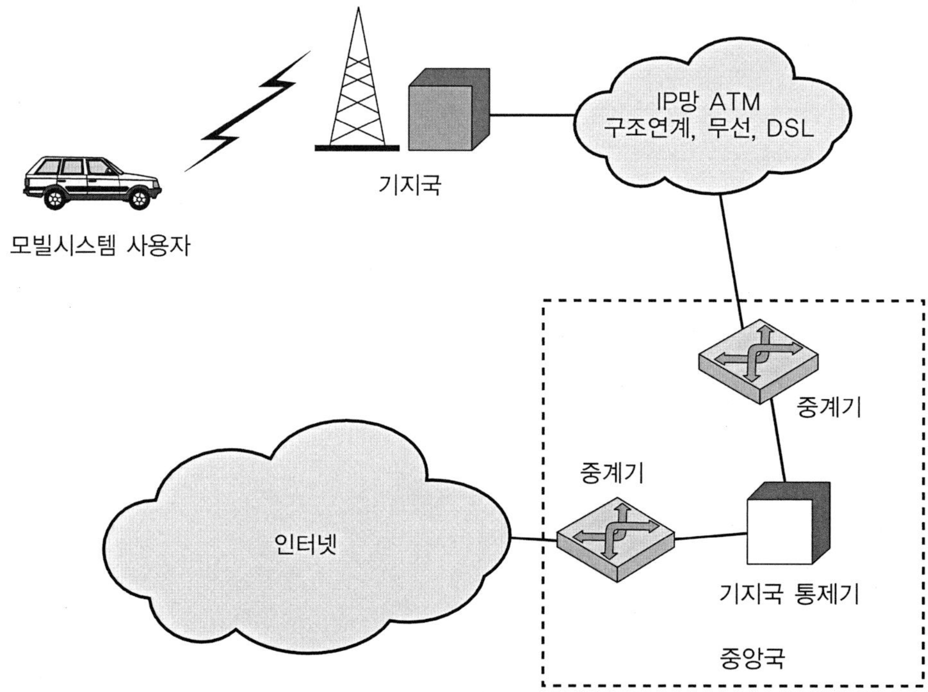

그림 10.24 CDMA2000 IxEV-DO 구성 요소들

는 그 경우의 주된 네트워크 주 요소를 보여 주고 있다. 이동중인 이용자는 1x EVDO 전송기술을 사용하는 가까이 있는 셀의 기지국과 통신한다. 전형적으로 몇 개의 기지국을 담당하는 기지국 제어기는 스위칭, 핸드오프 등의 서비스를 제공하기 위해 교환국에 위치한다. 기지국과 교환국의 연결에는 IP 전송 서비스가 이용된다. IP 전송은 프레임 릴레이, ATM, 광대역 무선 링크, DSL 등과의 선택에 의해 연결비용을 낮추어 준다. 교환국의 기지국 제어기는 호를 IP 네트워크를 통해 다른 가입자에 연결시켜 주게 된다.

1x EVDO는 데이터 전용으로 명세되어 있기 때문에 전송 방법은 데이터 전송에 최적화되고 음성 쪽의 요구는 지원할 필요가 없다. 음성 통신은 특성상 효율적인 대역폭의 이용을 제약할 수도 있다. 예를 들어 100ms의 지연도 음성 통신을 어렵게 한다. 긴 지연 시간은 통신을 쓸 수 없게 만들 수 있다. 이러한 이유 때문에 음성은 지연을 최소화하기 위해 보통 20ms 대의 프레임을 사용한다. 그러나 짧은 프레임은 상대적으로 오버헤드가 크기 때문에 효율의 저하를 가져 온다. 데이터 전용의 네트워크에서는 비교적 긴 지연도 참을 만하며 QoS 기술에 의해 엄격한 지연을 요구하는 부분적인 트래픽을 수용할 수 있다. 따라서 데이터전용 네트워크에서는 긴 프레임을 사용할 수 있고 오버헤드를 감소시킬 수 있다.

긴 프레임을 사용하는 또 다른 이점은 터보코드를 효율적으로 사용할 수 있는 점이다. 짧은 음성 프레임에서는 콘볼루셔날 코딩이 적합한 반면에 프레임이 긴 경우(수백비트 이상)에는 터보 코딩이 강력하다. 큰 프레임을 사용하는 터보 코딩은 동일한 에러율을 유지하면서 더 낮은 RF 전력을 사용할 수 있기 때문에 혁신적인 성능 개선을 가져온다.

전형적인 데이터 전용 응용분야에서는 네트워크로부터 이용자에게 전달되는 전송량이 이용자로부터 네트워크로 전송되는 전송량보다 훨씬 많다. 웹 브라우싱이나 전자우편 다운 로드 등이 이러한 예이다. 처리량을 최적화하고 가용 대역폭을 최대로 활용하기 위해 1x EV-DO는 송 수신에 서로 다른 전송 속도를 사용한다. 다운로드는 38.4 kbps에서 2.4576Mbps 사이에서 그리고 업로드는 9.6kbps에서 156.3kbps 사이에서 전송이 이루어진다.

음성에 최적화된 설계와 데이터 전용 설계의 주된 차이점은 잡음이 많고 변화가 많은 RF 환경에서 끊김 없는 통신이 유지되도록 하는 기술이다. 음성에 최적화된 시스템은 전력제어를 사용한다. 약한 신호를 갖는 사용자는 통신로를 유지하고 페이딩을 극복하기 위해 RF 전력을 증가시키고 기지국 근처에 있는 사용자는 전력을 감소시키게 된다. 이와는 대조적으로 1x EV-DO는 신호 레벨이 달라지면 전력의 세기가 아니라 데이터 속도를 조절한다. 이러한 데이터 속도의 조절은 양쪽 방향(업로드,다운로드) 모두에서 이루어진다.

우선 순방향(다운로드)부터 생각해 보자. 기지국은 이동국이 최대의 신호대 잡음비(S/N Rate)를 유지하도록 항상 최대 전력으로 송신한다. 만일 통신로 손실(path loss)이 증가한다면 신호대 잡음비가 감소하여 링크 용량이 낮아지거나 에러율이 올라간다(샤논의 공식). RF 전력을 증가시키거나 데이터 속도를 낮추어 에러를 감소시킬 수 있다. 전송 속도는 잉여성(redundancy)을 증가시키거나 변조 방법을 변경하여 낮출 수 있다. 검사비트의 수를 증가시키면 데이터 속도는 감소된다. 고계 변조 방법을 사용하면(예를 들어 16QAM은 QPSK보다 고계 변조방법임) 데이터 속도는 증가한다. 표 10.9(a)는 순방향의 데이터 속도를 보여 준다. 몇개의 데이터 속도는 표에 두 번 나타남에도 불구하고 동일 속도를 전송하는데 1.67-ms의 타임 슬롯이 사용되는 개수는 서로 다르다. 추가된 타임 슬롯은 잉여 정보를 제공한다. 만일 이동국이 모든 슬롯이 전송되기 이전에 한 패킷을 성공적으로 복호화(decode)하였다면 기지국으로 ACK(acknowledgement)를 전송한다. 이렇게 함으로써 전송이 조기에 종료될 수 있으며 결과적으로 유효 처리량을 늘릴 수 있다. 이동국은 끊임 없이 SNR 정보를 전송해 줌으로써 기지국이 데이터 속도를 조절할 수 있게 해 준다.

표 10.9(b)는 역방향의 데이터 속도를 보여 준다. 역방향에서는 제한된 신호 전력 때문에 단순한 BPSK 변조가 사용되는데 단순한 변조 방법은 복잡한 변조방법에 비해 RF 채널상태의 영향을 덜 받게 된다.

10.6 참고문헌

[BERT94]와 [ANDE95]는 셀룰러 무선 전파효과에 대한 유익한 조사서이다. [POLL96]은 핸드오프 문제를 깊이 있게 다루고 있다. [EVER94]와 [ORLI98]은 셀룰러 트래픽분석에 대해 훌륭히 설명하고 있다. [BLAC99]는 2세대 셀룰러 시스템에 대한 가장 훌륭한 기술문서 중의 하나이다. GSM 개념에 대해 잘 설명한 문서는 [RAHN93]이다; 보다 상세한 내용은 [GARG99]를 참조하기 바란다.

[TANT98]은 셀룰러 통신망에서 CDMA를 다루고 있는 많은 중요한 문서들의 재판(reprint)을 포함하고 있다. [DINA98]은 3G 시스템을 위한 주요 기술적 설계 고려사항에 대한 개요를 제공한다.

[OJAN 98]은 3G 시스템의 전반적인 설계관련 핵심기술요소를 소개하며, 또 다른 유용한 자료조사로서 [ZENG00]가 있다. [PRAS00] 은 3G 시스템의 전반적인 설계 관련하여 보다 더 심화된 해석이 이루어져 있다. CDMA2000 1xEV-DO에 관한 논의로는 [BEND00] [BI03] 등이 있으며, [BERE02], [FROD01]은 4G 시스템에 대한 유용한 자료를 제공한다.

표 10.9 CDMA2000 1X EV-D0의 파라미터들

데이터 전송(kbps)	38.4	76.8	153.6	307.2	307.2	614.4	614.4	921.6	1228.8	1228.8	1843.2	2457.6
슬롯개수	16	8	4	2	4	1	2	2	1	2	1	1
Packet size(bytes)	128	128	128	128	256	128	256	384	256	512	384	512
Packet duration(ms)	26.67	13.33	6.67	3.33	6.67	1.67	3.33	3.33	1.67	3.33	1.67	1.67
코드율	1/5	1/5	1/5	1/5	1/3	1/3	1/3	1/3	1/3	1/3	1/3	1/3
Module화	QPSK	QPSK	QPSK	QPSK	QPSK	QPSK	0PSK	8PSK	QPSK	16QAM	8PSK	16QAM

(a) Foward Link

데이터 전송(kbps)	9.6	19.2	38.4	76.8	153.6
슬롯개수	16	16	16	16	16
Packet size(bytes)	32	64	128	256	512
Packet duration(ms)	26.67	26.67	26.67	26.67	26.67
코드율	1/4	1/4	1/4	1/4	1/2
Module화	BPSK	BPSK	BPSK	BPSK	BPSK

(b) Reverse Link

ANDE95 Anderson, J.; Rappaport, T.; and Yoshida, S. "Propagation Measurements and Models for Wireless Communications Channels." *IEEE Communications Magazine*, January 1995.

BEND00 Bender. P., et al."CDMA/HDR: A Bandwidth-Efficient High-Speed Wireless Data Service for Nomadic Users." IEEE Communications Magazine, July 2000.

BERE02 Berezdivin, R.; Breinig, R.; and Topp, R."Next-Generation Wireless Communications Concepts and Technologies." IEEE Communications Magazine, March 2002.

BERT94 Bertoni, H.; Honcharenko, W.; Maciel, L.; and Xia, H. "UHF Propagation Perdiction for Wireless Personal Communications." *Proceedings of the IEEE*, September 1994.

BI03 Bi, Q., et al."Performance of 1xEV-DO Third Generation Wireless High-Speed Data Systems."Bell Labs Technical Journal, Vol. 7, No. 3 2003.

BLAC99 Black, U. *Second-generation Mobile and Wireless Networks.* Upper Saddle River, NJ: Prentice Hall, 1999.

DINA98 Dinan, E., and Jabbari, B. "Spreading Codes for Direct Sequence CDMA and Wideband CDMA Cellular Networks." *IEEE Communications Magazine*, September 1998.

EVER94 Everitt, D. "Traffic Engineering of the Radio Interface for Cellular Mobile Networks." *Proceedings of the IEEE*, September 1994.

FROD01 Frodigh, M., et al."Future Generation Wireless Networks." IEEE Personal Communications, October 2001.

GARG99 Garg, V., and Wilkes, J. *Principles and Applications of GSM.* Upper Saddle River, NJ: Prentice Hall, 1999.

OJAN98 Ojanpera, T., and Prasad, G. "An Overview of Air Interface Multiple Access for IMT-2000/UMTS." *IEEE Communications Magazine*, September 1998.

ORLI98 Orlik, P., and Rappaport, S. "Traffic Performance and Mobility Modeling of Cellular Communications with Mixed Platforms and Highly Variable Mobilities." *Proceedings of the IEEE*, July 1998.

POLL96 Pollini, G. "Trends in Handover Design." *IEEE Communications Magazine*, March 1996.

PRAS00 Prasad, R.; Mohr, W.; and Konhauser, W., eds. *Third-generation Mobile Communications Systems.* Boston: Artech House, 2000.

RAHN93 Rahnema, M. "Overview of the GSM System and Protocol Architecture." *IEEE Communications Magazine*, April 1993.

TANT98 Tantaratana, S. and Ahmed, K., eds. *Wireless Applications of Spread Spectrum Systems: Selected Readings*. Piscataway, NJ: IEEE Press, 1998.

ZENG00 Zeng, M.; Annamalai, A.; and Bhargava, V. "Harmonization of Global Third-generation Mobile Systems." *IEEE Communications Magazine*, December 2000.

웹사이트

- **Cellular Telecommunications and Internet Association:** 무선기술의 성공적인 응용에 관한 정보를 제공하는 업계 컨소시엄
- **GSM World:** GSM에 관한 많은 정보와 링크제공
- **CDMA Development Group:** 일반적으로 IS-95와 CDMA에 관한 정보와 링크제공
- **3G Americas:** TDMA, GSM, GPRS, EDGE, and UMTS 등을 지원하는 미주에 위치한 교역회사로서 산업계 동향뉴스, 연구논문, 그 밖의 여러 기술정보 제공
- **3G Today:** 3G 시스템과 그 제공자들에 관련된 다양한 정보를 수록

10.7 주요용어, 복습, 연습문제

주요용어

개방형 루프 전력제어	재사용 인자	순방향채널
기지국	전력제어	주파수 재사용
논블로킹 통신망	핸드오프	폐쇄 루프 전력제어
블로킹 통신망	1세대(1G) 통신망	코드 분할 다원 접속(CDMA)
셀룰러 통신망	2세대(2G) 통신망	핸드오버
시분할 다원 접속(TDMA)	3세대(3G) 통신망	Phone Service)
역방향채널	AMPS(Advanced Mobile 소프트 핸드오프	GSM(Global System for Mobile Communications)
이동 무선		

복습문제

10.1 셀룰러 시스템 설계에서는 어떤 평면형태를 사용하는가?

10.2 셀룰러 통신망 환경에서 주파수 재사용 원리는 무엇인가?

10.3 셀룰러 시스템의 용량을 증대시키는 5가지 방법을 나열하라.

10.4 셀룰러 시스템의 페이징기능에 대해서 설명하라.

10.5 핸드오프 결정에 사용될 수 있는 서로 다른 성능인자를 열거하고 간략하게 정의하라.

10.6 기지국과 통신하고 있는 이동국이 이동할 때, 전력제어와 전력조절 양을 위한 요구를 결정하는 인자는 무엇인가?

10.7 개방형 루프와 폐쇄 루프 전력제어의 차이점을 설명하라.

10.8 트래픽 강도와 시스템 내에서의 평균 호 율의 차이점을 설명하라.

10.9 1세대와 2세대 셀룰러 시스템의 주요 차이점은 무엇인가?

10.10 셀룰러 통신망에서 CDMA를 사용하는 이점은 무엇인가?

10.11 셀룰러 통신망에서 CDMA를 사용하는 단점은 무엇인가?

10.12 하드 핸드오프와 소프트 핸드오프의 차이점을 설명하라.

10.13 2세대 셀룰러 시스템과 3세대 셀룰러 시스템을 구별하는 몇 가지 주요한 특성은 무엇인가?

연습문제

10.1 다음과 같은 특성을 공유하는 4개의 서로 다른 셀룰러 시스템에 대해서 고려해보자. 주파수 대역은 이동국 전송을 위해 825~845 MHz 그리고 기지국 전송을 위해 870~890 MHz 대역이 할당되어 있다. 전이중 회선은 각 방향에서 하나의 30 kHz 채널로 구성되어있다. 이 시스템은 각각 4, 7, 12 그리고 19의 재사용 인자에 의해서 구별된다.

a. 각 시스템에서 셀의 클러스터(4, 7, 12, 19)가 16번 복제된다고 가정하자. 각 시스템이 지원할 수 있는 동시 통신의 수를 계산하라.

b. 각 시스템에서 하나의 셀에 의해 지원될 수 있는 동시 통신의 수를 계산하라.

c. 셀 내에서 각 시스템에 의해 지원되는 서비스 영역을 계산하라.

d. 네 개의 시스템 모두에서 셀 크기가 같고 100개 셀로 이루어진 고정된 영역이 각 시스템에 의해서 지원된다고 가정하자. 각 시스템에 의해서 지원될 수 있는 동시 통신의 수를 계산하라.

10.2 다음에 대해서 그림 10.6에서 보여진 것과 같은 사건 순서를 기술하라.

a. 이동국에서 고정 가입자로의 호

b. 고정 가입자에서 이동국으로의 호

10.3 임계치를 가진 상대적인 신호세기에 기반을 둔 핸드오프 절차에 대한 논의에서, 만약 임계치가 Th_3와 같이 아주 낮게 설정된다면 이동국은 새로운 셀 내부로 멀리까지(L_4) 이동할 수 있을 것이라고 지적하였다. 이것은 통신 링크의 품질을 저하시키고 호 드롭을 야기할 수도 있다. 이 방식의 또 다른 단점을 제시하라.

10.4 이력(履歷: hysteresis)현상은 제어 시스템에서 일반적으로 사용되는 기술이다. 예로서, 가정에 있는 자동 온도 조절장치에서 사용되는 이력현상 메커니즘에 대해서 기술하라.

10.5 전화연결은 23분의 통화시간을 가지고 있다. 이것은 단지 1시간 동안 이 호출자에 의해서만 이루어진 연결이다. 이 연결의 어랑 단위의 트래픽양은 얼마인가?

10.6 표 10.3을 사용하여 다음 상황에 대한 응답을 계산하라. 또한 각 경우에, 해결되어야 하는 일반적인 문제점을 기술하라. *힌트*: 직선 보간법(straight line interpolation)이 적합하다.

a. $N = 20$, $A = 10.5$일 때, P를 계산하라.

b. $N = 20$, $P = 0.015$일 때, A를 계산하라.

c. $P = 0.005$, $A = 6$일 때, N을 계산하라.

10.7 아날로그 셀룰러 시스템은 총 33 MHz의 대역폭을 가지고 있고 전이중 음성 및 제어채널을 제공하기 위하여 두 개의 25 kHz 단방향채널을 사용한다.

a. (1) 4셀, (2) 7셀, (3) 12셀의 주파수 재사용 인자에 대해서 셀 당 채널의 수는 얼마인가?

b. 1 MHz가 제어채널에 할당되어 있고 셀 당 단지 하나의 제어채널만이 필요하다고 가정하자. (a)에서 제시한 세 가지 주파수 재사용 인자에 대해 각 셀에서의 제어채널과 음성채널의 적당한 분배를 결정하라.

10.8 언급되었던 바와 같이, AMPS 시스템에서 단일 운영자에게 가용한 단방향 대역폭은 12.5 MHz이고, 30 kHz의 채널 대역폭과 21개의 제어채널을 가지고 있다. 특정한 설치에 있어서 이 시스템이 대역폭을 활용하는 효율을 계산하고자 한다. 다음 파라미터를 사용하라:

- 셀 영역 = 8 km^2
- 전체 서비스 영역 = 4000 km^2
- 주파수 재사용 인자 = 7

- 바쁜 시간 동안 사용자당 호의 평균 수 = 1.2
- 호의 평균 유지시간 = 100 s
- 호 블로킹 확률 = 2%

a. 셀 당 얼마나 많은 음성채널이 존재하는가?

b. 어랑/셀 단위로 셀 당 전송되는 전체 트래픽을 결정하기 위하여 표 10.3과 간단한 직선 보간법을 사용하라. 그 다음에 이것을 어랑/km^{2}로 변환하라.

c. calls/hour/cell의 수와 calls/hours/km^{2}의 수를 계산하라.

d. users/hour/cell의 수와 users/hour/channel의 수를 계산하라.

e. Erlangs/MHz/km^2 단위로 표시되는 변조에 대한 주파수 대역 효율의 일반적인 정의 혹은 변조효율은 다음과 같다.

$$\eta_m = \frac{(\text{시스템에 의해서 전송된 전체 트래픽})}{(\text{대역폭})(\text{전체 서비스 영역})}$$

이 시스템을 위한 변조효율을 계산하라.

10.9 셀룰러 시스템은 각 방향에 할당된 12.5 MHz의 주파수, 할당된 주파수 대역 경계에서의 10 kHz의 가드 대역 그리고 30 kHz의 채널 대역폭을 가진 FDMA를 사용한다. 가용한 채널의 수는 얼마인가?

10.10 만약 8개의 음성채널이 하나의 무선채널 상에서 지원되고 가드 대역이 없다고 가정하면, GSM에서 수용할 수 있는 동시 사용자의 수는 얼마인가?

10.11 **a.** GSM에서 한 비트의 지속시간은 얼마인가?

b. 만약 한 사용자에 대해 프레임 당 하나의 타임슬롯이 할당되어 있다면, 연속적인 프레임 내에서 연속적인 전송간의 지연은 얼마인가?

10.12 만약 GSM 프레임 내에서 트레일링 비트, 스틸링 비트, 가드 비트 그리고 훈련 비트를 오버헤드로 간주하고 나머지 비트를 데이터로 간주한다면, GSM 프레임 내에서 오버헤드의 비율은 얼마인가?

10.13 제 7장에서 거론된 저주파수 hopping의 정의를 이용하여 GSM이 저주파수 hopping을 사용한다는 것을 보여라.

10.14 셀룰러 시스템에 대해, FDMA 주파수 대역 효율은 $\eta_a = \frac{B_c N_T}{B_w}$ 로 정의된다. 여기에서,

B_c = 채널 대역폭
B_W = 한 방향에서의 전체 대역폭
N_T = 서비스 영역에서 음성채널의 전체 수이다.

a. η_a의 상한 값은 얼마인가?

b. 문제 8의 시스템을 위한 η_a를 계산하라.

10.15 3100 km^2 영역을 서비스하는 7개의 셀로 구성된 시스템을 생각해보자. 7개 셀 내의 트래픽은 다음과 같다:

셀번호	1	2	3	4	5	6	7
트래픽(어랑)	30.8	66.7	48.6	33.2	38.2	37.8	32.6

각 사용자는 시간당 0.03 어랑의 트래픽을 평균적으로 발생시키고 평균 유지 시간이 120초이다. 이 시스템은 총 395개의 채널로 구성되어 있고 0.02의 서비스 등급을 위하여 설계되었다.

a. 각 호당 가입자의 수를 계산하라.
b. 가입자에 대해 시간당 호의 수를 계산하라.
c. 각 셀 내에서 시간당 호의 수를 계산하라.
d. 각 셀 내에서 요구되는 채널의 수를 결정하라. *힌트*: 표 10.3을 사용하여 추정할 필요가 있다.
e. 가입자의 전체 수를 계산하라.
f. 채널당 평균 가입자 수를 계산하라.
g. km^2당 가입자 밀도를 계산하라.
h. 전체 트래픽(총 어랑)을 계산하라.
i. km^2당 어랑을 계산하라.
j. 셀의 반경은 얼마인가?

CHAPTER 11

무선 시스템과 무선 가입자 회선

communications networks

본장에서는 무선 접속을 주거지역이나 사무실과 같은 장소에서 가능하게 하기 위한 두 가지 기술인 무선(cordless) 시스템과 무선 가입자 회선(WLL: Wireless Local Loop)에 대해 알아보기로 한다.

11.1 무선 시스템

표준화된 무선 시스템(cordless system)은 무선 전화기술로부터 발전되어 왔다. 원래 무선 전화기는 핸드셋과 전화기의 기지국이라 불리는 부분을 분리하여 둘 간에 간단한 아날로그 무선 링크를 제공함으로써 주거지역 또는 좁은 범위의 사무실 안에서 사용자들에게 이동성을 제공하기 위해 개발되었다. 이후 기술의 발전과 더불어 디지털 무선 전화도 많은 발전을 거듭했다. 그러나 당시에 출시된 제품들은 제조회사마다 독자적인 무선 인터페이스를 사용하였다. 즉, 무선 전화기 제조사는 핸드셋과 기지국을 묶어 하나의 장치로 판매했기 때문에 핸드셋과 기지국간의 인터페이스에 관한 표준화 필요성을 느끼지 못했다.

표준화 기관에서는 무선기술 응용분야의 확대를 위해 두 가지 관점에서 무선기술을 표준화하는 데 관심을 가지게 되었다. 첫번째로 무선 시스템은 하나의 기지국으로부터 다수의 사용자를 동시에 지원할 수 있으며, 여기서 사용자는 전화 핸드셋 또는 팩스나 프린터와 같은 음성, 데이터장치를 의미한다. 두번째로 무선 시스템은 아래와 같이 여러 환경에서 서비스를 제공할 수 있다는 점이다.

- **거주지역:** 거주지역 내에서 하나의 기지국은 음성과 데이터를 동시에 지원한다. 이는 가정 내 통신을 가능하게 할 뿐만 아니라 공중 전화망으로의 연결 또한 제공한다.
- **사무실:** 작은 사무실 내에서 하나의 기지국은 다수의 전화 핸드셋과 데이터장치들을 서비스할 수 있다. 더 큰 사무실에서는 다수의 기지국이 동시에 운용될 수 있으며 이러한 기지국들은 하나의 PBX(Private Branch Exchange) 스위치에 연결된 셀룰러 구성을 가질 수 있다. 이러한 구성방법은 수백 명 혹은 심지어 수천 명의 사용자들에게 서비스를 제공할 수 있다.
- **Telepoint:** telepoint는 백화점이나 공항과 같은 공공장소에 설치된 기지국을 의미한다. 이러한 부류의 응용은 시장에서 성공하지는 못했다.

무선 시스템을 설계하기 위해 필요한 많은 고려사항들은 무선 표준 발전의 모태가 되었고 [WEBB00]은 다음과 같이 이러한 고려사항들을 열거하고 있다.

1. 기지국으로부터 핸드셋의 가용 범위는 넓은 편이 아니며 최대 200 미터까지이다. 따라서 저전력 설계방식들이 사용된다. 일반적으로 출력파워는 셀룰러 시스템을 위한 신호크기보다 한 배 또는 두 배정도 낮다.

표 11.1 DECT와 PWT 매개변수

	DECT	PWT
대역폭	20 MHz	20 MHz
대역	1.88 ~ 1.9 GHz	1.91 ~ 1.92 GHz
접속방법	TDD/TDMA/FDMA	TDD/TDMA/FDMA
반송파 대역폭	1.728 MHz	1.25 MHz
반송파 개수	10	8
반송파당 채널	12	12
채널 개수	120	96
핸드오프	가능	가능
전송 데이터속도	1.152 Mbps	1.152 Mbps
음성속도	32 kbps	32 kbps
음성코딩방법	ADPCM	ADPCM
변조방법	가우시안 필터 주파수 편이방식	$\pi/4$ 차등 4위상 편이 변조
최대 출력	250 mW	90 mW
평균 출력	10 mW	10 mW
최대 셀 반경	30 ~ 100 m	30 ~ 100 m

2. 핸드셋과 기지국의 가격은 저렴할 필요가 있다. 이는 음성코딩과 채널 등화와 같은 기술적인 영역에서 간단한 방법의 사용을 의미한다.
3. 사용자는 이동체뿐만 아니라 기지국을 동시에 소유하고 있고 다양한 환경에서 설치할 수 있기 때문에 주파수 사용의 유연성이 제한된다. 따라서 무선 시스템은 사용되는 위치에 상관없이 주파수 간섭이 적은 채널을 찾을 수 있어야 한다.

비록 무선 시스템을 위해 많은 표준안들이 제안되어 왔지만 가장 널리 인정된 표준은 유럽에서 개발된 디지털 확장 무선 통신(DECT: digital enhanced cordless telecommunications)[1]이다. 이와 동등한 미국 표준은 개인 무선 통신(PWT: personal wireless telecommunications)으로 알려져 있다. 표 11.1은 DECT와 PWT의 몇 가지 중요한 매개변수를 기술하고 있다. 이러한 시스템들은 시분할 이중화(TDD: time division duplex)로 언급되는 접근방식을 사용한다. 먼저 TDD의 일반적인 사항에 대해 언급한 다음 DECT의 상세한 내용에 대해 살펴보고자 한다.

1. DECT는 유럽에서 개발된 디지털 무선전화방식이다.

시분할 이중화

시분할 이중화(TDD: Time Division Duplex) 혹은 시간 압축 다중화(TCM: Time-Compression Multiplexing)로 알려진 기술에서 데이터는 양방향으로 번갈아 송수신되고 한 번에 한 방향으로만 전송된다. 본 절에서는 우선 간단한 TDD를 살펴본 다음 TDMA/TDD에 대해 기술하고자 한다.

간단한 TDD

간단한 TDD 방식에서는 가입자가 요구하는 데이터 전송속도를 제공하기 위해 비트스트림을 동일한 크기의 세그먼트로 분할하고 실시간으로 압축한 다음 버스트로 전송한다. 수신기에서는 수신된 데이터의 압축을 풀고 원래의 속도로 데이터를 복원한다. 전송채널의 안정화를 위해 반대방향으로 전송되는 버스트 데이터 사이사이에 짧은 비전송 구간이 삽입된다. 그러므로 채널이 제공하는 실제 데이터 전송속도는 두 종단 시스템이 요구하는 데이터속도의 두 배보다 반드시 커야 한다.

그림 11.1은 시분할 이중화 방식을 이용한 데이터 전송 시에 발생하는 타이밍 관계를 보여주고 있다. 그림에서와 같이 기지국과 핸드셋간의 데이터 전송은 교대로 이루어진다. 핸드셋과 기지국 임의의 고정 길이 블록들을 전송하며 각각의 블록을 전송하는 데는 시간 T_b가 소요된다. 이 시간은 한 개 블록의 비트수에 비례하는 선형함수이다. 또한 송신기에서 수신기로 신호를 전송할 때 발생하는 전달 지연시간, T_p가 필요하다. T_p는 송신기와 수신기사이의 거리에 비례하는 선형함수이다. 마지막으로 보호시간 T_g는 채널의 송수신 방향을 바꾸기 위해 필요한 시간이다. 그러므로 하나의 블록을 보내기 위해 소요되는 총 시간은 $(T_p + T_b + T_g)$로 표시할 수 있다. 그러나 상기한 바와 같이 송수신 주체인 핸드셋과 기지국은 교대로 송신을 해야 하기 때문에 핸드셋이나 기지국에서 블록들을 전송할 수 있는 데이터속도는 단지 $1/2[(T_p + T_b + T_g)]$이다. 이 같은 사실은 아래와 같이 송수신 양 종단 점에서의 실제적인 데

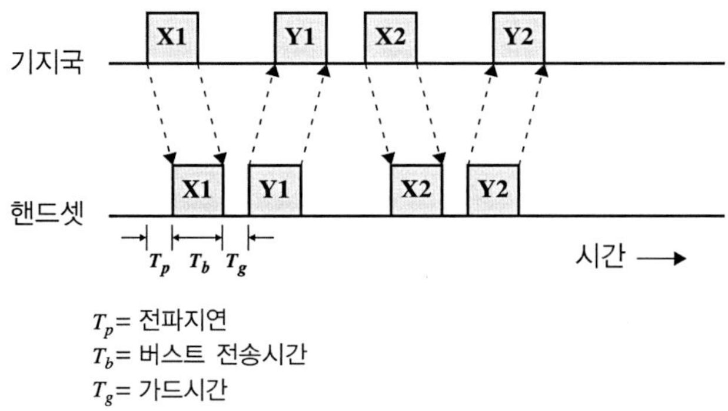

그림 11.1 TDD 방식을 이용한 데이터전송

이터속도 R과 관련지을 수 있다. B를 비트단위로 구성된 하나의 블록크기라고 하고 R을 초당 전송 비트수로 표기되는 데이터속도라고 하자. 그러면 실제 초당 전송 비트수는 아래 식과 같다.

$$R = B/2\,(T_p + T_b + T_g)$$

매체 상에서 전달되는 실제 데이터속도 A는 아래 식과 같다.

$$A = B/T_b$$

위의 두 식을 합하면 아래와 같은 식을 얻을 수 있다.

$$A = 2R\left(1 + \frac{T_p + T_g}{T_b}\right)$$

그러므로 링크 상의 실제 데이터 전송속도는 송수신 양 종단점에서 보이는 실제 데이터 전송속도의 두 배 이상이 된다. 전송블록크기(B)는 몇 가지 중요한 요구사항들을 반영한 절충점에서 결정된다. 만약 B가 커진다면 실제 데이터속도(A)는 감소하지만 쉽게 구현을 할 수 있다. 그러나 이 방법은 버퍼링으로 인한 신호지연의 증가를 초래하고, 이는 음성트래픽을 위해서는 바람직하지 못한 결과이다.

Example 11.1

ISDN을 위해 정의된 표준 인터페이스 중의 하나가 기본 인터페이스(basic interface)이다. 기본 인터페이스는 48비트로 구성된 프레임을 이용해서 192 kbps의 전송속도를 제공한다. 프레임 크기와 같은 블록크기를 갖는 TDD 방식을 사용한다고 가정해보자. 또 가입자와 네트워크 스위치간의 거리가 1 km이고 보호시간이 10 μs라고 하면 실제 전송속도는 얼마인가?

버스트 전송시간은 (48 비트)/(192 kbps) = 250 μs가 된다. 전달 지연시간은 (1 km)/(3×10^8 m/s) = 3.33 μs이다. 따라서

$$A = 2 \times 192 \times [1 + (3.33 + 10)/250] = 404 \text{ kbps}$$

시분할 다원접속/시분할 이중화

시분할 이중화(TDMA TDD)는 유선 가입자 시스템을 위해 개발되었지만 현재는 무선 시스템을 구성하는 방식 중의 하나로 사용되고 있다. 무선 통신망 구성에서 TDD 방식은 송신과 수신을 같은 반송파 주파수 상에서 수행하지만 송수신 횟수는 서로 다름을 의미한다. 무선

TDD 방식은 일반적으로 TDMA와 함께 사용된다. TDMA에서는 데이터 송수신은 항상 같은 반송파 주파수 상에서 이루어지며 다수의 사용자는 순방향 (기지국에서 핸드셋 방향으로) 채널 상에서 신호들을 차례로 수신하고 그 다음에 역방향 (핸드셋에서 기지국 방향으로) 채널 상에 신호들을 차례로 송신한다.

두 개의 다른 반송파(각 방향 당 하나씩)를 사용하는 TDMA 시스템에 비해 TDD 방식의 두 가지 중요한 이점은 고속 페이딩[2]을 신속하게 극복할 수 있다는 점과 채널용량을 좀더 효과적으로 할당할 수 있다는 점이다.

고속 페이딩(fast fading)에서 페이딩패턴은 주파수가 변함에 따라 변한다(5.4절 참조). 하나의 주파수를 사용하여 수신하고 다른 주파수를 사용하여 송신하는 이동 시스템은 한 방향에서만 심각한 페이딩을 경험할 수 있다. 고속 페이딩을 대처하는 한 가지 방법은 안테나의 공간 다이버서티를 활용하는 것이다. 이 방법에서 수신기는 이론적으로 하나의 파장만큼 떨어진 두 개의 안테나를 사용한다. 이러한 구성에서 만일 하나의 안테나가 심각한 페이딩을 겪는다고 하더라도 다른 안테나는 그렇지 않을 수 있다. 수신기는 수신된 신호의 복조를 위해 가장 강하게 수신되는 신호를 선택한다. 그러나 이 방법은 기지국에는 효과적으로 적용할 수 있지만 작고 값이 저렴해야 하는 핸드셋에 적용하기에는 어렵다. 더욱이 복잡한 적응 등화 알고리즘이나 전진 에러수정(FEC: Forward Error Control) 알고리즘의 사용은 바람직하지 않다. 그러나 TDD에서는 공간 다이버시티 방식을 계속해서 사용할 수 있다. 기지국에 수신되는 각 순방향채널 버스트를 위해서 기지국은 강한 신호를 가진 안테나를 선택하여 수신한다. 기지국은 가장 강한 신호를 수신한 안테나와 같은 안테나를 사용하여 해당 순방향채널 상에 다음 데이터를 전송한다. 같은 주파수가 양방향에서 사용되기 때문에 선택된 안테나는 핸드셋으로 하여금 가장 강한 신호를 수신할 수 있도록 해준다.

TDMA/FDMA에 비해 TDMA/TDD의 또 다른 장점은 **채널용량 할당** 방식이다. 일반적으로 데이터지향 (음성지향과는 상반된 개념이다) 응용에서 순방향으로 전달되는 트래픽 양은 수신방향으로 전달되는 트래픽의 양보다 훨씬 더 많다. 만약 순방향과 역방향 채널 상에서 똑같은 대역폭을 제공하는 일반적인 FDMA 구조가 사용된다면, 많은 대역폭을 요구하는 순방향채널의 용량에 따라 시스템의 크기가 정해져야 하고, 이때 사용되지 않는 역방향 채널용량은 낭비된다. 상기한 단점을 극복하기 위해 TDD 시스템의 순방향채널 상에서 더 많은 슬롯을 필요로 할 때 요구된 슬롯이 이용 가능하도록 제어기가 각 방향에서 TDMA 슬롯의 수

2. 무선 회선에서 대기 굴절률이 변화하면서 수신점에서 다중파의 간섭 및 접속, 발산 또는 장애물에 의해 회전 등이 변화하여 수신 전계강도가 시간적으로 변동하는 현상. 페이딩은 전파매질의 성질이 시간에 따라 변화하기 때문에 생기는 현상으로 단파 회선 또는 같은 평면에 있는 무선 회선이나, 같은 평면 밖의 무선 회선 또는 이동 무선 회선 등에서 나타난다.

를 동적으로 할당하는 방식을 사용할 수도 있다.

DECT 동작

그림 11.2는 DECT 동작을 지원하는 프로토콜구조를 도시하고 있다. **물리계층**에서 데이터는 10개의 무선 주파수 반송파 중 하나를 통해 TDMA-TDD 프레임(그림 11.2)으로 전송된다. 변조방식은 공칭 편향(nominal deviation)이 288 kHz를 갖는 가우시안필터를 사용한 주파수 편이방식(FSK: frequency shift keying)이다. 이것은 근본적으로 GSM(10장)에서 사용되는 GMSK 기술과 같다. 데이터 전송속도와 전송 대역폭의 비율은 2이고(표 6.2와 비교), 데이터속도는 1.152 Mbps이다.

매체 접근 제어(MAC: Medium Access control) 계층은 물리적인 채널을 선택하고 선택된 채널 상에 연결을 설정하거나 해제하는 기능을 수행한다. 또한 MAC 계층은 전송하고자 하는 정보를 TDMA-TDD 프레임포맷으로 다중화하는 기능을 수행한다. MAC 계층은 다음 세 가지 서비스를 지원한다.

- **방송:** A 필드 상에 방송(broadcast) 메시지를 전송
- **연결형 전송:** B 필드 상에 사용자 데이터 전송

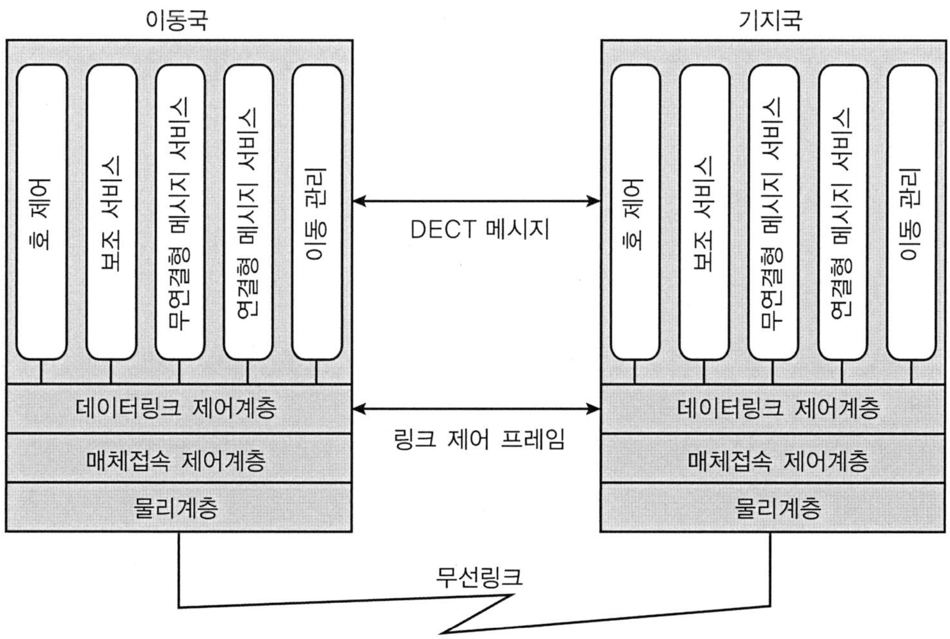

그림 11.2 DECT 프로토콜구조

- **비연결형 전송:** A 필드 상에 보내진 각각의 DECT 메시지 지원

데이터링크 제어계층은 에러검출과 ARQ 기능을 포함하고 기존의 데이터 링크제어 절차를 사용하여 신뢰할만한 메시지 전송 서비스를 제공한다.[3]

데이터링크 제어계층의 상위 계층은 다음과 같은 서비스들의 집합이다.

- **호 제어:** 연결설정과 해제기능을 포함한 회선교환 호들을 관리한다.
- **부가 서비스:** 호 제어기능과는 무관한 독립적인 서비스
- **비연결형 메시지 서비스:** 비연결형 메시지의 지원. 이 서비스는 긴 메시지를 작은 블록으로 나누고 필요하다면 수신측에서 재조립하는 기능을 포함한다.
- **연결형 메시지 서비스:** 연결형 메시지 지원
- **이동성 관리:** DECT 서비스의 안전한 제공을 위해 필요한 기능을 제공한다. 이동성 관리는 일곱 개의 서비스 그룹으로 분류된다.
  - 식별절차: 기지국에 모바일장치 스스로를 확인하기 위해 사용한다.
  - 인증절차: 모바일장치가 유효한 네트워크 사용자인지를 확인한다.
  - 위치절차: 모바일장치의 위치를 추적하기 위해 다수의 기지국을 가진 시스템에서 사용된다.
  - 접근 권한절차: 모바일장치가 특정 형태의 로컬 혹은 글로벌 네트워크에 접근할 수 있는 권한을 가지고 있는지를 입증하는 서비스
  - 키 할당절차: 네트워크 제어정보와 사용자 정보를 보호하기 위해 암호 키를 분배한다.
  - 매개변수 검색절차: 모바일장치와 네트워크 동작에 관련된 매개변수에 관한 정보를 교환하기 위해 사용된다.
  - 암호와 관련된 절차: 암호화 및 복호화 동작

적응 차등 펄스부호변조

음성의 디지털화를 위해서 DECT는 적응 차등 펄스부호변조(ADPCM: adaptive differential pulse code modulation)로 알려진 변조방식을 사용한다. ADPCM은 ITU-T에 의해 표준화되었고 ISDN과 같은 디지털 회선교환 네트워크를 포함하는 많은 응용분야와 다수의 WLL 구현에 적용되고 있다. 본 절에서는 우선 기본적인 원리와 간단한 차등 펄스부호변조(DPCM: differential pulse code modulation)방식에 대해 살펴보고 마지막으로 ADPCM[4]에 대해 기술

3. 데이터 링크 제어 프로토콜에 관한 보다 일반적인 내용은 부록 C에 있음.

4. 본 내용을 읽기 전에 6.4절의 PCM 관련 내용을 복습하는 것도 바람직함.

하기로 한다.

차등 양자화

두 연속된 샘플사이에 음성 신호는 많은 변화를 갖지 않으려는 경향이 있다는 사실이 차등 양자화(differential quantization)의 이론적인 기초이다. 일반적인 PCM 방식에서 인접한 샘플의 양자화 값은 일반적으로 유사한 형태를 갖고 있기 때문에 전송되는 PCM 값은 상당량의 중복성을 갖는다. 따라서 실제 샘플값을 전송하는 것보다 인접한 샘플의 차이값만을 전송하는 것이 효과적이다. 이러한 방법을 사용하면 샘플당 더 적은 비트수를 사용하여 샘플된 값을 표시할 수 있다(그림 11.3). 만약 $m(k)$가 k번째 샘플이라면 차이 $d(k) = m(k) - m(k-1)$만을 전송한다. 만약 수신기가 정확한 초기값을 가지고 시작했다면 수신기는 차이 샘플 $d(k)$의 시퀀스를 바탕으로 연속된 샘플 $m(k)$를 정확하게 복원할 수 있다.

그러나 단순히 더 적은 비트를 사용하여 현재와 그 다음 샘플값 사이의 차이만을 전송한다면 수신기에서 복원된 데이터는 전송되는 데이터 양이 증가할수록 실제값과 많이 달라질 수 있는 위험성이 있다. 만약 연속된 두 샘플간의 차이가 송신하고자 하는 비트수로 표시할 수 있는 범위를 초과하였다면 수신기는 수신된 데이터를 올바르게 복원할 수 없고 정정할 수 있는 방법 또한 없다. 이러한 문제를 해결하는 방법으로써 인코더는 단순히 차이값을 전송하는 것이 아니라 수신기에서와 같이 데이터 복원을 아울러 수행한다. 이러한 방법을 이용해서 인코더는 현재 샘플간의 차이를 전송할 수 있다. 실질적으로 인코더는 디코더에게 디코더의 이전 출력에 대하여 단계적인 조절을 지시함으로 해서 자동적으로 에러정정을 수행한다.

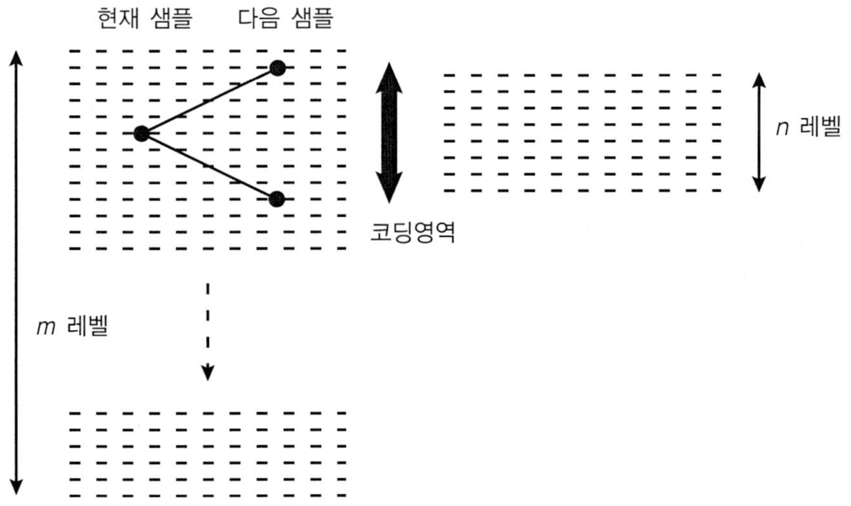

그림 11.3 일반 양자화 방식과 차등 양자화

차등 펄스부호변조

상기한 차등 양자화방법은 연속된 샘플의 차이값이 실제 샘플값보다 적다는 가정에 근거를 두고 있다. 그러나 음성 신호가 상대적으로 느리게 변화한다는 사실에 의거하여 이전 샘플값으로부터 k번째 샘플값 $m(k)$을 차분 양자화방식보다 효과적으로 그리고 상당히 정확하게 추정하거나 예측할 수 있다. k번째 샘플값의 추정치 $\hat{m}(k)$를 위해 차이 $d(k) = m(k) - \hat{m}(k)$를 전송한다. 정확한 추정기를 사용한다면 이 차이값은 연속적인 샘플들 사이의 실제적인 차이보다 적을 것이다. 수신기에서도 같은 추정함수가 사용되며 입력되는 차이 값은 현재 샘플의 추정치에 더해진다. 이것이 DPCM(differential PCM)의 기본원리이다. 상기한 문장에서 단순하게 차이를 계산하는 방법 $\hat{m}(k) = m(k-1)$은 일 경우의 추정기를 사용한 DPCM의 특별한 경우임에 유의하여야 한다.

그림 11..4(a)는 송신기의 블록도이다. 이 그림의 이해를 위해서 몇 가지 사실에 대한 이해가 필요하다. 우선 아날로그 샘플 $m(k)$는 PAM(Pulse Amplitude Modulation) 방식을 통하여 얻은 음성신호 $g(t)$의 샘플값이다. 이제 어려운 문제를 살펴보자. 예측값 $\hat{m}(k)$를 설정하고 차이를 취해서 그 값을 전송할 수 있다. 그러나 수신기에서는 이미 수신한 아날로그 샘플 $m(k-1)$, $m(k-2)$, … 대신에 양자화된 차이의 연속된 값을 갖고 있고 이 양자화된 차이의

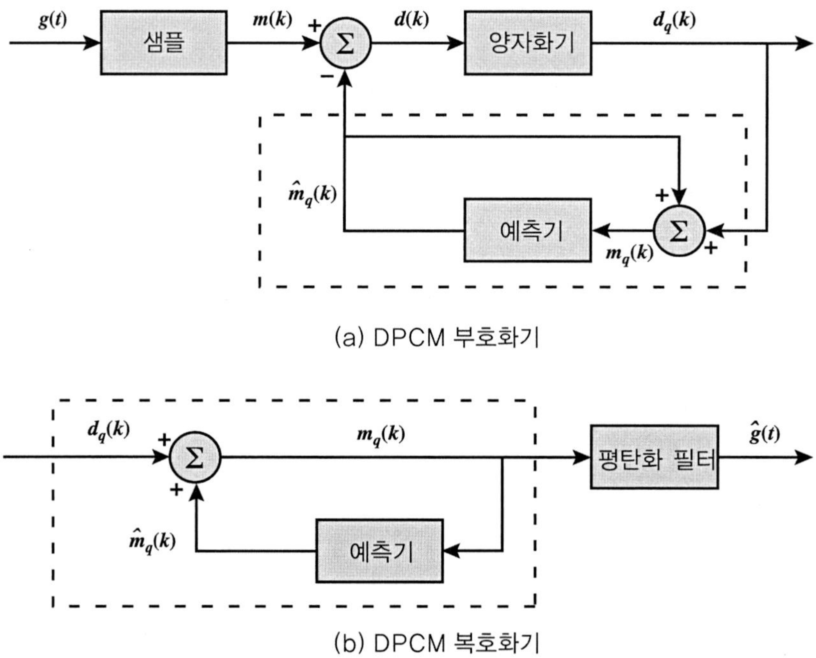

그림 11.4 DPCM 송신기와 수신기

연속값으로부터 양자화된 샘플 $m_q(k)$의 시퀀스를 생성할 수 있다. 수신단에서는 $\hat{m}(k)$를 복원할 수는 없지만 이전의 양자화된 샘플 $m_q(k-1)$, $m_q(k-2), \ldots$에 의해 생성된 추정치를 가지고 양자화된 샘플 $m_q(k)$의 추정치를 결정할 수 있다. 만약 송신기가 $m(k)$ 값의 추정치에 근거를 두고 있고 수신기는 $m_q(k)$ 값의 추정치에 근거를 두고 있다면 복원할 때 오류가 발생할 가능성이 있다. 대신에 송신기는 $m_q(k)$를 아울러 결정하고 차이 $d(k) = m(k) - \hat{m}_q(k)$를 전송할 수 있다. 지금가지 살펴본 것처럼 수신기는 또한 $\hat{m}_q(k)$을 생성할 수 있고 수신된 $d_q(k)$로부터 수신기는 $m_q(k)$를 복원할 수 있다.

그림 11.4(a)는 원하는 양자화된 차이값을 생성하는 것을 보여주고 있다. 예측기의 출력은 $\hat{m}_q(k)$로 표시되고 이는 $m(k)$의 추정치이다. 차이값을 구하는 것은 아래와 같은 식을 생성하기 위함이다.

$$d(k) = m(k) - \hat{m}_q(k)$$

이 차이값은 $d_q(k)$를 생성하기 위해 양자화되고 이를 아래와 같이 표현할 수 있다.

$$d_q(k) = d(k) + e(k)$$

여기서 $e(k)$는 디지털 $d_q(k)$ 값은 $d(k)$를 근사화함으로써 발생하는 양자화 에러이다. 예측기로의 입력은 상기한 양자화된 차이값과 예측기의 출력으로 구성된다. 예측기의 출력은 피드백되어 다시 입력으로 사용된다.

$$\begin{aligned} m_q(k) &= \hat{m}_q(k) + d_q(k) \\ &= [m(k) - d(k)] + [d(k) + q(k)] \\ &= m(k) + q(k) \end{aligned}$$

이것은 $m_q(k)$는 $m(k)$의 양자화된 값이라는 것을 설명하고 있다. 그러므로 예측기의 입력은 원하는 수신기에서 동작을 위해서 필요로 되어지는 $m_q(k)$이다. 그림 11.4(b)는 수신기의 논리적인 구성을 도시하고 있다. 점선으로 된 부분은 송신기에서 점선으로 표시된 부분과 같다. 점선으로 된 두 상자는 같은 입력 $d_q(k)$를 가지므로 같은 출력 $m_q(k)$를 생성한다. 수신기에서 이 출력은 원래의 아날로그 신호의 추정치인 아날로그 출력을 생성하기 위해서 필터를 통과한다.

예측기는 종종 이전 샘플들의 선형적인 가중치 합이고, 시프트 레지스터를 사용하여 구현되며 지연시간은 샘플 간격과 같다(그림 11.5). 예측기는 아래의 식과 같이 구현된다.

$$\hat{m}_q(k) = \sum_{i=1}^{N} A_i m_q(k-i) \tag{11.1}$$

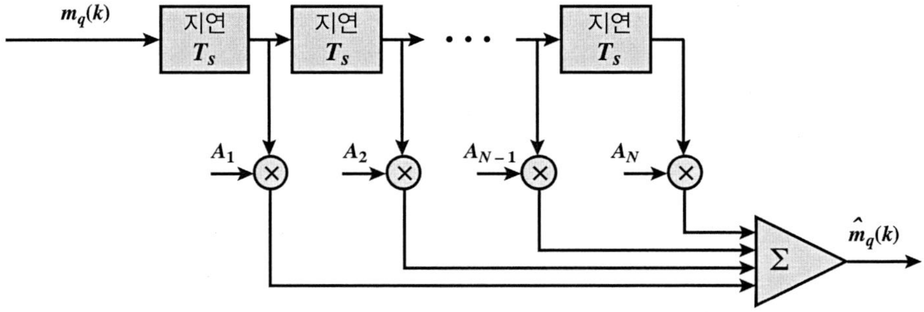

그림 11.5 선형 예측기회로

선형 예측기의 자세한 부분은 부록 11A를 참조하라.

적응 차등 펄스부호변조

DPCM의 성능은 적응예측과 양자화를 사용함으로써 향상되어질 수 있다. 이를 통해 예측기와 차등 양자화기는 코딩되는 음성의 변화하는 특성에 적응하여 동작하게 된다. 본 절에서는 ITU-T G.726[5] 표준안에 정의된 ADPCM 방식에 대해 살펴보기로 한다. ADPCM은 DECT와 많은 WLL 구성에 널리 적용되고 있다.

그림 11.6은 기본적인 ADPCM(Adaptive Differential PCM)의 논리적인 구조를 나타내고 있다. 송신기는 64 kbps의 디지털화된 음성스트림을 압축된 32 kbps의 스트림으로 변환한다. 전체적인 블록구조는 DPCM과 같다. ADPCM의 경우에 적응 예측기는 이전 예측기 출력값들 뿐만 아니라 이전의 양자화된 차이값들을 동시에 이용한다. 예측기와 양자화기에서 사용되는 알고리즘의 매개변수값들은 이전 샘플값들의 통계적인 특성에 근거하여 동적으로 조절된다. DPCM에서와 같이 ADPCM 디코더의 중요한 점은 인코더와 로직의 일부분을 공유한다는 점이다.

적응 양자화기는 PCM 신호 $s(k)$와 신호의 추정 $s_e(k)$ 사이의 차이 $d(k)$를 입력으로 하여 4비트 ADPCM $I(k)$를 생성한다. 표 11.2의 처음 두 행은 이러한 매핑을 보여준다. 양자화하기 전에 $d(k)$는 밑이 2인 로그 표현식으로 변환되고 $y(k)$에 의해 스케일링된다. 이것은 최근 샘플값들에 대한 신호의 변화율에 근거를 둔 적응 요소이다. 이러한 결과는 ADPCM 신호로써 전송하기 위해 4비트로 매핑된다.

역적응 양자화기는 4비트 신호 $I(k)$를 받아서 적응 예측기의 입력으로 사용하기 위해 차등

5. 디지털 전송 시스템의 일반적 측면

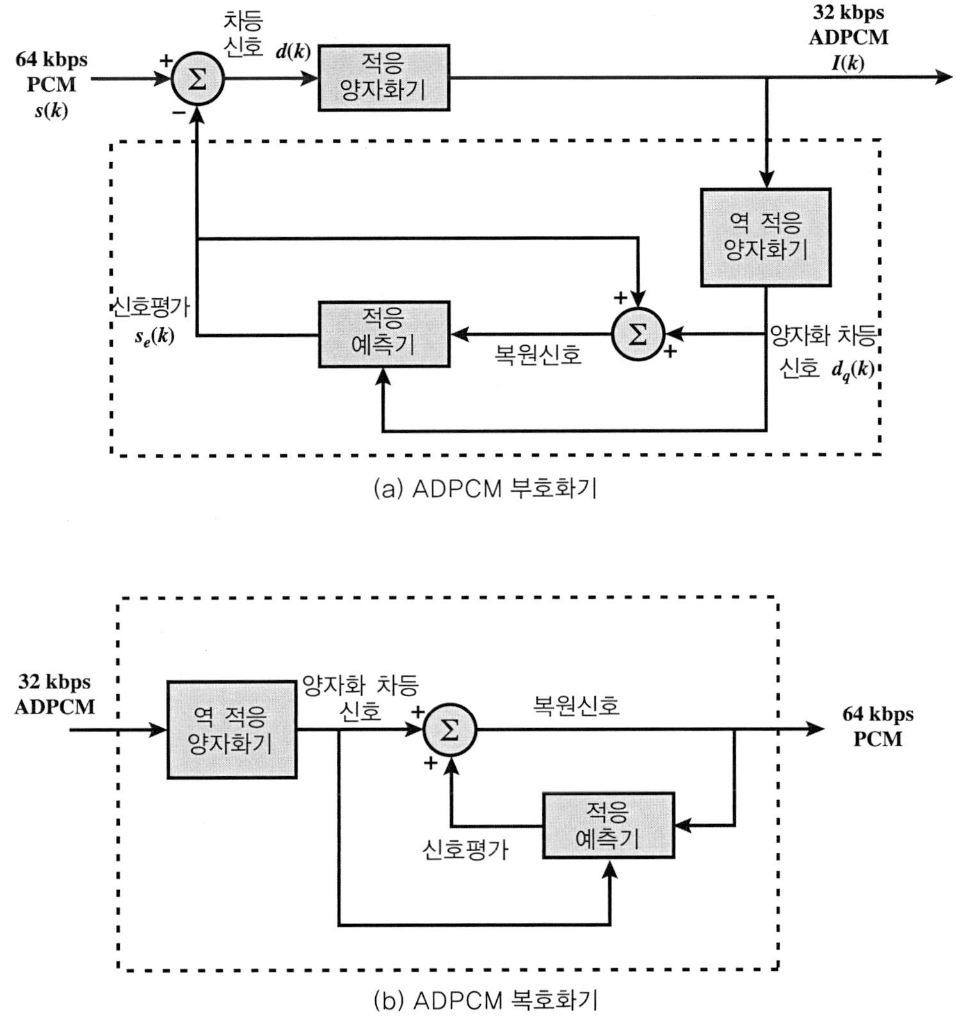

그림 11.6 간략한 ADPCM 송신기와 수신기

신호 $d_q(k)$를 생성한다. 표 11.2의 두번째 행과 세번째 행은 이러한 매핑을 보여준다.

적응 예측기는 선형 예측기의 구조를 가지고 있지만 (그림 11.5) DPCM의 적응 예측기보다 더 복잡하다. ADPCM을 위한 구조는 2차 순환 필터와 6차 비순환 필터의 복합형이며 식은 아래와 같다(식 11.1과 비교).

$$s_e(k) = \sum_{i=1}^{2} A_i(k-i)\, s_e(k-i) + \sum_{i=1}^{6} B_i(k-i)\, d_q(k-i) \qquad (11.2)$$

여기서 A와 B의 계수는 s_e와 d_q 샘플의 변화율에 적응하는 알고리즘을 사용하여 갱신된다.

표 11.2 ADPCM 양자화기 정규화된 입/출력 특성

정규화된 양자화기 입력범위 $\log_2\lvert d(k)\rvert - y(k)$	적응 양자화기 출력 $I(k)$	역 적응 양자화기 출력 $d_q(k)$
[3.12, +∞)	7	3.32
[2.72, 3.12)	6	2.91
[2.34, 2.72)	5	2.52
[1.91, 2.34)	4	2.13
[1.38, 1.91)	3	1.66
[0.62, 1.38)	2	1.05
[−0.98, 0.62)	1	0.031
(−∞, −0.98)	0	−∞

따라서 적응 예측기는 신호 추정치의 변화율뿐만 아니라 차등샘플의 변화율에 적응되도록 조절된다.

부호화기의 주요 성능인자

음성코딩의 목표는 가능한 최상의 품질을 유지하면서 다양한 비트속도로 신호를 부호화하기 위해서 인간의 인지력에 관한 지식과 신호구조, 그리고 신호의 중복성을 이용하는 것이다. 음성코더의 성능을 평가함에 있어 품질의 주관적인 측정은 SNR 혹은 MSE(Mean Square Error)와 같은 객관적인 측정보다 더 적절한 의미를 갖는다. 그러나 주관적인 측정을 통해서 신뢰할 만한 값들을 얻는 것은 일반적으로 어려운 일이다.

서비스품질을 결정하기 위한 표준으로서 가장 넓게 사용되는 주관적 측정은 공식적인 주관적 테스트[DAUM82]로부터 얻어진 평균 평가점(MOS: Mean Opinion Score)이다. MOS 측정을 위해 주제 그룹들은 코딩된 음성의 샘플을 듣고 5점 등급 상에서 결과를 분류한다. 테스트의 신뢰성 향상을 위해 테스트는 다양한 주제 그룹들과 다양한 음성샘플을 가지고 반복된다. MOS 등급은 품질을 기술하기 위한 표준으로서 많은 규격에서 사용된다(예를 들면 IEEE 802.16; 11.3절에 언급된 대로).

표 11.3은 동일한 의미를 갖는 두 가지 대안으로 사용되는 등급을 나타내고 있다. 그림 11.7은 ADPCM을 포함하여 다양한 음성코더들에 대해서 [RABI95]에 보고된 MOS 결과를 보여주고 있다. 그러나 심지어 코딩을 수행하지 않은 원래의 음성조차도 5 등급을 얻지 못하는 것에 주목할만하다. 이는 주제가 때때로 이론적으로는 5점의 점수를 받을 만한 샘플에 4점의 점수를 받을 수도 있기 때문이다.[JAYA84] 이러한 현상을 염두에 두고 4.0에서 4.5사이의 점수는 매우 높은 품질의 디지털화에 대한 매우 유용한 척도이다.

표 11.3 MOS 값

점수	품질척도	결함도
5	최우수	미세함
4	우수	인지가능 그러나 성가시지 않음
3	적당	인지가능, 약간 성가심
2	나쁨	성가심. 그러나 불쾌하지는 않음
1	아주 나쁨	매우 불쾌함

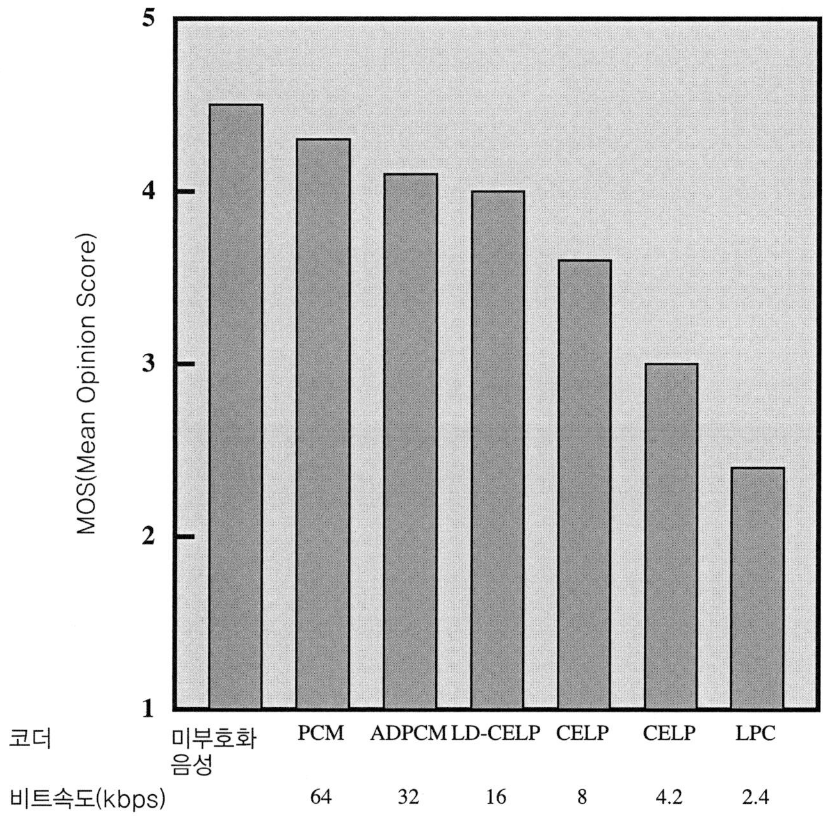

ADPCM: adaptive differential PCM
CELP: code-excited linear prediction
LD-CELP: low-delay CELP
LPC: linear predictive coding

그림 11.7 다양한 음성코더에 대한 음성품질

11.2 무선 가입자 회선

전통적으로 가입자 회선(Local loop, subscriber loop) 혹은 로컬 회선을 통해 최종 사용자에게 음성과 데이터 통신 서비스는 유선 시스템에 의해 제공되었다. 거주지역 가입자를 위해서 와선(twisted pair)은 연결의 표준 수단이었고 현재도 그렇다. 업무용 가입자와 관용 가입자들을 위해서는 와선, 동축케이블, 그리고 광섬유가 사용되고 있다.

특히 인터넷 사용을 위해 가입자들이 더 많은 채널용량을 요구함에 따라 전통적인 와선기술은 부적절하게 되었다. 통신 서비스 제공자들은 이러한 사용자들의 요구를 충족시키기 위해 종합정보통신망(ISDN: Integrated Services Digital Network), xDSL과 같은 각종 디지털 가입자 회선기술을 발전시켜왔다. 게다가 케이블 운영자들은 케이블 모뎀 기술을 사용하여 양방향 고속 서비스를 개발해왔다. 유선기술은 거주용 가입자, 업무용, 그리고 관용 가입자의 요구를 충족시키기 위해 안정적이고 고속의 전송기능을 제공하고자 하는 결과물이었다.

그러나 유선기술 대신 가입자 접속을 위한 무선기술들에 대해 많은 관심이 쏟아졌다. 이러한 기술들은 일반적으로 **무선 가입자 회선**(WLL: Wireless Local Loop) 혹은 **고정 무선접속**

표 11.4 가입자 접속 제공 서비스를 위한 대안

엔티티	기술	응 용		
		기술	방송	컴퓨터
공중 전화	와선, ISDN, xDSL	하나, 두 라인	주문형 비디오	고속 비대칭 접속
케이블 운영자	동축케이블	하나, 두 라인	50개 이상 채널	고속 비대칭 접속
셀룰러 제공자	셀룰러, 무선	하나의 라인	없음	제한적인 이동성
3G 셀룰러 제공자	셀룰러	하나의 라인	없음	고속 비대칭 접속
협대역 WLL 운영자	무선	두 라인	없음	64 kbps 접속
광대역 WLL 운영자	무선	제공	50개 이상 채널	고속 비대칭/대칭 접속
지상방송	아날로그, 디지털 TV	없음	5 ~ 10 채널	다운로드 가능
위성방성	아날로그, 디지털 TV	없음	50 이상 채널	없음

(fixed wireless access)으로 불리고 있다. WLL 방식의 대안은 기존의 전화 서비스 대체를 위한 협대역 서비스와 고속의 양방향 고속 음성, 데이터 서비스를 제공하는 광대역[6] 서비스가 있다. 표 11.4는 [WEBB00]에 근거를 두고 고정된 가입자와 WLL 지원을 위한 다른 대안을 비교하였다.

본 절에서는 WLL의 개요를 살펴본 다음 몇 가지 기술적인 쟁점들을 살펴보고, 마지막으로 두 가지 구체적인 WLL 기술에 대해서 언급하고자 한다. 11.3절은 IEEE 802.16으로 알려진 WLL 관련 표준을 살펴보고자 한다.

WLL의 역할

그림 11.8은 간단한 WLL 구성의 예를 도시하고 있다. WLL 서비스 제공자들은 하나 이상의 셀을 제공한다. 각각의 셀은 높은 빌딩이나 타워의 꼭대기에 세워진 하나의 기지국(Base Station) 안테나를 포함한다. 개개의 가입자들은 기지국으로 장애물이 없는 가시선(Line of Sight)을 갖는 폴이나 빌딩위에 세워진 고정된 안테나를 가진다. 기지국으로부터 교환센터로는 유선 혹은 무선 링크가 존재한다. 일반적으로 교환센터는 전화회사의 시내국(LO: Local Office)이며 시내국은 단거리 전화망, 장거리 전화망으로의 연결 서비스를 제공한다. 인터넷 서비스 제공자(ISP: Internet Service Provider)들은 교환기에 위치하거나 고속의 링크를 통해 교환기와 연결될 수 있다.

그림 11.8은 WLL이 거의 2계층으로 구성되는 것을 보여주고 있다. 실제 이보다 더 복잡하게 구성, 구현되어 왔으며 이러한 구조에서 하나의 기지국은 다수의 하위 기지국 안테나를 서비스할 수 있으며 각각의 하위 기지국은 다수의 가입자에게 서비스를 지원한다.

WLL은 가입자 회선을 지원하는 방법에 있어 유선을 기반으로 하는 방식에 비해 다음과 같이 많은 장점을 갖는다.

- **비용:** 무선 시스템은 유선 시스템에 비해 비용이 저렴하다. 무선 송수신기에서 사용되는 전자기기들이 유선 통신을 위해 사용된 전자기기들에 비해 더 비싸지만, WLL을 이용하면 유선 하부구조를 유지할 수 있는 비용뿐만 아니라 지하나 폴위에 수 km의 케이블을 설치해야 하는 비용을 절감할 수 있다.
- **설치시간:** 일반적으로 WLL 시스템은 단시간에 설치될 수 있다. WLL 시스템 설치에 문제가 되는 것은 특정 주파수 대역의 사용 허가를 얻는 것과 기지국 설치를 위해 적당히 높은 지역을 찾는 것이다. 이러한 문제점들이 없다면 WLL 시스템은 새로운 유선 시

6. 광대역이란 통상 2 Mbps 이상 수백 Mbps까지의 사용자 데이터속도를 제공하는 시스템을 일컫는다.

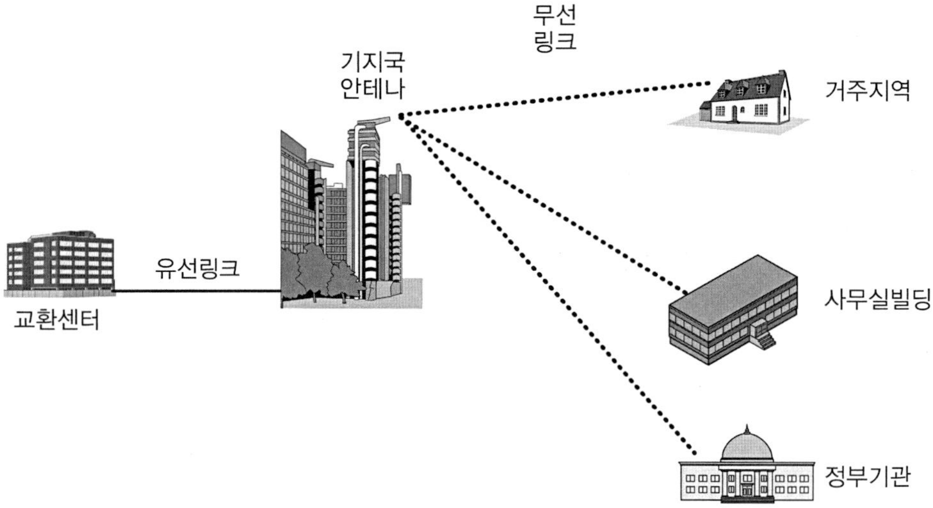

그림 11.8 WLL 구성

스템을 설치하는 데 소요되는 시간에 비해 단시간 내에 설치를 할 수 있다.

- **선택적 설치:** 무선장치들은 주어진 시간에 서비스를 원하는 가입자들만을 위해서 설치가 된다. 일반적으로 유선 시스템에서 케이블은 하나의 로컬지역 내의 모든 가입자에게 서비스를 지원한다는 가정 하에 설치를 한다.

WLL은 두 가지 다른 가능성에 관해서도 평가해 볼 필요가 있다.

- **기존에 설치된 케이블을 이용한 연결방법:** 인류 전체로 보면 아직도 많은 사람들이 전화선을 갖고 있지 않다. 고속 통신 서비스를 제공하고자 할 때, 전화선을 가진 많은 가입자라도 충분한 품질을 제공하는 전화선 서비스를 이용할 수 없거나 혹은 효과적으로 xDSL 서비스를 제공하기에는 중앙국으로부터 너무 멀리 떨어져 있는 경우가 많다. 이러한 경우 대부분의 가입자들은 케이블 TV를 가지고 있지 않거나 혹은 그들의 케이블 서비스 제공업자가 양방향 데이터 서비스를 제공하지 못하는 경우가 많다. 마지막으로 WLL은 유선구조보다 비용 면에서 유리한 경쟁력을 확보함에 따라 새로운 네트워크 설치는 유선과 무선방식사이에서 신중한 선택을 필요로 하는 단계에 직면하였다.
- **이동 셀룰러기술:** 현재 셀룰러 시스템은 너무 비싸고 WLL의 실직적인 대안으로서 역할을 수행하기에 충분한 기능을 제공하지는 못한다. 심지어 3G 시스템이 가능하게 되는 단계에서 조차도 현재의 셀룰러 시스템은 더 비싸고 광대역 WLL 대안보다 더 적은 기능을 제공할 것으로 보인다. 이동 셀룰러에 비해 WLL이 갖는 주요한 장점은 가입자 장

치가 고정되어 있기 때문에 가입자는 기지국 안테나에 방향을 맞춘 방향성 안테나를 사용할 수 있다는 점으로 이는 양방향으로 향상된 신호품질을 제공할 수 있는 기본적인 여건을 제공한다.

미연방 통신위원회(FCC: Federal Communications Commission)는 고정 무선 서비스의 상업적인 활용을 위해 2 GHz ~ 40 GHz 주파수 대역에서 15개의 주파수 대역을 미리 할당해두었다. 다른 나라에서도 비슷한 주파수 대역이 할당되어있다. 이러한 주파수들은 셀룰러 시스템에서 사용되는 주파수에 비해 상당히 높다는 점에 유의할 필요가 있다. 종종 밀리미터파(millimeter wave) 주파수라고 불리는 이러한 주파수에서의 전파특성은 MHz 대역의 전달특성과는 상당히 다르다. 추후에 전파특성의 고려사항에 대해 살펴보기로 한다. 그 다음에 다수의 WLL 시스템에서 사용되는 기술인 직교 주파수 분할다중화(OFDM) 방식에 대해 살펴본다. 마지막으로, WLL 응용분야를 위한 가장 관심이 있는 두 가지 접근법: 지역 다지점 분배 서비스(LMDS: Local Multipoint Distribution Service)와 다채널 다지점 분배 서비스(MMDS: Multichannel Multipoint Distribution Service)에 대해 기술하기로 한다.

WLL을 위한 전파 고려사항

초고속 WLL 방식을 위해서는 밀리미터파 영역으로 간주되는 주파수들이 사용된다. *밀리미터파*라는 용어가 명확하게 정의되지는 않았지만 밀리미터파의 일반적인 경계는 10 GHz이다. 즉 10 GHz 이상에서 300 GHz까지의 주파수는 밀리미터파 영역에 있다고 간주한다.[7] 이 영역의 주파수를 사용하는 이유는 다음과 같다.

1. 25 GHz 이상에서는 가용한 많은 주파수 대역이 있다.
2. 이러한 높은 주파수에서는 고속의 데이터속도를 제공하는 넓은 채널 대역폭이 사용될 수 있다.
3. 작은 크기의 송수신기와 적응 안테나 배열들이 사용될 수 있다.

그러나 밀리미터파 시스템은 몇 가지 바람직하지 못한 전파특성이 있다.

1. 자유공간 손실은 주파수 제곱에 비례하여 증가한다(식 (5.2)). 그러므로 손실은 전통적인 마이크로파 시스템을 위해 사용되는 영역보다 더 크다.
2. 일반적으로 10 GHz 이하에서는 비나 기후 혹은 기체흡수에 의한 신호감쇠를 무시할 수 있으나 10 GHz 이상의 주파수 대역에서는 이러한 감쇠영향이 크다.

7. 10 GHz의 자유공간 파장은 30 mm이며, 300 GHz는 1 mm이다.

3. 다중경로 손실이 매우 클 수 있다. 5장에서 지적한 대로, 반사가 전자기 신호가 신호의 파장에 비해 큰 표면에 부딪혔을 때 일어난다. 만약 장애물의 크기가 신호파장의 배수이거나 적은 경우 산란이 발생한다. 파면이 파장과 비교해 볼 때 큰 장애물의 모서리에 부딪혔을 때 굴절이 일어난다.

이러한 부정적인 전파특성 때문에, WLL 시스템은 일반적으로 수 km의 제한된 반경의 셀만을 서비스할 수 있다. 또한 가로수 잎과 같은 모든 장애물은 가시선으로부터 제거되어야 한다. 마지막으로 비와 습기 효과는 WLL 시스템의 가용성과 범위를 제한하는 주요요인으로 작용한다.

프레넬 영역

밀리미터파에서 효과적인 통신을 위해서는 송신기와 수신기 사이에 장애물이 없는 가시선이 존재하여야 한다. 그렇다면 송신기와 수신기 사이의 직접 경로주위에 얼마나 많은 공간에 장애물이 없어야 하는가 하는 의문이 생긴다. 이를 위해 유용한 기준은 프레넬 영역(Fresnel Zone)의 개념과 밀접한 관계가 있다.

프레넬 영역의 정의는 전자기파의 경로에 존재하는 공간의 어떤 작은 요소는 두번째의 파장(wavelet)의 원인으로 간주될 수 있으며 방사하는 필드는 이러한 모든 파장의 중첩에 의해 만들어질 수 있다는 이론에 근거를 두고 있다. 이러한 이론에 근거해서 두 송수신기 사이의 직접적인 가시선 주위의 연이은 동심원안에서 놓여있는 장애물들은 통신을 하는 데 긍정적인 효과 또는 부정적인 효과를 갖는 것을 볼 수 있다. 첫번째 프레넬 영역인 처음 원안에 해당하는 모든 것은 가장 심각한 부정적인 영향을 미친다.

송신기와 수신기 사이의 직접 경로에 잇는 한 점을 생각해보자. 이는 송신기로부터 거리를 S라고 하고 수신기로부터 거리를 D라고 하면 패스를 따라 전체 거리는 $S + D$가 된다(그림 11.9). 따라서 첫번째 프레넬 영역의 반경은 다음과 같다.

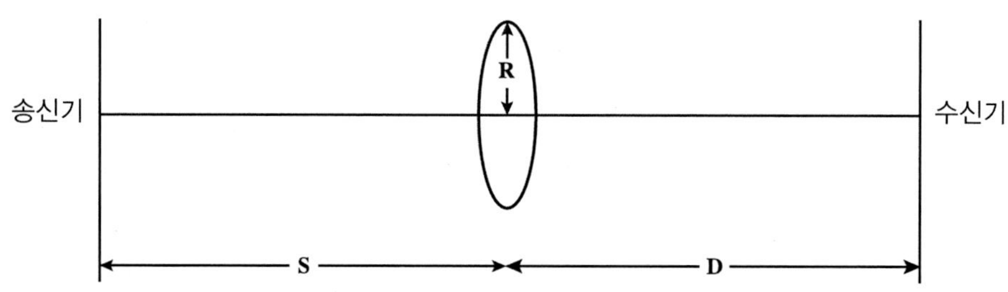

그림 11.9 첫번째 프레넬 영역

$$R = \sqrt{\frac{\lambda SD}{S + D}}$$

여기서 R, S, 그리고 D는 같은 유니트들안에 있으며, λ는 경로상의 신호파장이고 이를 다시 표현하면 다음과 같다.

$$R_m = 17.3 \sqrt{\frac{1}{f_{GHz}} \frac{S_{km} D_{km}}{S_{km} + D_{km}}}$$

여기서 R은 미터 단위로 표시된다. 두 개의 거리는 킬로미터 단위이고, 신호의 주파수는 GHz 단위이다.

Example 11.2

두 트랜시버간 거리가 10 km이고 반송주파수가 2.4 GHz라고 가정하자. 이때, 두 트랜시버의 중간지점에서 첫번째 프레넬 영역의 반경은 17.66 m이다. 신호주파수가 28 GHz이면 이때 같은 지점에서의 반경은 5.17 m로 줄어든다. 또한 한 트랜시버로부터 경로를 따라 1 km인 지점에서 28 GHz인 경우의 반경은 3.1 m가 된다.

만약 두 송수신기 사이의 어느 점에서 첫번째 프레넬 영역의 반경의 0.6배 정도 안에 장애물이 없는 경우에는 장애물에 의한 감쇠는 무시할만하다는 것이 밝혀졌다[FREE97]. 또 다른 주목할만한 장애물은 지면이다. 즉, 두 개의 안테나의 높이는 첫번째 프레넬 영역의 반경의 0.6배 안의 경로를 따라 지면과 만나는 점이 없도록 해야 한다.

대기흡수

10 GHz 이상의 주파수에서 대기를 통해 전파되는 전파(radio wave)는 분자흡수에 민감하다. 주파수의 함수인 흡수는 그림 11.10에서와 같이 매우 불규칙한 형태를 갖고 있다. 22 GHz 주위에 수증기흡수의 최고치가 존재하고 60 GHz 근처에 산소흡수의 최고치가 있다. 이 그림은 감쇠가 0.13 dB/km 정도인 대략 28 GHz에서 42 GHz까지 통신을 위해 적합한 스펙트럼대와 감쇠가 0.4 dB/km 정도인 75 GHz에서 95 GHz까지의 또 다른 스펙트럼대가 있음을 나타내고 있다.

그러나 그림 11.10은 특정한 온도, 상대습도, 그리고 대기압력에서 흡수영향을 보여주기만 한다. 이 두 곡선 모양이 똑같은 모양을 가졌지만 실제값은 특히 온도와 상대습도에 따라 많이 변할 수 있다. [DALK96]에서 발췌한 표 11.5는 온도와 습도의 영향을 보여준다.

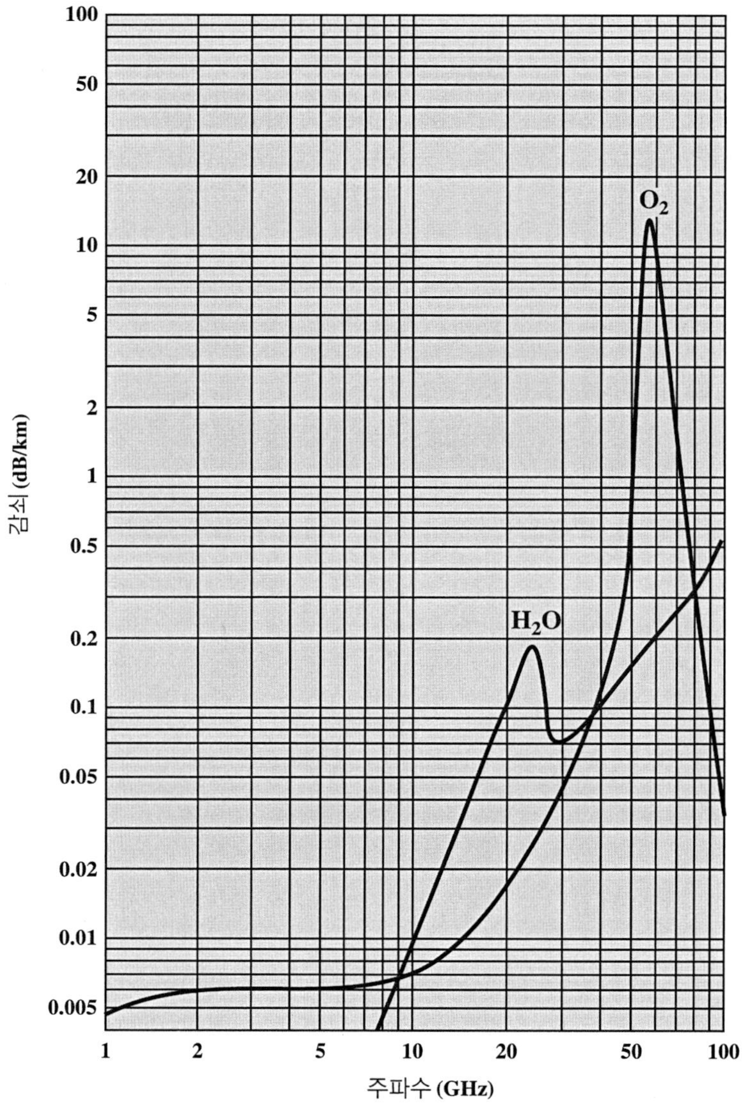

그림 11.10 대기가스에 의한 신호흡수(대기압력: 1013 mb; 기온: 15℃; 물의 밀도: 7.5 g/m^3)

Example 11.3

2 GHz, 6 km 통신링크에 있어서 자유공간 손실은 얼마인가? 또한 기온 30°, 습도 100%인 후덥지근한 날에 대기흡수에 기인한 부가 손실은 얼마인가?

식 (5.2)로부터 자유공간 손실은 $20\log(f) + 20\log(d) - 147.56 = 136.95$ dB이며, 대기흡수에 의한 부가손실은 $6 \times 0.44 = 2.64$ dB이다.

표 11.5 28 GHz(dB/km) 대에서의 순수 공기의 흡수

		상대습도		
		0 %	50 %	100 %
기온	0°	0.02	0.05	0.08
	10°	0.02	0.08	0.14
	20°	0.02	0.12	0.25
	30°	0.02	0.20	0.44
	40°	0.01	0.33	0.79

비의 영향

밀리미터파 전파를 할 때 가장 심각한 우려 중의 하나는 비에 의한 신호감쇠현상이다. 빗방울의 존재는 통신품질의 신뢰성과 통신 링크의 성능을 심각하게 악화시킬 수 있으며 폭우 기간 동안에는 다른 모든 요소보다 비의 영향이 가장 심각한 문제로 대두된다. 밀리미터파 전파에 비가 미치는 영향은 빗방울의 떨어지는 형태, 크기, 속도, 그리고 주파수에 따라 달라질 수 있다. 비가 밀리미터파 전파에 미치는 영향을 계산할 때 널리 사용되는 공식은 다음과 같다.

$$A = aR^b \tag{11.3}$$

여기서 신호감쇠는 dB/km 단위이며 비의 속도 R의 단위는 mm/hr, 파라미터 a와 b는 빗방울 크기와 주파수의 분포에 따라 변경된다. 더욱이 감쇠는 전자기파가 수평적으로 혹은 수직적으로 극성화가 되는지의 여부에 따라 영향을 받는다. [FREE97]로부터 인용된 표 11.6은 수평파와 수직파를 위한 주파수의 함수로서 a와 b를 위한 전형적인 값들을 나타내고 있다.

a와 b 값이 결정되었다면 신호감쇠는 비속도 R에 의해 결정된다. 주요한 관심은 비의 속도에 대한 시간의 백분율이 어떤 임계값을 초과하는지에 관한 것이 된다. 이것은 기후지역에 따라 달라진다. 표 11.7은 ITU에서 제안된 내용으로 지구를 강우 유형에 따라 15개의 기후지역으로 나누고 있으며 일년 동안 시간의 다양한 백분율을 초과하는 R값을 보여주고 있다.

표 11.6 비에 의한 신호감쇠를 예측하는 계수

주파수(GHz)	a_h	a_v	b_h	b_v
1	0.0000387	0.0000352	0.912	0.880
2	0.000154	0.000138	0.963	0.923
6	0.00175	0.00155	1.308	1.265
10	0.0101	0.00887	1.276	1.264
20	0.0751	0.0691	1.099	1.065
30	0.187	0.167	1.021	1.000
40	0.350	0.310	0.939	0.929
50	0.536	0.479	0.873	0.868

표 11.7 다양한 강우지역에 대한 강우 강도 초과량

	강우지역														
정전 시간	A	B	C	D	E	F	G	H	J	K	L	M	N	P	Q
1	0.1	0.5	1	2.1	0.6	2	3	2	8	1.5	2	4	5	12	24
0.3	0.8	2	3	4.5	2.4	5	7	4	13	4.2	7	11	15	34	49
0.1	2	3	5	8	6	8	12	10	20	12	15	22	35	64	72
0.01	8	12	15	19	22	28	30	32	35	42	60	63	95	145	115

이러한 정보는 무선 회선의 가용성을 결정하는 데 사용될 수 있다.

Example 11.4

수직적으로 극성화된 30 GHz 주파수에서 기후지역은 P, 0.01%의 시간, 그리고 강우량이 145 mm/hr를 넘는다고 가정하자. 이러한 비의 속도라면 자유공간손실에 반드시 더해져야 하는 신호 감쇠값 A는 A = 0.167 × 145 = 24.2 dB/km가 된다.

식물영향

WLL의 경로를 따라 WLL 링크는 각종 초목, 특히 키 큰 나무들의 잎을 통과하게 된다. 어떤 교외지역이나 작은 마을에서 이러한 장애물은 가입자가 안테나를 지붕에 설치하였다 하더라도 어떤 가입자들에게는 피할 수 없는 경우가 있다. [PAPA 97]에 보고된 연구는 다음과 같은 결론을 내리고 있다:

1. 가입자 지역 근처의 나무들의 존재는 다중경로 페이딩을 초래할 수 있다.

2. 나무가지나 잎으로 인해 발생하는 주요한 다중경로의 영향은 굴절과 산란이다.

3. 가지런히 정리된 과수원안에서는 잎이 첫번째 프레넬 지역의 60%안에 있을 때, 낙엽수에 대해서는 나무당 12와 20 dB사이의 신호감쇠값, 1개에서 3개의 침엽수에 대해서는 최대 40 dB의 감쇠값을 얻었다.

4. 다중경로효과는 바람에 의해 상당한 영향을 받을 수 있다.

따라서 WLL 시스템을 구축할 때, 각 가입자에 대해 첫번째 프레넬 지역의 60%안에서 나뭇잎을 피하기 위한 상당한 노력을 기울여야 한다. 비록 수목의 존재가 통신을 방해하지 않는다 하더라도 순방향 오류정정(FEC: Forward Error Correction)과 같은 적절한 대책이 필요하다.

직교 주파수 분할 다중화

다중반송파변조라고 불리는 OFDM(Orthogonal Frequency Division Multiplexing)은 다른 주파수에서 다수의 반송파 신호를 사용하여 각 채널 상에 비트를 실어 보낸다. 이러한 방식은 FDM과 비슷하지만 OFDM의 경우에는 모든 부채널들이 하나의 데이터 정보원을 전송하는 데 사용된다.

그림 11.11은 OFDM 방식을 설명하고 있다. *R* bps로 동작하는 데이터스트림과 중심주파수가 f_0인 Nf_b의 가용 대역폭을 가지고 있다고 가정하자. 전체 대역폭은 데이터스트림을 전

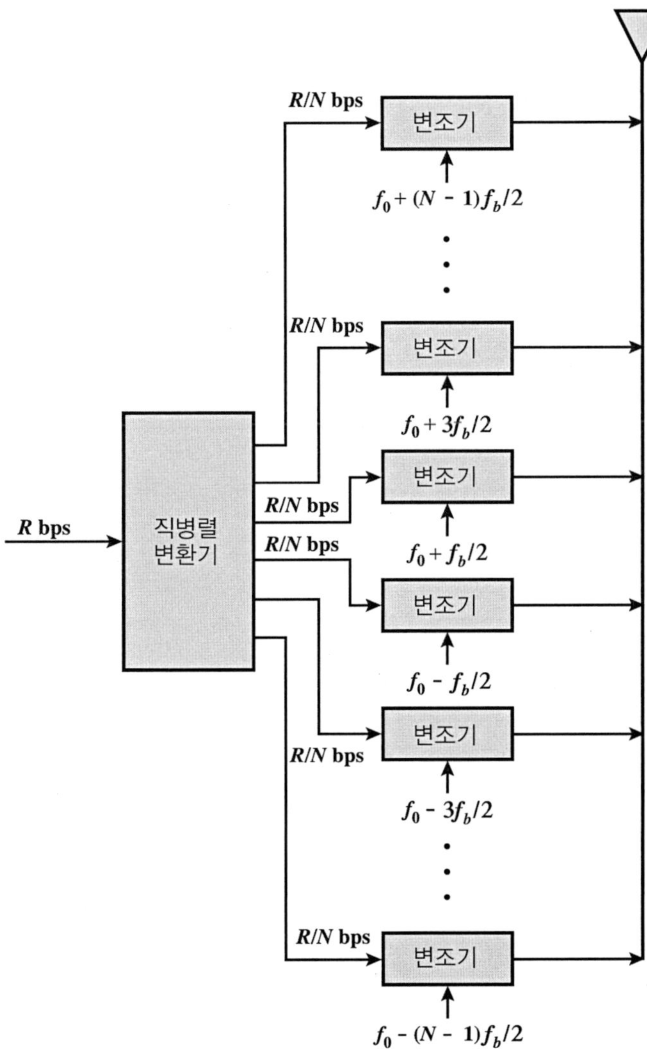

그림 11.11 직교 주파수 분할다중

송하기 위해 사용될 수 있고 이 경우 각 비트 주기는 $1/R$이 된다. 이러한 경우 다른 방법으로는 직병렬 변환기를 사용하여 데이터스트림을 N개의 부스트림으로 나누는 것이다. 각각의 부스트림은 R/N bps의 데이터 전송속도를 갖으며 인접한 부반송파의 간격은 f_b의 간격을 갖는 각각의 부반송파 상에 실려 전송된다. 이 경우 비트 주기는 N/R이다.

OFDM에 대한 명확한 이해를 돕기 위해 기본 주파수 f_b인 시스템을 가정해보자. 이 기본 주파수는 서브 캐리어가 가질 수 있는 최저주파수이다. 그리고 다른 서브캐리어의 주파수는 모두 최저주파수의 그림 11.12(a)에 나온 것처럼 정수배($2f_b$, $3f_b$,....)라고 가정하자. OFDM 시스템은 데이터를 다중 캐리어에게 정확한 주파수로 전달해주기 위해 진보된 디지털 신호처리 기술을 이용하는데 서브 캐리어들의 정확한 관계는 직교성으로 표기되어진다. 그리고 그림 11.12(b)에 나온 결과에서 볼 수 있듯이 각각의 서브 캐리어들이 다른 서브캐리어들에 존재할 때는 파워 스펙트럼 밀도의 픽크값은 0임을 알 수 있다. OFDM에서 서브캐리어들은 상호 인접한 서브캐리어간 간섭을 막기 위해 가능한 촘촘히 묶여져야 한다.

그림 11.12에는 OFDM 서브캐리어들의 주파수밴드가 시작점에서의 기본 주파수와 함께 표시되어 있다. 송신에 있어서 OFDM의 서브 캐리어는 더 높은 주파수대역에서 모듈화되어 있다. 예를 들면, IEEE 802.11a LAN의 경우 14장에서 언급됐듯이, OFDM 시스템은 52개의 서브캐리어로 구성되어 있고 기본 주파수는 0.3125 MHz이다. 이들 서브캐리어 셋들은 5-GHz 주파수대역으로 전환된 뒤에 송신된다.

OFDM 방식은 다수의 장점을 갖고 있다. 첫번째로, 주파수 선택 페이딩은 전체 신호가 아니라 단지 몇 개의 부채널에만 영향을 준다. 만약 데이터스트림이 FEC 코드에 의해 보호된다면 이러한 페이딩현상은 쉽게 처리될 수 있다. 더욱 중요한 것은, OFDM은 다중경로환경에서 심벌간 간섭(ISI: Intersymbol Interference)의 영향을 받지 않는다는 점이다. 5장에서 설명한 바와 같이 심벌간 간섭은 비트 혹은 심벌간 사이 거리가 더 적어지는 고속의 비트속도에서 더 큰 영향을 미친다. OFDM에서 데이터속도는 N의 요소에 의해 줄어들고 심볼시간은 N 요소에 따라 증가한다. 따라서 만일 소스스트림에 대한 심볼시간이 T_S라면 OFDM 신호를 위한 주기는 NT_S가 된다. 이를 통해 극적으로 심벌간 간섭영향을 감소시킨다. 설계의 기본적인 요소로 N은 NT_S가 채널의 평균 제곱근(RMS: Root Mean Square) 지연 산포량보다 상당히 큰 값을 선택한다.

OFDM을 사용할 때 이러한 많은 고려사항들을 반영한 결과로서 등화기 사용을 필요로 하지 않을 수도 있다. 등화기는 매우 복잡한 장비로서 등화기 내부의 복잡도는 심벌간 간섭이 존재하는 심벌의 수에 따라 증가한다.

OFDM 방식과 함께 사용되는 일반적인 변조방식은 직교 위상 편이변조(QPSK: Quadrature

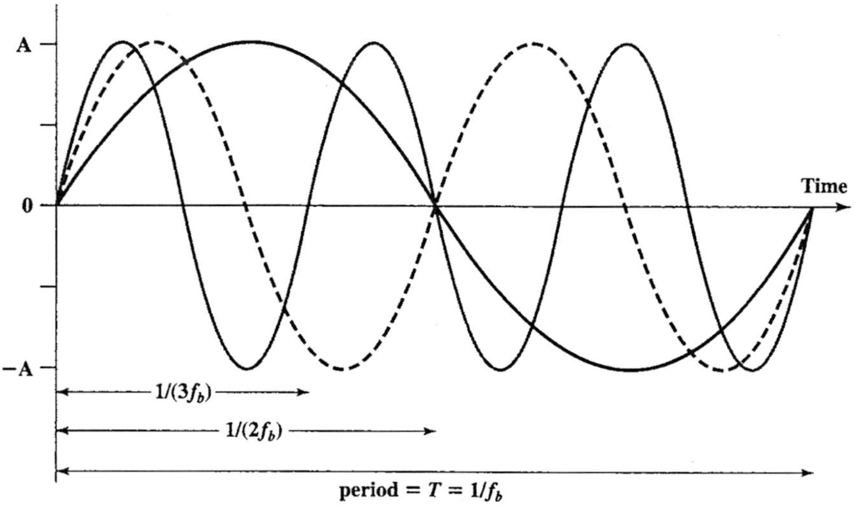

(a) 시간 영역에서의 3개의 부전달자

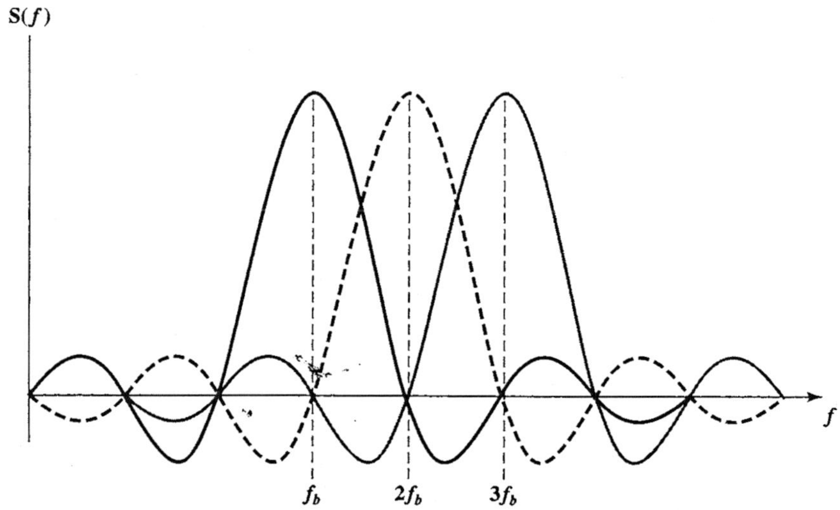

(b) 주파수 영역에서의 3개의 부전달자

그림 11.12 직교 주파수 분할다중

Phase Shift Keying)이다. 이 경우 전송되는 각각의 심벌은 두 비트를 나타낸다. 다채널 다지점 분배 시스템(MMDS: multi-channel multi-point distribution system)에서 [CISC00] OFDM/QPSK 방식을 사용하는 한 예를 살펴보면 각각 12 kHz 이하보다 약간 작은 반송파 간격을 가지면서 512개의 반송파로 구성된 6 MHz 대역폭을 차지한다. 심벌간 간섭을 최소화하기 위해 데이터는 버스트로 전송되며, 각각의 버스트는 데이터 심벌과 순환 접두어

(cyclic prefix)로 구성된다. 순환 접두어는 다중경로에 의해 발생되는 이전 버스트로부터 과도현상을 처리하기 위해 사용된다. 이러한 시스템을 위해 64개의 심벌이 순환 접두어와 버스트당 512개 QPSK 심벌이 전송된다. 따라서 각각의 부채널상의 QPSK 심벌은 64/512 심벌 시간주기의 접두어에 의해 분리된다. 일반적으로 접두어가 끝나는 시간에는 복합적인 다중경로 신호에 의해 생성되는 결과 신호형태가 이전 버스트로부터 어떤 샘플의 함수가 아니다. 그러므로 심벌간 간섭이 없다.

다채널 다지점 분배 서비스

표 11.8은 2.15 GHz에서 2.68 GHz 범위에서 MMDS(Multichannel Multipoint Distribution Service) 기반 고정 무선 접속 서비스를 제공하기 위해 미국에서 할당된 5개의 주파수 대역을 기술하고 있다. 처음 두 개의 대역은 다지점 분배 서비스(MDSs: Multiple Distribution Services)라고 불리는 6 MHz TV 채널방송을 위해 1970년대에 인가되었다. 1996년에 FCC는 이러한 주파수 범위를 확장하였고 MMDS라 불리는 다채널 서비스 상용화를 인가하였다.

표 11.8 미연방 통신 위원회 선정 고정 무선 통신 대역

주파수(GHz)	사용용도
2.1500 ~ 2.1620	인가받은 MDS, MMDS: 각각 2개의 6 MHz 대역폭
2.4000 ~ 2.4835	비인가 ISM
2.5960 ~ 2.6440	인가받은 MMDS: 8개의 6 MHz 대역폭
2.6500 ~ 2.6560	인가받은 MMDS
2.6620 ~ 2.6680	인가받은 MMDS
2.6740 ~ 2.6800	인가받은 MMDS
5.7250 ~ 5.8750	비인가 ISM – UNI
24.000 ~ 24.250	비인가 ISM
24.250 ~ 25.250	인가
27.500 ~ 28.350	인가받은 LMDS (블록 A)
29.100 ~ 29.250	인가받은 LMDS (블록 A)
31.000 ~ 31.075	인가받은 LMDS (블록 B)
31.075 ~ 31.225	인가받은 LMDS (블록 A)
31.225 ~ 31.300	인가받은 LMDS (블록 B)
38.600 ~ 40.000	인가

ISM = industrial, scientific, and medical
LMDS = local multipoint distribution service
MDS = multichannel distribution service
MMDS = multichannel multipoint distribution service
UNII = unlicensed national information infrastructure

MMDS는 공중파 TV 혹은 케이블이 도달하지 않는 시골지역에 서비스를 제공하기 위해 케이블 TV 제공업자들과 경쟁을 하여왔다. 이러한 이유에서 MMDS를 무선 케이블(wireless cable)이라 명하기도 한다.

FCC에 의해 허락된 전송파워는 MMDS 기지국으로 하여금 반경 50 km 까지의 지역에 서비스를 제공할 수 있도록 하지만 가입자 안테나는 반드시 가시선에 있어야 한다. MMDS는 양방향 서비스를 제공하기 위해 사용될 수 있다. 또한 MMDS는 양방향 접속을 위해 다른 나라에서도 사용된다. 따라서 인터넷 접속과 같이 광대역 데이터 서비스를 위한 대안이 될 수 있는 자격을 갖추고 있다.

다음에 소개할 지역 다지점 분배 서비스(LMDS)에 비해 MMDS의 주된 단점은 낮은 주파수를 사용하기 때문에 LMDS보다 더 적은 대역폭을 제공한다는 점이다. 현재 기술로 하나의 MMDS 채널은 상향(가입자에서 기지국으로)으로 각각의 개별 가입자에게 300 kbps에서 3 Mbps의 속도를 제공하며[ORTI00] 총 27 Mbps의 전송속도를 제공할 수 있다. 그러나 OFDM의 발전에 기인하여 더 높은 데이터속도 또는 상향 MMDS를 위한 더 많은 가입자 지원을 가능하게 하였다. 어떠한 경우든 MMDS가 제공하는 적은 대역폭 때문에 MMDS는 주로 거주지역 가입자와 소규모 업무용 가입자들에게 사용되어질 가능성이 높다. 반면에 LMDS는 많은 대역폭을 요구하는 가진 대규모 업무용 가입자들에 유리할 것으로 보인다.

LMDS에 비해 MMDS의 장점은 다음과 같다.

1. MMDS 신호는 더 큰 파장(10 cm 보다 더 큰)을 가지고 있으며 심각한 전원 손실 없이 더 멀리 진행할 수 있다. 그러므로 MMDS는 LMDS보다 더 많은 셀들 간에 동작될 수 있으며 기지국 장비의 비용을 낮출 수 있는 여건을 제공한다.
2. 더 낮은 주파수에서 동작하는 장비는 상대적으로 저렴하기 때문에 가입자와 기지국 장비를 만드는 비용을 절감할 수 있다.
3. MMDS 신호는 장애물에 의해 쉽게 두절되지 않으며 비로 인한 신호흡수에 덜 민감하다.

구내 다지점 분배 서비스

LMDS(Local Multipoint Distribution Service)는 밀리미터 주파수에서 동작하며 TV 신호와 양방향 광대역 통신 서비스를 제공하는 상대적으로 새로운 WLL 서비스이다. 미국에서의 LMDS는 30 GHz 근처 주파수에서 제공되며 유럽과 다른 지역에서는 40 GHz 근처 주파수가 사용될 것이다. 표 11.8은 LMDS를 사용하는 고정 무선 접속을 위해서 미국에서 할당된 주파수대를 기술하고 있다.

LMDS는 다음과 같은 장점이 있다.

- Mbps 대의 상대적으로 고속의 데이터 전송속도
- 비디오, 전화, 및 데이터를 제공할 수 있다.
- 케이블 대안과 비교해서 상대적으로 낮은 비용

LMDS의 주된 단점은 기지국으로부터 가까운 거리에만 서비스를 제공할 수 있다는 점이다. 이것은 특정 영역을 서비스하기 위해서 상대적으로 많은 수의 기지국이 필요함을 의미한다.

전형적인 시스템의 기지국 안테나는 나무에 의해 가려질 가능성이 있는 가입자들이 가시선을 가질 수 있도록 서비스 지역이 내려다보이는 높은 기둥이나 높은 건물의 꼭대기에 위치한다. 기지국 안테나는 60도에서 90도의 넓은 영역을 포함한다. 따라서 모든 범위에 대해서 서비스를 제공하기 위해서는 4개에서 6개의 안테나를 필요로 한다. 일반적으로 반경 2 ~ 4 km 영역이 서비스권에 해당된다. 가용한 대역폭이 있다면 가입자에 1 Mbps 까지의 상향 데이터속도를 제공하는 것과 36 Mbps의 하향 전송속도를 제공하는 것이 적당하다.

중요한 고려사항은 LMDS의 짧은 파장 신호는 건물, 벽, 혹은 두꺼운 잎과 같은 장애물을 통과하거나 지나갈 수 없다는 점이다. 앞서 살펴본 것처럼 약간의 군엽은 허용될 수 있지만 높은 밀도의 군엽은 다른 대책을 필요로 한다. 셀이 서비스할 수 있는 적용범위를 중첩함으로써, 기지국의 어떤 셀에서 접근할 수 없었던 특정 지역에 대해서 인접하는 셀의 도움을 받아 접근할 수 있게 된다. 중계기 혹은 반사기의 사용 또한 대안이 될 수 있다.

11.3 WIMAX와 IEEE 802.16 광대역 무선 접속 표준

LMDS WLL 서비스에 대한 관심이 증가함에 따라, 산업계 내에서 이 서비스를 원활하게 제공하기 위한 표준 규격에 대한 필요성이 증대되었다. 이러한 필요성에 화답하여 IEEE 802 위원회는 광대역 무선 표준을 발전시키기 위해 1999년도에 802.16 작업그룹(Working Group)을 창설하였다. 이 그룹의 목적은 다음과 같은 표준안을 만드는 것이었다[MARK99].

- 마이크로파 혹은 밀리미터파 무선 통신을 제공하는 무선 링크의 사용
- (일반적으로) 허가가 필요한 주파수대의 사용
- 광범위한 서비스 지역
- (일반적으로) 유료 가입자에게 공중망 서비스의 제공
- 고정된 안테나를 가진 지점 대 다지점(point-to-mulitpoint) 구조지원
- QoS를 지원하는 이종 트래픽의 효율적인 전송지원
- 광대역 전송지원 (>2 Mbps)

표 11.9 IEEE 802.16 표준

Standard	Scope
IEEE 802.16	Medium access control (MAC): 매개접속 제어 무선 MAN 표준의 공용 MAC Physical layer: 10 ~ 66 GHz
IEEE 802.16a	MAC modifications to 802.16.1 Physical layer: 2 ~ 11 GHz
IEEE 802.16c	Details System Profiles for 10 ~ 66 GHz 세부적인 시스템 윤곽
IEEE 802.16e	고정 및 이동작용이 혼합된 물리적인 매개접속 제어
IEEE 802.16.2	고정된 광역주파수 대역의 무선 접속 시스템의 상호존재

실제로 **IEEE 802.16**은 **LMDS**와 연계하여 관련기능 및 공중파(무선) 인터페이스를 규격화하였다. 이 절에서 언급된 규격화의 주요개발내용은 표 11.9에 상세히 표기하였다. 추가로 산업계에서는 802.16을 제안하고 상호 호환성 규격을 개발하기 위하여 **WiMAX**(Worldwide Interoperability for Microwave Access) Forum이란 기구를 구성하였다.

표 11.9에 표기된 802.16의 기능은 LMDS 주파수밴드를 활용하는 범위 내에서 업계가 갈망하는 최고의 수준을 서술한 것이다. 본 절에서 먼저 802.16 구조와 기능에 대한 전망이 소개되며, 다음에 802.16에 대한 보다 구체적인 스펙이 언급될 것이며, 마지막으로 802.16a 규격에 대한 요약을 제시할 것이다.

IEEE 802.16 구조

시스템 참조 구조

802.16 표준은 그림 11.13의 추상적인 시스템 참조모델에 근거하여 설계되었다. 802.16 무선 서비스는 하나의 가입자장치 혹은 가입자 구내지역의 한 네트워크(예를 들면 LAN, PBX, IP 기반 네트워크)와 핵심 네트워크(802.16이 접속을 제공하고자 하는 네트워크) 간에 통신경로를 제공한다. 공중 전화망이나 인터넷은 핵심 네트워크의 한 예이다. 세 개의 인터페이스가 참조모델에서 정의되었다. IEEE 802.16 표준안들은 가입자의 송수신국과 기지국 송수신기 사이에 무선 인터페이스에 주된 초점을 맞추고 있다. 표준안들은 이러한 무선 인터페이스와 관련된 모든 세세한 내용을 기술하고 있다. 또한 시스템 참조모델은 송수신기국들과 그 너머 네트워크 사이의 인터페이스 (SNI와 BNI) 또한 정의하고 있다. 이러한 인터페이

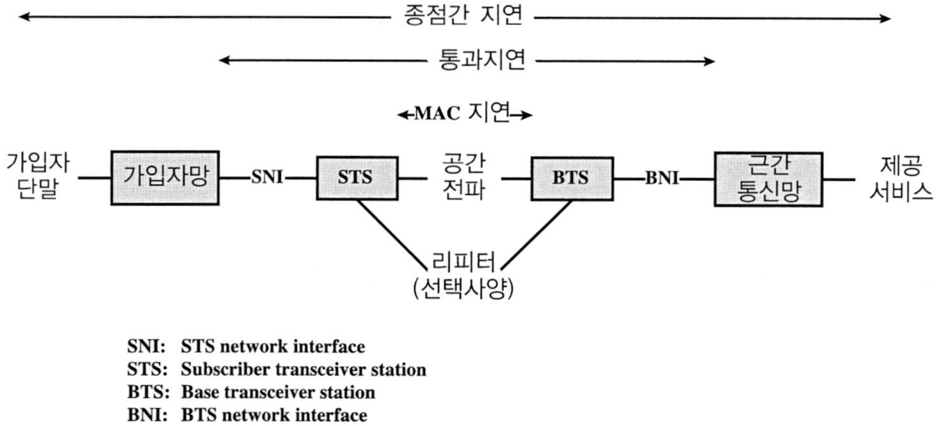

그림 11.13 IEEE 802.16 시스템 참조점

스의 자세한 부분은 802.16 표준의 범위에 속하지 않는다. 시스템 참조모델에서 이러한 인터페이스를 보여주는 이유는 가입자와 핵심 네트워크기술(예를 들어 음성, ATM)이 무선 인터페이스를 통해 송수신기국에 의해 제공되어지는 서비스와 무선 인터페이스에서 사용되는 기술에 지대한 영향을 미치기 때문이다.

마지막으로 시스템 참조모델은 몇 가지 종류의 중계기를 사용할 수 있음을 내포하고 있다. 무선 인터페이스 규격은 장애물을 우회하고 셀 적용범위를 확대하기 위해 중계기나 반사기의 사용 가능성을 인정하고 있다.

프로토콜구조

특별히 무선 전송을 위해 정의된 프로토콜은 네트워크를 통해 데이터 블록을 전송하는 것에 관련된 문제에 관해서 기술하고 있다. OSI 용어에서 상위 계층 프로토콜(계층 3 혹은 4 그리고 그 이상, 그림 4.3 참조)은 네트워크구조에 무관하며 다양한 네트워크와 통신 인터페이스에 적용 가능하다. 따라서 802.16 프로토콜과 관련된 논의는 OSI 모델의 최하위 두 계층과 관련된다.

그림 11.14는 802.16 프로토콜 구조에서 정의된 네 개의 프로토콜 계층과 OSI 모델과의 연관성을 도시하고 있다. 아래로부터 살펴보면 802.16 프로토콜 모델의 최하위 두 계층은 OSI 모델의 물리 계층에 해당하고 다음과 같은 기능을 수행한다.

- 신호의 인코딩/디코딩
- (동기를 위한) 프리앰블 생성/제거
- 비트 전송/수신

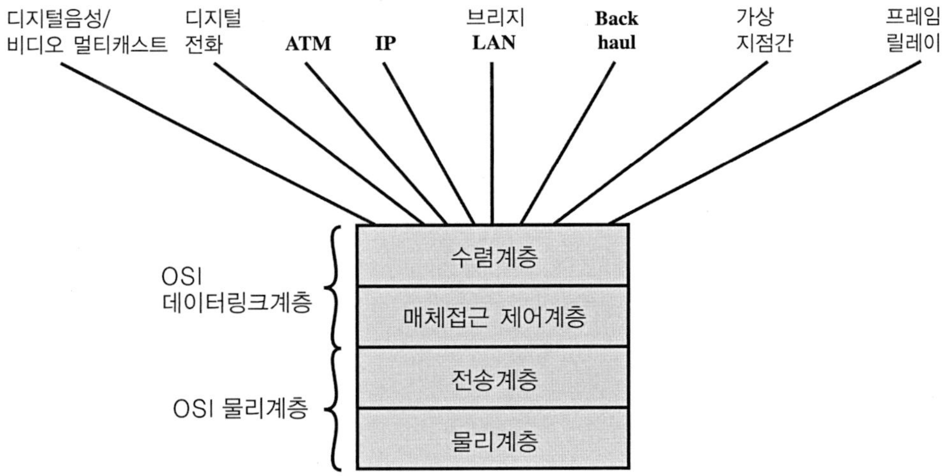

그림 11.14 IEEE 802.16 프로토콜구조

또한 802 모델의 물리 계층은 전송매체 및 주파수대와 관련된 규격을 포함하고 있다. 일반적으로 이 같은 사항들은 OSI 모델의 최하위 계층보다 낮은 계층으로 간주된다. 그러나 전송매체와 주파수대의 선택은 무선 회선설계에 있어 중요하므로 매체와 관련된 규격이 포함되어 있다. 일반적으로 802.16의 물리 계층은 매체 의존적인 사항에 대해 언급하고 있으며 전송 계층은 상기한 항목들에 대해 기술하고 있다.

물리 계층과 전송 계층의 상위 계층은 가입자에게 서비스를 제공하는 것에 관련된 기능을 수행한다. 이러한 기능들은 다음과 같다.

- 전송 시에 데이터를 주소와 오류검출필드를 가진 프레임으로 만든다.
- 수신 시에 프레임을 분해하고 주소인지 및 오류검출을 수행한다.
- 무선 전송매체로의 접속을 제어한다.

이러한 기능들은 MAC 계층으로 분류된다. 이 계층에서 프로토콜은 기지국과 가입자국사이 무선채널의 접속을 공유할 수 있게 하는 책임이 있다. 특히 MAC 프로토콜은 기지국 혹은 가입자국이 채널을 통하여 언제 어떻게 전송할 것인지를 정의한다. ATM과 같은 MAC 계층 상위의 몇몇 계층들은 구체적으로 서비스품질(QoS)을 요구하기 때문에 이러한 서비스 요구를 만족시키기 위해 MAC 프로토콜은 무선채널용량을 할당할 수 있어야 한다. 하향(기지국에서 가입자국으로) 전송에서는 단지 하나의 송신기만 있기 때문에 MAC 프로토콜은 상대적으로 간단하다. 상향 전송에서는 다수의 가입자국들이 접속을 위해 경쟁을 하기 때문에 MAC 프로토콜은 복잡해진다.

MAC 계층의 상위 계층은 제공되는 서비스와 관련된 기능들을 수행하는 수렴 계층이다. 수렴 계층 프로토콜은 다음과 같은 일을 한다.

- 상위 계층의 프로토콜 데이터 단위(PDU: Protocol Data Unit) 프레임을 본래의 802.16 MAC/PHY 프레임으로 캡슐화한다.
- 상위 계층의 주소들을 802.16 주소들로 매핑한다.
- 상위 계층 QoS 변수들을 802.16 MAC 포맷으로 변환한다.
- 상위 계층 트래픽의 시간 의존성을 같은 기능을 갖는 MAC 서비스로 변경한다.

디지털음성과 비디오와 같이 몇몇 경우에는 수렴 계층을 필요로 하지 않고 디지털 데이터 스트림은 전송 계층으로 전달된다. 상위 계층 서비스는 수렴 계층에서 요구하는 PDU 구조를 이용하여 데이터를 주고받는다.

수렴 계층에 의해 지원되는 프로토콜구조의 예는 그림 11.15에서 보이는 것처럼 TCP/IP 기반 트래픽의 처리이다(그림 4.2 참조). 상위 계층 데이터는 논리적 연결제어(LLC: Logical Link Control) 계층으로 전달되고 LLC는 *LLC PDU*를 생성하여 헤더로서 제어정보를 덧붙인다. 이러한 제어정보는 LLC 프로토콜을 수행하는 데 사용된다. LLC 프로토콜은 데이터링크 프로토콜(부록 C 참조)의 형태이다. 이후 전체 LLC PDU는 MAC 계층으로 보내지고, MAC 계층은 제어정보를 패킷의 앞과 뒤에 붙임으로써 *MAC 프레임*을 생성한다. 이때 프레임 내의 제어정보는 MAC 프로토콜의 동작을 수행하기 위해 필요하다. 그림 11.15는 802.16 프로토콜 상위의 응용 계층과 TCP/IP의 사용을 보여준다.

서비스

IEEE 802.16 표준안에 대한 요구사항은 802.16 시스템이 지원해야 하는 베어러 서비스의 종류를 기술하는 것으로 정의된다. 베어러 서비스는 그림 11.13에서 가입자 네트워크 혹은 핵심 네트워크에 의해 생성되는 트래픽 유형을 말한다. 예를 들어 802.16 인터페이스는 ATM 네트워크 혹은 IP 기반 네트워크에 의해 요구되어지는 QoS와 데이터속도를 지원할 수 있어야 하고 음성 혹은 비디오 전송 시 지연 요구사항과 데이터속도 또한 지원할 수 있어야 한다.

IEEE 802.16은 다음과 같은 베어러 서비스들을 지원하도록 설계되었다.

- **디지털 음성/비디오 멀티캐스트:** 단방향 디지털 음성/비디오스트림을 가입자들에게 전송한다. 이 서비스의 주된 예로는 디지털 방송 케이블 TV와 디지털 위성 TV와 비슷한 라디오와 비디오의 방송이다. 이 서비스의 특별한 경우는 원격회의와 같은 양방향 비디오 서비스이다. 후자의 경우, 지연 요구사항은 데이터의 상호작용성 때문에 엄격하다.

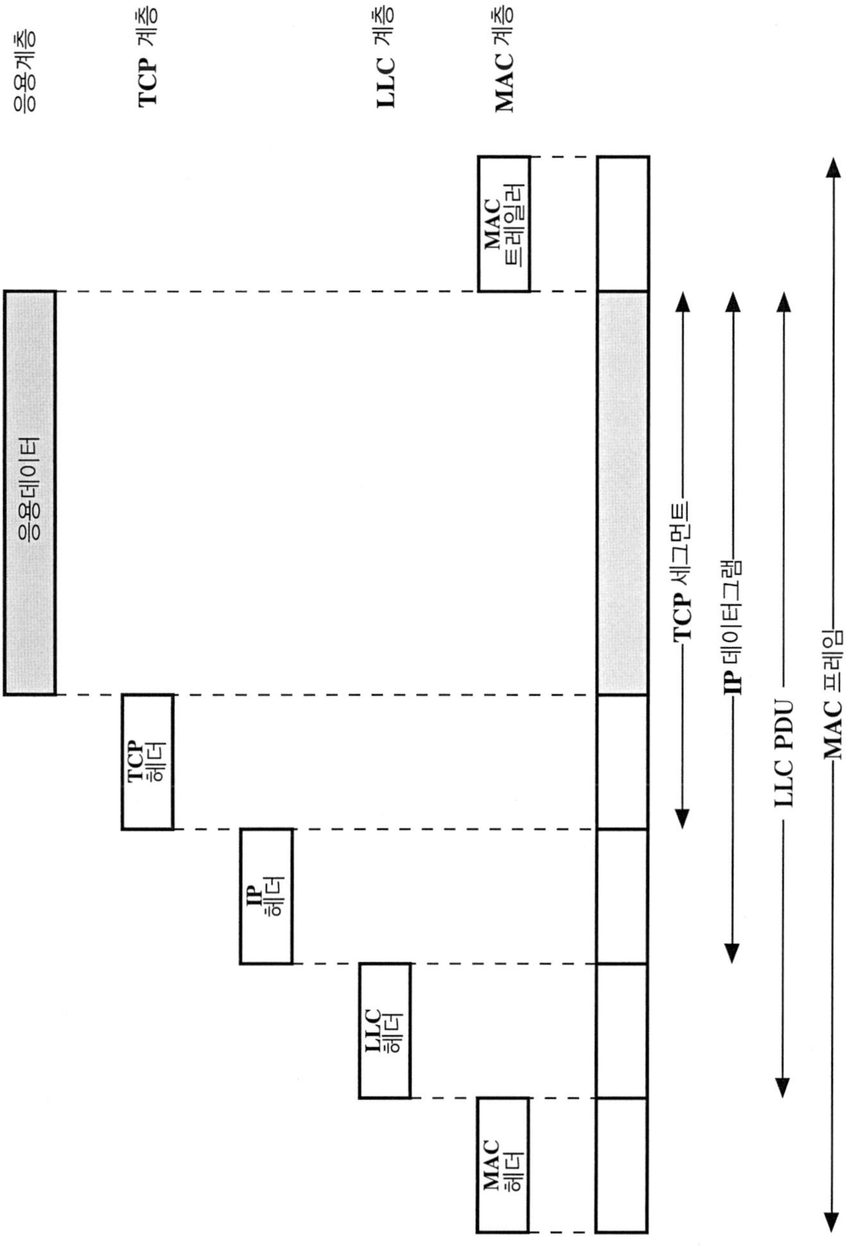

그림 11.15 IEEE 802.16 프로토콜의 캡슐화 및 관련 용어

- **디지털 전화:** 다중화된 디지털 전화 스트림을 지원한다. 이 서비스는 공중 전화망으로의 유선 접속을 위한 대체안으로 대표적인 WLL 서비스이다.
- **ATM:** 전체 ATM 네트워크의 일부분으로서 ATM 셀의 전달을 지원하는 통신 회선을

제공한다. 802.16 회선은 ATM에서 정의된 다양한 QoS 서비스를 지원한다.

- **인터넷 프로토콜:** IP 데이터그램의 전송을 지원한다. 802.16 링크는 적시에 효과적인 서비스를 제공해야 한다. 더욱이 다양한 QoS 서비스는 이제 IP 기반 네트워크에 대해서도 정의되고 있으며 802.16은 이를 또한 지원해야 한다.
- **브리지 LAN:** IP 기반 지원과 비슷하다. 브리지 LAN 서비스는 MAC 계층에서 스위치되는 두 LAN 사이에 데이터 전송을 지원해야 한다.
- **Back-haul:** 셀룰러 혹은 디지털 무선전화 네트워크를 위해 사용된다. 802.16 시스템은 무선 전화 기지국을 위해 무선 트렁크를 제공하는 편리한 수단이다.
- **프레임 릴레이:** ATM과 비슷하다. 프레임 릴레이는 고정길이를 가진 ATM 셀과 달리 가변길이를 갖는 프레임을 사용한다.

802.16을 위한 서비스 요구사항을 보는 다른 방법을 표 11.10에서 보여주고 있다. 표 11.10은 802.16의 기능적인 요구사항 문서에서 발췌되었다. 베어러 서비스는 다음과 같이 크게 세 가지 부류로 나눠진다.

- **회선 기반:** 이러한 서비스는 회선교환기능을 제공한다. 이를 통해 가입자들은 핵심 네트워크 내에 연결을 설정할 수 있다.
- **가변 패킷:** IP와 프레임 릴레이는 가변길이의 PDU를 이용하는 서비스의 한 예이다. 다른 예로는 비디오 압축구조인 MPEG 비디오이다. 압축구조에서 디지털 비디오정보의 연속적인 블록은 가변적인 크기를 가질 수 있다.
- **고정길이 셀/패킷:** 이 서비스는 ATM을 위한 것이다.

표 11.10은 세 가지 분류 각각에 대한 요약사항을 보여주고 있다. 첫번째 카테고리는 지원되어야 되는 데이터속도이다. 두번째 카테고리는 에러에 대비한 성능을 언급한다. 대부분의 서비스를 위해 비트 오류율(BER: Bit Error Rate)의 상한선이 정의되어 있다. ATM의 경우 다양하고 구체적인 QoS 에러 매개변수들 또한 사용된다.

마지막 카테고리는 단방향 최대 전달지연시간이다. 이러한 지연시간을 기술하기 위해 802.16 표준안에서는 그림 11.13에서 보여주고 있는 바와 같이 다음 3개의 지연에 관한 카테고리를 정의하고 있다.

- **매체 접속지연:** 일단 송수신기가 전송할 준비가 된 후 실제 전송할 때까지 기다려야 하는 시간이다.
- **통과지연:** 이것은 SNI에서 BNI까지 혹은 BNI에서 SNI까지의 지연이다. 통과지연(transit delay)은 MAC 계층에서 송신(STS로부터 혹은 BTS로부터)을 준비하기 위한

표 11.10 IEEE 802.16 서비스와 QoS 요구사항

	베어러 서비스	MAC 페이로드 전송속도	최대속도	최대 전달지연 (단방향)
회선 기반	고품질 협대역/음성주파수 전화	32 ~ 64 kbps	BER 10^{-6}	5 ms
	저품질 협대역/음성주파수 전화	6 ~ 16 kbps	BER 10^{-4}	10 ms
	트렁킹	≤ 155 Mbps	BER 10^{-6}	5 ms
가변길이 패킷	Time critical 패킷 서비스	4 ~ 13 kbps(음성) 32 kbps ~ 1.5 Mbps (비디오)	BER 10^{-6}	10 ms
	비실시간 서비스: IP, IPX, 프레임릴레이, 오디오/비디오 스트리밍, 대량 데이터 전송	≤ 155 Mbps	BER 10^{-8}	N/A
	MPEG 비디오	≤ 8 Mbps	BER 10^{-11}	TBD
고정길이 셀/패킷	ATM 셀 릴레이-CBR	16 kbps ~ 155 Mbps	CLR 3×10^{-8} CER 4×10^{-6} CMR 1/일 SEBCR 10^{-4}	10 ms
	ATM 셀 릴레이-rt-VBR	16 kbps ~ 155 Mbps	CLR 10^{-5} CER 4×10^{-6} CMR 1/일 SEBCR 10^{-4}	10 ms
	ATM 셀 릴레이-다른 부류	≤ 155 Mbps	CLR 10^{-5} CER 4×10^{-6} CMR 1/일 SEBCR 10^{-4}	N/A

시간, 그리고 수신(BTS에서 혹은 STS에서)을 위한 MAC 계층에서 처리와 매체 접속지연을 포함한다.

- **종단간 지연:** 핵심 네트워크를 경유하여 가입자 네트워크의 단말 사이의 전체 지연이다. 이것은 통과지연을 포함한다.

표 11.10에서 기술된 최대 단방향 지연 카테고리는 통과지연을 말한다.

IEEE 802.16 MAC 계층

802.16의 무선 인터페이스를 통해 일반 가입자로 송수신되는 데이터는 MAC 프레임들로 구성된다. **MAC 프레임**이라는 용어는 MAC 프로토콜 제어정보와 상위 계층 데이터를 포함하는 PDU를 의미한다. 이것은 타임슬롯들의 수열로 구성되며 각각의 슬롯은 특정 가입자에게 미리 할당되어 있는 **TDMA 프레임**과 혼동해서는 안 된다. TDMA 타임슬롯은 정확히 하나의 MAC 프레임, MAC 프레임의 일부분, 혹은 여러 개의 MAC 프레임을 포함할 수 있다. 특정 가입자에게 전용적인 다수의 TDMA 프레임에 걸쳐 제공되는 타임슬롯의 수열은 논리적인 채널을 생성하고, MAC 프레임들은 이 논리채널을 통해 전송된다.

연결과 서비스 흐름

802.16. MAC 프로토콜은 연결형 프로토콜이다. 연결형이라는 의미는 데이터교환에 앞서 동등 계층 엔티티(MAC 사용자들) 사이에 논리적인 연결이 형성된다는 뜻이다. 각각의 MAC 프레임은 연결 식별자를 가지고 있는데 연결 식별자는 들어오는 데이터를 올바른 MAC 사용자에게 전달하기 위해 MAC 프로토콜에 의해 사용된다. 또한 연결 식별자와 서비스 흐름 사이에는 일대일로 대응이 된다. 서비스 흐름은 설정된 연결 상에 교환되는 PDU들을 위한 QoS 매개변수들을 정의한다.

연결 상에서 서비스 흐름의 개념은 MAC 프로토콜의 동작에서 가장 중요한 부분이다. 서비스 흐름은 상향과 하향 QoS 관리를 위한 방법을 제공한다. 특히 서비스 흐름은 대역폭 할당과정에 필수적인 요소이다. 기지국은 현재 사용중인 연결의 서비스 흐름에 근거하여 하향과 상향 대역폭을 할당한다. 서비스 흐름 매개변수의 예로는 대기시간(latency: 최대 수용할 수 있는 지연), 지터(최대 수용 가능한 지연 변동), 그리고 처리율 (수용 가능한 최소 비트 속도) 등이 있다.

프레임포맷

MAC 프로토콜을 이해하는 좋은 방법은 프레임포맷(그림 11.16)을 살펴보는 것이다. 프레임은 다음과 같이 세 부분으로 구성되어 있다.

- **헤더:** MAC 프로토콜의 기능을 위해 필요한 프로토콜 제어정보를 포함한다.

그림 11.16 IEEE 802.16 프레임포맷

- **페이로드:** 페이로드는 상위 계층 데이터(예를 들면 ATM 셀, IP 패킷, 디지털 음성 블록) 또는 MAC 제어 메시지일 수 있다.
- **순환 잉여검사(CRC):** 순환 잉여 검사필드는 에러검출코드(8.1절에서 논의되었다)를 포함한다.

802.16 MAC 프레임에서는 3가지 헤더포맷이 정의되어있다. 상향 회선(기지국으로 가는) 그리고 하향 회선(가입자로 가는)의 양방향에서 공통으로 사용되는 일반적인 헤더포맷이 있다. 이러한 포맷은 상위 계층 데이터 혹은 MAC 제어 메시지를 포함하는 프레임들을 전달하기 위해 사용된다. 세번째 포맷은 대역폭 요구 프레임을 전달하기 사용된다.

그림 11.17(a)는 **하향 회선 헤더**포맷을 도시하고 있다. 하향 회선 헤더는 다음과 같은 필드들로 구성된다.

- **암호화 제어(1 비트):** 페이로드가 암호화되었는지 안 되었는지를 나타낸다.
- **암호화 키 수열(4 비트):** 만약 페이로드가 암호화되었다면 사용된 암호화 키정보의 벡터에 대한 색인을 나타낸다.
- **길이(11 비트):** 전체 MAC 프레임의 길이를 바이트 단위로 나타낸다.
- **연결식별자(CID: Connection Identifier)(16 비트):** 가입자와 기지국 MAC에서 상대방으로 연결을 확인하는 단방향, MAC 계층 주소이다. CID는 SFID로 매핑된다. 이는 해당 연결과 관련되는 서비스 흐름의 QoS 매개변수를 정의한다.
- **헤더유형(1 비트):** 일반 헤더인지 혹은 대역폭 요구 헤더인지를 나타낸다.
- **자동 재송 요구(ARQ) 지시자(1 비트):** 프레임이 ARQ가 가능한 연결에 속한지를 나타낸다. 만약 그렇다면 8.4절에 기술된 ARQ 방법이 사용되며, 2 바이트 제어필드는 프레임 시작에 첨부된다. 제어 비트구조는 4 비트 재전송 횟수와 12 비트 시퀀스 수를 포함한다. 재전송 횟수 필드는 패킷이 처음 전송될 때 초기화되고, 재전송될 때마다 (15까지) 증가한다. 시퀀스 수 필드는 첫번째 전송상의 각 패킷에 할당되고 그 다음에 증가한다.
- **분할 제어(2 비트):** 분할과 재결합에 사용된다.
- **분할 시퀀스 수(4 비트):** 현재 분할의 시퀀스 수
- **헤더 체크 시퀀스(8 비트) :** 헤더의 에러를 검출하기 위해 사용되는 8비트 CRC

분할은 MAC 프레임의 크기를 줄이기 위해 상위 계층 블록의 데이터를 두 개 이상의 작은 데이터로 나누기 위해 사용된다. 이는 연결의 서비스 흐름의 QoS 요구사항에 부응하여 가용한 대역폭의 충분한 사용을 위해서 수행된다. 만약 분할이 사용되지 않는다면 그때 분할제어(FC: Fragment Control) 필드는 "00" 으로 설정된다. 만약 분할이 사용된다면, 그때 모든 분할된 데이터는 같은 FSN(Fragment Sequence Number)으로 할당받아 사용하게 되고 FC 필

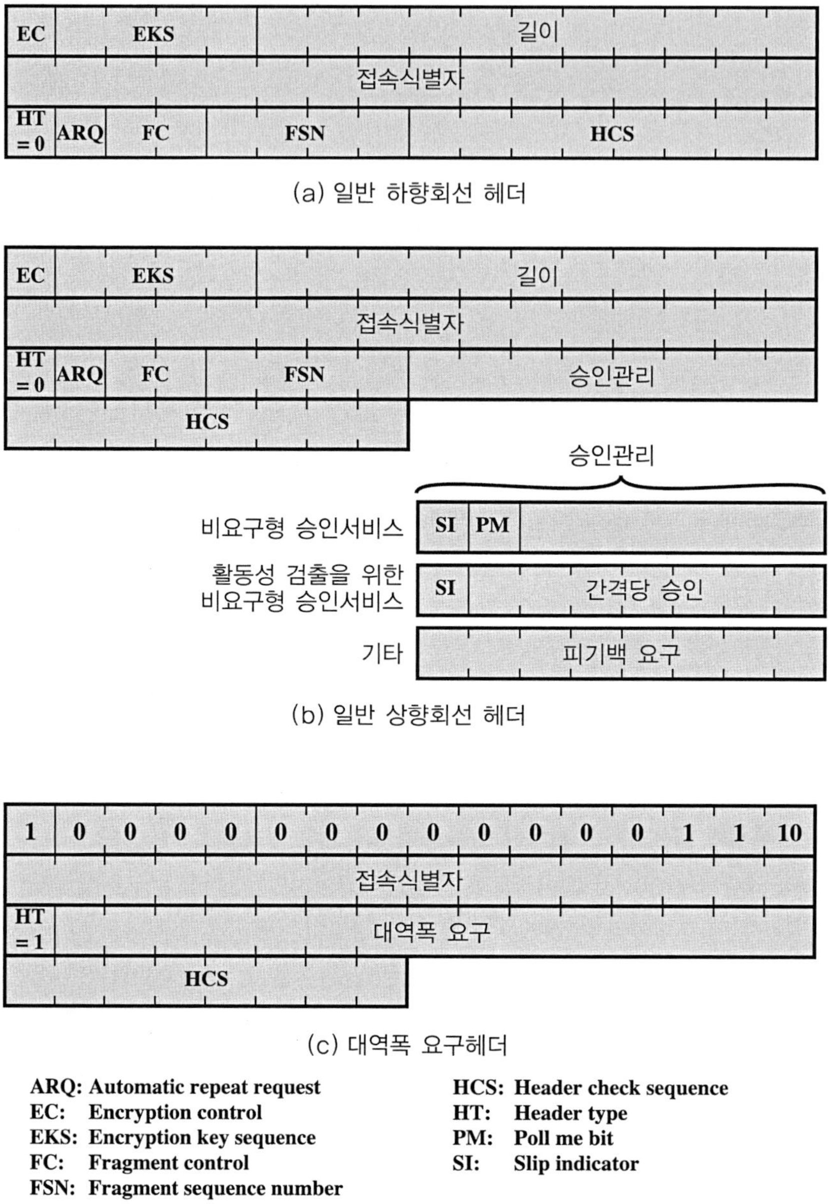

그림 11.17 IEEE 802.16 MAC 헤더포맷

드는 다음과 같이 해석된다: 첫번째 분할(00), 중간 분할(11), 그리고 마지막 분할(01). 목적지의 MAC 사용자는 같은 FSN을 가진 모든 분할을 재결합할 책임이 있다.

그림 11.17(b)는 **상향 회선 헤더**포맷을 보여주고 있다. 이것은 모든 하향 회선 헤더필드와

8비트 승인 관리필드를 포함한다. 이 필드는 기지국에 대역폭을 요구하는 메시지를 전달하기 위해 가입자에 의해 사용된다. 설정된 연결유형에 따라 이 필드는 세 가지 인코딩방법을 사용할 수 있다. GM 필드 내의 서브 필드는 다음 사항을 포함한다.

- **Slip 지시자(1 비트):** 만약 설정되었다면 상향 회선승인의 저하를 나타낸다.
- **Poll-me(1 비트):** 만약 설정되었다면 기지국은 폴링을 수행한다.
- **간격당 승인(7 비트):** 해당 연결이 요구하는 승인 수
- **피기백(Piggyback) 요구(8 비트):** 해당 연결에서 가입자가 요구하는 상향 회선용량의 바이트 수

GM 필드를 위한 처음 두 포맷은 비요구형 승인 서비스(UGS: Unsolicited Grant Service)와 관련이 있다. 이 서비스는 실시간 서비스 흐름을 지원하기 위해 설계되었다. 본질적으로, 기지국은 MAC 관리 메시지를 사용하여 주기적으로 가입자에게 바이트를 할당해준다. 이러한 할당방법은 실시간 요구를 수용하기 위해 설계되었다. 만약 가입자의 데이터 큐가 임계값을 초과하였다면, 가입자는 SI 비트를 설정하여 GM 필드를 보내거나 PM 비트를 설정해서 대역폭을 위한 폴을 요구하거나 다음 시간 기간동안에 대역폭 승인절차가 실행되도록 요구한다. 단순히 활동성 여부판단을 위한 UGS라면 후자의 기술이 사용된다. 이는 흐름이 어느 기간 동안 비활성화될 수 있다는 것을 의미한다. 다른 서비스 유형에서 GM 필드는 원하는 용량을 요구하기 위해 사용될 수도 있다. 이것은 따로 분리된 대역폭 요구 관리 MAC 프레임을 사용하지 않고 사용자 데이터를 나르는 MAC 프레임의 일부를 사용하여 전달되기 때문에 피기백 요구를 의미한다.

마지막으로 **대역폭 요구헤더**는 대역폭을 추가적으로 요구하기 위해서 가입자에 의해 사용된다. 이 헤더는 페이로드가 없는 MAC 프레임을 사용한다. 15비트 대역폭 요구 필드는 상향 회선 전송을 위해 필요한 용량의 바이트 수를 나타낸다.

MAC 관리 메시지

IEEE 802.16은 무선 인터페이스를 관리하고 다양한 연결을 통한 데이터 교환을 관리하기 위해 기지국과 가입자에 의해 사용되는 다양한 제어 메시지를 정의하고 있다. 이러한 제어 메시지들은 동작변수와 상태, 그리고 암호와 관련된 정보를 교환하고 용량관리를 수행하기 위해서 사용된다. 다음 사항은 현재 정의된 메시지들에 대한 개략적인 설명이다.

- **상향 회선과 하향 회선채널 기술자:** 물리채널의 특성을 전송한다.
- **상향 회선과 하향 회선 접속정의:** 상향 회선과 하향 회선채널에 접속을 할당한다.
- **요구와 응답간 범위:** 요구는 네트워크 지연을 결정하고 전력 그리고/혹은 변조 조절을

요구하기 위해 가입자에 의해 이루어진다. 기지국으로부터의 응답은 요구된 매개변수에 대한 내용을 포함한다.

- **등록요구, 응답, 그리고 수신확인:** 요구는 초기화 시간에 가입자에 의해 전송되며 다양한 매개변수를 포함하고 있다. 기지국은 응답 메시지로 답변하고, 가입자는 이러한 응답에 대한 확인(Acknowledge)을 위해 수신확인 메시지를 보낸다.
- **개인 키 관리요구와 응답:** 암호화 키에 관한 정보를 교환하기 위해 사용된다.
- **동적 서비스 추가요구, 응답, 그리고 수신확인:** 동적 서비스 추가요구는 새로운 서비스 흐름을 요구하기 위해 가입자에 의해 사용된다.
- **동적 서비스 변경요구, 응답, 그리고 수신확인:** 동적 서비스 변경요구는 기존 서비스 흐름의 매개변수의 변경을 위해 가입자 혹은 기지국에 의해 사용된다.
- **동적 서비스 삭제요구와 응답:** 동적 서비스 삭제요구는 기존의 서비스 흐름을 제거하기 위해 가입자 혹은 기지국에 의해 사용된다.
- **멀티캐스트 폴링 할당요구 및 응답:** 멀티캐스트 폴링 할당요구는 멀티캐스트 폴링그룹에 포함을 요구하기 위해 가입자에 의해 사용된다.
- **하향 회선 데이터 승인 유형요구:** 성능을 향상시키기 위해 특정연결에 대해 사용되는 변복조방법과 FEC 기술을 설정하기 위해 기지국에서 가입자에게 보내진다.
- **ARQ 확인:** 상대편 동등 MAC 엔티티로부터 하나 이상의 패킷을 성공적으로 수신했음을 알리기 위해 사용된다.

IEEE 802.16 물리 계층

802.16 물리 계층은 점대다점 하향 스트림과 다점대점 상향 스트림(표 11.11)을 위한 각각의 상이한 구조를 지원한다. 이러한 구조는 각각의 방향에서 발생하는 서로 다른 요구사항을 반영한 결과이다. 일반적으로 대부분 시스템은 인터넷을 통한 웹 응용과 같은 비대칭 데이터 연결을 지원하기 위해 각 가입자에게 더 많은 하향 스트림 용량을 요구할 것이다. 상향 회선에서는 가용한 용량을 사용하고자 하는 다수의 가입자가 있기 때문에 효과적인 매체 접속방법이 정의될 필요가 있다. 이러한 요구사항은 물리 계층 규격에서 정의된다.

상향 전송

상향 전송은 요구 할당 다원 접속-시분할 다원 접속(DAMA-TDMA: Demand Assignment Multiple Access-Time Division Multiple Access)기술을 사용한다. 9장에서 설명한 바와 같이, DAMA는 다수의 국간에 변화하는 요구를 반영하여 이를 동적으로 적용하는 용량할당기술이다. TDMA는 단순히 채널상의 시간을 프레임 시퀀스로 나누는 기술이다. 각각은 다수

표 11.11 IEEE 802.16 물리 계층모드

	상향 스트림	연속 하향 스트림 (모드 A)	버스트 하향 스트림 (모드 B)
접속방법	DAMA-TDMA	TDM	DAMA-TDMA
이중화 기술	하향 스트림과 동일	FDD	적응변조기반 FDD; FSDD; TDD

DAMA-TDMA : Demand assignement multiple access, time division multiple access
FDD : Frequency division duplexing
FSDD : Frequency shift division duplexing
TDD : Time division duplexing
TDM : Time division multiplexing

의 슬롯으로 구성되며 논리적인 채널을 구성하기 위해 프레임당 하나 이상의 슬롯을 할당한다. DAMA-TDMA을 방식에서 채널에 슬롯의 할당은 동적으로 변화한다.

상향 전송은 에러정정을 위해 RS(Reed-Solomon) 코드를 사용하고 QPSK 방식을 기반으로 변복조방식을 사용한다.

하향 전송

하향 전송을 위해서 두 가지 동작모드가 표준안에 정의되어 있다. 하나는 음성이나 비디오와 같은 연속적인 전송스트림(모드 A)을 지원하기 위한 모드이고, IP 기반 트래픽과 같은 버스트 전송스트림(모드 B)을 지원하기 위한 모드가 다른 하나이다.

연속적인 하향 스트림모드를 위해서 간단한 TDM 구조가 채널 접속을 위해 사용된다. 상향과 하향 트래픽 사이에 용량을 할당하기 위해 사용되는 이중화기술은 FDD(Frequency Division Duplex)로 알려져 있다. FDD는 단순히 다른 주파수대가 각 방향에서 전송을 위해 사용되는 것을 의미한다. 이것은 FAMA-FDMA(Fixed Assignment Multiple Access-Frequency Division Multiple Access) 방식과 같다. FDD에서는 모든 가입자들이 자신에게 할당된 독립적인 주파수를 사용하여 동시에 송수신을 할 수 있다는 것을 의미한다.

버스트 하향 스트림모드에서는 DAMA-TDMA 방식이 채널 접속을 위해 사용된다. 세 가지 대안기술이 상향과 하향사이에 이중화 트래픽을 위해 이용가능하다.

- **적은 변복조를 가진 FDD:** 상향 모드에서 사용된 같은 FDD 구조이다. 그러나 변복조와 FEC 구조를 변화시키기 위해 동적용량을 가진다.
- **주파수 천이 분할 이중화(FSDD: Frequency Shift Division Duplexing):** FDD와 비

숫하나 일부 혹은 모든 가입자들은 동시에 전송하거나 송신할 수 없다.

- **시분할 이중화(TDD: Time Division Duplexing):** 이 기술은 11.1절에서 논의되었다. TDMA 프레임이 사용된다. 상향 전송을 위해 할당된 시간의 부분을 가진 그리고 하향 전송을 위해 할당된 시간의 부분을 가진다.

이러한 대안기술의 이용가능성은 용량의 사용을 최적화하는 시스템을 디자인하는 데 상당한 유용성을 제공한다.

IEEE 820.16a

최초 버전 IEEE 802.16은 10 ~ 66 GHz 주파수밴드를 사용하며 가시거리내 연계 안테나를 사용하는 시스템으로 2002년에 소개되었다. 반면 2003년에 출현한 IEEE 802.16a는 가시거리내에 연계 안테나를 설치가 필요치 않는 시스템으로서 규제가 필요치 않은 2 ~ 11 GHz의 비교적 낮은 주파수를 사용하는 특징이 있으며 성능은 약 50 km의 거리까지 데이터 전송률은 약 70 Mbps 이상이다.

IEEE 802.16a은 또한 802.16 MAC 계층에서 다소 업그레이드된 새로운 물리 계층을 제공한다. 고주파수 대역을 비교해 볼때, 2 ~ 11 GHz 범위는 데이터 전송률은 다소 낮지만 더 많은 사용자들에게 더 저렴한 가격대로 접속이 가능하다. 이러한 특징은 이러한 종류의 통신은 주로 가정이나 소규모 사업체간 통신에 적합하게 이용될 수 있다. 현재 2 ~ 11 GHz 범위의 시스템설계는 비가시거리 작동의 필요성이 대두되고 있고 이는 저지대에 설치된 BS 안테나가 나무 등에 의해 가려질 가능성을 고려할 때 필수적인 조건이다. 따라서, 획기적인 멀티패스를 이용한 통신 전파가 반드시 선행되어져야 할 것이다. 게다가, 야외설치 안테나는 설치비와 제품각격이 모두 비싸다. 802.16a의 기준으로 볼 때 다음 3가지 인터페이스 기준 중 하나에 적용되어지며 3가지 기준 모두 상호작용이 가능하다.

- **WirelessMAN-SCa:** 싱글 캐리어 모듈포맷 사용
- **WirelessMAN-OFDM:** 직교성 주파수 그룹을 멀티플렉싱하여 256-point로 변화시켜 사용
- **WirelessMAN-OFDMA:** 직교성 주파수 그룹을 멀티플렉싱하여 2048-point로 변화시켜 사용. 이 경우, 멀티플 캐리어의 서브셋에 address를 통한 개별 수신자에 대한 멀티플 접속이 가능

전달특성의 요구사항 때문에 고도의 안테나 시스템의 사용이 필요하며 보다 많은 물리환경과 2 ~ 11 GHz 사이의 주파수사용에 따른 서로 다른 서비스 요구에 부응하기 위해 802.16a는 MAC에서 개선된 자동 반복호출(ARQ)을 채용하였다. 또한, 선택적 메시 형상을 정의하여

점대다점(point-to-multipoint) 기본 구조를 확장하였다.

IEEE 802.16a는 아울러 TDD와 FDD 모두를 상당한 범위의 체널 범위내에서 작동시킬수 있다. 표 11.12는 데이터율과 802.16a가 구현할 수 있는 채널 주파수범위를 보여준다.

표 11.12 가변 802.16a 주파수 대역에서의 데이터 처리 가능영역

Modulation	QPSK	QPSK	16QAM	16QAM	64QAM	64QAM
Code Rate	1/2	3/4	1/2	3/4	2/3	3/4
1.75 MHz	1.04	2.18	2.91	4.36	5.94	6.55
3.5 MHz	2.08	4.37	5.82	8.73	11.88	13.09
7.0 MHz	4.15	8.73	11.64	17.45	23.75	26.18
10.0 MHz	8.31	12.47	16.63	24.94	33.25	37.40
20.0 MHz	16.62	24.94	33.25	49.87	66.49	74.81

11.4 참고문헌

[PHIL98]은 DECT와 PWT에 대해 자세히 기술하고 있다. 밀리미터 파장에서 전파효과에 대한 완벽한 분석을 [FREE97]에서 보여주고 있으며, [DALK96]에서는 이에 대한 간략하고 유용한 정보를 제공하고 있다.

[NORD00]은 LMDS 기술과 그 응용에 대한 일반적인 개요를 제공하며, [FUNG98]에서는 MMDS을 위한 송수신기 설계에 대해 제공하고 있다. [WEBB00]은 무선 로컬 루프 기술에 관한 광범위한 조사가 이루어진 좋은 자료이다. [KELL00]은 OFDM에 대한 완벽한 해설을 제공하고, [BOLC01]은 광대역 무선 접근과 관련된 설계에 대한 사항을 설명하고 있다.

[MORA04]는 광역밴드 무선 접속에 관한 자세한 기술적 처리내용을 제공하고 있다. [EKLU02]는 IEEE 802.16에 대한 전반적인 내용을 수록했다. [KOFF02]와 [JOHN04]는 802.16a의 OFDM 부분을 커버하고 있다.

BOLC01 Bolcskei, H., et al. "Fixed Broadband Wireless Access: State of the Art, Challenges, and Future Directions." *IEEE Communications Magazin,* January 2001.

DALK96 Dalke, R.; Hufford, G.; and Ketchum, R, *Radio Propagation Considerations for Local Multipoint Distribution System.* National Telecommunications and Information Administration Publication PB97116511, August 1996.

EKLU02 Eklund, C., et al."IEEE Standard 802.16: A Technical Overview of the WirelessMAN

Air Interface for Broadband Wireless Access." IEEE communications Magazine, June 2002.

FREE97 Freeman, R. *Radio System Design for Telecommunications.* New York: Wiley, 1997

FUNG98 Fung, P. "A Primer on MMDS Technology." *Communication Systems Design,* April 1998. Availble at csdmag.com.

JOHN04 Johnston, D., and Yaghoobi, H."Peering into the WiMAX Spec." Communications System Design, January 2004. Available at www.commsdesign.com.

KELL00 Keller, T., and H. "Adaptive Multicarrier Modulation: A Convenient Framework for Time-Frequency Processing in Wireless Communication." *Proceedings of the IEEE,* May 2000.

KOFF02 Koffman, I., and Roman, V."Broadband Wireless Access Solutions Based on OFDM Access in IEEE 802.16," IEEE Communication Magazine, April 2002.

MORA04 Morais, D. Fixed Broadband Wireless Communications: Priciples and Practical Applications. Upper Saddle River, NJ:Prentice Hall, 2004.

NORD00 Nordbotten, A. "LMDS Systems and Their Application." *IEEE Communications Magazine,* June 2000.

PHIL98 Phillips, J., and Namee, G. *Personal Wireless Communications with DECT and PWT.* Boston: Artech House, 1998.

WEBB00 Webb, W. *Introduction to Wireless Local Loop: Broadband and Narrowband Systems.* Boston: Artech House, 2000.

웹사이트

- **Wireless Communications Association International:** 세계적인 광대역 무선 접근회사를 제공한다.
- **The IEEE 802.16 Working Group on Broadband Wireless Access Standards:** 워킹그룹 문서와 토론 문건들을 제공한다.
- **WiMAX Forum:** 상호 802.16 관련 제품을 상호 평가하는 산업체들의 그룹사이트
- **NIST Radio Frequency Technology Division:** 미국 표준기술연구소. 고정 무선 접속과 다른 내용에 관한 좋은 소스
- **OFDM Forum:** OFDM 관련 평가를 수행하는 산업계의 협회 사이트

11.5 주요용어, 복습, 연습문제

주요용어

고정 무선접속	DECT	MMDS
선형예측필터	fixed broadband wireless	multicarrier modulation
차등 양자화	LMDS	OFDM
프레넬 영역	LLC	TDD
ADPCM	MAC frame	wireless cable
cordless	MAC	WLL

복습문제

11.1 기존의 무선전화가 표준화를 통해 어떻게 발전되어 왔는가?

11.2 TDD와 TDM의 차이점은 무엇인가?

11.3 DECT 논리채널에 대해서 간략하게 기술하시오

11.4 유선 가입자 회선에 비해 무선 가입자 회선의 장점은 무엇인가?

11.5 더 긴 파장의 전송과 비교하여 밀리미터파의 전송이 갖는 주요 장점은 무엇인가?

11.6 긴 파장의 전송에 비해 밀리미터파 전송이 갖는 주요 단점은 무엇인가?

11.7 OFDM의 장점은 무엇인가?

11.8 LMDS와 비교해서 MMDS의 상대적인 장점은 무엇인가?

11.9 IEEE 802.16, 802.16.2, 그리고 802.16.3 표준안들의 차이점은 무엇인가?

연습문제

11.1 10장에서 설명한 GSM은 TDMA 기법을 사용한다. 이것은 수많은 이중채널을 존재하는데, 각 채널은 각 방향의 전송을 위한 하나의 채널과 두 개의 전용 주파수채널로 구성되었다. TDD를 사용하지만 같은 전체 대역폭을 사용하는 비교 시스템을 설계한다고 가정해보자. TDD-GSM 시스템의 중요항목을 나열하고 이들을 실제의 GSM 항목들과 비교해보자.

11.2 12 km 길이의 LOS 마이크로웨이브 링크는 H(표 11.7) 기후 지역에 속한 독일에서 사용되도록 계획된다. 사용되는 주파수는 38 GHz이고 요구되는 시간 가용성은 99.99%이며, 안테나방향은 수평이다.

a. 예상되는 감쇠의 양은?

b. 99.9%와 99%에서 반복 수행하고 다양한 가용성을 위해 요구사항을 논하라.

<<< 부록 11A 선형예측필터

선형예측필터는 Taylor 급수의 근사를 이용한다. 이 함수는 t에 대한 모든 차수의 미분을 갖는 함수 $g(t)$에 대해서 테일러급수에 의해 다음과 같이 표현된다.

$$g(x) = \sum_{n=0}^{\infty} \frac{(x-t)^n}{n!} g^{(n)}(t) \tag{11.4}$$

여기서 $g^{(n)}(t)$는 $g(t)$의 n차 미분이다. 자. $g(t)$를 샘플링간격 T_s로 샘플링한다고 가정하자. 이때, $T_s = x - t$라 정의함으로써 위 식 (11.4)를 다음과 같이 전개할 수 있다.

$$g(t+T_s) = \sum_{n=0}^{\infty} \frac{(T_s)^n}{n!} g^{(n)}(t) \tag{11.5}$$

식 (11.5)는 시간 $t+T_s$에서의 신호의 값은 그 신호와 시간 t에서의 미분에 의해 예측될 수 있음을 나타내고 있다. 사실, T_s가 1보다 훨씬 작은 값인 경우, 1차 미분을 갖는 다음 근사치를 산출할 수 있다.

$$g(t+T_s) \approx g(t) + T_s g'(t) \tag{11.6}$$

시간 $t = kT_s$에서 취한 $g(t)$의 k번째 샘플값을 $m(k)$라 하면, $m(k \pm 1) = g(kT_s \pm T_s)$가 된다. 게다가 $g(kT_s)$는 $[g(kT_s) - g(kT_s - T_s)]/T_s$로 근사된다. 그러므로 식 (11.6)으로부터 다음 식을 얻을 수 있다.

$$\begin{aligned} m(k+1) &\approx m(k) + T_s\left[\frac{m(k) - m(k-1)}{T_s}\right] \\ &= 2m(k) - m(k-1) \end{aligned}$$

그래서 이전의 2개의 샘플로부터 $(k+1)$에서의 샘플에 대한 근사 예측값을 계산할 수 있다. 이러한 근사치는 보다 많은 이전 샘플을 부가함으로써 개선될 수 있다. N개의 샘플을 사용한다면, 근사 공식은 다음과 같다.

$$m(k) \approx A_1 m(k-1) + A_2 m(k-2) + \ldots + A_N m(k-N) \tag{11.7}$$

식 (11.7)의 오른쪽 항은 $m(k)$의 예측값 $\hat{m}(k)$로, 다음과 같다.

$$\hat{m}(k) = A_1 m(k-1) + A_2 m(k-2) + \ldots + A_N m(k-N) \tag{11.8}$$

이것이 그림 11.5에 나타낸 선형예측기이다. 예측계수 A_i는 샘플의 통계적 성질로부터 결정된다.

CHAPTER 12

모바일 IP와 무선 접속 프로토콜

communications networks

이 장에서는 무선 네트워킹을 지원하는 응용 단계의 두 가지 표준, 모바일 IP와 무선 접속 프로토콜(WAP: Wireless Access Protocol)에 대해 살펴보겠다.

12.1 모바일 IP

Palm-top과 모바일 컴퓨터의 증가로 인해, 하나의 인터넷 지점에서 다른 지점으로 이동시 인터넷 접속을 유지하기 위해 모바일 IP는 개발되었다. 비록 모바일 IP는 컴퓨터를 한 물리적 지점에서 플러그를 뽑아 다른 지점에서 꽂는 유선 접속에서도 동작하지만, 이는 특히 무선 접속에 적합하다.

이 책에서의 *모바일*(mobile)이라는 용어는 한 사용자가 인터넷을 통해 하나 또는 그 이상의 어플리케이션에 접속되어 있으며, 사용자의 접속지점은 동적으로 변경되고 모든 연결들은 지점이 변하더라고 자동적으로 유지되는 것을 말한다. 단, 이것은 목적지에 도착해서 일종의 휴대가 가능한 컴퓨터를 가진 사업가와 같은 사용자나 컴퓨터 노트북을 사용하여 전화를 통해 ISP에 접속할 수 있는 것과는 대조를 이룬다. 후자의 경우에, 사용자의 인터넷 연결은 사용자 이동 시점에 단절되며, 새로운 연결은 사용자가 다시 전화를 걸 때 개시된다. 인터넷 연결이 설정되는 시점에서, 그 지점에서 소프트웨어(일반적으로 ISP)는 새로운, 일시적으로 할당된 IP 주소를 사용한다. 각 응용단계 연결(예를 들면, FTP, 웹 접속)에 대해, 일시적으로 사용되는 IP 주소는 사용자의 통신자에 의해 사용된다.

다음에서 모바일 IP의 일반적인 개요와 상세한 내용을 살펴보도록 하겠다.

모바일 IP의 동작

4장에서 언급한 바와 같이, 라우터는 라우팅을 하기 위해 IP 데이터그램에서 IP 주소를 사용한다. 특히 IP 주소에서 **네트워크 부분**(그림 4.11 참조)은 송신지 컴퓨터로부터 목적지 컴퓨터가 위치한 네트워크로 데이터그램을 이동하기 위해 라우터에 의해 사용된다. 목적지 컴퓨터와 동일한 네트워크에 있는, 그 경로의 마지막 라우터는 목적지로 IP 데이터그램을 전송하기 위해 IP 주소의 **호스트 부분**을 사용한다. 이 IP 주소는 프로토콜 구조에서 그 다음의 상위 계층에 알려져 있다(그림 4.1 참조). 특히, 인터넷의 대다수의 어플리케이션들은 TCP 연결을 지원한다. TCP 연결이 설정되면, 연결된 각각의 TCP 개체(entity)는 상대방 호스트의 IP 주소를 알게 된다. TCP 세그먼트가 전송을 위해 IP 계층으로 전달되어 처리될 때, TCP는 IP 주소를 제공하고, IP는 IP 헤더에 IP 주소를 갖는 IP 데이터그램을 생성하고, 라우팅과 전송을 위해 데이터그램을 송신한다. 그러나 모바일 호스트에서 IP 주소는 하나 또는 그 이상의 TCP 연결들이 활성화될 때마다 변경될 수 있다.

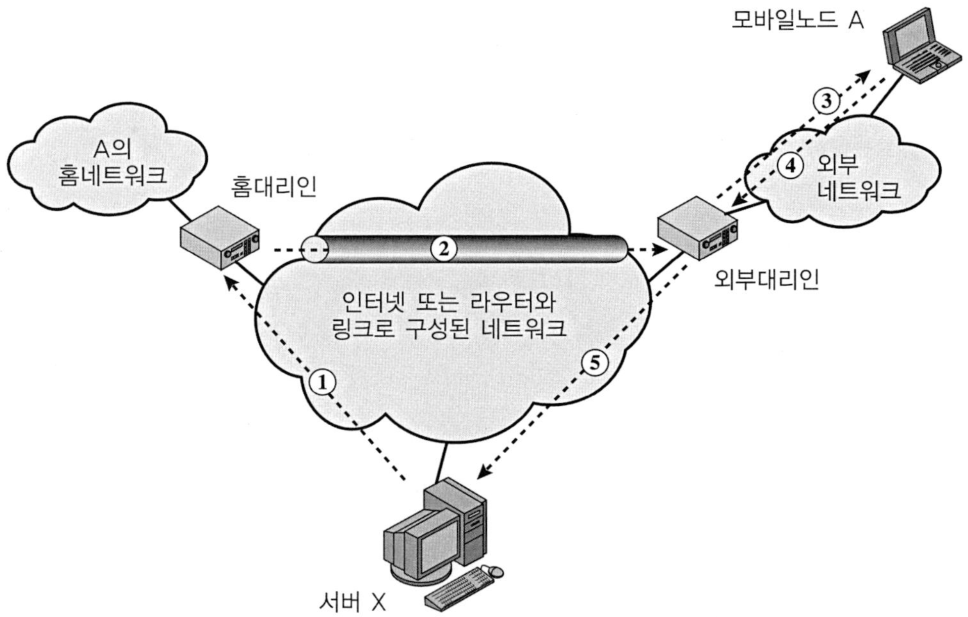

그림 12.1 모바일 IP 시나리오

그림 12.1은 모바일 IP가 동적인 IP 주소의 문제점을 어떻게 처리하는지 보여주고 있다. 하나의 모바일 노드는 **홈네트워크**이라는 알려진 특정 네트워크에 할당되며 그 네트워크에서 **홈 주소**라는 알려진 IP 주소는 정적인 주소이다.

모바일 노드가 연결지점에서 다른 네트워크로 이동할 때, 그 네트워크를 이 호스트에 대해 외부 네트워크라 하고, 모바일 노드가 재접속될 때 일반적으로 라우터인 **외부 대리인**(foreign agent)에게 네트워크 노드를 재등록함으로써 자신의 존재를 알린다. 이때 모바일 노드는 모바일 노드의 **care-of address**를 **홈 대리인**(home agent)에게 전달함으로써, 홈 대리인과 통신한다. care-of address는 외부 대리인의 위치를 식별한다. 일반적으로 네트워크에서 하나 또는 그 이상의 라우터들이 홈과 외부 대리인의 역할을 구현할 것이다.

IP 데이터그램은 모바일 노드와 또 다른 호스트(그림 12.1에서 서버 X) 사이의 연결을 통해 교환되는데, 다음과 같은 동작을 수행한다.

1. 서버 X는 모바일 노드 A로 전송해야 하는, IP 헤더에 A의 홈 주소를 갖는 IP 데이터그램을 전송한다. IP 데이터그램은 A의 홈네트워크로 전송된다.
2. 홈네트워크에서, 홈 대리인이 들어오는 IP 데이터그램을 가로챈다. 홈 대리인은 헤더에 A의 care-of address를 갖는 새로운 IP 데이터그램을 붙여 전체 데이터그램을 캡슐화하

고, 그 데이터그램을 다시 전송한다. 다른 목적지 IP 주소를 갖는 아우터(outer) IP 데이터그램의 사용을 **터널링**(tunneling)이라 하며 이 IP 데이터그램은 외부 대리인에게 전송된다.

3. 외부 대리인은 아우터 IP 헤더를 제거하여, 네트워크-단계 PDU(예를 들면, LAN LLC 프레임)로 송신지 IP 데이터그램을 캡슐화하고, 외부 네트워크를 통해 A에게 원래의 데이터그램을 전달한다.
4. A는 X로 IP 트래픽을 송신할 때, X의 IP 주소를 사용한다. 예제에서 이것은 고정 주소이다. 즉, X는 모바일 노드가 아니며, A는 X로 라우팅할 때, 외부 네트워크의 라우터로 각 IP 데이터 그램을 송신한다. 일반적으로 이 라우터가 외부 대리인이다.
5. A에서 X로 전달되는 IP 데이터그램은 X의 IP 주소를 사용하여 인터넷을 통해 직접 전송된다.

그림 12.1에 명시된 동작을 지원하기 위해, 모바일 IP는 다음의 세 가지 기본사항을 포함한다.

1. **발견:** 모바일 노드는 홈 대리인들과 외부 대리인들을 식별하기 위해 발견절차를 사용한다.
2. **등록:** 모바일 노드는 홈 대리인에게 care-of address를 알려주기 위해 검증된 등록절차를 사용한다.
3. **터널링:** 터널링은 홈 주소로부터 care-of address로 데이터그램을 전달하기 위해 사용된다.

그림 12.2는 모바일 IP를 지원할 수 있는 프로토콜을 나타내고 있다. 등록 프로토콜은 모바일 노드의 어플리케이션과 홈 대리인의 어플리케이션 사이를 통신하기 때문에 전송단계 프로토콜을 사용한다. 등록은 단순한 요청-응답 트랜잭션이기 때문에, 연결 지향형인 TCP의 부하는 요구되지 않으며, 전송 프로토콜로서 UDP가 사용된다. 발견은 기존의 ICMP(Internet Control Message Protocol) 헤더에 적절한 확장을 추가하여 사용한다. 부록

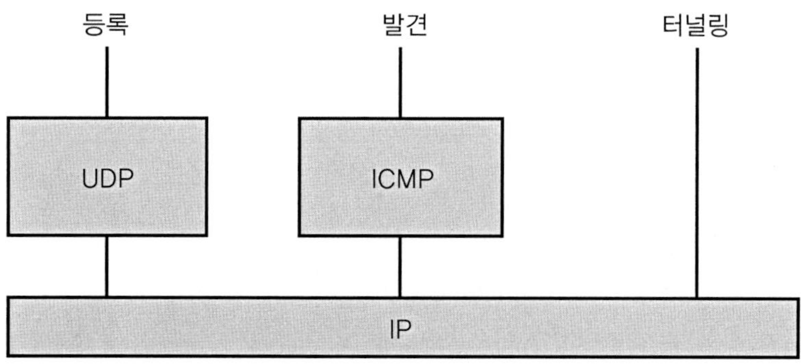

그림 12.2 모바일 IP 지원 프로토콜

12A에서 설명할 ICMP는 발견동작에 적합한 비연결 프로토콜이다. 마지막으로, 터널링은 IP 레벨에서 수행된다.

모바일 IP는 RFC 2002에 명시되어 있다. 표 12.1은 RFC 2002의 유용한 용어들을 보여주고 있다.

발견

모바일 IP에서 발견절차는 ICMP(부록 12A 참조)에서 정의된 라우터 통지(advertisement)절차와 유사하다. 대리인 발견은 모바일 IP에 명시된 하나 또는 그 이상의 확장을 가진 ICMP 라우터 통지(advertisement) 메시지들을 사용한다.

모바일 노드는 전송중인 발견절차에 대한 책임을 진다. 모바일 노드는 자신이 홈네트워크에 접속되어 있는지 외부 네트워크에 접속되어 있는지를 결정해야 한다. 만일 홈네트워크에 접속되어 있다면 포워딩 없이 직접 데이터그램을 수신할 수 있게 된다. 한 네트워크로부터 다른 네트워크로의 핸드오프가 물리적 계층에서 발생하기 때문에, 홈네트워크로부터 외부 네트워크로의 전이는 네트워크 계층(즉, IP 계층)에 통지 없이도 언제라도 발생할 수 있다. 그러므로, 모바일 노드에 대한 발견은 연속되는 절차이다.

발견의 목적을 위해 대리인으로서의 역할을 하는 라우터나 다른 네트워크 노드는 주기적으로 확장된 라우터 통지 ICMP 메시지(부록 12A의 그림 12.20(d) 참조)를 송신한다. 메시지의 라우터 통지 부분에는 라우터의 IP 주소를 포함한다. 다음에 언급하는 바와 같이, 이 메시지에는 대리인으로서 라우터의 역할에 대한 추가정보를 포함한다. 모바일 노드는 이러한 **대리인 통지 메시지**를 듣는다. 외부 대리인은 모바일 노드의 홈네트워크에 있을 수 있으므로 (모바일 노드 방문을 지원하기 위해 설정), 대리인 통지의 도착은 그것이 외부 네트워크에 있다는 것을 모바일 노드에 알려줄 필요는 없다. 모바일 노드는 라우터 IP 주소의 네트워크 부분과 자신의 홈 주소의 네트워크 부분을 비교해야만 한다. 이러한 네트워크 주소가 일치하지 않는다면, 모바일 노드는 외부 네트워크에 존재한다.

대리인 통지확장은 ICMP 라우터 통지 필드들을 따르며 다음 필드들로 구성된다(그림 12.3)

- **유형:** 16, 이것이 대리인 통지(agent advertisement)임을 나타낸다.
- **길이:** (6 + 4*N*), *N*은 통지된 care-of address의 수이다.
- **순서번호:** 대리인이 초기화되면서 송신된 대리인 통지 메시지의 수
- **생명시간:** 이 대리인이 모바일 노드로부터 등록요구를 수락하고자 하는 최대시간
- **R:** 외부 대리인 등록이 요구된다(또는 이 네트워크에 다른 외부 대리인). 외부 대리인으로부터 이미 care-of address를 획득한 모바일 노드들은 반드시 재등록되어야 한다.

표 12.1 모바일 IP 용어(RFC 3220)

모바일 노드	접속지점을 하나의 네트워크나 서브네트워크로부터 다른 네트워크로 변경하는 라우터나 호스트. 모바일 노드는 IP 주소를 변경하지 않고 위치를 변경할 수 있다; 즉 (고정적인) IP 주소를 사용하거나 접속지점에서 링크-계층 연결성이 가능하다고 가정하면, 임의의 위치에서 다른 인터넷 노드들과 접속을 유지할 수 있다.
호스트 주소	임의의 시간에 모바일 노드에 정해진 IP 주소. 인터넷에 접속된 노드가 어디에 있던 상관없이 변경되지 않는다.
호스트 대리인	홈으로부터 떨어져 있었을 때 데이터그램을 모바일 노드로 전송하기 위해 터널링하는, 그리고 모바일 노드에 대한 현재 위치정보를 유지하는 모바일 노드의 홈네트워크의 라우터
홈네트워크	모바일 노드의 홈 주소와 매핑되는 네트워크 주소를 갖는 네트워크. 표준 IP 라우팅 메커니즘은 모바일 노드의 홈 주소로 가야되는 데이터그램들을 모바일 노드의 홈네트워크로 전달해야 한다.
외부 대리인	등록된 동안 모바일 노드에 라우팅 서비스를 제공하는 모바일노드가 방문한 외부 네트워크의 라우터. 외부 대리인은 모바일 노드의 홈 대리인에 의해 터널된 모바일 노드로의 데이터그램을 모바일 노드에게 전송한다. 데이터그램들이 모바일 노드에 의해 송신되는 동안, 외부 대리인은 등록된 모바일 노드들에 대한 디폴트 라우터로서 지원한다.
외부 네트워크	모바일 노드의 홈네트워크가 아닌 다른 네트워크
core-of address	홈으로부터 떨어진 모바일 노드로 전달되는 데이터그램에 대해 모바일 노드쪽 터널의 종단지점. 프로토콜은 두 가지 다른 종류의 care-of address를 사용할 수 있다; "외부 대리인 care-of address"는 모바일 노드가 등록된 외부 대리인의 주소이다. "colocated care-of address"는 모바일 노드가 자신의 네트워크 인터페이스와 연계되어 얻은 로컬주소(local address)이다.
상대방 노드	모바일 노드가 통신하는 상대방. 이러한 상대방 노드는 고정되거나 이동성을 제공할 수도 있다.
링크	링크 계층에서 노드가 통신할 수 있는 기능 또는 매체, 링크는 네트워크 계층 아래에 있다.
노드	호스트 또는 라우터
터널	캡슐화된 데이터그램이 전달되는 경로. 즉 캡슐화된 데이터그램은 알려진 대리인에게 전달된다. 이 대리인에서 데이터그램은 분해되어 바로 의도된 목적지로 배달된다.

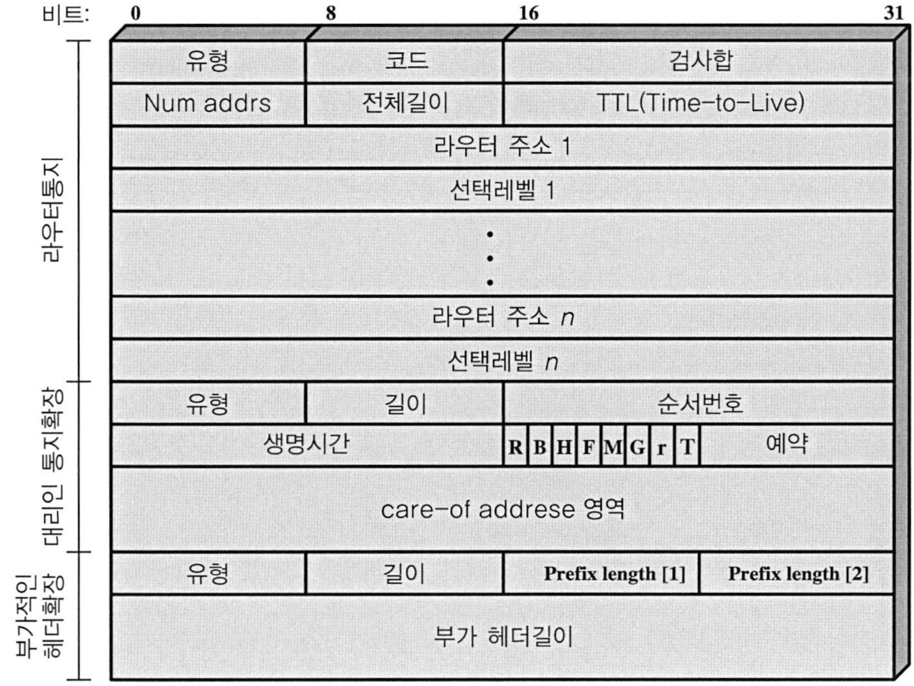

그림 12.3 모바일 IP 대리인 통지 메시지(agent advertisement message)

- **B:** Busy, 외부 대리인은 추가적인 모바일 노드로부터 등록을 수락할 수 없다.
- **H:** 이 대리인은 이 네트워크에서 홈 대리인으로서 서비스를 제공한다.
- **F:** 이 대리인은 이 네트워크에서 외부 대리인으로서 서비스를 제공한다.
- **M:** 이 대리인은 다음에 설명할 최소 캡슐화를 사용하는 터널링된 IP 데이터그램들을 수신할 수 있다.
- **G:** 이 대리인은 다음에 설명할 GRE 캡슐화를 사용하는 터널링된 IP 데이터그램들을 수신할 수 있다.
- **r:** 예약
- **T:** 외부 대리인은 역터널링을 지원한다.
- **Care-of address:** 이 네트워크에서 대리인에 의해 지원되는 care-of address나 주소들. F bit가 설정되어 있다면 적어도 하나는 그런 주소가 있다는 것이다. 다중주소가 될 수도 있다.

앞서 언급된 헤더는 통지 확장을 위해 다음과 같이 확장될 수 있다. 이 확장은 네트워크번호를 정의하는 라우터의 주소내 여러 비트들을 포함한다(그림 4.11 참조). 모바일 노드는 자신의 IP 주소 중 네트워크 부분과 라우터의 네트워크 부분을 비교하기 위해 이 정보를 사용한다. 필드들은 다음과 같다.

- **유형:** 19, 이것이 헤더가 확장되었음을 나타낸다.
- **길이:** *N*, *N*은 이 ICMP 메시지의 ICMP 라우터 통지 부분의 Num Addrs 필드의 값이다. 다른 말로 하면, 이것은 이 ICMP 메시지에서 라우터주소들의 개수이다.
- **Prefix Length:** 이 메시지의 ICMP 라우터 통지 부분에서 나열된 해당되는 라우터 주소들의 네트워크 개수를 정의하는 비트의 개수. prefix length 필드들의 수는 라우터 주소 필드(*N*)의 수와 일치한다.

대리인 Solicitation

외부 대리인은 주기적으로 대리인 통지 메시지들이 나오기를 기대한다. 모바일 노드가 즉시 대리인 정보를 필요로 한다면, ICMP 라우터 solicitation 메시지(부록 12A에서 그림 12.20(e) 참조)를 발행할 수 있다. 이러한 메시지를 수신한 모든 대리인은 대리인 통지를 발행할 수 있다.

이동 감지

언급한 바와 같이, 모바일 노드는 IP 레벨이 알 필요가 없는 핸드오프 메커니즘에 의해 하나의 네트워크로부터 또 다른 네트워크로 이동할 수 있다. 대리인 발견절차는 대리인이 그러한 이동을 감지할 수 있도록 한다. 대리인은 이 목적을 위해 두 알고리즘 중 하나를 사용할 수 있다.

- **생명시간 필드 사용:** 모바일 노드가 현재 사용하거나 이제 등록하려고 하는 외부 대리인으로부터 대리인 통지를 수신받았을 때, 타이머로서 생명시간 필드를 기록한다. 만약 대리인이 또 다른 대리인 통지를 대리인으로부터 수신받기 전에 초과된다면, 노드는 그 대리인과 연결을 잃어버렸다고 가정한다. 그 동안, 만약 모바일 노드는 다른 대리인으로부터 대리인 통지를 수신받았고 시간이 아직 초과되지 않았다고 하면, 모바일 노드는 새로운 대리인을 등록할 수 있다. 그렇지 않으면, 모바일 노드는 대리인을 찾기 위해 대리인 solicitation을 사용할 수 있다.
- **네트워크 prefix 사용:** 모바일 노드는 어떠한 새로이 수신된 대리인 통지가 노드의 현재 care-of address로서 동일한 네트워크에 있는지 여부를 체크한다. 만약 그렇지 않으면, 모바일 노드는 모바일 노드가 바로 수신한 통지를 갖는 대리인을 이동하거나 등록할 수 있다고 가정한다.

Co-located 주소

이제까지의 논의는 외부 대리인과 연계된 care-of address의 사용을 포함한다; 즉, care-of address는 외부 대리인에 대한 IP 주소이다. 이 외부 대리인은 모바일 노드로 전달될 데이터그램을 care-of address에서 수신할 것이며, 외부 네트워크를 통해 모바일 노드로 전달할 것이다. 그러나 어떠한 경우에, 모바일 노드는 외부 대리인이 없거나 모든 외부 대리인들이 바쁠 경우 네트워크를 이동할 수 있다. 선택적으로, 모바일 노드는 co-located care-of address를 사용하여 자신의 외부 대리인으로서 행동할 수 있다. co-located care-of address는 네트워크에서 모바일 노드의 현재 인터페이스와 연계된 모바일 노드에 의해 얻어진 IP 주소이다.

모바일 노드가 co-located address를 획득하는 방법은 모바일 IP의 영역 밖이다. 하나의 방법은 DHCP(Dynamic Host Configure Protocol: 동적 호스트 구성 프로토콜)와 같은 인터넷 서비스를 통해 동적으로 임시 IP 주소를 얻는 것이다. 또 다른 방법은 co-located address는 임의의 외부 네트워크를 방문하는 동안에만 사용할 수 있는 long-term 주소로서 모바일 노드에 의해 소유된다.

등록

모바일 노드는 외부 네트워크에 있다고 인식되거나 care-of address를 얻게 되면, 홈네트워크의 홈 대리인에게 알려서 홈 대리인이 IP 트래픽을 전달하도록 요구할 필요가 있다. 등록 절차는 다음의 4단계로 진행된다.

1. 모바일 노드는 모바일 노드가 사용하길 원하는 외부 대리인에게 등록요청(registration request)을 송신함으로써 전달(forwarding) 서비스를 요구한다.
2. 외부 대리인은 이 요구를 모바일 노드의 홈 대리인에게 전한다.
3. 홈 대리인은 그 요구를 수락하거나 거부함으로써 외부 대리인에게 등록 응답을 송신한다.
4. 외부 대리인은 이 응답을 모바일 노드로 전한다.

만약 모바일 노드가 co-located care-of address를 사용한다면, 외부 대리인을 통하기 보다는 바로 홈 대리인에게 등록한다.

등록동작은 UDP 세그먼트를 나르기 위해, 두 종류의 메시지를 사용한다(그림 12.4). **등록 요구 메시지**(registration request message)는 다음 필드들로 구성된다.

- **유형:** 1, 이것이 등록요구(registration request)임을 나타낸다.
- **S:** 동시 바인딩(simultaneous binding). 모바일 노드는 홈 대리인이 사전 이동성 바인딩을 유지하도록 요구한다. 사실 동시 바인딩이 되어 있으면, 이 모바일 노드에 대해 현재 등록된 각 care-of address마다, 홈 대리인은 IP 데이터그램을 전달할 것이다. 다수의 동시 바인딩은 신뢰성을 증가하기 때문에, 무선 핸드오프 현상에 유용할 수 있다.
- **B:** Broadcast 데이터그램. 홈네트워크에 접속되어 있을 경우, 수신하게 될 방송 데이터그램의 복사본을 모바일 노드가 수신하고 싶다는 것을 의미한다.

- **D:** 모바일 노드에 의한 디캡슐화. 모바일 노드는 co-located care-of address를 사용하여 자신의 터널된 IP 데이터그램을 디캡슐화할 수 있다.
- **M:** 홈 대리인은 다음에 설명할 최소한의 캡슐화를 사용할 것임을 나타낸다.
- **G:** 홈 대리인은 다음에 설명할 GRE 캡슐화를 사용할 것임을 나타낸다.
- **r:** 예비용
- **T:** 역튜닝 요구
- **x:** 예비용
- **생명시간:** 등록이 초과되기 전의 초단위 시간. 0 값은 등록해지에 대한 요구이다.
- **홈 주소:** 모바일 노드의 홈 IP 주소. 홈 대리인은 목적지 주소로서 이것을 갖는 IP 데이터그램을 수신하여, care-of address로 전달하여만 한다.
- **홈 대리인:** 모바일 노드의 홈 대리인의 IP 주소. 이것은 외부 대리인에게 이 요구를 전해야 하는 주소를 알려준다.

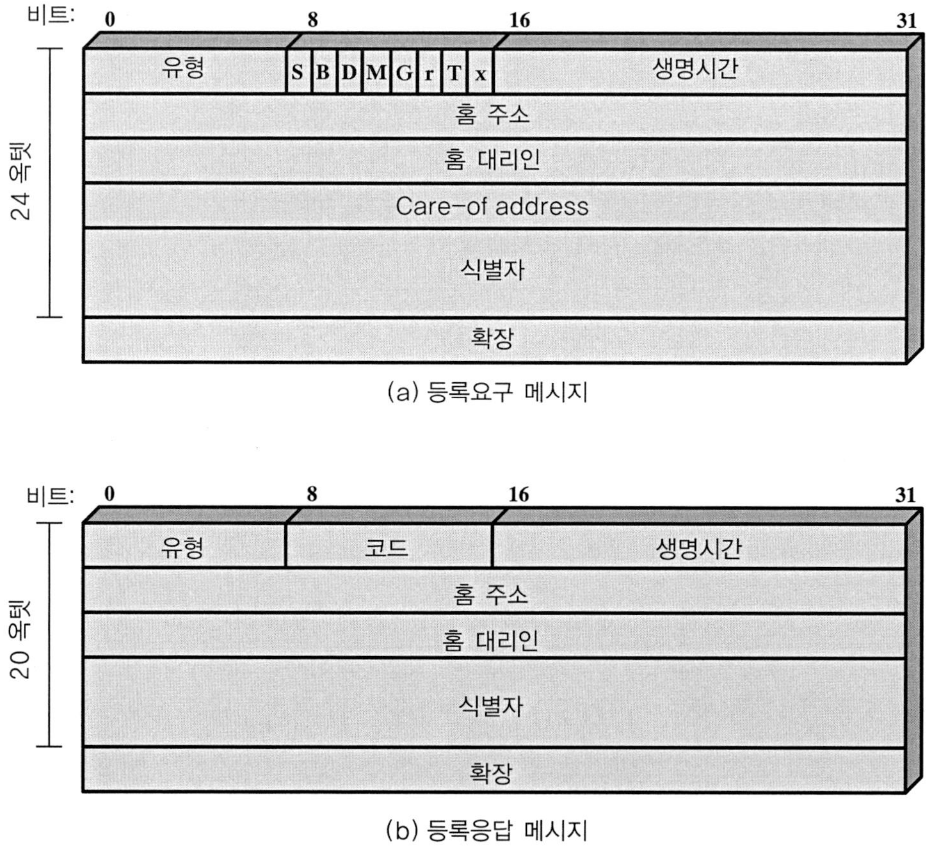

그림 12.4 모바일 IP 등록 메시지

표 12.2 모바일 IP 등록응답을 위한 코드값

등록 성공	외부 대리인에 의해 거절된 등록
0 등록 수락	64 명시되지 않은 원인
1 등록 수락, 그러나 동시 이동성 바인딩은 지원되지 않음	65 관리적으로 제한
	66 불충분한 자원
홈 대리인에 의해 거절된 등록	67 모바일 노드 인증 실패
128 명시되지 않은 원인	68 홈 대리인 인증 실패
129 관리적으로 제한	69 요구된 생명시간이 너무 길다
130 불충분한 자원	70 형식에 맞지 않는 요구
131 모바일 노드 인증 실패	71 형식에 맞지 않는 응답
132 외부 대리인 인증 실패	72 요구된 캡슐화가 가능하지 않음
133 등록 식별자 맞지 않음	73 요구된 Van Jacobson 압축이 가능하지 않음
134 형식에 맞지 않는 요구	77 무효 care-of address
135 너무 많은 동시이동성 바인딩	78 등록 종료
136 알 수 없는 홈 대리인 주소	80 홈네트워크 접근 불가(ICMP 에러 수신)
	81 홈 대리인 호스트 접근 불가(ICMP 에러 수신)
	82 홈 대리인 포트 접근 불가(ICMP 에러 수신)
	88 홈 대리인 접근 불가(다른 ICMP 에러 수신)

- **Care-of address:** 터널 종단에서의 IP 주소. 홈 대리인은 모바일 노드의 홈 주소를 가지고 수신한 IP 데이터그램을 목적지주소로 전달할 수 있다.
- **식별자:** 나중에 설명할 등록요구와 등록응답을 식별하거나 보안(security)목적으로 사용되는 모바일 노드에 의해 생성된 64비트 식별번호
- **확장:** 지금까지 정의된 확장은 나중에 설명할 인증(authentication)확장이다.

등록응답 메시지(registration reply message)는 다음의 필드들로 구성된다.

- **유형:** 3, 이것이 등록응답(registration reply)임을 나타낸다.
- **코드:** 응답요구에 대한 결과를 나타낸다(표 12.2).
- **생명시간:** 코드 필드가 등록이 수락되었다는 것을 나타내면, 등록이 초과되기 전의 초단위의 시간. 0 값은 모바일 노드가 등록해지를 했다는 것을 나타낸다.
- **홈 주소:** 모바일 노드의 홈 IP 주소
- **홈 대리인:** 모바일 노드의 홈 대리인의 IP 주소
- **식별자(Identification):** 나중에 설명할 등록요구와 등록응답을 식별하기 위해 사용되

는 64비트 식별번호

- **확장:** 지금까지 정의된 확장은 나중에 설명할 인증확장이다.

안전한 등록절차

등록절차에서 중요한 것을 보안(security)이다. 모바일 IP는 다음 두 종류의 공격을 방어하기 위해 설계되었다.

1. 임의의 노드는 외부 대리인인 척하거나 특정 모바일 노드로 전송될 트래픽을 가로채기 위해 등록요구를 홈 대리인에서 송신할 수 있다.
2. 악의의 대리인은 효과적으로 네트워크로부터 모바일 노드를 제거하기 위해, 이전 등록 메시지들을 재사용할 수 있다.

이러한 공격들을 방어하기 위해 사용되는 기술로서 메시지 인증의 사용과 등록요구와 응답 메시지의 식별자 필드의 적절한 사용을 들 수 있다(그림 12.4).

메시지 인증을 위해, 각 등록요구와 응답은 다음의 필드를 포함하는 **인증확장**(그림 12.5)을 포함한다:

- **유형:** 인증확장의 종류를 나타내기 위해 사용된다.
- **길이:** 인증자(authenticator)의 바이트 수에 4를 더한다.
- **보안 매개변수 인덱스(SPI):** 한 쌍의 노드 사이에 보안 내용을 식별하기 위한 식별자이다. 이 보안내용은 두 노드들이 연결에 관련된 비밀키(secret key)와 매개변수를 공유하기 위해 구성된다(예: 인증 알고리즘(authentication algorithm)).
- **인증자:** 메시지를 인증하기 위해 사용되는 코드이다. 송신자는 공유된 비밀키를 사용하여 메시지에 이 코드를 삽입한다. 수신자는 메시지가 변경되지 않았고 지연되지 않음을 보증하기 위해 코드를 사용한다. 인증자는 전체 등록요구 또는 응답 메시지, 이 확장 전의 모든 확장, 이 확장의 유형과 길이 필드들을 보호한다.

디폴트 인증 알고리즘은 128비트 메시지 압축을 하는 RFC 2104에 의해 정의되는 HMAC-MD5를 사용한다. HMAC-MD4는 키해시코드라고 알려진 예의 하나이다. 부록 12B는 이 알고리즘에 대해 설명한다. 압축은 공유된 키를 통해 계산되고, 등록 메시지로부터 보호된 필드 다음에, 다시 공유된 비밀키 다음에 온다.

인증확장은 다음과 같이 세 가지 종류로 정의된다.

- **모바일-홈:** 이 확장은 필수이며 모바일 노드와 홈 대리인 사이의 등록 메시지 인증을 지원한다.

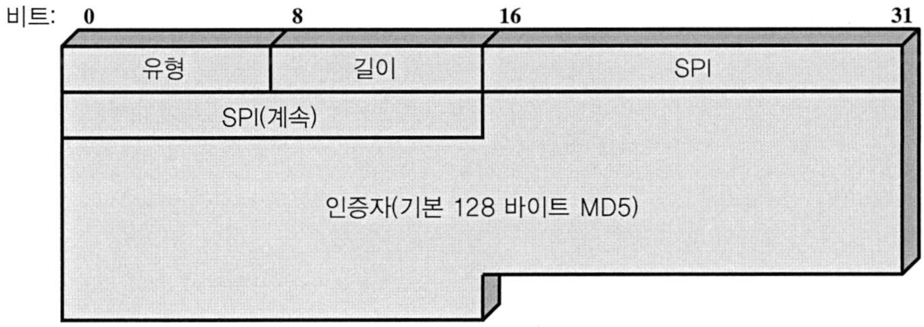

그림 12.5 모바일 IP 인증확장

- **모바일-외부:** 이 확장은 보안 연계가 모바일 노드와 외부 대리인 사이에 존재할 때 선택될 수 있다. 외부 대리인은 홈 대리인으로 요구 메시지를 전하기 전에 이 확장을 없앨 수 있으며, 이 확장은 홈 대리인으로부터 들어오는 응답 메시지에 추가할 수 있다.
- **외부-홈:** 이 확장은 보안 연계가 모바일 노드와 외부 대리인 사이에 존재할 때 선택될 수 있다.

인증자는 요구와 응답 메시지에 식별 필드를 보호함을 명심하라. 결과적으로, 식별값은 replay 유형의 공격을 막기위해 사용될 것이다. 언급한 바와 같이, 식별값은 모바일 노드가 응답과 요구를 일치할 수 있도록 한다. 더 나아가, 홈 대리인이 정당한 식별값과 의심스러운 것을 구분하기 위해, 만약 모바일 노드와 홈 대리인이 동기(synchronization)를 유지한다면, 홈 대리인은 의심스러운 메시지를 거절할 수 있다. 이렇게 하기 위한 하나의 방법은 timestamp 값을 사용하는 것이다. 모바일 노드와 홈 대리인이 정당한 시간의 동일값을 갖는 한, timestamp는 그 목적을 수행할 것이다. 또 다른 방법으로, 모바일 노드는 의사난수 생성기를 사용하여 값을 생성할 수 있다. 만약 홈 대리인이 알고리즘을 알고 있다면, 다음 식별값이 무엇인지를 알 수 있다.

터널링

일단 모바일 노드가 홈 대리인으로 등록되면, 홈 대리인은 데이터그램들을 터널링을 통해 전달될 수 있도록 하기 위해 모바일 노드의 홈 주소로 송신되는 IP 데이터그램을 가로채기할 수 있어야만 한다. 이러한 목적으로 특정기법이 필수적이지는 않지만, 가능한 메커니즘으로 ARP(Address Resolution Procotol: 주소 해석 프로토콜)를 참조하게 된다. 홈 대리인은 질문에서 모바일 노드의 목적지주소를 갖는 IP 데이터그램들을 이 대리인으로 (링크 레벨에서) 전달하기 위해 동일한 네트워크(홈네트워크)상의 다른 노드들에게 알릴 필요가 있다. 사실, 홈 대리인은 홈네트워크를 통해 전송된 그 노드로 가는 패킷을 잡기 위해 모바일 노드의 식별자를 가로챌 수도 있다.

예를 들어, 그림 12.6에서 R3는 외부 네트워크에, 다른 곳에서 인터넷에 접속될 수 있는 모바일 노드에 대한 홈 대리인으로 동작한다고 가정하자. 즉, LAN Z가 홈네트워크인 호스트 H는 지금 외부 네트워크에 접속되어 있다. 만약 호스트 D가 H에 대한 트래픽이 있다면, IP 목적지주소 필드에 H의 홈 주소를 갖는 IP 데이터그램을 생성할 것이다. D의 IP 모듈은 이 목적지주소가 LAN Z에 있다고 인식하고, MAC 계층 주소로 Z에 전송하기 위한 링크 계층으로 데이터그램을 전달하려고 할 것이다. 따라서 그 전에, R3는 특정한 주소로 지정된 데이터그램들은 R3로 송신되어야함을 D의 IP 계층에 알린다. 그러므로, R3의 MAC 주소는 D로부터 전달되는 MAC 프레임의 목적지 MAC 주소 필드에 삽입된다. 유사하게, 만약 모바일 노드의 홈 주소를 갖는 IP 데이터그램이 라우터 R2에 도착한다면, 목적지 주소는 LAN Z에 있다고 인식하고, 데이터그램을 Z에 MAC-레벨 주소로 전송하기 위해 시도할 것이다.

인터넷을 통해 전송되고 인터넷으로부터 R3에 도착하는 트래픽에 대해, R3는 이 목적지 주소에 대한 데이터그램을 가로채서 전달해야 함을 인식해야 한다.

IP 데이터그램을 care-of address로 전달하기 위해, 홈 대리인은 전체 IP 데이터그램을 아우터 IP 데이터그램 안에 넣게 된다. 이것은 IP 데이터그램에서 TCP 세그먼트를 캡슐화하는 TCP 세그먼트 앞에 IP 헤더를 놓는 것과 같은 캡슐화의 형태이다. 다음의 캡슐화에 대한 세 가지 선택사항이 모바일 IP에 대해 가능하다:

- **IP-within-IP 캡슐화:** 이것은 RFC 2003에 정의된 가장 단순한 접근이다.

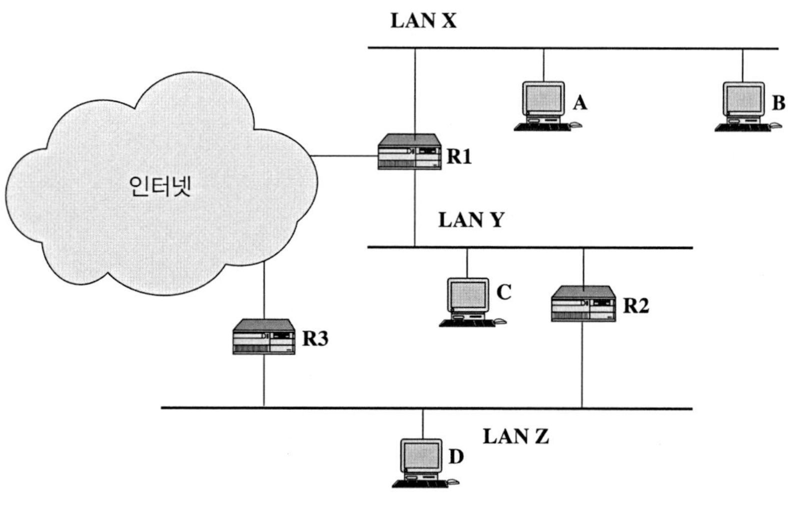

그림 12.6 단순한 인터네트워킹 예

- **최소 캡슐화:** 이 접근은 RFC 2004에 정의된 아주 적은 필드를 포함한다.
- **GRE(Generic Routing Encapsulation):** 이것은 RFC 1701에 정의된 모바일 노드의 개발 이전에 개발된 일반적인 캡슐화 절차이다.

우리는 이 방법들 중 처음 두 가지에 대해서 살펴보겠다.

IP-within-IP 캡슐화

이 접근으로, 전체 IP 데이터그램은 새로운 IP 데이터그램의 페이로드(payload)가 된다(그림 12.7(a)). 내부에 있는, 원래의 IP 헤더는 TTL이 1씩 감소하는 것을 제외하고는 변경되지 않는다. 외부 헤더는 완전한 IP 헤더이다. 두 필드들은(그림에서 음영이 없는) 내부 헤더로부터 복사된다. 버전은 4이고, 이것은 IPv4에 대한 프로토콜 식별자이다. 외부 IP 데이터그램에 요구된 서비스 종류는 내부 IP 데이터그램에 요구된 것과 동일하다.

내부 IP 헤더에서, 송신지주소는 원 데이터그램으로 송신되는 호스트로 간주되고, 목적지주소는 의도된 수신자의 홈 주소이다. 아우터 IP 헤더에서, 송신지와 목적지 주소들은 터널의 입구와 출구지점으로 간주된다. 그러므로, 일반적으로 송신지주소는 홈 대리인의 IP 주소이고, 목적지주소는 의도된 목적지에 대한 care-of address이다.

Example 12.1

그림 12.1에서 서버 X에서 송신한 IP 데이터그램이 모바일 노드 A로 전송하고자 한다고 가정하자. 원래의 IP 데이터그램은 X의 IP 주소와 동일한 송신지주소를 가졌고 목적지주소는 A의 홈 주소와 동일하다. A의 홈 주소의 네트워크 부분은 A의 홈네트워크가 되고, 데이터그램은 인터넷을 통해, 홈 대리인에 의해 수신되는, A의 홈네트워크로 전송된다. 홈 대리인은 송신지주소는 홈 대리인의 IP 주소와 동일하고 목적지주소는 A가 현재 접속된 외부 네트워크에 외부 대리인의 IP 주소와 동일한 IP 헤더를 갖는 들어오는 데이터그램을 캡슐화한다. 이 새로운 데이터그램이 외부 대리인에게 도착하면, 외부 IP 헤더는 벗겨지고 A에게 원래의 데이터그램을 배달한다.

최소 캡슐화

최소 캡슐화(minimal encapsulation)는 오버헤드가 적고 만약 모바일 노드, 홈 대리인, 외부 대리인이 그렇게 하기로 합의되었다면 이 방법을 사용할 수 있다. 최소 캡슐화로, 새로운 헤더는 원 IP 헤더와 원 IP 페이로드 사이에 삽입된다(그림 12.7(b)). 그것은 다음과 같은 필드를 포함한다:

- **프로토콜:** 원 IP 헤더에서 목적지주소 필드로부터 복사된다. 이 필드는 원 IP 페이로드

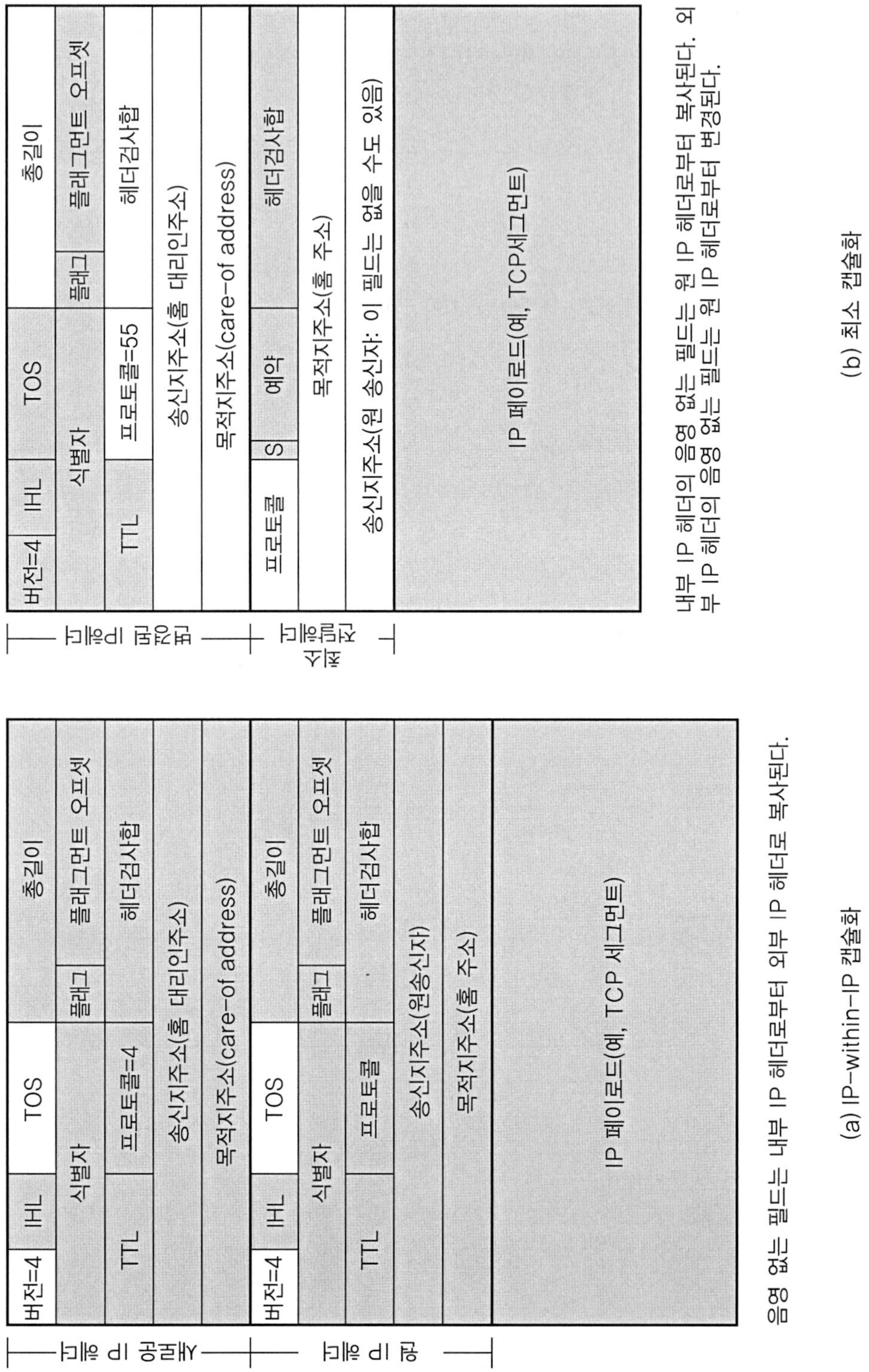

그림 12.7 모바일 IP 캡슐화

의 프로토콜 종류를 식별하고 헤더의 종류를 식별한다.

- **S:** 만약 0이면, 원 송신주소는 나타나지 않으며, 이 헤더의 길이는 8 옥텟이다. 만약 1이면, 원 송신주소는 나타나며, 이 헤더의 길이는 12 옥텟이다.
- **헤더 검사합(Header checksum):** 이 헤더의 모든 필드들에 대해 계산된다.
- **원 목적지주소(original destination address):** 원 IP 헤더의 목적지주소 필드로부터 복사된다.
- **원 송신주소(original sourcre address):** 원 IP 헤더의 송신주소 필드로부터 복사된다. 이 필드는 S 비트가 1일 경우에만 나타난다. 만약 캡슐화가 발생하는 곳이 데이터그램의 송신지이면 필드는 나타나지 않는다(예: 데이터그램이 홈 대리인에서 송신될 때).

원 IP 헤더에서 다음의 필드들은 새로운 아우터 IP 헤더를 구성하기 위해 변경된다.

- **총 길이:** 최소 전달 헤더(8 또는 12)의 크기만큼 증가된다.
- **프로토콜:** 55, 이것은 최소 IP 캡슐화에 할당된 프로토콜번호이다.
- **헤더 검사합(Header checksum):** 이 헤더의 모든 필드들에 대해 계산된다. 왜냐하면 일부 필드들은 변경될 수 있기 때문에, 이 값은 재계산되어야만 한다.
- **송신지주소:** 일반적으로 홈 대리인 즉, 캡슐화가 발생하는 IP 주소
- **목적지주소:** 터널의 출구 지점의 IP 주소. 이것은 care-of address이고 외부 대리인의 IP 주소이거나 모바일 노드의 IP 주소일 수 있다(co-located care-of address인 경우).

최소 캡슐화의 절차는 다음과 같다. 홈 대리인은 그림 12.7(b) 형태인 캡슐화된 데이터그램을 준비한다. 이 데이터그램은 터널링에 적합하고 인터넷을 통해 care-of address로 배달된다. care-of address에서, 최소 전달 헤더내 필드들은 원 IP 헤더로 저장되고 전달 헤더는 데이터그램으로부터 삭제된다. IP 헤더의 총 길이 필드는 최소 전달 헤더(8 또는 12)의 크기만큼 감소되고 헤더 검사합 필드는 재계산된다.

12.2 무선 접속 프로토콜

무선 접속 프로토콜(WAP: Wireless Application Protocol)은 무선 전화의 이동 사용자와 호출기(pagers)와 PDA(Personal Digital Asssistants)와 같은 무선 터미널들이 인터넷과 웹을 포함하는 전화와 정보 서비스를 제공하기 위해 WAP 포럼에 의해 개발된 범용적이고 개방적 표준이다. WAP은 모든 무선 네트워크기술들(예를 들면 GSM, CDMA, TDMA)과 동작하도록 설계되었으며, 기존의 인터넷 표준들, 즉 IP, XML, HTML, HTTP 등을 기반으로 한다. 또한 보안설비들을 포함한다. 에릭슨(Ericsson), 모토로라(Motorola), 노키아(Nokia), 폰닷컴(Phone.com)은 현재 수백만 회원을 갖는 WAP 포럼을 1997년에 설립하였다. WAP 포럼은

2000년 6월에 WAP 버전 1.2를 발표하였다. 본 교재가 집필중에 있는 현시점에서 WAP 스펙의 최신 버전은 2.0이었다.

휴대폰과 데이터서비스용 단말기에 큰 영향을 준다는 것은 곧 그들과 연결된 장치와 네트워크의 한계를 유발한다는 것을 의미한다. 디바이스는 제한된 프로세스들, 메모리, 건전지 수명을 갖는다. 사용자 인터페이스는 또한 제한되고 디스플레이는 작다. 무선 네트워크는 유선 접속보다 상대적으로 좁은 대역폭, 높은 잠재성, 예측할 수 없는 가용성과 안정성이 특징이다. 더욱이, 이러한 모든 특성은 터미널 디바이스이나 네트워크에 걸쳐 다양하다. 마지막으로, 모바일, 무선 사용자들은 다른 정보 시스템 사용자들로부터 서로 다른 기대와 요구를 가지게 된다. 예를 들면, 모바일 터미널들은 워크스테이션이나 개인용 컴퓨터보다 훨씬 사용하기 쉬워야 한다. WAP은 이런한 요구들을 처리하도록 설계되었다. 이러한 WAP 특징은 다음과 같은 것들을 포함한다.

- WWW 프로그래밍 모델을 기반으로 하는 프로그래밍 모델
- 마크업언어, 무선 마크업언어(WML: Wireless Markup Language), XML 기반
- 모바일, 무선 터미널에 적합한 작은 브라우저 규격
- 소규모 통신 프로토콜 스택
- 무선 전화 응용(WTA: Wireless Telephony Applications)에 대한 프레임워크

WAP 명세는 그림 12.8과 같은 관계를 갖는 다수의 다른 프로토콜과 모듈들로 구성된다.

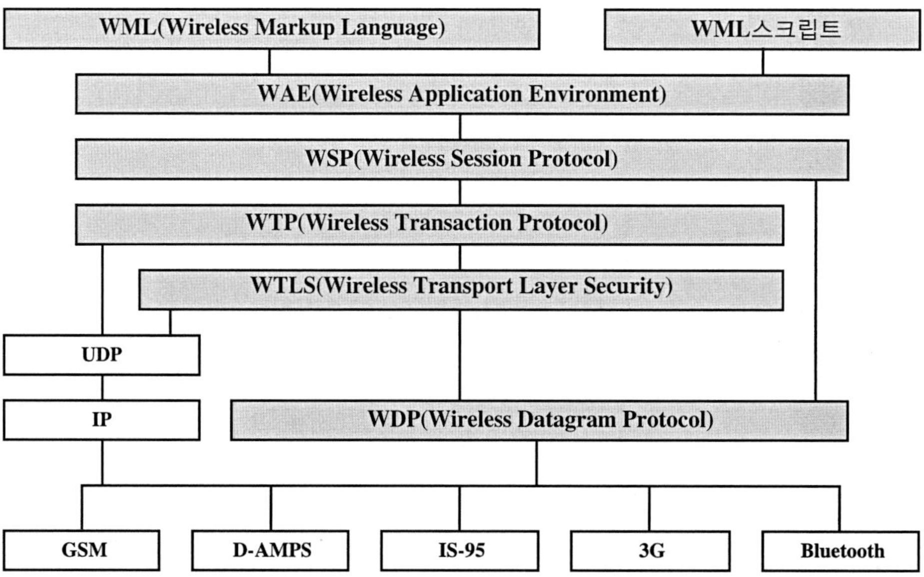

그림 12.8 WAP 프로토콜 스택

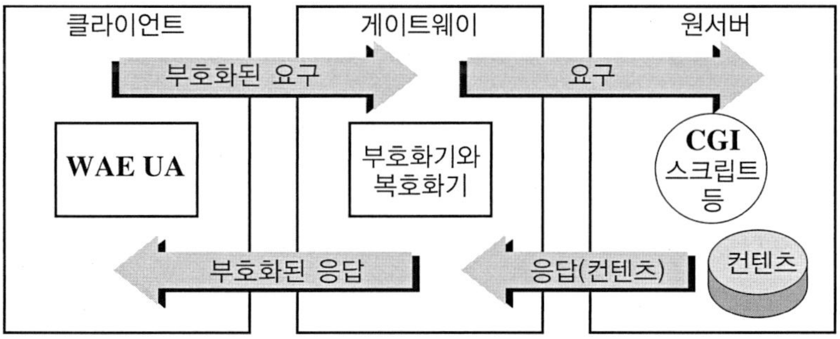

그림 12.9 WAP 프로그래밍 모델

구조적 개요

WAP 프로그래밍 모델은 다음의 세 가지 요소들을 기반으로 한다: 클라이언트, 게이트웨이, 원 서버(그림 12.9). HTTP는 게이트웨이와 원 서버 사이에 내용을 전송하기 위해 사용된다. 게이트웨이는 무선영역에서 프록시 서버(proxy server)처럼 동작한다. 그것의 프로세스들은 hand-held, 모바일, 무선 터미널들의 제한된 능력을 높이는 서비스를 제공한다. 예를 들면, 게이트웨이는 DNS 서비스를 제공하고, WAP 프로토콜 스택과 WWW 스택을 변환하고 (HTTP와 TCP/IP), 웹으로부터 정보를 무선 통신을 최소화하기 위해 간단한 형태로 부호화 (encode)하고, 그리고 반대방향에서 표준 WEB 통신의 형태로 복호화한다. 게이트웨이는 또한 주기적으로 요구된 정보를 저장한다.

그림 12.10은 WAP 환경에서 주요 구성요소를 나타내고 있다. WAP을 사용하여, 모바일 사용자는 일반 웹서버의 Web 컨텐츠를 볼 수 있다. 웹서버는 표준 웹 프로토콜 스택(HTTP /TCP/IP)을 사용하여 전송되는 HTML 페이지 형태로 컨텐츠를 제공한다. HTML 컨텐츠는 WAP 프록시에 위치하거나 독립된 물리적 모듈형태인 HTML 필터를 통해 전송되야만 한다. 필터는 HTML 컨텐츠를 WAP 컨텐츠로 변환한다. 만약 필터가 프록시와 분리되어 있다면, HTTP/TCP/IP가 WML을 프록시로 전달하기 위해 사용된다. 프록시는 WML을 이진 WML으로 알려진 좀 더 컴팩트 형태로 변환하고 WAP 프로토콜 스택을 사용하여 무선 네트워크를 통해 모바일 사용자에게 전달한다.

만약 웹브라우저가 직접 WML 컨텐츠를 생성할 수 있으면, WML은 HTTP/TCP/IP를 이용하여 WML을 이진 WML로 변환하는 프록시로 전송하고 WML을 WAP 프로토콜을 사용하여 모바일 노드로 전송한다.

WAP 구조는 무선 웹 접속의 두 가지 기본 제한을 극복하기 위해 설계되었다. 모바일 노드의 제한(작은 스크린 크기, 제한된 입력용량)과 무선 디지털 네트워크의 낮은 전송률, 광대

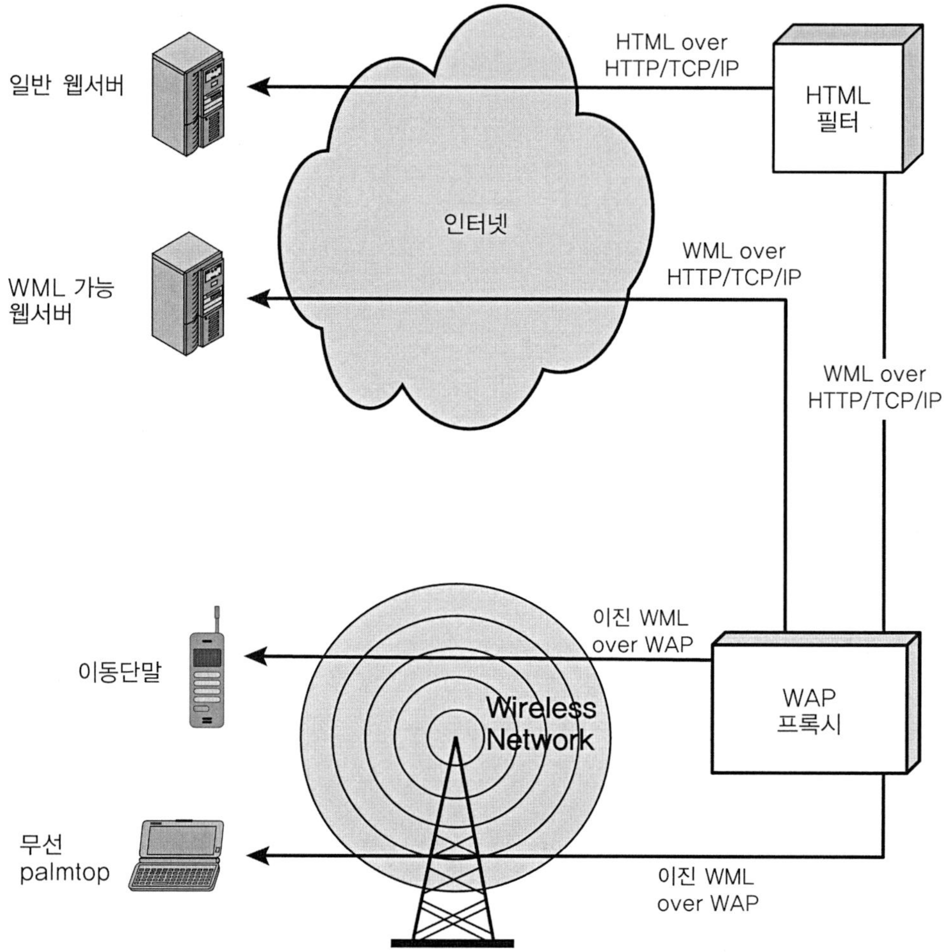

그림 12.10 WAP 환경

역 데이터 전송률을 지원하는 3세대 무선 네트워크가 소개된다 할지라도, 소형 포켓용 모바일 노드는 제한된 입력과 디스플레이 용량을 갖고 있다. 이와 같이 WAP이나 유사한 기능들은 확실치 않은 미래를 위해 필요할 것이다.

무선 마크업언어

무선 마크업언어(WML: Wireless Markup Language)는 제한된 대역폭, 제한된 스크린 크기, 제한된 사용자 입력용량을 갖는 디바이스에 내용을 보여주고 데이터를 나타내기 위해 설계되었다. 모바일, 무선 통신에 적합한 전화 키패드, 스타일러스, 다른 입력 디바이스와 동작하도록 설계되었다. WML은 일부 소형 디바이스의 라인 스크린뿐만 아니라 스마트폰에 있는 대형 스크린에서도 디스플레이할 수 있다.

일반 PC에 대해서, 웹브라우저는 하이퍼텍스트 마크업언어(HTML: Hypertext Markup Language)로 코딩된 웹페이지 형태로 컨텐츠를 제공한다. HTML로 코딩된 웹페이지를 무선 디바이스에 적합한 컨텐츠와 형태를 갖는 WML로 변환하기 위해, 대다수의 정보, 특히 그래픽, 애니메이션와 같은 정보는 제거되어야 한다.

WML의 중요 특성은 다음을 포함한다:

- **텍스트와 이미지 지원:** 포맷팅과 레이아웃 명령들은 텍스트와 제한된 이미지 용량을 지원한다.
- **Deck/card organizational metaphor:** WML 문서들은 카드라 불리우는 작고, 잘 정의된 사용자 상호작용 단위들로 구분된다. 사용자들은 카드들 사이를 뒤나 앞으로 이동함으로써 진행한다. 카드는 하나 또는 그 이상의 상호작용 단위(하나의 메뉴, 텍스트의 스크린, 또는 텍스트-입력 필드)를 명시한다. WML deck은 웹주소(URL)에 의해 식별되거나 컨텐츠 전송 단위인 HTML 페이지와 유사하다.
- **카드와 deck 사이의 네비게이션 지원:** WML은 네비게이션과 스크립트 실행에 사용되는 이벤트 처리에 대한 지원을 포함한다.

HTML 기반의 웹브라우저에서 사용자는 링크를 클릭함으로써 네비게이트한다. WML을 지원하는 모바일 디바이스에서 사용자는 deck을 통해 앞으로나 뒤로 이동함으로써 카드와 상호작용한다.

WML은 "<>"로 둘러싸인 소문자 태그에 의해 서술되는 독립된 언어요소들인 HTML과 유사한 태그로 된 언어이다. 일반적으로, 카드의 WML 정의는 보여지는 컨텐츠 뒤에 나오는 실행가능한 요소들을 포함하는 보이지 않는 부분으로 시작된다. 예를 들면, [MANN99]로부터 다음의 간단한 deck을 하나의 카드로 간주하자:

```
<wml>
  <card id="card1">
  <p>
      Hello WAP World.
  </p>
  </card>
</wml>
```

<wml>, <card>, <p> 태그들은 각각 deck, card, 그리고 paragraph를 둘러싼다. HTML와 유사하게, 대다수의 요소들은 시작 태그에 "/" 문자를 추가하여 식별되는 종료 태그로 마친다. 무선 디바이스가 이 코드를 수신하면, 터미널 스크린에 "Hello WAP World"라는 메시

표 12.3 WML 태그들

태그	설명
	Deck 구조
<access>	접속제어
<card>	카드식별
<head>	deck-level 정보(메타, 접속, 템플릿)
<meta>	메타정보
<template>	이벤트 바인딩
<wml>	정의
	컨텐츠
<img>	이미지
<p>	문단, 가시적 컨텐츠
<table>	테이블
<td>	테이블 데이터
<tr>	테이블 행
	형식화
<b>	bold체
<big>	큰 폰트
 	줄바꿈
<em>	강조(emphasis)
<i>	이탤릭
<small>	작은 폰트
<strong>	강한 폰트
<u>	밑줄

태그	설명
	User Input
<fieldset>	그룹화, 데이터 입력항목
<input>	데이터 입력
<optgroup>	선택목록의 부분집합
<option>	목록내 단일선택
<select>	선택목록
	변수
<postfield>	http 요구변수 설정
<setvar>	작업내 변수설정
	타이머
<Timer>	타이머 설정
	작업
<go>	특정 URL로 이전
<noop>	무동작
<prev>	이전 카드로 이전
<refresh>	스크린 초기화
	작업/이벤트 바인딩
<a>	요약 앵커
<anchor>	앵커
<do>	사용자 버튼 입력응답
<onevent>	고유 이벤트 바인딩

지를 보여준다.

표 12.3은 8개의 기능 그룹으로 나눠진 WML 태그들을 보여준다.

WML 스크립트

WML 스크립트는 자바스크립트와 유사성을 갖는 스크립트언어이다. 사용자 디바이스에서 제한된 프로세싱 파워와 메모리로 스크립트-타입 프로그램을 정의하기 위해 설계되었다. 표 12.4는 유효한 WML 스크립트 구문을 보여주고 있다. WML 스크립트의 중요한 사항은 다음과 같은 것들을 포함하고 있다:

- 컨텐츠 서버에게 송신하기 전에 사용자 입력의 유효성을 점검한다.
- 디바이스와 주변기기에 접근한다.
- 원 서버와 통신하지 않고 사용자와 상호작용(예를 들면, 에러 메시지 디스플레이)

표 12.4 WML 스크립트 구문

구 문	설 명
=	할당
Break	현재 loop 종료
Continue	현재 loop 반복
For	indexed loop
Function	함수선언
if..else	조건 테스트
return	현재 함수탈출
var	변수선언
while	부울제어 loop

WML 스크립트의 주요 특성은 다음을 포함한다[WAPF98]:

- **자바스크립트 기반의 스크립팅언어:** WML 스크립트는 확장성을 갖는 자바스크립트의 부분집합이다.
- **절차적 로직:** WML 스크립트는 다음에 논의할, 무선 응용환경(WAE: Wireless Application Environment)에 절차적 로직의 기능을 추가한다.
- **이벤트 기반:** WML 스크립트는 임의의 사용자나 환경적인 이벤트에 대한 응답으로 호출된다.
- **컴파일된 구현:** WML 스크립트는 클라이언트로 전송되는 좀 더 효율적인 바이트코드로 다운되어 컴파일될 수 있다.
- **WAE와 통합:** WML 스크립트는 완전히 WML 브라우저와 통합된다. 이것은 WML이나 WML 스크립트를 사용하여 서비스를 구성할 수 있다는 것이다.
- **효율적으로 확장가능한 라이브러리 지원:** WML 스크립트는 디바이스 소프트웨어를 변경하지 않고 디바이스 기능성을 드러내거나 확장하기 위해 사용될 수 있다.

무선 응용환경

WAE는 모바일폰, 호출기, PDA와 같은 무선 디바이스에 대한 응용 프레임워크를 말한다.

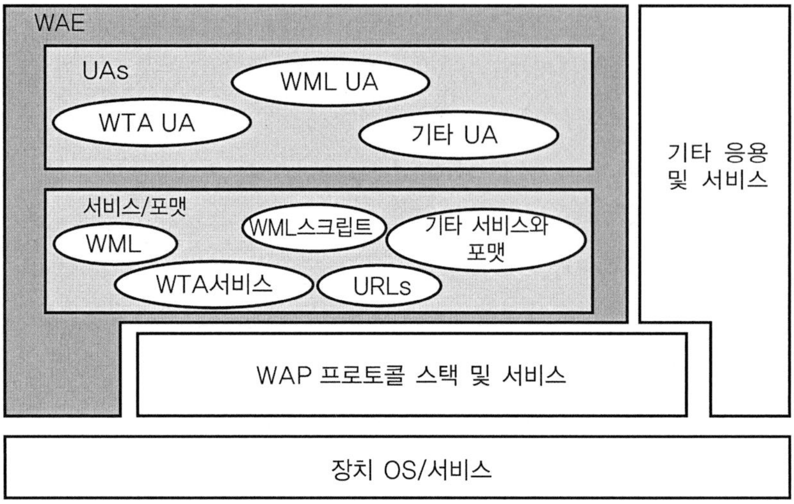

그림 12.11 WAE 클라이언트 구성요소들 [WAPF98]

기본적으로, WAE는 WAP에 의해 지원되는 응용들과 디바이스들을 개발을 쉽게 하기 위한 툴과 형식들로 구성된다. WAE 모델의 주요요소들은 다음과 같다(그림 12.11).

- **WAE UA(User Agent):** 사용자 무선 디바이스에서 실행되어 종단 사용자에게 특정기능성(예를 들면, 컨텐츠 디스플레이)을 제공하는 소프트웨어이다.
- **컨텐츠 생성기:** 모바일 터미널의 UA로부터의 요구에 대한 응답으로서 표준 컨텐츠형태를 생성하는 원 서버(예를 들면, CGI 스크립트)에 있는 응용(또는 서비스). WAE는 어떠한 표준 컨텐츠 생성기를 명시하는 것이 아니라 현재 WWW에서 공용으로 사용되는 일반적인 HTTP 원 서버에 구동되는 것을 명시한다.
- **표준 컨텐츠 부호화:** WAE UA(예를 들면, 브라우저)가 편하게 웹 컨텐츠를 네비게이트할 수 있도록 정의한다.
- **무선 전화응용(WTA: Wireless Telephony Applications):** 진보된 무선 네트워크 서비스를 제공하는 호와 특성 제어 메커니즘에 대한 집합. WTA를 사용하여, 응용 개발자들은 전화를 발신하고 전화망으로부터 이벤트에 응답하기 위해 마이크로브라우저를 사용할 수 있다.

무선 세션 프로토콜

WSP(Wireless Session Protocol)는 응용에게 두 가지의 세션 서비스에 대한 인터페이스를 제공한다. 접속지향 세션 서비스는 신뢰할 수 있는 전송 프로토콜인 WTP 상에서 동작하고, 비접속 세션 서비스는 신뢰할 수 없는 전송 프로토콜 WDP 상에서 동작한다. WSP는 무선

채널을 통해 사용을 최적화하기 위해 추가나 수정을 한 HTTP를 기반으로 한다. 제한사항은 낮은 데이터율과 적은 범위와 cell overloading 때문에 접속손실에 대한 민감성이다.

WSP는 요구와 응답의 개념을 기반으로 하는 트랜잭션지향 프로토콜이다. 각 WSP 프로토콜 데이터 단위(PDU : Protocol Data Unit)는 WML, WML 스크립트, 이미지들을 포함하는 하나의 몸체와 몸체 데이터와 트랜잭션에 대한 정보를 초함하는 하나의 헤더로 구성된다. WSP는 또한 서버가 클라이언트 디바이스로 요구되지 않은 컨텐츠를 송신하는 서버 전송 동작을 정의한다. 이것은 메시지 방송 또는 각 클라이언트 디바이스에 뉴스 헤드라인, 주식 등과 같은 맞춤 서비스로 사용될 수 있다.

WSP 서비스

일반적으로, 연결모드 WSP는 다음과 같은 서비스를 제공한다.

- 클라이언트로부터 서버로 신뢰할 수 있는 세션을 설정하고 순서적인 방법으로 세션을 해제한다.
- 용량 협상을 사용하여 프로토콜 기능성의 공통 레벨에 협의
- 간단한 부호화를 사용하여 클라이언트와 서버간 컨텐츠 교환
- 세션 중지, 재개시
- 비동기방식으로 서버로부터 클라이언트로 컨텐츠 전송

서비스 레벨에서, WSP는 연계된 매개변수들과 함께 서비스 프리미티브들의 집합으로 정의된다. 이러한 서비스 프리미티브들은 WSP와 WAE에서 WSP 사용자들 간의 인터페이스를 정의한다.[1] 프로토콜 레벨에서, WSP 규격은 상대방 WSP 실체들 간에 데이터를 교환하기 위해 사용되는 PDU 형태를 정의한다.

그림 12.12는 교환되는 프리미티브와 매개변수들의 WSP 트랜잭션 종류를 보여주고 있다. 또 다른 트랜잭션 종류도 있으나, WSP 동작을 설명하기에는 이 정도로도 충분하다.

세션설정은 S-connect 프리미티브의 교환을 포함한다(그림 12.12(a)). 클라이언트(트랜잭션의 모바일 노드부분)로 행동하는 WSP 사용자는 WSP로 S-connect.req를 발행함으로써 원격 시스템에 서버(웹서버)로 행동하는 WSP 사용자에게 세션을 요구한다. 요구시 다음 4개의 매개변수가 전달된다.

- **서버주소:** 세션이 설정되어야 하는 상대방
- **클라이언트주소:** 세션 송신자

1. 서비스 프리미티브와 매개변수들에 대한 개념의 기본논의는 부록 12C 참조.

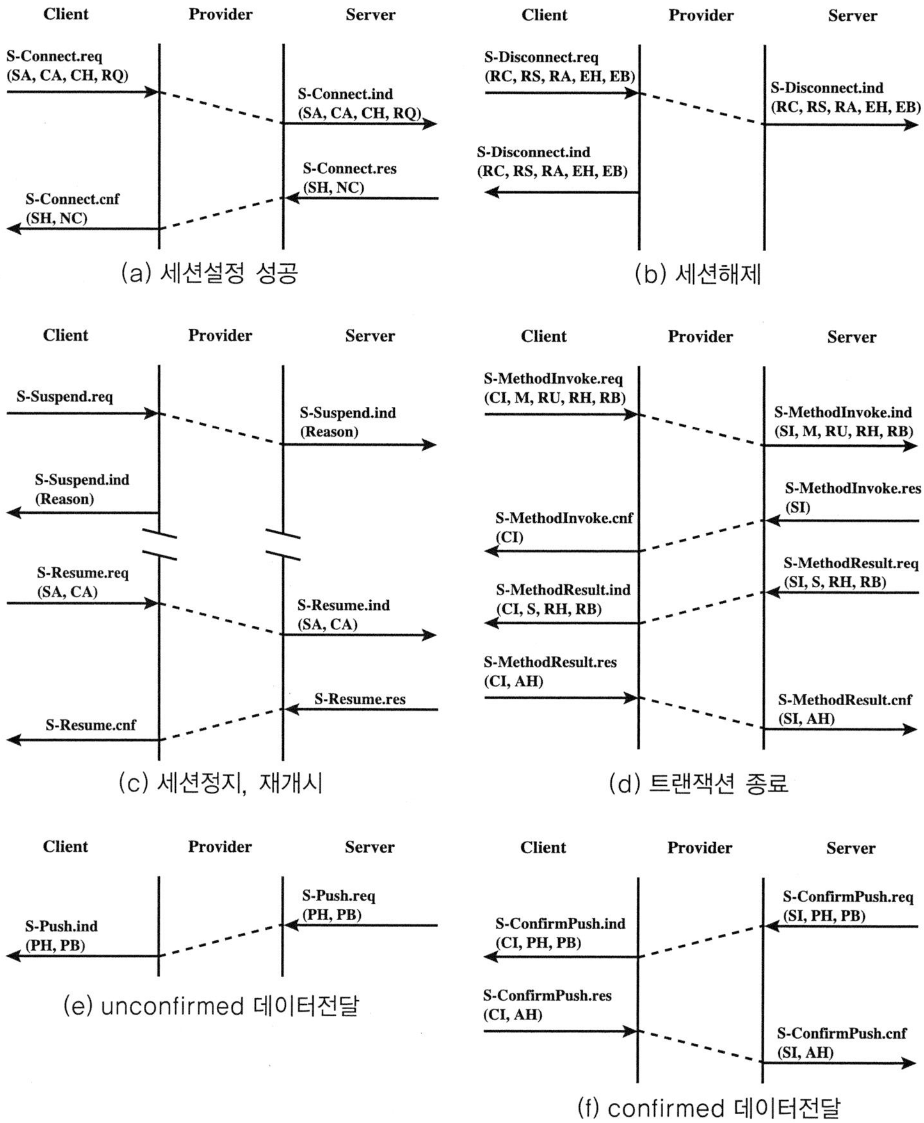

그림 12.12 무선 세션 프로토콜 프리미티브와 매개변수

- **클라이언트 헤더:** 상대방과 통신하고자 하는 응용레벨 매개변수에 사용될 수 있는 속성 정보를 포함한다. 이 정보는 WSP에 의해 수정되지 않고 전달되며 WSP에 의해 처리되지 않는다.
- **요구용량:** 이 세션에 대한 용량은 표 12.5에 나타난 것과 같이 클라이언트에 의해 요구된다.

표 12.5 무선 세션 프로토콜 기능

이 름	클래스	종 류	설 명
별명(Aliases)	I	주소 리스트	상대방이 이 세션 서비스 사용자에게 접속할 수 있는 선택적인 주소를 나타낸다. 세션이 재개시될 때 새로운 bearer로 쉽게 스위치를 하기 위해 사용될 수 있다.
클라이언트 SDU 크기	N	양의 정수	세션 동안 클라이언트로 송신될 수 있는 가장 큰 크기의 트랜잭션 서비스 데이터 단위
확장 method	N	method들의 집합	각 클라이언트와 서버에 의해 지원되는 확장 method들의 집합(HTTP/1.1 이하)
헤더 코드 페이지	N	코드 페이지들의 집합	각 클라이언트와 서버에 의해 지원되는 확장 헤더 코드 페이지들의 집합(HTTP/1.1 이하)
최대 대기 method request	N	양의 정수	세션 동안 동일한 시간동안 활성화될 수 있는 method request의 최대 수
최대 대기 push request	N	양의 정수	세션내 동일한 시간동안 활성화될 수 있는 confirmed push invocation의 최대 수
프로토콜 옵션	N	facility와 특성들의 집합	push를 포함할 수 있다.
서버 SDL 크기	N	양수의 정수	세션 동안 서버로 송신될 수 있는 가장 큰 크기의 트랜잭션 서비스 데이터 단위

I = informational
N = negotiable

클라이언트의 WSP는 서버의 상대방 WSP로 요구를 전송하기 위해 이러한 매개변수들을 포함하는 WSP PDU를 준비한다. 서버주소, 클라이언트주소, 클라이언트 헤더는 변경되지 않는다. 그러나 클라이언트의 WSP 서비스 제공자나 서버의 WSP 서비스 제공자 또는 둘 다 제공자가 지원하는 것보다 더 높은 레벨의 기능성을 넘어서지 않기 위해 일련의 요구된 기능들을 변경할 수 있다. 이러한 수정으로, 요구에서와 동일한 매개변수를 포함하는 S-connect.ind는 서버쪽의 WSP 사용자로 전송된다. 만약 서버쪽에서 WSP 사용자가 세션요구를 수락했다면, 서버 헤더와 협상된 용량을 포함하는 S-connect.rsp를 갖는 WSP로 응답한다.

협상된 기능들의 매개변수는 선택사항이다. 만약 그것이 없다면, WSP 사용자는 S-Connect.ind에서 제안된 용량에 합의한다. 그러나 존재한다면, WSP 사용자가 수락할 만한 기능성의 레벨을 반영한다. 마지막으로, 서버 헤더와 협상된 용량집합을 포함하는 S-Connect.ind는 원 요구자에게 전달된다.

S-Disconnect 프리미티브는 **세션해제**에 사용된다. 그림 12.12(b)는 클라이언트 WSP 사용자가 해제를 개시하는 경우를 보여준다. 요구 프리미티브는 다음과 같은 매개변수들을 포함한다:

- **원인코드:** 해제의 이유. 만약 클라이언트가 새로운 서버 주소로 접속하려고 재지정하려 했다면, 다음의 두 매개변수는 반드시 존재하여야 한다.
- **재지정 보안:** 클라이언트가 재지정하려 할 때 현재 안전한 세션 재사용 여부를 나타낸다.
- **재지정 주소:** 세션을 설정하기 위해 사용되는 또 다른 주소
- **에러헤더와 에러데이터:** 해제가 에러 때문이라면, 이 매개변수들은 서버 WSP 사용자에게 에러에 대한 정보를 제공하기 위해 포함될 수 있다.

WSP는 S-Disconnect.ind를 클라이언트 WSP 사용자에게 반환하고 서버 WSP 사용자에게 S-Disconnect.ind를 전달하여 요구의 수신에 대한 응답 확인을 한다.

WSP는 **세션정지와 재개시**를 지원한다. 이 특성 사용 예는 로밍 또는 네트워크로 클라이언트 디바이스의 해제와 재접속으로 일시적으로 사용불가능할 때 이다. 세션이 중지되면, 세션의 상태는 클라이언트와 서버에 저장되며 전송중인 데이터는 손실된다. 그림 12.12(c)는 클라이언트에 의해 정지와 재개시가 개시되는 순서를 보여준다. 정지의 경우, 매개변수는 단지 S-Suspend.ind 프리미티브의 reason code만이다. 재개시 요구가 되면, 서버 주소와 클라이언트 주소가 request와 indication 프리미티브에 들어간다.

트랜잭션은 S-MethodInvoke와 S-MethodResult 프리미티브를 사용하여 클라이언트와 서버 사이의 데이터교환을 수행한다(그림 12.12(d)). S-MethodInvoke는 서버에 의해 실행되는 동작을 요구하기 위해 사용된다. request 프리미티브는 다음과 같은 매개변수들을 포함한다:

- **클라이언트 트랜잭션 ID:** 진행중인 트랜잭션을 사이에 구분하기 위해 사용
- **메소드:** 요구된 동작식별
- **요구 URI(Uniform Resource Identifier):** 동작이 적용될 실체를 의미
- **요구헤더와 본체:** 속성정보와 요구에 연관된 데이터

서버로 전달된 indication 프리미티브는 클라이언트 트랜잭션 ID가 서버 트랜잭션 ID로 변경된 것을 제외하고는 동일한 매개변수를 포함한다. response와 confirm 프리미티브들은 request가 전달되었음과 트랜잭션 ID를 포함하고 있음을 확인하기 위해 사용된다.

S-MethodResult는 동작요구에 대한 응답을 반환하기 위해 사용된다. 서버에 의해 발생된

request는 서버 트랜잭션 ID, 이 응답에 연관된 상태 그리고 속성정보와 응답과 연관된 데이터를 포함하는 응답헤더와 본체를 포함한다. response와 confirm 프리미티브들은 request가 전달되었다는 것과 트랜잭션 ID를 포함하는 것을 확인하기 위해 사용된다. 이 두 개의 프리미티브들은 또한 서버로 일부정보를 반환하기 위해 응답확인 헤더를 포함할 수 있다.

nonconfirmed 데이터전달은 서버로부터 클라이언트로 비신뢰성 정보를 송신하기 위해 사용된다(그림 12.12(e)). 이러한 프리미티브들에 연관된 매개변수는 단지 속성과 전달되는 정보를 포함하는 푸시 헤더와 푸시 본체이다. **confirmed 데이터전달**에 의해 서버는 푸시 데이터가 클라이언트로 전달되었음에 대한 확인을 수신한다. 푸시 헤더와 푸시 본체 이외에 confirmed 데이터 전달 프리미티브들은 푸시 ID를 포함한다: response와 confirm 프리미티브들은 또한 응답확인 헤더를 포함할 수 있다.

비접속 세션 서비스는 WSP 사용자들 간에 컨텐츠 실체 교환을 하기 위해 nonconfirmed 서비스를 수행한다. 단지 메소드 발행과 푸시기능만이 가능하다.

WSP PDU

WSP는 WSP PDU(Protocol Data Unit)로 서비스 요구와 응답을 전달한다. 각 PDU는 전송 계층으로 전달되어 전송단계 PDU에 포함된다. 상위 레벨에서, WSP PDU는 세 필드로 구성한다. TID 필드는 비접속 WSP 서비스에서 응답에 연관되어 사용되며 접속모드 서비스에서는 나타나지 않는다. 유형 필드는 PDU의 종류와 기능을 명시하며 기본적으로 WSP를 호출하는 서비스 프리미티브의 종류와 대응된다. 컨텐츠는 WSP 서비스 프리미티브의 결과로서 전달된 모든 정보를 포함한다.

무선 트랙잭션 프로토콜

WTP(Wireless Transaction Protocol)는 WAP 브라우저와 같은 UA와 전자상거래 트랜잭션과 같은 동작을 수행하는 응용서버 간의 요구와 응답을 전달함으로써 트랜잭션을 관리한다. WTP는 예를 들면, 모바일 노드와 같은 클라이언트의 구현에 적합하고 저 대역폭 무선 링크를 통한 사용에 적합한 간편한 프로토콜이므로, TCP의 오버헤드를 줄이면서 신뢰할 수 있는 전송 서비스를 제공한다. WTP는 다음과 같은 특성들을 포함한다:

- 세 가지 클래스의 트랜잭션 서비스
- 선택적인 사용자간 신뢰성: WTP 사용자는 각 수신된 메시지의 확인을 발생한다.
- 선택적인 수신확인 데이터 전송
- 송신되는 메시지 수를 줄이기 위한 PDU 통합과 지연 수신확인통지
- 비동기 트랜잭션

WTP는 연결지향이 아니라 트랜잭션지향이다. WTP는 명시적인 연결설정이나 해제를 수행하지 않으며 오히려 신뢰성 있는 무연결성 서비스라 할 수 있다.

WTP 트랜잭션 클래스

WTP는 WSP나 또 다른 상위 계층 프로토콜에 의해 호출될 수 있는 세 가지 트랜잭션 클래스를 제공한다.

- **클래스 0:** 결과 메시지가 없는 신뢰할 수 없는 호출 메시지
- **클래스 1:** 결과 메시지가 없는 신뢰할 수 있는 호출 메시지
- **클래스 2:** 하나의 신뢰성 있는 결과 메시지가 있는 신뢰할 수 없는 호출 메시지

클래스 0은 신뢰할 수 없는 푸시동작에 사용될 수 있는 신뢰할 수 없는 데이터그램 서비스를 제공한다. WTP 사용자로부터 데이터는 응답확인 없이 Invoke PDU에 WTP(개시자 또는 클라이언트)에 의해 캡슐화되고 최종 WTP(응답자 또는 서버)로 전송된다. 응답자 WTP는 그 데이터를 최종 WTP 사용자에게 전송한다.

클래스 1은 신뢰할 수 있는 푸시동작에 사용될 수 있는 신뢰할 수 있는 데이터그램 서비스를 제공한다. 개시자로부터 데이터는 Invoke PDU에 캡슐화되고 응답자에게 전송된다. 응답자는 그 데이터를 최종 WTP 사용자에게 전송하고 발신 WTP 사용자에게 트랜잭션을 확인하는 ACK PDU를 개시자측 WTP 개체에게 송신함으로써 데이터 수신에 대한 응답확인을 한다. 응답자 WTP는 ACK가 손실되거나 개시자가 Invoke PDU를 재전송한다면 ACK의 재전송이 가능하도록 송신된 후에 일정 시간동안 상태정보를 유지한다.

클래스 2는 요구/응답 트랜잭션 서비스를 제공하고 하나의 WSP 세션동안 다중트랜잭션의 실행을 지원한다. 개시자로부터 데이터는 Invoke PDU에 캡슐화되어 응답자의 WTP 사용자에게 전송된다. 최종 WTP 사용자는 로컬 WTP 개체에서 처리되는 응답 데이터를 준비한다. 응답자 WTP 개체는 Result PDU로 이러한 데이터를 다시 송신한다. 만약 응답 데이터를 생성하는 데 지연되어 타이머가 초과되었다면, 응답자는 Result PDU를 송신하기 전에 ACK PDU를 송신할 수 있다. 이것은 개시자가 불필요하게 Invoke 메시지를 재전송하는 것을 방지한다.

프로토콜 포맷과 동작

WTP는 여섯 종류의 PDU를 사용한다. 각 PDU는 고정된 헤더 부분(그림 12.13)과 보조 제어정보를 포함하는 가변적인 헤더부분으로 구성된다. 보조 정보는 하나 또는 그 이상의 트랜잭션 프로토콜 단위형태(TPI: Transaction Protocol Items)이다.

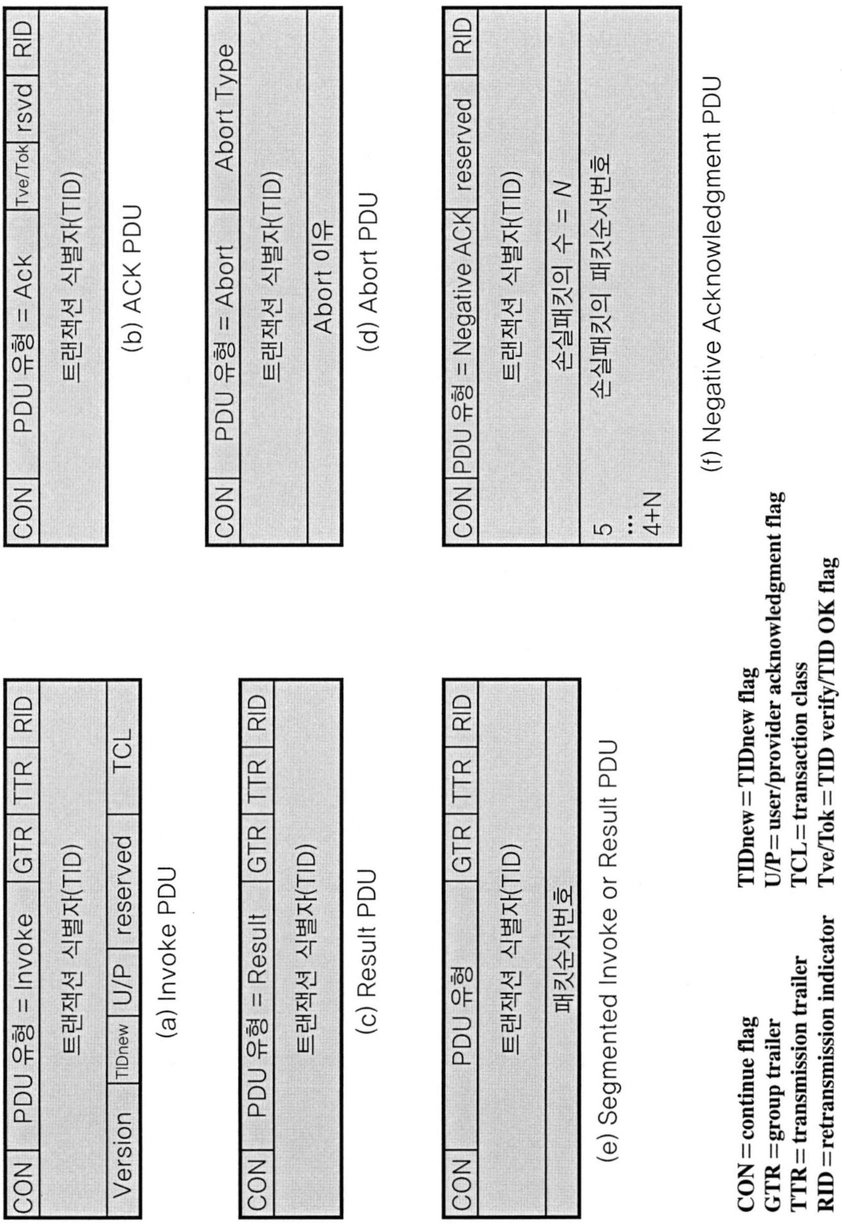

그림 12.13 WTP PDU 고정 헤더포맷

Invoke PDU는 개시자로부터 응답자로 요구를 전하기 위해 사용된다; 4 바이트 길이이고 다음의 고정된 헤더 필드들을 포함한다.

- **Continue flag:** 이 플래그가 설정되면, 고정 헤더 뒤에 하나 또는 그 이상의 TPI가 있다. 각 TPI는 TPI가 더 나오는지 아니면 이것이 마지막 TPI인지 나타내기 위해 continue flag 비트로 시작한다.
- **PDU 유형:** 이것이 Invoke PDU인지 나타낸다.
- **Group tailer flag:** 다음에 설명할, 세그먼테이션과 재결합이 적용될 때 사용됨.
- **Transmission trailer flag:** 세그먼테이션과 재결합시 사용됨.
- **Retransmission indicator:** 재전송 여부표시. 개시자는 특정시간 안에 응답확인을 수신하지 못하면 Invoke PDU를 재전송할 것이다.
- **Transaction indentifier:** 하나의 PDU를 특정 트랜잭션과 연계하기 위해 사용됨.
- **Version:** WTP의 버전
- **TIDnew flag:** 개시자가 TID 값을 감추고자 할 때 설정된다; 즉, 다음 TID는 이전보다 더 낮게 된다.
- **U/P flag:** 지정되면, 개시자는 서버 WTP 사용자로부터 사용자 응답확인을 요구한다는 것을 나타낸다. 이것은 WTP 사용자가 매번 수신된 메시지를 확인해야 함을 의미한다. 이 플래그의 설정이 해지되면, 응답 WTP 개체는 사용자로부터의 확인 없이 들어오는 PDU에 응답확인을 할 수 있다.
- **Transaction class:** 이 Invoke PDU를 처리하는 데 사용되어질 트랜잭션 클래스를 나타낸다.

만약 WTP에 의해 송신된 메시지(WSP로부터의 데이터블록)가 너무 크다면, WTP는 그 메시지를 세그먼트화하고 Invoke PDU 당 하나인, 다중패킷으로 송신한다. 메시지가 다수의 작은 패킷으로 송신된다면, 패킷들은 그룹으로 송신되고 응답확인될 수 있다. 표 12.6은 GTR과 TTR 플래그가 프로세스를 관리하기 위해 사용되는 방법을 나타내고 있다.

ACK PDU는 Invoke나 Result PDU의 응답확인으로 사용된다. 3 바이트 길이이다. PDU

표 12.6 Group Trailer(GTR)와 Transmission Trailer(TTR) 플래그의 의미

GTR	TTR	의 미
0	0	마지막 패킷 아님
0	1	메시지의 마지막 패킷
1	0	패킷 그룹의 마지막 패킷
1	1	세그먼테이션과 재합성을 지원하지 않음

는 Tve/Tok 플래그를 포함하며, 그것의 해석은 PDU의 방향에 의존한다. 응답자로부터 개시자로의 방향에서는 Tve 플래그이다. 만약 Tve 플래그가 설정되면, "이 TID를 갖는 대기중 트랜잭션을 갖는가?" 라는 의미를 갖는다. 다른 방향에서, 만약 Tok 플래그가 설정되면, "이 TID의 대기중 트랜잭션을 가지고 있다." 라는 의미이다.

Result PDU는 서버의 응답을 클라이언트로 전하기 위해 사용되는 3 바이트 PDU이다.

Abort PDU는 트랜잭션을 중지하기 위해 사용된다. 두 종류의 abort가 정의된다: 사용자와 제공자. 만약 abort가 WTP 사용자(예를 들면, WSP)에 의해 생성된다면, abort에 대한 사용자 이유는 PDU 본체로 배달되고 abort PDU의 목적지에서 WTP 사용자에게 제공된다. 만약 abort가 WTP 제공자(이 abort PDU를 송신하는 WTP 개체)에 의해 생성된다면, PDU의 abort 이유 필드는 다음과 같은 이유 중 하나를 의미한다:

- **Unknown:** 알 수 없는 오류
- **프로토콜 에러:** 수신된 PDU가 해석되지 않는다.
- **유효하지 않은 TID:** TID 검증에 대한 부정적인 결과로서 개시자에 의해 사용됨.
- **클래스 2 구현되지 않음:** 응답자가 요구된 class 2를 지원하지 않는다.
- **SAR로 구현 안됨:** 반응결과가 세그먼테이션과 재결합을 지원하기 않음.
- **사용자 응답확인 구현되지 않음:** 상대방은 사용자 응답확인을 지원하지 않는다.
- **WTP vesion 1:** 개시자가 요구한 WTP 버전은 지원하지 않는다; 현재 버전은 1이다.
- **임시 용량초과:** 과부하현상 때문에, 트랜잭션이 종료되지 않을 수 있다.

segmented invoke PDU와 **segmented result PDU**는 세그먼테이션과 재결합에 사용될 수 있다. 사용될 때, 각 패킷은 번호가 매겨지고 순차적이다. **negative acknowledgement PDU**는 하나 또는 그 이상의 패킷들이 순서대로 도착하지 않았다는 것을 의미한다.

그림 12.14는 동작의 세 클래스에 대한 TWP PDU의 순차적 사용에 대한 기본 예제를 보여주고 있다.

WTP 서비스

WTP 서비스는 세 가지 프리미티브로 정의되며 다음과 같다. TR-Invoke는 새로운 트랜잭션을 개시하기 위해 사용된다. TR-Result는 이전에 개시된 트랜잭션의 결과를 다시 송신하기 위해 사용된다. 그리고 TR-Abort는 존재하는 트랜잭션을 중지하기 위해 사용된다. 그림 12.15는 이러한 프리미티브들과 "hold on" 응답확인을 갖는 클래스 2 트랜잭션 간의 관계를 보여준다. 그림 12.14(d)와 비교하라.

그림 12.15는 또한 WTP 서비스가 WSP 서비스를 지원하는 것을 보여준다. WSP 서비

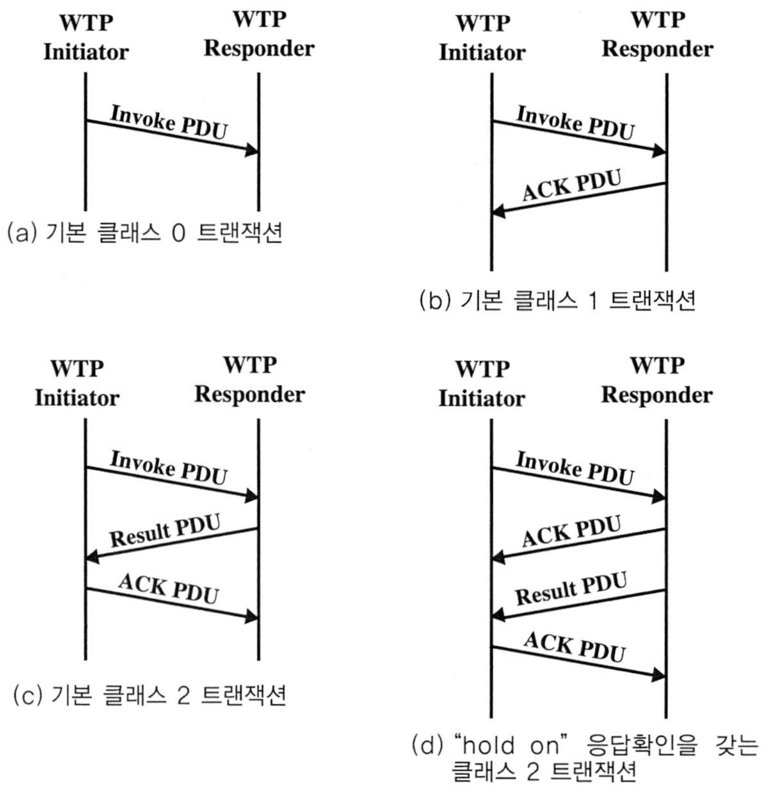

(a) 기본 클래스 0 트랜잭션

(b) 기본 클래스 1 트랜잭션

(c) 기본 클래스 2 트랜잭션

(d) "hold on" 응답확인을 갖는 클래스 2 트랜잭션

그림 12.14 WTP 동작 예

스 프리미티브의 순서는 완전한 트랜잭션을 제공하고 그림 12.12(d)에서 보여진 순서와 동일하다.

무선 전송 계층 보안

WTLS(Wireless Transport Layer Security)는 모바일 디바이스(클라이언트)와 WAP 게이트웨이 간의 보안 서비스를 제공한다. WTLS는 SSL(Secure Socket Layer)과 유사한 산업표준인 TLS(Transport Layer Security)를 기반으로 한 것이다. TLS는 웹브라우저와 웹서버 간에 사용되는 표준 보안 프로토콜이다.[2] WTLS는 좀 더 적은 메시지를 교환하므로 TLS보다 효율적이다. 종단간 보안을 제공하기 위해, WTLS는 클라이언트와 게이트웨이 간에 사용되며 TLS는 게이트웨이와 최종 서버간에 사용된다. WAP 시스템은 WAP 게이트웨이 내에서 WTLS와 TLS 사이를 변환한다. 그러므로, 게이트웨이는 공격받기가 쉬운 곳이므로, 외

2. TLS에 대한 상세내역은 [STAL03]을 참조.

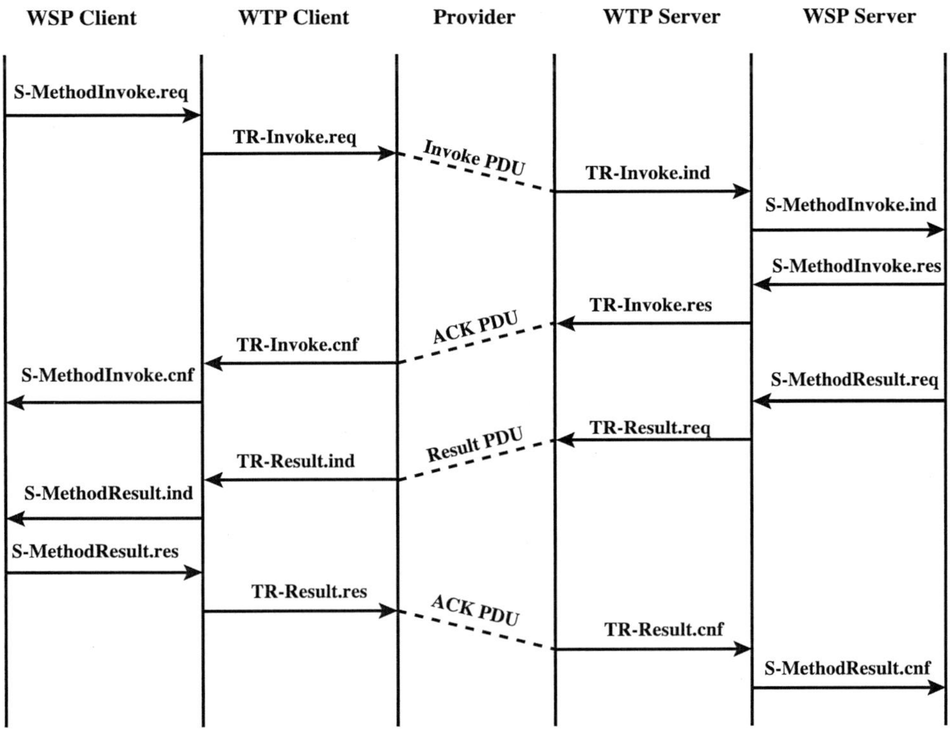

그림 12.15 WSP-WTP 타이밍 다이어그램

부 공격으로부터 강도 높은 보안을 해야만 한다.

WTLS은 다음과 같은 특성을 제공한다.

- **데이터 무결성:** 메시지 인증을 사용하여, 클라이언트와 게이트웨이간 송신된 데이터가 수정되지 않았음을 보증한다.
- **기밀성:** 암호화를 사용하여, 데이터가 제 3자에 의해 읽을 수 없음을 보증한다.
- **인증:** 디지털 서명을 사용하여, 두 개체의 인증을 설정한다.
- **서비스 부인 봉쇄:** 재사용되거나 성공적으로 검증되지 않은 메시지를 발견하여 거절한다.

WTLS는 그림 12.16에 보여지는 것처럼 하나의 프로토콜이 아니라 두 계층의 프로토콜이다. WTLS 레코드 프로토콜은 다양한 상위 계층 프로토콜에게 기본적인 보안 서비스를 제공한다. 특히, RFC 2068에 정의되고 웹 클라이언트/서버 상호작용에 전송 서비스를 제공하는, 하이퍼텍스트 전송 프로토콜(HTTP)은 WTLS의 상위에서 동작한다. 상위 계층의 나머지 3가지 프로토콜은 WTLS의 부분으로서 정의된다. WTLS의 한 부분으로서 3개의 상위계층 프로토콜이 정의된다. Handshake 프로토콜, 교환암호스펙 프로토콜, 그리고 경보 프로토콜

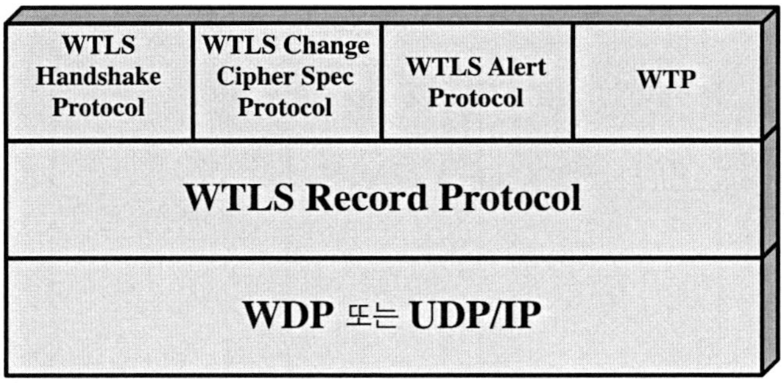

그림 12.16 WTLS 프로토콜 스택

이 그것이다.

WTLS 레코드 프로토콜

WTLS 레코드 프로토콜은 사용자 데이터를 다음 상위 계층(WTP, WTLS handskake protocol, WTLS alert protocol, WTLS change ciper spec protocol)으로부터 받아 이 데이터를 하나의 PDU로 캡슐화한다. 다음 단계들이 순차적으로 발생한다(그림 12.17):

1. 페이로드는 손실 없는 압축 알고리즘을 사용하여 압축된다.
2. 메시지 인증코드(MAC: Message Authenticatin Code)는 HMAC을 사용하여 압축데이터를 가지고 계산된다. HMAC은 부록 12B에 설명된 것과 유사한(좀 더 복잡한) 해시코드이다. MD-5와 SHA-1을 포함하여 여러 해시알고리즘 중의 하나가 HMAC과 같이 사용될 수 있다. 해시코드의 길이는 0, 5, 10 바이트이다. MAC은 압축 데이터 뒤에 추가된다.

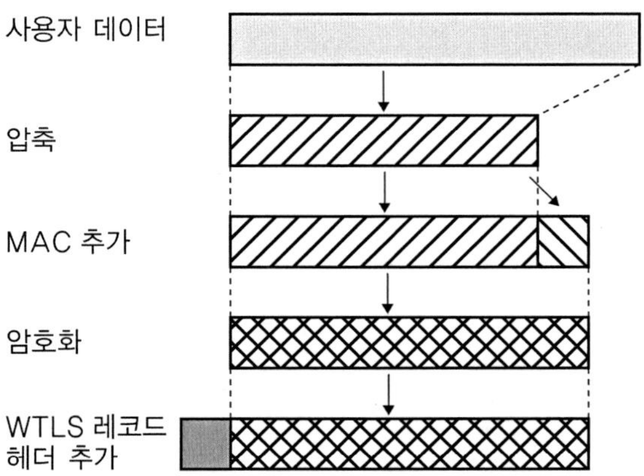

그림 12.17 WTLS 레코드 프로토콜 동작

r = reserved
C = cipher spec indicator
S = sequence number field indicator
L = record length field indicator
MAC = message authentication code

그림 12.18 WTLS 레코드 포맷

3. 압축된 메시지와 MAC 코드는 대칭형 암호화 알고리즘을 사용하여 암호화된다. 사용 가능한 암호알고리즘은 DES, triple-DES, RC5, IDEA이다.
4. 레코드 프로토콜은 암호화된 데이터의 앞부분에 헤더를 추가한다.

레코드 프로토콜 헤더는 다음의 필드들로 구성된다(그림 12.18).

- **컨텐츠 유형(8 비트):** WTLS 레코드 프로토콜 위의 상위 계층 프로토콜
- **Cipher spec indicator(1 비트):** 이 비트가 0이면, 압축, MAC 보호, 암호화가 사용되지 않았음을 의미한다.
- **Sequence number field indicator(1 비트):** 순서 번호 필드 존재 여부를 의미한다.
- **Record length field indicator(1 비트):** 레코드 길이 필드 존재 여부를 의미한다.
- **Sequence number(16 비트):** 이 PDU와 연관된 순서번호. 이것은 신뢰할 수 없는 전송 서비스상에서 신뢰성을 제공한다.
- **Record length(32 비트):** 평문 데이터(또는 압축이 사용되었다면 압축된 데이터)의 바이트 길이

Change Cipher Spec 프로토콜

현재 트랜잭션과 연관된, 암호화 알고리즘, HMAC의 부분으로 사용되는 해시알고리즘, MAC 코드 크기와 같은 암호속성들을 명시하는 cipher spec이다. 실제적으로 각 세션에 연관된 두 가지의 상태가 있다. 하나는 세션이 설정되었을 때, 읽기와 쓰기(즉, 수신과 송신)에 관한 현재 동작상태이다. 또한, handshake 프로토콜 동안, 읽기와 쓰기상태가 보류되는 보류상태가 있다.

Change cipher spec 프로토콜은 WTLS 레코드 프로토콜을 사용하는 3가지 WTLS 프로토콜 중 하나로서 매우 간단하다. 이 프로토콜은 1의 값을 갖는 하나의 바이트로 구성된 하나의 메시지로 구성된다. 이 메시지의 유일한 목적은 이 접속에 사용하기 적합한 cipher를 갱신하기 위해, 보류상태를 현재상태로 복사하도록 하는 것이다.

Alert 프로토콜

Alert 프로토콜은 상대방 개체로 WTLS-관련된 경고를 전하기 위해 사용된다. WTLS을 사용하는 다른 응용들과 함께, 경고 메시지는 현재상태에 의해 명시되는 것과 같이 압축되고 암호화된다.

이 프로토콜에서 각 메시지는 2 바이트로 구성한다. 첫번째 바이트는 메시지의 심각성을 전하기 위해 경고(1), 심각(2) 또는 치명(3)의 값을 갖는다. 치명레벨이면, WTLS는 즉시 접속을 종료한다. 동일한 세션에서 다른 접속들은 유지될 것이나, 이 세션에서 새로운 접속들은 설정되지 않는다. 두번째 바이트는 특정 경고를 나타내는 코드를 포함한다. 치명의 예는 다음과 같다.

- **unexpected_message:** 적절하지 않은 메시지가 수신되었다.
- **bad-record_mac:** 올바르지 않은 MAC이 수신되었다.
- **decompression_failure:** 적절하지 않은 입력을 수신한 압축복원 함수(예를 들면, 압축복원 불가 또는 최대 허용길이를 초과하여 압축복원 불가)
- **handshake_failure:** 송신자가 보안 매개변수들을 협상할 수 없다.
- **illegal_parameter:** 핸드쉐이크 메시지에서 필드가 범위를 벗어났거나 다른 필드와 일치하지 않는다.

비치명의 예는 다음과 같다.

- **bad_certificate:** 수신된 인증서가 올바르지 않다(예를 들면, 검증되지 않은 서명이 포함되어 있다).
- **unsupported_certificate:** 수신된 인증서 종류가 지원되지 않는다.

- **certificate_revoked:** 인증서가 서명자에 의해 폐지되었다.
- **certificate_expired:** 인증서 유효기간이 초과되었다.
- **certificate_unknown:** 인증서를 처리하는 데 발생되는 명시되지 않는 사항, 표현이 허락되지 않음

Handshake 프로토콜

WTLS의 가장 복잡한 부분이 핸드쉐이크 프로토콜이다. 이 프로토콜은 서버와 클라이언트가 서로 인증하고, WTLS 레코드로 송신된 데이터를 보호하기 위해 사용되는 암호화와 MAC 알고리즘과 암호화 키를 협상하는 프로토콜이다. 핸드쉐이크 프로토콜은 임의의 응용 데이터가 전송되기 전에 사용된다.

핸드쉐이크 프로토콜은 클라이언트와 서버에 의해 교환되는 메시지들로 구성된다. 그림 12.19는 클라이언트와 서버 간 논리 접속을 설정하기 위해 필요한 초기 교환을 보여준다. 교환은 4 단계로 표현된다.

첫번째 단계는 논리적 연결을 개시하고 논리 접속과 연관될 수 있는 보안기능을 설정하기 위해 사용된다. 교환은 클라이언트에 의해 개시된다. 클라이언트는 세션 ID와 암호와 압축 알고리즘의 리스트(각 알고리즘 종류의 우선 내림차순)를 갖는 `client_hello` 메시지를 송신한다. `Client_hello` 메시지를 송신한 후에, 클라이언트는 `Sever_hello` 메시지를 기다린다. 이 메시지는 암호와 압축 알고리즘이 교환시 사용될 것임을 나타낸다.

두번째 단계는 서버 인증과 키 교환을 위해 사용된다. 만약 인증이 필요하다면, 서버는 공개키 인증서를 송신함으로써 이 단계를 시작한다. 다음으로, 요구되면, `server_key_exchange` 메시지는 송신될 수 있다. 이 메시지는 대칭키 교환에 사용되는 공개키 알고리즘을 필요로 한다. 다음으로, 서버는 `certificate_request` 메시지를 사용하여, 클라이언트로부터 공개키 인증서를 요구할 수 있다. 단계 2의 마지막, 항상 요구되는 메시지는 서버-헬로우와 연관된 메시지들의 마지막을 나타내기 위해 서버에 의해 송신되는 `server_hello_done` 메시지이다. 이 메시지 송신 후에, 서버는 클라이언트 응답을 기다릴 것이다. 이 메시지는 매개변수가 없다.

세번째 단계는 클라이언트 인증과 키 교환을 위해 사용된다. `server_ hello_done` 메시지 수신시, 클라이언트는 서버가 유효한 인증서를 제공했는지를 검증하고 `Sever_hello` 매개변수들이 수락가능한지 점검한다. 모든 것이 만족되면, 클라이언트는 하나 또는 그 이상의 메시지를 다시 서버에게 송신한다. 만약 서버가 인증서를 요구한다면, 클라이언트는 인증서 메시지를 송신한다. 다음으로 이 단계에서 송신되어야 하는 `client_key_exchange` 메시지이다. 메시지 컨텐츠는 교환하는 키 종류에 의존한다. 이 단계에서 마지막으로, 클라이언트는 클라이언트 인증서의 명확한 검증을 제공하기 위해 `certificate_verify` 메시지를 송신할 수 있다.

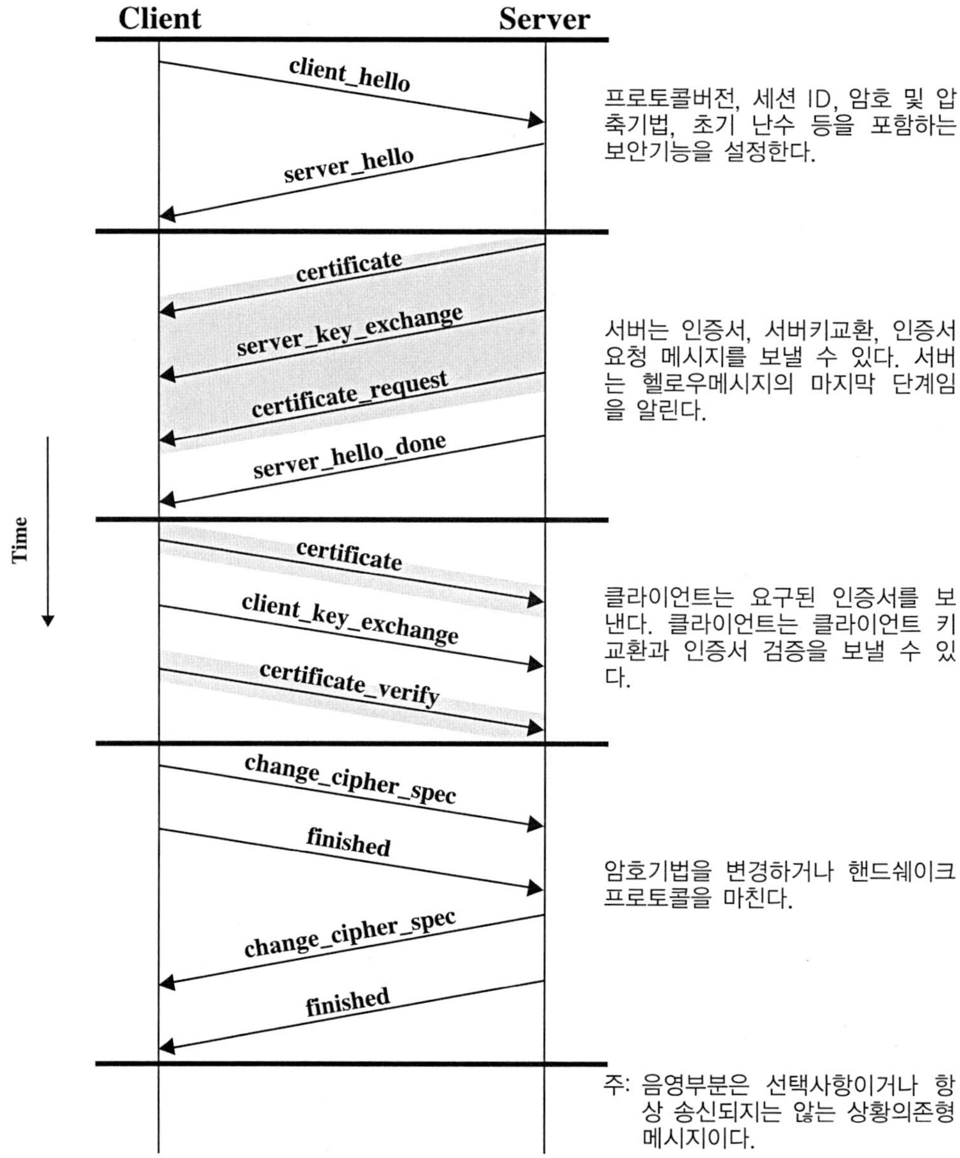

그림 12.19 WTLS 핸드쉐이크 프로토콜 동작

네번째 단계는 안전한 접속설정을 완료한다. 클라이언트는 change_ cipher_spec 메시지를 송신하고 보류 CipherSpec을 현재 CipherSpec으로 복사한다. 이 메시지는 핸드쉐이크 프로토콜의 일부로 간주되는 것이 아니라 Change Cipher Spec 프로토콜을 사용하여 송신됨을 명심하라. 클라이언트는 즉시 새로운 알고리즘, 키 그리고 비밀리에 finished 메시지를 송신한다. finished 메시지는 키 교환, 인증 프로세스가 성공되었음을 검증한다. 이러한 두 메시지들의 응답으로, 서버는 자신의 change_cipher_spec 메시지를 송신하고, pending을 현재의 CipherSpec으로 전송하고, finished 메시지를 송신한다. 이 시점에서, 핸드쉐이크는 완료되고 클라이언트와 서버는 응용 계층 데이터를 교환하기 시작할 것이다.

무선 데이터그램 프로토콜

WDP(Wireless Datagram Protocol)는 상위 계층 WAP 프로토콜에 모바일 노드와 WAP 게이트웨이 간에 사용되는 통신 메커니즘(전달자(bearer)라 불리우는)을 적용하기 위해 사용된다. 이 프로토콜은 데이터를 전달자에 적절한 크기의 세그먼트로 나누거나 전달자 네트워크와 인터페이스하는 것을 포함한다. WDP는 WAP의 다른 계층으로부터 다양한 전달자 네트워크의 상세내역을 감춘다. 일예로, WAP는 IP의 상위에서 구현된다.

WDP 서비스

WDP 서비스는 두 가지의 서비스 프리미티브에 의해 정의된다. T-DUnitdata 프리미티브는 다음의 매개변수들을 갖는 nonconfirmed 서비스를 제공한다.

- **송신지 주소:** WDP 계층으로 요구를 생성하는 디바이스의 주소
- **송신지 포트:** 송신지 주소와 연관된 응용 주소
- **목적지 주소:** WDP로 제출된 데이터에 대한 목적지 주소
- **목적지 포트:** 목적지 주소와 연관된 응용 주소
- **사용자 데이터:** 목적지 포트로 전송을 위해 WDP에게 제출될, 상위 계층으로부터의 사용자 데이터

T-Derror.ind 프리미티브는 WDP 데이터그램을 전달하는 WDP 사용자 실패를 경고하기 위해 사용된다. 송신지 주소, 송신지 포트, 목적지 주소, 목적지 포트 매개변수에다가, T-Derror.ind는 에러코드 매개변수를 포함한다.

WDP 프로토콜

다음 필드들은 WDP PDU에서 필요하다.

- 목적지 포트
- 송신지 포트

만약 하단의 전달자가 세그먼테이션과 재결합을 지원하지 않는다면, 특성이 전달자-독립적인 방법으로 WDP에 구현된다.

예를 들어, GSM(Global System for Mobile Communications)은 일련의 정보요소로 구성

된 사용자 데이터 헤더를 위한 포맷을 갖는다. 각 정보요소는 식별자, 길이, 하나 이상의 바이트값에 의해 정의된다. GSM에 대한 WDH PDU는 다음의 구조를 갖는다.

- **헤더 길이(1 바이트):** 헤더의 길이
- **포트번호 식별자(1 바이트):** 5라는 값은 이 정보요소가 두 개의 포트번호로 구성됨을 나타낸다.
- **포트번호 길이(1 바이트):** 4라는 값은 이 정보요소의 값이 4 바이트 길이임을 나타낸다.
- **목적지 포트(2 바이트)**
- **송신지 포트(2 바이트)**
- **SAR 식별자(1 바이트):** 0이라는 값은 이 정보요소가 세그먼테이션과 재결합에 대한 정보로 구성됨을 나타낸다.
- **SAR 길이(1 바이트):** 3이라는 값은 이 정보요소의 값이 3 바이트 길이임을 나타낸다.
- **데이터그램 참조번호(1 바이트):** 사용자 데이터블록을 구성하는 모든 세그먼트에 할당된 식별자
- **세그먼트 수(1 바이트):** 재결합을 요구하는 세그먼트의 총 수
- **세그먼트 카운트:** 사용자 데이터의 블록을 구성하기 위해 재결합되어야 하는 모든 세그먼트 내에서 이 세그먼트를 식별하는 순서번호
- **사용자 데이터(1～*n* 바이트)**

표 12.7 WCMP 메시지

WCMP 메시지	WCMP 유형	WCMP 코드	WCMP 노드	WAP 게이트웨이
목적지 도착불가	51			
• 목적지로의 경로 미존재		0	N/A	O
• 통신 제한		1	N/A	O
• 주소 사용불가		3	N/A	O
• 포트 사용불가		4	M	N/A
매개변수 문제	54			
• 에러가 있는 헤더 필드		0	O	O
메시지 크기 문제	60	0	M	N/A
재결합 실패	61			
• 재결합 시간 초과		1	O	N/A
• 버퍼 오버플로우		2	O	N/A
에코 요구	178	0	O	N/A
에코 응답	179	0	M	N/A

M = 필수항목　　O = 선택항목　　N/A = 지원 안함

무선 제어 메시지 프로토콜

WCMP(Wireless Control Message Protocol)는 ICMP가 IP에 대해 하는 것과 같이 WDP에 대해 동일한 지원기능을 수행한다(부록 12A 참조). WCMP는 IP 전달자를 지원하지 않는 환경에서 사용되고 ICMP를 사용하지 않는다. WCMP는 WDP 데이터그램을 처리하면서 일어나는 에러들을 알리기 위해 무선 노드와 WAP 게이트웨이에 의해 사용된다. WCMP는 또한 정보화와 진단목적으로 사용될 수 있다.

표 12.7은 WCMP 메시지들과 연관된 에러코드들을 보여준다.

12.3 참고문헌

[PERK97]은 모바일 IP에 관한 훌륭한 참조문헌이다; 동일한 저자가 작성한 것으로 어떤 면에서 덜 기술적이고, 사업적인 내용은 [PERK98]이다. 보다 상세한 내용은 [MOND03]을 참조하라. 2000년 8월호 *IEEE Personal Communications*은 현재 모바일 IP 표준을 강화하는 다수의 논문을 포함한다.

[MANN99]는 WAP의 개요이고, [PASS00]은 WAP을 사용하여 무선 통신에 대한 응용에 대해 다루고 있다. [HEIJ00]은 WAP의 상세한 내용을 제공한다.

HEIJ00 Heijden, M., and Taylor, M., eds. *Understanding WAP: Wireless Applications, Devices, and Services.* Boston: Artech House, 2000.

MANN99 Mann, S. "The Wireless Application Protocol." *Dr. Dobb's Journal*, October 1999.

MOND03 Mondal, A. Mobile IP: Present State and Future. New York:Kluwer Academic Publishers, 2003.

PASS00 Passani, L. "Creating WAP Services." *Dr.Dobb's Journal*, July 2000.

PERK97 Perkins, C. "Mobile IP." *IEEE Communications Magazine*, May 1997.

PERK98 Perkins, C. "Mobile Networking Through Mobile IP." *IEEE Internet Computing*, January-February 1998.

웹사이트

- **무선/모바일 호스트에 대한 IP 라우팅:** 모바일 IP에 대한 IETF 워킹 그룹. 현재 RFC들과 인터넷 드래프트를 포함한다.
- **무선 응용 프로토콜 포럼:** WAP 기술 규격화 산업 링크

12.4 주요용어, 복습, 연습문제

주요용어

모바일 IP	무선 세션 프로토콜(WSP: Wireless Session Protocol)	인터넷 제어 메시지 프로토콜(ICMP: Internet Control Message Protocol)
무선 데이터그램 프로토콜(WDP: Wireless Datagram Protocol)	무선 응용 프로토콜(WAP: Wireless Application Protocol)	캡슐화
무선 마크업언어(WML: Wireless Markup Language)	무선 트랜잭션 프로토콜(WTP: Wireless Transaction Protocol)	터널링
무선 응용환경(WAE: Wireless Application Environment)	외부 대리인	해시함수
무선 전송 계층 보안(WTLS: Wireless Transport Layer Sercurity)	외부 네트워크	홈 주소
		홈 대리인
		홈네트워크
		care-of address

복습문제

12.1 모바일 사용자와 이동 사용자의 차이점을 설명하라.

12.2 터널링에 대해 설명하라.

12.3 모바일 IP에 의해 제공되는 기능을 나열하고 간결히 정의하라.

12.4 모바일 IP 발견과 ICMP 간의 관계는 무엇인가?

12.5 외부 네트워크로 접근시 모바일 노드에 할당될 수 있는 두 가지 종류의 목적지 주소는 무엇인가?

12.6 문제 5에서 거론된 각 종류의 주소를 사용하기 위해 모바일 노드가 어떠한 환경을 선택할 수 있는가?

12.7 HTML 필터와 WAP 프록시 간의 차이점은 무엇인가?

12.8 WML에 의해 제공되는 기능 영역은 무엇인가?

12.9 WSP에 의해 제공되는 서비스는 어떤 것이 있는가?

12.10 세 가지의 WTP 트랜잭션 클래스는 언제 각각 사용되는가?

12.11 WTLS에 의해 제공되는 보안 서비스들을 나열하고 간략히 정의하라.

연습문제

12.1 이 문제는 그림 12.6을 참조한다. LAN Z는 호스트 E에 대한 홈네트워크이고 D는 IP를 통해 E로 데이터블록을 송신한다고 가정하자.

a. E가 홈네트워크에 있는 경우를 나타내는 주소 필드의 컨텐츠를 갖는 IP 헤더와 하위 계층 헤더(MAC, LLC) 필드를 포함하는 PDU 구조를 보여라.

b. E가 R3를 거쳐 인터넷을 통해 도착할 수 있는 외부 네트워크에 있는 경우에 대해 반복하라. D를 떠나는 MAC 프레임과 R3를 떠나는 IP 데이터그램에 대한 포맷을 보여라. IP-대-IP 캡슐화가 사용된다고 가정하자.

c. R3를 떠나는 IP 데이터그램에 대한 위 b. 부분을 반복하라. 그러나 최소 캡슐화가 사용된다고 새로이 가정한다.

12.2 그림 12.6을 참조하라. A는 모바일 노드이고 LAN X는 A에 대한 외부 네트워크라고 가정하자. 인터넷으로부터 A로 배달될 IP 데이터그램이 R1에 도착한다고 가정하자. R1에 도착한 IP 데이터그램의 포맷과 다음의 경우에 대한 R1을 떠나는 MAC 프레임(IP 헤더 또는 헤더들을 포함함)의 포맷을 보여라.

a. IP-대-IP 캡슐화가 사용되고 R1은 care-of-address이다.

b. 최소 캡슐화가 사용되고 R1은 care-of-address이다.

c. IP-대-IP 캡슐화가 사용되고 A는 care-of-address이다.

d. 최소 캡슐화가 사용되고 A는 care-of-address이다.

12.3 홈 대리인의 일반적인 모바일 IP 구현에서, 대리인은 패킷전달을 위해 모바일 노드의 홈 주소를 care-of-address로 매핑하기 위해 이동성 바인딩 테이블을 유지한다. 테이블의 각 행에 대해 필수적인 entry는 무엇인가?

12.4 외부 대리인의 일반적인 모바일 IP 구현에서, 대리인은 현재 이 네트워크를 방문한 모바일 노드에 대한 정보를 포함하는 방문자 테이블을 유지한다. 테이블의 각 행에 대해 필수적인 entry는 무엇인가?

12.5 WTLS에서, 핸드쉐이크 프로토콜의 change_cipher_spec 메시지를 포함하기보다 분리된 Change Cipher Spec 프로토콜을 사용하는 이유는?

>>> 부록 12A 인터넷 제어 메시지 프로토콜: ICMP

IP 표준은 또한 ICMP(RFC 792, RCC 950, RFC 1256)를 구현해야 하는 것을 명시한다. ICMP는 라우터들과 다른 호스트들로부터 하나의 호스트로 메시지를 전송하는 수단을 제공한다. 기본적으로, ICMP는 통신환경문제들에 대해 피드백을 제공한다. 이러한 사용예는 데이터그램이 목적지에 도착하지 못했을 경우, 라우터가 데이터그램을 전달하기 위한 버퍼링 용량을 가지지 못했을 경우, 라우터가 짧은 경로로 트래픽을 송신하기 위해 스테이션으로 송신할 때이다. 대부분의 경우에, ICMP 메시지는 데이터그램의 경로를 따라 라우터나 의도된 목적지 호스트에 의해 데이터그램의 응답으로 수신된다.

ICMP는 IP를 사용한다. ICMP 메시지는 하위의 IP로 전달되어, IP 헤더를 추가, 캡슐화된다. ICMP 메시지들은 IP 데이터그램으로 전송되기 때문에, 배달은 보증되지 않으며 신뢰되지 않는다.

그림 12.20은 다양한 ICMP 메시지의 유형을 보여준다. ICMP 메시지는 다음 필드로 구성된 64비트 헤더로 시작한다.

- **유형(8 비트):** ICMP의 유형 명시
- **코드(8 비트):** 하나 또는 소수비트로 부호화될 수 있는 메시지의 매개변수를 명시하기 위해 사용됨.
- **검사합(16 비트):** 전체 ICMP 메시지의 검사합. 이것은 IP에서 사용된 것과 동일한 검사합 알고리즘이다.
- **매개변수(32 비트):** 다소 긴 매개변수를 명시하기 위해 사용됨.

일부 메시지 유형에서 이러한 필드들은 메시지의 컨텐츠를 명시하는 추가정보 필드 다음에 나온다.

ICMP 메시지가 이전 데이터그램을 참조하는 경우에, 정보 필드는 원 데이터그램의 처음 64비트 데이터 필드를 더한 전체 IP 헤더를 포함한다. 이것은 원 호스트가 들어오는 ICMP 메시지를 이전 데이터그램과 매핑할 수 있게 한다. 데이터 필드의 처음 64비트를 포함하는 이유는 호스트에서 IP 모듈이 포함된 상위 계층 프로토콜이나 프로토콜들을 결정할 수 있게 한다. 특히, 64비트는 TCP 헤더 또는 다른 전송 계층 헤더의 일부분을 포함할 수 있다.

목적지 도착불가 메시지는 다수의 우연한 사건을 다룬다. 라우터는 만약 목적지 네트워크로 도착하는 방법을 알지 못한다면, 이 메시지를 반환할 것이다. 일부 네트워크에서, 연결된 라우터는 특정 호스트가 도착할 수 없는지를 결정할 수 있고 메시지를 반환할 것이다. 목적지 호스트는 사용자 프로토콜 또는 상위계층 서비스 접속지점이 도착불가라면 이 메시지를 반환할 것이다. IP 헤더에서 관련 필드가 적절히 지정되지 않았다면 발생할 것이다. 만약 데이터그램이 사용할 수 없는 발신 라우터를 명시했다면, 메시지는 반환된다. 마지막으로, 만약 라우터가 플래그먼트 플래그가 설정되지 않은 데이터그램을 분할하였다면, 데이터그램은 폐기되고 메시지는 반환된다.

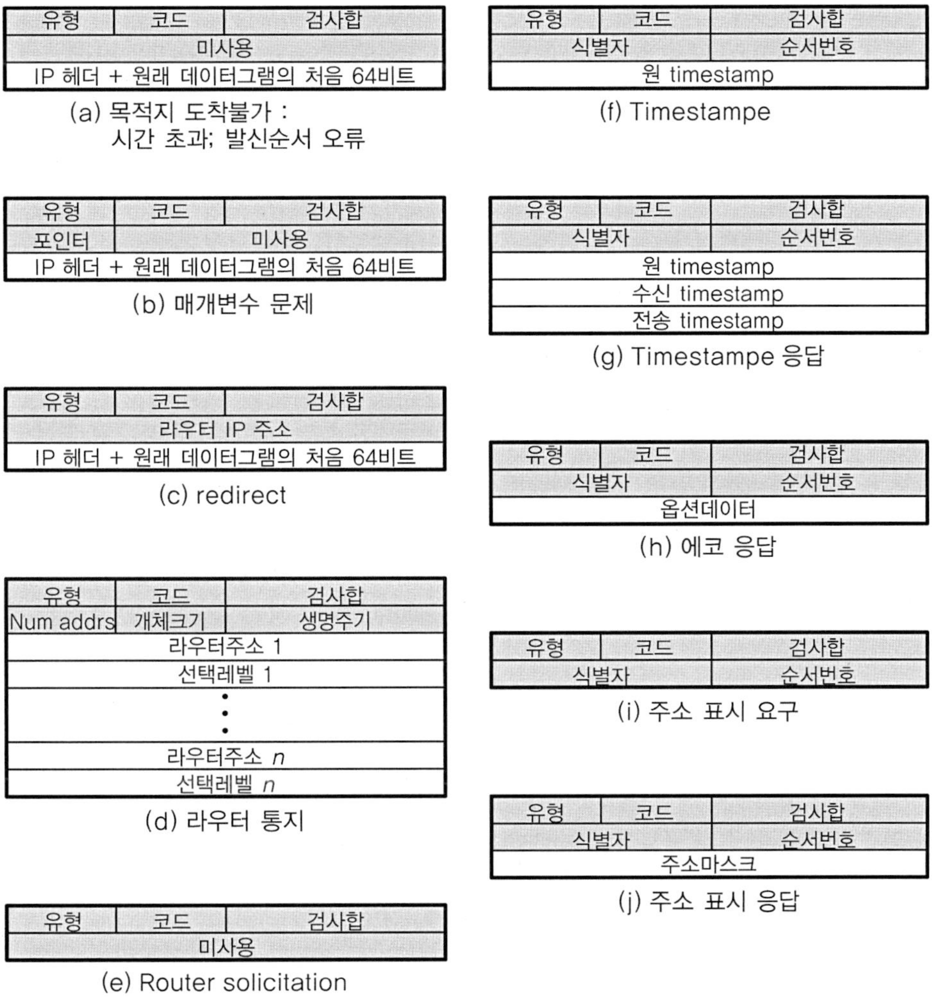

그림 12.20 ICMP 메시지 포맷

라우터는 만약 데이터그램의 생명시간이 초과되었다면 **시간초과** 메시지를 반환할 것이다. 호스트는 만약 시간제한 내에 재결합이 완료되지 않는다면 이 메시지를 송신할 것이다.

IP 헤더에서 구조적 또는 의미적 에러는 라우터나 호스트에 의해 반환되는 **parameter problem** 메시지를 발생할 것이다. 일례로, 잘못된 인자가 옵션에 의해 제공될 수 있다. 매개변수 필드는 에러가 감지된 원 헤더에서 옥텟으로 포인터를 포함한다.

발신순서오류 메시지는 흐름제어의 기본형태를 제공한다. 라우터 또는 목적지 호스트는 이 메시지를 인터넷 목적지로의 트래픽을 송신하는 비율을 줄이도록 요구하기 위해 발신 호스트로 송신할 것이다. 발신순서 오류 메시지 수신시, 발신 호스트는 더 이상 발신순서 오류 메시지를 수신하지 않고 의도된 목적지로 트래픽을 송신하는 비율을 줄일 것이다. 발신순서 오류 메시지는 버퍼가 차서 데이터그램을 폐기해야 하는 라우터나 호스트에 의해 사용될 수 있다. 그런 경우에, 라우터 또는 호스트는 폐기하는 각 데이터그램에 대해 발신순서 오류 메시지가 발생할 것이다. 게다가, 시스템은 혼잡을 유발하고 버퍼용량이 찰 때 발신순서 오류 메시지가 발생할 것이다. 그런 경우에, 발신순서 오류 메시지에서 참조된 데이터그램은 폐기될 수 있다. 발신순서 오류 메시지 수신은 대응되는 데이터그램의 전달 또는 비전달을 의미하지는 않는다.

라우터는 더 나은 경로의 호스트로 특정 목적지를 권하기 위해 직접 호스트로 **redirect** 메시지를 송신한다. 다음은 그림 12.6을 사용한 예이다. 라우터 R1은 네트워크 Y의 호스트 C로부터 R1이 접속된 곳으로 D에게 전달될 데이터그램을 수신한다. R1은 라우팅 테이블을 점검하고 데이터그램의 인터넷 목적지 네트워크 Z로 라우트되는 다음 라우터 R2에 대한 주소를 얻는다. 데이터그램의 인터넷 발신주소에 의해 식별된 R2와 호스트는 동일한 네트워크에 있기 때문에, R1은 C로 redirect 메시지를 송신한다. redirect 메시지는 이것이 목적지에 대한 좀 더 짧은 경로이기 때문에 호스트가 직접 라우터 R2로 네트워크 Z에 대한 트래픽을 송신하도록 권한다.

echo와 **echo reply** 메시지는 개체 사이에 가능한 통신 테스트를 위한 메커니즘을 제공한다. echo 메시지의 수신자는 echo reply 메시지로 메시지를 반환할 의무가 있다. 식별자와 순서번호는 echo reply 메시지와 연관된 echo 메시지와 동일하다. 식별자는 특정 세션을 식별하기 위해 서비스 접속지점처럼 사용될 것이고 순서번호는 송신된 각 echo request에 의해 증가될 것이다.

Timestamp와 **timestamp reply** 메시지는 인터넷의 지연특성을 표본 추출하는 메커니즘을 제공한다. timestamp 메시지의 송신자는 매개변수 필드에 식별자와 순서번호를 포함할 수 있고 메시지가 송신된 시간을 포함할 수 있다. 수신자는 메시지를 수신한 시간과 timestamp reply 메시지에 응답 메시지를 전송하는 시간을 기록한다. 만약 timestamp 메시지가 엄격한 근원지 라우팅을 사용하여 송신되었다면, 특정 경로의 지연특성은 측정될 수 있다.

Address mask request와 **Address mask reply** 메시지는 서브넷을 포함하는 환경에서 유용하다. 이 메시지는 접속된 LAN에 대한 주소 마스크를 호스트가 할 수 있도록 허용한다. 호스트는 LAN에 주소 마스크 요구 메시지를 방송한다. LAN의 라우터는 주소 마스크를 포함하는 주소 마스크 응답 메시지로 응답한다.

Router Discovery

Router discovery 기능은 RFC 1256으로 ICMP에 추가되었다. router discovery 기능의 목적

은 호스트가 라우터주소를 결정하는 프로세스를 자동화하는 것이다. 호스트가 접속된 네트워크로 IP 데이터그램을 차례로 송신하기 위해, 호스트는 적어도 그 네트워크에 접속된 적어도 하나의 라우터의 주소를 가지고 있어야만 한다. 이러한 라우터주소들은 호스트에 미리 구성될 수 있으나, 이러한 접근은 제한적이다. 특히, 모바일 호스트들이 포함된 새로이 접속된 호스트들에 대해, 그러한 구성파일들은 이용하지 못할 수도 있다. RFC 1256은 호스트가 라우터주소들을 발견할 수 있도록 방법을 제공한다. 멀티캐스트와/또는 브로드캐스트 능력을 제공하는 네트워크는 가능하다.[3]

RFC1256은 두 가지의 새로운 ICMP 메시지 종류를 정의한다: advertisement와 router solicitation. RFC 1256을 따르는 각 라우터는 주기적으로, **router advertisement** 메시지를 발생한다. 그 메시지는 다음의 필드들을 포함한다.

- **Num addrs:** 이 메시지에 통지된 라우터주소 크기
- **Addr entry size:** 각 라우터 주소마다 32비트 워드 크기; 값은 2여야 한다.
- **생명시간:** 라우터 통지가 유효할 수 있는 최대 시간(초단위); 디폴트값은 1800(30분)이다.
- **라우터 주소 i, for $1 \le i \le$ num addrs:** 메시지가 송신된 인터페이스에서 송신 라우터의 IP 주소(들)
- **선택 레벨 i, for $1 \le i \le$ num addrs:** 이 네트워크의 다른 라우터 주소와 비교하여, 디폴트 라우터 주소로서 각 라우터 주소 i의 선택 가능성. 더 높은 값이 더 선택 가능함을 의미한다.

일반적으로, 라우터는 하나의 네트워크에 하나의 IP 주소를 갖지만, 다중 IP 주소도 가능하다. 만약 라우터가 네트워크에 다중 물리적 접속(인터페이스)을 갖는다면, 라우터에 대한 다중 IP 주소들이 된다. 다중 IP 주소들은 또한 다중서브넷을 지원하기 위해 하나의 인터페이스에 지정될 수 있다. 후자는 여기서 우리가 관련될 필요가 없을 때 사용된다. 선택레벨(preference level)은 라우터가 주어진 목적지 주소에 대해 최적인지 결정하기 위해 충분한 라우팅(경로)정보를 호스트가 가지지 못했을 경우에 디폴트 라우터를 결정하기 위해 호스트에 의해 사용된다. 예를 들어, 그림 12.6에서, 호스트 D로부터 호스트 C로 주소가 된 IP 데이터그램은 라우터 R2를 통해 송신되는 것이 최적이나, 네트워크의 다른 원격지 호스트로 가야 되는 데이터그램은 R3를 통해 송신된다. 그러나, 만약 D가 사용해야 하는 라우터에 대한 정보가 없다면, 디폴트 라우터로 데이터그램을 송신할 필요가 있다. 이 예에서, 만약 네트워크

3. 멀티캐스트주소는 하나의 영역(예를 들면, 네트워크, 인터넷) 내에 그룹을 나타내는 주소이다. 방송주소는 하나의 영역(예를 들면, 네트워크, 인터넷) 내에 모든 호스트들을 나타내는 주소이다. 멀티캐스트와 브로드캐스트는 모든 스테이션들이 동일한 전송매체를 공유하기 때문에, 쉽게 LAN에서 행해진다. 멀티캐스트와 브로드캐스트는 또한 다수의 무선과 교환네트워크기술에 이용가능하다.

관리자가 LAN Z로부터 대부분의 인터넷 트래픽이 근거리(이 지역에서 다른 LAN으로)라고 결정한다면, R2는 좀 더 높은 선택레벨을 할당받는다; 그리고 만약 대부분의 트래픽이 원격지라면, R3는 좀 더 높은 선택레벨을 할당받는다.

디폴트로, 라우터들은 매 7~10분 마다 라우터통지 메시지를 발행할 것이다. 만약 이 네트워크의 모든 호스트들이 IP 멀티캐스트 특성을 지원한다면, 메시지는 224.0.0.1의 모든 시스템 방송주소로 송신될 것이다. 그렇지 않으면 255.255.255.255의 방송주소가 사용될 것이다.

만약 호스트가 하나의 네트워크로 활성화되기 시작하였다면, **router solicitation** 메시지를 발생함으로써 모든 접속된 라우터에게 라우터통지를 요구할 수 있다. 이 메시지는 메시지의 종류를 식별하는 정보를 포함하지 않음을 그림 12.20(e)를 보고 참조하라. 통지를 발생하기 위해 모든 라우터들을 자극하는 것은 간단하다; 그러므로 추가정보는 필요치 않다. 만약 이 네트워크의 모든 라우터들이 IP 멀티캐스트 특성을 지원한다면, 메시지는 224.0.0.2의 모든 라우터들의 멀티캐스트 주소로 송신될 것이다. 그렇지 않으면 225.255.255.255의 방송주소가 사용된다.

>>> 부록 12B 메시지 인증

모바일 IP 등록 프로토콜에 대한 요구사항 중 하나는 메시지 인증이다. 상세한 내역은 [STAL03]을 참조하라.

메시지 인증은 통신하는 집단들이 수신된 메시지가 인증되었음을 검증하기 위한 절차이다. 두 가지 중요한 관점은 메시지 컨텐츠가 변경되지 않았음과 근원지가 확실하다는 것을 검증하는 것이다. 우리는 또한 메시지 제한시간(인위적으로 지연되거나 재연되지 않았다)과 두 집단 사이에 흘러가는 다른 메시지들에 관련된 순서를 검증하길 원한다.

메시지 인증에 사용되는 공통기술은 일방향 해시함수를 기반으로 한다.

일방향 해시함수

해시함수는 다양한 길이의 블록 데이터를 조그만 고정된 길이의 블록으로 생성한다. 해시함수의 목적은 파일, 메시지, 그리고 다른 데이터 블록의 "fingerprint"를 생성하는 것이다. 메시지 인증을 유용하게 하기 위해, 해시함수 H는 다음과 같은 특성들을 가져야만 한다.

1. H는 임의 크기의 데이터블록에 적용될 수 있다.
2. H는 고정 길이의 결과를 생성한다.
3. $H(x)$는 하드웨어와 소프트웨어 구현이 실제적이여서 상대적으로 임의로 주어진 x에 대

해 계산하는 것이 용이하다.

4. 임의의 주어진 코드 h에 대해, $H(x) = h$인 x를 찾는 것은 계산적으로 실행 불가능하다.

5. 임의의 주어진 블록 x에 대해, $H(x) = H(y)$인 $y \neq x$를 찾는 것은 계산적으로 실행 불가능하다.

6. $H(x) = H(y)$인 임의의 쌍(x, y)을 찾는 것은 계산적으로 실행 불가능하다.

처음 세 가지 특성은 메시지 인증을 위한 해시함수의 실제응용에 대한 요구사항이다. 네번째 특성은 일방향특성이다: 하나의 메시지로 코드를 생성하는 것은 용이하다. 그러나 반대로 하나의 코드로 원래의 메시지를 생성하는 것은 불가능하다. 이런 특성은 만약 인증기술이 다음에 설명되는 것처럼, 비밀값 사용을 포함한다면 매우 중요하다.

다섯번째 특성은 주어진 메시지에 동일한 해시값을 갖는 또 다른 메시지를 찾는 것은 불가능하다는 것을 보증한다.

앞에 나온 리스트에서 처음 다섯번째 특성을 만족하는 해시함수는 **약한 해시함수**(weak hash function)로 간주된다. 만약 여섯번째 특성이 또한 만족된다면, **강한 해시함수**(strong hash function)로 간주된다 여섯번째 특성은 birthday attack으로 알려진 복잡한 종류의 공격에 대한 방어이다.

인증을 제공하는 것 이외에 메시지압축은 또한 에러검출을 제공한다. CRC와 같은 에러검출코드와 동일한 기능을 수행한다. 만약 메시지에서 임의의 비트들이 전송시 변경된다면, 메시지 압축은 에러가 날 것이다.

일반적으로 널리 사용되는 해시함수는 128비트 메시지압축을 생성하는 MD5이다. MD5는 모바일 IP에 대한 디폴트 해시함수이다.

해시코드

그림 12.21은 메시지 인증에 대한 해시함수를 사용하는 기법을 보여준다. 이 기법은 두 통신 집단, A와 B가 공동 비밀값 S_{AB}을 공유한다고 가정한다. A가 B로 송신할 메시지가 있다고 할 때, 비밀값과 메시지를 연결하여 해시함수를 계산한다: $MD_M = H(S_{AB} \| M)$.[4] $[M \| MD_M]$을 B로 송신한다. B는 S_{AB}를 처리하기 때문에, $H(S_{AB} \| M)$은 재계산되고 MD_M은 검증될 수 있다. 비밀값 그 자체는 송신되지 않기 때문에, 공격자가 가로챈 메시지를 변경하는 것은 가능하지 않다. 비밀값이 안전하게 유지되는 한, 공격자가 잘못된 메시지를 생성하는 것은 가능하지 않다.

4. ||은 연결을 나타낸다.

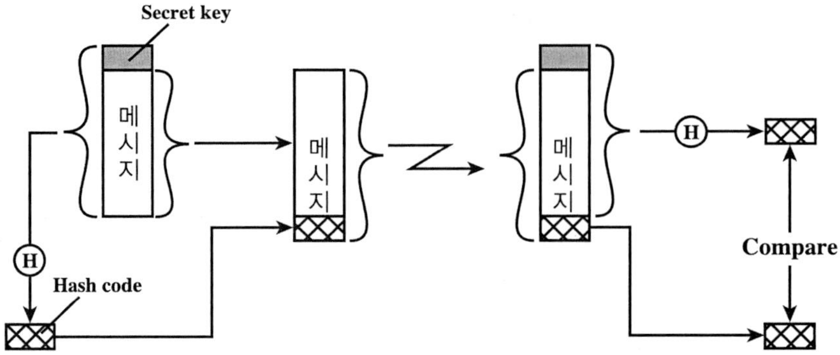

그림 12.21 일방향 해시함수(one-way hash function)을 사용하는 메시지 인증

해시코드 접근은 일방향 해시함수에 의존한다. 만약 해시함수가 일방향이 아니라면, 공격자는 쉽게 비밀값을 발견할 수 있다: 만약 공격자가 전송을 지켜보거나 가로챌 수 있다면, 공격자는 메시지 M과 해시코드 $MD_M = H(S_{AB} \| M)$을 얻는다. 공격자는 $S_{AB} \| M = H^{-1}(MD_M)$을 얻기 위해 해시함수를 반대로 한다. 공격자는 이제 M과 $S_{AB} \| M$를 모두 가지고 있기 때문에, S_{AB}를 다시 얻는 것은 사소한 일이다.

부록 12C 서비스 프리미티브와 매개변수

OSI 모델 또는 TCP/IP 구조와 같은 통신구조에서(그림 4.4), 각 계층은 다음의 두 부분으로 정의된다: 다른 시스템 내에 상대 실체들(동일한 레벨에서) 간의 프로토콜, 그리고 동일한 시스템에서 한 계층에 의해 다음 상위 계층으로 제공되는 서비스이다.

프로토콜 구조에서 인접한 계층간 서비스들은 프리미티브들과 매개변수들로 표현된다. 프리미티브는 수행되어야 하는 함수를 명시하고, 매개변수들은 데이터와 제어정보를 전하기 위해 사용된다. 하나의 예로 프로시저 호출(procedure call)이 있다.

프리미티브의 4가지 종류는 구조에서 인접 계층간 상호작용을 정의하기 위해 표준에서 사용된다. 이러한 것들은 표 12.8에서 정의되었다. 그림 12.22(a)의 구성은 이러한 사건들의 시간순서를 나타낸다. 예를 들어, WSP 사용자 A로부터 다른 시스템의 상대 개체 B로 접속요구를 전송한다고 가정하자. 다음의 단계들이 발생한다:

1. A는 S-Connect.req 프리미티브로 WSP의 서비스를 호출한다. 프리미티브와 관련되어 필요한 것은 목적지 주소와 같은 매개변수이다.
2. A 시스템의 WSP 개체는 B에 상대 WSP 개체로 송신하기 위해 WSP PDU를 준비한다. 이 PDU는 WTP PDU로 캡슐화되어 송신된다.

표 12.8 Service Primitive 종류

REQUEST	임의의 서비스를 호출하고 완전히 요구된 서비스를 명시하기 위해 필요한 매개변수들을 전하기 위해 서비스 사용자에 의해 발생된 프리미티브
INDICATION	서비스 제공자에 의해 다음의 각 경우에 발생되는 프리미티브 1. 접속이 상대 서비스 사용자에 의해 프로시저가 호출되었고 연관된 매개변수들을 제공하는 것을 나타내기 위해 2. 서비스 사용자에게 provider-initiated 동작을 알리기 위해
RESPONSE	수신확인을 하거나 그 사용자에게 통지되었던, 이전에 호출된 프로시저를 완료하기 위해 서비스 사용자에 의해 발생된 프리미티브
CONFIRM	수신확인을 하거나 서비스 사용자에 의해 요구되었던, 이전에 호출된 프로시저를 완료하기 위해 서비스 제공자에 의해 발생된 프리미티브

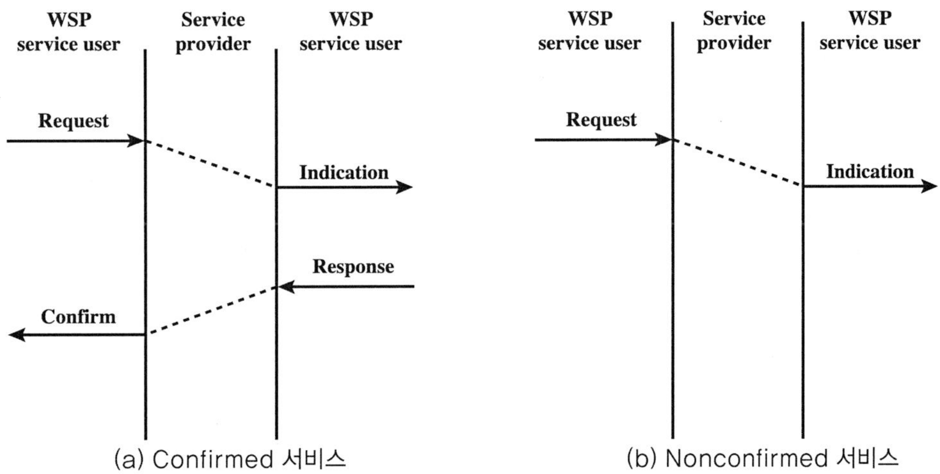

그림 12.22 서비스 프리미티브에 대한 시간순서도

3. 목적지 WSP 개체는 WSP PDU를 수신하고 발신주소와 다른 매개변수를 포함하는 S-Connect.ind로서 B로 데이터를 배달한다.
4. B는 S-Connect.res를 WSP 개체에서 발생한다.
5. B의 WSP 개체는 하나의 PDU로 A의 WSP 개체에게 수신확인을 전한다.
6. 수신확인은 S-Connect.cnf를 통해 A로 배달된다.

이상과 같은 서비스는 개시자가 요구된 서비스가 다른 종단에서 원하는 효과를 얻었다는 것에 대한 확인을 수신하기 때문에 **confirmed service**라 한다. 만약 request와 indication

프리미티브만이 포함된다면(단계 1에서 3까지) **nonconfirmed service**라 한다. 이 경우 개시자는 요구된 행동이 실행되었는지에 대한 확인을 수신할 수 없다(그림 12.22(b)).

PART FOUR
무선 LAN

CHAPTER 13
무선 LAN 기술

communications networks

불과 몇 년 안에, 무선 근거리 통신망은 근거리 통신망 시장에서 중요한 영역을 점유하기에 이르렀다. 더욱이, 많은 조직들은 이동성과 재배치, ad hoc 네트워킹, 그리고 유선으로 하기에는 힘든 지역과 같은 요구사항들을 만족시키기 위해서 무선 LAN을 전통적인 유선 근거리 통신망들에 필수적으로 추가해야 한다는 것을 알게 되었다.

이 장에서는 무선 근거리 통신망의 개요에 대해 살펴보기로 한다. 또한, 무선 LAN 사용동기와 현재 사용되는 다양한 접근방법들을 제시하고자 한다.

다음 3개의 절들은 전송기술(적외선, 확산 대역, 협대역 마이크로웨이브)에 따라서 분류된 3가지 무선 근거리 통신망들의 주요형태에 대해 더 자세히 기술한다.

13.1 개요

이름에서 알 수 있듯이 무선 근거리 통신망은 무선 전송매체를 사용한다. 상대적으로 최근까지 무선 근거리 통신망들은 높은 가격, 낮은 데이터 전송속도, 안전성에 관한 염려, 라이센스 요구사항들 때문에 거의 사용되지 않았다. 그러나, 이러한 문제들이 계속적으로 해결되어감에 따라, 무선 근거리 통신망의 인기가 급속히 성장하게 되었다.

이 절에서는 무선 LAN의 필요성과 장점을 살펴보고 이를 구현하는 데 있어서 중요 접근방법들에 대해 살펴본다.

무선 LAN 응용

[PAHL95]에서는 무선 LAN의 4가지 응용(LAN의 확장, 건물간 상호연결, nomadic 접속, ad hoc 네트워킹)들에 대해 설명하고 있다. 이들을 순서대로 살펴보기로 한다.

LAN의 확장

1980년대 후반에 소개된 초기 무선 LAN 제품들은 전통적인 유선 LAN에 대한 대체물로서 시장에 등장하게 되었다. 무선 LAN은 LAN 케이블링의 설치비용을 절약하게 해주며, 네트워크 구조에 대한 재배치와 변경을 손쉽게 해준다. 그러나, 무선 LAN에 대한 이러한 사용동기들은 다음과 같은 사항들에 의해 뒤바뀌게 된다.

첫째, LAN에 대한 필요성이 점점 증가함에 따라, 건축 설계자들은 새로운 건물들에 대해 데이터 응용들을 위한 광범위한 배선공사를 미리 설계하게 되었다.

두번째로 데이터 전송기술의 발전으로 인해 LAN의 케이블링을 위해 카테고리 3, 카테고리 5의 UTP 케이블과 같은 TP 케이블에 대한 신뢰가 증대되었다. 대부분의 낡은 건물들은 이미 카테고리 3 케이블을 사용하여 배선되어졌고, 많은 새 건물들은 이미 카테고리 5 케이

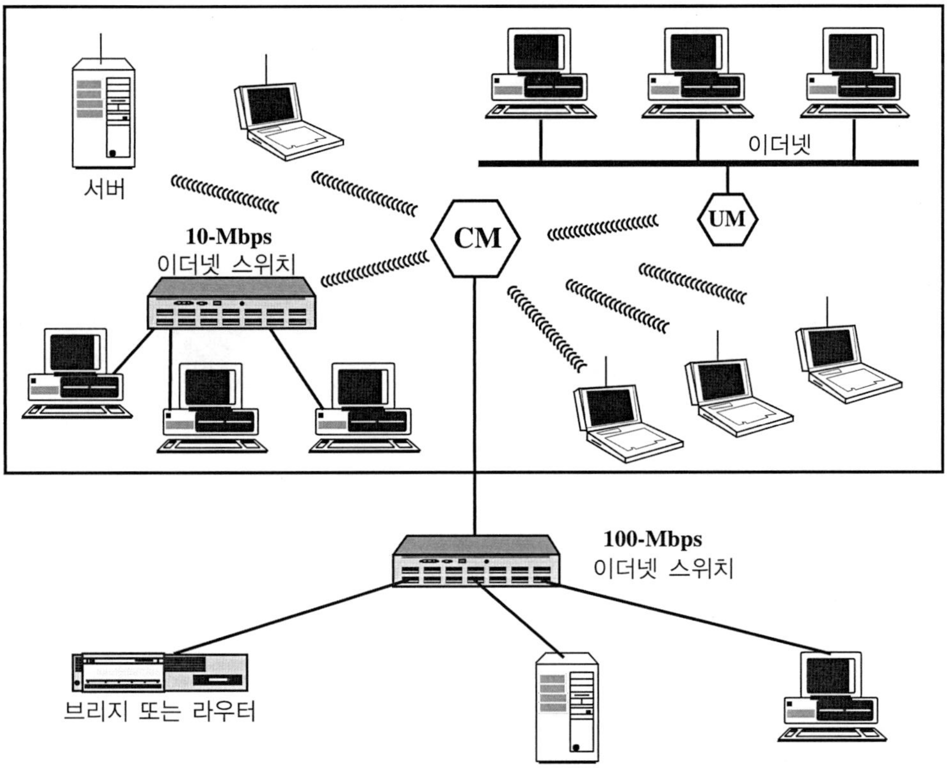

그림 13.1 단일 셀 무선 LAN 구성의 예

블로 사전 배선계획이 수립되어졌다. 이러한 이유로, 유선 LAN들을 대체하기 위한 무선 LAN의 사용은 많이 이루어지지 않았다.

그러나, 많은 환경에서 유선 LAN의 대안으로서 무선 LAN의 역할이 존재한다. 이러한 환경들은 제조공장, 주식거래소, 창고들과 같은 대규모 지역의 빌딩과 불충분한 케이블링 작업이 되어있는 오래된 건물과 새로운 케이블링이 금지된 낡은 건물, 그리고 유선 LAN의 설치와 유지보수가 경제적으로 맞지 않는 작은 사무실들이 여기에 속한다.

이러한 모든 경우에, 무선 LAN은 효율적이고 더 매력적인 대안을 제공한다. 이들 대부분의 경우에도, 조직들은 서버들과 워크스테이션들을 지원하기 위해 유선 LAN을 가지고 있을 것이다. 예를 들면, 제조업체들은 원칙적으로 공장과 분리된 사무실공간을 가지고 있다. 그러나 이러한 것들은 네트워킹 목적을 위해 서로 연결되어져야 한다. 따라서, 이러한 같은 전제로 무선 LAN은 유선 LAN과 서로 연결되어질 것이다. 이러한 응용 영역을 LAN의 확장이라 말할 수 있다.

그림 13.1은 많은 환경에서 사용하는 전형적인 무선 LAN의 간단한 구성을 보여주고 있다.

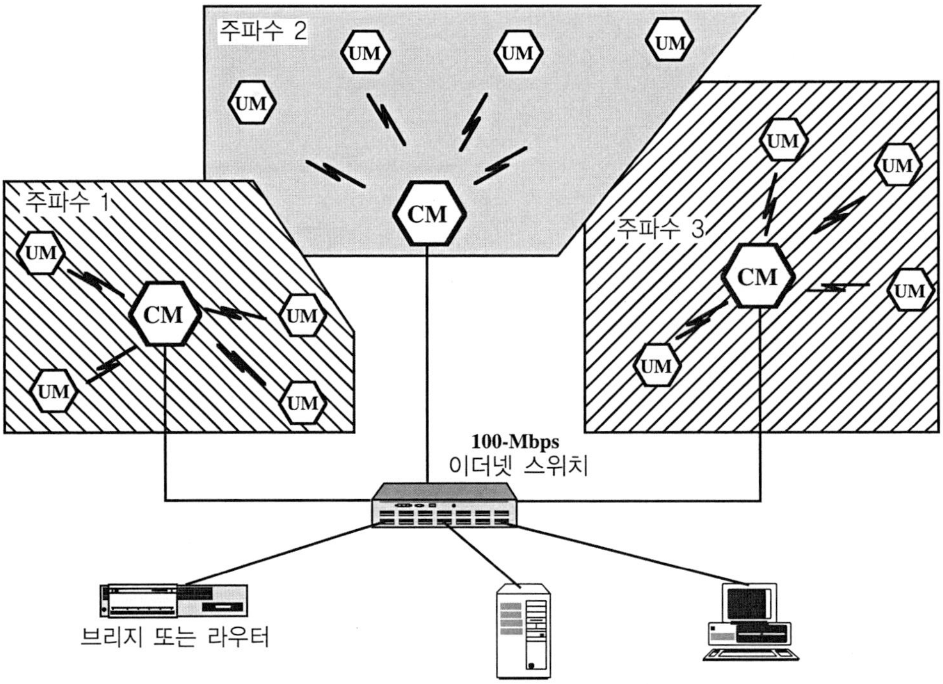

그림 13.2 다중 셀 무선 LAN 구성의 예

즉, 서버들과 워크스테이션들을 연결하고 있는 이더넷과 같은 백본 유선 LAN과 다른 네트워크에 연결하기 위한 라우터들 또는 하나 이상의 브리지들이 존재한다. 게다가 무선 LAN에 인터페이스 역할을 수행하는 제어모듈(CM)이 존재한다. 이러한 제어모듈은 무선 LAN을 백본에 연결하기 위한 브리지나 라우터의 기능을 포함하며, 최종 단말 시스템들로부터 접근을 제어/통제하기 위한 폴링이나 토큰 패싱기술과 같은 접근 제어 로직들을 포함한다. 최종 단말 시스템들은 서버나 워크스테이션과 같이 독립형 장비들이며, 유선 LAN의 많은 장비들을 제어하는 허브나 다른 사용자 모듈(UMs)들은 무선 LAN 구성의 일부일 수 있다.

그림 13.1의 구성은 단일 셀 무선 LAN의 구성으로서, 이는 무선 단말 시스템 모두가 하나의 제어모듈 범위 안에 존재하게 된다. 그림 13.2에서 제시하는 또 다른 일반적인 구성은 다중 셀 무선 LAN이다. 이 경우에는 하나의 유선 LAN에 연결된 다수의 제어모듈들이 있으며, 각 제어모듈은 자신의 전송 범위 안에서 수많은 무선 단말 시스템들을 지원한다. 예를 들어, 적외선 LAN에서의 전송은 가시거리내 공간으로 제한된다. 따라서 무선을 지원하고자 하는 빌딩의 각 공간마다 하나의 셀이 요구된다.

건물 간 상호연결

무선 LAN 기술의 또 다른 사용은 지역적으로 가까운 건물내의 LAN들(유선/무선 LAN)을 서로 연결하는 것이다. 이러한 경우 두 개의 빌딩들을 연결하기 위해서는 점대점 연결을 사용하고 있다. 연결에 사용되는 장비들은 일반적으로 브리지나 라우터들이다. 이러한 단일 점대점 회선은 LAN은 아니지만 무선 LAN이라는 이름으로 이 응용을 포함하는 것이 일반적이다.

Nomadic 접속

Nomadic 접속은 랩탑 컴퓨터 또는 노트패드 컴퓨터와 같이 안테나가 달려있는 모바일 데이터 터미널과 LAN 허브간에 무선연결을 제공한다. 이러한 연결 이용에 대한 한 가지 예로는 출장에서 돌아온 회사원이 개인 휴대용 컴퓨터에서 사무실에 있는 서버로의 데이터 전송을 들 수 있다. 또한 Nomadic 접근은 빌딩 밖에서 이루어지는 사업이나 캠퍼스와 같은 더욱 확장된 환경에서 유용하다. 이 모두의 경우에 사용자들은 그들의 휴대용 컴퓨터를 가지고 주위로 이동하거나 다양한 위치에서 유선 LAN 상의 서버에 접속을 시도할 수 있다.

Ad Hoc 네트워킹

Ad hoc 네트워크는 어떠한 즉각적인 요구에 대처하기 위해 임시적으로 설정된 점대점 네트워크이다. 예를 들면, 자신들의 랩탑 컴퓨터나 휴대용 컴퓨터를 가지고 있는 다수의 직원들이 사업이나 회의모임을 위한 회의장소에서 그 모임기간동안 임시적인 네트워크 내에 그들의 컴퓨터들을 연결하는 것이다.

그림 13.3은 LAN의 확장과 nomadic 접속 요구사항들 그리고 ad hoc 무선 LAN들을 지원하는 무선 LAN 사이의 차이점을 보여주고 있다. 전자의 경우에, 무선 LAN은 각 셀에 대해 하나의 제어모듈을 가지고 있는 하나 이상의 셀로 구성된 기지국 기반구조를 형성한다. 하나의 셀 안에 수많은 기지국 종단 시스템들이 존재할 수 있다. Nomadic 기지국들은 하나의 셀에서 다른 셀로 이동할 수 있다.

반대로 ad hoc 네트워크를 위한 기반구조는 존재하지 않는다. 오히려, 서로의 범위 안에서 여러 스테이션들이 동적으로 임시적인 네트워크를 구성하게 된다.

무선 LAN 요구사항

무선 LAN은 일반적인 다른 LAN들의 요구사항들, 즉 고용량, 단거리 수용 능력, 접속된 스테이션간의 완전한 연결 그리고 방송 능력 등을 똑 같이 만족해야 한다. 게다가 무선 LAN 환경에 대한 많은 특정 요구사항들을 만족해야 한다. 무선 LAN의 가장 중요한 요구사항들은 다음과 같다.

- **데이터 처리량:** 매체 접근제어 프로토콜은 무선매체의 용량을 최대화하기 위해 효율적으로 사용되어야 한다.
- **노드들의 수:** 무선 LAN들은 다중 셀들을 통하여 수백의 노드들을 지원하는 것이 필요하다.

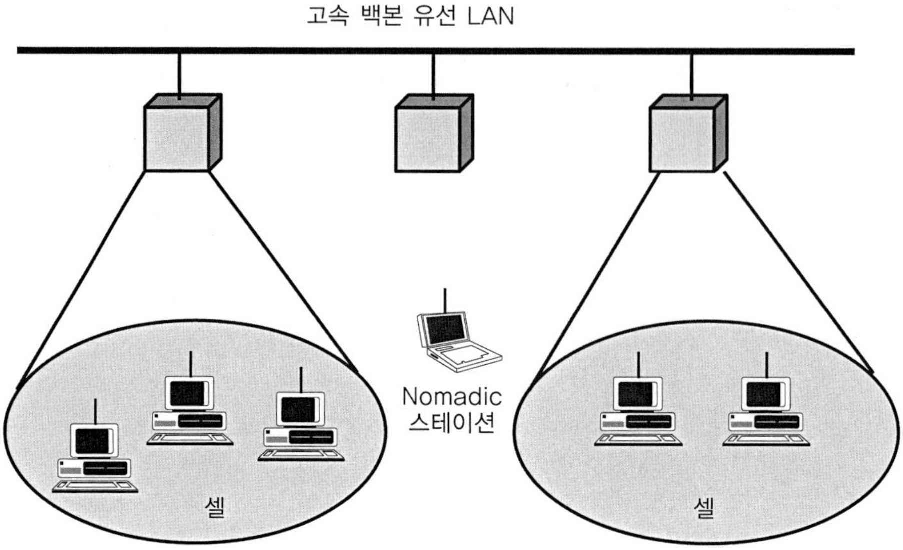

(a) 무선 LAN의 기반구조

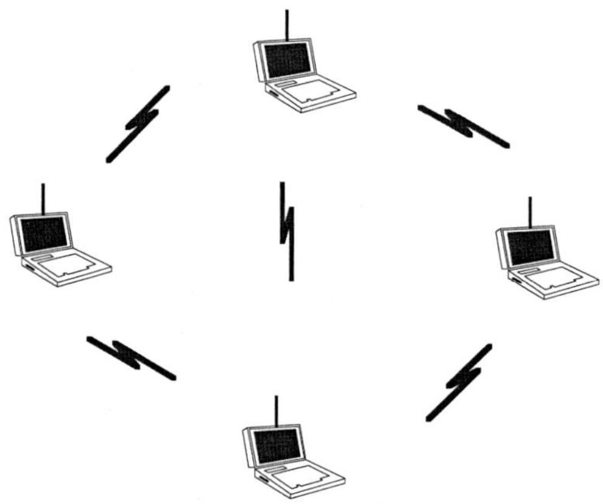

(b) Ad hoc LAN

그림 13.3 무선 LAN 구성도

- **백본 LAN에 접속:** 대부분의 경우에, 유선 백본 LAN 상에 다수의 스테이션들의 상호 접속이 요구된다. 물론, 무선 LAN의 기반구조에 대해서는 LAN의 두 가지 종류들을 모두 연결하는 제어모듈을 사용함으로써 쉽게 달성될 수 있다. 이것은 또한 무선 사용자와 ad hoc 네트워크에 대해 조화시킬 필요가 있다.
- **서비스 지역:** 무선 LAN이 지원하는 전형적인 송신 영역은 지름이 100에서 300 m 정도이다.

- **건전지 소비:** 무선 사용자들은 무선 어댑터를 사용할 때 수명이 긴 건전지를 필요로 하는 건전지 전원을 갖는 워크스테이션을 사용한다. 이것은 무선 노드들이 끊임없이 접속지점을 모니터링하거나 기지국과 빈번하게 핸드쉐이크하는 MAC 프로토콜은 부적당하다는 것을 의미한다. 전형적인 무선 LAN의 구현은 'sleep mode'와 같이 네트워크를 사용하지 않는 경우에는 건전지 소비량을 줄이는 기능을 제공하고 있다.
- **전송 견고성과 보안:** 적절하게 설계되지 않은 무선 LAN은 혼선되며 쉽게 도청될 것이다. 무선 LAN에 대한 설계는 심지어 잡음 환경에서조차도 신뢰성 있게 전송 가능해야 하고, 외부의 도청으로부터 보안을 제공해야 한다.
- **인접지역의 네트워크 동작:** 무선 LAN들이 계속적으로 인기가 높아짐에 따라, 두 개 이상의 무선 LAN들이 같은 지역이나 LAN 상의 혼선이 존재하는 지역에서도 동작이 가능해지고 있다. 그와 같은 혼선은 MAC 알고리즘의 정상적인 작동을 방해할 수 있으며 특히 특정 LAN으로부터 인증되지 않은 접근을 허용할 수 있을지 모른다.
- **무인가 동작:** 사용자들은 LAN들이 사용하는 주파수 대역에 대한 특별한 인가 없이 무선 LAN 제품이 동작하거나 구입되는 것을 더 좋아한다.
- **핸드오프/로밍:** 무선 LAN에서 사용하는 MAC 프로토콜은 무선 단말기가 하나의 셀에서 다른 셀로 이동하는 것을 가능하게 해준다.
- **동적인 구성:** LAN 측면에서 네트워크 관리와 MAC 주소 지정은 다른 사용자의 간섭 없이 동적이고 자동적으로 단말 시스템의 재배치와 추가, 삭제를 가능하게 해야 한다.

그림 13.4에서 보는 바와 같이 Kiviat 그래프[1]를 사용하는 무선 데이터 네트워크와 유무선 LAN들을 서로 비교하는 것은 좋은 예이다.

무선 LAN 기술

무선 LAN들은 일반적으로 사용되는 전송기법에 따라 분류된다. 현재 모든 무선 LAN 제품들은 다음 범주 중의 하나이다.

- **적외선(IR) LAN:** 적외선 LAN의 각 셀은 적외선이 불투명한 벽들은 통과하지 못하므로 가시거리내 공간으로 제한된다.
- **확산 대역 LAN:** 이 LAN 형식은 스펙트럼 전송기술을 이용한다. 대부분의 경우에, 이 LAN들은 ISM(산업, 과학, 의학용) 대역에서 사용되며, 이것은 어떠한 FCC 허가도 미국 내에서는 필요하지 않기 때문이다.

1. Kiviat 그래프는 여러 변수에 따라 시스템을 비교하기 위해 그림을 사용하는 방법을 제공한다. 변수는 동일한 각간격에서 배치된다. 주어진 시스템은 각 변수에 대해 단일점에 의해 규정되며, 이 점들은 시스템의 특징인 형태를 나타내는 것과 관련 있다.

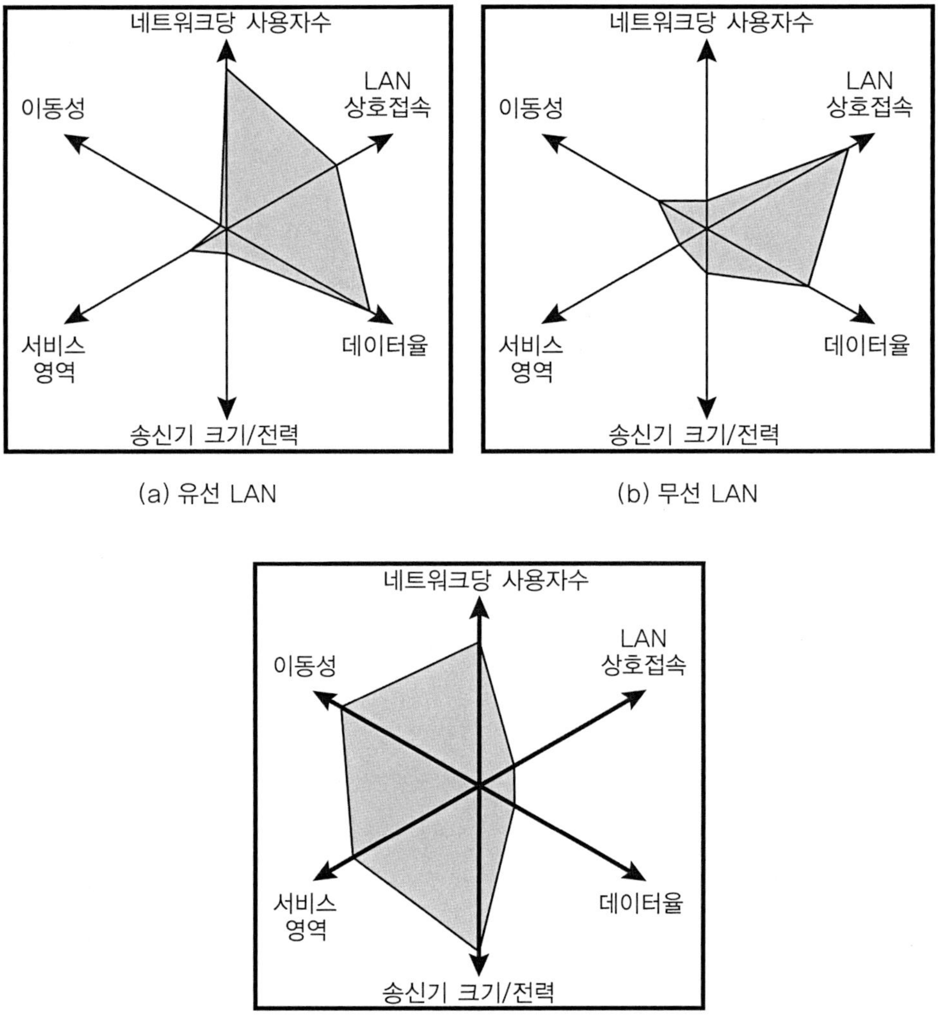

(a) 유선 LAN

(b) 무선 LAN

(c) 모바일 데이터 네트워크

그림 13.4 데이터 네트워크를 위한 Kiviat 그래프

- **협대역 마이크로웨이브:** 이러한 LAN들은 스펙트럼을 사용하지 않고 마이크로웨이브를 사용한다. 이들 중 어떤 것들은 FCC 허가를 요구하는 주파수상에서 동작하지만 또 다른 것들은 ISM 대역들 중에 하나를 사용하기도 한다.

표 13.1은 이 세 가지 기술들의 중요한 특성들을 설명하고 있으며 더 자세한 설명은 다음 세 절에서 제시하고 있다.

스펙트럼 적외선 부분에서의 광학 무선 통신은 다양한 원격 제어 디바이스에서 사용되고 있

표 13.1 무선 LAN 기술들의 비교

	적외선		확산 대역		라디오
	Diffused Infrared	Directed Beam Infrared	Frequency Hopping	Direct Sequence	Narrowband Microwave
전송률(Mbps)	1~4	1~10	1~3	2~54	10~20
이동성	고정/이동성	LOS 고정	이동성	고정/이동성	
영역(m)	15~60	25	30~100	30~250	10~40
감지도	무시		미소		약간
파장/주파수	λ: 800 ~ 900 nm		902~928 MHz 2.4~2.4835 GHz 5.725~5.85 GHz		902~928 MHz 5.2~5.775 GHz 18.825~19.205 GHz
변조기법	ASK		FSK	QPSK	FS/QPSK
방사전력	–		<1W		25 mW
접근기법	CSMA	Token Ring, CSMA	CSMA		Reservation ALOHA, CSMA
인가요구	No		No		Yes(ISM제외)

13.2 적외선 LAN

다. 더욱 최근에 있어서는 무선 근거리 통신망들을 구축하기 위한 적외선 기술의 사용이 주목받고 있다. 이 절에서, 우리들은 라디오 근거리 통신망들과 함께 적외선 근거리 통신망들의 특성을 비교하고 다음에 적외선 근거리 통신망들의 상세한 내용을 알아본다.

장점 및 단점

무선 근거리 통신망들을 위해 경쟁한 두 전송매체는 협대역 전송 또는 확산대역을 사용하는 마이크로파 라디오와 적외선이다. 적외선은 마이크로파 라디오 접근에 비해 많은 중요한 유리한 이점들을 제공한다. 우선, 적외선 스펙트럼은 거의 무한하다. 이러한 사실은 매우 높은 데이터 전송속도를 가능하게 한다. 적외선 스펙트럼은 마이크로파 스펙트럼과는 다르게 전세계적으로 허가가 불필요하다.

더욱이 적외선은 근거리 통신망구성들의 특정한 형태들에 대해 매력적이게 만드는 시각적 라이트의 어떤 속성들을 공유한다. 적외선 빛은 밝은 색 객체들에 의해서 산만하게 반사되는데 이처럼 전체 공간의 적용 범위를 달성하기 위한 ceiling 반향음을 사용하는 것이 가능하다. 적외선은 벽이나 다른 불투명한 객체들에 침투되지 않는다. 이것은 2개의 장점을 가지고 있는데 첫번째로, 적외선 통신은 마이크로웨이브보다 도청에 대해 좀더 쉽게 안전하게 될 수 있다. 그리고 두번째로, 별개의 적외선 설치가 대규모의 적외선 근거리 통신망을 구축할 수 있는 건물의 모든 공간에서 혼선 없이 조작될 수 있다.

적외선의 또 다른 장점은 장비가 상대적으로 싸고 단순하다는 것이다. 적외선 방식의 데이터전송은 고밀도 변조방식을 사용한다. 따라서 IR 수신기들은 대부분의 마이크로웨이브 수신기들이 주파수 혹은 위상을 감지하는 데 반해 광 신호들의 진폭만을 감지하면 된다.

적외선 매체 또한 몇 가지 단점을 가지고 있다. 많은 실내환경들은 햇빛 그리고 실내 조명으로부터 매우 격렬한 적외선 방사를 접하게 된다. 이러한 주위의 적외선들은 더 높은 전력의 송신장비를 요구하게 되며, 또한 그 범위를 제한하게 한다. 그러나 송신장비의 전력을 증가시키는 것은 눈의 안전과 지나친 전원 소비문제로 인해 제한된다.

전송기법

일반적으로 IR 데이터전송에서 사용하는 3가지 전송기법들이 있다. 첫번째는 전송되는 신호가 어느 한곳에 집중될 수 있는 기법과 두번째는 전방향적으로 방사될 수 있으며 마지막으로 천장으로부터 반사될 수도 있다.

Directed Beam Infrared

Directed-beam IR은 점대점 회선을 생성하는 데 사용될 수 있다. 이 방식에서, 그 범위는 발생된 전원 그리고 집중정도에 달려 있다. 집중된 IR 데이터 링크는 수 킬로미터의 범위를 가진다. 이와 같은 범위들은 실내 무선 LAN을 구성하는 데 필요하지 않지만, 이 IR 회선은 서로 다른 시야 내의 빌딩에 위치한 브리지나 라우터간 상호연결을 위해 사용될 수 있다.

점대점 IR 회선의 또 하나의 예는 토큰링 LAN(그림 13.5)을 구축하는 것이다. IR 송수신기들은 데이터가 구성된 링을 따라 회전할 수 있도록 설정할 수 있다. 이러한 각 송수신기는 브리지기능을 제공하는 허브나 스테이션을 지원할 수 있다.

Omnidirectional

전방향 구성은 LAN 상의 다른 모든 스테이션의 시야선상 안에 있는 단일 기지국들과 관련이 있다. 원칙적으로 이러한 스테이션은 천장 위에서 동작하게 된다(그림 13.6(a)). 기지국은 다중포트를 갖고 있는 리피터 역할을 하게 되고, 천장에 있는 송신기는 그 지역에 있는 모든 IR 송수신기들이 수신할 수 있는 전방향 신호들을 방송하게 된다. 다른 송수신기들은 천장 위에 있는 장비로 방향성 광선을 전송하게 한다.

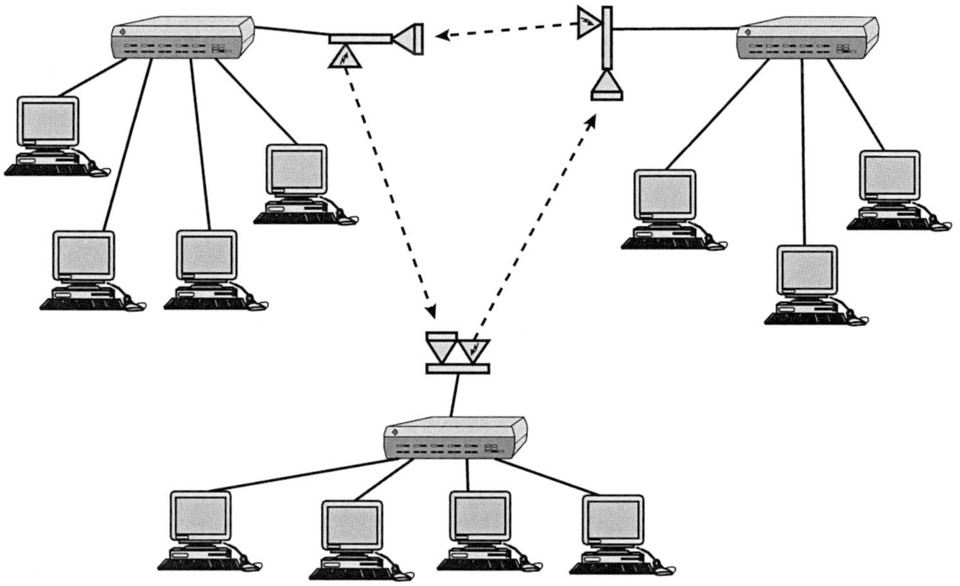

그림 13.5 점대점 적외선 회선을 사용하는 토큰링 LAN

Diffused

이 구성에서, 모든 적외선 송신기들은 넓게 반사하는 천장의 한 지점으로 집중된다(그림 13.6(b)). 천장에 부딪친 IR 방사선은 전방향으로 반사되고 이들은 그 영역에 있는 모든 수신기들에 의해 받아들여진다.

그림 13.7은 무선 IR LAN 설치을 위한 전형적인 구성의 예를 보여주고 있다. 방안에는 천장에서 동작하는 수많은 기지국들이 있으며, 각 기지국들은 이 영역 안에 있는 수많은 고정

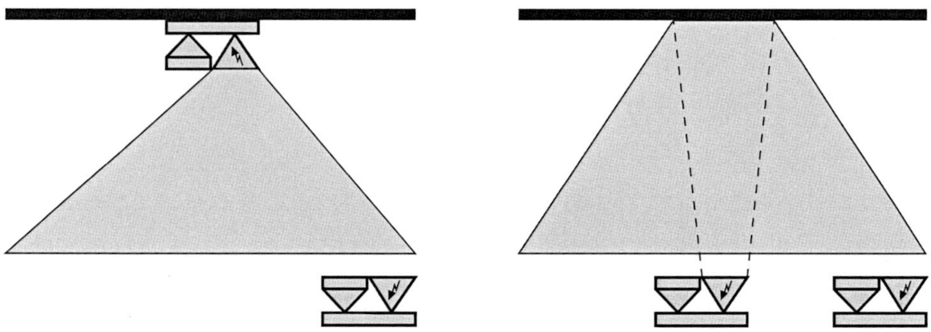

(a) LOS(line of sight)

(b) Diffuse

그림 13.6 전방향 적외선 LAN의 구성

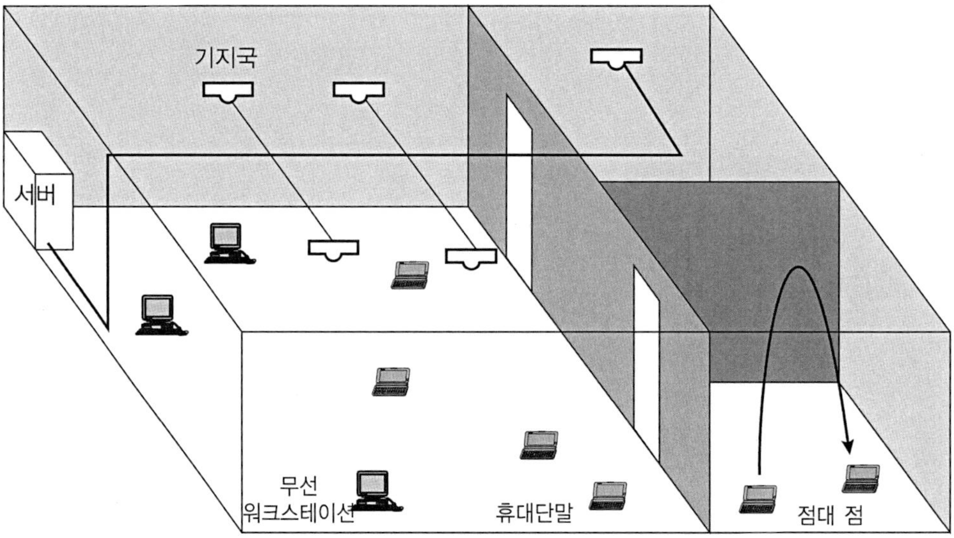

그림 13.7 적외선을 사용하는 이동/고정 무선 스테이션의 네트워크

또는 이동 스테이션들과 연결을 제공하고 있다. 천장배선을 사용함으로써 기지국들은 유선 LAN이나 WAN의 접속점으로 동작하는 서버에 보이지 않게 연결할 수 있다. 게다가 기지국 없이 ah hoc 네트워크가 구축될 수 있는 회의장소에서도 사용될 수 있다.

13.3 확산 대역 LAN

현재 대부분의 무선 LAN은 확산 대역기법을 사용한다.

구성

매우 작은 사무실을 제외하고는 확산 대역 무선 LAN은 그림 13.2에서 설명한 바와 같이 다중 셀 배열 방법을 사용한다. 인접한 셀들은 같은 대역 안에서 혼선을 피하기 위해 서로 다른 주파수들을 사용한다.

임의의 셀 안에서, 네트워크 토폴로지는 허브구성이거나 점대 점 구성이 가능하다. 허브 토폴로지는 그림 13.2에서 볼 수 있다. 허브 토폴로지에서 허브는 원칙적으로 천장 위에서 동작하거나 유선 LAN에 연결된 스테이션들이나 다른 셀에 있는 무선 LAN의 일부분인 다른 스테이션과 연결을 제공하기 위해 연결된다. 허브는 또한 IEEE 802.11 접근 통제기능을 제공함으로써 접근을 제어하는 기능을 가지고 있다. 또한, 허브는 10M bps나 100 Mbps 이더넷에서 사용하는 다중포트의 리피터장비가 가지고 있는 유사한 기능을 사용함으로써 다중포트 리피터와 같이 동작하기도 한다. 이러한 경우에, 셀 안의 모든 스테이션들은 데이터를 허브로만 전송하고, 허브를 통해서만 수신하게 된다. 접근제어 메커니즘과 무관하게 다른 모든 스테이션들이 수신할 수 있도록 전방향 안테나를 사용하여 방송할 수도 있다. 이것은 논리적 버스 구성과 동일하다.

허브의 또 다른 기능은 모바일 스테이션들의 자동 핸드오프 기능이다. 언제든지 수많은 스테이션들은 지역적 거리에 근거하여 가장 가까운 허브에 동적으로 할당된다. 즉, 허브는 약한 신호를 감지하면 자동으로 자신의 인접 허브로 핸드오프하게 된다.

점대 점 구성은 허브가 존재하지 않는 구성이다. CSMA와 같은 MAC 알고리즘이 접근제어를 위해 사용되며, 이러한 토폴로지는 ah hoc LAN에 적당하다.

전송 이슈

필수는 아니지만, 일반적인 무선 LAN의 특징은 허가절차를 거치지 않고 사용할 수 있다는 것이다. 물론, 이러한 허가규정은 각 국가마다 다르다. 미국내의 미연방 통신위원회(FCC)는 ISM 대역 안에 있는 두 가지 비허가 응용들에 대한 권한을 가지고 있다. 그 중 하나는 최대 1 와트에서 동작할 수 있는 확산 대역 시스템이고, 나머지는 최대 0.5 와트에서 동작할 수 있는 매우 낮은 전원을 갖는 시스템이다. 이러한 대역이 FCC에 의해 개방되어 확산 대역 무선 LAN 사용이 매우 활발해졌다.

미국에서는 902 ~ 928 MHz(915 MHz 대역), 2.4 ~ 2.4835 GHz(2.4 GHz 대역), 그리고 5.725 ~ 5.825 GHz(5.8 GHz 대역) 등 3개의 마이크로웨이브 대역들이 비인가 확산 대역사용을 허용하고 있다. 이들 중 2.4 GHz 대역은 일본과 유럽에서도 사용하고 있다. 주파수가 높을수록, 사용가능한 대역폭은 넓어진다. 그러므로 이러한 3가지 대역은 대역용량 관점에서 오름차순이다. 게다가 혼선에 대한 가능성 역시 고려해야 한다. 무선 전화, 무선 마이크로폰, 아마추어 라디오를 포함하여 약 900 MHz에서 동작하는 장비들이 많이 존재한다. 2.4 GHz에서 동작하는 장비들은 흔하지 않다; 한 가지로 예로는 시간이 지날수록 많은 방사열을 누출하는 전자 레인지가 그 예이다.

현재, 5.8 GHz 대역에서는 거의 경쟁이 발생하지 않는다. 그러나, 주파수 대역이 높을수록 일반적으로 장비들의 값이 비싸지게 된다.

최근까지 전반적인 spread 스펙트럼 무선 LAN 성능은 1 ~ 3 Mbps로 제한되어왔다. 14장에서 논의된 것처럼 새로운 기준의 옵션은 최고 54 Mbps까지 제공된다.

13.4 협대역 마이크로웨이브 LAN

*협대역 마이크로웨이브*라는 용어는 신호 전송을 위해 상대적으로 협대역을 사용하기는 하지만 신호를 수용하기에는 충분한 마이크로웨이브 라디오 주파수 대역을 사용하는 것을 말한다. 최근까지 모든 협대역 마이크로웨이브 LAN 제품들은 허가된 마이크로웨이브 대역을 사용해왔다. 하지만 가장 최근에는 몇몇 판매업자는 ISM 대역을 사용하는 LAN 제품을 생산하였다.

허가된 협대역 RF

음성, 데이터, 비디오 전송에 사용가능한 마이크로웨이브 라디오 주파수들은 허가를 받아 시스템들간 잠재되어 있는 혼선을 피하기 위해 지리적인 영역 내에서 제한 사용된다. 미국에서의 허가는 FCC에 의해서 모두 통제된다. 각 지리적 영역은 반경 28 km를 가지며 두 개의 주파수 사용을 포함하여 5개의 허가를 포함하고 있다. 모토로라는 30,000 이상의 인구를 갖는 모든 도시지역을 수용하는 18 GHz 범위에서 600개의 허가(1200 주파수)를 갖고 있다.

협대역구조는 일반적으로 그림 13.2에 제시된 셀구성을 사용한다. 인접한 셀들은 전반적으로 18 GHz 대역 내에서 주파수 대역이 겹치지 않게 사용한다. 미국에서 모토로라가 주파수 대역을 통제하기 때문에, 지리적으로 가까이 있는 독립적인 근거리 통신망들이 서로가 방해하지 않도록 보증하고 있다. 도청자로부터 보안을 제공하기 위하여 모든 전송은 암호화된다.

허가를 받은 협대역 LAN의 이점은 상호 간섭에 자유로운 통신을 제공한다. ISM과 같은 허가되지 않은 확산 대역과는 달리 허가를 받은 확산 대역은 방해를 받지 않는 데이터 통신 채널로 합법적인 권리를 허가 소유자에게 부여한다. ISM 대역 LAN의 사용자들은 그들의 통신을 혼란시키는 혼선의 위험을 갖고 있다.

비허가된 협대역 RF

1995년 RadioLAN은 인가되지 않은 ISM 확산 대역을 사용하는 협대역 무선 LAN을 도입한 첫번째 업체가 되었다. 이 확산 대역은 낮은 전원에서의(0.5 와트 또는 더 적은) 협대역 전송을 위해서 사용되었다. RadioLAN 제품은 5.8 GHz 대역에서 10 Mbps로 동작한다. 이 제품은 약간 개방된 사무실에서는 50 미터, 개방된 사무실에서는 100 미터의 범위를 갖는다.

RadioLAN 제품은 흥미로운 특징과 점대 점 구성을 이용한다. 고정의 허브를 대체하기 위해 RadioLAN은 위치, 간섭, 신호강도와 같은 파라미터에 기반한 동적 마스터(Dynamic

Master)로서 하나의 노드를 자동적으로 선택하게 된다. 마스터는 조건이 변함에 따라 자동으로 변경할 수 있다. LAN 또한 서로 다른 구역 밖에 있는 스테이션들 간에 데이터를 전송하기 위해 중계기로서 활동을 할 수 있도록 각 스테이션을 수용하는 동적인 연결기능을 갖는다.

13.5 참고문헌 및 웹사이트

[PAHL95]와 [BANT94]에서는 무선 LAN들에 관한 내용을 상세하게 보여주고 있으며 [KAHN97]은 적외선 LAN들의 적용범위를 제공한다.

BANT94 Bantz, D., and Bauchot, F. "Wireless LAN Design Alternatives." *IEEE network,* March/April, 1994.

KAHN97 Kahn, J., and Barry, J. "Wireless Infrared Communications." *Proceedings of the IEEE*, February 1997.

PAHL95 Pahlavan, K.; Probert, T.; and Chase, M. "Trends in Local Wireless Network." *IEEE Communications Magazine*, March 1995.

웹사이트

- **Wireless LAN Association:** 사용자들의 연구들과 구현시 고려사항에 대한 토론을 포함하는 기술적인 소개를 제공한다. 관련 사이트가 연결되어 있다.

13.6 주요용어, 복습, 연습문제

주요용어

무선 LAN	Ad hoc 네크워킹	Nomadic 접속
적외선	Kiviat 그래프	

복습문제

13.1 무선 LAN에서 사용하는 4가지 응용 영역을 나열하고 간략히 정의하시오.

13.2 무선 LAN의 주요 요구사항을 나열하고 간략히 정의하시오.

13.3 단일 셀과 다중 셀 무선 LAN의 차이는 무엇인가?

13.4 Kiviat 그래프는 무엇인가?

13.5 적외선 LAN의 중요한 장점들은 무엇인가?

13.6 적외선 LAN의 단점들은 무엇인가?

13.7 적외선 LAN의 3가지 전송기법들을 나열하고 간략히 정의하시오.

연습문제

13.1 무선 네트워크에 대해 당신은 얼마나 알고 계십니까?

a. SSID(service set ID, 특정한 무선 LAN을 구별할 때 쓰임)는 무엇인가?

b. 누가 장비 제공자인가?

c. 당신이 사용하는 기준(standard)은?

d. 네트워크의 크기는 얼마인가?

13.2 당신이 알고 있는 유/무선 네트워크 지식을 총동원하여 당신이 사용하는 네트워크의 개면도를 그리시오.

13.3 무선 네트워크를 해독할 수 있는 많은 무료 기구와 기술이 존재하고 있는데 그 중 유명한 것 중의 하나가 네트스템블러이다. 인터넷을 통해 (www.netstumbler.com) 이를 다운/설치하고 다음 문제를 이행하시오.

a. 동일한 SSID에서 당신의 네트워크는 몇 개의 접속점을 갖고 있는가?

b. 접속점에서의 신호강도는 얼마인가?

c. 다른 무선 네트워크망과 접속점은 몇 개나 되는가?

13.4 대부분의 무선카드는 네트스템블러와 유사한 기능을 수행한다. 당신의 무선카드 공급회사에 네트스템블러에서 당신이 수행한 똑같은 테스트를 수행하고자 요청하자. 그들이 동의하는가?

13.5 다음 실험을 수행하라. 당신의 네트워크가 얼마나 멀리 떨어져도 계속 연결되는가? (이 결과는 당신 네트워크의 주변 환경에 따라 달라진다.)

13.6 무선 및 유선 LAN의 차이점과 장단점을 비교하시오. 무선 LAN 네트워크를 구현함에 있어서 설계자가 특히 고려해야 할 점은 무엇인가?

13.7 무선 메디아와 관련하여 FCC OET-65 Bulletin와 ANSI/IEEE C95.1-1999, 두 종류의 안전규범이 존재한다. 이들 규범들의 목적과 무선 LAN 기술의 안전규범들을 간략하게 논하라.

CHAPTER 14

Wi-FI와 IEEE 802.11 무선 LAN 표준

communications networks

무선 LAN를 위한 가장 주목할만한 규격은 IEEE 802.11 워킹그룹에 의해 만들어졌다. 먼저 IEEE 802 표준들의 구조를 살펴본 후 IEEE 802.11을 살펴보기로 한다.

14.1 IEEE 802 구조

LAN의 구조는 LAN의 기본기능을 구성하고 있는 계층 프로토콜의 관점에서 가장 잘 설명할 수 있다. 이 절에서는 물리 계층, 매체접근제어(Medium Access Control) 계층, 논리 링크제어(Logical Link Control) 계층을 포함한 표준화된 프로토콜의 구조에 대해 살펴 본 후, 매체접근제어와 논리 링크제어 계층에 대하여 좀더 깊이 살펴보기로 한다.

프로토콜구조

LAN과 MAN(Metropolitan Area Network) 전송을 위해 정의된 프로토콜들은 네트워크 상에 데이터블록들의 전송과 관련된 이슈들을 설명하고 있다. OSI의 관점에서 보면 상위 계층 프로토콜들은(3 계층 또는 4 계층 이상) 네트워크구조와는 독립적이며 LAN, WAN, MAN에 적용 가능하다고 할 수 있다. 따라서 LAN 프로토콜에 대한 논의 자체는 OSI 모델의 하위 계층과 관련된 것이라고 할 수 있다.

그림 14.1은 LAN 프로토콜과 OSI 구조와의 관계를 보여주고 있다(그림 4.3). 이런 구조는 IEEE 802 위원회에서 개발되었고 LAN 표준 설계 규격 하에서 운용되는 모든 조직에서 채택하고 있다. 또한 이것은 IEEE 802 참조모델[1]로써 참조되고 있다.

이 모델을 밑에서부터 살펴보면 IEEE 802 참조모델의 최하위층은 OSI 모델의 **물리 계층**과 관련이 있고 다음과 같은 기능을 포함하고 있다.

- 신호의 부호화/복호화(PAK, QAM 등)
- 동기화를 위한 프리앰블의 발생/제거
- 비트 전송/수신

이외에 802 모델의 물리 계층은 전송매체와 토폴로지에 대한 규격이 추가되어 있다. 이것은 일반적으로 OSI 모델의 최하위 계층보다 더 낮은 것으로 간주되고 있다. 그러나 전송매체와 토폴로지의 선택은 LAN을 설계하는 데 있어 매우 중요하기 때문에 여기에는 매체에 대한 규격이 포함되어 있다. IEEE 802 표준 구성요소 중에는 물리계층은 더욱더 세분화되어 서브계층으로 나누어진다. 이러한 IEEE 802.11은 두 개의 서브계층으로 나누어 정의된다.

- **물리 계층 수렴과정 (PLCP):** 802.11 MAC 계층 프로토콜 데이터 유니트(MPDUs)를 하

1. 본 교재의 웹페이지에 통신시스템 개발, IEEE 802 표준의원회를 포함한 프로토콜 표준 등과 관련된 보충자료가 제공되어 있다.

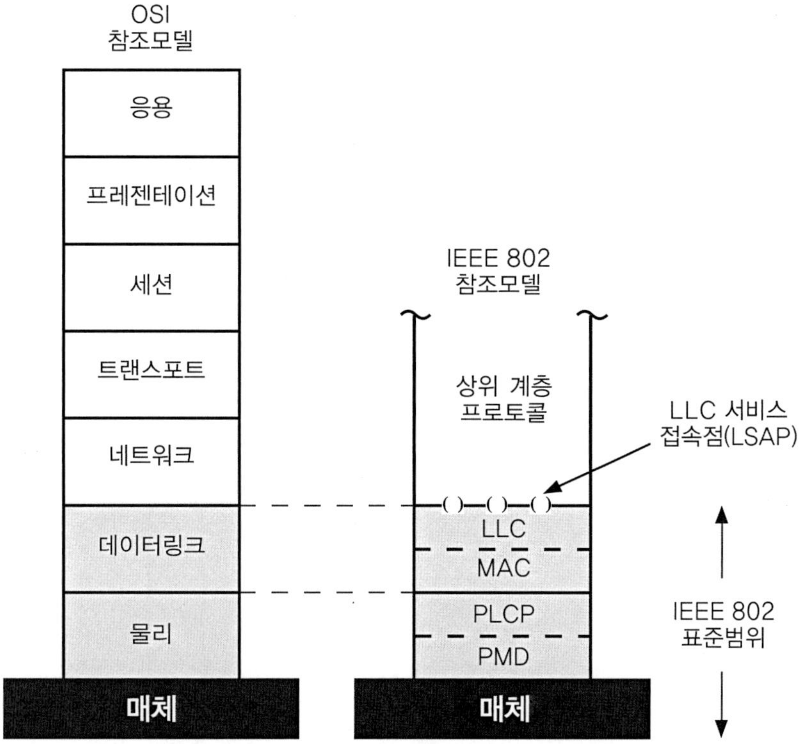

그림 14.1 OSI 모델과 IEEE 802 프로토콜 계층의 관계

나의 프레임 포맷을 매핑하는 과정으로 정의된다. 이러한 과정은 관련된 PMD 서브 계층을 이용하여 두 개 또는 그 이상의 기지국들이 사용자 데이터를 주고 받고 정보를 처리하는 것을 용이하게 한다.

- **물리 매개 의존 서브계층 (PMD):** 두 개 또는 그 이상의 기지국 사이의 무선 매개체간 사용자 데이터의 송수신 특성과 그 방법을 정의한다.

물리 계층의 상위 계층은 LAN 사용자들에게 서비스를 제공하기 위해 다음과 같은 기능들을 포함하고 있다.

- 전송 시, 데이터를 주소와 오류검출 필드가 포함된 프레임으로 조립한다.
- 수신 시, 프레임을 분할하고, 주소확인과 오류검출을 시행한다.
- LAN 전송매체에 대한 접근을 제어한다.
- 상위 계층의 인터페이스를 제공하고 흐름제어와 에러제어를 수행한다.

이것들은 OSI 2 계층과 관련된 대표적인 기능이다. 위에서 맨 끝에 기술한 기능은 **논리 링크제어**(LLC) 계층으로 구분되어 질 수 있으며, 맨 끝을 제외한 3가지는 **매체접근제어(MAC)**라고 하는 하나의 항목으로 취급된다. 이렇게 구분을 하는 이유는 다음과 같다.

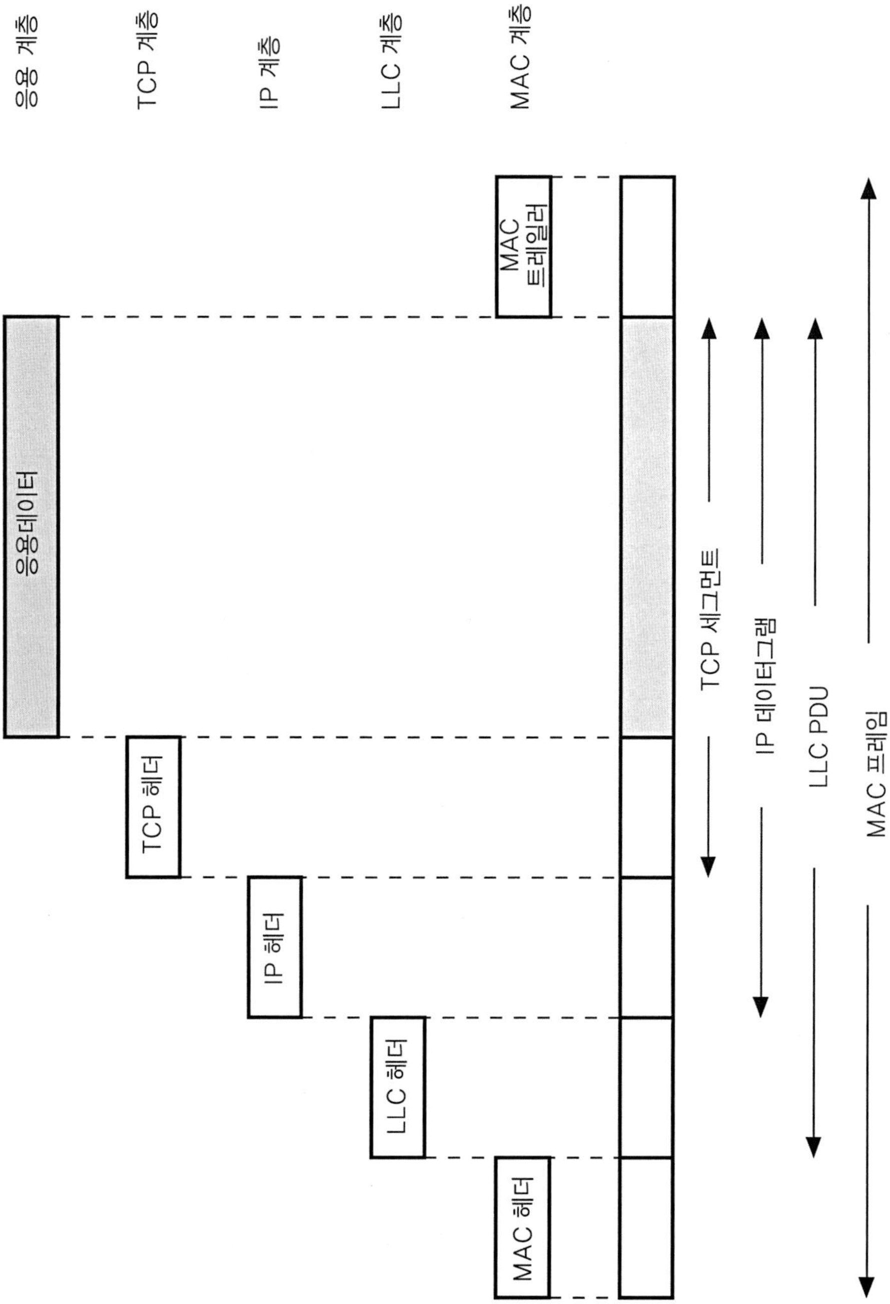

그림 14.2 IEEE 802 프로토콜

- 공유매체에 접근하는 것을 관리하기 위해 필요한 로직은 기존의 2 계층 데이터 링크 계층에서는 규정되지 않기 때문이다.
- 같은 LLC에 대해 여러 개의 MAC 옵션들이 제공될 수 있다.

그림 11.14를 새롭게 표현한 그림 14.2는 모델구조의 단계들간의 관계를 보여주고 있다. 상위 계층의 데이터는 제어정보를 포함한 헤더가 첨부되어 LLC 계층으로 내려오게 되고 **LLC PDU(Protocol Data Unit)**를 생성한다. 제어정보는 LLC 프로토콜을 동작시키는 데 사용된다. 전체 LLC PDU는 하위 계층인 MAC계층으로 전송되며 MAC계층에서는 전송된 패킷의 앞과 뒤에 헤더를 첨부하여 **MAC 프레임**을 구성한다. LLC와 마찬가지로 MAC 프레임에 추가된 제어정보가 MAC 프로토콜을 동작시킨다. 또한 그림은 LAN 프로토콜 상위의 TCP/IP와 응용 계층의 사용을 보여주고 있다.

MAC 프레임포맷

MAC 계층은 LLC 계층으로부터 데이터를 전송받아 매체접근과 관련된 기능을 수행하고 데이터를 전송할 책임이 있다. 다른 프로토콜 계층들과 마찬가지로 MAC은 자신의 계층에 맞는 PDU를 만들어내는 기능을 가지고 있고 이 PDU를 MAC 프레임이라 부른다.

정확한 MAC 프레임의 형식은 사용중인 다양한 MAC 프로토콜들에 따라 약간씩 차이가 있으며, 일반적으로 모든 MAC 프레임은 그림 14.3과 유사한 형태를 가지고 있다. 이 프레임은 다음의 필드들을 가지고 있다.

- **MAC 제어:** 이 필드는 MAC 프로토콜이 동작하는 데 필요한 프로토콜 제어정보를 포함하고 있다. 예를 들면 우선순위 단계 같은 것이 여기에서 정해진다.
- **목적지 MAC 주소:** LAN 상에서 프레임의 물리적 목적지주소
- **송신지 MAC 주소:** LAN 상에서 이 프레임의 물리적 송신지주소
- **데이터:** MAC프레임의 본체. 상위 계층에서 받은 LLC 데이터이거나 MAC 프로토콜 동작과 연관된 제어정보를 나타낸다.
- **CRC:** CRC 검사 필드. FCS(Frame Check Sequence) 필드라 하기도 한다. 이것은 HDLC나 다른 데이터 링크제어 프로토콜과 같은 에러검출코드이다(8.1 절). CRC는 가상적으로 HDLC 같은 모든 데이터링크 프로토콜에서 사용된다. (부록 C 참조)

대부분의 데이터 링크제어 프로토콜에서 데이터링크 프로토콜 개체(entity)는 CRC를 사용하여 에러들을 검출할 뿐만 아니라 손상된 프레임들을 재전송하여 검출한 에러들을 복구하는 책임을 지고 있는데, LAN 프로토콜에서 이 두 가지 기능은 MAC 계층과 LLC 계층으로 나누어져 있다. LAN 프로토콜에서 MAC 계층은 에러를 검출하고 에러가 검출된 프레임을 폐기하는 기능을 수행하며, LLC 계층은 선택적으로 프레임의 전송 성공여부를 추적하고 전

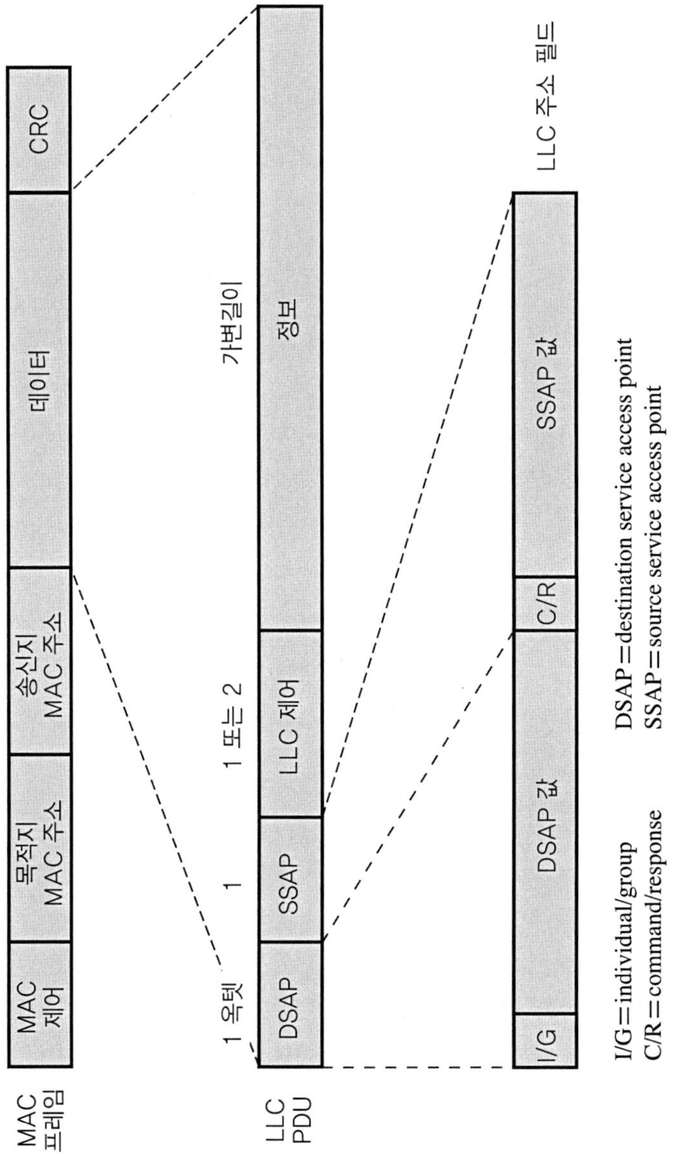

그림 14.3 일반적인 MAC 프레임형식의 LLC PDU

송이 실패한 프레임을 재전송한다.

논리 링크제어

LAN의 LLC(Logical Link Control) 계층은 여러 측면에서 일반적으로 사용되는 다른 링크 계층과 유사하다. 모든 링크 계층처럼 LLC는 스위칭 노드의 중재가 필요 없이 두 스테이션 사이의 링크 단계 PDU의 전송과 관계가 있다. LLC는 (다른 링크제어 프로토콜과 구분되는) 다음의 2가지 특성을 가지고 있다.

1. 다중접근, 링크의 공유매체 성격을 지원해야 한다(Primary 노드가 없는 멀티드롭 회선과 다름).
2. MAC 계층에 의해 약간의 링크접근기능 부담을 덜 수 있다.

LLC 내의 주소는 송신지와 목적지 LLC 사용자를 구별하고 있다. 일반적으로 사용자는 상위 계층 프로토콜이거나 스테이션에 있는 네트워크 관리기능이다. 이러한 LLC 사용자주소들은 프로토콜 계층의 사용자들을 위한 OSI 용어 관점에서 서비스 접속점(SAP: Service Access Point)이라 지칭한다.

먼저 LLC의 상위 계층 사용자를 위한 서비스를 살펴본 후 LLC 프로토콜에 대해 살펴보기로 한다.

LLC 서비스

LLC는 매체 내에서 스테이션들 사이의 주소지정을 위한 메커니즘과 두 사용자들 사이에 데이터 교환을 제어하는 메커니즘을 정의한다. 이 표준의 동작과 형식은 HDLC에 기반을 두고 있다. LLC를 사용하는 장비들을 위해 다음과 같은 3가지 서비스가 제공된다.

- **비승인된 비접속 서비스:** 이 서비스는 데이터그램 형태의 서비스이며 흐름제어나 에러제어 메커니즘을 가지고 있지 않은 간단한 서비스이다. 따라서 데이터의 전달은 보장되지 않는다. 그러나 대부분의 장비들은 신뢰성 문제들을 다루는 상위 계층들을 갖고 있다.
- **접속형 서비스:** 이 서비스는 HDLC와 유사하다. 논리적 연결은 데이터를 교환할 두 사용자 사이의 연결을 설정하고, 흐름제어와 에러제어를 제공하고 있다.
- **승인된 비접속 서비스:** 이것은 앞의 두 가지 서비스의 중간 형태이다. 이것은 각 데이터그램들에 대한 수신확인을 요구하지만, 사전에 논리적 연결설정을 요구하지 않는다.

일반적으로 업체는 이런 서비스들을 소비자 장비 구입시 선택사항으로 제공할 것이다. 또 다른 대안은 소비자가 위의 2가지 또는 3가지 서비스를 제공하는 장비를 구입하여 어플리케이션에 기반한 특정 서비스를 선택할 수 있다.

비승인 비접속 서비스는 최소의 로직만을 요구하며, 다음과 같은 두 가지 유용한 기능을 제공한다. 첫번째, 소프트웨어의 상위 계층들은 필요한 신뢰성 기능과 흐름제어 메커니즘을 제공할 것이며, 이것은 중복을 피하는 데 효율적이다. 예를 들면, TCP는 데이터가 신뢰성 있게 전달될 것을 보장하기 위해 필요한 메커니즘을 제공하고 있다. 두번째, 접속설정과 관리의 오버헤드는 정당화되지 않으며, 역효과를 낼 수도 있다(예를 들면, 데이터 송신지를 일정하게 샘플링과 관련된 데이터 수집 활동, 보안장비나 네트워크 요소들로부터 센서들이나 자체

시험 보고서). 모니터링 응용에서 종종 발생하는 데이터의 분실은 다음 보고서가 바로 도착하기 때문에 문제가 되지 않는다. 따라서 대부분의 경우 비승인된 비접속 서비스는 선호하는 선택사항이 되고 있다.

접속형 서비스는 터미널 제어장치와 같은 LLC의 상위계층에서 소프트웨어의 동작이 없는 간단한 장치에 사용될 수 있다. 이 경우 일반적으로 정상적인 흐름제어와 신뢰성 메커니즘이 통신 소프트웨어의 상위계층에 포함되어 있게 된다.

승인된 비접속 서비스는 여러 경우에 유용하다. 접속형 서비스 측면에서 보면 LLC 소프트웨어는 접속상태를 감시하기 위해 동작중인 각각의 접속들에 대한 테이블을 관리해야 한다. 만일 사용자가 많은 목적지로 전달해야 되는 데이터에 대해 신뢰성 있는 전송을 요구할 경우 접속형 서비스는 수많은 테이블이 필요하기 때문에 비실용적일 수 있다. 예로서 프로세스 제어나 중앙부분은 수많은 프로세서나 프로그램 가능한 제어장치들과 통신을 해야 할 필요가 있는 자동화된 공장환경을 들 수 있다. 또 다른 사용 예는 공장에서 중요하고 시간을 다투는 알람이나 비상제어 신호를 다룬다는 것이다. 이러한 중요성 때문에 송신자가 신호가 제대로 전송되었다는 것을 보증하기 위해 수신확인의 승인이 필요하다. 신호 전송의 긴급성 때문에 사용자는 먼저 논리적 연결설정이 완료된 후 데이터를 보내는 것을 원하지 않을 수도 있을 것이다.

LLC 프로토콜

기본적인 LLC 프로토콜은 HDLC 후에 나타났기 때문에 이와 비슷한 기능과 형식을 가지게 된다. 두 프로토콜의 다른 점은 다음과 같다.

- LLC는 접속형 LLC 서비스를 지원하기 위해 HDLC의 비동기 균형모드의 동작을 지원하는데, 이것을 제외한 다른 HDLC 모드는 채택되지 않는다(형식 2 동작).
- LLC는 비번호 정보 PDU를 사용하는 비승인 비접속 서비스를 지원한다(형식 1 동작).
- LLC는 새로운 비번호 정보 PDU를 사용하는 승인된 비접속 서비스를 지원한다.(형식 3 동작).
- LLC는 LLC 서비스 접속점들을 이용하여 다중화를 지원한다. (LSAP)

3가지 LLC 프로토콜 모두는 4개의 필드로 구성된 동일한 PDU 포맷을 지원한다(그림 14.3). DSAP과 SSAP 필드는 LLC의 송신지와 목적지 사용자를 구분하기 위한 7비트의 주소를 포함하고 있다. DSAP 중 한 비트는 DSAP가 개별주소인가 그룹주소인가를 구분하며 SSAP 중 한 비트는 PDU가 명령 PDU인지 응답 PDU인지를 구분한다. LLC 제어 필드의 형식은 확장된(7비트) 일련번호를 사용하는 HDLC와 동일하다(그림 C.1, 부록 C).

형식 1 동작은 비승인된 비접속형 서비스를 지원하며 데이터 전송을 위해 비번호정보(UI)

PDU를 사용한다. 이 동작에서는 흐름제어나 에러제어 그리고 승인은 없으나, 에러검출을 하고 MAC 계층에서 폐기한다.

또 다른 2개의 PDU 형식인 XID와 TEST는 3가지 형식 모두와 관련된 관리기능을 지원하기 위해 사용된다. 두 PDU 형식은 다음과 같은 형태로 사용된다. LLC 개체는 명령(C/R 비트 = 0) XID나 TEST를 발생시킬 수 있다. 수신하는 LLC 개체는 응답으로 해당 XID나 TEST 신호를 발생시킨다. XID PDU는 지원되는 동작의 형태와 윈도우 크기와 관련된 정보를 교환하는 데 사용된다. TEST PDU는 두 LLC 개체들 사이의 전송경로의 루프백 테스트를 수행하는 데 사용된다. TEST 명령 PDU를 수신한 LLC 개체는 가능한 한 빨리 TEST 응답 PDU를 발생시킨다.

형식 2 동작에서 데이터를 교환 전에 두 개의 LLC SAP들 사이에 데이터링크 연결이 설정된다. 연결설정은 사용자의 요구에 응답으로 형식 2 프로토콜에 의해 시도된다. LLC 개체는 다른 LLC 개체에 논리적 연결을 요청하기 위해 SABME PDU[2]를 발생시킨다. DSAP에 의해 지정된 LLC 사용자에 의해 연결요청이 받아들여지면 목적지 LLC 개체는 비번호 승인(UA) PDU를 전송하게 된다. 연결은 한 쌍의 사용자 SAP에 의해 유일하게 식별된다. 만일 목적지 LLC 사용자가 연결요청을 거부하면, 목적지 LLC 개체는 DM PDU(Disconnection Mode PDU)를 반환한다.

한번 접속이 설정되면 HDLC와 마찬가지로 정보 PDU를 통해 데이터가 교환된다. 정보 PDU들은 순서제어와 흐름제어를 위해 송신 및 수신 일련번호를 가지고 있다. HDLC 처럼 관리 PDU들이 흐름제어와 에러제어에 사용된다. 어느 LLC 개체든 간에 DISC(Disconnection) PDU를 발생시켜 논리적 LLC 연결을 종료할 수 있다.

형식 3 동작에서 전송된 각각의 PDU는 승인을 받아야 한다. 형식 3에서는 AC(Acknowledged Connectionless) 정보 PDU와 비번호 PDU와 같은 새로운(HDLC에서는 볼 수 없는) PDU들을 정의하고 있다. 사용자 데이터는 AC 명령 PDU를 통해 보내지고 AC 응답 PDU를 사용하여 응답하게 된다. PDU들의 분실을 방지하기 위해 1비트의 일련번호가 사용된다. 송신자는 자신의 AC 명령 PDU에 "0" 이나 "1" 을 선택하여 사용할 수 있고, 수신자는 관련 명령과 반대되는 번호를 가진 AC PDU로 응답할 수 있으며 한 순간에 각각의 방향에 1개의 PDU만 존재할 수 있다.

2. 이것은 비동기 분배 확장 모드(asynchronous balanced mode extended) 세트를 나타내고, HDLC에서 ABM과 확장된 순서 7비트의 수를 선택하기 위해 사용된다.

14.2 IEEE 802.11의 구조와 서비스

IEEE 802 위원회에서 무선 LAN에 대한 논의는 1990년에 IEEE 802. 그룹에서 시작되었다. 최초의 관심사항은 토큰 패싱 버스 MAC 프로토콜과 동등한 ISM 기반의 무선 LAN을 개발하는 것이었다. 얼마 후 위원회는 라디오 주파수 스펙트럼의 비효율성 문제의 해결이 없이 토큰버스가 라디오매체를 제어하는 것은 적합하지 않다는 결론을 내렸다. IEEE 802는 1990년 IEEE 802.11이라는 새로운 워킹그룹을 만들어 무선 LAN을 전담하도록 하였으며 MAC 프로토콜과 물리매체 규격을 개발하는 권한을 부여하였다(표 14.1). 표 14.2에 IEEE 802.11 표준의 주요용어들에 대한 정의를 간단히 기술하였다.

표 14.1 IEEE 802.11 규격

규격	날짜	내용
IEEE 802.11	1997	매체접속제어(MAC), WLAN응용을 위한 단일 공동 MAC
		물리계층: 1~2 Mbps 적외선
		물리계층: 1~2 Mbps 2.4 GHz FHSS
		물리계층: 1~2 Mbps 2.4 GHz DSSS
IEEE 802.11a	1999	물리계층: 6~54 Mbps 5 GHz OFDM
IEEE 802.11b	1999	물리계층: 5.5~11 Mbps 2.4 GHz DSSS
IEEE 802.11c	2003	802.11 MAC 계층을 이용한 교량방식
IEEE 802.11d	2001	물리계층: 802.11 WLAN의 새로운 규격 도매인으로의 확장 (여러나라에서이용)
IEEE 802.11e	Ongoing	MAC: 증강된 서비스개선과 보안체계
IEEE 802.11f	Ongoing	다자간업체의 상호호환을 위한 추천할만한 실행
IEEE 802.11g	2003	물리계층: 20 Mbps이상 데이터전송이 확장된 802.11b
IEEE 802.11h	Ongoing	물리/MAC 계층: 증강된 IEEE 802.11a에서 실내/실외 채널선택기능과 개선된 스펙트럼 및 송출파워 관리능력
IEEE 802.11i	Ongoing	MAC: 증대된 보안 및 authentication 구조
IEEE 802.11j	Ongoing	물리: 일본측 요구조건을 맞추기 위한 증강된 IEEE 802.11a
IEEE 802.11k	Ongoing	라디오와 네트워크측정을 위한 상위계층의 인터페이스를 제공하기 위한 라디오 자원 측정 증가
IEEE 802.11m	Ongoing	IEEE 802.11-1999 기술 및 편집수정 규격의 관리
IEEE 802.11n	Ongoing	물리/MAC: 보다 높은 송출력 가능을 위한 개선

표 14.2 IEEE 802.11 주요용어

Access Point(AP)	스테이션의 기능을 가지고 있고 관련된 스테이션을 위해 무선 매체을 통해 분산 시스템 접근을 제공하는 개체
Basic Service Set(BSS)	하나의 Coordination Function에 의해 제어되는 스테이션들의 집합
Coordination Function	BSS 내에서 동작하는 스테이션이 송신할 때를 결정하고 PDU에 대한 수신 여부를 결정하는 논리적 기능
Distribution System(DS)	ESS를 생성하기 위해 LAN과 BSS들간의 상호 연결에 사용하는 시스템
Extended Service Set (ESS)	BSS들 중 하나와 관련된 스테이션의 LLC 계층에서 하나의 BSS로 보여지는 BSS들과 LAN들을 상호연결한 집합
MAC Protocol Data Unit (MPDU)	물리 계층의 서비스를 이용한 동등한 두 MAC 개체 사이에 교환되는 데이터 단위
MAC Service Data Unit (MSDU)	MAC 사용자들에게 전송되는 정보단위
스테이션	IEEE 802.11과 일치하는 MAC과 물리 계층을 포함한 장치

Wi-Fi 연합

최초의 802.11 기준은 산업체에 광범위하게 받아들여진 802.11b이었다. 802.11b가 모두 기본 기준에 의해 만들어졌다 해도 서로 다른 업체에 의해 만들어질 경우 성공적인 호환을 위한 배려가 준비되어 있었다. 이러한 배려를 위해 업체협회인 **무선 이더넷 상호연맹(WECA)**이 1999년에 결성되었다. 이 기구는 그후 **Wi-Fi(Wireless Fidelity)**로 개칭되었고 802.11b이 이러한 상호호환을 위한 시제품을 완성하였다. 2004년 120개 이상의 회사의 제품들이 설정되었다. 설정된 802.11b 생산품의 검증용어가 바로 **Wi-Fi**이다. Wi-Fi는 802.11g 관련 생산품까지 확장되어 검증서로서 사용되었고 57개 업체가 현재까지 설정되었다. Wi-Fi 연합은 또한 802.11a에 관한 검증서를 개발하였고 이를 Wi-Fi5라고 명명하였다. 현재까지 32개 업체가 Wi-Fi5에 관련되어 검증을 인정받았다. Wi-Fi 연합은 WLAN, 기업 및 가정과 주요 기관까지 그 시장범위를 갖고 있다.

IEEE 802.11 구조

그림 14.4는 802.11 워킹그룹에서 개발된 구조의 예를 보여주고 있다. 무선 LAN을 구성하는 가장 작은 단위는 **BSS(Basic Service Set)**이며, BSS는 같은 MAC 프로토콜이 실행되

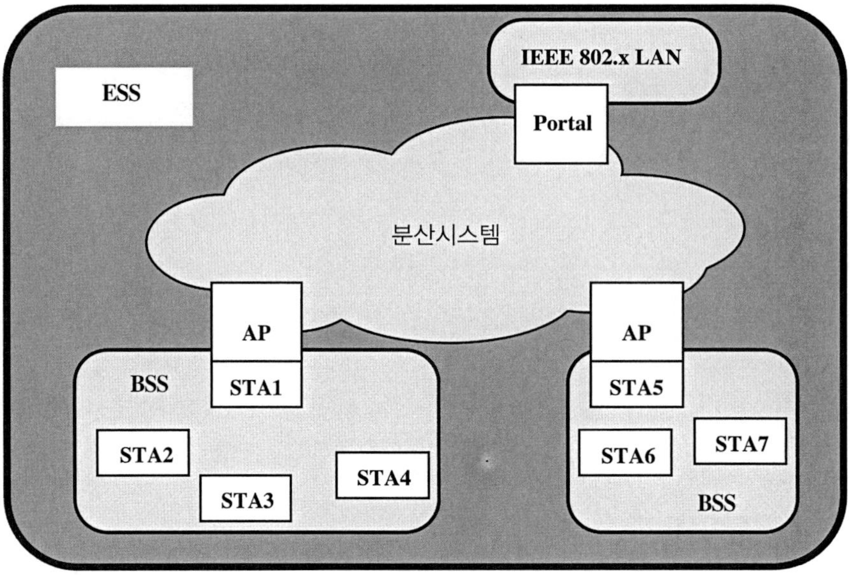

그림 14.4 IEEE 802.11 구조

는 몇 개의 스테이션으로 구성되어 있고, 동시에 공유된 무선 매체에 접근하기 위해 경쟁하게 된다. BSS는 독립되어 있을 수도 있고 **AP(access point)**를 통해 **분산 시스템(DS)**에 연결될 수도 있다. AP는 교량과 연계점 역할을 한다. BSS에서는 고객 중계국은 다른 중계국과 직접적인 교신을 하지 않는다. 대신, BSS의 한 중계국이 같은 BSS의 다른 중계국과 통신을 원한다면 MAC 프레임이 먼저 원조 중계국에서 AP로 보내지고, AP에서 다시 목표 중계국으로 보내지는 것이다. 비슷한 방법으로 BSS의 중계국의 MAC 프레임이 다른 중계국까지 지역 중계국으로부터 AP로 보내지고 이것이 다시 DS를 거쳐 다른 AP에 의해 연계되어 목적지 중계국까지 전달된다.

모든 BSS의 중계국이 이동식일 경우 다른 BSS와 연결되어있지 않는다면 이를 독립 **BSS (IBSS)**라고 부른다. IBSS는 일반적으로 모험적인 네트워크이다. IBSS에서는 AP가 없이 모든 중계국은 서로 직접통신한다.

가장 간단한 구조가 그림 14.4이며, 여기에서 각 스테이션은 하나의 BSS에 속해 있다. 즉 이것은 각 스테이션은 같은 BSS 내의 다른 스테이션 무선 영역 내에 있는 것이 된다. 두 개의 BSS가 지역적으로 중첩이 가능하기 때문에 하나의 스테이션이 1개 이상의 BSS에 참여할 수도 있다. 따라서 스테이션과 BSS의 결합은 동적으로 발생된다. 이러한 스테이션은 꺼진 상태이거나 영역 안으로 들어 오거나 영역 밖으로 나갈 수도 있다.

ESS(Extended Service Set)는 분산 시스템에 의해 상호연결된 둘 또는 그이상의 BSS로 구성되어 있다. 이러한 분산 시스템은 유선 백본으로 어떤 네트워크든지 가능하다. 또한 ESS는 LLC 계층에서 보면 하나의 논리적 LAN으로 보여진다.

그림 14.4에서 보면 AP가 스테이션에 포함되어 있다. AP는 스테이션 내의 로직으로 스테이션으로 동작할 뿐만 아니라 DS 서비스를 통해 DS의 접근을 제공한다. IEEE 802.11 구조와 기존의 유선 LAN을 통합하기 위한 인터페이스, 즉 **Portal**이 사용된다. 이 로직은 브리지나 라우터와 같은 장비에 수용되어 있는데 DS에 부착된 유선 LAN의 일부이다.

IEEE 802.11 서비스

IEEE 802.11은 기존의 유선 LAN과 동일한 기능을 무선 LAN에 제공하기 위해 9가지 서비스를 정의하고 있다. 표 14.3에서는 이러한 서비스들을 2가지 항목으로 분류하여 표시하였다.

1. 서비스 제공자는 스테이션이거나 혹은 분산 시스템(DS)일 수 있다. 스테이션 서비스들은 AP 스테이션을 포함한 모든 802.11 스테이션에 구현된다. 또한 분산 서비스는 BSS 간에 제공되는데 이 서비스는 AP나 분산 시스템에 부착되어 있는 특수목적을 위한 장치들에 구현되어 있다.
2. IEEE 802.11의 LAN 접근과 기밀성을 제어하기 위해 3가지 서비스가 사용되며, 나머지 6개의 서비스는 스테이션간의 MAC 서비스 데이터(MSDU) 전송을 지원하기 위해 사용된다. 이러한 MSDU는 MAC 사용자로부터 MAC 계층으로 하향 전송되는 데이터 블록이다. 이것이 전형적인 LLC PDU이다. 만일 MSDU가 너무 커서 단일 MAC 프레임으로 전송할 수 없다면 단편화하여 다수의 MAC 프레임으로 전송한다. 단편화(fragmentation)는 14.3절에서 다시 논의한다.

IEEE 802.11 문서에 따라, 다음에는 IEEE 802.11 ESS 네트워크의 동작을 명확히 하기 위해 정의된 서비스들에 대해 논의하도록 한다. 기본 서비스인 **MSDU의 전달**에 대해서는

표 14.3 IEEE 802.11 서비스

서비스	제공자	지원기능
Association	Distribution system	MSDU 전달
Authentication	Station	LAN 접속과 보안
Deauthentication	Station	LAN 접속과 보안
Dissassociation	Distribution system	MSDU 전달
Distribution	Distribution system	MSDU 전달
Integration	Distribution system	MSDU 전달
MSDU delivery	Station	MSDU 전달
Privacy	Station	LAN 접속과 보안
Reassociation	Distribution system	MSDU 전달

이미 언급하였다.

DS 내에서의 메시지 분산

DS 내에서 메시지 분산과 관련된 2가지의 서비스는 분산(distribution)과 통합(integration)이다. **분산**은 프레임이 한 스테이션 내의 BSS에서 다른 스테이션의 BSS에 도달하기 위해 DS 상을 이동해야만 할 때 스테이션이 MAC 프레임의 교환을 위해 사용하는 중요한 서비스이다. 예를 들어 그림 14.4에서 스테이션 2(STA 2)에서 스테이션 7(STA 7)로 프레임을 보낸다면 STA 2는 프레임을 이 BSS에 대해 AP인 STA 1으로 보낸다. AP는 프레임을 DS로 보내고 DS는 목적지 BSS 안에 STA 5와 관련된 AP로 프레임을 전달한다. 그러면, STA 5는 수신한 프레임을 STA 7으로 보낸다. DS 상에서 어떻게 메시지가 전송되는가 하는 문제는 IEEE 802.11 표준 영역 밖의 일이다.

통신하고 있는 2개의 스테이션이 동일 BSS 내에 있다면 분산 서비스는 논리적으로 해당 BSS의 단일 AP를 통과한다.

통합 서비스는 IEEE 802.11 LAN의 스테이션과 통합된 IEEE 802.x LAN의 스테이션 사이의 데이터 전송을 지원한다. 통합이란 용어는 물리적으로 DS에 연결되어 있으면서 그것들의 스테이션들은 통합 서비스를 통해 논리적으로 IEEE 802.11 LAN에 연결된 유선 LAN을 일컫는다. 통합 서비스는 데이터의 교환을 위해 필요한 매체변환과 주소해석 로직을 담당한다.

결합관련 서비스

MAC 계층의 주목적은 MAC 개체들 사이에 MSDU들을 전송하는 것인데 이것은 분산 서비스를 통해 실행된다. 이 서비스가 제대로 동작하게 하기 위해서는 결합(association)과 관련된 서비스들에 의해 지원되는 ESS 내의 스테이션들에 관한 정보가 필요하다. 분산 서비스가 스테이션에 데이터를 보내거나 스테이션으로부터 데이터를 받기 전에 그 스테이션은 결합되어야 한다. 결합의 개념을 살펴보기 전에 이동성의 개념에 대해 설명한다. 표준에서 이동성에 기반을 둔 3가지 전이(transition)의 형태는 다음과 같다.

- **무전이:** 이 형태의 스테이션은 움직이지 않거나 단일 BSS 스테이션 내에서 통신이 가능한 영역 내에서만 움직인다.
- **BSS 전이:** 이것은 하나의 ESS 영역 내에서 하나의 BSS에서 다른 BSS로 스테이션이 이동하는 것으로 정의할 수 있다. 이 경우 스테이션에 데이터를 전송하기 위해서는 주소 지정능력이 스테이션의 새로운 위치를 인식할 수 있어야 한다.
- **ESS 전이:** 이것은 스테이션이 하나의 ESS 내의 BSS에서 다른 ESS 내의 BSS로 이동하는 것으로 정의할 수 있다. 이 경우는 스테이션이 움직일 수 있다는 개념 하에서만 지원

이 가능하다. 802.11에 의해 지원되는 상위 계층 연결 지원기능은 보장되지 않는다. 실제로는 서비스의 혼란이 발생할 수도 있다.

DS 내에 메시지를 전달하기 위해 분산 서비스는 목적지 스테이션이 어디에 위치하고 있는지 알 필요가 있다. 특히, DS는 목적지 스테이션에 데이터를 전달하기 위해 메시지를 전달해야 할 AP의 신원을 알 수 있어야 한다. 이를 통해 메시지가 순서대로 전송되어 목적지 스테이션에 도달할 수 있게 된다. 이러한 요구사항을 만족시키기 위해 스테이션이 속한 현재 BSS내에서 스테이션은 AP와 결합하여 관리되어야 한다. 이와 관련된 3가지 서비스는 다음과 같다.

- **결합:** 최초의 결합(association)은 스테이션과 AP 사이에 설립된다. 스테이션이 무선 LAN 상에 데이터를 전송하거나 받기 전에 그들의 신원과 주소가 먼저 확인되어야 하는데 이를 위해 스테이션은 특정 BSS 내에 있는 AP와 결합되어야만 한다. 다음에 AP는 경로를 설정하고 주소프레임을 전달하기 위해 정보를 ESS 내의 다른 AP와 교환할 수 있다.
- **재결합:** 설정된 결합을 하나의 AP에서 다른 AP로 전송할 수 있게 하여 이동 스테이션이 하나의 BSS에서 다른 BSS로 이동할 수 있게 한다.
- **분리:** 스테이션이나 기존 결합된 AP로부터의 결합 종료통보. 스테이션은 ESS를 떠나거나 전원을 끄기 전에 이 통보를 발생시켜야 한다. 그러나 MAC 관리기능은 통보 없이 스테이션이 사라지는 것으로부터 보호한다.

접속과 프라이버시 서비스

무선 LAN과 관련하여 유선 LAN의 2가지 특징은 다음과 같다.

1. 유선 LAN을 통해 데이터를 전송하기 위해, 스테이션은 물리적으로 LAN에 연결되어야 한다. 반면 무선 LAN에서는 어떤 장비이든 LAN의 라디오 영역에만 있으면 데이터를 전송할 수 있다. 따라서 스테이션을 유선 LAN에 연결하기 위해 능동적이고 추측 가능한 요구사항이 유선 LAN이 갖고 있는 인증형태이다.
2. 유사하게 유선 LAN의 한 스테이션에서 전송된 데이터를 수신하기 위해서 수신 스테이션 역시 유선 LAN에 접속되어 있어야 한다. 반면 무선 LAN의 경우에는 라디오 주파수 영역의 모든 스테이션은 데이터의 수신이 가능하다. 따라서 유선 LAN은 LAN에 연결된 스테이션들에게 만으로 수신을 제한하는 프라이버시 수준을 제공한다.

IEEE 802.11은 위의 2가지 특징을 통해 다음의 3가지 서비스를 정의하고 있다.

- **인증:** 스테이션 서로간의 신원확인을 위해 사용된다. 유선 LAN의 경우 물리적 연결로의 접근은 LAN 접속을 위한 권한전달로 가정하고 있다. 무선 LAN의 경우 이것이 적절한 가정이 될 수는 없다. 왜냐하면 무선 LAN에서의 연결은 안테나를 세우고 적절히 조

정만 하면 가능하기 때문이다. 인증(authentication) 서비스는 스테이션이 통신하기를 원하는 스테이션의 신원을 확인하기 위해 사용한다. IEEE 802.11는 여러 가지 인증형태를 지원하고 있고 이런 인증기능의 확장을 허용하고 있다. 표준은 상대적으로 불안전한 핸드쉐이킹에서부터 공개키 암호방식까지 특별한 인증기법을 요구하지 않는다. 하지만 IEEE 802.11은 스테이션이 AP와 결합을 설정하기 전에 양측이 인정하는 성공적인 인증을 요구한다.

- **인증해제:** 이 서비스는 현재의 인증이 종료되어질 때 발생한다.
- **프라이버시:** 의도된 수신자가 아닌 다른 사람이 메시지의 내용을 읽는 것을 방지하기 위해 사용한다. 표준안은 프라이버시를 확보하기 위해 선택적으로 암호화를 제공한다.

14.3 IEEE 802.11 매체 접근제어

IEEE 802.11 MAC 계층은 신뢰성 있는 데이터 전송, 접근제어, 보안 등 3가지 기능을 담당한다.

신뢰성 있는 데이터 전송

다른 무선 네트워크와 마찬가지로, IEEE 802.11 물리 계층과 MAC 계층을 사용하는 무선 LAN은 심각한 비신뢰성 문제를 가지고 있다. 잡음, 간섭, 그 외의 여러 가지 전파효과들은 수많은 프레임들의 손실을 가져오며, 심지어 에러정정코드를 포함한 많은 MAC 프레임을 제대로 수신하지 못할 수도 있다. 이러한 상황은 TCP와 같은 상위 계층의 신뢰할 만한 메커니즘에서 다룰 수 있다. 그러나 재전송을 위해 상위 계층에서 사용하는 타이머는 일반적으로 초단위이다. 따라서 MAC 계층에서 에러를 다루는 것이 더 효과적일 수 있다. 이를 위해 IEEE 802.11는 프레임교환 프로토콜을 포함하고 있다. 한 스테이션이 다른 스테이션으로부터 데이터를 수신하면, 그것의 송신지 스테이션으로 ACK를 반환한다. 이러한 교환은 자동적으로 이루어지며 다른 스테이션의 전송으로부터 방해받지 않는다. 송신지 스테이션이 일정시간 안에 ACK를 수신하지 못하면, 그 원인이 데이터 프레임의 손상이든 ACK의 손상일 것이며, 송신지는 프레임을 다시 전송한다.

따라서 IEEE 802.11의 기본적인 데이터 전송 메커니즘은 두 개 프레임을 교환하게 되어있고 신뢰성 향상을 위해 네 개 프레임 교환방식이 사용될 수도 있다. 이 경우 먼저 송신지 스테이션이 RTS(Request To Send) 프레임을 목적지로 전송하고, 목적지 스테이션은 CTS (Clear To Send)로 응답하게 된다. CTS를 수신한 송신지 스테이션은 데이터 프레임을 전송하고 목적지 스테이션은 ACK로 응답한다. RTS는 수신가능 영역 내의 모든 스테이션에 데이터 교환중이라는 경보를 발령하고, 경보를 수신한 스테이션들은 두 개의 프레임이 동시에 전송됨에 의해 발생되는 충돌을 피하기 위해 전송을 중지하게 된다. 이와 유사하게 CTS 또한 목적지의 수신가능 영역 내의 모든 스테이션에 데이터 교환중이라는 경보를 발령한다. RTS/ CTS 기능은 MAC에서 요구되는 기능이긴 하나 사용하지 않을 수도 있다.

매체 접근제어

802.11 워킹그룹은 MAC 알고리즘을 위해 2가지의 제안을 고려하였는데, 이더넷과 같이 모든 노드에 대해 데이터 전송을 위한 결정을 분산시키는 반송파 감지 메커니즘을 사용하는 분산 프로토콜과 중앙화된 의사 결정기로부터 데이터 전송을 통제받는 중앙 집중 프로토콜이 그것이다. 분산 접근 프로토콜은 동등한 워크스테이션들의 ad hoc 네트워크를 위해 만들어졌으며, 방대한 트래픽을 갖는 무선 LAN에서 유용할 것이다. 중앙화된 접속 프로토콜은 상호 연계된 많은 무선 중계국과 어느 정도 기본 중계국 역할을 하는 중추역할의 유선 LAN과 자연스럽게 구성되어 있다: 이것은 특히 몇몇 데이터가 시간에 예민하거나 상위 우선권을 갖고 있을 때 특히 유용하다.

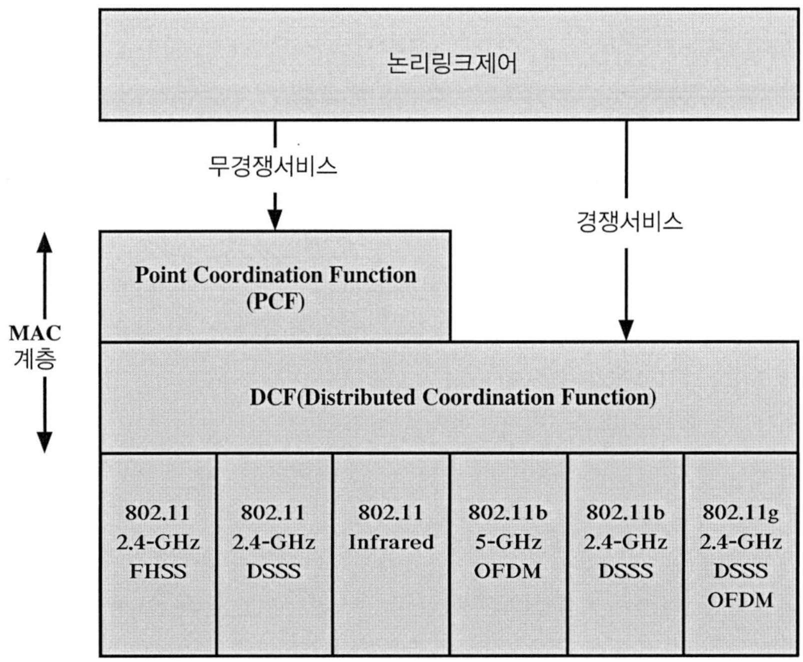

그림 14.5 IEEE 802.11 프로토콜구조

802.11을 위한 최종결과는 DFWMAC(Distributed Foundation Wireless MAC)이라고 불리는 MAC 알고리즘으로, 이것은 기본적으로 분산 접근제어 알고리즘이나 중앙제어가 옵션으로 제공된다. 그림 14.5에 프로토콜의 구조를 표시하였다. MAC 계층의 하위 부계층은 DCF(Distributed Coordination Function)이다. DCF는 모든 트래픽에 접근을 제공하기 위한 경쟁 알고리즘이 사용된다. 일반적으로 비동기 트래픽은 DCF를 직접 사용한다. PCF(Point Coordination Function)는 무경쟁 서비스를 제공하기 위해 사용되는 중앙 집중화된 MAC 알고리즘이다. PCF는 DCF의 상위에 있으며 사용자의 접근을 보장하기 위해 DCF를 이용하는 형태를 취한다. 이 2개의 부계층을 차례대로 살펴보기로 한다.

DCF(Distributed Coordination Function)

DCF 부계층은 간단한 CSMA(Carrier Sense Multiple Access) 알고리즘을 사용한다. 만약 스테이션이 전송할 MAC 프레임을 가지고 있다면 먼저 매체를 청취한다. 매체가 휴지상태이면 스테이션은 전송을 할 수 있다. 그렇지 않으면 스테이션은 현재의 전송이 완료되기를 기다려야 한다. 충돌 감지기능은 무선 네트워크에서는 실용적이지 못하기 때문에 DCF는 CSMA/CD와 같은 충돌 감지기능을 가지고 있지 않는다. 매체에 따른 신호의 동적인 범위는 매우 크기 때문에 전송 스테이션은 스테이션으로 들어오는 약한 신호로부터 잡음과 데이터를 구분해내는 것이 힘들다.

이 알고리즘이 원활하게 잘 동작하도록 하기 위해 DCF는 우선순위기법과 같은 지연들을 포함하고 있다. IFS(Interframe Space)라고 알려진 단일지연부터 살펴보면, IFS 값은 서로 다른 3가지가 있으나 알고리즘은 각각의 상세한 부분과 관계없이 설명이 가능하다. IFS를 사용하기 위한 CSMA 접근법은 다음과 같다(그림 14.6).

1. 전송할 프레임이 있는 스테이션은 매체를 감시한다. 매체가 휴지(idle)상태이면 IFS와 동일한 시간동안 매체가 쉬는 상태인가를 알아보기 위해서 기다린다. 만약 그렇다면 스테이션을 즉시 전송할 수 있다.
2. 매체가 사용중인 경우(스테이션이 매체가 사용중이라는 것을 발견했거나 IFS 휴지시간동안 사용중이라는 것을 알았거나) 스테이션은 전송을 미루고 현재의 전송이 끝날 때까지 매체를 계속 감시한다.
3. 일단 현재의 전송이 완료되면 스테이션은 또 다른 IFS 시간동안 기다린다. 이 기간동안 매체가 휴지상태를 유지하면 스테이션은 일정시간 기다린 후(back off) 다시 매체를 감시한다. 매체가 그때까지 휴지상태를 유지하면 스테이션은 데이터를 전송할 수 있다. 일정시간 지연되는 동안에 매체가 다시 사용중이 되면 타이머는 정지가 되고 매체가 휴지상태가 되면 다시 동작한다.

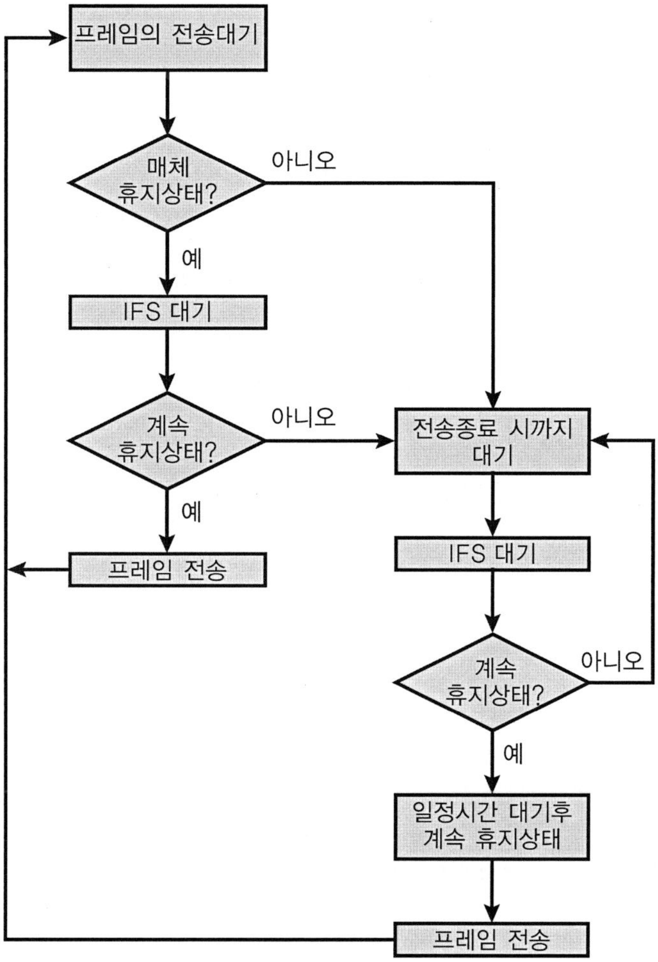

그림 14.6 IEEE 802.11 매체 접근제어 절차

일정시간 지연의 안정성 확보를 위해 **binary exponential backoff** 알고리즘이 사용된다. 스테이션은 반복되는 충돌에도 계속해서 전송을 시도할 것이다. 그러나 각 충돌 후에 랜덤 지연의 평균값은 두 배가 될 것이다. binary exponential backoff는 많은 부하를 제어하는 수단을 제공한다. 계속되는 전송 시도의 실패는 백오프시간을 더 길게 만들고, 그것은 매체의 전송부담을 경감시킨다. 이런 백오프가 없으면 다음과 같은 문제가 발생될 수 있다. 두 개 또는 그 이상의 스테이션이 동시에 전송을 시도하여 충돌을 발생시킬 경우 스테이션들은 곧바로 재전송을 시도하고 이것은 새로운 충돌의 원인이 된다.

더 진보된 형태는 DCF를 위해 만들어진 것으로 3가지의 IFS 값을 사용하는 간단한 방법을 통해 제공되는 우선순위 기반의 접근법이다.

- **SIFS(short IFS):** 가장 짧은 IFS로 모든 즉시 응답에 사용된다.
- **PIFS(Point coordination function IFS):** 중간 길이의 IFS로 폴(poll)을 발생시킬 때 PCF 내의 중앙집중 제어기에 의해 사용된다.
- **DIFS(Distributed coordination function IFS):** 가장 긴 IFS로 매체접근을 위해 경쟁하는 비동기 프레임을 위해 사용되는 최소지연이다.

그림 14.7(a)에는 이 값들의 사용 예가 표시되어 있다. 먼저 SIFS를 보면 SIFS를 사용하는 스테이션은 전송기회를 얻는 데 있어 높은 우선권을 가지고 있다. 따라서 PIFS나 DIFS를 사용하는 스테이션과 같은 시간을 기다렸을 때 우선권이 있다. SIFS는 다음과 같은 환경에서 사용된다.

- **ACK(Acknowledgement):** 스테이션이 자신만 수신하도록 발송된 프레임(멀티 캐스트나 브로드 캐스트가 아닌)을 수신하면 SIFS 간격 동안 기다린 후 ACK 프레임으로 응답한다. 이것은 2가지 바람직한 효과가 있다. 첫째, 충돌감지기능을 사용하지 않는다. 따라서 CSMA/CD보다 충돌 가능성이 많고 MAC 계층의 ACK가 효과적인 충돌복구를 제공하기 때문이다. 둘째, 다수의 MAC 프레임을 요구하는 LLC PDU의 효과적인 전달

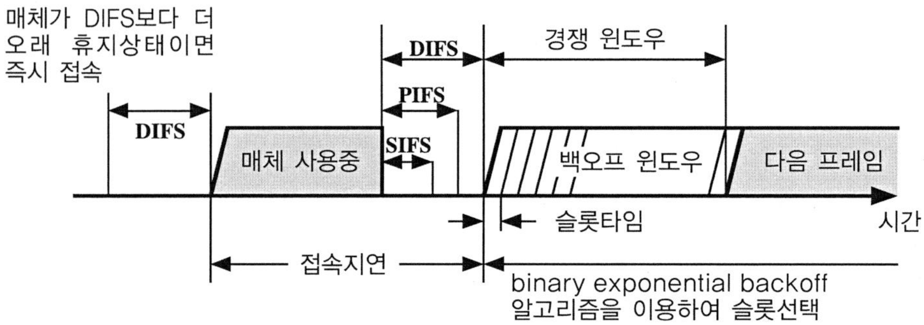

(a) 기본 접속기법

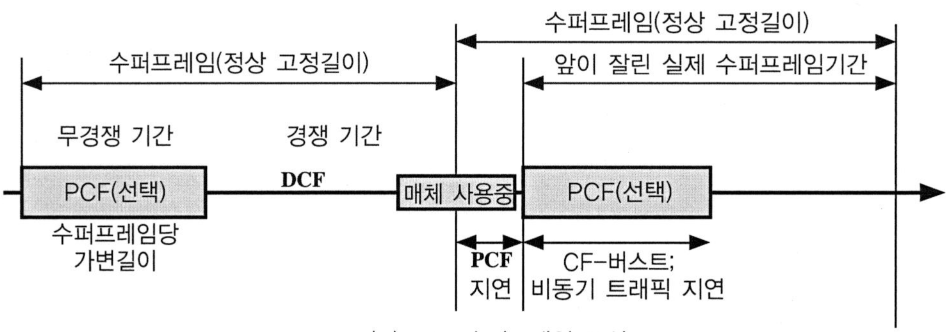

(b) PCF 수퍼프레임 구성

그림 14.7 IEEE 802.11 MAC 타이밍

을 제공하기 위해 SIFS가 사용될 수 있다. 이 경우 다음과 같은 시나리오가 발생된다. 전송할 다수의 LLC PDU 프레임을 가지고 있는 스테이션은 한 순간에 하나의 MAC 프레임을 전송한다. 각 프레임은 수신측에 의해 SIFS 후에 확인된다. 송신지 스테이션이 ACK를 수신하면 즉시 다음 프레임을 순서대로 보낸다. 결과적으로 스테이션이 한번 채널을 확보하면 모든 LLC PDU 단편들을 보낼 때까지 채널제어를 유지하게 된다.

- **CTS(Clear To Send):** 스테이션은 먼저 작은 RTS 프레임을 발생시킴으로써 자신의 데이터 프레임이 잘 전송될 수 있도록 보장할 수 있다. 이 RTS 프레임이 지정하는 주소를 가진 스테이션은 수신 준비가 되면 즉시 CTS 프레임으로 응답하여야 한다. RTS를 수신한 스테이션을 제외한 모든 스테이션은 매체의 사용을 연기하여야 한다.
- **Poll 응답:** 이것은 계속되는 PCF에서 논의한다.

다음으로 IFS 간격이 긴 것은 PIFS이다. 이것은 폴을 발생시키기 위해 중앙집중 제어기에 의해 사용되며 정상적인 트래픽 경쟁 시 우선순위를 갖는다. 그러나 이들 프레임들은 SIFD를 이용하여 PCF 투표에 선행되어 송출된다.

PCF(Point Coordination Function)

PCF는 DCF의 상위에 위치한 대안적 접근방식이다. 동작은 중앙집중 폴링 마스터(Point Coordinator)에 의한 폴링으로 구성되어 있다. Point Coordinator는 폴을 생성할 때 PIFS를 사용한다. PIFS는 DIFS보다 작기 때문에 Point Coordinator는 매체를 장악할 수 있고 폴을 발생하고 응답을 받을 때까지 모든 비동기 트래픽을 차단할 수 있다.

다음과 같은 가능한 시나리오를 고려해보자. 남아있는 트래픽들이 CSMA를 통해 채널경쟁을 하는 동안, 시간에 민감한 트래픽을 갖는 수많은 스테이션들은 Point Coordinator에 의해 제어되는 무선네트워크의 구성을 가정한다. Point Coordinator는 구성된 모든 스테이션에게 라운드 로빈형태의 폴을 발생시킨다. 폴이 발생되면 폴을 수신한 스테이션은 SIFS를 이용해 응답할 수 있다. 만일 Point Coordinator가 응답을 수신하면 PIFS를 사용하여 또 다른 폴을 발생시킨다. 정해진 응답시간동안 응답을 받지 못하면 Coordinator가 폴을 발생시킨다.

만일 위의 규칙이 적용되면 Point Coordinator는 계속해서 폴을 발생시켜 비동기 트래픽을 차단하게 될 것이다. 이를 막기 위해 수퍼 프레임(superframe)이라 불리 우는 간격이 정의되었다. 이 간격의 초기에는 Point Coordinator는 폴링을 위해 구성된 모든 스테이션에게 라운드 로빈 형식으로 폴을 발생시킨다. 그 다음 Point Coordinator는 수퍼 프레임의 남은 시간동안 휴지상태가 되어 비동기 접근을 위한 경쟁기간을 허용한다.

그림 14.7(b)에 수퍼 프레임의 사용 예를 보여주고 있다. 수퍼 프레임이 시작되면 Point Coordinator는 주어진 시간동안 선택적으로 제어를 장악하고 폴을 발생시킨다. 이 간격은 응

답 스테이션에 의해 발생되는 가변적인 프레임 때문에 가변적이 된다. 수퍼 프레임의 나머지 부분은 경쟁기반의 접근에 유용하다. 수퍼 프레임 간격의 끝 부분에서 Point Coordinator가 PIFS를 사용하는 매체에 접근하기 위해 경쟁한다. 만일 매체가 휴지상태이면 Point Coordinator는 즉각 접근권한을 얻을 수 있고 수퍼 프레임 전체의 기간동안 접근이 보장된다. 그러나 수퍼 프레임의 끝 부분에서 사용중이 될 수도 있다. 이 경우 Point Coordinator는 접근권한을 얻기 위해 매체가 휴지상태가 될 때까지 기다려야 한다. 이것은 다음 사이클을 위해 수퍼 프레임의 길이를 단축시키게 하는 원인이 된다.

MAC 프레임

그림 14.8(a)에 802.11 프레임형식을 보여주고 있다. 이러한 일반적인 형식은 모든 데이터와 제어 프레임들을 위해 사용되지만 모든 필드가 사용되지는 않는다. 각 필드들은 다음과 같다.

- **프레임제어:** 프레임의 형태를 지정하고 제어정보를 제공한다.
- **Duration/Connection ID:** Duration 필드로 사용되면 채널 MAC 프레임의 성공적인 전송을 위해 할당되는 시간을 나타낸다. 제어 프레임에 따라서는 이 필드가 결합(association)이나 연결 식별자를 포함한다.
- **Addresses:** 48-bit 주소필드의 숫자와 의미는 그 내용에 따라 달라진다. **송신 주소**와 **수신 주소**는 무선 LAN을 따라 송수신되는 BSS와 연계된 MAC 주소이다. **서비스 세트 ID(SSID)**는 프레임을 송출하는 무선 LAN을 구별한다. IBSS의 경우 SSID는 네트워크가 형성되었을 때 만들어진 무작위 번호이다. 보다 규모가 큰 무선 LAN에 있어서 SSID는 프레임을 방출한 BSS를 식별한다; 특히 SSID는 BSS를 위한 AP의 MAC 레벨의 주소이다. (그림 14.4). 마지막으로 **발신지 주소**와 **목적지 주소**는 중계소의 MAC 주소이며 무선이든 유선이든 이들 프레임의 궁극적 송신/발신지이다. 발신지 주소는 송출 주소와 동일할 수 있고 목적지 주소는 수신 주소와 동일할 수 있다.
- **순서제어:** 단편화와 재조립에 사용되는 4비트의 단편화 번호 서브필드와 정해진 송신자와 수신자 사이에 보내지는 프레임번호를 나타내는 12비트의 일련번호가 사용된다.
- **Frame Body:** MSDU나 단편화된 MSDU를 포함하고 있다. MSDU는 LLC PDU이거나 MAC 제어정보이다.
- **Frame Check Sequence:** 32-bit 주기의 잉여분을 체크한다.

그림 14.8(b)에 프레임 제어필드를 보여주고 있으며, 그 구성은 다음과 같다.

- **프로토콜 버전:** 802.11 버전. 현재는 버전 0.
- **유형:** 제어 프레임, 관리 프레임, 데이터 프레임 여부를 식별

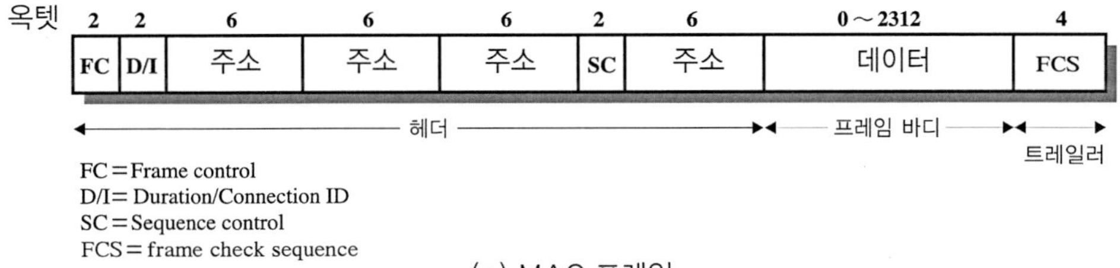

(a) MAC 프레임

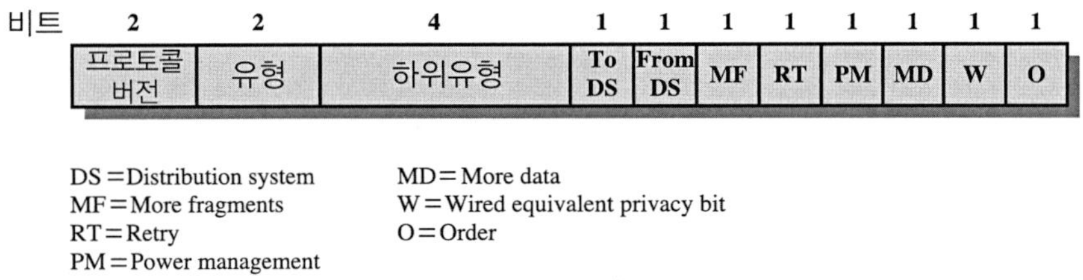

(b) 프레임 제어필드

그림 14.8 IEEE 802.11 MAC 프레임포맷

- **하위 유형:** 프레임의 기능을 식별. 표 14.4에 유형과 하위 유형의 올바른 조합을 표시
- **To DS:** MAC Coordination은 목적지가 분산 시스템인 프레임 안에 이 비트를 1로 설정
- **From DS:** MAC Coordination은 분산 시스템에서 출발하는 프레임 안에 이 비트를 1로 설정
- **More fragments:** 이것 다음에 프레임이 더 있으면 "1"로 설정
- **Retry:** 이전 프레임을 재전송 하는 경우 "1"로 설정
- **Power Management:** 전송 스테이션이 sleep 모드이면 "1"로 설정
- **More Data:** 현재의 스테이션이 보내야 할 데이터가 더 있음을 표시. 각 데이터 블록은 하나의 프레임 또는 복수 프레임 내의 단편화의 그룹으로 보낼 수 있다.
- **WEP:** 유선 프로토콜과 같은 것이 구현되어 있으면 "1"로 설정. WEP는 안전한 데이터 교환을 위한 암호키의 교환에 사용된다. 이 비트는 또한 만약 새로운 WPA가 14.6절에서 설명했듯이 보안기구를 사용할 때 셋팅된다.
- **Order:** 순서화된 서비스를 사용하여 데이터 프레임을 보낼 때 "1"로 설정

다음은 다양한 형태의 MAC 프레임들을 살펴보기로 하자.

제어 프레임

제어 프레임은 데이터 프레임들을 신뢰성 있게 전송할 수 있게 도와준다. 제어 프레임의 하위 유형은 6개가 있다.

- **Power save-poll(PS-poll):** 임의의 스테이션이 AP를 포함하고 있는 스테이션으로 이

표 14.4 유형과 하위 유형의 유효한 조합들

유형값	유형설명	하위 유형값	하위 유형 설명
00	Management	0000	Association request
00	Management	0001	Assocation response
00	Management	0010	Reassociation request
00	Management	0011	Reassociation response
00	Management	0100	Probe request
00	Management	0101	Probe response
00	Management	1000	Beacon
00	Management	1001	Announcement traffic indication message
00	Management	1010	Dissociation
00	Management	1011	Authentication
00	Management	1100	Deauthentication
01	Control	1010	Power save - poll
01	Control	1011	Request to send
01	Control	1100	Clear to send
01	Control	1101	Acknowledgment
01	Control	1110	Contention-free (CF)-end
01	Control	1111	CF-end + CF-ack
10	Data	0000	Data
10	Data	0001	Data + CF-Ack
10	Data	0010	Data + CF-Poll
10	Data	0011	Data + CF-Ack + CF-Poll
10	Data	0100	Null function (no data)
10	Data	0101	CF-Ack (no data)
10	Data	0110	CF-poll (no data)
10	Data	0111	CF-Ack + CF-poll (no data)

프레임을 보낼 수 있다. 그 목적은 스테이션이 power-saving 모드인 동안 AP가 이 스테이션을 위해 버퍼링한 프레임을 전송하도록 요청하기 위해 사용된다.

- **RTS(Request To Send):** 이것은 4단계 프레임 교환의 첫번째 프레임으로 14.3절에서 설명하였다. 스테이션이 이 메시지를 보내는 것은 잠재적 목적지와 수신 영역의 모든 스테이션에 대해 목적지 스테이션에 데이터 프레임을 보내겠다는 신호를 전송하는 것이다.
- **CTS(Clear To Send):** 이것은 4단계 교환의 2번째 프레임이다. 목적지 스테이션이 데

이터 전송을 허가하기 위해서 송신지 스테이션으로 보내는 것이다.

- **ACK(Acknowledgement):** 데이터 프레임, 관리 프레임, PS-Poll 프레임 등이 올바르게 수신되면 곧바로 목적지 스테이션에서 송신지 스테이션으로 승인이 통보된다.
- **Contention-Free (CF)-End:** Contention-free 기간이 종료됨을 알린다. Point Coordination 기능의 일부이다.
- **CF-End + CF-Ack:** CF-end를 알린다. 이 프레임은 Contention-free 기간을 종료하고 스테이션을 관련된 제약요소로부터 해제한다.

데이터 프레임

데이터 프레임의 하위 유형은 8개가 있는데 2개의 그룹으로 구성되어 있다. 처음 4개의 하위 유형은 상위단계 데이터를 송신지 스테이션에서 목적지 스테이션으로 전송하기 위한 프레임을 정의한다. 4개의 데이터 전송 프레임들은 다음과 같다.

- **Data:** 가장 간단한 데이터 프레임. 경쟁기간과 무경쟁(contention-free)기간 모두에 사용한다.
- **Data + CF-Ack:** 무경쟁기간에만 보내진다. 데이터를 운반하는 것외에, 이 프레임은 수신한 데이터에 대한 승인을 하기도 한다.
- **Data + CF-Poll:** Point coordinator에 의해 이동 스테이션에 데이터를 전달하기 위해 사용되며 이동 스테이션에 저장된 데이터 프레임의 전송을 요청하기도 한다.
- **Data + CF-Ack + CF-Poll:** 단일 프레임내에서 Data + CF-Ack와 Data + CF-Poll 기능을 결합한다.

나머지 4개의 데이터 프레임 하위 유형은 실제로 어떠한 사용자 데이터도 운반하지 않는다. Null Function 데이터 프레임은 어떠한 데이터나 폴이나 승인을 운반하지 않는다. 그것은 AP에게 스테이션이 저전력(low-power) 동작상태로 변화하고 있다는 것을 알리기 위해 프레임 제어 필드 내의 Power Management 비트를 운반하는 데만 사용된다. 남은 3개의 프레임(CF-Ack, CF-Poll, CF-Ack + CF-Poll)은 데이터 없이 앞에서 설명한 데이터 하위 유형들(Data + CF-Ack, Data + CF-Poll, Data + CF-Ack + CF-Poll)과 같은 기능을 가지고 있다.

관리 프레임

관리 프레임들은 스테이션과 AP 사이의 통신을 관리하기 위해 사용되며 다음과 같은 하위 유형들이 포함되어 있다.

- **Association request:** BSS와 관련하여 스테이션이 AP에게 보낸다. 이 프레임에는 암호화가 사용 가능여부나 스테이션의 폴 가능여부와 같은 기능성에 대한 정보가 포함되

어 있다.

- **Association response:** 결합요구가 수용 가능한지 여부를 표시하기 위해 AP로부터 스테이션으로 반환된다.
- **Reassociation request:** 한 BSS에서 다른 BSS로 스테이션이 이동할 때나 새로운 BSS에 있는 AP와 결합이 필요할 때 스테이션에 의해 보내진다. 스테이션은 새로운 AP는 데이터 프레임의 포워딩을 위해 전에 사용된 AP와 협상하기 위해 알아야 하므로 단순 결합 대신 재결합을 사용해야 한다.
- **Reassociation response:** 재결합 요구의 수용여부를 알리기 위해 AP가 스테이션으로 반환한다.
- **Probe request:** 다른 스테이션이나 AP로부터 정보를 얻기 위해 스테이션에 의해 사용된다. 이 프레임은 IEEE 802.11 BSS의 위치를 정하기 위해 사용된다.
- **Probe response:** Probe request에 대한 응답
- **Beacon:** 이동 스테이션이 BSS의 위치와 식별을 제공하기 위해 정기적으로 전송된다.
- **Announcement traffic indication message:** 다른 이동 스테이션들에게 저전력모드가 될 수 있다는 것을 경고하기 위해 이동 스테이션에 의해 보내진다. 이 스테이션은 저장된 프레임을 가지고 있고, 프레임이 가지고 있는 주소에 해당하는 스테이션에 프레임을 보내기 위해 대기하고 있다.
- **Dissociation:** 결합을 종료하기 위해 스테이션에 의해 사용된다.
- **Authentication:** 한 스테이션과 다른 스테이션 사이에 인증을 하기 위해 복수의 인증 프레임이 사용된다.
- **Deauthentication:** 통신이 안전하게 종료되었다는 것을 알리기 위해 한 스테이션에서 다른 스테이션 또는 AP로 보내진다.

14.4 IEEE 802.11 물리 계층

IEEE 802.11 물리 계층은 4단계를 거쳐 발표되었다. 첫번째 단계는 1997년에 발표되었고 나머지 두 단계는 1999년에 발표되었다. 흔히 IEEE 802.11이라고 부르는 첫번째 단계는 MAC 계층을 포함하고 있는데 여기에는 3개의 물리 계층 규격이 포함되어 있다. 이 중 2가지는 2.4 Ghz를 사용하고 한 가지는 적외선을 사용하는데, 모두 1 Mbps와 2 Mbps의 데이터 전송을 지원한다. IEEE 802.11a는 5 Ghz 대역에서 최대 54 Mbps의 데이터 전송속도를 지원한다. IEEE 802.11b는 2.4 Ghz 대역에서 5.5 Mbps와 11 Mbps를 지원한다. IEEE 802.11g는 또한 2.4 GHz 범위에서 운용되며 데이터 전송률은 54 Mbps까지이다. 그림 14.9는 여러 가지 다양한 물리계층의 기준과 발전의 관련을 보여주며 표 14.5는 그 세부 내용을 보여준다.

최초의 IEEE 802.11 물리 계층

최초의 802.11 표준은 3가지 물리매체를 정의하였다.

- 2.4 Ghz ISM 대역에서 1 Mbps와 2 Mbps의 데이터 전송을 지원하는 DSSS(Direct Sequence Spread Spectrum)방식. 미국에서, 연방통신위원회(FCC, Federal Communication Commission)은 이 방식의 사용에 대한 라이센스는 필요가 없다고 한다. 이용할 수 있는 채널의 수는 여러 국가 통제기관에 의해 할당된 대역폭에 따른다고 한다. 대부분 유럽 국가들은 13개 채널에 이르고 일본에서는 단지 하나의 채널만 이용 가능하다.
- 2.4 Ghz 대역에서 1 Mbps와 2 Mbps의 데이터 전송을 지원하는 FHSS(Frequency Hopping Spread Spectrum)방식. 일본에서 이용 가능한 채널수는 23개에 이르고 미국에서는 70개에 이른다.

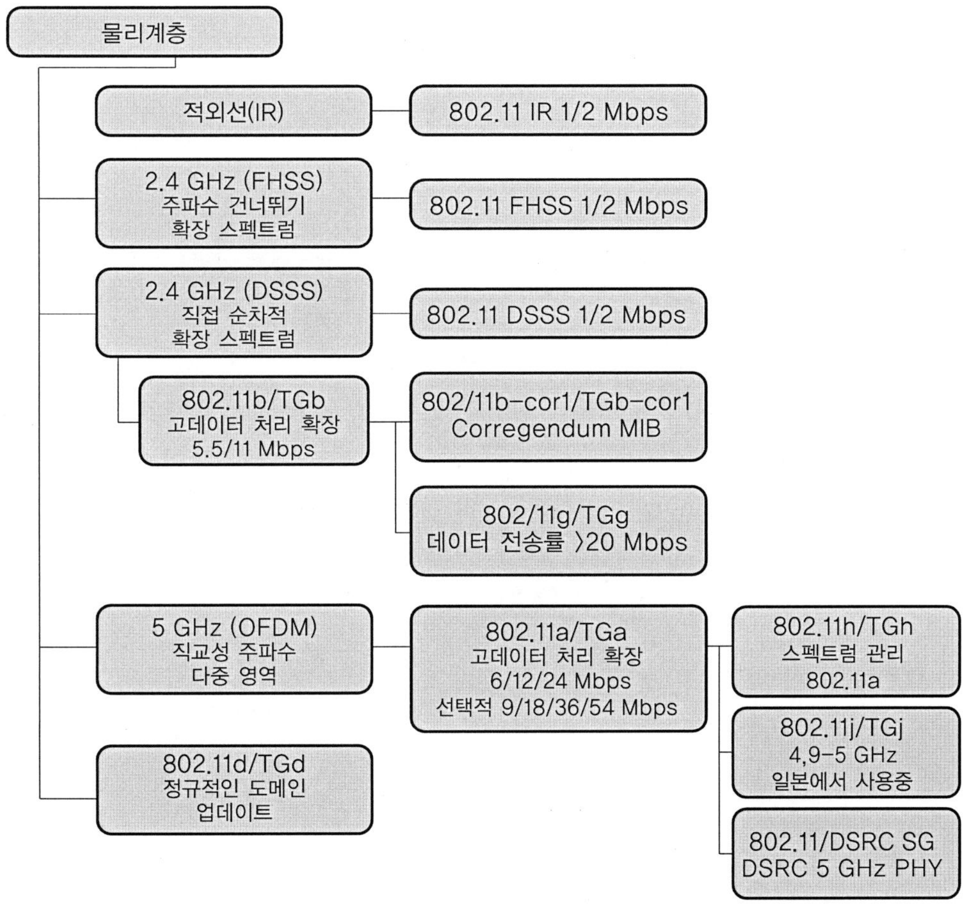

그림 14.9 IEEE 802.11 능동 물리 계층

표 14.5 IEEE 802.11 물리 계층 표준

	802.11	8002.11a	802.11b	802.11g
가용 주파수대역	83.5 MHz	300 MHz	83.5 MHz	83.5 MHZ
작동가능한 무면허 주파수	2.4-2.4835 GHz DSSS, FHSS	5.15-5.35 GHz OFDM 5.725-5.825 GHz OFDM	2.4-2.4835 GHz DSSS	2.4-2.4835 GHz DSSS, OFDM
비오버랩핑 채널숫자	3(실내/외)	4 실내 4(실내/외) 4 실외	3(실내/외)	3(실내/외)
채널당 데이터 전송률	1.2 Mbps	6, 9, 12, 18, 24, 36, 48, 54 Mbps	1, 2, 5.5, 11 Mbps	1, 2, 5.5, 6, 9, 11, 12, 18, 24, 36, 48, 54 Mbps
호환성	802.11	Wi-Fi5	Wi-Fi	11 Mbps 이하에서 Wi-Fi

- 파장 850 nm와 950 nm에서 1 Mbps와 2 Mbps의 데이터 전송을 지원하는 적외선 방식

DSSS 방식

각 1 Mbps 또는 2 Mbps의 전송률을 지원하는 7개 까지의 채널을 지원하며 DSSS 시스템에 사용할 수 있다.

7장에서 보았듯이 DSSS 시스템은 데이터 전송률과 신호의 대역폭을 넓히기 위해 chipping 부호나 pseudonoise 시퀀스를 사용하는데 IEEE 802.11에서는 Barker 시퀀스를 사용한다.

Barker 시퀀스는 길이 n에 대한 이진 {−1, +1} 시퀀스 $\{s(t)\}$인데 자동상관관계(autocorrelation)값 $R(\tau)$는 모든 $|\tau| \le (n-1)$에 대해 $|R(\tau)| \le 1$을 만족하는 특성을 가지고 있다. Barker의 특성은 다음과 같은 변환으로도 표시할 수 있다.

$$s(t) \to -s(t) \quad s(t) \to (-1)^t s(t) \quad \text{그리고} \quad s(t) \to -s(n-1-t)$$

다음과 같은 Barker 시퀀스가 만들어 질 수 있다.

$n = 2$ + +

$n = 3$ + + −

$n = 4$ + + + −

$n = 5$ + + + − +

$n = 7$ + + + − − + −

$n = 11$ + − + + − + + + − − −

표 14.6 IEEE 802.11 물리 계층 규격

(a) DSSS 방식(802.11, 802.11b)

데이터 속도	Chipping 부호길이	변조	심볼 속도	Bits/symbol
1 Mbps	11 (Barker sequence)	DBPSK	1 Msps	1
2 Mbps	11 (Barker sequence)	DQPSK	1 Msps	2
5.5 Mbps	8 (CCK)	DQPSK	1.375 Msps	4
11 Mbps	8 (CCK)	DQPSK	1.375 Msps	8

(b) FHSS 방식(802.11)

데이터속도	변조	심볼 속도	Bits/symbol
1 Mbps	Two-level GFSK	1 Msps	1
2 Mbps	Four-level GFSK	1 Msps	2

(c) 적외선 방식(802.11)

데이터속도	변조	심볼 속도	Bits/symbol
1 Mbps	16-PPM	4 Msps	0.25
2 Mbps	4-PPM	4 Msps	0.5

(d) 직교 FDM 방식(802.11a)

데이터 속도	변조	부호율	부호 비트수	OFDM 심볼당 부호비트수	OFDM 심볼당 데이터비트수
6 Mbps	BPSK	1/2	1	48	24
9 Mbps	BPSK	3/4	1	48	36
12 Mbps	QPSK	1/2	2	96	48
18 Mbps	QPSK	3/4	2	96	72
24 Mbps	16-QAM	1/2	4	192	96
36 Mbps	16-QAM	3/4	4	192	144
48 Mbps	64-QAM	2/3	6	288	192
54 Mbps	64-QAM	3/4	6	288	216

$n = 13$ + + + + + − − + + − + − +

11-chip Barker 시퀀스가 사용되며 각 2진 데이터 "1"은 {+ − + + − + + + − − −}로 "0"은 {− + − − + − − − + + +}로 매핑된다.

Barker 시퀀스의 중요한 특성은 간섭에 강하고 다중경로전달에 민감하지 않다는 것이다.

FSSS 방식

7장에서 보면 FHSS 시스템은 pseudonoise 시퀀스를 기반으로 한 채널에서 다른 채널로 신호호핑하는 방식을 이용한 다중채널을 사용한다. IEEE 802.11에서는 1 MHz의 채널이 사용된다.

호핑방식의 세부사항은 조정가능하다. 예를 들면 미국의 최소 홉 속도(hop rate)는 초당 2.5 홉이다. 주파수의 최소 홉 거리는 북미에서는 6 MHz이고 대부분의 유럽과 일본에서는 5 MHz이다.

변조에 있어서 FHSS는 1 Mbps 시스템을 위해 2단계 가우시안 FSK를 사용한다. "0"과 "1" 비트는 현재 반송파로부터의 편차로 부호화된다. 2 Mbps에서는 4단계 GFSK가 사용되는데 여기에는 4개의 2비트 조합으로 정의된 중앙 주파수로부터의 서로 다른 4개의 편차를 사용한다.

적외선 방식

IEEE 802.11 적외선 부분은 점대점이 아닌 전방향이다(그림 13.6). 영역은 20 m까지 가능하고, 1 Mbps 전송의 변조방식은 16PPM(Pulse Position Modulation)을 사용한다. 이 경우 4 데이터 비트의 각 그룹은 16개의 비트 영역을 가진 16PPM 기호 중 1개와 연관되어 있다. 각각의 16 비트열은 15개의 "0"과 1개의 "1"로 구성되어 있다. 2 Mbps 데이터 전송의 경우에는, 그 데이터 비트의 각 그룹은 4비트로 구성된 비트열과 연관되어 있다. 각 비트열은 3개의 "0"과 1개의 "1"로 구성되어 있다. 실제적인 전송은 강도변조기법을 사용한다. 이 경우 신호가 있으면 이진수 "1", 신호가 없으면 이진수 "0"에 해당하게 된다.

IEEE 802.11a

Channel 구조

IEEE 802.11a는 3가지로 나누어진 유니버셜 네트워킹 정보 인프라구조(UNNI)라고 불리는 주파수대역을 이용한다. 하나는 실내 사용 UNNI-1 주파수대(5.15 ~ 5.25 GHz), 두번째는 실내외 겸용 UNNI-2 주파수대(5.25 ~ 5.35 GHz), 그리고 실외용인 UNNI-3(5.725 ~ 5.825 GHz)이다. IEEE 802.11.a는 IEEE 802.11b/g에 비해 몇가지 장점을 갖고 있다:

- IEEE 802.11a는 802.11b/g보다 더 유용한 주파수대역을 활용한다. 각각의 UNNI 주파수대역은 전부 12개의 교차 허용 스펙트럼으로 이루어진 4개의 비오버랩핑 채널을 제공한다.
- IEEE 802.11a는 802.11b와 같은 최대 데이터 송신율을 가진 802.11g보다 훨씬 더 높은

데이터 송신률을 제공한다.

- IEEE 802.11a는 다른 상대적으로 온전한 주파수 스펙트럼(5GHz)을 사용한다.

그림 14.10은 802.11a에서 사용되는 채널구조를 보여준다. 첫 번째 그림은 802.11b에 의해 정의된 송출 스펙트럼 마스크를 나타낸다.[3] 송출 스펙트럼 마스크는 주파수대역의 18 MHz, 11 MHz에서 −20 dBr, 20 MHz에서 −28 dBr, 30 MHz에서 −40 dBr을 절대 초과하지 않는 0 dBr(신호의 최대 스펙트럼 밀도의 상대값 dB)을 가져야 한다. 송출된 신호의 송출 스펙트럼 밀도는 반드시 스펙트랄 마스크 범위내에 들어와야 한다. 스펙트럼 마스크의 사용목적은 송출신호들의 스펙트랄 값들이 이웃하는 신호들과 서로 간섭하지 않게 하도록 조절하기 위함이다. 그림 14.10(b)와 그림 14.10(c)는 802.11b에서 사용가능한 12개의 채널을 보여준다.

코딩과 모듈

2.4GHz 스펙과는 다르게, IEEE 802.11은 확장 스펙트럼 스킴을 사용하지 않고 대신 직교성 주파수 다중분할(OFDM)을 이용한다. 11.2절에서 언급했듯이 다중 이동 모듈이라고도

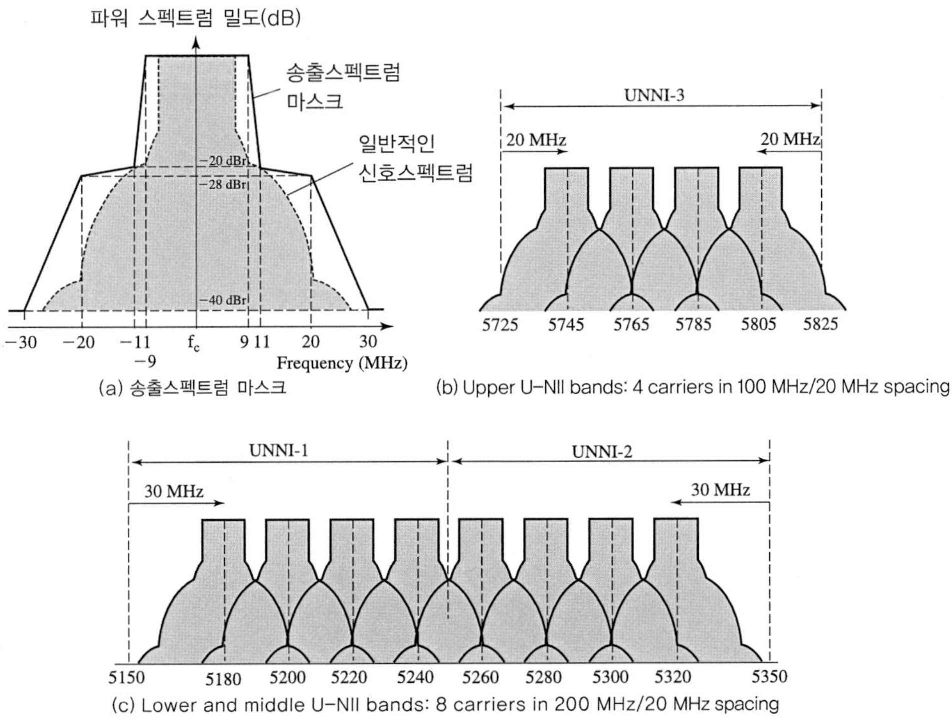

(a) 송출스펙트럼 마스크

(b) Upper U-NII bands: 4 carriers in 100 MHz/20 MHz spacing

(c) Lower and middle U-NII bands: 8 carriers in 200 MHz/20 MHz spacing

그림 14.10 IEEE 802.11a 채널 구조

---

3. 파워 스펙트럼 밀도에 관한 자세한 내용은 부록 D.2 참고.

불리는 OFDM은 조금씩 다른 bit을 각각의 신호에 보내주는 방법으로 만들어진 서로 다른 신호를 다중 이동 신호로 이용한다. 이 방법은 FDM과 유사하지만 OFDM의 경우는 모든 서브채널이 하나의 데이터 소스에 연결되어 있다.

OFDM을 보완하기 위해 주요 스펙들은 다양한 종류의 모듈과 코딩 옵션들을 이용한다. 이들은 모두 BPSK, OPSK, 16-QAM, 64-QAM 등을 이용하는 모듈화된 48가지의 종속이동매체로 구성되어 있다. 종속 이동매체들의 주파수 간격은 0.3125 MHz이다. 회선형 코드는 1/2, 2/3, 또는 3/4의 비율로 전방위 오차수정을 지원한다. 모듈기술의 조합과 코딩비율이 데이터 전송률을 결정하는 것이다. 표 14.6(d)는 802.11a의 주요 변수들을 요약하였다.

물리계층 프레임 구조

물리계층의 주요 역할은 802.11 MAC 계층에 의해 진행되는 MAC 프로토콜 데이터의 송출에 있다. PLCP 종속 계층은 OFDM에서 필요로 하는 프레임과 신호 bit를 제공하며 PDM 종속계층은 실제 코딩과 송신기능을 수행한다.

그림 14.11(a)는 물리계층 프레임 형식을 보여주고 있다. **PLCP 프리엠블 영역**은 수신자로 하여금 들어오는 OFDM 신호를 취득하고 모듈기와 동기화를 이룩하는 것을 가능하게 한다. 그 다음 과정은 24-bit로 해독된 단일 OFDM 심벌의 **신호**영역이다. 프리엠블 영역과 신호 영역은 BPSK를 이용하여 6 Mbps로 송출되어졌다. 신호영역은 다음의 세부영역으로 나누어진다.

- **전송률:** 전송되어진 프레임의 데이터영역이 차지하는 부분의 데이터 전송률을 의미한다.
- **r:** 추후사용을 대비한 예비용
- **길이:** MAC PDU에서의 octets의 숫자
- **P:** 전송률, r, 길이의 하부영역에서의 17 bit 전송률에서의 짝수 맞춤 bit
- **꼬리:** 6개의 0-bit로 구성된 회선형 인코더를 제로 상태로 만들기 위한 부수적인 심볼

데이터 영역은 다양한 OFDM 심벌로 구성되어 Rate 하부영역의 데이터 전송률이 정해져 있는 곳으로 송출되어진다. 송출에 앞서서 데이터 영역의 모든 bit는 서로 뒤섞이게 된다. (부록 14A에 뒤섞임에 대한 설명이 있다.) 데이터 영역은 다시 다음의 4개 하부영역으로 나누어진다.

- **서비스 부분:** 16개 bit로 이루어져 있고 그중 최초 6 bit는 수신기에서 스크램블러와 동기를 위해 0으로 셋팅되어 있다. 나머지 9 bit는 0으로 셋팅되어 만약을 대비하여 예비용으로 저장된다.
- **MAC PDU:** MAC 계층에서 전달된 것이며 그림 14.8에 포맷이 나와 있다.
- **꼬리:** 6개의 스크램블 bit를 대체하기 위해 제조되었으며 6 bit의 제로 value로서 MPDU의 뒤에 따라나온다. 주로 선회형 인코더의 재 초기화에 사용된다.

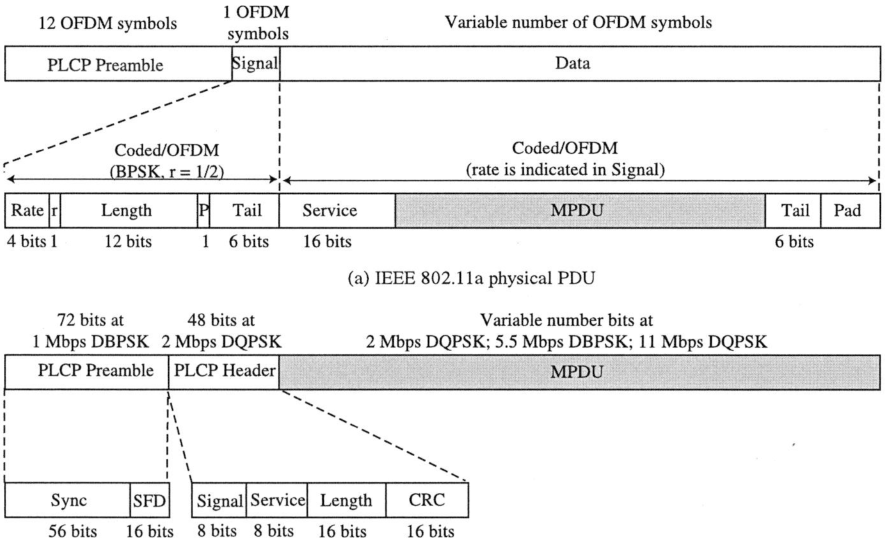

그림 14.11 IEEE 802 물리계층 프로토콜의 자료 구성들

- **패드:** 데이터 영역을 만드는 데 요구되는 bit의 숫자로서 OFDM 심벌의 bit 숫자의 곱으로 정의한다. (48, 96, 192, 또는 288)

IEEE 802.11b

IEEE 802. 11b는 IEEE 802. 11의 확장형으로 5.5 Mbps와 11 Mbps의 데이터 전송을 지원한다. clipping률은 11 MHz로 최초의 DSSS와 같다. 따라서 DSSS와 동일한 대역폭을 제공한다. 동일한 clipping률의 동일 대역폭으로 더 나은 데이터 전송률을 확보하기 위해 CCK (Complementary Code Keying) 변조방식을 사용한다.

CCK 변조는 매우 복잡하기 때문에 여기서는 다루지 않는다. 그림 14.12에 11 Mbps 전송기법을 개괄적으로 보여주고 있다. 입력 데이터는 1.375 MHz의 8비트 블록으로 취급된다(8비트/심볼 × 1.375 MHz = 11 Mbps). 이 비트들 중 6개는 8× 8 Walsh 매트릭스를 기반으로 한 64개의 부호열과 매핑된다(그림 7.17). 2비트가 추가된 매핑의 출력은 QPSK 변조의 입력형태가 된다.

CCK에 대한 선택적 옵션은 패킷화된 이진 선회적 코딩(PBCC)으로 알려져 있다. PBCC는 수신기의 계산속도를 증가시킴으로써 잠재적으로 보다 효율적인 송신을 제공한다. PBCC는 802.11b와 공조되었으며 미래의 증강된 규격화에 대비하여 보다 높은 데이터 전송률의 요구에 대비한 것이다.

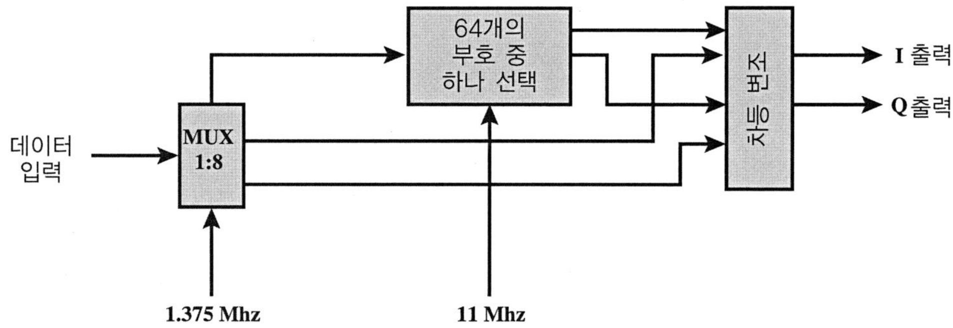

그림 14.12 11-Mbps CCK 변조기법

물리계층 프레임 구조

IEEE 802.11b는 프리엠블과 길이만 다른 두 개의 물리계층 프레임 형식을 정의한다. 144 bit의 긴 프리엠블은 원래의 802.11 DSSS 스킴에서 쓰이는 것과 같으며 다른 상속된 시스템과의 상호작용을 허용한다. 72 bit의 짧은 프리엠블은 좀더 개선된 효율의 출력을 제공한다. 그림 14.11(b)는 물리계층 프레임 포맷의 짧은 길이 프리엠블을 보여준다. **PLCP 프리엠블** 영역은 수신기로 하여금 들어오는 신호를 획득하여 디모듈러와 동기하는 것을 가능하게 하며 2가지 요소로 구성되어 있다. 56-bit의 **동기**를 위한 동기영역, 그리고 16-bit 시동 프레임 제거기(SFD)이다. 프리엠블은 미분 BPSK과 Barker 코드 확장을 이용하여 1 Mbps 비율로 송신된다.

프리엠블에 이후에는 DQPSK를 이용한 2 Mbps 비율로 송신되는 **PLCP 헤더**가 따라오며 이는 다음의 하부영역들로 구성된다.

- **신호:** MPDU 부분의 프레임이 전송되었을 때 데이터 전송률을 정의한다.
- **서비스:** 802.11b에서는 8개 bit 중 단지 3개만이 사용. 하나의 bit는 송신 주파수와 심벌 시각이 같은 지역 진동기에서 쓰여지는지 표기함. 다른 bit는 CCK와 PBCC 인코딩 중 어느 것이 사용되는지 표시. 마지막 bit는 길이 하부영역에 대한 확장자처럼 행동한다.
- **길이:** 100만분의 1초 단위숫자로 정의되며 MPDU에 전달되야 할 MPDU영역의 길이를 표시. 주어진 데이터 전송률에 대해, MPDU의 길이는 octets 단위로 계산된다. 8 Mbps 이상의 어느 데이터 전송률에서도 서비스 영역으로부터의 길이의 연장 bit는 주변에 존재하는 애매함을 해결할 필요가 있다.
- **CRC:** 신호보호, 서비스, 길이영역을 위한 16 bit 오차탐지용 코드

MPDU 영역은 신호영역에서 여러 가지 숫자의 전달되어야 할 데이터 전송률로 정의된 bit로 써 이루어져 있다. 전송에 앞서 모든 bit의 물리계층 PDU는 스크램블되어진다(부록 14A 참조).

표 14.7 IEEE 802.11g 물리 계층 옵션

Data Rate(Mbps)	모듈스킴	Data Rate(Mbps)	모듈스킴
1	DSSS	18	ERP-OFDM
2	DSSS	22	ERP-PBCC
5.5	CCK 또는 PBCC	24	ERP-OFDM
6	ERP-OFDM	33	ERP-BPCC
9	ERP-OFDM	36	ERP-OFDM
11	CCK 또는 PBCC	48	ERP-OFDM
12	ERP-OFDM	54	ERP-OFDM

IEEE 802.11g

IEEE 802.11g는 802.11b의 확장자로서 데이터 송신율 20 Mbps 이상 최대 54 Mbps이다. 802.11b와 마찬가지로 802.11.g역시 2.4 GHz 범위에서 작동하며, 따라서 양자는 서로 호환 가능하다. 표준화는 802.11b 장치가 802.11g의 AP와 연결되어 작동하도록 설계되었고, 802.11g 장치는 802.11b AP와 연계작동이 가능하다. 단, 어느 쪽이든 802.11b의 낮은 데이터 전송속도가 쓰인다.

표 14.7에 나온 것처럼 IEEE 802.11g는 더 넓은 영역의 데이터 전송률과 모듈화 스킴옵션을 제공한다. IEEE 802.11g는 똑같은 모듈과 프레임 스킴을 정의함으로써 1, 2, 5.5와 11 Mbps 영역에서 802.11과 802.11b와 호환할 수 있는 능력을 제공한다. 데이터 전송률 6, 9, 12, 18, 24, 36, 48, 그리고 54 Mbps에서 802.11g는 802.11a OFDM 스킴을 사용하고 2,4 GHz에서는 ERP-OFDM을 (ERP는 확장된 전송률의 물리계층을 의미) 적용한다. 게다가,

표 14.8 추정거리 vs Data 전송률

Data Rate(Mbps)	802.11b	802.11a	802.11g
1	90+	-	90+
2	75	-	75
5.5(b)/6(a/g)	60	60+	65
9	-	50	55
11(b)/12(a/g)	50	45	50
18	-	40	50
24	-	30	45
36	-	25	35
48	-	15	25
54	-	10	20

ERP-PBCC 스킴은 22 ~ 33 Mbps의 데이터 전송률을 제공한다.

IEEE 802.11 표준규격은 특정 속도대비 거리를 포함하지 않는다. 업체들은 환경에 따라 변하는 서로 다른 수치를 제공한다. 표 14.8 [LAYL04]은 그러한 일반적 사무실 환경의 수치들을 나타낸다.

14.5 다른 IEEE 802.11 표준규격들

이제까지 논의된 것들 이외에도 현재 사용중이거나 출시된 특별한 물리계층 기능을 지원하는 다른 802.11이 있다.

IEEE 802.11c

교량형 작동과 관련됨. 여기서의 교량은 하나의 장치로서 두 개의 LAN 사이를 연결하는 MAC 프로토콜과 유사하거나 동일하다. 교량은 IP-레벨 경주마와 같은 기능을 수행하지만 MAC 계층에 존재하지는 않는다. 일반적으로 교량은 IP-경주마보다 단순하고 더 효율적이다. 802.11c의 태스크그룹은 2003년에 이들 표준화 규격작업을 완성하였고 이를 LAN 교량을 위한 IEEE 802.1D라 정립하였다.

IEEE 802.11d

정규적 도메인 개량을 언급. 여러 가지 국가 간 출시제품의 차이를 정규적으로 정의함.

IEEE 802.11e

이는 MAC 계층에 개선사항을 만들어 서비스의 질을 향상시키고 일정수준의 보안관련 이슈를 지정한다. 또한 시간-일정표와 다른 데이터들의 통신이 이루어지지 않은 nulling 기간 동안 이루어진 통신에 대해 정기적으로 폴링된 정보를 수용하며 폴링의 효율개선과 채널 강인성의 향상을 제공함. 이러한 개선들은 IP 통신법과 비디오 흐름 서비스에 요구되는 질적 수준과 같은 수준으로 제공되어져야 된다. 802.11e가 구현되는 중계국은 QoS 중계국은 또는 QSTA라 불린다. QSTA는 DCF와 PCF(그림 14.5) 모듈이 진보된 분산 채널 접속(EDCA)과 HCF에 의해 제어된 채널 접속(HCCA)으로 이루어진 혼합 공조함수(HCF)와 교체된다. EDCA는 우선권을 포함한 상속 DCF 구조의 확장자이다. PCF에서처럼 HCCA는 중앙에서 매개접속을 운영하지만 훨씬 효과적이고 유연한 방법을 쓴다.

IEEE 802.11f

다양한 업체로부터 출시된 AP들의 상호간 작동능력을 지정한다. 또한 그 지역의 WLAN

중계국 사이의 통신을 제공하며 하나의 AP는 유선 LAN(이더넷과 같은) 또는 광역 네트워크 같은 또 다른 형태의 네트워크를 가로지르는 두 개의 802.11 LAN 사이를 연계하는 교량기능을 갖고 있다. 이러한 표준규격설비는 송신의 연속성을 보장하면서 계속 한 AP에서 또 다른 곳의 장치로 로밍한다.

IEEE 802.11h

스펙트럼과 전력유지를 관리. 목표는 802.11a를 유럽 국가들의 요구와 불만사항을 고려하여 만드는 것임. EU에서는 5 GHz 주파수대역이 군 통신위성에서 사용되기 때문에 동적채널 선택 기구를 채용하여 이들 주파수영역들이 선택되지 않게 배려함. 또한 여기에는 EU 국가들의 전력특성에 맞도록 송출출력을 조종하는 기능도 있다.

IEEE 802.11i

MAC 계층의 보안기능을 정의. 이 규격은 원래 802.11의 MAC 계층을 위해 설계된 유선 동등 프라이버시(WEP) 기구의 보안문제 상황을 지정하도록 설계되었다. 따라서 802.11a 스킴은 더 강한 풀이해법과 14.6절에서 논의된 다른 여러 가지 보안개선기능들을 사용한다.

IEEE 802.11k

라디오와 네트워크의 측정을 위해 더 높은 계층의 장치에 라디오 자원 측정향상의 지원함을 정의함. 본 기준규격은 어떤 정보가 무선 또는 이동 LAN 설비의 유지와 정비에 유용한가를 정의. 그들 데이터들은 다음과 같은 내용을 제공:

- 로밍결정을 개선하기 위해 AP는 중계국이 일정 위치로부터 이동하여야 한다고 결정될 때 사이트 보고를 중계국에 제공한다. 이 사이트 보고는 AP의 주문 리스트이고 중계국의 AP를 변화할 때 사용할 수 있는 모든 시스템의 최고부터 최악의 서비스 정보내용을 담고 있다.
- AP는 채널정보를 각각의 WLAN 중계소로부터 모을 수 있다. 각각의 중계국은 그 중계국에 접수된 모든 비-802.11 에너지의 소음 히스토그램을 제공한다. AP는 또한 얼마나 오래 한 채널이 주어진 시간동안 사용되었는지에 관한 통계자료를 수집한다. 이러한 자료들은 AP로 하여금 주어진 채널의 접속을 조절하게 해준다.
- AP는 재시도, 전송되고 수신된 패킷숫자, 통계자료를 얻기 위해 중계국을 조회할 수 있다. 이들 통계자료는 AP에게 더욱더 완벽한 네트워크의 성능현황을 보여줄 수 있다.
- 802.11k는 802.11h에서 정의된 송출전력 제어과정을 다른 조절 도메인과 주파수범위로 확장하며 간섭과 전력소모를 감소시키며 거리측정을 제공한다.

IEEE 802.11m

이는 주요 표준규정에 존재하는 편집과정과 기술적 사안을 수정하기위한 진행형 임무그룹 행위이다. 임무그룹은 802.11 표준과 그에 승인된 교정들을 다른 임무그룹이 작성한 서류와 비교 재검토하여 그 위치를 찾아내고 비지속적인 상황과 오차를 수정한다.

IEEE 802.11n

출력향상을 위한 물리계층 및 MAC 계층의 향상 범위를 연구. 여기에는 다중 안테나, 스마트 안테나, 신호 인코딩 스킴의 변화, MAC 접속 프로토콜의 변화 등이 포함된다. 현재의 태스크그룹의 목적으로는 802.11 MAC 계층과 상위 계층간 인터페이스에서 계측된 데이터 전송률을 최소 100 Mbps로 하는 것이다. 반대로 802.11 물리계층 표준은 (표 14.5) 무선 매개간 물리 인터페이스의 데이터 전송률을 측정한다. 상위 인터페이스에서 MAC 계층을 측정하게 된 동기는 사용자에 의해 데이터 전송률이 영향을 받는 것이 물리계층에서 받는 영향보다 적을 것으로 보이기 때문이다. 여기서 상위부분은 패킷 프리엠블, 응답부, 항목창들, 다양한 인터페이스 공간의 변수들이다. 결과는 MAC 계층으로부터 나오는 데이터 전송률이 물리 데이터 전송률보다 거의 절반의 자릿수(order) 정도밖에 되지 않는다. 게다가 출력을 향상시키기 위해 802.11n은 기존의 출력에서의 개선된 거리, 간섭에 대항하는 증가된 저항, 그리고 더욱더 단일화된 기존지역에서의 커버능력 등 다른 성능관련 요구조건들을 지정한다.

14.6 Wi-Fi 보호접속

원래의 802.11 스펙에는 일련의 사생활 보호를 위한 보안 스펙과 대단히 취약한 인증 시스템을 포함하고 있다. **사생활** 보호에 있어서 802.11에는 유선 동등 사생활(WEP) 알고리즘이 정의되다. WEP는 40-bit 키를 사용하는 RC4 해독 알고리즘을 시용하며 후기버전에는 104 bit 키를 시용한다.[4] **인증**에 있어서 802.11은 하나의 인증키와 수동 프로토콜을 공유하는 2개의 부분(parties)을 구성하며 이들 부분들은 기존의 다른 어느 부분과도 서로 공유되지 않는다.

802.11 규격의 프라이버시 부분은 주요 결점을 내포하고 있다. 40 bit 키는 심각하게 부적합하고 104 bit키 조차도 WEP를 지원하는 프로토콜의 내부/외부의 약점들로 인하여 취약하다는 것이 입증됐다. 이러한 약점들은 인증키의 수많은 재사용, 무선 네트워크에서의 쉬운 데이터접속, 그리고 내부 프로토콜의 관리소홀 등에 기인한다. 마찬가지로 공유 인증키 스킴

4. RC4는 본교재의 웹페이지에 서술되어 있음.

에도 많은 문제들이 존재한다.

802.11i의 태스크그룹은 WLAN 보안 기능들에 관련한 여러 기능들을 개발하였다. WLAN을 위한 보다 강력한 보안기능개발을 가속하기 위해 Wi-Fi 연합은 Wi-Fi 표준으로 **Wi-Fi 보호 접속(WPA)**을 공포하였다. WPA는 일련의 보안 기구로서 대부분의 802.11 보안문제들을 제거하기 위해 기존의 802.11i 표준에 기초하여 개발되었다. 802.11i가 진화될수록 WPA의 호환성 유지도 진화할 것이다.

IEEE 802.11i는 3개의 주요 보안분야를 갖고 있다: 인증, 키 관리, 그리고 데이터 전달 프라이버시이다. 인증을 개선하기 위해 802.11i는 인증서버(AS)를 요구하고 보다더 강인한 인증 프로토콜을 정의하고 있다. AS는 또한 키 분배에서의 핵심을 이룬다. 프라이버시에 있어서, 802.11i는 3개의 서로 다른 해독스킴을 제공한다. 이들 스킴은 장기적인 해결책으로서의 128 bit 키를 이용한 진보된 해독 표준(AES)의 사용 가능성을 제공한다. 그러나 AES의 사용은 대규모적인 기존 기기의 업그레이드를 요구하기 때문에 그 대안으로서 104 bit RC4에 기초한 대체 스킴이 또한 정의되었다.

그림 14.13은 802.11i에 있어서의 일반적인 운영을 보여준다. 제일 먼저, 중계국과 AP 사이의 교환이 일련의 보안기능의 심의아래 이루어진다. 그리고 나서, 보안인증을 제공하기 위해 AS와 중계국 사이의 교환이 이루어진다. AS는 AP에 대한 키의 분배에 대한 역할을 책임지며 그러기 위해 중계국의 키를 유지 분배한다. 마지막으로 중계국과 AP 사이의 데이터전달 보호하기 위해 강인한 판독기가 쓰여진다.

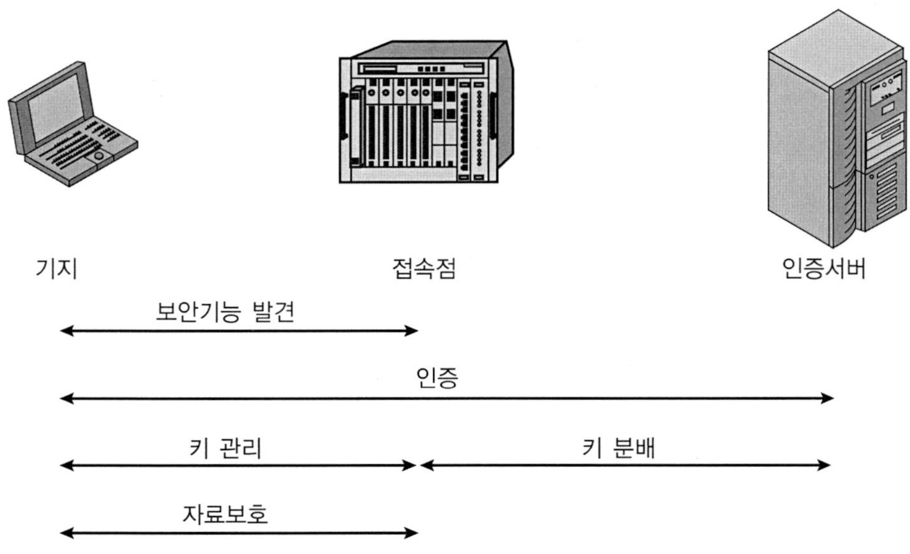

그림 14.13 802.11i 작동 영역

802.11i 구조는 3개의 주요 항목으로 이루어져 있다.

- **인증:** 사용자와 AS 사이의 교환을 승인해 주기 위한 프로토콜이 사용하며, 상호인증을 제공하며 고객과 무선 연결 사이의 AP가 사용하게 될 임시키를 만든다.
- **접속제어:** 이 기능은 인증기능의 사용과 적절한 메시지 감시, 그리고 키교환의 용이성을 강제한다. 이들은 다양한 인증 프로토콜에서 작업이 가능하다.
- **메시지보전 프라이버시:** MAC 계층의 데이터(예: LLC PDU)는 완벽한 메시지 코드에 의해 데이터가 절대 변화되지 않도록 판독된다.

인증작업은 LLC와 MAC의 상위 계층에서 이루어지며 802.11 범위 이상으로 간주된다. 확장가능 인증 프로토콜(EAP), 원격 인증 다이얼링 사용자 서비스(RADIUS)같은 다양한 인기 높은 인증 프로토콜이 쓰이고 있다. 그러니 이들 프로토콜은 이 책에서는 언급되지 않는다. 이 장의 나머지 부분은 접속제어에 대한 고찰과 메시지 보전 프라이버시로 구성된다.

접속제어[5]

IEEE 802.11i는 LAN의 접속제어기능을 제공하기 위해 IEEE 802.1X(포트기반 네트워크 접속 제어)라는 또 다른 표준을 설계하여 사용한다. IEEE 802.1X는 요청, 인증기, 그리고 인증서버(AS)라는 용어를 사용한다. 802.11 WLAN 목록에는 요청과 인증기는 무선중계국과 AP와 관련이 있다. AS는 주로 유선상의 네트워크로 분류된 기구지만 인증기에 직접 존재할 수도 있다.

AS에 의해 요청이 승인되기 전에, 인증기는 인증 프로토콜을 이용하여 오직 제어와 요청 메시지만 요청과 AS 사이로 통과시킨다. 802.1X 제어채널은 열려 있지만 802.11 데이터 채널은 닫혀 있다. 일단 요청이 인증되고 키가 제공되면 인증기는 데이터를 요청해서 미리 정의된 접속 네트워크의 요청이 제한된 곳으로 전달한다. 이 상황에서 데이터채널이 개방된다.

그림 14.14에서 볼 수 있듯이 802.1X는 통제/비통제 포트개념을 사용한다. 포트는 인증기 내부에서 논리적 존재로 정의되며 물리적 네트워크 연결을 참고한다. WLAN에서 인증기는 (AP) DS에 연결되는 것과 BSS 내부에서의 무선통신용의 오직 2개의 물리포트를 가질 수 있다. 각각의 물리포트는 이들 두 개의 포트들과 연결되어 있다. 비통제되는 포트는 요청과 다른 AS 사이에서 요청의 인증상태와 상관 없이 PDU와 교환된다. 통제포트는 요청과 다른 LAN 시스템과의 PDU와의 교환을 오직 현재 요청이 승인된 상태일 때만 허용한다.

---

5. 본 장에서 접속제어의 보안기능에 대해 주로 거론함. 이 내용은 14.3절에서 거론된 MAC와는 다른 기능임. 불행히도 두 가지 경우 모두 접속제어라는 용어를 혼용하고 있음.

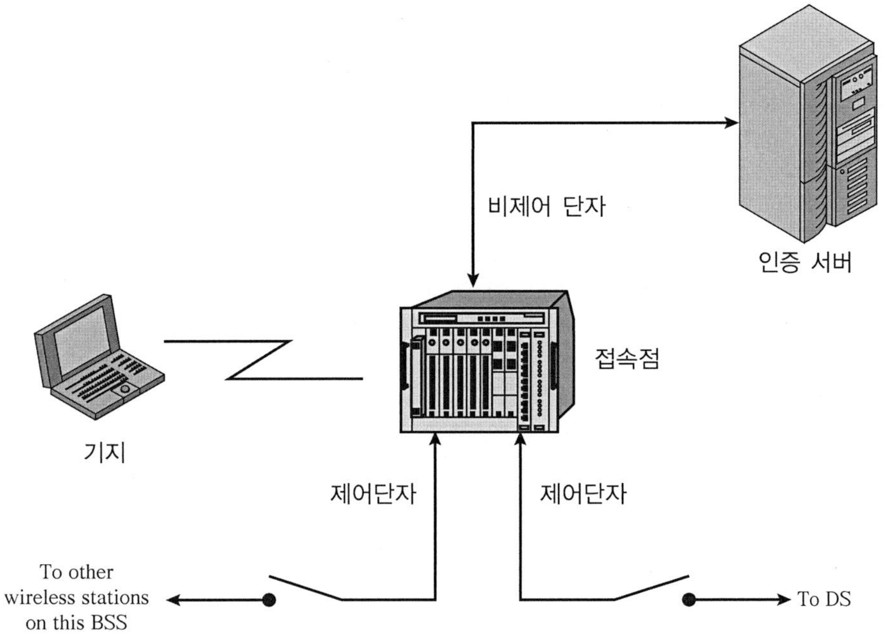

그림 14.14 802.11i 접속 제어

상위계층 인증 프로토콜과 함께 802.1X 프레임은 수많은 무선중계국들과 AP들을 포함하는 BSS 구조와 완벽하게 일치한다. 그러나 IBSS는 AP가 없다. 이를 위하여 802.11i는 보다 복잡한 실질적으로 중계국과 IBSS 사이의 2인조 형태의 인증 솔루션을 제공한다.

메시지보전 프라이버시

IEEE 802.11i는 802.11 MAC PDU에서 데이터 전송을 보호하는 2개의 스킴으로 정의된다. 첫 번째 스킴은 일시적 키 보존 프로토콜(TKIP) 또는 WPA-1으로 알려져 있다. TKIP는 단지 소프트웨어 교체만으로 기기가 교체되며 WEP가 구현되는 WEP와 같은 RC4 판독 알고리즘을 사용한다. 두 번째는 대응 모드 CBC MAC 프로토콜(CCMP) 또는 WPA-2라고 알려진 AES 판독 프로토콜을 사용하는 스킴이다.[6] 먼저 TKIP에 대해서 알아보자.

TKIP

TKIP를 이해하기 위하여 그림 14.15(a)에 나와 있는 MAC 프레임을 먼저 검토하는 것이 효과적이다. TKIP는 보호되지 않은 MAC 프레임(그림 14.8)으로 시작하여 4개의 영역을 추가한다: 초기화 벡터(IV), 확장 IV(EIV), 메시지 보존 체크(MIC), 그리고 보전 체크값(ICV)이다.

6. AES 알고리즘은 [STAL03]과 [STAL02]에 자세히 설명되어 있다.

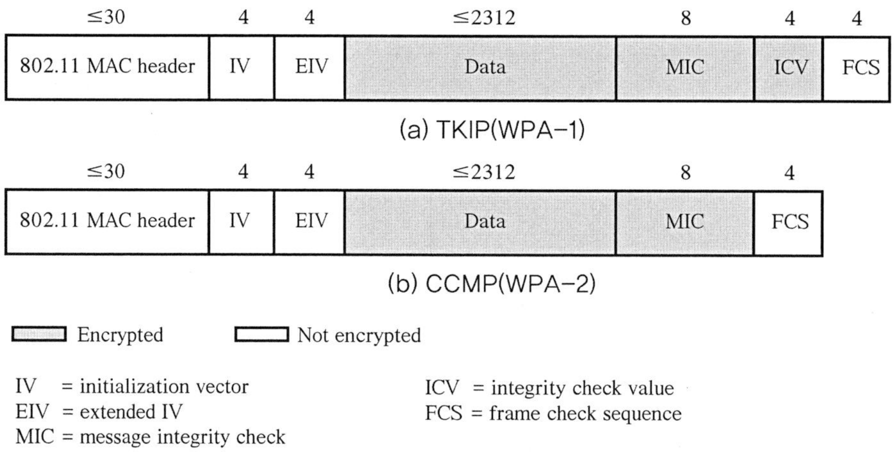

그림 14.15 암호화된 802.11i MAC 프레임

초기화벡터는 WEP RC4 판독 알고리즘에서 쓰기 위해 소개되는 값이다. RC4는 스트림 판독 알고리즘으로 알려져 있고 다음과 같이 작동한다. 초기 104 bit RC4 키는 단순히 시작 키에 의해 정의되는 무제한적인 bit 숫자로서 키 스트림을 생성하는 알고리즘의 시작점으로서 작동한다. 판독은 판독되어져야 할 비트 스트림과 키 스트림의 bit-by-bit XOR로서 이루어진다. 만약 같은 키 스트림 포인트가 각각의 MAC에서 써졌다면 시스템을 공격하기가 더 쉬워진다. 이러한 위협에 대응하기 위해 24 bit IV는 키 스트림이 생성되기 전에 RC4키를 사슬처럼 엮는다. 실제로, 128 bit 키로서 쓰이는 것이다. 만약 서로 다른 IV가 각각의 프레임에 사용됐다면 각 프레임의 키 스트림은 서로 다르다. IV는 깨끗한 상태로 (암호화되지 않은 상태) 전송되어지며 따라서 수신자는 IV를 판독을 위해 RC4 키의 비밀과 공유할 수 있다. 프레임의 포맷은 4 byte가 IV를 위해 준비되었지만 이것은 오직 처음의 3 byte가 24 bit 값을 가졌을 경우를 대비한 것이다.

24 bitIV는 충분한 보안을 제공하기에는 너무 짧다. 이러한 문제를 해결하기 위해 TKIP는 **확장 IV**를 공유한다. EIV는 2가지 목적으로 사용된다. 첫째는 48 bit IV가 IV와 EIV 영역의 조합으로부터 축출되어진다. 이 IV는 판독키를 만들기 위해 104 bit RC4키와 조합되어있다. 그러나 단지 IV를 RC4키와 48 bit IV에 붙이는 것 이상으로 RC4키와 송신기의 MAC 주소는 128 bit RC4 판독키를 생성하는 입력의 혼합된 함수로써 기여한다. 이것은 대단히 강력한 키를 만들어낸다. 게다가, IV와 EIV로부터 얻은 바이트 새로운 프레임이 송신될 때마다 증분이 세어지는 과정산출기의 함수이다. 과정산출기는 재생공격에 대응하기 위해 설계되었고 제3의 파트가 MAC 프레임을 색출해서 고의가 아닌 효과를 만들기 위해 재전송한다. 수신 개체는 어떤 프레임이든 과정밖에 것은 버리기 때문에 이렇게 함으로써 재생 공격은 좌절

되는 것이다.

보존 체크 값 또한 WEP의 사용과 함께 소개되어졌다. ICV는 프레임의 모든 영역에 대해 계산된 주기적 잉여체크이다. 그러고 나서 이 영역들은 데이터영역과 함께, 똑같은 RC4키를 이용하여 암호화된다. 비록 ICV와 FCS 영역이 모두 CRC 순환을 사용할지라도 그들은 서로 다른 목적으로 기여한다. FCS 영역은 8.1절에서 논의했듯이 송신에 있어서의 bit 오차를 탐지하기 위해 사용되고, ICV 영역은 부록 12B에서 거론된 개념처럼 메시지 인증을 위해 이용된다. WEP MAC 프레임이 도착하여 판독되면 수신기는 ICV를 재계산하고 계산 값들을 수신된 값들과 비교한다. 만약 두값이 서로 다르면 데이터는 다른 형태로 변질되었다고 추정한다. 이유는 ICV 내부에는 만약 공격자가 암호화된 데이터 메시지를 바꿔놓았다면 ICV는 그것을 볼 수 있다는 데 기초한다. IVC 역시 암호화되었기 때문에 공격자에게 있어서 그 값을 공격자가 변화시킨 암호화된 데이터 영역의 값과 맞추어 놓기는 어렵다.

ICV는 쉽게 무너질 수 있다고 [EDNE04]에 언급되어 있다. 이러한 문제에 대응하기 위해 TKIP는 **메시지 보존코드**를 추가하였다. 역설적으로 ICV 영역은 계속 사용되고 있다. 흔히 마이클이라고 불리는 MIC라는 새로운 알고리즘은 데이터 영역과 정해진 MAC 주소, 그리고 소스를 이용하여 64 bit 값을 계산한다. 그러고 나서 이 값은 분리된 데이터와 ICV 영역을 암호화하기 위하여 쓰여진 RC4키를 이용하여 암호화된다. 분리된 암호키와 64 bit 용량 모두를 이용한 더 복잡한 알고리즘을 사용함으로써 MIC를 본질적으로 ICV보다 더 강한 메시지 인증특성으로 만드는 것이다.

CCMP

그림 14.15(b)는 CCMP를 이용한 MAC 프레임의 포맷을 보여준다. 포맷의 유일한 차이점은 CCMP는 상속적 ICV 영역을 포함하지 않는다는 것이다. 가장 큰 차이점은 CCMP의 AES는 판독용 알고리즘으로 이용된다는 것이다.

14.7 참고문헌

[ROSH04]는 IEEE 802.11의 최근 기술적인 처리를 제공한다. 또 다른 유용한 저서로는 [BING02]가 있다. 짧지만 유용한 802.11의 조사 자료로서 [MCFA03]이 있다. [OHAR99]는 IEEE 802.11을 기술적으로 잘 서술하고 있다. [CROW97]은 802.11의 좋은 참고자료이다. 그러나, IEEE802.11a와 IEEE802.11b를 다루고 있지는 않다. [GEIE01]은 IEEE802.11a를 잘 서술하고 있다. [PETR00]은 IEEE 802.11b의 요약자료이다. [SHOE02]는 IEEE 802.11g에 대한 일반적 내용을 제공한다. [XIAO04]는 802.11e에 관해 논의하였다.

802.11i와 WPA에 대해 짧지만 유용한 2개의 요약은 [CHEU04][EATO02]이다. 철저한 이용에 관한 읽을 만한 저서로는 [ENDE04]가 있다.

BING02 Bing, B. Wireless Local Area Networks. New York: Wiley, 2002.

CHEU04 Cheung, D."WLAN Security & Wi-Fi Protected Access." Dr. Dobb' s Journal, June, 2004.

CROW97 Crow, B., et al, "IEEE 802.11 Wireless Local Area Networks." *IEEE Communication Magazine*, September 1997.

EATO02 Eaton, D."Diving into the IEEE 802.11i Spec: A Tutorial."Communications System Design, Nov. 2002. www.commsdesign.com

EDNE04 Edney, J. et al., Real 802.11 Security: Wi-fi Protected Access and 802.11i. Reading, MA: Addison-Wesley, 2004.

GEIE01 Geire, J. "Enabling Fast Wireless Networks with OFDM." *Communications System Design*, February 2001. (www.csdmag.com)

MCFA03 McFarland, B., et al.,"The Family Dynamics of 802.11" ACM Queue, May 2003.

OHAR99 Ohara, B., and Petrick, A. *IEEE 802.11 Handbook: A Designer's Companion*. New York: IEEE Press, 1999.

PETR00 Petrick, A."IEEE 802.11b-Wireless Ethernet."Communications System Design, June 2000. www.commsdesign.com

ROSH04 Roshan, P., et al.,"802.11 Wireless LAN Fundamentals. Indiannapolis:Cisco Press 2004.

SHOE02 Shoemake, M."IEEE 802.11g Jells as Applications Mount,"Communications System Design, April 2002. www.commsdesign.com

XIAO04 Xiao, Y."IEEE 802.11e:QoS Provisioning at the MAC Layer."IEEE Communications Magazine, June 2004.

웹사이트

- **The IEEE 802.11 Wireless LAN Working Group:** 워킹그룹 문서와 토론자료를 제공한다.
- **Wi-Fi 연합:** 출시된 802.11제품들의 상호 작용능력을 평가하는 업체 그룹

14.8 주요용어, 복습, 연습문제

주요용어

개방시스템 인증 authentication server (AS): 인증서버 공유키 인증 AP(Access Point) Barker sequence binary exponential backoff BSS(Basic Service Set) CCK(Complementary Code Keying)	coordination function 대응 Mode-CBC MAC 프로토콜 (CCMP) DCF(Distributed Coordination Function) DS(Distribution System) ESS(Extended Service Set) 독립 기본 서비스 세트 (IBSS) LLC(Logical Link Control) MAC(Medium Access Control)	open system authentication MPDU(MAC Protocol Data Unit) MSDU(MAC Service Data Unit) PCF(Point Coordination Function) service set 식별 (SSID) shared key authentication 임시적 키 보존 프로토콜 (TKIP) WEP(Wired Equivalent Privacy) Wi-Fi Wi-Fi 보호접속 (WPA)

복습문제

14.1 IEEE 802 프로토콜 계층들을 나열하고 간략히 정의하시오.

14.2 MAC 주소와 LLC 주소의 차이는 무엇인가?

14.3 LLC 서비스들을 나열하고 간략히 정의하시오.

14.4 access point와 portal의 차이는 무엇인가?

14.5 분산 시스템은 무선 네트워크인가?

14.6 IEEE 802.11 서비스들을 나열하고 간략히 정의하시오.

14.7 이동성과 관련하여 결합(association)의 개념은 무엇인가?

14.8 유선 LAN에서는 볼 수 없는 무선 LAN의 나타내는 독특한 보안문제의 특징은 무엇인가?

14.9 인증의 어떠한 형태(개방시스템 인증 또는 공개키 인증)가 더 안전한가, 그 이유는?

연습문제

14.1 그림 14.16의 BSS 내부의 일련의 작동을 참고하여 매개체가 바쁘게 작동하는 동안의 주기를 시작점으로 하고 CF-End가 AP로부터 전송되는 시점을 끝으로 하는 타임라인을 그리시오. 아울러 송신주기와 갭들을 보이시오.

14.2 식 (7.10)을 이용하여 11 bit Baker 과정의 autocorrelation을 τ의 함수로 구하시오.

14.3 **a.** 16-PPM 스킴이 1 Mbps IEEE 802.11 적외선 표준에 사용된다,

a1. 송신 주기는 얼마인가(bit 사이간격)?

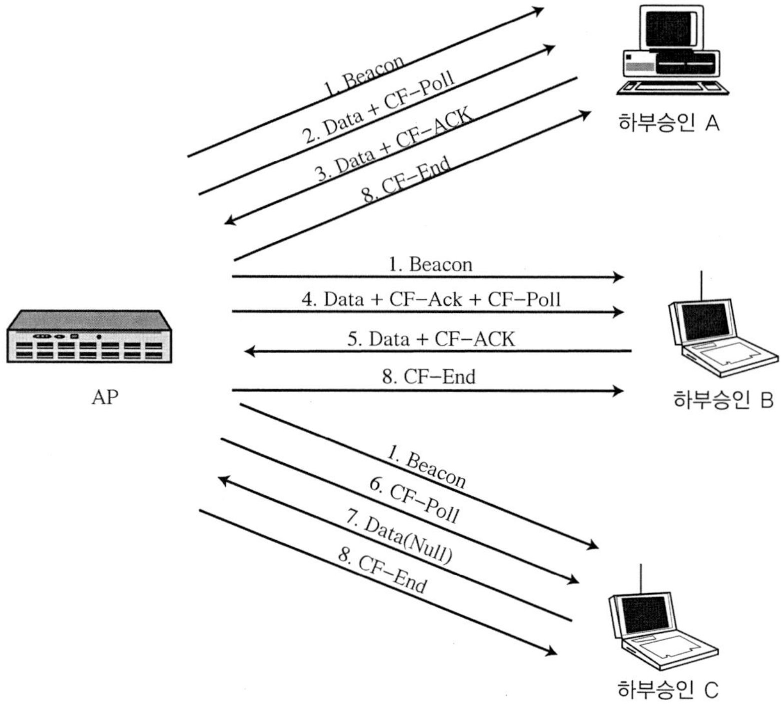

그림 14.16 문제 14.1을 위한 구성

a2. 펄스간 (1개값) 평균 시간과 관련 평균 펄스 송신 송신율은?

a3. 서로 인접한 펄스간 최소 시간은?

a4. 펄스간 최대 시간은?

b. 4-PPM 스킴이 2 Mbps로 사용될 때 (a)를 반복하시오.

14.4 IEEE 802.11a에서 모듈기술과 코딩률이 어떻게 데이터 전송률을 결정하는지 보이시오.

14.5 802.11 스크램블러와 디스크램블러에 대하여,

a. 급수적 정의에 연관된 배타적 교환자의 표현을 보이시오.

b. 그림 14.17과 같은 그림을 그리시오.

부록 14A 스크램블링

어떤 디지털 데이터의 암호화 기술 중에는 0 또는 1로 이루어진 긴 행렬의 송신이 시스템의 성능을 저하시킨다. 또한 스펙트럴 값과 같은 다른 송신 값들은 만약 데이터가 상수거나 반복

적이 아니고 거의 랜덤일 경우 향상된다. 이러한 경우 신호의 질을 향상시키기 위한 기술 중의 하나로 일반적으로 쓰이는 기술이 스크램블링와 디스크램블링이다. 스크램블링 과정은 feedback shift 등록으로 이루어져 있고 디스크램블링에 의한 매칭은 feedforward shift 등록으로 이루어져 있다. 그림 14.17은 그 예를 보여준다. 이 예에서 데이터가 스크램블되는 과정은 다음과 같이 나타내어진다.

$$B_m = A_m \oplus B_{m-3} \oplus B_{m-5}$$

$\oplus$는 배타적 교환자 기호를 나타낸다. 디스크램블러 과정은 다음과 같다.

$$\begin{aligned} C_m &= B_m \oplus B_{m-3} \oplus B_{m-5} \\ &= (A_m \oplus B_{m-3} \oplus B_{m-5}) \oplus B_{m-3} \oplus B_{m-5} \\ &= A_m (\oplus B_{m-3} \oplus B_{m-3}) \oplus (B_{m-5} \oplus B \oplus B_{m-5}) \\ &= A_m \end{aligned}$$

여기서 볼 수 있듯이 디스크램블러된 결과는 원래의 과정이다.

우리는 이러한 과정을 급수해로 나타낼 수 있다. 따라서 이 예제에서는 $P(X)=1+X^3+X^5$. 입력은 스크램블 과정을 만들기 위해 이 급수에 의해 나누어진다. 수신부에서 스크램블된 신호는 원래의 입력을 재구현하기 위해 같은 급수로 곱하여진다. 그림 14.18은 급수 $P(X)$를 이용하였고 입력값은 101010100000111이다. 스크램블된 송신에서 $P(X)$ (100101)로 나누어진 값은 101110001101001이다. 이 숫자가 다시 $P(X)$에 의해 곱해지면 우리는 원래의 입력을 얻게 된다. 입력 순서는 주기적인 순서 10101010은 물론 0의 긴 문자

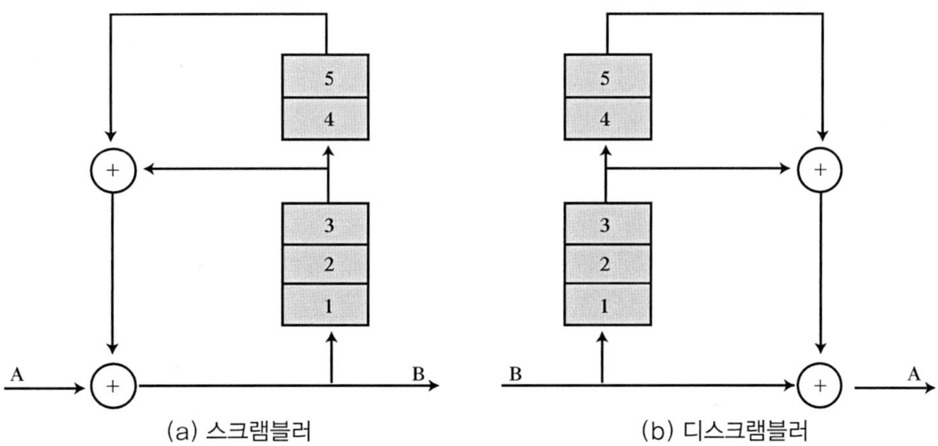

그림 14.17 스크램블러와 디스크램블러

열을 포함함을 유의하라. 스크램블러는 효과적으로 두 가지 패턴을 제거한다.

802.11에 있어서 스크램블 방정식은 $P(X)=1+X^4+X^7$이다. 이 경우 shift 등록은 7개의 요소로 이루어져 있고, 그림 14.17에 나타나는 5개요소 등록과 같은 방법으로 사용되었다.

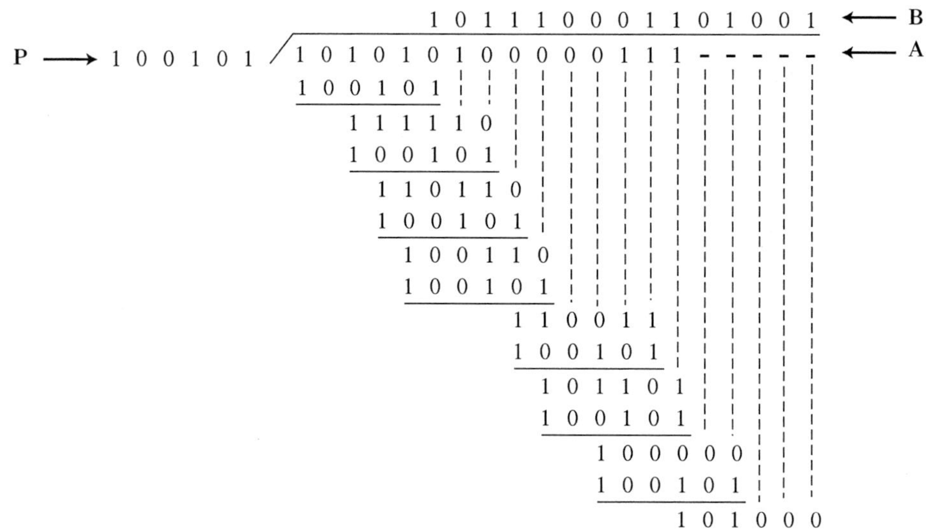

(a) 스크램블링

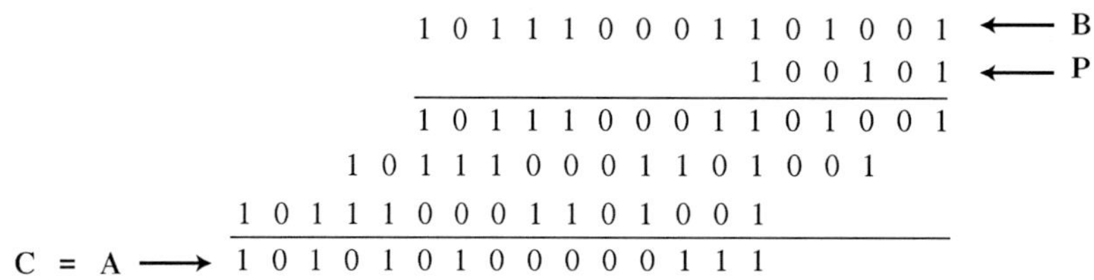

(b) 디스크램블링

그림 14.18 $P(X)=1+X^{-3}+X^{-5}$의 스크램블 예

CHAPTER 15 블루투스와 IEEE 802.15

communications networks

블루투스[1]는 하나의 마이크로 칩에 존재하는 항상 사용할 수 있는 단거리의 무선 중계방식이다. 블루투스 개발은 1994년 스웨덴의 이동 통신회사인 에릭슨에 의해 랩탑 컴퓨터가 이동 전화를 호출할 수 있도록 하기 위해 시작되었다. 그 후, 수천의 회사가 블루투스를 저전력, 단거리 무선 표준으로 만들기로 하였다. 블루투스 표준은 Bluetooth SIG(Special interest group)라 알려진 산업계 협회에 의해 개발되고 있으며, 이 장에서는 그 블루투스의 개요에 대해 설명한다.

블루투스에 관한 내용들 중에서 본 장에서는 IEEE 802.15와 관련된 개인 지역 네트워크(PAN)와 관련된 것들만 언급하겠다. PAN은 모든 장치가 한명 또는 가족단위에 의해서 사용되는 지역 네트워크를 의미한다. 또한 IEEE 802.15에 블루투스와 다른 2개의 PAN 표준을 합한 것을 IEEE 802.15.3과 IEEE 802.15.4라고 말하기도 한다.

블루투스의 개념은 단거리 무선능력을 제공하는 것이다. 허가 없이 저전력으로 사용할 수 있

15.1 개요

는 2.4 GHz 대역을 사용하여 10 m 거리의 두 개의 블루투스 장비가 서로 720 kbps의 속도로 정보를 공유할 수 있다. 블루투스는 데이터(일정들이나 전화번호들), 음성, 그래픽, 비디오를 포함한 응용들을 제공한다. 예를 들어, 음성장비는 헤드셋, 무선/일반 전화, 가정 스테레오, 디지털 MP3 플레이어를 포함할 수 있다. 블루투스는 다음과 같은 사항을 제공할 수 있다.

- 전화기로부터 멀리 떨어져 연결된 무선 헤드셋으로 전화를 건다.
- 컴퓨터에 연결된 프린터, 키보드, 마우스의 케이블을 제거한다.
- 음악을 다운로딩하기 위해 MP3 플레이어를 다른 장비와 무선으로 연결한다.
- 홈 네트워크를 설치하여 소파에 앉은 사람이 원거리에서 에어컨, 오븐, 아이들의 인터넷 서핑 등을 감시한다.
- 원거리에서 집에 전화를 걸어 가전제품을 켜거나 끄고, 경보를 설정하고 행동을 감시한다.

블루투스 응용

블루투스는 많은 사용자환경에서 동작되도록 설계되었다. **피코넷**(piconet)이라 불리는 작은 네트워크에서는 8개 장비까지 통신을 할 수 있다. 10개의 피코넷은 블루투스의 같은 무선 범위에서 함께 공존할 수 있다. 또한, 암호기능을 제공하기 위해, 각각의 링크는 암호화되어 도

1. 이 이름은 A.D 10세기경 덴마크의 국왕 Harald Blaatand(Bluetooth)로부터 유래된 것이다. 바이킹족과는 달리 Harald 왕은 검은 머리를 갖고 있었다. 그래서 어두운 형체를 의미하는 Bluetooth라는 이름을 갖게 된 것이다. 또한 그는 덴마크와 노르웨이를 통합함으로써 기독교를 스칸디나비아로 전파하기도 하였다.

청과 혼선으로부터 보호된다.

블루투스는 단거리 무선 접속을 사용하여 아래와 같은 세 가지의 일반적인 응용분야를 제공할 수 있다.

- **데이터와 음성 접속점:** 블루투스는 휴대용 및 고정 통신장비가 손쉽게 무선에 접속할 수 있도록 하여 실시간 음성과 데이터 전송을 가능하게 하였다.
- **케이블 대체:** 블루투스는 여러 종류의 통신장비를 연결하기 위해 필요한 수많은 케이블 연결장치를 제거한다. 연결은 즉각 이루어지며 디바이스가 보이지 않을 때도 유지된다. 각 무선 대역의 범위는 대략 10 m이고 광증폭기를 이용하면 100 m까지 확장할 수 있다.

표 15.1 블루투스 사용 시나리오 [HAAR98]

3-in-1 전화 하나의 전화기로 사무실에 있을 때는 intercom (통화요금 지불 안함)과 같은 기능을 한다. 집에 있을 때는 무선 전화기(일반 전화 요금지불)와 같은 기능을 하며 이동중일 때는 이동 전화(이동 전화 요금지불)와 같은 기능을 한다. **인터넷 브리지** 휴대용 PC를 사용하여 이동 전화나 유선연결(PSTN, ISDN, LAN, xDSL)을 통해 연결 가능한 어느 곳에서든지 인터넷을 서핑한다. **대화식 회의** 미팅과 회의에서 다른 참가자들과 정보를 즉시 공유할 수 있다. 또한 프로젝터를 유선연결 없이 먼 거리에서 동작시킬 수 있다. **헤드셋** 헤드셋을 이동 PC나 어느 유선 접속장치에 연결하여 사무실이나 차안에서 중요한 업무를 자유롭게 처리할 수 있도록 한다. **휴대용 PC 스피커 폰** 무선 헤드셋을 휴대용 PC에 연결하여 사무실, 차안, 집안 등 어느 장소에서나 헤드셋을 스피커폰으로 사용한다.	**서류가방 전자메일** 휴대용 PC가 서류가방에 있을 때도 전자메일을 사용할 수 있다. PC가 전자메일 메시지를 수신하면 이동 전화로 알려지게 되며, 전화를 이용하여 수신된 전자메일을 확인하고 메시지를 읽을 수 있다. **지연된 메시지** 비행기에 있는 동안에 PC에서 전자메일을 작성한다. 착륙하고 이동 전화의 교환이 허락되면 작성한 메시지를 즉시 전송한다. **자동 동기화** 데스크톱 컴퓨터, 휴대용 PC, 노트북, 이동 전화를 자동으로 동기화한다. 사무실에 들어오자마자 노트북에 있는 주소목록과 달력 기입정보가 데스크톱 컴퓨터의 파일로 갱신된다. 물론 반대의 경우도 가능하다. **즉각적인 디지털 그림엽서** 사진기를 코드 없이 이동 전화나 다른 유선 접속장치에 연결한다. 이동 전화, 노트북, 혹은 휴대용 PC에 당신의 의견을 적어 즉시 전송할 수 있다. **코드 없는 데스크톱** 당신의 데스크톱/랩톱 컴퓨터를 코드 없이 프린터, 스캐너, 키보드, 마우스, LAN에 연결한다.

- **ad hoc 네트워킹:** 블루투스 무선을 갖춘 장비가 다른 블루투스 무선 대역 범위에 들어오자마자 즉각 연결을 설정할 수 있다.

표 5.1은 블루투스 사용의 예를 보여준다.

블루투스 표준문서

블루투스 표준은 1500 페이지를 넘는 상당한 분량으로 핵심부분과 프로파일부분으로 나뉘어 있다. **핵심규격**은 무선 인터페이스에서 링크제어에 이르는 블루투스 프로토콜구조의 여러 계층을 자세히 설명한다. 이 규격에서는 관련기술 간의 상호운영, 시험 요구사항, 여러 가지 블루투스 타이머와 이와 관련된 값 정의와 관련된 주제를 다룬다.

프로파일규격은 여러 응용을 지원하기 위한 블루투스에 대한 기술사용을 설명한다. 각 프로파일규격은 핵심규격에 정의된 기술의 구현방안을 논한다. 프로파일규격은 핵심규격의 어느 부분이 필수사항인지, 선택사항인지 아니면 수용불가 사항인지를 기술한다. 프로파일규격의 목적은 상호동작 가능성의 표준을 정의하는 것이다. 그러므로 주어진 사용모델을 제공하는 다른 업체들의 제품들은 서로 상호동작이 될 것이다. 일반적 용어로서 프로파일규격은 케이블 대체 혹은 무선 오디오 부문의 두 범주의 하나로 분류된다. 케이블 대체 프로파일은 서로 근접한 장비를 논리적으로 연결시키고 데이터를 주고받을 수 있게 하는 편리한 방법을 제공한다. 예를 들어 두 장비가 처음으로 서로의 범위 안에 들어왔을 때, 서로에게 공통의 프로파일을 위한 질의를 자동적으로 발생시킬 수 있다. 이는 장비의 종단 사용자에게 경보를 주도록 하거나 자동으로 데이터 교환이 일어나게 할 것이다. 무선 오디오 프로파일은 단거리 음성연결의 설정과 관련된다.

프로토콜구조

블루투스는 그림 15.1과 같이 핵심 프로토콜, 케이블 대체 및 전화 제어 프로토콜, 적용프로토콜로 구성된 계층화된 프로토콜구조로 정의된다.

핵심 프로토콜은 다음 요소로 구성된 5계층 스택을 형성한다.

- **무선:** 주파수, 주파수 호핑의 사용, 변조방식, 전송전력 등 무선 인터페이스를 상세히 설명한다.
- **기저대역:** 피코넷의 연결설정, 주소지정, 패킷포맷, 타이밍, 전력제어를 다룬다.
- **링크관리 프로토콜(LMP: Link Management Protocol):** 블루투스 장비와 링크관리 사이의 링크설정을 다룬다. 또한 인증, 암호와 같은 보안적인 면과 기저 대역의 패킷크기의 제어와 협상에 관한 내용을 포함한다.

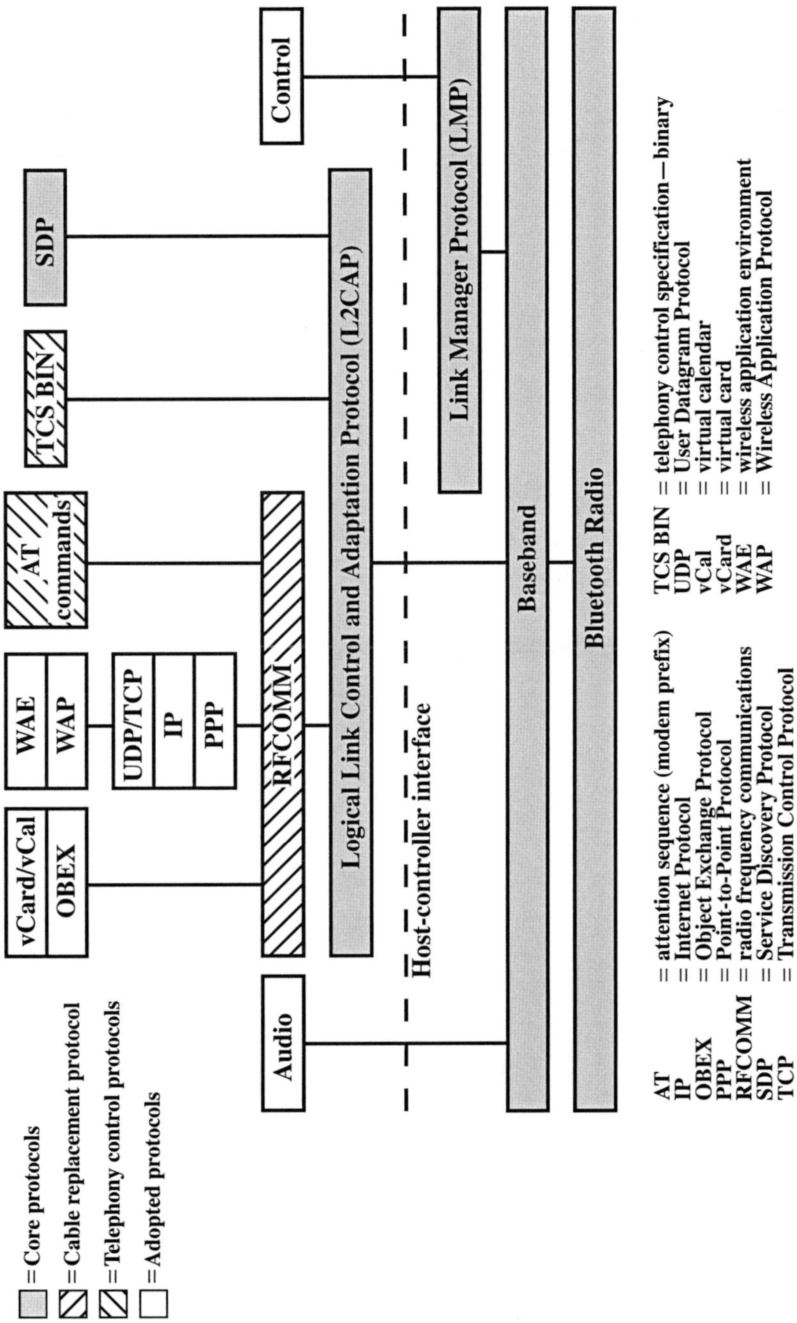

그림 15.1 블루투스 프로토콜 스택

- **논리 링크제어 및 적응 프로토콜(L2CAP: Logical Link Control and Adaptation Protocol):** 사용자 계층 프로토콜에 기저 대역을 연결시킨다. L2CAP는 비연결 서비스와 연결지향 서비스를 모두 제공한다.
- **서비스 발견 프로토콜(SDP: Service discovery protocol):** 연결설정을 하기 위해 두 개 이상 블루투스 장비가 장비정보, 서비스 등 서비스 특징을 질의할 수 있다.

RFCOMM은 블루투스 규격에 포함된 **케이블 대체 프로토콜**(cable replacement protocol)이다. RFCOMM은 케이블기술을 투명하게 대체하기 위해 고안된 가상의 직렬포트이다. 직렬포트는 컴퓨터와 통신장비간에 통신 인터페이스로 가장 널리 사용되는 유형 중 하나이다. 그러므로 RFCOMM은 현존하는 장비의 최소한의 수정만으로 직렬포트를 대체시킬 수 있도록 한다. RFCOMM은 이진 데이터 전송을 제공하고 기저 대역 계층에서 블루투스 상의 EIA-232 제어 신호를 에뮬레이트할 수 있다. EIA-232(RS-232)는 널리 사용되는 직렬포트 인터페이스 표준이다.

블루투스는 **전화 제어 프로토콜**(telephony control protocol)을 규정한다. TCS BIN (Telephony Control Specification-binary)은 블루투스 장비 간에 음성과 데이터 호 설정을 위해 호제어 신호를 정의하는 비트지향의 프로토콜이다. 또한, 블루투스는 TCS 장비를 다루기 위한 이동관리 절차를 정의한다.

적용 프로토콜(adopted protocol)은 다른 표준기관에서 만든 규격으로서 전체적인 블루투스 구조에서 함께 동작된다. 블루투스의 전략은 꼭 필요한 프로토콜만을 만들고 기존에 존재하는 표준을 사용하는 것이다. 적용 프로토콜은 다음과 같다.

- **PPP:** 이 프로토콜은 점대점 링크에서 IP 데이터그램을 전달하기 위한 인터넷 표준이다.
- **TCP/UDP/IP:** 4장에서 기술한 바와 같이 TCP/IP 프로토콜의 기본이 되는 프로토콜이다.
- **OBEX:** 객체교환 프로토콜은 객체를 교환하기 위해 적외선 데이터 협회(IrDA)에 의해 개발된 세션수준의 프로토콜이다. OBEX(Object Exchange Protocol)는 HTTP와 비슷한 기능을 제공하나 훨씬 간단하다. 또한 객체와 동작을 표현하기 위한 모델을 제공한다. OBEX에 의해 전달되는 내용의 유형은 vCard와 vCelander로 전자 명암과 개인 달력목록, 스케줄정보를 제공한다.
- **WAE/WAP:** 12장에서 설명한 바와 같이 블루투스는 무선 응용환경과 무선 응용프로토콜을 블루투스 구조에 포함시켜 함께 동작한다.

사용모델

블루투스 프로파일 문서에는 여러 개의 사용모델이 정의되어 있다. 사용모델은 특정 블루투스 기반의 응용을 구현한 프로토콜 집합이다. 각 프로파일은 특정한 사용모델을 제공하는 프로토콜과 프로토콜 특징을 정의한다. 그림 15.2는 가장 널리 사용될 사용모델을 나타내며 다음과 같다.

- **파일 전송:** 파일 전송 사용모델은 디렉토리, 파일, 문서, 영상, 흐르는 매체형태를 전송할 수 있도록 한다. 이 사용모델은 또한 원격장비의 폴더를 살펴볼 수 있는 능력을 포함한다.
- **인터넷 브리지:** 이 사용모델을 가진 PC는 무선으로 이동 전화나 무선모뎀에 접속하여 전화망이나 FAX 능력을 제공한다. 전화망의 경우, AT 명령이 이동 전화나 모뎀을 위해 사용되며 데이터전달을 위해서는 PPP over RFCOMM 등과 같은 다른 프로토콜 스택을 사용한다. 팩스 전화를 위해서는 FAX 소프트웨어가 RFCOMM 상에서 직접 동작된다.

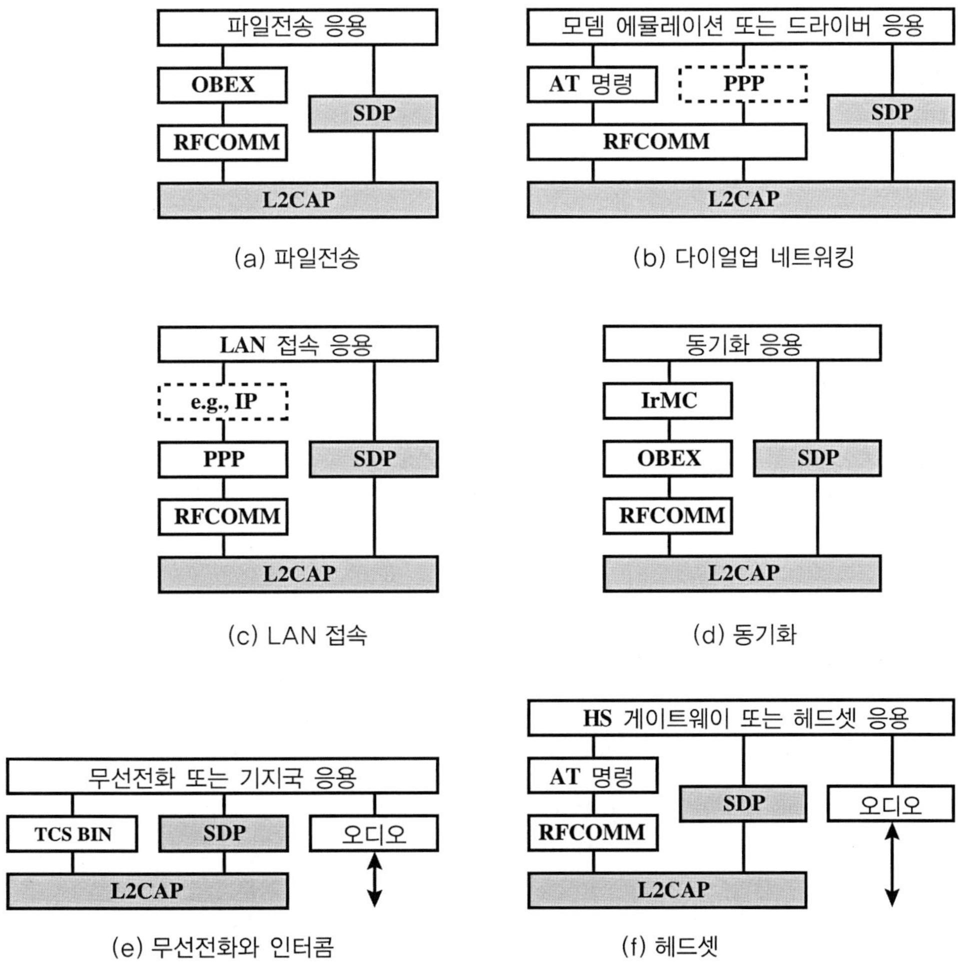

그림 15.2 블루투스 사용 모델

- **LAN 접속:** 이 사용모델은 피코넷에 있는 블루투스 장비가 LAN에게 접속할 수 있도록 한다. 일단 접속되면 장비는 (유선) LAN에 직접 연결된 것처럼 동작한다.
- **동기화:** 이 모델은 장비간의 전화번호 책자, 달력, 메시지, 노트정보 같은 PIM(개인정보 관리) 정보를 일치시켜 준다. IrMC(적외선 이동 통신)는 장비간 갱신된 PIM 정보를 전달하기 위한 클라이언트/서버기능을 제공하는 IrDA 프로토콜이다.
- **3-in-1 전화:** 이 사용모델을 구현한 전화 송수화기는 음성 기지국과 연결된 무선 전화기처럼 동작하거나, 다른 전화 통신망과 연결된 인터콤 장비처럼 동작하거나, 이동전화와 같이 동작한다.
- **헤드셋:** 원격장비의 음성 입출력 인터페이스처럼 동작할 수 있다.

피코넷과 스캐터넷

언급한 바와 같이, 블루투스 네트워크의 기본단위는 하나의 마스터와 1~7개의 슬레이브장비로 구성된 **피코넷**이다. 마스터로 설정된 장비는 이 피코넷에서 모든 장비가 사용한 채널(주파수-호핑순서와 위상(전송 시의 타이밍 옵셋))을 결정한다. 슬레이브장비는 같은 채널과 위상을 사용하도록 하는 반면, 마스터로 설정된 장비는 파라미터로써 자신의 장비주소를 이용하여 이러한 결정을 하게 된다. 슬레이브는 마스터와 통신을 할 수 있으며, 마스터가 허락했을 때만 통신을 할 수 있다. 임의 피코넷에 있는 장비는 다른 피코넷의 부분으로서도 존재

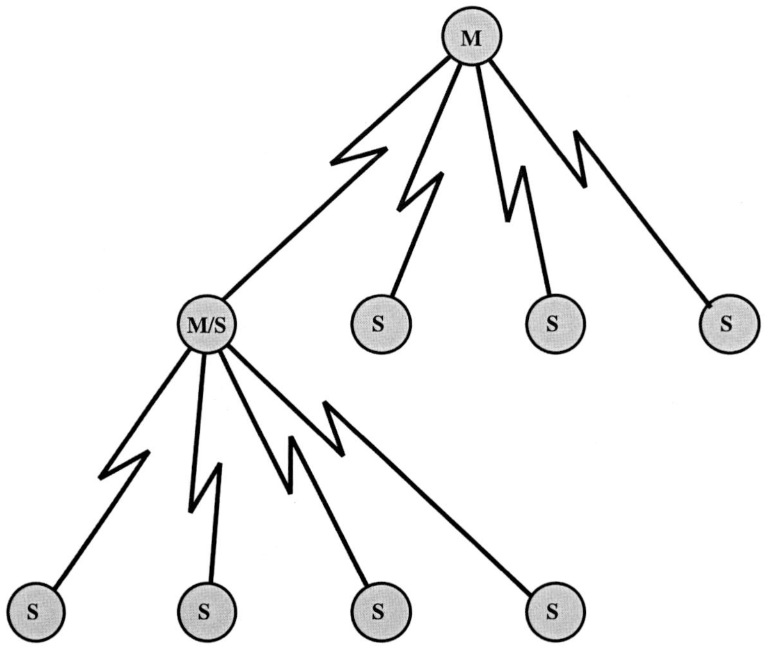

그림 15.3 마스터/슬레이브 관계

할 수 있다. 그림 15.3에서 보는 바와 같이 각각의 피코넷에서 슬레이브나 마스터 중 어느 역할도 가능하다. 이런 중첩된 형태를 **스캐터넷**이라 부른다. 그림 15.4는 [HAAR00a]에 기초한 방법 중의 하나로서 다른 무선 네트워크와는 대조적인 피코넷/스캐터넷 구조이다.

피코넷/스캐터넷 구조의 장점은 많은 장비들이 같은 물리적 영역을 공유할 수 있도록 허락하여 대역폭을 효율적으로 사용할 수 있도록 한 점이다. 블루투스 시스템은 1 MHz 간격의 반송파에 주파수 호핑방식을 사용하기 때문에 일반적으로 전체 80 MHz의 대역폭에 걸쳐 80개의 서로 다른 주파수 대역이 가능하다. 만약 주파수 호핑방법이 사용되지 않는다면 하나의 채널이 하나의 1 MHz 대역을 사용할 것이다. 주파수 호핑방식을 이용하여 하나의 논리적 채널은 주파수 호핑 시퀀스에 의해 정의된다. 가용할 수 있는 대역은 1 MHz이며 최대 8개의 장비가 그 대역을 함께 사용할 수 있다. 다른 주파수 호핑순서를 가진 다른 논리적 채널은 동

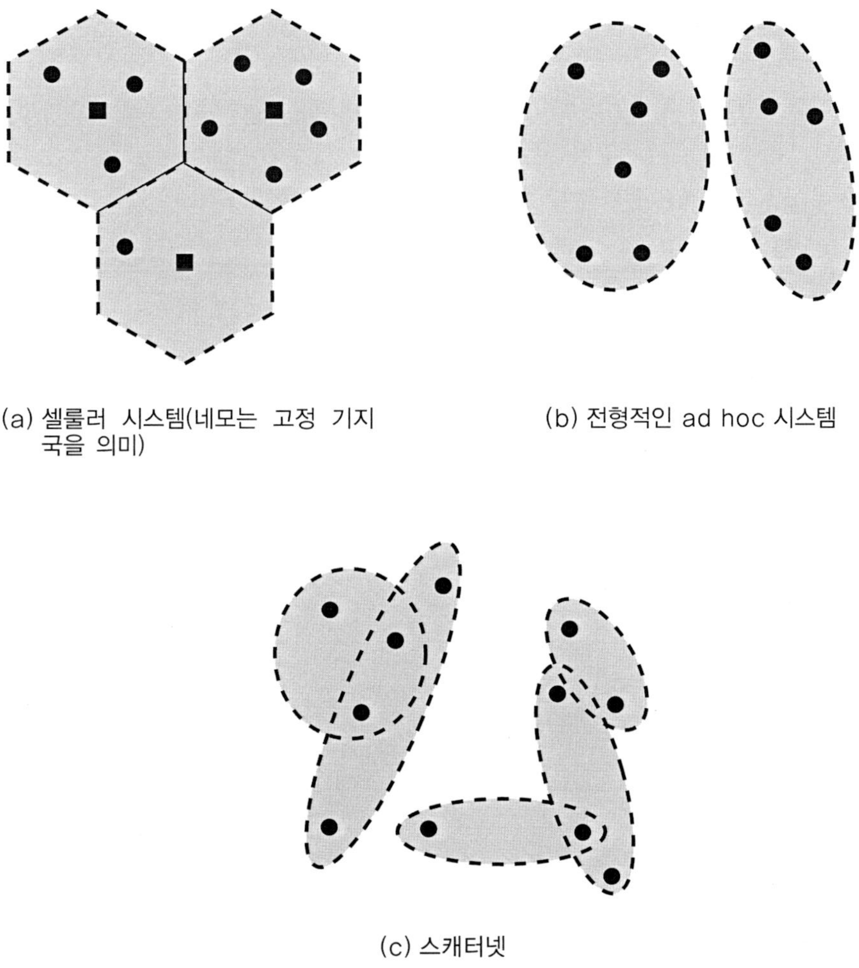

(a) 셀룰러 시스템(네모는 고정 기지국을 의미)

(b) 전형적인 ad hoc 시스템

(c) 스캐터넷

그림 15.4 무선 네트워크 구성

시에 같은 80 MHz 대역을 공유할 수 있다. 다른 논리적 채널 상의 다른 피코넷이 있는 장비가 동시에 같은 호핑 주파수를 사용하면 충돌이 발생할 수 있다. 한 영역에 있는 피코넷의 수가 증가하면 충돌 횟수도 증가하는 반면, 성능은 떨어진다. 요약을 하면 물리적 영역과 총 대역폭은 스캐터넷에 의해 공유되고, 논리적 채널과 데이터 전달은 피코넷에 의해 공유된다.

15.2 무선 규격

블루투스 무선 규격은 간단한 문서로 블루투스장비를 위한 무선 전송의 기본적인 항목을 제시한다. 중요 파라미터는 표 15.2에 요약되어 있다.

무선 규격은 출력 전력을 기반으로 하여 세 가지 클래스의 송신기를 정의한다.

- **클래스 1:** 최대 출력범위는 100 mW(+20 dBm)이며 최소 출력범위는 1 mW(0 dBm)이다. 이 클래스에서 4에서 20 dBm에 이르는 전력제어는 필수이다. 이 모드는 가장 먼 거리를 제공한다.
- **클래스 2:** 최대 출력범위는 2.4 mW(+4 dBm)이며 최소 출력범위는 0.25 mW(−6 dBm)이다. 이 클래스에서 전력제어는 옵션사항이다.
- **클래스 3:** 가장 적은 출력을 내며 일반적인 출력은 1 mW이다.

블루투스는 ISM(산업, 과학, 의학용 대역) 대역 내의 2.4 GHz를 사용한다. 대부분의 나라에서 이 대역폭은 791 MHz 물리적 채널을 정의하는 데 충분하다(표 15.3). 전력제어는 필요이상의 RF 전력의 발산을 억제하기 위해 사용된다. 전력 제어 알고리즘은 피코넷에 있는 마스터와 슬레이브 간의 링크관리 프로토콜을 사용하여 구현한다.

블루투스를 위한 변조방법으로는 중앙 주파수로부터 양의 주파수 편차에 의해 표현된 이진

표 15.2 블루투스 무선과 기저대역 파라미터

토폴로지	논리적 star 구조로, 최대 7개의 동시링크
변조	GFSK
최대 데이터속도	1 Mbps
RF 대역폭	220 kHz(−3 dB), 1 MHz(−20 dB)
RF 대역	2.4 GHz, ISM band
RF 반송파	23/79
반송파 간격	1 MHz
송신전력	0.1 W
피코넷 접속	FH-TDD-TDMA
주파수 홉 속도	1600 hops/s
스캐터넷 접속	FH-CDMA

표 15.3 국제 블루투스 주파수 할당

지역	규정 범위	RF 채널
미국, 유럽, 기타 국가	2.4 ~ 2.4835 GHz	$f = 2.402 + n$ MHz, $n = 0, \ldots, 78$
일본	2.471 ~ 2.497 GHz	$f = 2.473 + n$ MHz, $n = 0, \ldots, 22$
스페인	2.445 ~ 2.475 GHz	$f = 2.449 + n$ MHz, $n = 0, \ldots, 22$
프랑스	2.4465 ~ 2.4835 GHz	$f = 2.454 + n$ MHz, $n = 0, \ldots, 22$

1과 음의 주파수 편차에 의해 표현된 이진 0에 의한 가우시안(Gaussian) FSK를 사용한다. 최소 편차는 115 kHz이다.

15.3 기저 대역규격

기저 대역규격은 블루투스 문서 중 가장 복잡한 규격 중 하나이다. 이 절에서는 중요한 요소에 대한 개요를 설명한다.

주파수 호핑

블루투스에서 주파수 호핑(FH)은 두 가지 목적을 가지고 있다.

1. 전파 간섭과 다중경로효과에 대한 저항력을 제공한다.
2. 서로 다른 피코넷 상의 같이 연결된 장비 사이에 다중 접근의 형태를 제공한다.

주파수 호핑(FH)방법의 구성은 다음과 같다. 전체 대역은 79개의 **물리적 채널**로 나눠지며, 각 대역은 1 MHz씩 할당된다. FH는 같은 의사랜덤 시퀀스(pseudorandom sequence) 상에 한 물리적 채널에서 다른 물리적 채널로 점프할 때 발생하게 된다. 같은 호핑 시퀀스는 하나의 피코넷에 있는 모든 장비 사이에 공유되며 이를 **FH 채널**[2]이라 언급한다. 호핑률은 초당 1600 홉이며, 이것은 각 물리적 채널은 0.625 ms 동안 점유되기 때문이다. 각 0.625 ms 주기가 한 슬롯으로 간주되고 순차적으로 번호가 할당된다.

블루투스 무선은 시분할 이중(TDD: Time Division Duplex) 원칙을 사용하여 통신을 한다. TDD가 한순간에 한 방향으로 데이터를 전달하여 양방향 사이의 전송을 반복하는 링크 전송 기술임을 11장에서 설명하였다. 두 개 이상의 장비가 피코넷매체를 공유하기 때문에 이 접근기법은 TDMA이다. 그러므로 피코넷 접근은 FH-TDD-TDMA라 특징지어진다. 그림 15.5는 이 기술[3]을 보여준다. 그림에서 k는 슬롯번호를 나타내며, $f(k)$는 슬롯주기 k동안 선

2. FH 채널은 블루투스문서에서는 사용되지 않으나 여기에서 처음 소개된 것이다.
3. 3개 영역(암회색, 회색, 흰색)은 3개의 앞으로 설명할 주요 하부영역을 묘사한다.(접속코드, 헤더, 부하량)

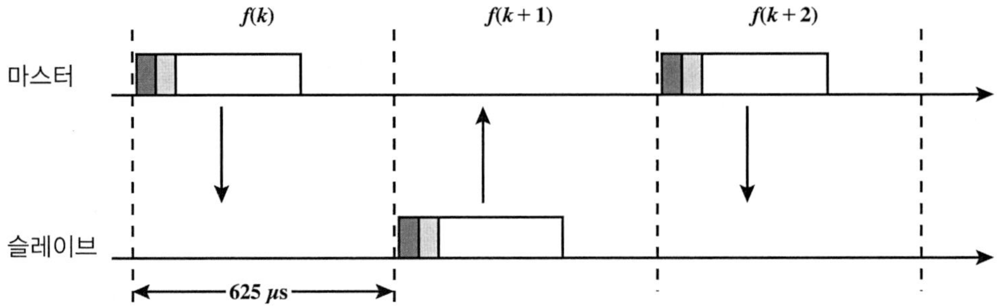

그림 15.5 FHTDD

택된 물리적 채널이다.

패킷 전송은 슬롯의 시작부에서 시작된다. 1, 3, 5개의 슬롯을 요구하는 패킷길이가 허락된다. 여러 슬롯의 패킷을 위해 무선은 전체 패킷이 전송될 때까지(그림 15.6) 같은 주파수에 머무른다. 여러 슬롯 패킷 후 다음 슬롯에서 무선은 호핑 시퀀스를 위해 요구된 주파수로 돌아간다. 그래서 전송중에 2 혹은 4 호핑 주파수가 제외된다.

TDD의 사용은 무선 송수신기에서 전송과 수신동작 사이의 혼선을 막아준다. 이는 단일 칩에서 구현이 요구될 때 필수적이다. 전송과 수신이 서로 다른 슬롯시간에서 발생되므로 다른 주파수가 사용될 수 있다.

FH 시퀀스는 피코넷의 마스터에 의해 결정되며 마스터의 블루투스 주소기능이다. 순열과 배타적 OR(XOR) 동작을 포함한 복잡한 수학적 동작이 의사랜덤 호핑 시퀀스를 생성하는 데 사용된다.

같은 영역에서 다른 피코넷의 다른 마스터를 가지게 되므로 다른 호핑 시퀀스를 가지게 될 것이다. 그러므로 대부분 같은 영역에서 다른 피코넷에 있는 두 장비에서의 전송은 다른 물리적 채널을 사용하게 될 것이다. 때때로 두 피코넷이 같은 타임슬롯동안에 같은 물리적 채널을 사용할 것이다. 이는 충돌을 발생하게 되어 데이터 분실을 초래할 것이다. 그러나 이러한 현상은 드물게 발생되기 때문에 FEC와 에러 검출/ARQ 방법에 의해 쉽게 조정된다. 그러므로 같은 스캐터넷의 다른 피코넷의 장비에서는 CDMA(코드 분할 다원 접속)의 형태가 취해진다. 이를 FH-CDMA라 한다.

물리적 링크

마스터와 슬레이브 사이에 두 가지 유형의 링크가 설정된다.

- **동기식 연결 지향형(SCO: Synchronous Connection Oriented):** 마스터와 슬레이브

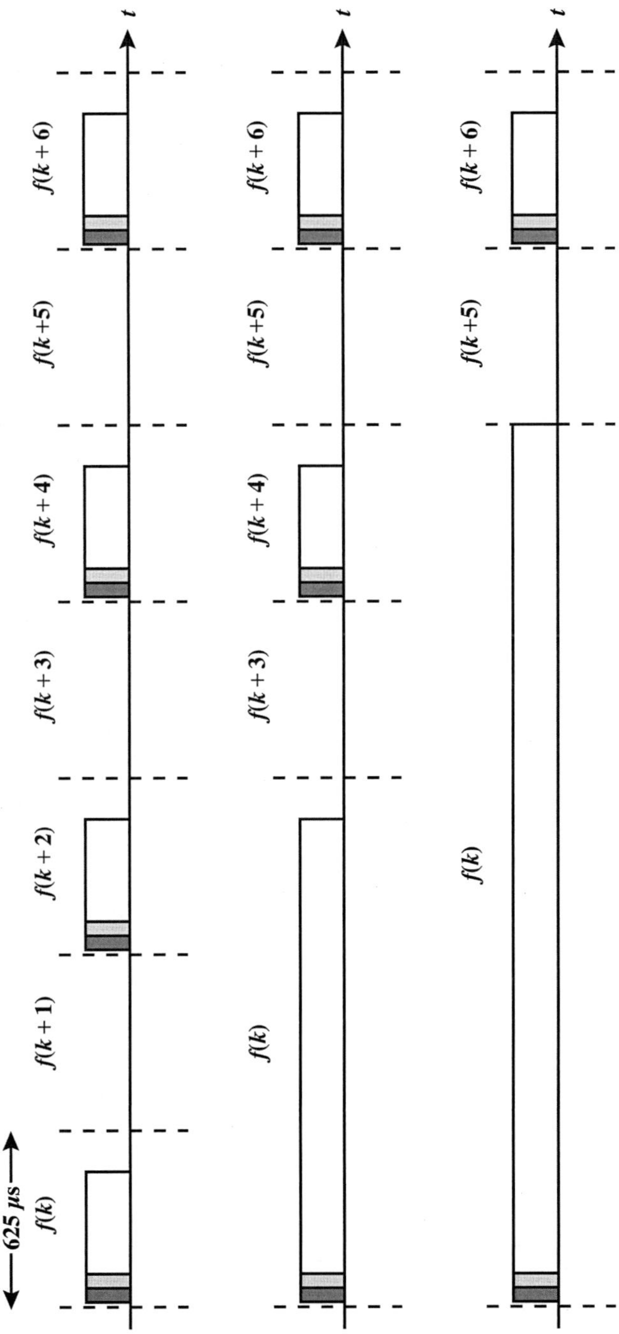

그림 15.6 다중슬롯 패킷의 예

표 15.4 ACL 링크에서 가능한 데이터 전송률

유형	대칭(kbps)	비대칭(kbps)	
DM1	108.8	108.8	108.8
DH1	172.8	172.8	172.8
DM3	256.0	384.0	54.4
DH3	384.0	576.0	86.4
DM5	286.7	477.8	36.3
DH5	432.6	721.0	57.6

DMx = x-슬롯 FEC 부호
DHx = x-슬롯 비보호

사이의 점대점 접속에 고정된 대역폭을 할당한다. 마스터는 규칙적인 간격을 가지고 예약된 슬롯을 사용하여 SCO 링크를 유지한다. 예약의 기본단위는 연속된 두개 슬롯이다(각 전송방향에 하나씩). 슬레이브는 두 개 혹은 3개의 SCO 링크를 제공할 수 있는 반면, 마스터는 세 개의 SCO 링크를 동시에 제공할 수 있다. SCO 패킷은 재전송되지 않는다.

- **비동기식 비연결형(ACL: Asynchronous Connectionless):** 피코넷에서 마스터와 모든 슬레이브 간의 pont-to-multipoint 링크이다. SCO 링크를 위해 예약되지 않은 슬롯에서 마스터는 SCO 링크에 이미 동작중인 슬레이브를 포함하는 슬롯단위로 슬레이브와 패킷을 교환할 수 있다. 하나의 ACL 링크만이 존재할 수 있다. 대부분의 ACL 패킷을 위해 패킷 재전송이 적용된다.

SCO 링크는 원래 보장된 데이터 전송률을 가지고 시간 내에 처리해야 하는(time-bounded) 데이터를 교환하기 위해 사용된다. 하지만 전송을 보장하지는 않는다. 보장된 데이터 전송률은 특정 개수의 슬롯을 예약하여 얻어진다.

ACL 링크는 패킷교환의 접속형태를 제공한다. 어떤 대역폭 예약도 가능하지 않으며 전송은 에러검출과 재전송을 통해 보장된다. 마스터에서 슬레이브의 이전 슬롯에 명기된 경우에 한하여, 슬레이브는 슬라이브에서 마스터로의 슬롯으로 ACL 패킷을 반환하도록 허락된다. ACK 링크의 경우, 1-슬롯, 3-슬롯, 5-슬롯이 정의된다. 데이터는 보호되지 않거나(ARQ가 상위 계층에서 사용될 수 있더라도) 2/3 FEC 부호로 보호되어 전송될 수 있다. 비대칭 용량 할당으로 5-슬롯의 보호되지 않는 패킷의 경우 얻을 수 있는 최대 데이터율은 정방향으로 721 kbps이며 역방향으로 57.6 kbps이다. 표 15.4는 모든 가능성을 요약하였다.

패킷

모든 블루투스 패킷의 패킷 포맷은 그림 15.7과 같으며, 다음과 같이 세 가지 필드로 구성된다.

- **접속코드:** 시간동기, 오프셋 보상(compensation), 페이징, 조회를 위해 사용된다.

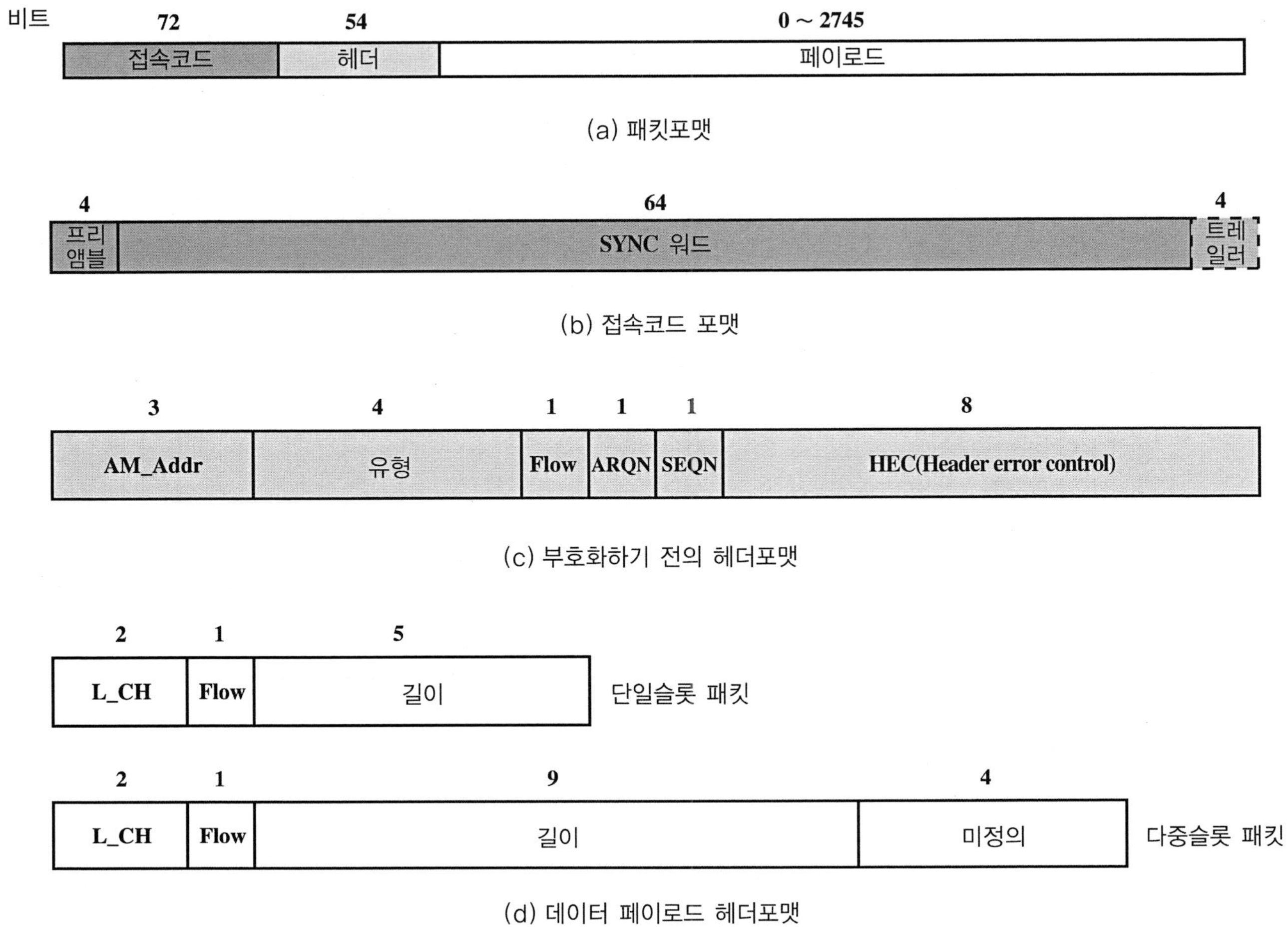

그림 15.7 블루투스 기저 대역 포맷

- **헤더:** 패킷형태를 식별하고 프로토콜 제어정보를 나르기 위해서 사용된다.
- **페이로드:** 사용자 음성이나 데이터 그리고 페이로드 헤더를 포함할 수 있다.

접속코드

3가지 유형의 접속코드가 있다.

- **채널 접속코드(CAC: Channel Access Code):** 피코넷을 식별한다.
- **디바이스 접속코드(DAC: Device Access Code):** 페이징과 연속된 응답을 위해 사용된다.
- **질의 접속코드(IAC: Inquiry access code):** 질의 목적으로 사용된다.

접속코드는 **프리앰블**(preamble), 동기워드(sync word), 트레일러(trailer)로 구성된다. 프리앰블은 DC 보정을 위해 사용된다. 만약 동기워드에 있는 LSB(Least Significant Bit)가 0이면 패턴 0101이 사용되며 LSB가 1이면 패턴 1010이 사용된다. 마찬가지로 **트레일러**도 동기워드의 MSB(Most Significant Bit)가 1이면 패턴 0101이 사용되며, MSB가 0이면 1010이 사용된다.

64비트의 **동기워드**는 세 요소로 구성된다(그림 15.8). 각 블루투스 장비에는 전체적으로 유일한 48비트 주소가 할당된다. 24비트의 LSB가 하위 주소부분(LAP: Lower Address Part)이며 동기부호를 구성하는 데 사용된다. CAC의 경우 마스터의 LAP가 사용되며, DAC의 경우 호출된 유닛의 LAP가 사용된다. 두 개의 다른 IAC가 있는데 일반적 IAC(General

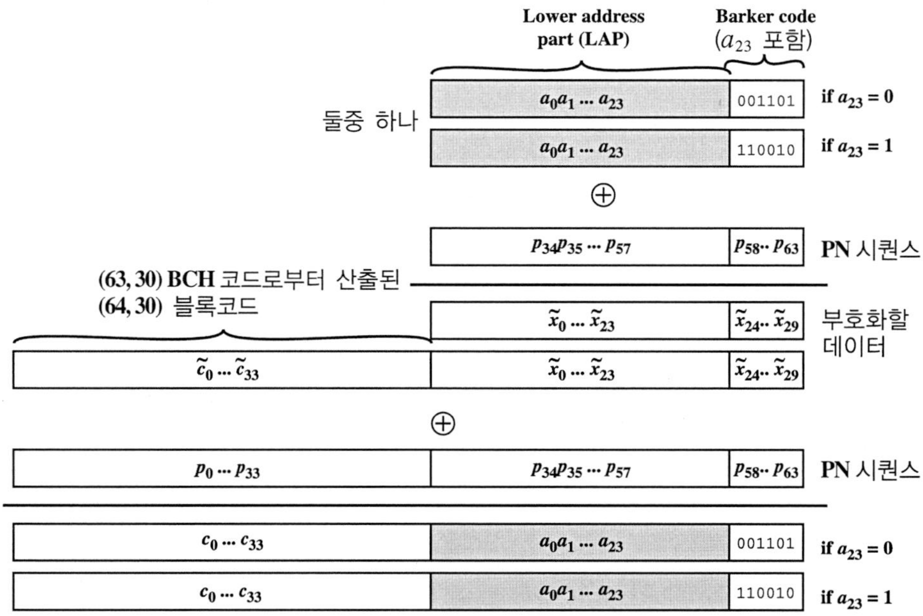

그림 15.8 동기워드 구성

IAC)는 어느 블루투스 장비가 범위 안에 있는지를 발견하기 위해 사용되는 일반적인 질의 메시지며 이를 위해 LAP의 특별히 예약된 값이 가능하다. 전용 IAC(Dedicated IAC)는 공통 특징을 공유하는 블루투스 단위의 전용된 그룹에게 사용된다.

적당한 LAP를 사용하여 동기워드는 아래와 같이 형성된다.

1. 24비트 LAP의 MSB가 0이라면 6비트 001101을 LAP에게 추가시키고, MSB가 1이라면 110010을 추가시킨다. 이 동작은 7비트 Barker 열을 형성한다.[4] Barker 열을 포함시키는 이유는 동기워드의 자동 상호관계 속성을 좀 더 개선시키기 위함이다.
2. 64비트 가상잡음(PN: pseudonoise) 시퀀스, p_0, p_1, ⋯, p_{63}을 생성한다. 시퀀스는 방정식 $P(X) = 1 + X^2 + X^3 + X^5 + X^6$에 의해 정의되고, 6비트 선형 피드백 시프트 레지스터로 구현된다. PN 시퀀스의 seed값은 100000이다.[5]
3. p_{34}, p_{35}, ⋯, p_{63}와 단계 1에서 생성된 30비트 시퀀스를 XOR 연산을 수행한다. 이 동작은 정보를 스크램블시킨다.
4. 스크램블된 정보블록을 위해 34비트 에러정정코드를 생성하고 이를 시작부분에 두어 64비트 부호어를 생성하도록 한다. 그래서 (64, 30) 부호를 가지게 된다. 이 부호를 생성하기 위해 (63, 30) BCH 부호[6]로 시작한다. 그 때 생성다항식 $g(X) = (1 + X)g'(X)$를 정의한다. 여기서 $g'(X)$는 (63, 30) BCH 코드를 위한 생성 다항식이다. 이 동작은 원하는 34비트 부호를 생성시킨다.
5. p_0, p_a, ⋯, p_{63}와 단계 4에서 생성된 64비트열을 XOR 연산한다. 이 단계는 부호어의 정보부분을 디스크램블시켜 원래 LAP와 Barker 시퀀스를 전송하게 한다. 이 단계 역시 블록부호를 스크램블시킨다.

단계 3에서 부호어의 정보부분을 스크램블 시키는 것은 블록부호의 에러정정 성질을 강력하게 하기 위함이다. 이어진 디스크램블은 수신측이 LAP를 쉽게 수식하도록 하기 위함이다. 이 규격에서 34비트 에러코드의 스크램블링은 기본코드의 반복성질을 제거한다.

패킷 헤더

모든 블루투스 패킷의 헤더형식은 그림 15.7(c)와 같으며 여섯 개의 필드로 구성된다.

- **AM_ADDR:** 하나의 피코넷이 최대 7개의 활성 슬레이브를 포함하고 있다. 3비트의 AM_Addr은 슬레이브들 중 하나의 "활성모드" 주소를 가진다. 마스터에서 슬레이브로의 전송은 슬레이브의 주소를 포함한다. 슬레이브에서의 전송은 그 주소를 포함한다. 값

4. Barker 시퀀스는 14.4절을 참조하라.
5. PN 시퀀스 생성 및 관련 식 (7.9)와 7.5절을 참조하라.
6. BCH 코드는 8.2절을 참조하라.

표 15.5 블루투스 패킷유형

유형코드	물리적회선	명칭	슬롯 수	설 명
0000	공통	NULL	1	페이로드 없으며, 이전 전송의 성공(ARQN)이나 RX 버퍼의 상태(FLOW)와 관련하여 송신측에게 링크정보를 전달하며 ACK되지 않는다.
0001	공통	POLL	1	페이로드 없으며, 슬레이브를 폴하기 위해 마스터에 의해 사용되며, ACK된다.
0010	공통	FHS	1	장비주소와 송신측 클록을 별견하기 위한 특별한 제어패킷으로, 호출에 대한 마스터응답, 질의응답, 주파수 홉 동기화에 사용된다. 2/3 FEC로 부호화된다.
0011	공통	DM1	1	제어메시지를 지원하며, 또한 사용자 데이터를 전달할 수 있다. 16비트 CRC. 2/3 FEC로 부호화된다.
0101	SCO	HV1	1	10 정보바이트를 전달하며, 대표적으로 64 kbps 음성으로 위해 사용된다. 1/3 FEC로 부호화된다.
0110	SCO	HV2	1	20 정보바이트를 전달하며, 대표적으로 64 kbps 음성으로 위해 사용된다. 2/3 FEC로 부호화된다.
0111	SCO	HV3	1	30 정보바이트를 전달하며, 대표적으로 64 kbps 음성으로 위해 사용된다. FEC로 부호화되지 않는다.
1000	SCO	DV	1	150비트의 데이터와 50비트의 음성이 결합된 패킷으로 데이터필드는 2/3 FEC로 부호화된다.
0100	ACL	DH1	1	28 정보바이트와 16비트 CRC를 전달하며 FEC 부호화되지 않으며 통상 고속 데이터전송에 사용된다.
1001	ACL	AUX1	1	CRC나 FEC가 사용되지 않은 30 정보바이트의 전달. 통상 고속 데이터 전송에 사용.
1010	ACL	DM3	3	123 정보바이트와 16비트 CRC를 전달하며, 2/3 FEC로 부호화된다.
1011	ACL	DH3	3	185 정보바이트와 16비트 CRC를 전달하며 FEC 부호화되지 않는다.
1110	ACL	DM5	5	226 정보바이트와 16비트 CRC를 전달하며, 2/3 FEC로 부호화된다.
1111	ACL	DH5	5	341 정보바이트와 16비트 CRC를 전달하며 FEC 부호화되지 않는다.

0은 마스터에서 그 피코넷에 있는 모든 슬레이브로의 브로드캐스트를 위해 예약되었다.

- **유형:** 표 15.5에 나와 있듯이 패킷 유형을 나타낸다. 네 가지 유형의 코드가 SCO와 ACL 링크에 공통적으로 제어패킷을 위해 예약되었다. 나머지 패킷 유형은 사용자 정보를 전달하기 위해 사용된다. SCO 링크의 경우, HV1, HV2, HV3 패킷은 각각 64 kbps 음성을 전달한다. 차이점은 제공되는 에러 보호의 양으로, 64 kbps 데이터율을 유지시키기

위해 얼마나 자주 패킷을 전송해야 하는지를 알려준다. DV 패킷은 음성과 데이터를 전달한다. ACL 링크를 위해 여섯 종류의 패킷이 정의된다. 이 패킷은 DM1 패킷과 함께 다른 에러보호의 양과 다른 데이터율(표 15.4)로 사용자 데이터를 전송한다. 다른 유형의 패킷이 양쪽 물리적 링크에 공통으로 사용되며 68비트의 고정 길이로 접속 코드로만 구성된다. 이는 ID 패킷으로 언급되며 질의와 접속절차에 사용된다.

- **Flow:** ACL 트래픽용을 위해서만 1비트 흐름제어 메커니즘을 제공한다. Flow = 0인 패킷이 수신되면, 그 패킷을 수신한 스테이션은 임시로 이 링크에서 ACL 패킷의 전송을 잠시 멈춘다. Flow = 1인 패킷이 수신되면 전송은 재개된다.
- **ARQN:** CRC에 의해 보호되는 ACL 트래픽을 위해 1비트 수신응답 메커니즘을 제공한다. 수신이 성공적이었다면 ACK(ARQN = 1)가 되돌아오고, 그렇지 않다면 NAK (ARQN = 0)이 되돌아온다. 어떠한 반환 메시지도 수신되지 않으면 NAK가 수신된 것으로 간주된다. NAK가 수신되면 관련 패킷은 재전송된다.
- **SEQN:** 1비트 순서번호기법을 제공한다. 전송된 패킷은 1 또는 0이 교대로 붙여진다. 이것은 목적지에서 재전송을 걸러내기 위해 요구된다. ACK의 손실에 의해 재전송이 발생하면, 목적지는 동일 패킷을 두 번 수신하게 된다.
- **HEC(Header Error control):** 8비트 에러검출부호가 패킷헤더의 보호를 위해 사용된다.

페이로드포맷

패킷유형을 위해 기저 대역규격은 페이로드 필드를 위한 포맷을 정의하였다. 음성 페이로드를 위해서는 어떠한 헤더도 정의되지 않았다. 모든 ACL 패킷과 SCO DV 패킷의 데이터 부분을 위해서 헤더가 정의되었다. 데이터 페이로드를 위해 페이로드 포맷은 세 가지 필드로 구성된다.

- **페이로드 헤더:** 8비트 헤더가 단일슬롯 패킷을 위해 정의되었으며, 멀티슬롯 패킷을 위해는 16비트 헤더가 정의되었다.
- **페이로드 본체:** 사용자 정보를 포함한다.
- **CRC:** 16비트 CRC가 AUX1 패킷을 제외한 모든 데이터 페이로드에 사용된다.

페이로드 헤더가 존재할 때 3개의 필드로 구성된다(그림 15.7(d)).

- **L_CH:** 논리적 채널을 식별한다. 옵션은 다음과 같다. LMP 메시지(11); 단편화가 안된 L2CAP 메시지 혹은 단편화된 L2CAP 메시지의 시작(10); 단편화된 L2CAP 메시지의 연속(01); 기타(00).
- **Flow:** L2CAP 레벨에서 흐름을 제어하기 위해 사용한다. 이는 ACL 트래픽의 패킷헤더의 Flow 필드에 의해 제공되는 것과 같은 on/off 메커니즘이다.

- **길이:** 페이로드와 CRC를 제외한 페이로드에 있는 데이터의 바이트 수

에러정정

기저 대역 단계에서 블루투스는 세 가지 에러정정기법을 사용한다.

- 1/3 rate FEC
- 2/3 rate FEC
- ARQ(Automatic Repeat Request)

이러한 에러수정 기법들은 경쟁적인 요구 조건들을 만족시키기 위해 개발되었다. 에러(오차) 수정 기법들은 필연적으로 불완전한 무선링크를 충분히 보완해주어야 하며 또한 유연하고 효율적이어야 한다.

1/3 rate FEC는 18비트 패킷헤더에 사용되고 또한 HV1 패킷의 음성필드용으로도 사용된다. 이 방법은 단지 각 비트를 3번 복사하여 전송한다. 수신된 각 세 비트는 다수의 비트로 매핑된다.

2/3 rate FEC는 모든 DM 패킷에, DV 패킷의 데이터 필드에, FHS 패킷에, 그리고 HV2 패킷에 사용된다. 여기서 사용되는 부호화기는 파라미터 (15, 10)의 해밍코드의 형태이다. 이 코드는 각 코드워드에 있는 하나의 에러를 수정하고 두 개의 에러를 발견할 수 있다.

ARQ 구성은 DM과 DH 패킷과 DV패킷의 데이터 필드에 사용된다. 이 구성은 8.4절의 데이터 링크제어 프로토콜에서 사용되는 ARQ와 비슷하다. ARQ는 다음과 같은 요소를 가지고 있다.

- **에러검출:** 목적지에서는 에러를 검출하고 에러가 있는 패킷은 버린다. 에러검출은 CRC 에러검출코드와 FEC 코드에 의해 수행된다.
- **긍정 수신확인:** 목적지에서는 에러 없이 성공적으로 수신한 패킷에 대해 긍정적 수신확인을 전송한다.
- **타임아웃 이후의 재전송:** 송신지에서는 미리 지정된 일정시간 전에 수신확인을 받지 않으면 패킷을 재전송한다.
- **부정 수신확인과 재전송:** 목적지에서 에러가 발견된 패킷에 대해 부정적 수신확인을 보낸다. 송신지는 이 패킷을 재전송한다.

블루투스는 마스터와 슬레이브가 번갈아 가면서 타임슬롯을 사용하여 통신을 하는 이른바 '*빠른 ARQ*'를 사용한다. 그림 15.9는 이 기법을 설명한다. 한 스테이션이 패킷을 수신하면 16비트 CRC를 사용하여 에러가 발생했는지를 결정한다. 발생하였다면 헤더에 있는 ARQN 비트가 0으로 설정된다(NAK). 에러가 검출되지 않았다면 ARQN은 1로 설정된다(ACK).

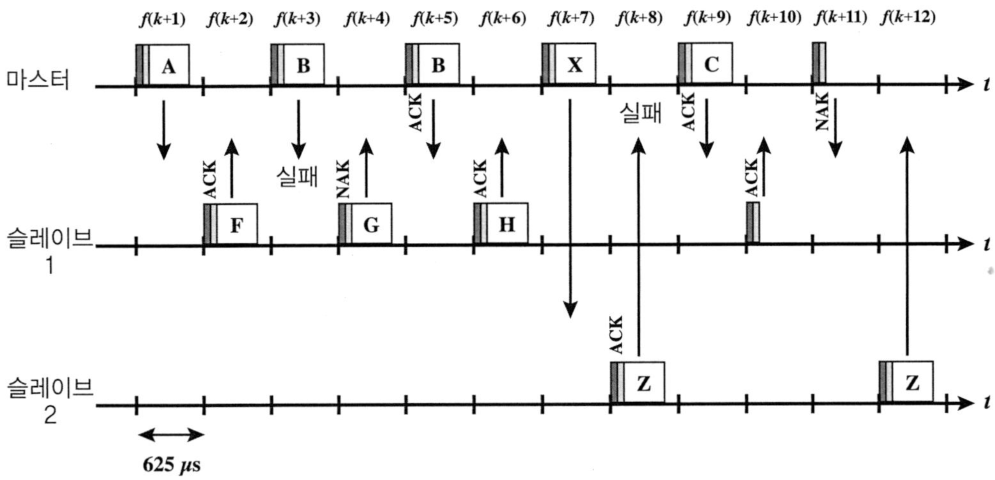

그림 15.9 재전송 동작의 예

스테이션이 NAK를 수신하면 이전 슬롯에 전송한 똑같은 패킷을 재전송한다. 이때 패킷 헤더에는 같은 1비트 SEQN을 사용한다. 이 기법을 사용하여 송신자는 다음 슬롯에 전송이 실패하였는지를 알게 되고, 실패했다면 실패한 패킷을 재전송한다. 1비트 순서 번호의 사용과 즉각적인 패킷 재전송은 오버헤드를 최소화한다.

그림 15.10은 ARQ 메커니즘을 더 자세히 보여주고 있다. 패킷을 수신하면 장비는 먼저 HEC를 사용하여 헤더가 유효한지를 점검한다(그림 15.11(a)). 만약 패킷이 거부되지 않고 다음 타임슬롯에 ARQN가 NAK로 설정되면 주소검사를 하고 ARQ 메커니즘을 사용하는 패킷의 유형을 검사하게 된다. 이 시험들을 통과하면 새로운 순서번호(SEQN)인지 혹은 마지막 순서번호가 같은지를 검사한다. SEQN이 새 값이면 CRC를 점검한다. 어떤 에러도 검출되지 않으면 다음으로 전송되는 패킷의 ARQN은 ACK가 되며, 에러가 검출되면 다음으로 전송되는 패킷의 ARQN은 NAK가 된다.

전송측(그림 15.10(b))에서 다음에 전송될 DM, DH, DV 패킷은 앞선 수신한 ARQN의 값에 따라 결정된다. ACK가 수신되는 동안 장비는 새로운 페이로드를 전송한다. 이때 SEQN 값은 0과 1사이에서 교체된다. NAK가 수신되거나 수신확인이 수신되지 않으면 장비는 ACK가 수신될 때까지 혹은 일정 임계치에 이를 때까지 이전 페이로드를 반복적으로 재전송한다. 임계치에 도달하면 이전 페이로드가 전송버퍼로부터 지워지고 새로운 페이로드가 전달된다.

논리적 채널

블루투스는 서로 다른 종류의 페이로드 트래픽을 전달하기 위해 다음 5가지 유형의 논리적 데이터 채널을 정의한다.

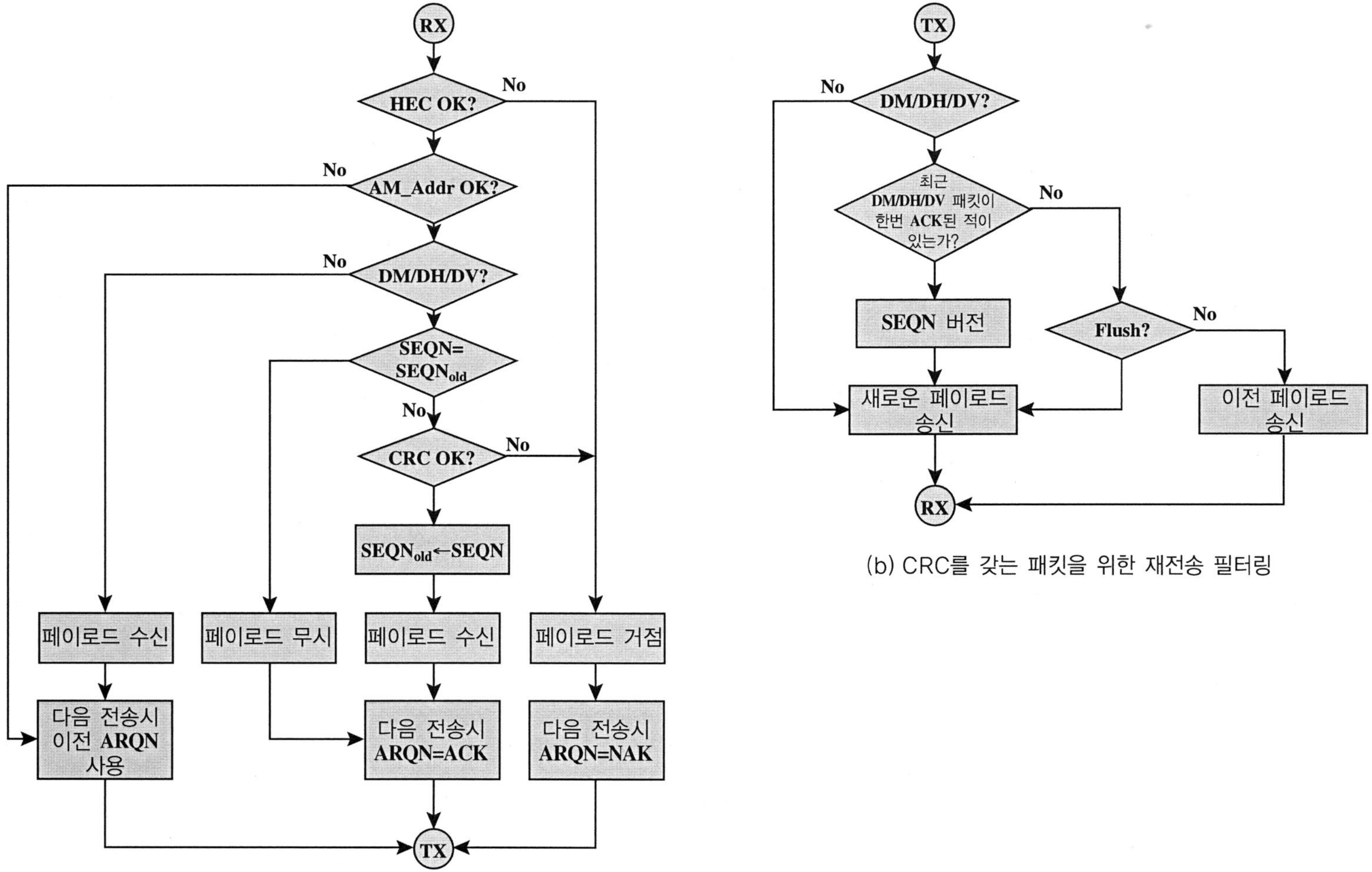

(a) ARQN 비트를 결정하기 위한 수신 프로토콜

(b) CRC를 갖는 패킷을 위한 재전송 필터링

그림 15.10 블루투스 ARQ 기법

- **링크제어(LC: Link Control):** 링크 인터페이스에서 패킷의 흐름을 관리하기 위해 사용된다. LC 채널은 패킷헤더에 매핑된다. 이 채널은 ARQ, 흐름제어, 페이로드 특징과 같은 하위 계층 링크제어정보를 전달한다. LC 채널은 패킷헤더를 가지고 있지 않는 ID 패킷을 제외하고 모든 패킷을 전송한다.
- **링크 관리자(LM: Link Manager):** 특정 스테이션 간의 링크관리정보를 수송한다. 이 논리적 채널은 LMP 트래픽을 제공하고 SCO나 ACL 링크 상에 전달될 수 있다.
- **사용자 비동기(UA: User Asynchronous):** 비동기 사용자 데이터를 전달한다. 이 채널은 대개 ACL 링크 상에서 전달하나 SCO 링크에서 DV 패킷을 전달하는 데 사용될 수 있다.
- **사용자 isochronous(UI: User Isochronous):** isochronous 사용자 데이터를 전송한다.[7] 이 채널은 대개 ACL 링크 상에서 전송되나 SCO 링크에서 DV 패킷을 전달할 수도 있다. 기저 대역수준에서 UI 채널은 UA 채널과 같은 방법으로 다뤄진다. isochronous 성질을 제공하기 위한 타이밍은 상위 계층에서 제공된다.
- **사용자 동기(US: User Synchronous):** 동기 사용자 데이터를 전달한다. 이 채널은 SCO 링크 상에서 운반된다.

채널제어

피코넷의 동작은 링크설정과 유지동안의 동작상태 관점에서 이해될 수 있으며 아래와 같이 두 가지 상태가 있다.

- **대기:** 디폴트상태로 원래 클럭 만이 수행되며 저전력상태이다.
- **연결:** 장비가 피코넷에 마스터나 슬레이브로써 연결된다.

새로운 슬레이브를 피코넷에 추가시키기 위한 7개의 중간 서브상태가 있다. 하나의 상태에서 다른 상태로 옮기기 위해 블루투스 링크관리자의 명령이나 링크제어기의 내부 신호가 사용된다. 서브상태는 아래와 같다.

- **호출:** 장비는 호출(page)을 한다. 또한, 마스터에 의해 슬레이브를 활성화시키고 연결시키기 위해 사용된다. 마스터는 슬레이브의 장비 접속코드(DAC)를 다른 홉 채널로 전달함으로써 호출 메시지를 송신한다.
- **호출 검사:** 장비는 자신의 DAC를 가지고 호출을 경청한다.
- **마스터 응답:** 마스터로 동작하는 장비는 슬레이브로부터 호출응답을 수신한다. 장비는 지금 연결상태로 들어가거나 다른 슬레이브를 호출하기 위한 호출상태로 갈 수 있다.

7. isochronous란 데이터블록이 정해진 주기마다 발생되는 것을 말한다.

- **슬레이브 응답:** 슬레이브로 동작하는 장비는 마스터로부터 온 호출에 응답한다. 만약 연결설정이 성공되었다면, 장비는 연결상태로 들어가고 그렇지 않다면 호출검사상태로 돌아간다.
- **질의:** 장비는 범위에 있는 장비를 식별하기 위해 그 장비에게 질문을 던진다.
- **질의 검사:** 장비는 질의를 경청한다.
- **질의 응답:** 질문을 한 장비는 질의 응답을 수신한다.

질의 절차

피코넷을 설립하는 첫번째 단계는 잠재 마스터가 피코넷에 참여하기를 원하는 장비를 식별하는 것이다. 장비는 이 목적을 위해 장비의 사용자나 응용에 따라 질의절차를 시작한다. 질의절차는 임의의 마스터가 질의 접속코드(IAC)를 가지고 ID 패킷을 전송할 때 시작하며 IAC는 모든 블루투스 장비에 공통적으로 사용되는 코드이다. ID 패킷은 헤더와 페이로드가 없다.

79개의 무선 반송파 중 32개가 wake-up 반송파로 간주된다. 마스터는 32개의 반송파 각

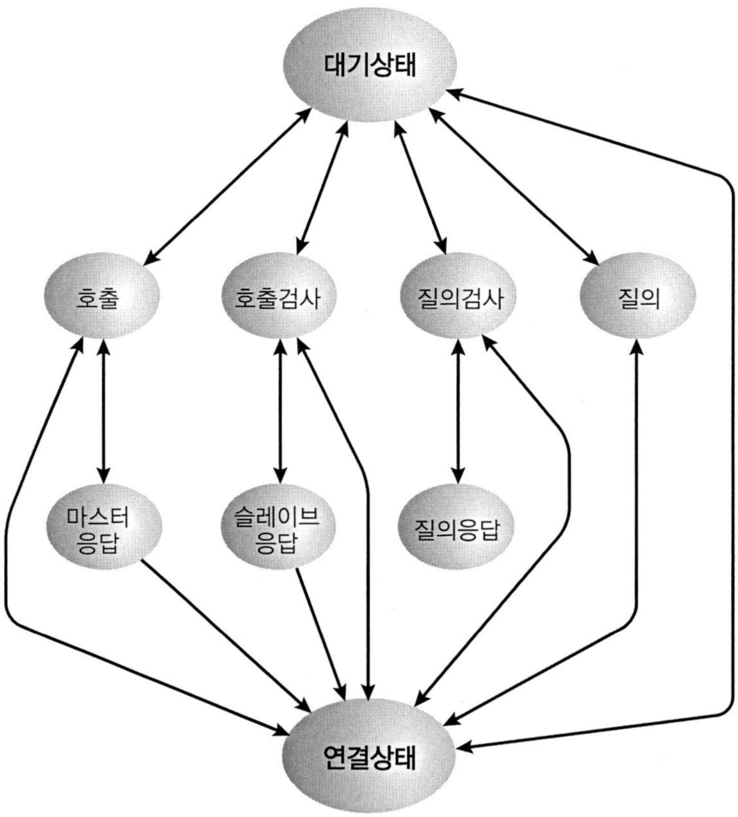

그림 15.11 블루투스 상태천이도

각에 차례로 IAC를 방송하게 한다. 이것은 질의상태에서 일어나며(그림 15.11), 반면 대기 상태에 있는 장비는 주기적으로 질의검사상태에 들어가 wake-up 반송파에 있는 IAC 메시지를 찾는다. 장비가 질의를 받으면 질의응답상태에 들어가고 FHS 패킷을 그 장비주소와 타이밍정보를 포함시켜 돌려보낸다(표 15.5). 이 정보를 가지고 마스터는 연결을 초기화한다. 마스터는 FHS 패킷에 응답을 하지 않고 모든 무선이 발견되어 만족할 때까지 질의상태에 남아 있게 된다.

일단 장비가 질의에 응답을 하면 호출검사상태로 가서 연결을 설정하기 위해 마스터로부터 호출을 기다린다. 그러나 질의응답 단계에서 충돌이 발생하면 어느 호출도 수신되지 않고 장비는 질의검사상태로 돌아가 다른 질의와 응답을 시도한다.[8]

호출절차

일단 마스터가 범위에 있는 장비를 발견하면 피코넷을 설정하면서 각 장비의 연결을 설립할 수 있다. 각 장비가 호출되면 마스터는 장비의 주소(BD_ADDR)를 사용하여 호출 주파수 호핑 시퀀스를 계산한다. 마스터는 ID 패킷을 사용하여 호출한다. DAC는 슬레이브 장비주소의 아래부분이다. 슬레이브는 마스터에서 사용된 것과 같은 DAC ID 패킷을 같은 호핑시퀀스로 돌려보내어 응답한다. 마스터는 자신의 FHS 패킷을 가지고 다음 마스터에서 슬레이브로의 슬롯 안에 이에 대한 응답을 한다. 이러한 FHS 패킷은 장비주소와 실시간 블루투스 클럭값을 포함한다. 다시 한번 슬레이브는 응답 DAC ID 패킷을 마스터에 보내어 마스터의 FHS 패킷 수신을 확인한다. 이 시점에서 슬레이브는 슬레이브 응답상태에서 연결상태로 전이되고 마스터의 FHS 패킷에 정의된 연결 호핑시퀀스를 사용하기 시작한다. 반면 마스터는 연결하기를 원하는 모든 슬레이브와 연결할 때까지 계속 호출한다. 그때 마스터는 연결상태로 들어간다.

연결상태

각 슬레이브에서 연결 상태는 마스터로부터 전달된 폴 패킷으로 슬레이브가 마스터의 타이밍과 채널 주파수 호핑을 교환하였는지를 검증하면서 시작한다. 슬레이브는 어느 유형의 패킷도 응답할 수 있다.

일단 슬레이브가 연결 상태가 되면 다음의 4가지 동작모드 중 하나가 될 수 있다.

- **Active:** 슬레이브는 피코넷에서 패킷을 경청, 송신, 수신하면서 피코넷에 능동적으로 참여한다. 마스터는 동기를 유지시키기 위해 주기적으로 슬레이브에게 전송한다.
- **Sniff:** 슬레이브는 모든 수신슬롯을 경청하지 않고 메시지를 위해 지정된 슬롯만을 경청

8. 그림 15.12의 상태천이도는 기저 대역규격에서 발췌한 것이다. 질의응답에서 호출검사로의 천이는 보이지 않으나 질의응답에서 질의검사로의 천이는 보인다.

한다. 슬레이브는 나머지 시간을 감소된 전력상태로 동작하게 된다. sniff 모드로 동작하기 위해서 마스터는 특정 슬레이브로의 전송을 위해 감소된 타임슬롯 개수를 지정한다.

- **Hold:** 이 모드에 있는 장비는 ACL 패킷을 지원하지 않고 감소된 전력상태로 들어간다. 슬레이브는 SCO 교환상태에 참여할 수 있다. 비활성 기간 동안 슬레이브는 감소된 전력 상태인 유휴상태로 들어가거나 다른 피코넷에 참여할 수 있다.
- **Park:** 슬레이브가 피코넷에 참여할 필요는 없으나 피코넷의 일부로 남아 있을 때, parking 모드로 들어갈 수 있다. 이 모드는 활동이 거의 없는 저전력 모드이다. 장비에겐 parking 멤버주소(PM_ADDR: Parking Member Address)가 주어지고 active 멤버주소(AM_ ADDR)는 없어지게 된다. park 모드 사용 시 피코넷은 7개 이상의 슬레이브를 가질 수 있다.

블루투스 오디오

기저 대역규격에서는 PCM(Pulse Code Modulation)과 CVSD(Continuously Variable Slope Delta)의 두 음성 부호화 방법 중 어느 것이라도 사용할 수 있음을 알려준다. 두 통신장비 간의 링크 관리자에 의해 선택이 되며 이것은 사용되는 응용에 따라 적당한 기법을 협상하게 된다.

PCM은 6.4절에서 설명되었고 CVSD는 델타변조(DM)의 형태로 6.4절에서 설명되었다. 델타변조 시 아날로그 입력은 샘플링 간격(T_s)마다 양자화 레벨(δ)에 의해 위, 아래로 이동하

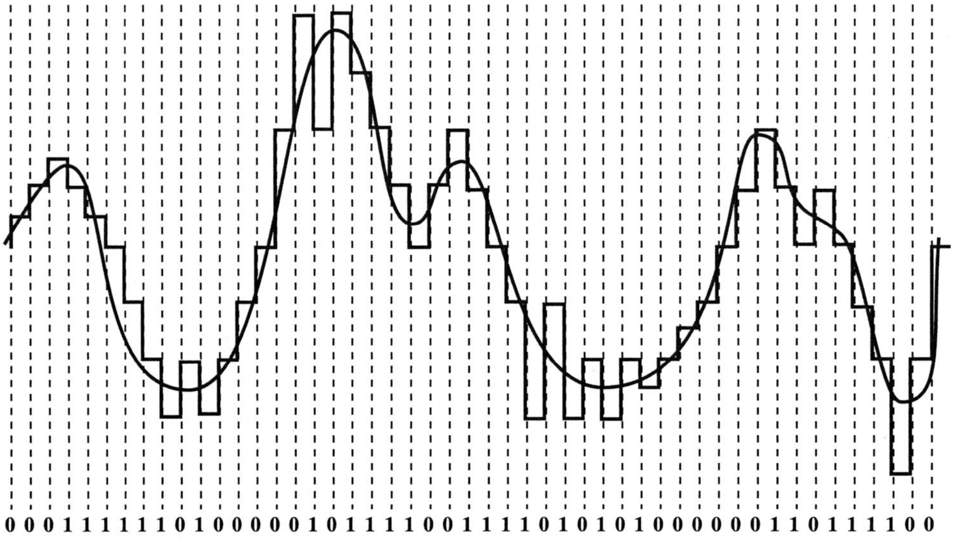

그림 15.12 연속적인 가변기울기 델타변조의 예

는 계단함수에 의해 근접하고 있다. 따라서 델타변조의 출력은 각 샘플마다 하나의 이진 디지트로 표현될 수 있다. 근본적으로 하나의 비트스트림은 진폭보다 아날로그 신호의 미분계수에 근접하여 생성된다. 계단함수가 다음 기간동안 상승을 하면 1이 생성되고 그렇지 않다면 0이 생성된다.

앞에서 설명하였듯이 DM에는 두 가지 에러유형이 있다. 양자화 잡음은 파형이 천천히 변할 때 발생하며, 기울기 과부하 잡음은 파형이 급격히 변할 때 발생한다(그림 6.18). CVSD는 양자화 단계를 변화시켜 이 두 가지 에러 형태를 최소화시키도록 고안되었다. 파형이 천천히 변할 때 간격을 좁게 하고, 급격히 변할 때는 크게 한다(그림 15.12: [HAAR98] 참조). 이 경사는 K개의 최근 출력비트를 고려하여 조정된다. 이 결과는 PCM보다 비트 에러에 잘 견뎌내고, DM보다 양자화 및 경사 과부하 오류에 잘 견딘다.

그림 15.13은 CVSD 부호화 및 복호화를 보여준다(그림 6.19 참조). DM에서와 같이 원래 파형에 가능한 한 근접하게 하여 이진 출력이 계단함수로 전환되게 한다. 부호화의 경우 다음과 같이 동작한다: 부호화기의 입력은 64 kbps PCM이다. 각 샘플링 시간에 PCM 입력은 가장 최근의 근접 계단 함수의 값과 비교되어 $\hat{x}(k-1)$로 표현된다. 비교함수 $b(k)$의 출력은 아래와 같이 정의된다.

$$b(k)=\begin{cases} 1 & x(k)-\hat{x}(k)\geq 0 \\ -1 & x(k)-\hat{x}(k)<0 \end{cases}$$

전송을 위해, 이러한 숫자가 부호비트로 표현된다(음수는 1로 양수는 0으로 매핑된다). 출력 $b(k)$는 계단함수 $\delta(k)$의 다음 단계의 크기로 제공되기 위해 사용된다.

표 15.6 CVSD 파라미터값

파라미터	값
h	$1-\frac{1}{32}=0.96875$
β	$1-\frac{1}{1024}\approx 0.999$
J	4
K	4
δ_{min}	10
δ_{max}	1280
y_{min}	-2^{15} 또는 $-2^{15}+1$
y_{max}	$2^{15}-1$

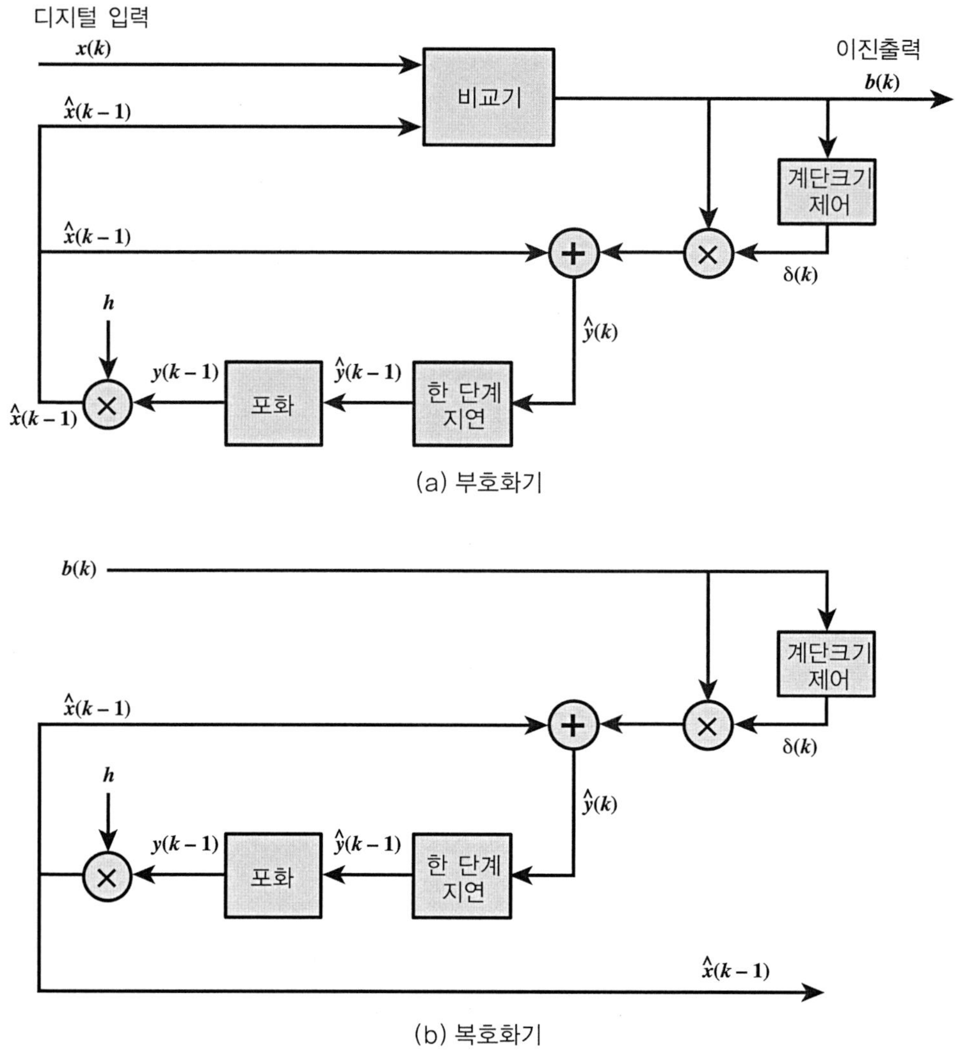

그림 15.13 연속적인 가변 기울기 델타변조

$$\delta(k) = \begin{cases} \min[\delta_{\min} + \delta(k-1), \delta_{\max}] & \text{만약 적어도 마지막 } K \text{ 출력비트를 } J\text{가 같다면} \\ \max[\beta \times \delta(k-1), \delta_{\min}] & \text{그렇지 않으면} \end{cases}$$

표 15.6은 디폴트 파라미터값을 보여준다. 이전에 정의된 내용은 웨이브가 급속도로 변화하며 (최소한 마지막 K 단계의 J에서) 단계변화의 크기 $\delta(k)$는 선형적으로 최소 $\delta_{\min}$에서 최대 $\delta_{\max}$만큼 증가한다. 이전의 정의의 효과는 파형이 급격하게 변할 때 단계의 크기가 상수양의 선형패턴에 따라 증가하여 최대 크기 $\delta_{\max}$까지 증가한다. 반면에 파형이 빠르게 변하지 않으면 단계의 크기는 *decay factor* β에 의해 점차 감소하여 최소 값 $\delta_{\min}$이 된다. 단계변

화의 기호는 출력 $b(t)$의 기호에 의해 결정된다.

단계변화는 $\hat{y}(k)$를 생성하기 위해 계단 함수의 가장 최근 값에 더해진다.

$$\hat{y}(k) = \hat{x}(k-1) + b(k)\delta(k)$$

이 값은 $\hat{y}(k-1)$를 산출하는 하나의 샘플 시간 동안 지연된다. 그때 *포화함수*(saturation function)는 아래와 같이 정의된다.

$$y(k) = \begin{cases} \min\left[\hat{y}(k-1), y_{max}\right] & \hat{y}(k-1) \geq 0 \\ \max\left[\hat{y}(k-1), y_{min}\right] & \hat{y}(k-1) < 0 \end{cases}$$

여기서 y_{min}과 y_{max}는 부호화기를 위해 계단함수의 총 범위를 제한하는 음과 양의 포화값이다.

마지막으로 $y(k-1)$은 decay factor h를 곱해 파형을 $\hat{x}(k-1)$로 산출한다. 감쇠요소는 얼마나 빠르게, 입력에 큰 변화가 없다는 가정 하에서 CVSD의 출력을 해독하여 0으로 돌려줄 수 있는가에 따라 결정된다.

15.4 링크관리자 규격

LMP는 마스터와 슬레이브 사이의 무선 링크의 여러 기능을 관리한다. 이 프로토콜은 마스터와 슬레이브의 LMP 개체들 사이에 LMP PDU 형태의 메시지교환을 포함한다. 메시지는 메시지유형을 식별하는 1바이트 페이로드 헤더와 이 메시지에 추가적인 정보를 포함하는 페이로드 본체를 지닌 한 슬롯 패킷으로 전송된다.

LMP를 위하여 정의된 절차는 24개의 기능별 영역으로 그룹을 이루며 각각은 하나 이상의 메시지교환을 포함한다. 표 15.7은 각 영역과 이에 포함된 PDU들을 나열한다.[9] 각 영역을 간단히 살펴보면 다음과 같다.

두 **일반응답** 메시지가 다른 여러 절차에 있는 다른 PDU의 응답으로 사용된다. accepted PDU는 허락된 메시지의 op 코드를 포함한다. not_accepted PDU는 허락되지 않은 메시지의 op 코드와 그 이유를 포함한다.

LMP는 인증, 암호, 키 분배를 관리하는 메커니즘을 가지고 여러 가지 보안 서비스를 제공한다. 이 서비스는 다음과 같다.

- **인증:** 인증은 기저 대역규격에 포함되어 있으나 랜덤숫자를 포함하는 LMP PDU와

9. LMP 규격에서, 각 PDU의 이름은 LMP_로 시작된다. 예로써, 표 15.7에 목록된 첫번째 PDU는 LMP_accepted라는 이름을 갖는다. 간단히 하기 위해 여기에서는 LMP_ 접두어를 제거한다.

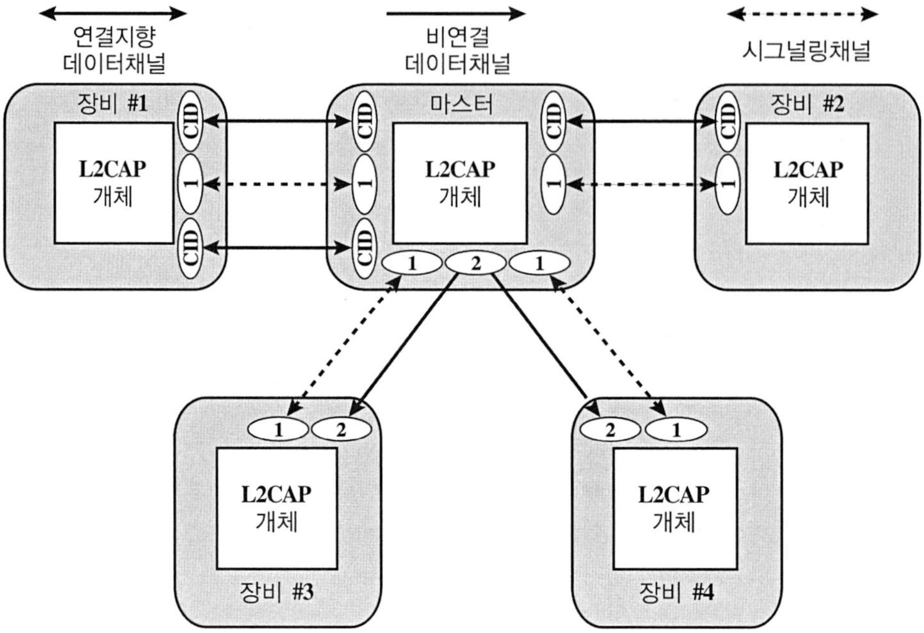

그림 15.14 L2CAP 채널

signed response를 포함하는 LMP 등 두 LMP PDU의 교환을 포함한다(그림 15.14).

- **Pairing:** 이 서비스는 상호인증된 사용자가 자동으로 링크 암호키를 설립하도록 허락해 준다. 첫 단계로 초기화 키는 양쪽에서 생성되고 양쪽이 같은 키를 가지고 있음을 인증하기 위한 인증절차에 사용된다. 초기 키는 두 장비에 들어간 공통 개인 식별숫자(PIN)로부터 생성된다. 양쪽은 메시지를 교환하여 앞으로의 암호과정에 사용될 링크키가 이미 구성된 비밀키인지 마스터의 링크키를 기반으로 계산된 결합키인지를 결정한다.
- **Change link key:** 두 장비가 함께 동작하고 하나의 결합키를 사용한다면 키는 교환될 수 있다. 한쪽이 새로운 키를 생성하고 다른 쪽으로 이전 링크키와 XOR하여 전송한다. 다른 장비는 이 키를 수용하거나 거부한다.
- **Change current link key:** 현재 키를 임시로 변경될 수 있다. 랜덤숫자를 사용하여 교환이 이루어지고 XOR 계산을 하여 임시키를 생성시킨다. 이는 단일 세션에서만 사용된다.
- **Encryption:** LMP는 링크 **암호**과정에 직접 관련하는 것이 아니고 암호과정을 관리하기 위한 서비스를 제공한다. 운영 암호모드, 키의 크기, 새로운 암호세션을 열기 위한 랜덤 시드키의 사용을 포함하여 여러 메커니즘 값이 협의된다. LMP는 암호기능을 시작하거나 끝내기 위해서도 사용된다.

LMP는 피코넷의 여러 장비들의 클럭을 동기화하기 위한 메커니즘을 제공한다.

표 15.7 LMP PDU들

기 능	PDU
General response	accepted, not_accepted
보안서비스	
Authentication	au_rand, sres
Pairing	in_rand, au_rand, sres, comb_key, unit_key
Change link key	comb_key
Change current link key	temp_rand, temp_key, use_semi_permanent_key
Encryption	encryption_mode_req, encryption_key_size_req, start_encryption_req, stop_encryption_req
시간/동기화	
Clock offset request	clkoffset_req, clkoffset_res
Slot offset information	Slot_offset
Timing accuracy information request	timing_accuracy_req, timing_accuracy_res
스테이션 용량	
LMP version	version_req, version_res
Supported features	features_req, features_res
모드제어	
Switch master/slave role	Switch_req
Name request	name_req, name_res
Detach	detach
Hold mode	hold, hold_req
Sniff mode	sniff, sniff_req, unsniff_req
Park mode	park_req, park, set_broadcast_window, modify_beacon, unpark_PM_ADDR_req, unpark_BD_ADDR_req
Power control	incr_power_req, decr_power_req, max_power, min_power
Channel quality-driver change between DM and DH	auto_rate, preferred_rate
Quality of service	quality_of_service, quality_of_service_req
SCO links	SCO_link_req, remove_SCO_link_req
Control of multislot packets	max_slot, max_slot_req
Paging scheme	page_mode_req, page_scan_mode_req
Link supervision	supervision_timeout

- **Clock offset request:** 슬레이브가 FHS 패킷을 수신하면 자신의 클럭과 FHS 패킷의 페이로드에 포함된 마스터의 클럭값 사이의 차이를 계산한다. 클럭 오프셋은 마스터로부터 수신된 패킷의 시간을 갱신하기도 한다. 마스터는 접속된 동안 이 클럭 오프셋을 언제나 요구할 수 있다. 이 클럭 오프셋을 저장하여 마스터는 슬레이브가 피코넷을 떠

난 뒤 어느 RF 채널을 호출검사로 깨웠는지를 알 수 있다. 이는 같은 장비가 호출될 때 호출시간을 빠르게 하는 데 사용될 수 있다.

- **Slot offset information:** 초기화하는 장비는 두 인접한 피코넷 사이의 시간 차를 나타내는 메시지를 전달할 수 있다.
- **Timing accuracy information request:** 다른 장비의 타이밍 서브 시스템의 정밀도 파라미터를 검색하려는 장비에 의해 사용된다. 파라미터는 장기간 클럭 드리프트와 클럭 지터를 포함한다.

LMP는 통신하는 장비에 대한 정보를 교환하기 위해 사용되는 두 PDU를 포함한다.

- **LMP Version:** 각 LMP 개체는 다른 장비에 구현된 LMP 버전을 결정하도록 허락한다. 이제까지는 하나의 버전만이 가능했다.
- **Supported features:** 블루투스 무선과 링크 제어기는 패킷유형과 기저 대역규격과 무선규격에 기술된 특성의 일부만을 제공할 것이다. LMP_features_req와 LMP_features_res는 이 정보를 교환하기 위해 사용된다. 표 15.8은 교환될 수 있는 특성을 나열한 것이다.

블루투스 장비는 여러 상태와 모드를 가지고 있다. LMP는 이 모드를 관리하기 위해 다음과 같은 PDU를 제공한다.

- **스위치 마스터/슬레이브 역할:** 슬레이브가 피코넷의 마스터가 되도록 허락한다. 예를

표 15.8 LMP 지원 특성 목록

3–slot packets
5–slot packets
encryption
slot offset
timing accuracy
switch
hold mode
sniff mode
park mode
RSSI
channel quality–driven data rate
SCO link
HV2 packets
HV3 packets
μ–law log
A–law log
CVSD
paging scheme
power control

들어, 호출장비가 마스터가 되어야 할 때 필요하다. 새 장비가 호출을 내보내고자 할 때 이 서비스를 사용할 수 있다.

- **이름 요구:** 장비가 다른 장비의 텍스트 이름을 요구할 수 있다.
- **분리(Detach):** 하나의 장비가 연결로부터 자신을 제거할 수 있도록 한다. 이는 마스터나 슬레이브에 의해 일어날 수 있다.
- **Hold 모드:** 마스터와 슬레이브 사이의 링크를 일정 시간동안 대기모드(hold mode)에 둘 수 있다.
- **Sniff 모드:** 탐지모드(sniff mode)에 들어가기 위해 마스터와 슬레이브는 탐지간격 T와 탐지슬롯의 타이밍을 나타내는 탐지 오프셋 D를 협상한다. 오프셋은 첫번째 탐지슬롯의 시간을 결정하고 그 후 탐지슬롯들은 탐지간격 T로 주기적으로 발생한다.
- **Park 모드:** 슬레이브를 파크모드(park mode)로 둔다.
- **전력제어:** 다른 장비의 전송 전력을 증가시키거나 감소시키기 위해 사용된다.
- **Channel quality-driven change between DM and DH:** 항상 DM 패킷이나 DH 패킷을 사용하도록 구성될 수 있고 또한, 채널의 성질에 따라 자동으로 패킷의 유형을 조정할 수 있다. 이 서비스는 세 가지 대안 사이에 변경을 허락한다. DM과 DH사이의 차이점은 DM 패킷의 페이로드는 2/3 FEC 코드에 의해 보호되는 데 비해 DH 페이로드는 어느 FEC에 의해서도 보호되지 않는다는 것이다.
- **서비스품질:** 두 파라미터가 블루투스 QoS를 정의한다. 마스터에서 특정 슬레이브로의 전송 간 최대 시간인 *폴 간격*(poll interval)은 용량할당과 지연시간제어에 사용된다. 방송패킷의 반복횟수를 나타내는 패킷인 *NBC*(Number of repetitions for Broadcast packets)가 또 다른 하나의 파라미터로서, 방송패킷은 수신확인이 되지 않으므로 모든 방송패킷의 자동 재전송은 신뢰성을 향상시킨다.
- **SCO links:** SCO 링크를 설정하는 데 사용된다.
- **Control of multislot packets:** 한 패킷이 포함할 수 있는 최대 타임슬롯 개수를 조정한다. 디폴트값은 1이다. 이 메커니즘은 3이나 5를 선택하기 위해 사용될 수 있다.
- **Paging scheme:** 피코넷의 장비 간에 사용되는 호출기법의 유형을 제어한다. 구현을 위해 필수적으로 디폴트구성이 있다. 부가적인 옵션구성도 정의될 수 있다.
- **Link supervision:** 장비가 링크의 실패를 선언하기 전까지 기다려야 하는 최대 시간을 제어한다.

15.5 논리 링크제어와 적응 프로토콜

802 규격에 있는 논리 링크제어(LLC)와 같이, L2CAP는 공유매체 내 실체 사이의 링크 계층

프로토콜을 제공한다. LLC와 함께, L2CAP는 여러 서비스를 제공하며, 흐름과 에러제어는 하위 계층에 의존한다.

L2CAP는 ACL 링크를 사용하며 SCO 링크는 제공하지 않는다. ACL 링크를 사용하여 L2CAP는 두 가지 서비스를 상위 계층에 제공한다.

- **비연결 서비스:** 신뢰할 수 있는 데이터그램 형태의 서비스이다.
- **연결 모드 서비스:** 이 서비스는 HDLC에 의해 제공된 것과 비슷한 서비스이다. 논리적 연결이 데이터를 교환하는 두 사용자 사이에서 설정되고 흐름제어와 에러제어가 제공된다.

L2CAP 채널

L2CAP는 세 가지 유형의 논리적 채널을 제공한다.

- **비연결:** 비연결(connectionless) 서비스를 제공한다. 각 채널은 단방향이다. 이 채널 유형은 마스터에서 여러 슬레이브로의 방송을 위해 사용된다.
- **연결지향:** 연결지향(connection-oriented) 서비스를 제공한다. 각 채널은 전이중 방식이다. QoS 흐름 규격이 양방향으로 명시된다.
- **신호:** L2CAP 실체 사이의 시그널링 메시지의 교환을 제공한다.

그림 15.14는 L2CAP 논리채널의 사용의 예를 제공한다. 각 논리채널에는 채널 식별자(CID)가 포함된다. 연결지향 채널에서 이 연결을 식별하기 위해 채널의 각 종단에 유일한 CID가 할당되며 각 끝단에서 L2CAP 사용자와 협조한다. 비연결 채널에는 CID 값을 2로 식별하고 시그널링 채널은 CID 값을 1로 식별한다. 마스터와 슬레이브 간에는 하나의 비연결 채널과 하나의 시그널링 채널만이 있을 수 있으며 여러 개의 연결지향 채널이 있을 수 있다.

L2CAP 패킷

그림 15.15는 L2CAP 패킷의 포맷을 보여준다. 비연결 서비스를 위해서 패킷형식은 아래와 같은 필드로 구성된다.

- **길이:** 정보 페이로드에 PSM 필드를 더한 길이이며 바이트로 표시한다.
- **채널 ID:** 비연결 채널을 가리키며, 값 2가 할당되었다.
- **프로토콜/서비스 다중화기(PSM):** 이 패킷의 페이로드를 위해 상위 계층 수신자를 식별한다.
- **정보 페이로드:** 상위 계층 사용자 데이터로, 최대 65533($2^{16}-3$) 바이트의 크기를 가질 수 있다.

연결지향 패킷은 비연결 패킷과 같은 형식을 가지고 있으나 PSM 필드는 없다. CID가 데

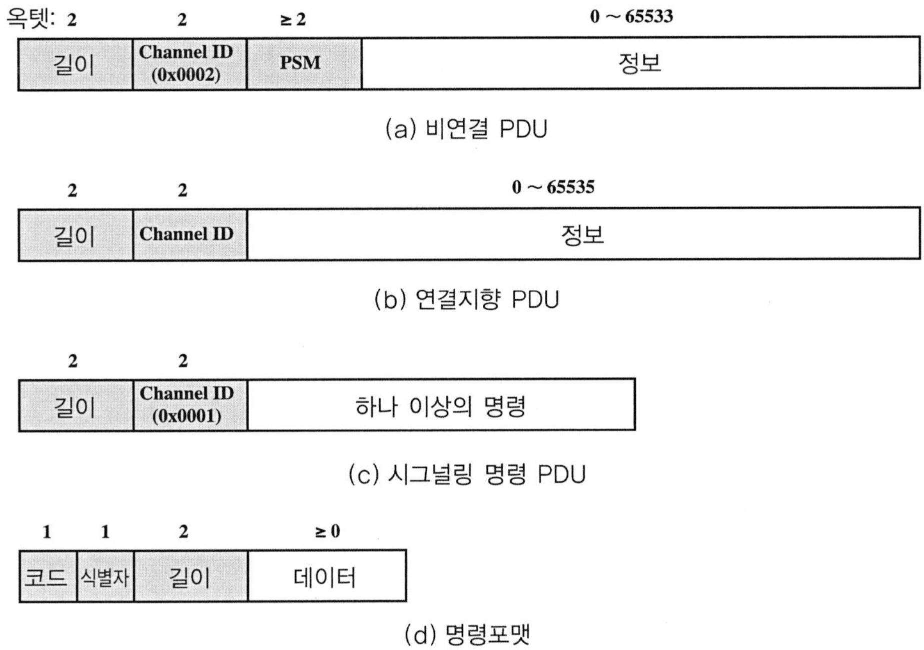

그림 15.15 L2CAP 형식

이터의 상위 계층 사용자를 식별할 수 있으므로 PSM 필드는 불필요하다. 정보 페이로드 필드는 최대 65535($2^{16}-1$) 바이트의 크기를 가질 수 있다.

시그널링 명령 패킷은 연결지향 패킷과 동일한 헤더형식을 갖는다. 이 경우 CID 값은 1이며 시그널링 채널을 가리킨다. 시그널링 패킷의 페이로드는 하나 이상의 L2CAP 명령으로 구성되며 각각은 네 가지 필드로 구성된다.

- **코드:** 명령의 유형을 식별한다.
- **식별자:** 요구와 응답을 비교하기 위해 사용한다. 요구하는 장비는 이 필드를 설정하고 응답하는 장비는 같은 값을 응답에 넣는다. 명령마다 다른 식별자가 사용되어야 한다.
- **길이:** 이 명령을 위한 데이터 필드의 길이로 바이트로 표시된다.
- **데이터:** 이 명령과 관련된 추가적인 데이터로 필요할 경우 추가된다.

시그널링 명령

표 15.9와 같이 다섯 범주에 열한 개의 명령들이 있다. **command reject 명령**은 어떠한 명령을 거부하기 위한 응답으로 사용될 수 있다. 거부 이유는 유효하지 않는 CID나 초과된 길이 등이 있다.

표 15.9 L2CAP 시그널링 명령코드

코드	설 명	파라미터
0x01	Command reject	Reason
0x02	Connection request	PSM, Source CID
0x03	Connection response	Destination CID, Source CID, Result, Status
0x04	Configure request	Destination CID, Flages, Options
0x05	Configure response	Source CID, Flags, Result, Options
0x06	Disconnection request	Destination CID, Source CID
0x07	Disconnection response	Destination CID, Source CID
0x08	Echo request	Data(optional)
0x09	Echo response	Data(optional)
0x0A	Information request	InfoType
0x0B	Information response	InfoType, Result, Data(optional)

Connection 명령은 새로운 논리적 연결을 설립하기 위해 사용된다. 요구명령은 이 접속을 위한 L2CAP 사용자를 가리키는 PSM 값을 포함한다. 서비스 발견 프로토콜과 RFCOMM 그리고 전화제어 프로토콜을 위해 세 가지 값이 정의되었다. 다른 PSM 값은 동적으로 할당되고 구현방법에 달려있다. 요구명령은 또한 전송측에 의해 연결에 할당될 수 있는 CID 값을 포함시킨다. 응답명령은 발송지 CID와 목적지 CID를 포함하는데 후자는 응답하는 채널에 의해 할당된다. 결과 파라미터는 결과가 성공인지 계류중인지 거부인지를 알려주고, 계류중이라면 상태필드는 계류중 연결을 만든 현재의 상태를 가리킨다.

Configure 명령은 두 L2CAP 실체 사이의 초기 논리 링크 전송계약을 설립하거나 이 계약을 다시 협상할 때 송신된다. 구성요구내의 각 구성 파라미터는 배타적으로 나가거나 들어오는 데이터 트래픽과 관련이 있다. 요구명령은 플래그필드를 갖는다. 현재 정의된 플래그는 추가적인 구성 명령이 있음을 나타내는 플래그이다. 옵션 필드는 협상될 파라미터의 리스트와 그 값을 포함한다. 각 파라미터는 세 가지 필드에 의해 정의된다.

- **유형(1 바이트):** 이 바이트의 LSB 7 비트가 옵션을 위해 사용된다. MSB가 0으로 설정되었다면 옵션은 필수이고 인식되지 않으면 수신은 구성요구를 거부해야 한다. MSB가 1로 설정되었다면 옵션은 옵션이 되고 수신측에 의해 무시될 수 있다.
- **길이(1 바이트):** 옵션 페이로드의 길이로 0의 사용은 페이로드가 없음을 나타낸다.
- **옵션 페이로드:** 이 옵션에 대한 추가정보를 포함한다.

다음 파라미터가 사용될 수 있다.

- **최대 전송단위(MTU):** 요구자가 이 채널을 통해 전달될 수 있는 가장 큰 L2CAP 패킷의 페이로드로 바이트 단위이다. MTU는 비대칭이며 전송측에서는 채널에서 수신할 수 있는 MTU가 디폴트 값과 다를 경우 이를 명시할 수 있다. L2CAP 구현 시 MTU 크기를 최소한 48 바이트 이상이 되도록 지원하도록 해야 한다. 디폴트값은 672 바이트이다. 이 값은 협상되는 것이 아니고 이 요구의 송신자가 수용할 수 있는 MTU의 크기를 응답하는 측에 알려준다.
- **Flush 타임아웃 옵션:** 기저 대역규격에서 ARQ 메커니즘의 부분으로, 반복된 재전송 시도 후에도 실패하면 페이로드가 갱신됨을 상기해라. 갱신 타임아웃은 패킷을 포기하고 갱신하기 전까지 L2CAP 패킷을 성공적으로 전송하도록 시도하는 시간이다.
- **서비스품질(QoS):** 이 채널에서의 장비의 트래픽을 위한 트래픽 흐름규격을 나타낸다. 이 파라미터는 다음 절에서 기술된다.

응답측에서 갱신 타임아웃과 QoS 파라미터를 수용할 수 있거나 조정을 요구할 때, 협상을 할 수 있다.

구성응답명령은 구성요구명령과 같은 의미를 지닌 플래그 필드를 포함한다. 응답명령에서의 결과필드는 이전 요구를 수용할지 거부할지를 나타낸다.

선택영역은 그와 연관된 요구명령과 똑같은 내용의 변수목록을 포함하고 있다. 성공했을 경우 이들 변수들은 어느 한가지의 와일드카드의 변수로 이루어진 반환 값들을 갖고 있으며 (QoS 관련 내용참조) 실패했을 경우 거절된 변수들은 초기요구사항이 반영된 변수들과 함께 보내져야 한다.

Disconnection command는 논리채널을 종료하기 위해 사용된다.

Echo command는 원격 L2CAP 실체로부터 응답을 권유하기 위해 사용된다. 이 명령은 링크를 시험하거나 옵션 데이터필드에 업체의 특정한 정보를 전달하기 위해 사용한다.

Information command는 원격 L2CAP 실체로부터 구현에 특정한 정보를 전달하기 위해 사용한다.

서비스품질

L2CAP에서 QoS 파라미터는 RFC 1363[10]을 기반으로 한 흐름제어규격을 정의한다. 본질적으로 **흐름규격**은 송신기가 얻고자 하는 성능단계를 나타내는 파라미터의 집합이다.

구성요구에 포함될 때, 이 옵션은 요구를 보내는 장비로부터 요구를 받은 장비로 나가는

10. 제안된 흐름규격. RFC1363. 1992년 9월.

트래픽 흐름을 기술한다. 긍정적 구성응답에 포함되면 이 옵션은 응답을 보내는 장비의 관점에서 들어오는 트래픽 흐름협상을 기술한다. 부정적 구성응답에 포함되면 이 옵션은 응답을 전송하는 장비관점에서 선택된 들어오는 트래픽 흐름을 기술한다.

흐름규격은 아래와 같은 파라미터로 구성된다.

- 서비스 유형
- 토큰율(바이트/초)
- 토큰 버킷크기(바이트)
- 최대 대역폭(바이트/초)
- 지연(마이크로초)
- 지연변이(마이크로초)

서비스 유형 파라미터는 이 흐름의 서비스 단계를 나타낸다. 값 0은 이 채널로 어떤 트래픽도 전송되지 않음을 나타낸다. 값 1은 best effort 서비스를 나타내며 이 장비는 가능한 한 빨리 데이터를 전송하나 그 성능은 보장하지 못한다. 값 2는 보장된 서비스를 나타내며 송신측은 나머지 QoS 파라미터에 따라 데이터를 전송할 것이다.

토큰율과 **토큰 버킷크기** 파라미터는 QoS 규격에 자주 사용되는 토큰 버킷구성을 정의한다. 이 구성의 장점은 응답자가 기대할 수 있는 최대 트래픽 부하와 평균 트래픽 부하를 간결하게 기술할 수 있다는 것과 전송자가 트래픽 흐름정책을 구현할 수 있게 함으로써 편리한 메커니즘을 제공한다는 것이다.

토큰 버킷 트래픽규격은 토큰 보충률 R과 버킷 크기 B의 두 파라미터로 구성된다. 토큰율 R은 계속되어 유지할 수 있는 데이터율을 나타낸다. 즉, 상대적으로 긴 기간동안, 이 트래픽 흐름을 위한 평균 데이터율이다. 버킷크기 B는 데이터율이 짧은 기간동안 R을 초과할 수 있는 데이터율의 양을 나타낸다. 정확한 조건은 다음과 같다; 어느 시간 주기 T동안 연속한 데이터의 양은 $RT + B$를 초과할 수 없다.

그림 15.16은 이러한 *버킷*의 사용을 설명하고 있다. 버킷은 어떠한 시간에 전송할 수 있는 데이터의 바이트 수를 나타낸다. 패킷은 R의 비율로 버킷용량까지 *바이트 토큰*으로 채운다. 데이터는 L2CAP 사용자로부터 도착해서 패킷으로 모아져서 전송을 위해 큐에 들어간다. 패킷크기에 맞는 바이트 토큰을 충분히 가지고 있다면 그 패킷은 전송할 수 있다. 패킷은 전송되고 버킷은 토큰의 개수를 소모시킨다. 만약 토큰이 불충분하다면 패킷은 이 흐름의 규격을 초과한 것이다. 이러한 패킷의 처리는 문서에 명시는 되어있지 않다. 전형적으로 토큰이 충분히 가능해 질 때까지 전송을 위해 단지 큐에 머물러 있을 것이다.

오랜 수행 이후, 토큰 버킷에 의해 허락된 데이터율은 R이다. 그러나 유휴상태나 상대적으

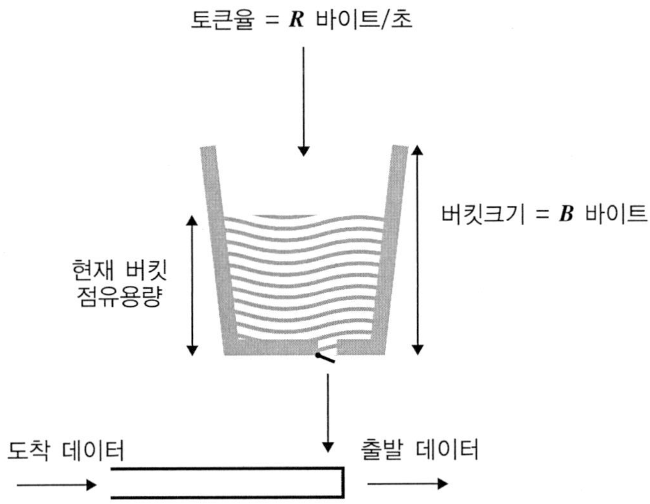

그림 15.16 토큰 버킷 기법

로 느린 기간이 있다면, 버킷용량은 지정된 율에 많아야 *B*바이트가 추가적으로 증가된다. 그래서 *B*는 허락되는 데이터 흐름의 burstiness의 척도가 된다.

L2CAP에서 두 파라미터에 대한 0값은 이 응용을 위해서는 토큰구성이 필요하지 않고 사용되지도 않는다는 것임을 암시한다. 값이 모두 1이면 와일드카드 값이다. best effort 서비스를 위해 와일드카드는 요구자가 응답자가 허가할 만큼의 커다란 토큰이나 토큰 버킷크기를 원함을 의미한다. 보증된 서비스의 경우 와일드카드는 요구시간에 사용가능한 최대 데이터율과 버킷크기를 나타낸다.

초당 바이트로 표시되는 **최대 대역폭**은 얼마나 빨리 패킷이 응용으로부터 전송할 수 있는지의 제한을 나타낸다. 어느 중계 시스템은 이러한 장점을 취하여 좀더 효과적으로 자원을 할당한다. 토큰 버킷이 꽉 찼다면 흐름은 일련의 패킷들을 토큰 버킷과 같은 크기로 전송할 수 있다. 토큰 버킷크기가 크다면 이 응답자의 용량을 초과하도록 충분히 길게 수행될 것이다. 이 영향을 제한시키기 위해 얼마나 빠른 연속된 패킷이 네트워크에 들어갈 수 있는지 최대 전송률을 어떠한 범위 내에 둔다.

지연(latency)은 송신기에 의한 비트 전송과 대기 내의 초기 전송 사이의 수용가능한 최대 지연시간으로 ms로 표현된다.

지연변이는 패킷이 경험할 최대 가능한 지연과 최소 지연사이의 차로 ms로 표현된다. 이 값은 응용에 의해 수신측에서 원 데이터 전송패턴을 회복하기 위해 필요한 버퍼 양을 결정하기 위해 사용된다. 수신 응용이 송신되는 데이터와 같은 패턴으로 데이터가 전달되기를 원하면 수신하는 호스트는 수신한 데이터를 간단히 버퍼에 넣고 이전에 전송한 패턴으로 복구시킬 수 있다. 이것에 대한 예로는 응용이 데이터를 일정한 간격을 두고 생성되는 음성 샘플처럼 전달하기를 원할 때이다. 수신 호스트가 제공할 수 있는 버퍼공간의 양은 주어진 흐름 내에서 개별적인 패킷을 위해 허락된 지연 변이의 양을 제공할 것이다.

15.6 IEEE 802.15

IEEE 802.15 워킹그룹은 단거리 무선 PAN(Personal Area Network)의 표준을 개발하기 위해 조직되었다. PAN은 네트워크의 모든 장비가 한 개인이나 가족에 의해 소유되는 좁은 지역을 커버하는 통신 네트워크이다. PAN에 연결되는 장비는 PC, PDA, 주변기기, 휴대전화, 호출기, 소비자 가전기기 등이다. 워킹그룹의 첫 번째 노력은 802.15.1인 블루투스의 공식 표준안을 만드는 것이었고 이 표준안은 2002년에 승인되었다.

거의 모든 802.15 표준은 802.11에 의해 사용되는 동일한 주파수 대역에서 동작하도록 계획되었기 때문에 802.11과 802.15 워킹 그룹은 이러 다양한 장비들이 공존할 수 있는 능력을 갖도록 고려하였다. 이러한 실용적 목적을 달성하기 위해 802.15.2 태스크 그룹이 만들어졌고 2003년에는 이를 위한 권고안이 나왔다.

802.15.1 표준안에 따라 802.15 작업은 두 개의 방향으로 진행되었다. 802.15.3 태스크 그룹은 802.11 장비에 비해 저 가격이며 저 전력이면서 매우 높은 데이터 속도를 갖는 장비의 표준 개발에 관심을 갖고 일했다. 802.15.3의 초기 표준안은 2003년에 발간되었으며 802.15.3a으로 계속 진행되고 있는데 동일한 MAC 계층을 사용하면서 더 높은 데이터 속도를 제공한다. 한편 802.15.4 태스크 그룹은 2003년에 발간된 802.15.1보다 매우 저가격 저전력이면서 데이터 속도는 더 높은 표준을 개발하였다.

그림 15.17은 현재 802.15의 작업 상태를 표시하고 있다. 3개의 무선 PAN은 각각 서로 다른 물리계층 스펙과 서로 다른 요구조건의 MAC를 보유하고 있다. 따라서 각각의 구성요소

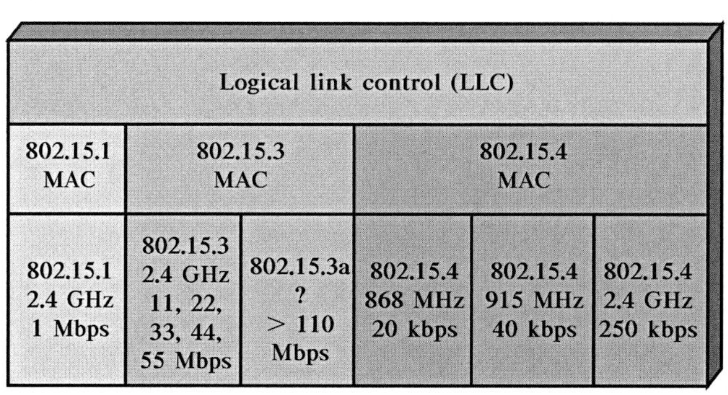

그림 15.17 IEEE 802.15 프로토콜 기반체계

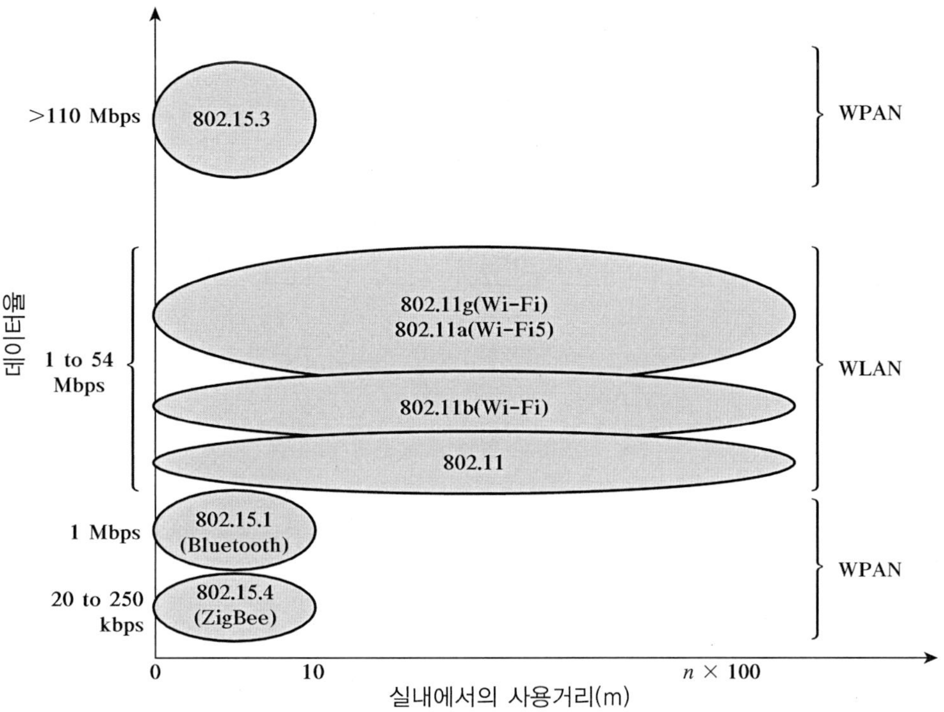

그림 15.18 무선 지역 네트워크

는 특유의 MAC 스펙을 간직하고 있는 것이다. 그림 15.18은 [ZHEN04]의 내용을 기준해서 볼 때 상대적 범위의 무선 LAN과 PAN 규격의 응용사례를 지적하고 있다. 여기서 볼 수 있듯이, 802.15 무선 PAN 규격은 맞는 저 전력과 저가격을 얻기 위해 10m 이내의 매우 단거리에 적용된다. 본 절에서는 802.15.3과 802.15.4에 대해서 간략히 논하고자 한다.

IEEE 802.15.3

802.15.3 태스크 그룹은 높은 데이터 전송률을 가진 WPAN들과 연계되어 있다. 응용사례로는 WPAN의 특성에 맞춰져 있고 상대적으로 높은 데이터 전송률을 요구한다. [GILB04]

- 스틸카메라와 프린터 또는 오두막과의 디지털 연계
- 랩톱 컴퓨터와 프로젝터 간 연결
- PDA(개인용 디지털 지원)와 카메라 또는 PDA와 프린터 간 연결
- 5:1 스테레오 스피커와 리시버 간 연결
- set-top 박스 또는 유선모뎀 간의 영상정보전달
- CD나 MP3에서 헤드폰이나 스피커로의 음성신호전달

- TV에서의 비디오카메라 방영
- 디지털 스틸 카메라 또는 비디오에서의 원격화면 수색

이러한 응용사례들은 주로 소비전력분야와 관련되며 다음의 조건들을 요구한다.

- **단거리:** 10m 단위의 거리
- **고출력:** 20 Mbps 이상의 비디오/다채널 오디오 지원
- **저전력 사용:** 휴대용 배터리로 작동가능
- **저가격:** 소비자를 위한 합리적인 저가격
- **QoS(quality of service: 서비스의 질) 능력:** 데이터 전송률과 다른 잠재도거나 노출된 QoS 능력들에 대한 보장
- **동적환경:** 이동식, 휴대용, 고정식의 형태로 피코넷에 자주 출입이 가능한 피코넷구조를 언급함. 이동식의 경우 이동속도는 시속 7km 이하가 바람직함.
- **단순한 연결:** 네트워킹 설치 및 해체작업을 쉽게 이행하기 위한 첨단 기술이 필요함.
- **프라이버시:** 정보를 원하는 사람에게만 송신하는지를 확인시켜주는 방법이 필요함.

이러한 요구조건들은 IEEE 802.11에서는 만족하지 못하던 내용들이다.

매체 접속 제어(MAC)

802.15.3 네트워크는 여러 주요기기(DEV)로 이루어져 있다. 그중 하나의 DEV는 PNC (piconet coordinator) 역할을 수행한다. PNC는 기기 간 연결시간을 할당하고 모든 DEV와 PNC간 명령을 연계시켜준다. 802.11의 AP(access point)가 PNC와 수행하는 기능은 AP는 다른 네트워크와의 링크를 제공하며 다른 모든 MAC 프레임 포인트 간의 릴레이 역할을 수행한다. PNC는 피코넷의 시간자원에 접속하는 것을 제어하며 DEV 간 데이터 프레임 교환에는 포함되지 않는다.

802.15.3 MAC 계층의 QoS 기구는 TDMA 구조와 GTS(guaranteed time slots) 공급의 사용에 기초하고 있다.

물리계층

802.15.3의 물리계층은 11 ~ 55 Mbps의 데이터 전송률을 갖춘 11 Mbaud 심볼률로 5개의 모듈포맷 2.4-GHz에서 작동한다. 표 15.10은 이에 관련된 주요 변수들을 표기하였다. 가장 두드러진 내용은 **TCM(trellis-coded modulation)**의 사용이다. TCM은 다소 오래된 전화용 모뎀에서 음성전환용으로 쓰였었다. 여기서부터 본 장의 끝까지는 TCM에 대한 설명하겠다.

시작하기에 앞서 6장에서 언급한 몇몇 정의들을 다시 공부하기로 한다. (표 6.1)

표 15.10 IEEE 802.15.3 물리계층 특성

모듈	코딩	데이터 전송률
QPSK	8-state TCM	11 Mbps
DQPSK	None	22 Mbps
16-QAM	8-state TCM	33 Mbps
32-QAM	8-state TCM	44 Mbps
64-QAM	8-state TCM	55 Mbps

- **bit:** 0 또는 1을 갖는 기본값
- **signal element 또는 심볼:** 신호코드의 가장 짧은 간격을 차지하는 신호의 일종. 주로 일전 주파수, 위상, 진폭과 한 두개의 비트 (bit)로 이루어진 펄스형태임.
- **signaling rate:** 단위 초당 또는 baud 당 측정된 신호요소

이 책에 소개된 모든 송신관련 접근 방법 중에서 신호 코딩과 모듈화는 코딩작업부터 전방위 에러수정방법에 의해서 별도로 수행되었다. 게다가 오차제어는 추가비트를 채널당 데이터 전송률을 낮춰주는 효과를 가진 데이터비트에 추가하는 방법으로 이루어졌다. 제한된 채널밴드와 높은 데이터 전송률이 함께 요구되는 상황에 직면했을 때는 가장 효과적인 방법은 모듈과 코딩을 혼합하여 그들을 하나의 개체로 다루는 것이다. 이러한 해결책은 TCM이라 불리며 다음의 3가지 기본 원칙을 갖는다.

1. 서로 다른 신호요소의 숫자는 주어진 데이터 전송률과 모듈의 구성보다 커야 한다. 추가신호요소는 전방위 오차수정 과정에서 데이터 전송률의 감소가 되지 않게 하기 위한 잉여분을 허용한다.
2. 회선적 코딩이 특정한 연속적인 신호요소에만 허용된 연속적인 신호요소의 의존성 소개를 위해 사용된다.
3. 디코딩은 오차수정을 수행하기 위해 코더를 격자형으로서 또는 Viterbi-형의 디코딩 알고리즘으로서 모델링할 때에 이루어진다.

위의 원칙 중 (2)와 (3)의 개념은 8.3절에서 이미 논의되었다. 회선적 코딩이 상태천이 표를 상향시킬 수 있다는 점을 재고해 볼 때 마름모 격자형 결과가 귀착됨을 알 수 있다. 또한 디코딩은 일반적으로 미터단위의 해밍 거리를 가진 Viterbi-형 알고리즘의 사용을 포함한다. 다음에는 QPSK 모듈스킴에 기초한 단순한 예를 사용하여 이러한 개념을 설명하겠다. TCM은 QAM같은 보다 더 복잡한 모듈스킴에서도 사용가능함을 명심하기 바란다.

모든 아날로그 모듈스킴은 각각의 신호요소가 위상과 진폭으로 이루어진 2차원 모듈스킴인 PSK 또는 QAM처럼 위상과 진폭 모두 또는 진폭 하나만을 이용한다. 6장에서 언급된 정

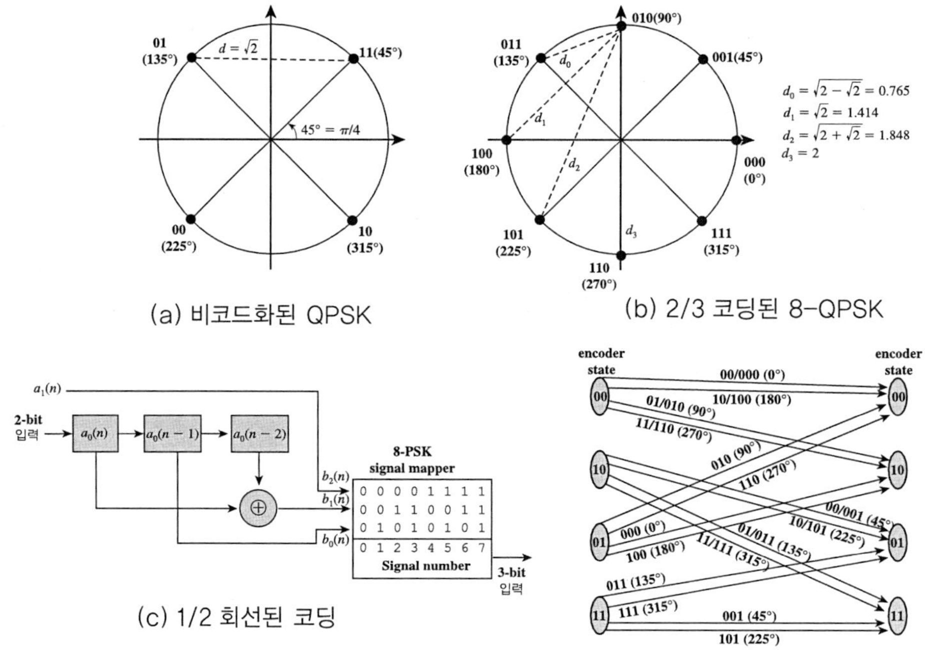

(a) 비코드화된 QPSK

(b) 2/3 코딩된 8-QPSK

(c) 1/2 회선된 코딩

(d) 트레리스식 서술

그림 15.19 트레리스의 예: 코딩 모듈화

의된 신호요소에 $\pi/2\,(90°)$의 곱하는 방법으로 위상변이를 이용하는 QPSK를 재고해 볼때 다음과 같이 정의될 수 있다.

$$\text{QPSK}\ \ s(t) = \begin{cases} A\cos(2\pi f_c t + \frac{\pi}{4}) & 11 \\ A\cos(2\pi f_c t + \frac{3\pi}{4}) & 01 \\ A\cos(2\pi f_c t - \frac{3\pi}{4}) & 00 \\ A\cos(2\pi f_c t - \frac{\pi}{4}) & 10 \end{cases}$$

각각의 신호요소는 1 비트보다는 2 비트로 나타내어진다. 그림 15.19(a)는 그래픽 스킴을 나타낸다. 각각의 신호요소는 원점으로부터 단위길이 거리에 있는 진폭과 수평각과 위상으로 표시된 포인트로 나타내어진다. 그래프상에 표기된 신호요소간 최소 유클리디언 거리는 신호 해독의 난이도를 나타내고 있다. 물론, QPSK같은 순수 PSK 스킴에 있어서 신호요소 간 최소위상각 차이는 동일한 차이이다. 그러나 QAM같은 더 복잡한 스킴에 있어서 신호요소는 위상과 진폭이 서로 다르며 따라서 더 일반적인 유클리디언 방식 거리측정 기법이 사용된다.

표 15.11 예제 15.1의 과정과 오차 결정

상태	신호	심볼 오차(°)	총 오차(°)
10-01-10-01	1-4-1	2.5, 62.5, 12.5	77.5
10-01-10-11	1-4-3	2.5, 62.5, 102.5	167.5
10-01-00-00	1-6-0	2.5, 27.5, 32.5	62.5
10-01-00-10	1-6-2	2.5, 27.5, 57.5	87.5
10-11-11-11	3-5-1	92.5, 17.5, 12.5	122.5
10-11-11-01	3-5-3	92.5, 17.5, 102.5	212.5
10-11-01-10	3-7-0	92.5, 72.5, 32.5	197.5
10-11-01-00	3-7-2	92.5, 72.5, 57.5	222.5

TCM에 있어서 우리는 신호점의 숫자를 8개까지 확장했으며(그림 15.19(b)) 최대 45°까지 분할하였다. 이러한 방법은 해독기능이 45° 시프트가 90° 변환보다 더 바람직하다는 사실을 참고할 때 해독기능을 악화시키는 것처럼 보일 수 있으나 실제로 TCM 코딩은 90 이하의 제한위상변환에 의하여 정의되어질 수도 있다. 따라서 어떠한 차별적 손실이 발생하지않는 것이다. 게다가 추가 비트의 사용은 잉여분을 추가하여 만약 코딩이 적절하다면 오차의 감소를 위한 전방향 오차수정이 허용되어진다.

그림 15.19(c)는 선회성 인코딩이 어떻게 이용되는가를 보여준다. 입력 값은 신호요소를 생성하기 위해 시간당 2 비트씩 선별되었다. 그중 1개의 비트는 n번째 입력 비트 단위에 대해 $a_1(n)$의 형태로 정의되며 선회적 인코딩을 우회하여 간다. 또 다른 하나의 비트는 $a_0(n)$으로 정의되며 (2,1,3) 해독기를 지나친다. (그림 8.9(a)와 비교). 두 해독기의 비트 출력은 8개 신호요소를 지정하는 3 비트 출력을 생성하기 위한 진행 비트로 이루어져 있다. 그림 15.19(d)는 격자 다이어그램을 이용한 허용가능한 상태의 변이를 보여준다. (그림 8.10과 비교). 여기서 4개의 가능한 상황은 두 선행입력 비트에 의하여 정의된다. 따라서 상황 10은 $a_0(n-1)=1$과 $a_0(n-2)=0$이다. 상태의 천이는 2개의 입력 비트와 각각의 3개의 출력 비트 그리고 새로운 상태로의 이동에 의해 결정된다. 예를 들면 하나의 천이가 상태 00에서 10으로 이루어질 때 그 라벨은 00/010(90°)으로 명명된다. 라벨의 첫 번째 부분은 2개의 입력 비트를 나타낸다: $a_1(n)=0$과 $a_0(n)=1$. 두 번째 부분은 3개의 출력 비트를 나타낸다: $b_2(n)=0$, $b_1(n)=1$, $b_0(n)=0$. 라벨의 마지막 부분은 3개의 출력 비트와 관련된 위상변화를 나타낸다. 상태 01과 11에서, 라벨의 첫 번째 부분은 독자의 연습문제로 남겨놓았다. 연속상태의 변이는 90°의 최소 위상변화를 생성하도록 제한되어 있다.

Example 15.1 [BELL00]

그림 15.19의 TCM 시스템에 있어서, 수신기가 위상 신호 42.5°, 242.5°, 32.5°를 탐지하였다. 수신기가 결정할 수 있는 수신과정이 가장 가까운 3개의 허용 가능한 연속 신호요소를 구하시오. 초기상태는 10으로 가정하라. 가장 가까운 신호요소는 각각 45°, 225°, 45° 이다. 그러나 이것은 출력과정 1-5-1(001-101-001)에 관련된 것이며 10으로 시작하는 본 예제에 직접 연관될 수 없다. 001의 출력신호는 01로 천이가능하며 이 상태로부터 101의 출력은 존재하지 않는다. 상태 10에서는 길이가 3인 8개의 상태과정이 가능하다. 이들 8개 상태는 표 15.11에 표기하였다. 각각의 상태천이에서 상태천이가 가능한 가장 유력한 신호요소가 표기되어 있다. 표의 그 다음 두 개 열은 각각 천이에 따른 위상오차와 전체 오차의 합이 각각 표기되어 있다. 가장 적절한 결과(최소 오차)는 아마도 신호처리 1-6-0에 따른 01-00-00일 것이다. 아울러 다른 두 개의 과정(1-4-1과 1-6-2)도 상당히 바람직한 최소값에 가까운 오차를 갖고 있다. 이들 3개의 과정은 서로 다른 상태에 종착된다. 따라서, 세부과정에서 수신된 신호요소는 예측결과에 대한 재수정을 통해서라도 더 많은 정보가 제공되어야 한다.

IEEE 802.15.3a

WPAN 고송신율 선택 PHY 태스크 그룹(TG3a)은 draft P802.15.3에 더 빠른 속도(110 Mbps 또는 그 이상의)를 제공하는 PHY 교정 새로운 표준을 발행하였다. 이것은 스트리밍 비디오와 다른 멀티미디어 응용을 지정한다. 이 새로운 PHY는 부분적으로 개량된 P802.15.3 MAC를 사용한다. 이 작업은 현재 본 저서를 집필중에도 계속 진행중이다.

IEEE 802.15.4

WPAN 저송신율 태스크 그룹(TG4)은 수개월 또는 수년 간 지속 가능한 배터리의 사용가능한 매우 단순한 저데이터 송수신율 솔루션을 발행하였다. 이 방법은 두 개의 계층을 정의한다: 868-MHz/915-MHz 직접 과정 확산 스펙트럼 PHY와 2.4-GHz 직접 과정 확장 스펙트럼 PHY이다. 2.4-GHz PHY는 250kbps의 공중파를, 868-MHz/915-MHz PHY는 20 kbps ~ 40 kbps의 공중파를 지원한다. 물리계층의 선택은 지역적 규제와 사용자의 기호에 따라 결정된다. 가능한 응용으로는 센서, 상호작용 장남감, 인공지능 배지, 원격조종, 가정 자동화 등이다.

무선 저속 데이터 통신은 최근까지 경시되어오다가 초경량화, 초저전력소모, 초저가 통신기술의 기술과 규격화의 한계에 부딪혀서 주목받게 되었다. 물리계층과 MAC 계층에서 IEEE 802.15.4는 그러한 장치들을 지정하도록 설계되었다. 앞에서 언급한 LLC 계층에서, ZigBee 연합은 802.15.4 구현을 위해 주요 스펙들을 제공한다. ZigBee 스펙은 네트워크, 보안, 응용 연계계층을 지정한다.

15.7 참고문헌

[HAAR00a], [HAAR00b]와 [SAIR02]는 블루투스에 관련된 유용한 정보를 제공한다. 또다른 두 개의 자료 [WILS00], [RODB00] 역시 다수의 부분으로 되어 있는 흥미로운 내용이다. 또한 2개의 거의 책과 같은 분량의 문헌 [BRAY01], [MILL01]이 있다. 이들 중 전자가 후자보다 더 전문적인 내용을 포함한다.

[GILB04]는 802.15.3에 대해 철저히 언급하고 있다. TCM 관련된 3개의 훌륭한 문헌 [UNGE87], [VITE89], [FORN84]가 있다.

[GUTI03]은 802.15.4를 철저히 커버하고 있으며 다음 3개의 문헌 [GUTI01], [CALL02], [ZHEN04]도 단편적으로 802.15.4를 언급하고 있다.

BRAY01 Bray, J., and Sturman, C. *Bluetooth: Connect Without Cables.* Upper Saddle River, NJ: Prentice Hall, 1992.

CALL02 Callaway, E., et al. "Home Networking with IEEE 802.15.4: A Developing Standard for Low-Rate Wireless Personal Area Networks." IEEE Communications Magazine, Aug. 2002.

FORN84 Forney, G., et al. "Efficient Modulation for Band-Limited Channels." IEEE Journal on Selected Areas in Communications, Sep. 1984.

GILB04 Gilb, J. Wireless Multimedia: A Guide to the IEEE 802.15.3 Standard. New York: IEEE Press.

GUTI01 Gutierrez, J., et al. "IEEE 802.15.4: A Developing Standard for Low-Power Low-Cost Wireless Personal Area Networks." IEEE Network, Sep./Oct. 2001.

GUTI03 Gutierrez, J., et al. "Low-Rate Wireless Personal Area Networks: Enabling Wireless Sensors with IEEE 802.15.4." New York: IEEE Press 2003.

HAAR00a Haartsen, J. "The Bluetooth Radio System." IEEE Persoanl Communications, Feb. 2000.

HAAR00b Haarsen, J., and Mattisson, S. "Bluetooth-A New Low-Power Padio Interface Providing Short-Range Connectivity." *Proceedings of the IEEE*, October 2000.

MILL01 Miller, B., and Bisdikian, C. *Bluetooth Revealed*. Upper Saddle River, NJ: Prentice Hall, 2001.

RODB00 Rodbell, M. "Bluetooth: Wireless Local Access, Baseband and RF Interfaces, and Link Management." *Communications System Design*, March, April, May 2000. (www.csdmag.com)

SAIR02 Sairam, K., et al. "Bluetooth in Wireless Communication." IEEE Communications Magazine, June 2002.

UNGE87 Ungerboeck, G."Trellis-Coded Modulation with Redundant Signal Sets, Part 1: Introduction." IEEE Communications Magazine, Feb. 1987.

VITE89 Viterbi, A., et al."A Pragamtic Approach to Trellis-Coded Modulation." IEEE Communication Magazine, July, 1989.

WILS00 Wilson, J., et al."Inside Blutooth: Part I and Part II." Dr. Dobb' s journal, Mar./April 2000.

ZHEN04 Zhent, J., et al."Will IEEE 802.15.4 Make Ubiquitous Networking a Reality?: A Discussion on a Potetial Low Power, Low Bit Rate Standard." IEEE Communication Magazine, June 2004.

웹사이트

- **Bluetooth SIG:** 모든 표준, 기타 문서, 블루투스 회사와 제품의 새로운 소식을 포함한다.
- **Infotooth:** 블루투스에 대한 정보의 훌륭한 보충 자료
- **The IEEE 802.15 Working Group on Personal area Networks:** 작업그룹들의 문서와 토론내용을 포함
- **ZigBee 연합:** ZigBee와 IEEE 802.15.4 관련 연구논문, 문서, 업체 정보수록

15.8 주요용어, 복습, 연습문제

주요용어

논리 링크제어와 적응 프로토콜 (L2CAP)	서비스 발견 프로토콜	핵심규격
링크 관리자(LM)	스캐터넷	흐름규격
블루투스	케이블 대체 프로토콜	RFCOMM
사용모델	피코넷	
	프로파일 규격	

복습문제

15.1 일반적으로 블루투스에서 지원하는 응용 범위는?

15.2 핵심규격과 프로파일 규격간의 차이점은?

15.3 사용모델(Usage Model)이란 무엇인가?

15.4 피코넷에서 마스터와 슬레이브간의 관계는?

15.5 주파수 호핑과 시분할 다중 통신이 어떻게 결합될 수 있나?

15.6 FH-CDMA는 DS-CDMA와 어떻게 다른가?

15.7 마스터와 슬레이브 사이에서 설정될 수 있는 링크의 유형을 나열하고 간단히 정의하라.

15.8 블루투스 기저 대역에서 사용되는 에러정정기법은?

15.9 블루투스 기저 대역 논리채널을 나열하고 정의하라.

15.10 블루투스에서는 어떤 보안 서비스가 제공되나?

15.11 L2CAP 논리채널을 나열하고 간단히 정의하라.

15.12 흐름규격이란 무엇인가?

연습문제

15.1 그림 15.9에 나오는 12 타임 슬롯의 각각의 역할을 단계적으로 기술하시오.

15.2 식 (7.10)을 이용하여 7 비트 Barker 과정의 autocorrelation을 τ의 함수로 표현하시오.

15.3 15.3절에서 $P(X)=1+X^2+X^3+X^5+X^6$의 방정식으로 정의된 팩 형식으로 구축된 동기언어로서 이루어진 64-bit PN 과정의 이용을 묘사하였다.

a. 선형 피드백 변환은 이 방정식을 구현하여 등록함을 보여라.

b. 최초 8 비트 과정을 보여라. 여기서 PN 과정의 시드 값은 000001이다. 그리고 그림 7.12의 기호를 이용하고, $B_0=1$, 나머지 B값들은 전부 0으로 처리하라.

15.4 CVSD 스킴이 15.3절의 블루투스 오디오 부분에 설명되어 있다. 현재값 $x(k)=1000$, $\hat{x}(k-1)=990$, $\delta(k-1)=30$이라 가정했을 때,

a. 마지막 4개 출력이 같다고 하면 그 다음 값 $x(k-1)$은 얼마인가?

b. 마지막 4개 출력이 같지 않다고 하면 그 다음 값은 얼마인가?

15.5 토큰버킷 스킴은 트래픽이 최대 전송률로 전달될 수 있게끔 제한된 길이의 시간을 설정한다. 토큰버킷이 버킷치수 B octets으로 정의되고, 토큰 도착률이 R octets/second이고, 최대 출력 도착률이 M octets/second일 때,

a. 최대 분출 전송률의 길이 S를 유도하라. 다시 말해서 토큰버킷에 의해 통신이 통제될 때 얼마나 오래 최대 전송률로 전송흐름이 지속되는가?

b. b = 250 KB, r = 2MB/s, M = 25 MB/s일 때 S는 얼마인가?

힌트: S에 관한 유도식은 의외로 복잡하다. 왜냐하면 송출이 이루어지는 동안에도 또 다른 토큰이 도착할 수 있기 때문이다.

15.6 그림 15.19의 TCM 예제에 대해서:

a. 3개의 b_i 변수를 2개의 a_i 변수를 이용해서 표현하시오.

b. 그림 15.19(d)의 격자 다이어그램은 아래의 상태 천이 행렬 포맷으로 나타내어질 수도 있다:

$a_0(n-2)$	$a_0(n-1)$	$a_0(n)$	$a_1(n)$	$b_2(n)$	$b_1(\text{n})$	$b_0(n)$
0	0	0	0	0	0	0

이때 나머지 행들을 완성하라.

c. 그림 15.19(d)에서, 상태 천이의 라벨의 빠진 부분을 채우시오.

APPENDIX A

트래픽분석

communications networks

10.1절에서 트래픽 분석의 개념을 소개한 바 있고, 이 부록에서 좀더 상세한 내용을 설명한다.[1]

A.1 기본 트래픽개념

트래픽 엔지니어링 개념은 전화망과 회선 교환망 설계 시 개발되었지만 그 개념은 셀룰러 망에서도 동일하게 적용되고 있다. 하나의 셀이 *N*동시 사용자(*N* 채널용량)를 제어할 수 있고 *L* 잠재 가입자(*L* 이동단말)를 갖고 있다고 하자. 만약 $L < N$이면, 시스템은 모든 호가 언제든지 허용될 수 있는 *nonblocking* 상태일 것이다. 그러나, $L > N$이면 시스템은 가입자가 호를 시도하려다 허용용량이 포화상태임을 인지하고 블록되는 블록킹상태가 될 것이다. 이 경우 우리가 답을 원하는 성능 관련 기본질문은 다음과 같다.

1. 블록킹의 정도는 얼마인가? 즉 호요청이 블록될 확률은? 또 블록킹을 피할 수 있도록 하려면 용량(*N*)은 얼마나 필요한가?
2. 블록된 호가 서비스 큐에 보관된다면 평균 지연시간은 얼마인가? 선택적으로 허용가능한 평균지연시간을 보장하기 위해 요구되는 용량은 얼마나 필요한가?

다음 두 개의 파라미터가 시스템에 나타나는 부하의 총량을 결정한다.

- λ: 단위시간당 시도되는 평균 호(연결요청)의 비율
- h: 성공한 호의 평균 유지시간

트래픽의 기본적 측정항목은 Erlang의 트래픽 세기이다.

$$A = \lambda h$$

파라미터 *A*는 10.1절에서 논한 바 있는 혼잡시간 트래픽의 측정치이며 트래픽모델에서 입력으로 사용된다. 이 모델은 앞에서 언급한 문제들에 대한 대답으로 사용된다. 이때 모델의 특성을 결정하는 두 개의 주요요소가 있는데 다음과 같다.

- 블록된 호가 처리되는 방법
- 트래픽 원의 수

블록된 호는 두 가지 중 한 가지 방법으로 처리되는데 우선 첫번째 방법은 블록된 호가 빈 채널을 기다리며 큐에 넣어지는 방법으로 **"lost calls delayed**(LCD)" 라하며, 실제 호는 분실되지 않았으며 단순히 지연되는 것이다. 두번째는 블록된 호가 거절되거나 폐기되는 것이다. 이는 사용자의 행동이 다음 두 가지로 표출되게 할 수 있다. 만약 사용자가 다른 호를 시

1. 이 부록은 큐잉해석의 개념을 이용한다. 큐잉이론에 대한 기본 개념은 WilliamStallings.com/StudentSupport.html의 웹사이트에서 제공된다.

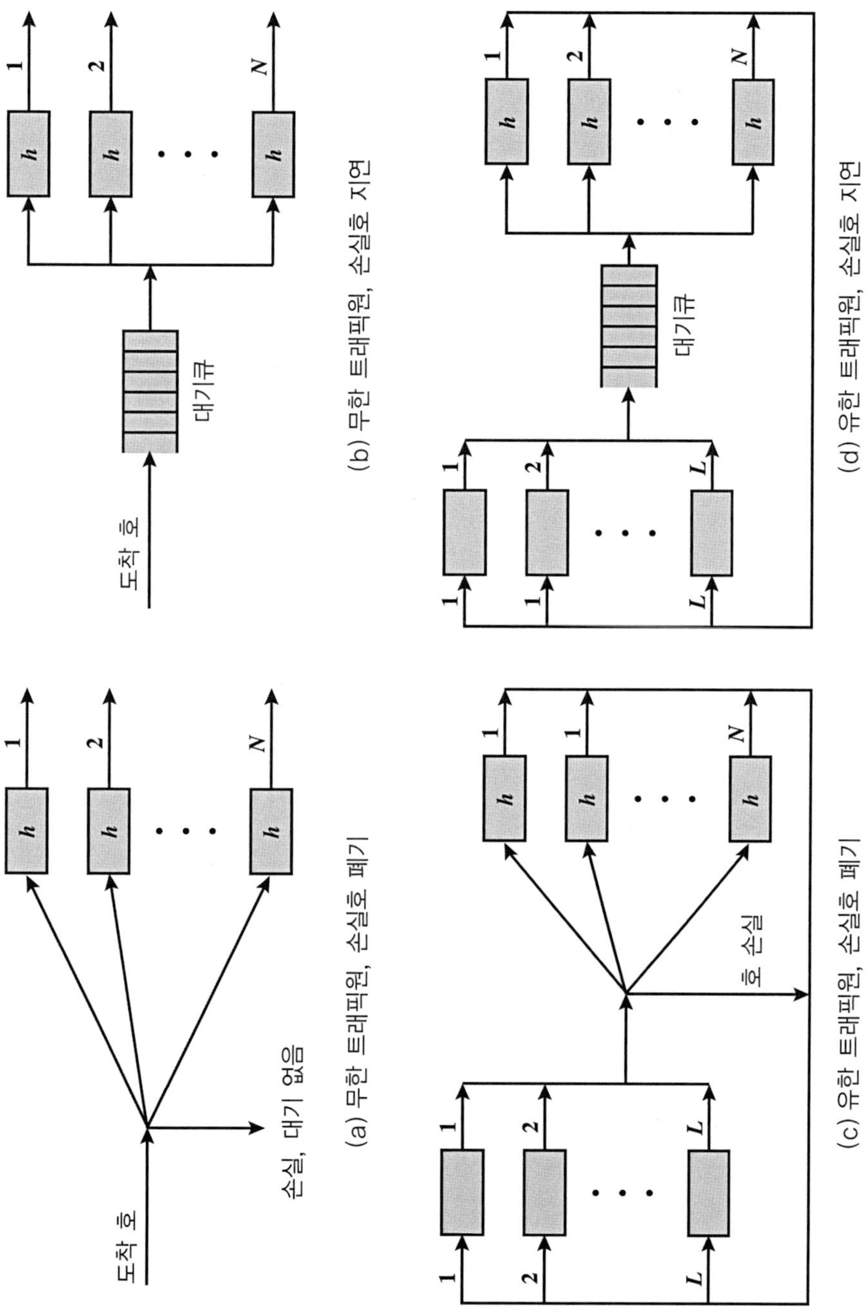

그림 A.1 멀티서버 큐잉모델

도하기 전에 사용자는 걸려서 지체되고 임의의 시간동안 기다리며 지연이 되는데, 이를 **lost calls cleared**(LCC)라 부른다. 또, 사용자가 반복적으로 호를 시작하려 한다면 이는 **lost calls held**(LCH)라 부른다. 이들 블록킹 옵션에 대한 수식은 시스템의 특성을 표현하기 위해 만들어졌으며, 셀룰러 시스템의 경우는 LCC 모델이 일반적으로 사용되며 가장 적합한 것으로 알려져 있다.

트래픽 모델의 두 번째 주요요소는 사용자의 수가 유한한 것으로 가정하느냐 아니면 무한한 것으로 가정하느냐 이다. 그림 A.1은 이러한 차이점을 보여주는 그림이다. **무한 트래픽원**을 가정하는 경우 평균 도착률을 고정된 값으로 가정하는 것이고, **유한 트래픽원**을 가정한다면 도착률은 미리 약정된 트래픽원의 수에 종속 관계를 갖게 될 것이다. 큐내의 사용자 총수를 L이라 할 때 호를 생성하는 각자의 도착률은 λ/L이다. 그리고, 셀이 완전히 비어 있는 상태일 때 도착률이 λ이다. 그러나, 시간 t에서 K 사용자가 점유되어 있다면, 그 시간의 순간 도착률은 $\lambda(L-K)/L$이다. 무한 트래픽원모델의 경우 분석하기가 좀더 용이하며 트래픽원의 수가 적어도 시스템 용량의 5～10배가 되어야 적합하다.

A.2 멀티서버 모델

자, 그러면 시스템 규모면에서 다양한 트래픽모델의 사용에 대해 살펴보자. 그림 A.1의 네 가지 모델에 대해 유도해 보고 가장 중요한 관계식은 표 A.1에 요약해 놓았다. 이들 수식은 다음과 같은 가정을 전제로 하여 가능하다.

- Poisson arrivals
- Exponential holding time (LCC와 같은 무한트래픽원 불필요)
- 트래픽원당 트래픽 정도는 동일함.
- 호들은 도착 순서대로 처리됨.

이들 가정에 관련하여 수식에는 긴 가산식이 포함되어 있음을 알 수 있다. 초기에는 트래픽 이론가들의 많은 경우에서 수식이 모두 계산되어질 수 있는 방향으로 가정을 단순화시키는 데 주력하였다. 그러한 노력의 결과들은 산술표로서 출간되었다(e.g.,[MART94]). 불행하게도 누군가의 가정이 산술표의 어느 것에도 맞지 않는 상황에서 유용한 산술표를 사용하려고 노력한다는 점이 문제였다. 이러한 문제는 컴퓨터의 사용으로 현재 많이 완화되었는데, 그럼에도 불구하고 산술표에 의한 결과들은 빠르고 개략적인 경우 아직도 유용하게 사용되고 있다.

표 A.1의 파라미터들 중에는 몇 가지 설명이 필요한데, LCC 시스템의 경우 P는 호 요청이 해제되거나 분실될 확률이다. 이는 전체 호요청에 대해 서비스를 제공받지 못한 호의 비율을

표 A.1 트래픽에 관한 공식

<table>
<tr><td>

(a) 무한 트래픽원, 손실호 폐기

$$P = \frac{\dfrac{A^N}{N!}}{\displaystyle\sum_{x=0}^{N} \frac{A^x}{x!}}$$

(b) 무한 트래픽원, 손실호 지연

$$P(>0) = \frac{\dfrac{A^N}{N!}\dfrac{N}{N-A}}{\displaystyle\sum_{x=0}^{N-1} \frac{A_x}{x!} + \frac{A^N}{N!}\frac{N}{N-A}}$$

$$P(>t) = P(>0)e^{-(N-A)t/h}$$

$$D_1 = P(>0)\frac{h}{N-A}$$

$$D_2 = \frac{h}{N-A}$$

$$P_2(>t) = e^{-(N-A)t/h}$$

</td><td>

(c) 유한 트래픽원, 손실호 폐기

$$P = \frac{\dbinom{L-1}{N} M^N}{\displaystyle\sum_{x=0}^{N} \binom{L-1}{x} M^x}$$

여기서

$$\binom{L-1}{x} = \frac{(L-1)!}{x!(L-1-x)!}$$

$$M = \frac{A}{L-A(1-P)}$$

(d) 유한 트래픽원, 손실호 지연

$$P(>0) = \frac{\displaystyle\sum_{x=N}^{L} \frac{L!}{N!} \frac{M^x}{(L-x)!N^{x-N}}}{\displaystyle\sum_{x=0}^{N-1} \binom{L}{x} M^x + \sum_{x=N}^{L} \frac{L!}{N!} \frac{M^x}{(L-x)!N^{x-N}}}$$

여기서

$$M = \frac{A}{L+1-A(1-P)} \approx \frac{A}{L+1-A}$$

</td></tr>
</table>

A = offered traffic, Erlangs
N = number of servers
L = number of sources
h = mean holding time
P = probability of loss (blocking, delay)

$P(>0)$ = Probability of delay greater than 0
$P(>t)$ = Probability of delay greater than t
$P_2(>t)$ = Probability of delay greater than t on calls delayed
D_1 = mean delay, all calls
D_2 = mean delay, delayed calls

말하며 전화 트래픽에서 이를 **grade of service**로 부르고 있다. LCD 시스템에서는 도착한 호가 삭제되는 것이 아니라 지연되는 것이다. 이 경우 $P(>0)$은 시스템이 완전히 사용중이라 호요청이 지연되어야만 하는 확률이다. 또 $P(>t)$는 호요청이 t보다 큰 경우에서 지연될 확률을 말한다. $P_2(>t)$는 지연되었던 호가 다시 t보다 큰 값에 의해 다시 재 지연될 확률이다.

무한 트래픽원, 손실호 폐기

이 경우는 10.1절에서 논의되었는데 언급했던 바와 같이 표 A.1(a)는 *Erlang B*에 따르는 것인데, 표 10.3은 *Erlang B* 표에서 추출한 것이다. 그림 A.2는 서버의 수와 그에 따른 부하, 손실확률에 대해 나타낸 그래프이다.

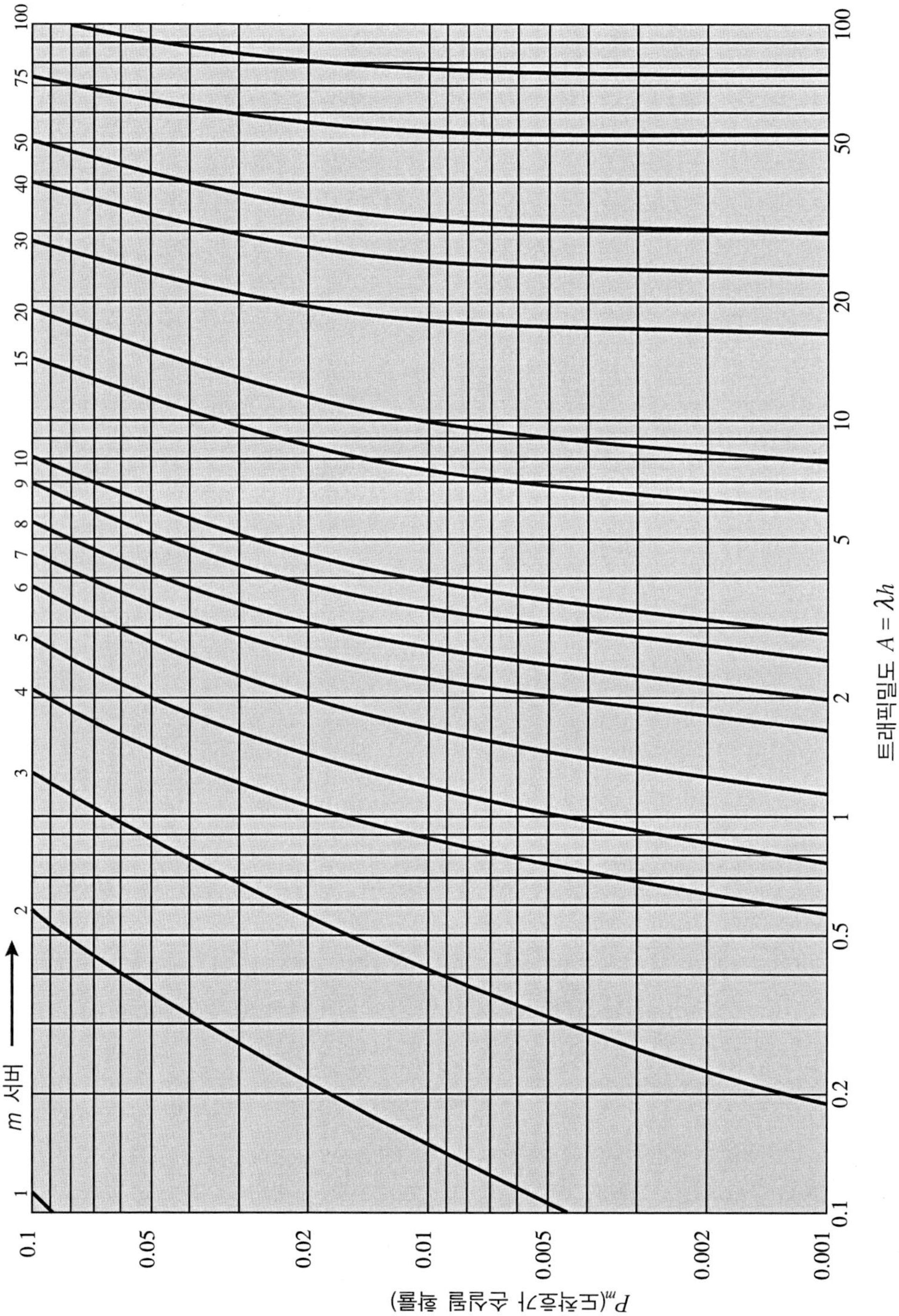

그림 A.2 무한 트래픽원 LCC 시스템의 손실확률

유한 트래픽원, 손실호 폐기

실제 트래픽원의 수는 유한하고 표 A.1(c)에 나타내었다. 이것은 파라미터 L 때문에 더욱 복잡한 식이며, 산술표는 *Erlang B*보다도 더 다루기 힘들다. 많은 경우 유한 트래픽원의 가정이 충족될 것이다.

유한과 무한 트래픽원 가정 사이에서 차이에 대한 적정값을 구하기 위해 두 개의 시스템을 비교해보자. 하나는 호출률 λ를 갖는 무한 트래픽원이고, 다른 하나는 λ/L의 트래픽원당 호출률을 갖는 유한 트래픽원이다.

$$A_\infty = \lambda h$$

$$A_L = \frac{\lambda}{L}(L - K)\,h$$

$$= \lambda h\left(1 - \frac{K}{L}\right) \geq \lambda h\left(1 - \frac{N}{L}\right)$$

여기서,

A_∞ = 무한 트래픽원에서 제공된 트래픽

A_L = L 트래픽원에서 제공된 트래픽

K = 호에서 약속된 트래픽원의 수

를 말한다.

약속된 트래픽원의 수가 시스템의 총 용량 N을 초과할 수 없다는 부등식 결과를 얻을 수 있다.

$$A_\infty > A_L \geq A_\infty\left(1 - \frac{N}{L}\right)$$

위 식에서 L이 N보다 매우 크다면 A_∞는 A_L의 근사 값이 된다.

이러한 결론은 표 A.2에 의해 확인가능한데, 이 표는 트래픽원이 용량에 비해서 큰 값인 경우 유효용량이 무한 트래픽원의 값에 접근한다는 것을 보여주고 있다. 손실확률이 낮아짐에 따라 근사값에 정확하게 접근됨을 알 수 있으며, 표 A.2를 통해 유한시스템의 손실확률이 무한 트래픽원을 갖는 비슷한 시스템에 대한 경우보다 항상 작음을 추론해낼 수 있다. 그러므로 무한 트래픽원모델은 정량에 대한 보수적인 평가치를 제공한다.

손실호 지연

큐잉이 허락된다면 설계자는 스위치 블록특성보다는 지연특성에 더 관심을 기울일 것이다. 표 A.1(b)는 무한 트래픽원에 대한 몇 가지 수식을 보여주고 있다(LCD). 설계자는 주어진 값보다 큰 지연확률 또는 평균지연값 등 지연확률(Erlang C 수식)에 관심을 가질 것이다.

주어진 값보다 큰 지연확률, 주어진 모든 호의 평균지연 등 지연확률은 A와 N의 복잡한 함

표 A.2 유뮤한 트래픽원의 손실호 폐기 (서버수 = 10)

	제공 부하(어랑)		
트래픽원의 수	$p = 0.005$	$p = 0.01$	$p = 0.05$
∞	2.8	4.46	6.22
50	4.16	4.64	6.4
25	4.6	5.1	6.81
20	4.81	5.32	7.06
15	5.27	5.78	7.41
12	5.97	6.47	8.02
10	10	10	10

수로 나타내는데, 이는 컴퓨터나 적당한 산술표를 이용해야만 풀 수 있다. 다행히도 지연된 호에 대한 평균지연이나 지연확률은 쉽게 계산된다.

표 A.1(d)는 유한 트래픽원 LCD에 대한 수식을 보여주며, 이것이 분석하기에 가장 복잡한 식이다.

Example A.1

만약 1분 이상 대기하는 지연된 호의 비율이 10%를 초과하지 않는다면 1000 초의 평균유지시간을 갖고 1500용량의 스위치에 걸릴 수 있는 부하값은 얼마인가? 즉, $N = 1500$, $h = 1000$, $t = 60$, $P_2(>60) = 0.1$이다.

$$\ln(0.1) = -(1500 - A) \times (0.06)$$

A를 구하면 $A = 1462$이다. 그러므로, 이들 요구조건에 맞춰보면 시스템에서의 부하는 총 용량에 가까워진다.

Example A.2

이 예제는 그림 A.3을 이용해야 하는데, 이 그림은 무한 트래픽원 LCD의 지연확률을 보여주는 그림이다. 용량은 20이고 호의 평균유지시간이 5분인 스위치를 생각해보자. 만약 시스템에 걸리는 부하가 16 Erlangs이라면, 2.5 분 이상 지연될 수 있는 모든 호의 비율은 얼마인가? 우선 모든 호가 지연될 비율이 필요한데 그림 A.3에서 $A = 16$이고 $N = 20$인 경우 $P(>0)$는 거의 0.25이다. 그리고

$$\begin{aligned} P(>150) &= P(>0) \times e^{-(N-A)t/h} \\ &= 0.25 \times e^{-(20-16)(150/300)} \\ &= 0.03 \end{aligned}$$

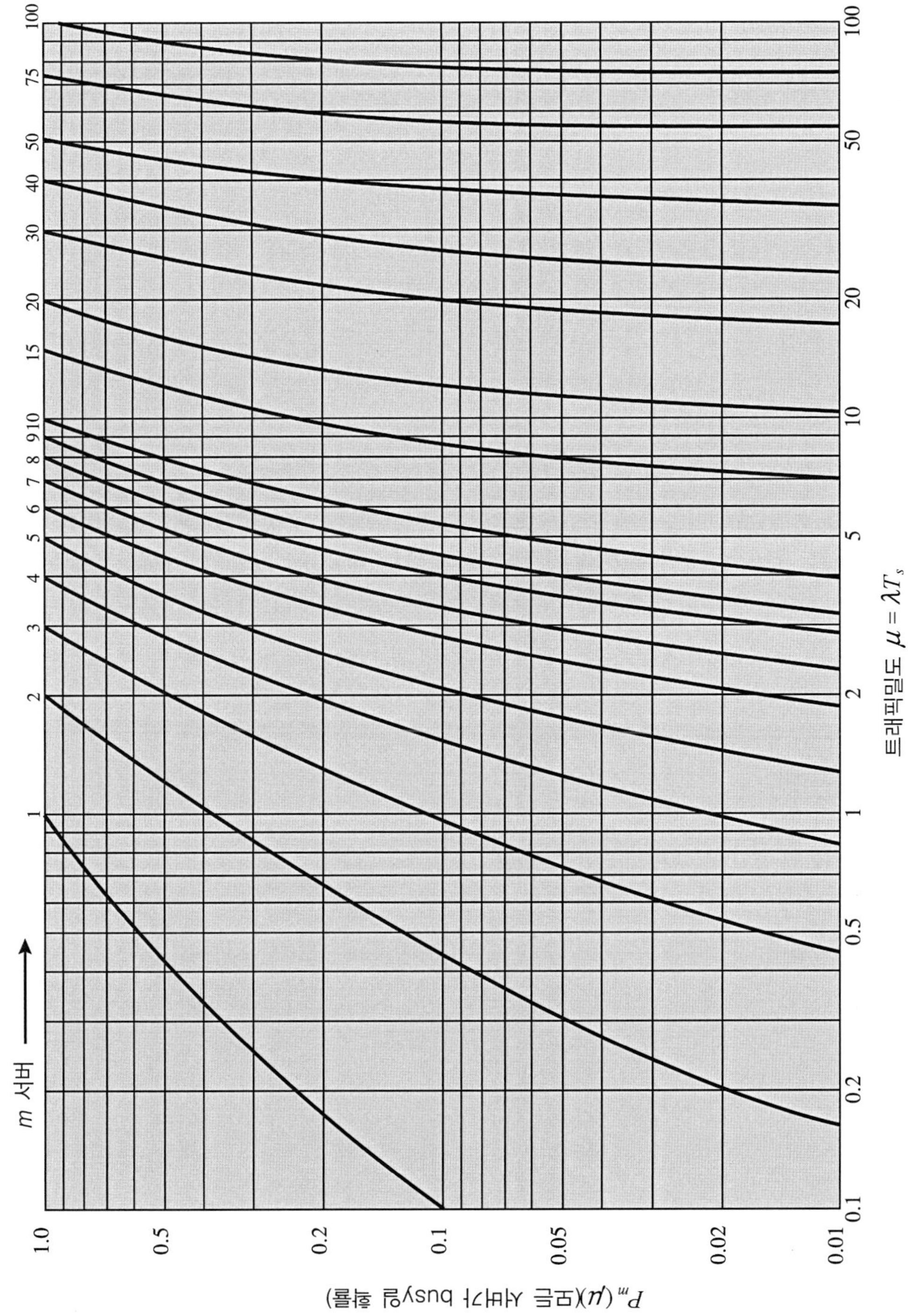

그림 A.3 무한 트래픽원 LCD 시스템의 지연확률

지연호의 평균지연값은 $h/(N-A) = 75$ s이다. 모든 호에 대한 평균 지연값은 $P(>0) \times 75 = 18.75$ s이다.

요약

산술표나 컴퓨터 프로그램을 이용하여 표 A.1의 방정식은 다양한 방식으로 사용될 수 있다. 무한 트래픽원 LCC에 대해 세 개의 변수가 있는데 P, N, A(λ와 h)로부터 결정된다. 두 변수는 주어지는 것이고, 하나는 유도된다. 예제의 질문은 다음과 같다.

- N에 대한 P의 측정값이 주어지면 P를 주어진 수준까지 낮추기 위해 N은 얼마나 증가되어야 하는가?
- λ, h와 P에 대한 요구값이 주어지면 용량(N)은 얼마나 필요한가?

무한 트래픽원 LCD에 대해서는 지연의 부가적 파라미터가 추가된다. 앞에서와 같이 $P(>0)$, N, A 변수 가운데 두 가지는 주어지고 하나는 구해진다. D를 결정하기 위해서는 h를 반드시 알아야만 한다.

똑같은 고려사항이 유한 트래픽원의 경우(LCC와 LCD)에도 적용된다. 유한 트래픽원에 대해서도 고정값 L이 사용되고 같은 유형의 질문이 주어질 수 있다.

A.3 참고문헌

큐잉이론에 관한 본 부록에 관련된 개념의 유용하고 실질적인 참고 내용이 [GUNT00]에 수록되어 있다.

GUNT00 Gunther, N. *The Practical Performance Analyst*. Lincoln, NE: Authors Choice Press, 2000.

APPENDIX B 푸리에 해석

communications networks

이번 부록에서는 푸리에 해석의 주요 개념에 대한 개요를 제공한다.

B.1 주기적 신호의 푸리에 급수 표현

적분으로 신호의 주파수 도메인 영역을 구하는 것이 간단하고도 중요한 임무인데 우선 주기적인 신호를 생각해보자. 주기성을 갖는 신호는 푸리에 급수로 알려진 사인곡선들의 합으로 표현될 수 있다.[1]

$$x(t) = \frac{A_0}{2} + \sum_{n=1}^{\infty}[A_n\cos(2\pi nf_0t) + B_n\sin(2\pi nf_0t)]$$

여기서 f_0 는 신호의 주기의 역이다($f_0 = 1/T$). 또 주파수 f_0는 **기본 주파수** 또는 **기본 하모닉**이라 하며, f_0의 정수배가 되는 것을 **하모닉스**, 즉 고조파라 한다. 그러므로 주기 T의 주기 신호는 기본 주파수 $f_0 = 1/T$ 에 그 주파수값의 정수배씩 더한 값이다. 만약 $A_0 \neq 0$이면 $x(t)$는 ***dc* 성분**을 갖는다고 한다.

푸리에 급수 계수값은 다음과 같이 계산된다.

$$A_0 = \frac{2}{T}\int_0^T x(t)\,dt$$

$$A_n = \frac{2}{T}\int_0^T x(t)\cos(2\pi nf_0t)\,dt$$

$$B_n = \frac{2}{T}\int_0^T x(t)\sin(2\pi nf_0t)\,dt$$

사인-코사인표현으로 알려져 있는 이 표현방법은 계산하기에 가장 쉬운 형태이지만 각 주파수마다 두 요소가 있다는 사실이 문제이다. 진폭-위상표현과 같은 좀더 의미 있는 표현은 다음 식과 같다.

$$x(t) = \frac{C_0}{2} + \sum_{n=1}^{\infty}C_n\cos(2\pi nf_0t + \theta_n)$$

이들 계수는 앞의 수식과 다음 관계를 갖는다.

$$C_0 = A_0$$

$$C_n = \sqrt{A_n^2 + B_n^2}$$

$$\theta_n = \tan^{-1}\left(\frac{-B_n}{A_n}\right)$$

주기를 갖는 신호에 대한 푸리에 급수의 예제는 그림 B.1에서 보인바와 같다.

1. 수학가들은 통상 변수 w_0를 이용하여 푸리에 급수 및 변환을 표현한다. 이 변수는 초당 라디안의 차원으로, $w_0 = 2\pi f_0$이다. 물리나 공학분야에서는 w_0의 표현보다는 Hz의 값을 갖는 주파수 f_0를 이용하여 공식을 더 간단히 표현하고 있다.

신호	푸리에 급수
Square wave 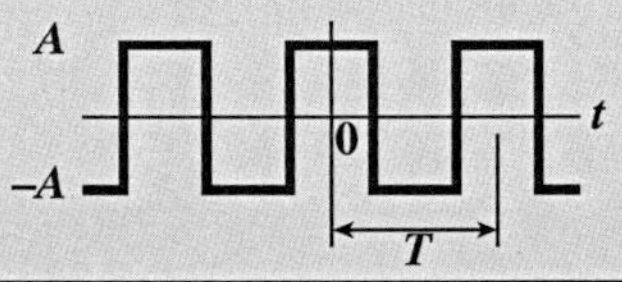	$(4A/\pi) \times [\cos(2\pi f_1 t) - (1/3)\cos(2\pi(3f_1)t) + (1/5)\cos(2\pi(5f_1)t) - (1/7)\cos(2\pi(7f_1)t) + \ldots]$
Triangular wave 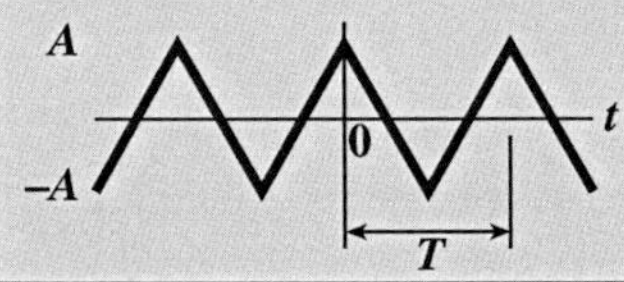	$C_0 = 0$ $C_n = 0$ for n even $C_n = 8A/(n\pi)^2$ for n odd
Sawtooth wave 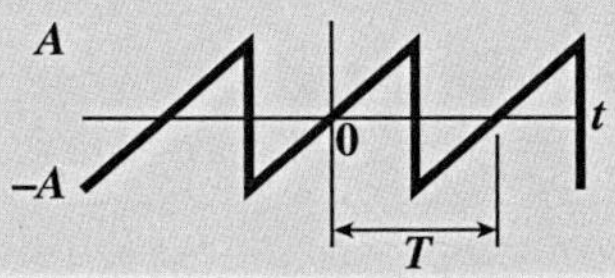	$A_0 = 0$ $A_n = 0$ for n even $B_n = -(-1)^{(n)} \times (2A/\pi n)$
Half-wave rectified cosine 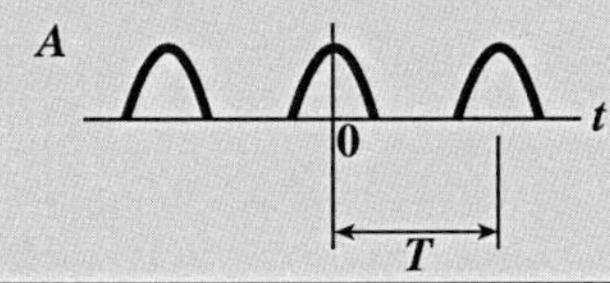	$C_0 = 2A/\pi$ $C_n = 0$ for n odd $C_n = (2A/\pi) \times (-1)^{(1+n/2)} \times (2/(n^2 - 1))$ for n even
Full-wave rectified cosine 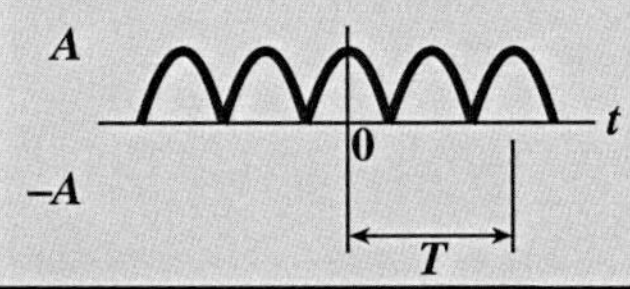	$C_0 = 4A/\pi$ $C_n = (4A/\pi) \times (-1)^n \times (1/(4n^2 - 1))$
Pulse train 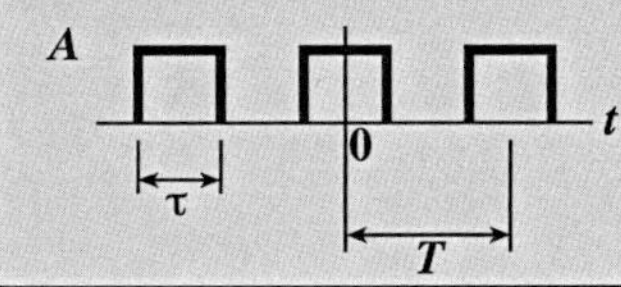	$C_n = (2A\tau/T) \times (\sin(n\pi\tau/T)/(n\pi\tau/T))$

그림 B.1 공통 주기 신호와 푸리에 급수 계수값

B.2 비주기 신호의 푸리에 변환 표현

주기 신호에 대해 기본 주파수와 하모닉에서 이산 주파수요소로 그 스펙트럼이 구성됨을 보았다. 비주기 신호에 대해 스펙트럼은 연속 주파수로 구성된다. 이러한 스펙트럼은 변환으로 정의될 수 있다. 스펙트럼 $X(f)$를 갖는 신호 $x(t)$에 대해 다음 관계가 유지된다.

$$x(t) = \int_{-\infty}^{\infty} X(f)\, e^{j2\pi ft}\, df$$

$$X(f) = \int_{-\infty}^{\infty} x(t)\, e^{-j2\pi ft}\, dt$$

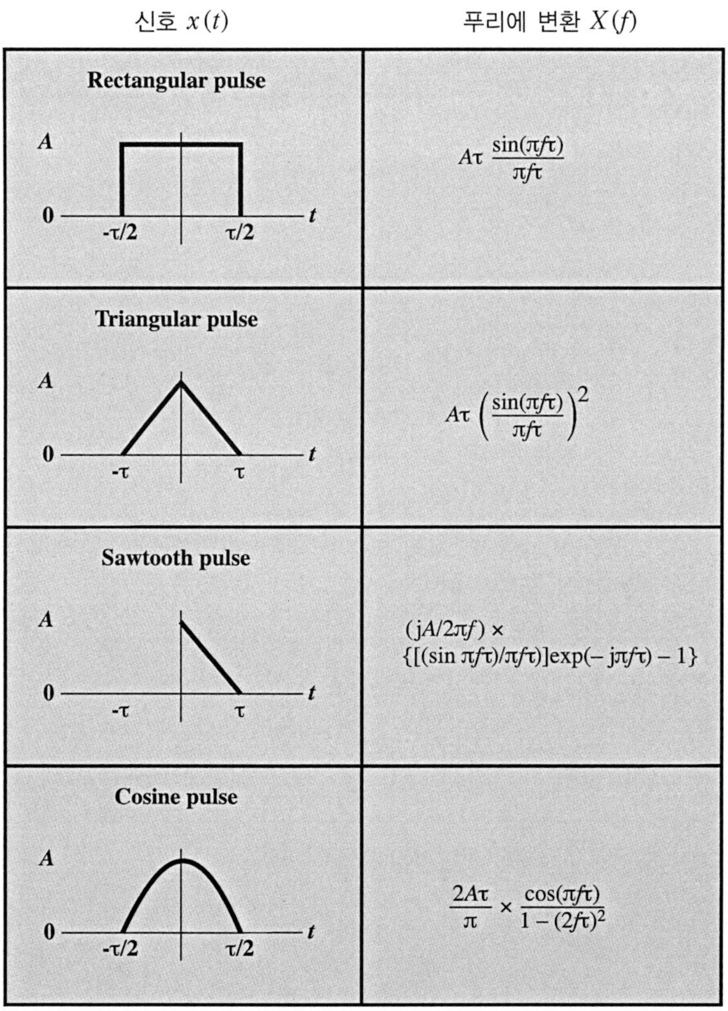

그림 B.2 공통 비주기 신호와 푸리에 변환 예

여기서 $j = \sqrt{-1}$이다. 편의상 허수가 존재한다고 가정해야 하며, 이 허수요소는 파형의 위상에 따라 동작된다. 그러나, 이에 대한 상세한 내용을 다룬다는 것은 이 책의 범위를 넘어선 것이다.

그림 B.2는 푸리에 변환 쌍의 예제를 보여주는 그림이다.

전력 스펙트럼 밀도와 대역폭

시간적으로 제한된 신호의 절대 대역폭은 무한하다. 그러나, 실제로는 신호에서 대부분의 전력은 유한 대역에 집중된다. 그리고 유효 대역폭은 대부분의 전력을 포함하고 있는 스펙트럼으로 구성된다. 이러한 개념을 명확히 하기 위해서는 우선 전력 스펙트럼밀도(PSD)를 정의할 필요가 있다. 본질적으로 PSD는 다양한 주파수 대역상에 얼마만큼의 전력이 존재하는가를 보여주기 위해 신호의 전력항목을 주파수함수로서 표현한다.

첫째로 시간 영역에서 전력을 관찰한다. 함수 $x(t)$는 항상 전압이나 전류항목으로 신호를 명기한다. 이러한 경우 신호의 순간전력은 $|x(t)|^2$에 비례한다. 시간제한 신호의 평균전력은 다음과 같이 정의한다.

$$P = \frac{1}{t_1 - t_2}\int_{t_1}^{t_2} |x(t)|^2 dt$$

주기 신호에서 한 주기 동안의 평균전력은

$$P = \frac{1}{T}\int_{0}^{T} |x(t)|^2 dt$$

이다.

전력의 분포를 주파수함수로서 나타내야 하는데, 주기 신호에 대해 이는 지수적 푸리에 급수 계수항목으로 쉽게 표현될 수 있다. 전력스펙트럼 밀도 $S(f)$는

$$S(f) = \sum_{n=-\infty}^{\infty} |C_n|^2 \delta(f - nf_0)$$

이고, 여기서 $f_0 = 1/T$이고, 푸리에 급수의 C_n은 진폭-위상 표현식에서의 계수이다. 그리고, $\delta(t)$는 임펄스 함수로서 다음과 같다.

$$\delta(t) = \begin{cases} 0 & \text{if } t \neq 0 \\ \infty & \text{if } t = 0 \end{cases}$$

$$\int_{-\infty}^{\infty} \delta(t)\, dt = 1$$

비주기적 함수에 대한 전력스펙트럼 밀도 $S(f)$는 정의하기가 매우 어렵다. 본질적으로 이는 주기 T_0를 정의하고, T_0가 제한 없이 증가되는 것이 허용된다면 정의가 가능할 것이다.

연속된 값의 함수인 $S(f)$에 대해 주파수 $f_1 < f < f_2$ 대역 내에 포함된 전력은

$$P = 2\int_{f_1}^{f_2} S(f)\, df$$

이다.

주기적 파형에 대한 첫 j 하모닉을 통한 전력은

$$P = \frac{1}{4}C_0^2 + \frac{1}{2}\sum_{n=1}^{j} C_n^2$$

이다.

이러한 개념을 이용하면 반 전력 대역폭(half−power bandwidth)을 정의할 수 있고, 이것이 아마도 가장 공통적인 대역폭 정의가 될 것이다. 반전력 대역폭이란 $S(f)$가 전력 최대치보다 절반으로 떨어질 때 또는 피크값보다 3 dB 떨어질 때의 주파수 간격을 의미한다.

B.3 참고문헌

대단히 바람직한 푸리에 시리즈와 푸리에 변환이 [JAME95]이 있다. 이와 관련된 철저한 내용의 서적은 [KAMM00]이다.

JAME01 James, J. *A Student's Guide to Fourier Transforms*. Cambridge, England: Cambridge University Press, 2001.

KAMM00 Kammler, D. *A First Course in Fourier Analysis*. Upper Saddle River, NJ: Prentice Hall, 2000.

APPENDIX C

데이터링크 제어 프로토콜

C.1 HDLC

HDLC 프레임구조
HDLC 동작

communications networks

이 책 전체를 통해 프로토콜 구조 중 한 부분인 데이터링크 제어 프로토콜의 사용에 대해 여러 차례 다루어왔다. 데이터링크 제어 프로토콜 중에서 가장 중요한 기술은 8.4절에서 논의한 바 있는 ARQ(Automatic Repeat Request)를 이용한 에러제어 기법이다.

이 부록에서는 데이터링크 제어 프로토콜 중 가장 널리 사용되고 있는 HDLC를 살펴보자.

C.1 HDLC

가장 중요한 데이터링크 프로토콜은 HDLC(ISO 3009, ISO 4335)이다. HDLC(High-level Data Link Control)는 널리 사용되었을 뿐만 아니라 많은 다른 중요 데이터링크 제어 프로토콜의 기초가 되어 다른 프로토콜에서 사용되고 있다.

HDLC 프레임구조

HDLC를 설명할 때 가장 좋은 방법은 아마도 프레임구조를 먼저 살펴보는 것이 가장 좋은 방법이다. HDLC 동작 중에는 두 연결 스테이션(주국과 보조국) 간에 두 종류의 정보를 교환하는 일이 포함되어 있다. 첫번째는 HDLC가 사용자 데이터를 상위 계층의 소프트웨어에서 받아 상대편으로 전달해 주고, 상대편 HDLC가 사용자 데이터를 받아 자신의 상위 계층 소프트웨어로 전달해주는 것이다. 두번째는 두 HDLC 모듈이 제어정보를 서로 교환해야만 한다는 것이다. 이를 통해 흐름제어, 에러제어, 기타 제어기능이 수행된다. 이러한 정보들은 프레임이란 형태로 교환되며 사용자 데이터와 다양한 제어정보에 대해 특별히 구성된다.

그림 C.1은 HDLC 프레임의 구성으로 다음과 같은 필드를 가진다.

- **Flag:** 동기화에 사용되며, 프레임의 시작과 끝에 위치하고 항상 01111110으로 나타난다.
- **Address:** 이 전송의 보조국 주소를 나타내며 동보 전송라인의 경우에도 주국은 다수의 보조국 중 하나를 선택하여 전송해야 하며, 다수의 보조국 중 하나가 주국 쪽으로 데이터를 전송하여야만 한다. 이 필드는 8비트 길이이며, 확장가능하다(그림 C.1(b)).
- **Control:** 프레임의 목적이나 기능을 분류 표시하는 필드로 후에 다시 설명한다.
- **Information:** 전송될 사용자 데이터가 포함된다.
- **Frame Check Sequence:** 16 또는 32 CRC를 에러제어를 위해 포함한다.

HDLC는 세 종류의 프레임을 사용하는데, 각각 다른 제어필드유형을 갖고 있다. 정보 프레임(I frame)은 사용자가 전송을 원하는 사용자 데이터를 운반하는 프레임이다. 부가적으로, 정보 프레임은 흐름제어나 에러제어를 위한 제어정보를 추가로 포함한다. 관리자 프레임(S frame)은 흐름제어나 에러제어와 관련된 또 다른 수단을 제공하는 프레임이다. 마지막으로 비번호 프레임(U frame)이 링크제어기능을 제공하기 위해 사용된다.

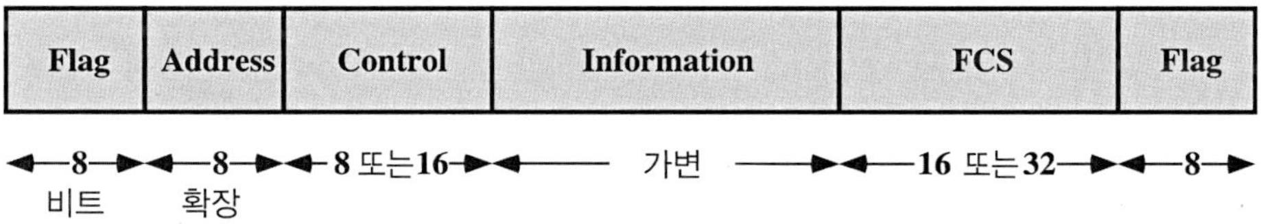

(a) 프레임 포맷

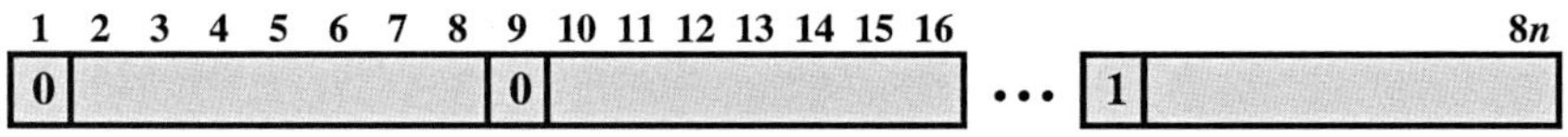

(b) 확장 주소필드

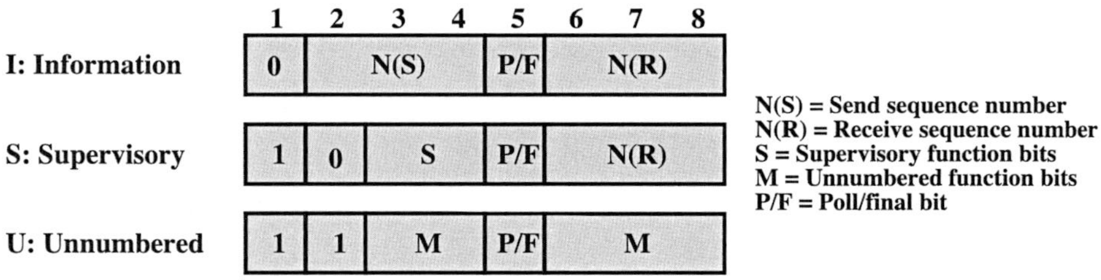

(c) 8비트 제어필드 포맷

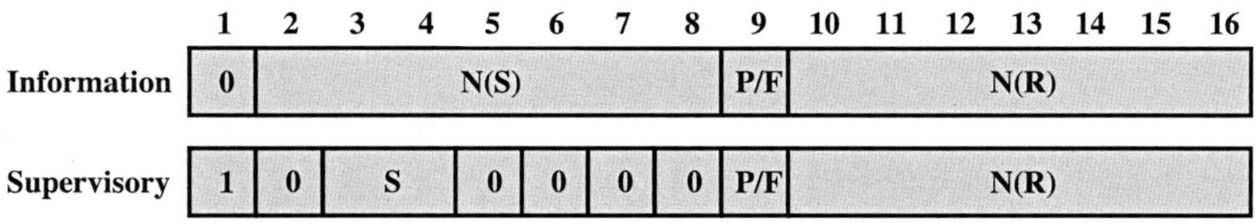

(d) 16비트 제어필드 포맷

그림 C.1 HDLC 프레임구조

제어필드의 1~2비트는 프레임의 유형을 표시해주는 비트이다. 나머지 비트들은 그림 C.1(c)나 C.1(d)에서와 같이 구성된다. 각각의 사용은 다음 HDLC 동작에서 설명한다. 무엇보다 S와 I 프레임의 제어 필드에서 3비트짜리 번호열을 기본적으로 사용하고 있음을 주목해야 한다. set-mode 명령을 사용하는 경우에는 확장형 제어필드에서 7비트짜리 번호열이 사용될 수도 있다.

제어필드는 항상 프레임의 종류와 무관하게 poll/final(P/F) 비트를 포함하고 있다. 이는 경우에 따라 다르게 사용되는데, 우선 명령프레임인 경우에는 P bit를 의미하며 값이 1인 경우 HDLC 스테이션들의 응답 프레임을 요청하는 것을 의미한다. 그리고, 응답 프레임인 경우 이 비트는 F bit를 의미하며, 1인 경우 요구명령에 대한 결과로 전송되는 응답 프레임이란 것을 알려준다.

HDLC 동작

HDLC의 동작은 두 스테이션간에 I 프레임, S 프레임, U 프레임을 교환하면서 이루어진다. 다양한 명령과 응답은 표 C.1과 같이 정의되어 있다. HDLC 동작을 설명할 때 이들 세 가지 유형의 프레임에 대해 설명한다.

HDLC의 동작은 세 가지 단계가 있는데, 첫 번째 단계는 프레임이 순차적으로 교환될 수 있도록 두 스테이션 중 한 곳에서 데이터 링크를 초기화하는 단계이다. 이 단계에서 사용되는 옵션들은 약정된 것들이다. 다음으로 초기화 후에는 두 스테이션간에 사용자 데이터나 제어 정보가 교환되는 단계이다. 마지막은 두 스테이션 중 한쪽에서 동작의 종료를 위해 신호를 보내는 것이다.

초기화

두 스테이션 중 어느 쪽에서든 set 모드 커맨드 중 하나를 이용하여 초기화를 요청할 수 있다. 이 명령은 다음 세 가지 목적에서 사용된다.

1. 상대편에 초기화를 요청하는 신호이다.
2. 세 가지 모드 중 요청되는 것을 결정하는데, 한쪽이 프라이머리로 교환을 제어하는 역할을 할 것인가 아니면 양쪽이 대등하게 교환을 위해 협력하는 방식으로 할 것인가를 이 모드들이 결정하는 것이다.
3. 3 또는 7비트 길이의 순차번호 비트열이 있는데, 이 중 어느 것을 사용할 것인지를 결정한다.

만약 반대편에서 이 요청을 받는다면, 수신측의 HDLC 모듈은 비번호 응답(UA) 프레임을 송신측으로 전송한다. 만약 요청이 거절된다면 단절모드(DM) 프레임이 전송된다.

데이터 전송

초기화가 요청되고 수용되면 논리적 연결이 수립된다. 양측은 사용자 데이터를 I 프레임으로 전송하기 시작하는데, 순차번호는 0부터 시작된다. I 프레임의 N(S)와 N(R)은 흐름제어와 에러제어를 위해 필요하다. HDLC 모듈은 3비트 번호를 사용하느냐 아니면 7비트 번호를 사용하느냐에 따라 각각 모듈로 8 또는 128의 순차번호를 N(S) 자리에 넣어 전송한다. N(R)

표 C.1 HDLC 명령과 응답

이 름	명령(C)/응답(R)	설 명
Information (I)	C/R	사용자 데이터 교환
Supervisory (S)		
(RR)	C/R	긍정 응답, I 프레임 수신 가능
(RNR)	C/R	긍정 응답, I 프레임 수신 불가능
(REJ)	C/R	부정 응답, go back N
(SREJ)	C/R	부정 응답, 선택적 거절
Unnumbered (U)		
(SNRM/SNRME)	C	모든 set 명령(7 비트 확장 순서번호)
(SARM/SARME)	C	모든 set 명령(7 비트 확장 순서번호)
(SABM/SABME)	C	모든 set 명령(7 비트 확장 순서번호)
(SIM)	C	주소로 지정된 스테이션 초기화 명령
(DISC)	C	논리 링크 연결 종료 명령
(UA)	R	모드 set에 대한 긍정의 수락 응답
(DM)	R	응답 스테이션이 비연결 상태임
(RD)	R	DISC 요청
(RIM)	R	SIM 요청(초기화가 필요함)
(UI)	C/R	제어 정보 교환에 사용
(UP)	C	제어 정보 요청에 사용
(RSET)	C	복구에 사용(N(R), N(S) 초기화)
(XID)	C/R	상태에 대한 요청이나 보고에 사용
(TEST)	C/R	테스트용 정보 교환
(FRMR)	R	수락할 수 없는 프레임을 수신했음을 보고

은 수신한 I 프레임에 대한 긍정응답이 되는데, 이는 다음에 수신하고자 바라는 I 프레임번호를 의미한다.

S 프레임은 흐름제어와 에러제어를 위해 사용된다. RR 프레임은 기대하는 다음 I 프레임을 가리키기 위해 수신한 직전 I 프레임에 대해 긍정응답으로 사용되는데, 이 RR은 긍정응답을 전달할 수 있는 반대방향의 사용자 데이터 트래픽이 존재하지 않는 경우에 사용된다. RR과 마찬가지로 RNR도 응답으로 사용되는데, 이는 I 프레임 전송을 중지할 것을 요청하는 것이다. RNR을 보냈던 스테이션이 다시 준비상태가 되면 RR을 보낸다. REJ는 go-back-N ARQ를 시작시킨다. 이는 수신한 마지막 I 프레임이 거절되었고 N(R)번호부터 모든 I 프레임에 대한 재전송이 요청된다는 것을 의미한다. SREJ는 단순히 하나의 프레임에 대해서만 재전송을 요청할 때 사용된다.

연결종료

어느 쪽 HDLC 모듈이든지 연결종료요청을 할 수 있는데, 결함이 발생하거나 상위 계층의 사용자요청에 의해 만들어진다. HDLC는 DISC 프레임을 전송하여 연결종료를 요청한다. 상대편은 UA로 응답함으로써 연결종료에 대해 수락해야 한다.

동작 예제

그림 C.2에는 HDLC 동작을 이해할 수 있도록 몇 가지 사례들이 소개되고 있다. 예제에서 보면 각 화살표는 프레임 이름, P/F 비트 그리고 N(R)과 N(S) 값을 포함하여 설명된다. P/F 비트는 지시될 때는 1 아니면 0으로 세트된다.

그림 C.2(a)는 링크의 설정과 종료를 포함하는 프레임을 보여준다. HDLC 스테이션은 한 쪽에서 반대쪽으로 SABM 명령을 보내고 타이머를 시작시킨다.[1] SABM을 수신한 반대편은 UA 응답을 송신하고 변수나 카운터값을 초기화시킨다. 초기화를 요청한 스테이션은 UA 응답을 수신하고, 변수나 카운터를 세트하고 타이머를 중지시킨다. 논리적 연결이 활성화되고, 양쪽에서 프레임의 전송을 시작한다. 응답이 없이 타이머 시간이 만료될 수 있는데, 이 경우 송신측은 SABM을 반복해서 전송한다. UA나 DM이 수신되거나, 정해놓은 재 전송횟수가 소진되어 포기하고 고장을 관리자 개체에 보고하는 경우 이러한 반복은 중단된다. 이러한 경우 상위 계층의 중재가 필수적인데 그림 C.2(a)에 연결종료절차도 함께 보여 주고 있다. 한 쪽에서 DISC 명령어를 보내면 상대쪽은 UA로 응답한다.

그림 C.2(b)는 I 프레임의 전이중 방식교환을 보여준다. 수신데이터가 없이 I 프레임을 여러 개 전송할 때, 수신 번호 N(R)은 계속 같은 값으로 반복된다(예, A→B 방향 I, 1, 1; I, 2, 1). 또한 개체가 송신 없이 I 프레임을 계속 수신하게 되면, 수신번호는 증가하게 된다(예, B→A 방향 I, 1, 3). I 프레임 이외에 감시프레임에 의해서도 데이터가 교환됨을 유의하자.

그림 C.2(c)는 busy 상태를 포함하는 동작을 보여준다. 이러한 경우는 I 프레임이 도착하는 속도만큼 빨리 HDLC 개체가 그 데이터를 처리할 수 없고 또 사용자가 그 데이터를 주어진 시간 안에 빠르게 처리할 수 없기 때문에 발생한다. 이 경우 HDLC 개체의 수신버퍼는 가득 차게 되고 RNR 명령을 이용하여 I 프레임의 인입 흐름을 중단시켜야 한다. 예에서 스테이션 A가 RNR을 보내면 반대편은 I 프레임의 전송을 중단해야 한다. RNR을 수신한 스테이션은 P비트를 세트시킨 RR을 전송하여 주기적으로 활성화된 스테이션을 폴링한다. 이에 대해 상태는 RR이나 RNR로 응답한다. 활성화상태가 해소되면 A는 RR을 보내고 B는 I 프레임 전송을 비로소 계속할 수 있다.

1. SABM(Set Asynchronous Balanced Mode)에 대한 설명이다. SABM 명령은 교환을 시작하기 위한 요청이다. ABM 용어 의미가 전송모드를 가리킨다.

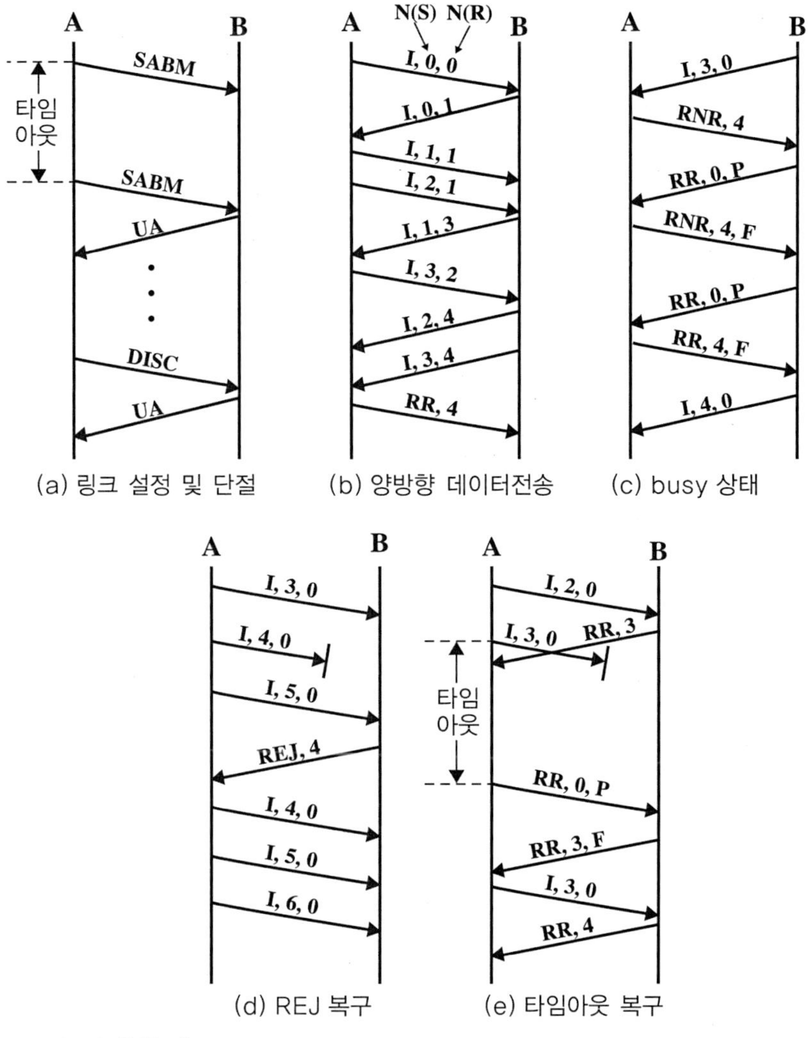

그림 C.2 HDLC 동작 예

그림 C.2(d)는 REJ 명령을 이용하여 에러를 복구하는 과정을 보여주는 예제인데 A는 3, 4, 5번의 I 프레임을 전송하는데, 프레임4에서 에러가 발생했다고 가정한다. 이때 에러를 검출한 B는 프레임을 폐기한다. 즉, B측이 I 프레임 5를 수신했을 때 그 프레임이 순서에 맞지 않는 번호를 가지고 있으므로 그 프레임은 폐기하고 N(R)을 4로 하여 REJ를 송신한다. 이로 인해 A는 프레임 번호 4부터 모든 I 프레임에 대해 재전송이 시작된다. 재전송프레임 뒤에 다른 프레임의 전송이 계속 이어진다.

그림 C.2(e)에서는 타임아웃을 이용한 에러복구 과정을 보여준다. 예에서 A는 N(S)번호가 3인 I 프레임을 전송하였으나 에러가 발생하였다. B에서는 에러를 검출하고 그 프레임을 폐기하였지만 REJ를 보낼 수 없었다. 이유는 이것이 I 프레임이었는지 알 수 있는 방법이 없기 때문이다. 만약 프레임 내에 에러가 검출되었다면 그 프레임의 모든 비트는 의심받게 되고, 수신측에서는 그에 대해 어떤 행동도 할 수 없다. 그러나, A는 프레임이 전송되고 그에 대한 응답이 돌아올 수 있을 만큼의 크기로 주어진다. 따라서 타이머가 만료되면 A는 복구과정을 시작한다. 이는 P비트를 세트하여 RR 명령을 상대에게 보내는 폴링방법으로 수행되며, 상대편의 상태를 검출하는 과정이다. 폴은 응답을 요구하는 것이기 때문에 개체는 N(R)이 포함된 프레임을 수신하게 될 것이므로 계속 진행할 수 있는 것이다. 예에서는 응답에서 프레임 3이 분실된 것으로 되어 있으므로 A는 재전송할 것이다.

이 예제가 모든 내용을 보여주는 것은 아니지만 독자들이 HDLC의 행동을 어느 정도는 잘 이해할 수 있도록 도와 줄 것이다.

용어해설

Amplitude modulation (진폭 변조) 반송파의 진폭이 변조 신호의 특성에 따라 가변되는 변조방식

Amplitude-shift keying (진폭 편이 변조) 이진값이 반송 주파수의 두 가지 다른 진폭으로 표시되는 변조

Analog data (아날로그 데이터) 연속적으로 변하고 그 양이 데이터나 데이터 함수에 비례하는 값을 가지고 물리적인 양으로 표현되는 데이터

Analog signal (아날로그 신호) 다양한 매체를 통해 전파되는 연속적으로 변화되는 전자기파

Analog transmission (아날로그 전송) 아날로그 신호의 전송으로 신호가 증폭은 되지만 중간에 데이터 복원을 위한 조치는 없다.

Angle modulation (각도 변조) 사인파의 각도를 변화시키는 변조이며, 위상 변조나 주파수 변조는 이 각도 변조의 특별한 형태이다.

Antenna (안테나) 전자기파를 방사하거나 수신하도록 설계된 전송 또는 수신 시스템의 한 부분

Attenuation (감쇠) 신호의 이동거리 증가 등에 따른 신호 세기의 감소 현상

Aperiodic (비주기적) 비주기적 신호나 함수

Application layer (응용 계층) OSI 참조 모델 중 최상위 계층으로 사용자와 시스템의 인터페이스를 제공한다.

Asynchronous transfer mode (ATM) 셀이라 부르는 고정길이 패킷의 형태로 전송하는 방식

Atmospheric absorption (대기 흡수) 라디오파가 전송되면서 대기 중에 흡어져 에너지가 손실되는 현상

Automatic repeat request (ARQ) 전송에러가 검출되었을 때 자동적으로 재전송 요청을 보내는 기능

Bandwidth (대역폭) 상하한 주파수간의 간격

Bit error rate (비트 에러율) 전송된 비트가 에러로 수신될 확률

Block error correction code (블록 오류 정정 코드) FEC 부호화를 사용한 **부호어**로서 데이터의 k-bit 블록이 n-bit 블록으로 매핑된다($n > k$).

Broadband (광대역)　데이터 통신에서 일반적으로 2 Mbps 이상의 데이터율을 사용자에게 제공하는 시스템

Burst error (버스트 에러)　첫 비트와 마지막 비트, 중간의 어느 비트든지 *B* 비트만큼 연속적으로 에러로 수신되는 것

Carrier frequency (반송 주파수)　정보를 운반하는 2차 신호로 변조될 수 있는 연속 주파수

Cell relay (셀 교환)　셀이라 부르는 고정 길이 패킷에 사용되는 패킷 스위칭 기술이며, ATM은 이 셀 교환 기술을 사용한다.

Cellular network (셀룰러망)　고정 안테나가 육각형 패턴 내에 배열되어 있는 무선 통신망으로, 이동단말은 가까운 고정 안테나를 통해 통신한다.

Channel (채널)　전기 신호를 전송하기 위한 단일 경로. 여기서 *경로*란 광의의 개념으로 주파수 분할이나 시분할을 통한 분할을 의미한다. 또한 단방향 또는 양방향일 수 있다.

Channel capacity (채널 용량)　채널을 통해 운반 가능한 최대 가능 정보율을 말함.

Checksum (검사합)　체크되어야 할 비트들에 대해 합산 동작을 이용하여 점검하는 오류 검출 코드

Circuit switching (회선 교환)　한 개나 두 개 이상의 교환 노드를 통해 두 장비 사이에서 전용 통신 경로를 설정하여 통신하는 방법으로 패킷교환망과 달리 디지털 데이터가 연속 비트열로 전송된다. 대역폭이 보장되고, 지연은 기본적으로 전파시간으로 제한된다. 전화망이 대표적 회선 교환망이다.

Crosstalk (누화)　다른 신호 경로로부터 커플링 결과로 한 신호 경로에 나타나는 원치 않는 에너지

Cyclic redundancy check (CRC)　미리 정의한 이진수를 이용하여 비트열을 나누고 남은 나머지를 코드로 사용하는 에러 검출 코드

Datagram (데이터그램)　패킷 교환망에서 DTE와 네트워크 사이에 연결을 설정할 필요 없이 송신측과 수신측 사이에 라우팅을 통해 정보를 운반하는 패킷

Decibel (데시벨)　두 신호의 상태 강도를 측정하는 것으로 두 신호의 전력비에 log를 취하고 10배를 곱하거나, 두 신호 전압비에 log 취한 후 20배 곱한 값

Diffraction (회절)　복사 파장이 불투명한 장애 매질을 지날 때 발생하는 빔의 편차

Digital data (디지털 데이터)　이산 신호 요소로 구성된 데이터

Digital signal (디지털 신호)　전압 펄스와 같이 이산적이고 비연속적인 신호

Digital transmission (디지털 전송) 아날로그나 디지털 신호를 사용하여 디지털 데이터로 전송하는 것이며, 디지털 데이터는 잡음을 줄이고 재생과 반복이 가능하다.

Dipole antenna (다이폴 안테나) electric dipole 복사 패턴을 만들어내는 안테나 유형중 한 가지

Direct sequence spread spectrum(DS-SS) 원신호의 각 비트가 확산부호를 사용하여 전송되는 신호에서 복수의 비트로 표현되는 확산 대역방식

Doppler shift (도플러 시프트) 수신기에 대한 송신기의 상대 속도 때문에 발생하는 수신 신호의 주파수 변화

Downlink (다운링크) 위성에서 지구국으로 전송되는 통신 링크

Electric dipole (전기적 다이폴) 전기전하가 서로 반대방향으로 공진되도록 극소간격을 갖는 기본 방사기

Encapsulation (캡슐화) 프로토콜 사용자에게서 얻은 데이터에 프로토콜 개체가 제어 정보를 부가하는 것

Error correction code (에러 정정 부호) 특정 규칙에 따라 만들어진 부호로서 에러의 존재와 위치를 찾아 자동으로 정정해 준다.

Error-detection code (에러 검출 부호) 특정 규칙에 따라 만들어진 부호로서 에러의 유무만을 검출한다.

Fading (페이딩) 전송매체나 경로에서의 변화가 유발하는 수신 신호 전력의 시간편차

Flat fading (플랫 페이딩) 수신된 신호의 모든 주파수 요소는 동시에 같은 비율로 동요되는 페이딩의 유형

Flow control (흐름 제어) 전송측이 보내는 데이터의 전송률과 양을 제한하기 위해 수신측에서 수행하는 기능

Forward channel (순방향 채널) 셀룰러 또는 무선망에서 기지국으로부터 이동 단말기 방향으로의 통신 링크

Forward error correction (전진 에러 수정) 수신기가 인입되는 디지털 전송에서 얻은 정보만으로 데이터의 에러를 정정하는 것

Frame check sequence (프레임 검사 비트열) 에러검출코드는 전송되는 데이터의 블록내의 한 부분에 삽입된다. 이 코드는 데이터 수신 시 에러를 체크하는 기능을 제공한다.

Free space loss (자유 공간 손실) 거리에 따른 신호분산으로 유발되는 신호에너지의 손실

Frequency (주파수) Hz 단위의 신호 발생속도

Frequency division multiplexing (주파수 분할 다중화) 전송 주파수 대역을 분할하여 여러 채널로 구분하고 다중화시키는 개념

Frequency-hopping spread spectrum (FH-SS) 정해진 주기마다 주파수를 옮겨 다니면서 라디오 주파수를 임의로 바꿔주며 방송하는 확산 대역방식

Frequency modulation (주파수 변조) 특성의 변화에 따라 주파수를 변조하는 방식

Frequency-shift keying (주파수 편이 변조) 반송파에서 두 개의 다른 주파수로 2진 값을 표시하도록 하는 변조 방법

Fundamental frequency (기저 주파수) 주기신호의 푸리에 표현에서 가장 낮은 주파수

Gain of an antenna (안테나 이득) 전방향 방사 시 얻어진 방사밀도에 대한 특정 방향에서의 방사밀도의 비율

Geostationary (정지 위성) 정지 궤도 상에 있는 위성으로 지구 적도 상공의 한 점위에서 선회한다.

Geosynchronous (지구 정지 궤도) 적도 상공의 회전 궤도로서 지상으로부터 35,863 마일 떨어진 지점이다.

Ground wave (지상파) 지구상에 전파되는 라디오파로 지상과 대류권에서 전파된다.

Note: (1) 지상파는 전리층과 대류권의 전파를 제외한 모든 라디오파를 포함한다.
(2) 지상파는 대류권의 절연 상수에서의 편차 때문에 굴절된다.

Guided medium (도파 매체) 와선쌍이나 동축케이블, 광섬유와 같이 매체를 따라 전파가 도파되게 하는 전송 매체

Half-wave dipole (반파장 다이폴) 두 개의 컨덕터로 구성된 wire 안테나로서 이것은 같은 길이이다. 각 컨덕터는 1/4 파장 길이이다.

Hamming distance (해밍 거리) 같은 길이를 갖지만 성분이 다른 두 이진수의 위치 거리

Hash function (해시 함수) 데이터 블록이나 메시지의 가변 길이를 고정길이 값으로 변환하는 함수로 데이터나 메시지에 대한 인증으로 이용된다.

Header (헤더) 사용자 데이터 앞에 붙는 시스템 제어 정보

Impulse noise (임펄스 잡음) 짧은 구간의 고진폭 잡음 펄스

Infrared (적외선) 마이크로웨이브보다는 높고 가시광선보다는 낮은 주파수 범위를 갖는 전자기파 ($3 \times 10^{11} \sim 4 \times 10^{14}$ Hz)

Intermodulation noise (중간 변조 잡음) 다른 주파수를 갖는 신호들의 비선형적 조합으로 인한 잡음

Internet (인터넷) 라우터를 통해 연결된 패킷 교환망의 집합

Internet protocol (인터넷 프로토콜) 다수의 패킷 교환망을 통한 비연결형 서비스를 제공하는 인터네트워킹 프로토콜

Ionosphere (전리층) 태양광 복사에 의해 발생하는 이온화 현상이 라디오파의 전송에 영향을 주게 되는데 이러한 현상이 일어나는 영역으로 대기권 바깥 영역이다.

Isochronous (등시성) 주기적으로 반복되는 이벤트나 신호의 시간 특성

Local area network (LAN) 전형적으로 터미널이나 마이크로 컴퓨터, 미니 컴퓨터 등에 사용되는 일반 목적 근거리 통신망

Local loop (로컬 루프) 가입자와 공중 전화 통신망의 가장 가까운 교환기 사이에 제공되는 전송 경로

Medium access control (매체 접근 제어) 방송형 네트워크에서 공유된 전송 매체를 어느 장비가 액세스 하도록 할 것인가를 결정하는 방법

Microwave (마이크로파) 1～40 GHz 범위의 전자기파

Millimeter wave (밀리미터파) 10 GHz(파장 = 30 mm) ～ 300 GHz(파장 = 1 mm) 범위에서 동작하는 파

Modulation (변조) 변조 방식에 따라 반송파로 변환시키는 과정

Multipath (다중경로) 수신 안테나에 도착하는 신호가 여러 경로로 들어오는 현상

Multiplexing (다중화) 데이터 전송에서 둘 이상의 데이터원이 공통 전송 매체를 공유할 수 있게 하는 기능

Network layer (네트워크 계층) OSI 참조 모델의 제 3계층으로 통신망에서 라우팅을 책임진다.

Noise (잡음) 전송이나 수신에서 원 신호를 감쇠시키는 원치 않는 신호

Packet (패킷) 근원지나 목적지 주소 등이 부착된 일련의 비트열로 보통 3계층 프로토콜을 의미한다.

Packet switching (패킷 교환) 긴 메시지를 짧은 패킷 단위로 나누어 통신망으로 전송하는 방식으로 메시지 교환방식과 같은 방법으로 전송되며 패킷 교환 방식이 더 효율적이고 빠르다.

Parity bit (패리티 비트) 2진수의 열에서 패리티 비트를 포함한 1의 개수를 항상 홀수로 맞

추거나 짝수로 맞추는 확장 비트로 오류 검출에 사용됨

Peak amplitude (최대 진폭) 시간축 상의 신호에 대한 최고 값 또는 세기로 보통 전압단위로 측정된다.

Period (주기) 주기적으로 반복되는 파형의 같은 특성이 나타나는 최소 주기의 절대 값을 말함

Periodic waveform (주기 파형) k는 상수이고 모든 정수 n에 대해 $f(t) = f(t + nk)$를 만족하는 파형 $f(t)$를 말함.

Phase (위상) 한 주기의 신호내에서 시간상의 상대적인 위치를 말함.

Phase-shift keying (위상 편이 변조) 반송파의 위상 각도로 특성을 변화시키는 변조 방법

Physical layer (물리 계층) OSI 참조 모델의 제1계층, 매체상의 신호 전송과 관련하여 전기적, 기계적, 시간적 요소들 정의

Presentation layer (표현 계층) OSI 참조 모델의 6계층, 데이터 표현 등을 위한 공통 구문(syntax)선택 등 관리

Protocol (프로토콜) 두 엔티티 사이에 데이터 교환을 관장하는 규약

Protocol data unit (PDU) 주어진 계층의 프로토콜에 맞춰 생성된 데이터 형식

Pseudonoise (의사잡음) 통계상 임의적으로 만들어지는 숫자 열

Pulse code modulation (펄스 부호 변조) 신호가 샘플링과 양자화 과정을 통해 디지털 데이터로 변환되는 과정

Radiation pattern (방사 패턴) 공간축 상의 안테나 방사 특성을 그래픽으로 표현한 것

Reflection (반사) 전자기 신호가 신호 파장과 비교하여 아주 큰 표면과 만날 때 발생하며 투사각과 반사각은 같다.

Refraction (굴절) 두 개의 다른 매체 사이의 접합면을 통해 전송될 때 빔이 꺽이는 현상

Reverse channel (역채널) 셀룰러 또는 무선망에서 단말기로부터 기지국으로의 통신 링크를 말함.

Router (라우터) 두 개 이상의 망을 링크시키는 데 사용되는 장비로 OSI 참조 모델 3계층에서 비연결형으로 동작하는 인터넷 프로토콜을 사용한다.

Scattering (산탄) 라디오파가 물질에 부딪히면 그 파의 방향, 주파수, 극성 등이 변하는 현상

Selective fading (선택적 페이딩) 페이딩이 일률적이지 않고 선택적으로 발생되는 현상

Service access point (SAP) 인접한 계층간에 데이터를 교환하는 장소로 프로토콜 엔티티는 상위 계층 엔티티가 사용 가능한 한 개 이상의 SAP을 제공한다.

Session layer (세션 계층) OSI 참조 모델의 제 5계층. 두 통신 프로세스나 응용 사이의 논리적 연결을 관리함.

Sky wave 전리층으로 또는 전리층에서 전송이 회귀되는 라디오파

Spectrum (대역) 주파수의 절대 범위를 말함.

Spread spectrum (확산 대역) 신호의 정보가 확산부호를 이용하여 전대역 범위로 확산되게 하는 기법

Spreading code (확산 부호) 확산 대역 시스템에서 대역을 확산시키기 위해 사용하는 숫자열로 확산열 또는 chipping 부호라고도 한다.

Subscriber loop (가입자 망) local loop와 같은 의미

Synchronous time division multiplexing (동기식 TDM) 공유된 전송선 상의 시간 슬롯이 고정되거나 미리 정의한 바에 따라 I/O 채널에 배정되는 TDM 방식 중의 한 가지

Thermal noise (열 잡음) 전송 매체의 온도에 의해 발생하는 통계적으로 단일한 형태의 잡음

Time division duplex (시분할 이중) 동시에 양방향이 아닌 한 방향으로만 선택적으로 전송되는 링크 전송 기법

Time division multiplexing (시분할 다중화) 한 번에 여러 다른 정보 채널을 전송할 수 있도록 다중화 하는 방식

Time domain (시간 영역) 신호나 기능의 특성을 시간 함수로 나타내는 것

Transmission medium (전송 매체) 통신 시스템에서 송수신기 사이의 물리적 경로

Transport layer (수송 계층) OSI 참조 모델의 제 4계층. 종단간의 데이터 전송 담당

Troposphere (대류권) 고도에 따라 온도가 감소하고, 구름이 형성되고 대류 현상이 나타나는 지구 대기권 중 일부 영역 (극으로부터는 6 km 적도에서는 18 km에 이르는 공간 영역을 말함)

Unguided medium (비도파 매체) 공기, 진공, 수중과 같은 전송 매체

Uplink (상향 링크) 지구국에서 위성으로의 상향 링크

Virtual circuit (가상 회선) 패킷 교환 서비스에서 전송 시작 시점에 연결(가상 회선)을 먼저 설정한 후 모든 패킷을 같은 경로로 전송하는 방식. 주소를 보낼 필요가 없고 순서대로 수신된다.

Wavelength (파장) 같은 위상을 갖는 주기파에서 주기 시작점과 끝점 사이의 길이

Wireless (무선) 공기 중, 진공, 수중 매체를 이용하여 전송하는 무선 방식

참고문헌

약어

ACM Association for Computing Machinery

IEEE Institute of Electrical and Electronics Engineers

ADAM91 Adamek, J. *Foundations of Coding*. New York: Wiley, 1991.

ANDE95 Anderson, J.; Rappaport, T.; and Yoshida, S. "Propagation Measurements and Models for Wireless Communications Channels." *IEEE Communications Magazine*, January 1995.

ASH90 Ash, R. *Information Theory*. New York: Dover, 1990.

BANT94 Bantz, D., and Bauchot, F. "Wireless LAN Design Alternatives." *IEEE Network*, March/April, 1994.

BELL00 Bellamy, J. *Digital Telephony*. New York: Wiley, 2000.

BEND00 Bender. P., et al. "CDMA/HDR: A Bandwidth-Efficient High-Speed Wireless Data Service for Nomadic Users." *IEEE Communications Magazine*, July 2000.

BERE02 Berezdivin, R.; Breinig, R.; and Topp, R. "Next-Generation Wireless Communications Concepts and Technologies." *IEEE Communications Magazine* March 2002.

BERL80 Berlekamp, E. "The Technology of Error-Correcting Codes." *Proceedings of the IEEE*, May 1980.

BERL87 Berlekamp, E.; Peile. R.; and Pope, S. "The Application of Error Control to Communications." *IEEE Communications Magazine*, April 1987.

BERR96 Berrou, C., and Glavieux, A. "Near Optimum Error Correcting Codes and Decoding: Turbo Codes." *IEEE Transactions on Communications*, October 1996.

BERT92 Bertsekas, D., and Gallager, R. *Data Networks*. Englewood Cliffs, NJ: Prentice Hall, 1992.

BERT94 Bertoni, H.; Honcharenko, W.; Maciel, L.; and Xia, H. "UHF Propagation Prediction for Wireless Personal Communications." *Proceedings of the IEEE*, September 1994.

BERT00 Bertoni, H. *Radio Propagation for Modern Wireless Systems*. Upper Saddle River, NJ: Prentice Hall, 2000.

BHAR83 Bhargava, V. "Forward Error Correction Schemes for Digital Communications." *IEEE Communications Magazine*, January 1983.

BING02 Bing, B. *Wireless Local Area Network*. New York: Wiley, 2002.

BI03 Bi, Q., et al. "Performance of IxEV-DO Third-Generation Wireless High-Speed Data Systems." *Bell Labs Technical Journal*, Vol. 7, No. 3 2003

BLAC99a Black, U. *Second-generation Mobile and Wireless Networks.* Upper Saddle River, NJ: Prentice Hall, 1999.

BLAC99b Black, U. *ATM Volume I: Foundation for Broadband Networks.* Upper Saddle River, NJ: Prentice Hall, 1992.

BOLC01 Bolcskei, H., et al. "Fixed Broadband Wireless Access: State of the Art, Challenges, and Future Directions." *IEEE Communications Magazine*, January 2001.

BRAY01 Bray, J., and Sturman, C. *Bluetooth: Connect Without Cables.* Upper Saddle River, NJ: Prentice Hall, 1992.

CALL02 Callaway, E., et al. "Home Networking with IEEE 802.15.4: A Developing Standard for Low-Rate Wireless Personal Area Networks." *IEEE Communications Magazine*, August 2002.

CARN99 Carne, E. *Telecommunications Primer: Data, Voice, and Video Communications.* Upper Saddle River, NJ: Prentice Hall, 1999.

CHEU04 Cheung, D. "WLAN Security & Wi-Fi Protected Access." *Dr. Dobb's Journal*, June 2004

CISC00 Cisco Systems. Inc. *Overcoming Multipath in Non-Line-of-Sight High-Speed Microwave Communication Links.* White Paper, 2000. (www.cisco.com)

COTT00 Cottrell, R.; Langhammer, M.; and Mauer, V. "Turbo Decoding for Comm Apps." *Communication System Design*, August 2000.

COUC01 Couch, L. *Digital and Analog Communication Systems.* Upper Saddle River, NJ: Prentice Hall, 2001.

CROW97 Crow, B., et al. "IEEE 802.11 Wireless Local Area Networks." *IEEE Communications Magazine.* September 1997.

DALK96 Dalke, R.; Hufford. G.; and Ketchum, R. *Radio Propagation Consideratins for Local Multipoint Distribution Systems.* National Telcommunications and Information Administration Publication PB97116511, August 1996.

DAUM82 Daumer, W. "Subjective Evaluation of Several Efficient Speech Coders." *IEEE Transactions on Communications.* April 1982.

DINA98 Dinan, E., and Jabbari. B. "Spreading Codes for Direct Sequence CDMA and Wideband CDMA Cellular Networks." *IEEE Communications Magazine*, September 1998.

DIXO94 Dixon, R. *Spread Spectrum Systems with Commercial Applications.* New York: Wiley. 1994.

EATO02 Eaton, D. "Diving into the IEEE 802.11i Spec: A Tutorial." *Communications System Design*, November 2002. www.commsdesign.com

ECON99 "The World in Your Pocket." *The Economist*, October 1999.

EDEL82 Edelson, B.: Marsten, R.;and Morgan, W. "Greater Message Capacity for Satellites." *IEEE Spectrum.* March 1982.

EDNE04 Edney, J., and Arbaugh, W. *Real 802.11 Security: Wi-Fi Protected Access and*

802.11i. Reading, MA: Addison-Wesley, 2004

EKLU02 Eklund, C., et al. " IEEE Standard 802.16: A Technical Overview of the WirelessMAN Air Interface for Broadband Wireless Access." *IEEE Communications Magazine*, June 2002.

ELBE99 Elbert. B. *Introduction to Satellite Communication.* Boston: Artech House, 1999.

ENGE00 Engelmann, R. "The Origins of Radio." *IEEE Potentials*, October/ November 2000.

EVAN98 Evans. J. "New Satellites for Personal Communications." *Scientific American*. April 1998.

EVER94 Everitt, D. "Traffic Engineering of the Radio Interface for Cellular Mobile Networks." *Proceedings of the IEEE*. September 1994.

EYUB02 Eyuboglu, V. " CDAM2000 1xEV-DO Delivers 3G Wireless." *Network Word*, February 25, 2002.

FORN84 Forney, G., et al. "Efficient Modulation for Band-Limited Channels." *IEEE Journal on Selected Areas in Communications*, September 1984.

FREE97 Freeman, R. *Radio System Design for Telecommunications*. New York: Wiley, 1997.

FREE98a Freeman, R. *Telecommunication Transmission Handbook*. New York: Wiley, 1998.

FREE98b Freeman, R. "Bits, Symbols. Baud, and Bandwidth," *IEEE Communications Magazine*, April 1998.

FREE99 Freeman, R. *Fundamentals of Telecommunications*. New York: Wiley, 1999.

FREE04 Freeman, R. Telecommunications. New York: Wiley, 2004

FROD01 Frodigh, M., et al. "Future Generation Wireless Networks." *IEEE Personal Communications*, October 2001.

FUNG98 Fung, P. "A Primer on MMDS Technology." *Communication Systems Design*, April 1998. Available at csdmag.com.

GARG99 Garg, V., and Wilkes. J. *Principles and Applications of GSM*. Upper Saddle River. NJ: Prentice Hall. 1999.

GEIE01 Geier, J. "Enabling Fast Wireless Networks with OFDM." *Communications System Design*, February 2001. (www.csdmag.com)

GIBS93 Gibson, J. *Principles or Digital and Analog Communications*. New York: Macmillan, 1993.

GILB04 Gilb, J. *Wireless Multimedia: A Guide to the IEEE 802.15.3 Standard*. New York IEEE Press, 2004

GLOV98 Glover, I., and Grant, P. *Digital Communications*. Upper Saddle River, NJ: Prentice Hall, 1998.

GOOD97 Goodman, D. *Wireless Personal Communications* Systems. Reading, MA: Addison-Wesley, 1997.

GUNT00 Gunther, N. *The Practical Performance Analyst*. Lincoln. NE: Authors Choice Press, 2000.

GUTI01 Gutierrez., J., et al. "IEEE 802.15.4: A Developing Standard for Low Power Low-Cost Wireless Personal Area Networks." *IEEE New York* September/October 2001.

GUTI03 Gutierrez, J.; Callaway, E.; and Barrett, R. *Low-Rate Wireless Personal Area Networks: Enabling Wireless Sensors with IEEE 802.15.4*. New York: IEEE Press, 2003

HAAR98 Harrtsen, J. "Bluetooth: The Universal Radio Interface for ad hoc, Wireless Connectivity." *Ericsson Review*, No. 3, 1998. (www.ericsson.se)

HAAR00a Haartsen, J. "The Bluetooth Radio System." *IEEE Personal Communications*. February 2000.

HAAR00b Haartsen, J., and Mattisson, S. "Bluetooth–A New Low-Power Radio Interface Providing Short-Range Connectivity." *Proceedings of the IEEE*, October 2000.

HAAS00 Haas, Z. "Wireless and Mobile Networks." In [TERP00].

HATA80 Hata, M. "Empirical Formula for Propagation Loss in Land Mobile Radio Services." *IEEE Transactions on Vehicular Technology*, March 1980.

HEIJ00 Heijden, M., and Taylor, M., eds. *Understanding WAP: Wireless Applications, Devices, and Services*. Boston: Artech House, 2000.

INGL97 Inglis, A., and Luther, A. *Satellite Technology: An Introduction*. Boston: Focal Press, 1997.

ITU02 International Telecommunications Union. *Handbook on Satellite Communications*. New York: Wiley, 2002

JAIN90 Jain, Y. "Convolutional Codes Improve Bit-Error Rate in Digital Systems." *EDN*, August 20, 1990.

JAME01 James, J. *A Student's Guide to Fourier Transforms*. Cambridge, England Cambridge University Press, 2001.

JAYA84 Jayant, N., and Noll, P. *Digital Coding of Waveforms*. Englewood Cliffs, NJ: Prentice Hall, 1984.

JONE04 Johnston, D., and Yaghoobi, H. "Peering into the WiMAX Spec." Communications System Design, January 2004. Available at www.commsdesign.com

JONE93 Jones, E. *Digital Transmission*. New York: McGraw-Hill, 1993.

KAHN97 Kahn, J., and Barry, J. "Wireless Infrared Communications." *Proceedings of the IEEE*. February 1997.

KAMM00 Kammler, D. A *First Course in Fourier Analysis*. Upper Saddle River, NJ: Prentice Hall, 2000.

KELL00 Keller, T., and H. "Adaptive Multicarrier Modulation: A Convenient Framework of Time-Frequency Processing in Wireless Communication." *Proceedings of the IEEE*, May 2000.

KNUT98 Knuth, D. *The Art of Computer Programming, Volume 2: Seminumerical Algorithms*. Reading, MA: Addison- Wesley, 1998.

KOFF02 Koffman, I., and Roman, V. "Broadband Wireless Access Solutions Based on OFDM Access in IEEE 802.16." *IEEE Communications Magazine*, April 2002.

KROO86 Kroon, P, and Deprettere, E. "Regular Pulse Excitation–A Novel Approach to Effective Multipulse Coding of Speech," *IEEE Transactions on Acoustics, Speech,* *and Signal Processing*, No. 5,1986.

LATH98 Lathi, B. *Modern Digital and Analog Communication Systems*. New York: Oxford University Press, 1998.

LAYL04 Layland, R. "Understanding Wi-Fi Performance." *Business Communications Review*, March 2004.

LEBO98 Lebow, I. *Understanding Digital Transmission and Recording*. New York: IEEE Press, 1998.

MACW76 Macwilliams, F., and Sloane, N. "Pseudo-Random Sequences and Arrays." *Proceedings of the IEEE*, December 1976. Reprinted in [TANT98].

MANN99 Mann, S. "The Wireless Application Protocol." *Dr, Dobb's Journal*, October 1999.

MARK99 Marks, R. "The IEEE 802.16 Working Group on Broadband Wireless." *IEEE Network*, March/April 1999.

MART94 Martine, R. *Basic Traffic Analysis*. Upper Saddle Ricer, NJ: Prentice Hall,1994.

MCDY99 McDysan, D., and Spohn, D. *ATM: Theory and Application*. New York: McGraw- Hill, 1999.

MCFA03 McFarland, B., and Wong, M. "The Family Dynamics of 802.11" *ACM Queue*, May 2003.

METT99 Mettala, R., et al. *Bluetooth Protocol Architecture Version 1.0*. Bluetooth Whitepaper 1.C.120/1.0, 25 August 1999. (www.bluetooth.com)

MILL01 Miller, B., and Bisdikian, C. *Bluetooth Revealed*. Upper Saddle River, NJ: Prentice Hall, 2001.

MOND03 Mondal, A. *Mobile IP: Present State and Future*. New York: Kluwer Academic Publishers, 2003.

MORA04 Morais, D. Fixed Broadband Wireless Communications: Principles and Practical Applications. Upper Saddle River, NJ: Prentice Hall, 2004

NORD00 Nordbotten, A. "LMDS Systems and Their Application." *IEEE Communications Magazine*, June 2000.

OHAN99 Ohara, B., and Petrick, A. *IEEE 802.11 Handbook: A Designer's Companion* New York: IEEE Press, 1999.

OJAN98 Ojanpera, T., and Prasad, G. "An Overview of Air Interface Multiple Access for IMT-2000/UMTS." *IEEE Communication Magazine*. September 1998.

OKUM68 Okumura, T., et. al., "field Strength and Its Variability in VHF and UHF Land Mobile Radio Service." *Rev. Elec. Communication Lab*. 1968.

ORLI98 Orlik, P., and Rappaport, S. "Traffic Performance and Mobility Modeling of Cellular Communications with Mixed Platforms and Highly Variable Mobilities." *Proceedings of the IEEE*, July 1998.

ORTI00 Ortiz, S. "Broadband Fixed Wireless Travels the Last Mile." *Computer*, July 2000.

PAHL95 Pahlavan, K.; Probert, T.; and Chase, M. "Trends in Local Wireless Networks." *IEEE Communications Magazine*, March 1995.

PAPA97 Papazian, P.; Hufford, G.; Aschatz, R.; and Hoffmam. R. "Study of the Local Multipoint Distribution Service Radio Channel." *IEEE Transactions on Broadcasting* June1997.

PARK88 Park, S., and Miller, K. "Random Number Generators: Good Ones are Hard to Find." *Communications of the ACM*, October 1988.

PASS00 Passani, L. "Creating WAP Services." *Dr. Dobb's Journal*, July 2000.

PASU79 Pasupathy, S. "Minimum Shift Keying: A Spectrally Efficient Modulation." *IEEE Communications Magazine*, July 1979

PEAR92 Pearson, J. *Basic Communication Theory*. Englewood Cliffs, NJ: Prentice Hall, 1992.

PERK97 Perkins, C. "Mobile IP." *IEEE Communications Magazine*, May 1997.

PERK98 Perkins, C. "Mobile Networking Through Mobile IP." *IEEE Internet Computing*, January-February 1998.

PETE61 Peterson, W., and Brown, D. "Cyclic Codes for Error Detection." *Proceedings of the IEEE*, January 1961.

PETE95 Peterson, R.; Ziemer, R.; and Borth, D. *Introduction to Spread Spectrum Communications*. Englewood Cliffs, NJ: Prentice Hall, 1995.

PETR00 Petrick, A. "IEEE 802.11b—Wireless Ethernet." *Communications System Design*, June 2000. www.commsdesign.com

PHIL98 Phillips, J., and Namee, G. *Personal Wireless Communications with DECT and PWT*. Boston: Artech House, 1998.

PICK82 Pickholtz, R.; Schilling, D.: and Milstein, L. "Theory of Spread Spectrum Communications–A Tutorial." *IEEE Transactions on Communications*, May 1982. Reprinted in [ATNT98].

POLL96 Pollini, G. "Trends in Handover Design. *IEEE Communications Magazine*, March 1996.

POOL98 Polle, I. *Your Guide to Propagation*. Potters Bar, Herts., U.K.: Radio Society of Great Britain, 1998.

PRAS98 Prasad, R., and Ojanpera, T. "An Overview of CDMA Evolution: Toward Wideband CDMA." *IEEE Communications Surveys*, Fourth Quarter 1998. Available at www.comsoc.org.

PRAS00 Prasad, R.; Mohr, W.; and Konhauser, W., eds. *Third Generation Mobile Communication Systems*. Boston: Artech House, 2000.

PRAT03 Pratt, T.; Bostian, C.; and Allnutt, J. *Satellite Communications*. New York: Wiley, 2003.

PROA01 Proakis, J. *Digital Communications*. New York: McGraw-Hill, 2001.

PROA02 Proakis, J. *Communication Systems Engineering*. Upper Saddle River, NJ: Prentice Hall. 2002.

RABI95 Rabiner, L. "Toward Vision 2001: Voice and Audio Processing Considerations." *AT&T Technical Journal*, March/April 1995.

RAHN93 Rahnema, M. "Overview of the GSM System and Protocol Architecture." *IEEE*

Communications Magazine, April 1993.

RAMA88 Ramabadran, T., and Gaitonde, S. "A Tutorial on CRC Computations." *IEEE Micro*, August 1988.

RAPP02 Rappaport, T. *Wireless Communications: Principles and Practice*. Upper Saddle River, NJ: Prentice Hall, 2002

RODB00 Rodbell, M. "Bluetooth: Wireless Local Access, Baseband and RF Interfaces, and Link Management." *Communications System Design*. March, April, May 2000. (www.csdmag.com)

RODR02 Rodrigues, A., et al. *TCP/IP Tutorial and Technical Overview*. Upper Saddle River: NJ: Prentice Hall, 2002.

ROSH04 Roshan, P., and Leary, J. *802.11 Wireless LAN Fundamentals*. Indianapolis: Cisco Pres., 2004.

SAIR02 Sairam, K.; Gunasekaran, N.; and Reddy, S. "Bluetooth in Wireless Communication." *IEEE Communications Magazine*, June 2002.

SCHI00 Schiller, J. *Mobile* Communications. Reading, MA: Addison-Wesley, 2000.

SHOE02 Shoemake, J. *Mobile Communications*. Reading, MA: Addison-Wesley, 2000.

SKLA93 Sklar, B. "Defining, Designing, and Evaluating Digital Communication Systems." *IEEE Communications Magazine*, November 1993.

SKLA97a Sklar, B. "Rayleigh Fading Channels in Mobile Digital Communication Systems." *IEEE Communications Magazine*, July 1997.

SKLA97b Sklar, B. "A Primer on Turbo Code Concepts." *IEEE Communications Magazine*, December 1997.

SKLA01 Sklar, B. *Digital Communications: Fundamentals and Applications*. Upper Saddle River, NJ: Prentice Hall, 2001.

SPOH02 Spohn, D. *Data Network Design*. New York: McGraw-Hill, 2002.

STAL02 Stallings, W. "The Advanced Encryption Standard." *Cryptologia*, July 2002.

STAL03 Stallings, W. *Cryptography and Network Security: Principles and Practice, Third Edition*. Upper Saddle River, NJ: Prentice Hall, 2003.

STAL04a Stallings, W. *data and Computer Communications, Seventh Edition.* Upper Saddle River, NJ: Prentice Hall, 2004.

STAL04b Stallings, W. *Computer Networking with Internet Protocols and Technology.* Upper Saddle River, NJ: Prentice Hall, 2004.

TANT98 Tantaratana, S., and Ahmed. K., eds. *Wireless Applications of Spread Spectrum Systems: Selected Readings*. Piscataway, NJ: IEEE Press, 1998.

TERP00 Terplan, K., and Morreale. P. eds. *The Telecommunications Handbook.* Boca Raton, FL: CRC Press, 2000.

THUR00 Thurwachter, C. *Data and Telecommunications: Systems and Applications.* Upper Saddle River, NJ: Prentice Hall, 2000.

UNGE87 Ungerboeck, G. "Trellis-Coded Modulation with Redundant Signal Sets, Part 1: Introduction." *IEEE Communications Magazine*, February 1987.

VITE89 Viterbi, A., et al. " A Pragmatic Approach to Trellis-Coded Modulation." *IEEE Communications Magazine*, July 1989.

VUCE00 Vucetic, B., and Yuan. J. *Turbo Codes: Principles and Applications*. Boston: Kluwer Academic Publishers, 2000.

WAPF98 WAP Forum. *Wireless Application Environment Overview*. WAP Forum document, April 1998.

WEBB00 Webb, W. *Introduction to Wireless Local Loop: Broadband and Narrowband Systems*. Boston: Artech House, 2000.

WILS00 Wilson, J., and Kronz, J. "Inside Bluetooth: Part I and Part II." *Dr. Dobb's Journal*, March, April 2000.

XIA004 Xiao, Y. "IEEE 802.11e: QoS Provisioning at the MAC Layer." *IEEE Communications Magazine*, June 2004.

XION94 Xiong, F. "Modern Techniques in Satellite Communications." *IEEE Communi-cations Magazine*, August 1994.

XION00 Xiong, F. *Digital Modulation Techniques*. Boston: Artech House, 2000.

ZENG00 Zeng, M.; Annamalai, A.; and Bhargava, V. "Harmonization of Global Third-Generation Mobile Systems. *IEEE Communications Magazine*, December 2000.

ZHEN04 Zhent, J., and Lee, M. "Will IEEE 802.15.4 Make Ubiquitous Networking a Reality?: A Discussion on a Potential Low Power, Low Bit Rate Standard." *EEE Communications Magazine*, June 2004.

찾아보기

숫자

A

B

C

I

K

L

M

N

O

P

Q

R

S

T

U

V

■ 역자 약력

정진욱

1974년 성균관대학교 전기공학과 졸업
1979년 성균관대학교 일반대학원 전자공학과 공학석사 취득
1991년 서울대학교 대학원 전자계산학과 이학박사 취득
현재 성균관대학교 정보통신공학부 교수 재직
인터넷윤리실천협의회 공동회장
한국 정보기술 전문가 협회 부회장

주요경력
1973~1985년 한국과학기술연구소 실장 역임
1992~1993년 미국 Maryland 대학교 객원교수 역임
1997~1998년 컴퓨터 침해사고 대응팀 협의회 운영위원장 역임
2002~2003년 한국정보처리학회 회장 역임
2007~2009년 성균관대학교 일반대학원장, 학술정보관

관심분야
컴퓨터 네트워크, 네트워크관리, 네트워크보안,
인터넷 QoS, 인터넷 윤리

정선이

1981년 한국항공대학 항공통신공학과 졸업
1991년 성균관대학교 일반대학원 정보공학과 공학석사 취득
1994년 성균관대학교 일반대학원 정보공학과 공학박사 취득
현재 두원공과대학 인터넷프로그래밍과 부교수 재직

주요경력
1981~1988년 월간 전자과학 편집장 역임
1995~현재 두원공과대학 재직

관심분야
무선데이터통신, 인터넷 프로토콜, USN

무선통신개론(2/e) **가격 39,000원**

2011년 2월 21일 초판 인쇄
2011년 3월 2일 초판 발행
저　자 : William Stallings
공역자 : 정 진 욱 · 정 선 이
발행자 : 우 명 찬 · 송 준
발행처 : **홍릉과학출판사**
주　소 : 서울시 강북구 인수동 455-60
142-885
등　록 : 1976년 10월 21일 제5-66호
전　화 : (02) 999-2274~5, 996-8341, 903-7037
팩　스 : (02) 905-6729
ISBN: 978-89-7283-882-1
e-mail: hongpub@hongpub.co.kr
http://www.hongpub.co.kr

※ 낙장 및 파본은 교환하여 드립니다.
※ 판권 소유에 위배되는 사항(인쇄, 복제, 제본)은 법에 저촉됩니다.

ACRONYMS (약어)

2G	Second Generation
3G	Third Generation
AM	Amplitude Modulation
AMPS	Advanced Mobile Phone Service
ARQ	Automatic Repeat Request
ASK	Amplitude-Shift keying
ATM	Asynchronous Transfer Mode
BER	Bit Error Rate
bps	Bit Per Second
CDMA	Code Division Multiple Access
CRC	Cyclic Redundancy Check
DAMA	Demand Assignment Multiple Access
dBm	decibel-milliWatt
dBW	decibel-Watt
DECT	Digital Enhanced Cordless Telecommunications
DM	Delta Modulation
DSSS	Direct Sequence Spread Spectrum
ECC	Error Correction Code
EHF	Extremely High Frequency
ELF	Extremely Low Frequency
FAMA	Fixed Assignment Multiple Access
FCC	Federal Communications Commission
FCS	Frame Check Sequence
FDM	Frequency Division Multiplexing
FDMA	Frequency Division Multiple Access
FEC	Forward Error Correction
FHSS	Frequency-Hopping Spread Spectrum
FSK	Frequency-Shift Keying
FM	Frequency Modulation
HDLC	High-Level Data Link Control
GEO	Geostationary; Geosynchronous
GSM	Global System for Mobile Communications
GW	Ground Wave
HF	High Frequency
IAB	Internet Architecture Board
ICMP	Internet Control Mesage Protocol
IEEE	Institute of Electrical and Electronics Engineers
IETF	Internet Engineering Task Force
IP	Internet Protocol
ISO	International Organization for Standardization
ITU	International Telecommunication Union
ITU-T	ITU Telecommunication Standardization Sector
LAN	Local Area Network
LEO	Low Earth Orbit
LF	Low Frequency
LFSR	Linear Feedback Shift Register
LLC	Logical Link Control
LMDS	Local Multipoint Distribution Service
LOS	Line of Sight
MAC	Medium Access Control
MAN	Metropolitan Area Network
MEO	Medium Earth Orbit
MF	Medium Frequency
MMDS	Multichannel Multipoint Distribution Service
MOS	Mean Opinion Score
MSS	Mobile Service Satellite
OFDM	Orthogonal Frequency Division Multiplexing
OSI	Open Systems Interconnection
PCM	Pulse Code Modulation
PDU	Protocol Dat Unit
PM	Phase Modulation
PN	Pseudonoise
PRN	Pseudorandom Number
PSK	Phase-Shift Keying
PWT	Personal Wireless Telecommunications
QAM	Quadrature Amplitude Modulation
QoS	Quality of Service
RF	Radio Frequency
SAP	Service Access Point
SDU	Service Data Unit
SHF	SuperHigh Frequency
SS	Spread Spectrum
SW	Sky Wave; Short Wave
TCP	Transmission Control Protocol
TDD	Time Division Duplex
TDM	Time Division Multiplexing
TDMA	Time Division Multiple Access
UDP	User Datagram Protocol
UHF	Ultra High Frequency
VF	Voice Frequency
VHF	Very High Frequency
VLF	Very Low Frequency
WAN	Wide Area Network
WAP	Wireless Application Protocol
WLL	Wireless Local Loop
XOR	Exclusive OR